栾川树木志

LUANCHUAN SHUMU ZHI

谢红伟 主编

中国林业出版社

图书在版编目（CIP）数据

栾川树木志 / 谢红伟主编. -- 北京 : 中国林业出版社, 2015.4
ISBN 978-7-5038-7916-6

Ⅰ. ①栾… Ⅱ. ①谢… Ⅲ. ①树木—植物志—栾川县 Ⅳ. ①S717.261.4

中国版本图书馆CIP数据核字(2015)第058750号

责任编辑：贾麦娥　陈英君
装帧设计：刘临川
出版发行：中国林业出版社（100009 北京西城区刘海胡同7号）
电　　话：010—83143562
印　　刷：北京卡乐富印刷有限公司
版　　次：2015年4月第1版
印　　次：2015年4月第1次
开　　本：889mm×1194mm　1/16
印　　张：46
字　　数：1300千字
定　　价：580.00元

《栾川树木志》编委会

名誉主任：杨栋梁
主　　任：谢红伟
副 主 任：张正宇　陈新会　卫延涛　许育红　吴松坡　宁晓峰
委　　员：毛志魁　万建东　张学献　李红喜　聂宏善　郭保国　李红莉　王红敏

主　　编：谢红伟
副 主 编：陈新会　毛志魁　张学献　李红喜
执行主编：毛志魁　张学献

编　　委（以姓氏笔画为序）：
万建东　万建军　毛志魁　王红星　王红敏　王耀铭　史琼芳　白晓宇　刘小国
刘　伟　张海洋　李红喜　李志超　杨书涛　辛春霞　陈秋鸿　陈新会　陈新成
周　苗　周耀宗　范南南　范磊磊　明新伟　候嘉嘉　赵进文　徐焕军　聂宏善
贾伟伟　贾新鹏　郭俊良　郭展昭　郭鹏鹏　常牛山　常怀丽　崔辉辉　康战芳
谢红伟　鲁雪丽　薛艳艳　薛艳鹏　魏振铎

外业调查：毛志魁　张学献　王耀铭　贾伟伟　陈新会　李红喜　康战芳　魏振铎
贾新鹏　赵进文　常牛山　王红星　牛佳佳　马爱国　徐焕军　郭保国

摄　　影：毛志魁　李红喜　申广禄　王耀铭　汤红伟
封面摄影：韦海涛
图像处理：毛志魁　薛艳鹏
审　　稿：苏雪痕

前 言

识别树木是林业工作的基本技能，也是专业性极强的工作。在林业生态文明建设中，不仅是普通群众，甚至林业工作者也经常会遇到识别树木的困难。目前，虽然全国性和河南省的树木志已很全面，但对于栾川县来说，存在针对性不强的问题；而对于普通群众来说，由于缺乏专业知识，使用起来比较困难。因此，迫切需要一部面向基层林业工作者和普通林农的、有彩色插图的县域性树木志。

为此，栾川县林业局于2013年3月启动了《栾川树木志》的编纂工作。首先组织专业人员开展树木资源普查，用一年多的时间对全县不同山系、海拔、立地条件进行了调查，通过调查，进一步摸清了各树种的分布情况，还发现了一些过去认为栾川县没有分布的树种；对冬瓜杨的雄花进行的观测记录还填补了国内在此项资料上的空白。在调查过程中，拍摄了大量照片，同时收集以往拍摄的一些照片，累计集累照片近万幅，为本书的编纂提供了充足的图片资料。经过紧张、细致的内业编纂，最终完成了这部书。

本志共收录木本植物85科、233属、877种（含5亚种、152变种、变型）。其中，栾川县有野生分布的695种（变种、变型），栽培的182种（变种、变型）。收录的范围包括：树木资源普查确认栾川县有分布的树种；树木资源普查未见到但《河南树木志》记载栾川县有分布的树种；在栾川县有引种栽培的树种。因此，本志收录的内容基本包括了栾川县目前已知有分布的野生种和绝大多数栽培种。但由于近年来不断有新的园林绿化类树种引进，以及我们的未知，本志恐难以做到全部收录。

本志中，各科的排列，裸子植物按国内通用的郑万钧系统，被子植物采用恩格勒—第尔斯（Engler-Diels）的分类系统。每科有分属检索，每属有分种检索，每种有识别要点、形态特征、生境、分布区域、繁殖方法、主要用途等描述，一些重要树种还介绍了生物学特性和栽培技术。除个别树种没有收集到图片资料外，每种都附有彩图，共附彩色图片800余组、5000余幅。书后还附有分科检索表、分类别统计表、中文名和拉丁名索引。

为增强通俗性和实用性，本志突出了三个特点。一是对每种树木的重要识别特征或者与其他树种容易混淆的形态特征，以“识别要点”的形式进行简要描述。二是在每个树种附有彩色插图的基础上，重要部位使用放大插图。三是尽可能把本地群众对每个树种的习惯叫法以别名的形式附上，并将别名纳入中文名索引中。通过这些努力，力求奉献一部既适合专业人员又适合普通林农使用的工具书。本书立足于栾川县，也可供相邻的各兄弟县市使用和参考。

关于树种名称的说明。第一，本志以《河南树木志》的记载为基础，同时参考其他资料。第二，中文名称（包括科、属名）有俗名或有不同叫法的，用括号标注。第三，拉丁名有异名的，附在括号内。第四，为方便编排，拉丁名中的命名人一律省略。

在编纂过程中，洛阳市林业局、栾川县人民政府、栾川县林业局的领导高度重视并给予了很多关心和支持，北京东方园林股份有限公司栾川牡丹芍药研究院、河南省老君山生态旅游开发有限公司、大坪林场、龙峪湾国家森林公园、各乡镇农业服务中心的同仁给予了大力配合和支持，洛阳隋唐遗址植物园牡丹专家、林业高级工程师潘志好女士为本书提供了芍药属各树种的详细资料，在此一并致谢。北京林业大学教授苏雪痕先生对全书进行了审核，特此致谢。

由于受拍摄季节、自然条件等各种因素的制约，本书中的个别图片存在畸形、虫眼等瑕疵，敬请读者谅解。由于我们水平有限，书中错误之处在所难免，敬请批评指正。

编者

2015年3月

目　录

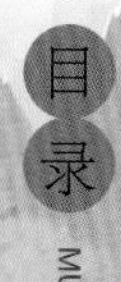
目
录

东川
树木志
裸子植物

裸子植物
Gymnospermae

乔木，稀灌木或木质藤本。通常含有树脂。茎的维管束并生式排列成一环，具有形成层，次生木质部几乎全部由管胞组成，稀有导管（麻黄），在韧皮部无伴胞。单叶，稀复叶；叶针形、线形、鳞片形、刺形，稀扇形、椭圆形、卵形、披针形、钻形或退化成膜质鞘状；单生、簇生或轮生。球花单性，雌雄同株或异株；雄蕊（小孢子叶）无柄或有柄，组成雄球花（雄孢子叶球），具多数或2个、稀1个花药（小孢子囊或花粉囊）；花粉（小孢子）有气囊或无，多为风媒传粉。雌蕊（大孢子叶，在松柏类称珠鳞）不形成子房，成组或成束着生、不形成雌球花，或多数至少数生于轴的顶端生1胚珠，由于大孢子叶没有形成密闭的子房，因而胚珠裸露（裸子植物之名由此而得）。胚珠直立或倒生，珠被1层，稀2层，顶端有珠孔；胚珠发育后从其中的1个细胞（大孢子）形成多细胞的雌配子体，在雌配子体的近珠孔处有构造简化的颈卵器（麻黄例外），卵细胞受精后发育成具有1至多数子叶的胚，配子体的其他部分继续发育围绕胚形成单倍体的胚乳，珠被发育成种皮。这样使整个大孢子发育成无果实的种子。

裸子植物发生在古生代上泥盆纪，在石炭纪、二叠纪发展繁盛，至中生代三叠纪、侏罗纪逐渐衰退，新的种类不断演变产生，古老的陆续灭绝，种类演替，繁衍至今。多为高大乔木，现代的部分煤层，系由古生代和中生代的裸子植物遗体形成。现存种类，一部分系自新生代第三纪遗留下来，另一部分特别是多种属的种类系在第三纪以后演化产生的。

已知现存裸子植物13科，70属，约800种，广布于全球，特别是在北半球亚热带高山区和温带至寒带地区分布较广，常组成大面积森林。我国裸子植物资源丰富，种类较多，共有12科，41属，近300种，其中银杏科、杉属、金钱松属、水松属、水杉属等为我国特有。河南省连栽培的共有8科，24属，42种，2变种，1变型及14栽培变种。栾川县连栽培的共有7科，18属，27种，9变种。另外，近年来，引种力度加大，不断有新的树种及变种、变型引进，有的数量很少，本志不作叙述。

裸子植物多为林业生产上的主要用材树种及纤维、松脂、单宁等原料树种，以松、杉、柏科分布最广，是组成针叶林或针阔混交林的优势树种。油松、华山松、日本落叶松、侧柏等，是栾川县不同地区和不同立地条件的造林树种，圆柏、银杏、粗榧、红豆杉等是园林绿化的优良树种。

（一）银杏科 Ginkgoaceae

落叶乔木，树干端直。枝分长枝与短枝。长枝上叶互生，短枝上的叶簇生，叶扇形，有长柄，具多数2叉状并列细脉。花单性，雌雄异株，稀同株；球花生于短枝的叶腋或苞腋，雄球花有短梗，柔荑花序状，雄蕊多数，每雄蕊有2个花药，花丝短；雌球花有长梗，顶生2或1个珠座，每珠座有1胚珠。种子核果状，外种皮肉质，中种皮骨质，内种皮膜质；胚乳丰富。胚有2个子叶。

仅1属、1种，为我国特产。栾川县产之。

银杏属 *Ginkgo*

属特征同科。

银杏（白果树 公孙树）*Ginkgo biloba*

【识别要点】叶扇形，边缘有深或浅的波状缺刻，叶脉叉分，长枝上的叶互生，短枝上的叶簇生。

乔木，高达40m，胸径4m。树皮灰白色渐至灰褐色，幼时浅纵裂，老时深纵裂。枝近轮生，斜上伸展（雌株的大枝常较雄株开展）；1年生的长枝淡褐黄色，2年生以上变为灰色，并有细纵裂纹；短枝密被叶痕，黑灰色，短枝上亦可长出长枝；冬芽黄褐色，常为卵圆形，先端钝尖。叶扇形，上部宽5～8cm，有深或浅的波状缺刻，有时中部缺刻较深，成2裂状，基部楔形，无毛，叶脉二叉状；叶柄长3～10cm。雌雄异株。种子核果状，椭圆形，倒卵形或近圆形，长2.5～3.5cm，径约2cm；种皮3层，外种皮肉质，熟时黄色或橙黄色，被白粉，有臭味；中种皮骨质，白色，具2～3棱脊；内种皮膜质，红褐色，胚乳丰富，具2枚子叶。花期3～4月，种子9～10月成熟。

栾川县各乡镇有栽培，多栽于寺院、庙宇、村镇、庭院，不乏百年古树，现有100年以上的古树名木13株。河南各地有栽培。全国各地也均有栽培。

喜光、深根性，稍耐旱，不耐盐碱，抗病虫害力强，抗烟尘力弱，常因受氯、氯化氢、氟化氢等气体毒害而落叶；以种子繁殖为主，育苗或直播造林均可，亦可用分蘖或扦插繁殖；一般20年生的实生树开始结实，30～40年进入盛期，通过嫁接可提前5～7年结实，结实能力长达数百年不衰，寿命可达千年以上。

木材结构细致，有光泽，可供建筑、家具、雕刻用材；种子含淀粉62.4%、粗蛋白11.3%、粗脂肪2.6%、蔗糖5.2%，可食用或入药，有润肺、定喘、涩精、止带之效；外种皮含白果酸，有毒，可作农药杀虫剂。叶也可入药，有降压之效。花为蜜源。树姿雄伟，叶形奇特，新叶嫩绿，秋叶鲜黄，为珍贵的园林绿化树种。

果纵切　雌蕊　果实　叶

种　果枝　雄花

树干

叶枝

（二）南洋杉科 Araucariaceae

常绿乔木，髓部较大，皮层具树脂；大枝轮生。叶革质，螺旋状排列，稀于侧枝上近对生，下延。雌雄异株或同株，雄球花圆柱形，雄蕊多数，螺旋状排列，花药4～20，排成两行，花粉无气囊；雌球花单生枝顶，椭圆形或近球形，苞鳞多数，螺旋状排列，珠鳞不发育，或与苞鳞合生，仅先端分离，胚珠1，倒生。球果大，2～3年成熟，苞鳞木质或厚革质，扁平，有时腹面中部具舌状种鳞，熟时苞鳞脱落；发育苞鳞具1种子，种子扁平，与苞鳞离生或合生。

2属，约40余种，产于南半球热带及亚热带地区。我国引入栽培2属，4种。栾川县引种栽培1属，1种。

南洋杉属 *Araucaria*

乔木，大枝平展或斜上伸展，冬芽小。叶鳞形、钻形、针状镰形、披针形或卵状三角形，同一植株上叶大小悬殊。雌雄异株，稀同株；雄球花单生或簇生，雄蕊具显著延伸的药隔；雌球花的苞鳞腹面具合生、仅先端分离的珠鳞，胚珠与珠鳞合生。球果大，直立，椭圆形或近球形，苞鳞木质，扁平，先端厚，上缘具锐利的横脊，先端具三角状或尾状尖头；每种鳞仅1粒种子，种子与苞鳞合生。子叶2，稀4，发芽时出土或不出土。

约14种，产于南美洲、大洋洲及太平洋岛屿。我国引入3种，栽培于华南。栾川县引入1种，盆栽，供观赏。

异叶南洋杉（南洋杉）*Araucaria heterophylla*

【识别要点】幼树及侧生小枝的叶排列疏松，开展，钻形，光绿色，向上弯曲，通常两侧扁，具3～4棱，长6～12mm，上面具多数气孔线，有白粉。

乔木，在原产地高达50m以上；树干通直，树皮暗灰色，裂成薄片状脱落；树冠塔形，大枝平伸，长达15m以上；小枝平展或下垂，侧枝常成羽状排列，下垂。叶二型：幼树及侧生小枝的叶排列疏松，开展，钻形，光绿色，向上弯曲，通常两侧扁，具3～4棱，长6～12mm，上面具多数气孔线，有白粉，下面气孔线较少或几无气孔线；大树及花果枝上的叶排列较密，微开展，宽卵形或三角状卵形，多少弯曲，长5～9mm，基部宽，先端钝圆，中脉隆起或不明显，上面有多条气孔线，有白粉，下面有疏生的气孔线。雄球花单生枝顶，圆柱形。球果近圆球形或椭圆状球形，通常长8～12cm，径7～11cm，有时径大于长；苞鳞厚，上部肥厚，边缘具锐脊，先端具扁平的三角状尖头，尖头向上弯曲；种子椭圆形，稍扁，两侧具结合生长的宽翅。

原产大洋洲诺和克岛。我国福州、广州等地引种栽培，作庭园树用。各地有盆栽，栾川县有盆栽，冬季须置于温室越冬。

全株

叶

小枝

幼树干

（三）松 科 Pinaceae

常绿或落叶乔木，稀灌木，有树脂。叶针形或线形，螺旋状互生，或在短枝上簇生。花单性，雌雄同株；雄球花腋生或顶生，雄蕊多数，螺旋状排列，每雄蕊有2个花药；雌球花具多数珠鳞和苞鳞，每1珠鳞具2胚珠，苞鳞与珠鳞分离。球果成熟时种鳞开裂，稀不开裂，每种鳞上有2个种子；种子上端具膜质翅，稀无翅。

共10属230余种。我国10属，113种，29变种。河南连栽培有7属，23种。栾川县连栽培有6属，13种，1变种。

1.叶扁平线形、锥形或针形，螺旋状互生，或短枝上簇生，均不成束：
 2.枝仅一种。叶螺旋状互生。球果当年成熟：
  3.球果腋生，长圆形或圆柱状长圆形，直立，成熟或干后种鳞自中轴脱落。叶二列状 ………………………………………………………… 1.冷杉属 *Abies*
  3.球果生于枝顶，种鳞宿存：
   4.叶扁平，有短柄，背面有气孔带 ……………………………………2.铁杉属 *Tsuga*
   4.叶四棱形、无柄，四面均有气孔带，或叶扁平仅表面有气孔带 …………… 3.云杉属 *Picea*
 2.枝分长、短枝。叶在长枝上螺旋状互生，在短枝上簇生。球果1～2年成熟：
  5.叶扁平线形，柔软，落叶。球果1年成熟，种鳞革质，不脱落 ……………4.落叶松属 *Larix*
  5.叶针形，质硬，常绿。球果2年成熟，种鳞脱落 ………………………… 5.雪松属 *Cedrus*
1.叶针形，2～5针一束，常绿。球果2年成熟 ……………………………………… 6.松属 *Pinus*

1.冷杉属 *Abies*

常绿乔木。枝轮生，有圆形叶痕。叶线形，扁平，基部常扭转成2列或上面的叶直立，背面中脉两侧有白色气孔带，具2个树脂管，稀4个，边生或中生。雄球花单生叶腋；雌球花单生于枝上部叶腋，直立。球果直立，种鳞革质，成熟时种鳞脱落；种子具宽翅。子叶4～10个，发芽时出土。

约50种。分布于亚洲、欧洲、非洲北部、北美洲、拉丁美洲高山地带。我国有22种。河南2种。栾川县2种。

1.叶的树脂道中生。球果苞鳞与种鳞等长或稍长 ……………………… （1）巴山冷杉 *Abies fargesii*
1.叶的树脂道边生，果枝叶的树脂道中生。球果的苞鳞长为种鳞的1/2 ……………………………………………………………………… （2）秦岭冷杉 *Abies chensiensis*

（1）巴山冷杉（太白冷杉）*Abies fargesii (Abies sutchuenensis)*

【识别要点】树皮方形块片剥裂；1年生枝红褐色，叶先端钝、微凹或尖，表面中脉凹下，背面有两条白色气孔带。球果长圆形或圆柱状卵形，种鳞与苞鳞近等长，先端有突尖。

乔木，高达30m。树皮粗糙，剥裂成方形块片。1年生枝红褐色或褐色，无毛或有微毛。叶线形，长1～2.5cm，宽1.5～2mm，先端钝、微凹或尖，表面中脉凹下，背面有两条白色气孔带，树脂道中生。球果长圆形或圆柱状卵形，长5.5～7cm，直径约3.5cm，成熟时黑色或黑紫色；种鳞与苞鳞近等长，先端有突尖；种子倒三角状卵形，种翅较种子短或近等长。

栾川县产伏牛山主峰老君山，生于海拔1800m以上的高山地带，常与华山松、锐齿栎等形成混交

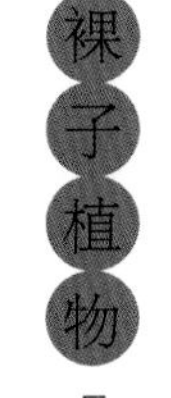

林。河南还产于嵩县龙池曼、鲁山石人山和卢氏等地。分布于陕西南部、四川东北部及湖北西部。

喜气候温凉湿润的酸性棕色森林土，耐阴性强，生长缓慢。种子繁殖。

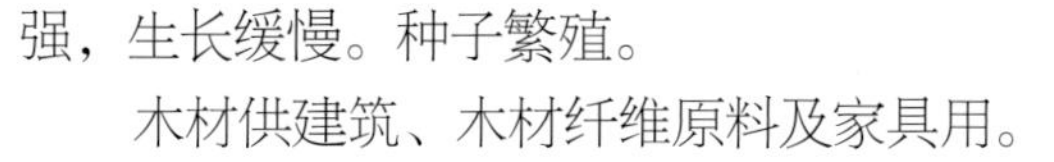

木材供建筑、木材纤维原料及家具用。

果枝

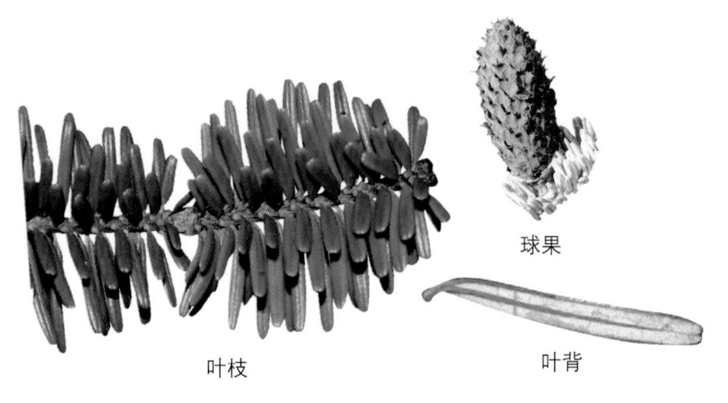

叶枝　球果　叶背

（2）秦岭冷杉 *Abies chensiensis*

【识别要点】与上种主要区别在于：果枝之叶树脂道中生或近中生；营养枝叶树脂道边生。球果长7～11cm；苞鳞长为种鳞的1/2，不外露，上部近圆形，中央有短急尖头，中下部近等宽，基部渐窄。

乔木，高达50m；1年生枝淡黄灰色、淡黄色或淡褐黄色，无毛或凹槽中有稀疏细毛，2、3年生枝淡黄灰色或灰色；冬芽圆锥形，有树脂。叶在枝上列成两列或近两列状，条形，长1.5～4.8cm，背面有2条白色气孔带；果枝之叶先端尖，或钝，树脂道中生或近中生，营养枝及幼树的叶较长，先端二裂或微凹，树脂道边生。球果圆柱形或卵状圆柱形，长7～11cm，径3～4cm，近无梗，成熟前绿色，熟时褐色，中部种鳞肾形，长约1.5cm，宽约2.5cm，鳞背露出部分密生短毛；苞鳞长约为种鳞的1/2，不外露，上部近圆形，边缘有细缺齿，中央有短急尖头，中下部近等宽，基部渐窄；种子较种翅为长，倒三角状椭圆形，长8mm，种翅宽大，倒三角形，上部宽约1cm，连同种子长约1.3cm。

栾川县产龙峪湾、老君山，生于海拔1800m以上的山脊。河南还产于灵宝小秦岭、内乡宝天曼、鲁山石人山。分布于秦岭及湖北等地。

喜气候温凉湿润及酸性土壤生长。种子繁殖。

为国家二级重点保护野生植物。木材较轻软，纹理直，可供建筑等用。

幼树

果枝

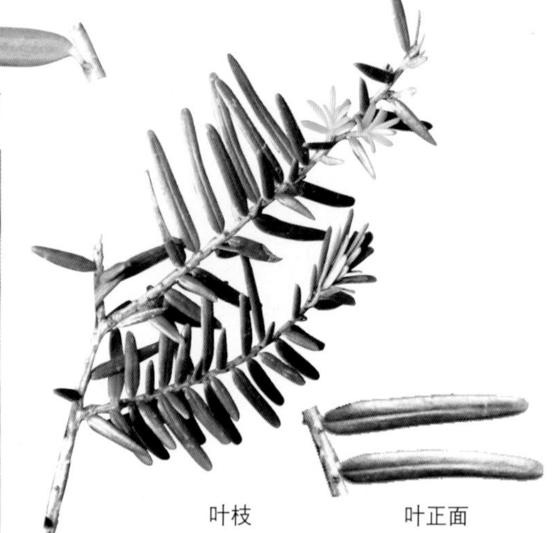

叶背面　叶枝　叶正面

2.铁杉属 *Tsuga*

常绿乔木。树皮深纵裂。小枝细，常下垂。有叶枕；冬芽球形或卵形，无树脂。叶线形、扁平，2列，有短柄，表面中脉凹下，无气孔线，背面中脉两侧各有1条气孔带，叶肉维管束下方有1树脂道。雄球花单生叶腋；雌球花单生于侧枝顶端。球果下垂或直立，当年成熟；苞鳞微露或不露，种子有翅。子叶3～6片，发芽时出土。

有16种，分布于亚洲东部及北美洲。我国有7种。河南产1种。栾川县产1种。

铁杉 *Tsuga chinensis*

【识别要点】树皮暗灰色，深纵裂，枝稍下垂。叶线形，二列，先端圆或凹缺，全缘或幼树叶缘有细齿。球果卵形。种鳞近圆形，苞鳞先端2裂。

乔木，高可达50m。树皮暗灰色，纵裂，成块状脱落。冬芽卵圆形或球形，先端钝，芽鳞背部平圆或基部芽鳞具背脊；枝稍下垂，小枝细，淡黄色或淡黄灰色，纵槽中有毛。叶线形，二列，长1.2～2.7cm，宽2～2.5mm，先端圆或凹缺，表面光绿色，背面初有白粉，老则脱落，稀老叶背面亦有白粉，中脉隆起无凹槽，气孔带灰绿色，全缘或幼树叶边缘有细齿。球果卵形，长1.5～2.7cm，直径0.8～1.5cm，有短柄，熟时浅褐色；种鳞近圆形，苞鳞甚小，侧三角形或斜方形，先端2裂；种子连翅长7～9mm。花期4月，球果10月成熟。

栾川县产伏牛山及熊耳山，生于海拔1000m以上的山坡上或山沟中，多与栎类混生，现有1株古树，树龄200年。河南还产于卢氏、灵宝、嵩县、南召、西峡、内乡等县市。为我国特有树种，分布于甘肃、陕西、湖北、四川和贵州。

喜生于气候温凉湿润、空气相对湿度大、酸性、排水良好的山地森林土地带。耐阴性强，在天然林中生长缓慢。种子繁殖。

木材材质坚硬，有刀斧难入之誉，供建筑、家具、木材纤维原料等用。树皮含单宁10.5%～15.5%；种子含油约50%，供工业用。

树干

小枝

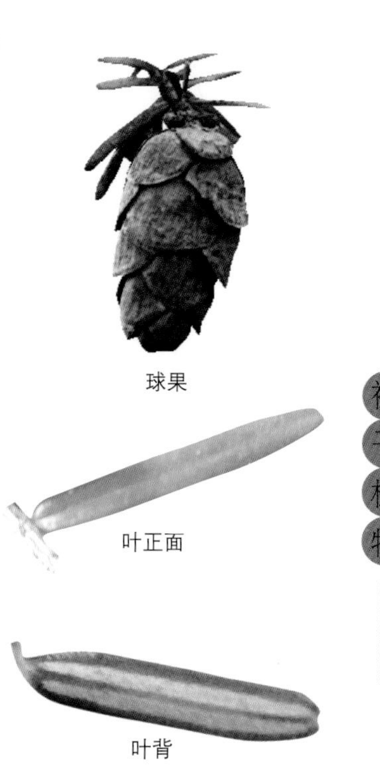

球果

叶正面

叶背

3.云杉属 *Picea*

常绿乔木。树皮鳞状开裂。小枝有叶枕。冬芽卵圆形。叶四棱形、四面均有气孔带，或扁平线形、表面有气孔带。雄球花单生叶腋；雌球花单生枝顶。球果下垂，熟时种鳞不脱落；种子有翅。子叶4～9枚，发芽时出土。

有46种，分布北半球。我国22种。河南连栽培有4种。栾川县连栽培有2种，1变种。

1.叶四棱形，四面均有气孔带 ………………………………………………… （1）云杉 *Picea asperata*

1.叶线形，扁平，表面有2条白色气孔带：

  2.叶绿色，长1～2.2cm，宽1～1.5mm，先端钝尖或尖 …………… （2）麦吊云杉 *Picea brachylyla*

  2.叶蓝色或蓝绿色，长1.8～3.1cm，先端尖或钝 …………… （3）蓝杉 *Picea pungens* var. *glauca*

（1）云杉（白松） *Picea asperata*

【识别要点】1年生枝淡褐黄色或淡黄色；叶四棱状线形，长1～2cm，横切面菱形，四面均有气孔带。

乔木，高达45m。小枝疏生或密生短柔毛或无毛，基部宿存先端反卷的芽鳞；1年生枝淡褐黄色或淡黄色；芽三角状圆锥形。叶四棱状线形，长1～2cm，横切面菱形，四面均有气孔带，表面5～8条，背面4～6条。球果圆柱状矩圆形，熟前绿色，熟时淡褐色或栗褐色，长6～10cm，直径2.5～3.5cm；种鳞倒卵形，长约2cm，宽约1.4cm，先端圆或截形，或钝三角形；种子长约4mm，连翅长约1.5cm。花期4月，球果10月成熟。

栾川县有栽培。河南有栽培。为我国特有树种，分布于四川、陕西南部、甘肃及青海。

耐阴、耐寒，喜欢凉爽湿润的气候和肥沃深厚、排水良好的微酸性沙质土壤，生长缓慢，属浅根性树种。种子繁殖。

树姿端庄，适应性强，抗风力强，耐烟尘，为优良园林绿化树种。盆栽可作为室内观赏树种，多用在庄重肃穆的场合，圣诞节前后，多置放在饭店、宾馆和一些家庭中作圣诞树装饰。材质优良，可供建筑、飞机、乐器及造纸、人造棉原料；树皮含单宁；树干可取树脂。

全株

小枝

叶

果枝

球果

（2）麦吊云杉（垂枝云杉）*Picea brachytyla*

【识别要点】树皮灰褐色，不规则块状深裂，小枝细而下垂，叶线形，扁平，表面有2条白色气孔带。

乔木，高达30m。树皮灰褐色，不规则块状深裂。大枝平展，树冠尖塔形；侧枝细而下垂，1年生枝淡黄色或淡褐黄色，有毛或无毛，2、3年生枝褐黄色或褐色，渐变成灰色；冬芽常为卵圆形及卵状圆锥形，稀顶芽圆锥形，侧芽卵圆形，芽鳞排列紧密，褐色，先端钝，小枝基部宿存芽鳞紧贴小枝，不向外开展。小枝上面之叶覆瓦状向前伸展，两侧及下面之叶排成两列；叶线形，扁平，长1～2.2cm，宽1～1.5mm，先端钝尖或尖，表面有2条白色气孔带，每带有气孔线5～7条。球果矩圆形或圆柱形，下垂，熟前绿色，熟时淡黄褐色，长6～12cm，直径2.5～3.8cm；中部种鳞倒卵形或斜方状倒卵形，长1.4～2.2cm，宽1.1～1.3cm，上部圆、排列紧密，或上部三角状则排列疏松；种子长约1.2cm。花期4月，球果9～10月成熟。

栾川县栾川乡养子沟景区台石有少量分布，生于海拔1500m以上的山坡林中。河南还产于嵩县、卢氏、鲁山等县。为我国特有树种，国家二级重点保护野生植物。主要分布在陕西、湖北、四川。

喜温和湿润气候和深厚、排水良好的酸性棕色森林土或山地褐土。喜光，幼树稍耐庇荫。种子繁殖。

木材可供建筑、电杆、家具、造纸等用。

叶枝

果枝

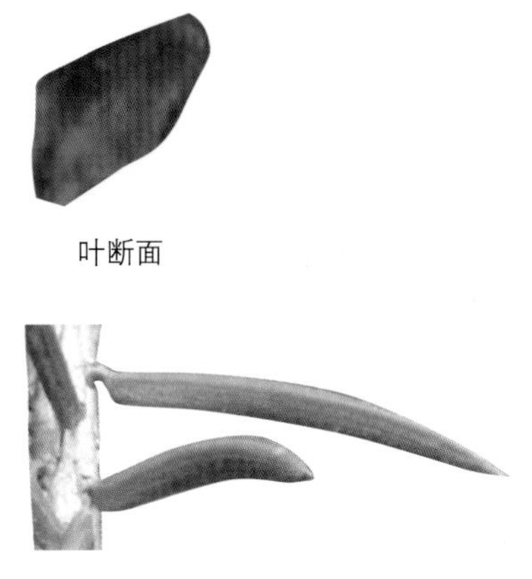

叶断面

叶

（3）蓝杉（科罗拉多蓝杉）*Picea pungens* var. *glauca*

【识别要点】树形为柱状至金字塔状。1年生小枝为棕褐色，叶蓝色或蓝绿色。

常绿乔木。高9～15m，冠幅3～6m。树冠呈圆锥形或尖塔形，枝条紧凑，当年生小枝为棕褐色。新发的小叶柔软簇生，之后变硬。针叶长1.8～3.1cm，先端尖或钝，蓝色或蓝白色。花橘红色，雌蕊黑色或紫色；球果长卵形，长7～12cm，成熟时黄褐色至褐色。

栾川县有栽培。为云杉属变种植物，原产北美。我国东北、内蒙古、河南、河北、山东、山西、甘肃、宁夏等地有引种栽培。

喜较为凉爽的气候，湿润、肥沃和微酸性土壤，要求光照充足。耐旱和耐盐力中等，忌高热和污染。

因具有独特的蓝叶，观赏价值高，为珍贵的园林绿化树种。

4.落叶松属 *Larix*

落叶乔木。冬芽小，近球形，芽鳞先端钝，排列紧密。枝有长短之分，叶在长枝上螺旋状排列，在短枝上簇生；叶线形，扁平，背面两侧有白色气孔带。雌雄同株，球花单生于短枝顶端。雄球花近圆球形或长圆形，黄色；雌球花近圆形，苞鳞显著，红色或绿紫色。球果当年成熟，直立，近球形、卵形或圆柱形；种鳞革质，宿存，苞鳞露出或不露出；种子小，三角状，具膜质长翅。子叶6～8个，出土。

有16种，分布北半球的亚洲、欧洲、北美洲的温带高山及寒带南部。我国有10种。河南3种。栾川县栽培3种。

1. 1年生小枝紫褐色，被白粉。球果种鳞上部边缘显著向外反曲
……………………………………………………（1）日本落叶松 *Larix kaempferi*

1. 1年生小枝淡黄色、黄色或淡黄褐色，无白粉。球果种鳞上部边缘不向外反曲：

 2. 1年生小枝较粗，直径1.5～2.5mm，常无毛。球果长2～3.5cm，种鳞背面光滑无毛
 ……………………………………………（2）华北落叶松 *Larix principis-rupprechtii*

 2. 1年生小枝细，直径约1mm，常密被毛。球果长1.5～2.6cm，种鳞背面常具柔毛
 ……………………………………………………（3）黄花落叶松 *Larix olgensis*

（1）日本落叶松 *Larix kaempferi*

【识别要点】小枝紫褐色，被白粉。枝平展。叶先端钝尖或钝，背面每边有5～6条气孔线。球果广卵状圆球形，种鳞上部边缘显著向外反曲。

乔木，高达30m。树皮暗褐色，纵裂，粗糙，成鳞片状脱落；枝平展，树冠塔形；小枝紫褐色，有白粉，幼时有褐色柔毛。1年生长枝淡黄色或淡红褐色，有白粉，直径约1.5mm，2、3年生枝灰褐色或黑褐色；短枝上历年叶枕形成的环痕特别明显，直径2～5mm，顶端叶枕之间有疏生柔毛；冬芽紫褐色，顶芽近球形，基部芽鳞三角形，先端具长尖头，边缘有睫毛。叶长1.5～3.5cm，宽1～2mm，先端钝尖或钝，背面每边有5～6条气孔线。雄球花淡褐黄色，卵圆形，长6～8mm，径约5mm；雌球花紫红色，苞鳞反曲，有白粉，先端三裂，中裂急尖。球果广卵状圆球形，黄褐色，长2～3.5cm，直径2.2～2.8cm；种鳞卵状矩圆形或卵方形，长1.2～1.5cm，宽约1cm，排列紧密，背面常被褐色腺头状毛，边缘波状，显著向外反曲；苞鳞窄三角形，长7～10mm，先端三裂，中肋延长成尾状短尖，不露出；种子倒卵圆形，连翅长1.1～1.4cm。花期4～5月，球果9～10月成熟。

原产日本。栾川县龙峪湾林场、老君山林场、大坪林场及陶湾、石庙、三川等乡镇有栽培，生长良好。河南卢氏淇河林场、灵宝河西林场等均有引种栽培。我国辽宁、山东、内蒙古等地也有栽培。

栾川县自1957年开始引种，经过龙峪湾林场的反复试验，攻克了育苗、造林等一系列技术难题，于1974年初获成功，后逐步在老君山及大坪两个国有林场大面积栽培，并在乡镇推广。据多年引种观测试验，日本落叶松在栾川县生长率是其原产地日本本州岛的1.6倍，速生丰产性良好。多年来，通过市级工程造林、以工代赈项目、世界银行贷款项目、群众基地造林等，营造了一大批日本落叶松基地。至2003年，全县共计发展日本落叶松9733hm^2。成为栾川县引种最为成功的速生用材树种之一。1990年开始，由原国家林业部、中国林业科学研究院及老君山林场联合，在老君山林场伊源林区建立了日本落叶松高世代良种种子园。1996年一期工程竣工，共计投资86万元，建立良种基地112hm^2，其中母树林66.7hm^2，种子园33.3hm^2，子代测定林10hm^2，优树收果区2hm^2。

种子繁殖。在土壤深厚肥沃、空气湿润的山间河谷生长良好。造林、育苗均需在海拔1000m以上地区进行，低海拔地区生长不良，育苗难获成功。

材质坚韧致密，可供建筑、土木工程、电杆、枕木等用。

球果　叶　花枝　树干　树冠　小枝

（2）华北落叶松 *Larix principis-rupprechtii*

【识别要点】1年生小枝淡黄色、黄色或淡黄褐色，无白粉。大枝平展，小枝不下垂。叶窄线形，先端尖或钝尖，表面平，球果长卵圆形，种鳞上部边缘不向外反曲，种鳞背面光滑无毛。

乔木，高达30m。当年生小枝淡褐色或淡黄褐色，常无毛。叶窄线形，长2～3cm，宽约1mm，先端尖或钝尖，表面平，中间或每边有1～2条气孔线，背面每边有2～4条气孔线。球果长卵圆形或卵圆形，熟时淡褐色，有光泽，长2～3.5cm，直径约为2cm；种鳞近五角状卵形，长1.2～1.5cm，宽8～10mm，先端截形，圆钝或微有凹缺，苞鳞暗紫色，近窄长形，具急尖头，长0.9～1.1cm，露出或不露出；种子灰白色，有褐斑纹，连翅长1～1.2cm。子叶5～7个。花期4～5月，球果10月成熟。

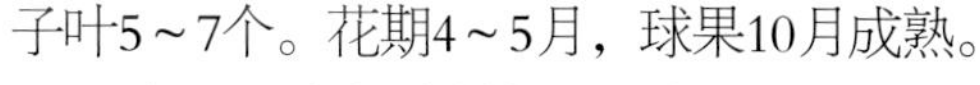

栾川县龙峪湾林场、大坪林场有栽培片林，常与日本落叶松混交。为我国特有树种，是华北地区高山针叶林的主要树种。分布河北、山西。

最喜光树种，根系发达。种子繁殖。

树皮含单宁、树脂。木材坚韧致密，可供建筑、造船、枕木及造纸用；也可提取栲胶。生长快，是伏牛山、熊耳山海拔1000m以上的适宜造林树种。

树冠

树干　叶　球果

小枝

（3）黄花落叶松（长白落叶松） *Larix olgensis*

【识别要点】1年生小枝无白粉，密生柔毛。叶线形，先端钝或微尖，背面每侧有2～5条气孔线。球果长卵圆形，幼时淡红紫色，熟时淡褐色或褐色，种鳞背面具柔毛。

乔木，高达30m，胸径1m。树皮灰褐色，长鳞片状纵裂。1年生小枝淡褐色或淡黄褐色，直径约1mm，无白粉，密生柔毛。冬芽淡紫褐色，鳞片排列紧密，有毛。叶线形，长1.5～2.5cm，宽约1mm，先端钝或微尖，背面每侧有2～5条气孔线。球果幼时淡红紫色，熟时淡褐色或褐色，长卵圆形，长1.5～2.6cm，种鳞广卵形常成四方状，背面及上部边缘常有腺毛或短毛，苞鳞长为种鳞之半或稍长。花期4～5月，球果10月成熟。

栾川县龙峪湾林场有少量栽培，常与日本落叶松、华北落叶松混交，卢氏县淇河林场也有少量栽培。分布于吉林、黑龙江等地。朝鲜及俄罗斯远东地区也有分布。

种子繁殖。

树皮含单宁。木材质地坚韧细密，纹理直，有树脂，耐久用，可供建筑等用。

枝叶

树干

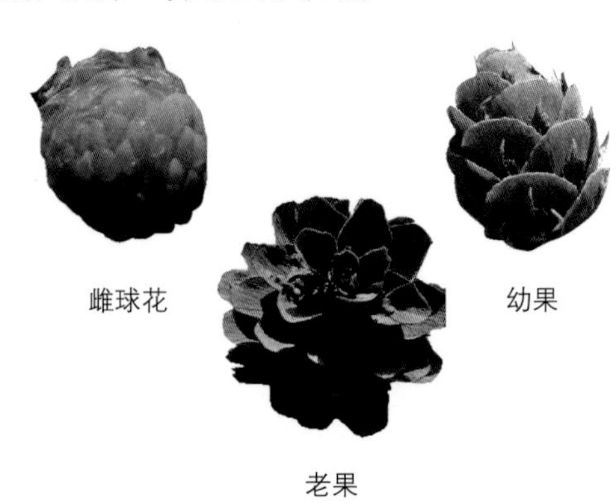
雌球花　幼果　老果

5.雪松属 *Cedrus*

常绿乔木。有长枝与短枝之分。叶针形，螺旋状着生或在短枝上簇生。球花单生短枝顶端。球果直立；种鳞木质，苞鳞小，成熟时与种鳞同时脱落；种子有翅。子叶9～10个，出土。

有4种。分布非洲北部、小亚细亚、喜马拉雅山西部。我国1种。河南有栽培。栾川县有栽培。

雪松 *Cedrus deodara*

【识别要点】小枝微下垂，叶针形，三棱，长2.5～5cm，幼时有白粉，灰绿色，各面有数条气孔线，螺旋状着生或在短枝上簇生。

乔木，高达50m。树皮深灰色，裂成不规则的鳞状块片；枝平展、微斜展或微下垂，基部宿存芽鳞向外反曲，小枝微下垂，幼时有柔毛，2、3年生枝呈灰色、淡褐灰色或深灰色。叶在长枝上辐射伸展，短枝之叶成簇生状（每年生出新叶15～20枚），针形，三棱，长2.5～5cm，幼时有白粉，灰绿色，各面有数条气孔线。雄球花数个簇生于短枝顶；雌球花单生于短枝顶。球果卵圆形或宽椭圆形，长7～10cm，直径5～8cm，顶端平，熟时深褐色；种鳞倒三角形，长2.5～3.2cm，宽3.7～4.3cm，先端宽圆，两侧边缘薄，有不规则细锯齿，背面被锈色毛；苞鳞不露出；种子三角状，上部有宽翅。球果翌年10月成熟，种鳞脱落。

栾川县各乡镇均有栽培。分布于西藏西南部，我国各地广泛栽培。

在气候温和湿润、土层深厚、排水良好的土壤条件下生长良好。稍耐阴，深根性，但不耐水湿。用种子和扦插繁殖。

枝叶入药，能祛风活络、消肿生肌、活血止血。木材供建筑、桥梁等用，为优良的园林绿化树种。

1.杉木属 *Cunninghamia*

常绿乔木。枝轮生。叶螺旋状着生，披针形，扁平，有细锯齿，基部下延，上下两面均有气孔线。雌雄同株；雄球花每雄蕊具3个花药；雌球花珠鳞和苞鳞结合，每珠鳞有3胚珠。球果近球形或卵圆形；苞鳞革质扁平，先端具硬尖头，边缘有细锯齿，基部心形；种鳞小，着生苞鳞腹面中下部与苞鳞结合，着生3粒种子，种子扁平，两侧具窄翅；子叶2枚，发芽出土。

2种，分布我国淮河、秦岭以南各地。河南1种，1变种。栾川县栽培1种。

杉木（刺杉）*Cunninghamia lanceolata*

【识别要点】树皮灰褐色、长片状剥落，内皮淡红色。叶线状披针形，先端锐尖，坚硬，边缘有细锯齿。叶与种鳞均为螺旋状着生。

乔木，高达30m。树皮灰褐色、长片状剥落，内皮淡红色。枝轮生，小枝绿色。冬芽近圆形，有小型叶状的芽鳞，花芽圆球形、较大。叶在主枝上辐射伸展，侧枝之叶基部扭转成二列状，线状披针形，长3～6cm，宽3～5mm，先端锐尖，坚硬，边缘有细锯齿；表面深绿色，有光泽，除先端及基部外两侧有窄气孔带，微具白粉或白粉不明显，背面淡绿色，沿中脉两侧各有1条白粉气孔带；老树之叶通常较窄短、较厚，上面无气孔线。雄球花圆锥状，长0.5～1.5cm，有短梗，通常40余个簇生枝顶；雌球花单生或2～3（～4）个集生，绿色，苞鳞横椭圆形，先端急尖，上部边缘膜质，有不规则的细齿，长宽几相等，约3.5～4mm。球果长2.5～5cm，径2～4cm；种子不规则长圆形，长6～8mm，宽4～5mm，深褐色，具窄翅。花期4～5月，球果10～11月成熟。

栾川县城关镇大南沟、栾川乡养子沟和庙子镇庄子村等地有零星栽培。河南产于大别山、桐柏山和伏牛山南部；生于山谷、山麓酸性土壤上。广布长江流域及秦岭南坡地区，南至广东、广西和云南东南部及中部，东至江苏南部、浙江、安徽、福建，西至四川。

较喜光树种，喜温暖湿润气候，不耐严寒，以土壤深厚、肥沃、湿润、含腐殖质多的酸性土壤上和排水良好、背风向阳的山地最为适宜。种子、插条繁殖，或根株萌芽更新。

材质轻软，纹理通直，易于加工，供建筑、造船、电杆等用。树皮、根及叶入药，有祛风燥湿、收敛止血之效。种子含油约20%，供制皂。是优良的速生用材树种。

树干

雄球花枝

球果枝

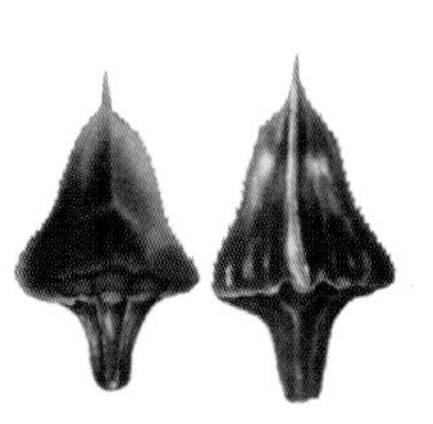
苞鳞腹背面

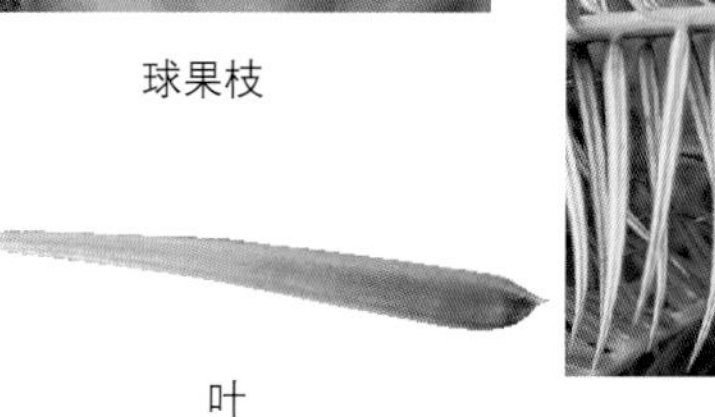
叶

叶枝（背）

2.柳杉属 *Cryptomeria*

常绿乔木，树皮红褐色，裂成长条片脱落；枝近轮生，平展或斜上伸展，树冠尖塔形或卵圆形；冬芽形小。叶螺旋状着生略成五行，锥形，先端尖，直伸或向内弯曲，有气孔线，基部下延。雌雄同株；雄球花单生小枝上部叶腋，常密集成短穗状花序状，矩圆形，基部有一短小的苞叶，无梗，具多数螺旋状排列的雄蕊，花药3～6，药室纵裂，药隔三角状；雌球花近球形，无梗，单生枝顶，稀数个集生，珠鳞螺旋状排列，胚珠2～5，苞鳞与珠鳞合生，仅先端分离。球果近球形，种鳞不脱落，木质，盾形，上部肥大，上部边缘有3～7裂齿，背面中部或中下部有一个三角状分离的苞鳞尖头，发育的具2～5种子；种子不规则扁椭圆形或扁三角状椭圆形，边缘有极窄的翅；子叶2～3，发芽时出土。

2种，产于我国及日本。河南栽培2种。栾川县栽培1种。

柳杉（长叶孔雀松）*Cryptomeria fortunei*

【识别要点】叶螺旋状着生，略成五行，锥形，先端尖，直伸或向内弯曲，有气孔线，基部下延。

乔木，高达40m。树皮红棕色，裂成长条片。小枝细长下垂。叶长1～1.5cm，略向内弯曲，幼树及萌芽枝之叶长达2.4cm。球果径1.2～2cm；种鳞20片左右，上部具4～5（稀至7）短三角形裂齿，齿长2～4mm，苞鳞尖头长3～5mm，发育种鳞具2种子。种子长4～6.5mm，宽2～3.5mm。花期4月，球果10～11月成熟。

栾川县有栽培，多见于公园、庭院、公路旁。河南商城黄柏山、鸡公山、新县等地有人工片林。为我国特有树种，分布于浙江天目山、福建及江西庐山，长江流域及以南各地也有栽培。

枝条柔韧、富有弹性，抗风、抗雪压和冰挂的能力较强。较喜光。浅根性，无明显主根，侧根很发达。喜温暖湿润气候和土壤酸性、肥厚、排水良好的山地，在寒凉干燥、土层瘠薄的立地条件下生长不良。栾川县引种时间较短，后期生长效果有待进一步观察。种子繁殖。有赤枯病、金龟子、金花虫危害幼苗幼树，大树有瘿瘤病、天牛等危害。

边材白色，心材淡红色，轻软，纹理直，结构中，质地较松，材质次于杉木；供建筑、器具、家具等用。树姿优美，为优良的园林风景树种。

球果

叶枝

雄球花枝

3.水杉属　*Metasequoia*

落叶乔木，大枝不规则轮生，小枝对生或近对生；冬芽有6～8对交叉对生的芽鳞。叶交叉对生，基部扭成2列，羽状，条形，扁平，无柄或几无柄，背面中脉隆起，每边各有4～8条气孔线。雌雄同株，雄球花单生叶腋或枝顶，有短梗，雄蕊约20，每雄蕊3花药，花粉无气囊；雌球花有短梗，单生去年枝顶，珠鳞11～14对，交叉对生。每珠鳞5～9枚胚株。球果下垂，当年成熟，常近球形，微具四棱，有长梗；种鳞木质，盾形，顶部横长斜方形，有凹槽，基部楔形，宿存。发育种鳞5～9粒种子；种子扁平，周围有窄翅；子叶2枚，发芽时出土。

本属在中生代和新生代有10种，曾广布北美、日本、我国东北、前苏联、欧洲及格陵兰，达北纬82°。第四纪冰期之后消亡，仅有1孑遗种，产我国四川、湖北、湖南等山区。全国各地有栽培。

水杉（杉松）*Metasequoia glyptostroboides*

【识别要点】小枝绿色，后为褐色，无毛，侧生小枝羽状，叶线形、扁平，对生。

落叶乔木，高达35m。树干基部常膨大；树皮灰色、灰褐色或暗灰色，幼树裂成薄片脱落，大树裂成长条状脱落，内皮淡紫褐色；1年生小枝绿色，后为褐色，无毛，2～3年生小枝淡褐色或灰褐色；侧生小枝排成羽状，冬季与叶同时脱落。叶线形，长8～35mm，宽1～2.5mm，表面淡绿色，背面色较淡，沿中脉有两条较边带稍宽的淡黄色气孔带，每带有4～8条气孔线。球果下垂，近四棱状球形或矩圆状球形，成熟时深褐色，长至2.5cm；种鳞木质，盾形，通常11～12对，鳞顶扁菱形，中央有一横槽，基部楔形，能育种鳞有5～9个种子；种子扁平，倒卵形，周围有翅，先端有凹缺，长约5mm。花期2月，球果10～11月成熟。

栾川县有栽培片林，生长良好。河南各地均有栽培。为我国特产稀有珍贵树种，野生仅分布于四川石柱县、湖北利川市及湖南西北部龙山。

为喜光性强的速生树种，对环境条件的适应性较强，耐水湿，在深厚、肥沃、排水良好沙壤土或褐土上生长迅速，也耐寒冷，但不耐盐碱和瘠薄。种子和扦插繁殖，苗期有立枯病、茎腐病、白线虫等危害。大树有大袋蛾危害树叶。

材质轻软，纹理直，结构稍粗，不耐水湿，可供房屋建筑、家具及纤维工业原料等用。同时，也可作为园林绿化树种。

树干

雌球花枝

小枝

栽培品种有‘**金叶**’**水杉**‘GoldRush’，叶金黄色。

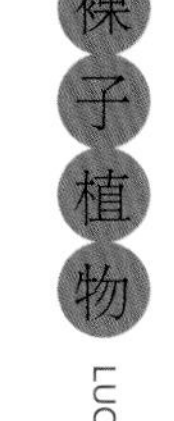

叶枝

雄球花枝

球果

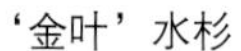

‘金叶’水杉

（五）柏 科 Cupressaceae

常绿乔木或灌木，有树脂。叶交叉对生或3～4片轮生，稀螺旋状着生，鳞形或刺形，或同一树木兼有两型叶。球花单性，雌雄同株或异株，单生枝顶或叶腋；雄球花具有2～24个交互对生或3个轮生的雄蕊，每雄蕊具2～6个花药；雌球花有3～16枚交叉对生或3～4片轮生的珠鳞，苞鳞与珠鳞完全合生，每珠鳞有1至数个胚珠。球果较小，木质或革质、开裂，或肉质不开裂，每种鳞生1至数个种子；种子有翅或无翅。子叶通常2枚。

22属，约150种，分布于南北半球。我国8属，40余种。河南连栽培有6属，13种，1变型及13栽培变种。栾川县连栽培有5属，6种，7栽培变种。

1.球果的种鳞木质或近革质，熟时张开，种子通常有翅：

2.种鳞扁平，球果当年成熟 ……………………………………………………1.侧柏属 *Platycladus*

2.种鳞盾形，球果当年或翌年成熟：

3.每种鳞通常2个种子，球果当年成熟 ………………………………… 2.扁柏属 *Chamaecyparis*

3.每种鳞具多数种子，球果2年成熟 ……………………………………… 3.柏木属 *Cupressus*

1.球果种鳞3～8个结合成肉质，熟时不张开，或仅顶端张开，种子无翅：

4.球花单生枝顶；珠鳞6～8个，胚珠基生，种鳞完全结合，熟时不张开。叶基下延 ………………………………………………………………………………… 4.圆柏属 *Sabina*

4.球花单生叶腋；珠鳞3个，胚珠中生，种鳞仅先端不结合，熟时张开。叶基有关节，不下延 …………………………………………………………………………… 5.刺柏属 *Juniperus*

1.侧柏属 *Platycladus*

常绿乔木。小枝直伸或斜展，排成一平面，扁平。叶鳞形，交互对生，排成四列，基部下延，上下叶的背部有腺点。雌雄同株，球花单生枝顶；雄球花有3～6对雄蕊，每雄蕊2～4个花药；雌球花有4对珠鳞，仅中间2对各具2胚珠。球果当年成熟，熟时开裂；种鳞4对，木质，扁平，背部近顶端具1弯曲的钩状尖头，中部2对种鳞各具1～2个种子；种子长卵形，无翅。子叶2枚，出土。

仅1种，分布于东亚。我国分布甚广。河南有1种及2栽培变种。栾川县有1种及2栽培变种。

侧柏（柏树） *Platycladus orientalis*

【识别要点】小枝扁平，排成一平面，直展。叶鳞形，交互对生。球果当年成熟，卵圆形，蓝绿色被白粉，熟后木质张开，红褐色。种子无翅。

乔木，高达20m。树皮薄，浅灰褐色，纵裂成条片；小枝扁平，排成一平面，直展。叶鳞形或幼苗为刺形，小枝中央叶与两侧叶交互对生，位于小枝中央的叶露出部分倒卵状菱形或斜方形，背面中间有腺点，两侧的叶遮覆着上下之叶的基部两侧，先端内曲。雄球花黄色，卵圆形，长约2mm；雌球花近球形，径约2mm，蓝绿色，被白粉。球果当年成熟，卵圆形，长1.5～2cm，蓝绿色，被白粉，熟后木质果鳞张开，先端反曲，红褐色；种子卵圆形或长卵形，无翅或有棱脊。花期3～4月，球果9～10月成熟。

栾川县赤土店镇庄科村和清和堂村有天然片林，各乡镇均有栽培，野生的生于山坡、石缝。在庙宇、陵园等有众多古树，全县有侧柏古树名木2029株，其中古树群2012株，散生古树17株。河南各地均有分布，野生或栽培。我国除新疆和青海外，分布几遍全国。

喜光性树种，但幼苗、幼树稍耐庇荫；浅根

性，侧根发达。能适应干冷及暖湿气候，在微酸性土、中性土、钙质土、微碱性土均能生长，以在钙质土上生长良好，耐干旱瘠薄，不耐水湿，排水不良的低洼地上易于烂根而死亡。生长速度一般较慢。种子繁殖。每亩播种量约10kg，1年生苗移栽或留床，用2年生苗造林。有侧柏毒蛾、红蜘蛛、小卷蛾、袋蛾、小蠹虫等危害。

木材细致坚实，材质优良，供建筑、造船、器具及细工用材等。根、干、枝、叶可提取挥发油；根、枝叶、球果及种子均入药，根治跌打损伤，叶治烫伤及气管炎，球果治风寒感冒、胃痛及虚弱吐血；种仁称柏子仁，有滋补强壮、安神、润肠之效。可作石灰岩山地及石质山地造林树种，为我县主要荒山造林、园林绿化树种之一，有大面积的人工林分布。

全株　小叶枝　果　叶　果枝

栾川县作园林观赏的有下列2个栽培变种。

千头柏‘Sieboldii’丛生灌木，无主干，枝密生，呈卵状球形树冠。**洒金柏（金球侧柏 金黄球柏）**‘Semperaurescens’矮生灌木，树冠球形，叶金黄色。

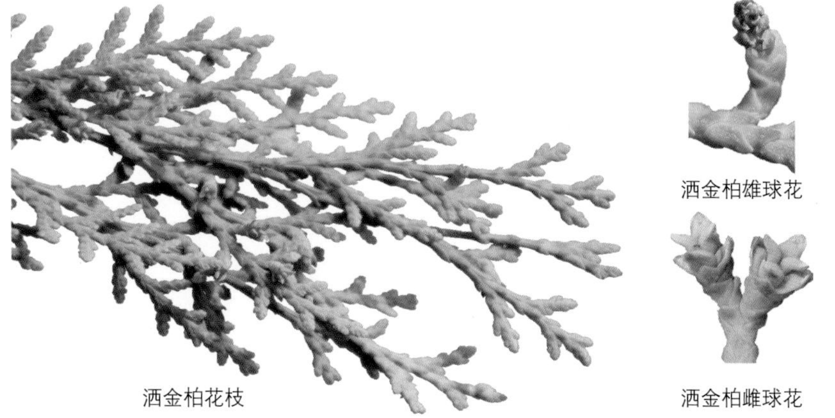

洒金柏花枝　洒金柏雄球花　洒金柏雌球花

千头柏植株

洒金柏果枝

洒金柏叶

2.扁柏属 *Chamaecyparis*

常绿乔木。生鳞叶的小枝扁平，排成一平面。叶鳞形，通常二型，稀同型（一些栽培变种），交叉对生，小枝上面中央的叶卵形或菱状卵形，先端微尖或钝，下面的叶有白粉或无，侧面的叶对折呈船形。雌雄同株，球花单生枝端；雄球花黄色、暗褐色或深红色，卵圆形或矩圆形，雄蕊3～4对，交叉对生，每雄蕊有3～5花药；雌球花圆球形，有3～6对交叉对生的珠鳞，胚珠1～5，直立，着生于珠鳞内侧。球果圆球形，稀矩圆形，当年成熟，种鳞3～6对，木质，盾形，顶部中央有小尖头，发育种鳞有种子1～5（通常3）粒。

有6种，分布北美、日本及我国台湾。我国2种，产台湾。另引入4种及数变种。河南栽培3种及5变种。栾川县栽培1种。

日本花柏 *Chamaecyparis pisifera*

【识别要点】 树皮红褐色，裂成薄片脱落。鳞叶先端锐尖，叶背白粉明显。

乔木。原产地高达50m。树皮红褐色，裂成薄片脱落。树冠尖塔形。生鳞叶小枝扁平，排成一平面。鳞叶先端锐尖，侧面之叶较中间稍长，小枝上面中央之叶深绿色，下面之叶有明显白粉。球果圆球形，直径约6mm，熟时暗褐色；种鳞5～6对，顶部中央稍凹，有凸起的小尖头，发育的种鳞各有1～2粒种子；种子三角状卵圆形，有棱脊，两侧有宽翅，径2～3mm。

栾川县龙峪湾等地有栽培。原产日本。河南鸡公山、黄柏山、郑州、洛阳等地有栽培。我国南京、庐山、杭州、上海、青岛等地也有栽培。

种子繁殖。生长较慢。为庭园观赏树种。

叶枝背面
树干
球果
叶枝正面

3.柏木属 *Cupressus*

常绿乔木，稀灌木。小枝斜上伸展，生鳞叶小枝四棱形或圆柱形，不排成平面，稀扁平而排成一平面。叶鳞形，交互对生，背面常有腺点，萌芽枝有时具刺形叶。雌雄同株，球花单生枝顶，雄球花有雄蕊数对，各具2～6个花药，雌球花有4～8对盾形珠鳞，发育珠鳞有5至多个胚珠。球果次年成熟，球形或近球形；种鳞4～8对，熟时开裂，木质，盾形，顶端尖，各具5至多粒种子；种子稍扁，有棱角，两侧具窄翅；子叶2～5枚。

有20种，分布北美洲南部、亚洲东部、喜马拉雅等温带及亚热带地区。我国5种。河南栽培1种。栾川县栽培1种。

柏木 *Cupressus funebris*

【识别要点】树皮淡褐灰色，窄长片开裂。小枝细长下垂，有叶小枝扁平，排成一平面。鳞叶先端尖，球果次年成熟，褐色，圆球形；种鳞4对。

乔木。树皮淡褐灰色，裂成窄长片。小枝细长下垂，有叶小枝扁平，排成一平面，两面相似，较老的小枝圆柱形，暗褐紫色，略有光泽。鳞叶先端尖，中间的叶背面有纵腺点，两侧的叶对折，背部有棱脊。雄球花椭圆形或卵圆形，长2.5～3mm，雄蕊通常6对，药隔顶端常具短尖头，中央具纵脊，淡绿色，边缘带褐色；雌球花长3～6mm，近球形，径约3.5mm。球果褐色，圆球形，直径1～1.2cm；种鳞4对，基部1对不育，顶部有尖头，各有5～6粒种子；种子长约3mm，熟时淡褐色。花期4月，球果次年5～6月成熟。

栾川县多数乡镇均有零星栽培，多见于墓地、庙宇等，现有古树19株。河南鸡公山、黄柏山、董寨、洛阳、郑州等地有栽培。为我国特有树种，分布长江流域以南及西部和西南各地。

喜光性树种，侧根发达。适宜温暖湿润多雨气候，在排水良好的各种土壤均能生长，尤以在石灰岩山地钙质土上生长良好。耐瘠薄，不耐寒。种子繁殖，天然下种更新能力良好。每亩播种量6～8kg，用1年生或移栽留床的2年生苗造林，适当密植。与栎类等营造混交林可避免柏毛虫的危害。苗期有赤枯病危害，幼林有柏毛虫危害。

材质优良，纹理直，结构细，耐水湿，抗腐性强，有香气，比重0.44～0.59，供建筑、家具、造船等用；种子可榨油；球果、根、枝叶均可入药，果治风寒感冒、胃痛及虚弱吐血；根治跌打损伤；叶治烫伤；根、干、枝叶可提取挥发油。枝叶深密，小枝下垂，树冠优美，可作园林绿化树种。也是优良的用材树种。

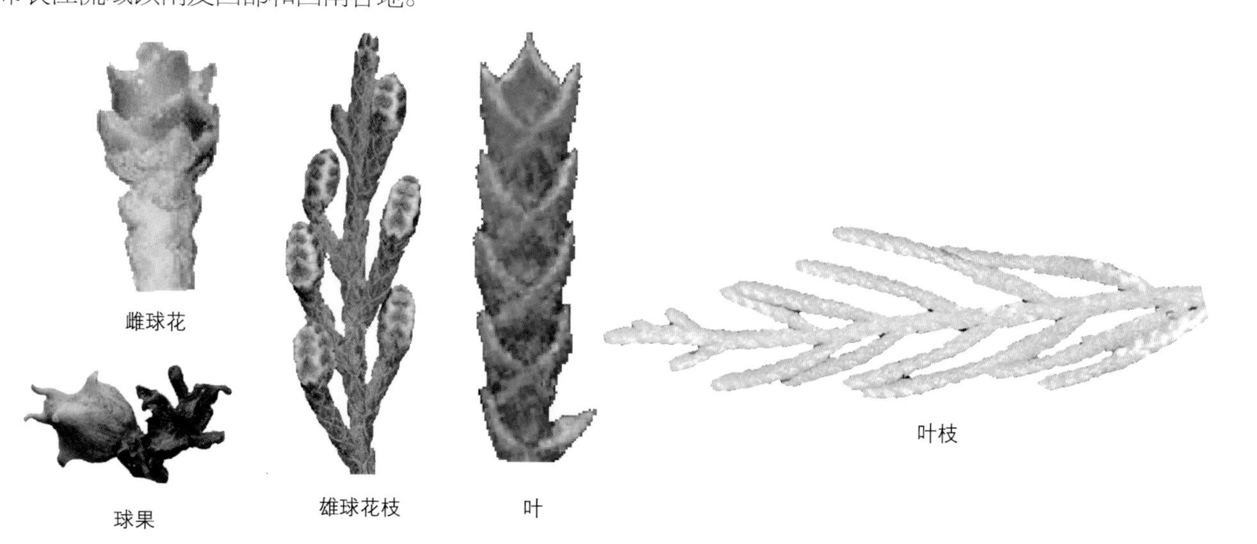

附：栾川县近年新引进**蓝冰柏** *Cupressus glabra* 'Blue Ice'，常绿乔木树种，生长迅速，株型垂直，枝条紧凑且整洁，整体呈圆锥形，鳞叶蓝绿色。为优良园林绿化观赏树种。

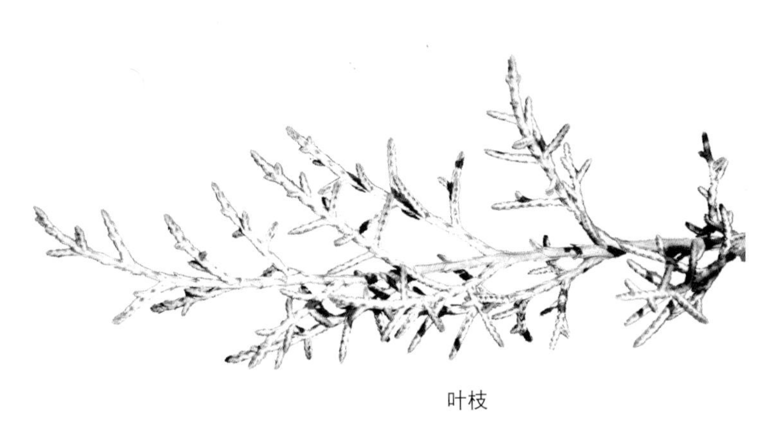
叶枝

全株

4.圆柏属 *Sabina*

乔木或灌木。叶二型：刺形叶3～4个轮生，基部下延；鳞形叶交互对生。雌雄异株，稀同株，球花单生枝顶；雄球花具5～8对交互对生的雄蕊；雌球花珠鳞6～8个，交互对生或轮生，每珠鳞具1～2胚珠。球果通常2～3年成熟；种鳞合生，肉质，红色或蓝黑色，熟时不开裂；种子1～6粒，无翅；子叶2～6枚，出土。

约50种，分布北半球，北至北极圈，南至热带高山。我国产15种及5变种。河南有4种及7变种。栾川县有1种，5栽培变种。另有河南桧等栽培品种，本志不予叙述。

圆柏（桧柏 刺柏） *Sabina chinensis*

【识别要点】叶二型，幼树叶全为刺形，三个轮生；老树多为鳞形叶，交互对生。

乔木，高达20m。树皮深灰色，纵裂成长条。叶二型，即刺叶及鳞叶；生鳞形叶的小枝圆或近方形；幼树叶全为刺形，三个轮生，长6～12mm，腹面有2条白粉带；老树多为鳞形叶，交互对生，排列紧密，先端钝或微尖，背面近中部有椭圆形腺体。球果近圆形，直径6～8mm，有白粉，熟时褐色，内有1～4粒种子。花期3～4月，球果翌年9～10月成熟。

栾川县各乡镇均有栽培，全县有圆柏古树8株。潭头镇石门村魏家沟的娘娘柏树龄1500年，树高10m，胸围285cm，树冠面积156m^2，外形身躯似雄鸡，头部似骏马，雄伟美观，为当地一著名景观。河南各地有栽培。分布于内蒙古、河北、山西、山东、江苏、浙江、福建、安徽、江西、陕西、甘肃、四川、湖北、贵州、广东、广西及云南等地。朝鲜、日本也有分布。

喜光性树种，幼时耐阴，喜温凉、温暖气候。在中性、微酸性及钙质土壤均能生长。为锈病寄主，果区应少栽植。扦插或种子繁殖。

木材供建筑、家具、细工等用；枝叶入药，有祛风散寒、活血消肿、利尿之效；根、干、枝叶可提取芳香油；种子榨油供工业用。耐修剪，成型快，为园林造型的优良材料，广泛用于园林绿化。

二型叶

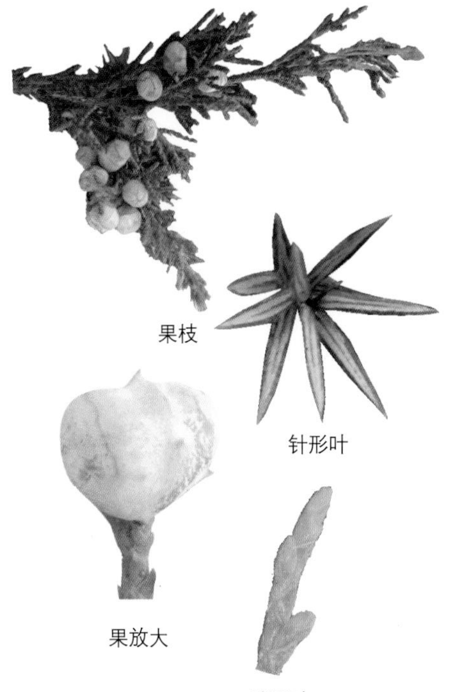

果枝

针形叶

果放大

鳞形叶

栾川县园林绿化应用较多的有下列5个栽培变种：

龙柏‘Kaizuca’，树冠圆柱状或柱状塔形，枝条向上直展，常有扭转上升之势，小枝密，在枝端成稍长之密簇。叶全部为鳞形。

塔柏‘Pyramidalis’，枝向上直展，密生，树冠圆柱状或圆柱状塔形；叶多为刺形，间有鳞叶。

金叶桧‘Aurea’，直立灌木，叶鳞形，初为深金黄色，后变为绿色。

金球桧‘Aureoglobosa’，矮型丛生圆球形灌木，枝密生，绿叶丛中杂有金黄色枝叶。

球桧‘Globosa’，矮型丛生圆球形灌木，枝密生，叶鳞形，间有刺叶。

龙柏叶

龙柏全株

塔柏全株

5.刺柏属 *Juniperus*

常绿乔木或灌木。叶刺形，3个轮生，基部有关节，不下延，表面平或凹，有1～2气孔带。雌雄同株或异株，球花腋生；雄球花有雄蕊5对，交互对生；雌球花有3个轮生珠鳞，胚珠3，与鳞片互生。球果浆果状，近球形，二年或三年成熟，种鳞3个合生，肉质，苞鳞与种鳞结合，仅苞鳞顶端分离，熟时不开裂或仅顶端开裂；种子常3粒，卵圆形，具棱脊，无翅。

约10余种，分布于亚洲、欧洲及北美洲，我国3种，引种栽培1种。河南连栽培有3种。栾川县连栽培有2种。

1.叶表面凹下深槽内有1条白色气孔带 ……………………………………（1）杜松 *Juniperus rigida*

1.叶表面中脉两侧各有1条白色气孔带 …………………………………（2）刺柏 *Juniperus formosana*

（1）杜松 *Juniperus rigida*

【识别要点】叶表面深槽内有1条白色气孔带。

灌木或乔木，高达10m。小枝下垂，幼枝三棱形。叶刺形，坚硬，轮生，基部有关节，先端锐尖，长12～17mm，宽约1mm，表面深槽内有1条白色气孔带，背面有明显纵脊， 横切面成内凹的"V" 状三角形。球果圆球形，直径6～8mm，初紫褐色，熟时为蓝黑色，被白粉；种子常8粒，近卵形，顶端尖，有4条不明显棱角，长约6mm。

栾川县龙峪湾林场有零星分布，生于海拔1000m以上的山坡林中。河南还产于内乡宝天曼、灵宝小秦岭。分布于东北、河北、山西、内蒙古、陕西、甘肃及宁夏等地。朝鲜及日本也有分布。

喜光深根性树种，耐干燥瘠薄。扦插繁殖。

材质坚硬，纹理致密，光泽美丽，有香气，耐腐力强，可供建筑、雕刻、家具等用。球果入药，有利尿、发汗、驱风之效。又可作庭园观赏树种。

树冠

果

嫩枝

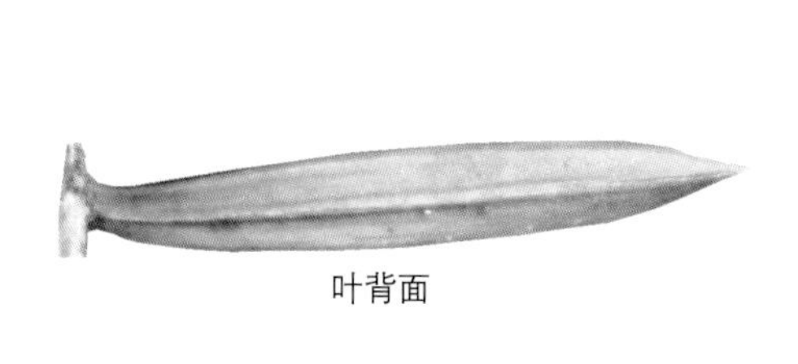
叶背面

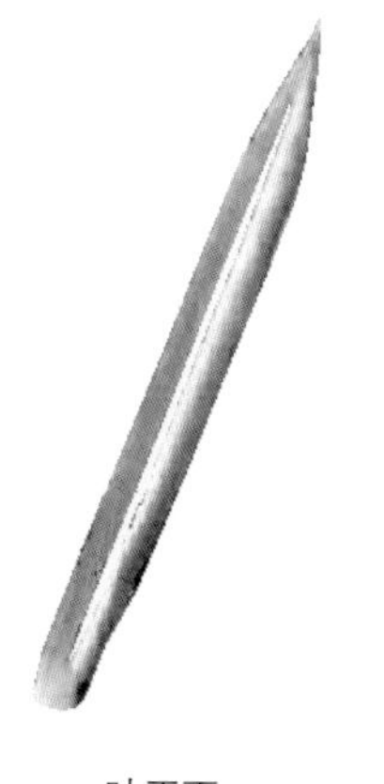
叶正面

树干

（2）刺柏（刺松） *Juniperus formosana*

【识别要点】叶表面中脉两侧各有1条白色气孔带。

乔木，高达12m。小枝下垂，三棱形。叶全为刺形，3个轮生，长12～20mm，宽1.2～2mm，表面稍凹，中脉微隆起，绿色，两侧各有1条白色气孔带，较绿色边缘稍宽，2条白粉带在叶先端汇合，背面绿色，有光泽，具纵钝脊。球果近圆球形或宽卵形，长6～10mm，直径6～9mm，被白粉，顶端有3条辐射状的皱纹及3个钝头，顶部间或开裂，常有种子3粒，半月形，具3～4棱，顶尖，近基部处3～4个树脂槽。

栾川县部分乡镇有栽培。郑州、开封、洛阳等地有栽培。为我国特有树种，分布于台湾、江苏南部、安徽南部、浙江、福建西部、江西、湖北西部、陕西和甘肃南部、青海东部、湖南南部、西藏南部、四川、贵州、云南中部和北部及西北部。

种子和扦插繁殖，园林生产上多采用嫁接繁殖。

木材可作家具、雕刻等用。在栾川多作为庭园观赏树种。

小枝

果

叶

全株

（六）粗榧科（三尖杉科） Cephalotaxaceae

常绿乔木或灌木。小枝对生，基部有宿存芽鳞片。叶线形或线状披针形。螺旋状着生或交互对生，基部扭转成2列，背面有两条白色气孔带。雌雄异株，稀同株；雄球花6～9个聚生成头状，单生叶腋，有梗，基部有多数苞片，每雄球花基部有1苞片，雄蕊4～16个，各有2～4个花药；雌球花有长梗，生于小枝基部苞腋，长梗上部有数对交互对生的苞片，每苞片腋部生2胚珠，胚珠生于珠托上。种子核果状，2年成熟，全部包于由珠托发育成的肉质假种皮中，外种皮坚硬，内种皮膜质，有胚乳。子叶2枚，出土。

1属，9种，产亚洲东部。我国7种，8变种，分布于秦岭至山东鲁山以南各地及台湾。河南产2种。栾川县产1种。

三尖杉属 *Cephalotaxus*

形态特征同科。

中国粗榧（粗榧 母猪柏 堰柏） *Cephalotaxus sinensis*

【识别要点】树皮呈薄片状脱落，叶线状披针形，通常直，先端急尖，表面深绿色有光泽，背面有两条白色气孔带，且有明显绿色中脉。

常绿灌木或小乔木，高可达12m；树皮褐色或红褐色，呈薄片状脱落，叶线状披针形，通常直，很少微弯，先端急尖，长2～5cm，宽约3mm，，基部近圆或广楔形，几无柄，表面深绿色有光泽，背面有两条白色气孔带，较绿色边带宽2～4倍，有明显绿色中脉。种子2～5个着生于总梗上部，卵圆、近圆或椭圆状卵形，假种皮成熟时紫色或红紫色。花期4月，种子次年8～9月成熟。

栾川县产各山区，生于山沟溪旁及林中。河南产于大别山、桐柏山和伏牛山。为我国特有树种，分布于江苏南部、浙江、安徽南部、福建、江西、湖南、湖北、陕西南部、甘肃南部、四川、云南东南部、贵州东北部、广西、广东西南部。

喜温凉湿润气候。种子繁殖。

种子含油30%以上，供制肥皂及润滑油，入药有润肺、止咳、消积之效；枝叶含粗榧碱，有抗癌作用。亦可用作庭院观赏树种。

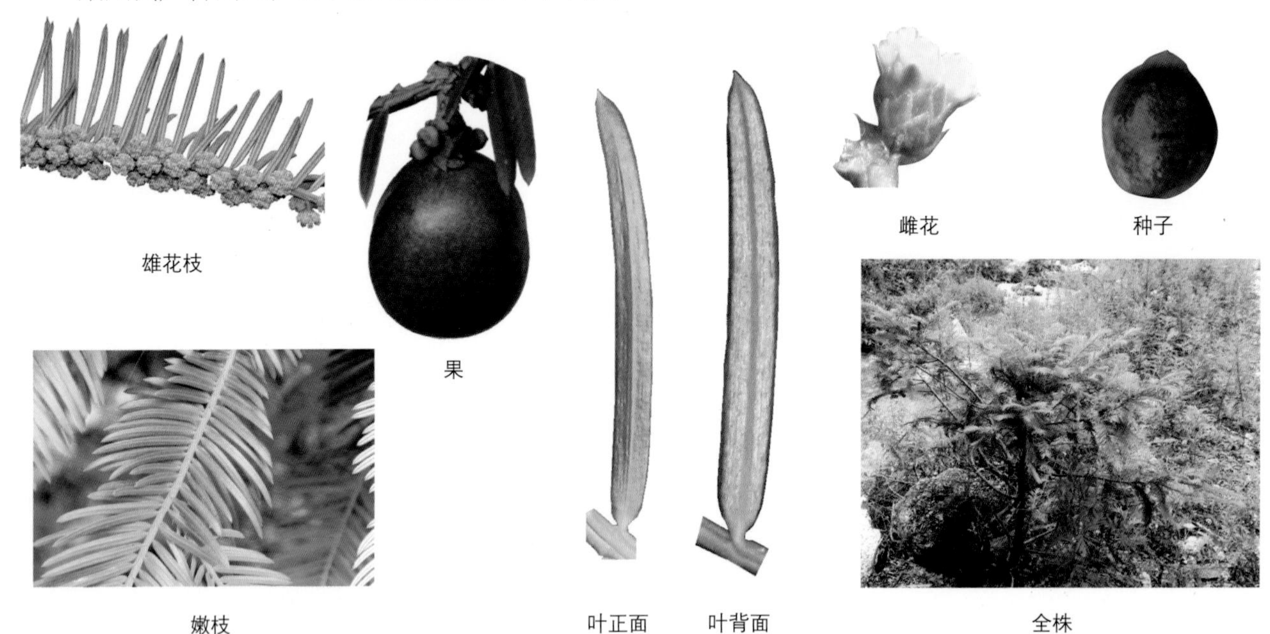
雄花枝　果　雌花　种子　嫩枝　叶正面　叶背面　全株

（七）红豆杉科 Taxaceae

常绿乔木或灌木。叶线形或披针形，螺旋状排列或交叉对生，基部扭成二列，背面中脉两侧各具1条气孔带。雌雄异株，稀同株；雄球花雄蕊多数，各有3～9个花药；雌球花单生或成对腋生，基部有多数覆瓦状或交互对生的苞片，胚珠1，生于盘状或杯状珠托中。种子1～2年成熟，全部或部分由珠托发育的假种皮包围。子叶两枚。

有5属，23种，分布北半球及南半球。我国4属，12种及1 变种。河南2属，4种及1变种。栾川县连栽培1属，2种，1变种。

红豆杉属 *Taxus*

常绿乔木或灌木。叶螺旋状互生，线形，直或近镰状，表面中脉隆起，背面中脉两侧各有1条淡灰绿色或淡黄色气孔带。雄球花雄蕊6～14个，各有4～9个花药；雌球花苞片多数，胚珠直立，珠托杯状。种子当年成熟，卵形或倒卵形，具有杯状肉质假种皮。子叶2枚，出土。

约有11种，分布北半球。我国4种及1变种。河南连栽培有2种及1变种。栾川县有2种及1变种。

1.叶排列较密，不规则两列，常呈“Y”形开展，条形，微呈镰状，上下几等宽，先端急尖，基部两侧对称或微歪斜；小枝基部常有宿存芽鳞 ························ （1）东北红豆杉 *Taxus cuspidata*

1.叶排列较疏，排成二列，常呈条形、披针形或条状披针形，多呈镰形，稀较直，上部通常渐窄或微渐窄，先端渐尖或微急尖，基部两侧歪斜；芽鳞脱落或部分宿存于小枝基部：

2.叶较短，条形，微呈镰状或较直，通常长1.5～3.2cm，宽2～4mm，上部微渐窄，先端具微急尖或急尖头，边缘微卷曲或不卷曲，下面中脉带上密生均匀而微小圆形角质乳头状突起点，其色泽常与气孔带相同；种子多呈卵圆形，稀倒卵圆形 ························ （2）红豆杉 *Taxus chinensis*

2.叶较宽长，披针状条形或条形，常呈弯镰状，通常长2～3.5cm，宽3～4.5mm，上部渐窄或微窄，先端通常渐尖，边缘不卷曲，下面中脉带的色泽与气孔带不同，其上无角质乳头状突起点，或与气孔带相邻的中脉带两边有1至数行或成片状分布的角质乳头状突起点；种子多呈倒卵圆形，稀柱状矩圆形 ································ （3）南方红豆杉 *Taxus chinensis* var. *mairei*

（1）东北红豆杉（紫杉） *Taxus cuspidata*

【识别要点】叶排成不规则的二列，斜上伸展，约成45° 角，条形，通常直，稀微弯，先端通常凸尖。

乔木，高达20m，胸径达1m；树皮红褐色，有浅裂纹；枝条平展或斜上直立，密生；小枝基部有宿存芽鳞，1年生枝绿色，秋后呈淡红褐色，2、3年生枝呈红褐色或黄褐色；冬芽淡黄褐色，芽鳞先端渐尖，背面有纵脊。叶排成不规则的二列，斜上伸展，约成45° 角，条形，通常直，稀微弯，长1～2.5cm，宽2.5～3mm，稀长达4cm，基部窄，有短柄，先端通常凸尖，表面深绿色，有光泽，背面有两条灰绿色气孔带，气孔带较绿色边带宽2倍，干后呈淡黄褐色，中脉带上无角质乳头状突起点。雄球花有雄蕊9～14，各具5～8个花药。种子紫红色，有光泽，卵圆形，长约6mm，上部具3～4钝脊，顶端有小钝尖头，种脐通常三角形或四方形，稀矩圆形。花期5～6月，种子9～10月成熟。

栾川县近年有少量引种，栽植于伊水湾大酒店等处。因引种时间较短，后期生长情况有待进一步观察。分布于吉林老爷岭、张广才岭及长白山区海拔500～1000m、气候冷湿、酸性土地带，常散生

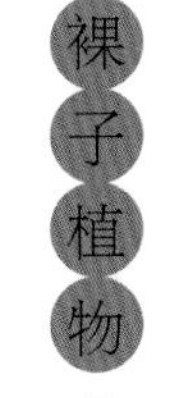

于林中。山东、江苏、江西等地有栽培。日本、朝鲜、俄罗斯也有分布。

国家一级重点保护野生植物。边材窄，黄白色，心材淡褐红色，坚硬、致密，具弹性，有光泽及香气，少反挠，少干裂，比重0.51。可供建筑、家具、器具、文具、雕刻、箱板等用材；心材可提取红色染料。种子可榨油；木材、枝叶、树根、树皮能提取紫杉醇，入药；叶有毒，种子的假种皮味甜可食。可作庭园树。

叶枝

叶背 叶面

叶枝

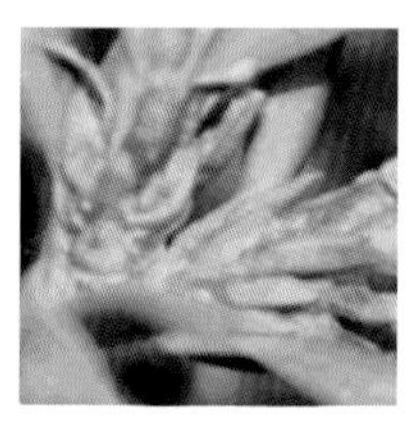
宿存芽鳞

（2）红豆杉（血柏 扁柏 紫柏树） *Taxus chinensis*

【识别要点】叶基部扭成二列，条形，常直伸或微呈镰状，长1.5～3cm，宽2～2.5mm，先端常微急尖。

乔木，高达20m。树皮灰褐色或黑褐色，长片状脱落。大枝开展，1年生枝绿色或淡黄绿色，秋季变成绿黄色或淡红褐色，2、3年生枝黄褐色、淡红褐色或灰褐色。叶基部扭成二列，微弯或较直，长1～3（多为1.5～2.2）cm，宽2～4（多为3）mm，上部微渐窄，先端常微急尖，稀急尖或渐尖，表面深绿色，有光泽，背面淡黄绿色，有两条气孔带，中脉带上有密生均匀而微小的圆形角质乳头状突起点，常与气孔带同色，稀色较浅。边缘微卷曲或不卷曲。雄球花淡黄色，雄蕊8～14枚，花药4～8（多为5～6）。种子生于杯状红色肉质的假种皮中，间或生于近膜质盘状的种托（即未发育成肉质假种皮的珠托）之上，常呈卵圆形，上部渐窄，稀倒卵状，长5～7mm，径3.5～5mm，微扁或圆，上部常具二钝棱脊，稀上部三角状具三条钝脊，先端有突起的短钝尖头，种脐近圆形或宽椭圆形，稀三角状圆形。花期4月，种子10月成熟。

栾川县产各山区；生于海拔1000m以上的山沟或山坡杂木林中。河南产于伏牛山。为我国特有树种，分布于陕西及甘肃南部、贵州西部及东南部、湖南东北部、广西北部、湖北西部、四川、云南东北部、安徽南部等地。

种子繁殖或扦插繁殖。

为国家一级重点保护野生植物。木材结构细，坚实耐用，耐水湿，可供建筑、车辆、家具等用；种子含油60%以上，供制皂及润滑油用；亦可入药，有驱虫、消积之效。木材、枝叶、树根、树皮能提取紫杉醇，可治糖尿病、癌症；叶有利尿、通经之效。

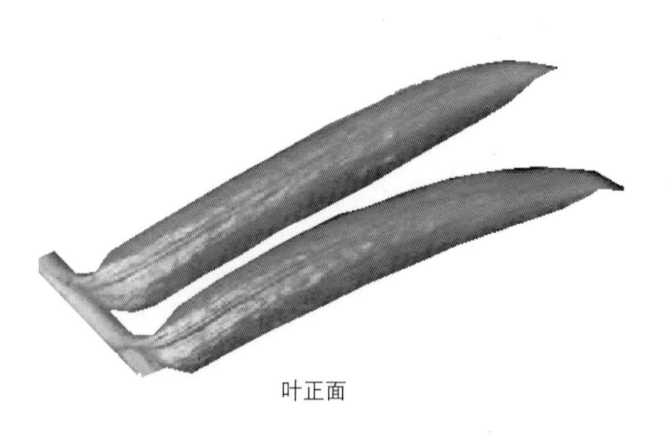
叶正面

雌球花

种子

果

树干

叶背

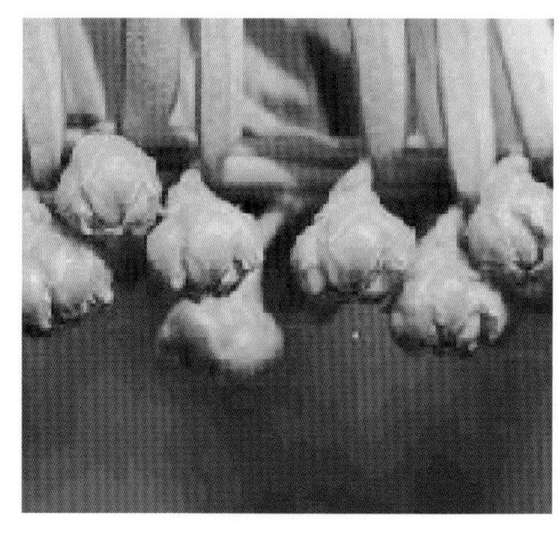

雄球花枝

（3）南方红豆杉（美丽红豆杉 血柏） *Taxus chinensis* var. *mairei*

【识别要点】叶较宽长，多呈弯镰状。

与红豆杉（原种）的区别：叶较宽长，多呈弯镰状，通常长2～3.5（4.5）cm，宽3～4（5）mm，上部常渐窄，先端渐尖，背面中脉无角质乳头状突起点，或局部有成片或零星分布的角质乳头状突起点，或与气孔带相邻的中脉带两边也有一至数条角质乳头状突起点，中脉明晰可见，其色泽与气孔带相异，呈淡黄绿色或绿色，绿色边带较宽。种子较大，多呈倒卵形。

栾川县产各山区，常生于海拔1000～1200m以下的山坡或山谷杂木林中。河南产于太行山及伏牛山。为我国特有，其分布与用途同红豆杉。

为国家一级重点保护野生植物。

枝叶

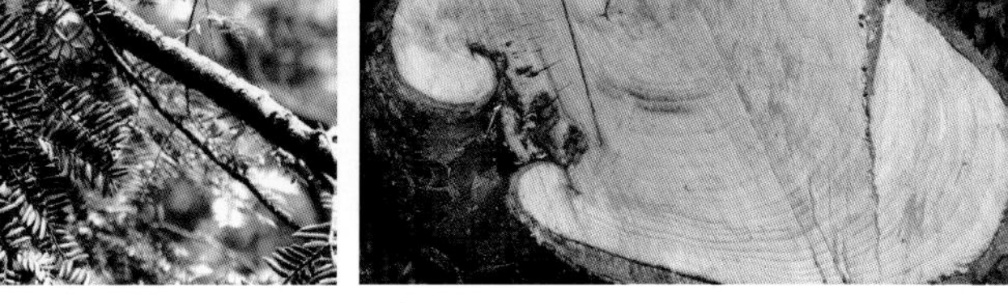

树干横切面

小枝

全株

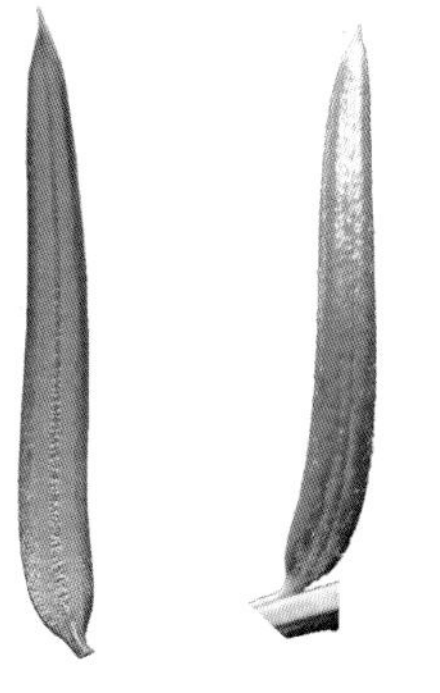

叶背面 叶正面

1年生枝

果枝

东川

树木志

被子植物

被子植物
Angiospermae

具有典型的花，通常有花被；胚珠包于子房内，双受精后，形成各种类型的果实。为现代世界上最占优势的植物类群。

约25万种，隶属于413科。我国有226科，2946属，25000种。河南有159科，1042属，3979种及变种，其中木本植物84科，296属，1080种及12亚种，203变种，36变型，26栽培变种。栾川县木本植物有78科，215属，693种，5亚种，143变种（变型）。

Ⅰ.双子叶植物
Dicotyledoneae

茎有明显的皮层和髓，有环状形成层，木本植物之茎每年增粗，形成年轮。叶具网状脉。花部通常为4～5基数。胚具2个子叶。

344科，约20万种以上。我国204科，2024属，约20000多种。河南有木本81科，286属，1047种及12亚种，201变种，35变型，21栽培变种。栾川县有木本75科，207属，678种，5亚种，143变种（变型）。

（一）杨柳科 Salicaceae

落叶乔木或灌木。单叶互生，稀对生，有托叶。花单性，雌雄异株；柔荑花序；花生苞腋，无花被；雄蕊2至多数；子房上位，心皮2～4个，1室，侧膜胎座，柱头2～4裂。蒴果2～4裂；种子多数，附生白色丝状毛。

3属，约600多种，分布于寒温带、温带和亚热带。我国3属均有，约320种，广布于各地。河南有2属，52种，11变种，7变型及7栽培变种。栾川县2属，18种，6变种，4变型。

1.有顶芽，芽鳞片多数。雌、雄花序下垂；苞片先端分裂，具杯状花盘。叶通常宽大，柄较长 …………………………………………………… 1.杨属 *Populus*

1.无顶芽，芽鳞1个。雌、雄花序直立或斜展；苞片全缘，无杯状花盘；花有腺体。叶狭长，柄短 …………………………………………………… 2.柳属 *Salix*

1.杨属 *Populus*

乔木。枝有长、短枝之分；有顶芽，芽鳞片多数，叶多为卵圆形或三角状卵形，齿状缘。柔荑花序下垂；苞片分裂；花盘斜杯状；雄花有雄蕊4至多数，分离；子房花柱短，柱头2～4裂。蒴果2～4（～5）裂；种子小，多数。

约100种，广布于欧、亚、北美。我国约62种。河南有21种，8变种，4变型及7栽培变种，其中引种栽培有10多种变种。栾川县连栽培6种，3变种，4变型。

1.叶缘具裂片、缺刻或波状齿，若为锯齿时，则叶柄顶端具2个大腺体，而叶缘无半透明边。苞片边缘具长毛：

2.叶缘为缺刻状或深波状。芽被毛，叶较大，长7～15cm，先端渐尖 ……………………（1）毛白杨 *Populus tomentosa*

2.叶缘为浅波状，若为锯齿时，则叶柄先端具2个腺点。芽无毛或仅芽鳞边缘或基部具毛，叶先端急尖、长渐尖或尾状尖：

3.叶通常近圆形，短枝叶柄先端无腺点，有时具腺点，叶先端急尖或短渐尖 ……………………（2）山杨 *Populus davidiana*

3.叶通常卵形至宽卵形；短枝叶柄先端具2个大腺点，叶先端长渐尖或尾状尖 ……………………（3）响叶杨 *Populus adenopoda*

1.叶缘具锯齿。苞片边缘无长毛：

4.叶缘无半透明边，叶非叶三角形或卵状三角形。树皮非沟裂：

5.叶菱状卵形、菱状椭圆形或菱状倒卵形，无毛，叶最宽处常在中部或中上部，长枝叶与萌发枝叶更明显，先端突尖或渐尖，边缘无毛，树皮纵裂……………（4）小叶杨 *Populus simonii*

5.叶卵形或宽卵形，叶两面沿脉有毛，叶先端渐尖，具睫毛。树皮片状剥裂 ……………………（5）冬瓜杨 *Populus purdomii*

4.叶缘有半透明的狭边，叶三角形或卵状三角形，长枝萌发枝叶较大，一般长大于宽，先端渐尖，具短缘毛。树皮粗厚，深沟裂 ……………………（6）欧美杨 *Populus canadensis*

（1）毛白杨（大叶杨） *Populus tomentosa*

【识别要点】树皮灰白色，老时深灰色，有菱形皮孔。长枝上的叶三角状卵形，背面被灰色茸毛；短枝上叶卵圆形，边缘具波状齿，背面光滑。

乔木，高25～30m。树皮灰白色，平滑，幼时灰绿色，老时深灰色，老树干基部深灰色、纵裂。皮孔菱形散生，或2～4连生。芽卵形，花芽卵圆形或近球形。幼枝与芽被茸毛。长枝上的叶三角状卵形，长达15cm，先端短渐尖，基部心形或截形，边缘深齿牙缘或波状齿牙缘，表面暗绿色，光滑，背面密被灰色毡毛，后渐脱落；短枝上叶通常较小，卵圆形，边缘具波状齿，背面光滑；叶柄长2.5～5.5cm，扁平。雄花序长10～14（20）cm，雄花苞片约具10个尖头，密生长毛，雄蕊6～12，花药红色；雌花序长4～7cm，苞片褐色，尖裂，沿边缘有长毛；子房长椭圆形，柱头2裂，粉红色。果序长达14cm；蒴果圆锥形或长卵形，2瓣裂。花期3月，果期4～5月。

栾川县各乡镇均有栽培。河南各地有栽培，以中、北部为中心。主产黄河流域中、下游各地。

深根性，耐旱力较强，黏土、壤土、沙壤土或低湿轻度盐碱土均能生长。在水肥条件充足的地方生长最快，20年生即可成材。可用播种、插条、埋条、留根、嫁接等繁殖方法进行育苗造林。

为本属中材质优良的速生用材树种。可作四旁、农田防护林的造林树种，亦为优良的庭院绿化和行道树种。木材供建筑、家具、胶合板、造纸、人造纤维等用；树皮含鞣质5.18%，可提取栲胶。

树皮、花序入药，可清热利湿，祛痰，止痢，用于治疗痢疾、淋浊、带下病、肺热咳嗽、肝炎、蛔虫病。

截叶毛白杨 var. *truncate* 与原种的区别：叶三角状卵圆形，基部通常截形，发叶较早，生长较快。

抱头毛白杨 var. *fastigiata* 与原种区别：主干明显，侧枝紧抱主干，树冠狭长。生长快，23年生树高20m，胸径30cm，适于作农田林网及四旁造林树种。

雌花　嫩枝　叶面　芽　小枝　树干　雌花序　雄花序　短枝叶背面　长枝叶背面

（2）山杨 *Populus davidiana*

【识别要点】 树皮光滑，灰绿色或灰白色，老时基部黑色粗糙。小枝圆形，紫褐色或赤褐色，叶三角状卵圆形或近圆形，长宽近等，边缘有密波状浅齿。

乔木，高达25m。树皮光滑，灰绿色或灰白色，老时基部黑色粗糙。小枝圆形，光滑，赤褐色，萌枝被柔毛。芽卵形或卵圆形，无毛，微有黏质。叶三角状卵圆形或近圆形，长宽近等，长3～6cm，先端钝尖、急尖或短渐尖，基部圆形、截形或近心形，边缘有密波状浅齿，发叶时显红色；萌发枝叶大，三角状卵圆形，背面被柔毛；叶柄侧扁，长2～6cm。花序轴有疏毛或密毛；

苞片棕褐色，掌状条裂，边缘有密长毛；雄花序长5～9cm，雄蕊5～12，花药紫红色；雌花序4～7cm，柱头2深裂，带红色。果序长达12cm；蒴果卵状圆锥形，长约5mm，有短柄，2瓣裂。花期3～4月，果期4～5月。

栾川县产各山区，生于海拔1000m 以上的山坡、山脊和沟谷地带。河南产于伏牛山、太行山。分布于东北、华北、西北、华中及西南高山地区。朝鲜、前苏联东部也有分布。

强阳性树种，耐寒冷、耐旱、耐瘠薄土壤。为采伐更新的先锋树种。

材质轻软，供造纸、火柴杆及家具用材；树皮可作药用或提取栲胶。根皮、树皮、枝、叶入药，苦、辛、平，可清热解毒、祛风、止咳、行瘀凉血、驱虫，用于治疗高血压病、肺热咳嗽、蛔虫病、小便淋漓；外用于治疗秃疮疥癣。枝用于治疗腹痛、疮疡；叶用于龋齿。

楔叶山杨 f. *laticcneata* 与原种的区别：叶卵圆形或宽菱状圆形，基部宽楔形。**垂枝山杨** f. *pendula* 与原种的区别：小枝下垂。

雌花　　叶面　　叶背

小枝

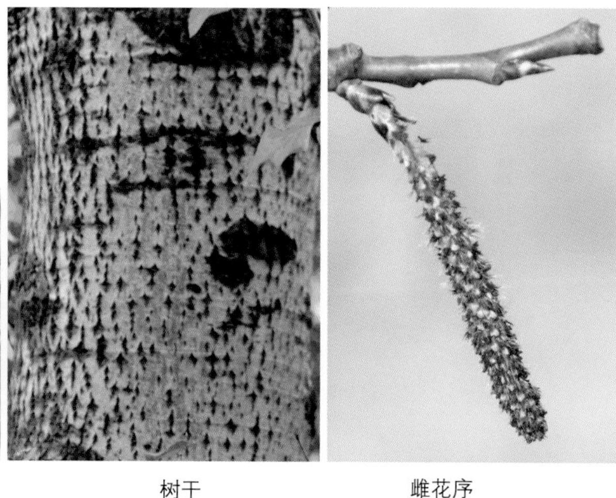

树干　　雌花序

（3）响叶杨　*Populus adenopoda*

【识别要点】小枝被柔毛。叶卵状圆形或卵形，边缘有内曲圆锯齿，齿端有腺点，叶柄先端腺点明显突起，似具柄状。

乔木，高15～30m。树皮灰白色，平滑，老时深灰色，纵裂。小枝暗赤褐色，被柔毛。芽圆锥形，有黏质，无毛。叶卵状圆形或卵形，长5～15cm，宽4～7cm，先端长渐尖，基部截形或心形，边缘有内曲圆锯齿，齿端有腺点，表面无毛或沿脉有柔毛，背面幼时密生柔毛；叶柄侧扁，长2～8（～12）cm，被茸毛，顶端有2个显著腺点。雄花序长6～10cm，苞片条裂，有长缘毛，花盘齿裂，花序轴有毛；果序长12～20（30）cm；蒴果卵状长椭圆形，先端锐尖，无毛，有短柄，2裂。花期3～4月，果期4～5月。

栾川县有少量分布，生于山坡杂木林中或沿河沟道两旁。河南产于大别山、桐柏山和伏牛山。分布于陕西、四川、湖北、云南、贵州、广西、湖南、江西、福建、浙江、江苏、安徽等地区。

木材白色，干燥易裂，供建筑、器具、造纸等用；叶含挥发油0.25%，可作饲料。根、树皮、叶入药，可祛风通络、散瘀活血、止痛，用于治疗风湿关节痛、四肢不遂、损伤肿痛。

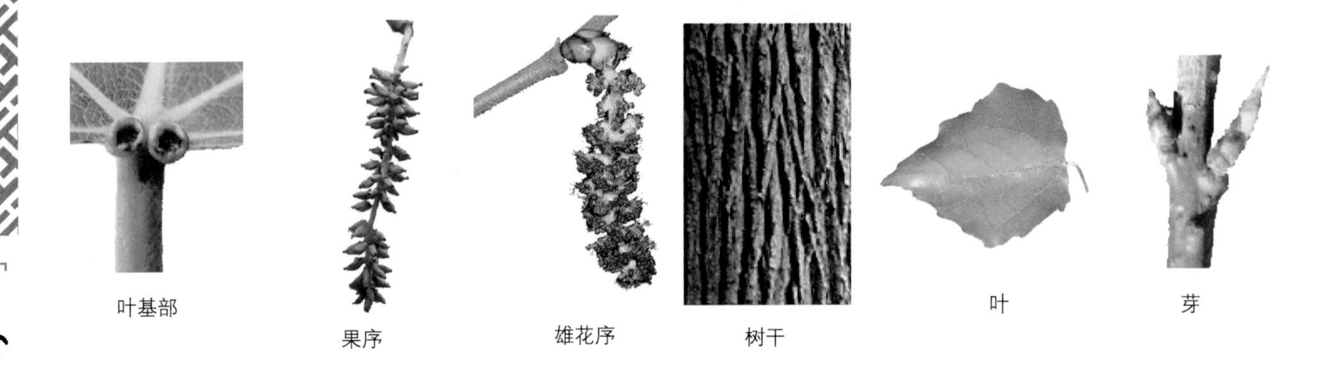
叶基部　果序　雄花序　树干　叶　芽

（4）小叶杨（菜杨） *Populus simonii*

【识别要点】树皮暗灰色，纵裂。幼树枝及萌发枝具棱脊。叶菱状卵形、菱状椭圆形或菱状倒卵形，最宽处在中部以上。

乔木，高达20m。树皮暗灰色，纵裂。幼树枝及萌发枝具棱脊，褐色，无毛。芽细长尖，褐色有黏质。叶菱状卵形、菱状椭圆形或菱状倒卵形，长3～12cm，宽2～8cm，中部以上较宽，先端突尖或渐尖，基部楔形、宽楔形或窄圆形，边缘有细锯齿，无毛，背面灰绿或微白；叶柄圆，长0.5～4cm。雄花序长2～7cm，苞片细条裂，雄蕊8～9（25）；雌花序长2.5～6cm，柱头2裂。果序长达15cm；蒴果卵形，2瓣裂，无毛。花期4～5月，果期5～6月。

栾川县各乡镇有分布；多生于山沟、溪旁、河岸。河南产于太行山、伏牛山。分布于东北、华北、华中、西南及西北各地。

为四旁、河岸造林树种。也可作防护林及浅山丘陵造林树种。可用插条、埋条（干）、播种繁殖。

材质轻软，供建筑、家具、火柴杆、造纸等用。春季嫩叶加工后可食用，故民间又称菜杨。

垂枝小叶杨 f. *pendula* 枝条细长下垂，叶型较小，有光泽。栾川县产各山区。河南产于伏牛山。分布于湖北、甘肃。

秦岭小叶杨 var. *tsinlingensis* 叶革质，卵状披针形，先端渐尖，基部宽楔形或近圆形，叶脉隆起，尤以中脉及基部一对侧脉为甚，中部以上叶缘具稀疏的细腺齿。栾川县产各山区。生于海拔1000m以上的山坡、山沟溪旁。河南产于伏牛山；也分布于陕西。

菱叶小叶杨 f. *rhombifolia* 叶型较小，窄菱形或宽披针形，先端长渐尖，基部楔形，中部最宽。栾川县产各山区，生于海拔1000m以上的山谷溪旁。河南还产于卢氏。分布于辽宁、甘肃、陕西等地。

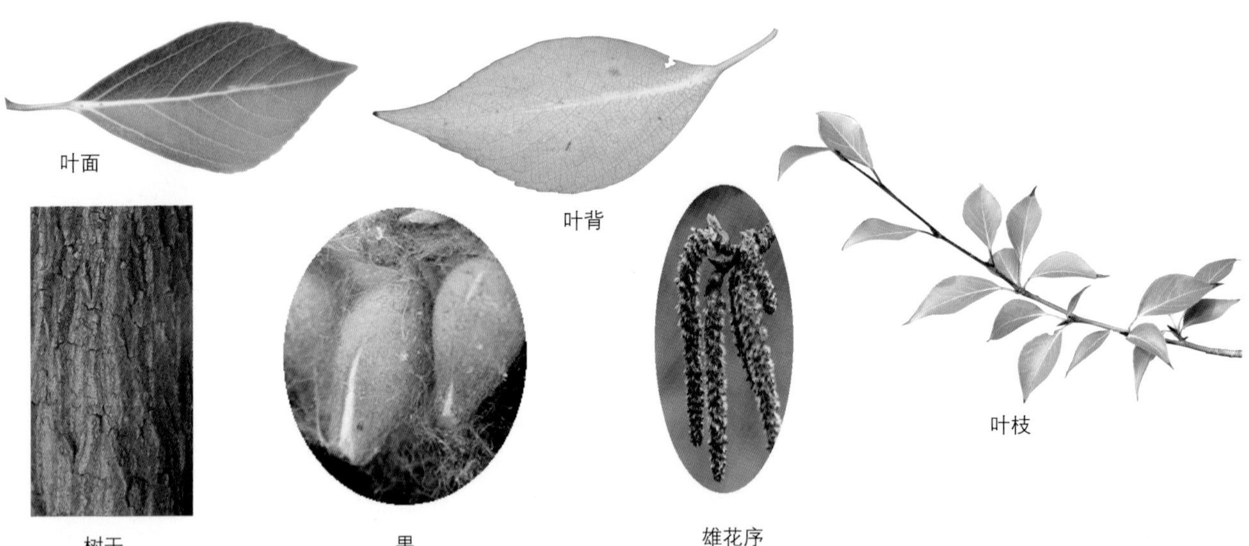
叶面　叶背　叶枝　树干　果　雄花序

（5）冬瓜杨（楸皮杨） *Populus purdomii*

【识别要点】叶卵形或宽卵形，基部圆形或心形，边缘具细锯齿或圆锯齿，齿端有腺点，具缘毛，表面亮绿色，背面带白色，两面沿脉有毛。

乔木，高达30m。树皮灰绿色，老时暗灰色，纵裂，呈片状。小枝圆柱形，浅黄褐色，无毛。芽极尖，无毛，有黏质。叶卵形或宽卵形，长7～14cm，宽4～9cm，先端渐尖，基部圆形或心形，边缘具细锯齿或圆锯齿，齿端有腺点，具缘毛，表面亮绿色，背面带白色，两面沿脉有毛；叶柄圆形，长2～5cm；萌发枝叶长达25cm，宽达15cm。雄花序长5～14cm，有花35～60朵，每花有雄蕊30～90，花丝白色，长约1mm，花药黄色，长约2mm；果序长11（13）cm，无毛；蒴果球状卵形，无梗或近无梗，3～4瓣裂。花期4月，果期5～6月。

栾川县产伏牛山北坡，见于龙峪湾林场、叫河镇桦树坪村等地，生于海拔1200m以上的山坡杂木林中或山沟溪旁，其中龙峪湾林场有一株树龄150年的古树。河南产于伏牛山。分布于河北、陕西、甘肃、湖北、四川等地。

种子和扦插繁殖。可作为豫西中山山谷和溪旁造林树种。

木材供建筑、造纸等用。

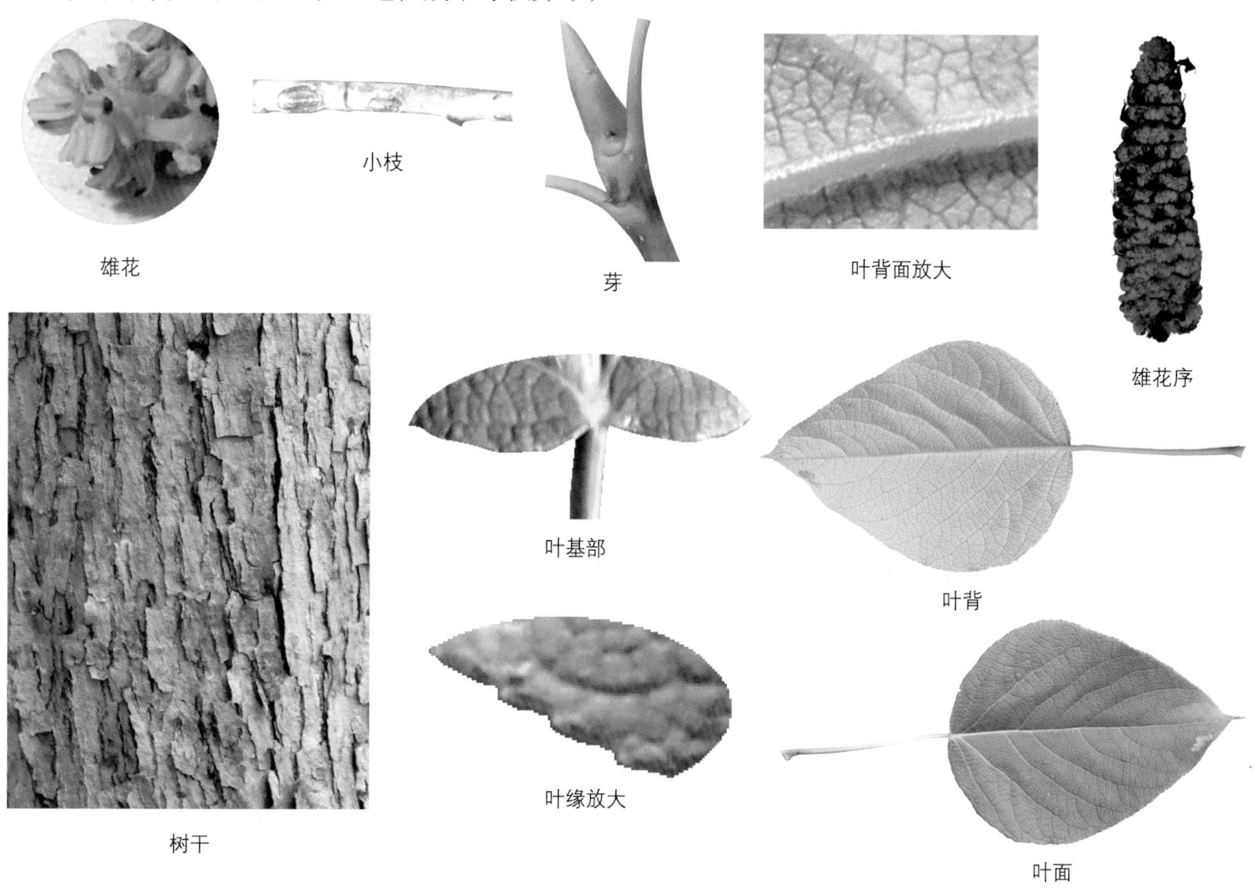

雄花　小枝　芽　叶背面放大　雄花序　树干　叶基部　叶背　叶缘放大　叶面

（6）欧美杨（加杨） *Populus canadensis*

【识别要点】小枝稍有棱角，无毛。叶三角形或三角状卵形，一般长大于宽，先端渐尖，有圆锯齿，近基部较疏，具短缘毛。

落叶乔木，高达30m。干直，树皮粗厚，深沟裂，下部暗灰色，上部褐灰色，大枝微向上斜伸，树冠卵形；萌发枝及苗茎棱角明显，小枝圆柱形，稍有棱角，无毛，稀微被短柔毛。芽大，先端反曲，初为绿色，后变为褐绿色，富黏质。单叶互生，叶三角形或三角状卵形，长7～10cm，长枝、

萌枝叶较大，长10～20cm，一般长大于宽，先端渐尖，基部截形或宽楔形，无或有1～2腺体，边缘半透明，有圆锯齿，近基部较疏，具短缘毛。表面暗绿色，背面淡绿色，叶柄侧扁而长，带红色（苗期特明显）。雌雄异株，雄株多，雌株少。雄花序长7～15cm，花序轴光滑，每花有雄蕊15～25（40），苞片淡绿褐色，不整齐，丝状深裂，花盘淡黄绿色，全缘，花丝细长，白色，超出花盘；雌花序有花45～50朵，柱头4裂。果序长达27cm；蒴果卵圆形，长约8mm，先端锐尖，2～3瓣裂。花期4月，果期5月。

原产美洲。栾川县各乡镇均有引种栽培。河南各地有栽培。我国除广东、云南、西藏外，各地均有引种栽培。

喜温暖湿润气候，耐瘠薄及微碱性土壤；生长迅速，适应性强，是"四旁"绿化和营造农田林网的理想树种。一般用扦插繁殖。

材质轻软，纹理直，易干燥、加工。适用于制作家具、包装箱、农具和作为农村建筑用材，也是制作火柴盒、杆、造纸等的良好材料。树皮含鞣质，可提制栲胶，也可作黄色染料。

本种的人工杂交种（类型、品种）很多，品系繁杂，我国先后在国外引入也较多。栾川县先后引种的以沙兰杨、69杨、意大利214杨、107杨、108杨等表现最好，其中沙兰杨、107杨、108杨发展数量最多，深受群众喜爱。

雌花　芽　叶　树干　雌花序　叶缘　叶枝

2.柳属 *Salix*

落叶乔木或灌木。无顶芽，侧芽常紧贴，芽鳞1；小枝细且有韧性。单叶互生，稀对生，多为披针形，具短柄；托叶早落，柔荑花序直立或斜展，先叶开放或与叶同时开放，稀叶后开放；苞片全缘，常宿存；雄蕊2至多数，花丝分离或合生，花药黄色；腺体1～2个；雌蕊由2心皮组成，子房有柄或无柄，花柱长短不一，或缺，单一或分裂，柱头1～2个，分裂或不分裂。蒴果通常2瓣裂；种子小，多暗褐色，长椭圆形，被以白色丝状毛。

约520种，主产北温带。我国有257种，122变种，33变型。河南产31种，3变种，3变型。栾川县产12种，3变种。

1.叶长为宽的4倍以上，多线形、披针形、椭圆状披针形，叶缘有锯齿：

　2.叶先端长渐尖；乔木：

　　3.枝直立或开展，不下垂；叶背面苍白色 ……………………………… （1）旱柳 *Salix matsudana*

3.枝下垂；叶两面绿色 ……………………………………………………（2）垂柳 *Salix babylonica*

2.叶先端钝，急尖至短渐尖；多灌木，稀小乔木：

4.叶对生或斜对生，中部以下最宽：

5.当年生枝初有短茸毛，后变无毛，小枝淡绿色或淡黄色；叶基楔形，叶柄长3～10mm ……………………………………………………（3）红皮柳 *Salix sinopurpurea*

5.1、2年生枝密被灰色柔毛，褐色；叶基圆形，稀宽楔形，叶柄长1～3mm ……………………………………………………（4）山毛柳 *Salix permollis*

4.叶互生：

6.枝色暗；叶宽约15mm，叶柄长约5mm ……………………（5）簸箕柳 *Salix suchowensis*

6.枝淡黄色；叶宽5～10mm，叶柄长8～12mm ……………（6）筐柳 *Salix linearistipularis*

1.叶长不超过宽的4倍：

7.叶对生或近对生 ……………………………………………………（4）山毛柳 *Salix permollis*

7.叶互生：

8.叶柄先端常有腺体，叶缘具明显的腺锯齿或圆锯齿：

9.叶背面淡绿色 ……………………………………………………（7）五蕊柳 *Salix pentandra*

9.叶背面苍白色。叶柄先端有明显大腺体，叶先端急尖，基部楔形，边缘具腺锯齿 ……………………………………………………（8）腺柳 *Salix chaenomeloides*

8.叶先端无腺体；叶全缘，稀具齿：

10.托叶大，肾形、半心形至半圆形：

11.叶表面发皱；叶形多变，以椭圆形、椭圆状菱形、倒卵状椭圆形为主 ……………………………………………………（9）中国黄花柳 *Salix sinica*

11.叶表面平滑不发皱；叶较狭，披针形、长圆状披针形、卵状长圆形为主 ……………………………………………………（10）皂柳 *Salix wallichiana*

10.托叶不为上述形状，或早落：

12.叶背面具毛；苞片两面有长毛 ……………………（11）紫枝柳 *Salix heterochroma*

12.叶两面无毛；苞片无毛 ……………………………（12）小叶柳 *Salix hypoleuca*

（1）旱柳（柳树） *Salix matsudana*

【识别要点】叶披针形，长5～10cm，宽1～1.5cm，先端长渐尖，背面苍白色或带白色，边缘有细腺锯齿。

乔木，高达18m。树皮暗灰黑色，沟裂。大枝斜上，呈广圆形树冠。枝细长，直立或斜展，褐黄色，后变褐色，无毛，幼枝有毛。叶互生，披针形，长5～10cm，宽1～1.5cm，先端长渐尖，基部窄圆形或楔形，背面苍白色或带白色，边缘有细腺锯齿，幼叶有丝状毛；叶柄短，长5～8mm，上面有柔毛；托叶披针形或缺。花序与叶同时开放，雄花序长1.5～2.5cm，雄蕊2，腺体2；雌花序长约2cm，子房近无柄，无花柱或很短，柱头卵形，近圆裂，腺体2，背生和腹生。蒴果2裂。花期3～4月，果期4～5月。

栾川县各乡镇均有分布，人工栽培广泛，有100年以上古树21株。河南各地有栽培。分布于东北、华北、西北黄土高原，西至甘肃、青海，南至淮河流域以及浙江、江苏。日本、朝鲜及俄罗斯远东地区也有分布。

种子、扦插繁殖，或埋干造林。耐干旱、水湿、寒冷，为固沙保土、河岸、四旁造林树种。

木材白色，材质轻软，供建筑、器具、造纸、人造棉、火药等用，枝条可编筐。也为常见园林绿化树种。

叶缘放大　叶背　叶面

树干　雌花序　雄花序　小枝

绦柳‘Pendula’枝长而下垂，与**垂柳** *S. babylonica* 相似，其区别为：本变型的雌花有2腺体，小枝黄色，叶披针形，背面苍白色或带白色。而垂柳雌花只有1腺体，小枝褐色，叶狭披针形，背面带绿色。**龙爪柳**‘Tortuosa’枝条自然扭曲。均为庭园绿化树种。

龙爪柳全株　龙爪柳小枝

（2）垂柳（倒栽柳）　*Salix babylonica*

【识别要点】枝细，下垂，叶狭披针形或线状披针形，长9～16cm，宽0.5～1.5cm，先端长渐尖，两面无毛或微有毛，表面绿色，背面较淡。

乔木，高12～18m。树冠开展稀疏。枝细，下垂，淡褐黄色、淡褐色或带紫色，无毛。叶互生，狭披针形或线状披针形，长9～16cm，宽0.5～1.5cm，先端长渐尖，基部楔形，边缘有锯齿，两面无毛或微有毛，表面绿色，背面较淡；叶柄长（3）5～10mm，有短柔毛；托叶仅在萌发枝上明显，斜披针形，有齿牙。花序先叶开放或与叶同时开放；雄花序长1.5～2（3）cm，有短梗，轴有毛，雄蕊2，腺体2；雌花序长2～3（5）cm，基部有3～4小叶，子房无柄或几无柄，花柱短，柱头2～4裂，腺体1。蒴果长3～4mm。花期3～4月，果期5月。

栾川县各乡镇均有栽培。河南各地有栽培。广布于黄河流域和长江流域。在亚洲、欧洲、美洲各地均有引种。

耐水湿，也能生于干旱处。插条繁殖。为优良的园林绿化和四旁绿化树种。

木材可供家具、器具用；枝条供编筐篮；树皮含鞣质，可提制栲胶。根、枝、叶、花、果入药：根利水通淋、泻火除湿，用于治疗风湿拘挛、筋骨疼痛、牙龈肿痛；枝、叶消肿散结、利水、解毒透疹，用于治疗小便淋痛、黄疸、风湿痹痛、恶疮；花序散瘀止血，用于治疗吐血。果实止血、祛湿；茎皮祛风利湿、消肿止痛，用于治疗黄水疮。

叶缘放大

雄花序

雌花序

全株

小枝

树干

叶形

（3）红皮柳 *Salix sinopurpurea*

【识别要点】叶披针形，长5～10cm，宽1～1.2cm，萌发枝叶长达11cm，宽至3cm，边缘有腺齿，背面苍白色，托叶卵状披针形，与叶柄几等长，有腺齿。

灌木。小枝淡绿色或淡黄色，无毛，幼枝有短茸毛。芽长卵形，初有毛。叶对生或近对生，披针形，长5～10cm，宽1～1.2cm，萌发枝叶长达11cm，宽至3cm，先端短渐尖，基部楔形，边缘有腺齿，背面苍白色，侧脉呈钝角开展，幼时具短茸毛，成熟叶两面无毛；叶柄长3～10mm，有毛；托叶卵状披针形，与叶柄几等长，有腺齿。花先叶开放，花序长2～3cm，无梗，基部有2～3枚密被长毛的鳞片；苞片卵形，黑色，两面具长柔毛；腺体1，腹生；雄蕊2，花丝合生，无毛；子房卵形，具短柄，密被灰茸毛，花柱长0.1～0.2mm，柱头头状。花期4月，果期5月。

栾川县产县境南部的伏牛山主脉北坡，生于海拔1000～1600m的山沟溪旁。河南产于大别山、桐柏山与伏牛山。分布于甘肃、陕西、山西、河北、湖北等地。

种子和扦插繁殖。枝条供编筐、篮。

全株

小枝

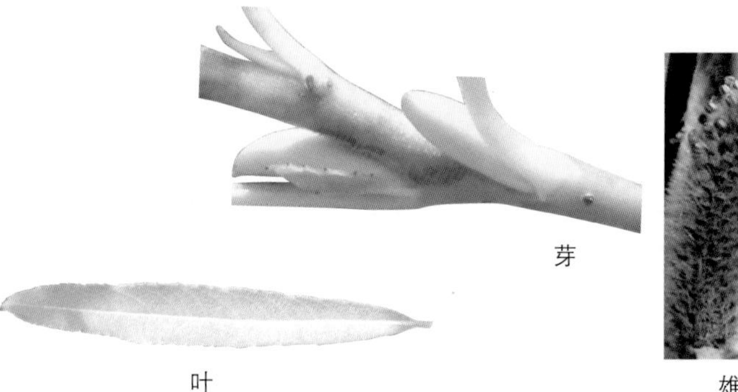
芽

叶

雄花序

（4）山毛柳 *Salix permollis*

【识别要点】与红皮柳的主要区别：小枝褐色，被柔毛。叶基部圆形稀宽楔形。

乔木。幼枝密被灰色柔毛，呈褐色，老枝灰绿色，在分枝节上部叶腋和枝腋具白色茸毛。芽黄褐色，长约3mm，具短茸毛。叶对生，稀近对生，披针形或椭圆状披针形，长1.8～4.5cm，宽0.7～1.5cm，先端短渐尖，基部圆形，稀宽楔形，表面暗绿色，具白色丝状疏柔毛，背面淡白色，具白柔毛，两面中脉黄色，密被茸毛或柔毛，边缘有疏细齿；叶柄长1～3mm，上面凹陷，密被茸毛。花几与叶同时开放；雌花序对生，长3.5～4.5cm，粗约7mm，花序轴具柔毛，无花序梗，基部具2个两面密被白色长毛的线状小鳞片；苞片椭圆形，黑色，长于子房，具长柔毛；腺体1，腹生；子房卵形，具柔毛，花柱长为子房1/2或2/3，柱头头状，4裂。蒴果卵状长圆形，具柔毛。花期4月，果期5月。

栾川县产伏牛山主脉北坡，生于海拔1000m以上的山坡或山谷溪旁、湿地。河南产于伏牛山。分布于陕西。

枝条供编筐篓。

叶枝

叶面

芽

叶背

（5）簸箕柳 *Salix suchowensis*

【识别要点】小枝色暗，叶互生，宽约15mm，叶柄长约5mm。

灌木。小枝淡黄绿色或淡紫红色，无毛，当年生枝初有疏茸毛，后仅芽附近有茸毛。叶互生，披针形，长7～11cm，宽约1.5cm，先端短渐尖，基部楔形，边缘具细腺齿，表面暗绿色，背面苍白色，中脉淡褐色，侧脉呈钝角或直角开展，两面无毛，幼叶具短茸毛；叶柄长约5mm，上面具短茸毛；托叶线形或披针形，长至1.5cm，具疏腺齿。花先叶开放，花序长3～4cm，无梗或几无梗，基部具鳞片，轴密生茸毛；苞片褐色，外面具长柔毛；腺体1，腹生；雄蕊2，花丝合生；子房圆锥形，密被灰茸毛，具短柄或无柄，花柱明显，柱头2裂。蒴果有毛。花期3月，果期4～5月。

栾川县各乡镇有栽培。河南省商丘、开封及新乡东部等地多栽培。分布于浙江、江苏、山东及淮河中下游地区。

插条繁殖。枝条强韧，供编制筐篮、农具等用。是河南东部防风固沙、林粮间作的优良树种。栾川县近年来发展藤编产业，本种得到大面积栽培。

全株

枝

叶正面

果序

（6）筐柳　*Salix linearistipularis*

【识别要点】 枝淡黄色；叶互生，宽5～10mm，叶柄长8～12mm。

灌木或小乔木。小枝细长，淡黄色；芽卵圆形，淡褐色或黄褐色，无毛。叶互生，披针形或线状披针形，长8～15cm，宽5～10mm，两端渐狭，或上部较宽，边缘有腺锯齿，无毛，幼叶有茸毛，表面绿色，背面苍白色，叶柄长8～12mm，无毛；托叶线形或线状披针形，长达1.2cm，有腺齿，萌发枝托叶长达3cm。花先叶或与叶近同时开放，无花序梗，基部具2枚鳞片；雄花序长3～3.5cm，雄蕊2，花丝合生，下部有柔毛，苞片倒卵形，先端黑色，有长毛，腺体1，腹生；雌花序长3.5～4cm，子房无柄，具短柔毛，花柱短，柱头2裂。花期5月，果期5月下旬。

栾川县有栽培。河南东部平原有栽培。分布于河北、山西、陕西、甘肃等地。

适应性强，不择土。插条繁殖。

枝条细柔，为编织的优良材料，也是防风固沙、护堤固岸以及林粮间作条子林的优良树种。

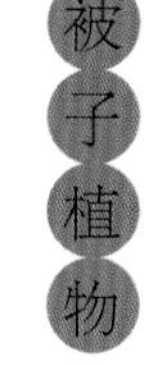

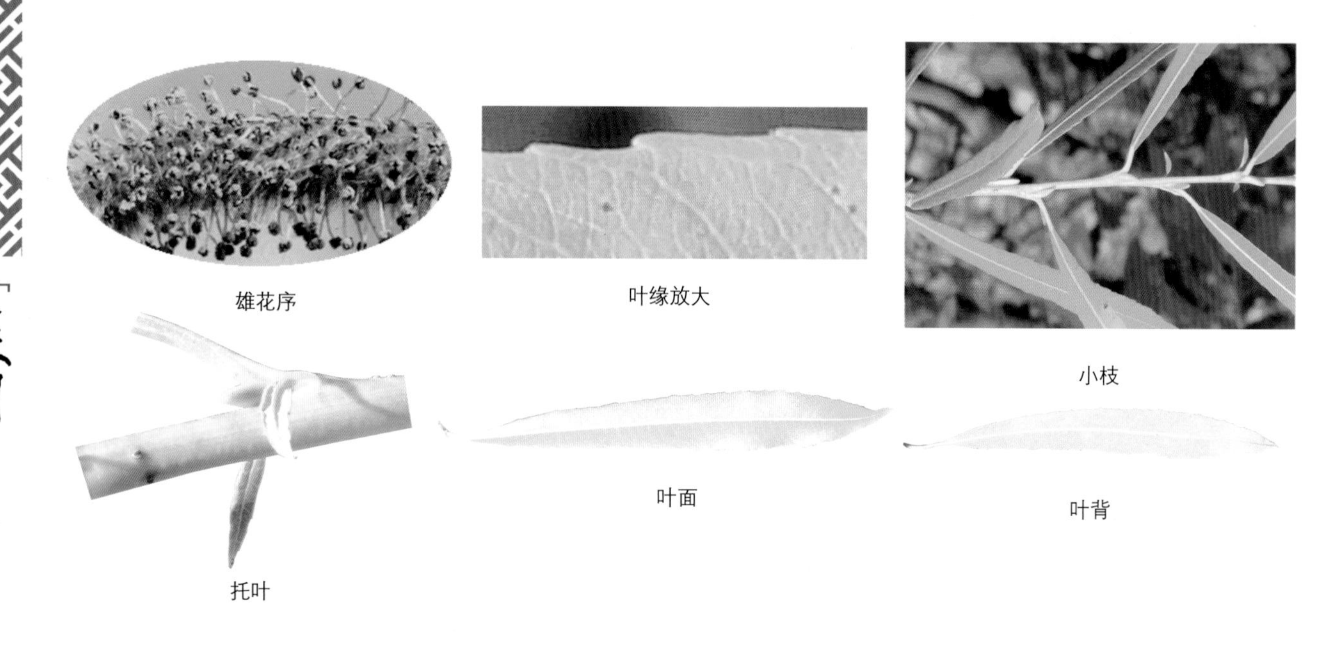

（7）五蕊柳 *Salix pentandra*

【识别要点】叶革质，宽披针形、卵状长圆形或椭圆状披针形，先端渐尖，基部钝或楔形，表面有光泽，背面淡绿色，无毛，边缘有腺齿。

灌木或小乔木。1年生枝褐绿色、灰绿色或灰棕色，无毛，有光泽。芽卵形，发黏，有光泽。叶革质，互生，宽披针形、卵状长圆形或椭圆状披针形，长3～13cm，宽2～4cm，先端渐尖，基部钝或楔形，表面深绿色，有光泽，背面淡绿色，无毛，边缘有腺齿；叶柄长2～14mm，无毛，上端边缘具腺点；托叶长圆形或宽卵形，或脱落。雄花序长2～7cm，花序轴具柔毛；苞片披针形，基部具睫毛；雄蕊（5）6～9（12），有背腺或腹腺，离生，背腺棒形，腹腺略小，常2～3深裂；雌花序长2～6cm；子房近无柄，无毛，花柱和柱头明显，2裂；腹腺1或2裂或全裂为2。蒴果卵状圆锥形，无毛，有光泽。花期5～6月，果期7～8月。

栾川县产各山区，生于海拔1000m以下山坡或山谷溪旁。河南产于太行山、伏牛山。分布于内蒙古、东北、河北、山西、陕西、新疆等地。

木材可制农具或作薪炭柴等用；树皮及叶均可提制栲胶。根入药可祛风除湿；枝、叶可清热解毒、散瘀消肿；花序可止泻。

（8）腺柳（河柳） *Salix chaenomeloides*

【识别要点】叶柄上端有明显大腺体，叶背面苍白色，先端急尖，基部楔形，边缘具腺齿；托叶早落。

乔木。小枝褐色或红褐色，有光泽，无毛。叶椭圆形、卵圆形至椭圆状披针形，长4～8cm，宽1.8～3.5cm，先端急尖，基部楔形，稀近圆形，两面光滑，背面苍白色，边缘有腺锯齿；叶柄幼时被短茸毛，后渐变光滑，长5～12mm，先端具腺点；托叶半圆形或肾形，边缘有腺锯齿，早落，萌发枝上的很发育。雄花序长4～5cm，粗8mm；花序梗和轴有柔毛；苞片小，卵形，长约1mm；雄蕊一般5，花丝长为苞片的2倍，基部有毛，花药黄色，球形；雌花序长4～5.5cm，粗达10mm；花序梗长达2cm；轴被茸毛，子房狭卵形，具长柄，无毛，花柱缺，柱头头状或微裂；苞片椭圆状倒卵形，与子房柄等长或稍短；腺体2，基部连结成假花盘状。蒴果卵状椭圆形，长3～7mm。花期4月，果期5月。

栾川县产各山区，生于山沟河旁。河南产于各山区。分布于辽宁及黄河中下游流域各地。朝鲜和日本也产。

木材供制家具、器具；树皮含鞣质，可提制栲胶。枝条供编织。也为园林绿化树种。

雌花序　雄花序　嫩叶及小枝　叶背　叶面　芽　树干

腺叶腺柳 var. *glandulifolia* 与原种的区别：叶柄上的腺体成小叶片状，叶椭圆形或宽椭圆形，基部圆形，稀心形；托叶大，耳形或半圆形，长达1cm，边缘有锯齿。栾川县产各山区，生于溪旁。河南产于伏牛山。也产于陕西。

红叶腺柳（红叶柳）'Variegata' 与原种的区别：叶片大，长6～14cm，宽3～7cm，顶端新叶4～5片于4月下旬至10月上旬呈红色，树冠红、黄、绿相间，随着时间的推移，叶片由鲜红色变为橙黄色，橙黄色的叶片再转变为绿色。系侯元凯等于2003年在河南省淅川县金河乡发现并且一直驯化的一个观赏价值较高的优良无性系。用扦插繁殖。

（9）中国黄花柳 *Salix sinica*

【识别要点】叶多变化，一般为椭圆形、椭圆状披针形、椭圆状菱形或倒卵状椭圆形，多全缘，表面有皱纹，背面带白色、有茸毛；叶柄有毛。

灌木或小乔木。小枝红褐色，幼枝有柔毛，后光滑。叶互生，叶形多变化，一般为椭圆形、椭圆状披针形、椭圆状菱形或倒卵状椭圆形，长3.6～6cm，宽1.5～2.5cm，先端短渐尖或急尖，基部楔形或圆楔形，多全缘，幼叶有毛，后无毛，背面带白色，萌发枝叶较大，表面有皱纹，背面有茸毛，边缘有不整齐的锯齿；叶柄有毛，托叶半卵形或肾形。花先叶开放，雄花序无梗，长至2.5cm，雄蕊2，花丝长为苞片的1～2倍，腺体1，腹生；雌花序长至3.5cm，无梗，子房有柄，被毛，花柱短，柱头2裂，苞片两面密被长毛，仅有1腹腺。蒴果线状圆锥形，长约6mm。花期4月，果期5月。

栾川县产各山区，生于山坡或溪旁。河南产于太行山、伏牛山、大别山。分布于华北、西北。

木材可供制家具、器具等用。

小枝　叶面　叶背　叶背放大　托叶及叶柄　雄花序　雌花序　树干

（10）皂柳（山柳） *Salix wallichiana*

【识别要点】芽卵形，有棱。叶披针形，长圆状披针形，卵状长圆形或狭椭圆形，全缘，表面初有丝状毛，背面淡绿色或有白粉，有平伏柔毛或无毛，萌枝叶常有细齿。

灌木或乔木。小枝红褐色或黑褐色，初有毛，后光滑。芽卵形，有棱，无毛。叶互生，披针形，长圆状披针形，卵状长圆形或狭椭圆形，长4～8（10）cm，宽1～2.5cm，先端急尖或渐尖，基部圆形或楔形，全缘，表面初有丝状毛，背面淡绿色或有白粉，有平伏柔毛或无毛，网脉不明显，萌枝叶常有细齿，叶柄长约1cm；托叶半心形，有牙齿。花序先叶或同时开放，无梗，雄花序长1.5～2.5（3）cm，雄蕊2，黄色，离生，基部有疏毛，苞片两面有白色长毛，腺体1；雌花序长2.5～4cm，子房狭圆锥形，密被柔毛，有短柄或后伸长，花柱短至明显，柱头2～4裂，腺体1。蒴果长达9mm，有毛或近无毛。花期4～5月，果期5～6月。

栾川县产各山区，生于海拔1000m以上的山坡或山谷溪旁。河南产于太行山、伏牛山。分布于西藏、云南、四川、贵州、湖南、湖北、青海、甘肃、陕西、山西、河北、内蒙古等地。印度、不丹、尼泊尔也有分布。

枝条供编筐篓，木材可制木箱，根入药，治风湿关节炎。

小枝

叶面

托叶放大

叶背局部

雌花序

芽

托叶

雄花序

（11）紫枝柳 *Salix heterochroma*

【识别要点】枝深紫红色或黄褐色。叶椭圆形至披针形或卵状披针形，先端长渐尖或急尖，全缘或有疏细齿，背面带白粉，具疏绢毛。

灌木或小乔木。枝深紫红色或黄褐色，初有柔毛，后无毛。叶互生，椭圆形至披针形或卵状披针形，长4.5～10cm，宽1.5～2.7cm，先端长渐尖或急尖，基部楔形，全缘或有疏细齿，背面带白粉，具疏绢毛；叶柄长5～15mm。雄花序几无梗，长3～5.5cm，轴有绢毛，雄蕊2，花丝具疏柔毛，苞片长圆形，两面被绢质长柔毛和缘毛，腺体倒卵圆形，长为苞片的1/3；雌花序圆柱形，子房卵状长圆形，有柄，花柱长为子房的1/3，柱头2裂，腺体1，腹生。蒴果卵状长圆形，被灰色柔毛。花期4～5月，果期5～6月。

栾川县产伏牛山主脉北坡，生于海拔1400m以上的山谷、林缘。河南还产于卢氏、西峡等地。分布于山西、陕西、甘肃、湖北、湖南、四川等地。

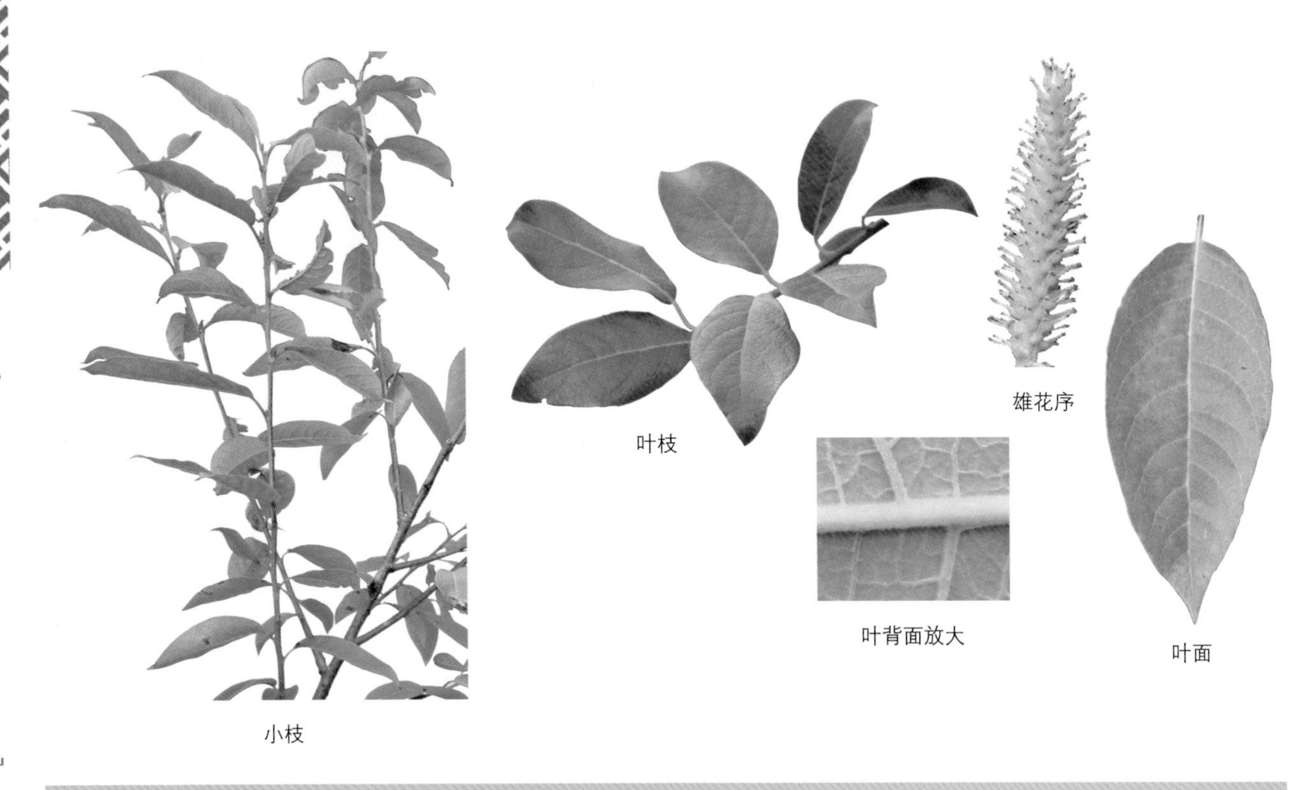

（12）小叶柳（翻白柳） *Salix hypoleuca*

【识别要点】枝无毛。叶全缘，椭圆形、披针形或椭圆状长圆形，先端急尖，表面深绿色，无毛，背面苍白色，叶脉明显突起。

灌木，高1～3.6m。枝暗棕色，无毛。叶互生，椭圆形、披针形或椭圆状长圆形，稀卵形，长2～4cm，宽1.2～2.4cm，先端急尖，基部宽楔形或渐狭，全缘，表面深绿色，无毛，背面苍白色，叶脉明显突起；叶柄长3～9mm。花序轴无毛或有毛；雄花序长至4.5cm，雄蕊2，花丝下部有毛，腺体1，腹生；雌花序长2.5～5cm，子房长卵圆形，花柱2裂，柱头短，仅1腹腺。蒴果卵圆形，长约2.5mm。花期5月，果期6月。

栾川县产各山区，生于海拔1200m以上的山坡及山沟。河南产于太行山和伏牛山区。分布于陕西、甘肃、山西、湖北、四川等地。

根、叶入药，性辛、涩、温，可祛风除湿、活血化瘀，用于治疗风湿痹痛、疔疮、劳伤、蛇头疔。

（二）胡桃科 Juglandaceae

落叶乔木或灌木，多具芳香树脂。小枝髓部坚实或为片状髓。芽常叠生。奇数羽状复叶，互生；无托叶。花单性，雌雄同株；雄花为柔荑花序，生于去年枝叶腋或新枝基部，稀生于枝顶而直立；花具1苞片和2小苞片，花被1～4片，有时花被及2小苞片均退化；雄蕊3至多数；雌花顶生、单一或数朵组成直立或下垂的穗状或球状柔荑花序，具1苞片和2小苞片，花被与子房贴生，顶端4齿状裂，或缺；子房下位，常由2心皮组成，具1胚珠；花柱2个或1个，具有2分枝，果为核果状坚果或具翅坚果。种子1，无胚乳，种皮薄，子叶常4裂，含油脂。

8属，约60种。分布于北温带，少数产于热带。我国有7属，24种。河南5属，10种及1变种。栾川县4属，7种，1变种。

1.小枝髓坚实。无花被或至少雌花无花被，小坚果具窄翅，生于木质的苞腋内，多数合成球果状 ………… 1.化香属 *Platycarya*

1.小枝髓为片状。有花被。果实为核果状坚果或具翅坚果：

  2.小枝细。裸芽。坚果具翅：

    3.坚果周围具翅 ………… 2.青钱柳属 *Cyclocarya*

    3.坚果两侧有翅 ………… 3.枫杨属 *Pterocarya*

  2.小枝粗壮。多为鳞芽。果实为核果状 ………… 4.胡桃属 *Juglans*

1.化香树属 *Platycarya*

落叶乔木。枝髓坚实。叶互生，奇数羽状复叶，小叶有锯齿。雌雄柔荑花序均直立；雄花序4～12个集生，或生于雌花序顶端，无花被；雄蕊8～10，生于苞腋内；雌花苞片与子房合生，子房下位，1室，有1胚珠，花柱5。果序球果状，直立，有多数木质苞片，小苞片与子房结合发育为翅，小坚果，具2翅，生于木质苞腋内，种子有薄皮。

2种，分布于我国和日本。我国2种均有。河南产1种。栾川县产1种。

化香树（换香树） *Platycarya strobilacea*

【识别要点】树皮黑褐色，纵裂。小叶5～19个，卵状披针形或长圆状披针形，先端长渐尖，边缘有重锯齿，侧生小叶无柄，不等边，顶生小叶有柄。

乔木，高10～20m。树皮黑褐色，老时则不规则纵裂。幼枝褐色，初被细毛。2年生枝条暗褐色，具细小皮孔。叶长约15～30cm，叶总柄显著短于叶轴，叶总柄及叶轴初时被稀疏的褐色短柔毛，后来脱落而近无毛；小叶纸质，5～19个。侧生小叶无柄，卵状披针形或长圆状披针形，长4～10cm，宽2～4cm，不等边，上方一侧较下方一侧为阔，先端长渐尖，基部圆，微偏斜，边缘有重锯齿；顶生小叶具长2～3cm的小叶柄，基部对称，圆形或阔楔形。小叶表面绿色，背面黄绿色，幼时密生毛，老时光滑，仅脉腋有簇毛。果序球果状，暗褐色，长3～4cm；果苞披针形，长达12mm；小坚果扁平，圆形，具2狭翅，长约5mm。花期5～6月，果期10月。

栾川县产各山区，生于海拔1000m以下向阳山坡的杂木林中，有时为纯林。狮子庙镇南沟门村有一株150年龄的古树。河南产于伏牛山、大别山和桐柏山区。分布于陕西、湖北、江西、安徽、江苏、浙江、福建、广东、广西、贵州、四川、云南等地。日本与朝鲜也有分布。

喜光性树种，耐干旱瘠薄，酸性土和钙质土均能生长。种子繁殖。

树皮、根皮、叶与果序均富含鞣质，可制栲胶；树皮纤维可供纺织、造纸等用；叶取滤液可做农药；树皮入药有顺气、祛风、化痰、消肿、止痛、燥湿、杀虫之效。种子含油率7%~8%，为工业用油。材质轻而软，可做火柴杆、胶合板材等。

果枝　花序　复叶　小枝　果　小叶（背）　叶缘放大　小叶正面　树干

2.青钱柳属　*Cyclocarya*

落叶乔木。枝具片状髓。裸芽。叶互生，奇数羽状复叶，叶轴无翅。花雌雄同株，柔荑花序下垂；雄花序2~4个集生于去年生枝叶腋，花具2个小苞片及2~3个花被片，雄蕊20~40，2~4束；雌花序单生于枝顶，花被片4，下面托以2个小苞片，子房1室，花柱短，柱头2。坚果，周围有圆盘状翅。

我国特有属，仅1种。产于长江流域及以南各地。河南也产。栾川县有分布。

青钱柳（铜子柳　摇钱树）　*Cyclocarya paliurus*

【识别要点】小叶互生，稀近对生，7或9个，长圆状披针形，边缘具硬尖锯齿。果翅圆形，果序似铜钱串。

乔木，高20m。幼树皮灰色，平滑，老树皮深褐色，深纵裂。枝条黑褐色，具灰黄色皮孔；幼枝密生棕褐色茸毛，后渐脱落；冬芽密生褐色鳞片。奇数羽状复叶长约20cm（有时达25cm以上），叶轴被白色弯曲毛及褐色腺鳞，小叶互生，稀近对生，小叶7~9（稀5或11）个；侧生小叶具0.5~2mm的小叶柄，长椭圆状卵形至阔披针形，长约5~14cm，宽约2~6cm，基部歪斜，阔楔形至近圆形，顶端钝或急尖、稀渐尖；顶生小叶具长约1cm的小叶柄，长椭圆形至长椭圆状披针形，长约5～12cm，宽约4～6cm，基部楔形，顶端钝或急尖；叶缘具锐锯齿，侧脉10～16对，表面被有腺体，仅沿中脉及侧脉有短柔毛，背面网脉明显凸起，被有灰色细小鳞片及盾状着生的黄色腺体，沿中脉和侧脉生短柔毛，侧脉腋内具簇毛。雄性柔荑花序长7～18cm，3条或稀2～4条成一束生于长约3～5mm的总梗上，总梗自1年生枝条的叶痕腋内生出；花序轴密被短柔毛及盾状着生的腺体。雄花具长约1mm的花梗；雌性柔荑花序单独顶生，花序轴常密被短柔毛，老时毛常脱落而成无毛。果序轴长15～30cm，果实扁球形，径约7mm，密被短柔毛，果实中部围有水平方向的径达2.5～6cm的革质圆盘状翅，顶端具4枚宿存的花被片及花柱，果实及果翅全部被有腺体，在基部及宿存的花柱上则被稀疏的短柔毛。花期5～6月，果熟9月。

栾川县栾川乡养子沟有零星分布，生于海拔1500m左右的山谷杂木林中或沟道河旁。河南产于伏牛山、大别山区。为我国特有的单种属古老树种。分布于陕西、江苏、安徽、浙江、湖北、四川、广东、广西、云南、贵州等地。为国家二级重点保护野生植物。

喜光，在土层深厚、肥沃土壤上生长良好；稍耐旱。萌芽性强。抗病虫害。种子繁殖，宜随采随播。

树皮含鞣质6.25%，可制栲胶；又含纤维17.8%，可造纸及制绳索。叶含多糖、三萜、皂苷、黄酮等多种重要药效成分，同时还富含氨基酸、维生素、锗、硒、铬、钒、锌、铁、钙等多种珍贵的微量元素，能有效降低甘油三脂和胆固醇，具有降血压、降血糖、降血脂等功效，同时可增强人体免疫力、抗氧化、抗衰老，尤其适宜糖尿病人群。木材细致，可制家具、农具等用。

复叶

果

小枝

叶缘放大

果序

树干

3.枫杨属 *Pterocarya*

落叶乔木。枝条髓心片状。冬芽具柄，裸露或具数枚脱落的鳞片。叶互生，小叶有锯齿，奇数羽状复叶，无托叶。雌雄同株，柔荑花序下垂；雄花序生于老枝叶腋，由1伸长苞片及2小苞片与1～4花被片组成，雄蕊9～15；雌花生于当年枝顶，具一线形苞片和2小苞片，花被片4个，子房1室，花柱2裂。果序下垂，坚果，具2翅，系由2小苞片发育而成。

约12种、分布于亚洲西部及日本。我国约有9种。河南有3种，1变种。栾川县有2种，1变种。

1.复叶长40cm，小叶11～25个，叶轴有狭翅。果翅长圆形，斜向上展 ……………………………………………………………………………… （1）枫杨 *Pterocarya stenoptera*

1.复叶长20～25cm，小叶5～11个，叶轴无翅。果翅半圆形，向两侧直展 …………………………………………………………………… （2）湖北枫杨 *Pterocarya hupehensis*

（1）枫杨（鬼柳 桶子柳） *Pterocarya stenoptera*

【识别要点】树皮褐灰色，浅纵裂。小枝灰色有毛。复叶长40cm，小叶11～25个，叶轴有狭翅。果翅长圆形，斜向上展。

乔木，高10～30m。幼树皮平滑，浅灰色，老时褐灰色，浅纵裂。小枝灰色至暗褐色，有毛，皮孔明显，叶痕肾形或倒心形，周围稍隆起；冬芽密被锈褐色毛。复叶长达40cm，叶轴具狭翅；小叶11～25个，长圆形至长圆状披针形，长4～10cm，宽1.5～3cm，先端钝或有短尖，基部偏斜，边缘有细锯齿，背面沿脉有细毛，脉腋有簇毛。雄性柔荑花序长约6～10cm，单独生于去年生枝条上叶痕腋内，花序轴常有稀疏的星芒状毛。雄花常具1（稀2或3）枚发育的花被片，雄蕊5～12。雌性柔荑花序顶生，长约10～15cm，花序轴密被星芒状毛及单毛，下端不生花的部分长达3cm，具2枚长达5mm的不孕性苞片。雌花几无梗，苞片及小苞片基部常有细小的星芒状毛，并密被腺体。果序下垂，长20～45cm，果序轴常被有宿存的毛；坚果具2狭翅，翅向上斜展，长圆形至线状长圆形，长12～20mm。花期4月，果期8～9月。

栾川县产各山区，生于海拔1500m以下湿润环境下的山谷、河流两旁及阴湿山坡。河南产于各山区，平原有栽培。分布于东北、华北、华中、华南和西南各地。朝鲜也有分布。

种子繁殖，萌芽力强。喜光性树种，不耐庇荫；耐水湿；深根性，主根明显、侧根发达；在山谷、河滩、溪边低湿地生长最好，在干旱瘠薄沙地上生长慢，树干弯曲，要求中性及酸性沙壤土，也能耐轻度盐碱。幼苗生长较慢，3～4年后加快，速生期可延续到15年，25年后生长渐慢，40～50年后生长渐停，60年后衰老。有丛枝病危害树枝及幼树主干和萌条；黑跗眼天牛成虫吃嫩枝皮层，幼虫蛀食主干，重者可使幼树枯死。桑雕象鼻虫成虫吃树叶，使其枯干。

树皮与根皮入药，能祛风除湿、解毒杀虫。树皮纤维可制绳索和人造棉；并含鞣质6.18%，可制栲胶。种子含油量28.83%，供制肥皂及润滑油；叶含水杨酸，可作农药。木材供建筑、家具、器具等用。可作河滩、山沟、溪旁、低湿地造林树种。幼树可做核桃砧木。

短翅枫杨 var. *brevialata* 小乔木。小叶长椭圆形，先端钝，基部圆形。果翅较短。产地、分布、用途同原种。

复叶

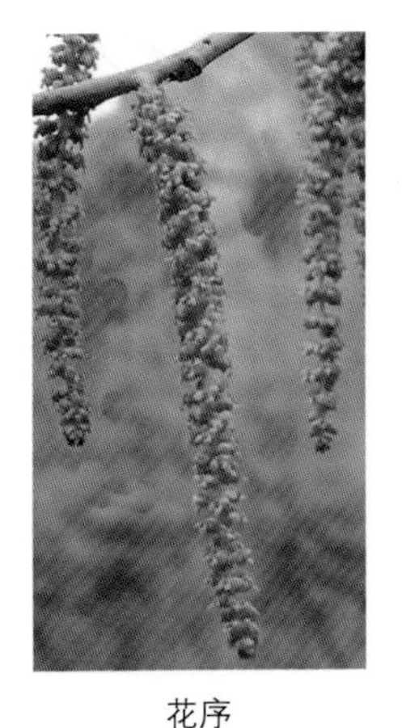

花序

树干

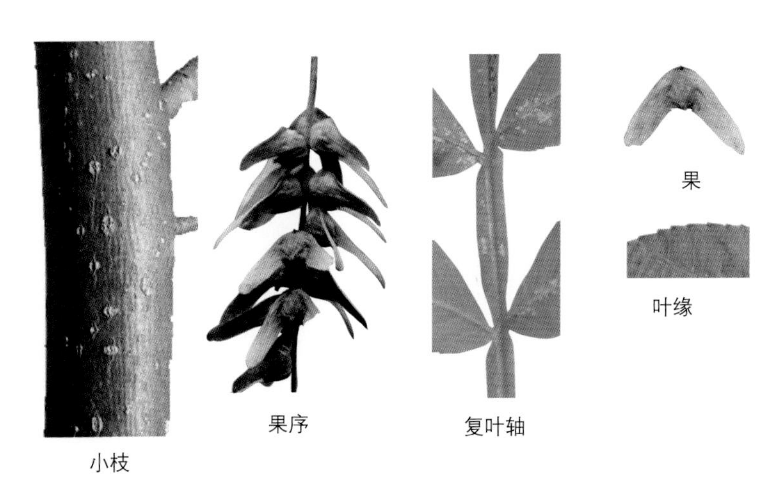

小枝　果序　复叶轴　果　叶缘

（2）湖北枫杨（花杨 山柳树） *Pterocarya hupehensis*

【识别要点】树皮灰色，幼时光滑，老时纵裂。复叶长20～25cm，小叶5～11个，叶轴无翅。果翅半圆形，向两侧直展。

乔木，高10～20m；树皮灰色，幼时光滑，老时纵裂。小枝深灰褐色，无毛或被稀疏的短柔毛，皮孔灰黄色，显著；芽显著具柄，裸露，黄褐色，密被盾状着生的腺体。复叶长20～25cm，叶轴无翅；小叶5～11个，纸质，侧脉12～14对，长椭圆形至卵状椭圆形，长6～12cm，宽3～5cm，先端尖，基部圆，偏斜，边缘有锯齿，表面有细小疣状凸起及稀疏盾状腺体，中脉疏生星状毛，背面有极小灰色鳞片及稀疏盾状腺体，脉腋有簇生星状毛；中间以上的各对小叶较大，下端的小叶较小；叶柄长5～7cm。雄花序长8～10cm，3～5条各由去年生侧枝顶端以下的叶痕腋内的裸芽发出，具短而粗的花序梗；雄花无柄，花被片仅2或3枚发育，雄蕊10～13。雌花序顶生，下垂，长约20～40cm；雌花的苞片无毛或具疏毛，小苞片及花被片均无毛而仅被有腺体。果序长10～45cm，下垂，序轴具疏生星状毛。果实坚果状，无毛，果翅半圆形，长10～15mm，宽12～15mm，与果体同具鳞片状腺体。花期6月，果期9月。

栾川县产各山区，生于海拔1000m左右的山谷、河滩及沟道路旁。河南产于伏牛山和大别山区。为华中特有种，分布于陕西、甘肃、湖北、四川等地。

速生树种，喜湿润深厚土壤，耐水湿，不耐干旱瘠薄。种子繁殖。

木材供建筑、家具等用。树皮纤维拉力强，可造纸、制绳索及人造棉；又含鞣质0.65%，可制栲胶。种子含油7%～8%，可制肥皂。

叶枝

果序　小叶　树干　果

4.胡桃属 *Juglans*

落叶乔木。树皮有沟纹。枝具片状髓。叶互生，奇数羽状复叶，有腺体及芳香气味；小叶对生。雄花序侧生于去年枝的叶腋，成下垂的柔荑花序，具1苞片及2小苞片，花被1～4，雄蕊8～10；雌花数朵集生或成总状花序，着生于新枝顶端，花具1不明显的苞片和2小苞片，花被片4裂，子房下位，1室1胚珠。果实为不开裂的核果状坚果，外果皮肉质，内果皮骨质，具不规则槽纹，基部2～4室；种子具2～4瓣。

16种。产亚洲、欧洲大陆及南北美洲。我国6种。河南有3种。栾川县3种。

1.小枝无毛。小叶全缘（幼叶有疏齿），背面仅脉腋处有簇毛。雌花序由1～3朵花组成。果无毛 ………………………………………………………………………………… （1）胡桃*Juglans regia*

1.小枝有腺毛。小叶缘有细锯齿，背面有毛。雌花序有花5～10朵。果有腺毛：

2.幼叶表面密被星状毛；老叶表面仅叶脉有星状毛。雄花序长20～30cm。果核球形，基部平圆，有6～8条钝纵棱 ……………………………………………………… （2）野核桃*Juglans cathayensis*

2.幼叶表面有腺毛，老叶表面散生星状毛，沿脉较密。雄花序长约10cm。果核有8条锐尖纵棱 ………………………………………………………………………… （3）胡桃楸*Juglans mandshurica*

（1）胡桃（核桃） *Juglans regia*

【识别要点】小枝光滑，髓白色片状。小叶5～11个，椭圆形，全缘（幼叶有疏齿），背面仅脉腋处有簇毛。

乔木，高35m。树皮灰白色，幼时不裂，老时纵裂。小枝光滑，髓白色片状。小叶5～11个，椭圆形，长6～15cm，宽3～6cm，近无柄，顶生小叶较大，全缘（仅幼叶有疏齿），仅背面脉腋有簇短柔毛。雄性柔荑花序下垂，长约5～10cm、稀达15cm；雄花的苞片、小苞片及花被片均被腺毛，雄蕊6～30，花药黄色，无毛。雌性穗状花序通常具雌花1～3朵，聚生于当年生枝端，总苞被极短腺毛，花柱短，柱头浅绿色，二裂。果序短，微下垂，核果状坚果，球形，直径5cm，幼时具腺毛，外、中果皮肉质，内果皮坚硬，表面凸凹或皱折，有2纵棱，先端有短尖头。花期3～4月，果期8～9月。

栾川县有广泛栽培。河南各地有栽培。原产于欧洲与中亚。我国从东北至西南各地均有栽培。

栾川县栽培核桃历史悠久，现有古树263株，其中国家一级2株，二级60株（其中古树群47株），三级201株（其中古树群76株）。栾川核桃不仅产量高，且以壳薄、瓤绵、仁香而享誉全国，是栾川土特产的代表之一。近年来大力引进优良品种和先进栽培管理技术，实行规模化种植并建立了大型核桃基地，核桃已成为林农脱贫致富的主要项目之一。

喜光，深根性，根际萌芽力强。温带树种，耐干冷，不耐湿热，在年平均温度8～10℃，年降水量400～1200mm的条件下均适宜。喜生于肥厚排水良好的中性土或钙质土的山谷和山麓，不耐盐碱。在黏重和地下水位高、排水不良的强酸性土壤不能生长；在土层浅薄多石砾及沙质土壤上易遭旱害，枝端焦枯，发育不良。

幼树生长较慢，4～5年后加快，30年后渐减退。寿命长达300年以上，栾川县有树龄达600年以年的古核桃树仍有结实能力。实生树7～8年后开始结果，20～30年进入盛果期；嫁接树3～5年开花结果，近年来发展的早实核桃品种当年即可开花结果。盛果期大树年产量一般50kg左右，多的可达100～500kg，个别丰产单株高达2000kg。结果有大小年。

各地培养了很多核桃优良品种。近年推广的优良栽培品种主要有早实品种薄丰、绿波、香玲、丰辉、辽核4号、中林5号、西扶1号、晋香和晚实品种礼品2号、晋龙2号、豫786等。

种子繁殖、嫁接及分根繁殖。植苗或直播造林。病害有黑斑病、核桃炭疽病、核桃枯叶病等，虫害有核桃举肢蛾、木尺蠖、云斑天牛、绿肥大蚕蛾、核桃缀叶螟、核桃黄须球小蠹、核桃小吉丁虫、芳香木蠹蛾等，核桃举肢蛾（核桃黑）危害果实，受害率可达90%以上，严重影响产量及质量。

它是我国主要的经济树种之一，种仁含脂肪60%～80%，蛋白质17%～20%，以及钙、磷、铁、胡萝卜素、硫胺素、核黄素多种营养物质，可食用或榨油，为优良的食用油，亦供药用。果仁能补肾固精、敛肺定喘、止咳；外果皮可治各种皮肤病；种隔有涩精止淋之功效；枝条有抗癌作用。树皮和外果皮含鞣质，可制栲胶。果核可制活性炭。

心材紫褐色，边材红褐色，材质坚韧、纹理细致、光滑美观，供做枪托、贵重家具及雕刻等。为栾川县海拔1500m以下及浅山丘陵区适宜的经济林树种。亦为优良的园林绿化树种。

雌花

复叶

果枝

树干

花枝

果核

果

（2）野核桃（山核桃） *Juglans cathayensis*

【识别要点】树皮灰色平滑，幼枝具柔毛。小叶9～17个，叶缘有细锯齿，幼叶表面密被星状毛；老叶表面仅叶脉有星状毛。果核球形，基部平圆，有6～8条钝纵棱。

乔木，高25m。树皮灰色平滑，幼枝灰绿色，具柔毛，髓心薄片状分隔。顶芽裸露，锥形，有黄褐色毛；复叶长40～50cm，叶柄及叶轴被毛，小叶9～17个，无柄，硬纸质，对生或近对生，卵形或卵状椭圆形，顶端渐尖，基部斜圆形或稍斜心形，边缘有细锯齿，幼时两面密被星状毛，老叶仅沿脉有星状毛，侧脉11～17对。雄性柔荑花序生于去年生枝顶端叶痕腋内，花序长20～30cm；雄花被腺毛，雄蕊约13枚左右，花药黄色，长约1mm，有毛，药隔稍伸出。雌花序总状，生于当年生枝顶端，花序轴密生棕褐色毛，初时长2.5cm，后来伸长达8～15cm，有花5～10朵，雌花密生棕褐色腺毛，子房卵形，长约2mm，花柱短，柱头2深裂。果序有果5～10个，下垂；核果状坚果，球形，基部平圆，长3～5cm，有腺毛；果核有6～8条钝棱，各棱间具不规则皱折，内果皮厚，种仁极小。花期4～5月，果期9月。

栾川县产各山区，生于海拔800～1500m的山谷或山坡杂木林中。河南产于伏牛山、大别山和桐柏山区。分布于陕西、甘肃、安徽、江苏、浙江、湖北、湖南、四川、云南等地。

喜光。深根性。种子繁殖。可作胡桃砧木。

种子含油34%，属于半干性油，可作润滑剂，又可供食用及制肥皂。树皮含鞣质48.92%，可提制栲胶；内皮入药，有涩肠、止泻功效。材质坚硬，纹理美丽，可制枪托和家具等用。

（3）胡桃楸（山核桃 核桃楸） *Juglans mandshurica*

与野核桃很相似，其主要区别为：幼叶表面有腺毛，沿脉有星状毛，老叶表面仅叶脉有星状毛，沿脉较密。雄花序长约10cm。果核具有8条锐尖的纵棱。

栾川县产各山区，生于海拔500～1800m的山坡或沟谷。河南产于太行山、伏牛山北坡。分布于东北、河北燕山和山西太行山、吕梁山、北京西山、天津蓟县。

比胡桃耐干寒，喜光，不耐庇荫，在林冠下天然更新不良。深根性，抗风。根蘖性和萌芽力强，可进行萌芽更新。对烟尘、二氧化硫、氯化氢及氯气抗性较弱。幼龄生长较慢，7～8年后渐快，40～60年生以前高生长迅速，以后直径生长较快，100～110年高生长渐停，直径生长仍增加。寿命长。天然林20年左右开始结实。种子繁殖，可直播或天然下种，也可萌芽更新。可作胡桃砧木。

树皮入药，能清热解毒、治慢性菌痢；种仁含油70%，可食用或榨油；外果皮及树皮含鞣质，可制栲胶；内果皮可制活性炭。材质坚硬致密，纹理通直，易加工，花纹美观，刨切面光滑，油漆性能良好，为军工、建筑、家具、船舰、木模等优良用材。

复叶

果

果核

小枝

雄花

树干

小枝切面

雌花

叶背局部

叶缘

（三）桦木科 Betulaceae

落叶乔木或灌木。芽有鳞片。单叶互生，叶缘常有锯齿，叶脉羽状；具早落性托叶。花单性，雌雄同株，稀异株。雄花序柔荑状、下垂，由3朵花组成的聚伞花序所构成，雄花具细小花被4片或无，雄蕊1～4，花丝短，花药2室纵裂；雌花序为下垂的圆柱状或直立的球状，多为2朵花组成的聚伞花序而构成；雌花无花被，雌蕊1，子房下位，由2心皮组成，花柱2，线状，各具1柱头，或2深裂。果实为小坚果，具翅或无，有时包在结合的小苞里，种子1个，具大而直的胚，无胚乳。

6属，200余种，主要产北半球温带或较寒地区。我国有6属，116种。河南有6属，25种及5变种。栾川县有5属，19种，5变种。

1.小坚果扁平，具翅，包于木质鳞片状总苞内，组成球状或柔荑状果序 ………… 1.桦木属 *Betula*
1.小坚果卵圆形或球形，无翅，包藏于叶状或囊状的总苞内，组成簇生或穗状果序：
  2.坚果大，直径约1cm，总苞叶状或刺状。叶多为卵形或圆卵形 ………………… 2.榛属 *Corylus*
  2.坚果小，直径约5mm；总苞囊状或叶状。叶多为长圆状披针形：
    3.总苞扁平，叶状，基部常有1小裂片，向内卷，不能完全包住小坚果，果序长穗状 ……………………………………………………………………………… 3.鹅耳枥属 *Corpinus*
    3.总苞囊状，全部包被小坚果：
      4.总苞全缘。叶具9对以上叶脉 …………………………………………………… 4.铁木属 *Ostrya*
      4.总苞3裂。叶具5～8对叶脉 …………………………………………………… 5.虎榛属 *Ostryopsis*

1.桦木属 *Betula*

乔木或灌木。树皮平滑，常为薄纸层状或鳞状分层剥落，皮孔横扁。幼枝常密生隆起、透明的树脂腺体。冬芽无柄，具多数鳞片。单叶互生，多卵形，叶缘有锯齿，背面也常有树脂腺体。雄柔荑花序于上一年秋季形成，裸露越冬，次春抽出，每苞腋有花3朵；雄花被4片，雄蕊2枚，花丝2裂深，各具1花药；雌柔荑花序春季发生于芽鳞内，每苞腋有花3朵，无花被，子房2室，花柱2个。果序单生或2～5排成总状；果苞革质，3裂；每果苞具3个小坚果；小坚果具膜质翅，成熟后与果苞同时脱落。

约有100种，主产北半球。我国约有26种，分布于东北、华北、西北及西南各地。河南有6种，1变种。栾川县有4种，1变种。

1.叶侧脉在8对以下，叶片菱状三角形或卵状菱形。树皮白色 ………（1）白桦 *Betula platyphylla*
1.叶侧脉在8对以上，叶片为卵形或长圆形。树皮褐色，红色或深灰色：
  2.果翅极狭，常不明显。叶长1～6cm，侧脉8～10对 …………………（2）坚桦 *Betula chinensis*
  2.果翅宽而明显，叶长达6cm以上，侧脉可达14对：
    3.小枝密生黄色或棕色树脂状腺体和短柔毛。叶两面密生腺体，背面脉腋密生黄色短须状毛 ………………………………………………………………（3）糙皮桦 *Betula utilis*
    3.小枝无毛，有疏生树脂状腺体。叶无腺体，背面脉腋有时微有毛，但不为黄色须状 ……………………………………………………………（4）红桦 *Betula albo-sinensis*

（1）白桦（桦木 白桦树 桦树） *Betula platyphylla*

【识别要点】树皮白色，纸层状剥落。叶菱状三角形或卵状三角形，先端渐尖，边缘具重锯齿或小尖头，两面均有腺点，侧脉5～7（8）对。

乔木，高25m。树皮白色，平滑，纸层状剥落。小枝无毛，红褐色，外被白色蜡层，具明显皮孔及树脂状腺体；冬芽卵圆形，具树脂。叶菱状三角形或卵状三角形，长3～9cm，宽2～5cm，先端渐尖，基部宽楔形、截形，稀圆或近心形，边缘具重锯齿或小尖头，无毛，两面均有腺点，侧脉5～7（8）对；叶柄长1～3cm，平滑或具腺点。果序圆柱形，单生于叶腋，下垂，长3～4cm，径7～10mm，无毛。果苞中裂片先端尖，侧裂片半圆形，小坚果倒卵状长圆形，长2mm，果翅较果体宽或狭。花期4～5月，果期9～10月。

栾川县产各山区，生于海拔1000m以上的山坡，形成小片纯林或与杂木混交。河南产于太行山、伏牛山。分布于东北、华北、西北和西南各地。朝鲜也产。

喜光性树种，适宜肥沃而湿润的土壤，但也能在干燥山坡、河谷和沼泽草甸上生长。天然更新良好，在采伐迹地及火烧迹地上常形成稀疏纯林或与杂木形成混交林。

树皮可提取桦皮油，可治疗外伤及各种斑疹；干皮为解热药，有防腐及利尿效能，又可治黄疸；又有油润皮革性能，可使皮革柔软而增加弹性，并由于所含消毒物质，也能增加皮革的坚固耐用性。木材干馏可获得7.08%的醋酸钙、木精，也可提取金色染料。叶可做黄色染料。种子榨油可制肥皂。材质细致、坚硬而有弹力，色白而微褐，为制家具及建筑的优良用材。

叶枝　叶　叶缘　叶背局部　小枝　果序　树干　雄花枝　坚果

（2）坚桦（黑桦 赤肚子榆 杵榆） *Betula chinensis*

【识别要点】树皮暗灰色，有裂纹。叶卵形或长卵形，长2～6cm，边缘有不整齐尖齿状重锯齿。侧脉8～9（10）对。

小乔木或灌木，高1～5m。树皮暗灰色，有裂纹。小枝灰褐色，幼枝常密生细毛；冬芽卵圆形或长圆形，红褐色，外被细毛。叶厚纸质，卵形或长卵形，长2～6cm，先端短尖，基部圆形或宽楔形，边缘有不整齐尖齿状重锯齿，表面幼时具毛，叶背沿脉密生长柔毛，侧脉8～9（10）对；

叶柄长4～10mm，具长柔毛。果序单生，椭圆形，长1～2cm，径1.5cm，序梗几不明显，果苞中裂片比侧裂片长2～3倍，边缘具纤毛；小坚果卵圆形，长约3mm，边缘具狭翅。花期4～5月，果期9～10月。

栾川县产各山区，生于海拔1500m以上的山坡、沟谷，常与杂木混交。河南产于太行山及伏牛山。分布于辽宁、河北、山东、陕西、山西、内蒙古、湖北、甘肃等地。

材质坚重致密，纹理通直，可作车轴、家具等；树皮可做栲胶原料。

叶枝　果枝　叶　叶缘　小枝　树干　幼果　小坚果　果苞　果序

（3）糙皮桦 *Betula utilis*

【识别要点】树皮红褐色，横裂，呈薄片状分层剥裂。小枝被毛及密生树脂状腺体。叶卵形至长圆形，边缘有不整齐重锯齿，背面脉腋密生黄色短须状毛，侧脉8～14对。

乔木，高20m。树皮红褐色，横裂，呈薄片状分层剥裂。小枝被毛及密生树脂状腺体。叶卵形至长圆形、稀宽卵形，长4～9cm，宽3～5cm，先端渐尖，基部圆形，边缘有不整齐重锯齿，表面无毛，脉下陷，背面脉腋密生黄色短须状毛，两面密生腺点，侧脉8～14对；叶柄长8～20mm，有毛。果序单生或2～4集生于短枝顶；果苞长5～8mm，边缘及背部密被毛，中裂片矩圆形，较侧裂片大，侧裂片斜展；坚果倒卵形，长2～3mm，翅宽为果宽的一半或近相等。花期4～5

月，果期9～10月。

栾川县产各山区，生于海拔1300～2000m的山坡杂木林中。河南产于太行山及伏牛山。分布于华北、西北、华中、西南各地。印度、尼泊尔和阿富汗也产。

木材可作建筑、家具、器具等。树皮含鞣质，可提制栲胶及桦皮油。

果枝

（4）红桦（纸皮桦） *Betula albo-sinensis*

【识别要点】树皮橘红色或紫红色，有光泽，薄纸状剥落。叶卵形或长卵形，边缘具重锯齿，背面沿脉具白色丝毛和褐色腺体，侧脉10～14对。

大乔木，高30m。树皮橘红色或紫红色，有光泽，薄纸状剥落。小枝紫红色，无毛，有时疏生腺体。叶卵形或长卵形，长3～8cm，宽2～5cm，先端渐尖，基部圆或宽楔形，边缘具重锯齿（齿尖角质化），表面深绿色，无毛或幼时疏被长柔毛，背面淡绿色，沿脉具白色丝毛和褐色腺体，侧脉10～14对；叶柄长5～15mm。果序单生或2（～4）个并生；果苞长5～8mm，中裂片较侧裂片长2～3倍，侧裂片斜伸，先端钝圆；小坚果倒卵圆形，翅较小坚果宽或近等宽。花期5～6月，果期9～10月。

栾川县产各山区，生于海拔1500m以上的山坡杂木林中。河南产于太行山辉县、济源及伏牛山。为我国特有树种。分布于陕西、河北、甘肃、青海、湖北、四川、云南、山西等地。

喜湿润，耐寒、耐阴，适生于高山阴坡、半阴坡及山顶。种子繁殖。

木材淡红褐色，质坚而脆，纹理斜，结构细，为细木工、家具、枪托、飞机螺旋桨、枕木等优良用材，树皮可提制栲胶及蒸桦皮油。

牛皮桦 var. *septentrionalis* 本变种与原种区别：树皮厚，块状开裂。小枝密生鳞片状腺斑。叶通常沿背面中脉及侧脉被丝状长毛，脉腋内具须状毛。果苞中裂片背面狭。栾川县生于伏牛山海拔2000m以上的山坡，形成纯林，或与红桦混生。河南还产于济源、嵩县、卢氏、灵宝、西峡、南召等县市。分布于河北、山西、陕西、甘肃、湖北、四川等地。材质坚硬，心材美丽，是一种较好的建筑用材。其他用途同原种。

果枝 树干 雄花枝 叶枝

2.榛属 *Corylus*

乔木或灌木。叶多为卵圆形，边缘具不整齐重锯齿。花先叶开放，雄花序秋季形成圆锥状，无花被，每苞腋4～8个雄蕊，花丝二叉状，花药顶端有毛；雌花序球状，花对生于苞片腋部，花被小，有不规则齿裂或缺刻，花柱2裂至基部，子房有1个、稀2个胚珠。果序簇生或穗状。坚果几球形，外包总苞，总苞叶状、管状或针刺状。

约20种，分布于北美洲、欧洲和亚洲。我国有12种，由西南到东北各地均有分布。河南有4种及2变种。栾川县有4种，2变种。

1.总苞针刺状。冬芽先端锐尖 ……………………………………（1）刺榛 *Corylus ferox* var.*thibetica*

1.总苞叶状或管状。冬芽先端钝：

　2.总苞叶状 ……………………………………………………………（2）榛 *Corylus heterophylla*

　2.总苞管状：

　　4.灌木。总苞裂片直伸，外被黄褐色粗硬毛 ……………………（3）角榛 *Corylus mandshurica*

　　4.乔木。总苞裂片常向外反曲。外被灰色细毛：

　　　5.叶卵形至卵状长圆形，基部斜心形。总苞和幼枝常被刺毛状腺体

　　　……………………………………………………………（4）华榛 *Corylus chinensis*

　　　5.叶长圆状披针形，基部偏斜但不成心形。幼枝和总苞常无腺体刺毛

　　　………………………………………………………（5）披针叶榛 *Corylus fargesii*

缘，基部微内卷，小坚果卵圆形，先端被长毛，下部具细毛和稀疏腺点，有8～10条肋纹。花期4月，果期7～9月。

栾川县产伏牛山，生于海拔1000m以上的山坡杂木林中。河南还产于卢氏、嵩县、西峡等县。分布于陕西、甘肃、湖北、四川等地。

木材供制家具、农具等；树皮可提制栲胶。

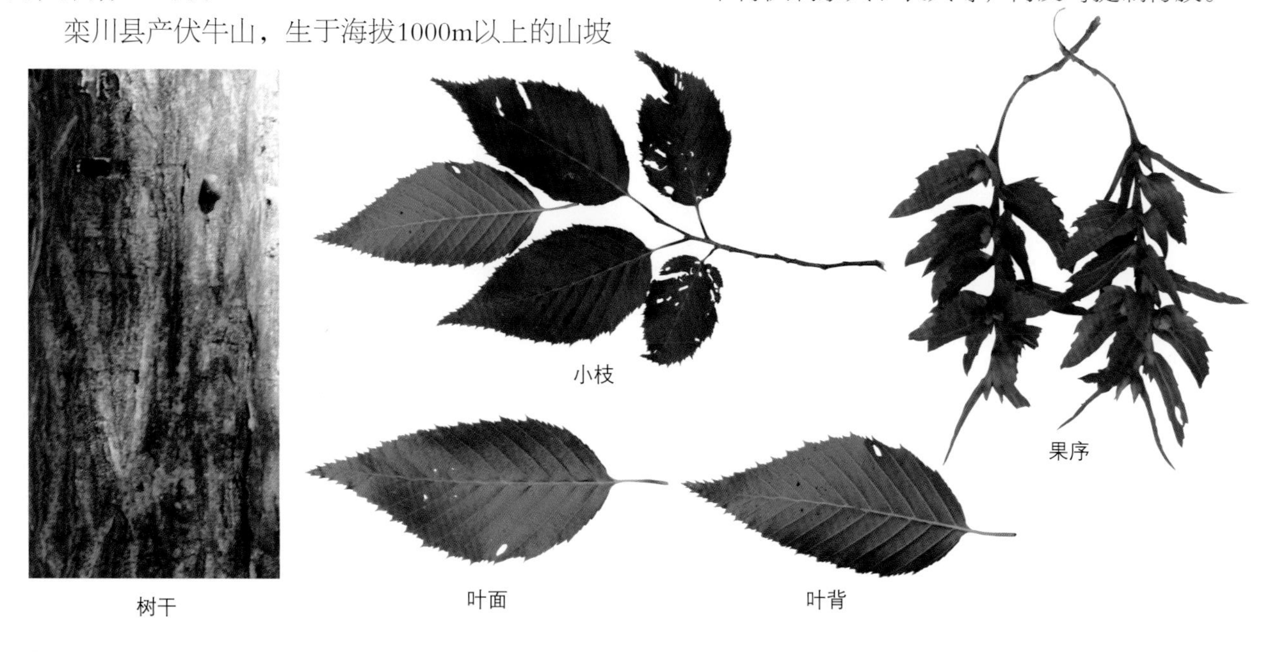

树干　叶面　小枝　叶背　果序

（3）川鄂鹅耳枥（穗子榆） *Carpinus henryana*

【识别要点】叶长圆状披针形或卵状长圆形，叶缘单锯齿，稀重锯齿，侧脉12～15对。小坚果卵圆形。

乔木，高15m。枝暗褐色或黑褐色，初具白色细毛。冬芽卵圆形，红褐色。长圆状披针形或卵状长圆形，长4～6cm，宽1.5～2.5cm，先端尾状渐尖，基部斜圆形或楔形、稀浅心形，叶缘单锯齿，稀重锯齿，表面被丝状长柔毛，背面被细毛，沿脉被丝状长柔毛，侧脉12～15对，脉间距2.5～3.5mm；叶柄长6～17mm，被细毛。果序长6～7cm；苞片近狭卵形，急尖，长6～22mm，外缘具数个牙齿，内缘全缘，稀具不显著缺刻，基部具内弯小裂片，两面均被细柔毛；小坚果卵圆形，长4～5mm，顶端具长毛，其余被细毛。花期4月，果期9～10月。

栾川县产各山区，生于海拔1000m以上的山坡杂木林中。河南还产于卢氏、灵宝、洛宁、嵩县、西峡等县。我国特有树种，分布于陕西、甘肃、湖北、四川等地。

树皮可提制栲胶；木材供建筑、家具等用。

树干　果枝　叶背　叶枝　苞片及果实　叶缘

（4）单齿鹅耳枥 *Carpinus simplicidentata*

【识别要点】叶卵形或卵状披针形，先端渐尖或短尖，边缘常具单锯齿，侧脉12～14对。

乔木，高10m。叶卵形或卵状披针形，长3～3.5cm，宽1.5～3cm，先端渐尖或短尖，基部圆形或心形，边缘具单锯齿，稀重锯齿，表面深绿色，沿脉疏生细毛，背面淡绿色，侧脉12～14对；叶柄长6～10mm，具细毛。果序长5～6cm；果苞半卵形，长18～20mm，宽6～8mm，先端急尖，外缘具6～7个小牙齿，平展不包卷，内缘全缘，基部微内卷，裂片不显著，两面沿脉处有细毛；小坚果球形，有明显肋纹，略扁，长3～4mm，顶端具长毛，下部疏生细毛及腺毛。花期4～5月，果期9～10月。

栾川县产于伏牛山、熊耳山，生于海拔1000m左右的山坡或山谷杂木林中。河南还产于灵宝、卢氏、嵩县、南召、西峡等县市。分布于陕西、湖北、甘肃等地。

树皮可提制栲胶；木材供建筑、家具等用。

树干　果枝　叶枝　苞片及果实　叶面

（5）大穗鹅耳枥 *Carpinus fargesii*

【识别要点】叶卵圆形至卵状椭圆形，先端尾尖，边缘有不规则重锯齿，侧脉10～12对。

乔木，高20m。树皮深灰色。小枝无毛。叶卵圆形至卵状椭圆形，长5.5～8cm，宽2.5～4cm，先端尾尖，基部不对称，圆形或近心形，叶缘有不规则重锯齿，侧脉10～12对，背面沿脉疏生白茸毛；叶柄长1.5～3cm，无毛。果序长8～10cm；果苞披针形，基部3裂，中裂片长至2cm，宽5mm，内缘全缘，外缘有粗齿，侧裂片顶端急尖；小坚果卵圆形，压扁，有4～5肋纹，无毛，长4mm。花期4月，果期9月。

栾川县产伏牛山，生于海拔1000m左右的山谷或山坡杂木林中。河南还产于卢氏、西峡、南召、淅川、内乡等县。分布于华东、华中及西南各地。

萌芽性强，天然更新良好。散孔材，浅灰褐至浅红褐色，有光泽，结构细，较难干燥，收缩性大，耐腐，抗弯力强，供工具柄、桥梁、建筑等用。种子可榨油（《河南树木志》记载，未采集到图片）。

（6）鹅耳枥（千金榆） *Carpinus turczaninowii*

【识别要点】叶卵形、宽卵形或卵状椭圆形，先端急尖，叶缘有重锯齿，侧脉10～12对。叶柄长不及1.5cm。

灌木或小乔木。高5～8m。小枝褐色、幼时具细毛。冬芽红褐色，具棱角。叶卵形、宽卵形或卵状椭圆形，长2.5～5cm，宽1.5～3cm，先端急尖，基部圆形、宽楔形或近心形，叶缘有重锯齿，表面无毛或沿脉有疏毛，背面沿脉有长毛，脉腋有须状毛，并散生腺点，侧脉10～12对；叶柄长5～10mm，被细毛。果序长3～4cm，苞片近半卵形，长15～20mm，宽8～10mm，先端急尖或钝尖，具5～8条脉纹，外缘有锯齿状缺刻，内缘在顶端具锯齿，基部有1内折的小裂片；小坚果卵圆形，略扁，长约5mm，无毛，具树脂状腺点。花期4月，果期9～10月。

栾川县产各山区，生于海拔800～1700m的山坡疏林中，常和山杨、白桦、栎类形成混交林。河南产于太行山、伏牛山、大别山、桐柏山区。分布于华北及辽宁，华东及陕西、甘肃、湖北、四川等地。日本、朝鲜也有分布。

稍耐阴。耐干旱瘠薄，喜肥沃湿润土壤。在干燥阳坡、湿润沟谷、林下均能生长。萌芽性强，可种子繁殖或萌芽更新，移栽易成活。

木材淡黄色，特坚硬，为制农具和家具的良材。树皮及叶含鞣质，叶含鞣质16.43%，可提制栲胶。种子含油量21%，供食用或工业用。树皮、叶入药，治跌打损伤。

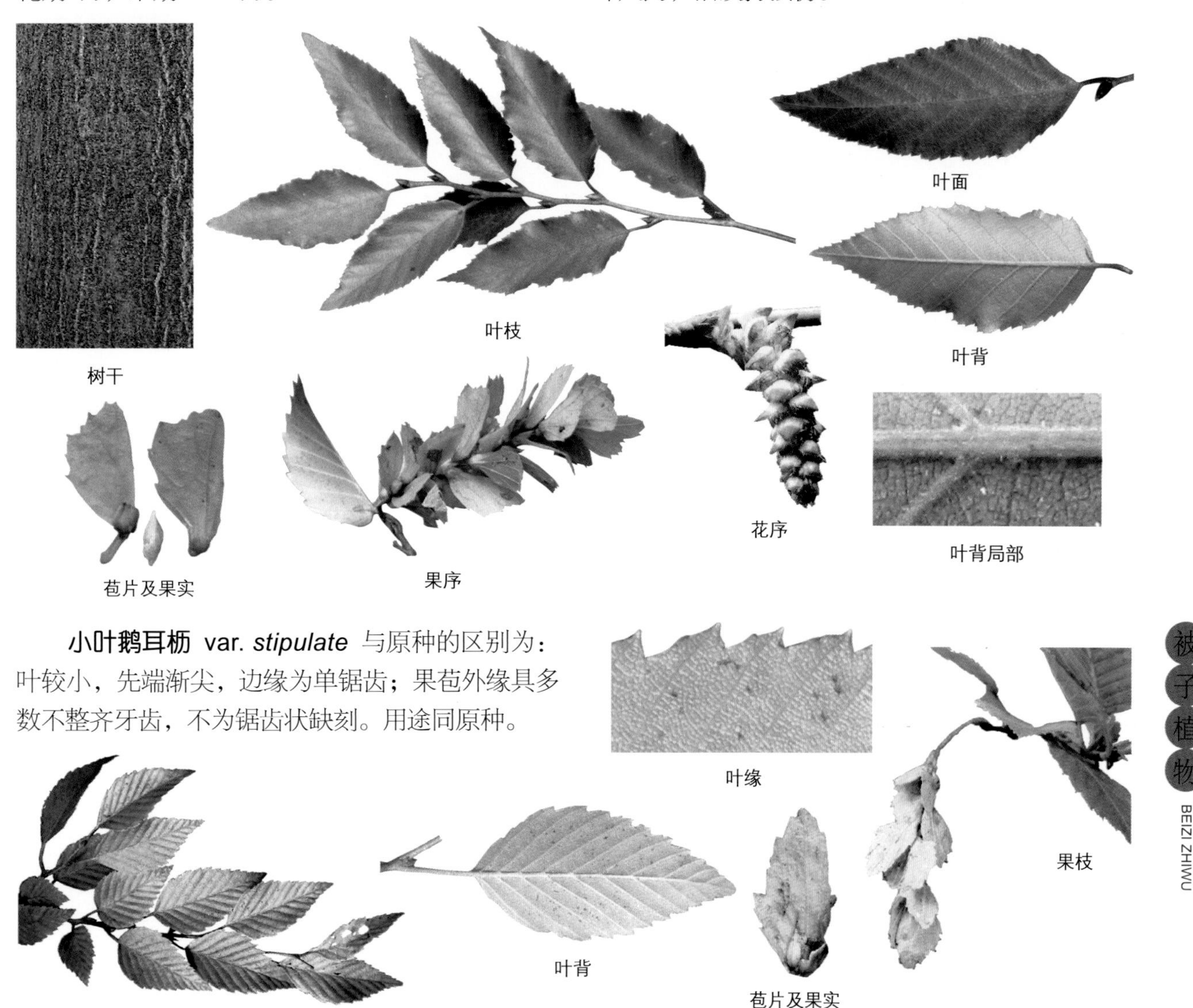

树干　叶枝　叶面　叶背　花序　叶背局部　苞片及果实　果序

小叶鹅耳枥 var. *stipulate* 与原种的区别为：叶较小，先端渐尖，边缘为单锯齿；果苞外缘具多数不整齐牙齿，不为锯齿状缺刻。用途同原种。

叶缘　果枝　叶枝　叶背　苞片及果实

（7）千筋树（千金榆） *Carpinus fargesiana*

【识别要点】叶长卵形或椭圆形，先端渐尖，边缘有重锯齿，侧脉12～15对；叶柄长6～10mm，果苞片内缘全缘。

乔木。小枝暗褐色，幼时有毛。叶长卵形或椭圆形，长5～6.5cm，宽1.5～3cm，先端渐尖，基部圆形或近心形，边缘有重锯齿，表面被丝状长柔毛，背面较稀疏，侧脉12～15对；叶柄长6～10mm，有丝状长柔毛。果序长约4cm；果苞宽卵形，长1.3～1.5cm，内缘全缘，直，基部微内折，外缘有牙齿状锯齿，有时几成小裂片状；小坚果宽卵形，长约4mm，具8～10条肋纹，有树脂状腺点，顶端被丝状长柔毛。花期4月，果期9月。

栾川县产各山区，生于海拔1000m以上的山谷或山坡杂木林中。河南产于伏牛山区。分布于陕西、湖北、四川等地。

木材供建筑、家具等用；树皮可提制栲胶。根、茎皮入药，解毒、祛瘀。

树干

叶枝

叶背

叶面

果枝

苞片及果实

叶背局部

（8）柔毛鹅耳枥 *Carpinus pubescens*

【识别要点】叶卵形或长卵形，先端急尖，叶缘具整齐重锯齿，表面被稀疏长柔毛，背面沿脉被丝状长柔毛，侧脉13～15对。

乔木，高17m。小枝暗紫色，幼时具毛。冬芽长卵圆形，红褐色，先端急尖。叶卵形或长卵形，长7～8cm，宽约3cm，先端急尖，基部心形，叶缘具整齐重锯齿，表面被稀疏长柔毛，背面沿脉被丝状长柔毛，侧脉13～15对；叶柄长1.2～2cm，被稀疏白色长柔毛。果序长（5）10～14cm，序柄长3～4cm，与序轴均被白色长柔毛；果苞斜披针形或宽半卵形，长8～20cm，宽11～13cm，先端钝或急尖，外缘具齿，内缘几全缘，直，基部略内弯，无小裂，背面沿脉被粗长毛；小坚果卵圆形，长4mm，先端具白色柔毛，具8～9条肋纹，有时具树脂状腺点。花期4月，果期9～10月。

栾川县产伏牛山，生于海拔1500m左右的山坡杂木林中。河南还产于卢氏县大块地、西峡县黑烟镇等地。分布于陕西、甘肃、湖北、湖南、云南、四川等地。

木材供建筑、家具等；树皮可提栲胶，并可入药，治痢疾。

（9）河南鹅耳枥 *Carpinus funiushanensis*

【识别要点】小枝红褐色。叶长圆状披针形，边缘具重锯齿，仅背面脉腋具毛，侧脉12～14对。

乔木。小枝红褐色。冬芽长锥形，长约5mm。叶长圆状披针形，长4～7.5cm，宽2～3cm，先端渐尖，基部宽楔形或圆形，边缘具重锯齿，仅背面脉腋具毛，侧脉21～14对；叶柄长约1cm，无毛。果序长5～8cm，柄长1.5～2cm，序轴被疏白毛；果苞长圆状披针形，无毛，长20～23mm，宽6～7mm，先端尖，外缘具7～8个浅齿，内缘上部具1～3个不明显小齿，基部略内卷，微包小坚果，小坚果长4～5mm，约有10条肋纹，顶部具微毛，常无腺点。花期4～5月，果期9～10月。

栾川县生于山坡杂木林中。河南还产于灵宝、卢氏等县市。材质坚硬，供建筑、家具等用（《河南树木志》记载，未采集到图片）。

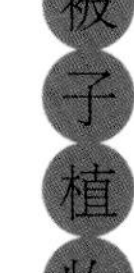

4.铁木属 *Ostrya*

落叶乔木。单叶互生，边缘有重锯齿。花单性同株。雄柔荑花序细长，秋季形成，裸露越冬，无花被，每苞有雄蕊3～14个，花丝近顶分裂；雌柔荑花序直立，每苞有花2朵，苞片脱落，雌花包于管状总苞内（总苞由1个苞片和2个小苞片联结而成，成熟时呈膀胱状，顶端开裂），花被与子房结合，子房下位，2室，每室1胚珠，柱头2，线形。小坚果包于膜质膀胱状果苞内。

7种，分布于亚洲东部、欧洲、中美和北美。我国有4种，由东北分布到西南。河南1种。栾川县1种。

铁木（穗子榆 黄扎榆） *Ostrya japonica*

【识别要点】小枝黄褐色，具细条棱。叶卵状椭圆形，先端渐尖或尾尖，叶缘具不规则重锯齿。果苞膀胱状，膜质。

乔木，高20m。树皮黄褐色，鳞片状开裂。小枝黄褐色，具细条棱，初被腺毛。叶卵状椭圆形，长4～10cm，宽2～5cm，先端渐尖或尾尖，基部圆形或心形，叶缘具不规则重锯齿，表面疏生细毛，背面沿脉密被短柔毛，脉腋有须状毛。侧脉12～15对；叶柄长0.4～1.5cm，密被毛。果序直立或下垂；果苞膀胱状，膜质，长10～20mm，有平贴软毛，基部有长硬毛；小坚果长圆状，卵形，长6mm，有光泽。花期4～5月，果期8～9月。

栾川县产各山区，生于海拔1200m以上的山坡或山沟杂木林中。河南还产于灵宝、嵩县、卢氏、鲁山、南召、西峡等县市。分布于陕西、甘肃、湖北、四川等地。

木材供建筑、家具等用。

树干　叶背　叶面　小枝　叶背局部　果枝　总苞　花枝

5.虎榛属 *Ostryopsis*

落叶灌木。单叶互生，叶边缘有锯齿。花先叶开放，雄花序下垂，冬季裸露，雄花无花被，每苞片4～6个雄蕊，花丝先端2分叉；雌花序短穗状，每苞片内2朵花，包于3裂的总苞内，花被附着于子房，子房2室，每室1胚珠。小坚果包于顶端3裂的总苞内。

我国特有属，4种1变种，分布于北方至西南。河南1种。栾川县1种。

虎榛（棱榆） *Ostryopsis davidiana*

【识别要点】叶宽卵形，先端尖，叶缘具不整齐重锯齿及不明显浅裂片，表面稍被毛，背面被半透明黄褐色树脂腺点，有短毛，侧脉7～9对。果序短穗状。

丛生灌木，高2～3m。幼枝浅褐色密生毛，具腺点，老枝灰褐色，无毛，具小形皮孔。叶宽卵形，长2～6cm，宽2～4cm，先端尖，基部心形或圆，叶缘具不整齐重锯齿及不明显浅裂片，表面稍被毛，背面被半透明黄褐色树脂腺点，有短毛，侧脉7～9对；叶柄长0.3～1cm。果序短穗状，总苞管状，长10～15mm，外被黄褐色细毛，成熟时沿一边开裂，先端常3裂；小坚果卵圆形，长5～6mm。花期4～5月，果期9月。

栾川县产各山区，生于海拔1000～2000m的阳坡灌丛中或林缘。河南产于太行山和伏牛山区。分布于华北及辽宁、陕西、甘肃、江苏、安徽、云南、四川等地。

种子繁殖。根系发达，可作水土保持树种。

种子含油量10%左右，可榨油，供食用和制肥皂。树皮、叶可提制栲胶，枝条供编制筐篓。

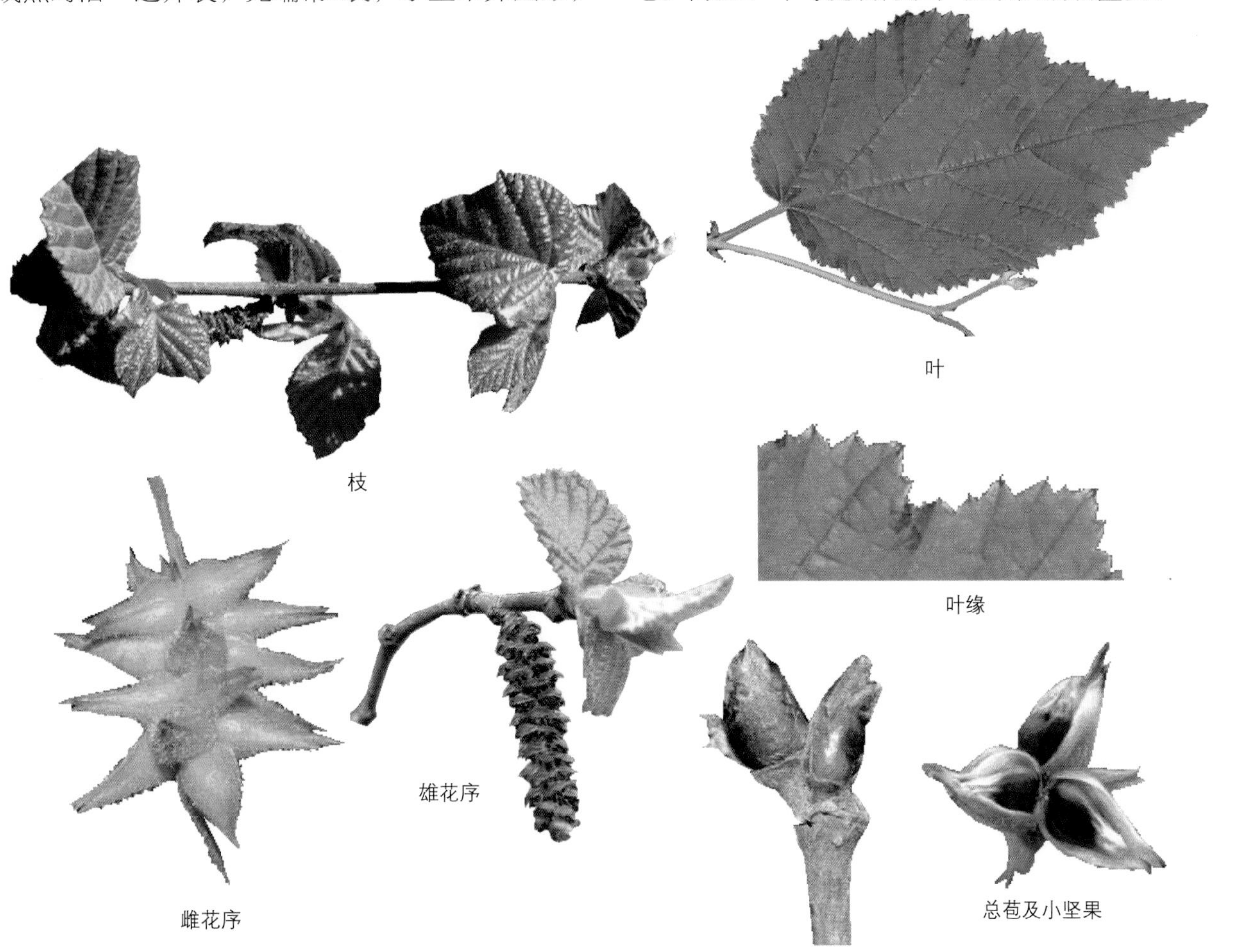

（四）壳斗科 Fagaceae

落叶或常绿乔木，稀灌木。单叶互生，叶脉羽状，托叶早落。花序直立、穗状或雄花序为下垂的柔荑花序或具下弯的头状花序；花单性；雌雄同株；稀异株。单被花，小，花被4～7裂；雄花多为柔荑花序，稀头状；苞腋内生1雄花，雄蕊与花被片同数或为其倍数（4～20）；雌花1～3朵生于总苞内；子房下位，3～7室，每室1～2胚珠，仅1个发育，坚果部分或全部包于总苞（壳斗）中，壳斗上的苞片呈鳞片、针刺或小突起状。

8属，9000余种，分布于温带、亚热带，主产亚洲。我国7属，300余种，主产南部和西南各地。河南有4属，21种，6变种，1变型。栾川县有2属，16种，3变种。

1.雄花序直立。壳斗球形，密生针刺，1～3坚果位于其中，熟时4裂 …………… 1.栗属 *Castanea*
1.雄花序下垂。壳斗杯状、碟状、半球形或近钟形，无针刺，具1小坚果。果单生或簇生 ……………………………………………………………………………………2.栎属 *Quercus*

1.栗属 *Castanea*

落叶乔木，稀灌木。小枝无顶芽。芽卵形，芽鳞3～4个。叶缘具芒状刺尖；托叶卵状披针形，早落。雄柔荑花序直立，腋生；雄花萼6裂，雄蕊10～20；雌花1～3朵生于总苞内，常位于雄花序基部，萼6裂，子房6室，每室2胚珠，花柱6～9裂。壳斗球形，密被针刺，内生1～3个褐色坚果，熟时开裂。

约10种，分布于北温带与亚热带，我国3种。河南2种。栾川县2种。

1.叶背密被灰白色星状毛，无腺鳞。壳斗直径5～9cm……………… （1）板栗 *Castanea mollissima*
1.叶背无毛或幼时具薄毛，有腺鳞。壳斗直径3～4cm………………… （2）茅栗 *Castanea seguinii*

（1）板栗（毛栗 油栗 栗子） *Castanea mollissima*

【识别要点】叶背密生灰白色星状毛，无腺鳞。壳斗直径5～9cm。

乔木，高20m。幼枝具灰色星状茸毛。叶长椭圆形至长椭圆状披针形，长10～21cm，宽4～6cm，先端渐尖，基部圆形或宽楔形，或两侧稍向内弯而呈耳垂状，常一侧偏斜而不对称，新生叶的基部常狭楔尖且两侧对称，边缘疏生短刺芒状尖锯齿，叶背被星芒状伏贴茸毛或因毛脱落变为几无毛，侧脉10～18对；叶柄长1～2cm。总苞（壳斗）直径5～9cm，苞片刺形，内有2～3个坚果，成熟时总苞4裂；坚果扁球形或近球形，深褐色。花期4～5月，果期9～10月。

栾川县多数乡镇均有栽培，以合峪、庙子等乡镇最为集中。庙子镇嵩坪村有一株古树，树龄100年。20世纪80年代以来，在合峪和庙子镇新发展了大规模的板栗基地，引进名优品种和栽培技术，使板栗的产量和质量大大提高，形成了优势林果产业基地。河南产于太行山、伏牛山、大别山和桐柏山，以新县、林州、确山、信阳、罗山等县较多。我国分布于辽宁、河北、山东、山西、陕西、甘肃、湖北、四川、江苏、浙江、福建、广东、云南、贵州等地。

嫁接繁殖。喜光树种，深根性、抗旱、抗寒。喜温凉气候，在排水良好、土层深厚的沙壤土中生长良好，忌低湿黏重土，pH值以6～6.5为宜，盐碱土生长不良。主要虫害是栗实象鼻虫，危害果实，是影响板栗贮藏的最主要因素，严重威胁板栗生产。

果实含淀粉、蛋白质、脂肪，为我国主要干果之一，可炒、煮食，或磨粉制糕点。木材纹理直，质坚硬，能耐水湿，供建筑和作地桩、地矿柱及制器具等用。幼枝、叶、树皮、总苞（壳斗）含鞣质12%以上，可提制栲胶供工业用。板栗的各部均可入药，树皮及根有消肿毒作用，治偏肾气，树皮煎水外洗治丹毒；叶为收敛剂，外用治漆疮；花主治淋巴结核，民间治腹泻；果壳治反胃及消渴，并治泄血及鼻衄不止；种子为滋补强壮剂。叶可饲养柞蚕。可作浅山丘陵经济林造林树种。

嫩枝　叶枝　树干　叶面　果枝　雄花序　叶缘　坚果　雌花

（2）茅栗（小毛栗 野栗子） *Castanea seguinii*

【识别要点】叶背无毛或幼时具薄毛，有腺鳞。壳斗直径3～4cm。

灌木或小乔木。幼枝密被短柔毛。叶长椭圆形或长椭圆状倒卵形，长6～14cm，宽4～6cm，先端渐尖，基部圆形、宽楔形或近心形，边缘疏生刺尖锯齿，表面具光泽，叶背幼时有毛，具鳞片状腺点，侧脉10～18对；叶柄长1～1.5cm，具毛；总苞（壳斗）近球形，直径3～4cm，通常有3个坚果，坚果近球形或扁球形，暗褐色，直径1～1.5cm。花期4～5月，果期9～10月。

栾川县产各山区，生于向阳山坡或山谷，常与栓皮栎混生，现有古树6株。河南产于伏牛山、大别山和桐柏山区。分布于陕西、山西、湖北、四川、江西、安徽、浙江、贵州、云南等地。

种子繁殖，是嫁接板栗的优良砧木。栾川也习惯对茅栗进行高接换头嫁接板栗，以对天然林进行快速改造、发挥其经济效益。

种子含淀粉60%～70%，可食；壳斗和树皮可提制栲胶。木材可做家具。

叶枝

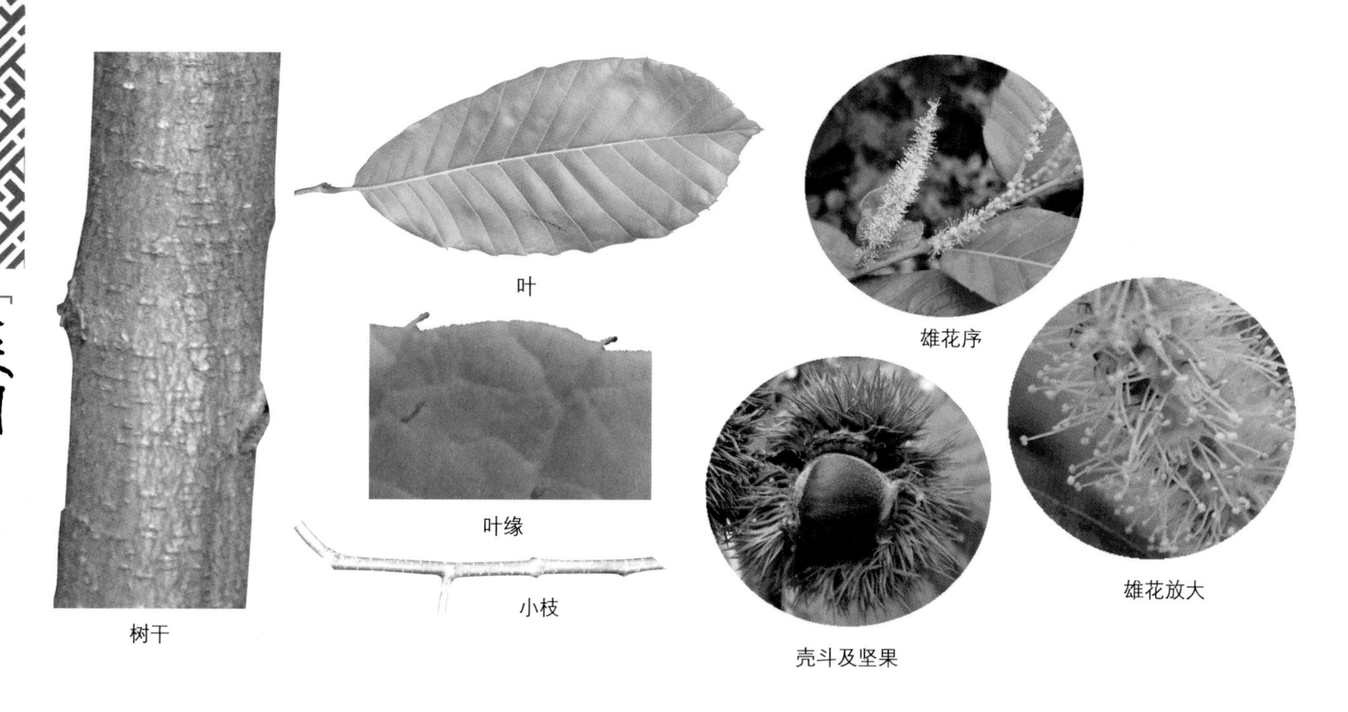
树干 叶 叶缘 小枝 雄花序 壳斗及坚果 雄花放大

2.栎属 *Quercus*

落叶、半常绿或常绿乔木，稀灌木。树皮深裂或片状剥落。有顶芽，芽鳞多数。叶互生，叶缘有锯齿或分裂，稀全缘。雌雄同株，雄柔荑花序纤细、下垂；雌花单生或数朵簇生，子房3～5室，每室有2胚珠。坚果单生或数个簇生，壳斗杯状、碟状、半球形或近钟形，鳞片覆瓦状排列，紧贴、开展或反曲；每壳斗具1坚果。果当年或翌年成熟。

约300种，分布于亚、非、欧、美洲。我国有140种，南北各地均有。河南有17种，6变种，1变型。栾川县有14种，3变种。

1.落叶乔木或灌木：
 2.叶缘具芒状尖锯齿：
  3. 叶背密生灰白色星状毛 ……………………………………（1）栓皮栎 *Quercus variabilis*
  3. 叶背绿色，无毛或仅脉腋有毛 ……………………………（2）麻栎 *Quercus acutissima*
 2.叶缘波状缺刻或粗锯齿，齿端具腺尖或不具腺尖，但不为刺芒尖状：
  4. 叶缘粗锯齿端具腺点，齿尖微内曲。果序长不及3cm：
   5.叶柄长1～3cm；老叶背面有灰白色平伏毛或近无毛
   ……………………………………………………………（3）枹树 *Quercus glandulifera*
   5.叶柄短，0.2～0.5cm；老叶无毛 ……………………附：短柄枹树 var. *brevipetiolata*
  4.叶缘为波状缺刻：
   6.叶柄长1.5～3cm：
    7.叶先端圆钝，微有凹缺，叶缘波状缺刻先端钝圆或微具尖头，侧脉10～15对
    ……………………………………………………………（4）槲栎 *Quercus aliena*
    7.叶先端尖或急尖，叶缘波状缺刻先端具微内弯的长尖头
    ……………………………………………………………附：锐齿槲栎 var. *acutiserrata*
   6.叶柄长不及1cm；叶缘具波状缺刻：
    8.小枝密生星状毛：
     9.叶缘具4～10对波状缺刻，壳斗鳞片向外反卷。叶长至30cm，侧脉4～10对；叶柄长2～5mm ……………………………………………（5）槲树 *Quercus dentata*

9.叶缘有8～10对波状缺刻，壳斗鳞片排列疏松，不向外反卷。叶侧脉10～12对；叶柄长1～2cm……………………………………………（6）房山栎 *Quercus fangshanensis*

8. 小枝无毛：

10. 侧脉8～15对，波状缺刻的先端钝尖、圆或微有小凹缺，叶背无毛或沿脉疏生长毛。壳斗具瘤状突起……………………………………（7）蒙古栎 *Quercus mogolica*

10. 侧脉6～10对，波状缺刻先端钝圆，背面微被星状毛，沿中脉有毛或近无毛。壳斗无瘤状突起……………………………………………（8）辽东栎 *Quercus liaotungensis*

1. 常绿或半常绿乔木或灌木：

11. 半常绿。壳斗鳞片线状披针形，反曲。叶卵状披针形，先端渐尖，基部以上具刺尖的锐锯齿……………………………………………………………………（9）橿子栎 *Quercus baronii*

11. 常绿乔木或灌木：

12. 壳斗鳞片卵形，线状披针形，不结合成同心圆环层：

13. 壳斗鳞片线状披针形，反曲。叶常匙形或倒卵形，背面疏生星状毛……………………………………………………………（10）匙叶栎 *Quercus spathulata*

13. 壳斗鳞片卵形或卵状披针形，排列紧密，不反曲：

14. 叶椭圆状卵形或椭圆状倒卵形，叶背密被宿存星状毛……………………………………………………………（11）岩栎 *Quercus acrodenta*

14. 老叶无毛或仅背面中脉基部有茸毛：

15. 叶先端渐尖，长6～13cm；叶柄长1～2cm ………（12）巴东栎 *Quercus engleriana*

15. 叶先端钝，长3～6cm；叶柄长3～5mm ………（13）乌冈栎 *Quercus phillyraeoides*

12.壳斗鳞片合成同心环状轮层。叶长圆形或卵状椭圆形，先端渐尖或短尾尖，背面有平伏毛，叶缘中部以上有粗尖锯齿……………………………（14）青冈栎 *Quercus glauca*

（1）栓皮栎（花栎树 橡子树） *Quercus variabilis*

【识别要点】树皮深纵裂，木栓层甚厚。叶边缘有刺芒状锯齿，叶背密被灰白色星状毛层。

落叶乔木，高25m。树皮灰褐色，深纵裂，木栓层甚厚。当年生枝淡黄褐色，幼时被疏毛，后无毛，多年生枝深灰色，无毛。芽圆锥形，芽鳞褐色，具缘毛。叶长圆状披针形至椭圆形，长8～15cm，宽3～6cm，先端渐尖，基部圆形或宽楔形，边缘有刺芒状锯齿，叶背密被灰白色星状毛层，侧脉13～18对，直达齿端；叶柄长1.5～3.5cm，无毛。壳斗杯状，包果约2/3，鳞片锥形，反曲，有毛；坚果近球形或宽卵形，长2cm左右，顶端平圆。花期4～5月，果期翌年9～10月。

栾川县广泛分布海拔1200m以下的山坡，多形成大面积纯林，现有古树1463株。河南产于各山区。分布于河北、辽宁、山西、山东、陕西、甘肃、江苏、湖北、湖南、安徽、浙江、江西、四川、云南、贵州、广东、广西等地。日本和朝鲜也有分布。

种子繁殖或萌芽更新。喜光，幼苗耐阴，2～3年后需光量渐增。深根性，主根发达。适应性强，具有抗旱、抗风、抗火的特性。萌芽力强。对土壤要求不严，酸性、中性、钙质土均能生长，但以向阳山坡及土层深厚、肥沃、排水良好的沙壤土生长最好。生长中速，造林后2～3年生长慢，4～5年后生长加快，高生长及直径生长旺盛期在5～15年之间，能持续到30～60年，材积生长最高峰在50～80年之间，立地条件好的地方，数百年以上仍很茂盛。

作为栾川县最为常见的树种，是对社会经济发展影响最广泛深远的树种之一。它根系发达，

对土壤要求不严，对气候适应性强，分布广、生长较快，萌蘖力强，可多次采伐，树型高大，尤其是散生木冠大叶密，有良好的遮阴效果，是优良的风景树；它全身是宝，为山区农民经济发展作出了突出贡献。嫩叶采收后晒干、揉碎可作猪饲料，老叶脱落可沤制优良农家肥；木材质地坚硬、材质优良，可供建筑、家具等多种用途；栓皮为重要的工业原料，正确采剥不影响树木生长，可增加农民收入；种子称橡子，种子含淀粉50.4%～63.5%，提取可供浆棉纱或酿酒，副产品可做猪饲料，用橡子做成的凉粉过去用以充饥，今为栾川特色小吃；其壳斗称“橡壳”，含鞣质21%～26%，可作黑色染料或提制栲胶，捡拾橡壳出售是山区重要的收入之一；栓皮栎根、干容易寄生蜜环菌，是种植天麻、茯苓（黑药）等药材的良好原料；它还是种植黑木耳、香菇的优良用材，用栓皮栎木材种植的黑木耳肉厚、泡发率高，为黑木耳精品，用其枝杈粉碎后加以其他辅料种植袋料食用菌是20世纪90年代后发展的新技术，已形成了一个庞大的产业。为主要中山造林树种。

塔形栓皮栎 var. *pyramidalis* 与原种区别：侧枝上升，呈圆柱形树冠。其分布、生境及用途同原种。

（2）麻栎（栎树 橡树） *Quercus acutissima*

【识别要点】树皮较薄而坚硬。叶背面绿色，仅沿脉及脉腋有柔毛。

落叶乔木，高20～30m。树皮较薄而坚硬，不规则开裂。小枝黄褐色，通常无毛。叶长椭圆状披针形，长8～19cm，宽3～6cm，先端渐尖，基部圆形或宽楔形，具刺芒状锯齿，侧脉13～18对，直达齿端，叶背面绿色，幼时背面有短柔毛，老时无毛或仅脉腋有毛；叶柄长1～3（5）cm，幼时被毛，后脱落。壳斗杯形，包坚果约1/2，苞片钻形，反曲，被灰白色茸毛。果卵形或椭圆形，径1.5～2cm，长约2cm，顶端圆平。花期4～5月，果期翌年9～10月。

栾川县产各山区，生于海拔1000m以下的山坡或山沟，赤土店、石庙、合峪等乡镇有小面积纯林，在狮子庙镇有一株树龄250年的古树。河南产于各山区。分布于华北、华东、中南及辽宁、陕西、甘肃、四川、贵州等地。日本、朝鲜和印度也产。

种子繁殖或萌芽更新。喜光、深根性树种，耐干旱，喜湿润气候，对土壤要求不严，能生于花岗岩、玄武石、砂岩、石灰岩山地，不耐盐碱，以土层深厚、湿润、排水良好、阳光充足的山麓、山坡生长为好。

种子含淀粉50.4%，可提取淀粉，供浆纱或酿酒；含脂肪约5%，可供制肥皂。树皮含鞣质7.17%～16%，壳斗含鞣质19.55%～29.21%，可提取栲胶。叶可饲养柞蚕。木材淡黄色，质地坚硬，耐腐，可供建筑、舟车、家具、枕木等用。树皮入药，主治细菌性痢疾。为优良用材树种。

树干　叶面　叶背　叶枝　雄花放大　雄花序　壳斗及坚果　小枝

（3）枹树（枹栎 小叶青冈） *Quercus glandulifera (Quercus serrata)*

【识别要点】叶长椭圆状倒卵形，先端尖或渐尖，叶缘粗锯齿具腺尖，背面疏生深灰白色平伏毛或无毛，侧脉7～12对，叶柄长1～3cm。

落叶乔木，高达25m。幼枝被柔毛，后脱落。叶薄革质，长椭圆状倒卵形，长7～15cm，宽3～8cm，先端尖或渐尖，基部楔形或圆，叶缘粗锯齿具腺尖，背面疏生深灰白色平伏毛或无毛，侧脉7～12对；叶柄长1～3cm。壳斗浅杯状，鳞片短披针形，边缘具柔毛，覆瓦状紧贴，褐色；坚果长椭圆形，先端渐尖，基部钝圆，长约1.8cm，1/4～1/3包于壳斗中。花期4～5月，果期9～10月。

栾川县产各山区，生于海拔2000m以下的山坡或山沟，常与油松、华山松等混生。河南产于伏牛山、大别山和桐柏山区。分布于山东、陕西、长江流域各地，南达广西。

种子繁殖或萌芽更新。喜光，幼时稍耐阴。耐干旱瘠薄。在湿润肥沃地方生长旺盛。

种子含淀粉，可酿酒。树皮及壳斗含鞣质，可提取栲胶。叶可养蚕。木材供制家具、器具等用。

雄花枝　叶面　叶背局部　果

短柄枹树（小叶青冈　沙青树）var. *brevipetiolata* 与原种的主要区别为：叶多集生枝顶。叶柄短，长2～6mm。分布及用途同原种，常有小片纯林。栾川县分布有古树5株。

叶枝

树干　果枝　叶背

壳斗及果实

叶背局部

雄花序

（4）槲栎（青冈　大叶青冈）　*Quercus aliena*

【识别要点】 叶椭圆状倒卵形，边缘具波状缺刻，缺刻先端钝圆或微有钝尖头。叶背面淡黄绿色，侧脉10～15对；壳斗杯状，鳞片在口缘处伸直。坚果1/3～1/2包于壳斗中。

落叶乔木，高25m。树皮暗灰色，纵裂。小枝暗褐色，无毛。叶椭圆状倒卵形，长10～20（30）cm，宽4～9（16）cm，先端钝或尖，尖头处有微凹，基部宽楔形、耳形或近圆形，边缘具波状缺刻，缺刻先端钝圆或微有钝尖头。叶背面淡黄绿色，具稀疏状毛，侧脉10～15对；叶柄长1～3cm，无毛。壳斗杯状，直径1.2～2cm，鳞片卵状披针形，在口缘处伸直，紧密的覆瓦状排列，外被灰色密毛；坚果长圆柱形，直径1.3～1.8cm，长2.5cm，1/3～1/2包于壳斗中。花期4～5月，果期9～10月。

栾川县广泛分布于各山区，多生于海拔

800～1500m的向阳山坡，常成纯林，全县有古树名木14037株。河南产于各山区。分布于辽宁、河北、山东、陕西、甘肃、江苏、安徽、浙江、广东、广西、云南、贵州等地。朝鲜及日本也有分布。

种子繁殖或萌芽更新。喜光，较耐干旱瘠薄，对气候适应性强，在土层深厚的中性至酸性土上均能生长。可作为次生林改造经营的保留树种。

种子含淀粉60%～70%，可酿酒，制粉条、凉粉、豆腐及酱油等。树皮含鞣质8.95%～11.12%，壳斗含9.64%，可提制栲胶。叶可饲养柞蚕。木材坚硬，耐磨力强，可供建筑、枕木、家具等用。

树干 叶枝 雄花序 叶先端 叶面 叶背 壳斗及坚果 冬芽

锐齿栎（锐齿槲栎 大叶青冈）var. *acutiserrata* 与原种的主要区别：叶缘波状缺刻具微内弯的长尖头，叶背面密生灰白色星状伏毛层。栾川县产各山区，生于海拔1000～2000m的山坡，常成纯林。河南产于太行山、伏牛山、大别山和桐柏山。分布于辽宁、陕西、甘肃、山东、湖北、湖南、四川、江苏、云南等地。

种子繁殖。稍耐阴，喜凉润气候及湿润土壤。为中山区次改经营保留和造林树种。

木材坚硬，可供建筑、家具等用；种子含淀粉50%，可酿酒，制粉条、凉粉等。树皮、壳斗含鞣质，可提取栲胶。

叶枝

树干　雄花序　叶面　叶背　壳斗及果实　叶背局部

（5）槲树（槲栎头 柞栎） *Quercus dentata*

【识别要点】小枝粗壮，被黄色星状茸毛。叶片大，倒卵形至倒卵状楔形，叶缘具4～10对波状缺刻或浅裂，两面有毛或背面有灰白色星状毛和柔毛，侧脉4～10对。

落叶乔木，高可达25m。小枝粗壮，被黄色星状茸毛。叶倒卵形至倒卵状楔形，长10～30cm，宽6～18（20）cm，先端钝圆或钝尖，基部楔形或耳形，叶缘具4～10对波状缺刻或浅裂，裂片先端钝或具钝尖头，两面有毛或背面有灰白色星状毛和柔毛，侧脉4～10对；叶柄长2～5mm。壳斗杯状，鳞片披针形，红褐色，排列疏松，显著反曲；坚果卵圆形，长1.5～2cm，无毛。花期4～5月；果期9～10月。

栾川县产各山区，生于海拔1000m以下的向阳山坡。河南产于太行山、伏牛山、大别山和桐柏山区。分布于东北及河北、山东、山西、陕西、甘肃、四川、湖北、湖南、江苏、浙江、福建、贵州、云南等地。朝鲜和日本也产。

种子繁殖。喜光、耐干燥瘠薄，喜排水良好的沙质土或壤土，在低湿地生长不良。

树皮含鞣质8.52%，壳斗含3.4%～5.13%，可提制栲胶。种子含淀粉50%～60%，供酿酒，并可制粉条。树皮及种子入药，可做收敛剂。叶可养柞蚕，也可用来包装食品。栾川县常用其叶包粽子，称“槲包”，为特色食品。木材坚实，可做枕木、坑木、器具等用。

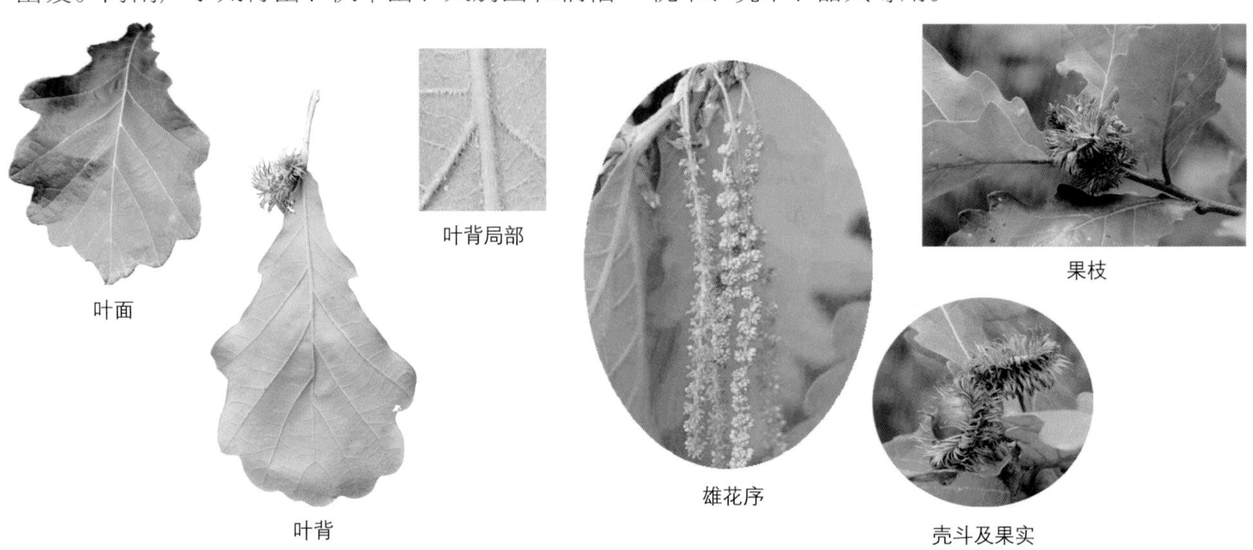
叶面　叶背　叶背局部　雄花序　果枝　壳斗及果实

（6）房山栎 *Quercus fangshanensis*

【识别要点】叶倒卵形，先端钝圆，边缘有8～10对波状钝齿，凹处呈锐角，背面灰色，密生柔毛，侧脉9～11对。

落叶乔木或灌木，高8m。小枝粗壮，幼时具黄色细毛。叶倒卵形，长15～19cm，宽6～10cm，先端钝圆，基部斜心形或耳形，边缘有8～10对波状钝齿，凹处呈锐角，背面灰色，密生柔毛，侧脉9～11对；叶柄长1～2cm。壳斗钟形，鳞片窄披针形，长约4mm，被灰黄色茸毛，排列疏松，直立而不反卷。坚果卵圆形，长1.5～1.8cm，直径1cm，无毛。花期4月，果期9月。

栾川县产伏牛山，生于海拔1000m以下的山坡或山谷。河南还产于嵩县、卢氏、灵宝、西峡、南召等县市。分布于北京房山。用途同槲树。

叶背局部

幼枝

叶面

叶枝

（7）蒙古栎（柞槲栎 柞树） *Quercus mongolica*

【识别要点】小枝具棱。叶倒卵形至长圆状倒卵形，基部楔形或耳形，叶缘有7～12对波状缺刻或钝齿，侧脉7～12对；坚果1/3～1/2包于壳斗中。

落叶乔木，高30m。树皮暗灰色，深纵裂。小枝栗褐色，具棱，无毛。叶倒卵形至长圆状倒卵形，长7～17cm，宽4～9cm，先端钝或急尖，基部楔形或耳形，叶缘有7～12对波状缺刻或钝齿，背面微有白粉，幼时叶脉有毛，老时无毛或沿脉疏生星状毛，侧脉7～12对；叶柄长2～8mm。壳斗单生或2～3个集生，浅碗状；鳞片背部有瘤状凸起，外被黄色柔毛；坚果卵形或椭圆形，长2～2.5cm，1/3～1/2包于壳斗中。花期4～5月，果期9～10月。

栾川县产熊耳山，生于海拔800m以上的山坡。河南产于太行山和伏牛山北部。分布于东北、山东、河北、山西、内蒙古。朝鲜、日本、俄罗斯远东及蒙古东部也产。

种子繁殖。喜光性树种，能耐-50° C的低温，耐干燥瘠薄，抗火性强。

种子含淀粉，可酿酒和作猪饲料；叶饲柞蚕；树皮和壳斗含鞣质，可提制栲胶。材质坚硬，可供建筑、制家具等用。

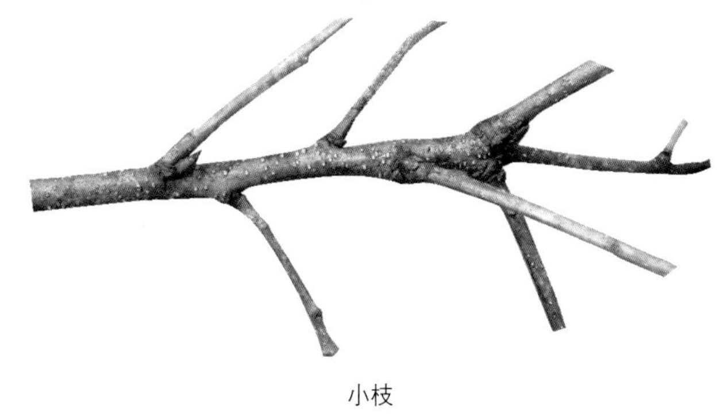
小枝

叶 叶背 壳斗及果实 果枝 雄花序

（8）辽东栎（小叶青冈） *Quercus liaotungensis*

【识别要点】小枝灰绿色。叶倒卵形至椭圆状倒卵形，常集生枝端，边缘常具5～7对波状缺刻，侧脉5～8对。壳斗浅杯状，坚果1/3包于壳斗中。

落叶乔木，高15m。小枝无毛，灰绿色。叶常集生枝端，倒卵形至椭圆状倒卵形，长5～17cm，宽2.5～5cm，先端钝圆，基部窄圆形或耳形，叶自中部以下渐狭窄，边缘常具5～7对波状缺刻，两面无毛或仅背面脉腋有疏柔毛，侧脉5～8对；叶柄长2～4mm，无毛。壳斗浅杯状，鳞片小，卵状披针形，背部无瘤体；坚果卵形或卵状椭圆形，长1.5cm，无毛，1/3包于壳斗中。花期4～5月，果期9月。

栾川县产各山区，生于海拔1000m以上的向阳山坡，常与油松、白桦混生。河南产于太行山林州、济源、辉县及伏牛山区北部。分布于东北、华北及陕西、甘肃、青海、四川等地。

种子繁殖。喜光，耐干燥瘠薄。萌芽性强，多次砍伐仍能萌生成林。为次生林改造经营时的保留树种，也可作为中山区造林树种。

种子含淀粉62.49%，可供浆纱或酿酒。叶含鞣质15.26%，壳斗含7.33%，可提制栲胶。木质坚硬，耐腐，可作建筑、器具、枕木、车轴等用材。树皮入药可治腹泻、痢疾等。

叶枝

树干　雄花序　果枝　果

（9）橿子栎（黄橿子 橿子树） *Quercus baronii (Quercus dielsiana)*

【识别要点】叶卵状披针形至卵状椭圆形，先端渐尖，基部以上疏生具刺尖的锐锯齿，侧脉6～8对。壳斗浅碗状，坚果1/2～2/3包于壳斗中。

半常绿小乔木，高15m，或呈灌木状。小枝黄褐色，幼时被星状柔毛，后脱落无毛。叶卵状披针形至卵状椭圆形，长3.5～6.5cm，宽1.3～2.5cm，先端渐尖，基部圆形或宽楔形，基部以上疏生具刺尖的锐锯齿，表面常无毛，背部中脉有黄色长茸毛，基部密生淡黄色星状柔毛，侧脉6～8对，叶柄长3～7mm，有黄色茸毛。壳斗浅碗状，鳞片狭披针形，反曲，有毛；坚果倒卵形，长1.5～1.8cm，顶端平或微凹，有白色柔毛，1/2～2/3包于壳斗中。花期4月，果期9～10月。

栾川县产各山区，生于海拔2000m以下的山地林中，多有片状纯林。全县有2769株古树。河南产于太行山、伏牛山。分布于山西、陕西、甘肃、湖北、四川、湖南等地。

种子繁殖。喜光及干燥气候，萌芽力强。是生态脆弱山地的优良天然防护林树种。

材料坚硬致密，可作家具、车辆等。种子含淀粉60%～70%，可食用或酿酒。树皮和壳斗含鞣质，可提栲胶。耐火力强，为优良的薪炭材，用其烧制的木炭坚硬、燃烧持久、火力强。

树干　果枝　壳斗及果实　雄花序　叶面　叶背　叶背局部　叶枝

（10）匙叶栎（青橿 匙叶山栎） *Quercus spathulata (Quercus dolicholepis)*

【识别要点】常绿。叶厚革质，倒卵状匙形至倒卵形，先端钝圆，边缘微反曲，幼时有黄褐色成星状毛，侧脉7～8对。

常绿小乔木，高6～12m。小枝褐灰色，幼时有灰黄色星状毛，后渐脱落。叶厚革质，常集生于枝端，倒卵状匙形至倒卵形，长2.5～7cm，宽1.5～3cm，先端钝圆，基部近耳形、圆形或浅心形，叶缘上部有锯齿或全缘，边缘微反曲，幼时有黄褐色星状毛，老叶表面光亮，仅背面基部近中脉处稍有毛，侧脉7～8对；叶柄0.4～0.5cm，有毛。壳斗浅碗状，直径约1.5cm，鳞片褐色，狭披针形，反曲；坚果卵形，长1.2～1.7cm，顶部有茸毛。花期4～5月，果期9～10月。

栾川县产各山区，生于海拔900～1500m的山坡杂木林中。栾川乡七里坪村有1株古树，树龄800年。河南产于伏牛山。分布于陕西、四川、云南等地。

种子繁殖。喜光。耐旱。喜砾石土壤和干燥气候。

种子含淀粉，可食或酿酒。树皮及壳斗可提制栲胶。木材坚硬，可做车辆、家具等用。

壳斗及果实　老叶　叶背放大　幼叶　幼枝及叶背　幼叶表面放大

（11）岩栎（青橿 锐齿山栎） *Quercus acrodenta*

【识别要点】常绿。叶小，革质，椭圆状卵形或椭圆状倒卵形，叶缘中部以上疏生刺状锯齿，背面密生灰白色星状茸毛，侧脉7～11对。

常绿小乔木，高12m，或灌木状。小枝密生灰黄色星状毛。叶革质，常集生枝端，椭圆状卵形或椭圆状倒卵形，长2～4cm，宽1～2.5cm，先端短渐尖，基部圆形或近心形，叶缘中部以上疏生刺状锯齿，表面光亮，背面密生灰白色星状茸毛，侧脉7～11对；叶柄长3～5mm。壳斗浅碗状，鳞片卵形，先端栗褐色，紧贴不反卷，密生灰白色毛；坚果椭圆形，长约1.5cm，顶部被茸毛，基部2/5包于壳斗中。花期4～5月，果期9～10月。

栾川县产各山区，生于海拔2000m以下的山坡或山谷，多生于岩石缝中，呈灌木状，常与栎类及其他杂木混生。河南还产于内乡、南召、西峡、卢氏等县。分布于陕西、湖北、四川等地。

木材坚硬，耐摩擦，为优良的车辆及农具把柄用材。种子含淀粉，可酿酒或食用。壳斗可提制栲胶。

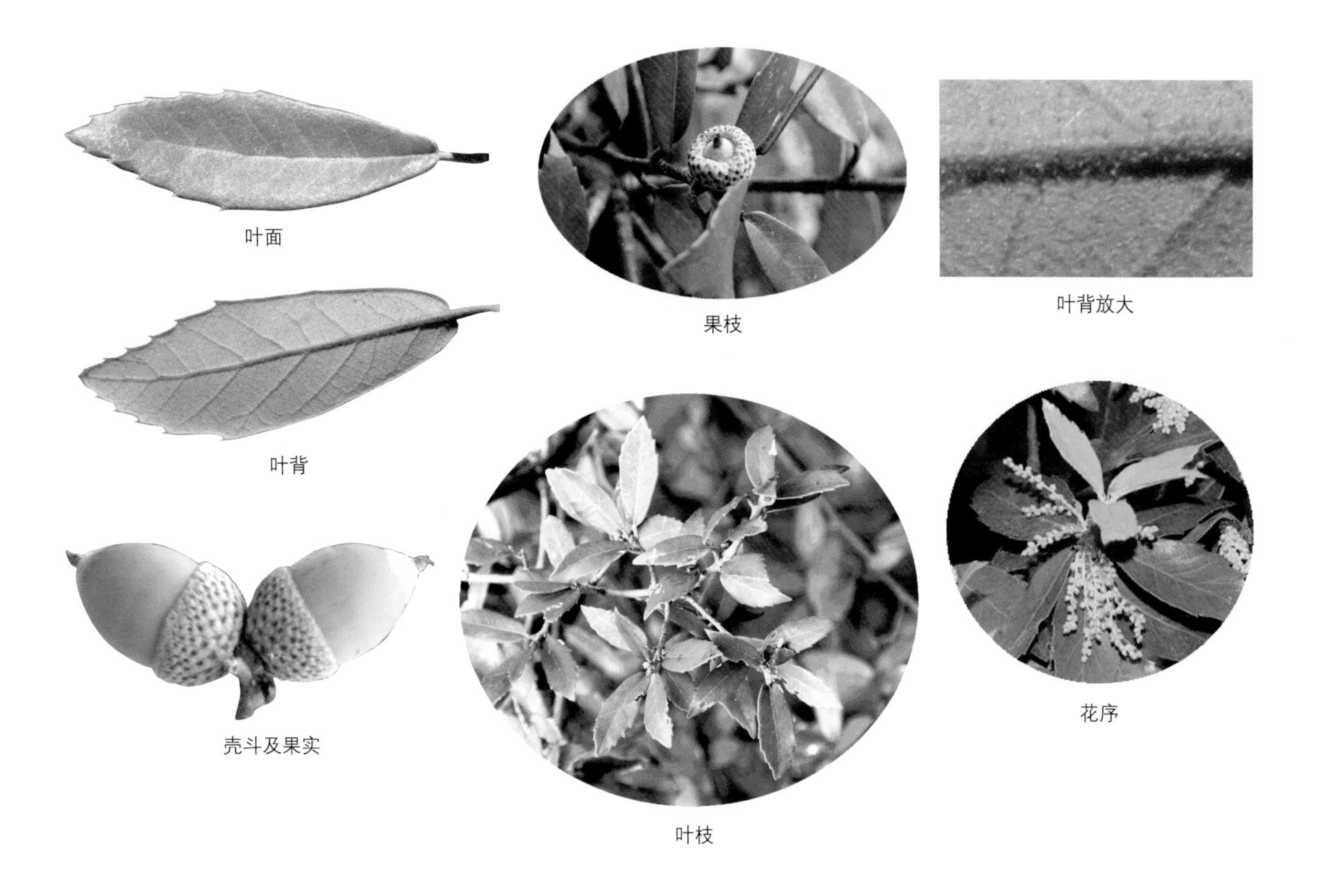

叶面　果枝　叶背放大

叶背

壳斗及果实　叶枝　花序

（12）巴东栎（老牛愁）　*Quercus engleriana (Quercus obuscura, Quercus sutchuenensis)*

【识别要点】 常绿。叶卵状椭圆形或圆状披针形，先端渐尖，叶缘上部2/3具锐锯齿，幼叶两面密生黄色星状茸毛，侧脉10～13对。

常绿乔木，高15m。幼枝被黄色茸毛，后渐脱落。叶卵状椭圆形或圆状披针形，长6～16cm，宽3～5.5cm，先端渐尖，基部圆或宽楔形，叶缘上部2/3具锐锯齿，幼叶两面密生黄色星状茸毛，后渐脱落或仅基部脉上有毛，侧脉10～13对，表面凹下，脉间微隆起，使叶面微皱；叶柄长7～15mm。壳斗浅碗状，几无柄，鳞片卵状三角形，排裂紧密，被毛；坚果卵圆形，长1～2cm，无毛，1/3～1/2包于壳斗中。花期4～5月，果期9～10月。

叶枝

小枝

栾川县产伏牛山主脉北坡，生于海拔1000m以上的沟谷、山坡，常与栎类、杂木混生。河南还产于西峡、南召、内乡、淅川等县。分布于陕西、湖北、四川等地。印度也有分布。

种子繁殖。喜温凉湿润气候。

树皮含鞣质11.5%，壳斗含鞣质18.6%，可提制栲胶。木材坚硬，可做车辆、家具等用。

叶面　叶背　叶背局部

（13）乌冈栎（老牛愁） *Quercus phillyraeoides*

【识别要点】叶缘3/4以上疏生锯齿，两面绿色，老叶无毛或仅中脉基部有茸毛，侧脉8～13对。坚果1/3～1/2包于壳斗中。

常绿小乔木，高4～7m。小枝初被灰褐色星状毛，后无毛。叶卵状椭圆形、倒卵形或长椭圆状倒卵形，长2～6cm，宽1.5～3cm，先端钝，急尖或短渐尖，基部圆形至浅心形，叶缘3/4以上疏生锯齿，两面绿色，幼时有毛，老时无毛或仅中脉基部有茸毛。侧脉8～13对；叶柄长3～5mm。壳斗浅碗状，鳞片螺旋状排列；坚果椭圆形，长1.3～2cm，1/3～1/2包于壳斗中。花期4～5月，果期9～10月。

栾川县产伏牛山主脉北坡，生于海拔1500m以下的山坡杂木林中。河南还产于西峡、南召、卢氏、内乡等县。分布于陕西、湖北、湖南、四川、江西、浙江、福建、广东、广西、云南、贵州等地。日本也有分布。

喜光性树种，适应性强，在干旱瘠薄阳坡、岩石裸露山脊均能生长。生长慢，树干不直。种子繁殖。

种子含淀粉50%，可酿酒及食用。树皮及壳斗含鞣质，可制栲胶。木材坚硬，耐腐，难加工，可做农具、家具等用。

叶枝　叶面　幼叶背面　雄花序　壳斗及果实

（14）青冈栎（铁稠） *Quercus glauca (Cyclobalanopsis glauca)*

【识别要点】叶边缘中部以上有粗尖锯齿，表面有光泽，叶背淡灰白色，有平伏毛，侧脉9～13对；坚果基部1/2～1/3包于壳斗中。

常绿乔木，高20m。树皮灰褐色，平滑，老时浅裂。小枝褐色，无毛。叶倒卵状长椭圆形或长圆形，长7～15cm，宽2.5～6cm，先端渐尖，基部近圆或宽楔形，边缘中部以上有粗尖锯齿，表面有光泽，叶背淡灰白色，有平伏毛，侧脉9～13对；叶柄长1.5～3cm。壳斗浅碗状，直径7～11mm，鳞片结合成4～8个同心环状轮层，环边全缘；坚果卵状长圆形。长1～1.6cm，先渐端尖，无毛，基部1/2～1/3包于壳斗中。花期4月，果期9～10月。

栾川县产伏牛山主脉北坡，生于海拔1500m以下的山坡或山谷杂木林中。河南产于伏牛山、大别山和桐柏山区。分布于陕西、湖北、江西、江苏、福建、广东、四川、云南、贵州、台湾等地。日本及朝鲜也有分布。

木材坚韧，供建筑、制车辆、农具等用；种子含淀粉60%～70%，浸出鞣质后，可食用、浆纱、酿酒。壳斗含鞣质10%，树皮含16%，可提制栲胶。

叶枝　壳斗及果实　叶背　芽　树干　叶面　雄花序　叶背局部

（五）榆 科 Ulmaceae

落叶或常绿，乔木或灌木。单叶互生，二列，羽状脉或三出脉，叶缘有锯齿，稀全缘，基部常偏斜；托叶早落。花小，两性、单性或杂性，单生、簇生或成聚伞花序；花萼4～5，稀3或6～9裂；无花瓣；雄蕊与萼片同数而对生，稀为其倍数；子房上位，1室，1胚珠，花柱2个、羽状。果实为核果、翅果或坚果。

约16属，230种，广布于全世界热带和温带地区，主产北半球。我国有8属，50种，2亚种及6变种。河南有6属，23种及8变种。栾川县5属，15种，6变种。

1.叶羽状脉，侧脉7对以上：
　2.翅果或翅状坚果：
　　3.无刺。花两性。翅果周围具膜质之翅 ………………………………………… 1.榆属 *Ulmus*
　　3.有枝刺。花杂性。坚果一边具斜歪之翅 ………………………………… 2.刺榆属 *Hemiptelea*
　2.坚果上部斜歪。叶缘具桃形单锯齿 …………………………………………………… 3.榉树属 *Zelkova*
1.叶三出脉，侧脉6对以下：
　4.核果近球形。花杂性同株。叶缘中部以上有锯齿 ……………………………………… 4.朴属 *Celtis*
　4.坚果周围有翅。花单性，叶缘自基部以上有锯齿 ………………………………… 5.青檀属 *Pteroceltis*

1. 榆属 *Ulmus*

落叶或常绿乔木，稀灌木。枝条有时具木栓翅。芽鳞色深。单叶，多为重锯齿，稀单锯齿，羽状脉，直达叶缘。花两性，簇生或短总状花序；花萼钟形，4裂、稀5裂。翅果扁平，种子周围有膜质翅，顶端有缺口。

约40余种，主产北半球温带地区，扩展到亚热带，向南分布到印度、喜马拉雅、缅甸、老挝、越南以及墨西哥。我国有25种，4变种及6个栽培变种。河南连栽培9种，3变种及6栽培变种。栾川县有6种，6栽培变种。

1.叶缘重锯齿：
　2.小枝及萌发枝常具木栓翅：
　　3.小枝及萌发枝常具2条规则木栓翅；叶背具短硬毛 …………（1）大果榆 *Ulmus macrocarpa*
　　3.小枝及萌发枝常具4条不规则木栓翅；叶背仅脉腋有簇生毛 ……（5）春榆 *Ulmus propinpua*
　2.小枝及萌发枝常不具木栓翅：
　　4.树皮鳞片状剥落；叶长5～13cm，仅背面脉腋有簇毛 ……（2）兴山榆 *Ulmus bergmanniana*
　　4.树皮沟裂，老枝常有木栓翅；叶长5～10cm，表面具短硬毛，粗糙，背面有柔毛，脉上较密 ………………………………………………………………………（4）黑榆 *Ulmus davidiana*
1.叶缘单锯齿：
　5.叶薄革质；小枝无毛，树皮纵裂；春季开花 ……………………………（3）榆树 *Ulmus pumila*
　5.叶厚革质；小枝有毛，树皮不规则片状剥落；秋季开花 ……………（6）榔榆 *Ulmus parvifolia*

（1）大果榆（黄榆 毛榆 扁榆） *Ulmus macrocarpa*

【识别要点】 枝尤其萌发枝常有2条规则木栓质翅。叶缘具重锯齿，两面有短硬毛，侧脉8～16对；翅果倒卵形，果核位于翅果中部。

落叶乔木或灌木。树皮灰黑色，纵裂。枝尤其萌发枝常有2条规则木栓质翅，小枝淡黄褐色，初被毛。叶宽倒卵形或椭圆状倒卵形，长5～9（12）cm，宽4～7cm，先端突尖或长尖，边缘具重锯齿，两面有短硬毛，粗糙，侧脉8～16对；叶柄长3～6mm，被短柔毛。花簇生于去年生枝叶腋。翅果倒卵形，长2.5～3.5cm，两面和边缘有睫毛，果核位于翅果中部。花期3～4月，果期5～6月。

栾川县产各山区，生于海拔1800m以下的山坡、丘陵。河南产于各山区，以太行山较多。分布于黑龙江、吉林、辽宁、内蒙古、河北、山东、山西、陕西、甘肃、青海东部、江苏北部、安徽北部。

种子繁殖。为喜光深根性树种，侧根发达，萌蘖力强，适应性强，耐干瘠。可作为护坡固沟的水土保持树种。

树皮纤维可代麻绳或造纸；种子能驱蛔虫。木材坚硬致密，供车辆、农具、家具等用。

树干　叶枝　木栓翅枝　果枝　叶　花　果　种子

（2）兴山榆（山榆） *Ulmus bergmanniana*

【识别要点】 树皮鳞片状剥落。叶倒卵状长圆形至椭圆形，长5～13cm，宽2.5～5cm，边缘具重锯齿，仅脉腋有簇毛，侧脉14～23对。

落叶乔木，高10～30m。树皮暗灰色，浅裂成鳞片状剥落。小枝灰褐色，无毛。叶倒卵状长圆形至椭圆形，长5～13cm，宽2.5～5cm，先端渐尖或尾状渐尖，基部楔形，不对称，边缘具重锯齿，表面微粗糙，无毛，背面仅脉腋有簇毛，侧脉14～23对；叶柄长3～5mm。花簇生去年生枝叶

腋。翅果倒卵形，长1.2～2cm，两面无毛，果核位于翅果中部。花期3～4月；果期5月。

栾川县产各山区，生于海拔1500m以上的山坡、溪旁杂木林中。河南还产于太行山济源、辉县及伏牛山灵宝、卢氏、内乡、西峡等地。分布于湖北西部、陕西南部、甘肃东部、四川、云南西北部、湖南及江西。

适应性强，萌发林生长快，可作为次生林保留树种。

树皮纤维含胶质，可作糊料、造纸及人造棉的原料；果可食，种子可榨油。木材坚硬，可做车辆、家具等用。

树干 叶枝 叶面局部 叶背局部 小枝 叶缘 果 叶柄及芽

（3）榆树（白榆 榆 家榆） *Ulmus pumila (Ulmus manshurica)*

【识别要点】小枝纤细，灰色。叶薄革质，边缘常有单锯齿，侧脉9～16对。果翅倒卵形或近圆形，顶端凹陷。

落叶乔木，高25m。树皮深灰色，纵裂。小枝纤细，灰色，无毛或被短柔毛。叶椭圆状卵形或椭圆状披针形，薄革质，长2～8cm，宽1.5～2.5cm，侧脉9～16对，先端尖或渐尖，基部楔形或圆形，边缘常有单锯齿，两面无毛或幼时被短毛；叶柄长2～8mm。花簇生于去年枝叶腋，先叶开放。果翅倒卵形或近圆形，长1～1.5cm，光滑，顶端凹陷，成熟时白色，果核位于果翅中部有时略偏上至缺口处。花期3月，果期5月。

栾川县多见于村旁、庭院、路旁、地边及山坡。栽培历史悠久，有古树14株。河南各地多有栽培。分布于黑龙江、吉林、辽宁、内蒙古、河北、山东、山西、陕西、甘肃、宁夏及新疆等地；西藏、四川北部及长江下游各地有栽培。朝鲜、前苏联、蒙古也有分布。

种子、扦插和嫁接繁殖。喜光性树种，耐干冷气候，抗旱力强，在石灰性冲积土及黄土高原生长良好，瘠薄黄土母质、干燥固沙地及轻度盐碱土上均能生长，但含盐量不能超过0.3%为宜。可作为村旁、路边、黄土丘陵、防风固沙造林树种。

树皮含纤维16.14%，可代麻制绳索、麻袋或人造棉；又含黏性，可作造纸糊料。果实、树皮和叶入药，有安神、利尿之效。翅果幼时称“榆钱”，作蒸菜味道鲜美，为人们喜爱的春季野菜。种子含油18.1%，供食用或制肥皂。木材坚硬，可供建筑、车辆、农具等用。

树干　叶背　叶面　果枝　花　小枝

有6个栽培变种，其中作为庭院观赏树有**龙爪榆'Tortulsa'**，树冠球形，小枝卷曲下垂，以榆树为砧木，高接繁殖；**中华金叶榆（金叶榆）'Jinye'**叶金黄色，长3~5cm，宽2~3cm，比原种叶片稍短，叶缘具锯齿。可用播种、嫁接、扦插、埋条等繁殖；**垂枝榆'Pendula'**，树冠伞形，枝下垂，以榆树为砧木高接繁殖；作为用材树种有**钻天榆'Pyramidals'**树干通直，圆满，树冠窄。**窄叶榆（小叶榆）'Parvifolia'**树干通直，树冠卵圆形；叶披针形，长2～9cm，宽1.5～2.5cm。**细皮榆'Leptodermis'**树干通直，树冠圆卵形或扁圆形；树皮灰色，光滑，仅基部有浅纵裂。

垂枝榆

（4）黑榆（山毛榆）*Ulmus davidiana*

【识别要点】小枝淡褐色或暗紫褐色，老枝有木栓质翅。叶缘具重锯齿，表面具短硬毛，粗糙，背面有柔毛。翅果倒卵状楔形，果核位于翅果上部，接近凹缺。

落叶乔木，高达15m。树皮沟裂，沟缝黑色。小枝淡褐色或暗紫褐色，幼时具毛，老枝有木栓质翅。叶倒卵形或椭圆形，长5～10cm，宽3～5.5cm，先端急尖，基部楔形，边缘具重锯齿，表面具短硬毛，粗糙，背面有柔毛，脉上较密；叶柄长5～10mm。密被丝状毛。花簇生于去年生枝叶腋；具短梗。翅果倒卵状楔形，长9～11mm，仅中部有疏毛，果核位于翅果上部，接近凹缺。花期4月，果期5月。

栾川县产各山区，生于山坡、沟谷，常与栎类混生。河南还产于太行山辉县、济源、林州、沁阳及伏牛山北部的灵宝、卢氏、嵩县、陕县、洛宁等地。分布于辽宁、河北、山西、陕西等地。

种子繁殖。耐干燥。可作次生林改造保留树种。

茎皮纤维可代麻制绳索或作人造棉及造纸原料；树皮在医药上可制代血浆。木材坚实，供建筑、车辆、农具等用。

（5）春榆（山榆） *Ulmus prolinqua (Ulmus davidiana var.japonica)*

【识别要点】小枝褐色，幼时密生短柔毛；萌发枝和幼树枝常有4条不规则木栓质翅。叶缘具重锯齿，表面具短硬毛，粗糙或脱毛后平滑，背面幼时密被短柔毛，侧脉8～16对。

落叶乔木，高达30m。树皮不规则剥裂，粗糙。小枝褐色，幼时密生短柔毛；萌发枝和幼树枝常有4条不规则木栓质翅。叶倒卵状椭圆形或椭圆形，长3～12cm，宽1.5～6cm，先端渐尖，基部楔形或圆形，边缘具重锯齿，表面具短硬毛，粗糙或脱毛后平滑，背面幼时密被短柔毛，侧脉8～16对；叶柄长2～7mm。花先叶开放，成束状聚伞花序。翅果倒卵形，长7～15mm，无毛，果核位于翅果中上部，与凹口相接。花期4月，果期5～6月。

栾川县产各山区，生于山沟或山麓杂木林中。河南还产于济源、辉县、林州、嵩县、灵宝等地。分布于黑龙江、吉林、辽宁、内蒙古、河北、山东、浙江、山西、湖北、陕西、甘肃、宁夏、青海等地。前苏联、朝鲜、日本也产。

种子繁殖。喜光，抗寒，耐干旱瘠薄。

树皮含胶质，可作糊料；含纤维素44.2%，供制绳索、人造棉等；据报道在医药上可制代血浆。种子可榨油、酿酒或制酱油。木材供建筑、枕木等用。

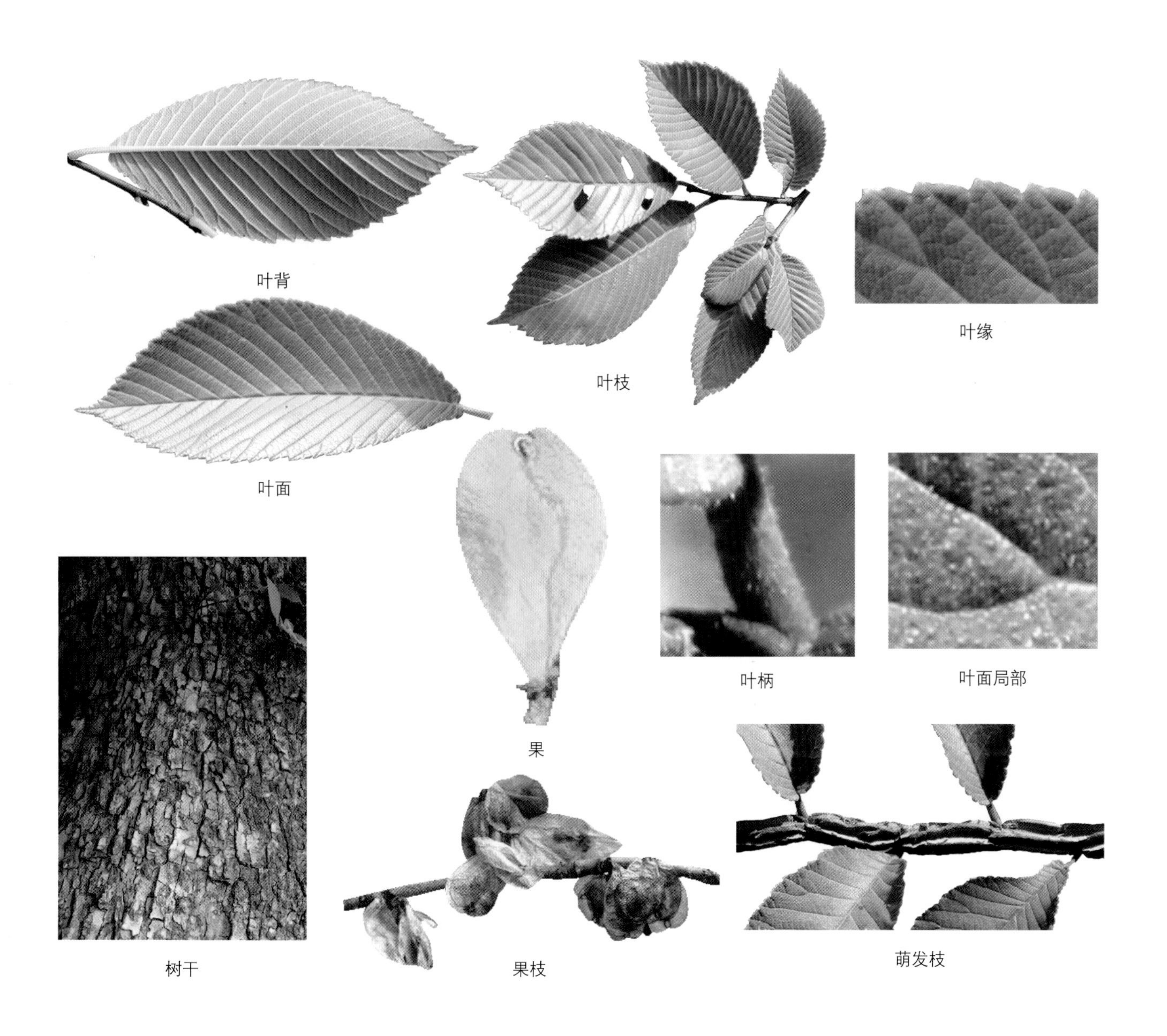
叶背　叶枝　叶缘　叶面　果　叶柄　叶面局部　树干　果枝　萌发枝

（6）榔榆（秋榆 小叶榆） *Ulmus parvifolia*

【识别要点】树皮不规则片状剥落。叶近革质，椭圆形、卵形或倒卵形，先端短尖。花秋季开放。翅果椭圆状卵形，果核位于翅果中部。

落叶乔木，高达25m。树皮灰褐色，不规则片状剥落。冬季以叶芽越冬，侧芽卵形，单生或2枚并生。叶近革质，椭圆形、卵形或倒卵形，长2～5cm，宽1～2cm，先端短尖。基部圆形，不对称，边缘具单锯齿，表面无毛，背面幼时被柔毛，后仅中脉有毛；叶柄长2～6mm。花秋季开放，常簇生于当年枝叶腋。翅果椭圆状卵形，长1～1.2cm，果核位于翅果中部，无毛。花期8～9月，果期9～10月。

栾川县产各山区，生于山坡、丘陵、谷地，常与杂木混生。河南产于各山区。分布于河北、山东、陕西、江苏、安徽、浙江、台湾、福建、江西、广东、广西、湖南、湖北、贵州、四川等地。日本、朝鲜、印度、越南也有分布。

种子繁殖。喜光，耐干旱瘠薄；在酸性土、中性土、钙质土，山地、平原及沟谷均能生长。

树皮含纤维36%，可制绳索、麻袋、造纸及人造棉的原料；与根均能入药，有清热、利尿、消肿、止痛之效。叶可作饲料。木材坚硬，可作家具、车辆等用。也可作为庭园绿化树种。

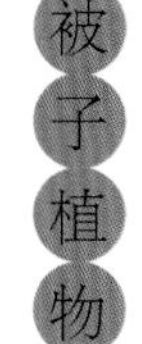

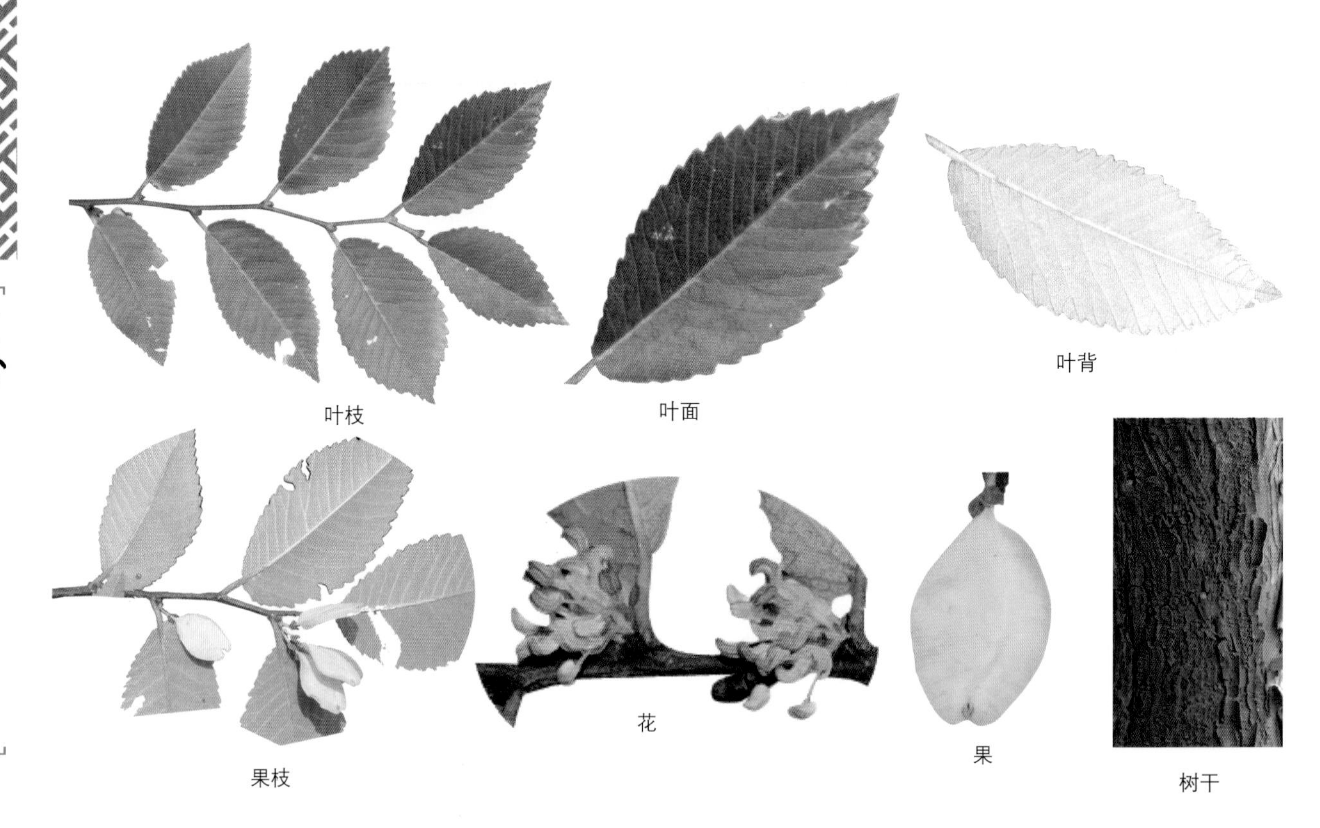

2.刺榆属 *Hemiptelea*

落叶乔木。小枝顶端常呈坚硬针刺。叶互生，羽状脉，边缘有单锯齿。花杂性同株，腋生，花萼4～5裂，雄蕊与萼片同数，子房1室，具1胚珠。小坚果扁平，偏斜，上部具鸡冠状翅，萼宿存。

仅1种，分布于我国和朝鲜。河南也产。栾川县有分布。

刺榆 *Hemiptelea davidii (Planera davidii)*

【识别要点】小枝淡红褐色，先端具枝刺。叶缘具粗单锯齿；小坚果偏斜，上部具鸡冠状翅。

小乔木，高15m。小枝淡红褐色，先端具枝刺。叶椭圆形或椭圆状长圆形，长2～6cm，宽1～2cm，先端钝尖，基部圆或微心形，边缘具粗单锯齿，侧脉8～15对，表面幼时有硬毛，后脱落而有圆凹点，背面沿脉有疏毛；叶柄长1～3mm，密被柔毛。小坚果偏斜，长约5mm，上部具鸡冠状翅。花期5月，果期9月。

栾川县产各山区，生于山坡及沟谷地带。河南产于太行山、伏牛山、大别山和桐柏山。分布于吉林、辽宁、河北、山东、内蒙古、山西、陕西、甘肃、江苏、安徽、江西、浙江、湖北等地。朝鲜也产。

种子繁殖、插条或萌芽更新。喜光，耐旱、耐寒，对土壤适应性强。

树皮纤维可代麻制绳索、麻袋，可作造纸及人造棉的原料。种子可榨油，供工业用；嫩叶可作饲料。药用：根皮、树皮性淡、涩、平，可解毒消肿，用于治疗疮痈肿毒；叶用于治疗痈肿、水肿；外用于治疗毒蛇咬伤、痈疮肿毒。木材坚硬细致，可制农具或家具等用。树冠耐修剪，枝具刺，可作绿篱，适于园林绿化。

叶枝

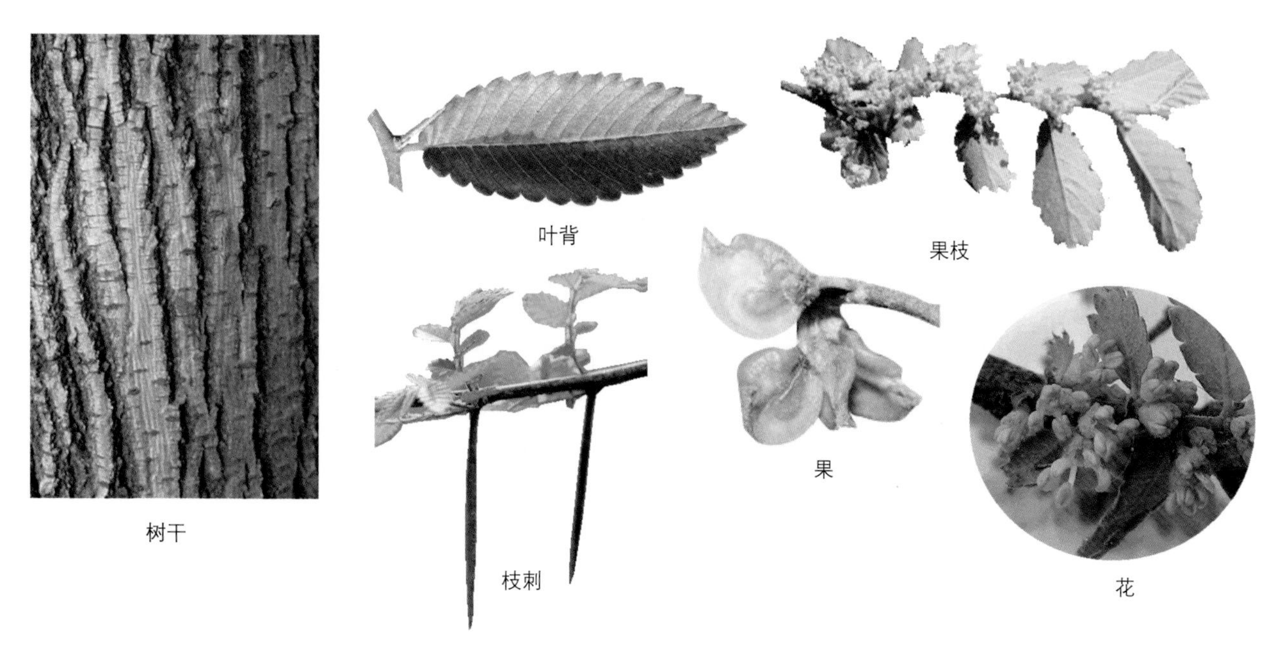

3.榉属　*Zelkova*

落叶乔木或灌木。叶有短柄，边缘有单锯齿，羽状叶脉。花单性，稀杂性，同株，雄花簇生于小枝下部叶腋，萼4～5裂，雄蕊与萼片同数；两性花或雌花多集生新枝上部叶腋，萼4～5裂；花柱偏生，子房无柄，1室，有1下垂胚珠。果实为核果，具短梗；种子无胚乳，胚弯曲。

约5种，分布于亚洲西部和东部。我国有4种，分布于东北、西北、西南至台湾等地。河南有3种。栾川县3种。

1.叶背面密生柔毛。小枝也具灰白色柔毛 ································ （1）榉树 *Zelkova schneideriana*
1.叶背面无毛或背面脉腋有毛：
　2.叶背面脉腋有毛，边缘锯齿钝尖 ··· （2）大果榉 *Zelkova sinica*
　2.叶背面无毛，边缘有尖锐锯齿 ··· （3）光叶榉 *Zelkova serrata*

（1）榉树（大叶榉树 鬼狼树）　*Zelkova schneideriana*

【识别要点】叶椭圆状卵形、矩圆状椭圆形、窄卵形或卵状披针形，先端尖，具桃形锯齿，表面具疏毛，粗糙，背面密生浅灰色柔毛，侧脉7～15对。

乔木，高达25m。树皮褐色，老树基部浅裂，薄片剥落后仍较光滑。小枝灰色，具灰白色柔毛。叶椭圆状卵形、矩圆状椭圆形、窄卵形或卵状披针形，长2～8cm，先端尖，具钝锯齿，表面具疏毛，粗糙，背面密生浅灰色柔毛，侧脉7～15对；叶柄长1～4mm，有柔毛。花单性，稀杂性，雌雄同株。雄花1～3朵簇生于叶腋，雌花或两性花常单生于小枝上部叶腋。核果偏斜，直径约4mm，无梗。花期3～4月，果期10月。

栾川县产各山区，生于海拔1000m左右的山坡或山谷杂木林中。河南产于伏牛山、大别山和桐柏山区。分布于淮河流域、秦岭以南、长江中下游各地，南至广东、广西、云南东南部。

种子繁殖。喜光性树种，适宜温暖气候和肥厚湿润土壤，在酸性、中性及钙质土均能生长。深根性。抗烟尘、抗病虫害和抗风能力强。

茎皮纤维为人造棉和制绳索的原料。心材带紫红色，光泽美丽，材质坚实，耐水湿，为优良建筑、造船、家具用材。药用：树皮苦、大寒、清热，利水，用于治疗头痛、热毒下痢、水肿；叶苦、寒，用于治疗火烂疮、疔疮。树形高大雄伟，树冠整齐，枝细叶美，具有较高的观赏价值，可作庭荫树和行道树。

树干　叶枝　小枝　叶正面局部　叶面　叶背　果　花

（2）大果榉（抱榆 小叶榉） *Zelkova sinica*

【识别要点】树皮片状剥落。小枝通常无毛。叶基部一边宽楔形，一边圆形，边缘具钝尖单锯齿，背面脉腋有簇生毛。核果较大，斜三角状。

乔木，高达20m。树皮片状剥落。小枝通常无毛。叶卵形或卵状矩圆形，长2~7cm，通常较小，先端渐尖，基部一边宽楔形，一边圆形，边缘具钝尖单锯齿，微尖，侧脉7~10对，背面脉腋有簇生毛；叶柄长2~4mm。雄花1~3朵腋生，直径2~3mm，花被（5~）6（~7）裂，裂至近中部，裂片卵状矩圆形，外面被毛，在雄蕊基部有白色细曲柔毛，退化子房缺；雌花单生于叶腋，花被裂片5~6，外面被细毛，子房外面被细毛。核果较大，斜三角状，直径5~7mm，无毛，几无柄，不具突起的网肋。花期4月，果期10月。

栾川县广泛分布于各山区，俗称“抱榆树”，生于山坡及沟谷，常与栎类、杂木混生。河南产于太行山济源、辉县、林州及伏牛山、大别山、桐柏山区。分布于山西、陕西、甘肃、湖北、四川、贵州、江苏、浙江、安徽等地。

种子繁殖。喜生于土层深厚、肥沃的山坡及沟谷地带。

茎皮纤维为人造棉、绳索的原料；树皮性涩、平，能生肌止血，用于治疗烧、烫伤。木材纹理细，坚实耐用，可供造船、器具用材。

树干　叶枝　叶面　叶背　小枝　花　果枝

（3）光叶榉（榉树 小叶榉） *Zelkova serrata*

【识别要点】叶长圆状卵形或卵状披针形，边缘有尖锐锯齿。核果斜卵圆形，带绿色，背面有突起网肋。

乔木，高达15m。小枝细长，紫褐色，有短柔毛。叶长圆状卵形或卵状披针形，长3～6cm，宽1.5～2.5cm，先端渐尖或急尖，基部偏斜，圆形或浅心形，边缘有尖锐锯齿，表面微粗糙，背面淡绿色，初有毛，后光滑或有时沿中脉疏生柔毛；叶柄长2～5mm。雄花具极短的梗，径约3mm，花被裂至中部，花被裂片（5）6～7（8），不等大，外面被细毛，退化子房缺；雌花近无梗，径约1.5mm，花被片4～5（6），外面被细毛，子房被细毛。核果斜卵圆形，带绿色，背面有突起网肋，长、宽3～4mm。花期4月，果期9～10月。

栾川县产各山区，常散生于海拔1000m以上的山坡。河南产于太行山济源、伏牛山、大别山和桐柏山区。分布于陕西、甘肃、湖北、湖南、安徽、江西、四川、福建等地。朝鲜和日本也有分布。

种子繁殖。喜光，喜湿润肥厚的土壤，在石灰岩谷地生长良好。

树皮含纤维46%，供制绳索、造纸及造棉的原料。木材坚硬，不易伸缩与反张，耐腐力强，供建筑、家具、车辆、器械等用材。

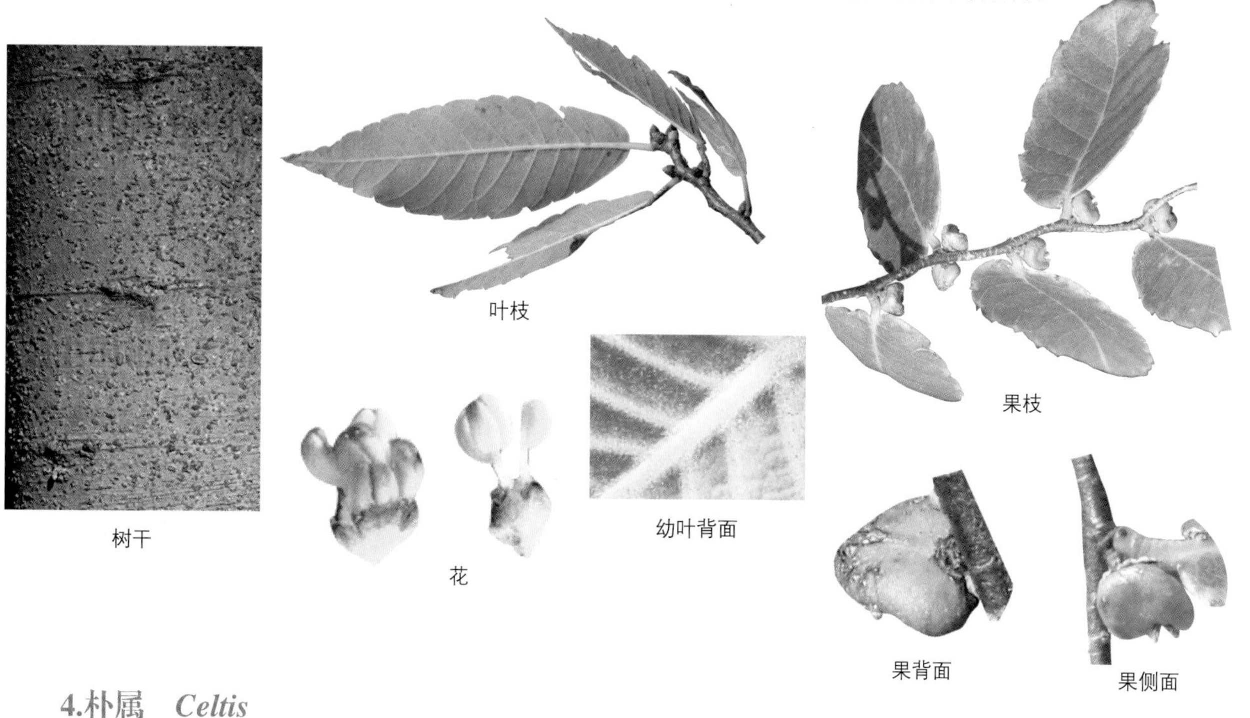
树干 叶枝 花 幼叶背面 果枝 果背面 果侧面

4.朴属 *Celtis*

落叶乔木或灌木。树皮灰色或深灰色，平滑不裂。叶近革质，通常中部以上具单锯齿或全缘，基部三出脉，侧脉弧形弯曲，未直达叶缘。花杂性同株，雄花生于新枝下部叶腋，雌花与两性花单生或2～3个集生于新枝上部叶腋；萼片4～5个，分离或基部合生，雄蕊与萼片同数；子房无柄，花柱分叉。核果近球形，单生或2～3个腋生，花萼及花柱脱落，果核具网状棱。

约50种，分布于北温带和热带。我国有20种，分布于全国各地。河南有6种。栾川县4种。

1.叶先端截形或圆形，有突尾尖和不整齐牙齿状分裂 ……………………（1）大叶朴 *Celtis koraiensis*

1.叶先端尖或渐尖：

  2.果实黑色，小枝无毛 ……………………………………………（2）小叶朴 *Celtis bungeana*

  2.果实橘红色，小枝有毛：

    3.果实小，直径4～6mm。叶长3～9cm，宽1.6～4cm ………………（3）紫弹树 *Celtis biondii*

    3.果实大，直径10～13mm。叶长7～14cm，宽5～8cm ……………（4）珊瑚朴 *Celtis julianae*

（1）大叶朴（大叶白麻子树 白麻子） *Celtis koraiensis*

【识别要点】叶先端截形或圆形，有不整齐裂片，中央具明显尾状尖，边缘粗具锯齿。核果暗橙红色有4条纵肋，表面具明显网孔状凹陷。

乔木，高达20m。小枝浅褐色，无毛或幼时被柔毛。叶倒卵形、宽倒卵形或卵圆形，长7～14cm，宽4～9cm，基部偏斜，圆形或宽楔形，先端截形或圆形，有不整齐裂片，中央具明显尾状尖，边缘具粗锯齿，无毛或背面沿脉有短毛；叶柄长5～15mm。核果椭圆状球形，长约1cm，暗橙红色，有4条纵肋，表面具明显网孔状凹陷；果梗长1.5～2.5cm。花期4～5月，果期9～10月。

栾川县产各山区，生于海拔800～1600m的山坡或山沟杂木林中。河南产于太行山、伏牛山、大别山和桐柏山。分布于辽宁、河北、山东、山西、陕西、甘肃、江苏、安徽、湖北等地。朝鲜也有分布。

种子繁殖。

枝条纤维可代麻用，也可供造纸及人造棉的原料。种子含油51.2%，供制肥皂、润滑油。根入药，有祛风除湿之效。嫩叶可食，山区群众以此叶晒干菜。木材坚硬，供制家具、器具等用。园林可用作庭荫树、行道树等。

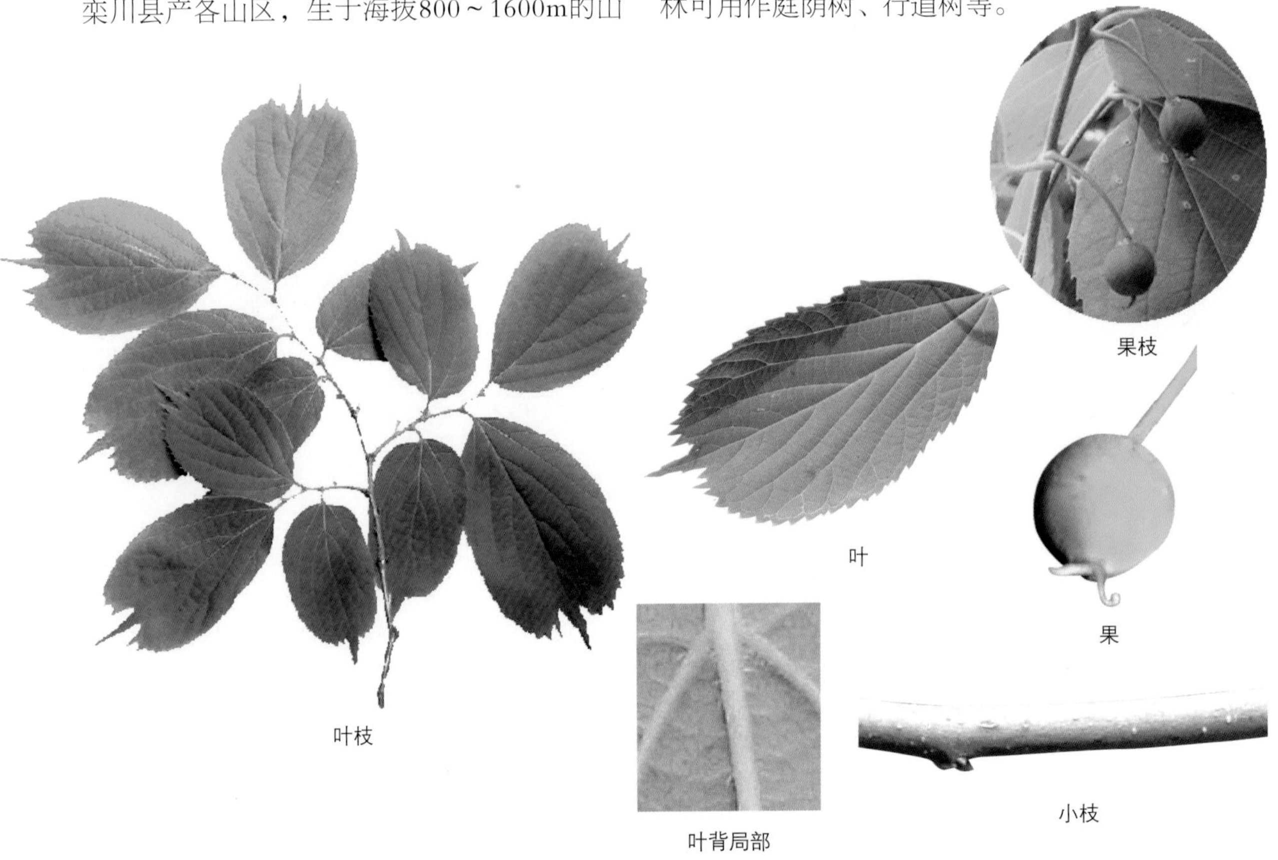
叶枝　叶背局部　叶　果枝　果　小枝

（2）小叶朴（白麻子 小叶白麻子 黑弹树） *Celtis bungeana*

【识别要点】叶卵形或卵状披针形，先端渐尖或尾尖，边缘中部以上有钝锯齿，有时近全缘。核果近球形，紫黑色。

乔木，高达20m。树皮深灰色。小枝褐色，无毛或疏毛，有光泽。叶卵形或卵状披针形，长3～8cm，宽1.5～3.5cm先端渐尖或尾尖，基部偏斜或近圆形，边缘中部以上有钝锯齿，有时近全缘，两面无毛或仅幼时疏生柔毛；叶柄长5～10mm，无毛。核果近球形，紫黑色，直径6～7mm；果梗长1.5～2.8cm，果核白色，平滑，稀有不明显网纹。花期4～5月，果期9～10月。

栾川县产各山区，多生于海拔1000m以下的向阳山坡。赤土店镇赤土店村有1株树龄200年的古树。河南产于各山区，以太行山及伏牛山较多。分布于辽宁、河北、山东、陕西、甘肃、云南及长江流域各地。朝鲜也有分布。

种子繁殖。喜光，稍耐阴，喜湿润深厚的中性土壤。

木材坚硬耐磨损，可作车轴、农具等；树皮浸出液经提炼后，可入药治支气管炎。茎皮纤维可代麻用或为造纸及人造棉的原料。嫩叶可作野菜食用。树皮光滑、树形优美，抗氯化物、硫化物性能强，为优良的城区、工矿区园林绿化树种，也可作为盆景材料。

树干 果枝 花 叶枝 果 叶

（3）紫弹树（白麻子） *Celtis biondii*

【识别要点】 小枝密生柔毛。叶卵形或卵状椭圆形，基部圆形，不对称，边缘中部以上具钝锯齿；核果2～3腋生，橙红色，近球形。

乔木，高达18m。小枝密生柔毛。叶卵形或卵状椭圆形，长3～9cm，宽6～4cm，先端急尖，基部圆形，不对称，边缘中部以上具钝锯齿，幼时两面被散生毛，表面较粗糙，背面沿脉及脉腋毛较多，老叶几无毛；叶柄长3～7mm，有毛。核果2～3腋生，橙红色，近球形，直径4～6mm，果梗长1.5～2cm。花期4月，果期8～9月。

栾川县产伏牛山，散生于海拔1000m左右的山坡或溪沟边疏林中或林缘。河南产于伏牛山、大别山和桐柏山。分布于陕西、甘肃及长江流域和以南各地。

枝条纤维可供造纸、人造棉的原料。种子可榨油，供制肥皂。根皮、茎枝、叶入药，有清热解毒、祛痰、利小便之效，用于治疗小儿脑积水、腰骨酸痛、乳痈；外用治疗疮毒、溃烂。木材坚硬，供制家具、车辆等用。

叶枝

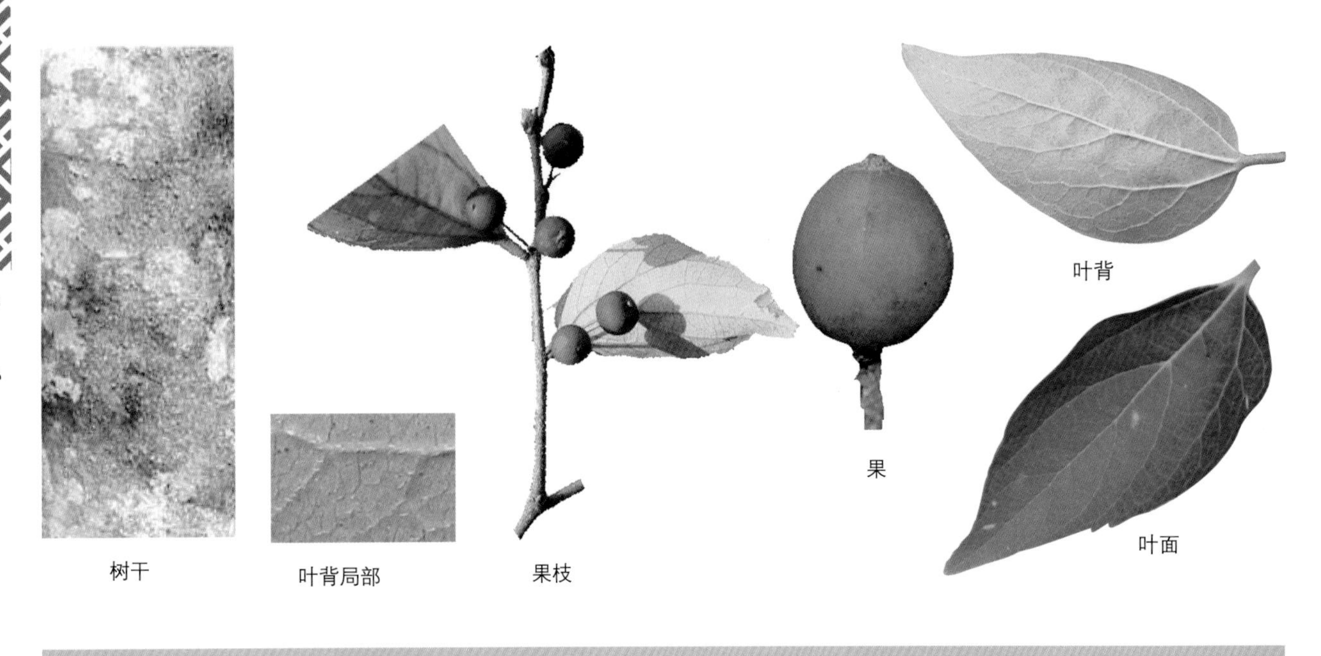
树干　叶背局部　果枝　果　叶背　叶面

（4）珊瑚朴 *Celtis julianae*

【识别要点】小枝密生黄色茸毛及粗毛。叶边缘中部以上有波状圆齿，表面粗糙或有粗毛，背面密被黄色茸毛；核果橘红色，卵球形。

乔木，高达25m。小枝密生黄色茸毛及粗毛。叶宽卵形、倒卵形或倒卵状椭圆形，长7～14cm，宽5～8cm，先端短渐尖或呈尾状，基部偏楔形或近圆形，边缘中部以上有波状圆齿，表面粗糙或有粗毛，背面密被黄色茸毛；叶柄长1～1.5cm，密被茸毛。核果橘红色，卵球形。直径10～13mm；果梗粗硬，长至2.5cm。花期4～5月，果期8～9月。

栾川县产伏牛山，散生于海拔1300m以下的山坡、山谷疏林中或林缘。河南还产于伏牛山区的西峡、南召、淅川、内乡及桐柏山、大别山各山区县。分布于陕西、甘肃、安徽、湖南、四川、江西、浙江、贵州等地。

茎皮纤维可代麻用，或作造纸和人造棉的原料。木材可制家具、器具等。茎叶入药，治疗咳喘。也可作为庭院绿化树种。

叶枝　树干　叶面　雄花　雌花　果　叶背　叶背放大　叶面局部　小枝及叶柄放大

5.青檀属　*Pteroceltis*

落叶乔木。老树干通常凹凸不圆。小枝细。叶质薄，边缘自基部以上有单锯齿，基部三出脉，侧脉上弯，不达锯齿尖端。花单性，雌雄同株；雄花簇生叶腋，花药顶端有长毛；雌花单生于当年生枝上部叶腋。小坚果周围具宽薄翅，先端凹缺，无毛。

仅1种，我国特产。河南也产。栾川县有分布。

青檀（翼朴）　*Pteroceltis tatarinowii*

【识别要点】老树干通常凹凸不圆，树皮淡灰色，长片状剥落，内皮灰绿色。叶三出脉，叶缘自基部以上有单锯齿。翅果近圆形，先端凹缺。

乔木，高达20m。老树干通常凹凸不圆。树皮淡灰色，片状剥落，内皮灰绿色。小枝褐色或紫褐色，初有毛，后脱落。叶卵形或椭圆状卵形，长3.5～13cm，三出脉；先端渐尖或长尖，基部宽楔形或近圆形，叶缘自基部以上有单锯齿，表面无毛或有短硬毛，背面脉腋有簇毛；叶柄长6～15mm，无毛。翅果近圆形，先端凹缺，宽1～1.5cm；果梗细，长1～1.5cm。花期4～5月，果期8～9月。

栾川县产各山区，多散生于海拔1600m以下的山谷溪流两岸或岩石缝中，秋扒乡小河村有1株树龄200年的古树。河南产于太行山济源、辉县、林州及伏牛山、大别山和桐柏山。分布于河北、山东、山西、陕西、甘肃、青海、江苏、湖北、湖南、江西、四川、浙江、贵州等地。

种子繁殖或萌芽更新。喜光，耐干旱瘠薄，萌芽性强。

茎皮纤维供造“宣纸”和人造棉的原料。嫩叶可做野菜食用。叶可入药，有祛风、止血、止痛之功效。木材纹理直，结构细，坚实，韧性强，耐磨损，供建筑、车辆、家具及细木工用材。可作为石灰岩山地造林树种。

（六）桑 科 Moraceae

乔木、灌木或攀援灌木、稀草本。韧皮纤维发达，植物体多有白色汁液。单叶稀复叶，互生稀对生，全缘、有锯齿或分裂，有托叶。花雌雄同株或异株，花小，组成头状、隐头状、穗状或柔荑花序，稀为圆锥花序；雄花被片4（2～6）个，雄蕊与花被片同数并对生，花药2室纵裂，有或无退化子房；雌花被片4个，子房上位或下位，常1室，每室1胚珠，花柱1～2个。聚花果或隐花果由瘦果或核果聚生而成，常外被宿存的肉质花萼。

约69属，1000多种，分布在热带、亚热带和温带。我国有18属，150多种，分布各地。河南木本有4属，11种，3变种，3栽培变种。栾川县连栽培4属，11种，3变种。

1.枝无刺：
  2.花雌雄异株，不为隐头花序：
    3.雌花序穗状；子房无柄，花柱顶生，柱头2裂 ………………………………… 1.桑属 *Morus*
    3.雌花序为球形；子房有柄，花柱侧生、丝状、不分裂 …………………… 2.构属 *Broussonetia*
  2.花雌雄同株，为隐头状花序 ……………………………………………………………… 3.榕属 *Ficus*
1.枝具刺。花集成球形头状花序；雄蕊4 …………………………………… 4.柘树属 *Cudrania*

1.桑属 *Morus*

落叶乔木或灌木。枝无顶芽，芽具3～6个鳞片，覆瓦状排列。叶互生，叶缘有锯齿或分裂，基部脉3～5出；托叶披针形，早落。花雌雄同株或异株，柔荑花序腋生，下垂，具梗；雄花萼4裂；雄蕊4；雌花柱头2裂；花柱顶生，子房无柄，1室。小瘦果外被肉质花萼，集生成肉质卵圆形至矩圆形聚花果，名为椹果，熟时淡红色、紫黑色或白色；种子具胚乳。

约12种，分布于北半球温带和亚热带。我国有9种，各地均产。河南4种，4变种。栾川县4种，3变种。

1.叶背面密生短柔毛，表面疏生糙伏毛，通常无裂，基部截形或稍心形，边缘具粗锯齿
……………………………………………………………………… （1）华桑 *Morus cathayana*
1.叶背面无毛或稍有柔毛：
  2.柱头无柄。叶表面无毛，背面脉腋有簇毛，边缘具粗钝齿。乔木
  ……………………………………………………………………………… （2）桑 *Morus alba*
  2.柱头有柄：
    3.叶缘有具刺毛状尖头的粗锯齿 ……………………………… （3）蒙桑 *Morus mongolica*
    3.叶缘锯齿粗钝或锐尖，但不具刺毛状尖头 ………………… （4）鸡桑 *Morus australis*

（1）华桑（葫芦桑） *Morus cathayana*

【识别要点】叶纸质，卵形或宽卵形，边缘具粗钝齿，有时1裂或3裂，表面疏生粗伏毛，背面密生短柔毛。

乔木，高8m。树皮灰白色。小枝初有毛，后脱落。叶纸质，卵形或宽卵形，长5～10（20）cm，先端长尖或短尖，基部截形或近心形，边缘具粗钝齿，有时1裂或3裂，表面疏生粗伏毛，背面密生短柔毛；叶柄长1.5～5cm。花单性同株，雄花序长3～6cm，雄花花被片4，黄绿色，长卵形，外面被毛，雄蕊4，退化雌蕊小；雌花序长2cm，雌花花被片倒卵形，先端被毛，柱头2裂，有短柄。

聚花果窄圆柱形，长2～3cm，白色、红色或黑色。花期5月，果期6月。

栾川县产各山区，常生于海拔900～1300m的向阳山坡、沟旁或杂木林中。河南产于伏牛山、大别山和桐柏山区。分布于长江流域各地。

种子繁殖。喜生向阳山坡、沟谷，耐干旱、盐碱。

茎皮纤维可制蜡纸、绝缘纸、牛皮纸和人造棉；果可食，亦可酿酒。根皮、叶入药，有清热解表之效，用于治疗感冒咳嗽。叶形美观，为优良的园林绿化树种。

树干　叶枝　叶面　花枝　叶背局部　聚花果　幼枝　叶背

（2）桑（桑树 家桑 白桑） *Morus alba*

【识别要点】叶边缘具粗钝齿或有时不规则分裂，表面无毛，背面脉上有疏毛；基部三出脉。聚花果黑紫色或白色。

乔木，高10m。树皮灰褐色或黄褐色，浅纵裂。幼枝有毛或光滑。叶互生，卵形或宽卵形，长5～18cm，宽4～8cm，先端尖或钝，基部圆形或浅心形，边缘具粗钝齿或有时不规则分裂，表面无毛，背面脉上有疏毛；基部三出脉；叶柄长1～2.5cm，稍有毛。花雌雄异株；雄花序下垂，长2～3.5cm，密被白色柔毛，雄花花被片宽椭圆形，淡绿色，花丝在芽时内折，花药2室，球形至肾形，纵裂；雌花序5～10mm；柱头2裂，无柄、宿存。聚花果（桑葚）长1～2.5cm，黑紫色或白色。花期4月，果期6～7月。

栾川县产各山区，多生于山坡疏林中，也常栽培于路旁、地边及庭院周围，有2株古树。河南产于各地。原产我国中部及北部，现由东北至西南各地均有栽培。朝鲜、日本、蒙古及中亚、高加索、欧洲等地也产。

用种子、嫁接、压条、根蘖繁殖。喜光树种，喜温、耐寒、耐微碱、不耐涝，在微酸、中性、钙质、轻盐碱土上皆能生长，深根性，根系发达。

树皮纤维细柔，可作纺织原料，亦可造牛皮纸、蜡纸、绝缘纸、打字蜡纸等。根皮为清肺热、镇咳、利尿消肿药；叶有祛风清热、明目之效；果实（桑葚）能滋养补血，明目安神；嫩枝

与叶熬膏药治高血压及手足麻木等症。叶为养蚕的主要饲料；提取叶原液，可防治棉蚜、红蜘蛛，并对作物的某些病原真菌孢子的萌发有抑制作用。果可生食、酿酒、制蜜饯等。木材坚硬，可制农具、乐器、雕刻、器具等用。桑抗烟尘及二氧化硫等有毒气体能力强，可用于厂矿区绿化。

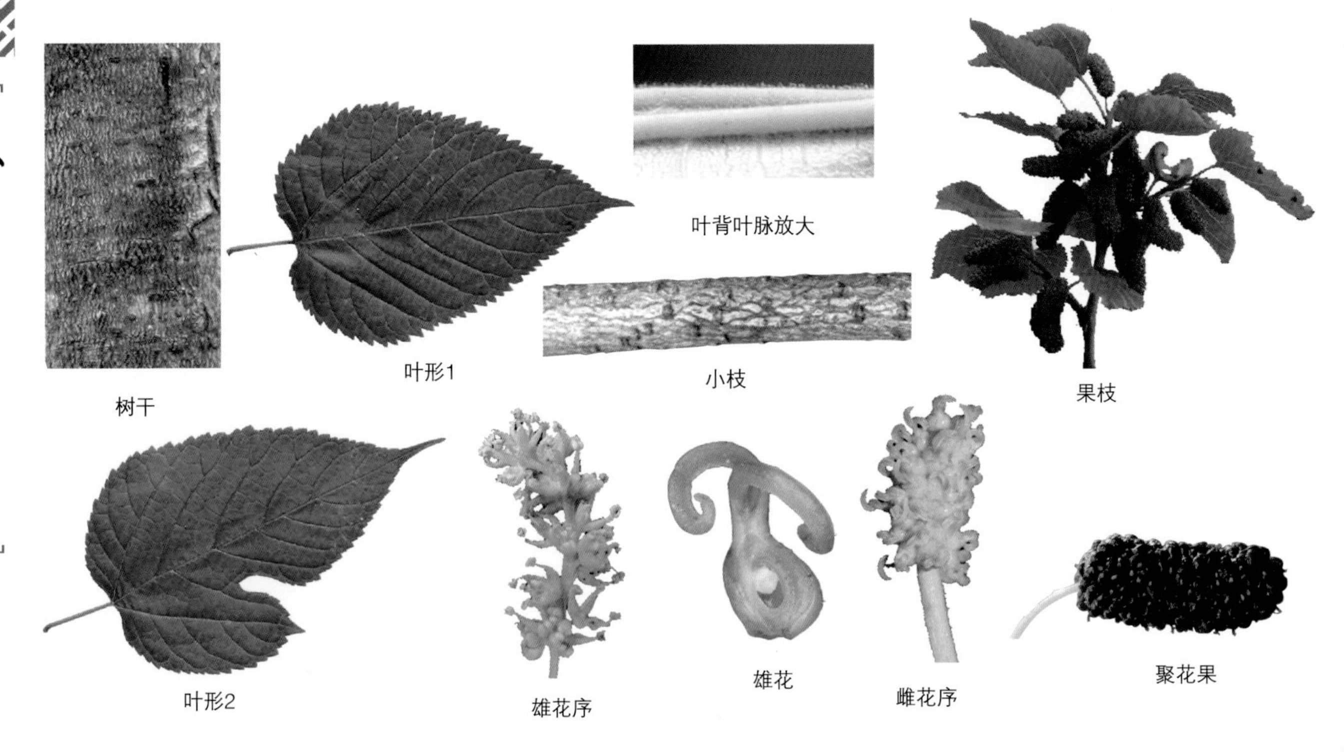

垂枝桑（龙须桑）'Pendula'与原种的主要区别：叶通常分裂，枝扭曲、细长而下垂。为庭院观赏树种。**裂叶桑'Laciniata'**与原种主要区别：叶缘多裂。河南各地有栽培。我国桑栽培历史悠久，目前已培育出数百个优良品种。

（3）蒙桑（山桑） *Morus mongolica*

【识别要点】小枝褐色。叶卵形至椭圆状卵形，基部心形，不分裂或3～5裂，边缘具刺芒状粗锯齿，两面无毛。

灌木或小乔木，高3～8m。树皮灰褐色，纵裂。小枝褐色。叶卵形至椭圆状卵形，长8～18cm，宽4～8cm，先端长渐尖或尾状渐尖，基部心形，不分裂或3～5裂，边缘具刺芒状粗锯齿，两面无毛；叶柄长4～6cm。花雌雄异株，雄花序长3cm，雌花序圆柱状，长1.5cm，花柱明显，柱头2裂。聚花果圆柱形，红紫色或紫黑色。花期5月，果期6～7月。

栾川县产各山区，生于海拔800～1500m的向阳山坡、沟谷或疏林中。河南产于各山区。分布于东北、华北、西北、西南及湖北、湖南、江西等地，朝鲜也有分布。

种子繁殖。喜光，耐寒。

茎皮纤维可制高级纸，亦可作纺织原料。根皮入药，有消肿镇咳，消炎利尿之效。材质坚硬，纹理粗，有光泽，供制器具、家具等用。

果枝

树干　叶　叶缘　雌花序　叶形1　叶形2　聚花果　雄花序

山桑 var. *diabolica* 与原种之区别：叶常深裂，表面粗糙，背面有柔毛。用途同原种。

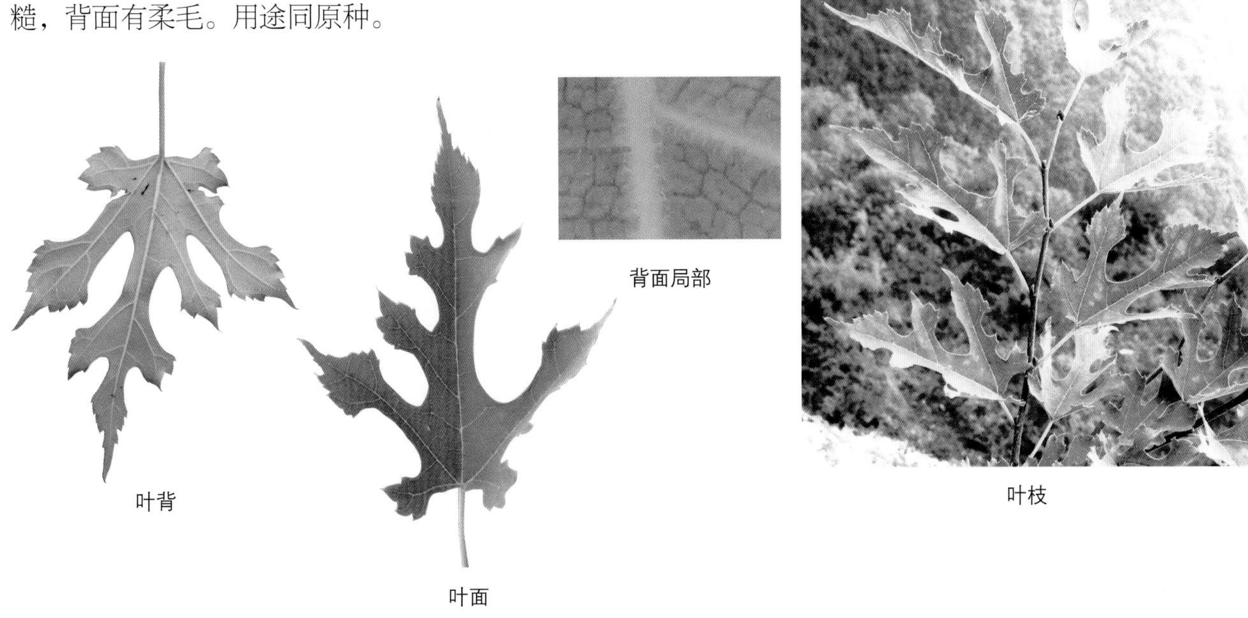
叶背　叶面　背面局部　叶枝

（4）鸡桑（山桑 小叶桑） *Morus australis*

【识别要点】叶卵形，边缘具钝或锐齿，有时3～5裂，表面粗糙，具毛，背面脉上疏生柔毛，脉腋无簇毛。

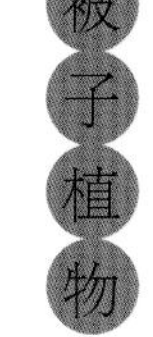

灌木或小乔木。小枝光滑或幼时具毛。叶卵形，长6～15cm，宽4～10cm，先端急尖或渐尖，基部截形或近心形，边缘具钝或锐齿，有时3～5裂，表面粗糙，具毛，背面脉上疏生柔毛，脉腋无簇毛；叶柄长1.5～4cm；雌雄异株，雄花序长1.5～3cm，雌花序较短，长约1cm；雌花柱头二裂与花柱等长，宿存。聚花果长1～1.5cm，成熟时暗紫色。花期4～5月，果期6～7月。

栾川县产各山区，生于海拔1000m以下的山坡灌丛或疏林中。河南产于各山区。分布于河北、山东、陕西、甘肃、安徽、江西、四川、福建、台湾、广东、广西、云南、贵州等地。朝鲜、日本、印度、中南半岛、印度尼西亚也有分布。

种子繁殖。喜光，耐旱。

树皮可作优质纸和人造棉的原料。果可生食，酿制酒、醋；种子可榨油。木材供制器具、家具及薪炭用。根皮、叶入药，有清热解表之效，用于治疗感冒咳嗽。

树干 叶枝 叶形 雌花序 果枝 叶背

2.构属 *Broussonetia*

落叶乔木或灌木。树皮平滑，不裂。无刺，具白色汁液。无顶芽，侧芽具2～3个鳞片。单叶，互生稀对生，不裂或2～5裂，边缘有锯齿，基部三出脉；托叶早落。花雌雄异株，雄花成柔荑花序；雌花为球形头状花序；雄花花被4裂；雌花花被管状，包围子房，子房具柄，花柱侧生，丝状，柱头不分裂。聚花果球形，由小瘦果组成，果熟时肉质子房柄外伸。

约4种，分布于东亚。我国有3种，产西南部至东南部。河南2种。栾川县2种。

1.乔木。叶宽卵形，长7～20cm，宽6～15cm；叶柄长2.5～8cm，聚花果直径约3cm ……………………………………………………………………（1）构树 *Broussonetia papyrifera*

1.灌木，枝蔓生或攀援。叶卵形，长6～12cm，宽2～5cm；叶柄长1～2cm。聚花果直径5～6mm ……………………………………………………………………（2）小构树 *Broussonetia kazinoki*

（1）构树（楮 楮桃 谷桃） *Broussonetia papyrifera*

【识别要点】小枝粗壮，具灰色长毛，叶互生或有时对生，三出脉，边缘具粗齿，不分裂或不规则3～5深裂，两面均有厚柔毛，表面粗糙；聚花果球形，红色。

乔木，高达16m。树皮平滑，枝皮韧性纤维发达。小枝粗壮，密生灰色长毛，叶互生或有时对生，宽卵形，长7～20cm，宽6～15cm，先端锐尖，基部浅心形，三出脉，边缘具粗齿，不分裂或不规则3～5深裂，幼树及萌发枝尤为明显，两面均有厚柔毛，表面粗糙；叶柄长2.5～8cm。花单性，雌雄异株。聚花果球形，直径约3cm，肉质，红色。花期3～4月，果期8～9月。

栾川县产各乡镇，多生于沟边、山坡、地边或庭院附近。河南产于各地。分布于华东、中南、西南及河北、山西、陕西、甘肃等地。朝鲜、日本、越南、印度也有分布。

萌蘖性强，用播种、根蘖、压条等方式繁殖。喜光、耐寒、耐干瘠，适应性强，在含钙质土，中性、酸性土壤中均能生长。以深厚、湿润肥沃的土壤最为适宜。

干形通直。树皮纤维细长，为造纸的上等原料，可混纺也可制人造棉。果生食，也可酿酒。果实、根皮、树皮及白色汁液均能入药，果实有补肾、明目、健胃、消肿、壮筋骨之效；根皮为利尿药；取叶汁液服用可治鼻衄、痢疾；树皮能利小便，治急性胃炎、全身浮肿；白色汁液外用治癣。种子榨油供制肥皂、油漆等。叶可作农药，防治蚜虫及瓢虫。木材富有韧性，可作扁担及家具。树皮含鞣质8.45%，茎含5.0%，叶含14.82%，可提制栲胶。其生长快，耐烟尘，秋果鲜艳夺目，为城市、厂矿区及园林绿化树种。

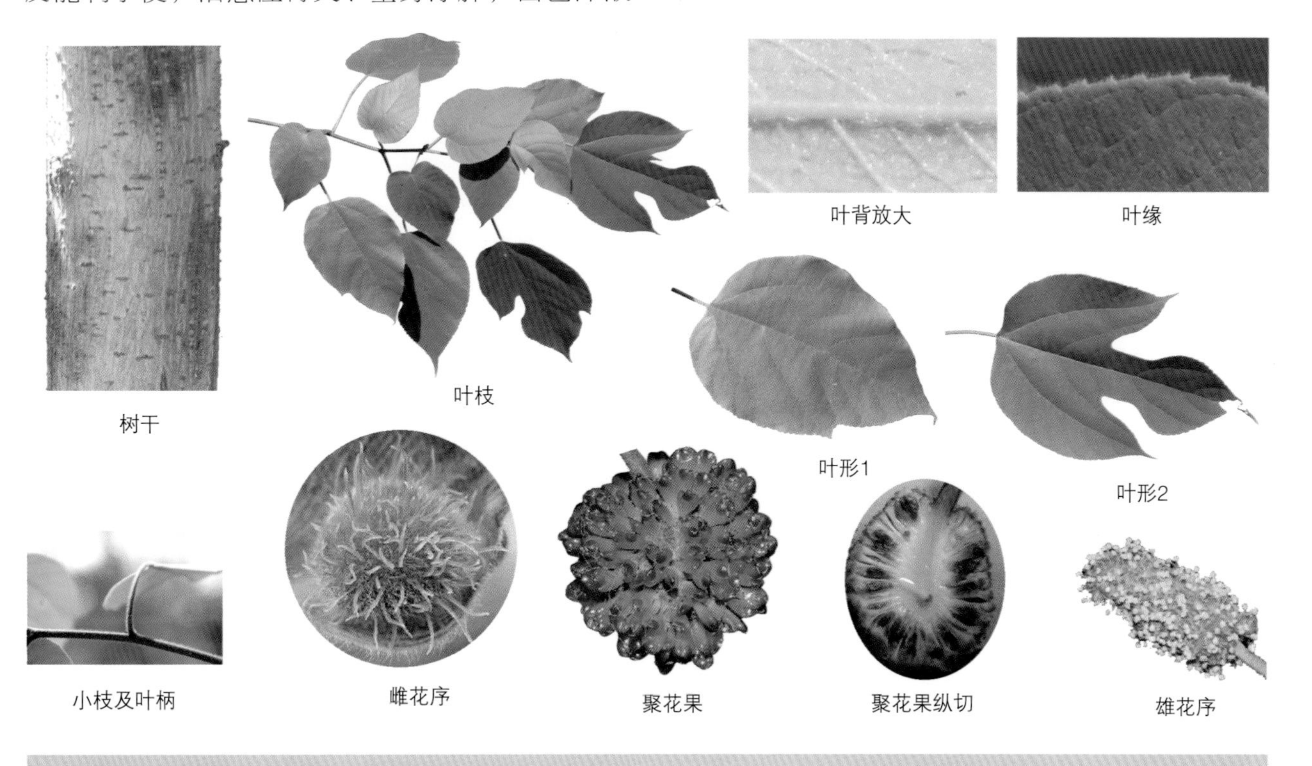
树干　叶枝　叶背放大　叶缘　叶形1　叶形2　小枝及叶柄　雌花序　聚花果　聚花果纵切　雄花序

（2）小构树（女谷）　*Broussonetia kazinoki*

【识别要点】小枝细弱。叶卵形或卵状椭圆形，边缘有锯齿，两面有毛；聚花果球形，红色。

灌木，枝蔓生或攀援。小枝细弱。叶卵形或卵状椭圆形，长6～12cm，宽 2～5cm，先端渐尖，基部近心形，边缘有锯齿，表面有糙伏毛，背面有细柔毛；叶柄长1～2cm，花雌雄同株；聚花果球形，直径5～6mm，肉质，成熟时红色。花期4月，果期6～7月。

栾川县产各山区，多生于山坡灌丛、沟边、路旁、林缘或次生杂木林中。河南产于伏牛山、大别山和桐柏山区。分布于陕西、江苏、安徽、湖北、湖南、四川、浙江、江西、福建、广东、广西、云南等地。

种子繁殖。喜光，耐旱，耐寒，适应性强。

茎皮纤维为造纸和人造棉的原料。根与叶入药能清热解毒，可治跌打损伤；民间用叶治腹泻和痢疾。叶也可用作饲料。

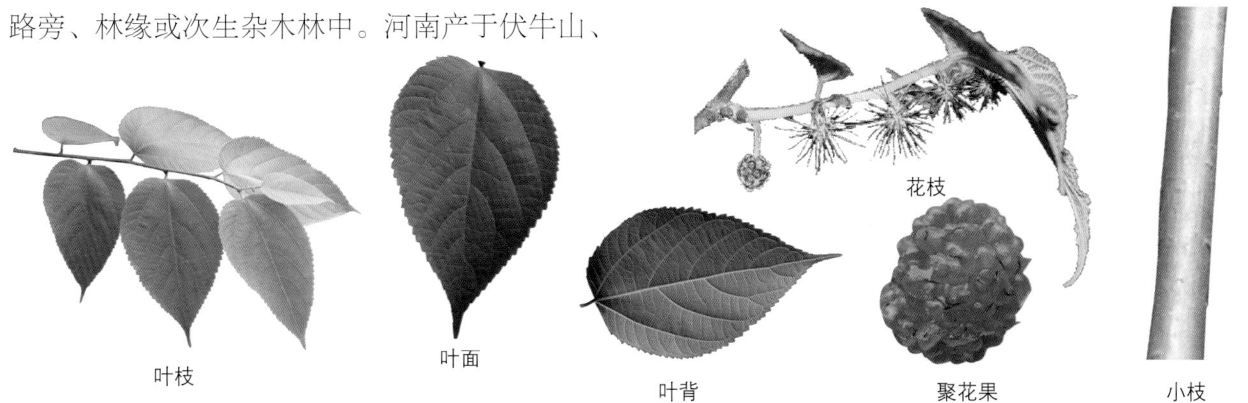
叶枝　叶面　叶背　花枝　聚花果　小枝

3.榕属（无花果属） *Ficus*

常绿或落叶，乔木或灌木，稀藤本，具白色汁液。常具气生根。叶互生稀对生，全缘，有锯齿或分裂；托叶早落，在枝上留有环状托叶痕。花雌雄同株，稀异株，花生于球形、中空的肉质花托内，成隐头花序，花托腋生或生于枝干上。雄花萼裂片2～6个，雄蕊1～2个，稀3～6个；雌花萼与雄花相同或缺，花柱侧生。隐花果球形、椭圆形或洋梨形，肉质。

约1000种，分布于热带和亚热带。我国有120种，产于西南至东南。河南有3种，2变种。栾川县连栽培4种。

1.落叶灌木或小乔木：
　2.花序单生叶腋，有梗。叶宽卵形，掌状3～5裂，长11～24cm，宽9～22cm，边缘波状或有粗齿 ………………………………………………（1）无花果 *Ficus carica*
　2.花序单生或成对着生，无梗。叶倒卵状矩圆形、倒卵形或矩圆形，长7～18cm，宽3～8cm，全缘或羽状圆凹裂 ……………………………（2）异叶榕 *Ficus heteromorpha*
1.常绿。叶全缘、革质：
　3. 叶小，长4～8cm，宽3～4cm，侧脉3～10对 ……………（3）榕树 *Ficus microcarpa*
　3. 叶大，长8～30cm，宽7～10cm，侧脉多，平行展出 ……………（4）橡皮树 *Ficus elastica*

（1）无花果 *Ficus carica*

【识别要点】小枝粗壮，具环状托叶痕。叶宽卵形或矩圆形，掌状3～5裂，边缘波状或有粗齿，表面粗糙，具短硬毛，背面有柔毛，三出脉；隐花果梨形，成熟时黑紫色。

落叶小乔木，高10m。有时呈丛生灌木状。小枝粗壮，具环状托叶痕。叶宽卵形或矩圆形，长11～24cm，宽9～22cm，掌状3～5裂，先端钝，基部心形，边缘波状或有粗齿，表面粗糙，具短硬毛，背面有柔毛，三出脉；叶柄长4～14cm，托叶早落。隐花果梨形，长5～8cm，径约3cm，有短梗，成熟时黑紫色。花期6～8月，果期10月。

栾川县庭院有零星栽培，露天栽植或盆栽。河南各地有零星栽培。原产地中海沿岸。我国长江以南地区广泛栽培。

用种子、压条、扦插繁殖。喜光，适温暖湿润气候，不耐严寒，−12℃时即发生冻害，宜选肥沃沙质壤土栽培。浅根性，生长快。

果实营养丰富，为低糖高纤维食品，适合糖尿病患者食用。亦可制果干、蜜饯、罐头或酿酒。果肉清利咽喉，消痰化滞，有助消化、清热润肺止咳之效；根、叶能消肿解毒；民间用果治子宫出血与乳汁不足。叶可作农药，防治棉蚜。常作庭园观赏树。

全株　果枝　叶　果纵切　果　叶背局部

（2）异叶榕 *Ficus heteromorpha*

【识别要点】叶形变异性很大，有卵形、倒卵状矩圆形、倒卵形或提琴形，全缘或波状至3裂，两面粗糙，基部三出脉，侧脉5～7（20）对。

落叶灌木或小乔木。小枝红褐色，幼时常被黏质锈色硬毛。叶形变异性很大，有卵形、倒卵状矩圆形、倒卵形或提琴形，长7～18cm，宽3～8cm，先端长渐尖或急尖，基部圆形或近心形，全缘或波状至3裂，两面粗糙，基部三出脉，侧脉5～7（20）对；叶柄长1.5～4cm。隐花果序球形，紫褐色。花期6～7月，果期8～9月。

栾川县产各山区，生于山坡、沟谷、溪边，常为栎类乔木林的下木。河南产于伏牛山、大别山和桐柏山区。分布于陕西、江苏、浙江、江西、湖北、湖南、四川、福建、广东、广西、贵州、云南。

种子繁殖。较耐阴，耐水湿。

茎皮纤维是造纸和人造棉的原料；果可食；叶可作饲料。根能清热，治牙痛，亦治久痢。

叶形　叶面局部　果枝　果

（3）榕树 *Ficus microcarpa*

【识别要点】老树常有锈褐色气根。叶薄革质，狭椭圆形，表面深绿色，全缘，基生叶脉延长，侧脉3～10对。

常绿大乔木，高达15～25m，胸径达50cm，冠幅广展；老树常有锈褐色气根。树皮深灰色。叶薄革质，狭椭圆形，长4～8cm，宽3～4cm，先端钝尖，基部楔形，表面深绿色，干后深褐色，有光泽，全缘，基生叶脉延长，侧脉3～10对；叶柄长5～10mm，无毛；托叶小，披针形，长约8mm。榕果成对腋生或生于已落叶枝叶腋，成熟时黄或微红色，扁球形，直径6～8mm，无总梗，基生苞片3，广卵形，宿存；雄花、雌花、瘿花同生于一榕果内，花间有少许短刚毛；雄花无柄或具柄，散生内壁，花丝与花药等长；雌花与瘿花相似，花被片3，广卵形，花柱近侧生，柱头短，棒形。瘦果卵圆形。花期5～6月。

栾川县作为盆景栽培。产台湾、浙江（南部）、福建、广东（及沿海岛屿）、广西、湖北（武汉至十堰栽培）、贵州、云南。斯里兰卡、印度、缅甸、泰国、越南、马来西亚、菲律宾、日本（九州）、巴布亚新几内亚和澳大利亚北部、东部直至加罗林群岛也有。

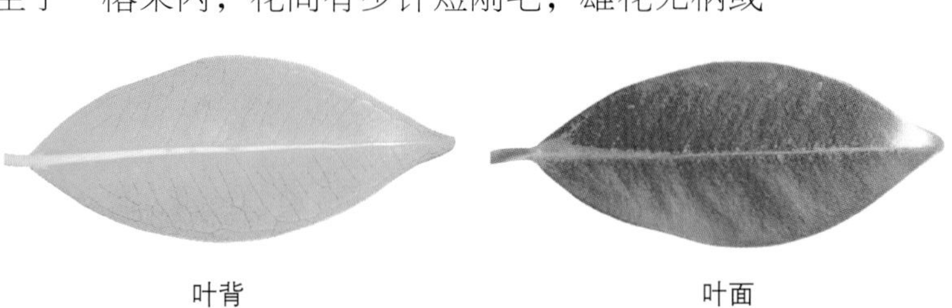

叶背　叶面

叶枝

（4）橡皮树（印度榕） *Ficus elastica*

【识别要点】叶厚革质，长圆形至椭圆形，长8～30cm，宽7～10cm，先端急尖，基部宽楔形，全缘；侧脉多，不明显，平行展出；托叶膜质，深红色，长达10cm，脱落后有明显环状疤痕。

乔木，高达20～30m，胸径25～40cm；树皮灰白色，平滑；幼小时附生，小枝粗壮。叶厚革质，长圆形至椭圆形，长8～30cm，宽7～10cm，先端急尖，基部宽楔形，全缘，表面深绿色，光亮，背面浅绿色，侧脉多，不明显，平行展出；叶柄粗壮，长2～5cm；托叶膜质，深红色，长达10cm，脱落后有明显环状疤痕。榕果成对生于已落叶枝的叶腋，卵状长椭圆形，长10mm，直径5～8mm，黄绿色，基生苞片风帽状，脱落后基部有一环状痕迹；雄花、瘿花、雌花同生于榕果内壁；雄花具柄，散生于内壁，花被片4，卵形，雄蕊1枚，花药卵圆形，不具花丝；瘿花花被片4，子房光滑，卵圆形，花柱近顶生，弯曲；雌花无柄。瘦果卵圆形，表面有小瘤体，花柱长，宿存，柱头膨大，近头状。花期冬季。

原产不丹、尼泊尔、印度东北部（阿萨姆）、缅甸、马来西亚（北部）、印度尼西亚（苏门答腊、爪哇）。我国云南有野生。世界各地（包括我国北方）常栽于温室或在室内盆栽作观赏。栾川县采用盆栽，室内越冬，为常见室内花卉。

本种胶乳属于硬橡胶类。在我国云南腾冲一带至缅甸北部各热带河谷中，曾设场采胶，自马来西亚引种巴西三叶橡胶树后废弃。

叶枝

果枝

叶面

4.柘树属 *Cudrania*

落叶或常绿，乔木或灌木。具白色汁液。枝具刺。无顶芽。单叶，互生，全缘或2～3裂，羽状脉，托叶早落。花雌雄异株。雌雄花均为腋生球形头状花序；雄花萼片4个，雄蕊4；雌花萼4裂，包围子房，花柱1～2个，顶生，线状。瘦果为宿存的肉质花萼与苞片包被，形成球形聚花果。

10种，分布于东亚至大洋洲。我国有8种，分布于西南至东南。河南产1种。栾川县1种。

2.槲寄生属 *Viscum*

常绿寄生灌木。枝绿色，圆形或稍扁，常叉状分枝。叶对生，稍肉质，或退化成鳞片状。花小，雌雄异株或同株，单生或簇生叶腋；花被3～4裂，较短；雄蕊与花被裂片同数而对生，无花丝，花药4至多室；雌花被与子房合生，子房下位，花柱短或无，柱头头状。浆果，含 1粒种子。

约20余种，广布于亚洲、非洲、欧洲及大洋洲的热带和亚热带。我国有4种。河南有1种。栾川县1种。

槲寄生（记路草 桑寄生 树寄生） *Viscum coloratum*

【识别要点】茎圆柱形，节稍膨大，黄绿色，常叉状分枝。叶对生枝端，倒披针形，通常具3脉，无柄。浆果球形，橙红色。

常绿寄生小灌木，高30～60cm。茎圆柱形，节稍膨大，黄绿色，常叉状分枝。叶对生枝端，倒披针形，长3～7cm，宽7～15mm，先端钝，基部楔形，全缘，通常具3脉，无柄。花雌雄异株，生枝端或分叉处，绿黄色，无梗；雄花3～5朵簇生，花被4裂；雌花1～3朵簇生，花被钟形，4裂。浆果球形，直径6～7mm，橙红色。花期4～5月，果期9～10月。

常寄生于山区的栎、榆、桦、梨、杨树上。栾川县各山区有分布。河南产于各地。分布东北、华北及湖北、陕西、甘肃等地。日本、朝鲜也有分布。

全株入药，有补肝肾、强筋骨、降压、安神、催乳之效。

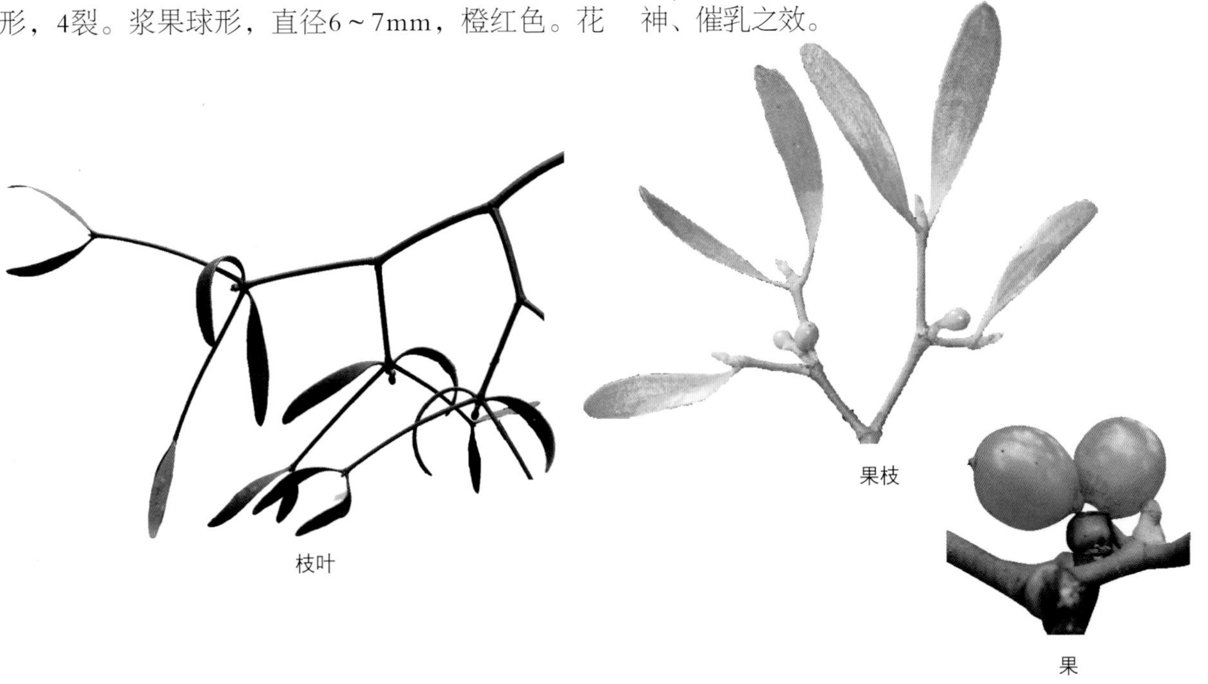

枝叶

果枝

果

3.栗寄生属 *Korthalsella*

常绿寄生灌木。树丛生状，叉状分枝，绿色，常扁平。叶对生，退化成鳞片状。花雌雄同株，小型，生于鳞片叶腋，无苞片，但常有具节的毛围绕；花被3裂，宿存；雄蕊与花被裂片同数而对生，花药2室；雌花被筒包围子房；子房下位，具中轴胎座。果实为浆果。

约10余种，分布亚洲东南部至大洋洲。我国约有6种，分布长江以南各地。河南有2种。栾川县2种。

1.植株高20～30cm。花簇常具花3朵 ………………………… （1）川陕栗寄生 *Korthalsella fasciculata*

1.植株高不及15cm。花簇常具花3朵以上 ………………………… （2）栗寄生 *Korthalsella japonica*

（1）川陕栗寄生 *Korthalsella fasciculate*

【识别要点】枝扁平，绿色或黄绿色，常2～3叉分枝；节间长。鳞片叶不明显。

寄生丛生灌木，高20～30cm。全株无毛。枝扁平，绿色或黄绿色，常2～3叉分枝；节间长3～6cm，宽0.8～8mm。鳞片叶不明显。花常3朵簇生鳞片叶腋，小形，无梗，中央为雌花，两侧为雄花；雄花被片常反折，雄蕊着生基部；雌花比雄花稍大，子房卵形。果实椭圆形或近球形，直径约4cm。花期5月，果期9～10月。

栾川县有分布，多寄生于海拔1500m以上的栎类、千金榆等树上。河南产于伏牛山的栾川、西峡、卢氏、南召等县。分布陕西、甘肃、湖北、四川等地（《河南树木志》记载，未采集到图片）。

（2）栗寄生（小寄生） *Korthalsella japonica*

【识别要点】茎和分枝扁平，绿色，多节，每节间呈狭倒卵形或长圆状倒披针形，自下向上渐小，两面均有凸起中肋。叶鳞片状，生于节上两侧。

常绿寄生灌木，高3～13cm。茎和分枝扁平，绿色，多节，每节间呈狭倒卵形或长圆状倒披针形，自下向上渐小，两面均有凸起中肋。叶鳞片状，生于节上两侧。花雌雄同株，常5～10朵花簇生鳞片叶腋间，小型，无梗，直径约1mm；花被片先端钝，黄绿色；雄蕊贴生于花被片上；雌花近球形，比雄花稍大。果实椭圆状，黄色，直径约1.5mm。花期4月，果期8月。

栾川县有零星分布，常寄生于栎类、鹅耳枥树上。河南产于伏牛山、大别山和桐柏山；分布陕西、四川、云南、广东、福建、台湾等地。日本、马来西亚、印度也产。

茎枝入药，有祛风除湿、养血安神之效，用于治疗胃病，跌打损伤。

栗寄生

（九）马兜铃科 Aristolochiaceae

草本或攀援灌木。单叶、互生，常心形，具柄，全缘或2～5裂，无托叶。花两性，单生、簇状或总状花序。花被单层，辐射对称或两侧对称，花被通常合生，3裂，常暗紫色或黄绿色；雄蕊6至多数，分离或花柱结合；雌蕊由4～6个合生心皮组成，子房下位或半下位，4～6室，每室几个至多数胚珠。蒴果，室背或室间开裂，裂成6瓣；种子多数，胚小，胚乳丰富。

约6属、400种。产于热带和温带，多数产南美。我国有4属，70多种，产南北各地。河南木本的仅1属，1种。栾川县木本的1属，1种。

马兜铃属 *Aristolochia*

落叶的木质或草质藤本，或为常绿灌木。叶互生，常心形，全缘或3～7裂。花两侧对称；花被通常为长管状，弯曲，先端不分裂或3裂，或有附属物；雄蕊6枚，花丝很短，花药贴生于肥厚的花柱上；子房下位，6（4～5）室；花柱3，柱头6裂。蒴果，常裂为6瓣；种子多数。

约2000种，广布于西半球热带和温带。我国约27种，以西南、华南为多。河南木本1种。栾川县木本1种。

木通马兜铃（关木通 东北木通 马木通） *Aristolochia manshuriensis*

【识别要点】幼枝绿色，密被白色柔毛。单叶互生，卵圆形至卵状心形，全缘，表面初具短柔毛，背面密生柔毛。蒴果圆柱形，具6棱。

木质大藤本，长10余米，直径2～8cm。树皮暗灰色，呈纵长块状剥落。幼枝绿色，密被白色柔毛。单叶互生，卵圆形至卵状心形，长8～29cm，宽13～28cm，全缘，表面初具短柔毛，背面密生柔毛；叶柄长4～8cm。花单生、稀2朵聚生于叶腋；花梗长1.5～3cm，常向下弯垂，初被白色长柔毛，后无毛，中部具小苞片；小苞片卵状心形或心形，长约1cm，绿色，近无柄；花被管中部马蹄形弯曲，下部管状，长5～7cm，直径1.5～2.5cm，弯曲之处至檐部与下部近相等，外面粉红色，具绿色纵脉纹；檐部圆盘状，直径4～6cm或更大，内面暗紫色而有稀疏乳头状小点，外面绿色，有紫色条纹，边缘浅3裂，裂片平展，阔三角形，顶端钝而稍尖；喉部圆形并具领状环；花药长圆形，成对贴生于合蕊柱基部，并与其裂片对生；子房圆柱形，长1～2cm，具6棱，被白色长柔毛；合蕊柱顶端3裂；裂片顶端尖，边缘向下延伸并向上翻卷，皱波状。蒴果圆柱形，具6棱，长9～11cm，直径3～4cm，顶端开裂成6瓣；种子扁，三角形。花期5月，果期8～9月。

栾川县产各山区，多生于山坡路旁、山沟溪边或灌丛中。河南产于伏牛山和太行山区。分布于东北、华北及陕西（北部）、甘肃等地。朝鲜也有分布。

茎称木通，可入药，有利尿、消炎、镇痛之效。也可作兽药。

全株

花枝

茎叶

果

花剖面

花

（十）蓼 科 Polygonaceae

草本、稀为灌木或乔木，单叶互生，全缘，有时分裂；托叶膜质，鞘状抱茎。花两性，稀单性异株，辐射对称，簇生或组成多种花序；花被片5个，稀3～6个，分离或结合，萼状或花瓣状，宿存；雄蕊通常8个，稀6～9个或更少；花盘腺状，环状或无；子房上位，1室，花柱2～3个，胚珠1。瘦果，三棱形或两面凸起，全部或部分包于宿存花被内。种子有胚乳。

40属、800种，主产北温带。我国有11属，180多种，分布南北各地。河南木本1属，1种。栾川县1属，1种。

蓼属 *Polygonum*

草本，稀木本。叶互生，单叶，多全缘；托叶鞘膜质，常为圆筒形，全缘或有缘毛。花两性，花被5裂，稀4～6裂，常为花瓣状，宿存；花盘常发达；雄蕊通常为8枚，稀较少；花柱2～3个，分离或基部连合，柱头头状。瘦果三角形或两侧突起，包于宿存花被内或稍伸出。

约200多种，广布全球，而以北半球最多。我国约有120种，分布于各地。河南木本有1种。栾川县木本1种。

木藤蓼（康藏何首乌） *Polygonum aubertii*

【识别要点】茎近直立或缠绕，无毛，实心。叶常簇生或互生，长圆状卵形或卵形，先端钝尖或锐尖，两面均无毛。圆锥花序顶生。

半灌木。茎近直立或缠绕，无毛，实心，近木质，长达数米。叶常簇生或互生，长圆状卵形或卵形，长2～4.5cm，宽1.5～2.5cm，先端钝尖或锐尖，基部心形，两面均无毛；叶柄长1.5～2.5cm；托叶鞘膜质，褐色。圆锥花序顶生，大型，分枝少而稀疏；花梗细，长约4mm，上部具狭翅，下部具关节；花被白色，直径4～5mm，5深裂，外面裂片3个，舟形，长约3mm，背部具翅，翅下延至花梗关节，内面裂片2个，圆卵形；雄蕊8，较花被稍短；花柱极短，柱头3，盾状。果实卵状三棱形，长约3mm，两端尖，角棱锐，黑褐色，包于花被内；翅倒卵形，基部楔形；果柄细弱下垂。花期6～7月，果期9～10月。

栾川县有少量分布，多生于海拔900m以上的山坡路旁、山谷水旁或灌丛中。河南还产于灵宝河西、卢氏县大块地。分布于内蒙古、山西、陕西、甘肃南部、宁夏、四川、云南、西藏等地。

植株

植株一部分

叶枝

花

（十一）领春木科 Eupteleaceae

落叶乔木或灌木；枝有长枝、短枝之分，具散生椭圆形皮孔，基部有多数叠生环状芽鳞片痕；芽常侧生，有多数鳞片，为扩展的近鞘状叶柄基部包裹。叶互生，圆形或近卵形，边缘有锯齿，具羽状脉，有较长叶柄，无托叶。花先叶开放，小，两性，6～12朵，簇生于叶腋，有花梗，无花被；雄蕊多数，1轮，花丝条形，花药侧缝开裂，药隔延长成1附属物；花托扁平；心皮多数，离生，1轮，子房1室，有1～3倒生胚珠。翅果周围有翅，顶端圆，下端渐细成明显子房柄，有果梗；种子1～3个，有胚乳。

仅1属。分布我国、日本及印度。河南1属，1种。栾川县1属，1种。

领春木属 *Euptelea*

属特征及分布同科。

领春木（钥匙树 秤杆树 水冬瓜 水桃） *Euptelea pleiosperma*

【识别要点】小枝灰褐色，具散生椭圆形皮孔。叶卵形或椭圆形，边缘具疏锯齿，近基部全缘，两面无毛。翅果周围有翅，顶端圆，下端渐细成明显子房柄翅果。

落叶乔木，高达15m。树皮紫黑或褐灰色，小枝紫黑色或灰褐色，具散生椭圆形皮孔，无毛。芽卵形，鳞片深褐色，光亮。叶纸质，卵形或近圆形，少数椭圆卵形或椭圆披针形，长5～14cm，宽3～9cm，先端渐尖，有1突生尾尖，长1～1.5cm，基部楔形或宽楔形，边缘疏生顶端加厚的锯齿，下部或近基部全缘，表面无毛或散生柔毛后脱落，仅在脉上残存，背面无毛或脉上有伏毛，脉腋具丛毛，侧脉6～11对；叶柄长2～5cm，有柔毛后脱落。花丛生；花梗长3～5mm；苞片椭圆形，早落；雄蕊6～14，长8～15mm，花药红色，比花丝长，药隔附属物长0.7～2mm；心皮6～12，子房歪斜，长2～4mm，柱头面在腹面或远轴，斧形，具微小黏质突起，有1～3（4）胚珠。翅果长5～10mm，宽3～5mm，棕色，子房柄长7～10mm，果梗长8～10mm；种子1～3个，卵形，长1.5～2.5mm，黑色。花期4～5月，果期8～9月。

为第三纪孑遗植物。栾川县产各山区，多生于海拔900m以上的山谷杂木林中。河南产于太行山和伏牛山区。分布于河北、山西、陕西、甘肃、湖北等地。

种子繁殖。喜湿润、凉爽气候。

木材淡黄色，供家具用。树姿优美清雅，叶形美观，果形奇特，是优良的园林绿化树种。

（十二）连香树科 Cercidiphyllaceae

落叶乔木。枝有长、短二型。单叶，对生或短枝上叶单生，掌状叶脉，边缘有钝齿；有托叶。雌雄异株；花腋生，具4个小形萼片；无花瓣，雄蕊多数；心皮2～5个，有柄，分离，子房1室，胚珠多数。蓇葖果；种子有翅，具胚乳。

仅1属，2～3种，分布我国和日本。系第三纪孑遗植物，为国家二级重点保护野生植物。

连香树属 *Cercidiphyllum*

属的特征与科同，有2～3种。我国有1种。河南亦产。栾川县产之。

连香树（子母树） *Cercidiphyllum japonicum*

【识别要点】叶纸质，宽卵形或近圆卵形，边缘具腺钝锯齿，脉掌状，5～7出，背面粉白色，脉上略有毛。

落叶乔木，高达40m。老树树皮灰色或棕灰色，纵裂，呈薄片状剥落。小枝褐色，无毛。叶纸质，宽卵形或近圆卵形，长4～7cm，宽3.5～6cm，先端急尖，基部心形，边缘具腺钝锯齿，脉掌状，5～7出，背面粉白色，脉上略有毛。花先叶开放；雄花4朵簇生，近无梗；雌花2～6朵簇生，有总梗。蓇葖果2～4个，长10～18mm，直径2～3mm，褐色或黑色，微弯曲；种子卵形，褐色，顶端有透明翅。花期4月，果期9～10月。

栾川县产伏牛山，生于海拔1000m以上的山谷、沟旁或山坡杂木林中，在龙峪湾林场和老君山林场分布有5株古树，其中位于龙峪湾林场仙人谷景区的一株号称“五子登科”，树龄800年，为一著名景观。河南产于太行山和伏牛山。分布于山西、陕西、甘肃、安徽、浙江、江西、湖北、四川等地。日本也有分布。

种子、压条或扦插繁殖。喜湿，稍耐阴。

为国家二级保护树种。木材可供建筑、作家具、枕木、雕刻等用；树皮可提制栲胶。其树姿高大伟岸，叶形奇特，叶色春紫、夏绿、秋黄红，观赏价值高，可引入庭院栽培。

树干

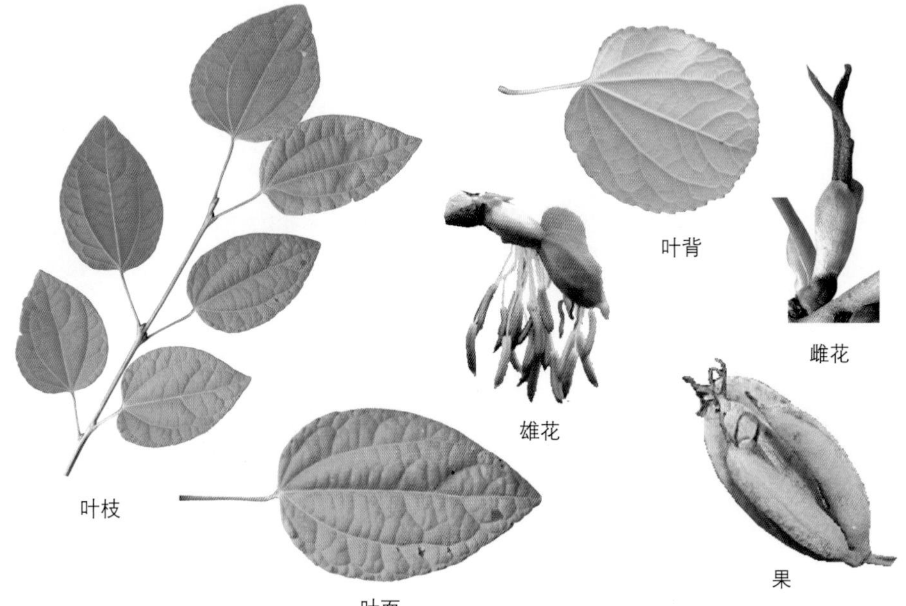

叶枝　叶面　叶背　雄花　雌花　果

（十三）毛茛科 Ranunculaceae

草本，稀灌木或木质藤本。单叶或复叶，互生，稀对生，有时基生，通常掌状分裂，无托叶；叶脉掌状，偶尔羽状，网状连结，少有开放的两叉状分枝。花两性，稀单性，雌雄同株或雌雄异株，辐射对称，稀为两侧对称，单生或组成各种聚伞花序或总状花序。萼片下位，4～5，或较多，或较少，绿色，或花瓣不存在或呈花瓣状。花瓣存在或不存在，下位，4～5，或较多，常有蜜腺并常特化成分泌器官，这时常比萼片小得多，呈杯状、筒状、二唇状，基部常有囊状或筒状的距。雄蕊下位，多数，有时少数，螺旋状排列，花药2室，纵裂；退化雄蕊有时存在。心皮分生，少有合生，多数、少数或1枚，在多少隆起的花托上螺旋状排列或轮生，沿花柱腹面生柱头组织，柱头不明显或明显；胚珠多数、少数至1个，倒生。果实为蓇葖或瘦果，稀浆果。

约59属，2000种，广布全球，主产北温带。我国约41属，725种。河南木本有2属，27种及6变种1变型。栾川县木本有2属，23种，3变种。

1.直立草本或灌木。叶互生。萼片5～10枚覆瓦状；子房含几个或多数胚珠。蓇葖果
……………………………………………………………… 1.芍药属 *Paeonia*

1.常为藤本，稀直立。叶对生。萼片常4枚，镊合状；子房含1胚珠。瘦果
……………………………………………………………… 2.铁线莲属 *Clematis*

1.芍药属 *Paeonia*

多年生草本或灌木。一至三回三出或羽状复叶，互生；小叶全缘或有齿，花大而美丽，红色、黄色、白色或紫色，单生枝顶或数个簇生；萼片5个，宿存；花瓣5～10个，较萼片大；雄蕊多数；心皮2～5个或较多，离生于肉质花盘上。果实为蓇葖果；种子数个。

约40种，分布于北半球。我国约15种，产西南至西北。河南木本原有2种。栾川县原有2种。2001年北京东方园林股份有限公司开始在栾川县三川镇建立了牡丹繁育研究基地，引进了国内各野生牡丹种质资源，因而在栾川县可见到本属木本种共10种。

1. 落叶灌木，花盘革质：

2.二回三出复叶，卵形或卵圆形：

3.花单生枝顶，花色有白、粉、红、深红、紫、淡黄、绿等，花朵有单瓣、半重瓣及重瓣等。心皮5（10），离生，密生柔毛，或成花瓣状。蓇葖果长圆形，密生褐色硬毛
……………………………………………………… （1）牡丹 *Paeonia suffruticosa*

3. 小叶9枚，花单生枝顶，花盘暗紫红色，心皮5，密被白色或浅黄色柔毛。幼果密被白灰色粗毛；

4.花白色，稀基部粉色或淡紫红色；雄蕊多数，花丝中下部暗紫红色，上端白色；柱头暗紫红色 ……………………………………………… （2）矮牡丹 *Paeonia spontanea*

4.花粉色或粉红色；雄蕊多数，花丝粉色或粉红色，上端白色；花柱极短，柱头扁平，反卷成耳状，多为紫红色 ……………………………………… （3）卵叶牡丹 *Paeonia qiui*

2.二回至三回羽状复叶或三回四回三出复叶，小叶较多：

5.叶片多为三回，稀为四回三出复叶，小叶（29）33～63枚
……………………………………………………… （4）四川牡丹 *Paeonia decomposita*

5.二回至三回羽状复叶：

6. 二回羽状复叶，小叶15枚。花白色，稀花瓣基部粉色或淡紫色晕，花丝暗紫红色
……………………………………………………… （5）杨山牡丹 *Paeonia ostii*

6.二回至三回羽状复叶，具长柄，小叶（15）19～60枚。花通常为白色，稀淡粉色、红色，腹面基部具黑紫色大斑，花丝黄白色 …………………………（6）紫斑牡丹 *Paeonia rockii*

1.落叶亚灌木或落叶大灌木，花盘肉质，二回三出羽状复叶：

7.茎淡绿色，光滑。花红色至红紫色，花朵小 ………………（7）狭叶牡丹 *Paeonia angustifolia*

7.茎皮灰褐色，有鳞片或片状剥落：

8.花丝红色 ……………………………………………………………………（8）紫牡丹 *Paeonia delavayi*

8.花丝黄色：

9.花瓣黄色，基部具带红色斑纹或紫红色斑块；心皮2～3 …………（9）黄牡丹 *Paeonia lutea*

9.花纯黄色，心皮1（2） ……………………………………（10）大花黄牡丹 *Paeonia ludlowii*

（1）牡丹（牡丹花 洛阳花） *Paeonia suffruticosa*

【识别要点】二回三出复叶，顶生小叶长达10cm，侧生小叶较小，背面有白粉，中脉有疏毛。花单生枝顶。

落叶灌木，高达2m；分枝短而粗。叶通常为二回三出复叶，偶尔近枝顶的叶为3小叶；顶生小叶宽卵形，长7～8cm，宽5.5～7cm，3裂至中部，裂片不裂或2～3浅裂，表面绿色，无毛，背面淡绿色，有时具白粉，沿叶脉疏生短柔毛或近无毛，小叶柄长1.2～3cm；侧生小叶狭卵形或长圆状卵形，长4.5～6.5cm，宽2.5～4cm，不等2裂至3浅裂或不裂，近无柄；叶柄长5～11cm，和叶轴均无毛。花单生枝顶，直径10～17cm；花梗长4～6cm；苞片5，长椭圆形，大小不等；萼片5，绿色，宽卵形，大小不等；花瓣5，或为重瓣，玫瑰色、红紫色、粉红色至白色，通常变异很大，倒卵形，长5～8cm，宽4.2～6cm，顶端呈不规则的波状；雄蕊长1～1.7cm，花丝紫红色、粉红色，上部白色，长约1.3cm，花药长圆形，长4mm；花盘革质，杯状，紫红色，顶端有数个锐齿或裂片，完全包住心皮，在心皮成熟时开裂；心皮5，稀更多，密生柔毛。蓇葖长圆形，密生黄褐色硬毛。花期4～5月，果期6月。

栾川县有野生，民间有栽培，鸡冠洞、三川等地建有高山牡丹园。河南各地有栽培，西峡、卢氏等县也有野生；生于山坡灌丛及疏林中。洛阳栽培历史悠久，故有洛阳花之称。原产我国，现全国各地均有栽培。

分根或种子繁殖。

花色多样，品种繁多，为著名花卉。根皮称“牡丹皮”入药，有清热凉血、活血化瘀、镇痉、通经之效。

全株

果

花

叶

（2）矮牡丹（稷山牡丹） *Paeonia spontanea*

【识别要点】二回三出复叶，花白色，稀基部粉色或淡紫红色；雄蕊多数，花丝中下部暗紫红色，上端白色；柱头暗紫红色；花瓣基部无紫斑。

落叶灌木，高约1.2m。茎皮带褐色，具纵纹；2年生枝带灰色，皮孔细点状，黑色。二回三出复叶。花单生枝顶，具柄；小叶9枚。顶生小叶宽椭圆形或近圆形，3深裂至中部，裂片再浅裂，背面与连同叶轴、叶柄均被短柔毛，小叶柄长1～1.5cm。花盘革质，暗紫红色，心皮5，密被白色或浅黄色柔毛。花白色，稀基部粉色或淡紫红色，花瓣10，基部无紫斑；雄蕊多数，花药黄色，花丝中下部暗紫红色，上端白色；柱头暗紫红色。蓇葖果，幼果密被白灰色粗毛。花期4月，果期7～9月。

栾川县三川镇小红村有引种栽培，生长良好，现已开花结实。分布于山西的稷山、陕西的延安、耀县、略阳等地海拔1000～1400m的阴坡林下或沟谷两旁岩石缝中。在我国南方的安徽、浙江、江苏等地有批量栽培。

根系浅，耐湿热，生长势强。种子、嫁接或分株繁殖。

是较珍贵的牡丹观赏、育种材料。根皮入药，同牡丹。

叶

花

果实

种子

（3）卵叶牡丹 *Paeonia qiui*

【识别要点】花粉色或粉红色；雄蕊多数，花丝粉色或粉红色，上端白色；花柱极短，柱头扁平，反卷成耳状，多为紫红色。

落叶灌木，高30～80cm，干皮褐灰色，有纵纹。二回三出复叶，小叶9枚，表面深绿色或暗紫红色，背面浅绿色，为卵形或卵圆形，先端钝尖，基部圆形，侧生小叶多全缘，顶生小叶浅裂具2齿裂或具齿。花单生枝顶，花瓣多9～10枚，粉色或粉红色；花丝粉色至粉红色，花药黄色；心皮5枚，柱头紫红色，反卷成耳状。花盘暗紫红色，全包心皮。蓇葖果。花期4～5月，果期8～9月。

栾川县三川镇小红村有引种栽培，生长良好，现已开花结实。分布于湖北省保康县和神农架林区的山谷、疏林及山坡林缘。

喜光，喜温暖湿润气候。种子或分株繁殖。

其野生数量少，叶形独特，花色美丽，是较珍贵的牡丹观赏、育种材料。根皮可入药，同牡丹。

叶

花

果实

花蕾萌动

芽萌动

（4）四川牡丹 *Paeonia decomposita*

【识别要点】叶片多为三回，稀为四回三出复叶，小叶（29）33～63枚。花单生枝顶，玫瑰色或红色，花瓣顶端不规则波状或凹缺。

落叶灌木，高45～160cm，各部无毛；树皮灰黑色，片状剥落；当年生枝紫红色，基部具残存芽鳞。叶多为三回，稀为四回复叶，小叶（29）33～63枚。第一回和第二回为三出，第三回为羽状；叶柄长3.5～8cm；叶片长10～20cm，表面深绿色，背面淡绿色；顶生小叶卵形或倒卵形，长2.5～4.5cm，宽1.5～2.5cm，3裂片裂至近基部或全裂，裂片再3浅裂；侧生小叶卵形或菱状卵形，3裂或不裂而具粗齿；小叶柄长1～1.5cm。花单生枝顶，直径10～15cm；苞片2～3（5），大小不等，线状披针形；萼片3（～5），宽倒卵形，先端具小尖头，绿色，长2.5cm，宽1.5～2cm；花瓣9～12，玫瑰色或红色，倒卵形，顶端通常浅2裂并有不规则波状齿，长4～7cm，宽3～5cm；花盘白色，纸质，包心皮达1/2～2/3，顶端三角状齿裂；心皮4（～6），花柱短，柱头扁，反卷，幼果无毛，褐带绿色。蓇葖果。花期4～6月，果期8～9月。

栾川县三川镇小红村有引种栽培，生长良好，现已开花结实。分布于四川省（马尔康、金川）西北部海拔2600～3100m的山坡、河边草地及丛林中，多见于东南坡、东坡，北坡和西南坡较少见。

喜温暖湿润气候，耐寒、耐旱。种子、扦插、分株或嫁接繁殖。

国家二级保护植物。其花大美丽，是理想的花卉资源，是珍贵的牡丹观赏、育种材料。根皮可入药，同牡丹。

叶

花

果实及种子

翘蕾

芽萌动

（5）杨山牡丹 *Paeonia ostii*

【识别要点】二回羽状复叶，每羽片具5小叶，小叶窄卵状披针形或窄长卵形，顶生小叶有时1～3裂，两面无毛，全缘。花白色。

灌木，高约1.5m。具根蘖。茎皮褐灰色，具纵纹。1年生新枝淡黄绿色。二回羽状复叶，每羽片具5小叶，小叶窄卵状披针形或窄长卵形，长5～10cm，宽2～4cm，先端渐尖，基部楔形、圆或近平截，全缘，顶生小叶有时1～3裂，两面无毛，有时表面近基部中脉被粗毛，侧脉4～7对；侧生小叶近无柄，顶生小叶柄长约6mm。花单生枝顶，径12～13cm；苞片卵状披针形、椭圆状披针形或窄长卵形，长3～5.5cm，背面无毛。萼片三角状卵圆形或宽椭圆形，长2.7～3.1cm，先端尾尖；花瓣11，白色，倒卵形，长5.5～6.5cm，先端凹缺，基部楔形，内面下部至基部有淡紫红色晕；雄蕊多数，花药黄色，花丝暗紫红色；心皮5，密被粗丝毛；柱头暗紫红色；花盘杯状，暗紫红色。蓇葖果5，长2～3cm，密被褐灰色粗丝毛。种子长0.8～1cm，黑色，有光泽。花期4月，果期8月。

栾川县合峪镇杨山村有野生分布，本种以该地名命名。分布在秦岭山脉。栾川县三川镇小红村人工栽培成功，生长良好，已开花结实。

叶　　花　　果实　　芽

（6）紫斑牡丹 *Paeonia rockii*

【识别要点】花通常为白色，稀淡粉色、红色，腹面基部具黑紫色大斑。

灌木，高达2m。二回至三回羽状复叶，具长柄，每羽片具5或3小叶；小叶卵形、卵圆形，稀披针状卵形，长4.5～8cm，宽2～5cm，先端尖，基部楔形、宽楔形、稍圆或近平截，3深裂或浅裂，具粗齿，稀不裂，背面被毛，小叶柄疏被毛或无毛。花单生枝顶，苞片披针状窄卵形。萼片扁圆形，先端尾尖；花瓣10～11，倒卵圆形，长6～7.5cm，先端具不规则缺刻，通常为白色，稀淡粉色、红色，腹面基部具暗紫色斑块；雄蕊多数，花丝淡黄白色，花药黄色；花盘杯状或囊状，淡黄白色，包被子房；心皮5，子房密被黄色短硬毛，花柱极短，柱头扁平，淡黄白色。花期5月，果期6月。

栾川县有野生分布，生于海拔1000m以上的山坡灌丛中。三川镇小红村有人工栽培，生长良好，现已开花结实。产于西峡、卢氏、内乡等县。分布于陕西、甘肃、四川等地 。

根皮入药，同牡丹。为名贵观赏花卉。

叶　　花

果实及种子

（7）狭叶牡丹 *Paeonia angustifolia*

【识别要点】花红色至红紫色，花朵小，花径5～6cm；花丝红色，心皮2～3。

亚灌木。二回三出羽状复叶。小叶裂片狭窄，为狭线形或狭披针形，宽4～7mm。茎圆，淡绿色，光滑。花红色至红紫色，花朵小，花径5～6cm；雄蕊多数，花丝红色；心皮2～3，无毛，柱头细而弯曲；花盘肉质，高2～3mm。

栾川县三川镇小红村有引种栽培，生长良好，现已开花结实。产四川西部。

根药用，根皮可治吐血、尿血、血痢、痛经等症；去掉根皮的部分可治胸腹胁肋疼痛、泻痢腹痛、自汗盗汗等症。

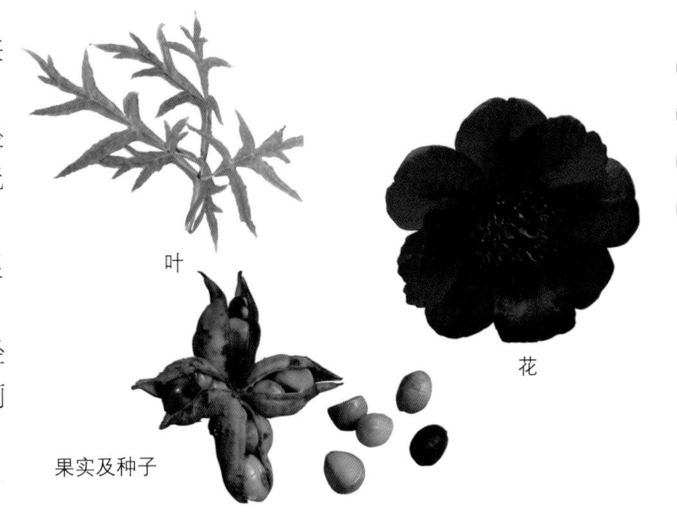
叶

花

果实及种子

（8）紫牡丹（野牡丹 滇牡丹） *Paeonia delavayi*

【识别要点】每枝着花2～5朵，通常3朵，生于枝顶和叶腋，红至红紫色。花丝红色。

灌木，高1.5m，全株无毛。当年生小枝草质，小枝基部具数枚鳞片。叶为二回三出复叶；顶生小叶常3裂，或羽状分裂，侧生小叶3（～5）裂，裂片披针形至长圆状披针形，宽0.7～2cm，全缘或具三角形粗齿，背面被白霜；叶柄长4～8.5cm。花2～5朵，生枝顶和叶腋，直径6～8cm；苞片9～12，叶状，绿色，卵形或披针形，长2～6cm；萼片3～5，绿色，近圆形或宽卵形，大小不等；花瓣9～12，红色、红紫色，倒卵形，长3～4cm，宽1.5～2.5cm，先端圆，基部楔形；雄蕊多数，长0.8～1.2cm，花丝长5～7mm，红色；花盘肉质，包住心皮基部，顶端裂片三角形或钝圆；心皮2～4，长锥形，长1～2cm，渐尖，柱头卷曲；蓇葖果长2.5～3.5cm，直径1.2～2cm。花期5月，果期7～8月。

栾川县三川镇小红村有引种栽培，生长良好，现已开花结实。分布于云南西北部、四川西南部及西藏东南部，生于海拔2300～3700m的草坡、灌丛中、林缘。

喜阴，耐旱、耐寒。种子、分株或嫁接繁殖。

是珍贵的牡丹观赏育种材料。根药用，根皮可治吐血、尿血、血痢、痛经等症；去掉根皮的部分可治胸腹胁肋疼痛、泻痢腹痛、自汗盗汗等症。

复叶　次回叶　花　果实　莲座　芽萌动　显蕾

（9）黄牡丹 *Paeonia lutea*

【识别要点】花瓣黄色，基部具带红色斑纹或紫红色斑块。

落叶灌木，高达2m，全株无毛。幼枝绿色，老枝灰色。茎生叶为二回三出羽状复叶，小叶3～5裂，裂片披针形，宽（1～）1.7～3cm，背面灰白，稍带白粉，顶生小叶柄长4～7cm，侧生小叶柄长3～4cm；花枝之叶为三出复叶，小叶羽状深裂，小叶片（2）3～5裂或羽裂，裂片宽0.4～1.8（～2.5）cm。花单生枝顶，或几花集生，径5～8cm；苞片4，倒披针形，不裂或2～3裂，长3～6cm。萼片3，近圆形，长约1cm；花瓣8～12，倒卵形，长2.5～3.5cm，黄色，基部具带红色斑纹或紫红色斑块，顶端圆，具凹缺；雄蕊多数，花药黄色，花丝淡黄或带紫红色；心皮（2）3；花盘为肉质裂片。蓇葖果长约3cm，径1.5cm，紫褐色。花期5月，果期7～8月。

栾川县三川镇小红村有引种栽培，生长良好，现已开花结实。分布于云南、四川西南部，生于海拔2500～3440m的草坡、灌丛、林缘。

喜阴，耐旱、耐寒。种子、分株或嫁接繁殖。

是珍贵的牡丹观赏、育种材料。根药用，根皮可治吐血、尿血、血痢、痛经等症；去掉根皮的部分可治胸腹胁肋疼痛、泻痢腹痛、自汗盗汗等症。

植株

叶　花　果实　芽萌动　种子

（10）大花黄牡丹 *Paeonia ludlowii*

【识别要点】花纯黄色，稀白色；花丝黄色，柱头黄色。

落叶灌木。高1～2.5m，最高可达3.5m，全株无毛。叶为二回三出复叶，小叶3～5深裂，裂片卵状披针形或宽披针形，长7.8～16cm，宽4.2～14cm，背面灰白，稍带白粉；花枝之叶为三出复叶，小叶2～3深裂，小裂片长3.5～7cm，宽1.5～3cm，先端长尖。花单生枝顶，或3～4朵生枝顶或叶腋，直径8～12cm；花瓣、花丝与花药均为黄色；心皮1，稀2；花盘为肉质裂片。蓇葖果长椭圆形，长5.5～7cm，径2～3cm，淡褐黄色。种子黑色，长1.5cm，径1.2cm。花期5月，果期8～9月。

栾川县三川镇小红村有引种栽培，生长良好，现已开花结实。产于西藏东南部（林芝、米林、察隅）。

喜光，喜温暖，不耐瘠薄，畏炎热。种子、嫁接或分株繁殖。

植株高大、花朵硕大而显著，是极珍贵的牡丹观赏、育种材料。根皮可入药，同牡丹。

叶

花

花蕾　果实　冬芽

2.铁线莲属 *Clematis*

木质藤本，稀为直立灌木或草本。叶对生，单叶、羽状复叶或三出复叶，全缘、有锯齿或分裂。花单生或簇生，或成聚伞、圆锥花序；萼片4～5个，稀6～8个，花瓣状；无花瓣；雄蕊多数，有时外面的雄蕊退化成花瓣状；心皮多数，分离，胚珠1，花柱被长毛，宿存。果实为瘦果，具长羽毛状花柱。

约300种，分布全球，主要分布于热带和亚热带。我国约108种，分布各地，以西南各地区较多。河南木本有25种，6变种，1变型。栾川县有13种，3变种。

1.直立灌木。三出复叶，小叶卵圆形，边缘有不整齐粗锯齿。花蓝紫色，萼片4个，反卷

（1）大叶铁线莲 *Clematis heracleifolia*

1.木质藤本：

2.雄蕊有毛；萼片直立或斜上展，花萼管状或钟状：

3.花无花瓣状退化雄蕊：

4.二回三出复叶；小叶卵状披针形或窄卵形，边缘有锯齿。腋生聚伞花序1～3花，萼片无毛 ……………………………………………………（2）毛蕊铁线莲 *Clematis lasiandra*

4.一回三出复叶，花梗上有1对苞片；小叶椭圆状披针形：

5.叶柄基部不变宽。花大，萼片长2.5～3cm，内面无毛 ……………………………………………（3）华中铁线莲 *Clemaits pseudootophora*

5.叶柄基部扁平增宽，连合抱茎，小叶背面有白粉。花单一或3花成聚伞花序或圆锥花序；萼片淡红色 ……………………………………………（4）河南铁线莲 *Clematis honanensis*

3.花有花瓣状退化雄蕊，与萼片等长；花紫色。二回三出复叶，小叶卵状披针形，边缘有不整齐锯齿或分裂 ……………………………………………（5）长瓣铁线莲 *Clematis macropetala*

2.雄蕊无毛；萼片开展，少数斜上展，花萼呈钟状：

6.花常为聚伞花序或圆锥花序，3至多花，花直径常在4cm以内；花柱伸长：

7.花药长，长椭圆形致长圆状线形，长2～6mm。一至三回羽状复叶，小叶或裂片全缘，偶尔边缘有齿：

8.叶片干后变黑色。萼片顶端凸尖或尖 …………………（6）秦岭铁线莲 *Clematis obscura*

8.叶片干后不为黑色，若变黑色，则萼片顶端常为截形或钝：

9.一至二回羽状复叶；小叶干后变黑色，两面网脉突起 ……………………………………………（7）太行山铁线莲 *Clematis kirilowii*

9.一回羽状复叶；小叶干后不变为黑色，两面网脉不明显或仅背面明显：

10.小叶背面密生短柔毛，两面脉不明显。花较大，直径3～5cm ……………………………………………（8）陕西铁线莲 *Clematis shensisensis*

10.小叶背面沿脉疏生柔毛或近无毛，背面网脉明显。花较小，直径1.5～3cm ……………………………………………（9）圆锥铁线莲 *Clematis terniflora*

7.花药短，椭圆形或狭长圆形，长1～2.5mm。小叶或裂片有齿，少为全缘：

11.二回羽状复叶或与一回羽状复叶并存：

12. 花梗长1.5～6cm；萼片仅外面边缘密生短茸毛 ……………………………………………（10）毛果扬子铁线莲 *Clematis ganpiniana*

12.花梗长1～1.5cm，萼片两面均有短柔毛 …（11）短尾铁线莲 *Clematis brevicaudata*

11. 一回羽状复叶，小叶5个，稀3个：

13.子房、瘦果无毛。花较小，直径1.5～2cm ………（12）钝萼铁线莲 *Clematis peterae*

13.子房、瘦果有毛。花较大，直径2～3.5cm …（13）粗齿铁线莲 *Clematis argentilucida*

6.花常单生，较大，直径4～16cm，花柱不伸长，花1～6朵与叶簇生，花梗无对生叶状苞片。三出复叶；小叶边缘有粗齿 ……………………………………………（14）绣球藤 *Clematis montana*

（1）大叶铁线莲（野牡丹） *Clematis heracleifolia*

【识别要点】茎具明显条纹，三出复叶，顶生小叶具柄，不分裂或3浅裂，边缘有粗锯齿，两面均有微柔毛，侧生小叶几无柄。

直立灌木，高达1m。茎粗壮，具明显条纹，密生白色短毛。三出复叶，顶生小叶具柄，宽卵形，长6～13cm，宽6～12cm，不分裂或3浅裂，边缘有粗锯齿，两面均有微柔毛；侧生小叶较小，几无柄。聚伞花序腋生或顶生；花梗长1.5～2cm；花萼管状，长约1.5cm；萼片4，蓝色，上部向外弯曲，外被白色短柔毛；雄蕊多数，有短柔毛。瘦果扁，倒卵形，长约4mm，具毛，羽毛状花柱长达2.8cm。花期6～7月，果期9～10月。

栾川县各山区有分布，生于山坡路旁、灌丛和林缘。河南产于太行山、伏牛山、大别山和桐柏山区。分布于辽宁、吉林、河北、山西、陕西、江苏、浙江、安徽、湖南、湖北等地。日本、朝鲜也产。

根与茎入药，治关节炎及风湿痛。种子榨油，供油漆工业用。

叶　花序　果　花　花纵切

叶背局部　茎局部　茎　叶背

（2）毛蕊铁线莲（丝瓜花）　*Clematis lasiandra*

【识别要点】茎灰褐色、近无毛。二回三出复叶，羽片通常2对，最下部的具3小叶，小叶边缘有锯齿；叶柄长4～5cm。

藤本。茎灰褐色，近无毛。二回三出复叶，长10～15cm，羽片通常2对，最下部的具3小叶，小叶卵形至披针形，长2～6cm，先端渐尖，边缘有锯齿；叶柄长4～5cm。聚伞花序有花1～3朵，苞片披针形，萼钟形，紫红色，萼片4，狭卵形，长约1.5cm，先端急尖，外面无毛，边缘有短柔毛；雄蕊多数与萼片等长，花丝密生柔毛。瘦果椭圆形，扁，长约3mm，有紧贴短毛，羽毛状花柱长达2.5cm。花期7～9月，果期9～10月。

栾川县各山区有分布，生于山坡路旁、灌丛和林缘。河南产于太行山、伏牛山、大别山和桐柏山区。分布于云南、四川、陕西、甘肃、贵州、湖南、广东、广西、浙江、江西、安徽，南起珠江流域，北达黄河流域各地。日本也产。

可作威灵仙的代用品，有些地区将茎作川木通用。

植株

叶

花　花纵切　果

（3）华中铁线莲 *Clematis pseudootophpra*

【识别要点】上部草质，下部木质。三出复叶；小叶上部边缘有不整齐的浅锯齿，下部常全缘，基出主脉3条，稀5条；小叶柄短，常扭曲。

攀援藤本。上部草质，下部木质。茎圆柱形，淡黄色，有六条浅的纵沟纹，枝、叶光滑无毛。三出复叶；小叶片纸质，长椭圆状披针形或卵状披针形，长7～11cm，宽2～5cm，顶端渐尖，基部圆形或宽楔形，有时偏斜，上部边缘有不整齐的浅锯齿，下部常全缘，表面绿色，背面灰白色，基出主脉3条，稀5条，表面不显，在背面隆起；小叶柄短，常扭曲，叶柄长4～7cm。聚伞花序腋生，常1～3花，无毛，花序梗长2～7cm，顶端生一对叶状苞片；苞片长椭圆状披针形，长5～9cm，宽1～2.5cm，边缘常全缘，稀分裂，具长约1cm的细弱短柄；花梗长1～4cm；花钟状，下垂、直径2～3.5cm，萼片4，淡黄色，卵圆形或卵状椭圆形，长2.5～3cm，宽1～1.2cm，顶端急尖，外面无毛，内面微被紧贴的短柔毛，边缘密被淡黄色茸毛；雄蕊比萼片短，长1.5～2cm，花丝线形，基部无毛，上部的背面及两侧被稀疏开展的柔毛，花药及药隔密被短柔毛，药隔在顶端有尖头状突起；心皮被短柔毛，花柱细瘦被绢状毛。瘦果棕色，纺锤形或倒卵形，长5mm，宽约2mm，被短柔毛，宿存花柱长4～5cm，丝状，被黄色长柔毛。花期8～9月，果期9～10月。

栾川县产龙峪湾至老君山一带，生于海拔1000m以上的山坡林间及山谷林中。河南还产于西峡、内乡、淅川。分布于贵州北部、湖南中部、湖北西南部、江西西南部、浙江北部。

山区群众将根作威灵仙代用品。

植株

叶

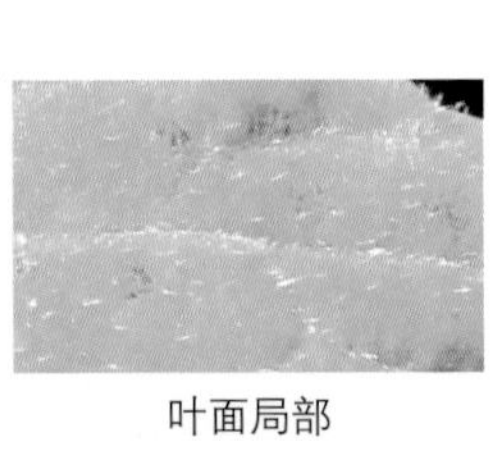

叶面局部

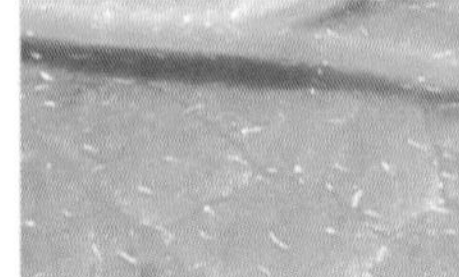

叶背局部

花

（4）河南铁线莲 *Clematis honanensis*

藤本。小枝淡褐色，无毛，有白粉及纵条棱。三出复叶；小叶狭卵形至卵状披针形，长7～10cm，宽2.5～4cm，先端渐尖，基部圆形，三出脉，两面无毛，背面有白粉。边缘疏生小锯齿；顶生小叶柄长至3.5cm，侧生小叶柄长1～1.5cm，无毛；叶柄长9～13cm，无毛，幼时具白粉，基部膨大抱茎。花单生或3花排成聚伞花序，花梗中部有长圆形叶状苞片；萼片4，淡红色，长约1.5cm，宽0.6～0.9cm，边缘密生白色短毛；雄蕊多数，花药与花丝均有淡黄色柔毛；子房与花柱均有黄白色毛。瘦果卵形，长约6mm，有茸毛，宿存花柱长4～6cm，有毛。

栾川县产老君山。河南产于伏牛山；生于山沟或山坡杂林中（《河南树木志》记载。未采集到图片）。

（5）长瓣铁线莲（神仙草 寻骨风） *Clematis macropetala*

【识别要点】二回三出复叶，小叶片9枚，纸质，两侧的小叶片常偏斜，边缘有整齐的锯齿或分裂，两面近无毛，脉纹在两面均不明显；小叶柄短。

藤本，长约2m；幼枝微被柔毛，老枝光滑无毛。二回三出复叶，小叶片9枚，纸质，卵状披针形或菱状椭圆形，长2～4.5cm，宽1～2.5cm，先端渐尖，基部楔形或近于圆形，两侧的小叶片常偏斜，边缘有整齐的锯齿或分裂，两面近无毛，脉纹在两面均不明显；小叶柄短；叶柄长3～5.5cm，微被稀疏柔毛。花单生于当年生枝顶端，花梗长8～12.5cm，幼时微被柔毛，以后无毛；花萼钟状，直径3～6cm；萼片4枚，蓝色或淡紫色，狭卵形或卵状披针形，长3～4cm，宽1～1.5cm，顶端渐尖，两面有短柔毛，边缘有密毛，脉纹成网状，两面均能见；退化雄蕊成花瓣状，披针形或线状披针形，与萼片等长或微短，外面被密茸毛，内面近无毛；雄蕊花丝线形，长1.2cm，宽2mm，外面及边缘被短柔毛，花药黄色，长椭圆形，内向着生，药隔被毛；瘦果倒卵形，长5mm，粗约2～3mm，被疏柔毛，宿存花柱长4～4.5cm，向下弯曲，被灰白色长柔毛。花期5～6月，果期8～9月。

栾川县产海拔2000m左右的山坡林下或石缝中。河南产于太行山、伏牛山。我国分布于青海、甘肃、陕西、宁夏、山西、河北。蒙古东部、俄罗斯远东地区也有分布。

可作庭院观赏花卉。

叶背　茎叶　花　花　果

（6）秦岭铁线莲（山木通） *Clematis obscura*

【识别要点】茎叶干后变黑。一至二回羽状复叶，有5～15小叶，茎上部有时为三出叶，基部二对常不等2～3深裂、全裂至3小叶；小叶片或裂片纸质，全缘。

木质藤本，茎叶干后变黑。小枝疏生短柔毛，后变无毛。一至二回羽状复叶，有5～15小叶，茎上部有时为三出叶，基部二对常不等2～3深裂、全裂至3小叶；小叶或裂片纸质，卵形至披针形，或三角状卵形，长1～6cm，宽0.5～3cm，顶端锐尖或渐尖，基部楔形、圆形至浅心形，全缘，偶有1缺刻状牙齿或小裂片，两面沿叶脉疏生短柔毛或近无毛。聚伞花序3～5花或更多，有时花单生，腋生或顶生，与叶近等长或较短；花直径2.5～5cm；萼片4～6，开展，白色，长圆形或长圆状倒卵形，长1.2～2.5cm，顶端尖或钝，除外面边缘密生茸毛外，其余无毛；雄蕊无毛。瘦果椭圆形至卵圆形，扁，长约5mm，有柔毛，宿存花柱长达2.5cm，有金黄色长柔毛。花期6～8月，果期8～9月。

栾川县产老君山，生于山坡林缘或疏林中。河南还产于灵宝河西、卢氏大块地。分布于四川、湖北、甘肃南部、陕西、山西南部等地。

（7）太行铁线莲（吉氏铁线莲） *Clematis kirilowii*

【识别要点】一至二回羽状复叶，有5～11小叶或更多，基部一对或顶生小叶常2～3浅裂、全裂至3小叶，中间一对常2～3浅裂至深裂，茎基部一对为三出叶；小叶片或裂片全缘。

木质藤本，干后常变黑褐色。茎、小枝有短柔毛，老枝近无毛。一至二回羽状复叶，有5～11小叶或更多，基部一对或顶生小叶常2～3浅裂、全裂至3小叶，中间一对常2～3浅裂至深裂，茎基部一对为三出叶；小叶或裂片革质，卵形至卵圆形，或长圆形，长1.5～7cm，宽0.5～4cm，顶端钝、锐尖、凸尖或微凹，基部圆形、截形或楔形，全缘，有时裂片或第二回小叶片再分裂，两面网脉突出，沿叶脉疏生短柔毛或近无毛。聚伞花序或为总状、圆锥状聚伞花序，有花3至多朵或花单生，腋生或顶生；花序梗、花梗有较密短柔毛；花直径1.5～2.5cm；萼片4或5～6，开展，白色，倒卵状长圆形，长0.8～1.5cm，宽3～7mm，顶端常呈截形而微凹，外面有短柔毛，边缘密生茸毛，内面无毛；雄蕊无毛。瘦果卵形至椭圆形，扁，长约5mm，有柔毛，边缘凸出，宿存花柱长约2.5cm。花期7～8月，果期9～10月。

栾川县产熊耳山脉，生于山坡、林缘或疏林中。河南还产于太行山的济源、辉县、林州。分布于山西南部、河北西部、山东、安徽东北部等地。

与**秦岭铁线莲** *C. obscura* 的区别在于后者小叶片或裂片纸质，顶端锐尖或渐尖，两面网脉不明显；花较大，直径2.5～5cm，萼片顶端尖或钝，除外面边缘密生茸毛外，其余无毛。

狭裂太行铁线莲 var. *chanetii* 与原种的区别：小叶或裂片狭长，线形、披针形至长椭圆形，基部常楔形。栾川县产各山区。河南产于太行山及伏牛山。分布于山西、河北、山东等地。

植株

（8）陕西铁线莲 *Clematis shensiensis*

【识别要点】小茎枝圆柱形，有纵条纹和短柔毛。一回羽状复叶，小叶5个；小叶纸质，全缘，表面疏生短柔毛或近无毛，背面密生短柔毛，两面网脉常不明显突出。

藤本。小茎枝圆柱形，有纵条纹和短柔毛。一回羽状复叶，小叶5个；小叶纸质，卵形或宽卵形，长2.5～7cm，宽1.5～5.5cm，顶端锐尖、短渐尖或钝，基部浅心形或圆形，全缘，表面疏生短柔毛或近无毛，背面密生短柔毛，两面网脉常不明显突出。聚伞花序腋生或顶生，3～9花或花单生，常稍比叶短；花序梗、花梗密生短柔毛；花直径3～5cm；萼片4，或5～6，开展，白色，倒披针形至倒卵状长圆形，长1～2.5cm，宽约5mm，外面边缘密生茸毛，中间为短柔毛；雄蕊无毛。瘦果卵形，扁，长5～8mm，宽3～5mm，宿存花柱长达4cm，有金黄色长柔毛。花期5～6月，果期8～9月。

栾川县产老君山，生于山坡或山谷疏林中。河南还产于嵩县白河、南召县宝天曼。分布于陕西南部、湖北西部、山西南部。

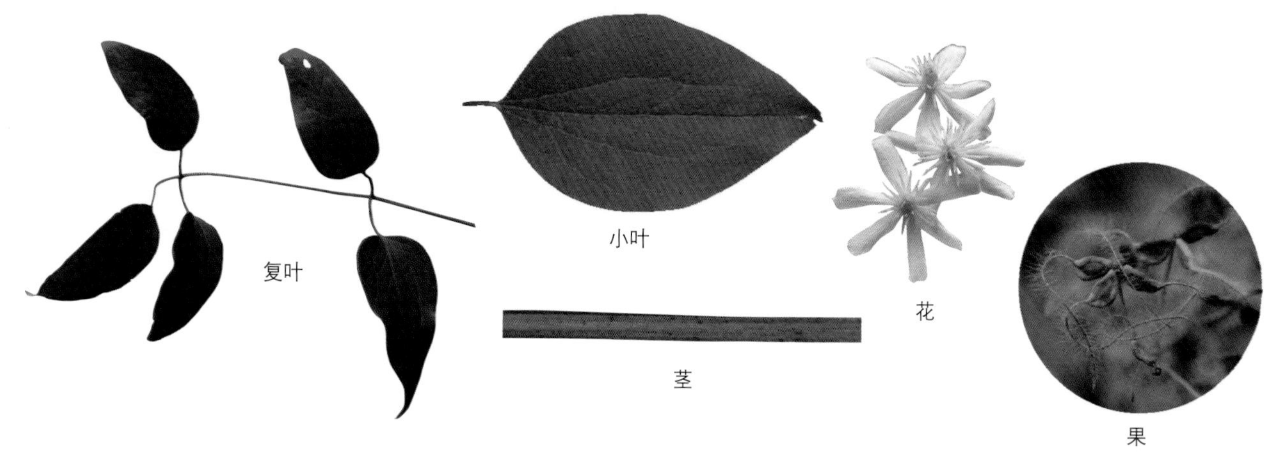

（9）圆锥铁线莲（黄药子 灵仙） *Clematis terniflora*

【识别要点】一回羽状复叶，小叶通常5个。小叶狭卵形至宽卵形，全缘，两面或沿叶脉疏生短柔毛或近无毛，表面网脉不明显或明显，背面网脉突出。圆锥状聚伞花序腋生或顶生。

木质藤本。茎、小枝有短柔毛，后近无毛。一回羽状复叶，通常5小叶，有时7或3，偶尔基部一对2～3裂至2～3小叶，茎基部为单叶或三出复叶；小叶狭卵形至宽卵形，有时卵状披针形，长2.5～8cm，宽1～5cm，顶端钝或锐尖，有时微凹或短渐尖，基部圆形、浅心形或为楔形，全缘，

两面或沿叶脉疏生短柔毛或近无毛，表面网脉不明显或明显，背面网脉突出。圆锥状聚伞花序腋生或顶生，多花，长5～15（～19）cm，较开展；花序梗、花梗有短柔毛；花直径1.5～3cm；萼片通常4，开展，白色，狭倒卵形或长圆形，顶端锐尖或钝，长0.8～1.5（～2）cm，宽在4（～5）mm内，外面有短柔毛，边缘密生茸毛；雄蕊无毛。瘦果橙黄色，常5～7个，倒卵形至宽椭圆形，扁，长5～9mm，宽3～6mm，边缘凸出，有贴伏柔毛，宿存花柱长达4cm。花期6～7月，果期8～9月。

栾川县产伏牛山，生于山坡灌丛、路旁、林缘或疏林中。河南产于伏牛山、大别山和桐柏山区。分布于陕西东南部、湖北、湖南北部、江西、浙江、江苏、安徽等地。朝鲜、日本也有分布。

根入药，有凉血、祛火、消肿、解毒、通经络、健关节等效；还治疮疽肿毒、扁桃腺炎、咽喉炎、蛇犬咬伤等症。也可作园林垂直绿化植物。

植株

果

叶

花

（10）毛果扬子铁线莲 *Clematis ganpiniana* var. *tenuisepala*

【识别要点】枝有棱。一至二回羽状复叶，或二回三出复叶，有5～21小叶；小叶边缘有粗锯齿、牙齿或为全缘。子房及瘦果有毛。

藤本。枝有棱，小枝近无毛或稍有短柔毛。一至二回羽状复叶，或二回三出复叶，有5～21小叶，基部二对常为3小叶或2～3裂，茎上部有时为三出叶；小叶长卵形、卵形或宽卵形，有时卵状披针形，长1.5～10cm，宽0.8～5cm，顶端锐尖、短渐尖至长渐尖，基部圆形、心形或宽楔形，边缘有粗锯齿、牙齿或为全缘，两面近无毛或疏生短柔毛。圆锥状聚伞花序或单聚伞花序，多花或少至3花，腋生或顶生，常比叶短；花梗长1.5～6cm；花直径2～2.5（～3.5）cm；萼片4，开展，白色，干时变褐色至黑色，狭倒卵形或长椭圆形，长0.5～1.5（～1.8）cm，外面边缘密生短茸毛，内面无毛；子房有毛；雄蕊无毛，花药长1～2mm。瘦果常为扁卵圆形，长约5mm，宽约3mm，有毛，宿存花柱长达3cm。花期7～9月，果期9～10月。

栾川县产伏牛山，生于低山坡林下或沟边、路旁草丛中。河南产于伏牛山、大别山、桐柏山。分布于甘肃、陕西南部、湖北西部、山西南部、山东、江苏及浙江北部。

茎及复叶

花

果

（11）短尾铁线莲 *Clematis brevicaudata*

【识别要点】枝有棱。一至二回羽状复叶或二回三出复叶，有5～15小叶，小叶边缘疏生粗锯齿或牙齿，有时3裂，两面近无毛或疏生短柔毛。瘦果卵形，密生柔毛。

藤本。枝有棱，小枝疏生短柔毛或近无毛。一至二回羽状复叶或二回三出复叶，有5～15小叶，有时茎上部为三出叶；小叶长卵形、卵形至宽卵状披针形或披针形，长（1～）1.5～6cm，宽0.7～3.5cm，顶端渐尖或长渐尖，基部圆形、截形至浅心形，有时楔形，边缘疏生粗锯齿或牙齿，有时3裂，两面近无毛或疏生短柔毛。圆锥状聚伞花序腋生或顶生，常比叶短；花梗长1～1.5cm，有短柔毛；花直径1.5～2cm；萼片4，开展，白色，狭倒卵形，长约8mm，两面均有短柔毛，内面较疏或近无毛；雄蕊无毛，花药长2～2.5mm。瘦果卵形，长约3mm，宽约2mm，密生柔毛，宿存花柱长1.5～2（～3）cm。花期6～7月，果期8～9月。

栾川县产各山区，生于山坡灌丛或疏林中。河南产各山区。分布于西藏东部、云南、四川、甘肃、青海东部、宁夏、陕西、湖南、浙江、江苏、山西、河北、内蒙古和东北。朝鲜、蒙古、俄罗斯远东地区及日本也有分布。

茎入药，能除湿热、利尿，主治小便不通。

茎叶　茎　花　花　果

（12）钝萼铁线莲（木通藤 小木通） *Clematis peterae*

【识别要点】一回羽状复叶，小叶5个。小叶卵形或长卵形，边缘疏生一至多个锯齿状牙齿或全缘，两面疏生短柔毛至近无毛。

藤本。一回羽状复叶，有5小叶，偶尔基部一对为3小叶；小叶卵形或长卵形，少数卵状披针形，长（2～）3～9cm，宽（1～）2～4.5cm，顶端常锐尖或短渐尖，少数长渐尖，基部圆形或浅心形，边缘疏生一至数个以至多个锯齿状牙齿或全缘，两面疏生短柔毛至近无毛。圆锥状聚伞花序多花；花序梗、花梗密生短柔毛，花序梗基部常有1对叶状苞片；花直径1.5～2cm，萼片4，开展，白色，倒卵形至椭圆形，长0.7～1.1cm，顶端钝，两面有短柔毛，外面边缘密生短茸毛；雄蕊无毛；子房无毛。瘦果卵形，稍扁平，无毛或近花柱处稍有柔毛，长约4mm，宿存花柱长达3cm。花期6月，果期8～9月。

栾川县产各山区，生于海拔1000m以上的山坡、山谷林下或路旁。河南产于太行山、伏牛山区。分布于云南、贵州、四川、湖北西部、甘肃南部、陕西南部、山西南部、河北南部。

全株入药，能清热、利尿、止痛，治湿热淋病、小便不通、水肿、膀胱炎、肾盂肾炎、脚气水肿、闭经、头痛；外用治风湿性关节炎。

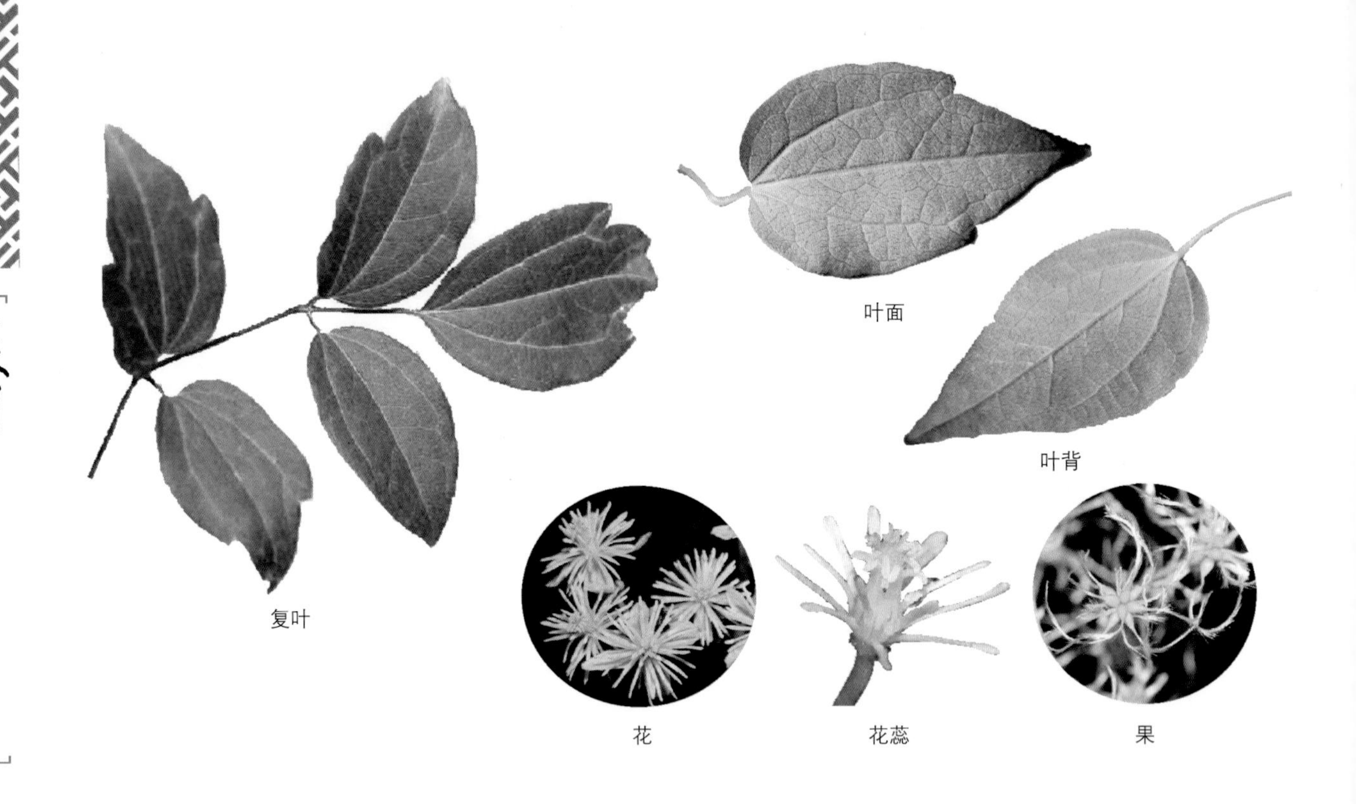

复叶

花　花蕊　果

（13）粗齿铁线莲（老龙须）　*Clematis argentilucida*

【识别要点】小枝密生白色短柔毛，老时外皮剥落。一回羽状复叶，小叶5个。小叶卵形或椭圆状卵形，常有不明显3裂，边缘有粗大锯齿状牙齿。瘦果扁卵圆形，有柔毛。

落叶藤本。小枝密生白色短柔毛，老时外皮剥落。一回羽状复叶，有5小叶，有时茎端为三出叶；小叶卵形或椭圆状卵形，长5～10cm，宽3.5～6.5cm，顶端渐尖，基部圆形、宽楔形或微心形，常有不明显3裂，边缘有粗大锯齿状牙齿，表面疏生短柔毛，背面密生白色短柔毛至较疏，或近无毛。腋生聚伞花序常有3～7花，或成顶生圆锥状聚伞花序多花，较叶短；花直径2～3.5cm；萼片4，开展，白色，近长圆形，长1～1.8cm，宽约5mm，顶端钝，两面有短柔毛，内面较疏至近无毛；雄蕊无毛。瘦果扁卵圆形，长约4mm，有柔毛，宿存花柱长达3cm。花期5～8月，果期8～10月。

栾川县产各山区，生于海拔900～1800m的山坡灌丛、林缘或杂木林中。河南产于各山区。分布于云南、贵州、四川、甘肃南部和东部、陕西南部、湖北、湖南、安徽南部、浙江北部、河北、山西。

根药用，能行气活血、祛风湿、止痛，主治风湿筋骨痛、跌打损伤、肢体麻木等症；茎藤药用，能杀虫解毒，主治失音声嘶、杨梅疮毒、虫疮久烂等症。

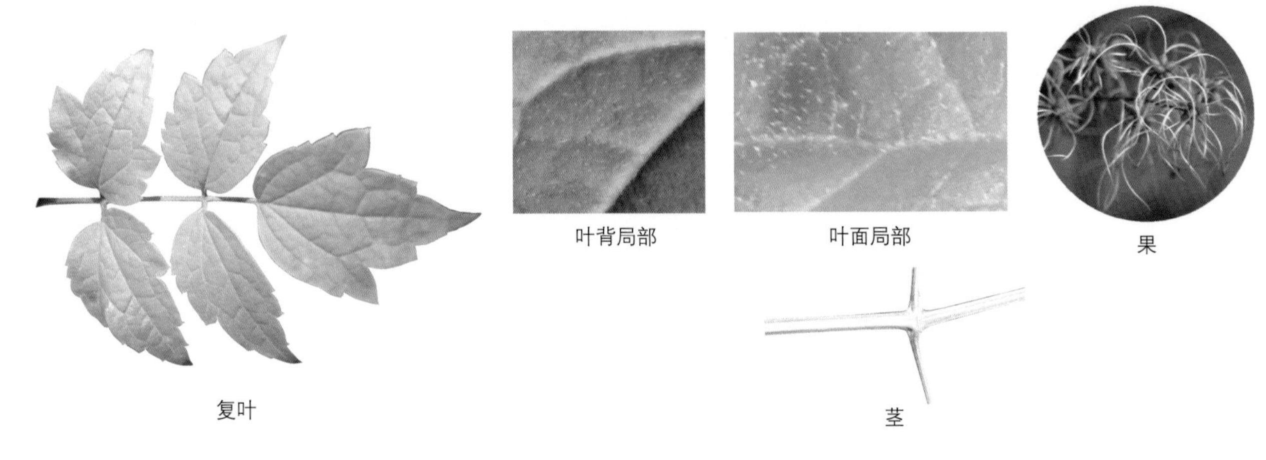
复叶　叶背局部　叶面局部　果　茎

（14）绣球藤（山铁线莲） *Clematis montana*

【识别要点】小枝老时外皮剥落。枝有长、短二型，短枝叶簇生。三出复叶，小叶3个、卵形，顶端3浅裂或不裂，两面疏生短柔毛。花生于短枝上。

藤本。茎圆柱形，有纵条纹；小枝有短柔毛，后变无毛；老时外皮剥落。枝有长、短二型，短枝叶簇生。三出复叶，小叶3个，卵形、宽卵形至椭圆形，长2～7cm，宽1～5cm，先端急尖或渐尖，3浅裂或不裂，边缘缺刻状锯齿由多而锐至粗而钝，两面疏生短柔毛，有时背面较密。花1～5朵与叶簇生于短枝上，直径3～5cm；萼片4，开展，白色或外面带淡红色，长圆状倒卵形至倒卵形，长1.5～2.5cm，宽0.8～1.5cm，外面疏生短柔毛，内面无毛；雄蕊无毛。瘦果扁，卵形或卵圆形，长4～5mm，宽3～4mm，无毛。花期5～6月，果期7～8月。

栾川县产伏牛山，生于海拔1000m以上的山坡、山谷林中。河南产于伏牛山、大别山和桐柏山区。分布于西藏南部、云南、贵州、四川、甘肃南部、宁夏南部、陕西南部、湖北西部、湖南、广西北部、江西、福建北部、台湾、安徽南部。

茎藤入药，能利水通淋、活血通经、通关顺气，主治肾炎水肿、小便涩痛、月经不调、脚气湿肿、乳汁不通等症；又可治心火旺、心烦失眠、口舌生疮等症，孕妇忌用。花大而美丽，可作观赏树种。

植株　复叶　叶背局部　叶面局部　卷须　花　花蕊　果

大花绣球藤 var. *grandiflora* 与原种的区别：小叶片为长圆状椭圆形、狭卵形至卵形，少数为椭圆形或宽卵形，长3～9cm，宽1～3.5（～5）cm，叶缘疏生粗锯齿至两侧各有1个牙齿以至全缘；花大，直径5～11cm。萼片长圆形至倒卵圆形，长2.5～5.5cm，宽1.5～3.5cm，顶端圆钝或凸尖，少数微凹，外面沿边缘密生短茸毛，中间无毛或少毛部分呈披针形至椭圆形或不明显，宽常在0.8～1.5cm。

栾川县产伏牛山，生于海拔1200m以上的山坡灌木丛及林中。河南产于伏牛山区。分布于西藏南部、云南、四川、贵州、湖南西部、湖北西部、陕西南部、甘肃南部。

复叶　果枝　花

（十四）木通科 Lardizabalaceae

落叶或常绿木质藤本。稀为直立灌木。叶互生，掌状复叶，稀羽状复叶；无托叶。花单性，少为两性，辐射对称，单生或总状花序；花被片6，稀3，花瓣状，2轮；常无花萼与花冠之分；雄蕊6，分离或合生；心皮3至多个，子房上位，1室，胚珠1至多数。果实呈浆果状，不开裂或有时开裂；种子具胚乳，胚小。

约8属，20种，主产亚洲东部，少数产拉丁美洲。我国有5属，15种。河南5属，10种，2变种。栾川县2属，2种，1变种。

1.花被片3个；雄蕊6，心皮3～9个 ………………………………………………………… 1.木通属 *Akebia*

1.花被片6个；雄蕊及退化雄蕊各6个；心皮及退化心皮各3个 ………… 2.串果藤属 *Sinofranchetia*

1.木通属 *Akebia*

落叶或半常绿缠绕藤本。掌状复叶，小叶3～5个，有柄，全缘或波状锯齿。花单性，雌雄同株，总状花序腋生；雌花生在花序基部；雄花较小，生在花序上端；花被片3，雄蕊6；心皮3～9（～12）。肉质浆果。腹缝线开裂；种子多数，黑色。

有2种，产我国及日本。河南有2种及2变种。栾川县有1种1变种。

1.小叶3个，卵圆形、宽卵形或卵形；边缘浅裂或呈波状 ………… （1）三叶木通 *Akebia trifoliata*

1.小叶6～8个，稀为4或5个，倒卵圆形或长倒卵形，全缘 （2）多叶木通 *Akebia quinata* var. *polyphylla*

（1）三叶木通（八月炸 薯瓜） *Akebia trifoliata*

【识别要点】掌状复叶有3小叶，小叶卵圆形、宽卵圆形或长卵圆形，边缘浅裂或呈波状；侧脉通常5～6对；叶柄细瘦。果肉质，长卵形，熟时表皮紫黑色或粉红色。

落叶缠绕藤本。小枝灰褐色，有稀疏皮孔，枝有长、短二型，无毛。掌状复叶有3小叶，小叶卵圆形、宽卵圆形或长卵圆形，长宽变化较大，先端钝圆、微凹或具短尖，基部圆形或宽楔形，有时微呈心形，边缘浅裂或呈波状，表面深绿色，有光泽，背面灰绿色；侧脉通常5～6对；叶柄细瘦，长6～8 cm。总状花序腋生，长约8cm；雄花生于上部，雄蕊6，雌花生于下部；花被片紫色，花瓣状。具6个退化雄蕊。果肉质，长卵形，表面光滑，熟时表皮紫黑色或粉红色，成熟后沿腹缝线开裂；种子多数，卵形，黑色。花期4～5月，果期8～9月。

栾川县产各山区，多生于海拔500～1000m的山坡、沟谷、溪旁、路边、林缘或疏林灌丛中。河南产于太行山、伏牛山、大别山和桐柏山。分布于河北、山西、山东、陕西、甘肃、安徽、浙江、湖南、湖北、广东、四川、云南、贵州等地。日本也产。

种子繁殖。喜温暖湿润的环境。

根、藤及果均可入药。茎含木通甙；有行水、泻火，舒筋活络及安胎之效；根有顺气散寒、补虚止痛、止咳、调经之效；果能疏肝、除风湿、健脾和胃、顺气、生津、催产等效。也可作兽药。叶茎可作农药：水煎液能防治棉蚜；水浸液对马铃薯晚疫病菌孢子有抑制作用。果可食，也可酿酒；种子可榨油，含油量约43%，出油率30%。供食用及制肥皂。其叶形美观，果实独特，是庭院垂直绿化的优良树种。

茎叶

小叶背

花序

雄花

雌花

果

（2）多叶木通（八月炸 薯瓜） *Akebia quinata* var. *polyphylla*

【识别要点】掌状复叶有小叶6～8个，稀为4或5个，倒卵形或长倒卵形，先端圆而中间微凹，并有一细短尖，全缘。果实椭圆形，暗紫色，熟时纵裂。

落叶藤本，有长、短枝之分，无毛。掌状复叶有小叶6～8个，稀为4或5个，倒卵形或长倒卵形，先端圆而中间微凹，并有一细短尖，全缘。表面深绿色，背面带白色，无毛。雌花暗紫色；雄花紫红色，较小。果实椭圆形，暗紫色，熟时纵裂；种子黑色。花期4～5月，果期8～9月。

栾川县产伏牛山，生于海拔1500m以下的灌丛或林中。河南产于伏牛山、大别山和桐柏山区。分布于四川、江苏、浙江、陕西等地。

茎、根、果入药，茎藤有泻火、利尿、下乳之效；根与果能疏肝、补肾、止痛，治胃痛、疝痛、睾丸肿痛、腰痛、遗精、月经不调、子宫脱垂等症。种子含油25%，可榨油制肥皂。茎藤可作编织的材料。

小叶

雌花

果实

花枝

花序

2.串果藤属　*Sinofranchetia*

落叶木质藤本。叶具长柄，小叶3个，侧生小叶有短柄。花单性，雌雄同株或有时异株，总状花序腋生，下垂，萼片6，排成2轮，内、外轮萼片近等大；蜜腺状花瓣6，与萼片对生；雄蕊6枚，离生，花丝肉质，与花瓣对生，花药长圆形，药隔不突出；退化雄蕊与雄蕊近似但较小；雌蕊具3枚倒卵形的心皮，无花柱，柱头不明显。果实为浆果，种子多数。

仅1种，为我国特产，分布于西南至中部各地。河南也产。栾川县产之。

串果藤　*Sinofranchetia chinensis*

【识别要点】小叶3个，中间小叶菱状倒卵形，侧生小叶较小。浆果矩圆形，蓝色，成串垂悬。

木质藤本，长达10m。枝无毛，稍有白粉。小叶3个，中间小叶菱状倒卵形，长7～14cm，先端渐尖，基部楔形，侧生小叶较小，表面暗绿色，背面稍有白粉。总状花序腋生，下垂；花白色，有紫色条纹。浆果矩圆形，蓝色，长1～2cm，成串悬垂；种子多数，卵圆形，黑色，稍扁，长5～6mm。花期4～5月，果期8～9月。

栾川县产各山区，生于海拔900m以上的山坡杂木林中。河南还产于伏牛山灵宝、卢氏、嵩县等县市。分布于陕西、湖北、江西、四川、云南等地。

果含糖6%，可食；种子含淀粉10%～15%，可酿酒。

植株　复叶　茎及叶柄　雌花　果　雌花序

（十五）小檗科 Berberidaceae

灌木或草本。叶互生、基生或簇生；单叶或羽状复叶，托叶有或无。花两性，辐射对称，单生或成总状、穗状、圆锥状及聚伞花序；萼片与花瓣通常4～6个，有时3～9个，覆瓦状排列，离生，2～3轮；雄蕊与花瓣同数或为其2倍，花药常瓣裂，心皮1个，稀有数个离生心皮；子房上位，1室；胚珠倒生。果实为浆果或蒴果。

约12属，650种，主产温带，少数产热带及拉丁美洲。我国有11属，180种，全国均产。河南木本有3属，17种及1变种。栾川县木本有3属，12种，1变种，1栽培变种。

1.枝有单一或三叉状锐刺。单叶 ……………………………………………… 1.小檗属 *Berberis*

1.枝无刺。复叶。常绿灌木，稀小乔木：

  2.一回奇数羽状复叶；小叶边缘有锯齿。花药瓣裂 ……………………… 2.十大功劳属 *Mahonia*

  2.通常为二至三回羽状复叶；小叶全缘。花药纵裂 ………………………… 3.南天竹属 *Nandina*

1.小檗属 *Berberis*

落叶或常绿灌木。枝常有单一或分叉尖刺。单叶互生或短枝上簇生。花黄色，单生、簇生或总状花序，萼外有2～4个小苞片，萼片6～9个，2轮，花瓣状；花瓣6个，常小于萼片，基部常有2个腺体；雄蕊6，花药瓣裂；心皮1个，子房有1至数个胚珠。浆果有1至数个种子。

约190种，主产亚洲东部、中部及拉丁美洲。我国约160种，大部产西部和西南部。河南13种，1变种。栾川县有9种1变种及1栽培变种，均为落叶灌木。

1. 叶绿色：

  2.花2～3（～5）个簇生。叶近圆形，背面有白粉，边缘有细锯齿

  ……………………………………………………………… （1）秦岭小檗 *Berberis circumserrata*

  2. 花序总状：

    3. 叶两面或背面被毛：

      4. 老枝暗红褐色。叶近全缘 ……………………………… （2）涝峪小檗 *Berberis gilgiana*

      4. 老枝淡黄灰色。叶边缘有尖锯齿 ………………………… （3）毛叶小檗 *Berberis brachypoda*

    3. 叶无毛：

      5.叶全缘或有不明显细锯齿 ……………………… （4）细叶小檗 *Berberis poiretii* var. *biseminalis*

      5. 叶边缘有明显粗或细锯齿：

        6.花柱长约3mm；伞房状总状花序长1.5～2 cm…………… （5）陕西小檗 *Berberis shensiana*

        6.花柱缺或短，长不及1 m m；总状花序长3～10cm或更长：

          7.枝灰黄色或灰色。叶长圆形、卵形或椭圆形，长5～10cm，宽2.5～5cm。边缘具刺状细锯齿 ……………………………………………… （6）大叶小檗 *Berberis amurensis*

          7.枝褐色、红色或紫色：

            8.叶先端渐尖或急尖，椭圆形或披针形，长3～8cm

            ……………………………………………………… （7）首阳小檗 *Berberis dielsiana*

            8.叶先端圆钝，近圆形，长圆形或宽倒卵形至椭圆形：

              9. 叶柄长3～12mm；叶椭圆形或宽倒卵形，边缘有10～20对刺状细齿，背面有白粉

              ………………………………………………… （8）川鄂小檗 *Berberis henryana*

              9. 叶柄长1～3cm或更长：

10.花序长4～7cm。叶基部近圆形，边缘有刺状细锯齿 …………………………………………………… （9）直穗小檗 *Berberis dasystachya*

10.花序长8～14cm。叶基部圆形或浅心形，边缘有锯齿 ……………………………………………… （10）长穗小檗 *Berberis dolichobotrys*

1. 叶深紫色或红色 …………………………………… （11）紫叶小檗 *Berberis thunbergii* 'Atropurpurea'

（1）秦岭小檗（刺黄柏） *Berberis circumserrata*

【识别要点】刺粗壮，三分杈；叶近圆形、矩圆形或宽椭圆形，先端圆形，基部渐狭成柄，边缘具刺尖细齿，背面有白粉。

落叶灌木，高1.5～2m。枝粗状，灰黄色，有稀疏黑色疣状突起，有槽；刺粗壮，三分杈，长1～2cm，灰黄色。叶近圆形、矩圆形或宽椭圆形，长1.5～3.5cm，宽0.6～2.5cm，先端圆形，基部渐狭成柄，边缘有15～40个刺尖细齿，刺长1～1.5mm，有密网脉，表面暗绿色，背面灰色，有白粉；叶柄长2～5mm。花2～5朵簇生；花梗长10～40mm；花黄色，花瓣倒卵形，长7～7.5mm，先端全缘；子房有胚珠3～8。浆果红色，长13～15mm，直径5～6mm，有宿存短花柱。花期4～5月，果期8～9月。

栾川县产伏牛山，生于海拔1500m以上的山坡灌木林中或林缘。河南还产于灵宝市河西、卢氏县大块地等地。分布于陕西、甘肃、青海等地。

喜光，耐旱。

树皮及根含小檗碱，供药用，味苦，有解毒、消炎、抗菌、健胃之效，可作提黄连素的原料。

叶枝　枝与刺　花序　叶背　花　果

（2）涝峪小檗（刺黄檗） *Berberis gilgiana*

【识别要点】刺单一；叶倒卵状披针形或倒卵形，全缘或疏生小锯齿，两面被毛，背面较密。

落叶灌木，高达2m。小枝红褐色，微被柔毛，刺常单一，长5～15mm。叶坚纸质，倒卵状披针形或倒卵形，长1.5～3.5cm，先端急尖，基部楔形，全缘或疏生小锯齿；表面疏被短柔毛，背面密被柔毛。总状花序长3～4cm，有细毛，具花10～20朵；花直径约6mm，鲜黄色；萼片2轮，倒卵状圆形，花瓣稍长于内轮萼片。浆果长圆形，长8～9mm，直径5～6mm，鲜红色，外微被白粉，含种子1～2个；种子紫褐色。花期4～5月，果期8～9月。

栾川县有零星分布，生于海拔800m以上的山坡灌丛、疏林下或山谷两旁。河南还产于灵宝市河西、文峪，卢氏县熊耳山。分布于陕西。

树皮及根含小檗碱。山区群众作黄檗代用品；也可作提取黄连素的原料。

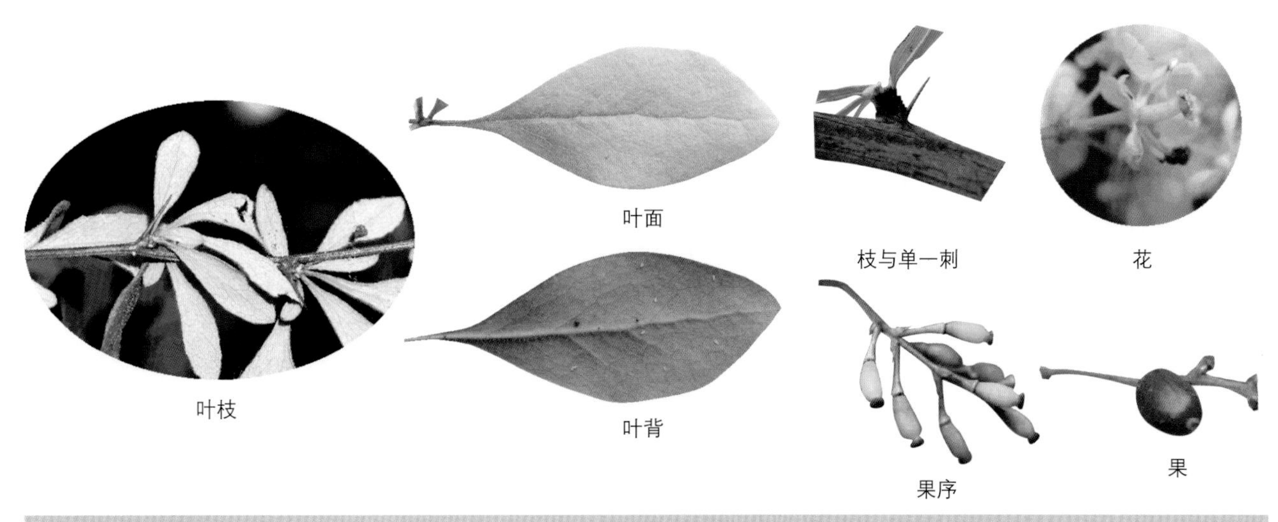

（3）毛叶小檗（黄柏 刺黄柏） *Berberis brachypoda*

【识别要点】刺有槽，三分杈；叶矩圆状椭圆形或倒卵形，基部渐狭，边缘具刺状细齿，两面绿色，被毛。

落叶灌木，高1～3m，枝有槽，幼枝绿色，有柔毛；老枝黄色，无毛或近无毛，无疣状突起；刺有槽，三分杈，长2～3cm，叶矩圆状椭圆形或倒卵形，长3～7.5cm，宽1～3cm，先端急尖或圆钝，基部渐狭，边缘有25～40个刺状细锯齿，刺长0.5～1mm，齿间距1～2mm，两面绿色，表面疏生短柔毛，背面疏生长柔毛。总状花序穗状，有20～30朵花，花梗长2～4mm，有毛；萼片排成3轮；花瓣黄色，长5mm；子房有1～2胚珠。浆果矩圆形，长9mm，直径5mm，血红色。花期4～5月，果期8～9月。

栾川县产各山区，多生于海拔1500m以上的山坡灌丛中或山谷溪旁。河南产于伏牛山区。分布于山西、陕西、甘肃、西藏、青海等地。

根及树皮含小檗碱；树皮称刺黄柏（檗），供药用，有清热消炎作用，可代黄连。

（4）细叶小檗（刺黄柏 针雀） *Berberis poiretii var.biseminalis*

【识别要点】刺单一，短小或无；叶狭披针形，基部渐狭成短柄，边缘具少数不明显的细锯齿，两面无毛。

落叶灌木，高达2m。1年生小枝后期紫红色，无毛，条棱明显；刺单一，短小或无。叶狭披针形，长2～4cm，先端渐尖，基部渐狭成短柄，边缘具少数不明显的细锯齿，两面无毛。总状花序或有时因花梗在花序轴上聚生而使花序呈层列伞形，下垂，长3～6cm；花梗长3～6mm；苞片钻形，长1～2mm。浆果红色，长圆形，长9mm，直径4～5mm，含种子2个。花期4～5月，果期8～9月。

栾川县产各山区，生于海拔2000m以下的山地灌丛中、疏林下或山沟两旁。河南产于太行山和伏牛山北部。分布于吉林、河北、山西、陕西、内蒙古等地。前苏联与蒙古也产。

根及树皮含小檗碱，供药用，有清热、燥湿、消炎、解毒之效，治肠胃炎、结膜炎、咽喉炎，外用治湿疹。也可提取黄连素。

叶枝　叶面　叶背　花　枝与刺　果

（5）陕西小檗　*Berberis shensiana*

【识别要点】刺三杈；叶狭卵形，基部楔形或下延成柄，边缘具刺齿，两面无毛。

落叶灌木，高达1.5m。小枝细，灰黄色或微带红色；刺三杈，长5～10mm。叶狭卵形，长2～5cm，宽6～20mm，先端急尖，基部楔形或下延成柄，边缘密生稍开展的刺状锯齿，两面无毛，脉开放或略呈网状。伞房状总状花序，长1.5～2cm，具花5～10朵；花梗长4～8（～10）mm，小苞片长约2mm；外轮萼片长圆状卵形，长约4mm；花瓣短于内轮萼片，先端微凹。浆果长圆形或倒卵状长圆形，长8～9mm，直径4～6mm；含种子2个。花期5月，果期9月。

栾川县产各山区，生于海拔1000m以上的山坡灌丛或山谷林下。河南还产于灵宝市河西林场。分布于陕西、甘肃。

根及树皮含小檗碱，供入药。

叶枝

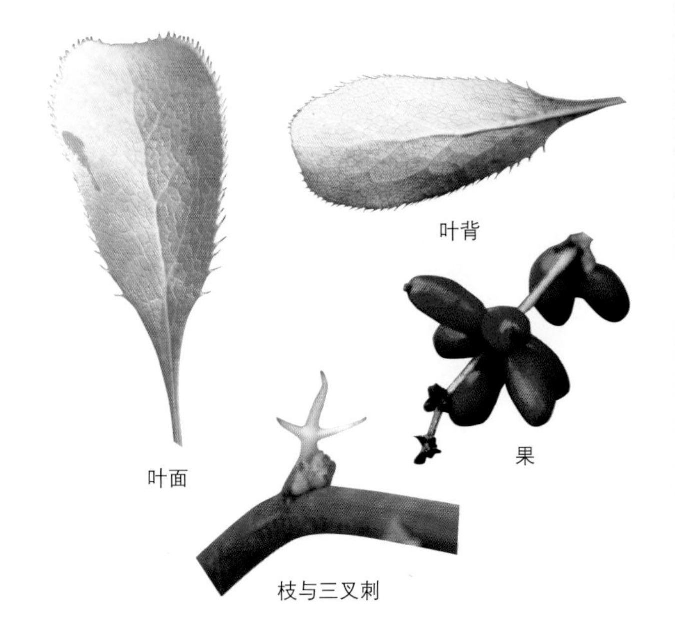
叶面　叶背　果　枝与三叉刺

（6）大叶小檗（黄柏 刺黄柏） *Berberis amurensis*

【识别要点】刺三杈；叶矩圆形、卵形或椭圆形，基部渐狭，边缘具刺状细齿，背面具白粉。

落叶灌木，高1～3m。小枝灰黄色或灰色，微有棱槽；刺分三杈，长1～2cm。叶纸质，矩圆形、卵形或椭圆形，长5～10cm，宽2.5～5cm，先端急尖或圆钝，基部渐狭，边缘有40～60刺状细锯齿，齿距1～2mm，背面具白粉。总状花序长4～10cm，有花10～25朵；花淡黄色；萼片排成2轮，花瓣状；花瓣长4.5～5mm，顶端微凹；子房有胚珠2。浆果椭圆形，长6～10mm，红色。花期4～5月，果期8～9月。

栾川县产各山区，生于海拔1000m以上的山坡灌丛、林缘、山沟溪旁或疏林中。河南产于太行山和伏牛山北部；分布于东北、华北及山东、陕西、甘肃等省。朝鲜、日本及前苏联西伯利亚也有分布。

根及茎含小檗碱，供药用，有清热燥湿、抗菌消炎之效；可作黄连代用品。种子可榨油，供工业用。

叶　花序　花枝　花　果

（7）首阳小檗（黄柏 黄檗刺） *Berberis dielsiana*

【识别要点】刺单一；叶椭圆形或披针形，基部渐狭，边缘具细刺齿，背面幼时具白粉。

落叶灌木，高2～3m。幼枝紫红色，老枝灰褐色，有稀疏疣状突起，具槽；刺单一，长3～12mm，萌发枝上长达2.5cm。叶椭圆形或披针形，长3～8cm，宽1～2cm，先端渐尖或急尖，基部渐狭，边缘有刺状细锯齿，叶脉稀疏、不显著，表面暗绿色，背面幼时为灰色，有白粉，后呈绿色。总状花序长5～7cm；花黄色，萼片6个，排成2轮，花瓣状；花瓣长约5mm，先端微凹；胚珠2。浆果红色，无白粉，矩圆形，长8～9mm，直径4～5mm。花期4～5月，果期8～9月。

栾川县产伏牛山脉，生于海拔2000m以下的山坡灌丛或山沟溪旁。河南还产于卢氏等地。分布于山西、陕西、甘肃、四川等地。

根和茎含有小檗碱，供药用，有清热、泻火、抗菌消炎之效。可作提制黄连素的原料，也作黄檗代用品。

果枝

（8）川鄂小檗（刺黄柏） *Berberis henryana*

【识别要点】 刺一至三杈；叶椭圆形或倒卵形，边缘具细刺齿，背面有白粉。

落叶灌木，高2～3m。小枝红褐色，微有槽；刺一至三杈，有时无刺。叶椭圆形或倒卵形，长2～5cm，宽0.8～3cm，先端圆钝，基部楔形，边缘有刺状细锯齿，齿距1～3mm，背面有白粉，叶柄长3～12mm。总状花序有10～20朵花；花黄色，直径9～10mm，萼片倒卵形，排成2轮；花瓣圆状倒卵形，长5～6mm，宽4～5mm，先端锐裂；胚珠2。浆果矩圆形，长约9mm，直径6mm，红色，略有白粉。花期4～5月，果期8～9月。

栾川县产各山区，生于海拔1000m以上的山坡灌丛及疏林中。河南产于伏牛山。分布于陕西、湖北、四川等地。

根及树皮含小檗碱，供药用，有清热解毒、抗菌消炎之效，治痢疾、肠炎等，也可作黄连代用品及作提制黄连素的原料。

（9）直穗小檗（刺黄柏 密穗小檗） *Berberis dasystachya*

【识别要点】 刺一至三杈；叶近圆形、矩圆形或宽椭圆形，边缘具细刺齿，黄绿色，网脉明显。

落叶灌木，高2～4m。幼枝常带红色，2年生枝红褐色，有稀疏细小疣状突起；刺一至三杈，长5～15mm，与枝同色。叶厚，近圆形、矩圆形或宽椭圆形，长3～6cm，宽2.5～4 cm，先端圆形或钝形，基部圆形，边缘有刺状细锯齿，刺长约1mm，齿距约1.5mm，两面网脉明显，表面暗黄绿色，背面亮黄绿色，无白粉；叶柄长2～3cm。总状花序长3.5～6cm；花黄色，直径5～6mm；子房内有1～2胚珠。果序直立，浆果椭圆形，长6～7mm，红色，无白粉。花期4～5月，果期8～9月。

栾川县产各山区，生于海拔1300m以上的山坡灌丛或山谷溪旁。河南产于太行山和伏牛山区。分布于陕西、甘肃、青海、湖北。

根及茎皮含小檗碱，供药用，有清热燥湿、泻火解毒之效，治痢疾、黄疸、白带、关节肿痛、阴虚发热、骨蒸盗汗、痈肿疮疡、口疮、黄水疮等症。可作黄连代用品及提制黄连素的原料。也作黄檗代用品。

植株　叶面　叶背　小枝　三杈刺　果序　花　果

（10）长穗小檗 *Berberis dolichobotrys*

【识别要点】叶近圆形，边缘有锯齿，背面灰白色。

落叶灌木。小枝细瘦，淡灰色；刺长1～1.5cm。叶近圆形，长2～7cm，宽1.5～6cm，基部圆形或浅心形，边缘有锯齿，表面光亮，背面灰白色；叶柄长2.5～5（～7） cm。总状花序单一或下部有分枝，长8～12（～14） cm，花多数密生；花梗长5～7.5mm；萼片2轮；内轮萼片宽卵形，长约3mm，凹入；花瓣6，与内轮萼片等长或稍短。浆果椭圆形，长6～7.5mm，直径约5mm，深蓝色，被白粉，柱头无柄。花期5～6月，果期8～9月。

栾川县零星产于海拔1000m以上的山坡灌丛中。河南还产于灵宝老鸦岔、卢氏熊耳山及小沟河等地。分布于陕西、甘肃、四川等地。

根及树皮含小檗碱，供药用，其功效同直穗小檗。

叶枝

花枝　枝与刺

（11）紫叶小檗（红叶小檗） *Berberis thunbergii* 'Atropurpurea'

【识别要点】叶菱形或倒卵形，紫色或红色，在短枝上簇生。

落叶多枝灌木，高1～2m。枝丛生，幼枝紫红色，老枝灰褐色或紫褐色，有槽，具刺。叶深紫色或红色，背面色稍淡，菱形或倒卵形，全缘，在短枝上簇生。花单生或2～5朵成短总状花序，黄色，下垂，花瓣边缘有红色纹晕。浆果红色，宿存。花期4月，果期8～10月。

栾川县有栽培，多在机关、学校、庭院、道路等绿化中应用。分布于中国东北南部、华北及秦岭海拔1000m左右的林缘。现我国各大城市均有栽培，常见于浙江、安徽、江苏长美花卉基地、河南、河北等地。

种子、扦插或分株繁殖。喜凉爽湿润环境，耐寒也耐旱，不耐水涝，喜阳也能耐阴，萌蘖性强，耐修剪，对各种土壤都能适应，在肥沃深厚排水良好的土壤中生长更佳。

茎皮和根可入药，有清热燥湿、泻火解毒、抗菌消炎之功效。其叶色鲜红、耐修剪性强，是园林绿化中色块组合的重要树种。

植株

叶　　叶枝

2. 十大功劳属 *Mahonia*

常绿灌木，无刺。奇数羽状复叶，稀3小叶；边缘通常有刺状牙齿；托叶细小。总状花序由芽鳞片的腋内抽出，成簇状；萼片9个，排成3轮，花瓣6个，2轮，覆瓦状排列，内面通常有2个基生腺体；雄蕊6，花药瓣裂；子房具少数胚珠。浆果暗蓝色，有白粉。

约100种，产亚洲和美洲。我国约40种，分布西南各地。河南有2种。栾川县2种。

1.小叶卵形或宽卵形，长4～12cm，宽2.5～4.5cm，每边有2～8个刺齿；顶生小叶有柄 ……………………（1）阔叶十大功劳 *Mahonia bealei*

1.小叶长圆状披针形，或椭圆状披针形，长8～12cm，宽1.2～1.9cm，边缘每侧有6～13个刺状锐齿；顶生小叶无柄 ……………………（2）十大功劳 *Mahonia fortunei*

（1）阔叶十大功劳 *Mahonia bealei*

【识别要点】奇数羽状复叶，小叶7（3）～15个，厚革质，侧生小叶无柄，卵形，顶生有柄，每边有2～8个刺锯齿，边缘反卷。浆果卵形，暗蓝色。

常绿灌木，高3m。全株无毛。奇数羽状复叶，有叶柄；小叶7（3）～15个，厚革质，侧生小叶无柄，卵形，长4～12cm，宽2.5～4.5cm，顶生小叶较大，有柄，先端渐尖，基部宽楔形或近圆形，每边有2～8个刺锯齿，边缘反卷，表面蓝绿色。总状花序直立，6～9个簇生，花褐黄色，萼片3轮，花瓣状；花瓣6，较内轮萼片小，子房内具胚珠4～5。浆果卵形，有白粉，长约10mm，直径6mm，暗蓝色。花期6～7月，果期9 ～10月。

栾川县产伏牛山、遏遇岭，生于山坡灌丛或林缘。河南产于伏牛山、大别山和桐柏山。分布于陕西、甘肃、安徽、湖北、湖南、四川、江西、浙江、福建、贵州、广东等地。

播种、压条或分株繁殖。喜光，畏干热，不耐寒，较耐阴；喜温暖湿润气候及排水良好的沙质壤土。

根含小檗碱，全株入药，为强壮剂，有清热除湿、泻三焦火，消肿之效；治急性结膜炎、咽炎、肠炎、黄疸型肝炎、肺结核、风湿性关节炎等症。也可作兽药，还能作农药，水煮液喷作物，可防治稻苞虫、稻纵卷叶螟；制成毒饵可毒杀黏虫；水浸液可杀孑孓。其叶形独特、树姿典雅、花果秀丽，是观叶树种中的珍品。在园林中常与山石配置或在建筑物前、门口两侧、窗下及树荫前或行道林下种植。盆栽可用于居室、展厅、会场及道路两侧摆放。

植株　树干　小叶　花　果序　叶背　复叶　果

（2）十大功劳　*Mahonia fortunei*

【识别要点】奇数羽状复叶，小叶3～9个，革质，矩圆状披针形或椭圆状披针形，无柄，边缘每侧有6～13个刺状锐齿。浆果圆形或矩圆形，蓝黑色，有白粉。

常绿灌木，全株无毛。奇数羽状复叶，小叶3～9个，革质，矩圆状披针形或椭圆状披针形，长8～12cm，宽1.2～1.9cm，顶生小叶较大，均无柄，先端急尖或渐尖，基部楔形，边缘每侧有6～13个刺状锐齿，表面暗绿色，背面灰黄绿色。总状花序4～8个簇生；花黄色。浆果圆形或矩圆形，长4～5mm，蓝黑色，有白粉。花期5～6月，果期9～10月。

栾川县产伏牛山，生于山坡灌丛或疏林中；厂矿机关有栽培，多用于城镇、机关、学校、庭院等绿化。河南产于伏牛山南部、大别山和桐柏山区。分布于四川、湖北、浙江等地。

种子繁殖。喜光，较耐阴，喜温暖湿润气候。

全株入药，有清凉、强壮、解毒作用，西峡作黄檗用。其树形独特，观赏价值高，多用于园林绿化。

植株

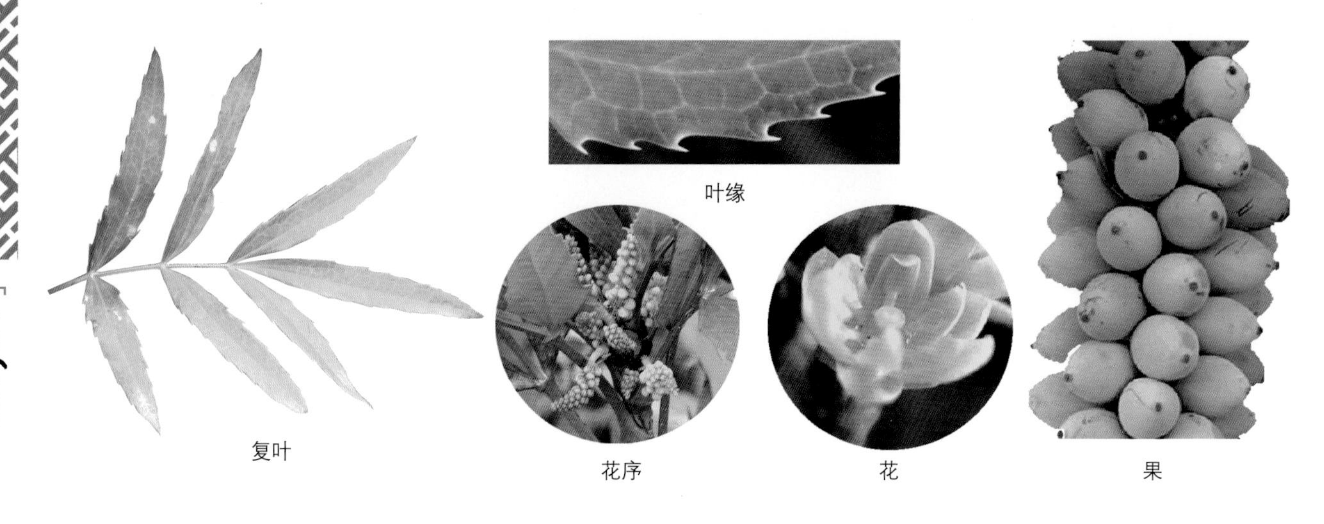

复叶　叶缘　花序　花　果

3.南天竹属 *Nandina*

常绿灌木。二至三回羽状复叶，小叶全缘；叶轴有关节。花小，成顶生圆锥花序；萼片多轮，每轮3个，外轮较小，内轮较大，白色，花瓣状；具蜜腺3～6个；雄蕊6，离生，花药纵裂；胚珠2。浆果红色，有2个种子。

仅1种，产于我国和日本。河南也产。栾川县有栽培。

南天竹 *Ndndina domestica*

【识别要点】二至三回羽状复叶，对生，长30～50cm；小叶革质，近无柄，椭圆状披针形，全缘。浆果球形，鲜红色。

直立灌木，高约2m。幼枝常红色。茎少分枝，无毛。二至三回羽状复叶，对生，长30～50cm；小叶革质，近无柄，椭圆状披针形，长3～10cm，先端渐尖，基部楔形，全缘，两面无毛，冬季变为红色。圆锥花序顶生，长20～35cm，花白色，直径约6mm。浆果球形，直径8mm，鲜红色。花期5～7月，果期9～10月。

栾川县有栽培，多用作园林绿化。河南产于大别山新县老庙，生于山坡灌丛中。分布于陕西、江苏、安徽、湖北、湖南、四川、江西、浙江、福建、广西等地。

种子繁殖。喜光。

根、叶及果实入药；根能健脾、利湿，治消化不良、腹泻、腰肌劳损；果为止咳药，治咳嗽、百日咳；叶止血、镇咳，治尿血、百日咳等症。是优良的庭院观赏植物。

果枝

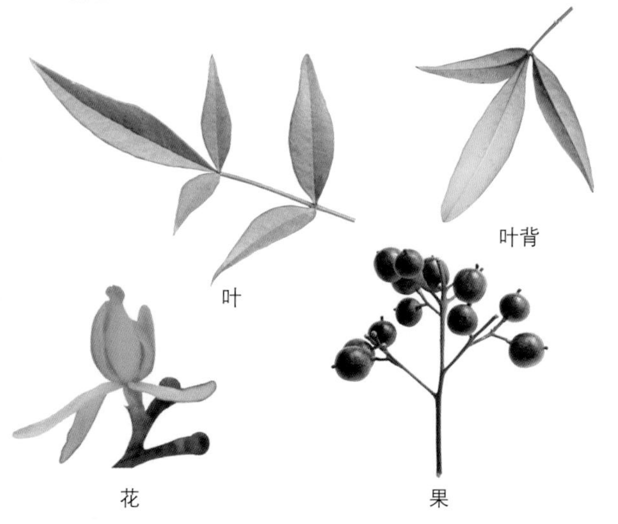

叶　叶背　花　果

（十六）防己科 Menispermaceae

攀援或缠绕藤本，稀直立灌木或小乔木，木质部常有车辐状髓线。单叶互生，常具掌状脉，较少羽状脉；叶柄两端常肿胀，无托叶。聚伞花序、聚伞总状花序或聚伞伞形花序，稀单花；苞片通常小，稀叶状。花通常小而不鲜艳，单性，雌雄异株。萼片轮生，每轮（2）3（4）片，稀1片，有时螺旋状着生，离生，稀合生；花瓣（1）2轮，每轮（2）3（4）片，稀1片或无花瓣，常离生，稀合生；雄蕊2至多数，通常6～8枚，花丝离生或合生，花药1～2室或假4室，纵裂或横裂；雌花中有或无退化雄蕊；心皮3～6，较少1～2或多数，离生，子房上位，1室，2胚珠，其中1枚常退化，花柱顶生，柱头分裂或条裂，稀全缘；雄花的退化雌蕊小或无。核果，有皱纹或凸起，稀平滑；胎座迹半球状、球状、隔膜状或片状，有时不明显或无。种子常弯，种皮薄，有或无胚乳；胚小，常弯，子叶扁平，叶状或半柱状。

约70属，400种，分布于热带或亚热带，但欧洲不产。我国有19属，61种，主产西南和南部。河南有6属，9种及1变种。栾川县有3属，3种，1变种。

1. 叶盾形 ………………………………………………………… 1.蝙蝠葛属 *Menispermum*

1. 叶不为盾形：

  2. 雄蕊6～9，退化雄蕊6。叶全缘或3裂…………………………… 2.木防己属 *Cocculus*

  2. 雄蕊6～12，退化雄蕊9。叶全缘或掌状分裂……………………… 3.防己属 *Sinomenium*

1.蝙蝠葛属 *Menispermum*

缠绕藤本或草本。叶盾状，边缘常浅裂，具柄。花序为总状或圆锥状。雄花：萼片4～8（10），近螺旋状着生，膜质，窄而凹，覆瓦状排列；花瓣6～9，近肉质，肾状心形或近圆形，边缘内卷；雄蕊12～18，花丝柱状，花药背着，椭圆形或近球形，纵裂。雌花：萼片和花瓣与雄花相似；退化雄蕊6～12，心皮2～4，具短柄，近半卵形，两侧扁，花柱短，柱头外弯，宽而分裂。核果2～3，花柱残迹近基部，果核肾状圆形或宽半月形，甚扁，背脊鸡冠状，有2列小瘤体，胎座迹片状。种子有丰富胚乳；胚近环状，子叶半柱状，比胚根稍长。

2种，分布于亚洲东部温带和北美。我国有1种。河南也产。栾川县产之。

蝙蝠葛（桐条 北山豆根 山豆根） *Menispermum dauricum*

【识别要点】小枝绿色，圆柱形，有细纵条纹。叶圆肾形或卵圆形，长、宽均7～10cm，近全缘或3～7裂，掌状脉5～7条。果实核果状，近圆形，紫黑色。

缠绕木质藤本，具粗的根状茎，长达13m。小枝绿色，圆柱形，有细纵条纹，无毛。叶圆肾形或卵圆形，长、宽均7～10cm，先端急尖或渐尖，基部心形或近于截形，近全缘或3～7裂，掌状脉5～7条，无毛，背面苍白色；叶柄6～12cm。花单性，雌雄异株；圆锥花序腋生，花黄绿色。果实核果状，近圆形，直径8～10mm，成熟时紫黑色。花期5月，果期8～10月。

栾川县各乡镇均有分布，多生于海拔1500m以下的田边、路旁、灌丛、沟谷或攀援于岩石上。河南各山区均产。分布于我国东北、华北各地及山东、陕西、甘肃、江苏、安徽、浙江、福建等地。

种子繁殖。喜光，喜温暖湿润气候。

根、茎藤入药，有清热解毒、消肿止痛、消胀顺气、截疟、利水、杀虫之效，治咽喉肿痛、胃痛、胃胀、呃逆反酸、发烧、咳嗽、热痢、肠胃炎、疟疾等症。茎皮纤维可代麻及作造纸原料，茎藤韧性极强，群众常用其代替绳索捆绑物品、编制筐笼等物。根、茎、叶均可作农药，水煮液喷洒能防治蚜虫、稻螟虫等。种子可榨油，含油量16.94%，供工业用。

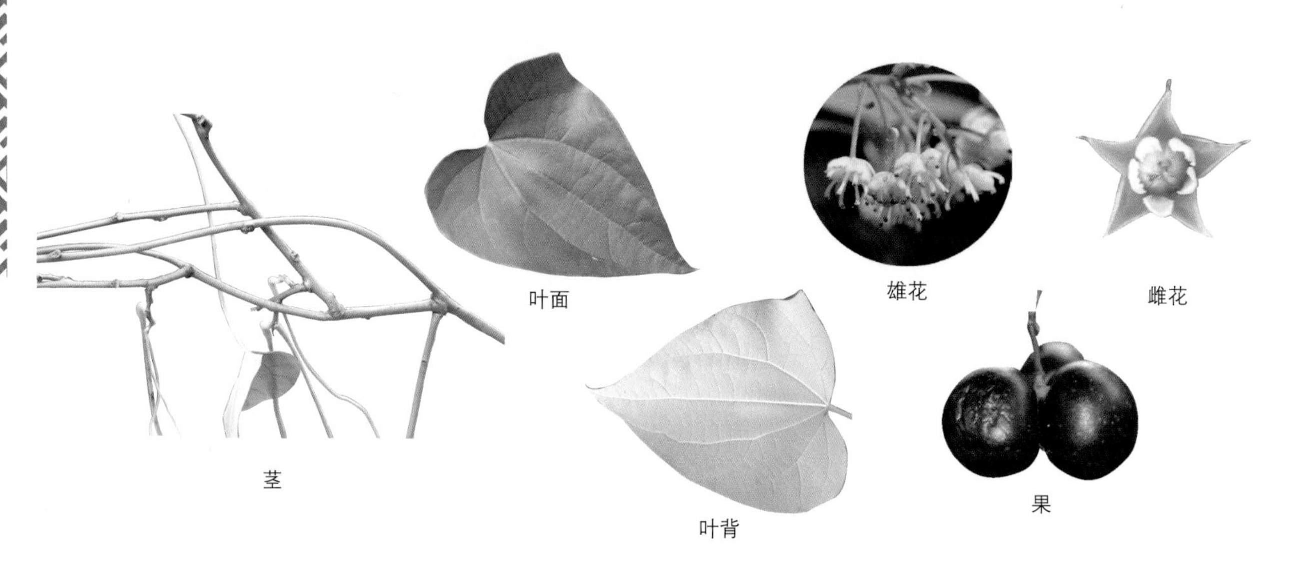

2.木防己属 *Cocculus*

缠绕藤本或灌木。叶互生，全缘或分裂。雌雄异株，成圆锥或总状花序；萼片与花瓣各6；雄花有雄蕊6～9；雌花有退化雄蕊6或无，心皮3～6，分离。核果近球形，核扁平，背和边缘有横脊棱。

有15种，分布于热带和亚热带。我国有4种，产西南、东南至东北。河南有1种。栾川县1种。

木防己（青藤） *Cocculus trilobus*

【识别要点】小枝密生柔毛，具细纵条纹。叶纸质，宽卵形或卵状椭圆形，全缘或微波状，两面有柔毛；核果近球形，蓝黑色。

木质藤本。小枝密生柔毛，具细纵条纹。叶纸质，宽卵形或卵状椭圆形，长3～14cm，宽2～9cm，先端急尖、圆钝或微凹，全缘或微波状，有时3浅裂，两面有柔毛；叶柄长1～3cm。聚伞圆锥花序腋生；花淡黄色，萼片与花瓣各6；雄花有雄蕊6；雌花有6个退化雄蕊，心皮6，离生。核果近球形，直径6～8mm，蓝黑色。花期5～6月，果期8～9月。

栾川县产各山区，生于海拔1500m以下的向阳山坡、路旁、灌丛中。河南产于各山区。分布于华北、中南、华东及西南各地。日本及朝鲜也产。

种子或扦插繁殖。喜干燥。

根、茎、叶均可入药，根能补肾益精、强筋骨、祛风湿、止淋利尿，治风湿关节炎、筋骨酸软、阳萎滑精、膀胱热、大小便不利、中风痉挛、痈肿恶疮等症；茎、叶治水肿、淋症。根与茎也可作兽药，治牛马神经痛、关节痛及发高烧等症。茎皮纤维可制绳索，也可做纺织原料。茎藤柔软，可编制藤椅，提篮等。根含淀粉65%，可酿酒。

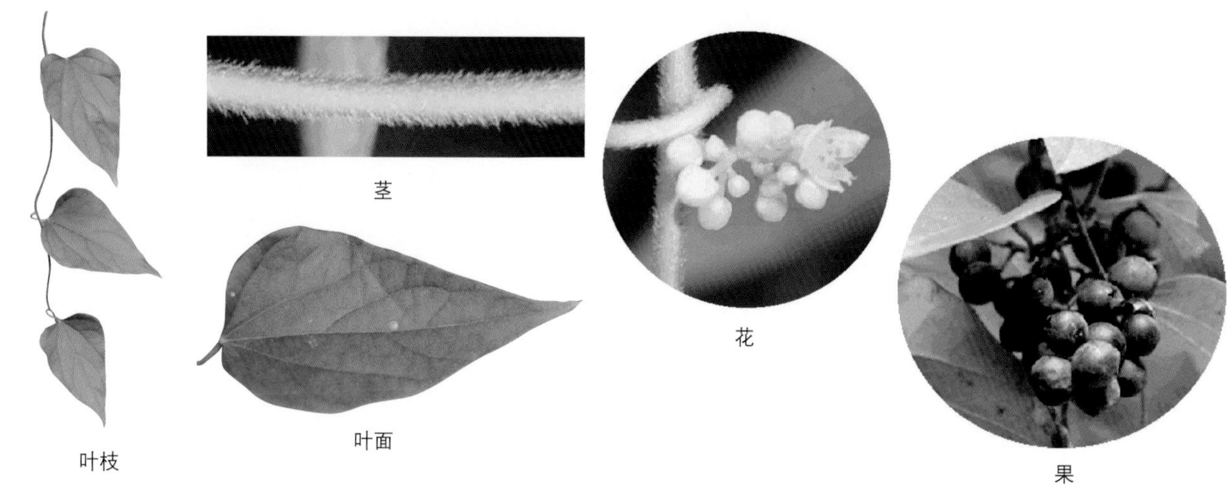

（4）玉兰（白玉兰） *Magnolia denudata*

【识别要点】叶倒卵形或倒卵状矩圆形，先端突尖，全缘，表面亮绿色，背面淡绿色有柔毛，脉上较密；花白色；聚合果圆筒形，淡褐色。

落叶乔木，高达15m。幼枝淡灰褐色或淡黄色，具柔毛。冬芽密生长茸毛。叶倒卵形或倒卵状矩圆形，长10～18cm，宽6～10cm，先端突尖，基部楔形，全缘，表面亮绿色，有稀疏短毛，背面淡绿色有柔毛，脉上较密；叶柄长2～2.5cm，无毛。花先叶开放，白色，芳香，直径12～15cm；花被9，花瓣状，矩圆状倒卵形。聚合果圆筒形，长8～12cm，淡褐色。花期5月，果期9～10月。

栾川县产各山区，多生于山沟杂木林中。河南产于伏牛山、大别山，郑州、洛阳、开封等地有栽培。分布我国东部。

种子或嫁接繁殖。喜温暖湿润气候和肥沃土壤，向阳或半阳坡排水良好的地方均可生长，最忌低湿积水。

花蕾称“辛夷”入药；种子榨油供工业用；木材松软，可作家具等用。可作庭院观赏树种。

树干 叶枝 花 花 叶背 花蕾 果 种子 花蕊

（5）武当玉兰（朱砂玉兰 紫玉兰） *Magnolia sprengeri (Magnolia diva)*

【识别要点】叶倒卵状长圆形，背面被平贴细柔毛或几无毛；花大型，白色外带玫瑰红色；聚合果圆柱形。

落叶乔木，高达13m。芽长圆形，被淡黄绿色柔毛。叶倒卵状长圆形，长12～15cm，宽4.5～6cm，先端急尖，基部楔形，背面被平贴细柔毛或几无毛；叶柄长1～2.5cm。花大型，具香气，直径15～18cm，花被12，萼片与花瓣无明显区别，匙形，长8～10cm，宽3～3.5cm，背面玫瑰红色。聚合果圆柱形，长达13cm。花期3月，果期6～7月。

栾川县产伏牛山脉，生于山沟或山坡杂木林中。河南还产于嵩县、卢氏、西峡等县。分布陕西、甘肃、湖南、湖北、四川等地。

种子繁殖。适宜土层深厚排水良好的山沟、山坡生长。

花蕾代“辛夷”入药。材质优良，供建筑、家具、器具等用。可作园林绿化树种。

花

果枝

2.鹅掌楸属 *Liriodendron*

落叶乔木。冬芽外被两个芽鳞状托叶。叶马褂状，先端截形，两侧各具1～2裂片。花单生枝顶；萼片3个；花瓣6个；每心皮2胚珠。聚合果纺锤形，由多数具翅小坚果组成。

有2种，1种产北美洲，1种产我国。河南有栽培。栾川县栽培1种。

鹅掌楸（马褂木） *Liriodendron chinense*

【识别要点】叶马褂状，两侧各具1裂片，老叶背面被乳头状白粉点；花黄色；聚合果纺锤形，小坚果具翅。

乔木，高达40m。小枝灰色或灰褐色。叶马褂状，长4～18cm，宽5～19cm，两侧各具1裂片，表面亮绿色，背面淡绿色，老叶密生白粉状的乳头突起；叶柄长4～8cm。花黄色，杯状，直径5～6cm；花被片外面绿色，内面黄色，花瓣长3～4cm；花丝长约5mm。聚合果纺锤形，长7～9cm，小坚果具翅，先端钝。花期5月，果期9～10月。

栾川县有栽培。河南郑州、洛阳、鸡公山、商城等地有栽培。我国特有树种，国家二级重点保护野生植物，分布长江以南各地。

种子繁殖。喜温凉湿润气候，喜光，速生。

树皮入药有祛风除湿、散寒之效。木材供建筑、家具、细工等用。其花大美丽，叶形奇特，为园林绿化优良树种。

树干

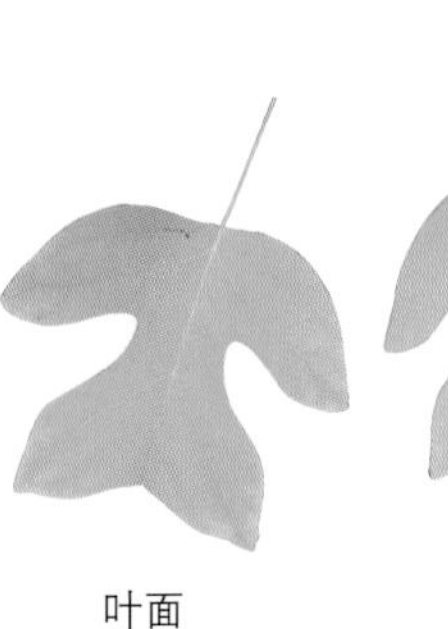
叶枝

叶面

叶背

花

果

3.八角属 *Illicium*

常绿芳香灌木或小乔木。单叶互生或轮生状，全缘，有短柄，无托叶。花两性，单生或2～3簇生叶腋；花被7～33片，最外部为苞片状；雄蕊10～50；心皮常7～15个分离，成一轮，各有1胚珠。聚合果星芒状。

约40种，分布东亚及北美洲。我国21种，分布长江以南各地。河南2种。栾川县1种。

红茴香（八角） *Illicium henryi*

【识别要点】叶互生或2～5片簇生，革质，矩圆状披针形、披针形或倒卵状椭圆形，边缘稍内卷；花红色；聚合蓇葖果星芒状，顶端有短尖头。

灌木或小乔木，高3～12m。树皮灰褐色至灰白色。芽近卵形。叶互生或2～5片簇生，革质，倒披针形，长披针形或倒卵状椭圆形，长6～18cm，宽1.2～5（～6）cm，先端长渐尖，基部楔形，边缘稍外卷，表面深绿色，有光泽，背面淡绿色；叶柄长7～20mm，上面有纵沟，上部有不明显的狭翅。花单生或2～3个簇生叶腋或近顶生，粉红至深红、暗红色；花梗细长，长15～50mm；花被片10～15，最大的花被片长圆状椭圆形或宽椭圆形，长7～10mm；宽4～8.5mm；雄蕊11～14，长2.2～3.5mm，花丝长1.2～2.3mm，药室明显凸起；心皮7～9（12），长3～5mm，花柱钻形，长2～3.3mm；果梗长1.5～5.5cm，蓇葖7～9，长1.5～20mm，宽5～8mm，厚3～4mm，先端明显钻形，细尖，尖头长3～5mm。种子长6.5～7.5mm，宽5～5.5mm，厚2.5～3mm。花期5月，果期9～10月。

栾川县龙峪湾三岔山沟溪旁杂木林中有少量分布。河南还产于西峡、南召、内乡、淅川、信阳、新县等地。分布陕西、安徽、江苏、江西、福建、湖北、四川、云南、广西、湖南、贵州等地。

种子繁殖或春季扦插繁殖。

叶、果可提取芳香油；根及果均有毒，不能食用。根及根皮入药，有散瘀止痛、祛风除湿之效，治跌打损伤、风湿性关节炎等。花红色美丽，可作观赏植物。

叶枝　叶背　果　花　雌蕊　芽

4.五味子属 *Schisandra*

落叶或常绿木质藤本。冬芽具数枚覆瓦状鳞片。单叶互生，全缘或有疏齿，具长柄，无托叶。花雌雄异株或同株，数个簇生叶腋，有长梗；花被7～12片，萼片与花瓣无明显区别；雄蕊5～15个，稍连合；心皮多数。浆果螺旋状排列在伸长的花托上，形成穗状下垂的果序。

有25种，分布亚洲东南部。我国18种，分布西南和东北。河南2种，1变种。栾川县2种，均为落叶木质藤本。

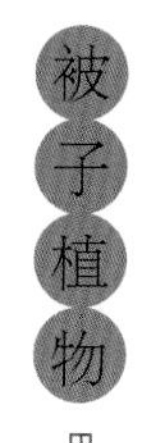

1.叶宽椭圆形、倒卵形或卵形。雄蕊5 ································ （1）五味子 *Schisandra chinensis*

1.叶椭圆形、倒卵形或卵状披针形。雄蕊10～15个 ············ （2）华中五味 *Schisandra sphenanthera*

（1）五味子（北五味子） *Schisandra chinensis*

【识别要点】叶宽椭圆形、倒卵形或卵形，边缘疏生具腺细齿；花乳白色或粉红色；浆果球形，深红色。

落叶缠绕藤本，长达8m。小枝灰褐色，稍有棱。叶宽椭圆形、倒卵形或卵形，长5～10cm，宽2～5cm，先端急尖或渐尖，基部楔形，边缘疏生具腺细齿，表面有光泽，亮绿色，无毛，背面淡绿色，幼时脉上有短柔毛；叶柄长1.5～4.5cm。雌雄异株，花单生或簇生叶腋；花乳白色或粉红色，芳香，雄花雄蕊5；雌花心皮17～40。聚合果穗状。浆果球形，深红色。花期5～6月，果期8～10月。

栾川县广泛分布于各山区，多生于林缘、山坡或山沟杂木林中。河南产于各山区。分布于东北、华北及湖北、湖南、江西、四川等地。

种子、扦插或压条繁殖。喜荫蔽和潮湿环境，在疏松肥沃的壤土地上生长较好，耐寒。

茎、叶与果可提取芳香油。果实入药，可治肺虚喘咳、泄痢、盗汗等症。治疗肝炎降低转氨酶效果较好。种子榨油供工业用。可作城市垂直绿化植物。

叶枝　花　花　果

（2）华中五味子（五味子） *Schisandra sphenanthera*

【识别要点】叶椭圆形、倒卵形或卵状披针形，边缘有疏齿，背面绿色，无毛；花橙红色常生叶腋；浆果近球形，红色。

落叶木质藤本。枝细长，圆柱形，红褐色，无毛，有皮孔。叶椭圆形、倒卵形或卵状披针形，长4～11cm ，宽2～6cm，先端渐尖或短尖，基部楔形或圆形，边缘有疏齿，背面绿色，无毛；叶柄长1～3cm。花1～2个生于叶腋，橙红色，雄花雄蕊10～15。穗状聚合果长6～9cm，浆果近球形，长6～9mm，红色。花期5月，果期8～9月。

栾川县产各山区，多生于海拔1500m以下的山坡沟谷杂木林中或林缘。河南产于各山区；分布陕西、甘肃、江苏、江西、湖北、四川、贵州、云南等地。

种子、扦插或压条繁殖。喜湿润肥沃的土壤。

果实可食，也可入药，治肺虚喘咳、盗汗等症；种子榨油供工业用。也可作城市垂直绿化植物。

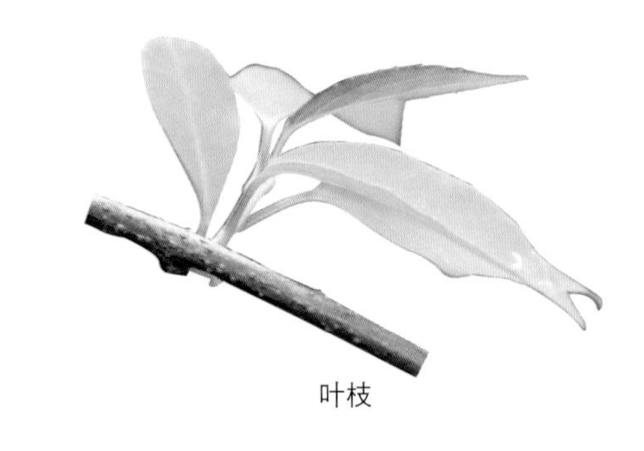

叶枝

叶面

叶背

花枝

花

雌蕊

果

5.南五味子属 *Kadsura*

常绿藤本。单叶互生，边缘有锯齿或全缘，有柄，无托叶，花雌雄异株，常单生叶腋； 花被8～17片，由绿色变为白色或淡红色；雄花雄蕊多数，分离或连合成球状体，雌花心皮多数，分离，各有2～3胚珠，花托不伸长；花梗细长。浆果聚合成球形。约有25种，分布于亚洲热带、亚热带地区。我国有10种。河南1种。栾川县1种。

南五味子 *Kadsura longipedunculata*

【识别要点】叶椭圆形或椭圆状披针形，革质或近纸质，边缘具疏齿；花黄色，单生叶腋；浆果卵形，深红色至淡蓝色。

藤本。小枝褐色或紫褐色。叶革质或近纸质，有光泽，椭圆形或椭圆状披针形，长5～10cm，宽2～5cm，先端渐尖，基部楔形，边缘有疏锯齿，叶柄长1.5～3cm。花单生叶腋，黄色，芳香；花梗细长下垂。浆果深红色至暗蓝色，卵形，聚合果近球形，直径2.5～3cm。花期5～6月，果期9～10月。

栾川县产伏牛山，生于山坡或山沟杂木林中。河南产于伏牛山、大别山、桐柏山区。分布于广东、广西、贵州、四川、湖北、湖南、江西、福建、浙江等地。

叶及果可提取芳香油；根、茎及果入药，有行气活血、消肿敛肺之效；根可治胃痛及12指肠溃疡。可作兽药，治牛百叶病、软脚、喉风等症。

叶枝 叶缘 果枝 花 叶背 种子 果

（十八）蜡梅科 Calycanthaceae

落叶或常绿灌木，有芳香。单叶对生，全缘，羽状脉，无托叶。花两性，辐射对称，单生于叶腋；花被片多数，花瓣状；雄蕊5～30，花丝短；心皮多数，分离，生于壶形花托内，子房上位，每室胚珠1～2。瘦果，为花托包被，熟时蒴果状开裂。

有2属，7种，分布于东亚及北美。我国产2属，4种。河南有1属，1种及2变种。栾川县栽培1属，1种，2变种。

蜡梅属 *Chimonanthus*

落叶或常绿灌木。芽具多数鳞片。花单生叶腋，冬季开放，黄色，雄蕊5～6，短小。瘦果种子状，果托壶形，顶端孔裂，孔口部收缩，边缘有附属物。

有4种，我国均产。河南有1种，2变种。栾川县有1种，2变种。

蜡梅 *Chimonanthus praecox* (*Calycanthus praecox*)

【识别要点】叶椭圆状卵形至卵状披针形，全缘，背面叶脉略凸起；花黄色；果椭圆形蒴果状，被黄褐色柔毛。

落叶灌木，高达3m。树皮灰色有椭圆形明显皮孔。叶椭圆状卵形至卵状披针形，长7～15cm，先端渐尖，基部圆形或宽楔形，全缘，表面深绿色，有光泽，背面淡绿色，无毛，叶脉略凸起；叶柄长约5mm。花先叶开放，鲜黄色，芳香，直径1.2～2.5cm，内部花被片有紫条纹。果为花托膨大的椭圆形蒴果状，长3～4cm，口部收缩，缘有刺状附属物，外被黄褐色柔毛。种子圆柱形，栗褐色，有光泽。花期11月至次年2月，果期6月。

栾川县有栽培。河南各地有栽培，以鄢陵栽培历史悠久，有“鄢陵蜡梅冠天下”之称。分布于陕西、湖北、四川等地。

种子、扦插、嫁接及分根繁殖。喜光，稍耐阴，较耐寒耐旱，以排水良好、肥沃湿润的壤土最宜。

根、茎有散瘀、消肿、活血、顺气、止咳平喘之效，叶可治疮疖红肿疼痛；花为清凉解暑生津药，还可提取芳香油，供化妆品用香精。花蕾油治烫伤。其花开放于腊月至早春，风雪寒天时傲然绽放，色黄似蜡，浓香扑鼻，为冬季及早春园林绿化重要花木。

庭院栽培常见有2个栽培变种：**素心蜡梅**‘Concolor’花较大，花被片先端圆或略尖，鲜黄色，里面无紫色条纹，盛开时花瓣反卷，香气较浓。**罄口蜡梅**‘Grandiflorus’叶较大，长达20cm，花大，直径3～3.5cm，纯黄色，有浓紫色边缘及条纹，香气较淡。

叶枝　叶面　花枝　花　种子　果

（十九）樟 科 Lauraceae

乔木或灌木，有香气。单叶互生，稀对生、簇生而似轮生状，全缘，稀浅裂，无托叶。花两性、单性异株或杂性，花序各式；单被，花被片6（4～9），2轮，花瓣状；雄蕊3～4轮，每轮3个，两性花的第一、二轮雄蕊花药内向，第三轮花药外向，花丝基部有2腺体，第四轮雄蕊常退化或缺，花药2室或4室，瓣裂；子房上位，1室，1胚珠。浆果或核果，具1种子。

约45属，2000～2500种，主产热带及亚热带地区，分布中心在东南亚及巴西。我国约20属，423种，43变种及5变型。河南9属，31种，3变种。栾川县有3属，9种。

1.花两性，成疏松圆锥花序或总状花序，花药4室：

2.花被片在果期宿存，直立或紧抱果上。叶脉羽状 ································ 1.楠木属 *Phoebe*

2.花被片于开花后自其中部脱落，果下留1宿存的杯状或盘状物。叶为三出脉 ·· 2..樟属 *Cinnamomum*

1.花雌雄异株，花序密集而短成伞形，头状或丛状，花药2室 ······················ 3.山胡椒属 *Lindera*

1.楠木属 *Phoebe*

常绿乔木或灌木。叶互生，羽状脉，有柄。花小，两性或杂性，圆锥花序腋生或顶生，花被片6，直立；雄蕊9，3轮，花药4室。果基部宿存的花被片紧贴不外卷。

约94种，产亚洲和热带美洲；我国约34种。河南有6种。栾川县1种。

湘楠（湖南楠） *Phoebe hunanensis*

【识别要点】叶倒披针形，聚生枝端，背面苍白色，脉隆起；果卵形，黑色，花被片宿存。

小乔木，高达8 m。小枝黑褐色，有棱脊，无毛。叶薄革质，常聚生枝端，倒披针形，少为倒卵状披针形，长10～21cm，宽3.5～6cm，先端渐尖，有时尾状，基部楔形或狭楔形，表面无毛，幼时背面被短绢毛状糙毛，苍白色，侧脉6～14对，多数为10～12对，背面十分突起，横脉明显；叶柄长7～15mm。花序腋生，长5～8cm，近无毛；花梗约与花等长；花被片有缘毛，外轮稍短，外面无毛，内面有毛；内轮外面无毛或上半部有微柔毛，内面密或疏被柔毛；能育雄蕊各轮花丝无毛或仅基部有毛，第三轮花丝基部的腺体无柄；子房扁球形，无毛，柱头帽状或略扩大。果卵形，黑色，长约1～1.2cm，直径约7mm；果梗略增粗；宿存花被片卵形，松散，常可见到缘毛。花期5～6月，果期10月。

栾川县零星产于伏牛山北坡，生于沟谷或水旁。河南产于伏牛山、大别山。分布于湖北、湖南、甘肃、陕西、贵州、江西、江苏。

种子或扦插繁殖。喜温湿气候；耐阴。

枝、叶可提取芳香油。种子可榨油，供工业用。根、叶入药，用于小儿疳积、风湿痛。

幼树干

叶枝

幼叶背面　花　叶面　果

2.樟属 *Cinnamomum*

常绿乔木或灌木。叶具离基或基部3出脉或羽状脉。花两性，稀杂性，腋生或顶生圆锥花序；花被管短，裂片6，常脱落；可育雄蕊9，3轮，第三轮花丝近基部具一对腺体，花药4室，退化雄蕊3。核果，卵形，基部有肥厚花被管。

约250种，产于热带、亚热带、亚洲东部、澳大利亚及太平洋岛屿。我国约46种。河南有3种。栾川县连栽培4种。

1.叶互生，背面脉腋有明显腺体 ………………………………………… （1）樟 *Cinnamomum camphora*

1.叶对生或近对生，背面脉腋无腺体：

2.果卵圆形，果下具全缘、截形或6齿的宿存花被：

3.果下具全缘或截形宿存的花被 ………………………………… （2）川桂 *Cinnamomum wilsonii*

3.果下具6齿的宿存花被 ……………………………… （3）天竺桂 *Cinnamomum japonicum*

2.果卵球形，果托杯状，边缘具短圆齿 …………………… （4）兰屿肉桂 *Cinnamomum kotoense*

（1）樟（香樟） *Cinnamomum camphora*

【识别要点】叶椭圆状卵形或矩圆状卵形，互生，背面脉腋有腺体；花淡黄绿色；核果球形，黑色。

常绿乔木，高达25m。树冠广卵形；枝、叶及木材均有樟脑气味；树皮黄褐色，有不规则的纵裂。顶芽广卵形或圆球形，鳞片宽卵形或近圆形，外面略被绢状毛。枝条圆柱形，绿褐色，无毛。叶互生，椭圆状卵形或矩圆状卵形，长6～12cm，宽3～6cm，无毛，先端急尖，基部宽楔形至近圆形，边缘全缘，软骨质，有时呈微波状，表面绿色或黄绿色，有光泽；背面黄绿色或灰绿色，脉腋有腺体；离基三出脉，有时过渡到基部具不显的5脉，中脉两面明显；叶柄纤细，长2～3cm，腹凹背凸，无毛。圆锥花序腋生，长3.5～7cm，具梗，总梗长2.5～4.5cm；花淡黄绿色，长约3mm；花梗长1～2mm，无毛。花被外面无毛或被微柔毛，内面密被短柔毛，花被筒倒锥形，长约1mm，花被裂片椭圆形，长约2mm。能育雄蕊9，长约2mm，花丝被短柔毛。退化雄蕊3；子房球形，长约1mm，无毛，花柱长约1mm。核果球形，黑色，直径6～8mm。花期5月，果期10月。

栾川县有栽培，用于城区绿化，生长良好。河南洛阳、南阳、新县、商城、鸡公山有栽培。分布长江以南及西南各地。越南、朝鲜、日本也有分布。

喜温湿气候和肥厚的酸性或中性沙壤土，不耐干旱瘠薄。种子繁殖，也可萌芽更新。

木材、根、枝叶是提取樟脑及樟脑油的原料；种子含油率约40%，用于工业。根、果、枝叶也可入药，有温中散寒、祛风行气、杀虫利滞之效。木材为造船、建筑、家具等优良用材，也是重要的园林绿化树种。

树干　叶枝　叶面　叶背　花　果　花序

栾川县产各山区，生于海拔1700m以下的山坡灌丛及疏林中。河南产于大别山、桐柏山、伏牛山。分布于陕西、甘肃、山东、山西、江西、安徽、浙江、福建、台湾、广东、广西、湖北、湖南、四川等地。

种子繁殖。喜光，耐干旱瘠薄。

叶、根、果均可入药，叶清热解毒、消肿止痛；根治风湿麻木，筋骨疼痛；果治中风不语。叶、果含芳香油，种子出油率39.2%，供制皂及润滑油用。木材坚硬致密，可作农具柄等。

树干

叶枝

叶面

叶背

叶背局部

幼枝

果

小枝

花枝

花

（4）山橿（土沉香 钓樟） *Lindera reflexa*

【识别要点】叶圆卵形、倒卵状椭圆形，侧脉6～8对；果球形，熟时红色。

落叶灌木或小乔木。树皮棕褐色，有纵裂及斑点。幼枝黄绿色，平滑，无皮孔，有绢状毛。叶圆卵形、倒卵状椭圆形，长6.5～15cm，宽4～6.5cm，先端渐尖，基部宽楔形，表面绿色，幼时在中脉上被微柔毛，不久脱落，背面带绿苍白色，被白色柔毛，后渐脱落成几无毛，羽状脉，侧脉6～8对；叶柄长6～13cm。伞形花序着生于叶芽两侧，有短总梗长约3mm，红色，密被红褐色微柔毛，果时脱落；总苞片4，内有花约5朵。雄花花梗长4～5mm，密被白色柔毛；花被片6，黄色，椭圆形，近等长，长约2mm，花丝无毛，第三轮的基部着生2个宽肾形具长柄腺体，柄基部与花丝合生；退化雌蕊细小，长约1.5mm，狭角锥形。雌花花梗长4～5mm，密被白柔毛；花被片黄色，宽矩圆形，长约2mm，外轮略小，外面在背脊部被白柔毛，内面被稀疏柔毛；退化雄蕊条形，一、二轮长约1.2mm，第三轮略短，基部着生2腺体，腺体几与退化雄蕊等大，下部分与退化雄蕊合生，有时仅见腺体而不见退化雄蕊；雌蕊长约2mm，子房椭圆形，花柱与子房等长，柱头盘状。果球形，直径约7mm，成熟时红色；果梗长约1.5cm，有柔毛。花期3～4月，果期8～9月。

栾川县产各山区，生于海拔约1000m以下的山坡或山沟杂木林和灌丛中。河南产于大别山、桐柏山和伏牛山区。分布于广东、广西、云南、贵州、四川、江苏、安徽、浙江、江西等地。

种子繁殖。

根皮入药，有散寒止疼、止血消肿之效，并可治风疹、疥癣等。叶果含芳香油。种子含油量58%～69%，供制皂、润滑油等用。

树干　叶面　叶背　果序　果　花

（二十）虎耳草科 Saxifragaceae

草本、灌木或小乔木。叶互生或对生，无托叶。花两性、稀单性，辐射对称，稀两侧对称；萼片与花瓣通常4～5数，稀无花瓣，雄蕊与花瓣同数或2倍，子房上位或下位，1～5室，心皮2～5，连合，稀全部分离；胚珠多数。果为蒴果或浆果；种子小，具胚乳。

约80属、1200种，多分布于北温带。我国约27属，约500种。河南木本有6属，38种，19变种。栾川县木本有4属，28种，3变种。

1.叶对生或短枝簇生。蒴果：
  2.花异形，花序边缘具大型花瓣状不孕性花且有2个以上花瓣状萼片 …………1.绣球属 *Hydrangea*
  2.花同形，花序边缘无大型花瓣状不孕性花：
    3.植物体有星状毛。花5数，雄蕊10，花丝扁平，顶端有齿 ………………… 2.溲疏属 *Deutzia*
    3.植物体无星状毛。花4数，雄蕊多数 ……………………………… 3.山梅花属 *Philadelphus*
1.叶互生或短枝簇生。浆果 ………………………………………………………4.茶藨子属 *Ribes*

1.绣球属（八仙花属） *Hydrangea*

落叶灌木或小乔木，稀藤本。单叶对生，有柄，具锯齿。伞房花序或圆锥花序；花异型；周边不育花有4～5个花瓣状萼片；发育花小型，萼片、花瓣各4～5个；雄蕊10（8～20）；子房下位或半下位。蒴果顶端开裂，2～5室；种子小，多数。

约80种，分布于北温带。我国40多种。河南有9种，2变种。栾川县连栽培有6种。

1.子房半下位或近上位。蒴果椭圆球形或近球形：
  2.种子无翅或翅极短，花序上面平 …………………………… （1）绣球 *Hydrangea macrophylla*
  2.种子两端有翅，花序上面常拱形：
    3.2年生枝枝皮薄片剥落，皮孔不明显 ……………… （2）东陵绣球 *Hydrangea bretschneideri*
    3.2年生枝枝皮不剥落，疏生皮孔 ……………………（3）挂苦绣球 *Hydrangea xanthoneura*
1.子房下位。蒴果半球形或扁球形：
  4.直立灌木，花瓣离生：
    5.叶基楔形，叶长较宽大1倍以上 …………………………（4）腊莲绣球 *Hydrangea strigosa*
    5.叶基圆或浅心形，叶长不及宽的1倍，膜质 …………… （5）长柄绣球 *Hydrangea longipes*
  4.攀援灌木，花瓣连成帽状 ……………………………………… （6）冠盖绣球 *Hydrangea anomala*

（1）绣球（阴绣球 八仙花） *Hydrangea macrophylla*

【识别要点】叶稍厚，倒卵形、宽卵形或椭圆形，边缘具粗锯齿。伞房状聚伞花序近球形，花色多种。

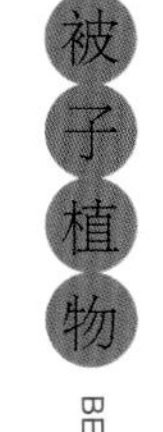

灌木。茎常于基部发出多数放射枝而形成一圆形灌丛；枝圆柱形，粗壮，无毛，具少数长形皮孔。叶纸质或近革质，倒卵形、宽卵形或椭圆形，长8～20cm，宽4～11.5cm，先端短尖，基部钝圆或阔楔形，边缘具粗锯齿，两面无毛或仅背面中脉两侧被稀疏卷曲短柔毛，脉腋间常具少许髯毛；侧脉6～8对，直，向上斜举或上部近边缘处微弯拱，表面平坦，背面微凸，小脉网状，两面明显；叶柄粗壮，长1～3.5cm，无毛。伞房状聚伞花序近球形，直径8～20cm，具短的总花梗，分枝粗壮，近等长，密被紧贴短柔毛，花密集，多数不育；不育花萼片4，长1.4～2.4cm，宽1～2.4cm，粉红色、淡蓝

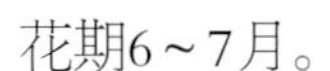

色或白色；孕性花极少数，具2～4mm长的花梗；萼筒倒圆锥状，长1.5～2mm，与花梗疏被卷曲短柔毛，萼齿卵状三角形，长约1mm；花瓣长圆形，长3～3.5mm；雄蕊10，近等长，不突出或稍突出，花药长圆形，长约1mm；子房大半部下位，花柱3，结果时长约1.5mm，柱头稍扩大，半环状。花期6～7月。

栾川县作为花卉栽培。河南各地有栽培。分布于江苏、浙江、福建、湖南等南方地区。日本、朝鲜有分布。

全株入药，有清热抗疟之效。为庭院观赏树种。

花

叶

（2）东陵绣球（东陵八仙花） *Hydrangen bretschneideri*

【识别要点】叶卵形至长卵形，边缘有锯齿，背面被灰色卷曲柔毛；伞房状聚伞花序顶生，花白色；蒴果近球形，一半或1/3突出于萼管之上。

灌木，高1～3m。幼枝有短柔毛，2年生枝栗褐色，表皮常开裂或呈条状剥落。叶对生，卵形至长卵形，长5～15cm，宽2～5cm，基部近楔形，边缘有锯齿，表面无毛或脉上有毛，背面有灰色卷曲柔毛；叶柄长1～3cm，有疏毛。伞房状聚伞花序顶生，长宽各约7～12cm，花序轴与花梗被毛；花二型；放射花具4枚萼瓣，萼瓣近圆形，全缘，长1～1.5cm；孕性花白色；萼筒有疏毛，裂片5，披针形；花瓣5，离生；雄蕊10，不等长；花柱3，稀2，子房大半部下位。蒴果近球形，长约3mm，约1/2或1/3突出于萼管之上，顶端孔裂；种子两端有翅。花期7月，果期9月。

栾川县产伏牛山，生于海拔1500m以上的山沟溪旁或山坡杂木林中。河南产于伏牛山。分布于河北、山西、陕西、甘肃和四川西北部。

种子、插条或分株繁殖。

木材坚硬致密，供家具、农具、细木工用材。花美丽，可栽培供园林绿化。

叶

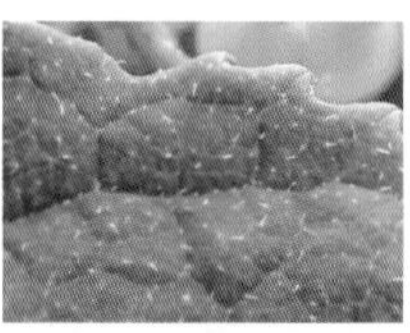

叶缘

叶背局部

果枝

花

果

（3）挂苦绣球（黄脉绣球） *Hydeangea xanthoneura*

【识别要点】叶椭圆形至长圆形，边缘有锯齿，背面脉上、脉腋具毛；伞房状聚伞花序顶生；蒴果近卵形，约一半突出于萼管之上。

灌木，1～3m，稀达5m。小枝粗壮，有狭椭圆形皮孔，幼枝有微柔毛。叶对生，椭圆形至长圆形，长10～18cm，宽5～8cm，先端突渐尖，基部楔形或近圆形，边缘有锯齿，表面近无毛，背面脉上有短柔毛，脉腋间有束毛，叶柄近无毛，长2～3.5cm。伞房状聚伞花序顶生，宽10～15cm，花序轴与花梗有毛；花二型；放射花具4枚萼瓣，萼瓣宽椭圆形，全缘，长1～1.7cm；孕性花小，萼筒有疏毛，裂片4～5，三角形；花瓣与裂片同数，离生；雄蕊10，花柱3稀4，子房大半部下位。蒴果近卵形，长约3mm，约一半突出于萼管之上，顶端孔裂；种子两端尖而弯斜。花期7月，果期8～9月。

栾川县产伏牛山，生于海拔1500m以上的山坡灌丛或疏林中。河南产于伏牛山。分布于陕西、甘肃、四川、云南等地。

根药用，外敷，有活血、接骨之功效。可作为庭院花坛花带绿化树种。

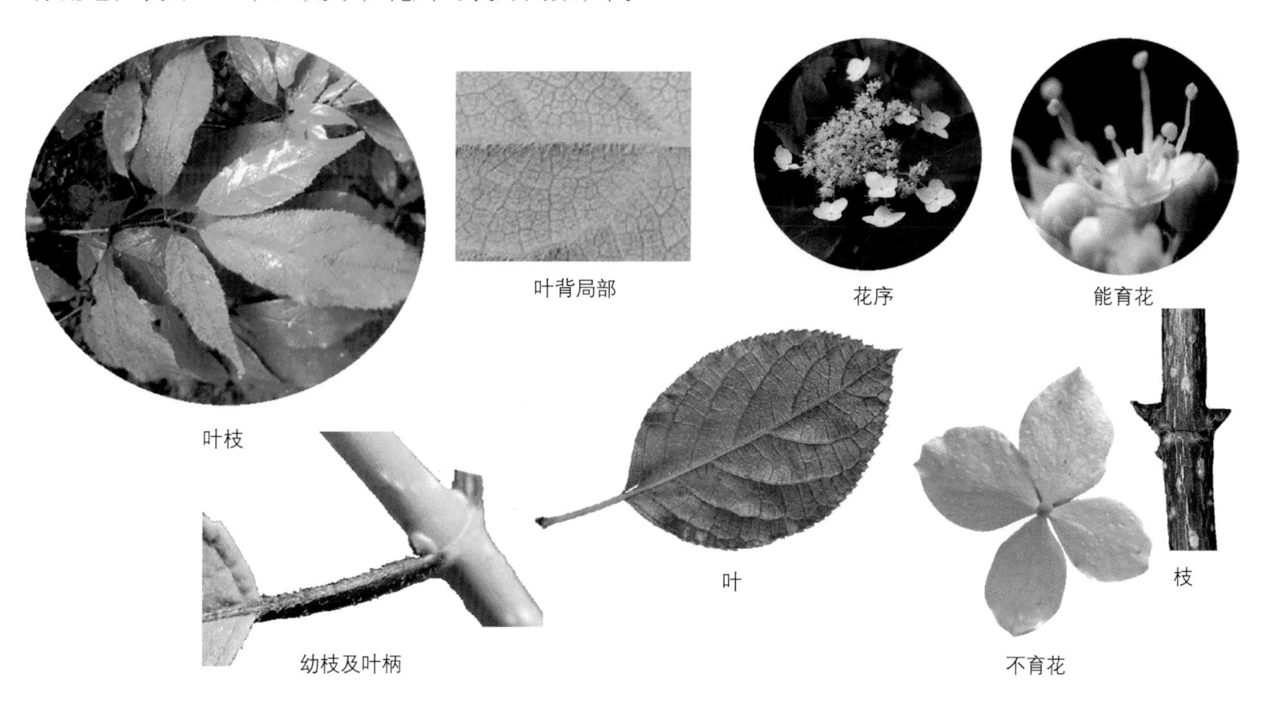

叶背局部　花序　能育花　叶枝　叶　枝　幼枝及叶柄　不育花

（4）腊莲绣球（土常山） *Hydrangea strigosa*

【识别要点】叶卵状披针形至矩圆形，边缘有突尖锯齿，两面具毛；伞房状聚伞花序；果半球形，顶端平截，有棱脊。

灌木，高达3m。小枝密生粗伏毛。叶卵状披针形至矩圆形，长8～23cm，宽2～6cm；先端渐尖，基部楔形，边缘有突尖锯齿，表面生稀疏粗毛，背面全部或仅脉上有粗伏毛；叶柄长1～3.5cm，密被平伏粗毛。伞房状聚伞花序，被毛；不育花萼片4个，能育花粉蓝、紫蓝或白色，萼筒疏被糙毛；子房下位，花柱2。果半球形，顶端平截，有棱脊；种子椭圆状，两端具短翅，有条纹。花期8～9月，果期10月。

栾川县产各山区，生于海拔1800m以下的山沟或山坡疏林下。河南产于大别山、伏牛山。分布于陕西、湖北、湖南、浙江、广东、广西、四川、云南、贵州等地。

根部称“土常山”，有清热解毒之效。可作庭院观赏花卉。

叶枝　叶背局部　叶面局部　不育花　叶面　叶背　花序　花序局部　能育花　果

（5）长柄绣球（莼兰绣球）　*Hydrangea longipes*

【识别要点】叶宽卵形或椭圆形，边缘具不规则牙齿，两面粗糙，被毛；伞房状聚伞花序顶生；果半球形，有棱脊。

植株

灌木。幼枝疏被平贴硬毛。叶膜质，宽卵形或椭圆形，长6～18cm，宽4～12cm，先端急尖或短渐尖，基部心形或圆形，边缘具不规则牙齿，两面粗糙，被平伏毛，背面较密，侧脉5～7对；叶柄长5～15cm。伞房状聚伞花序顶生，直径10～15cm，密生硬毛；不育花萼片4个，能育花白色，花瓣连成帽状；子房下位，花柱2。果半球形，有棱脊；种子近椭圆形，具纵肋12～14条。花期6～7月，果期9～10月。

栾川县产各山区，生于海拔1000m以上的山沟或山坡疏林下。河南产于伏牛山。分布于甘肃、陕西、湖南、湖北、四川、贵州等地。

嫩叶可作野菜食用。根、叶入药，有清热解毒、除湿退黄之效。

干　叶背　不育花　叶背局部　花序　果枝　能育花

（6）冠盖绣球（藤绣球） *Hydrangea anomala*

【识别要点】叶椭圆形至卵形，边缘有锐齿，无毛或仅背面脉腋具柔毛；伞房状聚伞花序生于侧枝顶端；蒴果扁球形，顶端平截，孔裂。

木质藤本，有时呈灌木状；小枝无毛，表皮易脱落。叶对生，椭圆形至卵形，形状变化较大，长8～15cm，宽3～9cm，基部楔形或圆形，边缘有锐齿，两面无毛或背面的脉腋被柔毛；叶柄长达5cm，疏生长柔毛。伞房状聚伞花序生于侧枝顶端，被灰白色卷曲柔毛；放射花缺或存在，若存在则具3～5枚萼瓣，萼瓣近圆形或宽倒卵形，直径约1cm，全缘或有不整齐缺刻，脉上略生有短柔毛；孕性花小；花萼4～5裂；花瓣连合成一冠盖花冠，整个脱落；雄蕊10；花柱2。蒴果扁球形，直径约3～4mm，顶端平截，孔裂；种子椭圆状，褐色，有翅。花期4～6月，果期7～8月。

栾川县产各山区，生于山谷、溪边或林下。河南产于大别山、伏牛山。分布于四川、云南、贵州、广西、湖南、湖北、安徽、浙江、台湾及西藏等地。

叶可作清热抗疟药，树皮的内皮可作收敛剂。其可作园林垂直绿化植物。

叶枝　花序　果　幼枝及叶背局部

2.溲疏属 *Deutzia*

落叶灌木。小枝常中空。树皮褐色，片状剥落。单叶对生，具短柄，边缘有锯齿，常具星状毛。圆锥或伞房花序，稀单生，常顶生；两性；萼齿5个；花瓣5个；雄蕊10，排成2轮，花丝常顶端有齿；子房下位，花柱2～5，分离。蒴果3～5瓣裂；种子小，多数，褐色。

约60种，分布于北温带。我国约有40种。河南有10种，6变种。栾川县有7种，1变种。

1. 伞房状或聚伞花序：
  2. 花序有1～3花……………………………………………………（1）大花溲疏 *Deutzia grandiflora*
  2. 花序有多花：
    3. 萼齿披针形，比萼筒长：
      4.花序疏松；花梗长约10mm；花丝裂齿长为药柄的一半
      ……………………………………………………………（2）长梗溲疏 *Deutzia vilmorinae*
      4. 花序较紧密，花梗长约5mm；花丝裂齿与花药柄等长或近于等长
      ……………………………………………………………（3）异色溲疏 *Deutzia discolor*
    3. 萼齿三角形或宽卵形，比萼筒短：
      5. 小枝无毛：
        6.叶背面有白粉。雄蕊花丝有齿 ………………………（4）粉背溲疏 *Deutzia hypoglauca*
        6.叶背面无白粉。雄蕊花丝无齿 ……………………………（5）无毛溲疏 *Deutzia glabrata*
      5.小枝有毛：
        7.花白色。叶背面有6～9辐射枝的星状毛 ………………（6）小花溲疏 *Deutzia parviflora*
        7.花粉红色。叶背面有3～6辐射枝的星状毛 ………………（7）粉红溲疏 *Deutzia rubens*
1. 圆锥花序 ……………………………………………………（8）疏花溲疏 *Deutzia schneideriana*.var. *laxiflora*

（1）大花溲疏（华北溲疏） *Deutzia grandiflora*

【识别要点】叶卵形或卵状椭圆形，边缘具不整齐细齿，背面密被灰白色6～9辐射枝星状毛。

灌木，高达2m。小枝灰褐色，被星状毛。叶卵形或卵状椭圆形，长2～5cm。先端尖或渐尖，基部圆形，边缘具不整齐细齿，表面疏被3～6辐射枝星状毛，背面密被灰白色6～9辐射枝星状毛，中央具直立柔毛。聚伞花序具1～3花；花大，直径2.5～3.7cm，白色；萼密被星状毛，萼裂片长于萼筒；内轮花丝2裂；花柱3。蒴果半球形，直径4～5mm。花期4月，果期6月。

栾川县产各山区，生于海拔700～1600m的山沟、路旁、岩石缝中。河南产于各山区。分布于湖北、山西、陕西、甘肃、山东、河北、辽宁等地。朝鲜也有分布。

种子或分株繁殖。

果实入药，具清热利尿、下气之效。花期早，供园林绿化用。

叶枝

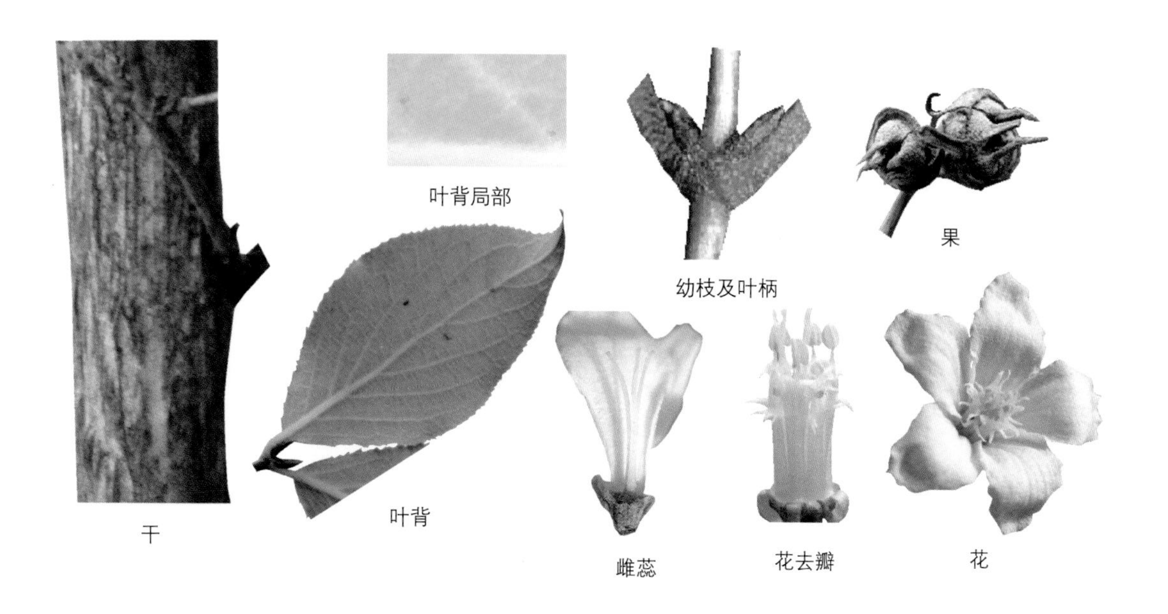

（2）长梗溲疏（毛脉溲疏） *Deutzia vilmorinae*

【识别要点】叶长圆状披针形，边缘具细齿，背面灰白色，密被9～12辐射枝星状毛；花梗长8～15cm。

灌木。小枝幼时被星状毛。叶长圆状披针形，长3～9cm，先端急尖或渐尖，基部宽楔形或圆形，边缘有细锯齿，表面疏被4～6辐射枝星状毛，背面灰白色，密被9～12辐射枝星状毛。伞房花序，疏松；花梗长8～15cm，被星状毛；萼裂片较萼筒长；花瓣白色，花丝2齿裂；花柱3～4。果近球形，直径3.5～5mm。花期5～6月，果期8～9月。

栾川县产各山区，生于山沟或山坡灌丛中。河南产于伏牛山区。分布于湖北、陕西、甘肃、四川等地。

根、叶入药，有退热解毒、活血止血之效，可催吐，利尿。

（3）异色溲疏　*Deutzia discolor*

【识别要点】叶卵状披针形或长椭圆状披针形，边缘有细尖齿，背面灰白色，密被10～15辐射枝星状毛。

灌木。幼枝被星状毛。叶卵状披针形或长椭圆状披针形，长3～9cm，先端渐尖或急尖，基部楔形或圆形，边缘有细尖齿，表面疏被4～5辐射枝星状毛，背面灰白色，密被10～15辐射枝星状毛。伞房花序，多花，花梗长3～6mm；花瓣白色；雄蕊花丝上部有2长裂齿；花柱3～4。蒴果近球形，直径4.5～6mm。花期5月，果期10月。

栾川县产各山区，生于海拔1000m以上的山坡杂木林中、林缘或沟边。河南产于伏牛山区。分布于湖北、陕西、甘肃、四川等地。

根、叶入药，有退热解毒、活血止血之效。花大而密集，为庭院绿化优良灌木。

叶枝　叶面放大　叶背放大　果序　干　花　叶面　叶背　果　雄蕊

（4）粉背溲疏　*Deutzia hypoglauca*

【识别要点】叶卵状长圆形或长圆状披针形，边缘具细齿，背面被白粉，无毛。

灌木，高达8m。小枝红褐色，叶近膜质，卵状长圆形或长圆状披针形，长5～8cm，先端锐尖，基部宽楔形或圆形，边缘有细锯齿，表面疏被3～4辐射枝星状毛，背面被白粉，无毛；叶柄长2～5mm。伞房花序顶生，花梗无毛，花白色；萼疏被星状毛，萼裂片短于萼筒，外轮雄蕊花丝具2齿裂，呈“V”形。蒴果被星状毛，直径4～5mm。花期5～6月，果期7～8月。

栾川县产各山区，生于海拔1000m以上的山沟溪旁、山坡灌丛中。河南产于伏牛山。分布于陕西、甘肃、四川、湖北。

枝、叶入药，有清热利尿、除烦之效。可作庭园观赏灌木。

叶枝

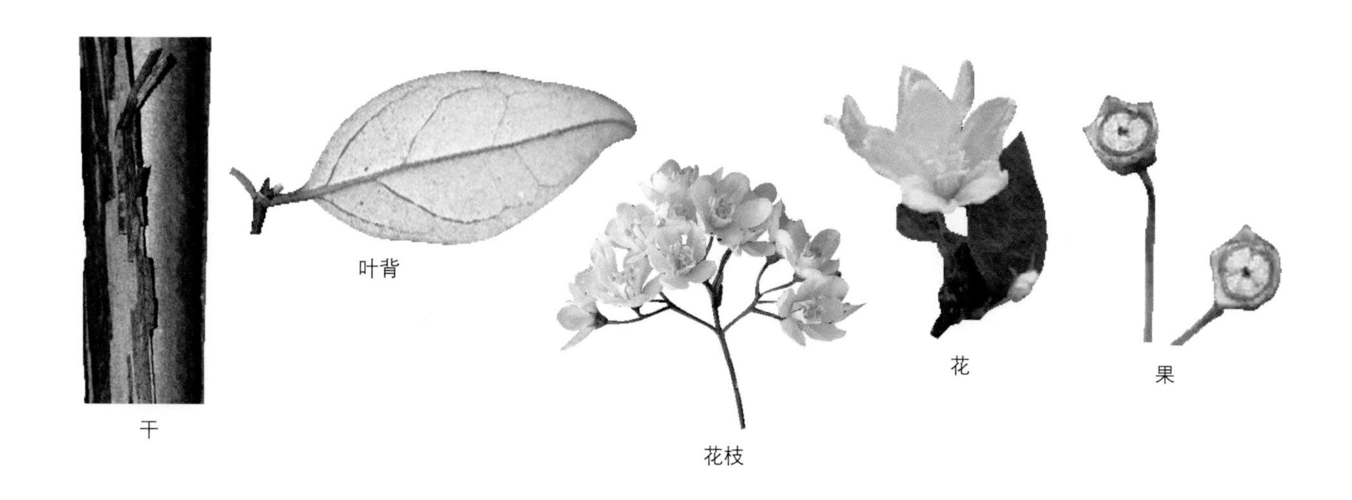

（5）无毛溲疏（光萼溲疏） *Deutzia glabrata*

【识别要点】叶卵形、椭圆形至卵状披针形，边缘具细锯齿，背面无毛。

灌木，高1～3m。小枝无毛，红褐色，有光泽。叶卵形、椭圆形或卵状披针形，长4～10cm，宽2～4cm，先端渐尖，基部圆形或楔形，边缘具细锯齿，表面疏被3～4辐射枝星状毛，背面无毛；伞房花序，径4～8cm，萼无毛，萼齿短于萼筒；雄蕊花丝无裂齿。果半球形，径约3 mm。花期6月，果期8月。

栾川县产各山区，生于海拔1300m以下的山坡林缘或灌丛中。河南产于伏牛山区。分布于河北、山东、辽宁、吉林、黑龙江等地。朝鲜和俄罗斯也产。

全株入药，有清热利尿之效。可制木钉及作镶嵌细木工等用材。可作庭园观赏灌木。

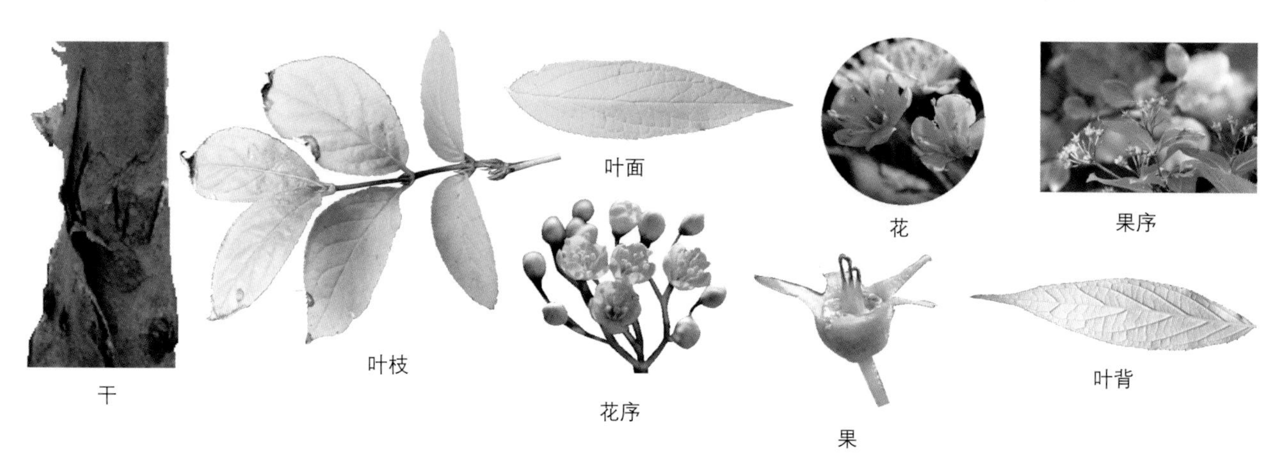

（6）小花溲疏 *Deutzia parviflora*

【识别要点】叶卵形或狭卵形，边缘具细齿，两面被毛。

灌木，高1～2m。小枝疏生星状毛。叶卵形或狭卵形，长3～6cm，先端短渐尖，基部圆形或宽楔形，边缘有细锯齿，两面均被5～9辐射枝星状毛，沿中脉较多。伞房花序多花，直径4～7cm；花白色，萼密被星状毛，萼齿较萼筒短或等长，雄蕊花丝无裂齿。果直径2～2.5mm；种子纺锤形，长约1mm。花期6月，果期8月。

栾川县产各山区，生于海拔1000～1500m的山坡林缘或灌丛中。河南产于伏牛山、太行山。分布于陕西、甘肃、山西、河北、辽宁、吉林。朝鲜及俄罗斯也产。

种子繁殖。

茎皮入药，用于治疗感冒、咳嗽。可供园林绿化用。

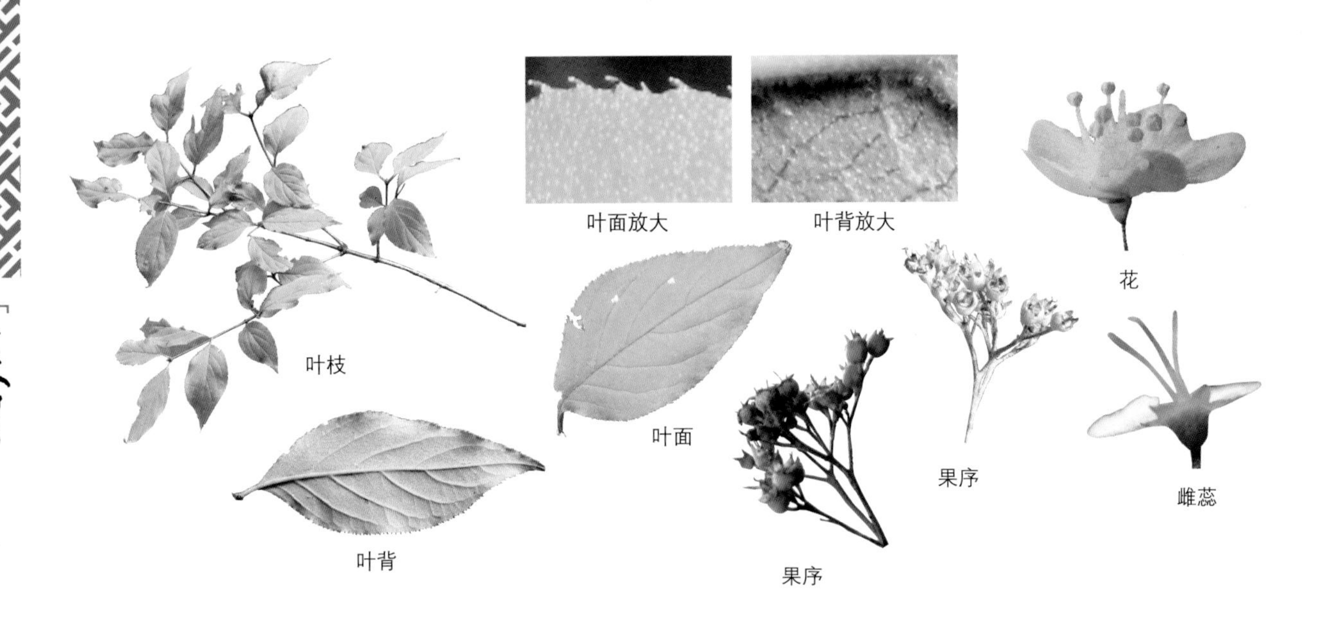

（7）粉红溲疏 *Deutzia rubens*

【识别要点】叶狭卵形或卵状椭圆形，边缘具小锯齿，两面被星状毛；花粉红色。

灌木。小枝有星状毛。叶膜质，狭卵形或卵状椭圆形，长2.5～7cm，先端急尖或渐尖，基部圆形或宽楔形，边缘有小锯齿，叶两面色同，表面疏被4～5辐射枝星状毛，背面密被5～7辐射枝星状毛。聚伞花序疏被星状毛；萼齿较萼筒短，被白色星状毛；花瓣粉红色，长5～10mm，外轮花丝上部具2长齿。果半球形，直径4～5mm，被星状毛。花期6月，果期8月。

栾川县产各山区，生于山沟灌丛中。河南产于伏牛山区。分布于湖北、四川、云南、甘肃。

可作园林观花灌木。

（8）疏花溲疏 *Deutzia schneideriana* var. *laxiflora*

【识别要点】叶长卵圆形至长圆状披针形，边缘有锐锯齿，背面疏生星状毛；圆锥花序疏松。

灌木，高1～2 m。小枝疏被星状毛。叶长卵圆形至长圆状披针形，长3.5～7cm，宽1.5～3cm，先端短渐尖，基部宽楔形，边缘有锐锯齿，背面疏生星状毛。圆锥花序长4～8cm，疏松；花萼外面密被星状毛，萼裂片正三角形，较萼筒稍短；花瓣白色；雄蕊外轮的花丝上部具2齿，内轮花丝的齿合生呈舌状；花柱3。蒴果半球形，直径5～7cm。花期5～6月，果期7～8月。

栾川县产伏牛山主脉北坡，生于山谷溪旁或疏林中。河南还产于西峡、南召、内乡、淅川等地。分布于湖北、湖南等地。

可作庭院观花灌木。

叶枝

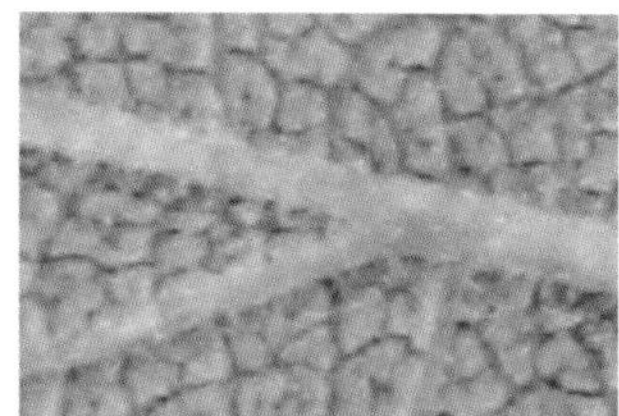

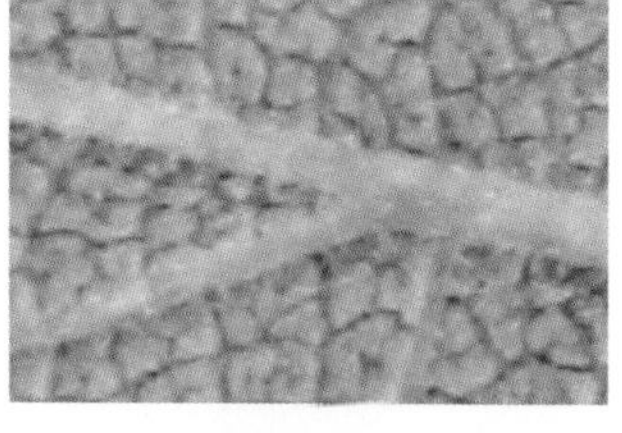

叶背放大

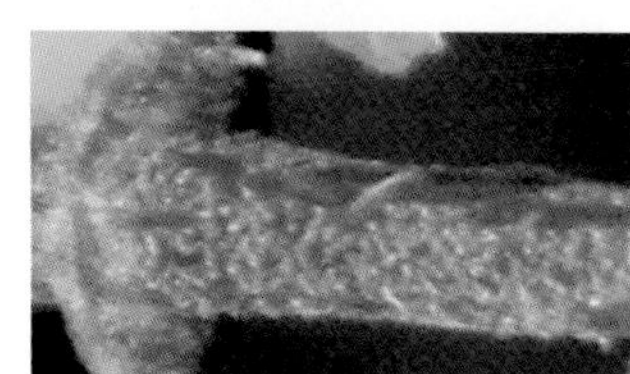

小枝

花

果

3.山梅花属 *Philadelphus*

落叶灌木。髓充实，白色。芽小，包于叶柄基部，柄下芽。叶对生，全缘或有齿，3~5出脉。花两性，白色，稀基部紫色，顶生或侧生于小枝上，常为总状花序；萼裂片4；花瓣4；雄蕊多数；子房下位或半下位，4室，花柱4。蒴果4瓣裂；种子小，多数。

约75种，分布于北温带。我国有18种及12变种和变型。河南有4种，2变种。栾川县有4种。

1.萼、花柱及枝叶均无毛 ………………………………………………（1）太平花 *Philadelphus pekinensis*

1.萼外面有毛：

2.叶背面密被白色短柔毛。萼筒及裂片外面密被短伏毛 …………（2）山梅花 *Philadelphus incanus*

2.叶背面无毛或仅脉上有疏毛：

3.萼筒及裂片外面有较密短伏毛，毛长0.2~0.5mm ……（3）绢毛山梅花 *Philadelphus sericanthus*

3.萼筒及裂片疏被稍外展的曲柔毛，毛长0.8~1mm……（4）毛萼山梅花 *Philadelphus dasycalyx*

（1）太平花（北京山梅花 老密材） *Philadelphus pekinensis*

【识别要点】叶卵形或狭卵形，边缘具疏齿，两面无毛或背面叶腋被丛毛，3出脉。

灌木，高1~3m。枝条对生，幼枝无毛，常带紫色。叶卵形或狭卵形，长3~8cm，宽1.5~4cm，先端长渐尖，基部宽楔形或圆形，边缘具疏齿，两面无毛或背面叶腋被丛毛，3出脉。花序具5~9花，花序轴、花梗及萼筒均光滑无毛；花乳白色。蒴果倒圆锥形或近球形，直径5~7mm。花期5~6月，果期9~10月。

栾川县产各山区，生于海拔1500m以下的山坡疏林或灌丛中。河南产于各山区。分布于辽宁、河北、山西、陕西、甘肃、江苏、浙江、四川等地。朝鲜也有分布。

压条、扦插或种子繁殖。喜光，喜湿润。

花含芳香油，可制浸膏；根入药，有解热镇痛、截疟之效，用于治疗疟疾、胃痛、腰痛、挫伤。嫩叶可食。花色美丽，可作园林绿化灌木。

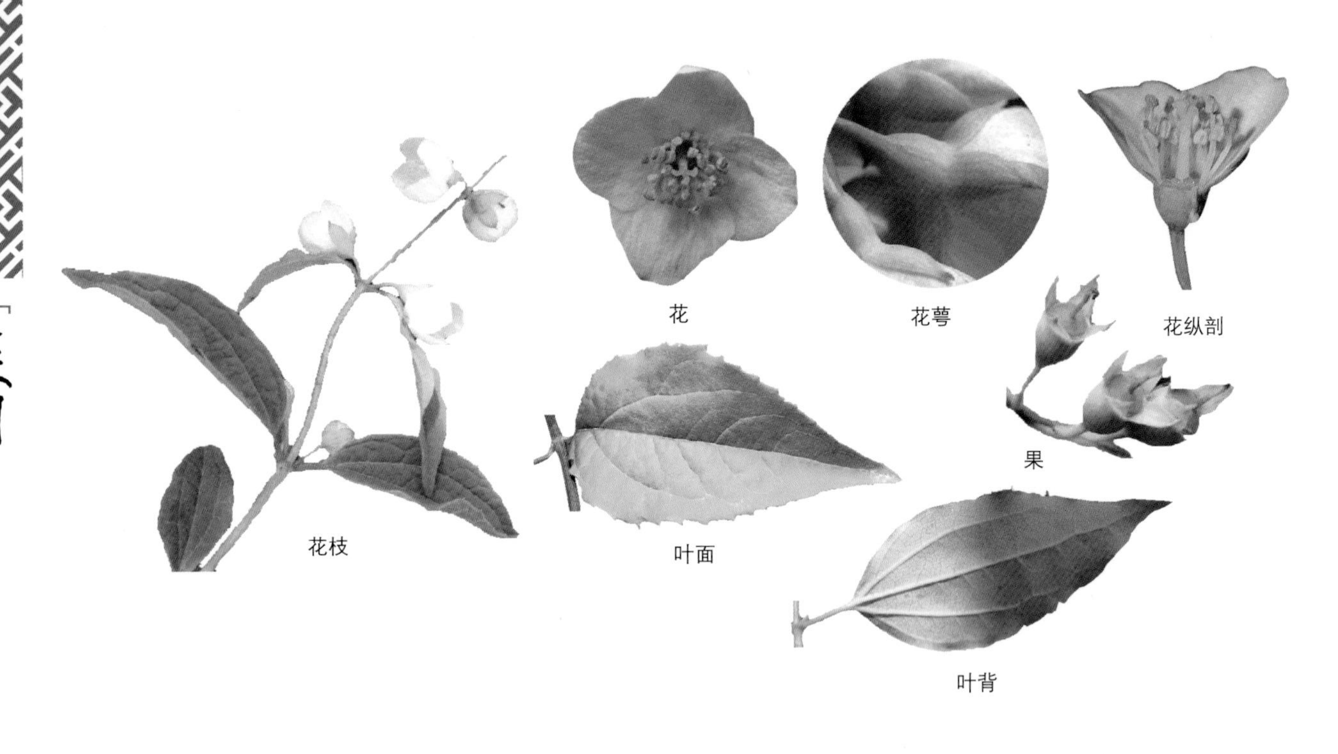

（2）山梅花（密密柴） *Philadelphus incanus*

【识别要点】叶卵形至狭卵形，边缘具浅锯齿，两面具毛。

灌木，高达3m。1年生小枝具短柔毛，2年生枝灰色或褐色，枝皮不剥落或迟剥落。叶卵形或椭圆形，稀椭圆状披针形，长4～8cm（营养枝之叶长达10cm），宽2～4cm，先端渐尖，基部圆形或阔楔形，边缘具浅锯齿，表面疏被伏毛，背面密被平伏短毛。总状花序具7～11花，花序轴长3～7cm，被柔毛；花白色；花梗长5～7mm，被灰白色柔毛；萼筒及裂片外面密被短伏毛；花冠近钟形，径2～3cm，花瓣倒卵形或近圆形，长1.3～1.5cm，宽0.8～1.3cm；花盘及花柱无毛。蒴果倒卵形，长7～9mm，直径5～7mm。花期5～7月，果期9月。

栾川县产各山区，生于海拔1700m以下的山坡灌丛或疏林中。河南产于伏牛山、大别山、桐柏山区。分布于陕西、甘肃、青海、四川、湖北。

压条、扦插或种子繁殖。喜光。

花含芳香油；根皮入药，用于治疗挫伤、腰肋痛、胃痛、头痛。花色美丽，可供花坛、花带绿化材料。

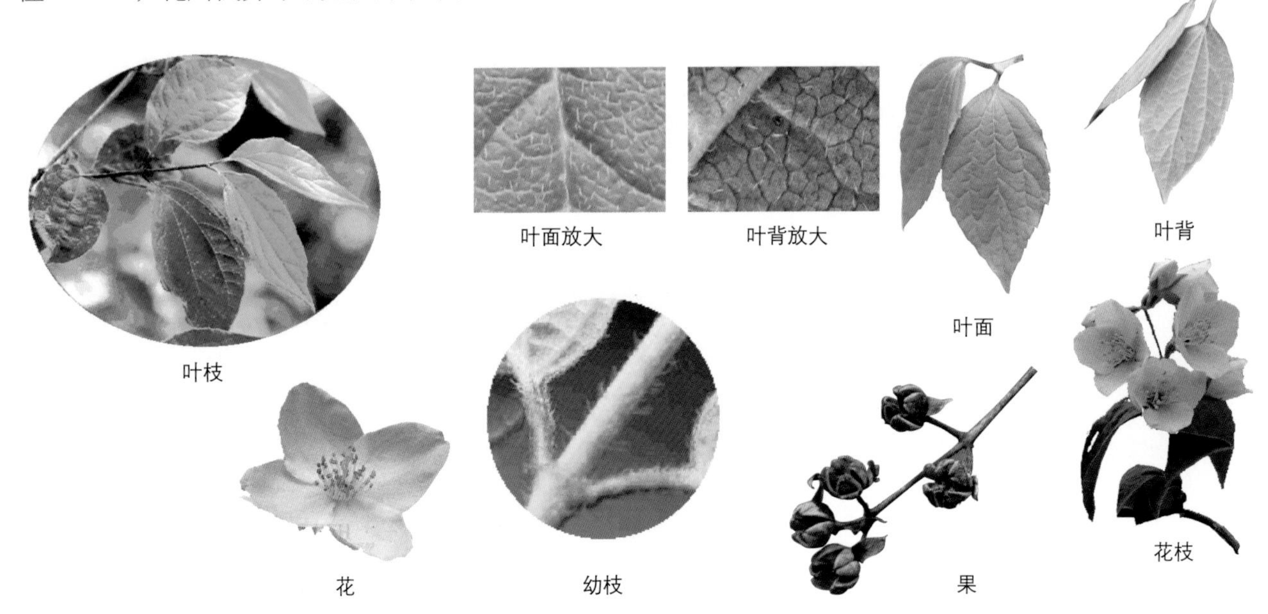

（3）绢毛山梅花（土常山） *Philadelphus sericanthus*

【识别要点】叶卵状椭圆形或椭圆形，表面疏被平伏粗毛或近无毛，背面沿叶脉疏被平伏粗毛。

灌木，高达4m。1年生小枝无毛，2年生枝灰色或灰褐色，平滑，后渐开裂成小片脱落。叶卵状椭圆形或椭圆形，长4～11cm，宽1.5～3cm，先端渐尖，基部宽楔形，边缘具锯齿，表面疏被平伏粗毛或近无毛，背面沿叶脉疏被平伏粗毛。总状花序具7～15花，花序轴无毛；花梗长6～12mm，被平伏粗毛；萼被白色平伏粗毛；花冠径约2.5cm，花瓣倒卵形，长1.3cm，宽约1cm，外侧基部疏被平伏粗毛；花盘及花柱无毛。蒴果倒卵形，长7mm，直径约5mm，花期5～6月，果期7～8月。

栾川县产各山区，生于山坡灌丛或疏林中。河南产于伏牛山、太行山区。分布于安徽、福建、甘肃、广西、贵州、河北、湖北、湖南、江苏、江西、陕西、四川、云南、浙江等地。

根皮入药，性苦、平，有活血镇痛、截疟之效，用于治疗疟疾、挫伤、腰胁痛、胃痛、头痛。

叶枝　叶背放大　花　果枝　叶面　叶背　果

（4）毛萼山梅花 *Philadelphus dasycalyx (Philadelphus pekenensis* var. *dasycalyx)*

【识别要点】与绢毛山梅花相似，主要区别为：叶背面及幼枝无毛，萼筒及裂片疏被柔毛。

灌木，高约3m，稍攀援状；2年生小枝灰褐色，无毛，当年生小枝褐色至浅褐色，被毛或无毛。叶卵形或卵状椭圆形，长3～6（8）cm，宽1.2～3.5（5）cm，先端急尖或短渐尖，基部阔楔形或圆形，边缘具锯齿，花枝上叶无毛或有时表面疏被糙伏毛，背面无毛，极少嫩叶疏被毛成长后很快脱落，叶脉基出或稍离基出3～5条；叶柄长5～10mm。总状花序有花5～6（18）朵，极少下部枝条顶端有3花；花序轴长2.5～5.5cm，疏被白色长柔毛或无毛；花梗长4～5mm，密被白色长柔毛；花萼外面密被灰白色直立长柔毛，萼裂片卵形，长5～6mm，宽2.5～3mm，先端急尖，疏被毛或无毛；花冠近盘状，直径2.5～3cm；花瓣白色，倒卵形或阔倒卵形，长1.2～1.5cm，宽1～1.2cm，无毛；雄蕊25～34，最长达7mm；花盘和花柱无毛，极少疏被毛；花柱长约6mm，先端稍分裂，柱头棒形，长约1.5mm，较花药短小。蒴果倒卵形，长约6mm，直径约4.5mm，宿存萼裂片近顶生；种子长约3mm，具短尾。花期5～6月，果期7～9月。

栾川县产各山区，生于海拔700m以上的山坡灌丛中。河南产于伏牛山及太行山。分布于山西、陕西。

果枝

4.茶藨子属 *Ribes*

落叶，稀常绿灌木，有刺或无刺。单叶互生或簇生，常掌状裂，无托叶。花两性，稀单性，花序总状，稀簇生或单生，花5数，萼筒与子房合生；花瓣小，雄蕊5，稀4；子房下位，1室，胚珠多数，花柱2，微连合。浆果；种子多数。

约160种，分布于北温带。我国约50种。河南有11种，4变种。栾川县11种，3变种。

1.枝有刺 ………………………………………………………………………………………… 2

2.刺长7～24mm，3～7个簇生。花两性，1～3花簇生：

3.浆果有刺。枝刺3～7个簇生。叶宽达5cm ……………………………（1）刺梨 *Ribes burejense*

3.浆果无刺。枝刺3个簇生。叶宽达3.5cm …………………………（2）大刺茶藨子 *Ribes alpestre*

2.刺长约4mm，2个簇生。花雌雄异株。叶柄及花序轴密被短柔毛及长腺毛。叶两面均有较密短柔毛。果有腺毛 ……………………………………………………………（3）腺毛茶藨子 *Rebis giraldii*

1.枝无刺 ………………………………………………………………………………………… 4

4.花单生或2至数朵簇生叶腋或枝上 …………………（4）华茶藨子 *Ribes fasciculatum* var.*chinense*

4.总状花序：

5.花序直立，通常为单性，雌雄异株：

6.花序长6～10cm。叶基部心形，背面及沿脉有腺毛 ………（5）川西茶藨子 *Ribes acuminatum*

6.花序长不及5cm。叶基部通常为截形或宽楔形，稀心形：

7.叶3浅裂，边缘具钝圆锯齿或浅锯齿。花淡黄色，先叶开放

……………………………………………………………（6）尖叶茶藨子 *Ribes maximowiczianum*

7.叶3～5裂，边缘具尖锯齿。花紫色：

8.萼管盆状，萼片向斜上方开展，花近钟状。枝皮不剥落

……………………………………………………………（7）冰川茶藨子 *Ribes giraciale*

8.萼管小，近盘状，萼片近开展，花呈辐射状。枝皮剥落

……………………………………………………………（8）细枝茶藨子 *Ribes tenue*

5.总状花序下垂，花通常为两性：

9.总状花序长8～30cm；萼筒为浅钟形或碟形，雄蕊较萼长，外露：

10.幼枝有腺毛。叶近无毛。花序长25～30cm ……（9）长穗茶藨子 *Ribes longeracemosum*

10.幼枝有柔毛或无毛。叶背面密生短茸毛。花序长至10cm

……………………………………………………………（10）山麻子 *Ribes mandshuricum*

9.总状花序长4～6cm；萼管浅杯形，雄蕊不外露：

11.花几无梗。叶通常3浅裂，表面具稀疏腺毛，两侧裂片水平开展

……………………………………………………………（11）宝兴茶藨子 *Ribes moupinense*

11.花有梗。叶通常3～5裂。表面有较密腺毛，两侧裂片微向前指伸

……………………………………………………………（12）糖茶藨子 *Ribes emodense*

（1）刺梨（刺李 刺果茶藨子） *Ribes burejense*

【识别要点】小枝具细刺及刺毛；叶近圆形，3～5深裂，两面及叶缘具毛；花腋生，淡红色；果球形，被黄褐色刺。

灌木，高约1m。老枝较平滑，灰黑色或灰褐色，小枝灰棕色，幼时具柔毛，在叶下部的节上着生3～7枚长达1cm的粗刺，节间密生长短不等的细针刺；叶互生或簇生，近圆形，长1～5cm，3～5深

裂，基部心形，裂片先端尖，具圆齿，两面及边缘疏被柔毛，叶柄长1.5～3cm，具柔毛，老时脱落近无毛，常有稀疏腺毛。花两性，1～2朵腋生，淡红色；萼裂5；花瓣较雄蕊短，花药卵状椭圆形；子房梨形，无柔毛，具黄褐色小刺；花柱无毛，几与雄蕊等长，先端2浅裂。果球形，直径约1cm，绿色，被黄褐色长刺。花期5～6月，果期7～8月。

栾川县产各山区，生于海拔900m以上山谷溪旁或杂木林中。河南产于伏牛山及太行山区。分布于河北、山西、陕西及东北。

果富含维生素、糖分、有机酸等，味美，可生食或制果酱、罐头等。茎枝、果实入药，有清热燥湿、利水、调经之效，用于治疗风湿痛。

植株　叶面局部　枝及刺　花　果

（2）大刺茶藨子（高山醋栗 长刺茶藨子） *Ribes alpestre*

【识别要点】枝具三杈粗刺；叶宽卵形或近圆形，3～5浅裂，两面无毛或被疏毛；花白色；果椭圆形或近球形，被腺刺毛。

灌木。老枝灰黑色，无毛，皮呈条状或片状剥落，小枝灰黑色至灰棕色，幼时被细柔毛，在叶下部的节上着生三杈粗壮刺，刺长1～2cm，节间常疏生细小针刺或腺毛。叶宽卵形或近圆形，长2～5cm，宽2～4cm，不育枝上的叶更宽大，3～5浅裂，裂片顶端钝，具粗齿，基部近截形至心脏形，两面疏被柔毛或无毛；叶柄长1～2cm。花两性，1～2朵腋生，白色；花梗长约1cm，具小苞片；萼裂片反曲，果期直立，雄蕊长约4～5mm，伸出花瓣之上，顶端具杯状腺体；花柱长于雄蕊。果椭圆形或近球形，长约1.6cm，被腺刺毛。花期4～5月，果期6～7月。

栾川县产伏牛山，生于海拔1500m以上的灌丛或林下。河南产于伏牛山。分布于陕西、甘肃、湖北、四川、云南及西藏。

果可食及酿酒。也可作绿篱。

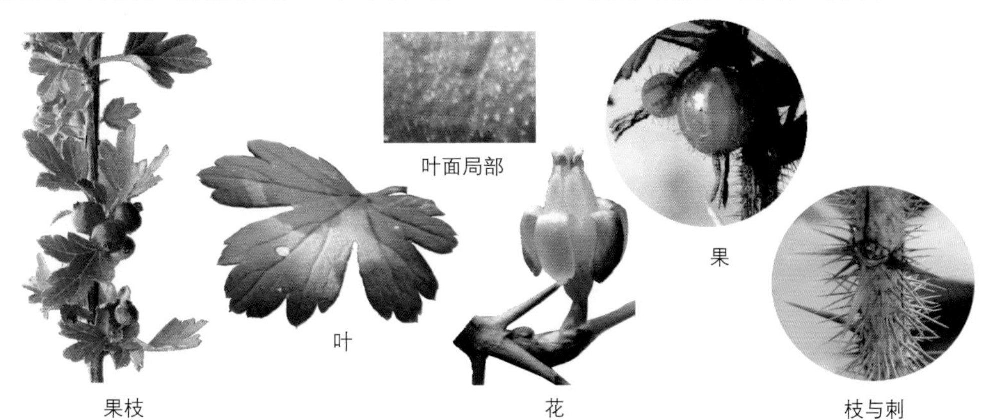

果枝　叶　叶面局部　花　果　枝与刺

（3）腺毛茶藨子（陕西茶藨子） *Ribes giraldii*

【识别要点】小枝具毛，节上具1对短刺；叶三角状卵圆形，3～5浅裂，两面被毛；果球形，红色，具腺毛。

灌木。小枝栗褐色，皮纵向剥裂，幼枝红褐色或棕褐色，小枝密被糙毛及腺毛，节上具一对短刺，老时刺常脱落，节间无刺或有稀疏细刺。芽小，长圆形，先端微尖，具数枚灰黄色鳞片，外面沿边缘微具短柔毛。叶三角状卵圆形，长2～3cm，宽几乎与长相等，3～5浅裂，中裂片较大，先端钝，具缺刻或钝齿，基部近截形至浅心脏形，表面被粗毛及柔毛，背面密被柔毛；叶柄长1～1.8cm。总状花序，密被腺毛，花单性，雌雄异株；雄花序长3～7cm，疏松而直立，花瓣与雄蕊近等长，具花8～20朵；雌花序长约2cm，具花2～6朵。果序具果1～2枚，果球形，红色，径5～7mm，幼时具柔毛和腺毛，老时柔毛脱落，仅具腺毛。花期4～5月，果期7～8月。

栾川县产各山区，生于沟谷及山坡疏林下。河南产于伏牛山。分布于陕西、甘肃。

果实味酸，可食用及酿酒（《河南树木志》记载，未采集到图片）。

（4）华茶藨子 *Ribes fasciculatum* var. *chinense*

【识别要点】叶近圆形，3～5裂，两面被毛；花黄绿色。

灌木，高达1.5m。皮稍剥裂，枝直立或平卧，幼时被毛。叶近圆形，基部截形至浅心脏形，边缘3～5裂，长3～5cm，先端尖，基部心形，两面被毛，边缘具粗锯齿；叶柄长1～2cm；花雌雄异株，2～4朵簇生，黄绿色，雄花的子房退化，雄蕊长于花瓣，花丝极短，花药扁椭圆形；雌花的雄蕊不发育，花药无花粉；子房梨形，光滑无毛；果近球形，红褐色，径5～8mm。花期4～5月，果期8～9月。

栾川县产伏牛山，生于海拔700～1300m的山坡林下。河南产于大别山、桐柏山和伏牛山；我国特有树种，分布于陕西南部、湖北、浙江、江苏、山东。

果可食及酿酒、作果酱。

叶枝　叶面放大　叶背放大　小枝　果　叶　雌花　雄花

（5）川西茶藨子（渐尖茶藨子） *Ribes acuminatum (Ribes takare)*

【识别要点】叶宽卵圆形，3~5浅裂，具重锯齿，背面沿脉被腺毛。

落叶灌木。小枝粗壮，红褐色，老时片状剥落，嫩枝红褐色或棕褐色，无柔毛或稍具腺毛。叶宽卵圆形，长5~8cm，3~5浅裂，顶生裂片三角状卵圆形，长于侧生裂片，先端渐尖，侧生裂片先端急尖或短渐尖；基部心形，具重锯齿，背面沿脉被腺毛，叶柄长3~5cm，无柔毛或微具短腺毛。花雌雄异株，总状花序直立，长5~10cm，花序轴密被柔毛及腺毛；雌花序粗壮而短，退化雄蕊细弱，花药无花粉；雄花的子房退化，雄蕊较萼裂片短。果椭圆形，直径约5mm，红色。花期4~5月，果期7~8月。

栾川县产伏牛山，生于海拔1200m以上的山坡或山谷林下。河南产于伏牛山。分布于陕西、湖北、四川、云南等地。缅甸、印度北部、不丹至克什米尔地区也有分布。

叶枝　老枝　雄花序　果　叶背　叶背放大　雌花序

（6）尖叶茶藨子 *Ribes maximowiczianum*

【识别要点】叶三角状，3裂，边缘具钝圆齿，两面具毛。

落叶小灌木。枝细瘦，小枝淡褐色，皮纵向剥裂，嫩枝棕褐色，无毛，无刺；芽长卵圆形或长圆形，长4~7mm，先端渐尖，具数枚棕褐色鳞片，外面无毛或仅边缘微具短柔毛。叶三角状，掌状3裂，长3~5cm，中裂片近菱形，长于侧裂片，先端渐尖，侧生裂片卵状三角形，先端急尖，基部楔形或近圆形，边缘具钝圆齿，表面疏被平伏粗毛，背面沿脉被短粗糙毛；叶柄长0.5~1cm。花雌雄异株，总状花序，雄花序长约2~4cm，具花10余朵；雌花序较短，具花10朵以下；雄花极小，淡黄色，子房不发育；雌花的退化雄蕊棒状；子房无毛。果球形，红色，径7~8mm，近无柄。花期4~5月，果期7~8月。

栾川县产各山区，生于海拔1000m以上的山坡灌丛或林下。河南产于伏牛山、太行山。分布于吉林、辽宁、河北、山西、陕西、甘肃等地。俄罗斯及朝鲜也产。

植株

叶　雄花　果　叶背局部

（7）冰川茶藨子　*Ribes glaciale*

【识别要点】叶近圆形或长卵形，3～5裂，缘具重锯齿，表面具腺毛；花褐紫色。

灌木，高达5m。小枝深褐灰色或棕灰色，嫩枝红褐色，无毛或微具短柔毛，无刺；芽长圆形，长4～7mm，先端急尖，鳞片数枚，褐红色，外面无毛。叶近圆形或长卵形，长3～6cm，宽2～4cm，3～5裂，中裂片长，比侧生裂片长，先端渐尖，基部心形或截形，缘具重锯齿，表面被疏腺毛，背面无毛或沿脉疏被毛；叶柄长1～2cm，浅红色，无毛，稀疏生腺毛。花单性，雌雄异株，总状花序直立，雄花序长1.5～4.5cm，具5～30花；雌花序具3～6花；花褐紫色，萼筒碟形。果近球形，直径5～6mm，红色。花期4～6月，果期8～9月。

栾川县产各山区，生于海拔1200m以上的山坡灌丛中。河南产于伏牛山。分布于山西、陕西、四川、云南、甘肃、湖北、西藏等地。

药用：叶用于治疗烧、烫伤、漆疮、胃痛；茎皮、果实可清热燥湿，健胃。

植株　叶面放大　叶背放大　雄花序　雌花序　叶　果

（8）细枝茶藨子 *Ribes tenue*

与冰川茶藨子相似，其主要区别为：萼管小，近盘状，萼片近开展，花呈辐状。而前者萼管盆状，萼片向斜上不开展，花近钟状。

栾川县产各山区，生于海拔1300m以上的山坡林下或灌丛中。河南产于伏牛山区。分布于陕西、甘肃、湖北、四川等地。

果可食用及酿酒。根入药用于治疗月经不调、痛经、四肢无力及烧、烫伤。

果枝

花序　果　雄花

（9）长穗茶藨子（长串茶藨子） *Ribes longiracemosum*

【识别要点】叶3～5裂，边缘有锯齿，无毛；总状花序细而下垂，长达30cm。

灌木。枝较粗壮，小枝灰褐色或黄褐色，皮稍剥裂或不裂，幼枝紫红色，具腺毛，无刺。芽卵圆形或长圆形，长4～6mm，宽2～3mm，先端急尖或微钝，具数枚褐色鳞片，外面无毛。叶卵圆形，3～5裂，长、宽5～14cm，无毛，先端渐尖，基部心形，边缘具不整齐锯齿；叶柄长5～8cm，被毛。总状花序细，下垂，长达30cm，具花15～20（25），花朵排列疏松，间隔1或1cm以上；花两性；花萼绿色带紫红色，萼裂片直立；花瓣近扇形，长约萼片之半；雄蕊与花柱伸出萼外。果球形，黑色，直径约9mm。花期4～5月，果期7～8月。

栾川县产伏牛山海拔1500 m以上的山坡或山谷林下。河南产于伏牛山区。分布于陕西、甘肃、湖北、四川、云南等地。

叶枝

果枝

果可生食及酿酒。

腺毛长串茶藨子 var. *davidii* 小枝灰色。叶背面被腺毛或柔毛。苞片长3～4mm。栾川县产伏牛山的山坡杂木林下。河南产于伏牛山。分布于湖北、四川、云南等地。

（10）山麻子（东北茶藨子） *Ribes mandshuricum*

【识别要点】叶3～5裂，中裂片较长，边缘有尖齿，两面具毛；总状花序下垂。

灌木，高1～2m。小枝褐色，无毛，无刺，皮纵向或长条状剥裂。嫩枝褐色，具短柔毛或近无毛，芽卵圆形或长圆形，长4～7mm，宽1.5～3mm，先端稍钝或急尖，具数枚棕褐色鳞片，外面微被短柔毛。叶3～5裂，长宽各5～10cm，先端尖，基部心形，中裂片较侧裂片长，锐尖，边缘有尖齿，表面疏被细毛，背面密被白色柔毛；叶柄长2～8cm，被柔毛。总状花序长2.5～15cm，初直立后下垂，总花梗密被茸毛，萼裂片反曲；花瓣近匙形，长约1～1.5mm，宽稍短于长，先端圆钝或截形，浅黄绿色，下面有5个分离的突出体；雄蕊稍长于萼片，花药近圆形，红色；花柱稍短或几与雄蕊等长。果球形，直径7～9mm，红色。花期5～6月，果期7～8月。

栾川县产各山区，生于海拔1200m以上的山坡或山沟杂木林中。河南产于伏牛山、太行山。分布于东北、河北、山西、陕西、甘肃。

果可制果酱及酿酒；种子可榨油。果实入药，性辛、温，解表，用于治疗感冒。

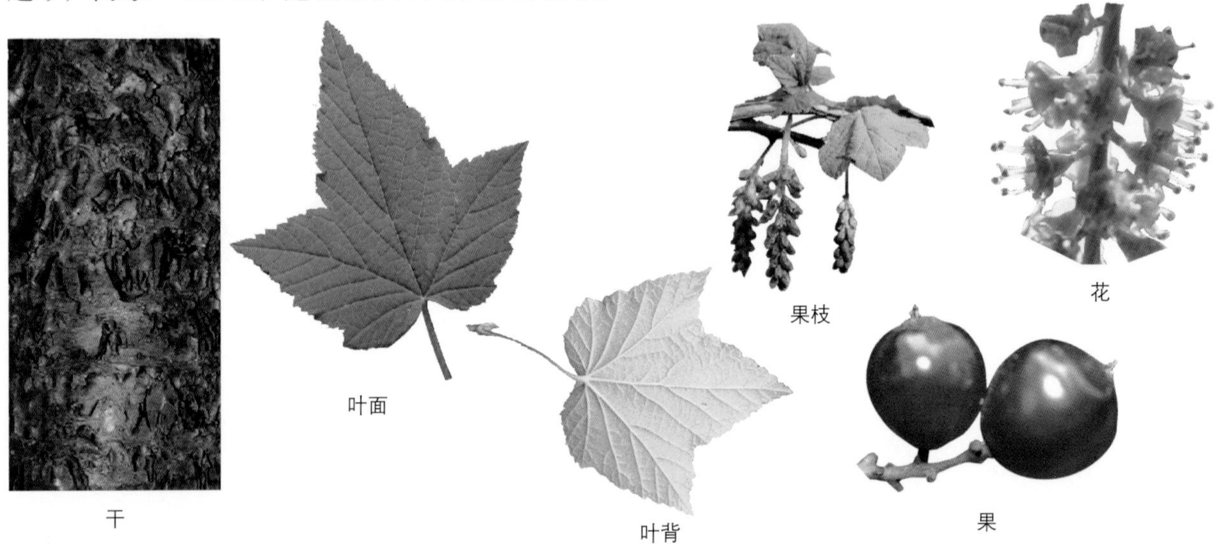

干　叶面　叶背　果枝　花　果

光叶山麻子 var. *subglabrum* 叶表面无毛，背面脉上疏被毛，脉腋毛较密。花梗散生短毛；萼裂片较窄。栾川县生于山坡杂木林中。河南产于伏牛山区。分布于吉林、辽宁、河北、山西、陕西、甘肃。

（11）宝兴茶藨子 *Ribes moupinense*

【识别要点】叶卵圆状三角形或卵圆形，3或5裂，两面被毛；总状花序下垂；果球形，黑色，无毛。

落叶灌木。小枝暗紫褐色，皮稍呈长条状纵裂或不裂，幼枝黄褐色，无毛，无刺。芽卵圆形或长圆形，长4～5mm，宽2～3mm，先端稍钝，具数枚棕褐色鳞片，外面无毛。叶卵圆状三角形或卵圆形，长5～10cm，宽几与长相似，3或5裂，先端尖或渐尖，基部心形，表面散生短毛，背面沿脉被柔毛或腺毛，边缘具锯齿；叶柄长达9cm。总状花序下垂，长4～10cm，具9～25朵疏松排列的花；花两性，近无梗；花萼绿色而有红晕，外面无毛；萼筒钟形，长2.5～4mm，宽稍大于长；萼片卵圆形或舌形，长2～3.5mm，宽1.5～2.2mm，先端圆钝，不内弯，边缘无睫毛，直立；花瓣倒三角状扇形，长1～1.8mm，宽短于长，下部无突出体；雄蕊几与花瓣等长，着生在与花瓣同一水平上，花丝丝形，花药圆形；子房无毛；花柱短于雄蕊，先端2裂。果球形，直径4～5mm，黑色，无毛。花期4～5月，果期7～8月。

栾川县产各山区，生于海拔1200m以上的山坡林下或灌丛中。河南产于伏牛山。分布于陕西、甘肃、宁夏、湖北、四川、云南。

植株

叶

花序

（12）糖茶藨子 *Ribes emodense*

【识别要点】叶心形，长、宽几相等，3～5裂，边缘具重锯齿，两面具毛；总状花序下垂，花绿色带紫晕。

灌木，高达2m。枝粗壮，小枝黑紫色或暗紫色，皮长条状或长片状剥落，嫩枝紫红色或褐红色，无毛，无刺；芽小，卵圆形或长圆形，长3～5mm，宽1～2.5mm，先端急尖，具数枚紫褐色鳞片，外面无毛或仅鳞片边缘具短柔毛。叶心形，长、宽几相等，7～12cm，3～5裂，先端尖，基部心形，边缘具重锯齿，表面贴生短腺毛，背面沿脉被粗硬毛，叶柄长于叶片或几相等，疏被腺毛。总状花序下垂，长5～10cm，具花8～20余朵，花朵排列较密集；花两性，绿色带紫晕；萼裂片开展，具睫毛；花瓣近匙形或扇形，长1～1.7mm，宽1～1.4mm，先端圆钝或平截，边缘微有睫毛；雄蕊几与花瓣等长，花柱与雄蕊等长。果球形，红色至紫黑色。花期4～5月，果期7～8月。

栾川县产伏牛山，生于海拔1500m以上的山沟或山坡林下。河南产于伏牛山。分布于河北、内蒙古、山西、陕西、湖北、四川、云南、西藏等地。

果可食，并可供酿酒。茎枝、果实入药，解毒、清热，用于治疗肝炎。可作为园林绿化树种。

叶枝

花

果

（二十一）海桐花科 Pittosporaceae

灌木或乔木。叶互生或近轮生，全缘，稀有锯齿，无托叶。花两性，辐射对称，成圆锥、总状或伞房花序，或单生；萼片5；花瓣5；雄蕊5，与花瓣对生；雌蕊由3～5心皮合成，子房上位，1～5室，含多至数个倒生胚珠，花柱单一。蒴果或浆果；种子多数，生于黏质的果肉中。

9属，360种，分布于亚洲、欧洲及非洲的热带和亚热带。我国1属，44种。河南1属，5种，1变种。栾川县栽培1属，1种。

海桐花属 *Pittosporum*

乔木或灌木，叶互生，常聚生枝顶，全缘。顶生圆锥或伞房花序，或单生茎顶或叶腋；花萼分离或基部合生；花瓣分离或基部黏合，先端常向外反卷；子房为不完全2室，稀3～5室；花柱单一，柱头不分裂。蒴果球状卵形或倒卵形。

约300种，广布亚洲、非洲、大洋洲、西南太平洋各岛屿、东南亚及亚洲东部的亚热带。我国约44种，8变种。河南有5种，1变种。栾川县栽培1种。

海桐（海桐花） *Pittosporum tobira*

【识别要点】叶倒卵形，先端钝圆，边稍反卷；花白色，后变黄；蒴果球形，3瓣裂，黄色。

常绿灌木或小乔木，高2～6m。幼枝被柔毛，有皮孔。叶常聚生枝顶，革质，倒卵形，长4～10cm，嫩时上下两面有柔毛，以后变秃净，先端钝圆，基部楔形，边稍反卷，无毛；侧脉6～8对，在靠近边缘处相结合；叶柄长达2cm。伞形花序顶生，密被柔毛；花白色，有芳香，后变黄；花梗长2cm；萼片卵形，长3～4mm，被柔毛；花瓣倒披针形，长1～1.2cm，离生；雄蕊2型，退化雄蕊的花丝长2～3mm，花药近于不育，正常雄蕊的花丝长5～6mm，花药长圆形，长2mm，黄色；子房长卵形，密被柔毛，侧膜胎座3，胚珠多数，2列着生于胎座中段。蒴果球形，长1～1.3cm，3瓣裂，果片木质，黄色；种子橘红色。花期4～5月，果期6～7月。

栾川县有栽培。河南各地有栽培。分布于长江以南海滨各地，朝鲜、日本也有分布。

扦插或种子繁殖。

叶、根、果入药：叶外用治疗疥疮；根有祛风活络、散瘀止痛之效；果实用于治疗疝痛。常用作园林绿化。

植株

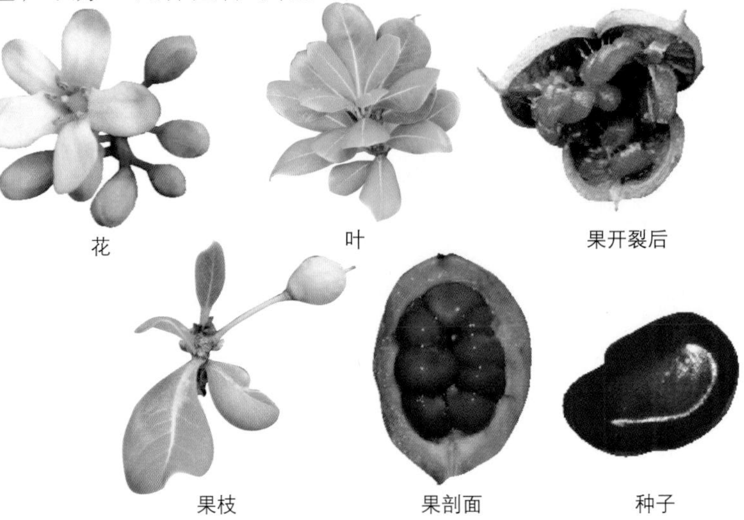

花 叶 果开裂后 果枝 果剖面 种子

（二十二）金缕梅科 Hamamelidaceae

乔木或灌木。常有星状毛。单叶，互生，有托叶。花两性或单性，辐射对称，常有头状或穗状花序；萼4～5裂，花瓣4～5，有时缺；雄蕊4～5，有时更多；子房下位、半下位或上位，2室，胚珠1至数个。果为木质蒴果，2裂；种子常有翅或无。

有27属，150多种，分布亚洲东部地区。我国17属，75种及16变种。河南有8属，9种。栾川县3属，2种，1变种。

1.无花瓣，萼筒壶形，穗状花序长，萼齿及雄蕊5 ………………………… 1.山白树属 *Sinowilsonia*
1.具花瓣，萼筒倒圆锥形，花簇生或总状花序：
　2.总状花序，蒴果顶尖，有皮孔，落叶 ………………………………… 2.牛鼻栓属 *Fortunearia*
　2.花簇生，蒴果常2裂瓣，再2裂，常绿 ………………………………… 3.檵木属 *Loropetalum*

1.山白树属 *Sinowilsonia*

落叶灌木或小乔木。裸芽。叶羽状脉，第一对侧脉常分支，托叶早落。花雌雄同株，雄花序总状，雌花序穗状；萼筒壶形，萼齿5，无花瓣，雄蕊5；子房近上位，2室，每室1胚珠。蒴果木质，2裂，下半部被萼筒所包。种子1个，黑色。

1种，我国特产。河南及栾川县也产。

山白树 *Sinowilsonia henryi*

【识别要点】叶倒卵形或椭圆形，边缘具小锯齿，表面沿脉有毛，背面密生柔毛；果序长10～20cm，有灰黄色毛；蒴果无柄，卵圆形，被毛。

小乔木，高达8m。小枝及芽有星状毛。叶倒卵形或椭圆形，长10～18cm，宽6～10cm，先端急尖，基部圆形或微心形，边缘具小锯齿，表面沿脉稍被毛，背面密生柔毛，侧脉7～9对，网脉明显；叶柄长8～15mm；托叶条形，长8mm。花单性，雌雄同株，无花瓣；雄花排列呈柔荑花序状；萼筒壶形，萼齿5，条状匙形；雄蕊5，与萼齿对生，花丝极短；退化子房不存在。雌花组成的总状花序长6～8cm；萼筒壶形，萼齿5，匙形，有星状毛；退化雄蕊5；子房上位，有毛，2室，每室具1下垂胚珠，花柱2，伸出萼筒。果序长10～20cm，有灰黄色毛；蒴果无柄，卵圆形，有毛，长1cm，为宿存萼筒包裹，室背及室间裂开；种子长8mm。花期4～5月，果期8～9月。

栾川县产各山区，生于海拔1000m以上的山沟或山坡杂木林中。河南产于太行山、伏牛山。分布于湖北、四川、陕西、甘肃等地。

种子可榨油制肥皂。

树干

叶枝

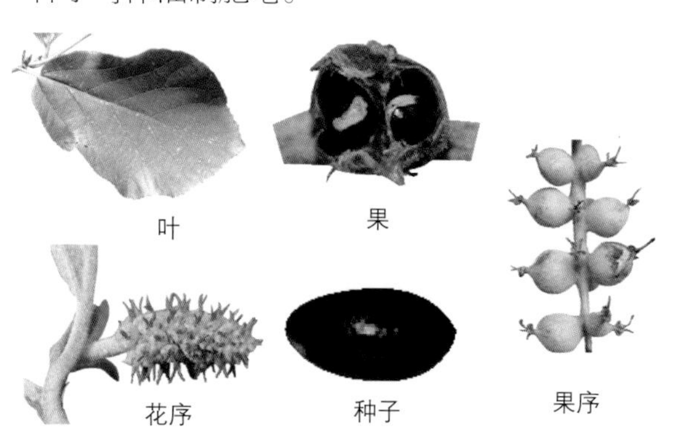

2.牛鼻栓属 *Fortunearia*

落叶小乔木或灌木。羽状脉，第一对侧脉有分支；托叶细小，早落。花单性或杂性，总状花序顶生；萼筒浅裂，萼片5；花瓣5，钻形；雄蕊5；子房半下位，2室，每室1胚珠，花柱2，线形。蒴果木质，具柄。

1种，我国特产。河南也有分布。栾川产之。

牛鼻栓 *Fortunearia sinensis*

【识别要点】叶倒卵形或倒卵状椭圆形，边缘有锯齿，侧脉6～10对，两面中脉被毛；蒴果卵圆形，具皮孔。

灌木或小乔木，高达5m。嫩枝被灰褐色星状毛；老枝秃净无毛，有稀疏皮孔。芽体细小，无鳞状苞片，被星状毛。叶倒卵形或倒卵状椭圆形，长7～16cm，宽4～10cm，先端尖，基部圆或钝，边缘有锯齿，侧脉6～10对，表面中脉被毛，背面脉上被长毛；叶柄长4～10mm。两性花，总状花序长4～8cm；苞片及小苞片披针形，长约2mm，有星状毛；萼筒长1mm，无毛；萼齿卵形，长1.5mm，先端有毛；花瓣狭披针形，比萼齿为短；雄蕊近于无柄，花药卵形，长1mm；子房稍被毛。蒴果卵圆形，长约1.5cm，无毛，具白色皮孔；种子卵圆形，长约1cm，种脐马鞍形，白色。花期4～5月，果期7月。

栾川县合峪镇合峪村、砭上村有少量分布，多生于山坡林下。河南产于大别山、桐柏山和伏牛山。分布于陕西、四川、湖北、江西、浙江、安徽、江苏等地。

枝、叶药用，治气虚、刀伤出血。种子榨油供制肥皂。

树干　叶面　叶背放大　幼枝　叶枝　叶背　果序　花序　蒴果

3.檵木属 *Loropetalum*

常绿灌木或小乔木。叶革质，全缘，羽状脉；托叶早落，花两性，簇生短小枝顶上，无梗。萼筒短，4裂；花瓣4，宽线形；雄蕊4；子房半下位，2室，每室1胚珠，花柱2。蒴果木质，2裂瓣，再2裂。

4种，1变种，分布亚洲东部亚热带地区。我国3种，1变种。河南1种。栾川县栽培有1变种。

红花檵木（红檵木 红檵花 红桎花） *Loropetalum chinense* var. *rubrum*

【识别要点】叶暗红色，卵圆形或椭圆形，全缘，基部稍偏斜，两面具星状毛；花瓣线形，紫红色。

常绿灌木或小乔木。树皮暗灰或浅灰褐色，多分枝。嫩枝红褐色，密被星状毛。叶革质，互生，卵圆形或椭圆形，长2～5cm，宽1.5～2.5cm，先端短尖，基部圆而偏斜，不对称，两面均有星状毛，全缘，暗红色；侧脉5对，在表面明显，在背面突起。叶柄长2～5mm，有星状毛；托叶膜质，三角状披针形，长3～4mm，宽1.5～2mm，早落。花瓣4，紫红色，线形，长1～2mm，花3朵至8朵簇生于小枝端。蒴果褐色，近卵形。花期4～5月，花期长，约30～40天；国庆节能再次开花。果期8月。

栾川县有栽培，多用作绿篱。主要分布于长江中下游及以南地区，产于湖南浏阳、长沙县，江苏苏州、无锡、宜兴、溧阳、句容等地。

种子、扦插或嫁接繁殖。喜光，稍耐阴，但阴时叶色易变绿。适应性强，耐旱、耐寒冷、耐瘠薄，在肥沃、湿润的微酸性土壤上生长良好。

萌芽力强。其枝繁叶茂，姿态优美，耐修剪，耐蟠扎，可用作绿篱，也可用作树桩盆景，花开时节，满树红花，极为壮观。

植株　叶枝　果　小枝　叶　花　嫩枝

（二十三）杜仲科 Eucommiaceae

落叶乔木，植物体具银白色丝状胶质。小枝髓心片状。单叶互生，羽状脉，有锯齿，无托叶。花单性，雌雄异株，无花被，着生于幼枝基部的苞腋内；雄花簇生，每花有雄蕊4～10个，花丝极短，药隔伸出成短尖头；雌花少数，簇生或单生，雌蕊由2心皮合成，子房上位，1室，有2倒生胚珠。翅果扁平，椭圆形，内有1粒种子。

1属1种，我国特产。河南也产。栾川县产之。

杜仲属 *Eucommia*

形态特征同科。

杜仲 *Eucommia ulmoides*

【识别要点】树皮、叶和果实内均含白色胶丝。叶椭圆状卵形或椭圆形，先端渐尖，边缘有锯齿，表面微皱；翅果椭圆形，顶端2裂。

乔木，高20m。树皮、叶和果实内均含白色胶丝，折断拉开有多数细丝。树皮灰色，纵裂。嫩枝有黄褐色毛，不久变秃净，老枝有明显的皮孔。芽体卵圆形，外面发亮，红褐色，有鳞片6～8片，边缘有微毛。叶椭圆状卵形或椭圆形，长6～18cm，宽3～7.5cm，先端渐尖，基部圆形或宽楔形，边缘有锯齿，表面微皱，初时有褐色柔毛，不久变无毛，叶脉凹陷，深绿色；背面淡绿色，叶脉6～9对，明显，脉上有毛；叶柄长1～2cm。花生于当年枝基部，先叶或与叶同时开放。翅果椭圆形，基部楔形，顶端2裂，长3～4cm，宽约lcm；种子条形，扁平，长约1.5cm，宽约3mm，两端圆。花期4月，果期10～11月。

为我国特有树种，国家二级重点保护植物。栾川县多生于海拔1500m以下的山坡或山谷杂木林中，野生极少见，仅在老君山等地发现有少量野生植株；坡地及四旁有大量栽培。河南产于各山区，以伏牛山较多，平原有零星栽培。分布于陕西、甘肃、湖北、湖南、四川、浙江、云南、贵州等地。

种子、扦插、压条或萌芽更新。喜光性树种，不耐庇荫。适宜温暖湿润气候，也能耐低温。以肥沃、湿润疏松而深厚的酸性、中性或微碱性土生长最好，过湿、过干、过于贫瘠或强酸、重盐碱等均生长不良。

种子、叶、树皮、根皮含硬性橡胶，可提炼杜仲胶，为工业原料及绝缘材料，耐酸、碱、油和海水腐蚀，为制海底电线的主要原料；也可制造各种耐酸、碱容器的衬里和输油管。树皮为强壮剂及降压药，可治疗高血压、腰酸腿痛等症；叶也可入药；各地加强了对杜仲药用价值的研发，近年来不断有新的药品和保健品上市。木材供制家具、舟车及建筑等用。为山区重要的经济林造林树种，园林上也常用作行道树。

树干　雌花　叶背局部　叶内胶丝　杜仲皮　果枝　叶面　翅果　雄花　叶枝

（二十四）悬铃木科 Platanaceae

落叶乔木。树皮苍白色，常成薄片状脱落。无顶芽，腋芽大，位于叶柄基部内（柄下芽）。叶互生，具长柄，掌状分裂，掌状脉；托叶早落。花单性，雌雄同株；成密集球形头状花序，雄花序无苞片，雌花序有苞片；花被小，萼片3～8个，三角形，有短柔毛；花瓣与萼片同数；雄蕊3～8个，花丝极短，药隔顶部增大成盾状鳞片；雌花有离生心皮3～8个，花柱细长，子房矩圆形，悬垂胚珠1～2。果序为聚花果，球形，含多数有棱角的小坚果；小坚果基部具长毛；种子1个，含少量胚乳。

1属7种，分布于北美洲、欧洲及亚洲。我国引入栽培3种，河南均有栽培。栾川县也有栽培。

悬铃木属 *Platanus*

形态特征同科，为世界著名的行道树和观赏树。栾川县栽培有3种，群众一般统称其为法桐。

1.球形果序3～6个串生，稀2个。叶5～7深裂，裂片狭长 …… （1）三球悬铃木 *Platanus orientalis*
1.球形果序1或2个串生，稀3个。叶3～5浅裂：
　2.果序多单生，叶浅裂，裂片宽大于长 …………………… （2）一球悬铃木 *Platanus occidentalis*
　2.果序多2个串生，稀1或3个。叶的中裂片长宽相等 …… （3）二球悬铃木 *Platanus×acerifolia*

（1）三球悬铃木（法桐） *Platanus orientalis*

【识别要点】叶大，5～7深裂，全缘或疏生锯齿；果序球形，3～6个串生。

乔木，高达30m。树皮灰褐色或白绿色，呈片状剥落。叶大，长宽达10～20cm，5～7深裂，裂片狭长，全缘或疏生锯齿；叶柄长3～8cm。花柱极长，弯曲，开花时红色，宿存成刚毛状物。果序球形，直径2.5～3.5cm，3～6个串生，小坚果长约9mm。花期4～5月，果期9～10月。

栾川县有栽培。河南各城市均有栽培；原产欧洲东南部和亚洲西部，据记载为晋时引入我国，栽培历史悠久。喜温湿气候，适生于土层深厚、排水良好的土壤，耐轻碱、耐烟尘、少病虫。

扦插或种子繁殖。生长快、耐修剪、易成型，冠大荫浓，为园林道路绿化的优良树种。但早春发芽时毛多，再加果序破裂果实毛多，造成污染严重。人工选育出少毛、少果悬铃木，已推广应用。

树干　叶　花序　果枝　果剖面

（2）一球悬铃木（美桐） *Platanus occidentalis*

【识别要点】叶阔卵形，通常3～5浅裂，宽大于长，边缘具粗齿。果序单生或2个串生，无毛。

乔木，高达50m。树皮浅灰褐色，片状剥落。叶大，阔卵形，通常3～5浅裂，宽10～22cm，宽大于长，基部截形、阔楔形或楔形；裂片宽三角形，边缘具粗齿。果序单生，有时2个串生，稍光滑，无刺毛。花期4～5月，果期10～11月。

栾川县有栽培。河南郑州、洛阳均有引种；原产美洲。为良好的行道树种。习性用途同三球悬铃木。

果枝

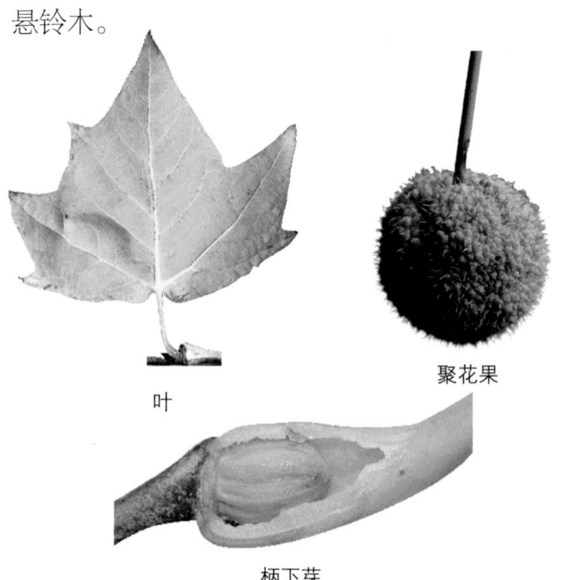
叶　聚花果　柄下芽

（3）二球悬铃木（英桐） *Platanus×acerifolia*

【识别要点】叶阔卵形或宽三角形，3～5裂；果序2个串生，偶有单生或3个串生。

乔木，高35m。树皮灰绿色，呈不规则剥落，后光滑。幼枝幼叶密生褐色柔毛。叶阔卵形或宽三角形，长12～25cm，3～5裂，中央裂片长与宽近相等，基部截形至心形，无牙齿，或仅有少数牙齿；叶柄长3～10cm。果序2个串生，偶有单生或3个串生。花期5月，果期9～10月。

栾川县有栽培。河南广泛栽种，以郑州最为普遍。本种为一球悬铃木和三球悬铃木的杂交种；最初育成于英国，现广为栽培，是著名的行道树。

树干　果枝　幼枝　叶　果序

（二十五）蔷薇科 Rosaceae

乔木、灌木或草本，落叶或常绿，有刺或无刺。单叶或复叶，互生、稀对生，常有托叶、稀无托叶。花两性，稀单性，辐射对称；单生、簇生或成总状、圆锥状、伞房状和伞形花序；花萼分离或贴于子房具裂片，通常4～5片，稀较多；有时具副萼；花瓣和萼片同数，稀无花瓣；雄蕊多数，稀较少，心皮1至多数，分离或合生，有时与花托连合，子房上位或下位，每心皮有1至数个胚珠。果实为蓇葖果、瘦果、梨果或核果，稀蒴果；种子常无胚乳，极稀具少量胚乳。

本科分为4个亚科，约124属，3300余种，分布于全世界，北温带较多。我国约有51属，1000余种，产于全国各地。河南有木本29属，193种及73变种或变型。栾川县木本有23属，135种，34变种或变型。

1.果实为开裂的蓇葖果，稀蒴果。心皮1～5(12)个。托叶或有或无（Ⅰ.绣线菊亚科Spiraeoideae）：
　2.果实为蓇葖果；种子无翅。花小，直径不及2cm：
　　3.心皮5个，稀(1)3～4个：
　　　4.单叶 ……………………………………………………………… 1.绣线菊属 *Spiraea*
　　　4.一回奇数羽状复叶，有托叶。心皮5个，基部合生 ……………………2.珍珠梅属 *Sorbaria*
　　3.心皮1～2个。单叶，有托叶，早落 ……………………………………… 3..绣线梅属 *Neillia*
　2.果实为蒴果；种子有翅。花大，直径在2cm以上。单叶 …………………4.白鹃梅属 *Exochorda*
1.果实不开裂。有托叶：
　5.子房下位，半下位；心皮(1) 2～5个，多与杯状花托内壁连合。梨果，稀小核果状
　……………………………………………………………………………（Ⅱ.梨亚科 Pomoideae）：
　　6.心皮在成熟时变为坚硬骨质。果实内含1～5小核：
　　　7.枝无刺。单叶全缘。心皮2～5个，全部或大部分与萼筒合生，成熟时为小梨果状
　　　……………………………………………………………………………… 5.栒子属 *Cotoneaster*
　　　7.枝常有刺。单叶，边缘有锯齿，稀全缘：
　　　　8.叶常绿。心皮5个，各有成熟胚珠2个 …………………………………6.火棘属 *Pyracantha*
　　　　8.叶凋落，稀半常绿。心皮1～5个，各有成熟的胚珠1 ……………… 7.山楂属 *Crataegus*
　　6.心皮在成熟时变为革质或纸质。梨果1～5室，每室有1或多数种子：
　　　9.复伞房花序或圆锥花序，有多花：
　　　　10.单叶常绿。稀凋落：
　　　　　11.心皮一部分离生，子房半下位 ……………………………………8.石楠属 *Photinia*
　　　　　11.心皮全部合生，子房下位，果期萼宿存。花序圆锥状，稀总状，心皮3～5个。
　　　　　　叶侧脉直出 …………………………………………………………9.枇杷属 *Eriobotrya*
　　　　10.单叶或复叶均凋落。总花梗及花梗无瘤状突起；心皮2～5个，全部或一部分与萼筒合
　　　　　生，子房下位或半下位，果期萼宿存或脱落 ………………………… 10.花楸属 *Sorbus*
　　　9.伞形或总状花序，有时花单生：
　　　　12.各心皮含胚珠多数 ……………………………………………… 11.木瓜属 *Chaenomeles*
　　　　12.各心皮含胚珠1～2：
　　　　　13.子房和果实2～5室，每室2胚珠：
　　　　　　14.花柱分离；花药紫色。果实常有多数石细胞 ……………………… 12.梨属 *Pyrus*
　　　　　　14.花柱基部合生；花药黄色。果实多无石细胞 ………………… 13.苹果属 *Malus*
　　　　　13.子房和果实有不完全的6～10室，每室1胚珠。叶凋落。花序总状稀单生；萼宿存
　　　　　　…………………………………………………………………… 14.唐棣属 *Amelanchier*
　5.子房上位，少数下位：

15.心皮常多数。瘦果，稀小核果；萼宿存。复叶，稀单叶(Ⅲ.蔷薇亚科Rosoideae)：
16.瘦果或小核果，着生在扁平或隆起的花托上：
17.托叶不与叶柄连合；单叶。心皮4～8个，生于扁平或微凹的花托基部 ………… 15.棣棠花属 *Kerria*
17.托叶与叶柄连合；复叶，稀单叶。心皮数至多数，生于球形或圆锥状花托上 ………… 16.悬钩子属 *Rubus*
16.瘦果生在杯状或坛状花托内；花托成熟时肉质有色泽。灌木，枝有刺。羽状复叶，稀单叶 ………… 17.蔷薇属 *Rosa*
15.心皮常1个，少数2或5个。核果；萼脱落。单叶(Ⅳ.李亚科 Prunoideae)：
18.有花瓣，萼片5个。果核1个：
19.果实有沟，外被毛或白粉。幼叶在芽中为席卷式，少为对折式：
20.侧芽3个并生，两侧为花芽，具顶芽。花1～2朵，常无柄，稀有柄；子房和果实常被短柔毛，极稀无毛。果核常有孔穴，极稀光滑。幼叶为对折式。花先叶开放 ………… 18.桃属 *Amygdalus*
20.侧芽单生，无顶芽。果实光滑或有不明显孔穴：
21.子房和果实常被短柔毛。花常无柄或有短柄；花先叶开放 ………… 19.杏属 *Armeniaca*
21.子房和果实均光滑无毛，常被蜡粉。花常有柄；花叶同开 ………… 20.李属 *Prunus*
19.果实无纵沟，不被蜡粉。幼叶在芽内为对折式。有顶芽：
22.花单生或数朵生在短总状或伞房状花序，基部有明显苞片；子房光滑。果核平滑，有沟，稀有孔穴 ………… 21.樱属 *Cerasus*
22.花小，10至多数成总状花序，苞片小形。落叶乔木 ………… 22.稠李属 *Padus*
18.无花瓣，萼片短小，10～12裂。果核2个 ………… 23.臭樱属 *Maddenia*

1.绣线菊属　*Spiraea*

落叶灌木。单叶互生，边缘具锯齿或缺刻，有时分裂，稀全缘，羽状脉，或基部3～5出脉；叶柄短；无托叶。花两性，稀杂性；伞形、伞形总状、复伞房或圆锥花序；萼筒杯状或钟状；萼裂片5；花瓣5，常较萼裂片长；雄蕊15～60，着生于花盘与萼裂片之间，心皮5(3～8)，分离。蓇葖果5个，常沿腹缝线开裂；种子数粒，细小。

约100余种，广布于北半球温带至亚热带山区。我国有60余种，分布于南北各地。河南产25种，7变种。栾川县产20种，3变种。

1.复伞房花序；花白色或紫红色：
2.花序顶生于当年生新枝上：
3.花淡红色或紫红色：
4.花小。叶背面有细毛 ………… （1）尖叶绣线菊 *Spiraea japonica* var. *acuminate*
4.花较大。叶背面无毛 ………… （2）光叶绣线菊 *Spiraea japonica* var. *fortunei*
3.花白色 ………… （3）华北绣线菊 *Spiraea fritschiana*
2.花序生于去年生枝上的侧生短枝上：
5.冬芽卵形，先端尖，具2个外露鳞片。雄蕊显著比花瓣长：

6.叶全缘。小枝、花序及叶两面均无毛 ……………………（4）乌拉绣线菊 *Spiraea uratensis*

6.叶缘有锯齿或缺刻：

7.花序和蓇葖果被稀疏短柔毛或近无毛。叶两面无毛，边缘具单锯齿或重锯齿 ……………………………………………………（5）长芽绣线菊 *Spiraea longigemmis*

7.花序和蓇葖果密生短柔毛。叶背面沿脉被柔毛，边缘具重锯齿 ………………………………………………………（6）南川绣线菊 *Spiraea rosthornii*

5.冬芽卵圆形，先端钝或急尖。具数个外露鳞片。雄蕊较花瓣短或等长：

8.叶先端或中部以上有3～7个粗齿，背面密生长柔毛 …………………………………………………………（7）翠蓝绣线菊 *Spiraea henryi*

8.叶全缘，稀先端有2～3个锯齿：

9.叶两面及花序均被疏柔毛 ………………………………（8）陕西绣线菊 *Spiraea wilsonii*

9.叶仅背面有短柔毛或无毛：

10.花序密生短柔毛。果无毛 …………………………（9）鄂西绣线菊 *Spiraea veitchii*

10.花序无毛。果具柔毛 ……………………………（10）广椭绣线菊 *Spiraea ovalis*

1.伞形或伞形总状(伞房)花序；花白色：

11.伞形花序无总梗，基部有少数叶或毛，叶全缘或仅先端有2～3个钝齿。雄蕊与花瓣等长或近等长：

12.嫩枝及叶背面密生短柔毛。果有毛 ………………（11）耧斗叶绣线菊 *Spiraea aquilegifolia*

12.嫩枝及叶背面无毛。果无毛 …………………（12）金丝桃叶绣线菊 *Spiraea hypericifolia*

11.伞形花序有总梗或伞房花序，基部有叶：

13.叶全缘，稀先端有数齿：

14.叶背面密生贴伏长绢毛，表面疏生短柔毛 ……………（13）绢毛绣线菊 *Spiraea sericea*

14.叶两面无毛或仅背面有疏生柔毛，雄蕊与花瓣等长或稍短。叶窄小，宽不及1cm：

15.冬芽长卵形，先端渐尖，具2个外露鳞片，较叶柄长或近等长 ………………………………………………………（14）蒙古绣线菊 *Spiraea mongolica*

15.冬芽卵形，先端急尖，具数个外露鳞片，较叶柄短或近等长：

16.叶线状披针形，稀长圆状倒卵形，先端极尖，两面均无毛，在枝下部多呈簇生状 ………………………………………………………（15）高山绣线菊 *Spiraea alpine*

16.叶椭圆形至倒卵状长圆形，先端圆钝，背面常有稀疏短柔毛 ……………………………………………………（16）细枝绣线菊 *Spiraea myrtilloides*

13.叶缘有锯齿或分裂：

17.叶两面有毛或仅背面有毛：

18.花序与果实无毛(或仅腹缝线有毛)。叶菱状卵形至椭圆形，中部以上有缺刻状锯齿，背面有短柔毛 ……………………………………（17）土庄绣线菊 *Spiraea pubescens*

18.花序与果实均有毛：

19.叶先端急尖，背面密生灰白色茸毛 ……………（18）毛花绣线菊 *Spiraea dasyantha*

19.叶先端圆钝：

20.叶菱状卵形，基部圆或宽楔形，边缘有缺刻状锯齿，有时为不明显的三裂。花直径3～4mm ………………………………（19）中华绣线菊 *Spiraea chinensis*

20.叶倒卵形或椭圆形，基部楔形，边缘中部以上有锯齿。花直径6～8mm ………………………………………………………（20）疏毛绣线菊 *Spiraea hirsuta*

17.叶两面无毛或仅背面脉腋有簇毛，叶先端钝圆或3裂，最宽处在中部以上：

21.叶近圆形，先端常3裂，基部圆或近心形，具3～5条基出脉

……………………………………………………………… （21）三裂绣线菊 *Spiraea trilobata*

21.叶菱状卵形或倒卵形，基部楔形，羽状脉或不明显的三出脉

……………………………………………………………… （22）绣球绣线菊 *Spiraea blumei*

（1）尖叶绣线菊 *Spiraea japonica* var.*acuminata*

【识别要点】叶卵形至披针形，先端长渐尖，边缘基部以上有缺刻状重锯齿，背面沿脉被毛；花粉红色；蓇葖果无毛。

灌木。小枝红褐色或黄褐色，幼时被柔毛。叶卵形、卵状长圆形至披针形，长3.5～9cm，宽1.5～3.5cm，先端长渐尖，基部楔形，边缘基部以上有缺刻状重锯齿，背面沿脉有短柔毛；叶柄长2～7mm。复伞房花序生于当年生枝顶，直径10～14cm，有时达18cm；花粉红色，直径约3mm。蓇葖果无毛。花期6～7月，果期8～9月。

栾川县产伏牛山，生于海拔900m以上的山坡、山谷溪旁或疏林中。河南产于伏牛山、大别山和桐柏山。分布于陕西、甘肃、湖北、湖南、江西、浙江、安徽、贵州、四川、云南、广西。

根入药，有通经、利尿之效，治闭经、便结腹胀、小便不利等症。亦可作庭园观赏植物。

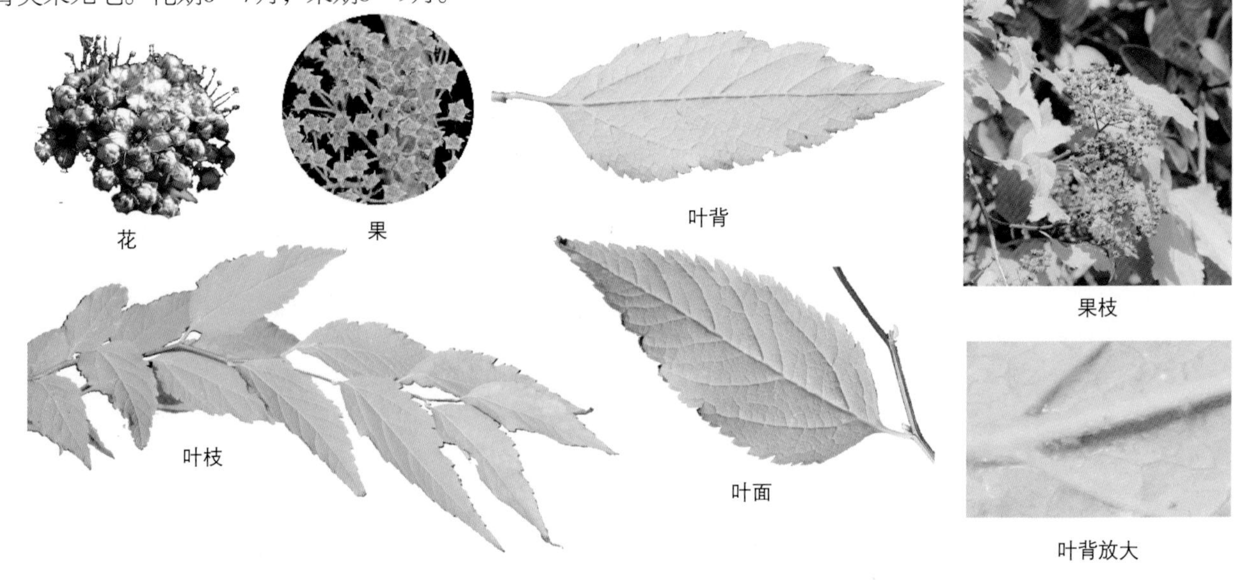

花　果　叶背　果枝　叶枝　叶面　叶背放大

（2）光叶绣线菊 *Spiraea japonica* var. *fortunei*

【识别要点】叶长圆状披针形，边缘具尖齿，表面有皱纹，背面具白粉，两面光滑；花粉红色。

植株较高大。叶长圆状披针形，先端短渐尖，基部楔形，边缘具尖锐重锯齿，长5～10cm，表面有皱纹，两面无毛，背面有白粉。复伞房花序直径4～8cm；花粉红色，花直径4～9mm，花盘不发达。

栾川县产伏牛山，生于海拔700m以上的山坡灌丛或疏林中。河南产于伏牛山、大别山和桐柏山区。分布于陕西、湖北、山东、江苏、浙江、江西、安徽、贵州、四川、云南。

根、叶、果实入药，有清热、利湿、驱风、止咳之效。

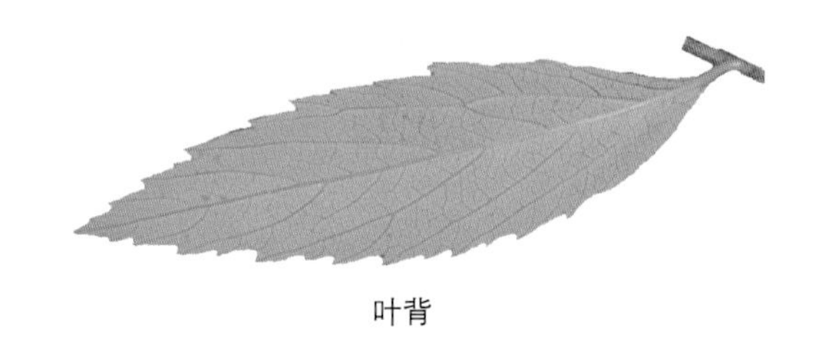

叶背

叶枝

花枝

花

果

（3）华北绣线菊（大叶石棒子） *Spiraea fritschiana*

【识别要点】小枝有棱角；叶卵形或椭圆状长圆形，边缘具重或单锯齿，背面被毛；花白色；蓇葖果无毛或仅腹缝线被毛。

灌木，高1～2m。小枝粗壮，有明显棱角，有光泽，紫褐色或浅褐色，无毛。叶卵形或椭圆状长圆形，长3～8cm，宽1.5～3.5cm，先端急尖或渐尖，基部宽楔形，边缘具不整齐重锯齿或单锯齿，表面无毛，稀沿叶脉被疏柔毛，背面淡绿色，有短柔毛；叶柄长2～8mm。复伞房花序顶生于当年直立新枝上，直径3.5～8cm，无毛；萼筒钟状，萼片三角形，内面先端有短柔毛；花瓣白色，卵形，长2～3mm；雄蕊25～30，长于花瓣，花盘圆环形。蓇葖果无毛或仅沿腹缝线有短柔毛；花柱近顶生；果常具反折萼片。花期5～6月，果期8～9月。

栾川县产各山区，生于海拔1000m以下的岩石山坡地、山谷灌丛中或林缘。河南产于太行山、伏牛山、大别山和桐柏山区。分布于山东、陕西、湖北、江苏、浙江。

根、果实入药，清热止咳，用于治疗发热、咳嗽。可作庭园观赏植物。

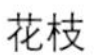
花枝

果

花序

花

叶背

叶面

大叶华北绣线菊 var. *angulata* 叶长圆状卵形，长2.5～8cm，宽1.5～3cm，基部圆形，两面无毛。花近粉红色。果序直径3～8cm。

栾川县有分布，生于山坡灌丛中。河南产于各山区。分布于河北、山东、陕西、辽宁、山西、甘肃、江西、江苏、湖北、安徽。

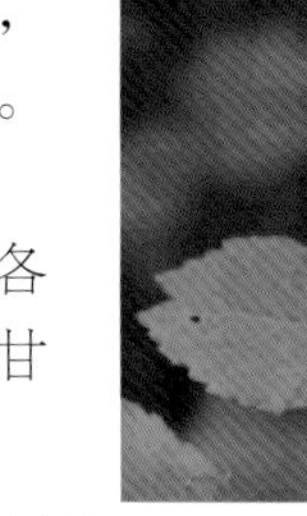

花枝

叶面

叶背

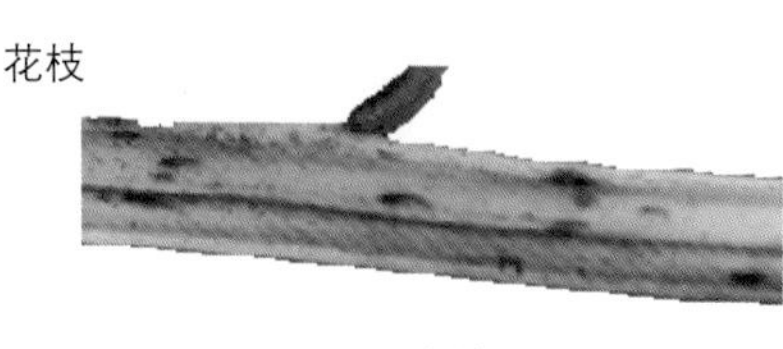
小枝

（4）乌拉绣线菊 *Spiraea uratensis*

【识别要点】叶长卵形、长圆状披针形或长圆状倒披针形，先端钝，或具小尖头，全缘，无毛；花白色；蓇葖果直立或微开展，被疏毛。

灌木，高1.5m。小枝圆柱形，或稍有棱角，无毛。冬芽长卵形，无毛，先端长渐尖，具2个外露鳞片。叶长卵形、长圆状披针形或长圆状倒披针形，长1~3cm，宽0.7~1.5cm，先端钝，或具小尖头，基部楔形，全缘，两面无毛；叶柄长2~10mm，无毛。复伞房花序生于侧枝顶端，具多花，直径2.5~5cm，花梗长4~14mm，与总梗均无毛；花白色，直径4~6mm；萼筒外面无毛，里面有稀疏短柔毛；萼裂片三角形，长约1.5mm，果时直立；花瓣近圆形；雄蕊2，较花瓣长；花盘明显，有10个裂齿；花柱比雄蕊短，子房被柔毛。蓇葖果直立或微开展，被稀疏短柔毛，花柱稍斜展。花期5~7月，果期8月。

栾川县老君山有分布，常生于海拔1500m以上的山坡或悬崖上。河南还产于西峡黄石庵、南召宝天曼、卢氏大块地、嵩县龙池曼、灵宝河西。分布于陕西、内蒙古、甘肃等地。

花枝

（5）长芽绣线菊（石棒子） *Spiraea longigemmis*

【识别要点】小枝细长具棱角；叶长卵形至长圆状披针形，边缘有缺刻状重或单锯齿，无毛或仅幼时表面被疏毛；花白色；蓇葖果半开展，被疏毛。

灌木，高达2.5m。枝细长，开展，具棱角，幼时红褐色，微被柔毛。冬芽长卵形，先端渐尖，微扁，较叶柄长或等长，具2个外露鳞片。叶长卵形或卵状披针形至长圆状披针形，长3~6cm，宽1~2.5cm，先端尖，基部宽楔形至圆形，边缘有缺刻状重锯齿或单锯齿，表面无毛或在幼时被稀疏柔毛，背面无毛或沿叶脉被稀疏柔毛；叶柄长3~6mm，无毛。复伞房花序生于侧枝顶端，直径5~7cm，密生多花；花梗长4~6mm；苞片线状披针形；花白色，直径约6mm，萼裂片三角形，长约1.5mm，与萼筒近等长，外被短柔毛；花瓣圆形，先端钝圆，长2~2.5mm；雄蕊15~20，比花瓣长2倍或1/3；花盘具10个裂齿。蓇葖果半开展，被稀疏短柔毛，花柱顶生于背部，向外斜展，萼裂片直立或反折。花期5~6月，果期8~9月。

栾川县产伏牛山，生于海拔1500m以上的山坡林下或山谷。河南产于伏牛山区。分布于陕西、甘肃、云南、四川、湖北。

花枝

花

果枝

叶枝

（6）南川绣线菊（石棒子） *Spiraea rosthornii (Spiraea prattii)*

【识别要点】枝稍具棱角；叶卵状披针形至卵状长圆形，边缘具缺刻状重锯齿，两面具毛，沿脉较密；花白色；蓇葖果具毛。

灌木。枝开展，小枝微具棱角，幼时棕褐色，被短柔毛，老时灰褐色，无毛。冬芽长卵形，微扁，先端渐尖，与叶柄等长或稍短，无毛，具2个外露鳞片。叶卵状披针形至卵状长圆形，长1.5～4（6）cm，宽0.8～2（3）cm，先端急尖或渐尖，基部楔形，稀圆形，边缘具缺刻状重锯齿，表面被稀疏柔毛，背面被短柔毛，沿叶脉较密，叶柄长3～7mm。复伞房花序生侧枝顶端，密生多花；花梗细，长5～7mm，被短柔毛；花直径约6mm；萼筒外面被短柔毛；萼裂片三角形，先端急尖；花瓣白色，倒卵形，长2～3mm；雄蕊20，长于花瓣；花盘具10个裂齿。蓇葖果开展，具短柔毛，花柱顶生于背部，萼裂片开展或反折。花期5～6月，果期7～8月。

栾川县产伏牛山，生于海拔1000m以上的山谷溪旁及山坡杂木林中。河南产于伏牛山和大别山。分布于陕西、甘肃、青海、安徽、四川、云南。

花枝　叶枝　叶背　叶面　果　花

（7）翠蓝绣线菊 *Spiraea henryi*

【识别要点】叶倒卵形至长圆形，边缘中部以上有3～7（9）个粗锯齿，背面具毛，沿脉较密；花白色；蓇葖果被毛。

灌木。小枝圆形，开展，幼时被柔毛，后脱落。冬芽卵形，长约2mm，具数个鳞片，被稀疏柔毛。叶倒卵形至长圆形，长2～7cm，宽1～2cm，先端急尖或稍圆钝，基部楔形，边缘在中部以上有3～7（9）个粗锯齿，表面无毛或被稀疏柔毛，背面被短柔毛，沿叶脉较密；叶柄长2～6mm，有短柔毛。复伞房花序，生于侧枝顶端，直径4～6cm，有多数花；花梗长5～8mm；苞片披针形，被稀疏柔毛；萼裂片三角形；花瓣白色，近圆形，长约2.5mm；雄蕊20，比花瓣稍短；花盘显著，有10个裂齿；子房被长毛。蓇葖果开展，被长柔毛，花柱顶生，斜展，萼裂片直立或开展。花期5～6月，果期8月。

栾川县产各山区，生于海拔1500m以上的岩石坡地或山谷杂木林中。河南产于伏牛山区。分布于陕西、甘肃、湖北、四川、贵州、云南。

叶枝

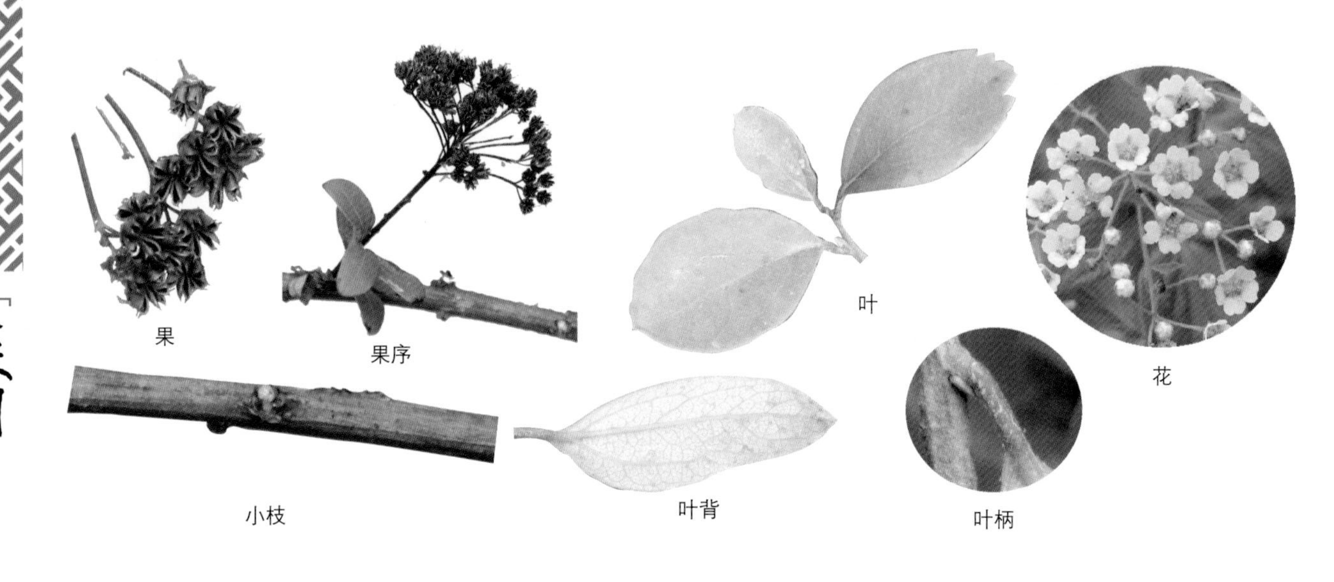

（8）陕西绣线菊 *Spiraea wilsonii*

【识别要点】叶椭圆形、倒卵形或椭圆状长圆形，全缘或先端具3～5个锯齿，两面具毛；花白色；蓇葖果开展，被密毛。

灌木。枝开展，圆柱形，幼时紫褐色，被短柔毛，老时紫褐色至灰褐色，无毛；冬芽卵形，先端急尖，有数个鳞片，被短柔毛。叶椭圆形、倒卵形或椭圆状长圆形，长2～3（3.5）cm，宽5～15（17）mm，先端急尖，稀圆钝，基部楔形，全缘或先端具3～5个锯齿，表面被稀疏短柔毛，背面被长柔毛，沿脉腋较密；叶柄长3～4mm，被长柔毛。复伞形花序生于侧枝顶端。直径3～5cm，被长柔毛；花梗长4～5mm，被柔毛；花白色，直径6～7mm；萼筒外面被长柔毛；萼裂片三角形，先端急尖；花瓣宽倒卵形至近圆形，先端钝或微凹，长2～3mm；雄蕊20，与瓣近等长；花盘10裂；子房密被柔毛，花柱无毛。蓇葖果开展，密被短柔毛，花柱顶生，斜展，萼片直立。花期6～7月，果期8～9月。

栾川县产各山区，生于海拔1000m以上的山坡或山谷灌丛中。河南产于伏牛山区。分布于陕西、甘肃、湖北、四川、云南。

（9）鄂西绣线菊（小叶石棒子） *Spiraea veitchii*

【识别要点】叶长圆形、椭圆形或倒卵形，全缘，背面有白粉，有时具细柔毛；花白色；蓇葖果光滑。

灌木。小枝红褐色，幼时被短柔毛，老时无毛。叶长圆形、椭圆形或倒卵形，长1.5～3cm，宽7～10mm，先端钝或微尖，基部楔形，全缘，背面有白粉，有时具细柔毛；叶柄长2mm，有短柔毛。复伞房花序，生于侧枝顶端，密生细柔毛；花白色，直径约4mm；萼筒钟状，两面均有细柔毛，萼裂片5个；花瓣卵形或近圆形；雄蕊20，稍长于花瓣。蓇葖果，开展，无毛，萼裂片直立。花期5～7月，果期7～9月。

栾川县产伏牛山，生于海拔1000m以上的山坡灌丛或疏林中。河南还产于南召、西峡、嵩县、卢氏、内乡。分布于陕西、湖北、四川、云南。

可作庭园观赏植物。

果枝　小枝　叶面　叶背　花　小枝及叶柄　果

（10）广椭绣线菊（卵叶绣线菊） *Spiraea ovalis*

【识别要点】枝微具棱角；叶宽椭圆形、长圆形，稀倒卵形，全缘或先端有少数浅齿，两面无毛或仅背面沿脉具毛。

灌木。枝细瘦，圆柱形，开展，幼时棕褐色，微具棱角，无毛，老时暗灰色，微带褐色。冬芽小，卵形，先端圆钝，具数个覆瓦状鳞片。叶宽椭圆形、长圆形，稀倒卵形，长1.5～3.5cm，宽1～2cm，先端圆钝，稀急尖，基部宽楔形或近圆形，全缘，稀在先端有少数浅齿，两面无毛或背面沿脉被稀疏柔毛；叶柄长3～5mm，无毛或被稀疏短柔毛。复伞房花序生于侧枝顶端，有多数花，直径3.5～5.5cm；花梗长4～7mm，与总花梗均无毛；花白色，直径约5mm；萼筒外面无毛，里面被短柔毛；萼裂片三角形，先端急尖，长约1.5mm，与萼筒近等长，里面先端被短柔毛；花瓣宽卵形或近圆形，长1.5mm，宽2mm；雄蕊20，比瓣稍长；子房被短柔毛，花柱比雄蕊短。蓇葖果开展，被稀疏短柔毛，萼裂片直立。花期5～6月，果期8月。

栾川县产各山区，生于海拔1000m以上的山谷或山顶灌丛中。河南产于伏牛山区。分布于陕西、甘肃、湖北、四川、西藏。

可作庭园观赏植物。

叶枝

花枝

叶形1 叶背 叶形2 果

（11）楼斗叶绣线菊 *Spiraea aquilegifolia*

【识别要点】花枝及果枝上的叶常为倒卵形，全缘或三浅裂；不育枝上的叶常为扇形，先端三浅裂，表面绿色无毛或具疏毛，背面灰绿色被毛。

矮小灌木，高0.5～1m。枝细瘦而多，小枝圆柱形，褐色或淡褐色，幼时密生短柔毛，后逐渐脱落至几无毛。冬芽小，卵形，褐色，有数个鳞片。花枝及果枝上的叶常为倒卵形，长4～8mm，宽2～5mm，先端圆钝，或3浅圆裂，基部楔形，边缘全缘；不育枝上的叶常为扇形，长7～10mm，宽几与长相等，先端3～5浅圆裂，基部楔形，表面绿色无毛或疏生极短柔毛，背面灰绿色密被短柔毛，基部具不显著三出脉；叶柄极短，长1～2mm，有细短柔毛。伞形花序无总梗，具3～6花，基部有数个小叶簇生，花梗6～9mm，无毛；花白色，直径4～5mm；萼筒钟状，里面被短柔毛；花瓣近圆形，先端钝，长与宽各约2mm；雄蕊20，几与花瓣等长；花盘明显，有10个深裂片；子房被短柔毛。蓇葖果上半部或沿腹缝线具短柔毛，具直立或反折的萼裂片。花期5～6月，果期7～8月。

栾川县产各山区，生于海拔1300m以下的多石砾山坡地，形成团块状的山地灌丛。河南产于伏牛山、太行山区。分布于黑龙江、内蒙古、山西、陕西、甘肃。蒙古及俄罗斯也有分布。

果枝

小枝及幼叶

叶

花

（12）金丝桃叶绣线菊 *Spiraea hypericifolia*

【识别要点】叶长圆状倒卵形至倒卵状披针形，无扁形叶，全缘或先端有2～3个钝齿，常两面无毛。

灌木，高达1.5m。枝拱形，小枝灰褐色，无毛或微被短柔毛。叶长圆状倒卵形至倒卵状披针形，长1.5～2cm，宽5～7mm，先端尖或钝，基部楔形，全缘或先端有2～3个钝齿，常两面无毛，稀具短柔毛，基部具不明显三出脉或羽状脉；叶柄短或近无柄。伞形花序无总梗，有花5～11朵，基部有数个簇生小叶；花白色，直径5～7mm；萼筒钟状，裂片5个，三角形；花瓣近圆形或倒卵形；雄蕊20，与花瓣等长或稍短。蓇葖果直立，无毛，具直立萼片。花期5～6月，果期8～9月。

栾川县产各山区，生于海拔2000m以下的向阳山坡地或灌丛中。河南产于太行山和伏牛山区。分布于黑龙江、内蒙古、山西、陕西、甘肃、新疆。蒙古和俄罗斯西伯利亚、中亚至欧洲均有分布。

种子含油约30%。

植株　花枝　果　叶形2　叶背　叶形1

（13）绢毛绣线菊 *Spiraea sericea*

【识别要点】叶卵状椭圆形或椭圆形，全缘或不育枝叶先端有2～4齿，表面深绿色，背面灰绿色，具毛。

灌木，高达2m。小枝近圆形，红褐色，幼时被短柔毛。树皮片状剥落；冬芽小，长卵形，先端长渐尖，有数个褐色鳞片，被短柔毛。叶卵状椭圆形或椭圆形，长1.5～3cm，宽7～15mm，先端急尖，基部楔形，全缘或不育枝叶先端有2～4齿，表面深绿色，疏生短柔毛，背面灰绿色，密被伏生长绢毛；叶脉羽状，于背面显著突起；叶柄长1～2mm，密生绢毛。伞形花序生侧枝顶端，具15～30花，直径1.5～2cm；花梗长6～10mm；花白色，直径4～5mm；萼筒近钟状，外面无毛，里面被短柔毛，萼裂片卵圆状三角形，先端圆钝，花瓣近圆形，长、宽各为2～3mm；雄蕊20，与瓣等长或稍长；花盘具10个显著裂齿。蓇葖果直立或稍开展，被短柔毛，花柱顶生背部，萼片反折。花期4～5月，果期6～7月。

栾川县产各山区，生于海拔1100m以下的山坡灌丛或杂木林中。河南产于伏牛山区和太行山区。分布于黑龙江、吉林、辽宁、内蒙古、山西、甘肃、四川。日本、蒙古、俄罗斯也有分布。

茎叶入药，用于治疗湿疹。

小枝及叶背放大　叶枝

叶面　叶背　花　果

（14）蒙古绣线菊（小叶石棒子） *Spiraea mongolica*

【识别要点】枝细，拱曲，具棱角；叶椭圆形或长椭圆形，全缘或先端具3～5个锯齿，两面无毛或背面边缘疏生短柔毛。

灌木，高达2～3m。枝细，拱曲，具棱角，幼时红褐色，无毛，老时紫褐色或暗灰色。冬芽长卵圆形，先端长渐尖，长2～3mm，比叶柄长，外具2个褐色鳞片，无毛。叶椭圆形或长椭圆形，长8～20（25）mm，宽3.5～7mm，先端钝或急尖，基部楔形，全缘，稀在先端具3～5个锯齿，两面无毛或背面边缘有疏短柔毛，网脉明显，叶柄长1～2mm，无毛。伞形总状花序生侧枝顶端，具总梗，有花8～15朵，直径1.5～2.3cm；花白色，直径2～3mm，雄蕊约20，与花瓣等长；花盘红褐色，具10个圆裂齿；子房被短柔毛；花柱比雄蕊短，与柱头均无毛。蓇葖果直立，无毛或沿腹缝线有稀疏柔毛，花柱开展，萼片直立或反折。花期6～7月，果期8月。

栾川县产各山区，生于海拔1500m以下的山坡灌丛中。河南产于太行山和伏牛山区。分布于内蒙古、河北、甘肃、宁夏、陕西、山西、青海、四川、西藏。

花入药，止渴生津，利尿。

幼枝　花序　花　叶面　果枝　果　叶背

（15）高山绣线菊 *Spiraea alpina*

【识别要点】枝具棱角；叶倒披针形、线状披针形至长圆状倒卵形，簇生或部分互生，两面无毛，背面具白粉，叶柄短。

灌木，高0.5～1.5m。枝直立或拱曲，幼时红褐色，具棱角，被柔毛或无毛，老时灰褐色，无毛。冬芽小，卵形，具数个外鳞，无毛。叶簇生或部分营养枝上为互生，倒披针形、线状披针形至长圆状倒卵形，长7～15mm，宽2～5mm，先端急尖或钝圆，基部楔形，全缘，两面均无毛，背面具白粉，叶脉不显著；叶柄短或近无柄。伞形总状花序有短总梗，具花5～20朵，紧密呈圆球状，直径8～15mm，花梗长2～6mm，无毛；花白色，直径5～6mm。萼筒外面无毛，里面被短柔毛；萼裂片三角形，先端急尖，外面无毛，里面被短柔毛；花瓣倒圆卵形或近圆形，长约2mm，先端钝或微凹；雄蕊20，与瓣等长或稍短；花盘具10个明显的圆裂齿。蓇葖果开展，无毛，或沿腹缝线被稀疏柔毛，花柱近顶生于背部，开展，萼裂片直立或稍开展。花期6～7月，果期8月。

栾川县产老君山，生于海拔1500m以上的山坡灌丛或山顶及山谷多石砾地。河南还产于济源黄楝树、卢氏熊耳山。分布于陕西、甘肃、青海、四川、西藏。蒙古和俄罗斯西伯利亚也有分布。

植株　花枝　枝　花　幼叶

（16）细枝绣线菊 *Spiraea myrtilloides*

【识别要点】叶卵形、椭圆形至倒卵状长圆形，全缘或先端有3个以上钝齿，表面无毛，背面被毛。

灌木。枝细，拱曲，幼时具棱角，暗红褐色，近无毛。冬芽卵形，先端急尖，长达2mm，具数个褐色鳞片，近无毛。叶卵形、椭圆形至倒卵状长圆形，长6～15mm，宽3～10mm，先端钝圆，基部楔形，全缘，稀先端有3至数个钝齿，表面无毛，背面伏生稀疏短柔毛或无毛，叶脉不显著；叶柄长1～2mm。伞形总状花序生侧枝顶端，密生7～20朵花，直径约1.5cm，无毛或微被柔毛，总花梗长1.5～3cm，有时近无梗；花梗长3～6mm，无毛或被稀疏柔毛；苞片线形，无毛；花白色，直径5～6mm；萼筒外面无毛，裂片宽三角形，先端急尖；花瓣近圆形，直径2～3mm；雄蕊20，与瓣近等长；花盘显著，具10个裂齿。蓇葖果直立，无毛或沿腹缝线具短柔毛，花柱顶生，外展，萼裂片直立或开展。花期5～6月，果期7～8月。

栾川县产伏牛山，生于海拔1500m以上的山坡。河南还产于卢氏、灵宝、西峡、南召、嵩县等地。分布于陕西、甘肃、湖北、四川、云南。

根入药，有消肿解毒、祛腐生新之效。

叶枝

（17）土庄绣线菊 *Spiraea pubescens*

【识别要点】叶菱状倒卵形至菱状椭圆形，边缘中部以上具缺刻状牙齿或3浅裂，两面具毛，背面脉上较密。

灌木，高达2m。枝开展、拱曲，黄褐色，微具棱角，幼时被短柔毛，后脱落。冬芽小，卵形，先端钝尖，具数个鳞片，被短柔毛。叶菱状倒卵形至菱状椭圆形，长2～4cm，宽0.8～2cm，先端急尖，基部宽楔形，边缘中部以上具缺刻状牙齿，有时3浅裂，表面被稀疏柔毛，背面被短柔毛，沿脉较密；叶柄长2～3mm，被柔毛。伞形花序具总梗，生侧枝顶端，具15～23花；花梗细，长0.7～1.2cm，无毛；花白色，直径5～8mm；萼筒里面被短柔毛，裂片宽卵圆状三角形，先端急尖，无毛或近无毛；花瓣近圆倒卵形，长2～3mm，先端圆钝或微凹；雄蕊30～40，与瓣近等长或稍长；子房及花柱无毛或子房基部微被短柔毛。蓇葖果开展，无毛，花柱顶生，斜展，萼裂片直立。花期5～6月，果期7～8月。

栾川县产各山区，生于海拔2000m以下的山坡或灌丛中。河南产于各山区。分布于黑龙江、吉林、辽宁、内蒙古、河北、山西、山东、陕西、甘肃、湖北、安徽。蒙古、俄罗斯和朝鲜也有分布。

枝叶煎水服可治腹泻，茎髓可治水肿。

植株

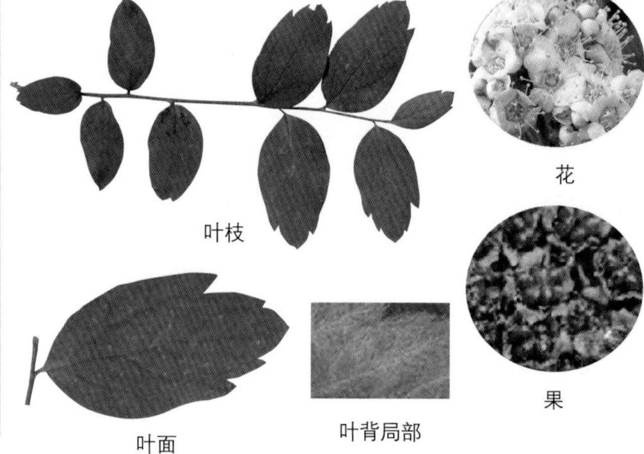

叶枝　树干　花　果枝

（4）华中山楂（野山楂） *Crataegus wilsonii*

【识别要点】刺粗壮，幼枝具白色茸毛；叶卵形或倒卵形、三角状卵形，边缘有锐锯齿，中部以上常3～5浅裂，两面具毛；梨果红色。

落叶灌木，高约7m。刺粗壮，长1～2.5cm。幼枝具白色茸毛，老枝灰褐色，无毛或近无毛。叶卵形或倒卵形，稀三角状卵形，先端急尖或圆钝，基部圆形、楔形或心形，边缘有锐锯齿，中部以上常3～5浅裂，表面幼时散生柔毛，背面沿脉微生柔毛；叶柄长2～2.5cm，幼时具白色柔毛。伞房花序，总花梗与花梗均有白色茸毛；花白色，直径1～1.5cm；萼筒钟状，外面常有白色茸毛或无毛。梨果椭圆形，直径6～7mm，红色，无毛，有小核1～3个，内面两侧有深凹痕。花期4～5月，果期8～9月。

栾川县产各山区，生于海拔1000m以上的山坡或山谷杂木林中。河南还产于卢氏、嵩县、西峡、南召、内乡等县。分布于陕西、甘肃、浙江、湖北、四川、云南。

果实可生食或酿酒，并入药。

果　叶面　叶枝　叶背　花序　花

（5）橘红山楂　*Crataegus aurantia*

【识别要点】无刺或有刺，小枝幼时具柔毛；叶宽卵形，边缘有2～3对卵圆形浅裂片，表面深绿色，背面淡绿色，均具毛；果实橘红色。

落叶灌木或小乔木，高3～5m。无刺或有刺，刺长1～2cm，深紫色。小枝幼时具柔毛，1年生深紫色，老时灰褐色。叶宽卵形，长4～7cm，宽3～7cm，先端急尖，基部圆形、截形或宽楔形，边缘有2～3对浅裂片，裂片卵圆形，先端急尖，边缘有不整齐尖锐锯齿，表面深绿色，有稀疏短柔毛，背面淡绿色，被柔毛，沿脉较密，叶柄长1～1.5cm，密被柔毛。复伞房花序，直径3～4cm，总花梗和花梗密被柔毛；花白色，直径约1cm；萼筒钟状，外面被柔毛，萼裂片三角形，全缘或先端有齿，花后反折；花瓣近圆形；雄蕊18～20，约与花瓣等长；花柱2～3，稀4，基部被柔毛。果实近球形，直径约1cm，干时橘红色，有2～3个小核，核背面隆起，腹面有凹痕。花期5～6月，果期8～9月。

栾川县产各山区，生于1000m以上的山坡杂木林中。河南产于太行山和伏牛山。分布于陕西、山西、甘肃等地。

果可生食或酿酒。也可作树桩盆景材料。

果枝　叶面　叶背　叶背放大　叶面放大　幼枝及叶柄　果及解剖　果

（6）甘肃山楂　*Crataegus kansuensis*

【识别要点】枝刺锥形；叶宽卵形，边缘有尖锐重锯齿和5～7对不规则的羽状浅裂，幼时两面具毛。

落叶灌木或乔木，高3～8m。枝刺锥形，长达2cm。小枝圆柱形，红褐色，无毛。叶宽卵形，长4～6cm，宽3～4cm，先端急尖，基部楔形或宽楔形、近圆形，边缘有尖锐重锯齿和5～7对不规则的羽状浅裂，裂片三角状圆卵形，先端急尖或短渐尖，表面无毛或有稀疏柔毛，背面沿中脉及脉腋具簇毛，老时逐渐脱落近无毛；叶柄长1.5～3cm，无毛；托叶镰状，边缘具腺齿。伞房花序具8～20朵花；花梗细，长约6mm，与总花梗均无毛，苞片披针形，边缘具腺齿；萼筒无毛，萼裂片三角状卵圆形，先端渐尖，全缘，两面均无毛，背面具一隆脊，长为萼筒之半；花瓣近圆形，白色；雄蕊约20，较花瓣稍短；花柱2～3，子房顶端具茸毛。果实近球形，直径8～10mm，红色或橘红色，小核2～3个，内侧两面有凹痕。花期5月，果期9～10月。

栾川县产各山区，多生于海拔1000m以上的山坡杂木林中。河南还产于卢氏、灵宝、济源、辉县、林州等地。分布于山西、河北、甘肃、陕西、四川、贵州。

果实可生食或酿酒，并入药。

果枝

叶

叶背局部

花

果

8.石楠属 *Photinia*

落叶或常绿灌木或乔木。单叶互生，有托叶，边缘常有锯齿。花两性，成伞形、伞房或复伞房花序，萼筒杯状、钟状或筒状，萼片5；花瓣5，开展；雄蕊20；心皮2，稀3～5，花柱离生或基部合生，子房半下位，2～5室，每室有2胚珠。梨果先端或1/3部分与萼筒分离，每室有1～2粒种子，萼裂片宿存。

约60余种，分布于亚洲东部及南部。我国约有40余种，分布于华中、西南至东南。河南有6种及3变种。栾川县栽培2种。

1.总花梗、花梗与萼外面疏生平贴短柔毛。花直径10～12mm。叶柄长0.8～1.5cm，叶长圆形，长5～15cm，幼时沿中脉有柔毛；枝干常具刺 ………………… （1）椤木石楠 *Photinia davidsoniae*

1.总花梗、花梗与萼均无毛。花直径6～8mm。叶柄长2～4cm，叶长9～18cm，宽3～5.5cm基部圆形或宽楔形，边缘有具腺尖锯齿 ………………………………………… （2）石楠 *Photinia serrulata*

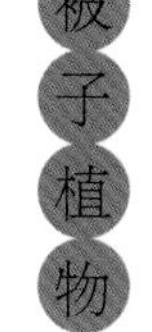

（1）椤木石楠 *Photinia davidsoniae*

【识别要点】枝干常有刺；叶革质，长圆形或倒披针形，边缘有具腺的细锯齿而反卷；侧脉10～12对。

常绿乔木，高6～15m。小枝紫褐色或灰色，幼时有稀疏平贴柔毛，枝干常有刺。叶革质，长圆形或倒披针形，长5～15cm，宽3.5～5cm，先端急尖或渐尖，有短尖头，基部楔形，边缘有具腺的细锯齿而反卷，表面光亮，中脉幼时贴生柔毛，侧脉10～12对；叶柄长8～15mm，无毛。复伞房花序顶生，有多花，直径10～12cm；总花梗与花梗均贴生柔毛；花白色，直径10～12mm；萼筒浅杯状，外面被稀疏柔毛，裂片宽三角形；花瓣圆形，具短爪，雄蕊20，比花瓣短：花柱2，中部以下结合，子房2室。梨果近球形或卵形，直径7～10mm，黄红色，无毛，萼裂片稍直立。花期5月，果期9～10月。

栾川县有栽培，多用于园林绿化。河南产于伏牛山南部及大别山区，生于海拔1200m以下的山谷杂木林中。分布于陕西、江苏、安徽、浙江、江西、湖南、湖北、四川、广东、广西、云南、福建。缅甸和泰国也有分布。

喜光，喜温，耐旱，对土壤肥力要求不高，在酸性土、钙质土上均能生长。种子或扦插繁殖。

木材可作农具。根、叶入药，清热解毒，用于治疗痈肿疮疖。是优良的庭园绿化树种。

（2）石楠（冬青）　*Photinia serrulata*

【识别要点】叶革质，长椭圆形、长倒卵形或倒卵状椭圆形，边缘有腺状细锯齿，微反卷，侧脉20～30对；花梗无疣点。

常绿灌木或小乔木，高4～12m。冬芽大，常红紫色。小枝紫褐色或灰褐色，无毛。叶革质，长椭圆形、长倒卵形或倒卵状椭圆形，长9～18cm，宽3～5.5cm，先端尾尖，基部圆形或宽楔形，边缘有腺状细锯齿，微反卷，表面光亮，深绿色，幼时中脉被茸毛，背面黄绿色，无毛，中脉突起，侧脉20～30对；叶柄粗壮，长2～4cm。复伞房花序顶生，直径10～16cm，有多数花；总花梗与花梗均无毛；花白色，直径6～8mm；萼筒杯状，裂片宽三角形，无毛；花瓣近圆形；雄蕊20，与瓣近等长；花柱2，有时3，基部结合。果实为球形，直径5～6mm，红色或紫红色，有1粒种子。花期4～5月，果期10～11月。

栾川县有栽培。河南产于伏牛山南部和大别山区，生于海拔1000m以下的杂木林中。各城市广为栽培。分于陕西、甘肃、江苏、安徽、湖北、湖南、四川、浙江、江西、广西、广东、福建、台湾。

稍耐阴，喜温暖湿润气候，能耐−15℃低温。耐干旱瘠薄，不耐水湿。

种子采集后层积贮藏，春季播种，约1个月发芽。7～9月可扦插，或秋季压条繁殖。

木材可制车轮和器具柄等用。种子油可制肥皂。根含鞣质，可提制栲胶。果实可酿酒。叶微有毒，入药，有解热镇痛、补肾利尿、祛风除痹、壮筋骨之效。亦可作农药，10倍水浸液对马铃薯病菌孢子发芽有抑制作用。又是优良的庭园绿化树种，广泛用于庭院绿化、城市绿化带造型等。

全株

叶面

叶背

干

花

叶枝

叶缘

果序

幼枝

果

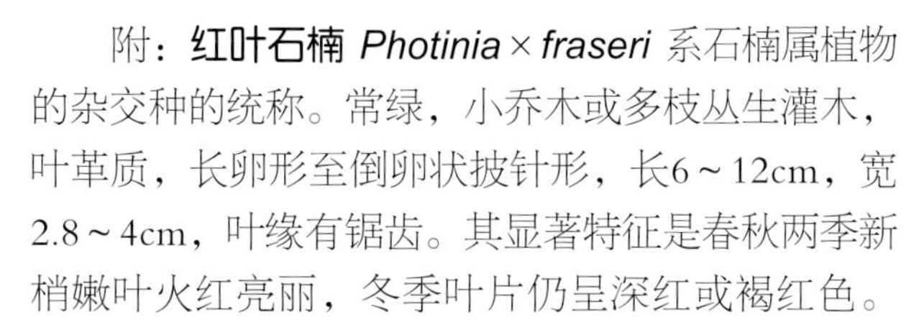

附：**红叶石楠** *Photinia × fraseri* 系石楠属植物的杂交种的统称。常绿，小乔木或多枝丛生灌木，叶革质，长卵形至倒卵状披针形，长6～12cm，宽2.8～4cm，叶缘有锯齿。其显著特征是春秋两季新梢嫩叶火红亮丽，冬季叶片仍呈深红或褐红色。它们有很多栽培品种、变种或杂交种，如‘红罗宾’、‘红唇’、‘火艳’、‘鲁宾斯’、‘强健’等，形态特征各有差异。红叶石楠适应性强、生长快、耐修剪，目前广泛用于庭院绿化、城市园林绿化，栽培量极大，深受人们喜爱。

9.枇杷属 *Eriobotrya*

常绿乔木或灌木。单叶互生，边缘有锯齿或近全缘，羽状网脉明显；托叶多早落。花两性，成顶生圆锥花序，密生茸毛；萼筒杯状或倒圆锥状，萼片5，宿存；花瓣5，长圆形或几圆形，有爪；雄蕊20～40；心皮2～5，子房下位，合生，2～5室，每室有2胚珠；花柱2～5，基部合生。梨果肉质或干燥，内果皮膜质；种子大型，1至数粒，黑褐色。

约30余种，分布于亚洲温带及亚热带地区。我国有13种，分布于西南部至东南部。河南栽培有1种。栾川县栽培1种。

枇杷 *Eriobotrya japonica*

【识别要点】叶革质，倒披针形、倒卵形至椭圆状长圆形，边缘上部有疏锯齿，表面皱，背面密生锈色茸毛。

常绿小乔木。小枝粗壮，密生锈色或灰棕色茸毛。叶革质，倒披针形、倒卵形至椭圆状长圆形，长12～13cm，宽3～9cm，先端急尖，基部楔形，边缘上部有疏锯齿，侧脉粗壮，11～21对，直达齿端，表面多皱，背面密生锈色茸毛；叶柄长6～10mm，有毛。圆锥花序长10～16cm，顶生；总花梗、花梗与萼筒外面均有密生锈色茸毛；花白色，芳香；花柱5个，分离。梨果近球形，黄色或橘黄色，直径2～5cm。花期10～12月，果实翌年5～6月成熟。

栾川县有栽培。河南郑州、南阳、信阳、洛阳等地有栽培。我国湖北、四川有野生，现长江流域及其以南各地区普遍栽培。

果实味甜微酸，为南方主要水果之一，供鲜食或作蜜饯，并可酿酒。种子可榨油。木材质硬而韧，供制各种器具。叶、花、果实、种仁、木白皮均可药用。嫩叶含枇杷叶皂角甙、维生素E，能清肺泻火、止咳化痰。种仁有镇咳祛痰的效果，可作苦杏仁的代用品；花治寒咳、头风及鼻流清涕等症。果能止咳下气、利肺气、止吐逆。

花枝

花　果序　果　树干　叶枝

叶面

叶背

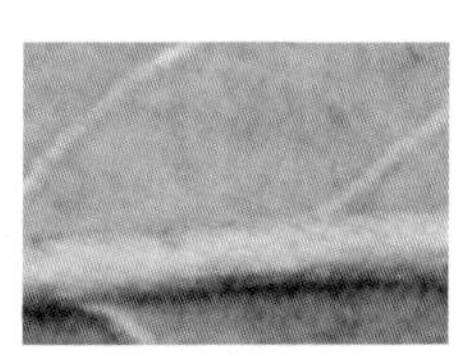
叶背局部

10.花楸属 *Sorbus*

落叶乔木或灌木。冬芽具数个覆瓦状鳞片。单叶或奇数羽状复叶，互生，具托叶。花两性，多数成顶生复伞房花序；萼筒钟状，萼片5；花瓣5；雄蕊15～25；心皮2～5，花柱2～5，中部以下多少结合；子房下位或半下位，2～5室，每室有2胚珠。梨果球形，2～5室，每室有1～2个种子。

约80余种，分布于北半球亚洲、欧洲、北美洲。我国有50余种。河南9种。栾川县有6种。

1.单叶：

2.叶背面无毛或仅沿脉有毛，花柱通常2个，果椭圆或卵形 …… （1）水榆花楸 *Sorbus alnifolia*

2.叶背面及沿脉有灰白色茸毛，花柱2～3个，果椭圆形 ………… （2）石灰花楸 *Sorbus folgneri*

1.奇数羽状复叶：

3. 小叶11～17个：

4.托叶大，宿存：

5.冬芽外被疏生短柔毛。花序和叶轴均无毛，花瓣里面无毛。果白色或黄白色 ……………………………………………………………………………… （3）北京花楸 *Sorbus discolor*

5.冬芽密生白色茸毛。花序和叶轴均有白色茸毛。果红色 （4）花楸树 *Sorbus pohuashanensis*

4.托叶小，早落；小叶背面沿中脉基部有白色茸毛 ………… （5）湖北花楸 *Sorbus hupehensis*

3.小叶17～27个，背面无乳头状突起，边缘自近基部以上有锯齿 ……………………………………………………………………………………… （6）陕甘花楸 *Sorbus koehneana*

（1）水榆花楸（水榆） *Sorbus alnifolia*

【识别要点】小枝有灰白色皮孔；单叶，卵形至椭圆形，边缘具不整齐重锯齿，有时微浅裂，两面无毛或背面沿脉被毛；果实红色或黄色。

乔木，高可达20m。小枝圆柱形，有灰白色皮孔，幼时具柔毛，暗红褐色或暗灰褐色。单叶，卵形至椭圆形，长5～10cm，宽3～6cm，先端渐尖，基部圆形，边缘具不整齐重锯齿，有时微浅裂，两面无毛，或背面中脉与侧脉微具柔毛，侧脉8～14全对，近平行，直达齿尖；叶柄长1～2cm，无毛或微有柔毛。复伞房花序有6～25朵花；总花梗极短，与花梗具疏柔毛；花白色，萼筒裂片5，外面无毛，里面密生白色茸毛；花瓣倒卵形，长5～7mm；雄蕊20；花柱2，基部或中部以下合生，无毛，比雄蕊短；果实椭圆形或卵形，长10～13mm，红色或黄色，萼裂片脱落后残留为圆穴。花期5～6月，果期9～10月。

栾川县产各山区，生于海拔1000m以上的山坡或山谷杂木林中。河南产于太行山、伏牛山、大别山和桐柏山区。分布于黑龙江、吉林、辽宁、河北、陕西、甘肃、山东。朝鲜和日本也产。

木材坚硬致密，可供建筑模型及家具用材。果实含糖，可食或酿酒。树皮可作染料，含鞣质8%，亦可提制栲胶，含纤维素17%，可作造纸原料。也可作庭园观赏植物。

果

树干

花

花序

叶枝

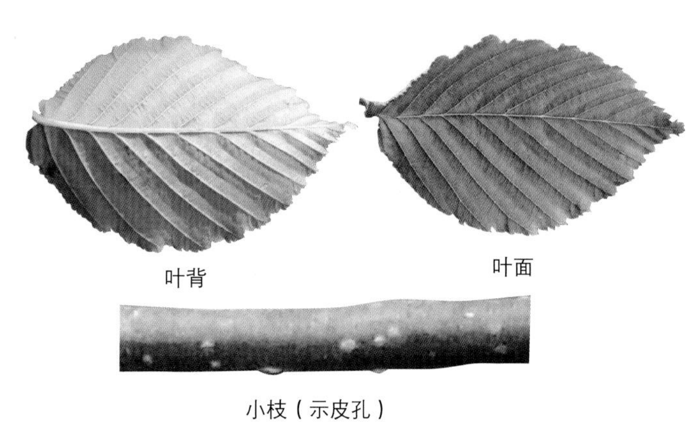

叶背　叶面

小枝（示皮孔）

（2）石灰花楸（石灰树　灰荀子）　*Sorbus folgneri*

【识别要点】单叶，叶卵形至椭圆形，边缘有尖单锯齿，叶柄、叶背面、总花梗、花梗及萼筒外面均密生白色茸毛；果红色，具小斑点。

乔木，高约10m。小枝黑褐色，具少数皮孔。冬芽卵形，先端急尖，外具数枚褐色鳞片。叶柄、叶背面、总花梗、花梗及萼筒外面均密生白色茸毛。叶卵形至椭圆形，长5～8cm，宽2～3.5cm，先端急尖或短渐尖，基部宽楔形或圆形，边缘有细锐单锯齿，侧脉8～12对，近平行；叶柄长5～15mm。复伞房花序有多花，花梗长5～8mm；花白色，直径7～10mm，雄蕊20，与瓣等长或过之；花柱2～3，近基部连合并有茸毛。梨果椭圆形，直径6～7mm，红色，近平滑或有少数不明显的细小斑点，萼裂片脱落后留有圆穴。花期4～5月，果期8～9月。

栾川县产伏牛山，生于海拔800m以上的山坡杂木林中。河南产于伏牛山、大别山和桐柏山区。分布于陕西、甘肃、安徽、湖北、湖南、江西、四川、广东、广西、云南、贵州。

果实入药，用于治疗体虚劳倦。木材供建筑、家具等用。亦可作城市绿化树种。

树干　叶枝　叶面　叶背局部　花　果

（3）北京花楸 *Sorbus discolor (Sorbus pekinensis)*

【识别要点】奇数羽状复叶，小叶11～15个，长圆形或长圆状披针形，边缘近基部或1/3以上有尖锯齿，无毛；果白色或黄色。

乔木，高约10m。小枝紫褐色，无毛，具稀疏皮孔。冬芽长圆状卵形，无毛或疏生短柔毛。奇数羽状复叶，小叶11～15个，长圆形或长圆状披针形，长3～6cm，宽1～2cm，先端急尖或短渐尖，基部斜楔形或近圆形，边缘近基部或1/3以上有细锐锯齿，无毛；叶轴无毛；托叶宿存，革质，有粗齿。复伞房花序，总花梗和花梗无毛；花白色；雄蕊15～20，花柱3。果实卵形，直径6～8mm，白色或黄色，萼裂片闭合宿存。花期5月，果期9～10月。

栾川县产各山区，生于海拔1000m以上的山坡杂木林中。河南产于太行山和伏牛山区。分布于河北、内蒙古、山西、陕西、甘肃、山东。

木材可作家具。树皮、果实入药，有祛痰镇咳、健脾利水之效。可作庭园绿化树种。

复叶　果枝　花枝　叶面　冬芽　果

（4）花楸树（臭山槐） *Sorbus pohuashanensis*

【识别要点】小枝具灰白色小皮孔；奇数羽状复叶，小叶11～15个，卵状披针形或椭圆状披针形，基部偏斜圆形，边缘自近基部或中部以上有细锐锯齿，无毛或背面中脉两侧被疏毛；果红色。

乔木，高约8m。小枝粗壮，灰褐色，具灰白色小皮孔，嫩枝具茸毛，逐渐脱落，老时无毛；冬芽长大，长圆卵形，先端渐尖，具数枚红褐色鳞片，外面密被灰白色茸毛。奇数羽状复叶，小叶11～15个，卵状披针形或椭圆状披针形，长3～5cm，宽1.4～2cm，先端急尖或短渐尖，基部偏斜圆形，边缘自近基部或中部以上有细锐锯齿，无毛或背面中脉两侧微生茸毛；叶轴有白色茸毛；托叶宿存，革质，有粗锯齿。复伞房花序，多花密集，总花梗和花梗均密生白色茸毛；花白色；花柱3。果实近球形，直径6～8mm，红色；萼裂片闭合宿存。花期5月，果期9～10月。

栾川县产各山区，生于海拔900m以上的山坡或山谷杂木林中。河南产于太行山和伏牛山北部。分布于黑龙江、吉林、辽宁、内蒙古、河北、山西、山东、甘肃。

果实可酿酒、制果酱、果醋等，并含多种维生素，可入药。木材可作家具、器具等用。亦可作庭园观赏植物。

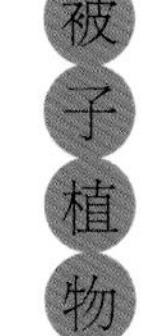

花枝　干　冬芽
复叶（背）　嫩枝及托叶　花　果

（5）湖北花楸　*Sorbus hupehensis*

【识别要点】 奇数羽状复叶，小叶11～17个，长圆状披针形或卵状披针形，基部1/3或1/2以上有锐锯齿，背面沿中脉有白色茸毛；果白色。

乔木，高达10m。小枝暗灰褐色，幼时疏生白色茸毛。奇数羽状复叶，小叶11～17个，长圆状披针形或卵状披针形，长3～5cm，宽1～2cm，先端急尖或短渐尖，基部1/3或1/2以上有锐锯齿，无毛或背面沿中脉有白色茸毛；托叶小、膜质，早落。复伞房花序有多花，总花梗和花梗无毛或疏生白色茸毛；花白色，花瓣圆卵形，长3～4mm；雄蕊20；花柱4～5。果实球形，直径5～8mm。白色；萼片闭合宿存。花期4～5月，果期9～10月。

栾川县产伏牛山，生于海拔1000m以上的山坡或山谷杂木林中。河南产于伏牛山和大别山区。分布于陕西、甘肃、青海、山东、江西、安徽、湖北、四川、贵州。

果实含多种维生素，可入药。木材可作家具、器具等用，亦可作园林绿化树种。

复叶　花
果枝　小叶（背）　果序

（6）陕甘花楸 *Sorbus koehneana*

【识别要点】奇数羽状复叶，小叶17～27个，长圆形至长圆状披针形，边缘自近基部以上具尖锯齿，背面脉上具疏毛，叶轴两侧有窄翅；果白色。

灌木或小乔木，高约4m。小枝圆柱形，红褐色或黑灰色，无毛。奇数羽状复叶，小叶17～27个，长圆形至长圆状披针形，长1.5～3cm，宽0.5～1cm，先端急尖或圆钝，基部斜楔形，边缘自近基部以上具尖锯齿，背面脉上疏生柔毛或近无毛；无乳头状突起；叶轴两侧有窄翅；托叶草质，早落。复伞房花序具多数花；总花梗和花梗疏生柔毛；花白色，直径约1cm，花瓣圆卵形，长约4mm；雄蕊20；花柱5。梨果球形，直径6～8mm，白色，萼裂片宿存，花期4～5月，果期9～10月。

栾川县产各山区，生于海拔1800m以上的山坡杂木林中。河南产于太行山和伏牛山区。分布于山西、陕西、甘肃、宁夏、青海、湖北、四川。

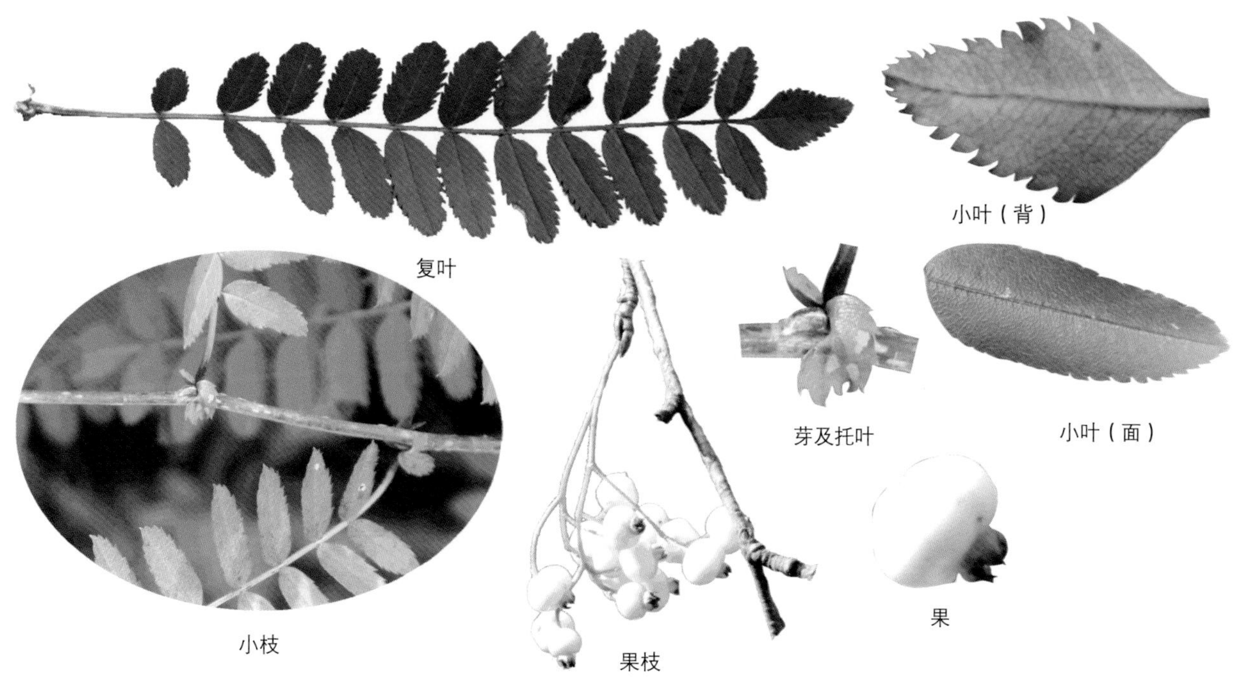

11.木瓜属 *Chaenomeles*

落叶或半常绿，灌木或小乔木。枝有刺或无刺。单叶互生，有锯齿；有短柄和托叶。花两性，单生或簇生；萼筒钟状，萼片5，果时脱落；花瓣5；雄蕊20～50；花柱5个，基部合生，子房下位，5室，每室有多数胚珠。梨果大型，有多数种子。

约5种，分布于亚洲东部。我国全产。河南栽培有4种。栾川县栽培有4种。

1.灌木。小枝有刺。花簇生；萼片直立，全缘。托叶革质，肾形或耳形，有锯齿：

2.小枝平滑，2年生枝无疣状突起。果实中型至大型，直径5～8cm：

3.叶片卵形至长椭圆形，幼时背面无毛或有短柔毛，叶缘有尖锐锯齿。花柱基部无毛或稍有毛 ……………………………………………………（1）贴梗海棠 *Chaenomeles speciosa*

3.叶片椭圆形或披针形，幼时背面密生褐色茸毛，叶缘有刺芒状锯齿。花柱基部常被柔毛或绵毛 ……………………………………………………（2）毛叶木瓜 *Chaenomeles cathayensis*

2.小枝粗糙，2年生枝有疣状突起。果实小型，直径2～3cm （3）日本木瓜 *Chaenomeles japonica*

1.灌木或小乔木。小枝无刺。花单生，萼片反曲，边缘有细锯齿，托叶膜质，卵状披针形，边缘有腺齿……………………………………………………（4）木瓜 *Chaenomeles sinensis*

（1）贴梗海棠（皱皮木瓜） *Chaenomeles speciosa (Chaenomeles lagenaria)*

【识别要点】枝有刺；叶卵形至椭圆形，边缘有尖锐锯齿，背面沿脉有短柔毛；托叶肾形或半圆形，有重锯齿。果梗短或近无梗。

落叶灌木，高达2m。有刺，小枝圆柱形，微屈曲，无毛，紫褐色或黑褐色，有疏生浅褐色皮孔。冬芽三角卵形，先端急尖，近无毛或在鳞片边缘具短柔毛，紫褐色。叶卵形至椭圆形，长3～9cm，宽1.5～5cm，先端急尖，稀圆钝，基部楔形，边缘有尖锐锯齿，齿尖开展，无毛或背面沿脉有短柔毛；叶柄长1～1.5cm；托叶大，叶状，肾形或半圆形，有重锯齿。花先叶开放，3～5朵簇生2年生枝上；花梗短粗，花猩红色，少数淡红色或白色；萼筒钟状，无毛，裂片近半圆形，边缘具黄褐色睫毛；雄蕊40～50；花柱5，基部连合，无毛。梨果球形或卵形，直径3～5cm，黄色或黄绿色，果梗短或近无梗。花期3～4月，果期9月。

栾川县有栽培。河南各地有栽培。分布于陕西、甘肃、四川、云南、贵州、广东。缅甸也有。

种子、分根或扦插繁殖。

果实可作蜜饯，也可入药，有舒筋活络、驱风止痛、强壮、兴奋、平肝、和脾、化湿之效。又为庭园常见观赏植物。

（2）毛叶木瓜（木瓜海棠） *Chaenomeles cathayensis*

【识别要点】枝具短枝刺；叶椭圆形、披针形至倒卵状披针形，边缘有芒状细尖锯齿，幼时背面密被褐色茸毛。

落叶小乔木，高2～6m。枝条直立，具短枝刺；小枝微弯曲，紫褐色，疏生浅褐色皮孔。冬芽三角卵形，先端急尖，无毛，紫褐色。叶椭圆形、披针形至倒卵状披针形，长5～11cm，宽2～4cm，先端尖，基部楔形，边缘有芒状细尖锯齿，幼时表面无毛，背面密被褐色茸毛，后脱落于近无毛；叶柄长约1cm；托叶肾形、耳形或半圆形，边缘有芒状细锯齿，背面被褐色茸毛；花先叶开放，2～3朵簇生2年生枝上；花淡红色或白色；萼筒钟状，萼片直立，卵圆形至椭圆形；雄蕊40～50，长约为花瓣一半；花柱5，基部常被茸毛或绵毛。果实卵球形或近圆柱形，先端有突起，长8～12cm，宽6～7cm，黄色有红晕，味芳香。花期3～5月，果期9～10月。

栾川县有零星栽培。河南各地有零星栽培。分布于山东、陕西、湖北、江西、安徽、江苏、浙江、广东、广西。

种子或分株繁殖。

果实可作木瓜代用品。常作庭园观赏植物。

（3）日本木瓜 *Chaenomeles japonica*

【识别要点】小枝粗糙，2年生枝有疣状突起；叶倒卵形或椭圆形，边缘有圆钝锯齿，齿尖内贴，无毛；托叶肾形有圆齿。

灌木，高约1m。枝条广开，有细刺。小枝粗糙，紫红色，2年生枝黑褐色，有疣状突起。叶倒卵形或椭圆形，长3～5cm，宽2～3cm，先端圆钝，基部楔形，边缘有圆钝锯齿，齿尖内贴，两面无毛；托叶肾形有圆齿，长1cm，宽1.5～2cm。花3～5簇生，花梗极短，无毛；萼筒钟状，萼片卵形，长4～5mm，花瓣倒卵形或近圆形，红色；雄蕊40～60，长约为花瓣之半；花柱无毛。梨果小，近球形，直径2～3cm，黄色，萼片早落。花期3～4月，果期8～10月。

原产日本。栾川县有栽培。河南郑州、洛阳、开封等地有栽培。陕西、江苏、浙江等地也有栽培。

扦插或分株繁殖。

为庭园观赏植物。

（4）木瓜（木瓜树） *Chaenomeles sinensis*

【识别要点】枝无刺；叶椭圆状卵形、椭圆状长圆形或倒卵形，边缘有刺芒状尖锐锯齿，齿尖有腺。

灌木或小乔木，高5～10m。树皮片状剥落。枝无刺；小枝幼时有柔毛，紫红色或紫褐色。冬芽半圆形，先端圆钝，无毛，紫褐色。叶椭圆状卵形或椭圆状长圆形，稀倒卵形，长5～8cm，宽3.5～5cm，边缘有刺芒状尖锐锯齿，齿尖有腺，幼时具茸毛；叶柄长5～10mm，微生柔毛，有腺体。花单生，花梗短粗；花粉红色，萼筒钟状，外面无毛，裂片反曲，边缘有细锯齿；花柱3，基部有柔毛。梨果椭圆形，长10～15cm，暗黄色，木质，芳香。花期4～5月，果期9～10月。

栾川县有栽培，现有古树6株。河南各地有栽培。分布于山东、陕西、安徽、江苏、湖北、四川、浙江、江西、广东、广西。

种子、扦插、压条或嫁接繁殖。

种仁含油量35.99%，出油率30%，无异味，可食并可制肥皂。果实经蒸熟后可制蜜饯；又可供药用，有镇咳、镇痉、祛风除湿、顺气、舒筋、止痛、清暑利尿之效，也有抗癌作用。花可制糖酱。树皮含鞣质，可提制栲胶。木材坚硬，可作家具用。也可作庭园观赏植物。

果枝　叶面　花　果　种子　果横切　叶背局部　树干　花枝　叶缘

12.梨属 *Pyrus*

落叶乔木或灌木，稀半常绿乔木。枝有时具刺。单叶互生，有锯齿或全缘；有叶柄及托叶。花两性，白色，稀粉红色，成伞形总状花序；萼裂片与花瓣各5；雄蕊10～30；花柱2～5；分离；子房下位，2～5室，每室有2胚珠。梨果，果肉多汁，富石细胞。种子黑褐色至黑色。

约25种，分布于亚洲、欧洲东部至非洲北部。我国有14种，南北各地均有分布。河南有9种，2变种。栾川县有8种，1变种。

1.果实萼片宿存。花柱3～5个：
　2.叶缘具细锐锯齿或带刺芒状尖锐锯齿：
　　3.花柱5个。果黄色。叶边缘具带刺芒尖锐锯齿 ………………… （1）秋子梨 *Pyrus ussuriensis*
　　3.花柱3～4个。果实褐色。叶边缘有细锐锯齿 ……………………… （2）麻梨 *Pyrus serrulata*
　2.叶缘具细圆钝锯齿。叶长卵形，先端渐尖，背面光滑。果实褐色，小，直径1～1.5cm
　…………………………………………………………………………… （3）木梨 *Pyrus xerophila*
1.果实萼片脱落或少部分宿存。花柱2～5个：
　4.叶边缘有圆钝锯齿。花柱2～3个；花序无毛。果实褐色圆球形，直径约1cm …………………
　…………………………………………………………………………… （4）豆梨 *Pyrus calleryana*
　4.叶边缘具尖锐锯齿或带刺芒状尖锐锯齿：
　　5.叶边缘有带刺芒状尖锐锯齿。花柱4～5个：
　　　6.果实黄色。叶基部宽楔形 ……………………………… （5）白梨 *Pyrus bretschneideri*
　　　6.果实褐色。叶基部圆形或近心形 ……………………………… （6）沙梨 *Pyrus pyrifolia*
　　5.叶边缘具尖锐锯齿，但绝不为刺芒状。花柱2～4个：
　　　7.果实近球形，2～3室，直径5～15mm。幼枝、花序和叶背面均被茸毛
　　　……………………………………………………………… （7）杜梨 *Pyrus betulaefolia*
　　　7.果实球形或卵形，3～4室，直径2～2.5cm。幼枝、花序和叶背面具茸毛，不久即脱落
　　　……………………………………………………………… （8）褐梨 *Pyrus phaeocarpa*

（1）秋子梨（酸梨 花盖梨） *Pyrus ussuriensis*

【识别要点】叶卵形至宽卵形，边缘有刺芒状尖锐锯齿，刺芒向外直伸。

乔木，高达15m。小枝粗壮，灰褐色。叶卵形至宽卵形，长5～10cm，宽4～6cm，先端短渐尖，基部圆形或近心形，稀宽楔形，边缘有刺芒状尖锐锯齿，刺芒向外直伸，叶面光滑，有光泽，无毛或幼时有茸毛；叶柄长2～5cm；托叶线状披针形，先端渐尖，边缘具有腺齿，长8～13mm，早落。伞房花序有5～7朵花；花白色；花梗长25cm，总花梗和花梗在幼嫩时被茸毛，不久脱落；苞片膜质，线状披针形，先端渐尖，全缘，长12～18mm；花直径3～3.5cm；萼筒外面无毛或微具茸毛；萼片三角披针形，先端渐尖，边缘有腺齿，长5～8mm，外面无毛，内面密被茸毛；花瓣倒卵形或广卵形，先端圆钝，基部具短爪，长约18mm，宽约12mm，无毛；雄蕊20，短于花瓣，花药紫色；花柱5，离生，近基部有稀疏柔毛。梨果近球形，黄色，直径2～6cm，萼裂片宿存，基部微下陷。花期4月，果期8～9月。

栾川县有栽培。河南各地有栽培。分布于东北、华北、西北各地。亚洲东部、朝鲜也有分布。

品种较多，常见有京白梨、宁陵梨、鸭广梨、苹果梨等。果可食或酿酒，与冰糖煎膏有清肺止咳之效。木材供制家具、雕刻等用。

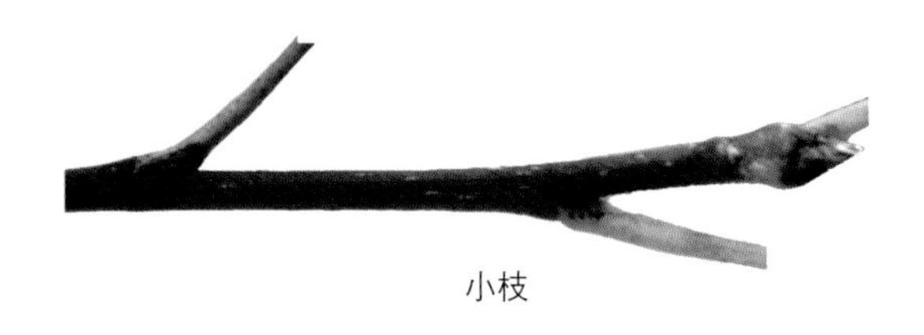
小枝

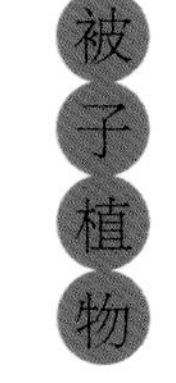

幼枝 叶面 叶背 花枝 果 花 花蕊 叶缘放大

（2）麻梨（小沙梨） *Pyrus serrulata*

【识别要点】小枝微有棱角；叶卵形或长卵形，边缘有细锐锯齿，齿尖常向内合拢。

乔木，高8～10m。小枝微有棱角，幼时具褐色茸毛，2年生枝紫褐色，具稀疏白色皮孔。冬芽肥大，卵形，先端急尖，鳞片内面具有黄褐色茸毛。叶卵形或长卵形，长5～11cm，宽3.5～7.5cm，先端渐尖，基部宽楔形或圆形，边缘有细锐锯齿，齿尖常向内合拢，背面幼时具褐色茸毛，后脱落；叶柄长3.5～7.5cm。伞房花序，有6～11朵花；总花梗和花梗均密生褐色绵毛，后渐脱落；花白色，花柱3，稀4。梨果近球形或倒卵形，褐色；有宿存萼裂片，果梗长3～4cm，先端不肥厚。花期4～5月，果期9月。

栾川县各乡镇有分布，多生于山坡林缘、地边、路旁或庭院前后。河南产于伏牛山、大别山和桐柏山区。分布于湖北、湖南、江西、浙江、四川、广东等地。

果实可食，鲜果味涩，冬季存放变软后去涩；也可酿酒。木材可作家具等用。果实在民间用于治疗咳嗽。

果枝 小枝

花 花枝 果 顶芽 叶背 果序 叶面

(3) 木梨(野梨 酸梨) *Pyrus xerophila*

【识别要点】叶卵形、长卵形或长圆状卵形，比麻梨叶小，边缘有圆钝细锯齿，两面均无毛；梨果褐色，具斑点。

乔木，高8～10m。小枝粗壮，灰褐色，幼时无毛或有稀疏柔毛。叶卵形或长卵形，稀长圆状卵形，长4～7cm，宽2.5～4cm，先端渐尖，基部圆形，边缘有圆钝细锯齿，两面均无毛，叶柄长2.5～5cm，无毛。伞房花序有3～6朵花；总花梗和花梗幼时生柔毛；花白色，直径2～2.5cm；花瓣宽卵形，基部具爪；雄蕊20，稍短于花瓣；花柱5，稀4，与雄蕊等长，基部被稀疏柔毛。梨果球形或椭圆形，直径1～2.5cm，褐色，具斑点，萼裂片直立或内曲。花期5月，果期7~8月。

栾川县产各山区，生于海拔1000m以上的山坡杂木林中。河南产于伏牛山区和太行山区。分布于陕西、山西、甘肃等地。

果味酸而甜，可食或酿酒、制醋。也可作其他梨树的砧木。

果枝

叶枝

树干

果

(4) 豆梨(杜梨 棠梨) *Pyrus calleryana*

【识别要点】具枝刺；叶宽卵形或卵形，边缘具圆钝锯齿，两面均无毛。

乔木，高5～8m。幼树常具枝刺。小枝粗壮，褐色，幼时具茸毛；2年生枝条灰褐色；冬芽三角卵形，先端短渐尖，微具茸毛。叶宽卵形或卵形，长4～8cm，宽3.5～6cm，先端渐尖，稀短渐尖，基部圆形或宽楔形，边缘具圆钝锯齿，两面均无毛；叶柄长2～4cm。伞房花序有6～12朵花，总花梗和花梗无毛，花梗长1.5～3cm；花白色，直径2～2.5cm；萼筒无毛；萼片披针形，先端渐尖，全缘；花瓣宽卵形，长约13mm，宽约10mm，基部具短爪；雄蕊20，稍短于花瓣；花柱2，稀3。梨果球形，褐色，直径2～3cm；萼裂片脱落。花期4～5月，果期9～10月。

栾川县广泛分布于各山区，生于海拔1700m以下的山坡、沟边或疏林中。河南产于各山区。分布于山东、江苏、浙江、江西、安徽、湖南、湖北、福建、广东、广西。

喜光，喜温暖湿润气候，深根性，耐干旱瘠薄，不耐盐碱，喜酸性、中性土。种子或分蘖繁殖。常作梨树的砧木。

木材坚硬，供制精细家具、雕刻图章或用作板面。果实含糖量15%～20%，可食或酿酒。根、叶花及果入药，有健胃、消积、止痢、止咳之效，并能解闹羊花和黎芦中毒。

毛豆梨 var. *tomentella* 小枝与幼叶密生白色茸毛。花序也被长毛。栾川县产各山区，生于海拔1700m以下的山坡或疏林中。河南产于大别山和伏牛山区。分布于江苏、江西、湖北。

花纵切

干　花枝　叶面　叶枝　果序　果　叶背

（5）白梨（白罐梨）　*Pyrus bretschneideri*

【识别要点】叶卵形或椭圆状卵形，边缘有锐锯齿，齿尖刺芒状内贴，幼时两面有茸毛。

乔木，高5～8m。小枝粗壮，幼时具柔毛，2年生枝紫褐色，具稀疏皮孔。冬芽卵形，先端圆钝或急尖，鳞片边缘及先端有柔毛，暗紫色。叶卵形或椭圆状卵形，长5～11cm，宽3.5～6cm，先端渐尖或急尖，基部宽楔形，边缘有锐锯齿，齿尖刺芒状内贴，幼时两面有茸毛，老叶无毛；叶柄长2.5～7cm。伞房花序有7～10朵花；总花梗和花梗嫩时有茸毛，不久脱落，花梗长1.5～3cm；苞片膜质，线形，长1～1.5cm，先端渐尖，全缘，内面密被褐色长茸毛；花白色，直径2～3.5cm；萼片三角形，长1.2～1.4cm，宽1～1.2cm，先端渐尖，边缘有腺齿，外面无毛，内面密被褐色茸毛；花瓣宽卵形，先端常呈啮齿状，具短爪；雄蕊20，长约等于花瓣之半；花柱4～5。梨果卵形或近球形，直径3～5cm，黄色，有细密斑点；萼裂片脱落。花期4～5月，果期8～9月。

栾川县有栽培。河南各地有栽培。分布于山西、山东、河北、甘肃、辽宁、青海。

适宜在干旱寒冷的山区或山坡阳处生长，海拔可达2000m。嫁接繁殖。本种久经栽培，品种甚多，约100种以上，著名品种有河北的鸭梨、雪花梨、蜜梨和秋白梨，山西的黄梨、油梨、夏梨，山东的慈梨、长把梨等。

果实可食或作罐头、酿酒；并可入药，有消食积、止咳之效。木材可作家具、雕刻等用。

花蕊　萌发枝　叶缘放大　叶背　叶面

花　　花序　　果　　叶枝

（6）沙梨（大沙梨）　*Pyrus pyrifolia*

【识别要点】叶卵状椭圆形或卵形，边缘具刺芒状尖锯齿，齿尖内贴，无毛或幼时具毛；梨果褐色，具斑点。

乔木，高7～15m。小枝暗褐色，初有毛，后脱落。叶卵状椭圆形或卵形，长7～12cm，宽4～6.5cm，先端长渐尖，基部圆形或近心形，边缘具刺芒状尖锯齿，齿尖内贴，无毛或幼时具褐色绵毛；叶柄长3～4.5cm，无毛。伞房花序有6～9朵花，总花梗和花梗幼时微生柔毛；花白色；花瓣近圆形，具短爪；雄蕊20，长约等于花瓣之半；花柱5，稀4。梨果近球形，褐色，有浅色斑点，萼裂片脱落。花期4月，果期9月。

栾川县有栽培，以秋扒、潭头等北川乡镇为多。河南各地有零星栽培。分布于安徽、江苏、浙江、江西、福建、广东、广西、湖南、湖北、四川、云南、贵州。

嫁接繁殖。适宜生长在温暖多雨地区。栽培品种众多，著名的有苍溪梨、砀山酥梨等。

果实可生食或制蜜饯、果酱等，也可入药，有消食健胃、收敛止咳之效。木材供作家具，雕刻等用。

叶缘　　叶面　　花枝　　叶背　　花　　果　　树干　　果枝　　萌发枝　　果横切

（7）杜梨（棠梨） *Pyrus betulaefolia*

【识别要点】枝有枝刺；幼枝、幼叶两面、总花梗、花梗和萼筒外面均生灰白色茸毛；叶菱状卵形或长卵形，边缘有尖锐粗锯齿。

乔木，高达10m。枝常有枝刺；小枝紫褐色，幼枝、幼叶两面、总花梗、花梗和萼筒外面均生灰白色茸毛。冬芽卵形，先端渐尖，外被灰白色茸毛。叶菱状卵形或长卵形，长4～8cm，宽2.5～3.5cm，先端渐尖，基部宽楔形，稀近圆形，边缘有尖锐粗锯齿，老叶背面微有茸毛或几无毛，叶柄长2～3cm。伞房花序有10～15朵花，花梗长2～2.5cm；花白色，直径1.5～2cm；花瓣宽卵形，长5～8mm，宽3～4mm，先端圆钝，基部具短爪；雄蕊20，花药紫色，长约花瓣之半；花柱2～3，离生。梨果卵圆形，直径约lcm，褐色，有淡色斑点；萼裂片脱落。花期3～4月，果期9～10月。

栾川县有广泛分布，多生于海拔1800m以下的山坡或疏林中。河南各地均产，多生于浅山丘陵地区。分布于辽宁、河北、山东、山西、陕西、甘肃、江苏、安徽、湖北、江西、浙江。

喜光，抗干旱，耐寒冷。种子繁殖。可作梨树砧木。

木材可作家具、器具、雕刻等用。果和枝叶入药，有消食、止泻之效。树皮及木材含有红色染料，供纸、绢、棉的染色及食品着色用，并含有鞣质，可提取栲胶。果含糖总量19.62%，可食或酿酒。

（8）褐梨（棠杜梨 大杜梨） *Pyrus phaeocarpa*

【识别要点】叶椭圆状卵形或长圆状卵形，边缘具开张牙齿状尖锯齿，背面幼时具毛。

乔木，高5～8m。小枝粗壮，紫褐色，幼时密生灰白色茸毛，后脱落，2年生枝条紫褐色，无毛。冬芽长卵形，先端圆钝，鳞片边缘具茸毛。叶椭圆状卵形或长圆状卵形，长6～10cm，宽3～5cm，先端长渐尖，基部宽楔形或近圆形，边缘具开张牙齿状尖锯齿，背面幼时具毛；叶柄长3～6cm。伞房花序有5～8朵花；花白色；花瓣圆卵形，具短爪，雄蕊20，花柱3～4，稀2。梨果球形，长2～2.5cm，褐色，具淡褐色斑点；萼裂片脱落。花期4～5月，果期8～10月。

栾川县产各山区，生于海拔1000m以上的山坡或林缘。河南产于太行山和伏牛山区。分布于河北、山东、山西、陕西、甘肃。

种子繁殖。常作梨树砧木。

果可生食或酿酒，亦可入药，有消食、止泻之效。

叶枝　花序　花　小枝　顶芽　果枝　果

13.苹果属 *Malus*

落叶乔木或灌木。枝常不具刺。单叶互生，边缘有锯齿或分裂，在芽中呈席卷状或对折状；有叶柄与托叶。花两性，成伞形总状花序；萼筒钟状，萼片5；花瓣5，有爪；雄蕊15～50；花柱2～5，基部连合，子房下位，2～5室，每室有2胚珠。梨果，常无石细胞，萼裂片宿存或脱落。

约35种，广泛分布于北温带，亚州、欧洲及北美洲均产。我国约有20余种，分布于东北、西北和西南。河南有13种，4变种。栾川县有12种，1变种。

本属中的多数种为主要的果树、砧木或园林绿化树种，栽培广泛。

1.叶不分裂，在芽中呈席卷状：

　2.萼片脱落；花柱3～5个。果实小，直径多在1.5cm以下：

　　3.萼片披针形，比萼筒长：

　　　4.叶柄、叶脉、花梗和萼筒外面均光滑无毛。果实近球形…………（1）山荆子 *Malus baccata*

　　　4.叶柄、叶脉、花梗和萼筒外面都有柔毛：

　　　　5.叶缘有细钝锯齿。果实椭圆形或倒卵形。花白色……（2）毛山荆子 *Malus manshurica*

　　　　5.叶缘有尖锐细锯齿。果实圆球形。花粉红色…………（8）西府海棠 *Malus micromalus*

　　3.萼片三角状卵形，与萼筒等长或稍短。嫩枝有短柔毛：

　　　6.叶边缘有细锐锯齿。萼片先端渐尖或极尖，花柱3个，稀4个。果实为椭圆形或近球形……………………………………………………………（3）湖北海棠 *Malus hupehensis*

6.叶边缘有细钝锯齿。萼片先端圆钝，花柱4或5个。果实梨形或倒卵形
…………（4）垂丝海棠 *Malus halliana*

2.萼片宿存；花柱5个，稀4个。果实较大，直径在2cm以上：

7.萼片先端渐尖，比萼筒长。果梗粗短：

8.叶边缘有钝锯齿。果实扁球形，先端常有隆起，萼洼下陷。小枝、冬芽及叶片密生茸毛
…………（5）苹果 *Malus pumila*

8.叶边缘有尖锐锯齿。果实卵形，先端渐狭，不隆起或稍隆起，萼洼微突
…………（6）花红 *Malus asiatica*

7.萼片先端急尖，比萼筒短或等长。果梗细长：

9.叶基部宽楔形或近圆形；叶柄长1.5～2cm。果实黄色，基部梗洼隆起，萼片宿存
…………（7）海棠花 *Malus spectabilis*

9.叶基部渐狭成楔形；叶柄长2～3.5cm。果实红色，基部梗洼下陷，萼片宿存或脱落
…………（8）西府海棠 *Malus micromalus*

1.叶分裂或与不分裂叶共存，在芽中为对折状：

10.萼片宿存，花柱3～4个。叶3～6浅裂，两面有柔毛，以背面较密
…………（9）河南海棠 *Malus honanensis*

10.萼片脱落：

11.叶部分3～5裂，幼时两面有细毛，后仅背面中脉有毛
…………（10）三叶海棠 *Malus sieboldii*

11.叶全部3～5裂：

12.叶基部心形，3～5裂。果实有少数斑点
…………（11）伏牛海棠 *Malus komarovii* var. *funiushanensis*

12.叶基部圆形、截形或宽楔形。果实无斑点：

13.叶3～5不规则深裂。花柱3～5个。果实较小，直径6～8mm
…………（12）花叶海棠 *Malus transitoria*

13.叶通常3裂。花柱3个。果实较大，直径1～1.5cm …（13）甘肃海棠 *Malus kansuensis*

（1）山荆子（山定子　山丁子）　*Malus baccata*

【识别要点】叶椭圆形或卵形，边缘有细锯齿，无毛。

乔木，高达10m。小枝无毛，暗褐色。叶椭圆形或卵形，长3～8cm，宽2～3.5cm，先端锐尖，基部楔形或近圆形，边缘有细锯齿，无毛，叶柄长2～5cm，无毛；托叶膜质，披针形，长约3mm，全缘或有腺齿，早落。近伞形花序有4～7朵花，无总梗；花梗细，长1.5～4cm，无毛；花白色，直径3～3.5cm；萼筒无毛，裂片披针形，较萼筒长；花瓣倒卵形，长2～2.5cm，先端圆钝，基部有短爪；雄蕊15～20，长短不齐，约等于花瓣之半；花柱5或4。果实近球形，直径8～10mm，红或黄色，萼裂片脱落；果梗长3～4cm。花期4～5月，果期8～9月。落叶后，果实依然不落。

栾川县产各山区，多生于海拔1500m以下的山坡或山谷杂木林中。河南产于太行山区的济源、辉县、林州、沁阳及伏牛山区。分布于辽宁、吉林、黑龙江、河北、内蒙古、山西、陕西、甘肃。朝鲜，蒙古及俄罗斯西伯利亚也产。

喜光，耐寒性强，深根性，耐干旱，不耐涝，适生于中性或酸性土，不耐盐碱土。种子繁殖，每千克有种子约16万粒，在1～5℃沙贮30～50天可完

成后熟，出苗率可达80%以上。幼苗初期生长慢，根系发达，嫁接成活率高。也可用压条繁殖。

果实可酿酒，出酒率10%。嫩叶可代茶叶。叶含鞣质5.56%，可提制栲胶，也可作家畜的饲料。果实入药，可治吐泻。本种耐寒性强，根系深，为嫁接苹果的优良砧木，亲合力良好，长势健壮。山荆子树姿美观，抗逆能力强，生长较快，遮阴面大，春花秋果，可用作行道树或园林绿化树种。

（2）毛山荆子（东北山荆子） *Malus manshurica*

【识别要点】叶椭圆形或倒卵形，边缘有细钝锯齿或部分近于全缘，叶柄、叶脉、花梗和萼筒外面具毛。

乔木，高达15m。幼枝细弱，密被短柔毛。叶椭圆形或倒卵形，长5～7cm，宽3～3.5cm，先端长渐尖，基部楔形或近圆形，边缘有细钝锯齿或部分近于全缘，幼叶被短柔毛，老叶仅背面脉腋间具疏毛；叶柄细，长3～4cm，有疏毛。托叶条状披针形，早落。伞形花序有3～7朵花，花梗细，长3～5cm，疏生短柔毛；萼筒外面有疏毛；萼片披针形，先端渐尖，内面有短毛，稍长于萼筒；花瓣长倒卵形，白色；雄蕊25～30；花柱4～5，基部有茸毛，稍长于雄蕊。果实倒卵形至椭圆形，直径约1cm，红色，萼片早落。花期5～6月，果期9～10月。

栾川县产各山区，生于海拔1000m以上的山坡或山谷杂木林中。河南产于伏牛山和太行山区。分布于黑龙江、辽宁、吉林、内蒙古、山西、陕西、甘肃等地。俄罗斯西伯利亚及日本也产。

喜光，耐寒，耐旱，根系发达，生长旺盛，寿命长。用途同山荆子。

果枝

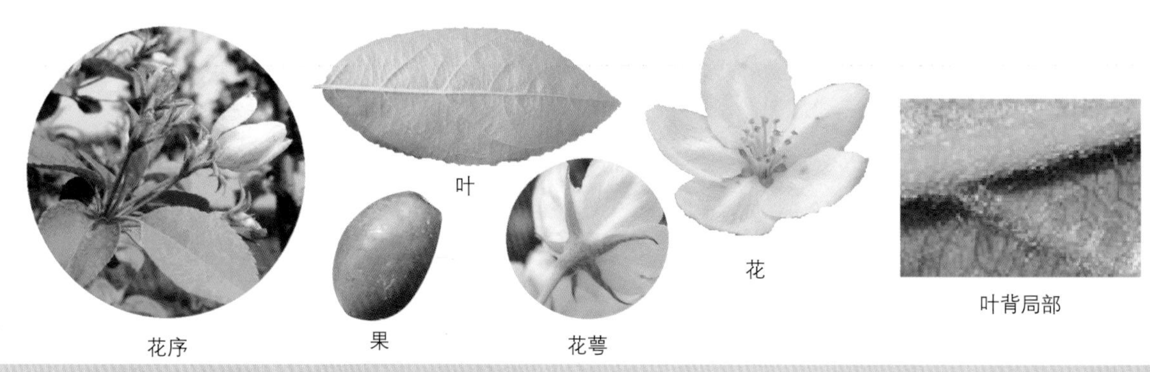

（3）湖北海棠（茶海棠 野海棠） *Malus hupehensis*

【识别要点】小枝紫色或紫褐色，初有短柔毛，后脱落。叶卵形至卵状椭圆形，边缘有细锐锯齿，背面幼时沿脉有细毛。

乔木，高达8m；小枝最初有短柔毛，不久脱落，老枝紫色至紫褐色；冬芽卵形，先端急尖，鳞片边缘有疏生短柔毛，暗紫色。叶片卵形至卵状椭圆形，长5～10cm，宽2.5～4cm，先端渐尖，基部宽楔形，稀近圆形，边缘有细锐锯齿，嫩时具稀疏短柔毛，不久脱落无毛，常呈紫红色；叶柄长1～3cm，嫩时有稀疏短柔毛，逐渐脱落；托叶线状披针形，先端渐尖，有疏生柔毛，早落。伞房花序，具花4～6朵，花梗长3～6cm，无毛或稍有长柔毛；苞片膜质，披针形，早落；花直径3.5～4cm；萼筒外面无毛或稍有长柔毛；萼片三角卵形，先端渐尖或急尖，长4～5mm，外面无毛，内面有柔毛，略带紫色，与萼筒等长或稍短；花瓣倒卵形，长约1.5cm，基部有短爪，粉白色或近白色；雄蕊20，花丝长短不齐，约等于花瓣之半；花柱3，稀4，基部有长茸毛，较雄蕊稍长。果实椭圆形或近球形，直径约1cm，黄绿色稍带红晕，萼片脱落；果梗长2～4cm。花期4～5月，果期8～9月。

栾川县产各山区，生于山坡或山谷杂木林中。河南产于太行山、伏牛山、大别山和桐柏山区。分布于山东、山西、陕西、甘肃、安徽、江苏、浙江、福建、湖北、湖南、四川、云南、贵州。

喜光，喜温暖湿润气候，耐水湿。种子、分根繁殖。每千克种子约16万～20万粒，沙藏30～50天即可播种。当年苗可进行芽接。

果含糖量8%，可食或酿酒。嫩叶可代茶用。根、果实入药，活血、健胃，用于治疗食滞、筋骨扭伤。也可作苹果的砧木。为庭院观赏树种。

（4）垂丝海棠 *Malus halliana*

【识别要点】小枝紫褐色，幼时有毛。叶卵圆形或椭圆形，边缘具细圆锯齿，表面除中脉外无毛。花梗细长，下垂。

乔木，高达5m。树冠开展；小枝细弱，微弯曲，圆柱形，最初有毛，不久脱落，紫色或紫褐色；冬芽卵形，先端渐尖，无毛或仅在鳞片边缘具柔毛，紫色。叶片卵圆形或椭圆形至长椭卵形，长3.5～8cm，宽2.5～4.5cm，先端长渐尖，基部楔形至近圆形，边缘有圆钝细锯齿，中脉有时具短柔毛，其余部分均无毛，表面深绿色，有光泽并常带紫晕；叶柄长5～25mm，幼时被稀疏柔毛，老时近无毛；托叶小，膜质，披针形，内面有毛，早落。伞形花序，具花4～7朵，花梗细弱，长2～4cm，下垂，有稀疏柔毛，紫色；花鲜蔷薇红色，直径3～3.5cm；萼筒外面无毛；萼片三角卵形，长3～5mm，先端钝，全缘，外面无毛，内面密被茸毛，与萼筒等长或稍短；花瓣倒卵形，长约1.5cm，基部有短爪，常在5数以上；雄蕊20～25，花丝长短不齐，约等于花瓣之半；花柱4或5，较雄蕊为长，基部有长茸毛，顶花有时缺少雌蕊。果实倒卵形，直径6～8mm，略带紫色，成熟很迟，萼片脱落；果梗长2～5cm。花期4月，果期8～9月。

栾川县有栽培。郑州、洛阳、开封、鸡公山等地有栽培，大别山和伏牛山南部有野生；生于山坡丛林中或山沟溪旁。分布于江苏、浙江、安徽、陕西、四川、云南。

种子或分根繁殖。

花入药，有调经活血之效，用于治疗红崩。为庭园观赏植物。栽培者还有重瓣、白花等变种。

果枝　果　叶背　叶面　花　花枝

（5）苹果 *Malus pumila*

【识别要点】小枝紫褐色，幼时密生茸毛。叶椭圆形、卵形或宽椭圆形，边缘有圆钝锯齿，幼时两面具茸毛，后表面光滑。

乔木，高可达15m，多具有圆形树冠和短主干；小枝短而粗，圆柱形，幼嫩时密被茸毛，老枝紫褐色，无毛；冬芽卵形，先端钝，密被短柔毛。叶片椭圆形、卵形至宽椭圆形，长4.5～10cm，宽3～5.5cm，先端急尖，基部宽楔形或圆形，边缘具有圆钝锯齿，幼嫩时两面具短柔毛，长成后表面无毛；叶柄粗壮，长约1.5～3cm，被短柔毛；托叶披针形，先端渐尖，全缘，密被短柔毛，早落。伞房花序，具花3～7朵，集生于小枝顶端，花梗长1～2.5cm，密被茸毛；苞片膜质，线状披针形，先端渐尖，全缘，被茸毛；花直径3～4cm；萼筒外面密被茸毛；萼片三角披针形或三角卵形，长6～8mm，先端渐尖，全缘，内外两面均密被茸毛，萼片比萼筒长；花瓣倒卵形，长15～18mm，基部具短爪，白色，含苞未放时带粉红色；雄蕊20，花丝长短不齐，约等于花瓣之半；花柱5，下半部密被灰白色茸毛，较雄蕊稍长。果实扁球形，颜色有黄、青、红等多种，直径在2cm以上，先端常有隆起，萼洼下陷，萼片宿存，果梗短粗。花期4～5月，果期7～10月。

原产欧洲和亚洲中部。栾川县各乡镇均有栽培，以潭头镇品质最佳。河南各地有栽培，以灵宝、西华较多。辽宁、河北、山东、山西、陕西、甘肃、四川、云南等地也均有栽培。

嫁接繁殖。为主要的水果之一，品种甚多，果期也因品种而不同。各个品种和管理技术各有其特性，要求严格的整形修剪、良好的土壤和水肥条件、认真防治病虫害，才能取得优质丰产。

果可生食，也可加工成果酒、果酱、果干等；又可入药，可作强壮剂，治贫血。

叶枝

叶背放大

（6）花红（奈子 沙果） *Malus asiatica*

【识别要点】小枝粗壮，幼时密生柔毛。叶椭圆形或卵形，边缘有细锐锯齿，背面密生短柔毛。

小乔木，高4～6m；小枝粗壮，圆柱形，嫩枝密被柔毛，老枝暗紫褐色，无毛，有稀疏浅色皮孔；冬芽卵形，先端急尖，初时密被柔毛，逐渐脱落，灰红色。叶卵形或椭圆形，长5～11cm，宽4～5.5cm，先端急尖或渐尖，基部圆形或宽楔形，边缘有细锐锯齿，表面有短柔毛，逐渐脱落，背面密被短柔毛；叶柄长1.5～5cm，具短柔毛；托叶小，膜质，披针形，早落。伞房花序，具花4～7

朵，集生在小枝顶端；花梗长1.5～2cm，密被柔毛；花直径3～4cm；萼筒钟状，外面密被柔毛；萼片三角披针形，长4～5mm，先端渐尖，全缘，内外两面密被柔毛，萼片比萼筒稍长；花瓣倒卵形或长圆倒卵形，长8～13mm，宽4～7mm，基部有短爪，淡粉色；雄蕊17～20，花丝长短不等，比花瓣短；花柱4 (5)，基部具长茸毛，比雄蕊较长。果实扁圆形，直径4～5cm，黄色或红色，先端渐狭，不具隆起，基部有5肋，宿存萼肥厚隆起。花期4月，果期7～8月。

栾川县有零星栽培，现较少见。河南各地有零星栽培。分布于内蒙古、辽宁、湖北、河北、山东、山西、陕西、甘肃、四川、云南、贵州、新疆。

喜光，喜温凉气候。喜肥沃湿润沙质土及壤土。种子繁殖，每千克种子约2.7万粒，沙藏40～80天后播种。

果实肉软味甜，可生食或加工成果干、果酒等。也可入药，有健胃消积、行瘀镇痛之效。根及树皮有补血强壮的效能。

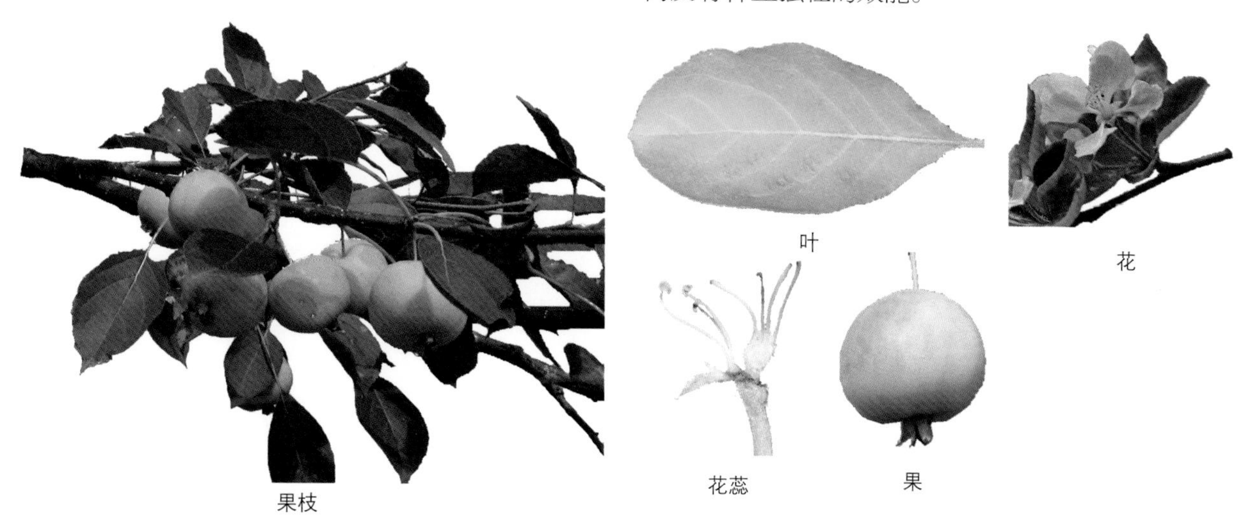

果枝　叶　花　花蕊　果

（7）海棠花（海棠）　*Malus spectabilis*

【识别要点】幼枝疏生柔毛，老枝红褐色，无毛。叶椭圆形或长圆形，边缘有紧贴细锐锯齿。

乔木，高可达8m；小枝粗壮，圆柱形，幼时具短柔毛，逐渐脱落，老时红褐色或紫褐色，无毛；冬芽卵形，先端渐尖，微被柔毛，紫褐色，有数枚外露鳞片。叶片椭圆形至长圆形，长5～8cm，宽2～3cm，先端短渐尖或圆钝，基部宽楔形或近圆形，边缘有紧贴细锯齿，有时部分近于全缘，幼嫩时两面具稀疏短柔毛，以后脱落，老叶无毛；叶柄长1.5～2cm，具短柔毛；托叶膜质，窄披针形，先端渐尖，全缘，内面具长柔毛。花序近伞形，有花4～8朵，花梗长2～3cm，具柔毛；苞片膜质，披针形，早落；花直径4～5cm；萼筒外面无毛或有白色茸毛；萼片三角卵形，先端急尖，全缘，外面无毛或偶有稀疏茸毛，内面密被白色茸毛，萼片比萼筒稍短；花瓣卵形，长2～2.5cm，宽1.5～2cm，基部有短爪，白色或粉红色；雄蕊20～25，花丝长短不等，长约花瓣之半；花柱5，稀4，基部有白色茸毛，比雄蕊稍长。果实近球形，直径2cm，黄色，萼片宿存，基部不下陷，梗洼隆起；果梗细长，先端肥厚，长3～4cm。花期4月，果期9月。

栾川县有栽培。河南各地公园有栽培。分布于河北、山东、陕西、甘肃、江苏、浙江、江西、云南。

种子或分根繁殖。为我国著名观花、观果树种。果实可食，也可作苹果的砧木。

栽培园艺变种有：**重瓣海棠** var. *riversii* 花重瓣、粉红色，较大。**重瓣白海棠** var. *albiplena* 花白色，重瓣。

花枝　花

叶枝

叶　果　幼叶背局部

（8）西府海棠（小果海棠） *Malus micromalus*

【识别要点】与前列的海棠花极近似，其区别在叶片形状较狭长，基部楔形，叶缘锯齿稍锐，叶柄细长，果实基部下陷。

小乔木，高达2.5～5m，树枝直立性强；小枝细弱圆柱形，嫩时被短柔毛，老时脱落，紫红色或暗褐色，具稀疏皮孔；冬芽卵形，先端急尖，无毛或仅边缘有茸毛，暗紫色。叶片长椭圆形或椭圆形，长5～10cm，宽2.5～5cm，先端急尖或渐尖，基部楔形稀近圆形，边缘有尖锐锯齿，嫩叶被短柔毛，背面较密，老时脱落；叶柄长2～3.5cm；托叶膜质，线状披针形，先端渐尖，边缘有疏生腺齿，近无毛，早落。伞形总状花序，有花4～7朵，集生于小枝顶端，花梗长2～3cm，嫩时被长柔毛，逐渐脱落；苞片膜质，线状披针形，早落；花直径约4cm；萼筒外面密被白色长茸毛；萼片三角状卵形、三角状披针形至长卵形，先端急尖或渐尖，全缘，长5～8mm，内面被白色茸毛，外面较稀疏，萼片与萼筒等长或稍长；花瓣近圆形或长椭圆形，长约1.5cm，基部有短爪，粉红色；雄蕊约20，花丝长短不等，比花瓣稍短；花柱5，基部具茸毛，约与雄蕊等长。果实近球形，直径1～1.5cm，红色，萼洼梗洼均下陷，萼片多数脱落，少数宿存。花期4月，果期8～9月。

栾川县有栽培。郑州、洛阳、开封、新乡有栽培；济源有野生；生于山坡疏林中。分布于辽宁、河北、山西、陕西、甘肃、云南。

种子繁殖。耐干旱、盐碱、水涝。

果可鲜食及加工用。可作苹果砧木，也为庭院常见的观赏树种。

果枝

叶面　花枝　叶背　果

（9）河南海棠（大叶毛楂） *Malus honanensis*

【识别要点】叶宽卵形至长椭圆状卵形，常7～13浅裂，边缘有尖锐重锯齿，背面疏生短茸毛。

灌木或小乔木，高达5～7m；小枝细弱，圆柱形，嫩时被稀疏茸毛，不久脱落，老枝红褐色，无毛，具稀疏褐色皮孔；冬芽卵形，先端钝，鳞片边缘被长柔毛，红褐色。叶片宽卵形至长椭圆状卵形，长4～7cm，宽3.5～6cm，先端急尖，基部圆形、心形或截形，边缘有尖锐重锯齿，两侧具有7～13浅裂，裂片宽卵形，先端急尖，两面具柔毛，表面不久脱落；叶柄长1.5～2.5cm，被柔毛；托叶膜质，线状披针形，早落。伞形总状花序，具花5～10朵，花梗细，长1.5～3cm，嫩时被柔毛，不久脱落；花直径约1.5cm；萼筒外被稀疏柔毛；萼片三角卵形，先端急尖，全缘，长约2mm，外面无毛，内面密被长柔毛，比萼筒短；花瓣卵形，长7～8mm，基部近心形，有短爪，两面无毛，粉白色；雄蕊约20；花柱3～4，基部合生，无毛。果实近球形，直径约8mm，红黄色，萼片宿存。花期4～5月，果期8～9月。

栾川县产各山区，生于海拔800m以上的山坡或山谷杂木林中。产于太行山和伏牛山区。分布于河北、山西、陕西、甘肃、湖北、四川。

种子繁殖。

果实可酿酒、制醋。也可作庭院观赏树种。

（10）三叶海棠 *Malus sieboldii*

【识别要点】叶椭圆形、长椭圆形或卵形，边缘有尖锐锯齿，部分叶常3裂，稀5裂，背面沿脉有短柔毛。

灌木或小乔木，高约2～6m，枝条开展；小枝圆柱形，稍有棱角，嫩时被短柔毛，老时脱落，暗紫色或紫褐色；冬芽卵形，先端较钝，无毛或仅在先端鳞片边缘微有短柔毛，紫褐色。叶片卵形、椭圆形或长椭圆形，长3～7.5cm，宽2～4cm，先端急尖，基部圆形或宽楔形，边缘有尖锐锯齿，在新枝上的叶片锯齿粗锐，常3，稀5浅裂，幼叶两面均被短柔毛，老叶表面近无毛，背面沿中肋及侧脉有短柔毛；叶柄长1～2.5cm，有短柔毛；托叶窄披针形，先端渐尖，全缘，微被短柔毛。花4～8朵，集生于小枝顶端，花梗长2～2.5cm，有柔毛或近无毛；苞片膜质，线状披针形，先端渐尖，全缘，内面被柔毛，早落；花直径2～3cm；萼筒外面近无毛或有柔毛；萼片三角卵形，先端尾状渐尖，全缘，长5～6mm，外面无毛，内面密被茸毛，约与萼筒等长或稍长；花瓣长椭圆倒卵形，长1.5～1.8cm，

基部有短爪，淡粉红色，在花蕾时颜色较深；雄蕊20，花丝长短不齐，约等于花瓣之半；花柱3～5，基部有长柔毛，较雄蕊稍长。果实近球形，直径6～8mm，红色或黄褐色，萼片脱落，果梗长2～3cm。花期4～5月，果期9～10月。

栾川县产伏牛山主脉北坡，生于海拔2000m以下的山坡杂木林中。河南还产于伏牛山区西峡、淅川、卢氏等县。分布于辽宁、山东、陕西、甘肃、湖北、湖南、四川、贵州、广东、广西、福建。朝鲜和日本也产。

果实可食或酿酒。也可作苹果砧木。

叶枝

无裂叶

果

（11）伏牛海棠 *Malus komarovii* var. *funiushanensis*

【识别要点】为山楂叶海棠*Malus komarovii*的变种，与原种的区别在于本变种叶较大，宽卵形或宽心形，长6～8cm，宽8～12cm，果柄长4cm。

落叶小乔木，高3～5m。小枝红褐色，无毛或幼时具柔毛。叶宽卵形或宽心形，长6～8cm，宽8～12cm，3～5裂，中间裂片常为3浅裂，裂片卵形，先端尖，基部心形，边缘有尖锐重锯齿，无毛或沿脉散生柔毛；叶柄长2～5cm。果实椭圆形，红褐色，长约1.1cm，直径约8mm，有少数斑点；萼裂片脱落。果期9月。

河南仅产于栾川县老君山；生于海拔1000m以上的山坡杂木林中。

（12）花叶海棠 *Malus transitoria*

【识别要点】叶卵形至宽卵形，常3～5不规则深裂，边缘有不整齐锯齿，表面疏生柔毛或近无毛，背面密生茸毛。

灌木至小乔木，高可达8m；小枝细长，圆柱形，嫩时密被茸毛，老枝暗紫色或紫褐色；冬芽小，卵形，先端钝，密被茸毛，暗紫色，有数枚外露鳞片。叶卵形至宽卵形，长2.5～5cm，宽2～4.5cm，先端急尖，基部圆形至宽楔形，边缘有不整齐锯齿，通常3～5不规则深裂，稀不裂，裂片长卵形至长椭圆形，先端急尖，表面被茸毛或近无毛，背面密被茸毛；叶柄长1.5～3.5cm，有窄叶翼，密被茸毛；托叶叶质，卵状披针形，先端急尖，全缘，被茸毛。花序近伞形，具花3～6朵，花梗长1.5～2cm，密被茸毛；苞片膜质，线状披针形，具毛，早落；花直径1～2cm；萼筒钟状，密被茸毛；萼片三角卵形，先端圆钝或微尖，全缘，长约3mm，内外两面均密被茸毛，比萼筒稍短；花瓣卵形，长8～10mm，宽5～7mm，基部有短爪，白色；雄蕊20～25。花丝长短不等，比花瓣稍短；花柱3～5，基部无毛，比雄蕊稍长或近等长。果实近球形，直径6～8mm，萼片脱落，萼洼下陷；果梗长1.5～2cm，外被茸毛。花期4～5月，果期9～10月。

栾川县产伏牛山，生于海拔1500m以上的山坡林中或灌木丛中。河南还产于卢氏县。分布于内蒙古、陕西、甘肃、四川。可作苹果砧木。

花

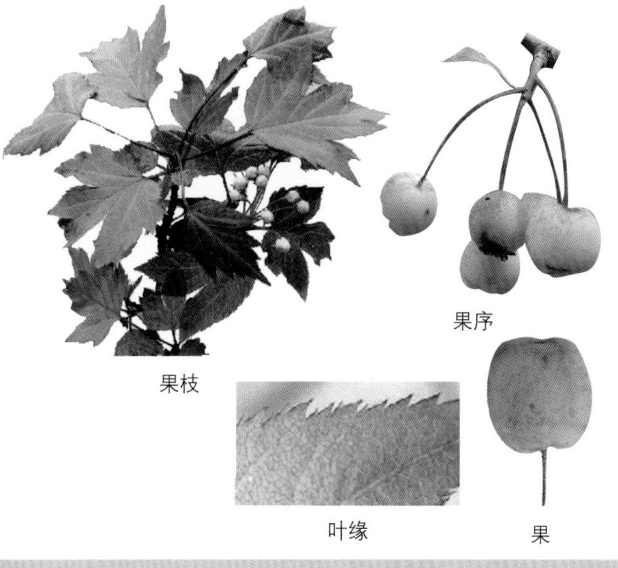

（13）甘肃海棠（陇东海棠） *Malus kansuensis*

【识别要点】叶卵形或宽卵形，边缘有细锐重锯齿，通常3浅裂，两面均有短柔毛，以背面较密。

灌木或小乔木，高3～5m；小枝粗壮，圆柱形，嫩时有短柔毛，不久脱落。老时紫褐色或暗褐色；冬芽卵形，先端钝，鳞片边缘具茸毛，暗紫色。叶片卵形或宽卵形，长5～8cm，宽4～6cm，先端急尖或渐尖，基部圆形或截形，边缘有细锐重锯齿，通常3浅裂，稀有不规则分裂或不裂，裂片三角卵形，先端急尖，两面均有短柔毛；叶柄长1.5～4cm，有疏生短柔毛；托叶线状披针形，先端渐尖，边缘有疏生腺齿，长6～10mm，稍有柔毛。伞形总状花序，具花4～10朵，直径5～6.5cm，总花梗和花梗嫩时有稀疏柔毛，不久即脱落，花梗长2.5～3.5cm；苞片膜质，线状披针形，很早脱落；花直径1.5～2cm；萼筒外面有长柔毛；萼片三角卵形至三角披针形，先端渐尖，全缘，外面无毛，内面具长柔毛，与萼筒等长或稍长；花瓣宽倒卵形，基部有短爪，内面上部有稀疏长柔毛，白色；雄蕊20，花丝长短不一，约等于花瓣之半；花柱3，稀4或2，基部无毛，比雄蕊稍长。果实椭圆形或倒卵形，直径1～1.5cm，黄红色，有少数石细胞，萼片脱落，果梗长2～3.5cm。花期4～5月，果期9～10月。

栾川县产各山区，生于海拔1500m以上的山坡杂木林中。河南还产于伏牛山区卢氏、灵宝、嵩

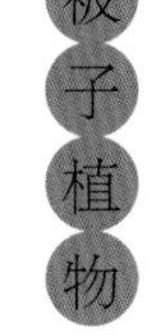

县、南召、西峡、鲁山、洛宁。分布于陕西、甘肃、四川。

种子繁殖。

果味酸，可食，又可酿酒、制果酱。木材坚硬致密，供制家具、雕刻等用。也可作庭院观赏植物。

叶枝 小枝 花 果 叶面 叶背 叶面放大 叶背放大

14.唐棣属 *Amelanchier*

落叶灌木或乔木。单叶互生，有锯齿或全缘；有叶柄和托叶。花两性，白色，成总状花序，顶生，稀单生；萼筒钟状，萼片与花瓣各5个；雄蕊10～20；花柱2～5，子房下位或半下位，2～5室，每室有2胚珠。梨果浆果状，近球形，具宿存、反折的萼片和膜质的内果皮；种子4～10粒。

约25种，多分布于北美洲，少数分布于亚洲东部。我国有2种，分布于华东、华中和西北。河南有1种。栾川县1种。

唐棣（红栒子） *Amelanchier sinica*

【识别要点】叶卵形至长椭圆形，先端急尖，基部圆形，稀近浅心形，边缘中部以上具细锯齿，表面无毛，背面无毛或幼时沿脉被稀疏柔毛。花白色。

小乔木，高3～5m，稀达15m，枝条稀疏；小枝细长，圆柱形，无毛或近无毛，紫褐色或黑褐色，疏生长圆形皮孔；冬芽长圆锥形，先端渐尖，具浅褐色鳞片，鳞片边缘有柔毛。叶片卵形至长椭圆形，长4～7cm，宽2.5～3.5cm，先端急尖，基部圆形，稀近心形或宽楔形，通常在中部以上有细锐锯齿，基部全缘，幼时背面沿中脉和侧脉被茸毛或柔毛，老时脱落无毛；叶柄长1～2.1cm，偶有散生柔毛；托叶披针形，早落。总状花序，多花，长4～5cm，直径3～5cm；总花梗和花梗无毛或最初有毛，以后脱落；花梗细，长8～28mm；苞片膜质，线状披针形，长约8mm，早落；花直径3～4.5cm；萼筒杯状，外被柔毛，逐渐脱落；萼片披针形或三角披针形，长约5mm，先端渐尖，全缘，与萼筒近等长或稍长，外面近无毛或散生柔毛，内面有柔毛；花瓣细长，长圆披针形或椭圆披针形，长约

1.5cm，宽约5mm，白色；雄蕊20，长2～4mm，远比花瓣短；花柱4～5，基部密被黄白色茸毛，柱头头状，比雄蕊稍短。果实近球形或扁圆形，直径约1cm，紫黑色；萼片宿存，反折。花期4～5月，果期8～9月。

栾川县产各山区，生于海拔1000m以上的山坡疏林中。河南还产于灵宝、卢氏、嵩县、洛宁、西峡、南召、内乡、淅川、鲁山等县市。分布于陕西、四川、甘肃、湖北。

木材坚硬致密，可作农具把柄。果实入药，有通经活络之效。为美丽观赏树木，花穗下垂，花瓣细长，白色而有芳香，栽培供观赏。

15.棣棠花属　*Kerria*

落叶灌木。单叶互生，边缘有重锯齿；有叶柄；托叶钻形，早落。花两性，单生；萼筒碟形，萼片5，宿存；花瓣5，黄色，长圆形或近圆形，具短爪；雄蕊多数；花盘杯状；心皮5～8，离生，生于萼筒内，各有1胚珠；花柱顶生，细长。瘦果侧扁。

仅1种，分布于我国至日本。河南有1种，1变型。栾川县有1种，1变型。

棣棠花（通草 黄榆叶梅）　*Kerria japonica*

【识别要点】小枝绿色，无毛；髓白色，质软，易捅出。叶卵形或三角状卵形，边缘有锐尖重锯齿。花黄色。

落叶灌木，高1～2m，稀达3m；小枝绿色，圆柱形，无毛，常拱垂，嫩枝有棱角。髓白色，质软，易捅出。叶互生，三角状卵形或卵形，长2～8cm，宽1.2～3cm，顶端长渐尖，基部圆形、截形或微心形，边缘有尖锐重锯齿，两面绿色，表面无毛或有稀疏柔毛，背面沿脉或脉腋有柔毛；叶柄长5～15mm，无毛；托叶膜质，带状披针形，有缘毛，早落。单花，着生在当年生侧枝顶端，花梗无毛；花直径2.5～6cm；萼片卵状椭圆形，顶端急尖，有小尖头，全缘，无毛，果时宿存；花瓣黄色，宽椭圆形，顶端下凹，比萼片长1～4倍；雄蕊不及花瓣之半；花柱顶生，与雄蕊近等长。瘦果倒卵形至半圆形，黑褐色，表面无毛，有皱褶。花期5～6月，果期7～8月。

栾川县产各山区，生于山坡、山谷灌丛或杂木林中，园林中常见栽培。河南产于伏牛山、大别

山和桐柏山区。分布于陕西、甘肃、江苏、湖北、四川、浙江、山东、安徽、福建、贵州、江西、云南。日本也有分布。

种子和分株繁殖。

髓作通草代用品，有清热、利尿、催乳之效，花能消肿止痛、止咳、助消化。为庭院常见观赏植物。

栽培的还有：**重瓣棣棠花‘Peniflora’**花重瓣。

植株 叶枝 果 叶面 叶背 花

16.悬钩子属 *Rubus*

落叶或常绿灌木，稀草本。茎直立或蔓生，常具刺。羽状或掌状复叶或单叶，互生，边缘有锯齿或分裂；托叶与叶柄合生。花两性，稀单性异株，成圆锥或伞房花序或单生，顶生，稀腋生；萼5裂，稀3裂或7裂，宿存；花瓣5；雄蕊多数，心皮多数，离生，生于隆起的花托上；花柱近顶生。小核果集生为聚合果，与花托分离或不分离，有时干燥。

约700余种，广布全球，以北温带地区为主，少数分布于南半球和热带。我国有194种，分布于南北各地。木本植物河南有28种，5变种。栾川县有木本15种，3变种。

1.单叶：

　2.顶生总状花序有3～9朵花；花小，直径约5mm。果实紫黑色。托叶分离

　　……………………………………………………（1）木莓 *Rubus swinhoei*

　2.花单生或簇生于短枝上；花大，直径约3cm。果实红色。托叶合生

　　……………………………………………………（2）山莓 *Rubus corchorifolius*

1.复叶：

　3.小叶3～5个：

　　4.枝有白粉，无毛 ……………………………（3）绵果悬钩子 *Rubus lasiostylus*

　　4.枝无白粉，有毛：

　　　5.花瓣紧贴雄蕊：

　　　　6.茎、叶密生褐色刚毛状腺毛 ……………（4）多腺悬钩子 *Rubus phoenicolasius*

　　　　6.茎（枝）、叶密生白色短柔毛 ……………（5）茅莓 *Rubus parvifolius*

5.花瓣直立或开展：

7.小枝仅幼时具短毛，后脱落。小叶卵形或椭圆形，背面有灰白色茸毛 ……………………（6）复盆子 *Rubus idaeus*

7.小枝有不脱落茸毛或柔毛：

8.顶生小叶常有浅裂。总花梗和花梗密生柔毛；花白色或粉红色 ……………………（7）喜阴悬钩子 *Rubus mesogaeus*

8.顶生小叶常无裂。总花梗和花梗密生茸毛及红色腺毛；花紫红色 ……………………（8）白叶莓 *Rubus innominatus*

3.小叶5～9个：

9.小叶背面被柔毛、稀疏柔毛至无毛：

10.小枝无白粉，疏生柔毛：

11.花单生，白色，花瓣平展。小叶7～9个 ……………………（9）秀丽莓 *Rubus amabilis*

11.花单生或成伞房、总状花序；花粉红色，花瓣直立。小叶5～7个：

12.花单生或成伞房花序；花瓣较萼片短；花柱基部密生茸毛 ……………………（10）刺悬钩子 *Rubus pungens*

12.花成总状花序短缩成圆柱形；花瓣较萼片长；花柱无毛 ……………………（11）柱序悬钩子 *Rubus subcoreanus*

10.小枝（茎）具白粉，无毛：

13.花淡红色至深红色；花柱无毛，子房被稀疏短柔毛。果实无毛或近无毛 ……………………（12）插田泡 *Rubus coreanus*

13.花白色；花柱下部和子房密生灰白色长茸毛。果实被茸毛 ……………………（13）菰帽悬钩子 *Rubus pileatus*

9.小叶背面密生灰白色茸毛：

14.小叶7～9个 ……………………（14）华中悬钩子 *Rubus cockburnianus*

14.小叶5～7个 ……………………（15）弓茎悬钩子 *Rubus flosculosus*

（1）木莓 *Rubus swinhoei*

【识别要点】单叶互生，宽卵形至长圆状披针形，边缘有锯齿，表面中脉有柔毛，背面密生灰色茸毛，沿中脉有少数钩刺，叶脉9～12对。花白色。

落叶或半常绿灌木，高14m；茎细而圆，暗紫褐色，幼时具灰白色短茸毛，老时脱落，疏生微弯小皮刺。单叶互生，叶形变化较大，自宽卵形至长圆披针形，长4～11cm，宽 2.5～3.5cm，顶端渐尖，基部圆形，表面仅沿中脉有柔毛，背面密被灰色茸毛或近无毛，往往不育枝和老枝上的叶片背面密被灰色平贴茸毛，不脱落，而结果枝（或花枝）上的叶片背面仅沿叶脉有少许茸毛或完全无毛，主脉上疏生钩状小皮刺，边缘有不整齐粗锐锯齿，稀缺刻状，叶脉9～12对；叶柄长5～10(15) mm，被灰白色茸毛，有时具钩状小皮刺；托叶卵状披针形，稍有柔毛，长5～8mm，宽约3mm，全缘或顶端有齿，膜质，早落。花常5～6朵，成总状花序；总花梗、花梗和花萼均被1～3mm长的紫褐色腺毛和稀疏针刺；花直径1～1.5cm；花梗细，长1～3cm，被茸毛状柔毛；苞片与托叶相似，有时具深裂锯齿；花萼被灰色茸毛；萼片卵形或三角状卵形，长5～8mm，顶端急尖，全缘，在果期反折；花瓣白色，宽卵形或近圆形，有细短柔毛；雄蕊多数，花丝基部膨大，无毛；雌蕊多数，比雄蕊长很多，子房无毛。果实球形，直径1～1.5cm，由多数小核果组成，无毛，成熟时由绿紫红色转变为黑紫色，味酸涩；核具明显皱纹。花期5～6月，果期7～8月。

栾川县产伏牛山主脉北坡，生于海拔1500m以下的山坡灌丛中。河南产于大别山区的商城、新县、罗山、信阳及伏牛山区的西峡等县。分布于陕西、湖北、湖南、江西、安徽、江苏、浙江、福建、台湾、广东、广西、贵州、四川。

果实可食或酿酒，也可入药，有补肾益气作用。根皮可提取栲胶。

叶枝　幼枝　花　叶　花萼外侧　果

（2）山莓 *Rubus corchorifolius*

【识别要点】单叶，卵形或卵状披针形，先端急尖或渐尖，基部心形至圆形，边缘具不整齐重锯齿，有时3裂，表面沿脉有柔毛，背面沿中脉有疏细刺。

落叶灌木，高1～3m；茎直立，圆柱形，疏生针状弯刺；小枝绿色，幼时有柔毛和少数腺毛。单叶，卵形或卵状披针形，长3～9cm，宽2～4cm，先端急尖或渐尖，基部心形至圆形，表面色较浅，沿叶脉有细柔毛，背面色稍深，幼时密被细柔毛，逐渐脱落至老时近无毛，沿中脉疏生小皮刺，边缘不分裂或3裂，通常不育枝上的叶3裂，有不规则锐锯齿或重锯齿，基部具3脉；叶柄长1～2cm，疏生小皮刺，幼时密生细柔毛；托叶线状披针形，具柔毛，附着于叶柄上。花单生，稀数花聚生枝端；花梗长0.6～2cm，具细柔毛；花直径可达3cm；花萼外密被细柔毛，无刺；萼片卵形或三角状卵形，长5～8mm，顶端急尖至短渐尖；花瓣长圆形或椭圆形，白色，顶端圆钝，长9～12mm，宽6～8mm，长于萼片；雄蕊多数，较花瓣短；花丝宽扁；雌蕊多数，子房有柔毛。果实由很多小核果组成聚合果，球形或卵球形，直径1～1.2cm，红色，密被细柔毛；核具皱纹。花期4～5月，果期6～7月。

栾川县产各山区，生于山坡灌丛、山谷溪旁或疏林中。河南产于伏牛山、大别山和桐柏山区；全国均有分布。朝鲜、日本、越南也产。

果味甜美，含糖、苹果酸、柠檬酸及维生素C等，可供生食、制果酱及酿酒。果、根及叶入药，有活血、解毒、止血之效；根皮、茎皮、叶可提取栲胶。也可作庭院观赏植物。

花

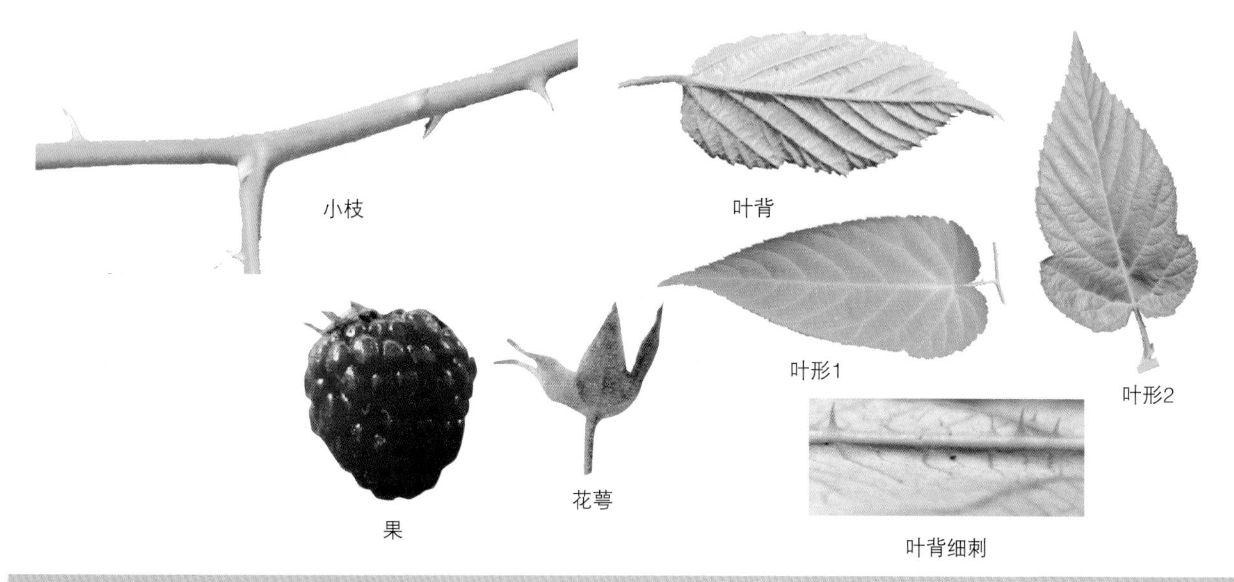

（3）绵果悬钩子（毛柱悬钩子） *Rubus lasiostylus*

【识别要点】奇数羽状复叶；小叶3～5个，边缘具不整齐重锯齿，背面被白色茸毛，沿脉有刺，侧脉5～6对，托叶长约1cm，中部以下与叶柄合生。

落叶灌木，高达2m；枝红褐色，有时具白粉，幼时无毛或具柔毛，老时无毛，具疏密不等的针状或微钩状皮刺。奇数羽状复叶，小叶3～5个，顶生小叶宽卵形，侧生小叶卵形或椭圆形，长3～10cm，宽2.5～9cm，侧脉5～6对，顶端渐尖或急尖，基部圆形至浅心形，表面疏生细柔毛，老时无毛，背面密被白色茸毛，沿叶脉疏生小皮刺，边缘具不整齐重锯齿，顶生小叶常浅裂或3裂；叶柄长6～13cm，顶生小叶柄长2～3.5cm，侧生小叶几无柄，均无毛或具稀疏柔毛，疏生小皮刺；托叶卵状披针形至卵形，长1～1.5cm，宽5～8mm，膜质，全缘，棕褐色，无毛，顶端渐尖，中部以下与叶柄合生。花2～6朵成顶生伞房花序，有时1～2朵腋生；花梗长2～4cm，无毛，有疏密不等的小皮刺；苞片大，卵形或卵状披针形，长0.8～1.6cm，宽5～10mm，膜质，棕褐色，无毛；花开展时直径2～3cm；花萼外面紫红色，无毛；萼片宽卵形，长1.2～1.8cm，宽0.6～1cm，顶端尾尖，仅内萼片边缘具灰白色茸毛，在花果时均开展，稀于果时反折；花瓣近圆形，红色，短于萼片，基部具短爪；花丝白色，线形；花柱下部和子房上部密被灰白色或灰黄色长茸毛。聚合果近球形，直径0.8～1cm，红色，外面密被灰白色长茸毛和宿存花柱。花期6月，果期7～8月。

栾川县产伏牛山主脉北坡龙峪湾至老君山一线，生于海拔1000m以上的山谷林下或溪旁。河南还产于伏牛山区的灵宝河西、卢氏大块地、嵩县龙池曼、南召宝天曼、西峡黄石庵等地。分布于陕西、湖北、四川、云南。

果实可食或酿酒。

花

植株

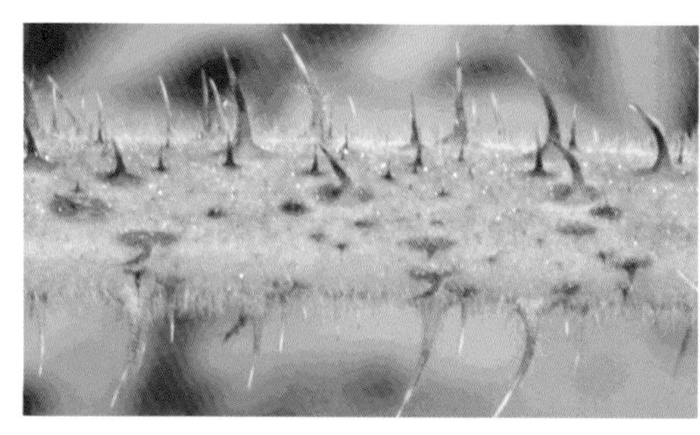
茎

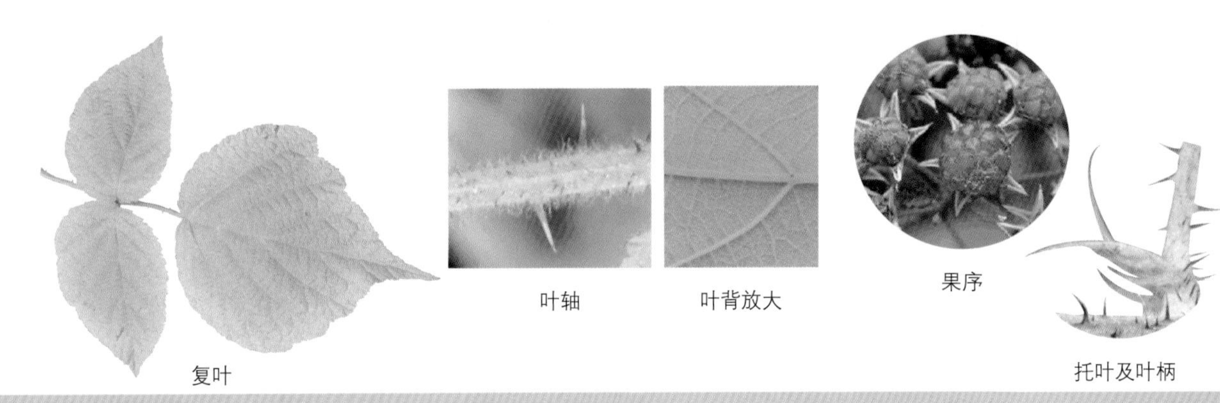

（4）多腺悬钩子 *Rubus phoenicolasius*

【识别要点】茎密生红色刺毛、腺毛和稀疏短刺。小叶3个，稀5个，边缘具不整齐粗锯齿，常具缺刻，表面或仅沿脉被伏柔毛，背面密生白色短茸毛，侧脉6～7对，中脉具稀疏细刺毛。

落叶灌木，高1～3m；枝初直立后拱曲，密生红色刺毛、腺毛和稀疏短刺。小叶3个，稀 5个，顶生小叶宽卵形或菱形，有时3裂，长4～10cm，宽2～7cm，侧生小叶斜卵形或椭圆形，较顶生小叶稍小，先端急尖或渐尖，基部圆形至近心形，表面或者仅沿叶脉有伏柔毛，背面密被白色短茸毛，沿叶脉有刺毛、腺毛和稀疏小针刺，边缘具不整齐粗锯齿，常有缺刻，侧脉6～7对；叶柄长3～6cm，小叶柄长2～3cm，侧生小叶近无柄，均被柔毛、红褐色刺毛、腺毛和稀疏皮刺；托叶线形，具柔毛和腺毛，全缘，基部与叶柄合生。总状花序具长梗，顶生或部分腋生；总花梗和花梗密被柔毛、刺毛和腺毛；花梗长5～15mm；苞片披针形，具柔毛和腺毛；花直径6～10mm；花萼外面密被柔毛、刺毛和腺毛；萼片披针形，顶端尾尖，长1～1.5cm，在花果期均直立开展；花瓣直立，倒卵状匙形或近圆形，粉红色，基部具爪并有柔毛；花柱比雄蕊稍长，子房无毛或微具柔毛。聚合果半球形，直径约1cm，红色，无毛；核有明显皱纹与洼穴。花期6月，果期7～8月。

栾川县产各山区，生于山坡或山谷林下阴湿地方。河南产于伏牛山和大别山区。分布于山东、山西、陕西、甘肃、湖北、四川。朝鲜、日本、欧洲及北美也产。

果实味微酸，可食，也可制果酱。根与叶供药用，有补肾、解毒之效。茎皮可提取栲胶。

（5）茅莓（红蒙子刺 花米托盘） *Rubus parvifolius*

【识别要点】小枝被灰白色短柔毛和细刺。小叶3个，稀5个，顶生小叶菱状卵形至宽倒卵形，侧生小叶斜椭圆形，较顶生小叶稍小，边缘具不整齐粗锯齿，有时具浅裂或缺刻。

落叶灌木。茎拱曲或平卧，小枝被灰白色短柔毛和细刺。小叶3个，稀5个，顶生小叶菱状卵形至宽倒卵形，长2.5～6cm，宽2～6cm，侧生小叶近无柄，斜椭圆形，较顶生小叶稍小，先端急尖，基部宽楔形，边缘具不整齐粗锯齿，有时具浅裂或缺刻，表面被稀疏伏毛，背面被白色茸毛，侧脉4～6对；叶柄长2.5～5cm；托叶线形，基部与叶柄合生。伞房花序顶生，部分腋生，被柔毛和稀疏细刺；花梗细，长5～8mm；花粉红色或紫红色，萼裂片披针形，先端渐尖，两面均被柔毛；花瓣宽倒卵形，直立或内曲，基部具爪；雄蕊花丝白色，稍短于花瓣；子房被柔毛，花柱无毛。聚合果球形，直径5～8mm，红色。花期5～6月，果期7～8月。

栾川县产各山区，生于向阳的山谷路旁或山坡林下。河南产于各山区。分布于黑龙江、吉林、辽宁、河北、山西、陕西、甘肃、湖北、湖南、江西、安徽、山东、江苏、浙江、福建、台湾、广东、广西、四川、贵州。日本和朝鲜也产。

果实酸甜多汁，可食，也可熬糖、酿酒、制醋等。叶含鞣质3.85%，根含1.31%，可提制栲胶。根、茎、叶供药用，有活血散瘀、消肿止痛、祛风除湿之效。

复叶（背） 茎 幼茎 花 复叶 聚合果

腺花茅莓 var. *adenochlamys* 与原种的区别是：花萼外面被红色腺毛。产河南各山区，分布同原种；生于向阳山坡路旁或林下。分布于山西、陕西、江苏、甘肃、河北、湖南、四川。用途同原种。

腺花茅莓花萼外腺毛

（6）复盆子 *Rubus idaeus*

【识别要点】有疏生细刺；奇数羽状复叶；小叶3～7个，卵形或椭圆形，边缘有粗重锯齿，表面散生细柔毛或无毛，背面有灰白色茸毛；叶柄与叶轴散生短刺。

落叶灌木，高1～2m；茎褐色或红褐色，幼时被茸毛状短柔毛，疏生细刺。奇数羽状复叶，小叶3～7个，花枝上有时具3小叶，不孕枝上常5～7小叶，卵形或椭圆形，顶生小叶常卵形，有时浅裂，长2～10cm，宽1.5～4cm，先端短渐尖，基部圆形或近心形，表面无毛或散生细柔毛，背面密被灰白色茸毛，边缘有不规则粗锯齿或重锯齿；叶柄长3～6cm，顶生小叶柄长约1cm，与叶轴均散生短刺；托叶线形，具短柔毛。总状花序，生于侧枝顶端，总花梗和花梗均密被茸毛状短柔毛和疏密不等的针刺；花梗长1～2cm；苞片线形，具短柔毛；花直径1～1.5cm；花萼外面密被茸毛状短柔毛和疏密不等的针刺；萼片卵状披针形，顶端尾尖，外面边缘具灰白色茸毛，在花果时均直立；花瓣匙形，被短柔毛或无毛，白色，基部有宽爪；花丝宽扁，长于花柱；花柱基部和子房密被灰白色茸毛。聚合果近球形，多汁液，直径1～1.4cm，红色或橙黄色，密被短茸毛；核具明显洼孔。花期6月，果期7～8月。

栾川县产各山区，生于灌丛或山谷溪旁。河南还产于济源、辉县、林州、灵宝、陕县、嵩县等地。分布于河北、陕西、山东、吉林、辽宁、山西。

果实可食，也可酿酒，在欧洲久经栽培，有多数栽培品种作水果用；果入药，有补肾明目之效。种子含油10%～20%，供工业用。

枝叶

花　果梗　果

（7）喜阴悬钩子 *Rubus mesogaeus*

【识别要点】三出复叶，顶生小叶较大，卵形或菱状卵形，侧生小叶斜椭圆形，边缘有不整齐粗锯齿，中部以上常有数对浅裂片，表面被伏柔毛，背面被茸毛，沿中脉有小刺，叶柄与叶轴均有柔毛及疏刺。

落叶灌木。茎细长，疏生短刺；小枝红褐色，密生茸毛。三出复叶，顶生小叶较大，卵形或菱状卵形，长5～8cm，侧生小叶斜椭圆形，长2～6cm，宽1.5～4.5cm，先端渐尖，基部心形或圆形，边缘有不整齐粗锯齿，中部以上常有数对浅裂片，表面被伏柔毛，背面被白色或灰白色茸毛，沿中脉有小刺，叶柄长2～4cm，与叶轴均有柔毛及疏刺；托叶线形，基部与叶柄合生。伞房花序顶生和腋生，有数花至多花，密生短柔毛；花梗长4～7mm；花白色或粉红色，直径约1cm；萼裂片披针形，长约5mm，两面均被细柔毛，花后反折；花瓣倒卵形，长4～6mm，直立，内贴，后期开展；花柱无毛，子房被稀疏柔毛。聚合果扁球形，直径6～8mm，黑色，无毛。花期4～5月，果期7月。

栾川县产各山区，生于海拔900m以上的山谷溪旁及疏林中。河南还产于灵宝、卢氏、嵩县、南召、西峡、内乡等县市。分布于陕西、甘肃、湖北、四川、云南、贵州、台湾、西藏。日本、尼泊尔、不丹也有分布。

根入药，可祛风、除湿。

植株　茎　叶　托叶　花　聚合果　复叶　叶背放大

（8）白叶莓 *Rubus innominatus*

【识别要点】 奇数羽状复叶；小叶3～5个，顶生小叶卵形或卵状披针形，边缘常具缺刻，有时3裂，表面无毛或仅幼时被稀疏柔毛，背面密被白色茸毛，侧生小叶斜卵状披针形。

落叶灌木，高1～3m；茎褐色或红褐色，直立或拱曲，疏生弯刺；小枝密被茸毛状柔毛，疏生钩状皮刺；刺基部侧扁。奇数羽状复叶；小叶常3枚，稀于不孕枝上具5小叶，长4～10cm，宽2.5～5（7）cm，顶端急尖至短渐尖，顶生小叶卵形或卵状披针形，基部圆形至浅心形，边缘常3裂或缺刻状浅裂，侧生小叶斜卵状披针形或斜椭圆形，基部楔形至圆形，表面无毛或仅幼时被稀疏柔毛，背面密被白色茸毛，边缘有不整齐粗锯齿或缺刻状粗重锯齿；叶柄长2～4cm，顶生小叶柄长1～2cm，侧生小叶近无柄，与叶轴均密被茸毛状柔毛；托叶线形，被柔毛，基部与叶柄合生。总状或圆锥状花序，顶生或腋生，腋生花序常为短总状；总花梗和花梗均密被黄灰色或灰色茸毛状长柔毛和腺毛；花梗长4～10mm；苞片线状披针形，被茸毛状柔毛；花直径 6～10mm；花萼外面密被黄灰色或灰色茸毛状长柔毛和腺毛；萼片卵形，长5～8mm，顶端急尖，内萼片边缘具灰白色茸毛，在花果时均直立；花瓣倒卵形或近圆形，紫红色，基部具爪，稍长于萼片；雄蕊稍短于花瓣；花柱无毛；子房稍具柔毛。聚合果近球形，直径约1cm，暗红色，初期被疏柔毛，成熟时无毛；核具细皱纹。花期5～6月，果期 7～8月。

栾川县产各山区，生于山坡灌丛或山沟疏林中。河南产于伏牛山、大别山和桐柏山区。分布于陕西、甘肃、江西、安徽、浙江、福建、湖北、湖南、四川、云南、贵州、广东、广西。

果酸甜，可食及酿酒；根入药，治风寒咳喘。

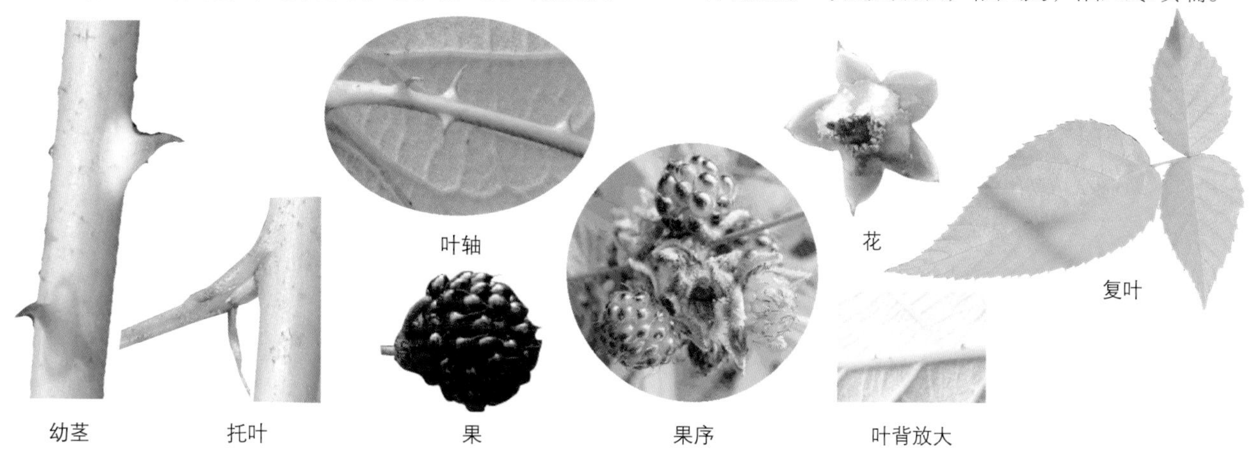

幼茎　托叶　果　叶轴　果序　花　复叶　叶背放大

（9）秀丽莓（美丽悬钩子） *Rubus amabilis*

【识别要点】茎基部散生宽扁的细尖刺。奇数羽状复叶；小叶7～9个，稀11个，边缘有不整齐粗锯齿和缺刻状重锯齿，表面无毛，背面沿脉被稀疏柔毛和细刺。

落叶灌木，茎铺散，紫褐色或暗褐色，无毛，基部散生宽扁的细尖刺；花枝短，具柔毛和小皮刺。奇数羽状复叶；小叶7～11枚，卵形或卵状披针形，长2.5～6cm，宽1.3～2.5cm，通常位于叶轴上部的小叶片比下部的大，顶端急尖，顶生小叶顶端常渐尖，基部近圆形，顶生小叶基部有时近截形，表面无毛或疏生伏毛，背面沿叶脉具柔毛和小皮刺，边缘具缺刻状重锯齿，顶生小叶边缘有时浅裂或3深裂；叶柄长1～4cm，顶生小叶柄长约1cm，侧生小叶几无柄，和叶轴均于幼时具柔毛，逐渐脱落至老时无毛或近无毛，疏生小皮刺；托叶线状披针形，具柔毛。花单生于侧生小枝顶端，下垂；花梗长2.5～6cm，具柔毛，疏生细小皮刺，有时具稀疏腺毛；花直径3～4cm；花萼绿带红色，外面密被短柔毛，无刺或有时具稀疏短针刺或腺毛；萼片宽卵形，长1～1.5cm，顶端渐尖或具突尖头，在花果时均开展；花瓣近圆形，白色，比萼片稍长或几等长，基部具短爪；花丝线形，基部稍宽，带白色；花柱浅绿色，无毛，子房具短柔毛。聚合果椭圆形，长1.5～2.5cm，直径1～1.2cm，红色，幼时具稀疏短柔毛，老时无毛；核肾形，稍有网纹。花期5月，果期8月。

栾川县产伏牛山主脉北坡龙峪湾至老君山一线，生于海拔1200m以上的山沟林下。河南还产于灵宝河西、嵩县龙池曼、卢氏大块地、鲁山石人山、南召宝天山曼、西峡黄石庵等地。分布于陕西、甘肃、湖北、四川、青海、山西。

果实味甜而微酸，可食用及加工。根入药，有活血止痛、止带、清热解毒之效，主治盗汗；茎叶与枝也可入药，有消食、利水、发表之效。

（10）刺悬钩子 *Rubus pungens*

【识别要点】枝密生细刺。小叶5～7个，稀3或9个，卵形、三角卵形或卵状披针形，边缘具重锯齿或缺刻状锯齿，表面被稀疏短柔毛，背面沿脉被稀疏柔毛和细刺。

落叶匍匐灌木，高达3m；枝圆柱形细长，幼时被柔毛，老时脱落，常密生直立细刺。小叶常5～7个，稀3或9个，卵形、三角卵形或卵状披针形，长2.5～6cm，宽1～3cm，先端急尖至短渐尖，顶生小叶常渐尖，基部宽楔形、圆形至近心形，表面疏生柔毛，背面有柔毛或仅沿脉有稀疏柔毛和细刺，边缘具尖锐重锯齿或缺刻状重锯齿，顶生小叶较大、常羽状分裂；叶柄长（2）3～6cm，顶生小叶柄长0.5～1cm，侧生小叶近无柄，与叶轴均有柔毛或近无毛，并有稀疏小刺和腺毛；托叶小，线形，有柔毛。花单生或2～4朵成伞房状花序，顶生或腋生；花梗长2～3cm，有柔毛和小针刺，或有疏腺毛；花直径1～2cm；花萼外面具柔毛和腺毛，密被直立针刺；萼筒半球形；萼片披针形或三角披针形，长达1.5cm，顶端长渐尖，在花果时均直立，稀反折；花瓣长圆形、倒卵形或近圆形，粉红色，基部具爪，比萼片短；雄蕊多数，直立，长短不等，花丝近基部稍宽扁；雌蕊多数，花柱无毛或基部具疏柔毛，

栾川县产各山区，生于海拔900m以上的山谷河道两旁、路边。河南还产于灵宝、卢氏、嵩县、西峡、南召、鲁山、登封及济源。分布于山西、湖北、四川、云南、陕西、甘肃、西藏。

果实可食，也可制醋。可作庭院观赏树种。

茎　复叶　叶轴　侧小叶（背）　花序　叶背放大　聚合果

17.蔷薇属　*Rosa*

落叶或常绿灌木。茎常有皮刺。奇数羽状复叶，稀单叶，互生；有托叶。花两性，单生、簇生或成伞房状、圆锥状花序，稀复伞房状花序；花托壶状，稀杯状；萼裂片与花瓣各5，稀4；雄蕊与雌蕊多数，雌蕊离生，生于花托内；子房上位，1室，具1下垂胚珠；花柱近顶生，分离或合生。蔷薇果由花托成熟后变为肉质浆果状，瘦果木质，位于其中似种子。

约200种，广泛分布于亚洲、欧洲、北非和北美寒温带至亚热带地区。我国约有82种，分布于南北各地。河南有26种，15变种。栾川县连栽培有17种，4变种，1变型。

1.花柱显著伸出花托口外：
　2.花柱分离，长约为雄蕊的1/2 …………………………………………（1）月季花 *Rosa chinensis*
　2.花柱连合成柱状，与雄蕊几等长：
　　3.托叶边缘栉齿状分裂。花柱有毛 ……………………………………（2）野蔷薇 *Rosa multiflora*
　　3.托叶边缘全缘或有细齿。花柱无毛 …………………………………（3）湖北蔷薇 *Rosa henryi*
1.花柱成头状塞于花托口不伸出或微伸出：
　4.萼筒杯状。瘦果着生在基部突起的花托上，花托密生针刺。小叶9～13个，长1～2cm，边缘具单锯齿，无毛 ……………………………………………………………（4）缫丝花 *Rosa roxburghii*
　4.萼筒坛状。瘦果着生在萼筒边缘及基部：
　　5.花单生，无苞片，稀有数花：
　　　6.叶轴、叶柄和小叶背面中脉有稀疏腺体；小叶9～15个，边缘有重锯齿，两面无毛
　　　……………………………………………………………………（5）樱草蔷薇 *Rosa primula*
　　　6.叶轴、叶柄和小叶背面中脉无腺体，小叶7～13个，边缘有单锯齿，幼时背面有柔毛
　　　……………………………………………………………………（6）黄刺玫 *Rosa xanthina*
　　5.花多数成伞房、伞形花序或单生，均有苞片。小叶5～11个：
　　　7.小枝和刺被茸毛。小叶表面有皱纹 ……………………………………（7）玫瑰 *Rosa rugosa*

被子植物 BEIZI ZHIWU

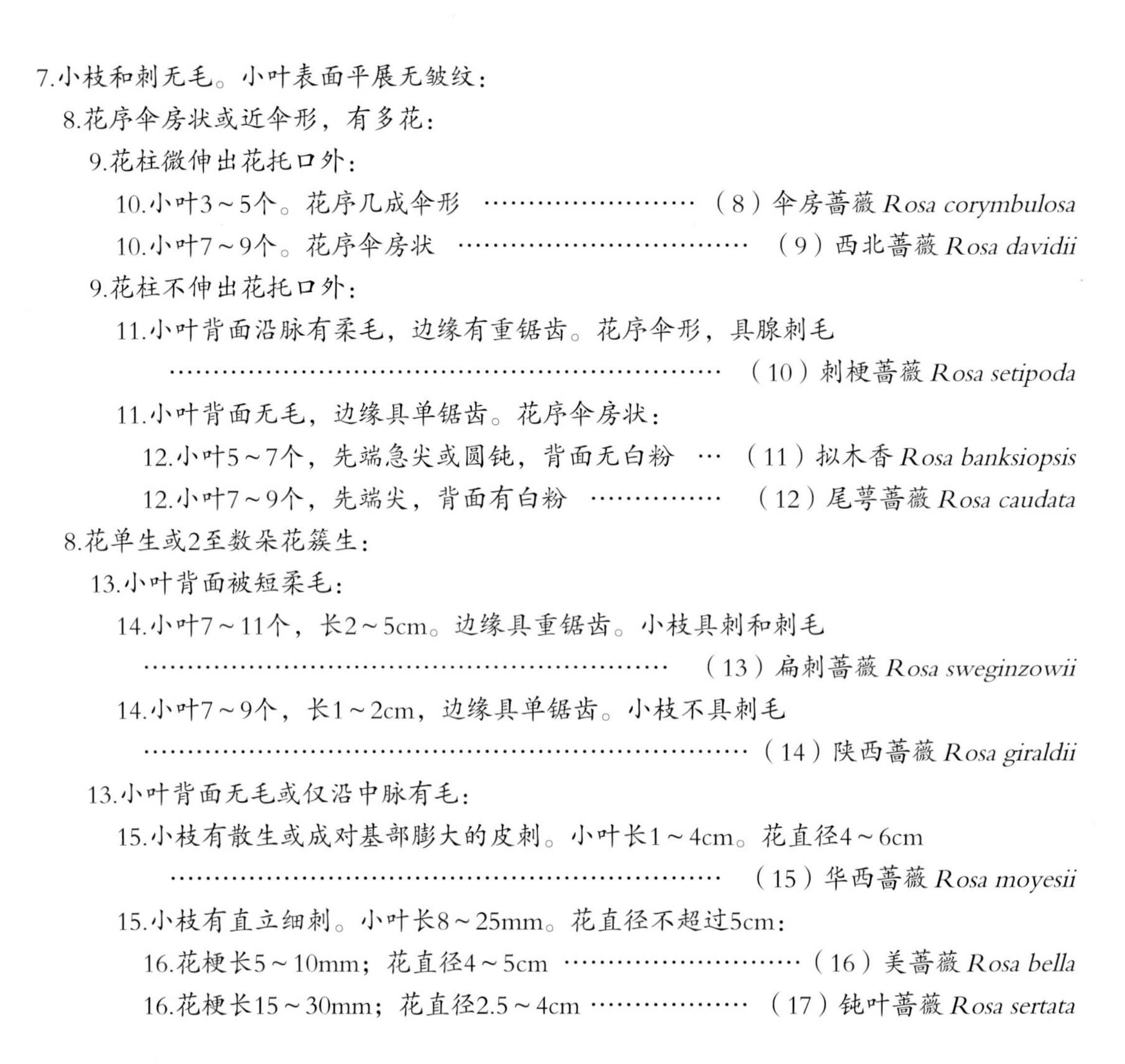

7.小枝和刺无毛。小叶表面平展无皱纹：
8.花序伞房状或近伞形，有多花：
9.花柱微伸出花托口外：
10.小叶3～5个。花序几成伞形 ……………………（8）伞房蔷薇 *Rosa corymbulosa*
10.小叶7～9个。花序伞房状 ……………………………（9）西北蔷薇 *Rosa davidii*
9.花柱不伸出花托口外：
11.小叶背面沿脉有柔毛，边缘有重锯齿。花序伞形，具腺刺毛
……………………………………………………………（10）刺梗蔷薇 *Rosa setipoda*
11.小叶背面无毛，边缘具单锯齿。花序伞房状：
12.小叶5～7个，先端急尖或圆钝，背面无白粉 …（11）拟木香 *Rosa banksiopsis*
12.小叶7～9个，先端尖，背面有白粉 ……………（12）尾萼蔷薇 *Rosa caudata*
8.花单生或2至数朵花簇生：
13.小叶背面被短柔毛：
14.小叶7～11个，长2～5cm。边缘具重锯齿。小枝具刺和刺毛
……………………………………………………（13）扁刺蔷薇 *Rosa sweginzowii*
14.小叶7～9个，长1～2cm，边缘具单锯齿。小枝不具刺毛
…………………………………………………………………（14）陕西蔷薇 *Rosa giraldii*
13.小叶背面无毛或仅沿中脉有毛：
15.小枝有散生或成对基部膨大的皮刺。小叶长1～4cm。花直径4～6cm
……………………………………………………………（15）华西蔷薇 *Rosa moyesii*
15.小枝有直立细刺。小叶长8～25mm。花直径不超过5cm：
16.花梗长5～10mm；花直径4～5cm ………………………（16）美蔷薇 *Rosa bella*
16.花梗长15～30mm；花直径2.5～4cm ………………（17）钝叶蔷薇 *Rosa sertata*

（1）月季花（月季 月月红） *Rosa chinensis*

【识别要点】枝粗壮，疏生短粗的钩状皮刺。小叶3～5个，卵形至卵状椭圆形，边缘具尖锐细锯齿，两面无毛；叶柄、叶轴有散生皮刺和腺毛；托叶大部贴生于叶柄。花直径约5cm，有香气。

常绿或半常绿灌木。茎直立；枝粗壮，圆柱形，近无毛，疏生短粗的钩状皮刺。小叶3～5个，稀7个，连叶柄长5～11cm，小叶片卵形至卵状椭圆形，长2～6cm，宽1～3cm，先端渐尖或急尖，基部圆形或宽楔形，边缘具尖锐细锯齿，表面鲜绿色，背面颜色较浅，两面无毛；顶生小叶有柄，侧生小叶片近无柄；总叶柄较长，连叶轴有散生皮刺和腺毛；托叶大部贴生于叶柄，仅顶端分离部分成耳状，边缘常有腺毛。花几朵集生，稀单生，花梗长2.5～6cm，近无毛或有腺毛，萼片卵形，先端尾状渐尖，有时呈叶状，边缘常有羽状裂片，稀全缘，外面无毛，内面密被长柔毛；花数朵簇生或单生，红色、粉红色至白色，直径约5cm，有香气；花梗长3～5cm，常具腺毛；萼片羽裂；花瓣重瓣至半重瓣，倒卵形，先端有凹缺，基部楔形；花柱分离，伸出花托外，约与雄蕊等长。蔷薇果球形，直径1.5～2cm，红色，萼片脱落。花期5～9月，果期7～10月。

原产我国，各地普遍栽培。河南各地有栽培。栾川县也有栽培。现国内外广泛栽培。

喜光，喜温暖湿润气候，喜土肥。嫁接或扦插繁殖。园艺品种很多，为著名的观赏植物，河南省会郑州的市花。

花含芳香油，其主要成分为萜醇类化合物，可供制香水的原料和作糕点的玫瑰馅。花、根、叶均入药。花蕾能调经活血、消肿；叶治跌打损伤；根

皮能活血舒筋、消肿散瘀，主要用于接骨。

栾川县栽培的变种有：**小月季‘Minima’**矮灌木，高不及25cm。花较小，玫瑰红色，直径约3cm，单瓣或重瓣。**紫月季‘Semperflorens’**茎细长，具刺或近无刺，幼时常带紫色。花单生，直径3.5～5cm，花梗细，长5～15mm，无刺，萼裂片披针形，先端渐尖，全缘；花瓣深红色或紫色，单瓣，宽倒卵形，长2～2.5cm。蔷薇果卵形，黄色。**绿月季‘Viridiflora’**花绿色，花瓣呈小绿叶状。

（2）野蔷薇（蔷薇 红根） *Rosa multiflora*

【识别要点】茎细长，有皮刺。小叶5～7个，边缘有尖锐单锯齿，表面无毛，背面沿中脉被柔毛；小叶柄和叶轴被柔毛和腺毛，疏生钩刺；托叶2/3与叶柄合生；花柱伸出花托口外，比雄蕊稍长。

落叶灌木。茎细长，小枝圆柱形，通常无毛，有短、粗、稍弯曲皮刺。小叶5～7个，近花序的小叶有时3个，连叶柄长5～10cm；小叶片倒卵形或椭圆形，长2～6cm，宽1～3cm，先端急尖、圆钝或渐尖，基部近圆形或宽楔形，边缘有尖锐单锯齿，稀混有重锯齿，表面无毛，背面沿中脉被柔毛；小叶柄和叶轴被柔毛和腺毛，疏生钩刺；托叶栉齿状分裂，长约2cm，2/3与叶柄合生，边缘有或无腺毛。伞房花序具数朵花，花梗长1.5～2.5cm，无毛或有腺毛，有时基部有篦齿状小苞片；花白色，直径1.5～2cm，萼片披针形，有时中部具2个线形裂片，外面无毛，内面密被柔毛；花瓣倒卵形，先端微凹，基部楔形；花柱结合成束，无毛，伸出花托口外，比雄蕊稍长。蔷薇果球形，直径约6～8mm，红色至紫褐色，有光泽，无毛，萼片脱落。花期5～6月，果期8～9月。

栾川县产各山区，生于山坡、灌丛及河边。河南各地有栽培。分布于江苏、山东等地。日本、朝鲜习见。

根、果实入药，能活血、通络、收敛，用于治疗关节痛、面神经瘫痪、高血压症、偏瘫、烫伤。花能清暑热、化湿浊、顺气和胃，用于治疗暑热胸闷、口渴、呕吐、不思饮食、口疮口糜。

常用作嫁接月季的砧木。

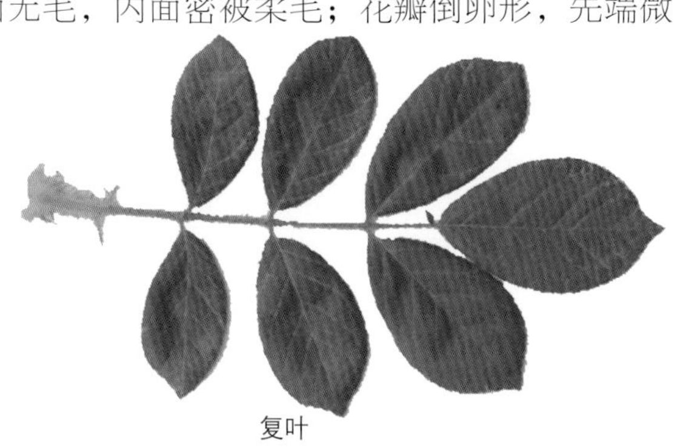

复叶

花

果序

小叶（背）

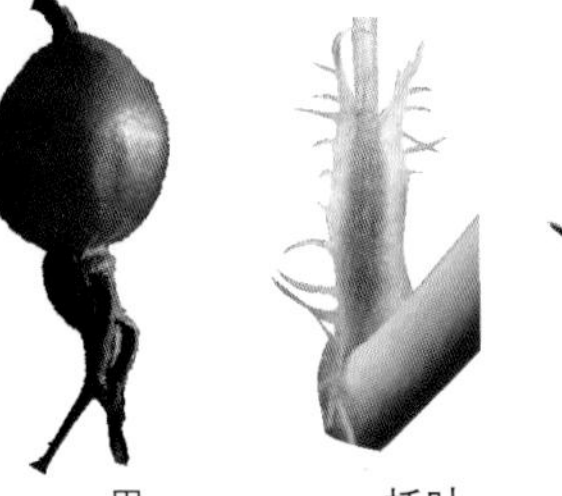
果　托叶

小枝

粉团蔷薇 var. *cathayensis* 花粉红色，单瓣。栾川县产各山区，生于山坡、灌丛、河边。河南产于各山区。分布于河北、山东、安徽、浙江、甘肃、陕西、江西、湖北、广东、福建。

种子或扦插繁殖。根含鞣质23%～25%，可提制栲胶。鲜花含有芳香油可提制香精用于化妆品工业。根、叶、花和种子均入药：根能活血通络收敛，叶外用治肿毒，种子能利水通经。常栽培作绿篱、护坡及棚架绿化材料。

花

（3）湖北蔷薇（山刺玫） *Rosa henryi*

【识别要点】 小枝有皮刺。小叶5个，边缘具尖锐单锯齿，背面无毛或沿中脉有疏柔毛；叶柄和叶轴有散生钩刺；托叶大部贴生于叶柄，有腺毛。花白色，芳香，花柱伸出花托口外。

落叶蔓生灌木。小枝有粗短、扁、弯曲皮刺，或无刺。幼枝红褐色，无毛。小叶通常5个，近花序小叶片常为3个，椭圆形或椭圆状卵形，长3.5～9cm，宽1.5～5cm，先端渐尖，基部近圆形或宽楔形，边缘具尖锐单锯齿，表面无毛，背面灰白色，中脉突起，无毛或沿中脉有疏柔毛；叶柄和叶轴无毛，有散生钩刺；托叶狭披针形，大部贴生于叶柄，先端渐尖，全缘，无毛，或有稀疏腺毛。伞房花序具花5～15朵，花白色，芳香，花直径3～4cm；花梗和萼筒无毛，有时具腺毛，萼片卵状披针形，先端尾状渐尖，全缘，有少数裂片，外面近无毛而有稀疏腺点，内面密生柔毛，花后反折；花瓣宽倒卵形，先端微凹，基部宽楔形；花柱结合成柱，被柔毛，伸出花托口外，比雄蕊稍长或近等长。蔷薇果球形，直径8～10mm，成熟后深红色，有光泽，果梗有稀疏腺点；萼片脱落。花期5～6月，果期9～10月。

栾川县产伏牛山主脉北坡，生于山谷、山坡的林缘、灌丛或杂木林中。河南产于伏牛山南部、大别山、桐柏山区。分布于陕西、安徽、江苏、浙江、江西、福建、广东、广西、湖北、湖南、四川、云南、贵州等地。

根皮含鞣质，可提制栲胶。根及果入药，能消肿止痛、祛风除湿、止血解毒、补脾固涩，用于治疗月经过多；也用于治腹泻及小儿遗尿等症。为庭院垂直绿化观赏树种。

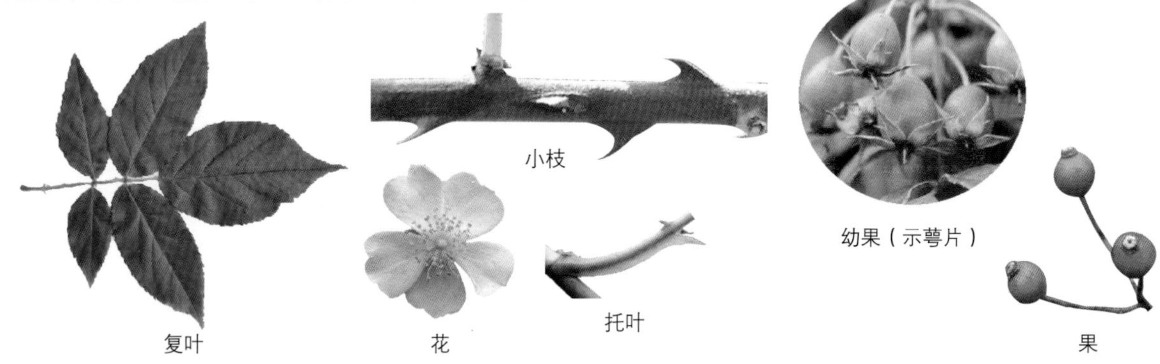
复叶　花　小枝　托叶　幼果（示萼片）　果

（4）缫丝花 *Rosa roxburghii*

【识别要点】小枝有成对皮刺。小叶（7）9~13个，边缘有细锐锯齿，两面无毛；花瓣淡红色或粉红色，微香；花柱离生，微伸出花托口。

落叶或半常绿灌木。树皮灰褐色，成片状剥落；小枝细，圆柱形，开展，斜向上升，灰色或褐色，无毛，有基部稍扁而成对皮刺，刺长约5mm。小叶（7）9~13个，革质，椭圆形至长圆状椭圆形，稀倒卵形，长1~2（2.5）cm，宽6~12mm，先端急尖或圆钝，基部宽楔形，边缘有细锐锯齿，两面无毛，背面叶脉突起，网脉明显；叶柄长1~2cm，与叶轴均无毛，有散生小皮刺；托叶大部贴生于叶柄，离生部分呈钻形，边缘有腺毛。花单生或2~3朵簇生于短枝顶端；花直径5~6cm；花梗短、粗，长3~5mm，具针刺，无苞片；花托杯状，外面密生细刺，萼片三角状卵形，先端尾尖，边缘羽状分裂，内面和外面密被短茸毛，外面密被针刺；花重瓣至半重瓣，淡红色或粉红色，微香，倒卵形，外轮花瓣大，内轮较小；雄蕊多数，着生在萼筒边缘，长约7mm；心皮多数，着生在花托底部；花柱离生，被毛，微伸出花托口，短于雄蕊。蔷薇果扁球形，直径3~4cm，黄色，外面密生针刺；萼片宿存，直立。花期5~7月，果期9月。

栾川县产伏牛山主脉北坡，生于山沟河旁、山坡路边或林缘。河南产于伏牛山南部和大别山区。分布于陕西、甘肃、江西、安徽、浙江、福建、湖南、湖北、四川、云南、贵州、西藏等地，均有野生或栽培。也见于日本。

扦插繁殖。

根皮及茎皮含鞣质，可提制栲胶。果实味甜酸，含大量维生素，可供食用及药用，还可作为熬糖、蜜饯、酿酒的原料。根煮水治痢疾。叶可泡茶喝，能解热降暑。种子油供工业用。花朵美丽，栽培供观赏用。枝干多刺可作绿篱。

果枝　枝　果　果纵切　花　复叶

（5）樱草蔷薇 *Rosa primula*

【识别要点】小枝散生直立稍扁而基部膨大的皮刺。小叶9~15个，边缘有重锯齿，两面均无毛；托叶大部贴生于叶柄。花淡黄或黄白色；花柱离生，比雄蕊短。

直立小灌木，高1~2m；小枝圆柱形，细弱，无毛；散生直立稍扁而基部膨大的皮刺。小叶9~15个，稀7个，椭圆形、椭圆倒卵形至长椭圆形，长6~15mm，宽3~8mm，先端圆钝或急尖，基部近圆形或宽楔形，边缘有重锯齿，两面均无毛，背面中脉突起，密被腺点；叶轴、叶柄有稀疏腺；托叶卵状披针形，大部贴生于叶柄，边缘有不明显锯齿和腺，无毛。花单生于叶腋，无苞片；花梗长8~10mm，无毛；花直径2.5~4cm；萼筒、萼片外面无毛，萼片披针形，先端渐尖，全缘，内面有稀

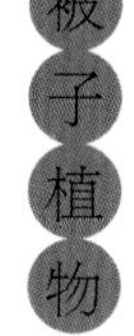

疏长柔毛；花瓣淡黄或黄白色，倒卵形，先端微凹，基部宽楔形；花柱离生，被长柔毛，比雄蕊短。果卵球形或近球形，直径约1cm，红色或黑褐色，无毛，萼片反折宿存，果梗长可达1.5cm。花期5～7月，果期7～10月。

栾川县产各山区，生于海拔1400m以上的山坡、林下、路旁或灌丛中。河南还产于灵宝、卢氏及林州、济源。分布于河北、山西、甘肃、陕西、四川。可作庭院观赏树种。

（6）黄刺玫 *Rosa xanthina (Rosa pimpinellifolia)*

【识别要点】小叶7～13个，边缘有圆钝锯齿，表面无毛，幼嫩时背面有稀疏柔毛；叶轴、叶柄有稀疏柔毛和小皮刺；托叶大部贴生于叶柄。花黄色；花柱离生，稍伸出花托口外，比雄蕊短很多。

落叶直立灌木，高2～3m；枝开展，小枝细长，紫褐色，无毛，有散生皮刺，无针刺，刺直立，仅基部稍扁。小叶7～13个，宽卵形或近圆形，稀椭圆形，先端圆钝，基部宽楔形或近圆形，边缘有圆钝锯齿，表面无毛，幼嫩时背面有稀疏柔毛，逐渐脱落；叶轴、叶柄有稀疏柔毛和小皮刺；托叶带状披针形，大部贴生于叶柄，离生部分呈耳状，边缘有锯齿和腺。花单生于叶腋，重瓣或半重瓣，黄色，无苞片；花梗长1～1.5cm，无毛，无腺；花直径3～4（5）cm；萼筒、萼片外面无毛，萼片披针形，全缘，先端渐尖，内面有稀疏柔毛，边缘较密；花瓣黄色，宽倒卵形，先端微凹，基部宽楔形；花柱离生，被长柔毛，稍伸出萼筒口外部，比雄蕊短很多。果近球形或倒卵圆形，紫褐色或黑褐色：直径8～10mm，无毛，花后萼片反折。花期4～5月，果期7～8月。

栾川县栽培。河南各地有栽培。东北、华北各地庭园习见栽培。

茎皮含纤维素14.84%，可作造纸及纤维板的原料。果实可酿酒或食用，也可作果酱，并含有维生素丙，入药有活血舒筋、祛湿利尿之效，为医药原料。花浓香，可提取芳香油。早春繁花满枝，颇为美观，为常见庭院观赏树种。

复叶

枝

花

叶枝

果

单瓣黄刺玫 f.*normalis* 与原种的区别是：花单瓣。栾川县产各山区，生于山坡灌丛中。河南产于太行山和伏牛山区。分布于河北、山东、山西、陕西、甘肃、青海、宁夏。用途同原种。

（7）玫瑰 *Rosa rugosa*

【识别要点】小枝被茸毛、针刺、刚毛、皮刺。小叶5～9个，边缘有尖锐锯齿，表面有褶皱；托叶大部贴生于叶柄。花红紫色或白色，芳香；花柱离生，稍伸出花托口，比雄蕊短很多。

落叶灌木。茎粗壮，簇生；小枝密被茸毛，并有针刺和刚毛，有直立或弯曲、淡黄色的皮刺，皮刺外被茸毛。奇数羽状复叶，小叶5～9个，椭圆形或椭圆状倒卵形，长1.5～5cm，宽1～2.5cm，先端急尖或圆钝，基部圆形或宽楔形，边缘有尖锐锯齿，质厚，表面深绿色，无毛，叶脉下陷，有褶皱，背面灰白色，中脉突起，网脉明显，密被柔毛和腺毛，有时腺毛不明显；叶柄和叶轴密被茸毛，疏生细刺和刺毛；托叶大部贴生于叶柄，离生部分卵形，边缘有带腺锯齿，下面被茸毛。花单生于叶腋，或3～6朵簇生，苞片卵形，边缘有腺毛，外被茸毛；花梗长5～22.5mm，密被茸毛和腺毛；花红紫色或白色，直径4～5.5cm；萼片卵状披针形，先端尾状渐尖，常有羽状裂片而扩展成叶状，上面有稀疏柔毛，下面密被柔毛和腺毛；花瓣倒卵形，重瓣至半重瓣，芳香；花柱离生，被毛，稍伸出花托口，比雄蕊短很多。果扁球形，直径2～2.5cm，红色，肉质，平滑，萼片宿存。花期5～8月，果期7～10月。

原产我国华北以及日本和朝鲜。我国各地均有栽培。河南各地也有栽培。栾川县庙子镇庄子村、蒿坪村建有玫瑰观赏园。

耐寒、耐旱，对土壤要求不严，在酸碱性土上也能生长，在富含腐殖质、排水良好的中性或微酸性轻壤上生长和开花最好。最喜光，在蔽荫下生长不良，开花稀少。不耐积水，受涝则下部叶片黄落，甚至全株死亡。萌蘖性很强，生长迅速，1年生高可达70cm。用分株、扦插、埋条、嫁接繁殖。

为常见观赏花木。鲜花可以蒸制芳香油，油的主要成分为左旋香芳醇，含量最高可达千分之六，为世界名贵香精，价值极高，供食用及化妆品用，花瓣可以制饼馅、玫瑰酒、玫瑰糖浆，干制后可以泡茶；花蕾入药治肝、胃气痛、胸腹胀满和月经不调。果实含丰富的维生素C、葡萄糖、果糖、蔗糖、枸橼酸、苹果酸及胡萝卜素等，供食品及医药用。种子含油约14%。

园艺品种很多，有**粉红单瓣** f. *rosea*、**白花单瓣** f. *alba*、**紫花重瓣** f. *plena*、**白花重瓣** f. *alboplena*等供观赏用。

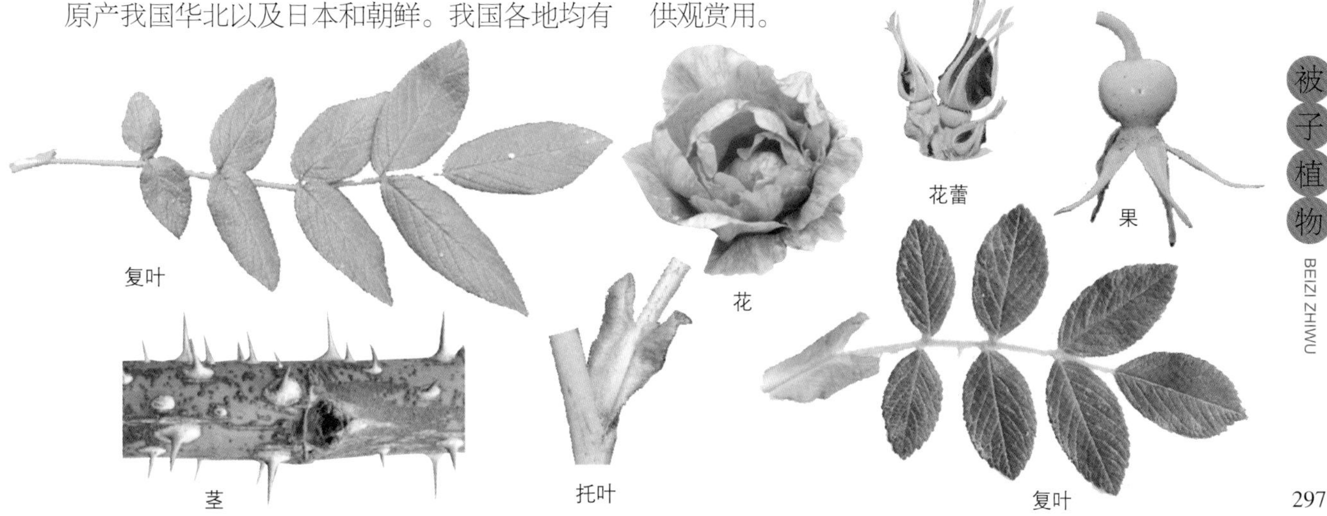

（8）伞房蔷薇（山刺玫） *Rosa corymbulosa*

【识别要点】小枝有少数成对细瘦直刺。小叶3～5个，卵状长圆形或椭圆形，边缘有重锯齿或单锯齿，表面无毛，背面具细毛。花瓣红色。

小灌木，高达2m；小枝圆柱形，直立或稍弯曲，无毛，无刺或有少数成对细瘦直刺。小叶3～5个，稀7个，卵状长圆形或椭圆形，长2.5～6cm，宽1.5～3.5cm，先端急尖或圆钝，基部楔形或近圆形，边缘有重锯齿或单锯齿，表面深绿色，无毛，背面有白粉，具细毛，沿中脉和侧脉较密；小叶柄和叶轴有细毛和腺毛，有散生小皮刺；托叶窄，大部贴生于叶柄，离生部分卵形，边缘有腺毛。伞房花序有多花，稀具1～3朵，几成有总梗的伞形花序；花梗细，长2～4cm，具腺刺毛；花托卵状长圆形，长3～5mm，具腺刺毛；花直径2～2.5cm；萼片三角状卵形，先端扩展成叶状，全缘或有不明显锯齿和腺毛，内外两面均有柔毛，内面较密；花瓣红色，基部白色，宽倒心形，先端有凹缺，比萼片短；花柱密被黄白色长柔毛，与雄蕊近等长或稍短。蔷薇果近球形或卵球形，长1～1.3cm，红色，萼片宿存。花期6～7月，果期9月。

栾川县产各山区，生于海拔1000m以上的山坡或山谷溪旁或杂木林下。河南产于伏牛山区。分布于湖北、四川、陕西、甘肃。

果实可食或酿酒；根可提制栲胶。

复叶　枝　托叶　小叶　果　花

（9）西北蔷薇 *Rosa davidii*

【识别要点】近似伞房蔷薇*Rosa corymbulosa*，但本种小叶片常7～9，叶边单锯齿，花序较疏散，有大形苞片，花朵稍大，花柱更突出；果实长椭圆形或长倒圆球形，而后者小叶片常3～5，叶边重锯齿，花序较密集，苞片较窄，花朵稍小，花柱稍突出；果实近球形或卵球形。

落叶灌木。茎直立或铺散，小枝圆柱形，细弱，无毛，刺直立或弯曲，长5～10mm，通常扁而基部膨大。奇数羽状复叶，小叶7～9个，稀11个或5个，卵状长圆形至椭圆形，长2～4(6) cm，宽1～2（3）cm，先端急尖，基部近圆形或宽楔形，边缘有尖锐单锯齿，近基部全缘，表面深绿色，通常无毛，背面有白粉及细毛，小叶柄和叶轴有短柔毛、腺毛和稀疏小皮刺；托叶大部贴生于叶柄，离生部分卵形，先端有短尖，边缘有腺体。花多朵，排成伞房状花序；有大型苞片，苞片卵形或披针形，先端渐尖，两面有短柔毛；花梗长1.5～2.5cm，有柔毛和腺毛；花直径2～3cm；萼片卵形，先端伸长成叶状，全缘，两面均有短柔毛，内面较密，外面有腺毛；花瓣深粉色，宽倒卵形，先端微凹，基部宽楔形；花柱离生，密被柔毛，外伸，比雄蕊短或近等长。蔷薇果长椭圆形或长倒卵圆形，顶端有长颈，长1.5～2cm，橙红色或猩红色。花期5～6月，果期8～9月。

栾川县产各山区，生于海拔1000m以上的山坡灌丛及山谷杂木林下。河南产于太行山的济源、辉县及伏牛山区。分布于四川、湖北、陕西、甘肃、宁夏。

根皮含鞣质14.17%，可提制栲胶。果实可食，也可酿酒及提取维生素丙。

枝叶

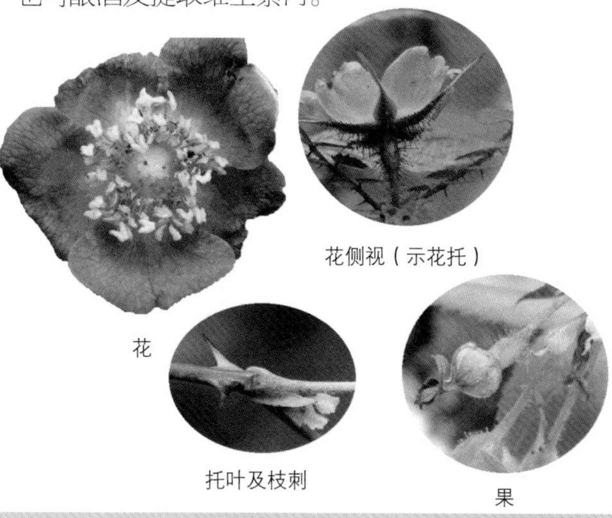

花

花侧视（示花托）

托叶及枝刺

果

（10）刺梗蔷薇（刺毛蔷薇） *Rosa setipoda*

【识别要点】小叶7～9个，卵形或椭圆形，边缘有锐尖单锯齿或重锯齿；叶柄与叶轴均具短腺毛和稀疏细刺；托叶中部以下贴生于叶柄。花柱离生，微伸出花托口外。

落叶灌木。茎直立，小枝红褐色，圆柱形，微弓曲，无毛，散生宽扁皮刺，刺直立，长5～8mm。小叶7～9个，稀11个，卵形或椭圆形，长2～6cm，宽1～3cm，先端急尖或圆钝，基部近圆形或宽楔形，边缘有锐尖单锯齿或重锯齿，齿尖常带腺体，表面无毛，背面中脉和侧脉均突起，有柔毛和腺体；顶生小叶叶柄长1～2cm，侧生小叶近无柄；叶柄长1.5～3cm，与叶轴均具短腺毛和稀疏细刺；托叶宽平，中部以下贴生于叶柄，离生部分耳状，三角状卵形，先端急尖，边缘具睫毛状短腺毛。伞房花序顶生，具4～8朵花，总花梗长1～2cm；花梗长1.5～2.5cm，密被腺刺毛；苞片卵状披针形，先端尾尖；花淡红色，直径4～5cm；花托狭长圆状卵形，长5～7mm，外面密生腺状刺毛；萼裂片卵状披针形，尾状渐尖，顶端扩展成叶状，边缘具疏齿，外面具刺状腺毛或无毛，内面密被茸毛；花瓣宽倒卵形或近圆形，粉红色或玫瑰紫色，外面微被柔毛；花柱离生，被柔毛，微伸出花托口外。蔷薇果长卵形，红色，长达2.5cm，先端狭缩，萼裂片宿存。花期6月，果期8～9月。

栾川县产海拔1500m以上的山谷、山坡灌丛中或林下。河南还产于卢氏、西峡、南召、嵩县等县。分布于湖北、四川、陕西、甘肃。

果可食或酿酒，也可入药，有健胃消积之效。根皮及茎皮含鞣质，可提制栲胶。

果

花

叶枝

（11）拟木香（假木香） *Rosa banksiopsis*

【识别要点】小叶5～9个，椭圆形或长圆状卵形，边缘有尖锐单锯齿，两面均无毛或仅背面被细毛；托叶大部贴生于叶柄；花瓣倒卵形，先端微凹；花柱离生，呈头状塞于花托口。

落叶灌木。茎直立；小枝圆柱形，红褐色，无毛，有稀疏细刺，刺直立。小叶5～9个，椭圆形或长圆状卵形，长2～6cm，宽1.5～3.5cm，先端急尖或圆钝，基部圆形或宽楔形，边缘有尖锐单锯齿，两面均无毛或仅背面被细毛，背面中脉和侧脉明显突起；叶柄长1.5～3cm，叶柄与叶轴均无毛，稀被疏柔毛，具刺或无刺；托叶披针形，长1～2cm，先端急尖，开展，边缘具睫毛状腺毛或全缘，无毛，大部贴生于叶柄；伞房花序疏散，具数朵花；花梗细，长 1.5～3cm；花梗和萼筒光滑无毛或有稀疏短柔毛和腺毛；花直径2～3cm；萼片狭卵形至圆卵形，边缘具睫毛状腺毛或全缘，两面无毛；花托长椭圆形，长5～7mm；花瓣粉、红色或玫瑰红色，倒卵形，先端微凹；花柱离生，被柔毛，呈头状塞于花托口。果椭圆形至倒卵状长圆形，长1.5～2cm，平滑，先端狭缩，红色，萼片宿存。花期6月，果期9月。

栾川县产海拔1000m以上的山坡、山谷林中或灌丛中。河南还产于卢氏、灵宝、洛宁、嵩县、西峡、南召等县市。分布于陕西、四川、甘肃、湖北。

果实含大量维生素丙，可食，也可酿酒和提取维生素丙。根皮含鞣质，可提制栲胶。

复叶

小枝

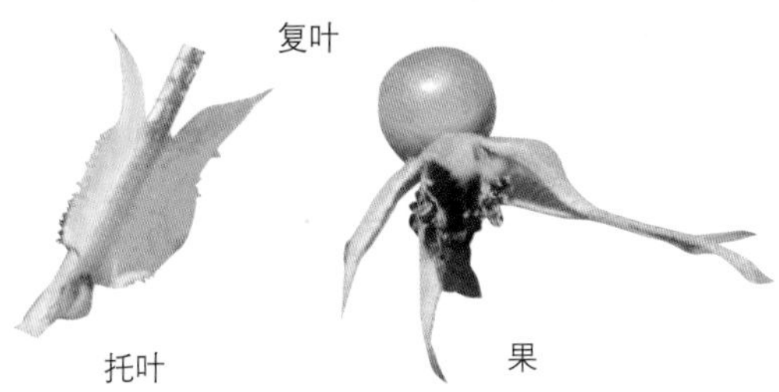

托叶　果

花蕾　小叶　花

（12）尾萼蔷薇 *Rosa caudata*

【识别要点】小叶7～9个，先端尖，背面无毛、有白粉，边缘具单锯齿。花柱不伸出花托口外。萼裂片长尾形。

灌木。茎有散生粗壮直刺，长达 8mm，基部宽。奇数羽状复叶，小叶7～9个，椭圆状卵圆形或卵圆形，长2.5～5cm，先端渐尖，边缘有单锯齿，背面无毛，有白粉；叶轴光滑或具刺与腺体；托叶宽大，大部分附着于叶柄上，有腺缘毛。伞房花序，花梗与花托有腺刺毛，稀几平滑；花红色，直径3.5～5cm；萼裂片全缘，先端叶状，长尾形；花瓣宽倒卵形，先端微凹，基部宽楔形；蔷薇果长圆状卵形，长2～2.5cm，有长颈，橙红色，有宿存萼裂片。花期6月，果期9月。

栾川县产海拔1000m以上的山坡灌丛及山谷疏林中。河南还产于嵩县。分布于湖北、陕西、甘肃。

植株

花

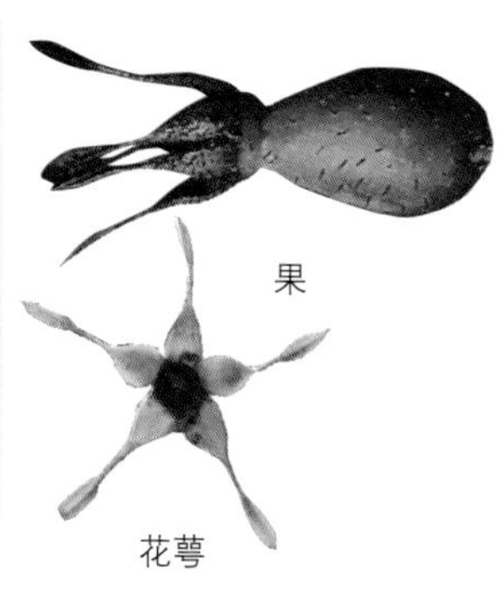
果

花萼

（13）扁刺蔷薇 *Rosa sweginzowii*

【识别要点】小枝具刺和刺毛，刺基部扁，长达5～13mm。小叶7～11个，边缘有重锯齿。花瓣宽倒卵形，先端微凹；花柱离生，塞于花托口。

落叶灌木。小枝细，圆柱形，紫红色，具刺和刺毛，刺直立，基部扁，长达5～13mm。小叶7～11个，椭圆形至卵状长圆形，长2～5cm，宽1～2.5cm，先端急尖稀圆钝，基部近圆形或宽楔形，边缘有重锯齿，表面无毛，背面有柔毛或至少沿脉有柔毛，中脉和侧脉均突起；叶柄长1.5～3cm，与叶轴均有柔毛、腺毛和散生小皮刺；托叶卵状披针形，长1.2～1.5cm，大部贴生于叶柄，边缘具睫毛状腺体。花单生，或2～3朵簇生，粉红色，直径约4cm；花托椭圆形，外面被腺毛和腺刺毛，或中部以上无毛；花梗长1.5～2cm，有腺毛；花直径3～5cm；萼片卵状披针形，先端浅裂扩展成叶状，或有时羽状分裂，外面近无毛，有腺或无腺，内面有短柔毛，边缘较密；花瓣宽倒卵形，先端微凹，基部宽楔形；花柱离生，密被柔毛，塞于花托口。蔷薇果长圆形或倒卵状长圆形，先端有短颈，长1.5～2.5cm，宽1～1.7cm，鲜红或橘红色，外面常有腺毛，萼片宿存。花期6～7月，果期9月。

栾川县产伏牛山，生于海拔1500m以上的山坡或山谷林中。河南还产于灵宝、卢氏等县市。分布于云南、四川、湖北、陕西、甘肃、青海、西藏等地。

果实入药，有补肝肾、益气涩精、固肠止泻之效。果也可酿酒。

植株

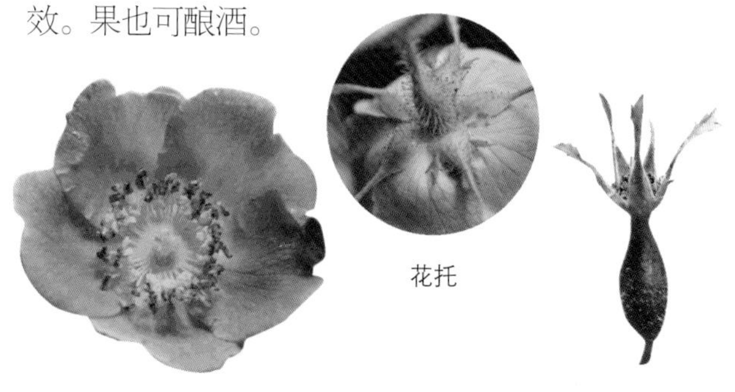
花

花托

果

（14）陕西蔷薇 *Rosa giraldii*

【识别要点】小枝具细直疏刺。小叶7～9个，边缘有单锯齿，基部近全缘；托叶大部贴生于叶柄。花粉红色；花瓣宽倒卵形，先端微凹；花柱离生，微伸出花托口。

落叶灌木，高达2m。小枝细弱，红褐色，直立而开展，具疏刺，刺细直，长达7mm。小叶7～9个，近圆形、倒卵形，卵形或椭圆形，长1～2.5cm，宽6～15mm，先端圆钝或急尖，基部圆形或宽楔形，边缘有单锯齿，基部近全缘，表面无毛，背面有短柔毛或至少在中脉上有短柔毛，小叶柄和叶轴有散生的柔毛、腺毛和小皮刺；托叶边缘有腺毛，大部贴生于叶柄，离生部分卵形。花单生或2～3朵簇生，粉红色，直径2.5～3cm；花梗长3～12mm，苞片卵形，花托椭圆形，外面被腺毛或无毛；萼片卵状披针形，先端延长成尾状，全缘或有1～2裂片，外面有腺毛，内面被短柔毛；花瓣宽倒卵形，先端微凹，基部楔形；花柱离生，密被黄色柔毛，微伸出花托口，比雄蕊短。蔷薇果卵形，长约1cm，先端有短颈，红色，有或无腺毛，萼片常直立宿存。花期6月，果期9月。

栾川县产各山区，生于海拔700m以上的山坡灌丛中。河南还产于灵宝、卢氏、西峡、南召等县市。分布于山西、陕西、甘肃、湖北、四川等地。

根皮含鞣质，可提制栲胶。

复叶　枝　叶轴　花　果　托叶

（15）华西蔷薇（红花蔷薇） *Rosa moyesii*

【识别要点】小枝有散生或成对基部膨大的皮刺。小叶7～13个，长1～4cm。花深红色，直径4～6cm。

灌木，高可达4 m。茎有散生成对基部膨大的皮刺。小叶7～13个，卵形、椭圆形或长圆状卵形，长1～4cm，宽8～25mm，先端急尖或圆钝，基部近圆形或宽楔形，边缘有尖锐单锯齿，表面无毛，背面中脉和侧脉均突起，沿脉有柔毛；叶柄和叶轴有短柔毛、腺毛和散生小皮刺；托叶宽平，大部贴生于叶柄，离生部分长卵形，先端急尖，无毛，边缘有腺齿。花单生或2～3朵簇生；苞片1～3枚，长圆卵形，长可达2cm，先端急尖或渐尖，边缘有腺齿；花梗长1～3cm，花梗和萼筒通常有腺毛，稀光滑；花直径4～6cm；萼片披针形，先端延长成叶状而有羽状浅裂，外面有腺毛，内面被柔毛；花瓣深红色，宽倒卵形，先端微凹不平，基部宽楔形；花柱离生，被柔毛，比雄蕊短。果长圆卵球形或卵球形，直径1～2cm，先端有短颈，深红色，外面有腺毛，萼片宿存。花期5～6月，果期8～9月。

栾川县产海拔1500m以上的山坡或山谷林下或灌丛中。河南还产于卢氏、西峡、南召、内乡、淅川等县。分布于云南、四川、湖北、陕西、甘肃。

植株

复叶

（16）美蔷薇（野玫瑰） *Rosa bella*

【识别要点】小枝有细直刺，老枝常密被针刺。小叶7～9个，边缘有单锯齿；托叶大部贴生于叶柄；花粉红色，芳香。

落叶灌木，高达3m。小枝圆柱形，有细直刺，近基部有刺毛。老枝常密被针刺。小叶7～9个，稀5个，长椭圆形或卵形，长1～3cm，宽5～20mm，先端急尖或圆钝，基部宽楔形或近圆形，边缘有单锐锯齿，两面无毛或背面沿脉有散生柔毛和腺毛；叶柄和叶轴无毛或有稀疏柔毛，有散生腺毛和小皮刺；托叶宽平，大部贴生于叶柄，离生部分卵形，先端急尖，边缘有腺齿，无毛。花单生或2～3朵集生，苞片卵状披针形，先端渐尖，边缘有腺齿，无毛；花单生或2～3朵簇生，花梗长5～10mm，花梗和萼筒被腺毛；花直径4～5cm，粉红色，芳香；萼片卵状披针形，全缘，先端延长成带状，外面近无毛而有腺毛，内面密被柔毛，边缘较密；花瓣宽倒卵形，先端微凹，基部楔形；花柱离生，密被长柔毛，比雄蕊短很多。蔷薇果椭圆状形，长1.5～2cm，顶端有短颈，深红色，有腺毛，果梗可达1.8cm。花期5～6月，果期8～9月。

栾川县产各山区，生于海拔1800m以下的山坡灌丛或疏林中。河南产于太行山和伏牛山区。分布于吉林、内蒙古、河北、山西等地。

花可提取芳香油并制玫瑰酱。花果均入药，花能理气、活血、调经、健胃；果能养血活血，民间用于治脉管炎、高血压、头晕等症。

（17）钝叶蔷薇 *Rosa sertata*

【识别要点】本种变异性强，小枝上有直、细皮刺、间或无刺；叶形大小不一，6~25mm，小型叶椭圆形，先端多圆钝，大型叶卵形，先端多急尖，但均两面无毛而有尖锐单锯齿，花朵均粉红色，有长尾尖萼片和细长光滑花梗，是其共同特征。

细小灌木。小枝圆柱形，细弱，无毛，散生直立皮刺或无刺。小叶7~11个，宽椭圆形或卵形，长6~20mm，宽4~15mm，先端钝或稍尖，基部近圆形，边缘有尖锐单锯齿，近基部全缘，两面无毛，或背面沿中脉有稀疏柔毛，中脉和侧脉均突起；小叶柄和叶轴有稀疏柔毛，腺毛和小皮刺；托叶大部贴生于叶柄，离生部分耳状，卵形，无毛，边缘有腺毛。花单生或数花聚生或2朵簇生；苞片卵形，先端短渐尖，边缘有腺毛；花梗长1.5~3cm，花梗和萼筒无毛，或有稀疏腺毛；花粉红色或玫瑰色，直径4~6cm；萼片卵状披针形，先端延长成叶状，全缘，外面无毛，内面密被黄白色柔毛，边缘较密；花瓣宽倒卵形，先端微凹，基部宽楔形，比萼片短；花柱离生，被柔毛，微伸出花托口，比雄蕊短。蔷薇果卵形，顶端有短颈，长1.2~2cm，直径约1cm，深红色，有宿存萼裂片。花期6月，果期8~10月。

栾川县产各山区，生于海拔1000m以上的山坡灌丛或疏林中。河南产于太行山和伏牛山区。分布于甘肃、陕西、山西、安徽、江苏、浙江、江西、湖北、四川、云南等地。

果实可食或酿酒；根入药，有活血调经、消肿之效，治风湿症等。

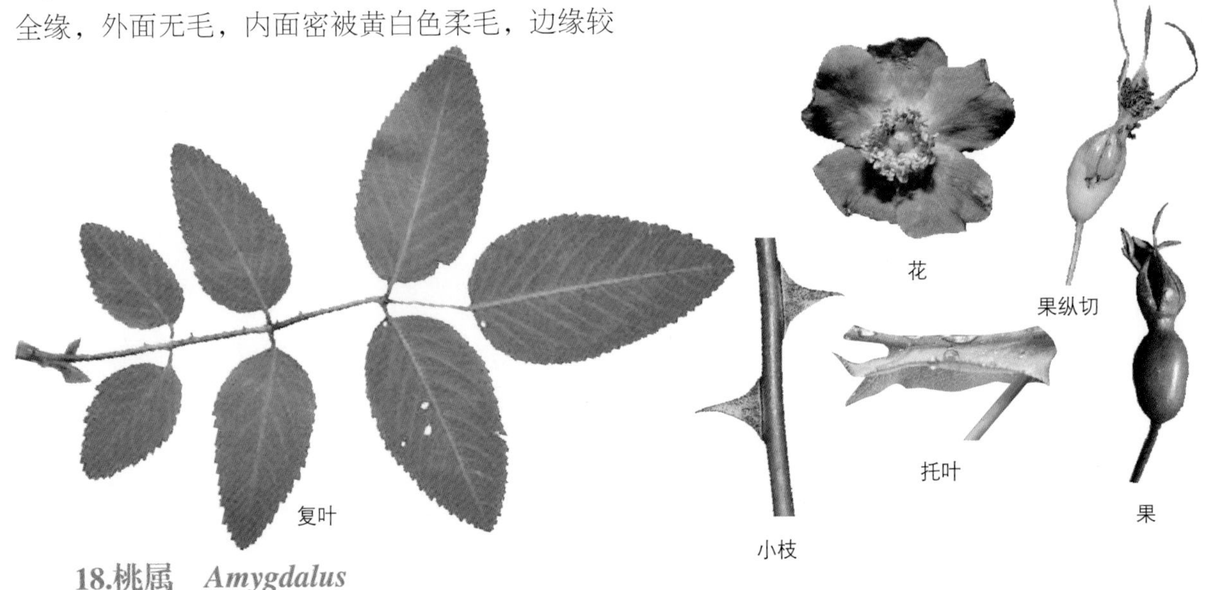

18.桃属 *Amygdalus*

落叶乔木或灌木；枝无刺或有刺。腋芽常3个或2~3个并生，两侧为花芽，中间是叶芽。幼叶在芽中呈对折状，后于花开放，稀与花同时开放，叶柄或叶边常具腺体。花单生，稀2朵生于1芽内，粉红色，稀白色，几无梗或具短梗，稀有较长梗；萼片5，花瓣5；雄蕊多数；雌蕊1，子房上位，常具柔毛，1室具2胚珠，花柱顶生。果实为核果，外被毛，极稀无毛，成熟时果肉多汁不开裂，或干燥开裂，腹部有明显的缝合线；核扁圆、圆形至椭圆形，与果肉粘连或分离，表面具深浅不同的纵、横沟纹和孔穴，极稀平滑；种皮厚，种仁味苦或甜。

有40多种，分布于亚洲中部至地中海地区，栽培品种广泛分布于寒温带、暖温带至亚热带地区。我国有12种，主要产于西部和西北部，栽培品种全国各地均有。河南连栽培有5种，15变种。栾川县连栽培有3种，8变种、变型。

1.果实成熟时干燥无汁，开裂 ………………………………………… （1）榆叶梅 *Amygdalus triloba*

1.果实成熟时肉质多汁，不开裂，稀具干燥果肉：

 2.花萼外面无毛。果实直径小于3cm，果肉薄而干燥。叶中部以下最宽；叶柄纤细

……………………………………………………………………（2）山桃 *Amygdalus davidiana*

2.花萼外面被柔毛。果实直径大于3cm，叶中部或中部以上最宽；叶柄具腺

……………………………………………………………………（3）桃 *Amygdalus persica*

（1）榆叶梅 *Amygdalus triloba*

【识别要点】叶宽椭圆形至倒卵形，先端急尖或渐尖，常3裂，边缘具粗重锯齿，背面被短柔毛。花瓣近圆形或宽倒卵形，雄蕊短于花瓣，花柱稍长于雄蕊。

落叶灌木。枝条开展，具多数短小枝；小枝灰色，1年生枝紫褐色或灰褐色，无毛或幼时微被短柔毛；冬芽短小，长2～3mm。短枝上的叶常簇生，1年生枝上的叶互生；叶宽椭圆形至倒卵形，长3～6cm，宽1.5～3（4）cm，先端急尖或渐尖，常3裂，基部宽楔形，边缘具粗重锯齿，表面具疏柔毛或无毛，背面被短柔毛，叶柄长5～10mm，被短柔毛。花1～3朵腋生，先叶开放，直径2～3cm；花梗长4～8mm；萼筒钟状，长3～5mm，无毛或幼时微具毛；萼片卵形或卵状披针形，无毛，近先端疏生小锯齿；花瓣近圆形或宽倒卵形，长6～10mm，先端圆钝，有时微凹，粉红色；雄蕊约25～30，短于花瓣；子房密被短柔毛，花柱稍长于雄蕊。果实近球形，直径1～1.8cm，顶端具短小尖头，红色，外被短柔毛；果梗长5～10mm；果肉薄，成熟时开裂；核近球形，具厚硬壳，直径1～1.6cm，两侧几不压扁，顶端圆钝，表面具不整齐的网纹。花期4月，果期7月。

栾川县有栽培。河南各地有栽培。分布于黑龙江、吉林、辽宁、内蒙古、河北、山西、陕西、甘肃、山东、江西、江苏、浙江等地。全国各地多数公园内均有栽植。俄罗斯中亚也有。

种子、嫁接或分株繁殖。为常见观花灌木。

幼枝

叶枝

干

花枝

叶面

叶背

花

果

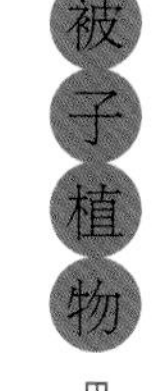

常见栽培的还有：**重瓣榆叶梅‘Plena’**花重瓣，粉红色；萼片通常10枚。**鸾枝梅‘Atropurpurea’**，俗称兰枝，花瓣与萼片各10枚，花粉红色；叶背面无毛。

（2）山桃（毛桃） *Amygdalus davidiana*

【识别要点】叶卵状披针形，中部以下最宽，先端长渐尖，基部宽楔形，两面无毛，边缘具细锐锯齿。果实外面密被短柔毛，果肉薄而干。

乔木，高可达10m；树冠开展，树皮暗紫色，光滑；小枝细长，直立，幼时无毛，老时褐色。叶卵状披针形，长5～13cm，宽1.5～4cm，先端长渐尖，基部宽楔形，两面无毛，边缘具细锐锯齿；叶柄长1～2cm，无毛，常具腺体。花单生或2个并生，先叶开放，粉红色或白色，直径2～3cm；花梗极短或几无梗；花萼无毛；萼筒钟形；萼片卵形至卵状长圆形，紫色，先端圆钝；花瓣倒卵形或近圆形，长10～15mm，宽8～12mm，先端圆钝，稀微凹；雄蕊多数，几与花瓣等长或稍短；子房被柔毛，花柱长于雄蕊或近等长。果实近球形，直径2.5～3cm，淡黄色，有纵沟，外面密被短柔毛，果梗短而深入果洼；果肉薄而干，离核；核小，球形，有沟纹。花期3～4月，果期8月。

栾川县产各山区，常生于向阳山坡。河南产于太行山和伏牛山区。分布于山东、河北、山西、陕西、甘肃、四川、云南等地。

种子繁殖。抗旱耐寒。

可作桃、梅、李等果树的砧木，也可作庭院观赏树种。木材质硬而重，可作各种细工及手杖。果可食用；种仁含油45%，出油率34.46%，可供制肥皂、润滑油等，或供食用；种仁入药，能破血行瘀、润燥滑肠、镇痛，治跌打损伤、闭经、血瘀疼痛、高血压、慢性阑尾炎、大便燥结等症。鲜叶揉搓患处治脚癣、手癣。果核可做玩具或念珠。

叶　花　侧芽　果　花蕊　小枝　花

作观赏栽培的还有：**红花山桃‘Rubra’**花鲜玫瑰红色。**白花山桃‘Alba’**花白色。

（3）桃（桃树） *Amygdalus persica*

【识别要点】小枝具大量小皮孔。叶中部或中部以上最宽，先端长渐尖，基部宽楔形，两面无毛或仅背面脉腋有簇毛，边缘密生细锯齿，齿端具腺体；花粉红色。

乔木。树皮暗红褐色，老时粗糙呈鳞片状；小枝细长，无毛，有光泽，绿色，向阳处转变成红色，具大量小皮孔；冬芽圆锥形，顶端钝，外被短柔毛，常2～3个簇生，中间为叶芽，两侧为花芽。叶长圆披针形或椭圆披针形或倒卵状披针形，长7～15cm，宽2～4cm，中部或中部以上最宽，先端长渐尖，基部宽楔形，两面无毛或仅背面脉腋有簇毛，边缘密生细锯齿，齿端具腺体或无腺体；叶柄粗壮，长1～2cm，常具1至数枚腺体，有时无腺体。花单生，先叶开放，直径2.5～3.5cm；花梗极短或几无梗；萼筒钟形，被短柔毛，稀几无毛，绿色而具红色斑点；萼片卵形至长圆形，顶端圆钝，外被短柔毛；花瓣长圆状椭圆形至宽倒卵形，粉红色，稀为白色；雄蕊约20～30，花药绯红色；花柱几与雄蕊等长或稍短；子房被短柔毛。果实形状和大小均有变异，卵形、宽椭圆形或扁圆形，直径（3）5～7（12）cm，长几与宽相等，色泽变化由淡绿白色至橙黄色，常在向阳面具红晕，外面密被短柔毛，稀无毛，腹缝明显，果梗短而深入果洼；果肉白色、浅绿白色、黄色、橙黄色或红色，多汁有香味，甜或酸甜；核大，离核或黏核，椭圆形或近圆形，两侧扁平，顶端渐尖，表面具纵、横沟纹和孔穴；种仁味苦，稀味甜。花期4月，果实成熟期因品种而异，通常为6～9月。

栾川县有广泛栽培，为重要水果。河南各地有栽培。原产我国，各地广泛栽培。世界各地均有栽植。

嫁接繁殖。喜光，耐旱，适宜排水良好、肥沃的沙壤土生长。通常2～3年开始结果，5年后达盛果期，寿命短，20～25年即衰老。

果实可生食，也可熬糖、酿酒、制各种形式的食品等。种仁含油率45%，可作润滑剂、注射剂、溶剂、擦剂及乳剂等原料，也用作化妆品、肥皂及润滑油。种仁及花入药，种仁能活血散瘀、通经、镇咳、止痛；花为通便利尿、消肿花。叶及种子也可也可作兽药，叶能催精、清热、明目、止痒、消肿。桃树干上分泌的胶质，俗称桃胶，可用作黏接剂等，为一种聚糖类物质，水解能生成阿拉伯糖、半乳糖、木糖、鼠李糖、葡糖醛酸等，可食用，也供药用，有破血、和血、益气之效。

枝叶

芽　　干

花蕊

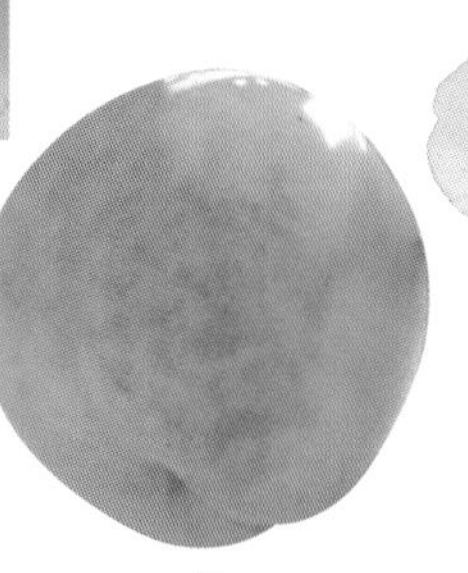

果

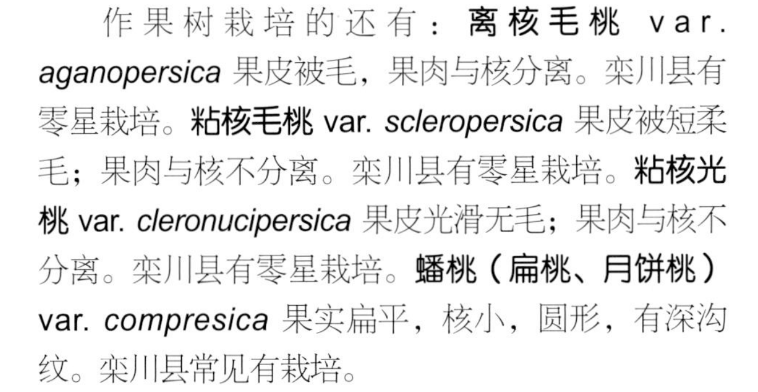

作果树栽培的还有：**离核毛桃** var. *aganopersica* 果皮被毛，果肉与核分离。栾川县有零星栽培。**粘核毛桃** var. *scleropersica* 果皮被短柔毛；果肉与核不分离。栾川县有零星栽培。**粘核光桃** var. *cleronucipersica* 果皮光滑无毛；果肉与核不分离。栾川县有零星栽培。**蟠桃（扁桃、月饼桃）** var. *compresica* 果实扁平，核小，圆形，有深沟纹。栾川县常见有栽培。

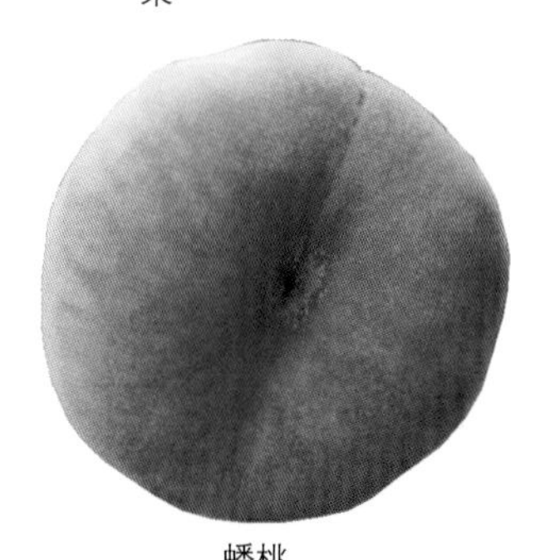

蟠桃

19.杏属 *Armeniaca*

落叶乔木，稀灌木；枝无刺，极少有刺；叶芽和花芽并生，2～3个簇生于叶腋。幼叶在芽中席卷状；叶柄常具腺体。花常单生，稀2朵，先于叶开放，近无梗或有短梗；萼5裂；花瓣5个，着生于花萼口部；雄蕊15～45；心皮1个，花柱顶生；子房具毛，1室，具2胚珠。果实为核果，两侧多少扁平，有明显纵沟，果肉肉质而有汁液，成熟时不开裂，稀干燥而开裂，外被短柔毛，稀无毛，离核或粘核；核两侧扁平，表面光滑、粗糙或呈网状，罕具蜂窝状孔穴；种仁味苦或甜；子叶扁平。

约8种。分布于东亚、中亚、小亚细亚和高加索。我国有7种，分布范围大致以秦岭和淮河为界，淮河以北杏的栽培渐多，尤以黄河流域各地为其分布中心，淮河以南杏树栽植较少。河南有3种及2变种、3变型。栾川县有1种、2变种。

杏（杏树） *Armeniaca vulgaris*

【识别要点】叶卵圆形至近圆形，边缘有圆钝锯齿，两面无毛或背面脉腋间具柔毛；叶柄基部常具2个腺体；花白色或粉红色，果实球形。

乔木，高可达10m。树冠圆形、扁圆形或长圆形；树皮灰褐色，纵裂；多年生枝浅褐色，皮孔大而横生，1年生枝浅红褐色，有光泽，无毛，具多数小皮孔。叶卵圆形至近圆形，长5～9cm，宽4～8cm，先端短锐尖，基部圆形或渐狭，边缘有圆钝锯齿，两面无毛或背面脉腋具柔毛；叶柄长2～3.5cm，无毛，基部常具2个腺体，稀1个或多达6个腺体。花单生，直径2～3cm，先叶开放；花梗短，长1～3mm，被短柔毛；花萼紫绿色；萼筒圆筒形，外面基部被短柔毛；萼片卵形至卵状长圆形，先端急尖或圆钝，花后反折；花瓣圆形至倒卵形，白色或粉红色，具短爪；雄蕊约20～45，稍短于花瓣；子房被短柔毛，花柱稍长或几与雄蕊等长，下部具柔毛。果实球形，稀倒卵形，直径约2.5cm以上，白色、黄色至黄红色，常具红晕，微被短柔毛；果肉多汁，成熟时不开裂；核卵形或椭圆形，两侧扁平，顶端圆钝，基部对称，稀不对称，表面稍粗糙或平滑，腹棱较圆，常稍钝，背棱较直，腹面具龙骨状棱；种仁味苦或甜。花期3～4月，果期6～7月。

栾川县有广泛栽培，潭头镇沿公路栽培极多，秋扒乡建有果园，为当地群众重要经济树种，全县有古树3株。河南各地有栽培。全国各地有栽培，尤以华北、西北和华东地区种植较多，少数地区有野生，在新疆伊犁一带野生成纯林或与新疆野苹果林混生。世界各地也均有栽培。

树势强健，适应性强，耐寒；喜光，深根性，耐旱，不耐涝。种子或嫁接繁殖。

果实可食或加工成各种食品。杏仁有甜苦二类；甜杏仁除食用外，还可入药，有润肠、滋补之效。苦杏仁有止咳、祛痰、平喘、滑肠之效，治气管炎、哮喘、便秘、咳嗽等症。种仁含油约50%，可食用及供制肥皂、润滑油、油漆等用，在医药上常作为软膏剂、涂布剂及注射药的溶剂等。树干分泌的胶质称杏树胶，可做粘接剂等。

叶枝

树干

花枝

叶基部

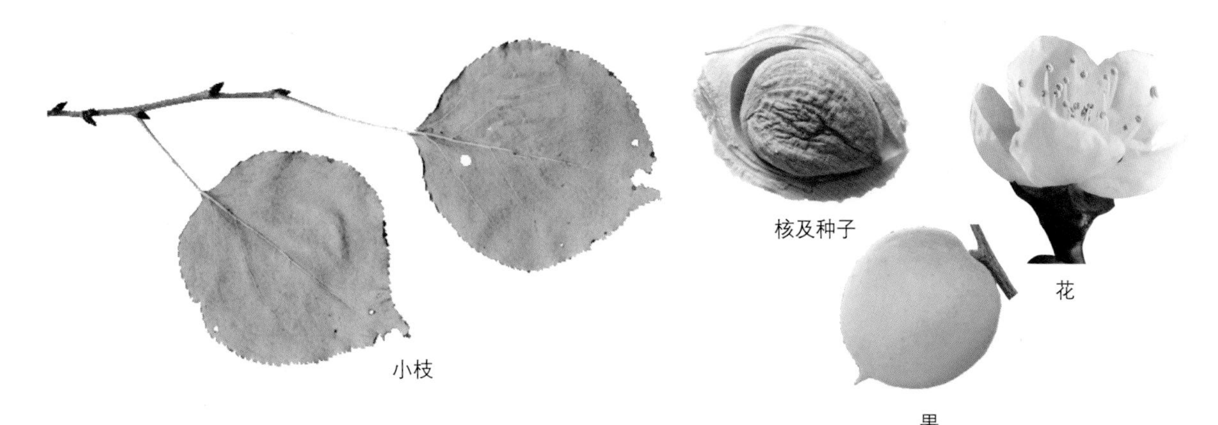
小枝 核及种子 花 果

野杏（山杏） var. *ansu* 野生。叶基部楔形或宽楔形。花常2朵，淡红色。果实近球形，红色；核卵球形，离肉，表面粗糙而有网纹，腹棱常锐利。栾川县产各山区，生于山坡、丘陵或疏林中。河南产于各山区。分布于东北、华北及山东、山西、甘肃、青海、陕西、四川等地。日本、朝鲜也有分布。用途同原种。

花 叶面 果

毛杏 *Armeniaca sibirica* var. *pubescens*

为**山杏** *Armeniaca sibirica* 的变种。落叶小乔木或灌木，高2～5m。小枝、花梗被短柔毛。叶卵形或近圆形，长4～7cm，宽3～5cm，先端长渐尖或尾尖，基部圆形或近心形，边缘有细钝锯齿，表面无毛，背面被短柔毛，老叶毛渐脱落，仅脉腋间或沿脉有毛。叶柄长2～3cm，近顶端有2个腺体或无。花单生，近无梗，白色或粉红色，直径1.5～2cm；萼裂片微生短毛或无毛。核果有纵沟，近球形，直径约3cm，黄色带红晕，微有短毛；核扁球形，两侧扁，基部不对称。花期3月，果期7月。

栾川县产各山区，生于海拔1200m以上的山坡或林中。分布于内蒙古、河北、山西、陕西、甘肃。朝鲜也有分布。

种子繁殖。耐寒、抗旱。

种仁含油，可制杏仁油、杏仁霜，为止咳平喘药。叶可提制栲胶。

叶枝

花枝

叶背

20.李属 *Prunus*

落叶小乔木或灌木；分枝较多；顶芽常缺，腋芽单生，卵圆形，有数枚覆瓦状排列鳞片。单叶互生，幼叶在芽中为席卷状或对折状；有叶柄，在叶片基部边缘或叶柄顶端常有2小腺体；托叶早落。花单生或2～3朵簇生，具短梗，先叶开放或与叶同时开放；有小苞片，早落；萼片和花瓣均为5数，覆瓦状排列；雄蕊多数（20～30）；雌蕊1，子房上位，心皮无毛，1室具2胚珠。核果，具有1个成熟种子，外面有沟，无毛，常被蜡粉；核两侧扁平，平滑，稀有沟或皱纹；子叶肥厚。

有30余种，主要分布北半球温带，现已广泛栽培，我国原产及习见栽培者有7种，栽培品种很多。河南有2种及1变型。栾川县连栽培有2种、1栽培变种。

1.侧脉呈弧形，基部与主脉呈锐角，尤其在叶片基部更明显。果实扁圆形，果梗很短，核常具纵沟 …………（1）杏李 *Prunus simonii*

1.侧脉斜出与主脉呈45°角：

2.花常单生，淡粉红色。叶紫红色 …………（2）红叶李 *Prunus cerasifera*'Atropurpurea'

2.花常1～3朵簇生，白色。叶绿色 …………（3）李 *Prunus salicina*

（1）杏李（红李 秋根李） *Prunus simonii*

【识别要点】叶边缘有细钝齿，侧脉弧形，与主脉呈锐角；花白色，1～3朵簇生；核果扁圆形，褐红色，果肉淡黄色。

落叶乔木，高5～8m，树冠金字塔形，直立分枝；老枝灰褐色，树皮起伏不平，常有裂痕；小枝浅红色，粗壮，节间短，无毛；冬芽卵圆形，紫红色，有数枚覆瓦状排列鳞片，边缘有细齿，通常无毛，极稀鳞片边缘有睫毛。叶长圆状倒卵形或长圆状披针形，稀长椭圆形，长7～10cm，宽3～5cm，先端锐尖，基部楔形或宽楔形，边缘有细钝齿，有时呈不明显重锯齿，幼时齿尖常带腺；两面无毛，表面深绿色，主脉和侧脉均明显下陷，背面淡绿色，中脉和侧脉均明显突起，侧脉弧形，与主脉呈锐角；托叶膜质，线形，先端长渐尖，边缘有腺，早落；叶柄长1～1.3cm，无毛，通常在顶端两侧各有2～4腺体。花白色，1～3朵簇生，直径2～2.5cm；花梗长2～5mm，无毛；萼筒钟状，萼片长圆形，先端圆钝，边有带腺细齿，萼片与萼筒外面均无毛，内面在萼筒基部被短柔毛；花瓣长圆形，先端圆钝，基部楔形，有短爪，着生在萼筒边缘；雄蕊多数，花丝长短不等，排成紧密2轮，长花丝比花瓣稍短或近等长；心皮无毛，柱头盘状，花柱比长雄蕊稍短或近等长。核果扁圆形，直径3～5（6）cm，褐红色，果肉淡黄色，质地紧密，有浓香味，粘核，微涩；核小，扁球形，有纵沟。花期3～4月，果期6月。

产我国华北地区。广泛栽培为果树。河南各地和栾川县均有零星栽培。

抗寒力强，但抗病力不及普通李。为早夏水果，品种很多，常见有腰子红、荷包李、香扁等。

根、叶入药，能活血，调经，用于治疗跌打损伤、闭经、吐血。

叶枝

树干

花
果
叶面

（2）红叶李（紫叶李 红叶海棠） *Prunus cerasifera* 'Atropurpurea'

落叶乔木，高5～6m。小枝褐色，无毛。叶卵形，长达4.5cm，先端尖，基部圆形，紫红色，边缘具细尖重锯齿，背面中脉基部密生柔毛。花常单生，淡粉红色。核果小，圆球形。花期3～4月。

为**樱桃李** *Prunus cerasifera*的栽培变种。原产新疆，现广泛栽培。栾川县主要见于公园、道路、庭院等的绿化美化，为重要的园林彩叶树种。

（3）李（山李子 灰子） *Prunus salicina*

【识别要点】叶边缘有细密圆钝锯齿；侧脉6～10对，不达到叶片边缘，与主脉成45°角，两面均无毛。

落叶乔木；树冠广圆形，树皮灰褐色，起伏不平；老枝紫褐色或红褐色，无毛；小枝黄红色，无毛；冬芽卵圆形，红紫色，有数枚覆瓦状排列鳞片，通常无毛，稀鳞片边缘有极稀疏毛。叶长圆状倒卵形或椭圆状倒卵形，长5～10cm，宽3～4cm，先端渐尖、急尖或短尾尖，基部渐狭，边缘有细密圆钝锯齿，幼时齿尖带腺；侧脉6～10对，不达到叶片边缘，与主脉成45°角，两面均无毛，有时背面沿主脉有稀疏柔毛或脉腋有髯毛；托叶膜质，线形，先端渐尖，边缘有腺，早落；叶柄长1～2cm，通常无毛，顶端有2个腺体或无，有时在叶片基部边缘有腺体。花通常3朵并生；花梗1～2cm，通常无毛；花白色，直径1.5～2.2cm；萼筒钟状；萼片长圆卵形，长约5mm，先端急尖或圆钝，边有疏齿，与萼筒近等长，萼筒和萼片外面均无毛，内面在萼筒基部被疏柔毛；花瓣长圆倒卵形，先端啮蚀状，基部楔形，具短爪，着生在萼筒边缘，比萼筒长2～3倍；雄蕊多数，花丝长短不等，排成不规则2轮，比花瓣短；柱头盘状，花柱比雄蕊稍长。核果球形、卵球形或近圆锥形，直径3.5～5cm，栽培品种可达7cm，绿色、黄色或红色，有时为绿色或紫色，梗凹陷入，顶端微尖，基部有纵沟，外被蜡粉；核卵圆形或长圆形，有皱纹。花期4月，果期7～8月。

栾川县产各山区，生于山沟、溪旁。四旁及庭院常见有栽培。河南产于伏牛山、大别山和桐柏山区。分布于陕西、甘肃、四川、云南、贵州、湖南、湖北、江苏、浙江、江西、福建、广东、广西和台湾。我国各地及世界各地均有栽培。为重要温带果树之一。

在酸性、钙质土上均能生长，喜肥沃湿润、排水良好的黏壤土，应选较潮湿及不会长期积水的低地栽培，在干燥瘠薄的地方生长不良。在光照充足及半阴处均能生长良好。浅根性。用嫁接、分株及种子繁殖。

果实含糖68%，味酸甜，可生食或酿酒、制李干或蜜饯。核仁入药，有活血、祛痰、利水、润肠之效。树干分泌的胶质称李子胶，可用作粘接剂等。药用价值：根皮能利湿解毒，叶能清热解毒，种子能活血祛瘀、滑肠利水， 果实可清肝涤热、生津利水。也是一种蜜源植物和庭院绿化树种。

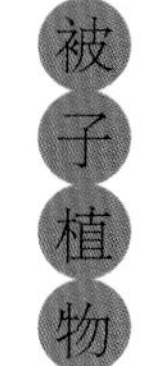

21.樱属 *Cerasus*

落叶乔木或灌木；侧芽单生或3个并生，并生的中间为叶芽，两侧为花芽。幼叶在芽中为对折状，后于花开放或与花同时开放；叶有叶柄和脱落的托叶，叶边有锯齿或缺刻状锯齿，叶柄、托叶和锯齿常有腺体。花常数朵着生在伞形、伞房状或短总状花序上，或1～2花生于叶腋内，常有花梗，花序基部有芽鳞宿存或有明显苞片；萼筒钟状或管状，萼片反折或直立开张；花瓣白色或粉红色，先端圆钝、微缺或深裂；雄蕊15～50；雌蕊1，花柱和子房有毛或无毛。核果成熟时肉质多汁，不开裂；核球形或卵球形，核面平滑或稍有皱纹。

约有百余种，分布北半球温和地带，亚洲、欧洲至北美洲均有记录，主要种类分布在我国西部和西南部以及日本和朝鲜。河南有18种及4变种。栾川县连栽培有15种、4变种（变型）。

1.侧芽单生。花序多为伞形或伞房总状，稀单生。叶柄一般较长：
　2.萼片反折：
　　3.花序上有大型绿色苞片，果期宿存，或伞形花序基部有叶：
　　　4.花序伞房总状有总梗：
　　　　5.萼筒管形钟状，基部膨大，萼片长为萼筒的1/3至1/4；花柱无毛。苞片及叶边缘锯齿有棒状腺体。叶背面疏生短柔毛……………………………（1）长腺樱桃 *Cerasus claviculata*
　　　　5.萼筒钟状或倒圆锥状，基部不膨大，萼片与萼筒近等长或稍短：
　　　　　6.苞片及叶缘锯齿有盘状或平头状腺体。雄蕊40～47个
　　　　　……………………………………………………………（2）四川樱桃 *Cerasus szechuanica*
　　　　　6.苞片及叶缘具圆锥状腺体。雄蕊27～30个…………（3）锥腺樱桃 *Cerasus conadenia*
　　　4.花序伞形，有总梗，稀无总梗：
　　　　7.苞片边缘有盘状腺体。萼筒无毛，花叶同开，花瓣先端圆形
　　　　……………………………………………………………（4）康定樱桃 *Cerasus tatsienensis*
　　　　7.苞片边缘有圆锥形或小球形腺体：
　　　　　8.萼筒无毛。小枝、叶柄及叶背面沿脉被疏毛或完全无毛
　　　　　……………………………………………………………（5）微毛樱桃 *Cerasus clarofolia*
　　　　　8.萼筒外面密生柔毛。小枝、叶柄及叶背面密被开展长柔毛
　　　　　……………………………………………………………（6）多毛樱桃 *Cerasus polytricha*
　　3.花序上苞片大多为褐色，稀绿褐色，通常果期脱落，稀小型宿存
　　……………………………………………………………………（7）樱桃 *Cerasus pseudocerasus*

2.萼片直立或开张：

9.叶缘具圆钝重锯齿。伞形花序有2～3朵花，基部有2～3个叶状苞片，长5～20mm；萼筒管状，外被糙毛；花柱基部有柔毛 …………………………… （8）刺毛樱桃 *Cerasus setulosa*

9.叶缘为尖锐重锯齿：

10.栽培。花梗及萼筒被柔毛。伞形总状花序有3～4朵花，花梗极短；萼筒管状，萼片短于萼筒 …………………………………………………… （9）东京樱花 *Cerasus yedoensis*

10.野生。花梗及萼筒无毛。花序有2～3花。叶缘锯齿尖锐呈芒状。果实黑色 …………………………………………………………… （10）山樱花 *Cerasus serrulata*

1.侧芽3个并生，中间为叶芽，两侧为花芽：

11.萼片直立或开展，萼筒管状长大于宽；花梗粗短。叶卵状椭圆形或倒卵状椭圆形，表面疏被柔毛，背面密生茸毛 ……………………………………… （11）毛樱桃 *Cerasus tomentosa*

11.萼片反折，萼筒杯状或陀螺状，长宽近等；花梗细而较长：

12. 叶中部以下最宽，卵形和卵状披针形，先端渐尖至急尖，基部圆形。花柱无毛 …………………………………………………………… （12）郁李 *Cerasus japonica*

12. 叶中部或中部以上最宽，基部楔形或宽楔形：

13.叶先端圆钝，稀急尖，背面密被黄褐色微硬毛。花柱无毛 ……………………………………………………… （13）毛叶欧李 *Cerasus dictyoneura*

13.叶先端渐尖或急尖，背面无毛或仅脉腋有簇毛：

14.叶中部或近中部最宽，卵状长圆形或长圆状披针形，先端急尖或渐尖。花柱基部有疏柔毛或无毛 …………………………………………… （14）麦李 *Cerasus glandulosa*

14.叶中部以上最宽，倒卵状长圆形或倒卵状披针形，先端急尖或短渐尖。花柱无毛 ………………………………………………………… （15）欧李 *Cerasus humilis*

（1）长腺樱桃　*Cerasus claviculata*

【识别要点】叶宽椭圆形或倒卵状长圆形，边有尖锐重锯齿，齿端有棒状腺体，两面被柔毛，侧脉8～12对。

落叶小乔木或乔木状灌木，高2～8m。树皮棕褐色。小枝灰褐色，嫩枝绿色，被疏柔毛及短柔毛。冬芽卵形，鳞片外面无毛。叶宽椭圆形或倒卵状长圆形，长4～9cm，宽3～5cm，先端骤狭成短尾尖，基部阔楔形、圆形或微心形，边有尖锐重锯齿，齿端有棒状腺体，表面深绿色，被稀疏短柔毛，背面绿色，被稀疏柔毛，脉间更稀疏，侧脉8～12对；叶柄长0.8～2cm，被疏柔毛，顶端有时具有一对有柄腺体或无腺体；托叶长约6mm，羽状细裂，裂片或齿顶端腺体棒状。花序伞形总状，长4～9cm，有花4～5朵，基部有1～2个绿色苞片不孕，花叶同开；总苞片褐色，倒卵状长圆形，长1～1.2cm，上部最宽约5mm，外面无毛，内面被稀疏长柔毛，边有稀疏棒状腺体；花轴被疏柔毛，苞片绿色，圆形或卵圆形，长0.7～1.2cm，宽0.5～1cm，果时宿存略有增大，上面有稀疏短柔毛，下面几无毛，边有稀疏棒状腺体；花梗长1～2.5cm，被疏柔毛；萼筒管形钟状，基部稍膨大，长约7mm，顶端最宽约6mm，外面基部被疏柔毛或几无毛；萼片阔三角形，长为萼筒的1/3，顶端急尖，边全缘，有稀疏缘毛；花瓣白色或粉红色，阔椭圆形，直径7～8mm，长略大于宽；雄蕊约36，长短极不相等；花柱几与雄蕊等长，无毛，柱头扩大。核果椭圆状卵形，纵径约8mm，横径约6mm；核表面有棱纹。花期7月，果期8月。

栾川县产海拔1400m以上的山谷阴处或山坡密林中。河南还产于济源、灵宝、嵩县等地。分布于山西、陕西（《河南树木志》记载，未采集到图片）。

（2）四川樱桃 *Cerasus szechuanica*

【识别要点】叶卵形、倒卵形或长圆状倒卵形，边有细密锯齿，齿端有腺体，侧脉7～9对；叶柄先端常有2个腺体。

落叶乔木或灌木，高3～7m。小枝灰色或红褐色，无毛或被稀疏柔毛。冬芽长卵形，无毛。叶卵形、倒卵形或长圆状倒卵形，长5～9cm，宽2.5～4cm，先端急锐尖或短尾状，基部圆形或宽楔形，边有细密锯齿，齿端有小盘状、圆头状或锥状腺体，表面绿色，通常无毛或中脉被疏柔毛，背面淡绿色，无毛或被疏柔毛，侧脉7～9对；叶柄长0.7～1.8cm，无毛或被疏柔毛，先端常有2个盘状或头状腺体；托叶卵形至宽卵形，绿色，有缺刻状锯齿，齿尖有圆头状腺体。花序近伞房总状，长4～9cm，有花2～5朵，苞片叶状，边缘有盘状腺体；花轴无毛或被疏柔毛；花梗长0.8～2.2cm，无毛或被稀疏柔毛；萼筒钟状，长约5mm，先端最宽处4～5mm，外面无毛或有稀疏柔毛，萼片三角披针形，先端渐尖，边有头状腺体，反卷，与萼筒近等长或稍短，边缘具腺体；花瓣白色或淡红色，近圆形，先端啮蚀状；雄蕊40～47；花柱与雄蕊近等长，无毛或有稀疏柔毛，柱头盘状。核果红色，近球形，纵径8～10mm，横径7～8mm；核近光滑。花期4～5月，果期6～7月。

栾川县产海拔1500m以上的山谷林中。河南还产于灵宝、嵩县、卢氏、西峡、内乡等地。分布于陕西、湖北、四川。

叶枝

花

果枝

（3）锥腺樱桃 *Cerasus conadenia*

【识别要点】侧芽单生。叶缘有重锯齿，齿端有锥状腺体，表面深绿色，有稀疏短毛或无毛，背面淡绿色，幼时沿脉有毛，侧脉6～9对；苞片及叶缘有圆锥状腺体。

落叶乔木或灌木，高1～8m，树皮灰褐色或灰黑色。小枝灰棕色，嫩枝绿色，无毛或被疏柔毛。有顶芽，侧芽单生。冬芽卵圆形，鳞片外面无毛或被伏毛。叶卵形至卵状椭圆形，稀阔倒卵形，长3～8cm，宽2～4.5cm，先端渐尖或骤尖、基部宽楔形至圆形，边缘有重锯齿，齿端有锥状腺体，表面深绿色，有稀疏短毛或无毛，背面淡绿色，幼时沿脉有毛，侧脉6～9对；叶柄长0.6～2cm、无毛或被稀疏柔毛，顶端通常有1～3个腺体，有时着生在叶片基部；托叶卵形，绿色，边有锯齿或分裂，齿端有圆锥状腺体。花序近伞房总状，长6～7cm，有花（3）4～8朵，花叶同开，下部常有1～3个绿色不孕苞片；总苞片褐色，倒卵状长圆形，长约1mm，宽4～5mm，无毛或外面被稀疏柔毛；花轴无毛或被疏柔毛；苞片绿色，卵形、圆形或长卵形，长0.5～2.5cm，宽0.4～1cm，先端尖或圆钝，两面无毛或被疏柔毛，边有锯齿，顶端有圆锥状腺体；花梗长1～2cm，无毛或被疏柔毛；萼筒钟状，长2～3mm，上部最宽处2～3mm，外面无毛或几无毛，萼片长圆三角形，与萼筒近等长，先端渐尖，边有圆锥形腺体；花瓣白色或带红色，阔卵形，先端凹；雄蕊27～30；花柱与雄蕊近等长，柱头头状。核果红色，卵球形，无纵沟，纵径约1cm，横径约0.8cm，核平滑。花期4月，果期6～7月。

栾川县产老君山，生于海拔1500m以上的山坡或山谷杂木林中。河南还产于灵宝河西、卢氏大块地、嵩县龙池曼、鲁山石人山、西峡黑烟镇、南召宝天曼等地。分布于陕西、甘肃、四川、云南、西藏。

木材供制家具、器具。也是庭院观赏树种。

叶枝　花　花枝　树干　叶面

（4）康定樱桃　*Cerasus tatsienensis*

【识别要点】叶卵形或卵状椭圆形，边有重锯齿，齿端有小腺体，侧脉6～9对；苞片边缘有盘状腺体。

灌木或小乔木，高2～5m，树皮灰褐色。小枝灰色，嫩枝绿色，被疏柔毛或无毛。冬芽卵圆形，无毛。叶卵形或卵状椭圆形，长1～4.5cm，宽1～2.5cm，先端渐尖，基部圆形，边有重锯齿，齿端有小腺体，表面绿色，几无毛，背面淡绿色，无毛或脉腋有簇毛，侧脉6～9对；叶柄长0.8～1cm，无毛或被疏柔毛，顶端有腺或无腺体；托叶椭圆状披针形或卵状披针形，边有锯齿，齿端有盘状腺体。花序伞形或近伞形，有花2～4朵，花叶同开；总苞片紫褐色，匙形，长约8mm，宽约4mm，外面无毛或被疏长毛，总梗长5～12mm，无毛或被疏柔毛；苞片绿色，果实宿存，椭圆形或近圆形，直径3～5mm，边缘齿端有盘状腺体；总梗长1～2cm，无毛，花直径约1.5cm；萼筒钟状，长3～4mm，宽2～3mm，无毛，萼片卵状三角形、先端急尖或钝，全缘或有疏齿，长约为萼筒的一半；花瓣白色或粉红色，卵圆形；雄蕊20～35；花柱与雄蕊近等长，柱头头状。果红色。花期4～6月。

栾川县产各山区，生于海拔1000m以上的山谷林中。河南还产于济源、灵宝、卢氏、嵩县、南召等县市。分布于山西、陕西、湖北、四川、云南。

果枝

花

（5）微毛樱桃 *Cerasus clarofolia*

【识别要点】叶缘有单锯齿或尖锐重锯齿，近基部有2～3个腺体，侧脉7～12对；小枝、叶柄及叶背沿脉被疏毛或无毛。

灌木或小乔木，高5～13m。小枝粗壮，灰褐色，嫩枝紫色或绿色，无毛或多少被疏柔毛。冬芽卵形，无毛。叶卵形、卵状椭圆形或倒卵状椭圆形，长3～6cm，宽2～4cm，先端渐尖或锐尖，基部圆形或宽楔形，边有单锯齿或尖锐重锯齿，齿端有小腺体或不明显，近基部有2～3个腺体，表面绿色，有粗伏毛或无毛，背面淡绿色，沿脉有柔毛，侧脉7～12对；叶柄长0.6～1.2cm，无毛或被疏柔毛；托叶披针形，边有腺齿或有羽状分裂腺齿，早落。花2～4朵簇生，花叶同开；叶状苞片卵形或长圆形，有锥状或头状腺齿；花梗长1～2cm，无毛或被稀疏柔毛；花白色，直径约2cm；萼筒钟状，无毛或几无毛，萼裂片反卷，边缘有细齿，比萼筒短；花瓣宽椭圆形；雄蕊20～30；花柱基部有疏柔毛，与雄蕊等长，柱头头状。核果卵球形或椭圆形，红色，直径约1cm；核表面微具棱纹。花期4～5月，果期5～6月。

栾川县产各山区，生于海拔1000m以上的山坡或山谷杂木林中。河南产于太行山和伏牛山区。分布于河北、山西、陕西、甘肃、湖北、四川、贵州、云南。

果实味酸甜，可食或制果酱、酿酒等。木材可作家具。

果枝

叶
叶背放大
树干
托叶
花背侧
花

（6）多毛樱桃 *Cerasus polytricha*

【识别要点】与微毛樱桃 *C. clarofolia*近缘，主要区别在于本种小枝、叶柄、叶背面尤其脉上被开展或横展长柔毛，花轴、花柄及萼筒密被长柔毛。

乔木或灌木，高可达10m。树皮灰褐色。小枝灰红褐色，密被长柔毛，后脱落。冬芽椭圆卵形，鳞片外面被疏柔毛。叶倒卵形或倒卵状椭圆形，长3.5～7.5cm，宽2～4cm，先端尾状尖，基部楔开、圆形或近心形，边有单锯齿或重锯齿，齿端有小腺体，表面绿色，疏被短柔毛，背面淡绿色，密被横展长柔毛，脉间较疏，伏生短柔毛，侧脉7～11对；叶柄长0.5～1cm，密被开展长柔毛，顶端常有1～3个腺体；托叶长圆披针形，边有羽裂腺齿，疏被长柔毛。花序伞形或近伞形，有花1～4朵；总苞片倒卵状椭圆形，长6～8mm，宽4～5mm，外面几无毛，内面疏被长柔毛；总梗长2～10mm，被开展疏柔毛；苞片绿色，果期宿存，卵形或近圆形，长4～8mm，边有腺齿，腺体圆球形；花梗长至2.5cm，密被柔毛；萼筒钟状，长约4mm，长宽近相等，密被柔毛，萼片卵状三角形，先端圆钝或急尖，边有腺齿；花瓣白色或粉红色，卵形；雄蕊20～30；花柱下部被疏柔毛，柱头头状。核果红色，卵球形，纵径长约8mm，横径约7mm，无纵沟。花期4月，果期5～6月。

栾川县产各山区，生于海拔1000m以上山沟杂木林中。河南产于伏牛山区。分布于陕西、甘肃、四川、湖北。

木材可做家具、器具等。

（7）樱桃 *Cerasus pseudocerasus*

【识别要点】叶卵形或椭圆状卵形，先端渐尖或尾状渐尖，边缘有尖锐重锯齿，齿端有小腺体，侧脉9～11对；叶柄先端有2个腺体。

乔木，高达8m。小枝灰褐色，嫩枝绿色，无毛或被疏柔毛。冬芽卵形，无毛。叶卵形或椭圆状卵形，长5～12cm，宽3～5cm，先端渐尖或尾状渐尖，基部圆形或宽楔形，边缘有尖锐重锯齿，齿端有小腺体，表面暗绿色，近无毛，背面淡绿色，沿脉或脉间有稀疏柔毛，侧脉9～11对；叶柄长0.7～1.5cm，有短柔毛，先端有2个褐色腺体；托叶早落，披针形，有羽裂腺齿。花序伞房状或近伞形，有花3～6朵，先叶开放；总苞倒卵状椭圆形，褐色，长约5mm，宽约3mm，边有腺齿；花梗长0.8～1.9cm，被疏柔毛；萼筒钟状，长3～6mm，宽2～3mm，外面被疏柔毛，萼片三角状卵圆形或卵状长圆形，先端急尖或钝，边缘全缘，长为萼筒的一半或过半；花瓣白色，卵圆形，先端下凹或二裂；雄蕊30～35，栽培者可达50枚；花柱与雄蕊近等长，无毛。核果近球形，红色，直径0.9～1.3cm。花期3～4月，果期5月。

栾川县有栽培。河南各地有栽培。我国长江流域至华北各地也广为栽培。

喜光，喜排水良好的沙壤土，耐瘠薄。用嫁接、压条、分株、扦插及种子繁殖。本种在我国久经栽培，品种颇多。

果实供鲜食、制罐头、果酱、酿酒等。药用价值：根能调气活血，治妇女气血不和；核可发表斑疹、灭斑痕；果实能清血热、补血、补肾、防喉症等；枝煎水或果泡制成醋，可外用治冻疮。也可作庭院观赏树种。

果

（8）刺毛樱桃　*Cerasus setulosa*

【识别要点】叶卵形、倒卵形或卵状椭圆形，边缘锯齿圆钝。

灌木或小乔木，高达5m，树皮灰棕色。小枝灰白色或棕褐色，无毛。冬芽尖卵形，无毛。叶卵形、倒卵形或卵状椭圆形，长2～5cm，宽1～2.5cm，先端尾状渐尖或骤尖，基部圆形，边有圆钝重锯齿，齿尖有小腺体，表面绿色，伏生小糙毛，背面浅绿色，沿脉被稀疏柔毛，脉腋有簇毛，侧脉6～8对；叶柄长4～8mm，无毛；托叶卵状长圆形或倒卵状披针形，长4～8mm，宽1.5～3mm，边有腺齿。花序伞形，有花2~3朵，花叶同开；总苞褐色，匙形，长约5mm，宽约1.5mm，边有腺体，内面被柔毛，早落；总梗长5～7mm，无毛；苞片2~3片，绿色，呈叶状，卵圆形，长5～20mm，边有锯齿，齿端有腺体，两面疏被糙毛；花梗长8～12mm，被疏柔毛或无毛；花直径6～8mm；萼筒管状，长5～6mm，宽3～4mm，外面疏被糙毛，萼片开展，三角状长卵形，长2~3mm，两面均被稀疏柔毛，先端急尖，边有疏齿；花瓣倒卵形或近圆形，粉红色；雄蕊30～40，与萼片近等长或短于萼片；花柱比雄蕊略长或与雄蕊近等长，中部以下被疏柔毛。核果红色，卵状椭圆形，纵径约8mm，横径约6mm；核表面略有棱纹。花期4～6月，果期6～8月。

栾川县产伏牛山，生于海拔1300m以上的山谷林中。河南还产于卢氏、西峡、南召、内乡等县。分布于陕西、甘肃、四川、贵州。

植株　　花（正面）　　果

（9）东京樱花（日本樱花） *Cerasus yedoensis*

【识别要点】叶边有尖锐重锯齿，表面无毛，背面被柔毛，侧脉7～10对；叶柄顶端常有1～2个腺体。花先叶开放，白色或粉红色。

小乔木或灌木，高达5m。树皮灰色。小枝灰白色或棕褐色，无毛，嫩枝绿色，被疏柔毛。冬芽卵圆形，无毛。叶椭圆状卵形或倒卵形，长5～12cm，宽2.5～7cm，先端渐尖或骤尾尖，基部圆形，稀楔形，边有尖锐重锯齿，齿端渐尖，有小腺体，表面深绿色，无毛，背面淡绿色，沿脉被稀疏柔毛，侧脉7～10对；叶柄长约1cm，密被柔毛，顶端常有1～2个腺体；托叶披针形，有羽裂腺齿，被柔毛，早落。花序伞形总状，总梗极短，有花3～6朵，先叶开放，花直径2～3.5cm；总苞片褐色，椭圆卵形，长6～7mm，宽4～5mm，两面被疏柔毛；苞片褐色，匙状长圆形，长约5mm，宽2～3mm，边有腺体；花梗长2～2.5cm，被短柔毛；萼筒管状，长7～8mm，宽约3mm，被疏柔毛；萼片三角状长卵形，长约5mm，先端渐尖，边有腺齿；花瓣白色或粉红色，椭圆卵形，先端下凹，全缘二裂；雄蕊约32，短于花瓣；花柱基部有疏柔毛。核果近球形，直径0.7～1cm，黑色，核表面略具棱纹。花期4月，果期5～6月。

原产日本。栾川县有栽培。河南及全国各大城市均有栽培。

嫁接繁殖。园艺品种很多，为著名早春观花树种。

植株

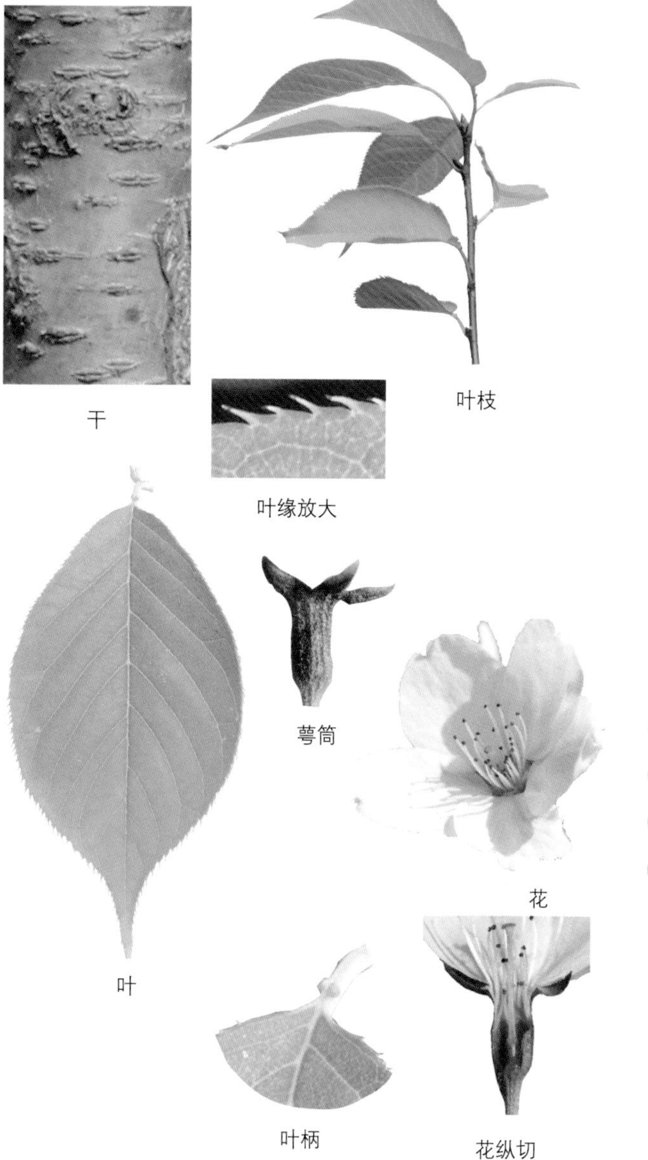

干　叶枝　叶缘放大　叶　萼筒　花　叶柄　花纵切

（10）山樱花（山樱桃 黑樱桃） *Cerasus serrulata*

【识别要点】 侧芽单生。叶边缘有尖锐单或重锯齿；叶柄先端有2～4个腺体；花瓣白色或粉红色。

乔木，高达8m。树皮灰褐色或灰黑色。小枝褐色，无毛。有顶芽，侧芽单生。冬芽卵圆形，无毛。叶卵形、长圆状倒卵形或椭圆形，长4～9cm，宽2.5～5cm，先端渐尖，基部圆形，边缘有尖锐单或重锯齿，齿尖有小腺体，表面深绿色，无毛，背面淡绿色，无毛或沿中脉有短柔毛，侧脉6～8对；叶柄长1～1.5cm，无毛，先端有2～4个腺体；托叶线形，长5～8mm，边有腺齿，早落。花序伞房总状或近伞形，有花2～3朵；总苞片褐红色，倒卵长圆形，长约8mm，宽约4mm，外面无毛，内面被长柔毛；总梗长5～10mm，无毛；苞片褐色或淡绿褐色，长5～8mm，宽2.5～4mm，边有腺齿；花梗长1.5～2.5cm，无毛或被极稀疏柔毛；萼筒管状，长5～6mm，宽2～3mm，先端扩大，萼片三角状披针形，长约5mm，先端渐尖或急尖；边全缘；花瓣白色，稀粉红色，倒卵形，先端下凹；雄蕊约38；心皮无毛。核果球形或卵球形，黑色，直径8～10mm，无纵沟。花期4～5月，果期5～6月。

栾川县产各山区，生于海拔1500m以下的山沟溪旁和杂木林中。河南产于太行山辉县、济源及伏牛山、大别山区。分布于黑龙江、河北、山东、江苏、浙江、安徽、江西、湖南、贵州。日本、朝鲜也有分布。

种子繁殖。

种仁入药，有解毒、利尿、透疹之效。木材可作家具。也为庭院观赏树种。

叶缘　花萼　花纵切　叶　树干　小枝及侧芽　叶柄腺体　果　花

毛山樱花 var. *pubescens* 叶背面、叶柄与花萼均被短柔毛。栾川县产海拔1000m以上的山谷杂木林中。河南产于太行山和伏牛山区。分布于黑龙江、辽宁、山西、陕西、河北、山东、浙江。用途同原种。

叶柄　花萼　树干　叶背　叶面　叶背放大

（11）毛樱桃（山樱桃 野樱桃） *Cerasus tomentosa*

【识别要点】侧芽2～3个并生。叶边缘有急尖或粗锐锯齿，表面有皱纹，散生柔毛，背面密被灰色茸毛，侧脉4～7对。

灌木，通常高0.3～1m，稀呈小乔木状，高可达2～3m。小枝紫褐色或灰褐色，嫩枝密被茸毛到无毛。冬芽卵形，疏被短柔毛或无毛。侧芽2～3个并生。叶倒卵形、椭圆形或卵形，长4～7cm，宽2～4cm，先端急尖或微渐尖，基部楔形，边缘有急尖或粗锐锯齿，表面暗绿色或深绿色，有皱纹，散生柔毛，背面灰绿色，密被灰色茸毛或以后变为稀疏，侧脉4～7对；叶柄长2～8mm，被茸毛或脱落稀疏；托叶线形，长3～6mm，被长柔毛。花先叶开放，单生或2朵簇生，花梗长2.5mm或近无梗；萼筒管状或杯状，长4～5mm，外被短柔毛或无毛，萼片三角状卵形，先端圆钝或急尖，较萼筒短，内外两面被短柔毛或无毛；花瓣白色或粉红色，倒卵形，先端圆钝；雄蕊20～25，短于花瓣；花柱伸出与雄蕊近等长或稍长；子房全部被毛或仅顶端或基部被毛。核果近球形，无纵沟，深红色，直径0.5～1.2cm；核表面除棱脊两侧有纵沟外，无棱纹。花期3～4月，果期5～6月。

栾川县产各山区，生于海拔2000m以下的山坡、山沟灌丛或杂木林中。河南产于太行山、伏牛山、大别山和桐柏山区。分布于黑龙江、吉林、辽宁、内蒙古、河北、山西、陕西、甘肃、宁夏、青海、山东、四川、云南、西藏。

种子繁殖。

果实微酸甜，可食及酿酒；种仁含油率达43%左右，可制肥皂及润滑油用。果实和种仁可入药，果实能调中益气，种仁商品名大李仁，有润肠利水及发表斑疹、麻疹、牛痘之效。也可作庭院观赏树种。

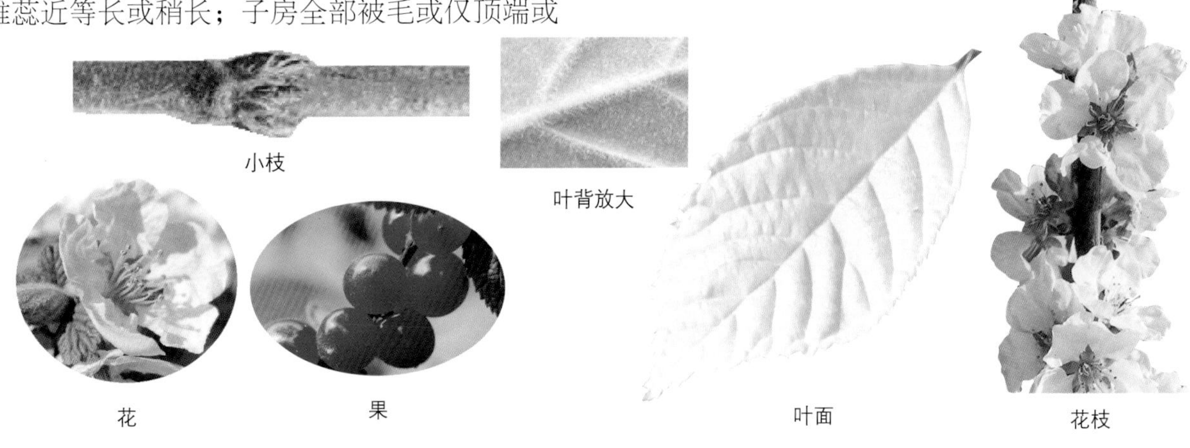

小枝　叶背放大　花　果　叶面　花枝

（12）郁李 *Cerasus japonica*

【识别要点】芽2～3个并生。叶中部以下最宽，边缘有尖锐重锯齿，表面无毛，背面无毛或脉上有稀疏柔毛，侧脉5～8对；花白色或粉红色。

落叶灌木。小枝细，灰褐色，嫩枝绿色或绿褐色，无毛。冬芽卵形，无毛。侧芽2～3个并生。叶卵形或卵状披针形，长3～7cm，宽2～3.5cm，中部以下最宽，先端尾尖，基部圆形，边缘有缺刻状尖锐重锯齿，表面深绿色，无毛，背面淡绿色，无毛或脉上有稀疏柔毛，侧脉5～8对；叶柄长2～3mm，无毛或被稀疏柔毛；托叶线形，长4～6mm，边有腺齿。花1～3朵，簇生，花叶同开或先叶开放；花梗长5～10mm，无毛或被疏柔毛；萼筒陀螺形，长宽近相等，约2.5～3mm，无毛，萼片卵形，花后反折，比萼筒略长，先端圆钝，边有细齿；花瓣白色或粉红色，倒卵形；雄蕊约32；花柱与雄蕊近等长，无毛。核果近球形，无纵沟，深红色，直径约1cm；核表面光滑。花期4月，果期6～7月。

栾川县产各山区，生于山坡、路旁、沟边、灌丛中。河南产于太行山、伏牛山。分布于黑龙江、吉林、辽宁、河北、山东、浙江。日本和朝鲜也有分布。

喜阳耐严寒，抗旱抗湿力均强。分株或压条繁殖。

种仁入药，名郁李仁，有健胃、润肠、利尿、消肿之效。郁李、郁李仁配剂有显著降压作用。也可作庭院观赏树种。

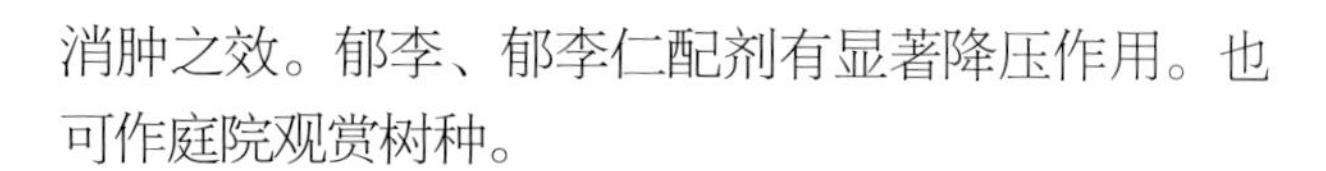

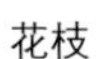
花枝

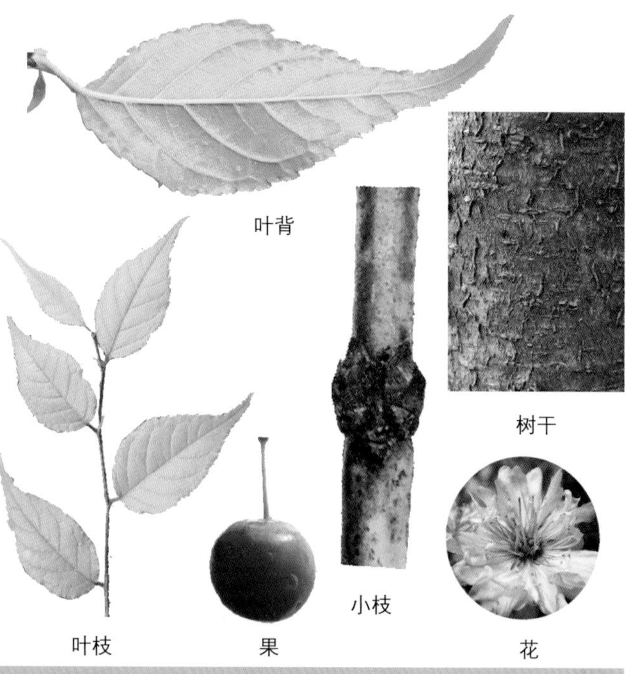
叶背　树干　小枝　叶枝　果　花

（13）毛叶欧李（牛李 显脉欧李） *Cerasus dictyoneura*

【识别要点】侧芽2～3个并生。叶中部以上最宽，边有单锯齿或浅重锯齿，表面散生短柔毛，常有皱纹，背面密生短柔毛，侧脉5～8对；花瓣粉红色或白色。

灌木，高0.3～1m，高大者可达2m。小枝灰褐色，嫩枝密被短柔毛。侧芽2～3个并生。冬芽卵形，密被短茸毛。叶椭圆形、长圆状卵形或长圆状倒卵形，长2～6cm，宽1～2.5cm，中部以上最宽，先端圆形或急尖，基部楔形，边有单锯齿或浅重锯齿，表面深绿色、无毛或散生短柔毛，常有皱纹，背面淡绿色，密生短柔毛，网脉明显突出，侧脉5～8对；叶柄通常长2～3mm，密被短柔毛；托叶线形，长3～4mm，边有腺齿。花单生或2～3朵簇生，先叶开放；花梗长4～8mm，密被短柔毛；萼筒钟状，长宽近相等，约3mm，外被短柔毛，萼片卵形，长约3mm，先端急尖；花瓣粉红色或白色，倒卵形；雄蕊30～35；花柱与雄蕊近等长，无毛。核果卵球形，无纵沟，红色，直径1～1.5cm；核除棱背两侧外，无棱纹。花期4月，果期6～7月。

栾川县产各山区，生于海拔1600m以下的山坡及丘陵荒野干燥的地方。河南产于太行山和伏牛山区。分布于河北、山西、陕西、甘肃、宁夏。

果实可食或酿酒。种仁及根皮入药，种仁可健胃、润肠、利尿、消肿；根皮有宣结气、破积聚、祛白皮之效。也可用作庭院观赏树种。

果枝

花枝

花　果

（14）麦李 *Cerasus glandulosa*

【识别要点】叶最宽处在中部，边有细钝重锯齿，两面均无毛或在中脉上有疏柔毛，侧脉4～5对；花瓣白色或粉红色；雄蕊30个。

灌木，高0.5～1.5m，稀达2m。小枝灰棕色或棕褐色，无毛或嫩枝被短柔毛。冬芽卵形，无毛或被短柔毛。叶长圆披针形或椭圆披针形，长2.5～6cm，宽1～2cm，先端渐尖，基部楔形，最宽处在中部，边有细钝重锯齿，表面绿色，背面淡绿色，两面均无毛或在中脉上有疏柔毛，侧脉4～5对；叶柄长1.5～3mm，无毛或上面被疏柔毛；托叶线形，长约5mm。花单生或2朵簇生，花叶同开或近同开；花梗长6～8mm，几无毛；萼筒钟状，长宽近相等，无毛，萼片三角状椭圆形，先端急尖，边有锯齿；花瓣白色或粉红色，倒卵形；雄蕊30；花柱稍比雄蕊长，无毛或基部有疏柔毛。核果红色或紫红色，近球形，直径1～1.3cm。花期3～4月，果期5～8月。

栾川县产各山区，生于山坡、沟边及灌丛中。河南产于伏牛山、大别山和桐柏山区。分布于陕西、山东、江苏、安徽、浙江、福建、广东、广西、湖南、湖北、四川、贵州、云南。

分株或种子繁殖。

种子入药，有润燥滑肠、下气、利水之效，用于治疗津枯肠燥、食积气滞、腹胀便秘、水肿、脚气、小便淋痛等症。为庭院常见花灌木。

常见栽培的有**粉花麦李‘Rosea’**，**白花重瓣麦李（小桃白）‘Alboplena’**，**粉花重瓣麦李‘Rosea-Plena’**。

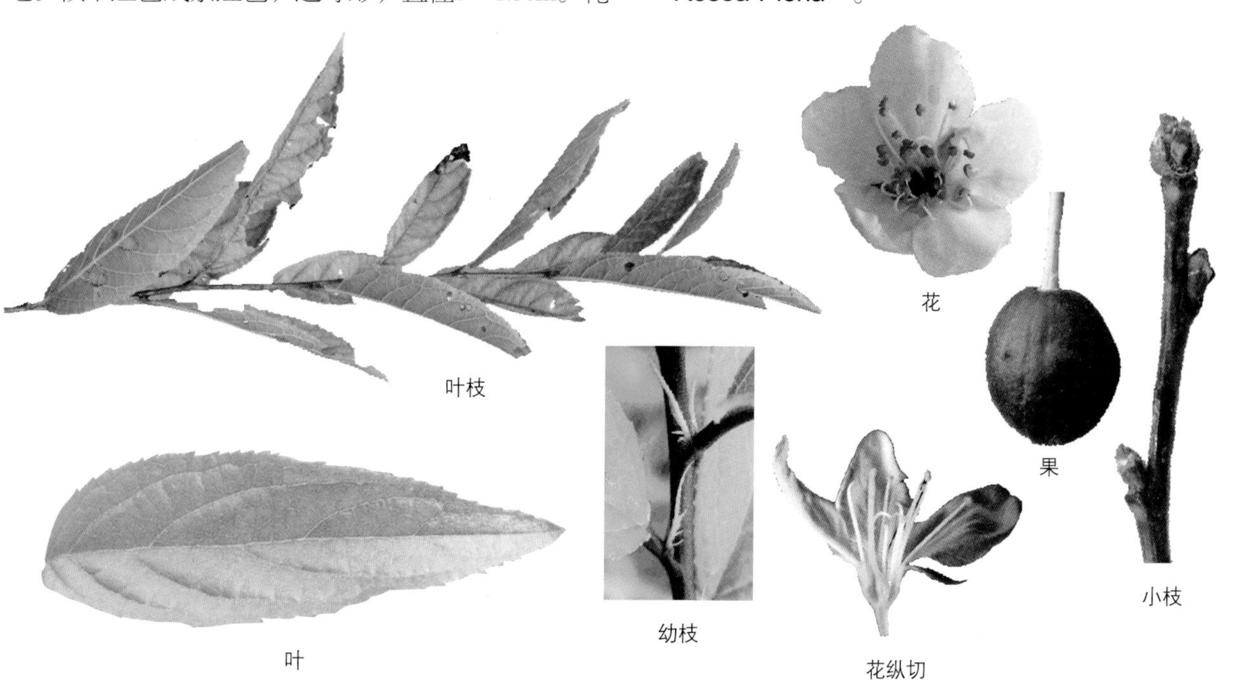

叶枝　花　果　幼枝　小枝　叶　花纵切

（15）欧李（牛李） *Cerasus humilis*

【识别要点】侧芽2～3个并生。叶中部以上最宽，边缘有密生细锯齿，两面无毛或背面疏生柔毛，侧脉6～8对；花瓣白色或粉红色；雄蕊30～35个。

灌木，高0.4～1.5m。小枝灰褐色或棕褐色，幼时被短柔毛。侧芽2～3个并生。冬芽卵形，疏被短柔毛或几无毛。叶倒卵形或椭圆形，长2.5～5cm，宽约3cm，中部以上最宽，先端急尖或短渐尖，基部宽楔形，边缘有密生细锯齿，表面深绿色，无毛，背面浅绿色，无毛或被稀疏短柔毛，侧脉6～8对；叶柄长2～4mm，无毛或被稀疏短柔毛；托叶线形，长5～6mm，边有腺体，早落。花单生或2～3花簇生，花叶同开；花直径1～2cm；花梗长5～10mm，被稀疏短柔毛；萼筒长宽近相等，约3mm，外面被稀疏柔毛，萼片长卵形，先端急尖或圆钝，花后反折；花瓣白色或粉红色，长圆形或卵形；雄蕊

30～35；心皮与花柱均光滑，花柱与雄蕊近等长。核果成熟后近球形，红色，直径约1.5cm；核表面除背部两侧外无棱纹。花期4月，果期6～7月。

栾川县产各山区，生于海拔1800m以下的山坡、沟边及荒丘干旱地方。河南产于太行山和伏牛山区。分布于黑龙江、吉林、辽宁、内蒙古、河北、山东。

种子或分根繁殖。

果实可食或酿酒。种仁也作郁李仁的类同品种，有利尿、缓下作用，主治大便燥结、小便不利。也可作庭院观赏灌木。

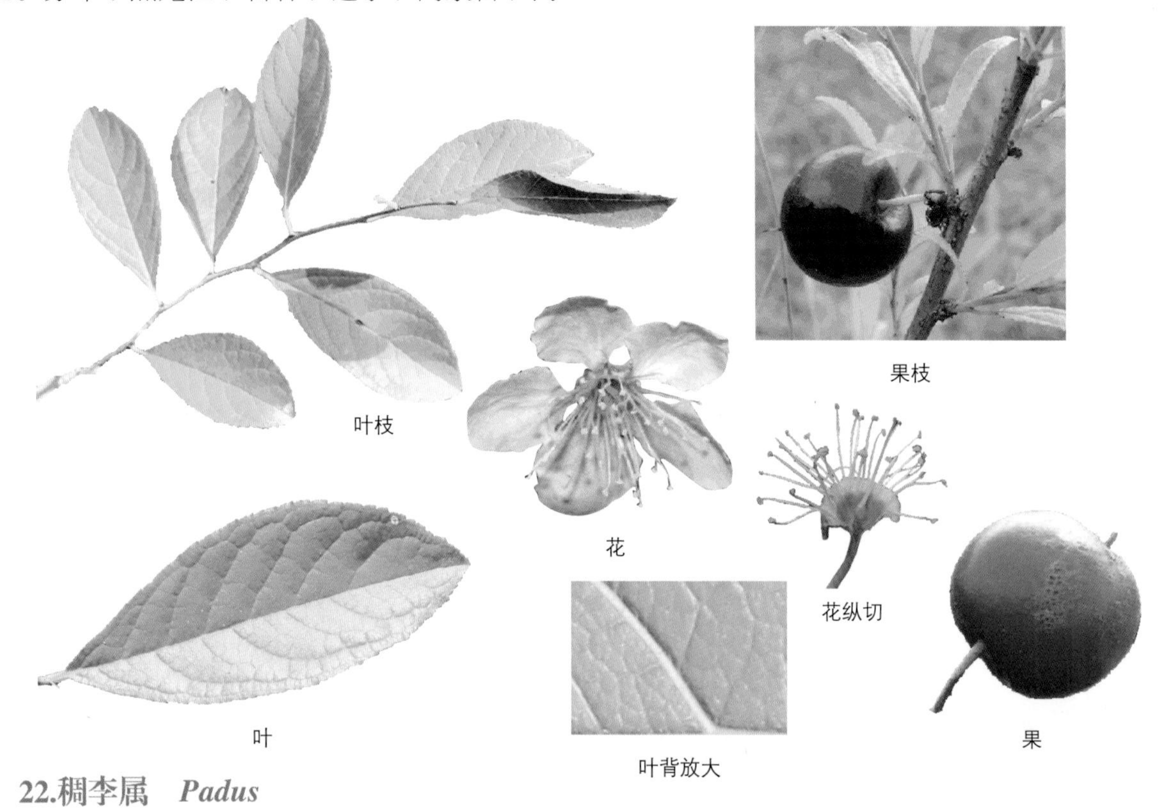

22.稠李属 *Padus*

落叶乔木或灌木；分枝较多；冬芽卵圆形，具数枚覆瓦状排列鳞片。叶片在芽中呈对折状，单叶互生，具齿，稀全缘；叶柄顶端通常有2个腺体或在叶片基部边缘上具2个腺体；托叶早落。花多数，成总状花序，基部有叶或无叶，生于当年生小枝顶端；苞片早落；萼筒钟状，裂片5，花瓣5，白色，先端通常啮蚀状，雄蕊10至多数；雌蕊1，周位花，子房上位，心皮1，具有2胚珠，柱头平。核果卵球形，外面无纵沟，中果皮骨质，成熟时具有1个种子，子叶肥厚。

有20余种，主要分布于北温带。我国有14种，全国各地均有，但以长江流域、陕西和甘肃南部较为集中。河南有7种，1变种。栾川县连栽培有6种，1变种。

本属有长的总状花序，花瓣白色，花朵密集，花期较早，为早春观赏植物之一。

1.花序基部无叶。花萼在果期宿存。雄蕊10 ……………………………（1）星毛稠李 *Padus stellipila*

1.花序基部有叶。花萼在果期脱落。雄蕊20～35个：

2.花梗和总花梗在果期增粗，并有明显增大皮孔。叶缘有较稀疏锯齿。小枝密被柔毛。叶背面、花序密被柔毛或绢状柔毛 ……………………………………（2）绢毛稠李 *Padus wilsonii*

2.花梗和总花梗在果期不增粗，也不具明显增大的皮孔。叶缘有密锯齿：

3.花柱短，仅为雄蕊长的1/2；花梗长1～1.5cm，稀达2.4cm ………（3）稠李 *Padus racemosa*

3.花柱与雄蕊近等长；花梗短，长不超过1cm：

4.叶背面被短柔毛，沿脉较密。总花梗和花梗密生短柔毛 …（4）毡毛稠李 *Padus velutina*

4.叶背面无毛或仅脉腋被簇毛：

5.叶长圆形，长6～16cm，宽3～7cm，边缘有芒状锐锯齿。萼片两面有疏柔毛

（1）星毛稠李（桃子木 桃子树） *Padus stellipila*

【识别要点】小枝灰褐色或灰绿色，密被短茸毛；叶缘有开展不整齐锐锯齿，背面沿主脉和脉腋被棕色星状毛；花瓣白色。

落叶乔木，高6～9m，老枝黑褐色，无毛，有浅色皮孔；小枝灰褐色或灰绿色，密被短茸毛；冬芽圆锥形，无毛或仅鳞片边缘有短柔毛。叶椭圆形、窄长圆形，稀倒卵状长圆形，长5～10（13）cm，宽2.5～4cm，先端尾尖，长渐尖或稀急尖，基部圆形或宽楔形，边缘有开展不整齐锐锯齿，表面无毛或沿主脉和侧脉有短柔毛，背面沿主脉和脉腋被棕色星状毛；叶柄长5～8mm，被短柔毛，先端无腺体，有时在叶片基部两侧各有1腺体；托叶膜质，线状披针形，长可达1cm，先端渐尖，边有腺齿，早落。总状花序具有多花，长5～8cm，基部无叶；花梗长2～4cm，总花梗和花梗被短茸毛；花直径5～7mm；小苞片早落；萼筒钟状，比萼片稍长或近等长；萼片三角状卵形，先端钝，边有带腺细齿，萼筒和萼片外面无毛，内面被疏短柔毛；花瓣白色，宽倒卵形，先端啮蚀状，基部楔形，有短爪，比萼片长近2倍；雄蕊10，着生在萼筒边缘，与花瓣近等长；心皮无毛，柱头盘状或半圆形，比雄蕊稍短。核果近球形，顶端有尖头，直径5～6mm，黑色；果梗无毛，萼片宿存。花期4～5月，果期5～10月。

栾川县产各山区，生于海拔1000m以上的山谷或山坡杂木林中。河南还产于嵩县、卢氏、西峡、内乡等县。分布于甘肃、陕西、湖北、四川、贵州、江西和浙江等地。

种子繁殖。喜光、耐寒冷、不耐干瘠。可作为伏牛山中山区的山沟造林树种。

木材可供建筑、家具、器具等用。

叶枝　叶背放大　叶　花

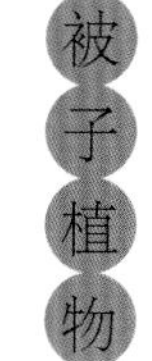

（2）绢毛稠李（桃子木） *Padus wilsonii*

【识别要点】小枝密被短柔毛，叶缘有较稀锯齿，有时带尖头，叶背密被白色或棕褐色有光泽的绢状柔毛，花序密被短柔毛或带棕褐色柔毛。

落叶乔木，高达20m。树皮灰褐色，有长圆形皮孔；多年生小枝粗壮，紫褐色或黑褐色，有明显密而浅色皮孔，被短柔毛或近无毛，当年生小枝红褐色，被短柔毛；冬芽卵圆形，无毛或仅鳞片边缘有短柔毛。叶椭圆形、长圆形或长圆状倒卵形，长6～14（17）cm，宽3～8cm，先端短渐尖或短尾尖，基部圆形、楔形或宽楔形，叶缘疏生圆钝锯齿，有时带尖头，表面深绿色或带紫绿色，中脉和侧脉均下陷，背面淡绿色，幼时密被白色绢状柔毛，随叶片的成长颜色变深，毛被由白色变为棕色，尤其沿主脉和侧脉更为明显，中脉和侧脉明显突起；叶柄长7～8mm，无毛或被短柔毛，顶端两侧各有1个腺体或在叶片基部边缘各有1个腺体；托叶膜质，线形，先端长渐尖，幼时边常具毛，早落。总状花序具有多数花朵，长7～14cm，基部有3～4叶片，长圆形或长圆披针形，长不超过8cm；花梗长5～8mm，总花梗和花梗随花成长而增粗，皮孔长大，毛被由白色也逐渐变深；花直径6～8mm，萼筒钟状或杯状，比萼片长约2倍，萼片三角状卵形，先端急尖，边有细齿，萼筒和萼片外面被绢状短柔毛，内面被疏柔毛，边缘较密；花瓣白色，倒卵状长圆形，先端1啮蚀状，基部楔形，有短爪；雄蕊约20，排成紧密不规则2轮，着生在花盘边缘，长花丝比花瓣稍长，短花丝则比花瓣短很多；心皮无毛，柱头盘状，花柱比长雄蕊短。核果球形或卵球形，直径8～11mm，顶端有短尖头，无毛，幼果红褐色，老时黑紫色；果梗明显增粗，被短柔毛，皮孔显著变大，色淡，长圆形；萼片脱落；核平滑。花期5月，果期9月。

栾川县产伏牛山主脉北坡，生于海拔900m以上的山坡或山谷杂木林中。河南产于伏牛山南北坡。分布于陕西、湖北、湖南、江西、安徽、浙江、广东、广西、贵州、四川、云南和西藏。

种子繁殖。

木材供建筑、家具等用。

（3）稠李（桃子木） *Padus racemosa*

【识别要点】叶缘有不规则锐锯齿，两面无毛；叶柄两侧各具1腺体。

落叶乔木，高可达15m。树皮粗糙而多斑纹，老枝紫褐色或灰褐色，有浅色皮孔；小枝红褐色或带黄褐色，幼时被短茸毛，后脱落无毛；冬芽卵圆形，无毛或仅边缘有睫毛。叶椭圆形、长圆形或长圆倒卵形，长4～10cm，宽2～4.5cm，先端尾尖，基部圆形或宽楔形，边缘有不规则锐锯齿，有时混有重锯齿，表面深绿色，背面淡绿色，两面无毛；背面中脉和侧脉均突起；叶柄长1～1.5cm，幼时被短茸毛，以后脱落近无毛，顶端两侧各具1腺体；托叶膜质，线形，先端渐尖，边有带腺锯齿，早落。总状花序具有多花，长7～10cm，基部通常有2～3叶，叶片与枝生叶同形，通常较小；花梗长1～1.5cm，总花梗和花梗通常无毛；花直径1～1.6cm；萼筒钟状，比萼片稍长；萼片三角状卵形，先端急尖或圆钝，边有带腺细锯齿；花瓣白色，长圆形，先端波状，基部楔形，有短爪，比雄蕊长近1倍；雄蕊多数，花丝长短不等，排成紧密不规则2轮；心皮无毛，柱头盘状，花柱比长雄蕊短近1倍。核果卵球形，顶端有尖头，直径8～10mm，红褐色至黑色，光滑，果梗无毛；萼片脱落；核有褶皱。花期4～5月，果期5～10月。

栾川县产各山区，生于海拔800m以上的山谷、山坡杂木林中。河南产于太行山和伏牛山区。分布于黑龙江、吉林、辽宁、内蒙古、河北、山西、山东等地。朝鲜、日本、俄罗斯也有分布。

种子繁殖。

种子含油38.7%，可制肥皂及工业用；果实含糖6.14%，可生食或酿酒；亦可入药，治腹泻。木材可作铣材、建筑、家具等用。也可作庭院观赏树种。

在欧洲和北亚长期栽培，有垂枝、花叶、大花、小花、重瓣、黄果和红果等变种，供观赏用。

毛叶稠李 var. *pubescens* 小枝、叶背面、叶柄和花序基部均被棕色长柔毛。叶为开展或贴生重锯齿，或为不规则近重锯齿，齿披针形。栾川县生于海拔1200m以上的山沟及阴坡山腰杂木林中。河南产于太行山和伏牛山区。分布于河北、山西、内蒙古。用途同原种。

（4）毡毛稠李 *Padus velutina*

【识别要点】叶背面、小枝、总花梗和花梗均密被短茸毛。

落叶乔木，高达7m以上。老枝粗壮，黑褐色，无毛，有散生稀疏皮孔；小枝红褐色，被短茸毛或近无毛；冬芽卵圆形。叶卵形或椭圆形，偶有倒卵形，长6～10cm，宽3～5.5cm，先端急尖或短渐尖，基部圆形，叶边有尖锐细锯齿，表面深绿色，无毛，中脉和侧脉均下陷，背面淡绿色或带棕褐色，被淡红色短柔毛，沿中脉较密；中脉和侧脉均明显突起；侧脉9～13对；叶柄长1～2cm，密被淡红色短柔毛，通常先端两侧各有1腺体；托叶膜质，线形，先端长渐尖，边有带腺锯齿，早落。总状花序具有多数花朵，长12～16cm，基部具2～4叶，通常和枝生叶同形，但明显较小；花梗长约5mm，总花梗和花梗密被短茸毛；萼筒杯状，比萼片长2～3倍，萼片三角状或半圆形，先端圆钝或急尖，边有带腺细齿，萼筒和萼片外面无毛或在萼筒基部有短茸毛，内面基部有稀疏短柔毛；花瓣倒卵形，白色，开展，先端圆钝，基部楔形，有短爪；雄蕊约30，花丝长短不等，排成紧密不规则2轮，外轮花丝长，内轮则短，长雄蕊和花瓣近等长；心皮无毛，柱头偏斜，花柱比长雄蕊短1/2和短雄蕊近等长。核果球形，顶端有骤尖头，直径5～7mm，红褐色，无毛；果梗近无毛，总梗密被棕色短茸毛；萼片脱落，核平滑。花期4～5月，果期7月。

栾川县产伏牛山主脉北坡龙峪湾至老君山一带，生于海拔1000m以上的山坡或山谷疏林中。河南还产于灵宝河西、卢氏大块地、嵩县龙池曼、南召宝天曼、鲁山石人山等地。分布于陕西、湖北、四川。

种子繁殖。可作为伏牛山中山地区的造林树种。木材供建筑、家具等用。

树干

叶枝

叶面

叶背

果枝

果

叶背放大

（5）短梗稠李（短柄稠李） *Padus brachypoda*

【识别要点】叶长圆形，长6～16cm，宽3～7cm，边缘有芒状锐锯齿；叶柄有2个腺体。花梗长5～7mm，萼片两面有疏柔毛。

落叶乔木，高可达20m。树皮黑色；多年生小枝黑褐色，无毛，有散生浅色皮孔；当年生小枝红褐色，被短茸毛或近无毛；冬芽卵圆形通常无毛。叶长圆形，稀椭圆形，长6～16cm，宽3～7cm，先端急尖或渐尖，稀短尾尖，基部圆形或微心形，稀截形，叶边有贴生或开展锐锯齿，齿尖带短芒，表面深绿色，无毛，中脉和侧脉均下陷，背面淡绿色，无毛或在脉腋有簇毛，中脉和侧脉均突起；叶柄长1.5～3cm，无毛，顶端两侧各有1腺体；托叶膜质，线形，先端渐尖，边缘有带腺锯齿，早落。总状花序有多花，长10～15cm，基部有1～3叶；花梗长5～7mm，总花梗和花梗均被短柔毛；花直径5～7mm；萼筒钟状，比萼片稍长，萼片三角状卵形，先端急尖，边有带腺细锯齿，萼筒和萼片外面有疏生短柔毛，内面基部被短柔毛，比花瓣短；花瓣白色，倒卵形，中部以上啮蚀状或波状，基部楔形有短爪；雄蕊18～33，花丝长短不等，排成不规则2轮，着生在花盘边缘，长花丝和花瓣近等长或稍长；心皮无毛，柱头盘状，花柱比长花丝短，子房无毛。核果球形，直径5～7mm，幼时紫红色，老时黑褐色，无毛；果梗被短柔毛；萼片脱落，萼筒基部宿存；核光滑。花期5月，果期8～9月。

栾川县产伏牛山，生于海拔1500m以上的山坡或山谷林中。河南还产于卢氏、嵩县、西峡、南召、淅川等县。分布于陕西、甘肃、湖北、四川、贵州和云南。

种子繁殖。

为优良用材树种，木材供建筑、家具、器具等用。

叶枝

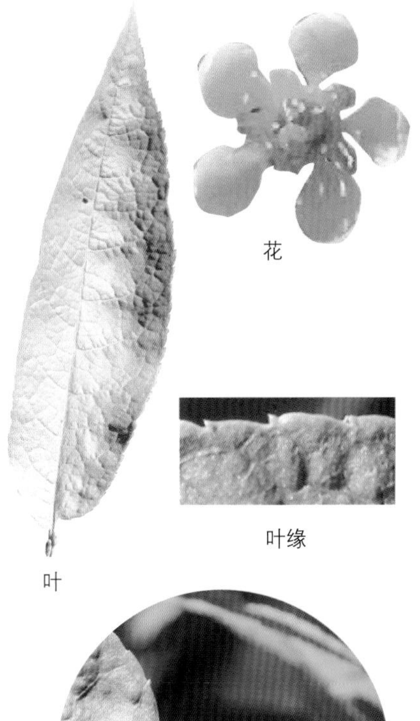

花

叶缘

叶

叶柄

小枝

（6）细齿稠李（桃子木） *Padus obtusata*

【识别要点】叶窄长圆形、椭圆形或倒卵形，长4.5～11cm，宽2～4.5cm，边缘有细尖齿但不呈芒状。萼片两面近无毛。

落叶乔木，高达20m。老枝紫褐色或暗褐色，无毛，有散生浅色皮孔；小枝幼时红褐色，被短柔毛或无毛；冬芽卵圆形，无毛。叶片窄长圆形、椭圆形或倒卵形，长4.5～11cm，宽2～4.5cm，先端急尖或渐尖，稀圆钝，基部近圆形或宽楔形、稀亚心形，边缘有细密锯齿，表面暗绿色，无毛，背面淡绿色，无毛或脉腋稍有簇毛，中脉和侧脉以及网脉均明显突起；叶柄长1～2.5cm，被短柔毛或无毛，通常顶端两侧各具1腺体；托叶膜质，线形，先端渐尖，边有带腺锯齿，早落。总状花序具多花，长10～15cm，基部有2～4叶片，叶片与枝生叶同形，但明显较小；花梗长3～7mm，总花梗和花梗被短柔毛；苞片膜质，早落；萼筒钟状，内外两面被短柔毛，比萼片长2～3倍，萼片三角状卵形，先端急尖，边有细齿，内外两面近无毛；花瓣白色，开展，近圆形或长圆形，顶端2/3部分啮蚀状或波状，基部楔形，有短爪；雄蕊21～28，花丝长短不等；排成紧密不规则2轮，长花丝和花瓣近等长；心皮无毛；柱头盘状，花柱比雄蕊稍短。核果卵球形，顶端有短尖头，直径6～8mm，黑色，无毛；核光滑；果梗被短柔毛；萼片脱落。花期5月，果期7～8月。

栾川县产龙峪湾至老君山一带，生于海拔800m以上的山坡或山谷杂木林中。河南还产于卢氏大块地、嵩县龙池曼、南召宝天曼、西峡黄石庵及大别山区的商城、新县等地。分布于甘肃、陕西、安徽、浙江、台湾、江西、湖北、湖南、贵州、云南、四川等地。

种子繁殖。可作为伏牛山浅山、中山区山基、山谷造林树种。也可作庭院绿化树种。

为优良用材树种，木材供建筑、家具、器具等用。

叶枝

果　叶柄　花　树干　花序　叶　花纵切

23.臭樱属 *Maddenia*

落叶小乔木或灌木。冬芽大，卵圆形，具有多数鳞片。单叶互生；叶边有单锯齿、重锯齿或缺刻状重锯齿，齿尖有腺；托叶大型，显著，边有腺齿；花杂性异株，多花排成总状花序，稀有伞房花序者，着生在小枝顶端；苞片早落；花梗短；萼筒钟状，萼片短小，10～12裂，有时延长呈花瓣状；无花瓣；雄蕊20～40，着生在萼筒口部，排成紧密不规则2轮，在雄花里心皮1，具有短花柱，比雄蕊短很多，柱头头状；在两性花里心皮2，稀1，花柱细长，几与雄蕊等长或稍长，柱头盘状；胚珠2，并生，下垂。核果2，长圆形，微扁，肉质，紫色；核骨质，卵球形，急尖，有三棱，具有1成熟种子，种皮膜质；子叶平凸。

约6种，分布于喜马拉雅山区、尼泊尔、不丹。我国有5种，分布于中部和西部。河南有1种，栾川县产之。

臭樱（假稠李） *Maddenia hypoleuca*

【识别要点】全株有臭味。冬芽有数枚鳞片，开展后鳞片显著长大。叶倒卵状长椭圆形或长椭圆形，边缘有细锐重锯齿，两面无毛，侧脉14～18对。

小乔木或灌木，高可达6m。全株有臭味。小枝粗壮，多年生小枝紫褐色，有光泽，无毛，当年生小枝紫红色或带绿色，幼时微被短柔毛，以后脱落无毛；冬芽卵圆形，长3mm，紫红色，有数枚覆瓦状排列鳞片；开展后，鳞片显著长大，卵形，全缘，长可达1cm，宽可达8mm，无毛，宿存。叶倒卵状长椭圆形或长椭圆形，长4～6.5cm，宽2～2.8cm，先渐尖，基部近心形或圆形，稀宽楔形，边缘有细锐重锯齿，两面无毛，表面暗绿色，背面灰白色，并有白霜，中脉和侧脉均突起，侧脉14～18对；叶柄长2～4mm，上面沟内被柔毛；托叶披针形，长可达1.5cm，先端长渐尖，边缘上半部全缘，基部有带腺锯齿，向外反折，宿存，或很迟脱落。总状花序短粗，多花，3～5cm，生于侧枝顶端，花柱基部的叶通常较小；花梗长2～4mm，总花梗和花梗均无毛；苞片披针形，先端长渐尖，上半部全缘，基部有带腺体锯齿，很晚脱落；萼筒钟状，长3～4mm；萼片披针形，长3～4mm，10裂，黄绿色，全缘，果时脱落；两性花，雄蕊23～30，长5～6mm，着生在萼筒边缘；心皮无毛，花柱伸出花被，与雄蕊近等长。核果椭圆形，长约8mm，黑色，光滑；果梗短粗，无毛；萼片脱落，仅基部宿存。花期4～5月，果期7月。

栾川县产各山区，生于海拔1000m以上的山坡或山谷杂木林中。河南还产于灵宝、卢氏、嵩县、鲁山、南召、西峡、内乡、淅川、洛宁等地。分布于陕西、甘肃、湖北、四川等地。

花枝

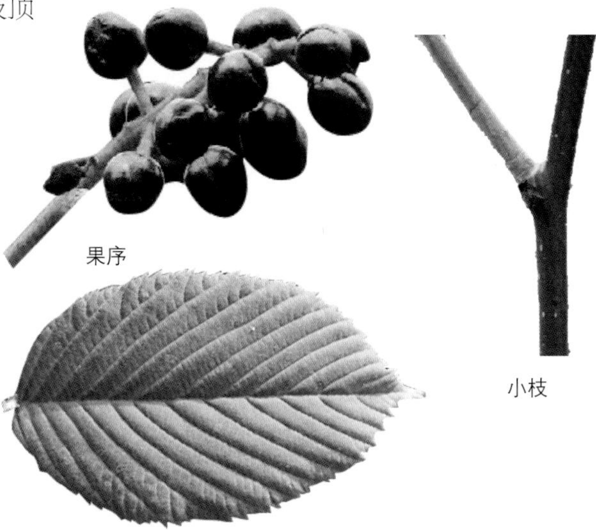

果序

叶

小枝

（二十六）豆 科 Leguminosae

乔木、灌木、亚灌木或草本，稀藤本，常有能固氮的根瘤。常绿或落叶，互生，稀对生，常为一回或二回羽状复叶，少数为掌状复叶或3小叶、单小叶，或单叶，罕可变为叶状柄，叶具叶柄或无；托叶有或无，有时叶状或变为棘刺。花两性，稀单性，辐射对称或两侧对称，通常排成总状花序、聚伞花序、穗状花序、头状花序或圆锥花序；花被2轮；萼片5，分离或连合成管，常不相等，有时二唇形，稀退化或消失；花瓣5，常与萼片的数目相等，稀较少或无，分离或连合成具花冠裂片的管，大小有时可不等，或有时构成蝶形花冠，近轴的1片称旗瓣，侧生的2片称翼瓣，远轴的2片常合生，称龙骨瓣，遮盖住雄蕊和雌蕊；雄蕊通常10，有时5或多数，分离或连合成管，单体或二体雄蕊，花药2室，纵裂或有时孔裂，花粉单粒或常联成复合花粉；雌蕊通常由单心皮所组成，稀较多且离生，子房上位，1室，基部常有柄或无，沿腹缝线具侧膜胎座，胚珠2至多个，悬垂或上升，排成互生的2列，为横生、倒生或弯生的胚珠；花柱和柱头单一，顶生。果为荚果，形状种种，成熟后沿缝线开裂或不裂，或断裂成含单粒种子的荚节；种子通常具革质或有时膜质的种皮，胚大，内胚乳无或极薄。

约650属，18000种，广布于全世界。我国有172属，1485种，153变种，16变型；各地均有分布。河南有木本植物22属，72种，2变种及2栽培变种。栾川县木本连栽培有15属，44种，3变种。

1.花辐射对称，花瓣镊合状排列，中下部常合生，花丝基部稍连合成单体（含羞草亚科Mimosoideae）
……………………………………………………………………………… 1.合欢属 *Albizia*

1.花两侧对称，稀辐射对称，花瓣覆瓦状排列：

2.花冠不为蝶形；最上面一花瓣在最里面，其他各瓣相似；雄蕊通常分离
……………………………………………………………（云实亚科 Caesalpinioideae）：

3.羽状复叶。植株有刺 …………………………………………………… 2.皂荚属 *Gleditsia*

3.单叶全缘。花在老干上簇生或成总状花序，具不相等的花瓣，而为假蝶形花冠。荚果在腹缝线上具窄翅 ……………………………………………………………… 3.紫荆属 *Cercis*

2.花冠蝶形；最上面一花瓣在最外面，其他4瓣成对生的两对（紫穗槐属 *Amorpha*的各瓣退化，只有一旗瓣）；雄蕊通常连合成两体或单体 …………………（蝶形花亚科 Papilionoideae）：

4.雄蕊10，分离或仅基部合生：

5.荚果圆筒形，于种子间紧缩呈串珠状 ……………………………………4.槐属 *Sophora*

5.荚果扁平，不呈串珠状 ………………………………………………5.马鞍树属 *Maackia*

4.雄蕊10，结合成单体或两体，除紫穗槐属*Amorpha*外，多数具显著雄蕊管：

6.荚果含有2枚以上种子时，不在种子间裂为节荚，常2瓣裂或不开裂：

7.小叶对生：

8.3小叶：

9.直立灌木 ……………………………………………………11.山蚂蝗属 *Desmodium*

9.藤本 …………………………………………………………………… 14.葛属 *Pueraria*

8.小叶4至多数，稀3小叶：

10.大型木质藤本。总状花序下垂。小叶9至多数。荚果有1至多数种子，迟开裂
…………………………………………………………………………8.紫藤属 *Wisteria*

10.不为大型木质藤本：

11.花仅有1旗瓣。灌木 ……………………………………… 7.紫穗槐属 *Amorpha*

11.花有旗瓣、翼瓣和龙骨瓣：

12.枝无刺，托叶也不硬化成刺 ………………………………… 6.木蓝属 *Indigofera*

12.枝有刺或托叶刺：

13.总状花序腋生，奇数羽状复叶 ……………………………9.刺槐属 *Robinia*

13.花单生或2～3朵腋生。偶数羽状复叶 ………………… 10.锦鸡儿属 *Caragana*

7.小叶互生 ……………………………………………………………………………15.黄檀属 *Dalbergia*

6.荚果含有2枚以上种子时，种子间横裂或紧缩为2至数节，各节常具网状纹，不开裂，有时荚果仅1节：

14.苞片宿存，其腋间具2花，花梗萼下不具关节 ……………………… 12.胡枝子属 *Lespedeza*

14.苞片常脱落，其腋间仅具1花，花梗与萼下具关节 …………13.杭子梢属 *Campylotropis*

1. 合欢属　*Albizia*

落叶乔木或灌木，通常无刺，很少托叶变为刺状。二回羽状复叶，互生；小叶对生，两边不对称，通常中脉偏于一侧。总叶柄及叶轴上有腺体。头状花序；花小，常两型，5基数，两性，稀杂性，有梗或无梗；花萼钟状或漏斗状，具5齿或5浅裂；花瓣常在中部以下合生成漏斗状，上部具5裂片；雄蕊20～50，花丝突出于花冠之外，基部合生成管，花药小，无或有腺体；子房有胚珠多个。荚果带状，扁平，果皮薄，种子间无间隔，不开裂或迟裂；种子圆形或卵形，扁平，无假种皮，种皮厚，具马蹄形痕。

约150种，产亚洲、非洲、大洋洲及美洲的热带、亚热带地区。我国有17种，大部分产西南部、南部及东南部各地。河南有2种。栾川县2种。

1.小枝褐色。羽片2～4对；小叶5～14对，长方形，长1.5～4.5cm ……… （1）山槐 *Albizia kalkora*

1.小枝黄绿色。羽片4～12对；小叶10～30对，镰刀形或长方形，长0.6～1.2cm ………………………………………………………………………… （2）合欢 *Albizia julibrissin*

（1）山槐（夜合）　*Albizia kalkora*

【识别要点】小枝褐色，被短柔毛，有显著皮孔。羽片2～4对，小叶5～14对，长方形，基部偏斜，中脉稍偏于小叶片上侧，两面被短柔毛；叶柄基部有1～2个腺体。

落叶乔木，高可达4～15m。小枝褐色，被短柔毛，有显著皮孔。二回羽状复叶；羽片2～4对，小叶5～14对，长方形，长1.5～4.5cm，宽1～1.8cm，先端圆钝而有细尖头，基部近圆形，偏斜，背面苍白色，中脉稍偏于小叶片上侧，两面均被短柔毛；叶柄基部有1～2个腺体。头状花序2～7枚生于叶腋，或于枝顶排成圆锥花序；花初白色，后变黄，具明显的小花梗；花萼管状，长2～3mm，5齿裂；花冠长6～8mm，中部以下连合呈管状，裂片披针形，花萼、花冠均密被长柔毛；雄蕊长2.5～3.5cm，基部连合呈管状。荚果带状，长7～17cm，宽1.5～3cm，深棕色，嫩荚密被短柔毛，老时无毛；种子4～12颗，倒卵形。花期6～8月，果期8～9月。

栾川县产各山区，生于山坡疏林中。河南产于太行山、伏牛山、桐柏山和大别山区。分布于华北、西北、华东、华南至西南部各地。越南、缅甸、印度亦有分布。

生长快，能耐干旱及瘠薄地。种子繁殖、嫁接或扦插繁殖。

木材耐水湿，木材可作家具；纤维可供制人造棉和造纸。根及茎皮入药，有补气活血、消肿止痛之效。种子可榨油。花美丽，可作为园林绿化树种。

复叶

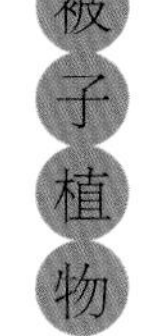

树干　小叶背　花

（2）合欢（绒花树 夜合树） *Albizia julibrissin*

与山槐的区别：羽片4～12对（有时20对）；小叶10～30对，镰刀形或长方形，极偏斜，向上弯，长6～12mm，宽1～4mm，先端急尖。花浅粉红色。

栾川县广泛分布于各山区，生于山坡疏林中。河南产于伏牛山、太行山、大别山及桐柏山区。分布于东北至华南及西南部各地。非洲、中亚至东亚均有分布，北美亦有栽培。

常用种子繁殖。生长迅速，能耐沙质土及干燥气候。

心材黄灰褐色，边材黄白色，耐久，多用于制家具；嫩叶可食；树皮供药用，有驱虫之效。开花如绒簇，十分美丽，广泛用于城市行道树、园林观赏树。

树干　复叶

2.皂荚属 *Gleditsia*

落叶乔木或灌木。干和枝通常具分枝的粗刺。叶互生，常簇生，一回和二回偶数羽状复叶常并存于同一植株上；叶轴和羽轴具槽；小叶多数，近对生或互生，基部两侧稍不对称或近于对称，边缘具细锯齿或钝齿，少有全缘；托叶小，早落。花杂性或单性异株，淡绿色或绿白色，组成腋生或少有顶生的穗状花序或总状花序，稀为圆锥花序；花托钟状，外面被柔毛，里面无毛；萼裂片3～5，近相等；花瓣

3～5，稍不等，与萼裂片等长或稍长；雄蕊6～10，伸出，花丝中部以下稍扁宽并被长曲柔毛，花药背着；子房无柄或具短柄，花柱短，柱头顶生；胚珠1至多数。荚果扁，直、弯曲或扭转，不裂或迟开裂；种子1至多颗，卵形或椭圆形，扁或近柱形。

约16种。分布于亚洲中部和东南部和南北美洲。我国产6种2变种，广布于南北各地。河南有3种。栾川县有2种。

1.小叶长0.7～2.2cm，全缘 ……………………………………………… （1）野皂荚 *Gleditsia microphylla*
1.小叶长3～8cm，有锯齿……………………………………………………………（2）皂荚 *Gleditsia sinensis*

（1）野皂荚（山皂荚 马角刺） *Gleditsia microphylla*

【识别要点】幼枝被短柔毛；刺不粗壮，不分枝或有2个短分枝。小叶5～12对，植株上部的小叶远比下部的为小，先端圆钝，基部偏斜，阔楔形，全缘，背面被短柔毛。

灌木或小乔木，高2～4m。枝灰白色至浅棕色；幼枝被短柔毛，老时脱落；刺不粗壮，长针形，长1.5～5cm，不分枝或有2个短分枝。一回或二回羽状复叶（具羽片2～4对），长7～16cm；小叶5～12对，薄革质，长圆形，长7～22mm，宽3.5～11mm，植株上部的小叶远比下部的为小，先端圆钝，基部偏斜，阔楔形，边全缘，表面无毛，背面被短柔毛；叶脉在两面均不清晰；小叶柄短，长1mm，被短柔毛。花杂性，绿白色，近无梗，簇生，组成穗状花序或顶生的圆锥花序；花序长5～12cm，被短柔毛；苞片3，最下一片披针形，长1.5mm，上面两片卵形，长1mm，被柔毛；雄花：直径约5mm；花托长约1.5mm；萼片3～4，披针形，长2.5～3mm；花瓣3～4，卵状长圆形，长约3mm，与萼裂片外面均被短柔毛，里面被长柔毛；雄蕊6～8；两性花：直径约4mm；萼裂片4，三角状披针形，长1.5～2mm，两面被短柔毛；花瓣4，卵状长圆形，长2mm，外面被短柔毛，里面被长柔毛；雄蕊6～8，与萼片对生；子房具长柄，无毛，有胚珠1～3。荚果扁薄，长椭圆形，长3～6cm，宽1～2cm，红棕色至深褐色，无毛，先端有纤细的短喙，果颈长1～2cm；种子1～3颗，扁卵形或长圆形，长7～10mm，宽6～7mm，褐棕色，光滑。花期5～6月，果期7～9月。

栾川县产熊耳山脉，生于海拔1300m以下的向阳干燥的山坡。河南产于太行山和伏牛山北部。分布于河北、河南、山西、陕西、江苏、安徽等地。

种子繁殖。耐干旱瘠薄，可作绿篱及水土保持造林树种。

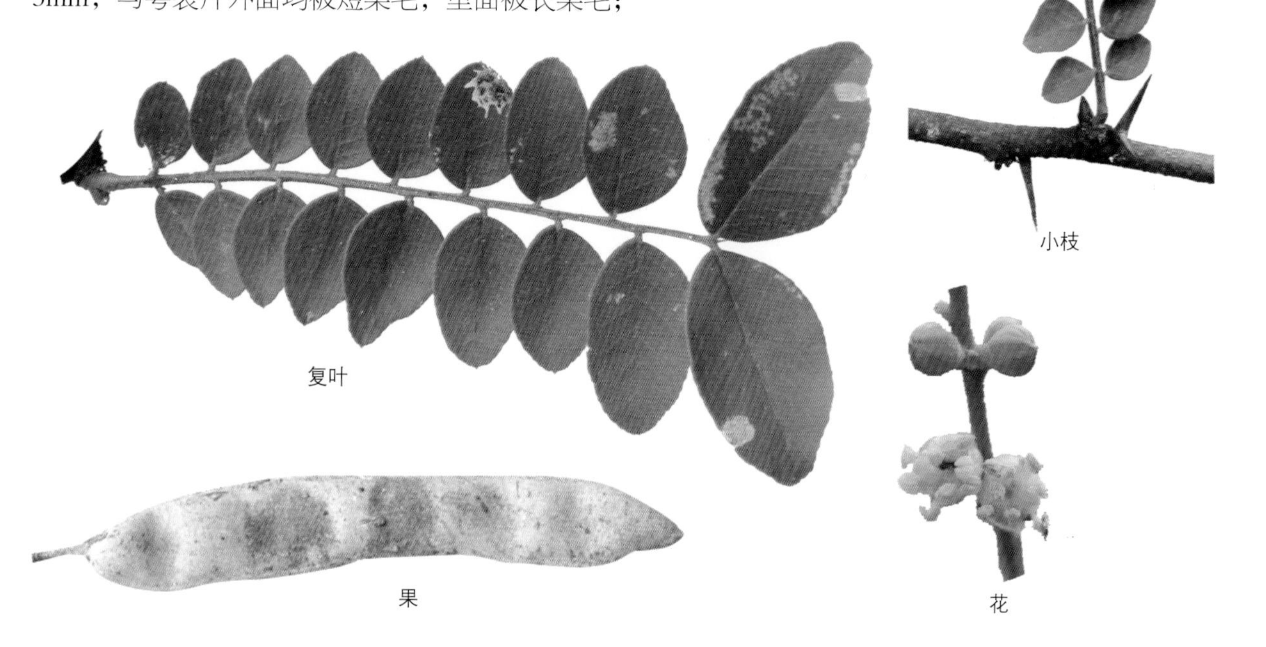
复叶　果　小枝　花

（2）皂荚（皂角） *Gleditsia sinensis*

【识别要点】刺粗壮，圆柱形，常分枝。小叶3～9对，卵状披针形至长椭圆形，边缘具细钝锯齿，网脉明显，在两面凸起。

落叶乔木，高可达15m以上。枝灰色至深褐色；刺粗壮，圆柱形，常分枝，多呈圆锥状。一回羽状复叶，长10～18（26）cm；小叶3～9对，纸质，卵状披针形至长椭圆形，长3～8cm，宽1.5～3.5cm，先端钝或渐尖，基部斜圆形或斜楔形，边缘具细钝锯齿，无毛。网脉明显，在两面凸起。花杂性，黄白色，组成总状花序；花序腋生或顶生，长5～14cm，被短柔毛；雄花：直径9～10mm；花梗长2～8（10）mm；花托长2.5～3mm，深棕色，外面被柔毛；萼片4，三角状披针形，长3mm，两面被柔毛；花瓣4，长圆形，长4～5mm，被微柔毛；雄蕊8（6）；退化雌蕊长2.5mm；两性花：直径10～12mm；花梗长2～5mm；萼、花瓣与雄花的相似，唯萼片长4～5mm，花瓣长5～6mm；雄蕊8；柱头浅2裂；胚珠多数。荚果带状，长12～37cm，宽2～4cm，劲直或扭曲，果肉稍厚，两面鼓起；或有的荚果短小，多少呈柱形，长5～13cm，宽1～1.5cm，弯曲作新月形，通常称猪牙皂，内无种子；果颈长1～3.5cm；果瓣革质，褐棕色或红褐色，常被白色粉霜；种子多颗，长圆形或椭圆形，长11～13mm，宽8～9mm，棕色，光亮。花期4～5月，果期8～9月。

本种荚果大小变化较大。所谓猪牙皂，是一类不正常的果。

栾川县有广泛分布，多生于四旁。栽培历史悠久，现有百年以上古树67株。河南各地均产。分布于河北、山东、河南、山西、陕西、甘肃、江苏、安徽、浙江、江西、湖南、湖北、福建、广东、广西、四川、贵州、云南。

喜光，稍耐阴，喜温暖湿润的气候及深厚肥沃的湿润土壤，但对土壤要求不严，在石灰质及盐碱甚至黏土或沙土均能正常生长；深根性。生长速度慢，寿命长，可达数百年甚至千年以上；一般6～8年龄可开花结果，结实期可长达数百年。种子繁殖，播种前需进行种子处理，常用浓硫酸快速浸泡。

木材坚硬，为车辆、家具用材。本种是医药、保健品、化妆品及洗涤用品的天然原料，荚果为过去农村主要的洗涤用品；种子可消积化食开胃，所含的一种植物胶是重要的战略原料；刺内含黄酮甙、酚类、氨基酸，有很高的经济价值。荚、种子和刺均可入药。子可治脱发、白发、腰脚风痛、大肠虚秘、下痢不止、肠风下血、小儿流涎、风虫牙痛、中暑、咽喉肿痛、痰喘咳嗽等数十种疾病；刺全年可采，有脱毒排脓、活血消痈之效，适应于痈疽疮毒初期或脓成不溃者，栾川民间常用皂荚果或刺砸碎后外敷，用以治疗儿童腮腺炎（炸腮），有特效。近年来栾川县群众多有大量栽培者，以出售刺为主要经营目的，取得了良好的经济效益。

叶枝

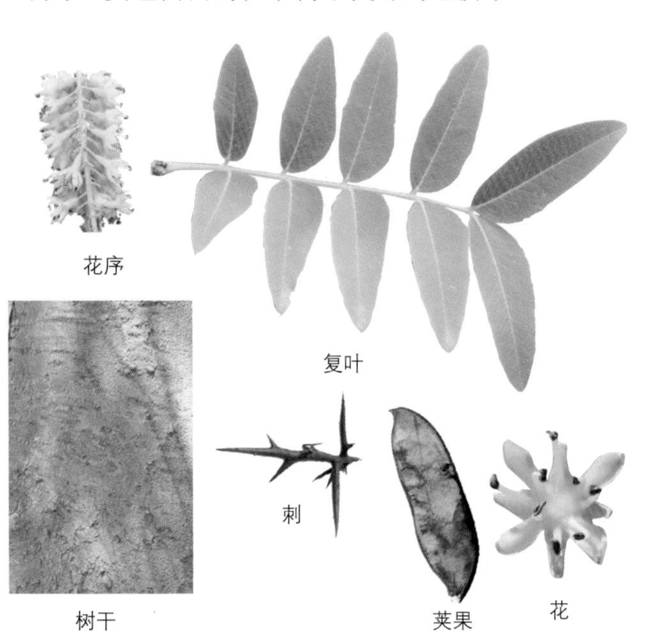

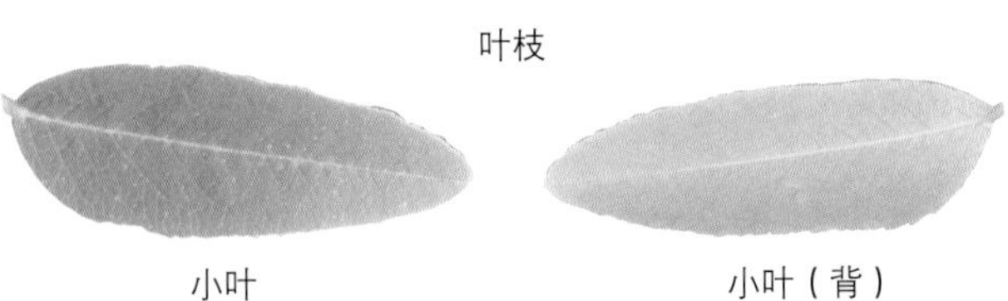
小叶　小叶（背）

3.紫荆属 *Cercis*

落叶灌木或乔木，单生或丛生，无刺。单叶互生，全缘，具掌状叶脉；托叶小，鳞片状或薄膜状，早落。花两侧对称，两性，紫红色或粉红色，具梗，排成总状花序单生于老枝上或聚生成花束簇生于老枝或主干上，通常先叶开放；苞片鳞片状，聚生于花序基部，覆瓦状排列，边缘常被毛；小苞片极小或缺；花萼短钟状，微歪斜，红色，喉部具一短花盘，先端不等的5裂，裂齿短三角状；花瓣5，近蝶形，具柄，不等大，旗瓣最小，位于最里面；雄蕊10，分离，花丝下部常被毛，花药背部着生，药室纵裂；子房具短柄，有胚珠2～10，花柱线形，柱头头状。荚果扁狭长圆形，两端渐尖或钝，于腹缝线一侧常有狭翅，不开裂或开裂；种子2至多颗，小，近圆形，扁平，无胚乳，胚直立。

约8种。其中2种分布于北美，1种分布于欧洲东部和南部，5种分布于我国，通常生于温带地区。河南有3种。栾川县有2种。

1.短总状花序。叶背面脉腋有褐色簇生茸毛 ································ （1）湖北紫荆 *Cercis glabra*

1.花簇生。小枝及叶背面无毛 ·· （2）紫荆 *Cercis chinensis*

（1）湖北紫荆 *Cercis glabra*

【识别要点】叶厚纸质或近革质，圆形或宽卵圆形，先端钝或急尖，基部心形至近心形，幼叶常呈紫红色，背面无毛或基部脉腋间常有褐色簇生茸毛。总状花序短，花常为紫色。

乔木，高达15m。树皮灰黑色，当年生小枝暗褐色，无毛。叶较大，厚纸质或近革质，圆形或宽卵圆形，长5～12cm，宽4.5～11.5cm，先端钝或急尖，基部心形至近心形，幼叶常呈紫红色，成长后绿色，表面光亮，背面无毛或基部脉腋间常有褐色簇生茸毛；掌状（5～）7出脉；叶柄长2～4.5cm。总状花序短，总轴长0.5～1cm，有花数至十余朵；花淡紫红色或粉红色，常为紫色，先于叶或与叶同时开放，稍大，长1.3～1.5cm，花梗细长，长1～2.3cm。荚果狭长圆形，紫红色，长9～14cm，少数短于9cm，宽1.2～1.5cm，翅宽约 2mm，先端渐尖，基部圆钝，二缝线不等长，背缝稍长，向外弯拱，少数基部渐尖而缝线等长；果柄纤细，长2～3mm；种子5～8颗，近圆形，扁，长6～7mm，宽5～6mm。花期4～5月，果期9月。

栾川县产各山区，生于海拔900～1500m的山沟杂木林中。河南产于伏牛山区。分布于湖北、陕西、四川、云南、贵州、广西、广东、湖南、浙江、安徽等地。

种子繁殖。可作园林绿化树种。

（2）紫荆（乌桑 紫荆花 巨紫荆） *Cercis chinensis*

【识别要点】叶纸质，近圆形，长6～14cm，宽与长相等或略短于长，两面无毛；叶柄略带紫色。花紫红色或粉红色，簇生于老枝和主干上。

乔木，栽培的常为灌木。小枝灰褐色，无毛，有皮孔。叶纸质，近圆形或三角状圆形，长6～14cm，宽与长相等或略短于长，先端急尖或短渐尖，基部心形，掌状5出脉，两面无毛；叶柄长1.5～4cm，略带紫色。花紫红色或粉红色，2～10余朵成束，簇生于老枝和主干上，尤以主干上花束较多，越到上部幼嫩枝条则花越少，通常先于叶开放，但嫩枝或幼株上的花则与叶同时开放，花长1～1.3cm；花梗长3～9mm；龙骨瓣基部具深紫色斑纹；子房嫩绿色，花蕾时光亮无毛，后期则密被短柔毛，有胚珠6～7。荚果扁平，长5～14cm，宽1.3～1.5cm，沿腹缝线有狭翅，网脉明显，喙细而弯曲，基部长渐尖；种子2～8颗，近圆形，黑褐色，光亮。花期3～4月，果期8～9月。

栾川县广泛分布于各山区，生于山坡、溪旁及疏林中。河南产于太行山的济源、辉县及伏牛山、大别山和桐柏山区。分布于华北、华东、西南、中南及陕西、甘肃、辽宁等地。

多用种子繁殖，也可压条或扦插繁殖。

树皮可入药，有清热解毒，活血行气，消肿止痛之功效，可治产后血气痛、疔疮肿毒、喉痹；花可治风湿筋骨痛。花期早，花大而稠密，满树紫红，为著名观赏植物。其荚果扁平，长条带状，嫩时称“乌桑板”，经水煮、浸泡后可食用，是旧时粮食匮乏时山区农民的野菜之一。园林上广泛栽培。

叶枝　果　花枝　花　种子　叶背　树干

4.槐属 *Sophora*

乔木、灌木，稀草本。奇数羽状复叶；小叶对生或近对生，全缘；托叶有或无，少数具小托叶。花序总状或圆锥状，顶生、腋生或与叶对生；花白色、黄色或紫色，苞片小，线形，或缺如，常无小苞片；花萼钟状或杯状，萼齿5，等大，或上方2齿近合生而成为近二唇形；旗瓣形状、大小多变，圆形、长圆形、椭圆形、倒卵状长圆形或倒卵状披针形，翼瓣单侧生或双侧生，具皱褶或无，形状与大小多变，龙骨瓣与翼瓣相似，无皱褶；雄蕊10，分离或基部有不同程度的连合，花药卵形或椭圆形，丁字着生；子房具柄或无，胚珠多数，花柱直或内弯，无毛，柱头棒状或点状，稀被长柔毛，呈画笔状。荚果圆柱形或稍扁，串珠状，果皮肉质、革质或壳质，有时具翅，不裂或有不同的开裂方式；种子1至多数，卵形、椭圆形或近球形，种皮黑色、深褐色、赤褐色或鲜红色；子叶肥厚，偶具胶质内胚乳。

约70余种，广泛分布于两半球的热带至温带地区。我国有21种，14变种，2变型，主要分布在西南、华南和华东地区，少数种分布到华北、西北和东北。河南木本有2种，3变种。栾川县产2种，2变种。

1.灌木。小枝具刺。小叶11～21个。总状花序 ……………………………… 1.白刺花 *Sophora davidii*

1.乔木。小枝无刺。小叶7～15（17）个。圆锥花序 ……………………… 2.槐树 *Sophora japonica*

（1）白刺花 *Sophora davidii*

【识别要点】小枝具粗壮锐刺。小叶11～21个，先端圆或微凹，具尖，表面无毛，背面疏生毛；托叶细小呈针刺状。

落叶灌木。枝多开展，小枝初被毛，旋即脱净，不育枝末端明显变成刺，有时分叉。羽状复叶；托叶细小、钻状，部分变成针刺，疏被短柔毛，宿存；小叶11～21个，形态多变，一般为椭圆形或长卵形，长5～9mm，宽4～5mm，先端圆或微凹，常具芒尖，基部钝圆形，表面几无毛，背面中脉隆起，疏被长柔毛或近无毛。总状花序着生于小枝顶端；花小，长约15mm，较少；花萼钟状，稍歪斜，蓝紫色，萼齿5，不等大，圆三角形，无毛；花冠白色或淡黄色，有时旗瓣稍带红紫色，旗瓣倒卵状长圆形，长14mm，宽6mm，先端圆形，基部具细长柄，柄与瓣片近等长，反折，翼瓣与旗瓣等长，单侧生，倒卵状长圆形，宽约3mm，具1锐尖耳，明显具海绵状皱褶，龙骨瓣比翼瓣稍短，镰状倒卵形，具锐三角形耳；雄蕊等长，基部连合不到1/3；子房比花丝长，密被黄褐色柔毛，花柱变曲，无毛，胚珠多数，荚果非典型串珠状，稍压扁，长6～8cm，宽6～7mm，开裂方式与砂生槐同，表面散生毛或近无毛，有种子3～5粒；种子卵球形，长约4mm，径约3mm，深褐色。花期4～5月，果期8月。

栾川县产各山区，生于山坡、路旁等干燥处。河南产于太行山、伏牛山、大别山及桐柏山区。分布于华北、陕西、甘肃、河南、江苏、浙江、湖北、湖南、广西、四川、贵州、云南、西藏。

耐旱性强，是水土保持树种之一，也可供观赏。

根、果入药，有清热解毒、理气消肿之效。

复叶　果　小枝　花枝　花

（2）槐树（国槐 家槐） *Sophora japonica*

【识别要点】当年生枝绿色。羽状复叶，叶柄基部膨大；小叶7～15（17）个，对生或近互生，卵状长圆形，先端渐尖，具小尖头。

乔木，高达25m；树皮灰褐色，具纵裂纹。当年生枝绿色，幼时具短毛。羽状复叶长达25cm；叶轴初被疏柔毛，旋即脱净；叶柄基部膨大，包裹着芽；托叶形状多变，有时呈卵形，叶状，有时线形或钻状，早落；小叶7～15（17）个，对生或近互生，纸质，卵状长圆形，长2.5～7.5cm，宽1.5～3cm，先端渐尖，具小尖头，基部宽楔形或近圆形，稍偏斜，背面灰白色，疏被短柔毛；小托叶2枚，钻状。圆锥花序顶生，常呈金字塔形，长达30cm；花梗比花萼短；小苞片2枚，形似小托叶；花萼浅钟状，长约4mm，萼齿5，近等大，圆形或钝三角形，被灰白色短柔毛，萼管近无毛；花冠白色或淡黄色，旗瓣近圆形，长和宽约11mm，具短柄，有紫色脉纹，先端微缺，基部浅心形，翼瓣卵状长圆形，长10mm，宽4mm，先端浑圆，基部斜戟形，无皱褶，龙骨瓣阔卵状长圆形，与翼瓣等长，宽达6mm；雄蕊近分离，宿存；子房近无毛。荚果串珠状，长2.5～5cm或稍长，径约10mm，种子间缢缩不明显，种子排列较紧密，具肉质果皮，成熟后不开裂，具种子1～6粒；种子卵球形，淡黄绿色，干后黑褐色。花期7～8月，果期9～10月。

栾川县广泛栽培，历史悠久，现有古树36株。河南各地有栽培。本种原产中国，现南北各地广泛栽培，华北和黄土高原地区尤为多见。日本、越南也有分布，朝鲜见有野生，欧洲、美洲各国均有引种。

种子繁殖。深根性树种，喜光，适应较干冷气候，在酸性、中性、石灰性及轻度盐碱土上均能正常生长。可荒山造林，多用于四旁绿化及城市园林绿化。

叶及嫩枝捣碎可作染料，旧时用以染布；嫩叶可食用，阴干存放，在做玉米粥时加入干槐叶同煮，汤色黄绿，味道鲜美，为独特的地方饮食。花蕾称作槐米，可入药，具有抗炎、改善心血管病、抗病毒、抑制醛糖还原酶、祛痰、止咳等作用，临床还用于治疗银屑病、颈淋巴结核和祛毒消肿等。民间常把槐米或煮、或开水泡茶饮用，作为消暑祛火"凉药"。果实有止血、降压、抗癌等效。木材供建筑、家具等用。

秋扒乡是栾川县国槐的主要种植区，依托丰富的国槐资源建起了槐米加工厂，所产槐米袋泡茶畅销全国，为当地重要特产之一。

树冠 树干 花瓣 花蕾 小叶 花序 去瓣后的花 复叶 叶背局部 种子 果枝

园林上常见的栽培变种有：**龙爪槐（倒栽槐）‘Pendula’** 小枝弯曲下垂，形似龙爪，树冠伞形。通常用原种作砧木嫁接繁殖。**金枝国槐（黄金槐）‘Chrysoclada’** 发芽早，幼芽及嫩叶淡黄色，5月上旬转绿黄，秋季9月后又转黄，每年11月至第二年5月，其枝干为金黄色。

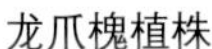
龙爪槐植株

金枝国槐植株

5.马鞍树属 *Maackia*

落叶乔木或灌木。芽单生叶腋，芽鳞数枚，覆瓦状排列。奇数羽状复叶，互生；小叶对生或近对生，全缘；小叶柄短；无小托叶。总状花序单一或在基部分枝；花两性，多数，密集；每花有1枚早落苞片；花萼膨大，钟状，5齿裂；花冠白色，旗瓣倒卵形、长椭圆状倒卵形或倒卵状楔形，瓣片反卷，瓣柄增厚，翼瓣斜长椭圆形，基部戟形，龙骨瓣稍内弯，斜半箭形，背部稍叠生；雄蕊10，花丝基部稍连合，着生于花萼筒上，花药背着，椭圆形；子房有柄或几无柄，密被毛，胚珠少数，花柱稍内弯，柱头小，顶生。荚果扁平，长椭圆形至线形，无翅或沿腹缝延伸成狭翅，开裂。

约12种，产东亚。我国8种。河南有4种。栾川县产1种。

华山马鞍树 *Maackia hwashanensis*

【识别要点】小叶9～11个，卵形至椭圆状披针形，背面密被短柔毛；小叶柄密被白色短柔毛。

乔木。小枝灰褐色，幼时有淡黄灰色柔毛，后脱落，变为紫褐色；芽卵形，先端急尖，被淡灰黄色柔毛，尤以先端较密。羽状复叶，长18～24（27）cm；叶轴无毛或微被毛；小叶9～11个，卵形至椭圆状披针形，长3.5～5.5cm，宽2～3cm，先端短渐尖或急尖，基部圆或宽楔形，幼叶两面有短贴毛，后表面光滑无毛，背面密被短柔毛；小叶柄长2～3mm，密被白色短柔毛。总状花序长3.4～4.5cm，单生或2个集生枝顶；总花梗及花梗均被褐色短毛；花长约1cm；花梗长约4mm；萼齿三角形；花冠白色，旗瓣倒卵形，长7.5mm，宽3mm，翼瓣近镰形，长8mm，宽1.6mm，龙骨瓣长椭圆形，长8mm，宽3mm。果序长5.5～11cm；荚果扁平，长椭圆形或披针形，上部较窄，长

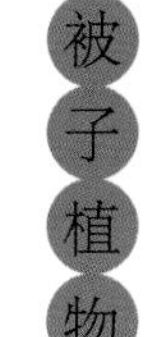

3.5～5cm，宽1.3～1.4cm，先端有喙状短尖头，幼果被毛，后脱落；果柄长6～7mm，被短柔毛；种子长椭圆形，红褐色。花期7～8月，果期9～10月。

栾川县产伏牛山，生于海拔2000m以下的山坡及山谷杂木林中。河南还产于灵宝、卢氏、西峡、内乡等县市。分布于陕西华山。

种子繁殖。

木材供建筑和家具等用。

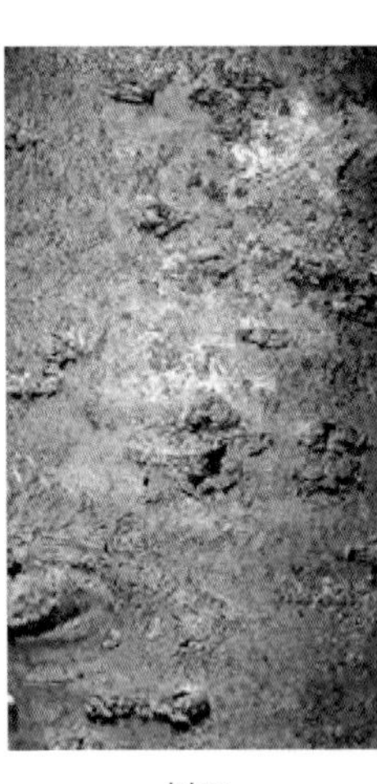

树干

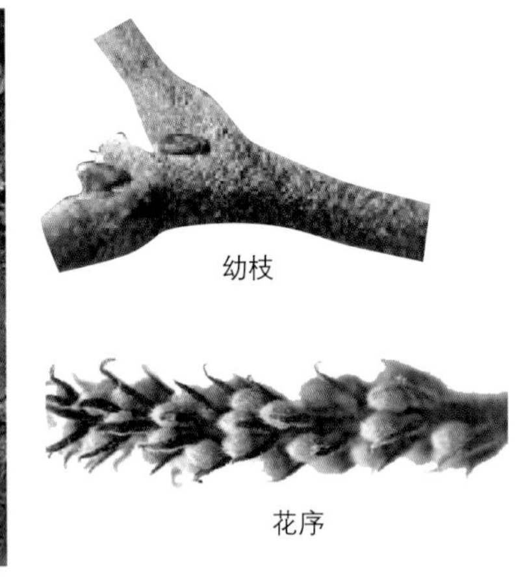

幼枝

花序

枝叶

6.木蓝属 *Indigofera*

落叶灌木或草本，稀乔木状；植株常被白色或褐色平贴丁字毛，少数具二歧或距状开展毛及多节毛，有时被腺毛或腺体。奇数羽状复叶，偶为掌状复叶、三小叶或单叶；托叶脱落或留存，小托叶有或无；小叶通常对生，稀互生，全缘。总状花序腋生，少数成头状、穗状或圆锥状；苞片常早落；花萼钟状或斜杯状，萼齿5，近等长或下萼齿常稍长；花冠紫红色至淡红色，偶为白色或黄色，早落或旗瓣留存稍久，旗瓣卵形或长圆形，先端钝圆，微凹或具尖头，基部具短瓣柄，外面被短绢毛或柔毛，有时无毛，翼瓣较狭长，具耳，龙骨瓣常呈匙形，常具距突与翼瓣钩连；雄蕊二体，花药同型，背着或近基着，药隔顶端具硬尖或腺点，有时具髯毛，基部偶有鳞片；子房无柄，花柱线形，通常无毛，柱头头状，胚珠1至多数。荚果线形或圆柱形，稀长圆形或卵形或具4棱，被毛或无毛，偶具刺，内果皮通常具红色斑点；种子肾形、长圆形或近方形。

700余种，广布亚热带与热带地区，以非洲占多数。我国有81种，9变种。河南有11种。栾川县有7种。

1.花大，长1～1.5cm：

2.小叶通常互生，两面有卷曲毛 ………………………………… （1）华中木蓝 *Indigofera chalara*

2.小叶通常对生，两面有白色丁字毛：

3.花冠无毛。小叶7～11个 ………………………………… （2）花木蓝 *Indigofera kirilowii*

3.花冠有短柔毛或至少旗瓣背面有毛，小叶9～13个 … （3）宜昌木蓝 *Indigofera ichangensis*

1.花较小，长不及1mm：

4.花序短于叶，总花梗较叶柄短：

5.野生。小叶7～11个，荚果长3.5～6cm ……………… （4）多花木蓝 *Indigofera amblyantha*

5.栽培。小叶7～19个，荚果长1.5～2.5cm……………………… （5）木蓝 *Indigofera tinctoria*

4.花序长于叶，总花梗较叶柄长或等长，稀短于叶柄：

6.荚果无毛。花长约8mm。小叶5～9个，长1～3cm……… （6）白毛木蓝 *Indigofera potaninii*

6.荚果有丁字毛。花较小，长4～5mm。小叶7（9）………… （7）野蓝枝 *Indigofera bungeana*

（1）华中木蓝　*Indigofera chalara*

小灌木，高达1.8m。幼枝疏生平贴丁字毛，后脱落。小叶7～9个，互生，卵圆形至卵圆状披针形，长1.3～3cm，先端圆钝，两面被卷毛。总状花序腋生，花红色，长约1.2cm。荚果线形。花期6～7月，果期8月。

栾川县产各山区，生于山坡灌丛或疏林中。河南还产于淅川、南召、新县等地。分布于湖北省。

复叶

花枝

小叶（背）

荚果

（2）花木蓝（小葛花　吉氏木蓝）　*Indigofera kirilowii*

【识别要点】幼枝有棱，疏生白色丁字毛。羽状复叶长6～15cm；小叶7～11个，阔卵形、卵状菱形或椭圆形，两面散生白色丁字毛；花冠淡紫色。

小灌木，高30～100cm。茎圆柱形，无毛，幼枝有棱，疏生白色丁字毛。羽状复叶长6～15cm；叶柄长（0.5）1～2.5cm，叶轴上面略扁平，有浅槽，被毛或近无毛；托叶披针形，长4～6mm，早落；小叶7～11个，对生，阔卵形、卵状菱形或椭圆形，长1.5～4cm，宽1～2.3cm，先端圆钝或急尖，具长的小尖头，基部楔形或阔楔形，表面绿色，背面粉绿色，两面散生白色丁字毛，中脉表面微隆起，背面隆起，侧脉两面明显；小叶柄长2.5mm，密生毛；小托叶钻形，长2～3mm，宿存。总状花序长5～12（20）cm，疏花；总花梗长1～2.5cm，花序轴有棱，疏生白色丁字毛；苞片线状披针形，长2～5mm；花梗长3～5mm，无毛；花萼杯状，外面无毛，长约3.5mm，萼筒长约1.5mm，萼齿披针状三角形，有缘毛，最下萼齿长达2mm；花冠淡紫色，稀白色，花瓣近等长，旗瓣椭圆形，长12～15（17）mm，宽约7.5mm，先端圆形，外面无毛，边缘有短毛，翼瓣边缘有毛；花药阔卵形，两端有髯毛；子房无毛。荚果棕褐色，圆柱形，长3.5～7cm，径约5mm，无毛，内果皮有紫色斑点，有种子10余粒；果梗平展；种子赤褐色，长圆形，长约5mm，径约2.5mm。花期5～6月，果期8～9月。

栾川县产各山区，生于山坡灌丛、疏林中。河南产于伏牛山和太行山区。分布于东北、华北及华东。朝鲜、日本也有分布。

茎皮纤维供制人造棉、纤维板和造纸用；枝条可编筐；种子含油及淀粉；叶含鞣质。根入药，治咽喉肿痛。

果枝

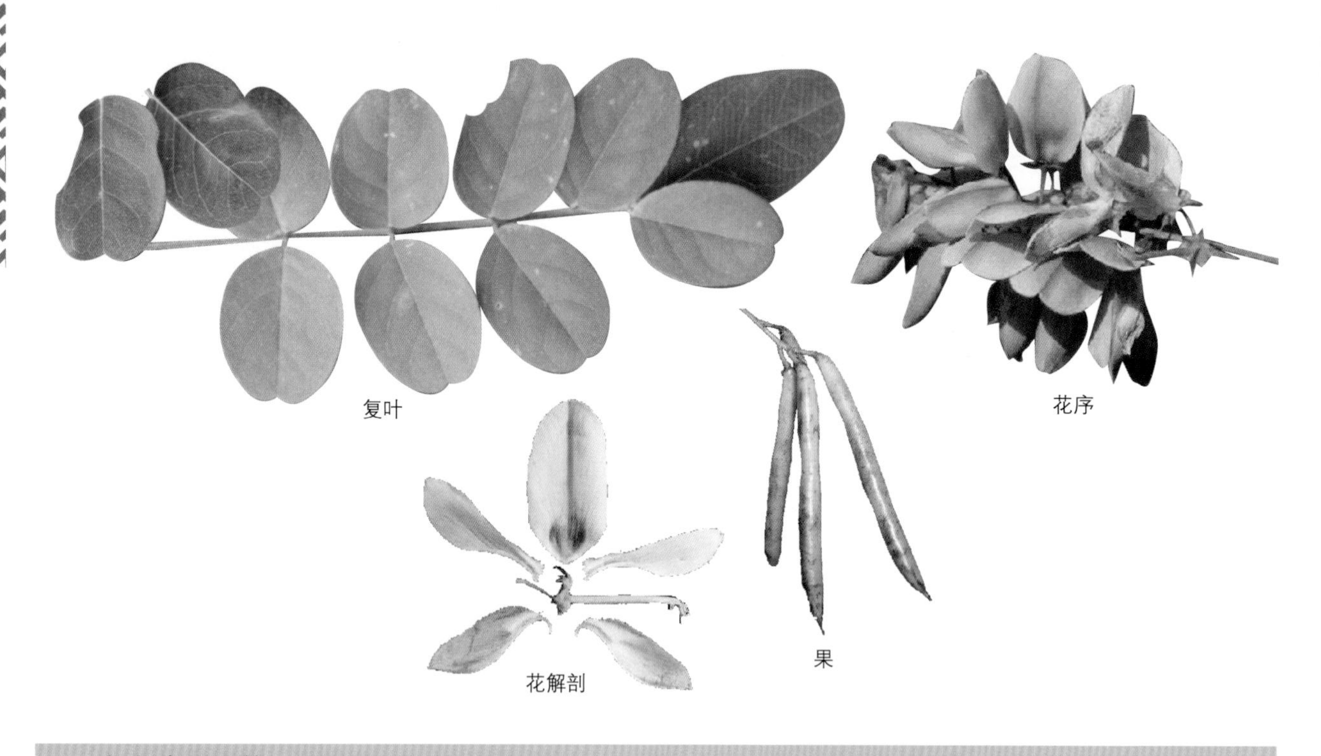

（3）宜昌木蓝 *Indigofera ichangensis*

【识别要点】小叶9～13个，卵状长圆形或卵状披针形，两面有白色丁字毛；总状花序与叶近等长，花冠淡紫色或白色。

灌木，高达1.5m。小叶9～13个，卵状长圆形或卵状披针形，长2.5～7.5cm，宽1～3cm，先端尖，有长约2mm的短尖头，基部宽楔形或近圆形，两面有白色丁字毛；叶柄、叶轴及小叶柄疏生短柔毛。总状花序腋生，与叶近等长；花冠淡紫色或白色，长约1.5cm，有短柔毛。荚果圆柱形，长约4～6.5cm，褐色。花期4～5月，果期7～8月。

栾川县产伏牛山主脉北坡龙峪湾至老君山一带，生于山坡林缘、路边灌丛中。河南产于伏牛山南部、大别山和桐柏山区。分布于浙江、江西、湖北、湖南、广西、贵州等地。

根入药，有清热解毒之效，治咽喉肿痛。也可作庭院花灌木。

果枝

花

叶面放大

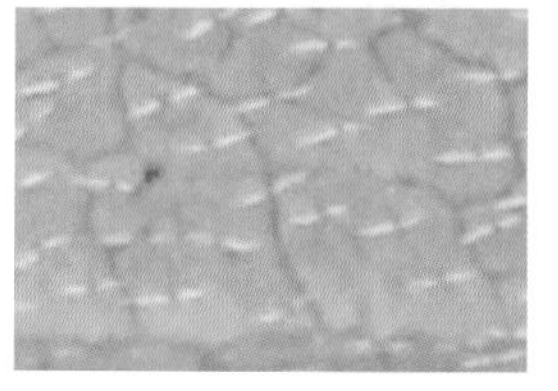
叶背放大

复叶

（4）多花木蓝（山豆根 青杭子梢） *Indigofera amblyantha*

【识别要点】小枝、叶面、叶柄、小叶柄、花冠、荚果均被丁字毛。小叶7～11个，背面毛较密。总状花序较叶短，花冠淡红色。

灌木，高达2m；少分枝。茎褐色或淡褐色，圆柱形，幼枝具棱，密被白色平贴丁字毛，后变无毛。羽状复叶长达18cm；叶柄长2～5cm，叶轴上面具浅槽，与叶柄均被平贴丁字毛；托叶微小，三角状披针形，长约1.5mm；小叶7～11个，对生，稀互生，通常为倒卵形或倒卵状圆形，长1.5～4cm，宽1～2cm，先端圆钝，具小尖头，基部楔形或阔楔形，表面绿色，疏生丁字毛，背面苍白色，被毛较密，中脉表面微凹，背面隆起，侧脉4～6对，表面隐约可见；小叶柄长约1.5mm，被毛；小托叶微小。总状花序腋生，长11（～15）cm，近无总花梗；苞片线形，长约2mm，早落；花梗长约1.5mm；花萼长约3.5mm，被白色平贴丁字毛，萼筒长约1.5mm，最下萼齿长约2mm，两侧萼齿长约1.5mm，上方萼齿长约1mm；花冠淡红色，旗瓣倒阔卵形，长6～6.5mm，先端螺壳状，瓣柄短，外面被毛，翼瓣长约7mm，龙骨瓣较翼瓣短，距长约1mm；花药球形，顶端具小突尖；子房线形，被毛，有胚珠17～18。荚果棕褐色，窄线形，长3.5～6（7）cm，被短丁字毛，种子间有横隔，内果皮无斑点；种子褐色，长圆形，长约2.5mm。花期5～6月，果期9～10月。

栾川县产各山区，生于海拔1600m以下的山坡灌丛或疏林中。河南产于伏牛山、太行山、大别山和桐柏山区。分布于山西、陕西、甘肃、河南、河北、安徽、江苏、浙江、湖南、湖北、贵州、四川。

全株入药，有清热解毒、消肿止痛之效。也可作观花树种。

果枝　复叶　叶面放大　叶背放大　小叶　花序　荚果　花

（5）木蓝 *Indigofera tinctoria*

【识别要点】小枝、叶轴、叶、萼齿、荚果被丁字毛。小叶9～13个。花序较叶甚短，花冠红色。

直立亚灌木，高0.5～1m；分枝少。幼枝有棱，扭曲，被白色丁字毛。羽状复叶长2.5～11cm；叶柄长1.3～2.5cm，叶轴上面扁平，有浅槽，被丁字毛，托叶钻形，长约2mm；小叶9～13个，对生，倒卵状长圆形或倒卵形，长1～2cm；宽0.5～1.5cm，先端圆钝或微凹，有短尖，基部阔楔形或圆形，两面被丁字毛或表面近无毛，中脉表面凹入，侧脉不明显；小叶柄长约2mm；小托叶钻形。总状花序腋生，较叶甚短，花疏生，近无总花梗；苞片钻形，长1～1.5mm；花梗长4～5mm；花萼钟状，长约

1.5mm，萼齿三角形，与萼筒近等长，外面有丁字毛；花冠伸出萼外，红色，旗瓣阔倒卵形，长4～5mm，外面被毛，瓣柄短，翼瓣长约4mm，龙骨瓣与旗瓣等长；花药心形；子房无毛。荚果圆柱形，棕黑色，长1.5～2.5cm，有丁字毛，有种子5～10粒，内果皮具紫色斑点；果梗下弯。种子近方形，长约1.5mm。花期5～7月，果期8～9月。

栾川县有栽培。河南多地有栽培。分布于福建及广东，我国各地均有栽培。

叶可提取蓝靛染料；根、茎及叶入药，能凉血、解毒、泻火、散郁，也可外敷治肿毒。

花枝

果枝

（6）白毛木蓝（波氏木蓝 甘肃木蓝） *Indigofera potaninii*

【识别要点】幼枝、叶轴、小叶两面、总花梗、苞片、旗瓣外面有丁字毛。小叶5～9个；总状花序长于叶柄，花冠粉红带紫。

灌木，高约1.5m。茎红褐色，圆柱形，有皮孔，小枝细，幼时具棱，密被白色并间生棕褐色平贴或近平贴丁字毛，后变无毛或近无毛。羽状复叶长4.5～10cm；叶柄长1.3～2.5cm，叶轴扁平，有白色丁字毛；托叶较坚硬，长3～4mm；小叶5～9个，对生，椭圆状长圆形、长圆形或倒卵状长圆形，长1.5～2cm，宽7mm，先端圆，有突尖，基部楔形或宽楔形，表面绿色，背面灰绿色，两面被白色丁字毛，背面稀间生棕褐色毛；中脉表面微凹陷，侧脉两面均不明显；小叶柄长约1mm；小托叶微小，钻状。总状花序腋生，长达19cm；总花梗长约5cm，有丁字毛；苞片线状披针形，长约3mm，有绢丝状丁字毛，早落；花梗长约2mm，有毛；花萼杯状，长约3.5mm，外面有毛，萼齿三角形，先端长渐尖，最下萼齿长约2mm，花冠粉红带紫色，旗瓣阔卵状椭圆形，长7.5～8mm，宽5～6mm，外面有丁字毛，翼瓣长约7.5mm，边缘有毛，基部有瓣柄，龙骨瓣与翼瓣等长，边缘及先端有毛；花药卵球形，两端无髯毛；子房有毛。荚果褐色，长达3.5cm，近无毛。花期6～7月，果期8～9月。

栾川县产各山区，生于山坡灌丛或疏林中。河南产于太行山和伏牛山区。分布于山西、陕西、甘肃等地。

果及根入药，治咽喉肿痛。

花枝

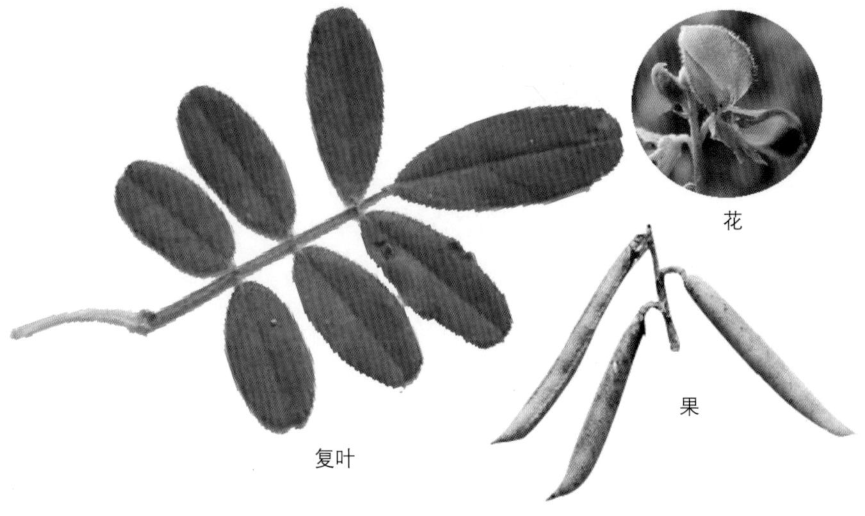
复叶

花

果

（7）野蓝枝（铁扫帚） *Indigofera bungeana*

【识别要点】枝、叶轴、叶柄、小叶两面、花萼、花冠、荚果均被丁字毛。小叶7～9个，花序较叶长。

灌木，高达1m。茎褐色，圆柱形，有皮孔，枝银灰色，被白色丁字毛。羽状复叶长2.5～5cm；叶柄长达1cm，叶轴上面有槽，与叶柄均被灰色平贴丁字毛；托叶三角形，长约1mm，早落；小叶7～9个，对生，长圆形或倒卵状长圆形，长5～1.5mm，宽3～10mm，先端急尖，有小尖头，基部圆形，表面绿色，疏被丁字毛，背面苍绿色，丁字毛较粗；小叶柄长0.5mm；小托叶与小叶柄近等长或不明显。总状花序较叶长；总花梗较叶柄短；苞片线形，长约1.5mm；花梗长约1mm；花萼长约2mm，外面被白色丁字毛，萼齿近相等，三角状披针形，与萼筒近等长；花冠紫色或紫红色，旗瓣阔倒卵形，长达5mm，外面被丁字毛，翼瓣与龙骨瓣等长，龙骨瓣有距；花药圆球形，先端具小凸尖；子房线形，被疏毛。荚果褐色，圆柱形，长2.5～3cm，被白色丁字毛，种子间有横隔，内果皮有紫红色斑点；种子椭圆形。花期6月，果期9～10月。

栾川县产各山区，生于山坡灌丛、草丛或疏林中。河南产于太行山、伏牛山、大别山、桐柏山区。分布于河北、山西、陕西、甘肃、安徽、浙江、湖北、贵州、四川、云南。

全株入药，能清热止血、消肿生肌，外敷治创伤。

复叶　叶背放大　枝局部　花枝　花　荚果

7.紫穗槐属 *Amorpha*

落叶灌木，稀草本。叶互生，奇数羽状复叶，小叶全缘，有油腺点，对生或近对生；托叶针形，早落；小托叶线形至刚毛状，脱落或宿存。花小，组成顶生、密集的穗状花序；苞片钻形，早落；花萼钟状，5齿裂，近等长或下方的萼齿较长，常有腺点；蝶形花冠退化，仅存旗瓣1枚，蓝紫色，向内弯曲并包裹雄蕊和雌蕊，翼瓣和龙骨瓣不存在；雄蕊10，下部合生成鞘，上部分裂，成熟时花丝伸出旗瓣，花药一式；子房无柄，有胚珠2，花柱外弯，无毛或有毛，柱头顶生。荚果短，长圆形，镰状或新月形，不开裂，表面密布疣状腺点；种子1～2颗，长圆形或近肾形。

约25种，主产于北美至墨西哥；我国引种1种。栾川县、河南均普遍栽培。

紫穗槐（紫穗条） *Amorpha fruticosa*

【识别要点】小叶11～25个，先端圆形或微凹，有尖刺，背面有白色短柔毛，具黑色腺点。花冠紫色，无翼瓣和龙骨瓣；荚果下垂，微弯曲，有疣状腺点。

从生灌木，小枝灰褐色，被疏毛，后变无毛，嫩枝密被短柔毛。叶互生，奇数羽状复叶，长10～15cm，有小叶11～25个，基部有线形托叶；叶柄长1～2cm；小叶卵形、椭圆形或披针状椭圆形，长1～4cm，宽0.6～2.0cm，先端圆形或微凹，有一短而弯曲的尖刺，基部宽楔形或圆形，表面无毛或被疏毛，背面有白色短柔毛，具黑色腺点。穗状花序常1至数个顶生和枝端腋生，长7～15cm，密被短柔毛；花有短梗；苞片长3～4mm；花萼长2～3mm，被疏毛或几无毛，萼齿三角形，较萼筒短；旗瓣心形，紫色，无翼瓣和龙骨瓣；雄蕊下部合生成鞘，上部分裂，包于旗瓣之中，伸出花冠外。荚果下垂，长6～10mm，宽2～3mm，微弯曲，顶端具小尖，棕褐色，表面有凸起的疣状腺点。花期5～7月，果期9～10月。

栾川县有栽培。原产美国东北部和东南部，系多年生优良绿肥，蜜源植物，耐瘠，耐水湿和轻度盐碱土，又能固氮。现我国东北、华北、西北及河南、山东、安徽、江苏、湖北、广西、四川等地均有栽培。

枝叶作绿肥、家畜饲料；茎皮可提取栲胶，枝条编制篓筐；果实含芳香油，种子含油率10%，可作油漆、甘油和润滑油之原料。也是优良的水土保持树种。

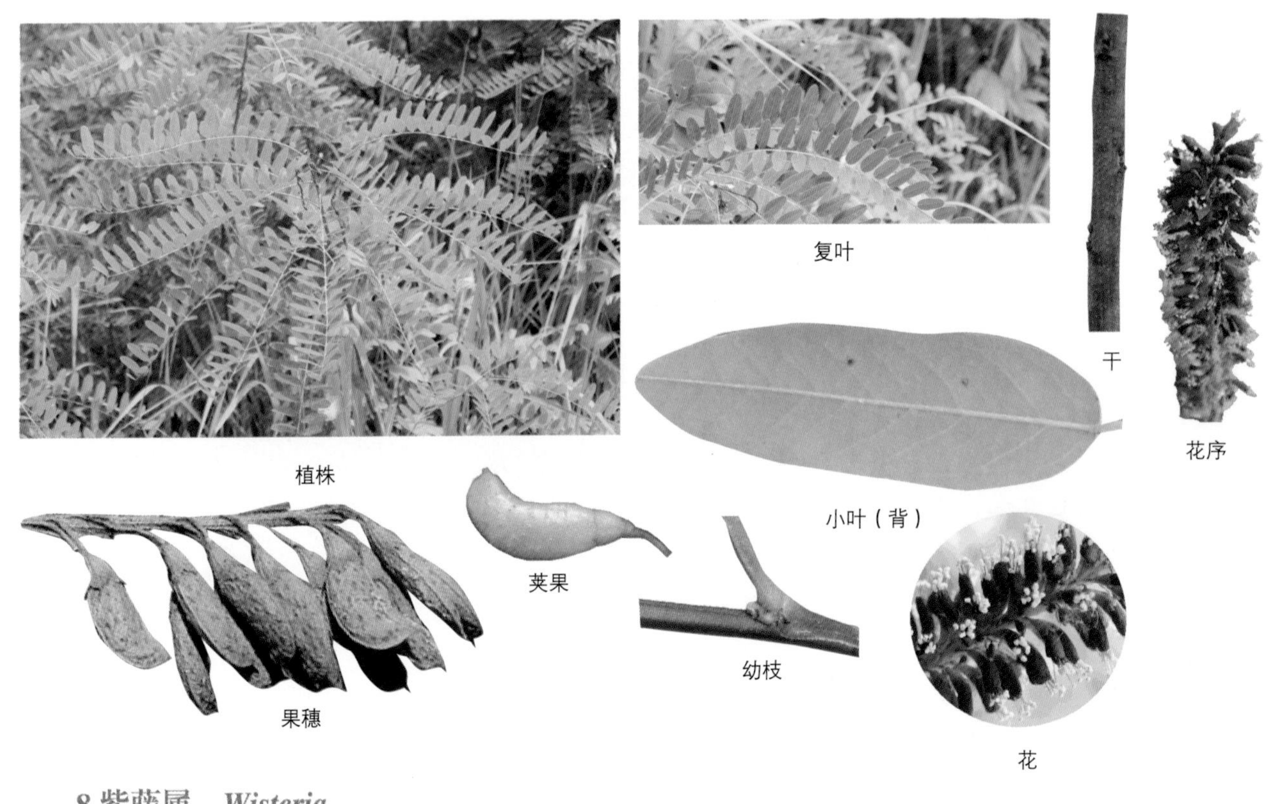
植株　复叶　干　花序　小叶（背）　荚果　果穗　幼枝　花

8.紫藤属 *Wisteria*

落叶藤本。冬芽球形至卵形，芽鳞3～5枚。奇数羽状复叶互生；托叶早落；小叶对生，全缘；具小托叶。总状花序顶生，下垂；花多数，散生于花序轴上；苞片早落，无小苞片；具花梗；花萼杯状，萼齿5，略呈二唇形，上方2枚短，大部分合生，最下1枚较长，钻形；花冠蓝紫色或白色，通常大，旗瓣圆形，基部具2胼胝体，花开后反折，翼瓣长圆状镰形，有耳，与龙骨瓣离生或先端稍粘合，龙骨瓣内弯，钝头；雄蕊二体，对旗瓣的1枚离生或在中部与雄蕊管粘合，花丝顶端不扩大，花药同型；花盘明显被蜜腺环；子房具柄，花柱无毛，圆柱形，上弯，柱头小，点状，顶生，胚珠多数。荚果扁平，伸长，具颈，种子间缢缩，迟裂，瓣片革质，种子大，数枚，肾形。

约10种，分布于东亚、北美和大洋洲。我国有5种，1变型，其中引进栽培1种。河南有3种。栾川县1种。

紫藤（葛花 葛藤） *Wisteria sinensis*

【识别要点】小叶7～13个，卵形至卵状披针形，上部小叶较大，基部1对最小。花冠蝶形，蓝紫色或淡红色，芳香。荚果倒披针形，扁，悬垂枝上不脱落。

落叶藤本。茎左旋，枝较粗壮，嫩枝被白色柔毛，后秃净；冬芽卵形。奇数羽状复叶长15～25cm；托叶线形，早落；小叶7～13个，纸质，卵形至卵状披针形，上部小叶较大，基部1对最小，长5～8cm，宽2～4cm，先端渐尖至尾尖，基部钝圆或楔形，或歪斜，嫩叶两面被平伏毛，后秃净；小叶柄长3～4mm，被柔毛；小托叶刺毛状，长4～5mm，宿存。总状花序发自去年生短枝的腋芽或顶芽，长15～30cm，径8～10cm，花序轴被白色柔毛；苞片披针形，早落；花长2～2.5cm，芳香；花梗细，长2～3cm；花萼杯状，长5～6mm，宽7～8mm，密被细绢毛，上方2齿甚钝，下方3齿卵状三角形；花冠蓝紫色或淡红色，旗瓣圆形，先端略凹陷，花开后反折，翼瓣长圆形，基部圆，龙骨瓣较翼瓣短，阔镰形，子房线形，密被茸毛，花柱无毛，上弯，胚珠6～8。荚果倒披针形，扁，长10～15cm，宽1.5～2cm，密被茸毛，悬垂枝上不脱落，有种子1～3粒；种子褐色，具光泽，圆形，宽1.5cm，扁平。花期4～5月，果期9～10月。

栾川县广泛栽培，多见于房前屋后及小区绿化。河南产于大别山、桐柏山、太行山及伏牛山区，各地有栽培。我国分布于河北以南黄河长江流域及陕西、广西、贵州、云南。

繁殖容易，可用播种、扦插、压条、分株、嫁接等方法，因培养实生苗所需时间长，应用最多的是扦插。

本种攀援能力强，我国自古即栽培作庭园棚架植物，先叶开花，紫穗满垂缀以稀疏嫩叶，十分优美。茎皮、花及种子入药，有解毒、驱虫、止吐泻等效。

叶面局部　叶　花序　花枝　荚果局部　种子　荚果　花

9.刺槐属 *Robinia*

落叶乔木或灌木，具柄下芽。无顶芽。奇数羽状复叶；托叶刚毛状或刺状；小叶全缘；具小叶柄及小托叶。总状花序腋生，下垂；苞片膜质，早落；花萼钟状，5齿裂，上方2萼齿近合生；花冠白色、粉红色或玫瑰红色，花瓣具柄，旗瓣大，反折，翼瓣弯曲，龙骨瓣内弯，钝头；雄蕊二体，对旗瓣的1枚分离，其余9枚合生，花药同型，2室纵裂；子房具柄，花柱钻状，顶端具毛，柱头小，顶生，胚珠多数。荚果扁平，沿腹缝浅具狭翅，果瓣薄，有时外面密被刚毛；种子长圆形或偏斜肾形。

约20种，分布于北美洲至中美洲。我国栽培2种，2变种。河南也有栽培。栾川县栽培1种。

刺槐（洋槐） *Robinia pseudoacacia*

【识别要点】枝有托叶刺。柄下芽。小叶7～25个。总状花序，花冠白色，芳香。

落叶乔木，高10～25m。树皮灰褐色至黑褐色，浅裂至深纵裂，稀光滑。小枝灰褐色，幼时有棱脊，微被毛，后无毛；具托叶刺，长达2cm；冬芽小，被毛。羽状复叶长10～25（40）cm；叶轴上面具沟槽；小叶7～25个，常对生，椭圆形、长椭圆形或卵形，长2～5cm，宽1.5～2.2cm，先端圆，微凹，具小尖头，基部圆至阔楔形，全缘，表面绿色，背面灰绿色，幼时被短柔毛，后变无毛；小叶柄长1～3mm；小托叶针芒状，总状花序腋生，长10～20cm，下垂，花多数，芳香；苞片早落；花梗长7～8mm；花萼斜钟状，长7～9mm，萼齿5，三角形至卵状三角形，密被柔毛；花冠白色，各瓣均具瓣柄，旗瓣近圆形，长16mm，宽约19mm，先端凹缺，基部圆，反折，内有黄斑，翼瓣斜倒卵形，与旗瓣几等长，长约16mm，基部一侧具圆耳，龙骨瓣镰状，三角形，与翼瓣等长或稍短，前缘合生，先端钝尖；雄蕊二体，对旗瓣的1枚分离；子房线形，长约1.2cm，无毛，柄长2～3mm，花柱钻形，长约8mm，上弯，顶端具毛，柱头顶生。荚果褐色，或具红褐色斑纹，线状长圆形，长5～12cm，宽1～1.3 (1.7)cm，扁平，先端上弯，具尖头，果颈短，沿腹缝线具狭翅；花萼宿存，有种子2～15粒；种子褐色至黑褐色，微具光泽，有时具斑纹，近肾形，长5～6mm，宽约3mm，种脐圆形，偏于一端。花期4～5月，果期7～8月。

栾川县栽培广泛，在海拔2000m以下的山坡能良好生长，有大量片林。原产美国东部，17世纪传入欧洲及非洲。我国于18世纪末从欧洲引入青岛栽培，现全国各地广泛栽植。

强阳性树种，喜光，不耐阴，耐水湿，喜干燥、凉爽气候，较耐干旱、贫瘠，能在中性、石灰性、酸性及轻度碱性土上生长。根系浅而发达，易风倒，适应性强。可用播种、插根、插条及根蘖繁殖。

生长快，萌芽力强，是速生薪炭林树种；亦为优良水土保持树种。广泛用于荒山造林、四旁植树。

材质硬重，抗腐耐磨，宜作枕木、车辆、建筑、矿柱等多种用材；又是优良的蜜源植物。花与嫩叶可食用，叶是优良的饲料。

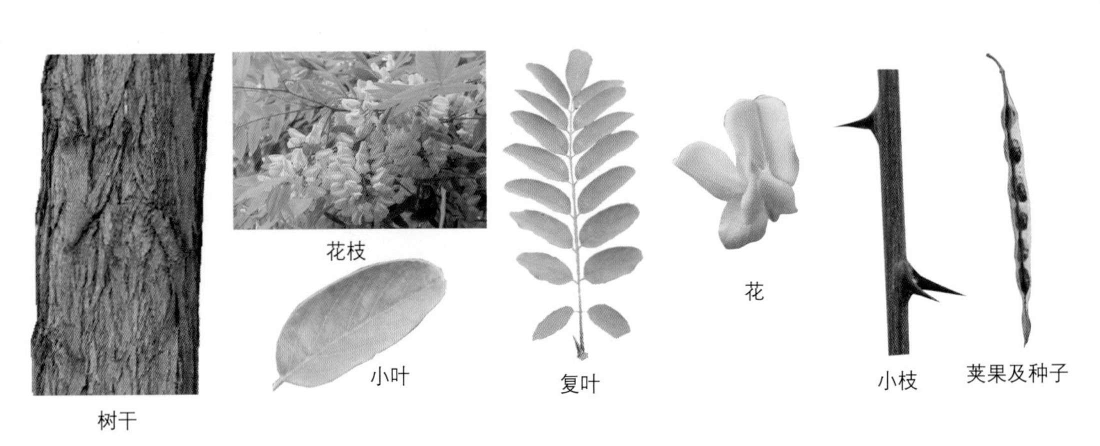

栽培品种有**金叶刺槐** ‘Frisia’小枝金色，光滑；春季叶为金黄色，至夏季变为黄绿色，秋季变为橙黄色，叶色变化丰富，极为美丽。**红花刺槐（红花槐）** *Robinia × ambigua* ‘Decaisneana’花红色或粉红色。

（10）尖叶铁扫帚 *Lespedeza juncea*

【识别要点】小枝有白色柔毛；小叶先端截形，微凹，有短尖，背面密生白色短柔毛；总状花序稍超出叶；花冠白色，带紫斑。

小灌木，高可达1m。小枝有白色柔毛，分枝或上部分枝呈扫帚状。托叶线形，长约2mm；叶柄长0.5～1cm，有柔毛；小叶长圆形，长1～3cm，宽2～5mm，先端截形，微凹，有短尖，基部楔形，背面密生白色短柔毛；总状花序腋生，稍超出叶，有3～7朵排列较密集的花，近似伞形花序；总花梗长；苞片及小苞片卵状披针形或狭披针形，长约1mm；花萼5深裂，裂片披针形，长5～6mm，先端锐尖，外面被白色伏毛；花冠白色，旗瓣基部带紫斑，花期不反卷或稀反卷，龙骨瓣先端带紫色，旗瓣、翼瓣与龙骨瓣近等长，有时旗瓣较短；无瓣花簇生于叶腋，有短花梗。荚果宽椭圆形，长2mm，两面被白色伏毛，稍超出宿存萼。花期7～9月，果期9～10月。

栾川县产各山区，生于海拔1500m以下的山坡灌丛及荒坡。河南产于太行山及伏牛山区。分布于东北、内蒙古、河北、山东、山西等地。朝鲜、日本、蒙古、俄罗斯也有分布。

可作饲料及绿肥。根及茎入药，有补气血、强筋骨、舒筋活络、解表、生津、润燥等效。

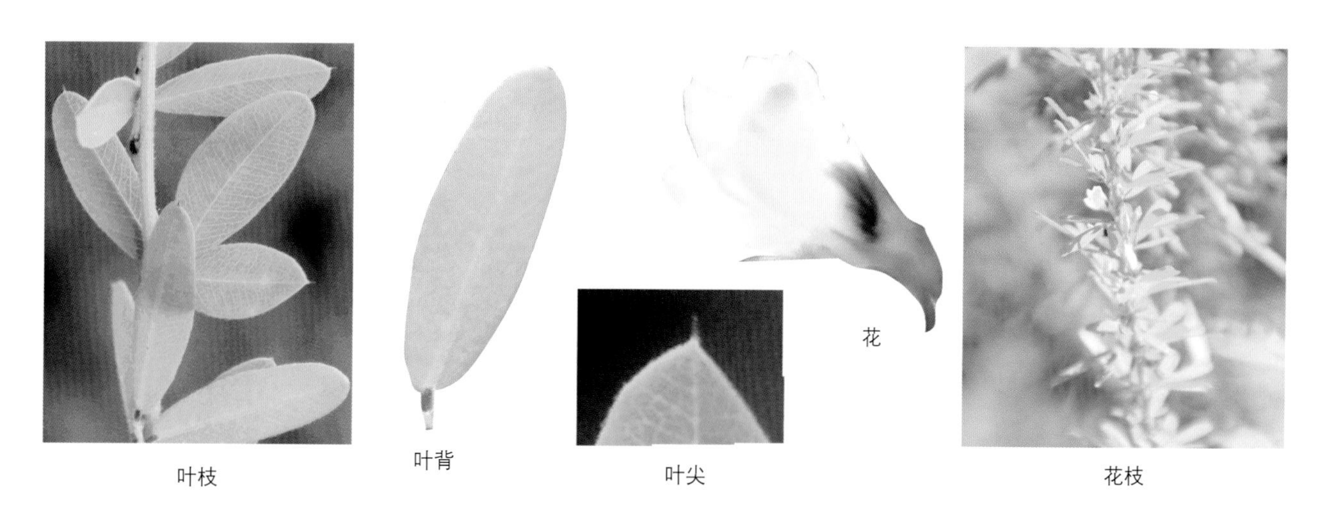

叶枝　叶背　叶尖　花　花枝

（11）截叶铁扫帚 *Lespedeza cuneata*

【识别要点】小叶长圆形，先端截形，微凹，有短尖，表面近无毛，背面密生白色短柔毛。

小灌木，高达1m。小枝有白色柔毛。叶密集；小叶长圆形，长1～3cm，宽2～5（7）mm，先端截形，微凹，有短尖，基部楔形，表面近无毛，背面密生白色短柔毛；叶柄长约1cm，有柔毛。总状花序腋生，具2～4朵花；总花梗极短；小苞片卵形或狭卵形，长1～1.5mm，先端渐尖，背面被白色伏毛，边具缘毛；花萼浅杯状，密被伏毛，5深裂，裂片披针形；花冠白色至淡红色，旗瓣长约7mm，基部有紫斑，有时龙骨瓣先端带紫色，翼瓣与旗瓣近等长，龙骨瓣稍长；无瓣花簇生于叶腋。荚果小，稍斜，被伏毛，长2.5～3.5mm，宽约2.5mm。花期7～9月，果期9～10月。

栾川县分布于各山区，生于山坡、丘陵、沟边、路旁。河南产于各大山区。分布于东北、西北、华北、华东、华南、西南各地。朝鲜、日本、印度、巴基斯坦、阿富汗及澳大利亚也有分布。

全草入药，有清热解毒、利湿消积之效，用于治疗遗精、遗尿、白浊、带下病、哮喘、胃痛、劳伤、小儿疳积、泻痢、跌打损伤、视力减退、目赤红痛、乳痈等症。

花枝 叶 花 果 叶背放大

（12）白指甲花（阴山胡枝子） *Lespedeza inschanica*

【识别要点】小枝疏被白色柔毛。小叶长圆形，先端圆钝或微凹，有短尖，背面有短柔毛，顶生小叶较大。总状花序与叶近等长；花冠黄白色，有紫斑。

灌木，高达80cm。小枝疏被白色柔毛。托叶丝状钻形，长约2mm，背部具1～3条明显的脉，被柔毛；叶柄长（3）5～10mm；小叶长圆形或倒卵状长圆形，长1～2（2.5）cm，宽0.3～0.7cm，先端圆钝或微凹，有短尖，基部宽楔形，表面近无毛，背面有短柔毛，顶生小叶较大。总状花序腋生，与叶近等长，具2～6朵花，总花梗短；无瓣花密生叶腋；小苞片长卵形或卵形，背面密被伏毛，边有缘毛；花萼长5～6mm，5深裂，前方2裂片分裂较浅，裂片披针形，先端长渐尖，具明显3脉及缘毛，萼筒外被伏毛，向上渐稀疏；花冠黄白色，旗瓣近圆形，长7mm，宽5.5mm，先端微凹，基部带大紫斑，花期反卷，翼瓣长圆形，长5～6mm，宽1～1.5mm，龙骨瓣与旗瓣等长，通常先端带紫色。荚果卵形，长4mm，宽2mm，密被伏毛，短于宿存萼。花期7～9月，果期9～10月。

栾川县产各山区，生于向阳山坡、沟边。分布于东北和内蒙古、山西、陕西、山东等地。朝鲜、日本也有分布。

全草入药，有活血、利水、止痛之效。可作牧草。

复叶 花枝 花 荚果

13.杭子梢属 *Campylotropis*

与胡枝子属*Lespedeza*很相似，其主要区别为：每苞片腋间有1花；花梗在近花处有关节，常自关节脱落。

约60种，分布于东亚。我国约有45种。河南有2种及1变种。栾川县有2种及1变种。

1.小叶表面微被柔毛。子房和荚果被短贴伏毛，荚果网脉不明显
……………………………………………………………（1）太白杭子梢 *Campylotropis giraldii*

1.小叶表面无毛或几无毛。子房和荚果仅背腹缝线边缘有毛，荚果网脉明显
……………………………………………………………（2）杭子梢 *Campylotropis macrocarpa*

（1）太白杭子梢（毛杭子梢） *Campylotropis giraldii*

【识别要点】幼枝、叶面、花梗、萼、花冠、子房、荚果均被毛。花冠蓝紫色。

灌木，高1～2m。幼枝稍具棱，密被白色贴伏短柔毛。小叶长圆形或有时倒卵形，长2～8.5cm，宽1.5～3.4cm，先端圆或微凹，基部圆形，表面微被短柔毛，背面密被贴伏短柔毛或近无毛。总状花序腋生；花梗纤细，有柔毛；萼被短毛；花冠蓝紫色；子房密被短毛。荚果倒卵状长圆形，密被短贴伏毛，网脉不明显。花期6～8月，果期9～10月。

栾川县产伏牛山区，生于山坡、山沟及路旁。河南还产于灵宝、嵩县等县市。分布于山西、陕西、甘肃等地。

复叶　叶背局部　叶面　花　荚果

（2）杭子梢 *Campylotropis macrocarpa*

【识别要点】嫩枝密被毛。小叶先端圆、钝或微凹，表面无毛，脉明显，背面有淡黄色柔毛。花冠紫色。

灌木，高1～2（3）m。小枝近圆柱形，被贴生或近贴生白色的短或长柔毛，嫩枝毛更密，稀具茸毛，老枝常无毛。托叶狭三角形、披针形或披针状钻形，长（2）3～6mm；叶柄长（1）1.5～3.5cm，稍密生短柔毛或长柔毛，少为毛少或无毛，枝上部（或中部）的叶柄常较短，有时长不及1cm；小叶椭圆形或宽椭圆形，顶生小叶有时过渡为长圆形，长3～6.5cm，宽1.5～3.5（4）cm，先端圆形、钝或微凹，具短尖，基部圆形，稀近楔形，表面无毛，脉明显，背面通常贴生或近贴生淡黄色的短柔毛或长柔毛，疏生至密生，中脉明显隆起，毛较密。总状花序单一（稀二）腋生并顶生，花序连总花梗长4～10cm或有时更长，花序轴密生开展的短柔毛或微柔毛，总花梗常斜生或贴生短柔毛，稀为具茸

毛；苞片卵状披针形，长1.5～3mm，早落或花后逐渐脱落，小苞片近线形或披针形，长1～1.5mm，早落；花梗长（4）6～12mm，具开展的微柔毛或短柔毛，极稀贴生毛；花萼钟形，长3～4（5）mm，稍浅裂或近中裂，稀稍深裂或深裂，通常贴生短柔毛，萼裂片狭三角形或三角形，渐尖，下方萼裂片较狭长，上方萼裂片几乎全部合生或少有分离；花冠紫色，长10～12（13）mm，稀为长不及10mm，旗瓣椭圆形、倒卵形或近长圆形等，近基部狭窄，瓣柄长0.9～1.6mm，翼瓣微短于旗瓣或等长，龙骨瓣呈直角或微钝角内弯，瓣片上部通常比瓣片下部（连瓣柄）短1～3（3.5）mm。荚果斜椭圆形，膜质，长（9）10～14（16）mm，宽（3.5）4.5～5.5（6）mm，先端具短喙尖，果颈长1～1.4（1.8）mm，稀短于1mm，无毛，具网脉，仅背腹线边缘具毛。花期7～9月，果期9～10月。

栾川县广布于各山区，生于山坡、沟边、林缘或疏林中。河南产于太行山、伏牛山、大别山和桐柏山区。分布于河北、山西、陕西、甘肃、山东、江苏、安徽、浙江、江西、福建、湖北、湖南、广西、四川、贵州、云南、西藏等地。朝鲜也有分布。

根及叶入药，能发汗解表、消炎解毒，治胃炎及风寒感冒等症。也可作水土保持及园林绿化造林树种。

白花杭子梢 var. *alba*：花白色，较小，子房仅沿腹缝线有毛。栾川县产各山区，生于海拔1200mm以上的山坡灌丛及疏林中。河南产于大别山和伏牛山区。

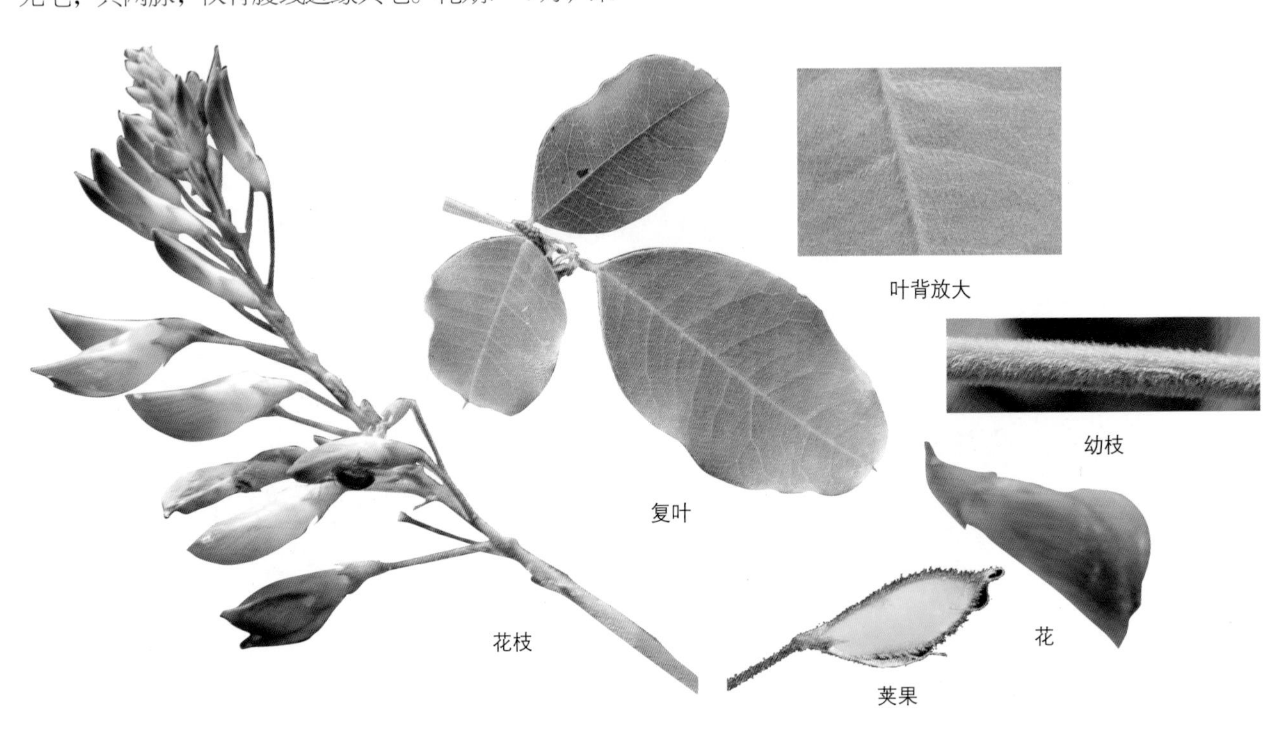

14.葛属 *Pueraria*

藤本，常有肥厚块根。羽状复叶，小叶3个，有时掌状分裂；托叶基部着生或盾状着生，有小托叶。总状花序或圆锥花序腋生而具延长的总花梗或数个总状花序簇生于枝顶；花序轴上通常具稍凸起的节；苞片小或狭，极早落；小苞片小而近宿存或微小而早落；花通常数朵簇生于花序轴的每一节上，花萼钟状，上部2枚裂齿部分或完全合生；花冠伸出于萼外，天蓝色或紫色，旗瓣基部有附属体及内向的耳，翼瓣狭，长圆形或倒卵状镰刀形，通常与龙骨瓣中部贴生，龙骨瓣与翼瓣相等大，稍直或顶端弯曲，或呈喙状，对旗瓣的1枚雄蕊仅中部与雄蕊管合生，基部分离，稀完全分离，花药一式；子房无柄或近无柄，胚珠多个，花柱丝状，上部内弯，柱头小，头状。荚果线形，扁平，2瓣裂；果瓣薄革质；种子数枚，扁，近圆形或长圆形。

约25种，分布于印度至日本，南至马来西亚。我国产12种，主要分布于西南部、中南部至东南部。河南产1种，栾川县产之。

葛（葛条 葛麻） *Pueraria lobata*

【识别要点】全株被黄色长硬毛，有粗厚的块状根。小叶两面被柔毛。花冠紫红色，旗瓣圆形，基部有2耳及一黄色硬痂状附属体。荚果线形扁平，密被黄褐色长硬毛。

藤本，长可达8m以上。全株被黄色长硬毛，有粗厚的块状根。羽状复叶具3小叶；托叶背着，卵状长圆形，具线条；小托叶线状披针形，与小叶柄等长或较长；小叶全缘或3裂，顶生小叶菱状卵形，长5.5～15（19）cm，宽4.5～12（18）cm，先端长渐尖，基部圆形，有时浅裂；侧生小叶斜卵形，有时具裂片，稍小，表面被淡黄色、平伏的疏柔毛，背面较密；小叶柄被黄褐色茸毛。总状花序腋生，有时有分枝，长15～30cm，中部以上有密集的花；苞片线状披针形至线形，远比小苞片长，早落；小苞片卵形，长不及2mm；花2～3朵聚生于花序轴的节上；花萼长8～10mm，被黄褐色柔毛，裂片5个，上面2齿合生，下面1齿较长，披针形，渐尖，比萼管略长；花冠长10～12mm，紫红色，旗瓣圆形，基部有2耳及一黄色硬痂状附属体，具短瓣柄，翼瓣镰状，较龙骨瓣为狭，基部有线形、向下的耳，龙骨瓣镰状长圆形，基部有极小、急尖的耳；对旗瓣的1枚雄蕊仅上部离生；子房线形，被毛。荚果线形，长5～10cm，宽8～11mm，扁平，密被黄褐色长硬毛。花期6～8月，果期9月。

栾川县有广泛分布，生于山坡、路旁及疏林中。河南产于各山区。分布于我国南北各地，除新疆、青海及西藏外，几遍全国。东南亚至澳大利亚亦有分布。

茎皮纤维柔韧，为纺织、造纸原料，民间广泛用于绳索、麻线的替代品。根供药用，有效成分为黄豆甙元（daidzein）、黄甙（daidzin）及葛根素（puerarin）等，有解表退热、生津止渴、止泻的功能，并能改善高血压病人的头晕、头痛、耳鸣等症状。葛根素为临床上广泛应用的治疗心脑血管疾病药物，具有提高免疫力、增强心肌收缩力、保护心肌细胞、降低血压、抗血小板聚集等作用。花及葛根、葛根粉用于解酒。葛根粉为深受人们欢迎的保健食品。古代应用甚广，葛衣、葛巾均为平民服饰，葛纸、葛绳应用亦久。本种适应性强，植株发达，也是一种良好的水土保持树种。

复叶

小叶背面

花

荚果

花序

茎

块根横切

幼茎

15.黄檀属 *Dalbergia*

乔木、灌木或木质藤本。奇数羽状复叶，稀单叶；托叶通常小且早落；小叶互生，全缘；无小托叶。花小，通常多数，组成顶生或腋生圆锥花序。分枝有时呈二歧聚伞状；苞片和小苞片通常小，脱落，稀宿存；花萼钟状，裂齿5，下方1枚通常最长，稀近等长，上方2枚常较阔且部分合生；花冠白色、淡绿色或紫色，花瓣具柄，旗瓣卵形、长圆形或圆形，先端常凹缺，翼瓣长圆形，瓣片基部楔形、截形或箭头状，龙骨瓣钝头，前喙先端多少合生；雄蕊10或9枚，通常合生为一上侧边缘开口的鞘（单体雄蕊），或鞘的下侧亦开裂而组成5+5的二体雄蕊，极稀不规则开裂为三至五体雄蕊，对旗瓣的1枚雄蕊稀离生而组成9+1的二体雄蕊，花药小，直，顶端短纵裂；子房具柄，花柱内弯，粗短、纤细或锥尖，柱头小。荚果不开裂，椭圆形或带状，薄而扁平；种子肾形，扁平，胚根内弯。

约130种，分布于亚洲、非洲和美洲的热带和亚热带地区。我国有25种，产淮河以南。河南有1种，栾川县产之。

黄檀（山槐 不知春 山荆木） *Dalbergia hupeana*

【识别要点】树皮鳞状剥裂。幼枝淡绿色，无毛。奇数羽状复叶长15～25cm；小叶9～11个，互生，革质，两面无毛，叶轴及小叶柄有柔毛。

乔木，高10～20m；树皮灰色，鳞状剥裂。幼枝淡绿色，无毛。奇数羽状复叶长15～25cm；小叶9～11个，互生，革质，椭圆形至长圆状椭圆形，长3～5.5cm，宽1.5～3cm，先端钝或微凹，基部圆形或阔楔形，两面无毛，叶轴及小叶柄有柔毛。圆锥花序顶生或生于最上部的叶腋间，连总花梗长15～20cm，径10～20cm，疏被锈色短柔毛；花密集，长6～7mm；花梗长约5mm，与花萼同疏被锈色柔毛；基生和副萼状小苞片卵形，被柔毛，脱落；花萼长2～3mm，萼齿5，上方2枚阔圆形，侧方的卵形，最下一枚披针形，长为其余4枚之倍；花冠白色或淡紫色，长倍于花萼，各瓣均具柄，旗瓣圆形，先端微缺，翼瓣倒卵形，龙骨瓣半月形，与翼瓣内侧均具耳；雄蕊10，成5+5的二体；胚珠2～3，花柱纤细，柱头小，头状。荚果长圆形，扁平，长4～7cm，宽13～15mm，顶端急尖，基部渐狭成果颈，不开裂，有种子1～3个；种子肾形，长7～14mm，宽5～9mm。花期7月，果期8～9月。

栾川县产伏牛山，生于海拔1400m以下的山坡灌丛或疏林中。河南产于伏牛山、大别山和桐柏山区。分布于山东、江苏、安徽、浙江、江西、福建、湖北、湖南、广东、广西、四川、贵州、云南等地。

种子繁殖。

木材黄色或白色，材质坚密，能耐强力冲撞，常用作车轴、榨油机轴心、枪托、各种工具柄等负担重及拉力强的用具或器材；根药用，可治疗疮。

树干　叶枝

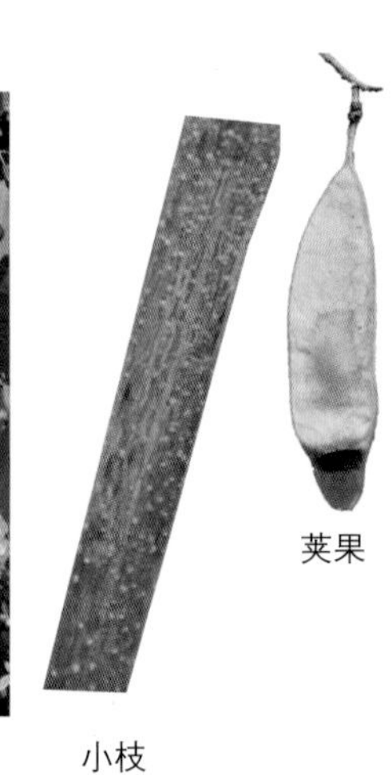

小枝　荚果

复叶　小叶　花序　花

（二十七）芸香科 Rutaceae

乔木，灌木，稀藤本或草本。通常有油点，有或无刺，无托叶。叶互生，稀对生。单叶或复叶。花两性或单性，稀杂性同株，辐射对称，稀两侧对称；聚伞花序，稀总状或穗状花序，极少单花，甚或叶上生花；萼片4或5，离生或部分合生；花瓣4或5，稀2～3，离生，极少下部合生，覆瓦状排列，稀镊合状排列，极少无花瓣与萼片之分，则花被片5～8，且排列成一轮；雄蕊4或5，或为花瓣数的倍数，花丝分离或部分连生成多束或呈环状，花药纵裂，药隔顶端常有油点；雌蕊通常由4或5、稀较少或更多心皮组成，心皮离生或合生，蜜盆明显，环状，有时变态成子房柄，子房上位，稀半下位，花柱分离或合生，柱头常增大，稀约与花柱同粗，中轴胎座，稀侧膜胎座，每心皮有上下叠置、稀两侧并列的胚珠2，稀1或较多，胚珠向上转，倒生或半倒生。果为蓇葖果、蒴果、翅果、核果，或具革质果皮、或具翼、或果皮稍近肉质的浆果；种子有或无胚乳。

约150属，1700种。全世界分布，主产热带和亚热带，少数分布至温带。我国连引进栽培的共29属，160多种。河南木本有8属，29种，6变种。栾川县木本有6属，13种。

1.心皮离生或部分合生，成熟时明显分离。果实为蓇葖果，通常有与外果皮分离的内果皮：
  2.叶对生 …………………………………………………………………… （1）吴茱萸属 *Evodia*
  2.叶互生 …………………………………………………………………… （2）花椒属 *Zanthoxylum*
1.心皮合生。果实成熟时不开裂；为核果或柑果：
  3.果为4～8室的小核果；种子有胚乳 ………………………………… （3）黄檗属 *Phellodendron*
  3.果为柑果；种子无胚乳：
    4.三出复叶，冬季落叶。果实密生细毛 ………………………………… （4）枳属 *Poncirus*
    4.单身复叶，常绿。果实极少被柔毛：
      5.子房2～5室，每室2胚珠 ……………………………………… （5）金橘属 *Fortunella*
      5.子房7～14室或更多，每室有4～12个种子 ……………………… （6）柑橘属 *Citrus*

1.吴茱萸属 *Evodia*

常绿或落叶，灌木或乔木，无刺。奇数羽状复叶、三出复叶、稀单叶，叶及小叶均对生；小叶全缘或有齿，具半透明油点。圆锥花序或伞房花序；花单性，雌雄异株，稀两性；萼片及花瓣均4或5；花瓣镊合或覆瓦状排列，花盘小；雄花的雄蕊4或5，花丝被疏长毛，退化雌蕊短棒状，不分裂，或4～5裂；雌蕊由4或5个离生心皮组成，每心皮有并列或上下叠置的胚珠2，退化雄蕊有花药而无花粉，或无花药则呈鳞片状，花柱彼此贴合，柱头头状。蓇葖果，由4～5裂瓣组成，裂瓣先端具喙或无；每果瓣种子1或2粒，外果皮有油点，内果皮干后薄壳质或呈木质，干后蜡黄色或棕色；种子贴生于增大的珠柄上，种皮脆壳质，褐至蓝黑色，有光泽，外种皮有细点状网纹，种脐短线状，胚乳肉质，胚直立，子叶扁卵形。

约150种，分布于亚洲、非洲东部及大洋洲。我国有约25种，除东北北部及西北部少数地区外，各地有分布。河南有5种，1变种。栾川县有5种。

1.蓇葖果先端无喙，每果有1个种子：
  2.乔木。小叶无腺点，两面沿脉有柔毛 ………………………… （1）臭辣树 *Evodia fargesii*
  2.灌木或小乔木。小叶有粗大腺点，背面密背长柔毛 ………… （2）吴茱萸 *Evodia rutaecarpa*
1.蓇葖果先端具喙，每果有2个种子：
  3.小叶通常为薄纸质，边缘有明显的圆锯齿，无腺点 ………………… （3）臭檀 *Evodia daniellii*
  3.小叶通常为厚纸质，边缘为不明显的圆锯齿或全缘：

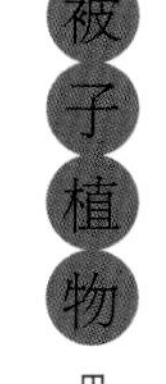

4.小叶无毛或仅背面沿中脉两侧略被稀疏柔毛。花序直径5～6cm
…………………………………………………………………………（4）假黄檗 *Evodia henryi*

4.小叶表面被短柔毛，背面沿中脉及侧脉均被疏长柔毛。花序直径8～16cm
……………………………………………………………………（5）湖北臭檀 *Evodia hupehensis*

（1）臭辣树（臭辣吴萸） *Evodia fargesii*

【识别要点】嫩枝散生小皮孔。小叶通常7个，椭圆状披针形或卵状长圆形至狭披针形，边缘有不明显钝锯齿，叶轴及两面沿脉两侧有柔毛。蓇葖果紫红色或淡红色，无喙，每室有1个种子。

乔木，高达17m。树皮平滑，暗灰色，嫩枝紫褐色，散生圆形或长形小皮孔。奇数羽状复叶，小叶通常7个，稀5或11个，椭圆状披针形或卵状长圆形至狭披针形，长6～11cm，宽2～6cm，先端长渐尖，稀短尖，基部楔形，基部两侧甚不对称，边缘有不明显钝锯齿，生于叶轴基部的小叶较小，叶面无毛，叶背灰白色，叶轴及两面沿脉两侧有柔毛，或在脉腋上有卷曲丛毛；叶柄长3～8cm，小叶柄长很少达1cm。聚伞圆锥花序顶生，花轴及花梗被疏毛，花甚多；5基数；萼片卵形，长不及1mm，边缘被短毛；花瓣长约3mm，腹面被短柔毛；雄花的雄蕊长约5mm，花丝中部以下被长柔毛，退化雌蕊顶部5深裂，裂瓣被毛；雌花的退化雄蕊甚短，通常难以察见，子房近圆球形，无毛，花柱长约0.5mm。蓇葖果紫红色或淡红色，略皱褶，无喙，每室有1个种子；种子长约3mm，宽约2.5mm，褐黑色，有光泽。花期6～8月，果期8～10月。

栾川县产伏牛山主脉北坡，生于海拔1500m以下的向阳山坡。河南产于伏牛山、大别山和桐柏山。分布于安徽、浙江、湖北、湖南、江西、福建、广东、广西、贵州、四川、云南等地。

种子繁殖。

果实入药，有散寒止咳之效；木材可供制家具、器具等用。

叶枝

树干

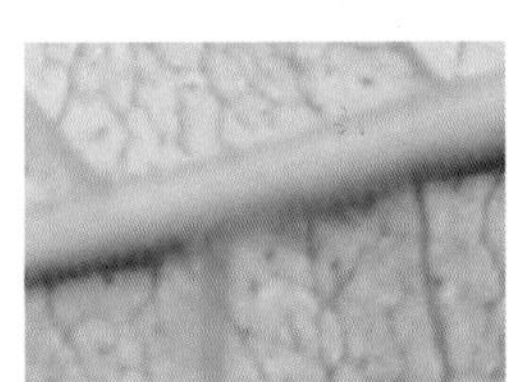
叶背放大

小叶

（2）吴茱萸（臭辣树 辣子树 吴萸） *Evodia rutaecarpa*

【识别要点】嫩枝被茸毛，后脱落而有细小皮孔。奇数羽状复叶，小叶5～9个，卵形至椭圆形，全缘，两面被柔毛，背面具粗大腺点。蓇葖果紫红色，有大油点，每分果瓣有1种子。

小乔木或灌木，高3～10m。小枝紫褐色，嫩时暗紫红色，与嫩芽同被灰黄或红锈色茸毛，或疏短毛，后脱落而有细小皮孔。奇数羽状复叶，小叶5～9个，纸质或厚纸质，卵形至椭圆形，长6～15cm，宽3～7cm，叶轴下部的较小，先端骤短尖或急尖，基部宽楔形或几圆形，全缘，稀有不明显圆锯齿，表面被疏柔毛，脉上较密，背面密被长柔毛，具粗大腺点；叶柄长4～8cm。聚伞花序顶生，花轴被长柔毛；雄花序的花彼此疏离，雌花序的花密集或疏离；萼片及花瓣均5片，偶有4片，镊合排列；雄花花瓣长3～4mm，腹面被疏长毛，退化雌蕊4～5深裂，下部及花丝均被白色长柔毛，雄蕊伸出花瓣之上；雌花花瓣长4～5mm，腹面被毛，退化雄蕊鳞片状或短线状或兼有细小的不育花药，子房及花柱下部被疏长毛。果序宽（3～）12cm，蓇葖果密集或疏离，紫红色，有大油点，每分果瓣有1种子；种子近圆球形，一端钝尖，腹面略平坦，长4～5mm，褐黑色，有光泽。花期6～8月，果期9～10月。

栾川县产伏牛山，生于海拔1500m以下的山谷疏林中。河南产于伏牛山、大别山和桐柏山。分布于秦岭以南各地。日本也有。

喜光性树种，适宜温暖气候及低海拔、排水良好的湿润肥沃土壤生长。种子繁殖或扦插、分根繁殖。

叶、果、根皮、茎皮均可入药，但以7～8月未成熟幼果为主，即传统中药吴茱萸，简称吴萸，是苦味健胃剂和镇痛剂，有散寒、止痛、驱虫、止吐等效。种子含油28%～32%，供制肥皂及其他工业用；叶可提取芳香油及黄色染料；木材可制农具、器具等。也可作为庭院观赏树种。

果　复叶　叶面放大　小枝　叶背放大　果枝　树干　花

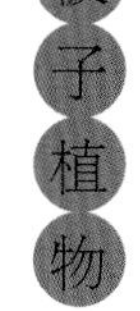

（3）臭檀（臭辣树 臭檀吴萸） *Evodia daniellii*

【识别要点】小枝密被短毛。小叶5～11个，卵形至长圆状卵形，叶缘有明显钝锯齿，两面无毛，或叶背中脉两侧及脉腋密被长柔毛，无腺点；蓇葖果紫红色或红褐色，分果瓣先端有喙，每分果瓣有2种子。

落叶乔木，高可达20m。小枝红褐色，密被短毛。奇数羽状复叶，小叶5～11个，纸质，卵形至长圆状卵形，长6～13cm，宽3～6cm，先端渐尖或急尖，基部圆或宽楔形，有时一侧略偏斜，叶缘有明显钝锯齿，两面无毛，或叶背中脉两侧及脉腋密被长柔毛，无腺点，嫩叶有时两面被疏柔毛；小叶柄长2～6mm。聚伞圆锥花序，花序轴及分枝被灰白色或棕黄色柔毛，花蕾近圆球形；花白色，通常5数；萼片卵形，长不及1mm；花瓣长约3mm；雄花的退化雌蕊圆锥状，顶部5～4裂，裂片约与不育子房等长，被毛；雌花的退化雄蕊约为子房长的1/4，鳞片状。蓇葖果紫红色或红褐色，分果瓣先端有喙，每分果瓣有2种子；种子卵形，一端稍尖，长3～4mm，宽约3mm，褐黑色，有光泽，种脐线状纵贯种子的腹面。花期6～7月，果期9～10月。

栾川县产各山区，生于海拔2000m以下的山谷及山坡林中。河南产于伏牛山及太行山区。分布于辽宁以南至长江沿岸各地。朝鲜及日本也有。

深根性，喜光树种。种子繁殖。

木材淡黄色，质坚硬，可制农具、家具等。种子可榨油，入药有止痛、开郁之效，用于治疗胃痛、头痛、心腹气痛。可作次生林改造保留树种及园林绿化树种。

（4）假黄檗 *Evodia henryi (Evodia henryi var. henyi)*

【识别要点】小叶5～9个，坚纸质，长圆形或长圆状披针形，边缘具不明显的钝锯齿；花白色，蓇葖果暗紫红色。

乔木，高约15m。小枝紫褐色，无毛。奇数羽状复叶，叶轴几无毛；小叶5～9个，坚纸质，长圆形或长圆状披针形，长8～15cm，宽4～8cm，先端长渐尖或渐尖，基部宽楔形或几圆形，边缘具不明显的钝锯齿，无毛或仅背面中脉两侧略被稀少柔毛；叶柄长4～8cm。聚伞花序顶生；花白色，5数，稀4数。蓇葖果暗紫红色，喙长2～3mm。每果瓣有2个种子。花期7～8月，果期8～9月。

栾川县产各山区，生于海拔1000m以上的山谷或山坡杂木林中。河南还产于鲁山、嵩县、灵宝、西峡、卢氏、内乡等地。分布于湖北西部、四川东部、陕西等地。

种子繁殖。

种子含油39.7%，油可供肥皂、油漆等用。木材供制家具、农具等。可作次生林改造保留树种。

果枝

（5）湖北臭檀（黑辣子） *Evodia hupehensis (Evodia daniellii var. hupehensis)*

与假黄檗相似，其主要区别：小叶表面被短柔毛，背面沿中脉及侧脉均被疏长柔毛。花序直径8～16cm。

栾川县产各山区，生于山谷或山坡杂木林中。在城关镇上河南村城寺沟有1株树龄150年的古树。河南还产于嵩县、西峡、卢氏、南召、内乡等地。湖北等地也有分布。

复叶

树干　分果瓣解剖　叶背放大

果枝

2.花椒属 *Zanthoxylum*

乔木或灌木。有芳香，通常具皮刺。叶互生，奇数羽叶复叶，稀单叶或三出复叶，小叶互生或对生，全缘或有锯齿，有透明腺点。圆锥花序或伞房状聚伞花序，顶生或腋生；花单性，若花被片排列成一轮，则花被片4～8，无萼片与花瓣之分，若排成二轮，则外轮为萼片，内轮为花瓣，均4或5片；雄花的雄蕊4～10，药隔顶部常有1油点，退化雌蕊垫状凸起，花柱2～4裂，稀不裂；雌花无退化雄蕊，或有则呈鳞片或短柱状，极少有个别的雄蕊具花药，花盘细小，雌蕊由5～2个离生心皮组成，每心皮有并列的胚珠2，花柱靠合或彼此分离而略向背弯，柱头头状。蓇葖果，外果皮红色，有油点，内果皮干后软骨质，成熟时内外果皮彼此分离，每分果瓣有种子1粒，极少2粒，贴着于增大的珠柄上；种脐短线状，平坦，外种皮脆壳质，褐黑色，有光泽，外种皮脱离后有细点状网纹，胚乳肉质，含油丰富，胚直立或弯生，罕有多胚，子叶扁平，胚根短。

约250种，广布于亚洲、非洲、大洋洲、北美洲的热带和亚热带地区，温带较少。是本科分布最广的一属。我国约40种，自辽东半岛至海南岛，自台湾至西藏东南部均有分布。河南有12种，2变种。栾川县有4种。

1.花较大，花被明显地分化为花萼及花瓣，排列成两轮；萼片及花瓣各为4～5个；雄花的雄蕊4～5个；花盘甚小，花丝通常较花瓣长；雌花心皮3～5个，稀2个，花柱合生而直立，柱头头状；叶轴具翅或无：
　2.叶轴有宽翅，叶脉不明显 ………………………………………… （1）竹叶椒 *Zanthoxylum armatum*
　2.叶轴有狭翅或不显著，叶脉明显：
　　3.小叶无柔毛，表面有针刺。果有伸长的子房柄 ………… （2）野花椒 *Zanthoxylum simulans*
　　3.小叶背面中脉的基部两侧常被一丛褐色长柔毛，表面无针刺。果无子房柄或极短 ………………………………………………………………… （3）花椒 *Zanthoxylum bungeanum*
1.花细小，花被片5～8个，排成一轮，无萼片与花瓣之分；雄蕊5～8个；花盘为增大的扁圆形；花丝与花被等长；雌花心皮2～4个，花柱分离，外弯。成熟的果实有时有伸长的子房柄；叶轴常有翅 ……………………………………………………………… （4）香椒子 *Zanthoxylum schinifolium*

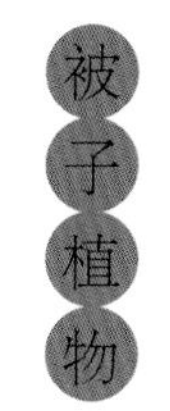

（1）竹叶椒（竹叶花椒 狗椒 刺椒 野花椒） *Zanthoxylum armatum*

【识别要点】茎枝多皮刺，刺弯斜、宽扁；叶轴有翅，背面有皮刺，在小叶的基部有托叶状皮刺1对；小叶3～9个，狭长，对生，边缘有细圆锯齿，侧脉不明显。

落叶小乔木或灌木。小枝光滑；茎枝多锐刺，刺弯斜，基部宽而扁，红褐色；叶轴有翅，背面有皮刺，在小叶的基部有托叶状皮刺1对；奇数羽状复叶，小叶3～9个，对生，纸质，披针形至椭圆状披针形，长5～9cm，宽1～3cm，先端渐尖或急尖，基部楔形，边缘有细圆锯齿，侧脉不明显；小叶柄甚短或无柄。聚伞花序腋生，长2～5cm，有花约30朵以内；花被片6～8，形状与大小几相同，长约1.5mm；雄花的雄蕊6～8，药隔顶端有1干后变褐黑色油点；不育雌蕊垫状凸起，顶端2～3浅裂；雌花心皮2～4，背部近顶侧各有1油点，花柱略侧生，分离，柱头略呈头状，不育雄蕊短线状。蓇葖果1～2个，稀3个，红色，有粗大的腺点，单个分果瓣径4～5mm；种子卵圆形，径3～4mm，黑色。花期3～4月，果期6～8月。

栾川县产各山区，生于海拔1000m以下的低山疏林下或灌丛中。河南产于伏牛山、大别山和桐柏山区。分布于陕西、甘肃、江苏、浙江、江西、安徽、湖北、湖南、福建、四川、贵州、云南、广东、广西等地。

果实、枝叶可提取芳香油；种子可榨油；果皮可作调味品。叶、果、根入药，有散寒止痛、消肿、杀虫之效。也可作绿篱。

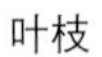
叶枝

果枝

小枝

（2）野花椒（狗椒） *Zanthoxylum simulans*

【识别要点】叶柄基部两侧常有1对宽扁的皮刺。奇数羽状复叶，叶轴两侧有狭翅和皮刺；小叶5～9个，对生，表面密生短刺刚毛。

灌木。小枝褐色，被疏毛或无毛。叶柄基部两侧常有1对宽扁的皮刺。奇数羽状复叶，叶轴两侧有狭翅和皮刺；小叶5～9个，稀达11个，对生，厚纸质，无柄或位于叶轴基部的有甚短的小叶柄，卵圆形、卵状长圆形或菱状宽卵形，长2.5～7cm，宽1.5～4cm，先端急尖或钝圆，有时微凹，基部急尖或宽楔形，边缘有细锯齿，表面密生短刺刚毛。聚伞状圆锥花序，顶生，长1～5cm；花被片5～8，一轮，狭披针形、宽卵形或近于三角形，淡黄绿色；雄花的雄蕊（4）5～7（8），花丝及半圆形凸起的退化雌蕊均淡绿色，药隔顶端有1干后暗褐黑色的油点；雌花的花被片为狭长披针形；心皮1～2（3），子房有柄。蓇葖果红色至紫红色，基部有伸长的子房柄，外有粗大的腺点；种子近球形，黑色。花期4～5月，果期6～8月。

栾川县产各山区，生于山坡或山沟灌丛中。河南产于太行山、伏牛山、桐柏山和大别山区。分布于青海、甘肃、山东、安徽、江苏、浙江、湖北、江西、台湾、福建、湖南及贵州等地。

喜光，耐干旱。

果实、叶及根入药，味辛辣、麻舌，温中除湿、祛风逐寒，有止痛、健胃、抗菌、驱蛔虫功效。叶、果能提取芳香油，也是食品调味料。

果枝

叶轴（示皮刺）

复叶

（3）花椒 *Zanthoxylum bungeanum*

【识别要点】小枝具基部宽而扁的长三角形刺。奇数羽状复叶，小叶5～11个，无柄或近无柄，叶缘有细锯齿，齿缝有油点。

灌木或小乔木。枝有短刺，小枝上的刺基部宽而扁且呈劲直的长三角形，当年生枝被短柔毛。奇数羽状复叶，叶轴常有甚狭窄的叶翼；小叶5～11个，对生，无柄或近无柄，纸质，卵形或卵状长圆形，位于叶轴顶部的较大，近基部的有时圆形，长2～7cm，宽1～3.5cm，叶缘有细锯齿，齿缝有油点；表面中脉基部两侧常被一簇褐色长柔毛，无针刺，中脉在叶面微凹陷，叶背干后常有红褐色斑纹。聚伞圆锥花序顶生，花序轴及花梗密被短柔毛或无毛；花被片4～8，黄绿色，形状及大小大致相同；雄花的雄蕊5～7，退化雌蕊顶端叉状浅裂；雌花很少有发育雄蕊，心皮3～4，稀6～7，子房无柄；花柱斜向背弯。蓇葖果红色或紫红色，单个分果瓣径4～5mm，密生疣状凸起的油点。种子长3.5～4.5mm。花期3～5月，果期7～9月。

栾川县广泛栽培。河南产于各地，以豫西地区最多。除东北及新疆外，几乎遍布全国。

耐旱，喜阳光，适宜温暖、湿润及土层深厚的壤土、沙壤土或钙质土壤。种子繁殖。秋播为好，亦可春播。种子宜晾干、不宜暴晒。种子需作脱脂处理，可采用拌牛粪、拌草木灰或碱水浸泡等方法，用碱水浸泡法处理时，1kg种子用碱面25g加水淹没种子，浸泡2天，搓洗掉油脂并用清水冲洗。每亩用种量4～15kg。

果实、叶为调味料。果可提取芳香油，又可入药，有散寒燥湿、杀虫之效，民间用其果及叶置于粮中防止粮食虫害。种子含油25%～30%，出油率16%～20%，可食，也可供制肥皂、油漆、润滑油等用。为栾川县重要的经济树种。

树干

果枝

复叶

小叶

花

果实

小枝

（4）香椒子（野花椒 青花椒 崖椒 狗椒） *Zanthoxylum schinifolium*

【识别要点】 茎枝有短小的皮刺。叶轴具狭翅及稀疏的小皮刺；小叶11～21个，叶缘有细锯齿，表面中脉凹陷，侧脉不明显。

灌木，高1～3m。茎枝有短小的皮刺，刺基部两侧压扁状，嫩枝暗紫红色。奇数羽状复叶，叶轴具狭翅及稀疏的小皮刺；小叶11～21个，对生或近对生，纸质，几无柄，披针形或椭圆状披针形，长1.5～4.5cm，宽7～15mm，先端急尖或渐尖而有钝头，基部楔形，叶缘有细锯齿，表面绿色，中脉凹陷，侧脉不明显，背面苍绿色。伞房花序顶生，无毛；花多数，青色；萼片及花瓣均5片；花瓣淡黄白色，长约2mm；雄花的退化雌蕊甚短。2～3浅裂；雌花心皮3，稀4或5。蓇葖果1～3个，紫红色，顶端有短喙。种子蓝黑色，有光泽，直径3～4mm。花期7～8月，果期9～10月。

栾川县产各山区，生于海拔1000m以下的山坡疏林中或灌丛中。河南产于各山区。分布于五岭以北、辽宁以南大多数地区，但不见于云南。朝鲜、日本也有。

种子、插条、分根繁殖。

其果可作花椒代品，名为青椒。根、叶及果均入药。味辛、性温。有发汗、散寒、止咳、除胀、消食功效。又作食品调味料。

果枝

茎　　果

3.黄檗属 *Phellodendron*

落叶乔木。成年树的树皮较厚，纵裂，且有发达的木栓层，内皮黄色，味苦，木材淡黄色。枝散生小皮孔，无顶芽，侧芽为叶柄基部包盖，位于马蹄形的叶痕之内，叶痕上有明显的维管束痕。叶对生，奇数羽状复叶，叶缘具细钝锯齿。花单性，雌雄异株，黄绿色；聚伞圆锥花序或伞房圆锥花序，顶生；萼片、花瓣、雄蕊及心皮均为5数；萼片基部合生，背面常被柔毛；花瓣覆瓦状排列，腹面脉上常被长柔毛；雄蕊插生于细小的花盘基部四周，花药纵裂，背着，药隔顶端突尖，花丝基部两侧或腹面常被长柔毛，退化雌蕊短小，5叉裂，裂瓣基部密被毛；雌花的退化雄蕊鳞片状，子房5室，每室有胚珠2，花柱短，柱头头状。有黏胶质液的核果，蓝黑色，近圆球形，有5个小核，各有1个种子。

约8～10种，为亚洲东部特产。我国有2种，1变种。河南连栽培有2种。栾川县栽培1种。

黄檗（黄柏树 黄波罗） *Phellodendron amurense*

【识别要点】 树皮有厚木栓层，深裂，内皮薄，鲜黄色，味苦。奇数羽状复叶，小叶5～13个，卵状披针形至卵形，叶缘有细锯齿和缘毛，叶背基部中脉两侧密被长柔毛。果球形，黑色，有特殊香气及苦味。

落叶乔木，高达10～20m。枝扩展，成年树的树皮有厚木栓层，浅灰或灰褐色，深沟状或不规则网状开裂，内皮薄，鲜黄色，味苦，黏质，小枝暗紫红色，无毛。叶轴及叶柄均纤细，奇数羽状复叶，小叶5～13个，薄纸质或纸质，卵状披针形至卵形，长5～12cm，宽2.5～4.5cm，先端长渐尖，基部宽楔形，叶缘有细锯齿和缘毛，叶面无毛或中脉有疏短毛，叶背仅基部中脉两侧密被长柔毛，秋季落叶前叶色由绿转黄而明亮，毛被大多脱落。花序顶生，花序梗及花梗被细毛；萼片细小，阔卵形，长约1mm；花瓣紫绿色，长3～4mm；雄花的雄蕊比花瓣长，退化雌蕊短小。浆果状核果，球形，径约1cm，黑色，通常有5～8（10）浅纵沟，干后较明显，有特殊香气及苦味；种子通常5粒。花期5～6月，果期9～10月。

栾川县有栽培。河南辉县、嵩县、西峡、南召等地有栽培。主产于东北和华北各地。朝鲜、日本、俄罗斯（远东）也有，也见于中亚和欧洲东部。

种子繁殖。喜光树种，适宜湿冷气候及深厚肥沃土壤。抗风、抗烟能力强，不耐干旱瘠薄及低洼地。

树皮入药，称为黄檗。味苦，性寒。清热解毒，泻火燥湿。主治急性细菌性痢疾、急性肠炎、急性黄疸型肝炎、泌尿系统感染等炎症。外用治火烫伤、中耳炎、急性结膜炎等。可作中山造林树种。

4.枳属 *Poncirus*

落叶灌木或小乔木。小枝压扁状，绿色，有棘刺；枝常曲折，有二型：一为正常枝，或称长梢，其节间与叶柄近于等长或较长；另一为短枝，或称短梢，是由上年生枝的休眠芽发育成。指状3出复叶，小叶无柄，边缘有钝齿或近全缘，具透明腺点；幼苗期的叶常为单叶及单小叶。花两性，单生或2～3朵簇生于节上，花芽于上年生的枝条形成；萼片及花瓣各5个，萼片下部合生，花瓣覆瓦状排列；雄蕊为花瓣数的4倍或与花瓣同数，花丝分离；子房被毛，6～8室，每室有排成二列的胚珠4～8，花柱短而粗，柱头头状。浆果具瓢囊和有柄的汁胞，又称柑果，柑果通常圆球形，淡黄色，密被短柔毛，很少几无毛，油点多；种子多饱满，大，种皮平滑，子叶及胚均乳白色，单及多胚，种子发芽时子叶不出土。

2种，自然分布于长江中游两岸及淮河流域一带。河南栽培1种。栾川县1种。

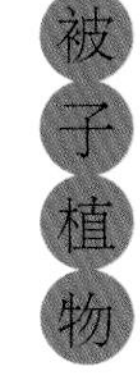

枳（铁篱寨 枸橘 臭橘 臭鸡蛋 香圆） *Poncirus trifoliata*

【识别要点】 全株无毛。枝绿色，有棘刺，嫩枝扁，有纵棱。叶柄有狭长的翅，指状3出叶，叶缘有钝齿或全缘。

灌木或小乔木，高1～5m，全株无毛。分枝多，枝绿色，有棘刺，刺长达4cm，刺尖干枯状，红褐色，基部扁平，嫩枝扁，有纵棱。叶柄有狭长的翅，通常指状3出叶，小叶等长或中间的一片较大，卵形、椭圆形或倒卵形，长1.5～5cm，宽1～3cm，先端圆而微凹，基部楔形，叶缘有钝齿或全缘。花单朵或成对腋生，先叶开放，也有先叶后花的，有完全花及不完全花，后者雄蕊发育，雌蕊萎缩，花有大、小二型，花径3.5～8cm；萼片长5～7mm；花瓣白色，匙形，长1.5～3cm；雄蕊通常20，花丝不等长。柑果球形，具毛，橙黄色，大小差异较大，通常纵径3～4.5cm，横径3.5～6cm，果顶微凹，有环圈，粗糙，也有无环圈、果皮平滑的，油胞小而密，果心充实，瓢囊6～8瓣，汁胞有短柄，果肉含黏液，甚酸且苦，带涩味，有种子20～50粒；种子阔卵形，乳白或乳黄色，平滑或间有不明显的细脉纹，长9～12mm。花期4～8月，果期9～10月。

栾川县广泛栽培。河南各地有栽培。原产我国，分布于长江中游各地，中部和北部各地也广泛栽培。

喜光，喜温暖湿润气候，较耐寒。喜微酸性土壤，不耐盐碱。生长速度中等。萌芽力强，耐修剪。主根浅，须根多。种子繁殖或扦插繁殖。

广泛用作绿篱。果入药，能破气消积，并治脱肛等症；也可提取有机酸。种子可榨油；叶、花及果皮可提取芳香油。

叶枝

叶

果

果横切

花

5.金橘属 *Fortunella*

常绿灌木或小乔木，嫩枝青绿，略呈压扁状而具棱，刺位于叶腋间或无刺。单身复叶，全缘或具不明显细锯齿；叶柄有狭翅。花单朵腋生或数朵簇生于叶腋，两性；花萼5或4裂；花瓣5，覆瓦状排列；雄蕊为花瓣数的3～4倍，花丝不同程度地合生成4或5束，间有个别离生；花盘稍隆起，子房圆或椭圆形，3～6（8）室，每室有1～2胚珠，花柱长，柱头大。柑果球形或卵形，小，果皮肉质，油点微凸起或不凸起，果皮及果肉味酸或甜，果心小，汁胞纺锤形或近圆球形，有短柄；种子卵形，端尖，基部圆，平滑，饱满，胚及子叶均绿色，通常多胚。

约6种，产亚洲东南部。我国有5种及少数杂交种，见于长江以南各地。河南有1种，温室栽培。栾川县室内栽培1种。

金橘（金桔 羊奶桔 金枣） *Fortunella margarita*

【识别要点】枝有刺。叶质厚，浓绿，披针形至长圆形，全缘或具不明显的细锯齿。花白色；柑果小，金黄色，有香气。

常绿灌木，树高3m以内。多分枝，枝有刺。叶质厚，浓绿，披针形至长圆形，长5～11cm，宽2～4cm，先端渐尖，基部楔形或圆形，全缘或具不明显的细锯齿；叶柄长达1.2cm，翼叶甚窄。单花或2～3花簇生；花白色，花梗长3～5mm；花萼4～5裂；花瓣长6～8mm；雄蕊20～25；子房椭圆形，花柱细长，通常为子房长的1.5倍，柱头稍增大。柑果长圆形或卵形，长2～3.5cm，金黄色，有香气，果皮味甜，厚约2mm，油胞常稍凸起，瓢囊5或4瓣，果肉味酸，有种子2～5粒；种子卵形，端尖，子叶及胚均绿色，单胚或偶有多胚。花期3～5月，果期10～12月。盆栽的多次开花，农家保留其7～8月的花期，至春节前夕果成熟。

栾川县及河南均有栽培，需在室内越冬。我国南方各地栽种，以台湾、福建、广东、广西栽种的较多。果可生食或作蜜饯，并可入药，有理气止咳之效；也为盆栽观果树木。

果枝

叶 花 果

6.柑橘属 *Citrus*

有刺常绿乔木或灌木。叶互生，单身复叶；叶柄有翅或无。花两性，单生或簇生叶腋，稀为聚伞或圆锥花序，白色；萼与花瓣各5；雄蕊15或更多，子房7～15室或更多，每室有数个胚珠。柑果大，球形扁球形；种子1～8个，无胚乳。

约20种和上千个品种，产亚洲热带和亚热带。我国连引进栽培的约15种，多为栽培，少数野生。河南栽培作果树有2种，并有多种温室栽培观赏种。栾川县常见室内栽培的1种。

柑橘（橘子） *Citrus reticulata*

【识别要点】叶革质，披针形至卵状披针形，全缘或有细锯齿。叶柄翅不明显，顶端具关节。

常绿小乔木或灌木。分枝多，枝扩展或略下垂，刺较少。单身复叶，叶柄细长，翅不明显，顶端具关节；叶披针形至卵状披针形，大小变异较大，顶端常有凹口，中脉由基部至凹口附近成叉状分枝，叶缘至少上半段通常有钝或圆裂齿，稀全缘。花单生或2～3朵簇生；花萼不规则5～3浅裂；花瓣通常长1.5cm以内；雄蕊20～25，花柱细长，柱头头状。果形种种，通常扁圆形至近圆球形，果皮甚薄而光滑，或厚而粗糙，淡黄色、朱红色或深红色，甚易或稍易剥离，橘络甚多或较少，呈网状，易分离，通常柔嫩，中心柱大而常空，稀充实，瓢囊7～14瓣，稀较多，囊壁薄或略厚，柔嫩或颇韧，汁胞通常纺锤形，短而膨大，稀细长，果肉酸或甜，或有苦味，或另有特异气味；种子或多或少数，稀无籽，通常卵形，顶部狭尖，基部浑圆，子叶深绿、淡绿或间有近于乳白色，多胚，少有单胚。花期4月，果期10～11月。

栾川县有栽培，作观赏用，需在室内越冬。河南西峡、淅川、商城、新县、固始、罗山有栽培，城市各公园有盆栽。我国长江以南广泛栽培，为南方著名水果之一。

果皮即陈皮，为调味料，也可入药，为理气化痰、和胃药，核仁及叶能活血散结、消肿。

果枝

花

单身复叶

（二十八）苦木科 Simaroubaceae

乔木或灌木。树皮通常有苦味。叶互生，稀对生，奇数羽状复叶，稀单叶；无托叶。花序腋生，成总状、圆锥状或聚伞花序，很少为穗状花序；花小，辐射对称，单性、杂性或两性；萼片3～5，镊合状或覆瓦状排列；花瓣3～5，分离，少数退化，镊合状或覆瓦状排列；花盘环状或杯状；雄蕊与花瓣同数或为花瓣的2倍，花丝分离，通常在基部有一鳞片，花药长圆形，丁字着生，2室，纵向开裂；子房通常2～5裂，2～5室，或者心皮分离，花柱2～5，分离或多少结合，柱头头状，每室有胚珠1～2，倒生或弯生，中轴胎座。果为翅果、核果或蒴果，一般不开裂；种子有胚乳或无，胚直或弯曲，具有小胚轴及厚子叶。

有32属，200种，主产热带和亚热带地区。我国有4属，10种。河南有2属，5种。栾川县有2属，2种。

1.果实为核果。花序腋生 ………………………………………………………… 1.苦木属 *Picrasma*
1.果实为翅果。花序顶生 ………………………………………………………… 2.臭椿属 *Ailanthus*

1.苦木属（苦树属） *Picrasma*

落叶乔木或灌木。全株有苦味，树皮极苦。枝条有髓部，无毛。奇数羽状复叶，小叶柄基部和叶柄基部常膨大成节，干后多少萎缩；小叶对生或近对生，全缘或有锯齿，托叶早落或宿存。花序腋生，由聚伞花序再组成圆锥花序；花单性或杂性，4～5基数，苞片小或早落，花梗下半部具关节；萼片小，分离或仅下半部结合，宿存；花瓣于芽中镊合状排列或近镊合状排列，先端具内弯的短尖，比萼片长，在雌花中的宿存；雄蕊4～5，着生于花盘的基部，花盘稍厚，全缘或4～5浅裂，有时在果中膨大；心皮2～5，分离，在雄花中的退化或仅有痕迹，花柱基部合生，上部分离，柱头分离，每心皮有胚珠1，基生。果为核果，外果皮薄，肉质，干后具皱纹，内果皮骨质；种子有宽的种脐，膜质种皮稍厚而硬，无胚乳。

约8种，多分布于美洲和亚洲的热带和亚热带地区。我国产2种1变种，分布于南部、西南部、中部和北部各地。河南产1种。栾川县产1种。

苦木（苦檀 苦皮树 苦树） *Picrasma quassioides*

【识别要点】全株有苦味。裸芽密被锈色毛，幼枝被柔毛。奇数羽状复叶互生，小叶9～15个，卵形至矩圆状卵形，边缘有锯齿，基部偏斜。

落叶乔木，高达10余米。树皮紫褐色，平滑，有灰色斑纹，全株有苦味，树皮极苦。裸芽密被锈色毛，幼枝被柔毛。奇数羽状复叶，互生，长15～30cm；小叶9～15个，卵形至矩圆状卵形，长4～10cm，宽2～4cm，先端锐尖或短渐尖，基部宽楔形，边缘有锯齿；除顶生叶外，其余小叶基部均不对称；叶面无毛，背面仅幼时沿中脉和侧脉有柔毛，后变无毛；落叶后留有明显的半圆形或圆形叶痕；托叶披针形，早落。花雌雄异株，聚伞圆锥花序腋生，总花梗长达12cm；花黄绿色，花序轴密被黄褐色微柔毛；萼片小，通常5，偶4，卵形或长卵形，外面被黄褐色微柔毛，覆瓦状排列；花瓣与萼片同数，卵形或阔卵形，两面中脉附近有微柔毛；雄花中雄蕊长为花瓣的2倍，与萼片对生，雌花中雄蕊短于花瓣；花盘4～5裂；每心皮有1胚珠。核果倒卵状球形，3～4个并生，蓝色至红色，种皮薄，萼宿存。花期5月，果期9月。

栾川县产各山区，生于山坡、山谷杂木林中。河南产于太行山、伏牛山、大别山和桐柏山区。分布于黄河流域及其以南各地。印度北部、不丹、尼泊尔、朝鲜和日本也产。

种子繁殖。

木质部含苦味素、苦木碱及鞣质。根、茎皮入药，有泻湿热、健胃、驱虫之效；又可做农药；木材供制器具、家具等。可作次生林改造保留树种。

树干 叶枝 果序 雌花 小叶 果

2.臭椿属（樗属） *Ailanthus*

乔木。小枝粗壮，被柔毛，无顶芽，有髓。奇数羽状复叶互生，小叶13～41个，纸质或薄革质，对生或近于对生，基部偏斜，先端渐尖，全缘或有锯齿，近基部有1～4个腺齿。花小，杂性或单性异株，圆锥花序生于枝顶的叶腋；萼片5，覆瓦状排列；花瓣5，镊合状排列；花盘10裂；雄蕊10，着生于花盘基部，但在雌花中的雄蕊不发育或退化；2～5个心皮分离或仅基部稍结合，每室有胚珠1，弯生或倒生，花柱2～5，分离或结合，但在雄花中仅有雌花的痕迹或退化。翅果长椭圆形，种子1颗生于翅的中央，扁平，圆形、倒卵形或稍带三角形，稍带胚乳或无胚乳，外种皮薄，子叶2，扁平。

约10种，分布于亚洲至大洋洲北部；我国有5种，2变种，主产西南部、南部、东南部、中部和北部各地。河南产4种。栾川县有1种。

臭椿（椿树 白椿 樗 樗树） *Ailanthus altissima*

【识别要点】奇数羽状复叶，小叶13～25个，对生或近对生，卵状披针形，基部斜截形，近基部通常有1～2对具腺粗锯齿，揉碎后具臭味。

落叶乔木，高可达30m。树皮灰色，浅裂；小枝粗壮，幼时被黄色或黄褐色柔毛，后脱落。奇数羽状复叶，长40～90cm，叶柄长7～13cm；小叶13～25个，对生或近对生，纸质，卵状披针形，长7～13cm，宽2～4.5cm，先端渐尖，基部斜截形，在近基部通常有1～2对具腺粗锯齿，叶表面深绿色，背面灰绿色，揉碎后具臭味。圆锥花序顶生，长10～30cm；花杂性异株，绿白色，花梗长1～2.5mm；萼裂片长0.5～1mm；花瓣长2～2.5mm，基部两侧被硬粗毛；花丝基部密被硬粗毛，雄花中的花丝长于花瓣，雌花中的花丝短于花瓣；花药长圆形，长约1mm；心皮5，花柱粘合，柱头5裂。翅果矩圆状椭圆形，长3～5cm，宽1～1.2cm；种子位于翅的中间，扁圆形。花期6月，果期7～9月。

栾川县有广泛分布，生于山沟杂木林中，或栽于四旁。河南产于各山区，有广泛栽培。分布几乎遍布全国各地。世界各地广为栽培。

喜光，不耐阴；深根性，耐干冷气候，极耐干旱贫瘠，对土壤要求不严，在中性、酸性及钙质土上都能生长，喜深厚、肥沃、湿润的沙壤土。抗烟尘，病虫害较少，不耐水湿，长期积水会烂根死亡。为速生用材树种。种子繁殖或插根繁殖。春季播种，每亩用种量3～5kg，先去掉种翅，温水浸种24小时，捞出后放置在温暖的向阳处催芽约10天，种子有1/3裂嘴即可播种。每亩产苗量1.2万～1.6万株。

木材轻韧，有弹性，耐腐力强，供建筑、家具及造纸原料；叶可饲椿蚕；树皮可提栲胶；种子含油约35%，供工业用。树皮、根皮、果实均可入药，有清热利湿、收敛止痢等效。为低山、中山造林树种，也可作四旁绿化、防护林、工矿绿化及城市园林绿化树种。

千头椿‘Qiantou’，系20世纪80年代由河南省民权林场选育，树冠分枝如伞，生长快，是园林绿化的优良类型。因其少结籽或不结籽，只能采取无性繁殖。一般采用埋根、根蘖育苗。

树干　复叶　小叶　小枝

翅果　果枝　雄花　叶近基腺齿

（二十九）楝 科 Meliaceae

乔木或灌木，稀为草本。叶互生，稀对生，羽状复叶，稀单叶；无托叶；小叶对生或互生，很少有锯齿，基部多少偏斜。花两性或杂性异株，辐射对称，通常组成圆锥花序，间为总状花序或穗状花序；通常5基数，间为少基数或多基数；萼小，常浅杯状或短管状，4～5齿裂或为4～5萼片组成，芽时覆瓦状或镊合状排列；花瓣4～5，稀3～7，芽时覆瓦状、镊合状或旋转排列，分离或下部与雄蕊管合生；雄蕊4～10，花丝合生成一短于花瓣的圆筒形、圆柱形、球形或陀螺形等不同形状的管或分离，花药无柄，直立，内向，着生于管的内面或顶部，内藏或突出；花盘生于雄蕊管的内面或缺，如存在则成环状、管状或柄状等；子房上位，2～5室，少有1室的，每室有胚珠1～2或更多；花柱单生或缺，柱头盘状或头状，顶部有槽纹或有小齿2～4个。果为蒴果、浆果或核果，开裂或不开裂；种子有翅或无，常具假种皮。

约50属，1400种，分布于热带和亚热带地区，少数至温带地区，我国产15属，62种，12变种，此外引入栽培的有3属，3种，主产长江以南各地，少数分布至长江以北。河南有2属，5种。栾川县连栽培有3属，3种。

1. 叶为一回羽状复叶。浆果或蒴果：
  2. 蒴果 ………………………………………………………… 1.香椿属 *Toona*
  2. 浆果 ………………………………………………………… 2.米仔兰属 *Aglaia*
1. 叶为二至三回羽状复叶。核果 ………………………………… 3.楝属 *Melia*

1.香椿属 *Toona*

乔木。芽有鳞片。叶互生，羽状复叶；小叶全缘，很少有稀疏的小锯齿，常有各式透明的小斑点。花小，两性，组成聚伞花序，再排列成顶生或腋生的大圆锥花序；花萼短，管状，5齿裂或分裂为5萼片；花瓣5，远长于花萼，与花萼裂片互生，分离，花芽时覆瓦状或旋转排列；雄蕊5，分离，与花瓣互生，着生于肉质、具5棱的花盘上，花丝钻形，花药丁字着生，基部心形，退化雄蕊5或不存在，与花瓣对生；花盘厚，肉质，成一个具5棱的短柱；子房5室，每室有2列的胚珠8～12，花柱单生，线形，顶端具盘状的柱头。果为蒴果，革质或木质，5室，室轴开裂为5果瓣；种子每室多数，上举，侧向压扁，有长翅，胚乳薄，子叶叶状，胚根短，向上。

约15种，分布于亚洲至大洋洲。我国产4种，6变种，分布于南部、西南部和华北各地。河南产2种。栾川县有1种。

香椿（红椿 苗椿） *Toona sinensis*

【识别要点】树皮纵裂。偶数羽状复叶，有香味，长30～50cm或更长；小叶10～22个，卵状披针形至长圆状卵形，基部常偏斜，一侧圆形，另一侧楔形，边缘具疏齿。

落叶乔木；树皮粗糙，灰褐色，纵裂。小枝幼时被柔毛；叶具长柄，偶数羽状复叶，有香味，长30～50cm或更长；小叶10～22个，对生或互生，纸质，卵状披针形至长圆状卵形，长5～15cm，宽2.5～4cm，先端尾尖，基部常偏斜，一侧圆形，另一侧楔形，边缘具疏齿，背面脉腋常有束状毛，侧脉18～24对，平展，与中脉几成直角开出，背面略凸起；小叶柄长5～10mm。圆锥花序与叶等长或更长，被稀疏的锈色短柔毛或有时近无毛；花白色带紫，长4～5mm，具短花梗；花萼5齿裂或浅波状，外面被柔毛，且有睫毛；花瓣长圆形，先端钝，长4～5mm，宽2～3mm，无毛；雄蕊5枚能育，5枚退化；花盘无毛，近念珠状；子房圆锥形，有5条细沟纹，无毛，每室有胚珠8颗，花柱比子房长，柱头盘状。蒴果狭椭圆形，长2～3.5cm，深褐色，有小而苍白色的皮孔，果瓣薄；种子基部通常钝，上端有膜质的长翅，下端无翅。花期5月，果期10月。

栾川县有广泛分布，生于山沟、山坡杂木林中，也多有栽培。河南产于各山区，平原多栽培。分布于华北、华东、中南部和西南部各地。朝鲜也产。

深根性喜光树种，喜温湿气候，对土壤要求不严，在中性、酸性及钙质土上均能生长。龙峪湾林场有片林，生长良好。种子或根蘖繁殖。除普通造林外，还可采取矮化密植栽培，以取得较高的香椿芽产量。

木材有花纹，纹理直，具光泽，为家具、建筑之良材。幼芽嫩叶芳香可口，可食，为人们喜爱的野菜之一。根皮及果入药，有收敛止血、去湿止痛之功效。根蘖能力强，为次生林改造保留树种，也可作四旁绿化树种。

采摘野生的香椿嫩芽时，容易误把漆树幼树当作香椿芽采摘食用，从而引起过敏。鉴别的主要方法是：香椿叶缘有疏齿而漆树为全缘，漆树采芽后伤口流白色汁液而香椿无，香椿嫩叶柄较漆树肥胖，香椿嫩芽有清香味而漆树无。

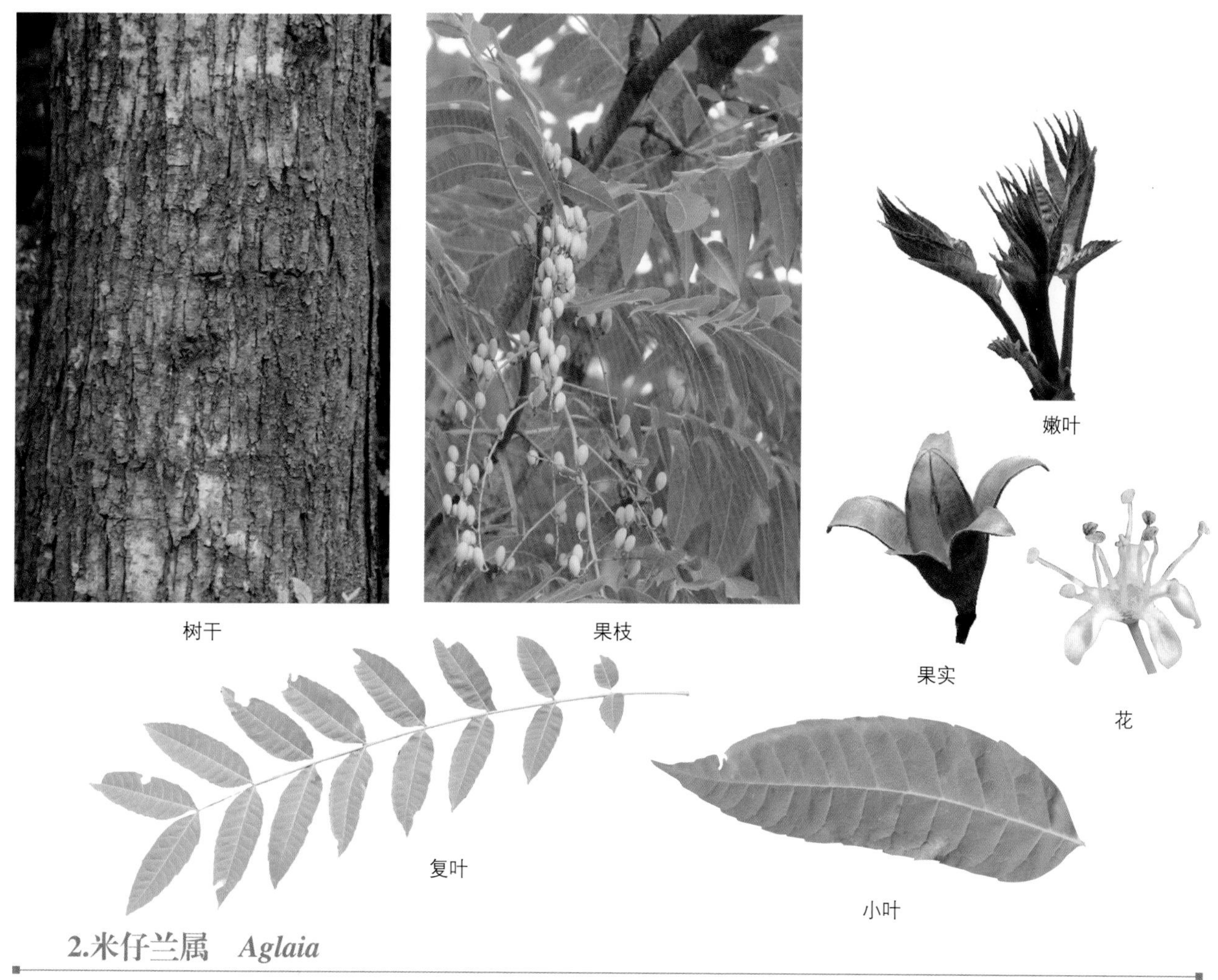
树干　果枝　嫩叶　果实　花　复叶　小叶

2.米仔兰属　*Aglaia*

乔木或灌木；植株幼嫩部分常被鳞片或星状的短柔毛。羽状复叶或3小叶，极少单叶；小叶全缘。花小，杂性异株，通常球形，组成腋生或顶生的圆锥花序；花萼4～5齿裂或深裂；花瓣3～5，凹陷，短；雄蕊管稍较花瓣为短，球形、壶形、陀螺形或卵形，全缘或有短钝齿，花药5～6，稀7～10，1轮排列，着生于雄蕊管里面的顶部之下，很少着生于顶部，内藏、微突出或罕有半突出；花盘不明显或缺；子房1～2室或3～5室，每室有胚珠1～2颗，花柱极短或无花柱，柱头通常盘状或棒状。果为浆果，有种子1至数颗，果皮革质；种子通常为一胶黏状、肉质的假种皮所围绕，无胚乳。

250～300种，分布于印度、马来西亚、澳大利亚至波利尼西亚；我国产7种，1变种，分布于西南、南部至东南部。河南栽培1种。栾川县栽培1种。

米仔兰（碎米兰 鱼仔兰） *Aglaia odorata*

【识别要点】叶轴和叶柄具狭翅，小叶3～5个，对生，两面均无毛，侧脉约8对，极纤细；花芳香，直径约2mm，花瓣黄色。

常绿灌木或小乔木；茎多小枝，幼枝顶部被星状锈色的鳞片。叶长5～12（16）cm，叶轴和叶柄具狭翅，小叶3～5个，对生，厚纸质，长2～7（11）cm，宽1～3.5（5）cm，顶端1片最大，下部的远较顶端的为小，先端钝，基部楔形，两面均无毛，侧脉约8对，极纤细，和网脉均于两面微凸起。圆锥花序腋生，长5～10cm，稍疏散无毛；花芳香，直径约2mm；雄花的花梗纤细，长1.5～3mm，两性花的花梗稍短而粗；花萼5裂，裂片圆形；花瓣5，黄色，长圆形或近圆形，长1.5～2mm，顶端圆而截平；雄蕊管略短于花瓣，倒卵形或近钟形，外面无毛，顶端全缘或有圆齿，花药5，卵形，内藏；子房卵形，密被黄色粗毛。果为浆果，卵形或近球形，长10～12mm，初时被散生的星状鳞片，后脱落；种子有肉质假种皮。花期5～12月，果期7月至翌年3月。

栾川县作为花卉引进栽培，需在室内越冬。我国产广东、广西。分布于东南亚各国。

压条繁殖。

枝叶性辛、温，入药有活血散瘀、消肿止痛功效，用于治疗跌打损伤、骨折、痈疮；花性甘、辛、平，可行气解郁，用于治疗气郁胸闷，食滞腹胀。

花枝

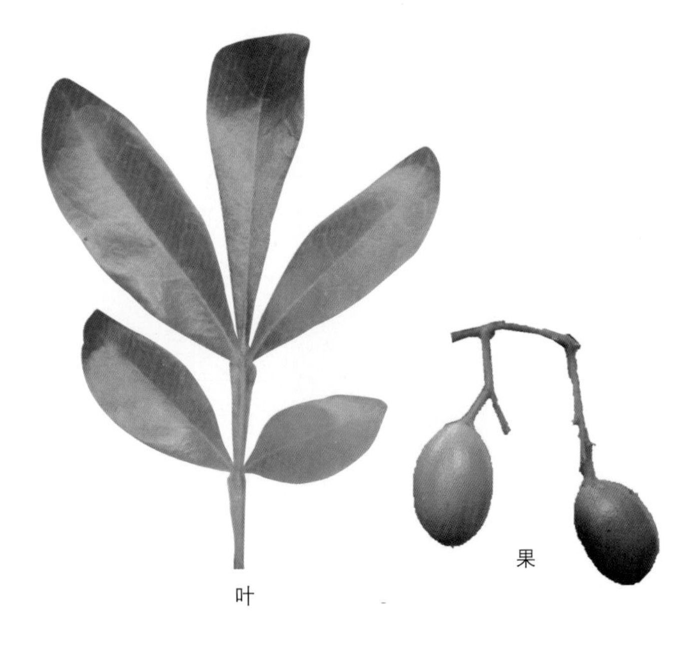
叶

果

3.楝属 *Melia*

落叶乔木或灌木，幼嫩部分常被星状粉状毛；小枝有明显的叶痕和皮孔。叶互生，一至三回羽状复叶；小叶具柄，通常有锯齿，稀全缘。圆锥花序腋生，多分枝，由多个二歧聚伞花序组成；花两性；花萼5～6深裂，覆瓦状排列；花瓣白色或紫色，5～6片，分离，线状匙形，开展，旋转排列；雄蕊管圆筒形，管顶有10～12齿裂，管部有线纹10～12条，口部扩展，花药10～12枚，着生于雄蕊管上部的裂齿间，内藏或部分突出；花盘环状；子房近球形，3～6室，每室有叠生的胚珠2，花柱细长，柱头头状，3～6裂。果为核果，近肉质，核骨质，每室有种子1颗；种子下垂，外种皮硬壳质，胚乳肉质，薄或无胚乳，子叶叶状，薄，胚根圆柱形。

约3种，产东半球热带和亚热带地区。我国产2种，黄河以南各地普遍分布。河南有2种。栾川县有1种。

楝（楝树 苦楝） *Melia azedarach*

【识别要点】树皮浅纵裂。小枝黄褐色，有叶痕。二至三回奇数羽状复叶，叶轴被柔毛；小叶对生，卵形、椭圆形至披针形，边缘有钝锯齿或缺刻，两面无毛，侧脉12～16对。

落叶乔木，高达10m以上；树皮暗褐色，浅纵裂。分枝广展，小枝黄褐色，初被星状毛，有叶痕。二至三回奇数羽状复叶，长20～40cm，叶轴被柔毛；小叶对生，卵形、椭圆形至披针形，顶生一片通常略大，长3～7cm，宽0.5～3cm，先端渐尖，基部圆形或楔形，多少偏斜，边缘有钝锯齿或缺刻，幼时被星状毛，后两面均无毛，侧脉12～16对，广展，向上斜举。圆锥花序约与叶等长，无毛或幼时被鳞片状短柔毛；花芳香；花萼5深裂，裂片卵形或长圆状卵形，先端急尖，外面被微柔毛；花瓣淡紫色或白色，倒卵状匙形，长约1cm，两面均被微柔毛，通常外面较密；雄蕊管紫色，无毛或近无毛，长7～8mm，有纵细脉，管口有钻形、2～3齿裂的狭裂片10枚，花药10枚，着生于裂片内侧，且与裂片互生，长椭圆形，顶端微凸尖；子房近球形，5～6室，无毛，每室有胚珠2，花柱细长，柱头头状，顶端具5齿，不伸出雄蕊管。核果球形至椭圆形，长1～3cm，宽8～15mm，内果皮木质，4～5室，每室有种子1颗；种子椭圆形，红褐色。花期5月，果期9月。

栾川县分布于海拔1000m以下的山坡、路旁。河南省产各地，多为栽培。我国分布于黄河以南各地，较常见，有广泛栽培。广布于亚洲热带和亚热带地区，温带地区也有栽培。

喜光，不耐庇荫，生长快，喜温暖气候和肥沃土壤，但对土壤要求不严，在酸性土、中性土与石灰岩地区均能生长，能耐旱和盐碱，耐寒力不强，耐水湿、耐烟尘、抗风；萌芽力强。是低海拔丘陵区的良好造林树种，在村边路旁种植更为适宜。种子繁殖，播种前需催芽，每亩用种量15～20kg。

边材黄白色，心材黄色至红褐色，纹理粗而美，质轻软，有光泽，施工易，是家具、建筑、农具、舟车、乐器等良好用材。鲜叶可作农药。根、茎皮入药，可驱蛔虫和钩虫，但有毒，用时要严遵医嘱；根皮粉调醋可治疥癣，用种子做成油膏可治头癣。种子含油39%，可供制油漆、润滑油和肥皂。

树干

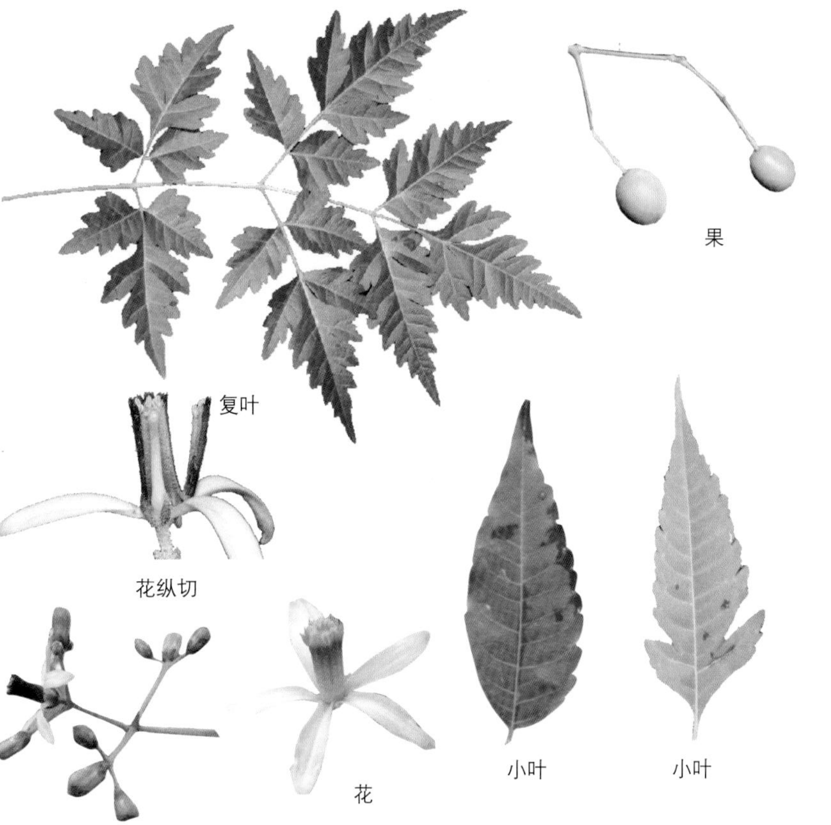

复叶

果

花纵切

花枝

花

小叶

小叶

（三十）大戟科 Euphorbiaceae

乔木、灌木或草本，稀为木质或草质藤本；木质根，稀为肉质块根；通常无刺；常有乳状汁液，白色，稀为淡红色。叶互生，稀对生或轮生，单叶、稀复叶，或叶退化呈鳞片状，边缘全缘或有锯齿，稀为掌状深裂；具羽状脉或掌状脉；叶柄长至极短，基部或顶端有时具有1～2枚腺体；托叶2，着生于叶柄的基部两侧，早落或宿存，稀托叶鞘状，脱落后具环状托叶痕。花单性，雌雄同株或异株，单花或组成各式花序，通常为聚伞或总状花序；萼片分离或在基部合生，覆瓦状或镊合状排列；花瓣有或无；花盘环状或分裂成为腺体状，稀无花盘；雄蕊1至多数，花丝分离或合生成柱状，在花蕾时内弯或直立，花药外向或内向，基生或背部着生，药室2，稀3～4，纵裂，稀顶孔开裂或横裂，药隔截平或突起；雄花常有退化雌蕊；子房上位，3室，稀2或4室或更多或更少，每室有1～2胚珠着生于中轴胎座上，花柱与子房室同数，分离或基部连合，顶端常2至多裂，直立、平展或卷曲，柱头形状多变，常呈头状、线状、流苏状、折扇形或羽状分裂，表面平滑或有小颗粒状凸体，稀被毛或有皮刺。果为蒴果，稀为浆果状或核果状；种子胚乳丰富、肉质或油质，胚大而直或弯曲，子叶通常扁而宽，稀卷叠式。

约300属，8000种以上，广布于全球，但主产于热带和亚热带地区。最大的属是大戟属 *Euphorbia*，约2000种。我国连引入栽培共约有70多属，约460种，分布于全国各地，但主产地为西南至台湾。河南木本有10属，19种，1变种。栾川县有5属，6种，1变种。

1.子房每室有2胚珠：
  2.花无花瓣。叶二列：
    3.花无花盘或腺体，子房3～15室，花柱合生；雄蕊花丝合生成柱状 …………………… 1.算盘子属 *Glochidion*
    3.花有花盘或腺体，子房3室 …………………… 2. 白饭树属(一叶荻属) *Flueggea*
  2.花有花瓣；子房3室。蒴果开裂，无宿存中轴 …………………… 3.雀舌木属 *Leptopus*
1.子房每室有1胚珠：
  4.雄花有花瓣，花瓣5个 …………………… 4.油桐属 *Vernicia*
  4.雄花无花瓣，叶脉羽状 …………………… 5.乌桕属 *Sapium*

1.算盘子属 *Glochidion*

落叶或常绿，乔木或灌木。单叶互生，二列，全缘，羽状脉，具短柄。花单性，雌雄同株，稀异株，组成短小的聚伞花序或簇生成花束；雌花束常位于雄花束之上部或雌雄花束分生于不同的小枝叶腋内；无花瓣；通常无花盘。雄花：花梗通常纤细；萼片5～6，覆瓦状排列；雄蕊3～8，合生呈圆柱状，顶端稍分离，花药2室，药室外向，线形，纵裂，药隔突起呈圆锥状；无退化雌蕊。雌花：花梗粗短或几无梗；萼片与雄花的相同但稍厚；子房圆球状，3～15室，每室有胚珠2，花柱合生呈圆柱状或其他形状，顶端具裂缝或小裂齿，稀3裂分离。蒴果圆球形或扁球形，具多条明显或不明显的纵沟，室背开裂。种子红色，胚乳肉质，子叶扁平。

约300种，主要分布于热带亚洲至波利尼西亚，少数在热带美洲和非洲。我国产28种，2变种。河南有3种。栾川县1种。

算盘子（野南瓜 算盘珠） *Glochidion puberum*

【识别要点】小枝、叶背、萼片外面、子房和果实均密被短柔毛。叶侧脉5～7对；托叶三角形，长约1mm。蒴果扁球状，边缘有8～10条纵沟。

落叶灌木，高1～5m，多分枝；小枝灰褐色； 小枝、叶背、萼片外面、子房和果实均密被短柔毛。叶纸质或近革质，长圆形、长卵形或倒卵状长圆形，稀披针形，长3～8cm，宽1～2.5cm，顶端钝、急尖、短渐尖或圆，基部楔形至钝，表面灰绿色，仅中脉被疏短柔毛或几无毛，背面粉绿色；侧脉5～7对，背面凸起，网脉明显；叶柄长1～3mm；托叶三角形，长约1mm。花小，雌雄同株，2～5朵簇生于叶腋内，雄花束常着生于小枝下部，雌花束则在上部，或有时雌花和雄花同生于一叶腋内。雄花：花梗长4～15mm；萼片6，狭长圆形或长圆状倒卵形，长2.5～3.5mm；雄蕊3，合生呈圆柱状；雌花：花梗长约1mm；萼片6，与雄花的相似，但较短而厚；子房圆球状，5～10室，每室有2胚珠，花柱合生呈环状，长宽与子房几相等，与子房接连处缢缩。蒴果扁球状，直径8～15mm，边缘有8～10条纵沟，成熟时带红色，顶端具有环状而稍伸长的宿存花柱；种子近肾形，具三棱，长约4mm，赤黄色。花期6～9月，果期7～10月。

栾川县产各山区，生于山坡灌丛中。河南产于伏牛山、大别山和桐柏山区。分布于陕西、甘肃、江苏、安徽、浙江、江西、福建、台湾、湖北、湖南、广东、海南、广西、四川、贵州、云南和西藏等地。

种子含油量20%，可榨油供制肥皂或作润滑油。根、茎、叶和果实均可药用，有活血散瘀、消肿解毒之效，治痢疾、腹泻、感冒发热、咳嗽、食滞腹痛、湿热腰痛、跌打损伤、氙气（果）等；也可作农药。全株可提制栲胶；叶可作绿肥，置于粪池可杀蛆。也可作盆景材料及庭院观果树种。

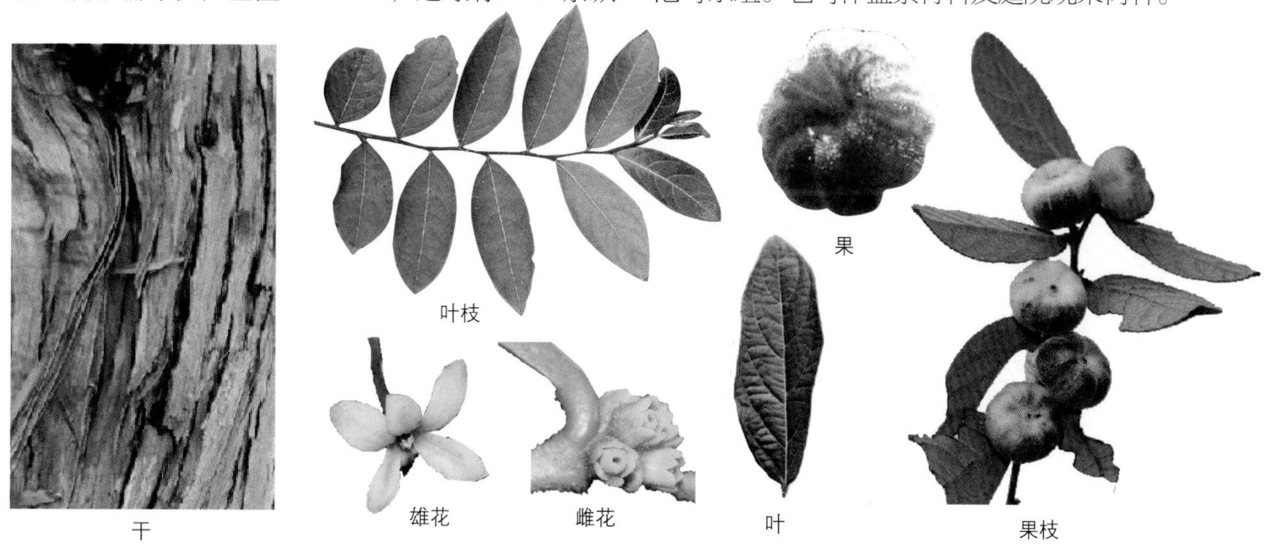

2.白饭树属（一叶荻属） *Flueggea*

直立灌木或小乔木，通常无刺。单叶互生，常排成2列，全缘或有细钝齿；羽状脉；叶柄短；具有托叶。花小，雌雄异株，稀同株，单生、簇生或组成密集聚伞花序；苞片不明显；无花瓣；萼片4～7，覆瓦状排列，雄花雄蕊4～7，着生在花盘基部；雌花花盘全缘或分裂；子房3（稀2或4）室，花柱3，分离，顶端2裂或全缘。蒴果，中轴宿存。

约12种，分布于亚洲、美洲、欧洲及非洲的热带至温带地区。我国产4种，除西北外，全国各地均有分布。河南有2种。栾川县1种。

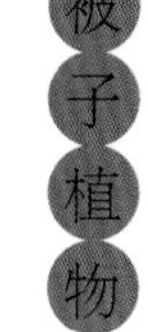

叶底珠（一叶荻） *Flueggea suffruticosa*

【识别要点】小枝有棱槽，全株无毛。叶卵形、椭圆形或卵状长椭圆形，稀倒卵形，全缘或有不整齐的波状齿或细锯齿，侧脉5～8对。蒴果三棱状扁球形，3瓣裂。

灌木，高1～3m，多分枝；小枝浅绿色，近圆柱形，有棱槽，有不明显的皮孔；全株无毛。叶纸质，卵形、椭圆形或卵状长椭圆形，稀倒卵形，长1.5～8cm，宽1～3cm，顶端急尖至钝，基部钝至楔形，全缘或有不整齐的波状齿或细锯齿，背面浅绿色；侧脉5～8对，两面凸起，网脉略明显；叶柄长2～8mm；托叶卵状披针形，长1mm，宿存。花小，雌雄异株，簇生于叶腋；雄花：3～18朵簇生；花梗长2.5～5.5mm；萼片通常5，长1～1.5mm，宽0.5～1.5mm，全缘或具不明显的细齿；花丝长1～2.2mm，花药卵圆形，长 0.5～1mm；雌花：花梗长2～15mm；萼片5，椭圆形至卵形，长1～1.5mm，近全缘，背部呈龙骨状凸起；花盘盘状，全缘或近全缘；子房卵圆形，3(2)室，花柱3，长1～1.8mm，分离或基部合生，直立或外弯。蒴果三棱状扁球形，直径约5mm，成熟时淡红褐色，有网纹，3瓣裂；果梗长2～15mm，基部常有宿存的萼片；种子卵形，长约3mm，褐色而有小疣状凸起。花期7～8月，果期9月。

栾川县产各山区，生于向阳的山坡灌丛或疏林中。河南产于各山区。我国除西北尚未发现外，全国各地均有分布。蒙古、俄罗斯、日本、朝鲜等也有分布。

茎皮纤维坚韧，可作纺织原料。枝条可编制用具。根含鞣质。叶含一叶荻碱（securinine）。花和叶供药用，对中枢神经系统有兴奋作用，可治面部神经麻痹、小儿麻痹后遗症、神经衰弱、嗜睡症等。根皮煮水，外洗可治牛、马虱子危害。

叶枝

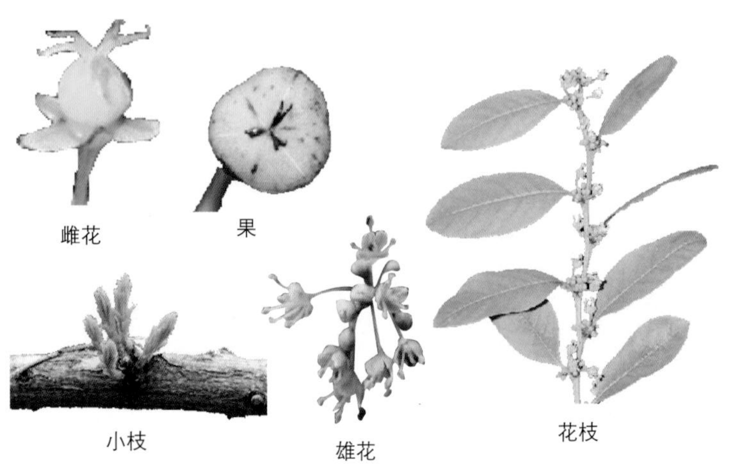

雌花　果　小枝　雄花　花枝

3. 雀舌木属（黑构叶属　雀儿舌头属）　*Leptopus*

灌木，稀多年生草本；茎直立，有时茎和枝具棱。单叶互生，全缘，羽状脉；叶柄通常较短；托叶2，小，通常膜质，着生于叶柄基部的两侧。花雌雄同株，稀异株，单生或簇生于叶腋；花梗纤细，稍长；花瓣通常比萼片短小，并与之互生，多数膜质；萼片、花瓣、雄蕊和花盘腺体均为5，稀6；雄花：萼片覆瓦状排列，离生或基部合生；花盘腺体扁平，离生或与花瓣贴生，顶端全缘或2裂；花丝离生，花药内向，纵裂；退化雌蕊小或无；雌花：萼片较雄花的大，花瓣小，有时不明显；花盘腺体与雄花的相同；子房3室，每室有胚珠2，花柱3，2裂，顶端常呈头状。蒴果3裂；种子表面光滑或有斑点，胚乳肉质，胚弯曲，子叶扁而宽。

约21种，分布自喜马拉雅山北部至亚洲东南部，经马来西亚至澳大利亚。我国产9种，3变种，除新疆、内蒙古、福建和台湾外，全国各地均有分布。河南有1种。栾川县产之。

雀儿舌头（黑构叶）　*Leptopus chinensis*

【识别要点】茎上部和小枝条具棱；除枝条、叶片、叶柄和萼片均在幼时被疏短柔毛外，其余无毛。叶卵形、近圆形、椭圆形至披针形，侧脉4～6对。

小灌木，高达3m。小枝绿色或淡绿色；茎上部和小枝条具棱；除枝条、叶片、叶柄和萼片均在幼时被疏短柔毛外，其余无毛。叶膜质至薄纸质，卵形、近圆形、椭圆形至披针形，长1～5cm，宽0.4～2.5cm，顶端钝或急尖，基部截形或近心形，稍不对称，表面深绿色，背面浅绿色；侧脉4～6对，在叶表面扁平，在叶背微凸起；叶柄长2～8mm；托叶小，卵状三角形，边缘被睫毛。花小，雌雄同株，单生或2～4朵簇生于叶腋；萼片、花瓣和雄蕊均为5。雄花：花梗丝状，长6～10mm；萼片卵形或宽卵形，长2～4mm，宽1～3mm，浅绿色，膜质，具有脉纹；花瓣白色，匙形，长1～1.5mm，膜质；花盘腺体5，分离，顶端2深裂；雄蕊离生，花丝丝状，花药卵圆形。雌花：花梗长1.5～2.5cm；花瓣倒卵形，长1.5mm，宽0.7mm；萼片与雄花的相同；花盘环状，10裂至中部，裂片长圆形；子房近球形。蒴果圆球形或扁球形，直径6～8mm，基部有宿存的萼片。花期4～5月，果期6～7月。

栾川县产各山区，多生于山坡、沟边、路旁及石缝中。河南产于各山区。我国除黑龙江、新疆、福建、海南和广东外，各地均有分布。

喜光，耐干旱，土层瘠薄环境、水分少的石灰岩山地亦能生长。为水土保持林优良的林下植物，也可做庭园绿化灌木。

叶可作农药杀虫剂，嫩枝叶有毒，羊类多吃会致死。

植株

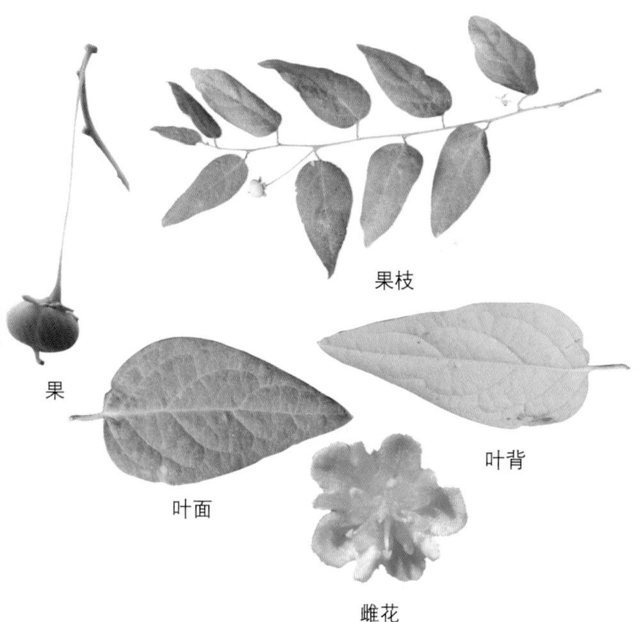

4.油桐属　*Vernicia*

落叶乔木，有白色乳汁。嫩枝被短柔毛。单叶，大型，互生，全缘或3～5裂，5～7出脉；叶柄顶端有2枚腺体。花单性，雌雄同株或异株，由聚伞花序再组成伞房状圆锥花序。雄花：花萼花蕾时卵状或近圆球状，开花时多呈佛焰苞状，整齐或不整齐2～3裂；花瓣5，基部爪状；腺体5；雄蕊8～12，2轮，外轮花丝离生，内轮花丝较长且基部合生。雌花：萼片、花瓣与雄花同；花盘不明显或缺；子房密被柔毛，3（～8）室，每室有1胚珠，花柱3～4，各2裂。果大，核果状，近球形，顶端有喙尖，不开裂或基部具裂缝，果皮壳质，有种子2～7颗。

有3种，分布于亚洲东部地区。我国有2种，分布于秦岭以南各地。河南有1种，栾川县栽培1种。

油桐（桐油树）　*Vernicia fordii*

【识别要点】枝条粗壮，具明显皮孔。叶卵圆形，长5～18cm，宽5～15cm，全缘或3浅裂，掌状脉5（～7）条；叶柄与叶片近等长，几无毛，顶端有2枚腺体。

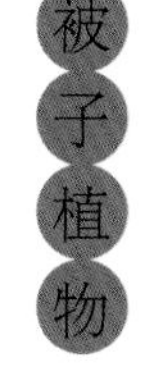

落叶乔木，高达10m；树皮灰色，近光滑；枝条粗壮，无毛，具明显皮孔。叶卵圆形，长5～18cm，宽5～15cm，顶端短尖，基部截平至浅心形，全缘或3浅裂，嫩叶表面被很快脱落的微柔毛，背面被渐脱落的棕褐色微柔毛，成长叶表面深绿色，无毛，背面灰绿色，被贴伏微柔毛；掌状脉5（～7)条；叶柄与叶片近等长，几无毛，顶端有2枚扁平、红色、无柄腺体。花雌雄同株，先叶或与叶同时开放；花萼长约1cm，2(～3)裂，外面密被棕褐色微柔毛；花大，花瓣白色，有淡红色脉纹，倒卵形，长2～3cm，宽1～1.5cm，顶端圆形，基部爪状。雄花：雄蕊8～12，2轮；外轮离生，内轮花丝中部以下合生。

雌花：子房密被柔毛，3～5 (8)室，每室有1胚珠，花柱与子房室同数。核果近球状，直径3～6 (8)cm，果皮光滑；种子3～4(8) 颗，种皮木质。花期4月，果期9～10月。

栾川县有栽培，主要栽培在潭头、秋扒、合峪、庙子、狮子庙等乡镇海拔1000m以下的地区。河南产于伏牛山南部、大别山及桐柏山区，太行山区的林州、辉县、济源等地也有少量栽培。我国原产，分布于陕西、江苏、安徽、浙江、江西、福建、湖南、湖北、广东、海南、广西、四川、贵州、云南等地。越南也有分布。

喜光；喜温暖，忌严寒。冬季短暂的低温（-8～-10℃）有利于油桐发育，但长期处在-10℃以下会引起冻害。富含腐殖质、土层深厚、排水良好、中性至微酸性沙质壤土最适合生长。种子繁殖。植苗造林或直播造林。

为我国重要的工业油料植物，种仁含油率达70%，油为油漆、印刷等的最好原料，是我国的重要外贸商品。根、叶、花及果均可入药，有消肿、杀虫等效；木材可作家具等用；其果皮可制活性炭或提取碳酸钾。

果枝

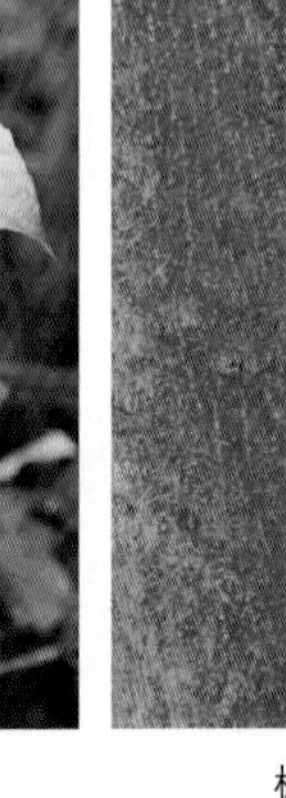

树干

叶形1　叶形2　雌花解剖　花枝　果实　雄花

5.乌桕属 *Sapium*

乔木或灌木，有白色乳汁。叶互生，稀对生，全缘或有锯齿，具羽状脉；叶柄顶端有2腺体或罕有不存在；托叶小。花单性，雌雄同株或有时异株，若为雌雄同株则雌花生于花序轴下部，雄花生于花序轴上部，密集成顶生的穗状花序、穗状圆锥花序或总状花序，稀生于上部叶腋内，无花瓣和花盘；苞片基部具2腺体。雄花小，黄色或淡黄色，数朵聚生于苞腋内，无退化雌蕊；花萼膜质，杯状，2～3浅裂或具2～3小齿；雄蕊2～3，花丝离生，常短，花药2室，纵裂。雌花比雄花大，每一苞腋内仅1朵雌花；花萼杯状，3深裂或管状而具3齿，稀为2～3萼片；子房2～3室，每室具1胚珠，花柱通常3，分离或下部合生，柱头外卷。蒴果球形、梨形或为3个分果爿，稀浆果状，通常室背开裂；种子近球形，常附于三角柱状、宿存的中轴上，迟落，外面被蜡质的假种皮或否，外种皮坚硬；胚乳肉质，子叶宽而平坦。

约120种，广布于全球，但主产热带地区，尤以南美洲为最多。我国有9种，多分布于东南至西南部丘陵地区。河南有3种，1变种。栾川县2种，1变种。

1.叶菱形或宽菱形。果序为总状，长度很短 ……………………………… （1）乌桕 *Sapium sebiferum*
1.叶阔卵形或宽菱形。果序长度达20cm以上 …………………… （2）多果乌桕 *Sapium pleiocarpum*

（1）乌桕（木蜡树 木油树 木子树） *Sapium sebiferum*

【识别要点】各部均无毛而具乳状汁液；枝具皮孔。叶菱形、菱状卵形或稀有菱状倒卵形，全缘，侧脉6～10对；叶柄纤细，顶端具2腺体。

乔木，高可达15m，各部均无毛而具乳状汁液；树皮暗灰色，有纵裂纹；枝广展，具皮孔。叶互生，纸质，菱形、菱状卵形或稀有菱状倒卵形，长3～8cm，宽3～9cm，顶端骤然紧缩具长短不等的尖头，基部阔楔形或钝，全缘；中脉两面微凸起，侧脉6～10对，纤细，斜上升，离缘2～5mm弯拱网结，网状脉明显；叶柄纤细，长2.5～6cm，顶端具2腺体；托叶顶端钝，长约1mm。花单性，雌雄同株，聚集成顶生、长6～12cm的总状花序，雌花通常生于花序轴最下部或罕有在雌花下部亦有少数雄花着生，雄花生于花序轴上部或有时整个花序全为雄花。雄花：花梗纤细，长1～3mm，向上渐粗；苞片阔卵形，长和宽近相等约2mm，顶端略尖，基部两侧各具一近肾形的腺体，每一苞片内具10～15朵花；小苞片3，不等大，边缘撕裂状；花萼杯状，3浅裂，裂片钝，具不规则的细齿；雄蕊2，稀3，伸出于花萼之外，花丝分离，与球状花药近等长。雌花：花梗粗壮，长3～3.5mm；苞片深3裂，裂片渐尖，基部两侧的腺体与雄花的相同，每一苞片内仅1朵雌花，间有1雌花和数雄花同聚生于苞腋内；花萼3深裂，裂片卵形至卵状披针形，顶端短尖至渐尖；子房卵球形，平滑，3室，花柱3，基部合生，柱头外卷。蒴果梨状球形，成熟时黑色，直径1～1.5cm，具3种子；种子扁球形，黑色，长约8mm，宽6～7mm，外被白色、蜡质的假种皮。花期6～7月，果期10～11月。

栾川县有栽培。河南产信阳和南阳两地区，多为栽培，其他地区也有零星栽培。在我国主要分布于黄河以南各地，北达陕西、甘肃。日本、越南、印度也有；欧洲、美洲和非洲亦有栽培。

喜光，不耐阴。喜温暖环境，不甚耐寒。适生于深厚肥沃、湿润的土壤，对酸性土、钙质土、盐碱土均能适应。主根发达，抗风力强，耐水湿，亦耐旱。寿命较长。种子繁殖。

为重要的木本油料树种，种子含油率35.95%，种仁含油率50%，是轻工业的重要原料。根皮、树皮可入药，有消肿解毒、利尿泻下之效。木材白色，坚硬，纹理细致，用途广。叶为黑色染料，可染衣物。白色之蜡质层（假种皮）溶解后可制肥皂、蜡烛。深秋叶变红，是园林绿化和行道树的优良树种，也是浅山丘陵木本油料及兼用材的造林树种。

树干　叶枝　叶　花序（示雄花）　果实　花序（示雌花）

复序乌桕 var. *multiracemosum* 与乌桕的区别：花序二型，顶生穗状总状花序全部为雄花，花期早，脱落后，由顶生雄花序基部侧芽抽出数个具叶或无叶（果期叶脱落）穗状总状花序，雌花在基部，雄花在上部，复合成有叶或无叶复穗状总状花序。果序为复总状，有2至数个分枝，形如鸡爪。多为栽培。用途同乌桕。

（2）多果乌桕 *Sapium pleiocarpum*

【识别要点】与乌桕主要区别是叶片大，阔卵形，果序下垂，长18～36cm，有时竟达45cm。

落叶乔木。小枝圆柱形，具多数纵棱。叶阔卵形，长9～13cm，宽8～9cm，先端短尖或短渐尖，基部阔楔形或近钝圆形，背面带粉白色，两面侧脉突起；叶柄纤细，长7～8cm。总状花序顶生，长18～36cm。雄花10～15个着生于苞片腋内；花梗纤细，长2～4mm。雌花着生于花序下部，达100～250朵；花梗粗壮；子房卵状球形，无毛，花柱基部合生。蒴果近球形，外果皮黑色；种子略呈三角形，长8～10mm，被蜡质层。

栾川县产各山区，生于山坡、路旁、河边等。河南产于大别山和伏牛山。用途同乌桕（《河南树木志》记载，未采集到图片）。

（三十一）黄杨科 Buxaceae

常绿灌木、小乔木或草本。单叶，互生或对生，全缘或有锯齿，羽状脉或离基三出脉，无托叶。花小，整齐，无花瓣；单性，雌雄同株或异株；花序总状或密集的穗状，有苞片；雄花萼片4，雌花萼片6，均二轮，覆瓦状排列，雄蕊4，与萼片对生，分离，花药大，2室，花丝多少扁阔；雌蕊通常由3心皮（稀由2心皮）组成，子房上位，3室（稀2室），花柱3（稀2），常分离，宿存，具多少向下延伸的柱头，子房每室有2枚并生、下垂的倒生胚珠。果实为室背裂开的蒴果，或肉质的核果状果。种子黑色、光亮，胚乳肉质，胚直，有扁薄或肥厚的子叶。

有4属，约100 种，产热带和温带。除*Notobuxus*（7种）见于非洲热带和非洲南部以及马达加斯加岛外，其余3属我国均产，在我国已知有27种左右，分布于西南部、西北部、中部、东南部直至台湾。河南有3属，18种。栾川县有1属，2种。

黄杨属 *Buxus*

常绿灌木或小乔木，小枝四棱形。叶对生，革质或薄革质，全缘，羽状脉，常有光泽，具短叶柄。花单性，雌雄同株，花序腋生或顶生，总状、穗状或密集的头状，有苞片多片，雌花1朵，生花序顶端，雄花数朵，生花序下方或四周；花小。雄花：萼片4，分内外两列，雄蕊4，和萼片对生，不育雌蕊1；雌花：萼片6，子房3室，花柱3，柱头常下延。果实为蒴果，球形或卵形，通常无毛，稀被毛，熟时沿室背裂为三片，宿存花柱角状，每片两角上各有半片花柱，外果皮和内果皮脱离；种子长圆形，有三侧面，种皮黑色，有光泽，胚乳肉质，子叶长圆形。

约有70余种。分布于亚洲、欧洲、热带非洲以及古巴、牙买加等地。我国约17种及几个亚种和变种，西自西藏，东至台湾，南自海南岛，西北至甘肃南部均产，但主要分布于我国西部和西南部。河南产2种，栾川县有2种。

1.雄花无梗。叶阔椭圆形、阔倒卵形、卵状椭圆形或长圆形，长1.5～3.5cm，宽0.8～2cm，表面侧脉不明显 ……………………………………………………………（1）黄杨 *Buxus sinica*

1.雄花有短梗。叶匙形或倒卵形，长2～4cm，宽0.8～1.8cm，两面中脉及侧脉均明显凸起 ……………………………………………………………（2）雀舌黄杨 *Buxus bodinieri*

（1）黄杨（瓜子黄杨 小叶黄杨） *Buxus sinica*

【识别要点】小枝四棱形，被短柔毛。叶阔椭圆形、阔倒卵形、卵状椭圆形或长圆形，大多数长1.5～3.5cm，宽0.8～2cm，先端圆或钝，常有小凹口。

常绿灌木或小乔木，高1～6m；枝圆柱形，有纵棱，灰白色；小枝四棱形，全面被短柔毛或外方相对两侧面无毛，节间长0.5～2cm。叶革质，阔椭圆形、阔倒卵形、卵状椭圆形或长圆形，大多数长1.5～3.5cm，宽0.8～2cm，先端圆或钝，常有小凹口，不尖锐，基部圆或急尖或楔形，叶面光亮，中脉凸出，下半段常有微细毛，侧脉明显；叶背中脉平坦或稍凸出，中脉上常密被白色短线状钟乳体，侧脉不明显，叶柄长1～2mm，表面被毛。花序腋生，头状，花密集，花序轴长3～4mm，被毛，苞片阔卵形，长2～2.5mm，背部多少有毛。雄花：约10朵，无花梗，外萼片卵状椭圆形，内萼片近圆形，长2.5～3mm，无毛，雄蕊连花药长4mm，不育雌蕊有棒状柄，末端膨大，高2mm左右（高度约为萼片长度的2/3或和萼片几等长）；雌花：萼片长3mm，子房较花柱稍长，无毛，花柱粗扁，柱头倒心形，下延达花柱中部。蒴果近球形，长6～8（10）mm，宿存花柱长2～3mm。花期4月，果期8～9月。

栾川县有栽培。河南产于大别山的新县、商

城及伏牛山南部的淅川、西峡等地，各地有栽培。分布于陕西、甘肃、湖北、四川、贵州、广西、广东、江西、浙江、安徽、江苏、山东等地。

喜光，也耐阴；喜湿润，但忌长时间积水，耐旱，耐热耐寒；对土壤要求不严，以疏松肥沃的沙质壤土为佳。分蘖性极强，耐修剪，易整型。扦插繁殖。

广泛用于庭院绿篱、植物造型等。

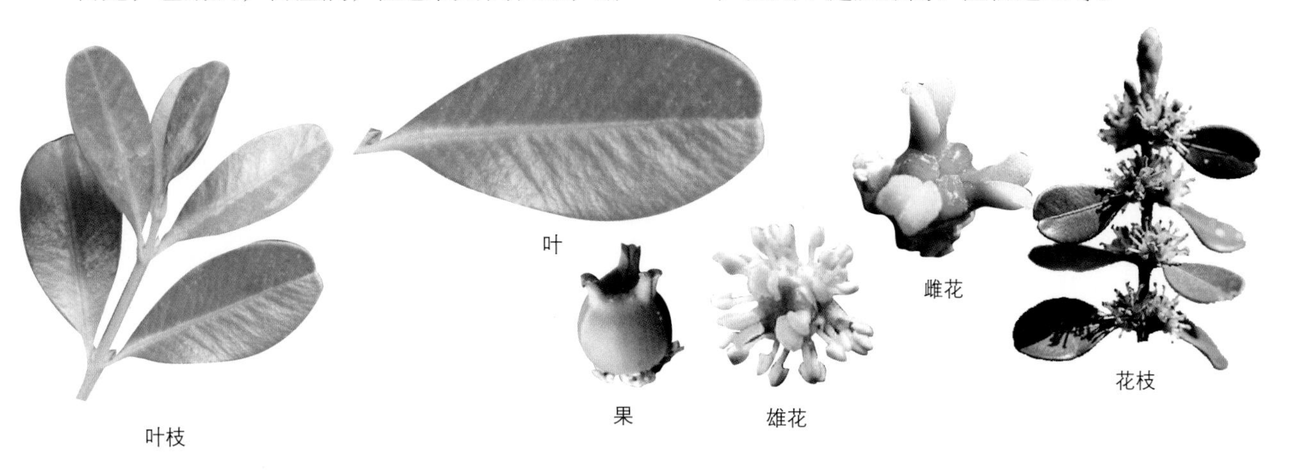

（2）雀舌黄杨（细叶黄杨） *Buxus bodinieri*

【识别要点】叶通常匙形，亦有狭卵形或倒卵形，大多数中部以上最宽，长2～4cm，宽8～18mm，先端圆或钝，往往有浅凹口或小尖凸头，基部狭长楔形。

常绿灌木。枝圆柱形；小枝四棱形，被短柔毛，后变无毛。叶薄革质，通常匙形，亦有狭卵形或倒卵形，大多数中部以上最宽，长2～4cm，宽8～18mm，先端圆或钝，往往有浅凹口或小尖凸头，基部狭长楔形，有时急尖，叶面绿色，光亮，叶背苍灰色，中脉两面凸出，侧脉极多，在两面或仅叶面显著，与中脉成50°～60°角，叶面中脉下半段大多数被微细毛；叶柄长1～2mm。花序腋生，头状，长5～6mm，花密集，花序轴长约2.5mm；苞片卵形，背面无毛，或有短柔毛。雄花：约10朵，花梗长仅0.4mm，萼片卵圆形，长约2.5mm，雄蕊连花药长6mm，不育雌蕊有柱状柄，末端膨大，高约2.5mm，和萼片近等长，或稍超出；雌花：外萼片长约2mm，内萼片长约2.5mm，受粉期间，子房长2mm，无毛，花柱长1.5mm，略扁，柱头倒心形，下延达花柱1/3～1/2处。蒴果卵形，长5mm，宿存花柱直立，长3～4mm。花期5月，果期9月。

栾川县有栽培。河南伏牛山南部及大别山区有野生。分布于云南、四川、贵州、广西、广东、江西、浙江、湖北、甘肃、陕西（南部）等地。

弱阳性，喜温暖湿润和阳光充足环境，耐干旱，要求疏松、肥沃和排水良好的沙壤土。耐修剪，较耐寒，抗污染。扦插繁殖。

常作绿篱及作观叶树种，广泛用于园林绿化。

果枝

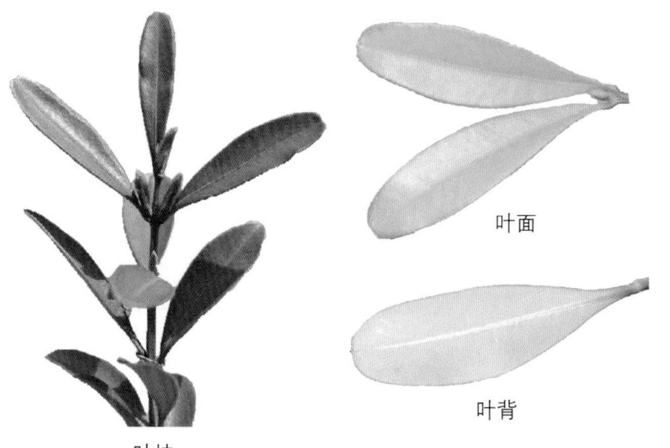

叶枝

（三十二）漆树科 Anacardiaceae

乔木或灌木，稀为木质藤本或亚灌木状草本，韧皮部具裂生性树脂道。叶互生，稀对生，单叶，掌状三小叶或奇数羽状复叶，无托叶或托叶不明显。花小，辐射对称，两性或多为单性或杂性，排列成顶生或腋生的圆锥花序；通常为双被花，稀为单被或无被花；花萼多少合生，3～5裂，极稀分离，有时呈佛焰苞状撕裂或呈帽状脱落，裂片在芽中覆瓦状或镊合状排列，花后宿存或脱落；花瓣与萼片同数，分离或基部合生，覆瓦状或镊合状排列，雄蕊着生于花盘外面基部或有时着生在花盘边缘，与花盘同数或为其2倍，稀仅少数发育，极稀更多，花丝线形或钻形，分离，花药卵形或长圆形或箭形，2室，内向或侧向纵裂；花盘环状、坛状或杯状，全缘或5～10浅裂或呈柄状突起；心皮1～5，稀较多，仅1个发育或合生，子房上位，稀半下位或下位，通常1室，稀2～5室，每室有胚珠1，倒生。果多为核果，稀坚果，种子无胚乳或有少量薄的胚乳，胚弯曲。

约60属，600余种，分布全球热带、亚热带，少数延伸到北温带地区。我国有16属，59种。河南连栽培共5属，9种，4变种。栾川县连栽培4属，7种，4变种。

1.单叶，全缘。花梗变成羽毛状，花柱在成果期侧生 ………………………… 2.黄栌属 *Cotinus*

1.羽状复叶，小叶全缘或有锯齿。花梗不为羽毛状，花柱在成果期顶生：

  2.花为单被或无被花；雄蕊3～5个 ………………………… 1.黄连木属 *Pistacia*

  2.花为双被花，花瓣覆瓦状排列：

    3.圆锥花序顶生。果实红色，密被毛，外果皮与中果皮连合，中果皮薄面与内果皮分离 ………………………… 3.盐肤木属 *Rhus*

    3.圆锥花序腋生。果实黄绿色，无毛或被柔毛，外果皮膜质，与中果皮分离，中果皮厚面与内果皮连合 ………………………… 4.漆属 *Toxicodendron*

1.黄连木属 *Pistacia*

乔木或灌木，落叶或常绿，具树脂。叶互生，无托叶，奇数或偶数羽状复叶，稀单叶或3小叶；小叶全缘。总状花序或圆锥花序腋生；花小，雌雄异株。雄花：苞片1，花被片3～9，雄蕊3～5，稀达7，花丝极短，与花盘连合或无花盘，花药大，长圆形，药隔伸出，细尖，基着药，侧向纵裂；不育雌蕊存在或无；雌花：苞片1；花被片4～10，膜质，半透明，无不育雄蕊；花盘小或无，心皮3，合生；子房上位，近球形或卵形，无毛，1室，1胚珠，花柱短，柱头3裂，头状扩展呈卵状长圆形或长圆形，外弯。核果近球形，无毛，外果皮薄，内果皮骨质；种子压扁，种皮膜质，无胚乳，子叶厚，略凸起。

约10种，分布地中海沿岸、阿富汗、亚洲中部东部和东南部至中美墨西哥和南美危地马拉。我国有3种，除东北和内蒙古外均有分布。河南连栽培有3种。栾川县连栽培2种。

1. 小叶纸质，披针形或卵状披针形，先端渐尖或长渐尖；先花后叶，雄花无不育雌蕊 ………………………… （1）黄连木 *Pistacia chinensis*

1. 小叶革质，长圆形或倒卵状长圆形，先端微凹，具芒刺状硬尖头；花序与叶同出，雄花有不育雌蕊存在 ………………………… （2）清香木 *Pistacia weinmanniifolia*

（1）黄连木（黄楝树） *Pistacia chinensis*

【识别要点】树皮呈鳞片状剥落。偶数羽状复叶互生，小叶5～6对；小叶对生或近对生，披针形、卵状披针形或线状披针形，先端渐尖或长渐尖，基部偏斜，全缘，两面沿中脉和侧脉被卷曲微柔毛或近无毛。

落叶乔木，高达20余米；树干扭曲，树皮暗褐色，呈鳞片状剥落，幼枝灰棕色，具细小皮孔，疏被微柔毛或近无毛。偶数羽状复叶互生，小叶5～6对，叶轴具条纹，被微柔毛，叶柄表面平，被微柔毛；小叶对生或近对生，纸质，披针形、卵状披针形或线状披针形，长5～10cm，宽1.5～2.5cm，先端渐尖或长渐尖，基部偏斜，全缘，两面沿中脉和侧脉被卷曲微柔毛或近无毛，侧脉和细脉两面突起；小叶柄长1～2mm。花雌雄异株，先花后叶，圆锥花序腋生，雄花序排列紧密，长6～7cm，雌花序排列疏松，长15～20cm，均被微柔毛；花小，花梗长约1mm，被微柔毛；苞片披针形或狭披针形，内凹，长约1.5～2mm，外面被微柔毛，边缘具睫毛。雄花：花被片2～4，披针形或线状披针形，大小不等，长1～1.5mm，边缘具睫毛；雄蕊3～5，花丝极短，长不到0.5mm，花药长圆形，大，长约2mm；雌蕊缺；雌花：花被片7～9，大小不等，长0.7～1.5mm，宽0.5～0.7mm，外面2～4片较狭，披针形或线状披针形，外面被柔毛，边缘具睫毛，里面5片卵形或长圆形，外面无毛，边缘具睫毛；不育雄蕊缺。子房球形，无毛，径约0.5mm。核果倒卵状球形，略压扁，径约5mm，成熟时由红变为紫蓝色，干后具纵向细条纹，先端细尖。果常因虫害成空粒而不变为蓝色。花期4月，果期9～10月。

栾川县广泛分布于海拔1300m以下的地区，有百年以上古树221株，分布于各乡镇。河南各山区、丘陵均产。分布于长江以南各地及华北、西北。菲律宾亦有分布。

喜光，耐干旱瘠薄，对土壤要求不严，微酸性、中性和微碱性的沙质、黏质土均能适应；深根性，主根发达，抗风力强；萌芽力强。生长较慢，寿命长。对二氧化硫、氯化氢和煤烟的抗性较强。种子繁殖。秋季育苗随采随播，种子不进行处理，于晚秋土壤封冻前播下；第二年春季播种的冬季种子需要沙藏，3月播种，每亩播种量10kg左右，1个月后苗可出齐，发芽率可达50%～60%。

本种为重要的木本油料兼用材树种，种子含油率高达35%～42.46%，出油率为22%～30%；果壳含油率3.28%，种仁含油率56.5%。油料含碘值95.8，皂化值192，酸值4。20世纪80年代以前，用黄连籽榨取的油是栾川县山区农民的主要食用油，榨油后的籽饼既可用于食用充饥，又是良好的有机肥料。其种子油还可作润滑油，或制肥皂，还非常适合用来生产生物柴油。鲜叶和枝可提取芳香油。叶芽、树皮、叶均可入药，其性味微苦，具有清热解毒、去暑止渴的功效，主治痢疾、暑热口渴、舌烂口糜、咽喉肿痛等疾病。木材为黄色，坚固致密，是雕刻、装修的优质材料；树皮、叶、果分别含鞣质4.2%、10.8%、5.4%，可提制栲胶；果和叶还可制作黑色染料。根、枝、皮可制成生物农药；嫩叶有香味，可制成茶叶。嫩叶、嫩芽和雄花序是上等绿色蔬菜，清香、脆嫩，鲜美可口，炒、煎、蒸、炸、腌、凉拌、作汤均可。本种树冠开阔，春季嫩叶呈红色，夏季枝繁叶茂，秋季红叶满树，全身香气四溢，是点缀庭院、山林、村庄的好树种。可广泛用于荒山造林、四旁绿化及营造能源林。

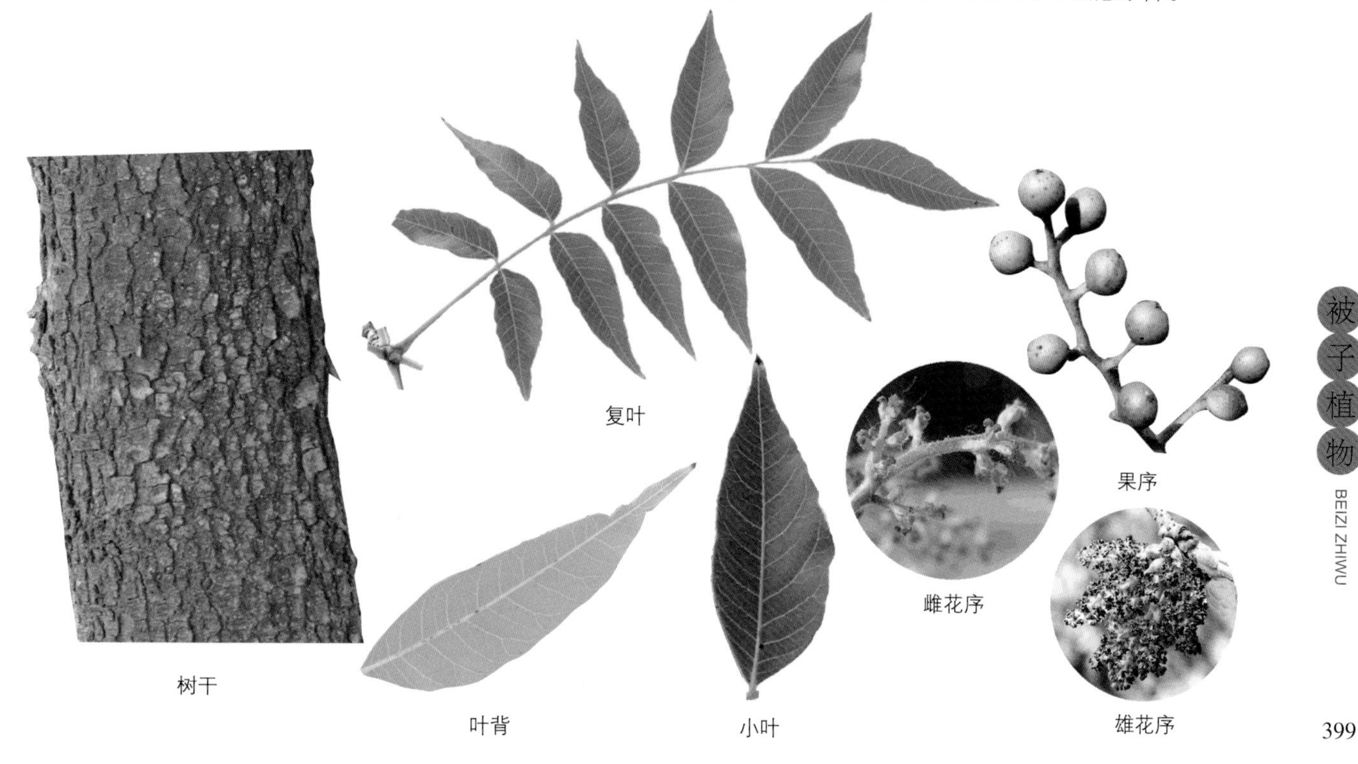
复叶 树干 叶背 小叶 雌花序 果序 雄花序

（2）清香木 *Pistacia weinmanniifolia*

【识别要点】偶数羽状复叶互生，有小叶4～9对，叶轴具狭翅，表面具槽，被灰色微柔毛，叶柄被微柔毛；小叶革质，长圆形或倒卵状长圆形，较小，先端微缺，具芒刺状硬尖头，基部略不对称，全缘，略背卷。

灌木或小乔木，高2～8m，稀达10～15m；树皮灰色，小枝具棕色皮孔，幼枝被灰黄色微柔毛。偶数羽状复叶互生，有小叶4～9对，叶轴具狭翅，表面具槽，被灰色微柔毛，叶柄被微柔毛；小叶革质，长圆形或倒卵状长圆形，较小，长1.3～3.5cm，宽0.8～1.5cm，稀较大(5cm×1.8cm），先端微缺，具芒刺状硬尖头，基部略不对称，阔楔形，全缘，略背卷，两面中脉上被极细微柔毛，侧脉在叶面微凹，在叶背明显突起；小叶柄极短。花序腋生，被黄棕色柔毛和红色腺毛；花小，紫红色，无梗，苞片1，卵圆形，内凹，径约1.5mm，外面被棕色柔毛，边缘具细睫毛。雄花：花被片5～8，长圆形或长圆状披针形，长1.5～2mm，膜质，半透明，先端渐尖或呈流苏状，外面2～3片边缘具细睫毛；雄蕊5，稀7，花丝极短，花药长圆形，先端细尖；不育雌蕊存在；雌花：花被片7～10，卵状披针形，长1～1.5mm，膜质，先端细尖或略呈流苏状，外面2～5片边缘具睫毛；无不育雄蕊，子房圆球形，径约0.7mm，无毛。核果球形，长约5mm，径约6mm，成熟时红色，先端细尖。

栾川县以盆栽花卉的形式栽培。河南各地有室内栽培。分布于云南、西藏（东南部）、四川（西南部）、贵州（西南部）、广西（西南部）。

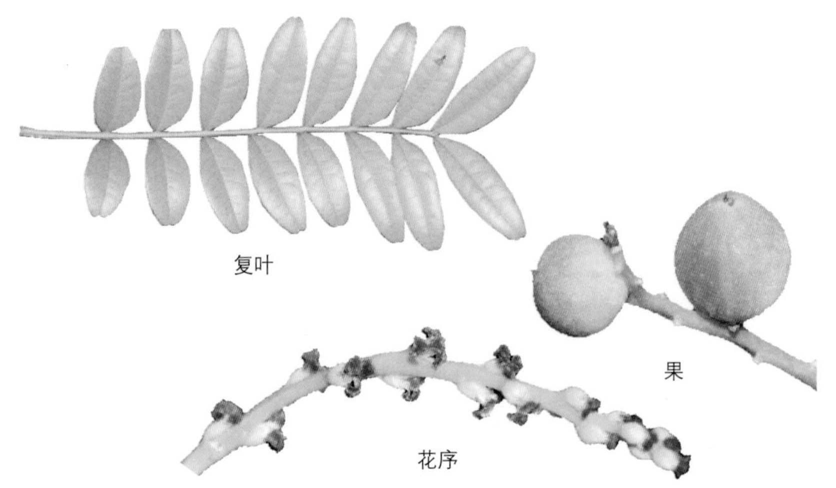
复叶　果　花序

果枝

2.黄栌属 *Cotinus*

落叶灌木或小乔木，木材黄色，树汁有臭味；芽鳞暗褐色。单叶互生，无托叶，全缘或略具齿；叶柄纤细。聚伞圆锥花序顶生；花小，杂性，仅少数发育，花梗纤细，长为花径的4～6倍，多数不孕花花后花梗伸长，被长柔毛；苞片披针形，早落；花萼5裂，裂片覆瓦状排列，卵状披针形，先端钝，宿存；花瓣5，长圆形，长为萼片的2倍，略开展；雄蕊5，比花瓣短，着生在环状花盘的下部，花药短卵形，比花丝短，药室内向纵裂；子房上位，偏斜，压扁，1室，1胚珠，花柱3，侧生，短，柱头小而不显。核果小，暗红色至褐色，肾形，极压扁，侧面中部具残存花柱，外果皮薄，具脉纹，无毛或被毛，内果皮厚角质。种子肾形，种皮薄，无胚乳，子叶扁平，胚根长勾状。

约5种，分布于南欧、亚洲东部和北美温带地区。我国有3种，除东北外其余地区均有。河南有3变种。栾川县有3变种，均为黄栌*Cotinus coggygria*的变种。

1.小枝无毛。叶无毛或仅背面脉上有短柔毛………（1）粉背黄栌*Cotinus coggygria* var.*glaucophylla*

1.小枝有短柔毛。叶两面或背面中肋及脉上密生柔毛：

2.叶近圆形，背面中肋及脉上密生灰白色绢状短柔毛…（2）毛黄栌 *Cotinus coggygria* var. *pubescens*
2.叶卵圆形至倒卵形，两面有毛，背面更密……………（3）黄栌 *Cotinus coggygria* var. *cinerea*

（1）粉背黄栌（黄栌柴） *Cotinus coggygria var. glaucophylla*

【识别要点】小枝无毛。叶椭圆形或卵圆形，先端圆或凹，背面光滑或仅脉上有毛，侧脉6～11对。

落叶灌木或小乔木，高可达5m以上。小枝通常无毛。叶椭圆形或卵圆形，长4～9.5cm，宽3.5～7cm，先端圆或凹，背面光滑或仅脉上有毛，侧脉6～11对，顶端常分叉；叶柄细长，长1.5～4cm。圆锥花序顶生，花杂性，小型；萼片、花瓣及雄蕊各5个；子房具2～5个短侧生花柱。长果序5～20cm，不孕花花柄呈紫绿色羽毛状。核果小，肾形，直径3～4mm，红色。花期5～6月，果期7月。

栾川县产各山区，生于海拔1600m以上的向阳山坡灌丛或疏林中。河南产于太行山及伏牛山区。分布于山西、陕西、甘肃、四川、云南。

种子繁殖。种子用低温层积法催芽，春季适时早播，每亩用种量4～5kg。

树皮及叶可提取栲胶。叶含芳香油。木材可提制黄色染料。枝叶可入药，能消炎、清湿热。民间用木材治高血压。秋叶变红，为优良观叶树种。

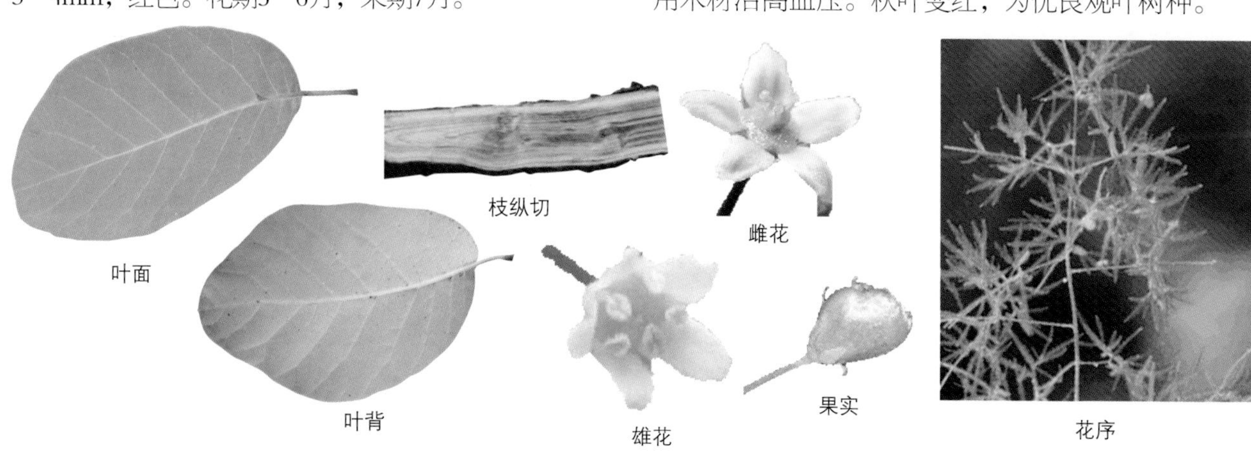

叶面 枝纵切 雌花 叶背 雄花 果实 花序

（2）毛黄栌（黄栌柴） *Cotinus coggygria var. pubescens*

小枝有短柔毛。叶近圆形，背面中肋及脉密生灰白色绢状短柔毛。

栾川县产各山区，生于海拔1500m以下的山坡灌丛中。河南产于各山区，以伏牛山最多。分布于河北、陕西、山东、甘肃、湖北、四川、浙江。欧洲东南部到中亚地区也有分布。

喜光，较耐寒，喜生于半阴且较干燥的山地，耐干旱、耐瘠薄，但不耐水湿。

根皮入药，主治妇女产后劳损。秋叶变红，为优良观叶树种。

树干

叶枝

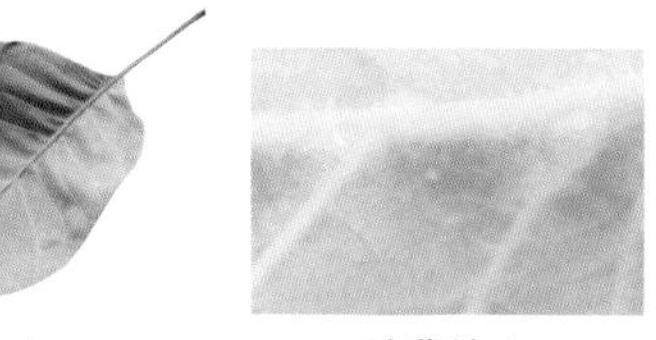

叶 叶背放大

雌花 雄花

花枝

（3）黄栌（红叶 黄栌柴） *Cotinus coggygria* var. *cinerea*

【识别要点】叶卵圆形至倒卵形，两面均有毛，背面毛更密，花序也有毛。

灌木，高3～5m。叶倒卵形或卵圆形，长3～8cm，宽2.5～6cm，先端圆形或微凹，基部圆形或阔楔形，全缘，两面尤其叶背显著被灰色柔毛，侧脉6～11对，先端常叉开；叶柄短。圆锥花序被柔毛；花杂性，径约3mm；花梗长7～10mm，花萼无毛，裂片卵状三角形，长约1.2mm，宽约0.8mm；花瓣卵形或卵状披针形，长2～2.5mm，宽约1mm，无毛；雄蕊长约1.5mm，花药卵形，与花丝等长，花盘5裂，紫褐色；子房近球形，径约0.5mm，花柱3，分离，不等长，果肾形，长约4.5mm，宽约2.5mm，无毛。

栾川县产各山区，生于海拔1600m以下的山坡灌丛或疏林中。河南产于各山区。分布于河北、山东、湖北、四川。间断分布于东南欧。用途同粉背黄栌。

叶枝 叶背放大 叶 花序 果实

3.盐肤木属 *Rhus*

落叶灌木或乔木。叶互生，奇数羽状复叶、3小叶或单叶，叶轴具翅或无翅；小叶具柄或无柄，边缘具齿或全缘。花小，杂性或单性异株，多花，排列成顶生聚伞圆锥花序或复穗状花序，苞片宿存或脱落；花萼5裂，裂片覆瓦状排列，宿存；花瓣5，覆瓦状排列；雄蕊5，着生在花盘基部，在雄花中伸出，花药卵圆形，背着药，内向纵裂；花盘环状；子房无柄，1室，1胚珠，花柱3，基部多少合生。核果球形，略压扁，被腺毛和具节毛或单毛，成熟时红色，外果皮与中果皮连合，中果皮非蜡质。

约250种，分布于亚热带和暖温带，我国有6种，除东北、内蒙古、青海和新疆外均有分布。河南连栽培有3种，1变种，栾川县均有。

本属均可作五倍子蚜虫寄主植物，但以盐肤木上的虫瘿较好，称“角倍”，其余称“肚倍”，质量较次。

1.小叶有锯齿；叶轴有叶翅或无。果序直立：
  2.小叶7～13，叶轴具宽叶翅。野生 ……………………………… （1）盐肤木 *Rhus chinensis*
  2.小叶9～23，叶轴无叶翅。引种栽培 ……………………………… （2）火炬树 *Rhus typhina*
1.小叶全缘，稀幼树上具锯齿；叶轴无叶状翅或稀上部具狭翅。果序下垂，稀直立：
  3.小枝具微柔毛。叶轴上部有狭翅 ………………………… （3）红肤杨 *Rhus punjabensis* var. *sinica*
  3.小枝无毛。叶轴无翅 ……………………………………………… （4）青肤杨 *Rhus potaninii*

（1）盐肤木（五倍子 林不苏） *Rhus chinensis*

【识别要点】小枝被锈色柔毛，具圆形小皮孔。奇数羽状复叶，小叶5～13个，叶轴具宽的叶状翅，小叶自下而上逐渐增大，叶轴和叶柄密被锈色柔毛；小叶多形，无柄，边缘具粗锯齿或圆齿，叶背被白粉，被锈色柔毛。

落叶小乔木或灌木，高2～10m；小枝棕褐色，被锈色柔毛，具圆形小皮孔。奇数羽状复叶有小叶5～13个，叶轴具宽的叶状翅，小叶自下而上逐渐增大，叶轴和叶柄密被锈色柔毛；小叶多形，卵形或椭圆状卵形或长圆形，长6～12cm，宽3～7cm，先端急尖，基部圆形，顶生小叶基部楔形，边缘具粗锯齿或圆齿，叶面暗绿色，叶背粉绿色，被白粉，叶面沿中脉疏被柔毛或近无毛，叶背被锈色柔毛，脉上较密，侧脉和细脉在叶面凹陷，在叶背突起；小叶无柄。圆锥花序宽大，多分枝，雄花序长30～40cm，雌花序较短，密被锈色柔毛；苞片披针形，长约1mm，被微柔毛，小苞片极小，花白色，花梗长约1mm，被微柔毛。雄花：花萼外面被微柔毛，裂片长卵形，长约1mm，边缘具细睫毛；花瓣倒卵状长圆形，长约2mm，开花时外卷；雄蕊伸出，花丝线形，长约2mm，无毛，花药卵形，长约0.7mm；子房不育。雌花：花萼裂片较短，长约0.6mm，外面被微柔毛，边缘具细睫毛；花瓣椭圆状卵形，长约1.6mm，边缘具细睫毛，里面下部被柔毛；雄蕊极短；花盘无毛；子房卵形，长约1mm，密被白色微柔毛。核果球形，略压扁，径4～5mm，被具节柔毛和腺毛，直径5mm。花期7～8月，果期10～11月。

栾川县有广泛分布，生于海拔1800m以下的山坡、沟谷的疏林、杂灌丛中。河南产于各山区。我国除东北、内蒙古和新疆外，其余地区均有。分布于印度、中南半岛、马来西亚、印度尼西亚、日本和朝鲜。

种子繁殖。

本种为五倍子蚜虫寄主植物，在幼枝和叶上形成虫瘿，即五倍子，可供鞣革、医药、塑料和墨水等工业上用。幼枝和叶可作农药，防治蚜虫。果泡水代醋用，生食酸咸止渴。种子可榨油。根、叶、花及果均可供药用，有消炎、利尿之效。叶为优良猪饲料。秋叶变红，可作观叶树种。

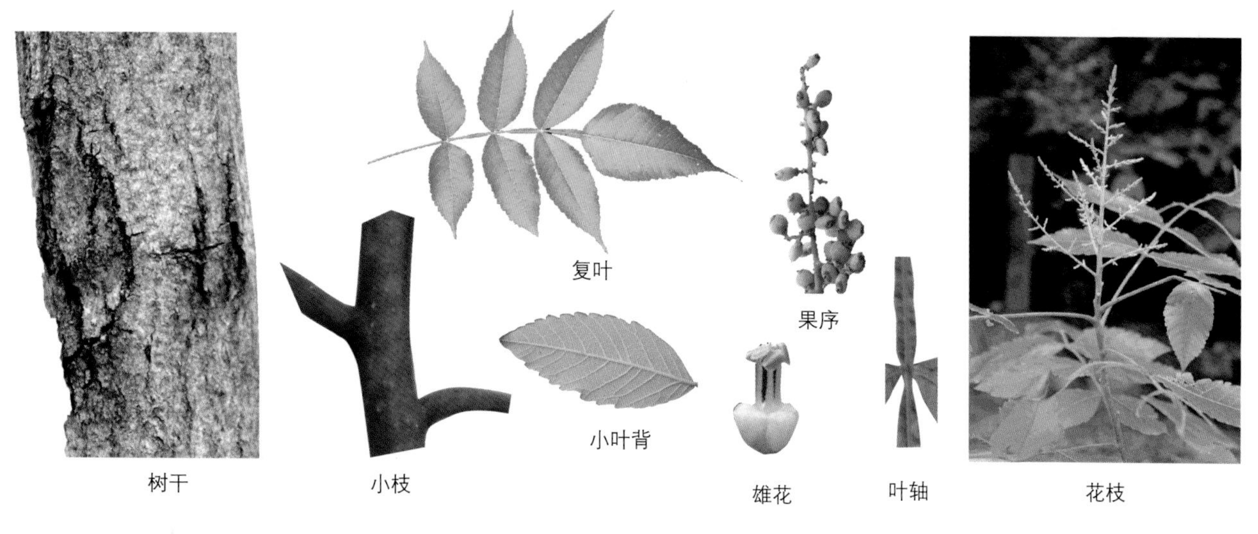

（2）火炬树 *Rhus typhina*

【识别要点】叶轴无翅。核果深红色，密生茸毛，花柱宿存、密集成火炬形。

落叶灌木或小乔木，高可达12m。小枝密生灰色茸毛。奇数羽状复叶，小叶11～23（31）个，具柄或无柄，长椭圆状至披针形，长5～13cm，边缘有锯齿，先端长渐尖，基部圆形或宽楔形，表面深绿色，背面带白粉，两面有茸毛，老时脱落，叶轴无翅。雌雄异株，圆锥花序顶生、密生茸毛，长10～20cm，花淡绿色，雌花花柱有红色刺毛。核果深红色，密生茸毛，花柱宿存，密集成火炬形。种子扁球形，黑褐色，种皮坚硬。花期6～7月，果期8～9月。

原产北美。栾川县有栽培。河南各地有栽培。北京、湖北、山西及西北等地也有栽培。

喜光，适应性强，喜生于河谷沙滩、堤岸及沼泽地区，又能生于干旱、石砾多的山坡荒地。根萌芽力极强，是一种良好的荒山、护坡、固堤造林树种，也是园林观叶、观果树种。种子或分蘖、分根繁殖。

火炬树作为外来物种，繁殖能力超强，大量繁殖后去除困难。尽管是否为入侵树种尚无定论，但对其潜在的危害应引起高度重视。

树冠

复叶

小叶（背）

小枝

果序

（3）红肤杨 *Rhus punjabensis* var. *sinica*

【识别要点】小枝微被柔毛。奇数羽状复叶有小叶7～13个，叶轴上部具狭翅，叶卵状长圆形或长圆形，全缘，叶背疏被微柔毛或仅脉上被毛，侧脉较密，约20对，不达边缘；小叶无柄或近无柄。

落叶乔木或小乔木，高可达15m，树皮光滑，灰褐色，小枝被微柔毛。奇数羽状复叶有小叶7～13个，叶轴上部具狭翅，极稀不明显；叶卵状长圆形或长圆形，长5～12cm，宽2～4.5cm，先端渐尖或长渐尖，基部圆形或近心形，全缘，叶背疏被微柔毛或仅脉上被毛，侧脉较密，约20对，不达边缘，在叶背明显突起；小叶无柄或近无柄。圆锥花序长15～20cm，密被微茸毛；苞片钻形，长1～2cm，被微茸毛；花小，径约3mm，白色；花梗短，长约1mm；花萼外面疏被微柔毛，裂片狭三角形，长约1mm，宽约0.5mm，边缘具细睫毛，花瓣长圆形，长约2mm，宽约1mm，两面被微柔毛，边缘具细睫毛，开花时先端外卷；花丝线形，长约2mm，中下部被微柔毛，在雌花中较短，长约1mm，花药卵形；花盘厚，紫红色，无毛；子房球形，密被白色柔毛，径约1mm，雄花中有不育子房。核果近球形，略压扁，径约4mm，成熟时深红色，被具节柔毛和腺毛；种子小。花期6月，果期8～9月。

栾川县产伏牛山主脉北坡龙峪湾林场至老君山林场一带，生于山谷疏林或杂灌丛中。河南产于伏牛山。分布于云南（东北至西北部）、贵州、湖南、湖北、陕西、甘肃、四川、西藏。

种子繁殖。

枝叶上寄生的五倍子较大，称肚倍，供工业及医药用，能收敛止血；根皮有利尿、消炎作用。种子榨油供工业用，油饼可作猪饲料。秋季叶变红，为观叶树种。

果枝

树干

复叶

叶轴

叶背放大

花

小叶

（4）青肤杨（五倍子） *Rhus potaninii*

【识别要点】小枝无毛。奇数羽状复叶，小叶5～9个。叶轴无翅；小叶卵状长圆形或长圆状披针形，长5～10cm，宽2～4cm，先端渐尖，基部多少偏斜，全缘，两面沿中脉被微柔毛或近无毛，小叶具短柄。

落叶乔木，高达10m。树皮灰褐色，小枝无毛。奇数羽状复叶有小叶5～9个，叶轴无翅，被微柔毛；小叶卵状长圆形或长圆状披针形，长5～10cm，宽2～4cm，先端渐尖，基部多少偏斜，全缘，两面沿中脉被微柔毛或近无毛，小叶具短柄。圆锥花序长10～20cm，被微柔毛；苞片钻形，长约1mm，被微柔毛；花白色，径2.5～3mm；花梗长约1mm，被微柔毛；花萼外面被微柔毛，裂片卵形，长约1mm，边缘具细睫毛；花瓣卵形或卵状长圆形，长1.5～2mm，宽约1mm，两面被微柔毛，边缘具细睫毛，开花时先端外卷；花丝线形，长约2mm，在雌花中较短，花药卵形；花盘厚，无毛；子房球形，径约0.7mm，密被白色茸毛。核果近球形，略压扁，径3～4mm，密被具节柔毛和腺毛，成熟时红色。种子扁。花期5～6月，果期9月。

栾川县产各山区，生于海拔1700m以下的山坡、山谷疏林或灌丛中。分布于云南、四川、甘肃、陕西、山西。

喜光性树种，耐干旱、瘠薄。种子繁殖。

叶寄生五倍子，含鞣质达92.44%，茎皮及叶均含鞣质，可提取栲胶。种子含油23.51%，出油率18%，可制肥皂及润滑油。

复叶

花

树干

小叶（背）

花枝

果序

4.漆属 *Toxicodendron*

落叶乔木或灌木，稀为木质藤本，具白色乳汁，干后变黑。叶互生，奇数羽状复叶或掌状3小叶；小叶对生，叶轴通常无翅。花序腋生，聚伞圆锥状或聚伞总状，果期通常下垂或花序轴粗壮而直立；花小，单性异株；苞片披针形，早落，花萼5裂，裂片覆瓦状排列，宿存；花瓣5，覆瓦状排列，通常具褐色羽状脉纹；雄蕊5，着生于花盘基部；花丝钻形或线形，在雌花中较短，花药长圆形或卵形，背着药，内向纵裂；花盘环状、盘状或杯状浅裂，子房基部埋入下凹花盘中，无柄，1室，1胚珠，胚珠悬垂于伸长的珠柄上，花柱3，基部多少合生。核果近球形或侧向压扁，无毛或被微柔毛或刺毛，但不被腺毛，外果皮薄，脆，常具光泽，成熟时与中果皮分离，中果皮厚，白色蜡质，具褐色纵向树脂道条纹，与内果皮连合，果核坚硬，骨质，通常有少数纵向条纹；种子具胚乳，胚大，通常横生，子叶叶状，扁平，胚轴多少伸长，上部向胚轴方向内弯。

约20余种，分布亚洲东部和北美至中美。我国有15种，主要分布于长江以南各地。河南有3种。栾川县2种。

本属乳液含漆酚，人体接触易引起过敏性皮肤红肿、痒痛、丘疹，误食引起呕吐、疲倦、瞳孔放大、昏迷等中毒症状。

1.小枝、叶轴、叶柄及花序均有毛；侧脉10～15对。花序与叶等长或较叶长 ……………………………………………………………………（1）漆树 *Toxicodendron vernicifluum*

1.小枝、叶轴、叶柄及花序均无毛；侧脉15～22对。花序长为叶之半 ……………………………………………………………………（2）野漆 *Toxicodendron succedaneum*

（1）漆树（家漆） *Toxicodendron vernicifluum*

【识别要点】小枝、叶轴、叶柄及花序均有毛；小枝具圆形或心形的大叶痕和突起的皮孔。奇数羽状复叶互生，常螺旋状排列，小叶9～13个；叶柄近基部膨大；小叶先端急尖或渐尖，基部偏斜，全缘，侧脉10～15对。

落叶乔木，高达20m。幼树树皮灰白色，后变深灰色，粗糙，呈不规则纵裂，小枝粗壮，被棕黄色柔毛，后变无毛，具圆形或心形的大叶痕和突起的皮孔；顶芽大而显著，被棕黄色茸毛。奇数羽状复叶互生，常螺旋状排列，有小叶9～13个，叶轴圆柱形，被微柔毛；叶柄长7～14cm，被微柔毛，近基部膨大，半圆形，表面平；小叶膜质至薄纸质，卵形或卵状椭圆形或长圆形，长6～13cm，宽3～6cm，先端急尖或渐尖，基部偏斜，圆形或阔楔形，全缘，叶面通常无毛或仅沿中脉疏被微柔毛，叶背沿脉上被平展黄色柔毛，稀近无毛，侧脉10～15对，两面略突；小叶柄长4～7mm，表面具槽，被柔毛。圆锥花序长15～30cm，与叶近等长，被灰黄色微柔毛，花序轴及分枝纤细，疏花；花黄绿色，雄花花梗纤细，长1～3mm，雌花花梗短粗；花萼无毛，裂片卵形，长约0.8mm，先端钝；花瓣长圆形，长约2.5mm，宽约1.2mm，具细密的褐色羽状脉纹，先端钝，开花时外卷；雄蕊长约2.5mm，花丝线形，与花药等长或近等长，在雌花中较短，花药长圆形，花盘无毛；子房球形，径约1.5mm。果序多少下垂，核果肾形或椭圆形，不偏斜，略压扁，长5～6mm，宽7～8mm，先端锐尖，基部截形，外果皮黄色，无毛，具光泽，成熟后不裂，中果皮蜡质，具树脂道条纹，果核棕色，与果同形，长约3mm，宽约5mm，坚硬。花期5～6月，果期7～9月。

栾川县广布于各山区，生于山坡、山沟杂木林中，有大量人工栽培。河南产于各山区。我国除黑龙江、吉林、内蒙古和新疆外，其余地区均产。分布于印度、朝鲜和日本。

喜光性树种，喜温暖气候及深厚、肥沃的钙质土，不耐严寒，但对气候、土壤适应性强，栾川县在海拔2000m以下的各类土壤均能生长，但以河谷、地势平缓、水分条件较好的地方生长良好。

本种在我国栽培有2000年历史，有大红袍等优良品种。

采割漆液的年龄因品种和立地条件而异，一般在立地条件较好的情况下，6～7年生、胸径10cm以上即可采割。据民间经验，漆树惧槲栎，如割漆时在树上钉槲栎木钉会导致漆树死亡，因此在树上部开刀口时禁用钉栎木钉的办法搭梯子。

用种子或插根、嫁接等方法繁殖。果肉蜡质，果核坚硬，需用草木灰脱蜡、开水或温水浸种、露地混沙埋藏等法处理，也可进行萌芽更新。

为我国重要的特用经济树种之一，是栾川县经济、用材兼用的优良乡土树种。树干韧皮部割取生漆，是一种优良的防腐、防锈的涂料，有不易氧化、耐酸、耐醇和耐高温的性能，用于涂漆建筑物、家具、电线、广播器材等。种子油可制油墨，肥皂。果皮可取蜡，作蜡烛、蜡纸，过去也代油食用。叶可提栲胶。叶、根可作土农药。材质优良，易加工，不易变形，耐腐朽，抗压力强，可供家具、建筑、雕刻、工艺品等用。干漆在中药上有通经、驱虫、镇咳的功效；花果入药有止咳、消瘀血、杀虫等功效。

树干 复叶 小叶 叶背局部 花枝 雌花 雄花 种子 果实

（2）野漆（木蜡树） *Toxicodendron succedaneum*

【识别要点】小枝、叶轴、叶柄及花序均无毛；奇数羽状复叶互生，小叶7～15个；小叶长圆状椭圆形、阔披针形或卵状披针形，先端渐尖或长渐尖，基部多少偏斜，全缘，侧脉15～22对。

落叶乔木或小乔木，高达10m；小枝粗壮，无毛，顶芽大，紫褐色，外面近无毛。奇数羽状复叶互生，常集生小枝顶端，无毛，长25～35cm，有小叶7～15个，叶轴和叶柄圆柱形；叶柄长6～9cm；小叶对生或近对生，坚纸质至薄革质，长圆状椭圆形、阔披针形或卵状披针形，长5～16cm，宽2～5.5cm，先端渐尖或长渐尖，基部多少偏斜，圆形或阔楔形，全缘，两面无毛，叶背常具白粉，侧脉15～22对，弧形上升，两面略突；小叶柄长2～5mm。圆锥花序长7～15cm，为叶长之半，多分枝，无毛；花黄绿色，径约2mm；花梗长约2mm；花萼无毛，裂片阔卵形，先端钝，长约1mm；花瓣长圆形，先端钝，长约2mm，中部具不明显的羽状脉或近无脉，开花时外卷；雄蕊伸出，花丝线形，长约2mm，花药卵形，长约1mm；子房球形，径约0.8mm，无毛，柱头3裂，褐色。核果大，偏斜，径7～10mm，压扁，先端偏离中心，外果皮薄，淡黄色，无毛，中果皮厚，蜡质，白色，果核坚硬，压扁。花期5～6月，果期10月。

栾川县零星分布于各山区，生于疏林中或山坡沟旁。河南产于伏牛山、大别山和太行山。分布于华北至长江以南各地；印度、中南半岛、朝鲜和日本也产。

种子繁殖。为次生林改造保留树种。

根、叶及果入药，有清热解毒、散瘀生肌、止血、杀虫之效，治跌打骨折、湿疹疮毒、毒蛇咬伤，又可治尿血、血崩、白带、外伤出血、子宫下垂等症。种子油可制皂或掺合干性油作油漆。中果皮之漆蜡可制蜡烛、膏药和发蜡等。树皮可提栲胶。树干乳液可代生漆用。木材坚硬致密，可作细木工用材。

树干　小叶　复叶　花　果　果枝

（三十三）冬青科 Aquifoliaceae

乔木或灌木，常绿或落叶；单叶互生，稀对生或假轮生，叶片通常革质、纸质，稀膜质，具锯齿、腺状锯齿或具刺齿，或全缘，具柄；托叶无或小，早落。花小，辐射对称，单性，稀两性或杂性，雌雄异株，排列成腋生、腋外生或近顶生的聚伞花序、假伞形花序、总状花序、圆锥花序或簇生，稀单生；花萼4～6片，覆瓦状排列，宿存或早落；花瓣4～6，分离或基部合生；雄蕊与花瓣同数，且与之互生；无花盘；子房上位，心皮2～5，合生，2至多室，每室具1、稀2个悬垂、横生或弯生的胚珠，花柱短或无，柱头头状、盘状或浅裂（雄花中败育雌蕊存在，近球形或叶枕状）。果通常为浆果状核果，具2至多数分核，通常4枚，稀1枚，每分核具1粒种子；种子含丰富的胚乳，胚小，直立，子房扁平。

4属，约400～500种，分布中心为热带美洲和热带至暖温带亚洲。我国产1属，约204种，分布于秦岭南坡、长江流域及其以南地区，以西南地区最盛。河南产1属，连栽培的有8种。栾川县产1属，1种。

冬青属 *Ilex*

常绿或落叶，乔木或灌木；单叶互生，稀对生；叶片革质、纸质或膜质，长圆形、椭圆形、卵形或披针形，全缘或具锯齿或具刺，具柄或近无柄；托叶小，通常宿存。花序为聚伞花序或伞形花序，单生于当年生枝条的叶腋内或簇生于2年生枝条的叶腋内，稀单花腋生；花小，白色、粉红色或红色，辐射对称，异基数，常由于败育而呈单性，雌雄异株。雄花：花萼盘状，4～6裂，覆瓦状排列；花瓣4～8，基部略合生；雄蕊通常与花瓣同数，且互生，花丝短，花药长圆状卵形，内向，纵裂；败育子房上位，近球形或叶枕状，具喙。雌花：花萼4～8裂；花瓣4～8，伸展，基部稍合生；败育雄蕊箭头状或心形；子房上位，卵球形，1～10室，通常4～8室，无毛或被短柔毛，花柱稀发育，柱头头状、盘状或柱状。果为浆果状核果，通常球形，成熟时红色，稀黑色，外果皮膜质或坚纸质，中果皮肉质或明显革质，内果皮木质或石质，具2～8核。

约400种，分布于两半球的热带、亚热带至温带地区，主产中南美洲和亚洲热带。我国约200余种，分布于秦岭南坡、长江流域及其以南广大地区，而以西南和华南最多。河南有8种。栾川县产1种。

枸骨（老鼠刺） *Ilex cornuta*

【识别要点】叶厚革质，二型，四角状长圆形或卵形，先端具3枚尖硬刺齿，中央刺齿常反曲，基部圆形或近截形，两侧各具1～2刺齿。叶两面无毛。

常绿灌木或小乔木。幼枝具纵脊及沟，沟内被微柔毛或变无毛，2年生枝褐色，3年生枝灰白色，具纵裂缝及隆起的叶痕，无皮孔。叶片厚革质，二型，四角状长圆形或卵形，长4～9cm，宽2～4cm，先端具3枚尖硬刺齿，中央刺齿常反曲，基部圆形或近截形，两侧各具1～2刺齿，有时全缘（此情况常出现在卵形叶），叶面深绿色，具光泽，背淡绿色，无光泽，两面无毛，主脉在表面凹下，背面隆起，侧脉5～6对，于叶缘附近网结，在叶面不明显，在背面凸起，网状脉两面不明显；叶柄长4～8mm，表面具狭沟，被微柔毛；托叶宽三角形。花序簇生于2年生枝的叶腋内，基部宿存鳞片近圆形，被柔毛，具缘毛；苞片卵形，先端钝或具短尖头，被短柔毛和缘毛；花淡黄色，4基数。雄花；花梗长5～6mm，无毛，基部具1～2枚阔三角形的小苞片；花萼盘状；直径约2.5mm，裂片膜质，阔三角形，长约0.7mm，宽约1.5mm，疏被微柔毛，具缘毛；花冠辐状，直径约7mm，花瓣长圆状卵形，长3～4mm，反折，基部合生；雄蕊与花瓣近等长或稍长，花药长圆状卵形，长约1mm；退化子房近球形，先端钝或圆形，不明显的4裂。雌花：花梗长8～9mm，果期长达

13～14mm，无毛，基部具2枚小的阔三角形苞片；花萼与花瓣像雄花；退化雄蕊长为花瓣的4/5，略长于子房，败育花药卵状箭头形；子房长圆状卵球形，长3～4mm，直径2mm，柱头盘状，4浅裂。果球形，直径8～10mm，成熟时鲜红色，基部具四角形宿存花萼，顶端宿存柱头盘状，明显4裂；果梗长8～14mm。分核4，轮廓倒卵形或椭圆形，长7～8mm，背部宽约5mm，遍布皱纹和皱纹状纹孔，背部中央具1纵沟，内果皮骨质。花期4～5月，果期9～10月。

栾川县多为栽培，常用于庭院绿化；潭头镇、秋扒乡见有野生。河南产于大别山、桐柏山区各县。分布于江苏、上海、安徽、浙江、江西、湖北、湖南等地。朝鲜也产。

种子或扦插、分根繁殖。

根、枝叶和果入药，根有滋补强壮、活络、清风热、祛风湿之功效；枝叶用于治疗肺痨咳嗽、劳伤失血、腰膝痿弱、风湿痹痛；果实用于治疗阴虚身热、淋浊、崩带、筋骨疼痛等症。种子含油，可作肥皂原料，树皮可作染料和提取栲胶，木材软韧，可用作牛鼻圈。树形美丽，果实秋冬红色，挂于枝头，为良好观赏树种。

全株

果枝　花　种子

（10）柳叶卫矛（角翅卫矛） *Euonymus cornutus*

【识别要点】叶对生，披针形至线状披针形，长6～11cm，宽8～15mm，边缘有细密小锯齿，侧脉7～11对，在叶缘处常稍作波状折曲，与小脉形成明显特殊脉网。蒴果紫红色，具4或5窄长翅。

落叶灌木，高1～2.5m。小枝细，淡绿色，无毛。冬芽绿色，长锥形，长达8mm。叶对生，厚纸质或薄革质，披针形至线状披针形，长6～11cm，宽8～15mm，先端长渐尖，基部窄楔形，边缘有细密小锯齿，侧脉7～11对，在叶缘处常稍作波状折曲，与小脉形成明显特殊脉网；叶柄长3～6mm。聚伞花序2～3出，常只一次分枝，3花，少为2次分枝，具5～7花；花序梗细长，长3～5cm；小花梗长1～1.2cm，中央花小花梗稍细长；花紫红色或带绿色，直径约1cm，花4数及5数并存；萼片肾圆形；花瓣倒卵形或近圆形；花盘近圆形；雄蕊着生花盘边缘，无花丝；子房无花柱，柱头小，盘状。蒴果紫红色，具4或5窄长翅，近球状，直径连翅2～3.5cm，翅长5～10mm，向尖端渐窄，常微呈钩状；果序梗长3.5～8cm；小果梗长1～1.5cm；种子阔椭圆状，棕红色，长约6mm，包于橙色假种皮中。花期5月，果期8～9月。

栾川县产各山区，生于海拔1000m以上的山坡或山谷林下及灌丛中。河南还产于灵宝、卢氏、嵩县、西峡、南召、鲁山等县市。分布于陕西、甘肃、湖北、四川、云南等地。

可作庭院观果树种，也可作树桩盆景材料。

叶枝　叶　花　种子　蒴果背侧

（11）陕西卫矛（金丝吊蝴蝶 金蝴蝶） *Euonymus schensianus*

【识别要点】叶披针形或宽披针形，长5～10cm，边缘密生细锯齿，两面无毛。蒴果大。

落叶灌木，高达2m；枝条灰褐色，圆柱状，光滑，无翅。叶对生，花时薄纸质，果时纸质或稍厚，披针形或宽披针形，长5～10cm，先端急尖或长渐尖，基部窄楔形至近圆形，边缘密生细锯齿，两面无毛；叶柄细，长3～6mm。聚伞花序腋生，总花梗长5～7cm，在果期长达10cm；花绿色，4数，稀5数，花药白色。蒴果大，连翅宽3～5cm，翅长12～15mm，宽7～10mm。花期4月，果期7～8月。

栾川县产龙峪湾林场至老君山林场一带，生于海拔1000m以上的山坡杂木林中。河南郑州、洛阳、开封等地有栽培。分布于陕西，甘肃南部、四川、湖北、贵州等地。

可作庭院绿化或作树桩盆景。

叶枝

叶 花 蒴果

（12）紫花卫矛（金丝吊蝴蝶） *Euonymus porphyreus*

【识别要点】 小枝无翅。叶卵形或椭圆形，花紫色，蒴果紫红色，悬垂于细长果柄上，具四窄长翅。

落叶灌木，高1～5m。小枝灰绿色，光滑，无翅。冬芽小，先端尖，鳞片灰色。叶对生，纸质，卵形或椭圆形，长3～8cm，宽1.5～3.5cm，先端渐尖至长渐尖，基部阔楔形或近圆形，无毛，边缘密生细锯齿，齿尖常稍内曲；叶柄长3～7mm。聚伞花序有3～12花，具细长纤弱花序梗，长至4.5cm；花紫色，直径6～8mm，4数，花瓣长方椭圆形或窄卵形，花盘扁方，微4裂；雄蕊无花丝，花药成熟时1室，顶端开裂。蒴果紫红色，悬垂于细长果柄上，圆形，具四窄长翅；种子有红色假种皮。花期6月，果期8～9月。

栾川县产伏牛山主脉北坡，生于海拔1000m以上的山坡灌丛或林中。河南还产于灵宝、卢氏、嵩县、西峡、内乡、淅川等县市。分布于陕西、甘肃、青海、湖北、四川、贵州、云南和西藏等地。

木材供家具、雕刻等用。也可作庭院观果树种和桩景材料。

叶枝 叶背 花 果实

（13）石枣子 *Euonymus sanguineus*

【识别要点】 小枝无翅。叶幼时带红色，阔椭圆形或卵圆形至长圆状卵形，叶缘密生细尖齿；背面网脉明显；花淡紫色，蒴果4翅略呈三角形。

落叶灌木或小乔木，高达8m。小枝近圆形，光滑，无翅。冬芽大，卵形，长6～14mm。叶对生，幼时带红色，厚纸质至近革质，阔椭圆形或卵圆形至长圆状卵形，长4～10cm，宽2.5～5cm，先端渐尖或急尖，基部阔楔形或近圆形，常稍平截，叶缘密生细尖齿；背面灰绿色，网脉明显；

叶柄长5～10mm。聚伞花序疏松，有3～15花，具细长梗，梗长3～6cm；小花梗长8～10mm；花淡紫色，4数，稀5数；雄蕊无花丝，花药1室。蒴果扁球状，直径约1cm，4翅略呈三角形。假种皮红色。花期5月，果期8月。

栾川县产各山区，生于山坡杂木林中。河南还产于灵宝、卢氏、嵩县、西峡、南召、内乡等县市。分布于甘肃、陕西、山西、湖北、四川、贵州和云南。

种子繁殖。

种子榨油供工业用，也可作庭院观赏树种。

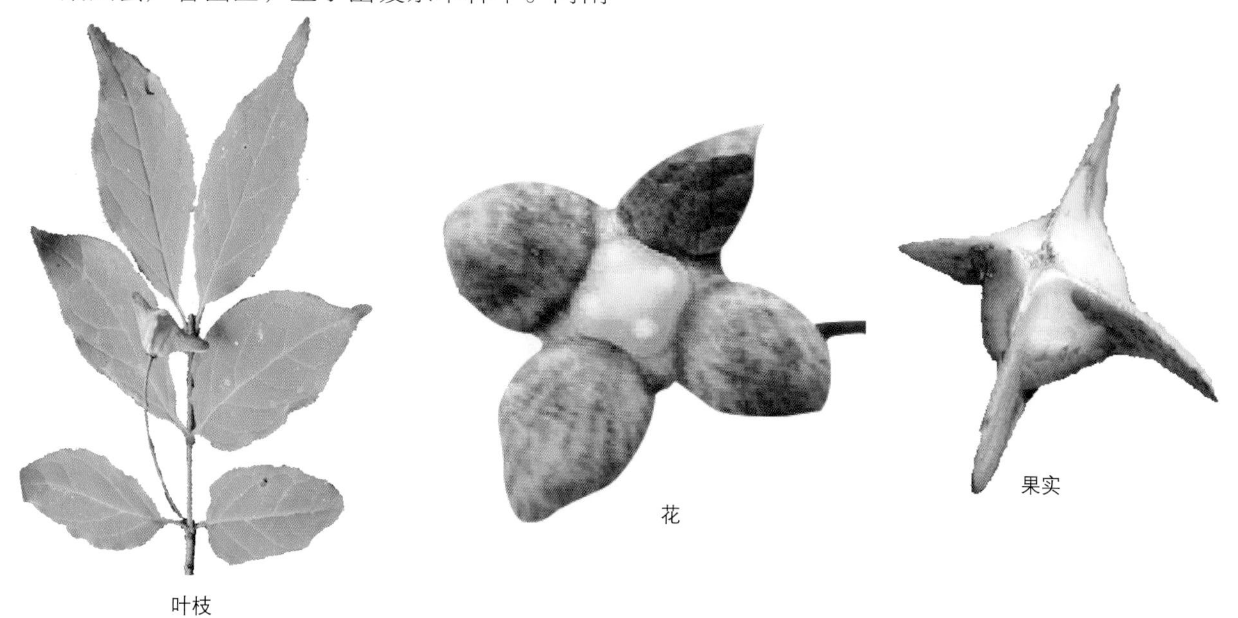

叶枝　　花　　果实

短梗石枣子 var. *brevipedunculatus* 花序总梗长2～3cm。栾川县产伏牛山主脉北坡陶湾至庙子一线，生于山坡杂木林中。河南还产于卢氏、西峡、南召、内乡。分布于四川。

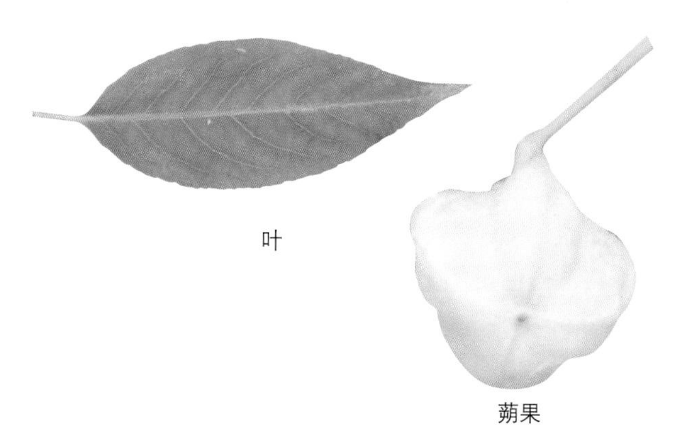

叶　　蒴果

叶枝

（14）纤齿卫矛 *Euonymus giraldii*

【识别要点】 小枝光滑无翅。叶卵形、卵状长圆形或长圆状椭圆形，边缘具细密近纤毛状锯齿；蒴果扁圆，有4翅，果序梗细长可达9cm。

落叶灌木，高1～3m。小枝几圆柱形，光滑，无翅。冬芽小，细长，先端尖。叶对生，纸质，卵形、卵状长圆形或长圆状椭圆形，长3～7cm，宽2～3.5cm，先端渐尖或稍钝，基部楔形至近圆形，边缘具细密近纤毛状锯齿，两面光滑；叶柄长5～9mm。聚伞花序腋生，总花梗长2～4cm，顶端有3～5分枝，分枝长1.5～3cm，最外一对较短；小花梗长1～2cm；花绿白色，有时稍带紫色，直径6～10mm，4数；花瓣近圆形；花萼、花瓣常具明显脉；雄蕊花丝长1mm以下；花盘扁厚；子房有短花柱，柱长约1mm。蒴果长方扁圆状，直径8～12mm，有4翅，翅基与果体等高，近先端稍窄，长5～10mm；果序梗细长可达9cm；种子椭圆卵状，长5～8mm，褐色，有光泽。花期5～6月，果期8～9月。

栾川县产各山区，生于海拔1000m以上的山坡、路边灌丛中。河南产于太行山和伏牛山区。分布于河北、陕西、甘肃、四川等地。

种子繁殖。

可作树桩盆景材料。

狭翅纤齿卫矛 var. *angustialatus* 蒴果翅狭长，翅长1～1.5cm，宽3～5mm。产伏牛山区。分布于陕西、甘肃、四川、湖北等地。

毛缘纤齿卫矛 var. *ciliatus* 叶卵形或长圆状椭圆形，具细毛状尖锯齿，总花梗纤细，长5.5cm。河南产于伏牛山区的栾川、灵宝、南召、西峡、淅川、卢氏、嵩县等县，生于山坡疏林中。分布于山西、陕西、湖北等地。

花枝

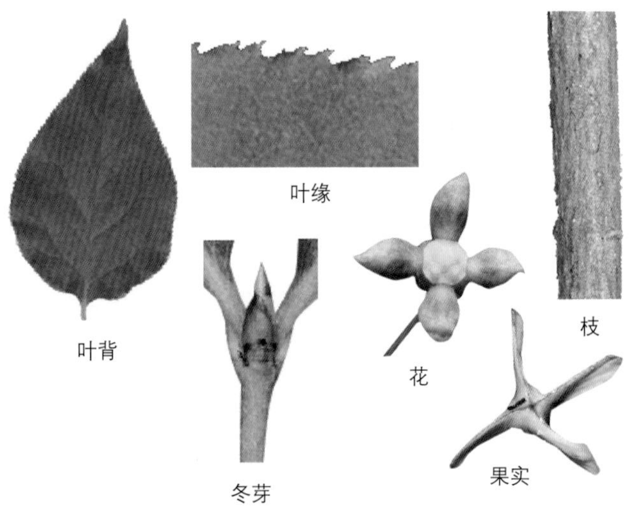

（15）乌苏里卫矛 *Euonymus ussuriensis*

【识别要点】叶卵形、倒卵形至长圆形，边缘有细锯齿，蒴果有4个宽三角翅。

落叶灌木，高2～3m。树皮褐色。叶对生，纸质，卵形、倒卵形至长圆形，长4～6cm，宽1.5～2.5cm，先端渐尖，基部宽楔形，边缘有细锯齿，无毛；叶柄长6～7mm。聚伞花序有长梗，花白绿色，直径4～7mm，4数。蒴果有4个宽三角翅，开裂，成熟时红色；种子红色。花期5～6月，果期9～10月。

栾川县产各山区，生于海拔800～1200m的山坡灌丛中。河南产于伏牛山及太行山区。分布于陕西、甘肃、湖南、湖北及黑龙江等地。朝鲜、日本及俄罗斯也产。

种子繁殖。

（16）小果卫矛（冬青） *Euonymus microcarpus*

【识别要点】小枝绿色，有细小瘤状皮孔。叶卵形或椭圆形，两面无毛，侧脉6～10对。

常绿灌木或小乔木，高2～6m。小枝绿色，近圆柱形，无毛，有细小瘤状皮孔。叶对生，薄革质，卵形或椭圆形，长4～7cm，宽2.5～4cm，先端渐尖或短尖，基部楔形，全缘或有疏齿，两面无毛，侧脉6～10对，细而密集，叶脉稍隆起；叶柄长8～15mm。聚伞花序1～2次分枝，花序梗长2～4cm，分枝稍短；小花梗长2～5mm；花黄绿色，4数，直径6～9mm；萼片扁圆，常有短缘毛；花瓣近圆形；花盘方圆；雄蕊着生花盘边缘处，花丝长约1.5mm；子房具极短花柱，柱头小，有时功能性退化不育。蒴果扁球形，直径6～8mm，4裂；种子有红色假种皮。花期5～6月，果期9月。

栾川县产各山区，生于山坡疏林中或沟边石缝中。河南还产于卢氏、嵩县、西峡、南召、内乡、淅川等县。分布于湖北、陕西、四川、云南等地。

种子繁殖。

木材供雕刻及细木工用。南阳烙花筷即以此种木材为原料之一。

（17）冬青卫矛（大叶黄杨 黄杨） *Euonymus japonicus*

【识别要点】小枝绿色，稍四棱，具细微皱突，无毛。叶革质，有光泽，倒卵形或椭圆形，边缘有钝锯齿。

常绿灌木或小乔木，高可达5m；小枝绿色，稍四棱，具细微皱突，无毛。叶对生，革质，有光泽，倒卵形或椭圆形，长3～7cm，宽2～3cm，先端钝或尖，基部楔形，边缘有钝锯齿；叶柄长约1cm。聚伞花序5～12花，花序梗长2～5cm，2～3次分枝，分枝及花序梗均扁壮，第三次分枝常与小花梗等长或较短；小花梗长3～5mm；花绿白色，直径5～7mm；花瓣近卵圆形，长宽各约2mm，雄蕊花药长圆状，内向；花丝细长；花盘肥大；子房每室2胚珠，着生中轴顶部。蒴果近球状，直径约10mm，棕色；种子每室1～2个，假种皮橙红色，全包种子。花期6～7月，果期9～10月。

原产日本，我国各地广泛栽培。

喜光，亦较耐阴；喜温暖湿润气候亦较耐寒；要求肥沃疏松的土壤。极耐修剪整形。扦插或分株繁殖。

栾川县广泛用于园林绿化，常作绿篱、植物造型等。树皮含硬橡胶，入药有利尿、强壮之效。

植株

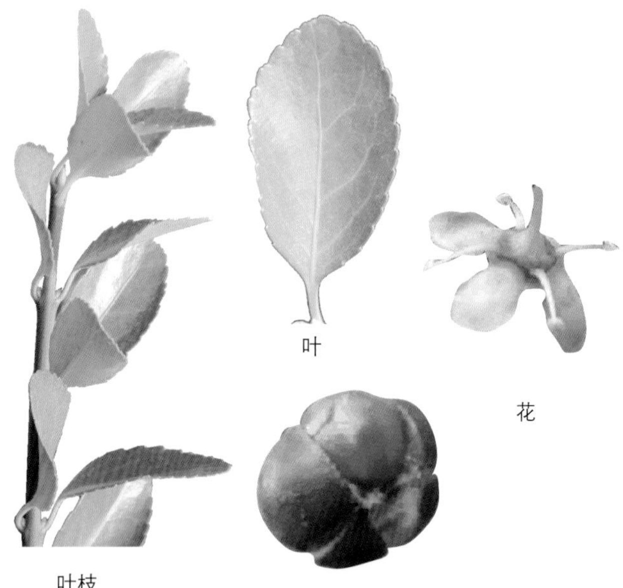

叶枝　叶　花　果实

本种久经栽培，品种很多。栾川栽培的园艺变种有：

银边大叶黄杨‘Albomarginatus’叶具白色狭边。**银斑大叶黄杨**‘Argenteo-variegatus’叶具白斑及白心。**金边大叶黄杨**‘Aureo-marginatus’ 叶具黄色边缘。**金斑大叶黄杨**‘Aureo-variegatus’叶具黄斑，一部分枝也变成黄色。**北海道黄杨**‘Zhuzi’ 是由日本引进的栽培品种。常绿乔木，主干明显，顶梢粗壮，顶端优势明显，叶较宽，椭圆形至阔椭圆形，长5～6cm，宽4～5cm。耐寒性强，观赏价值很高。

北海道黄杨

金斑大叶黄杨

银边大叶黄杨

金边大叶黄杨

（18）胶东卫矛（胶州卫矛） *Euonymus kiautschovicus*

【识别要点】茎直立，枝常披散式依附他树，小枝绿色，被极细密瘤突。叶长圆状卵形、椭圆形或窄倒卵形，边缘有锯齿，无毛，侧脉5～7对。

半常绿直立蔓生灌木，高达6m以上。茎直立，枝常披散式依附他树，小枝圆或略扁，绿色，四棱不明显，被极细密瘤突。叶对生，纸质，长圆状卵形、椭圆形或窄倒卵形，长

5～8cm，宽2～4cm，先端短锐尖或近圆形，基部楔形，稍下延，边缘有锯齿，无毛，侧脉5～7对，小脉不显著；叶柄长约1cm。聚伞花序花较疏散，二歧分枝，每花序多具13花，花序梗细而具4棱或稍扁，长1.5～4.5cm，第一次分枝多近平叉，长1～1.5cm，二次长约为其1/2；小花梗细长，长5～8mm，分枝中央单生小花，有明显花梗；花淡绿色，4数，直径7～8mm；花萼较小，萼片长约1.5mm；花瓣长圆形，长约3mm；花盘小，直径约2mm，方形，四角略外伸，雄蕊在角上，花丝细弱，长1～2mm，花药近圆形，纵裂；子房四棱突出显著，与花盘几近等大，花柱短粗，柱头小而圆。蒴果扁球形，粉红色，直径8～11mm，3～4心皮发育，果皮有深色细点，顶部有粗短宿存柱头；果序梗长3～4cm，小果梗长约1cm；种子每室1，少为2，悬垂室顶，黄红色假种皮全包种子。花期5月，果期9月。

栾川县产各山区，生于山谷林中或石壁上。河南产于各山区。分布于河北、山东、浙江、江苏、安徽、江西、湖北等地。

种子或扦插繁殖。

可作为公园假山、石壁绿化及垂直绿化树种。

叶枝

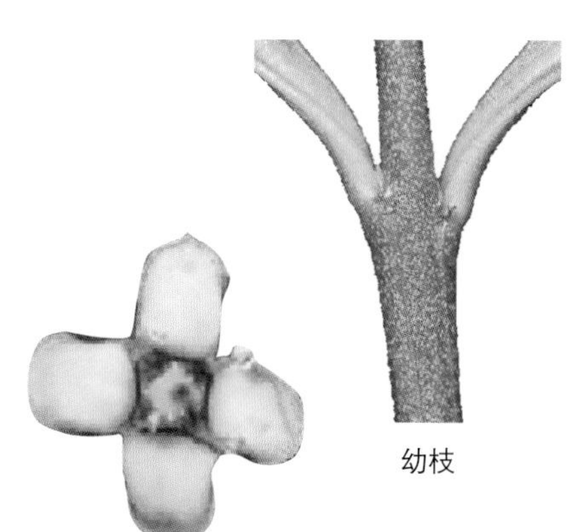

花

幼枝

果枝

（19）扶芳藤（爬墙虎） *Euonymus fortunei*

【识别要点】茎枝常有不定根；小枝绿色，无毛。叶宽窄变异较大，长2～8cm，宽1～4cm，边缘有较粗钝锯齿，表面叶脉隆起，背面叶脉明显，无毛。

常绿匍匐灌木，长达15m。茎枝常有不定根；小枝绿色，无毛。叶薄革质，椭圆形，稀为长圆状倒卵形，宽窄变异较大，可窄至近披针形，长2～8cm，宽1～4cm，先端钝或急尖，基部圆形或楔形，边缘有较粗钝锯齿，表面叶脉隆起，背面叶脉明显，无毛。叶柄长3～6mm。聚伞花序3～4次分枝；总花梗长达4cm，第一次分枝长5～10mm，第二次分枝5mm以下，最终小聚伞花密集，有花4～7朵，分枝中央有单花，小花梗长约5mm；花绿白色，4数，直径约5mm；花盘方形，直径约2.5mm；花丝细长，长2～3mm，花药圆心形；子房三角锥状，四棱，粗壮明显，花柱长约1mm。蒴果黄红色，果皮光滑，近球状，稍有4凹线，直径6～12mm；果序梗长2～3.5cm；小果梗长5～8mm；种子长方椭圆状，棕褐色，假种皮橙红色，全包种子。花期6月，果期9～10月。

栾川县各山区均有分布，生于林缘、沟边、村庄，常缠树、爬墙或匍匐岩石上。河南产于各大山区。分布于江苏、山东、山西、浙江、安徽、江西、湖北、湖南、四川、陕西、云南等地。朝鲜和日本也产。

种子繁殖或插条繁殖。

茎叶入药，有行气、活血、舒筋散瘀、止血等效。也可作为公园假山、石壁绿化及垂直绿化树种。

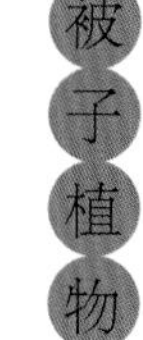

茎

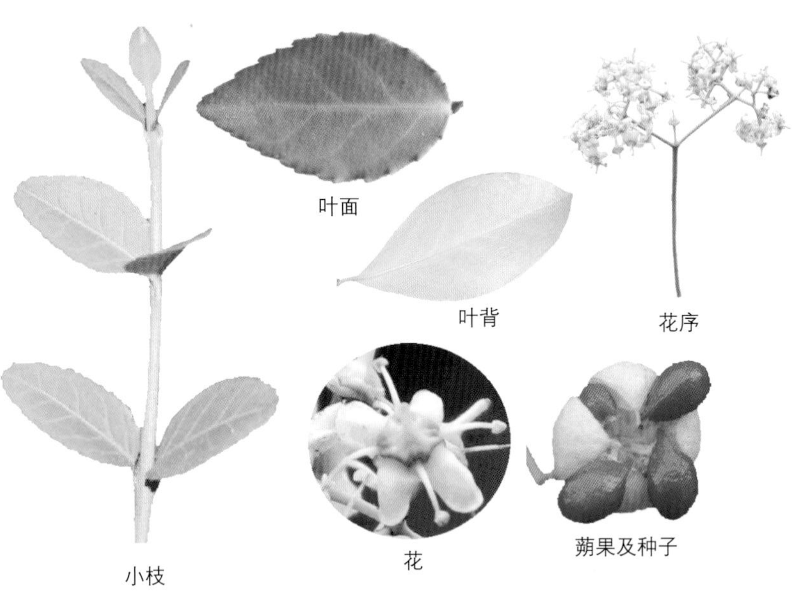

小枝

（20）显脉卫矛（曲脉卫矛） *Euonymus venosus*

【识别要点】 小枝黄绿色，被细密瘤突。叶革质，长圆状披针形至披针形，侧脉明显，折曲成网眼。

常绿灌木。小枝黄绿色，被细密瘤突。叶对生，革质，长圆状披针形至披针形，长5～11cm，宽1～2.5cm，先端圆钝或急尖，边缘全缘或近全缘，基部阔楔形或近圆形，无毛；侧脉明显，常折曲1～3次，小脉明显，并结成纵向的不规则长方形网眼，叶背常呈灰绿色；叶柄短，长3～5mm。聚伞花序多为1～2次分枝，小花3～5，稀达9朵；花序梗长1.5～2.5cm，中央小花梗长约5mm，两侧小花梗长约2mm；花黄绿色，直径6～8mm，4数；雄蕊花丝长1mm以上。蒴果球状，有2～4浅沟，直径达15mm，果皮极平滑，黄白带粉红色；种子每室1个，肾状，假种皮红色。花期5～6月，果期8～9月。

栾川县产伏牛山，生于山坡杂木林中。河南还产于卢氏、嵩县、西峡、南召、内乡、鲁山等县。分布于陕西、湖北、四川、云南、贵州。

叶枝

果枝

2.南蛇藤属 *Celastrus*

落叶稀常绿，通常为藤本。枝具实髓、片状或中空。小枝圆柱状，稀具纵棱，通常光滑无毛，具多数明显长椭圆形或圆形灰白色皮孔。单叶互生，边缘具各种锯齿，叶脉为羽状网脉；托叶小，线形，常早落。聚伞花序成圆锥状或总状，有时单出或分枝，腋生或顶生，或顶生与腋生并存；小花梗具关节；花杂性至雌雄异株，带绿色或白色，5数。花萼钟状，5片，三角形、半圆形或长方形；花瓣椭圆形或长方形，全缘或具腺状缘毛或为啮蚀状；花盘膜质，浅杯状，稀肉质扁平，全缘或5浅裂；雄蕊着生花盘边缘，稀出自扁平花盘背面，花丝一般丝状，在雌花中花丝短，花药不育；子房上位，与花盘离生，稀微连合，通常3室，稀1室，每室2胚珠或1胚珠，着生子房室基部，胚珠基部具杯状假种皮，柱头3裂，每裂常又2裂，在雄花中雌蕊小而不育。蒴果3瓣裂，顶端常具宿存花柱，基部有宿存花萼，果轴宿存；每裂有1～2个种子，椭圆状或新月形到半圆形，假种皮肉质，红色，全包种子，胚直立，具丰富胚乳。

30余种，分布于亚洲、大洋洲、南北美洲及马达加斯加的热带及亚热带地区。我国约有24种和2变种，除青海、新疆尚未见记载外，各地均有分布，而长江以南为最多。河南有6种。栾川县有6种。

1.小枝中空或为片状髓心：
  2.小枝中空，叶背面粉白色 ……………………………………（1）粉背南蛇藤 *Celastrus hypoleucus*
  2.小枝为片状髓心。叶背面淡绿色：
    3.小枝有棱角 ……………………………………………………（2）苦皮藤 *Celastrus angulatus*
    3.小枝无棱角 …………………………………………………（3）短梗南蛇藤 *Celastrus rosthornianus*
1.小枝具实髓：
  4.小枝有钩状托叶刺 ………………………………………………（4）刺南蛇藤 *Celastrus flagellaris*
  4.小枝无钩状托叶刺：
    5.冬芽圆锥状卵圆形，长达12mm ……………………………（5）哥兰叶 *Celastrus gemmatus*
    5.冬芽卵圆形，长不及5mm ………………………………………（6）南蛇藤 *Celastrus orbiculatus*

（1）粉背南蛇藤 *Celastrus hypoleucus*

【识别要点】小枝幼时被白粉，中空，具稀疏阔椭圆形或近圆形皮孔。叶椭圆形或宽椭圆形，背面粉白色，脉上有疏毛。

落叶藤本，长达5m。小枝幼时被白粉，中空，具稀疏阔椭圆形或近圆形皮孔，当年小枝上无皮孔；腋芽小，圆三角状，直径约2mm。叶椭圆形或宽椭圆形，长3～13cm，宽2～8cm，先端尖，基部楔形，边缘具疏锯齿，侧脉5～7对，表面绿色，光滑，背面粉白色，脉上有疏毛或光滑无毛；叶柄长12～20mm。顶生聚伞圆锥花序，长7～10cm，多花，腋生者短小，具3～7花，花序梗较短，小花梗长3～8mm，花后明显伸长，关节在中部以上；花萼近三角形，顶端钝；花瓣长方形或椭圆形，长约4.3mm，花盘杯状，顶端平截；雄蕊长约4mm，在雌花中退化雄蕊长约1.5mm，雌蕊长约3mm，子房椭圆状，柱头扁平，在雄花中退化雌蕊长约2mm。果序顶生，长而下垂，腋生花多不结实。蒴果疏生，球状，有细长小果梗，长10～25mm，果瓣内侧有棕红色细点，种子平凸到稍新月状，长4～5mm，直径1.4～2mm，两端较尖，黑棕色，有橙红色假种皮。花期6月，果期9月。

栾川县产各山区，生于海拔700～1800m的山坡或山谷杂木林中。河南产于伏牛山和大别山区。分布于陕西、甘肃、湖北、湖南、四川、贵州、云南、广东、广西、浙江、安徽等地。

种子繁殖。

根及叶入药，有化瘀消肿、止血生肌之效，治跌打红肿、刀伤等症。可作树桩盆景和园林垂直绿化树种。

叶枝

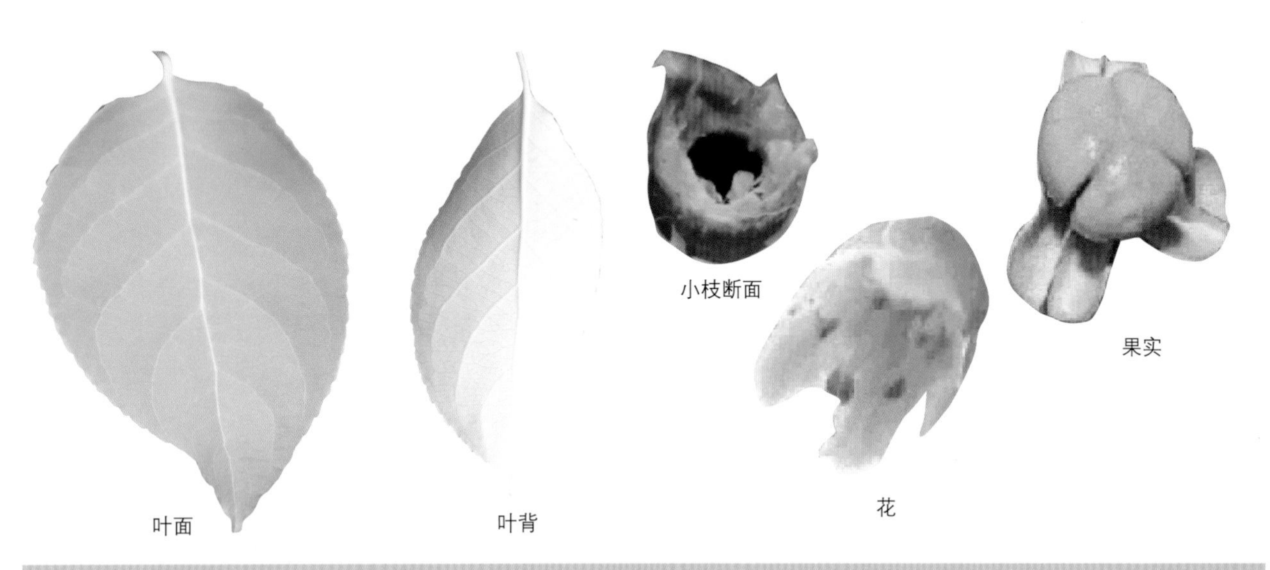
叶面　叶背　小枝断面　花　果实

（2）苦皮藤（萝卜药 苦树皮）*Celastrus angulatus*

【识别要点】 小枝有4～6锐棱及片状髓心，密生白色皮孔。叶大，近革质，长方状阔卵形或近圆形，边缘有粗钝锯齿，侧脉5～7对，背面脉上有疏毛。

落叶藤本，长达7m。小枝褐色，有4～6锐棱及片状髓心，皮孔密生，圆形到椭圆形，白色；腋芽卵圆状，长2～4mm。叶大，近革质，长方状阔卵形或近圆形，长9～18cm，宽6～11cm，先端常短尾尖，基部阔楔形，边缘有粗钝锯齿，侧脉5～7对，在叶表面明显突起，背面脉上有疏毛；叶柄粗短，长1.5～3cm；托叶丝状，早落。聚伞圆锥花序顶生，花梗粗壮有棱，下部分枝长于上部分枝，略呈塔锥形，长10～20cm，花序轴及小花轴光滑或被锈色短毛；小花梗较短，关节在顶部；花黄绿色；花萼镊合状排列，三角形至卵形，长约1.2mm，近全缘；花瓣长方形，长约2mm，宽约1.2mm，边缘不整齐；花盘肉质，浅盘状或盘状，5浅裂；雄蕊着生花盘之下，长约3mm，在雌花中退化雄蕊长约1mm；雌蕊长3～4mm，子房球状，柱头反曲，在雄花中退化雌蕊长约1.2mm。蒴果黄色，近球状，直径达1～2cm；每室有种子2个，具红色假种皮，种子椭圆状，长3.5～5.5mm，直径1.5～3mm。花期6月，果期9月。

栾川县产各山区，生于海拔1500m以下的山坡灌丛及山谷林中。河南产于各山区。分布于河北、山东、陕西、甘肃、江苏、安徽、江西、湖北、湖南、四川、贵州、云南、广东、广西等地。

种子繁殖。

树皮纤维柔细，光滑，供造纸和人造棉原料。果皮及种子含油达68%，供工业用；根皮、树皮、果实都有杀虫作用。也可作园林垂直绿化树种。

果枝

叶面　叶背局部　种子

（3）短梗南蛇藤 *Celastrus rosthornianus*

【识别要点】小枝有大而密集的皮孔，髓心片状。叶长圆状窄椭圆形或倒卵状披针形，边缘有粗锯齿，侧脉4～6对。

落叶藤本，长达7m。小枝有密集的皮孔，髓心片状。腋芽圆锥状或卵状，长约3mm。叶纸质，果期常稍革质，长圆状窄椭圆形或倒卵状披针形，长4～11cm，宽3～6cm，先端锐尖，基部圆形或阔楔形，边缘有粗锯齿，或基部近全缘；侧脉4～6对；叶柄长5～15mm。花序顶生及腋生，顶生者为总状聚伞花序，长2～4cm，腋生者短小，具1至数花，花序梗短；小花梗长2～6mm，关节在中部或稍下；花黄绿色，萼片长圆形，长约1mm，边缘啮蚀状；花瓣近长方形，长3～3.5mm，宽1mm或稍多；花盘浅裂，裂片顶端近平截；雄蕊较花冠稍短，在雌花中退化雄蕊长1～1.5mm；雌蕊长3～3.5mm，子房球状，柱头3裂，每裂再2深裂，近丝状。蒴果近球状，直径约1cm，黄色，小果梗长4～8mm，近果处较粗；种子3～6个，有橙红色假种皮。花期6月，果期9月。

栾川县产伏牛山主脉北坡龙峪湾林场至老君山林场一带，生于山坡灌丛或疏林中。河南产于大别山、桐柏山及伏牛山南部。分布于甘肃、陕西西部、安徽、浙江、江西、湖北、湖南、贵州、四川、福建、广东、广西、云南。

种子繁殖。

茎皮纤维质量较好，供造纸及人造棉原料。根皮入药，治蛇咬伤及肿毒，树皮及叶做农药。也为园林垂直绿化树种。

果枝

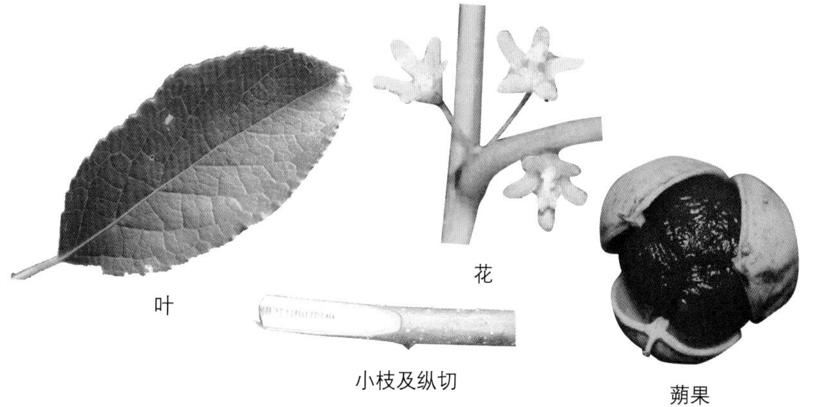

（4）刺南蛇藤 *Celastrus flagellaris*

【识别要点】幼枝常有不定根，并有钩状托叶刺。叶阔椭圆形或近圆形，边缘具纤毛状细锯齿或锯齿，齿端常成细硬刺状，侧脉4～5对；叶柄细长，通常为叶片的1/3或达1/2。

落叶藤本，长达8m。幼枝常有不定根，并有钩状托叶刺。冬芽小，钝三角状。叶阔椭圆形或近圆形，稀倒卵状椭圆形，长3～6cm，宽2～5cm，先端较阔，具短尖或极短渐尖，基部渐窄，宽楔形，边缘具纤毛状细锯齿或锯齿，齿端常成细硬刺状，侧脉4～5对，叶主脉上具细疏短毛或近无毛；叶柄细长，通常为叶片的1/3或达1/2。聚伞花序腋生，1～3花或多花成簇，花序近无梗或梗长1～2mm，小花梗长2～5mm，关节位于中部之下。花淡黄色，雄花有退化子房；雌花的雄蕊花丝极短，子房3室，柱头3裂，裂端再

花枝

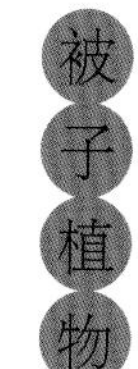

2裂。蒴果球形，黄色，直径5～8mm；种子3～6个，有橙红色假种皮。花期6月，果期9月。

栾川县产各山区，生于山沟或山坡灌丛或疏林中。河南产于太行山和伏牛山北部。分布于黑龙江、吉林、辽宁、河北、山东、浙江。朝鲜和日本也产。

种子繁殖。

种子含油约50%，供制肥皂、润滑油等用。根茎及果皮入药，有祛风、活血止痛之效。也可作庭院垂直绿化树种。

（5）哥兰叶（大芽南蛇藤 米汤叶） *Celastrus gemmatus*

【识别要点】小枝无毛，具多数棕灰白色的突起皮孔。叶长圆形或椭圆形，边缘具疏锯齿，侧脉5～7对，小脉成较密网状，两面均突起，叶面光滑但手触有粗糙感。

落叶藤本，长达5m。小枝褐色，近圆柱形，无毛，具多数棕灰白色的突起皮孔，冬芽大，长卵状到长圆锥状，长可达1～2cm，基部直径近5mm。叶长圆形或椭圆形，长6～12cm，宽4～8cm，先端突尖，基部阔楔形或近圆形，边缘具疏锯齿，侧脉5～7对，小脉成较密网状，两面均突起，叶面光滑但手触有粗糙感，叶背光滑或稀于脉上具棕色短柔毛；叶柄长10～23mm。聚伞花序顶生及腋生，顶生花序长约3cm，侧生花序短而少花；花序梗长5～10mm；小花梗长2.5～5mm，关节在中部以下；花黄绿色，萼片卵圆形，长约1.5mm，边缘啮蚀状；花瓣长方倒卵形，长3～4mm，宽1.2～2mm；雄蕊约与花冠等长，花药顶端有时具小突尖，花丝有时具乳突状毛，在雌花中退化，长约1.5mm；花盘浅杯状，裂片近三角形，在雌花中裂片常较钝；雌蕊瓶状，子房球状，花柱长1.5mm，雄花中的退化雌蕊长1～2mm。蒴果近球形，直径10～13mm，每室有1～2个种子，有红色假种皮；小果梗具明显突起皮孔。花期6月，果期8～9月。

栾川县广泛分布于各山区，生于山坡灌丛或林中。河南产于伏牛山、大别山和桐柏山区。分布于陕西、甘肃、安徽、浙江、江西、湖北、湖南、贵州、四川、台湾、福建、广东、广西、云南等地。是我国分布最广泛的南蛇藤之一。

种子繁殖。

嫩叶可作野菜，是栾川县最为著名的野生干菜之一。茎皮纤维供造纸和人造棉的原料。种子油可制肥皂。根入药，有舒筋、活血、散瘀之效。也可作庭院绿化树种。

叶枝　叶面　叶背　花　冬芽　小枝　果枝　种子　果横切

（6）南蛇藤（马三条） *Celastrus orbiculatus*

【识别要点】小枝光滑无毛，多皮孔；冬芽小，卵圆形。叶阔椭圆形、倒卵形或近圆形，边缘具粗钝锯齿，侧脉3～5对；叶柄细。

落叶藤本。小枝光滑无毛，灰褐色，多皮孔；冬芽小，卵圆形。叶阔椭圆形、倒卵形或近圆形，长6～10cm，宽5～7cm，先端尖或突锐尖，基部阔楔形或近圆形，边缘具粗钝锯齿，两面光滑无毛或叶背脉上具稀疏短柔毛，侧脉3～5对；叶柄细，长8～25mm。聚伞花序腋生，间有顶生，花序长1～3cm，小花5～7朵，偶仅1～2朵，花黄绿色。雄花萼片钝三角形；花瓣倒卵椭圆形或长方形，长3～4cm，宽2～2.5mm；花盘浅杯状，裂片浅，顶端圆钝；雄蕊长2～3mm，退化雌蕊不发达；雌花花冠较雄花窄小，花盘稍深厚，肉质，退化雄蕊极短小；子房近球状，花柱长约1.5mm，柱头3深裂，裂端再2浅裂。蒴果黄色，球形，直径8～10mm，3裂；种子每室2个，有红色假种皮。花期5月，果期8～9月。

栾川县广泛分布于各山区，生于山坡或山沟灌丛或疏林中。河南产于各山区。分布于黑龙江、吉林、辽宁、内蒙古、河北、山东、山西、河南、陕西、甘肃、江苏、安徽、浙江、江西、湖北、四川。为我国分布最广泛的种之一。分布达朝鲜、日本。

种子繁殖。

根、茎、叶及果实均入药，有活血行气、消肿解毒之效，也可作杀虫剂。树皮供制优质纤维；种子含油50%，供工业用。也可作庭院垂直绿化及树桩盆景材料。

老茎　叶枝　小枝及叶背　叶面　花　果实

（三十五）省沽油科 Staphyleaceae

乔木或灌木。叶对生或互生，奇数羽状复叶，有托叶或稀无托叶；叶有锯齿。花整齐，两性或单性，辐射对称，成腋生或顶生圆锥或总状花序；萼片5，分离或连合，覆瓦状排列；花瓣5，覆瓦状排列；雄蕊5，互生，花丝有时多扁平，花药背着，内向；花盘通常明显，且多少有裂片，有时缺；子房上位，3室，稀2或4室，每室有1至几个倒生胚珠，花柱各式分离到完全联合。果实为蒴果状，常为多少分离的蓇葖果或不裂的核果或浆果；种子1至数枚，有骨质或革质种皮，有胚乳。

5属，约60种，产热带亚洲和美洲及北温带。我国有4属，22种，主产南方各地。河南有3属，4种，2变种。栾川县有1属，2种。

省沽油属 *Staphylea*

落叶灌木或小乔木；叶对生，有托叶，小叶3～5或羽状分裂，具小托叶，圆锥花序或腋生总状花序，花白色，下垂，花整齐，两性，花萼等大，脱落，覆瓦状排列；花瓣直立，与花萼近等大，覆瓦状排列；花盘平截，花萼被毛，边缘具不相连的裂齿；雄蕊等大，直立；子房基部2～3裂，裂片全裂，或稀叉齿状，连合为一室；花柱多数，分离或连合，柱头头状，胚珠多数，侧生于腹缝线上，成二列。蒴果薄膜质，膨胀成膀胱状，2～3裂，2～3室，每室1～4种子；种子球状倒卵形，种皮骨质，无假种皮，胚乳肉质，子叶扁平。

约11种，产欧洲、印度、尼泊尔至我国及日本、北美洲。我国有4种。河南有2种，栾川县产之。

1.小枝褐色。圆锥花序无梗 ………………………………………………（1）省沽油 *Staphylea bumalda*
1.小枝灰绿色。圆锥花序有梗 ……………………………………………（2）膀胱果 *Staphylea holocarpa*

（1）省沽油 *Staphylea bumalda*

【识别要点】小枝褐色。小叶椭圆形、卵圆形或卵状披针形，边缘有细锯齿，背面青白色，主脉及侧脉有短毛。蒴果膀胱状，扁平，2室。

落叶灌木，高达5m。树皮紫红色或灰褐色，有纵棱；小枝开展，褐色。复叶对生，有长柄，柄长2.5～3cm；小叶3个，椭圆形、卵圆形或卵状披针形，长（3.5）4.5～8cm，宽（2）2.5～5cm，先端渐尖，具尖尾，尖尾长约1cm，基部楔形或圆形，边缘有细锯齿，齿尖具尖头，表面无毛，背面青白色，主脉及侧脉有短毛；中间小叶柄长5～10mm，两侧小叶柄长1～2mm。圆锥花序顶生，直立，花白色；萼片长椭圆形，浅黄白色，花瓣白色，倒卵状长圆形，较萼片稍大，长5～7mm，雄蕊与花瓣略等长。蒴果膀胱状，扁平，2室，先端2裂；种子黄色，有光泽。花期4～5月，果期8～9月。

栾川县零星分布于各山区，生于山谷或山坡丛林中或路旁。河南产于各山区。分布于东北及河北、山西、陕西、浙江、湖北、安徽、江苏、湖北、四川等地。

种子、压条或根蘖繁殖。

种子含油17.57%，可制肥皂及油漆。茎皮可作纤维；嫩叶及花可作野菜。木材制小器具、工艺品等。也可作庭院观果树种。

叶枝

（2）膀胱果 *Staphylea holocarpa*

【识别要点】小枝灰绿色。小叶无毛，椭圆形至长圆形，边缘有细锯齿，背面带粉白色，顶生小叶具长柄。蒴果梨形或椭圆形，3室。

落叶灌木或小乔木。小枝灰绿色，无毛。小叶3个，近革质，无毛，椭圆形至长圆形，长3～10cm，基部钝，先端急尖或短渐尖，边缘有细锯齿，表面淡白色，背面带粉白色，有网脉，侧生小叶近无柄，顶生小叶具长柄，柄长1.5～4cm。圆锥花序下垂，具长梗；花白色，在叶后开放，子房3室，有毛。蒴果梨形或椭圆形，长3.5～5cm，宽2.5～3cm，先端突锐尖，有时分裂；种子近椭圆形，灰褐色，光亮。花期4～5月，果期9月。

栾川县产各山区，生于海拔1000m以上的山谷杂木林中。河南产于伏牛山及太行山区。分布于陕西、甘肃、湖北、四川、云南等地。种子油供工业用，也可作庭院绿化树种。

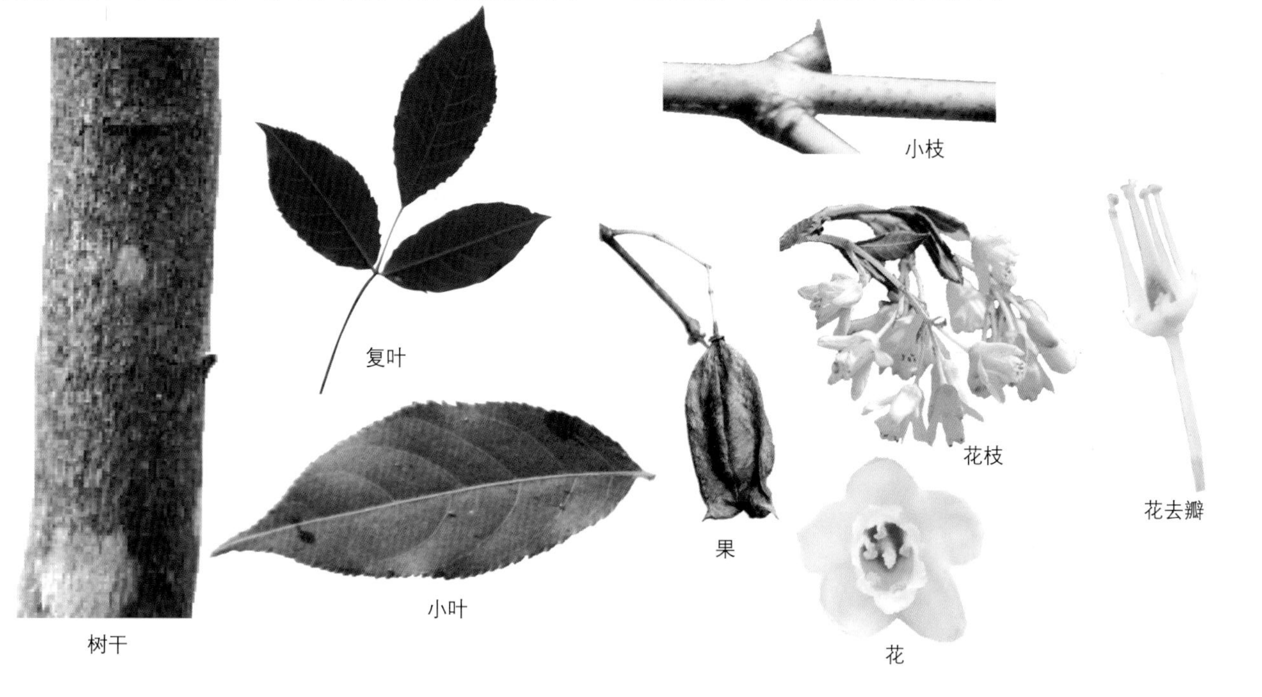

（三十六）槭树科 Aceraceae

乔木或灌木，落叶稀常绿。冬芽具多数覆瓦状排列的鳞片，稀仅具2或4枚对生的鳞片或裸露。叶对生，具叶柄，无托叶，单叶，稀羽状或掌状复叶，不裂或掌状分裂。花序伞房状、穗状或聚伞状，由着叶的枝的顶芽或侧芽生出；花序的下部常有叶，稀无叶，叶的生长在开花以前或同时，稀在开花以后；花小，绿色或黄绿色，稀紫色或红色，整齐，两性、杂性或单性，雄花与两性花同株或异株；萼片5或4，覆瓦状排列；花瓣5或4，稀不发育；花盘环状或褥状或现裂纹，稀不发育；生于雄蕊的内侧或外侧；雄蕊4～12，通常8；子房上位，2室，花柱2裂仅基部联合，稀大部分联合，柱头常反卷；子房每室具2胚珠，每室仅1枚发育，直立或倒生。果实系小坚果，常有翅又称翅果；种子无胚乳，外种皮很薄，膜质，胚倒生，子叶扁平，折叠或卷折。

本科植物又称“枫树”。多系乔木，树干挺直，木材坚硬，材质细密，可作车轮、家具、农具、枕木及建筑材料；有些种类的纹理壮观可用以制造乐器和工艺品；嫩叶可代替茶叶用作饮料；种子含脂肪，可榨油供食用及工业方面的应用；有些种类的树皮，其纤维可为造纸及人造棉提供原料；还有从树皮提取药物的报道。本科落叶种类在秋季落叶之前变为红色，果实具长形或圆形的翅，冬季尚宿存在树上，非常美观；且树冠冠幅较大，叶多而密，遮阴良好，为优良的行道树或庭园树种。近年来，栾川县把槭树科树种作为优先发展的乡土彩叶树种，形成了中原最大的槭树科苗木繁育基地。

本科现仅有2属。主要产亚、欧、美三洲的北温带地区，中国有140余种。河南有2属，22种，9变种。栾川县有2属，21种，6变种，1变型。

1.果实周围有翅，种子在其正中。羽状复叶，小叶7～15个 ……………………1.金钱槭属 *Dipteronia*
1.果实仅一端有翅。单叶或为掌状复叶。如属羽状复叶，则有小叶5～7个 …………… 2.槭属 *Acer*

1.金钱槭属 *Dipteronia*

落叶乔木。冬芽很小，卵圆形，裸露，叶系对生的奇数羽状复叶。花小，杂性，雄花与两性花同株，成顶生或腋生的圆锥花序；萼片5，卵形或椭圆形；花瓣5，肾形，基部很窄；花盘盘状，微凹缺；雄花有雄蕊8，生于花盘内侧，花丝细长，常伸出于花外，子房不发育；两性花具扁形的子房，2室，花柱的顶端2裂，反卷。果实为扁形的小坚果，通常2枚，在基部联合，周围环绕着圆形的翅，形状很似古代的钱。

仅有2种，为我国特产，主要分布在西部及西南部各地。河南有1种，栾川县产之。

金钱槭 *Dipteronia sinensis*

【识别要点】冬芽细小，微被短柔毛。奇数羽状复叶对生，小叶纸质，通常7～13枚，边缘具稀疏的钝锯齿，表面无毛，背面沿叶脉及脉腋具短的白色丛毛，侧脉10～12对。翅果周围有翅，种子在其正中。

落叶乔木，高可达15m，稀达20m。小枝纤细，圆柱形，幼嫩部分紫绿色，较老的部分褐色或暗褐色，皮孔卵形。冬芽细小，微被短柔毛。叶为对生的奇数羽状复叶，长20～40cm；小叶纸质，通常7～13枚，长圆卵形或长圆披针形，长7～10cm，宽2～4cm，先端锐尖或长锐尖，基部圆形，边缘具稀疏的钝形锯齿，表面绿色，无毛，背面淡绿色，除沿叶脉及脉腋具短的白色丛毛外，其余部分无毛，中肋在表面显著，在背面凸起；侧脉10～12对，在表面微现，在背面显著；叶柄长5～7cm，圆柱形，无毛；顶生小叶片的小叶柄长1～2cm，近于叶轴上段侧生的小叶片无小叶柄或很短，基部者则稍长，通常长5～8mm。花序为顶生或腋生圆锥花序，直立，无毛，长15～30cm，花梗长3～5mm；花白色，杂性，雄花与两性花同株，萼片卵形或椭圆形，花瓣阔卵形，长1mm，宽1.5mm，与萼片互生；雄蕊长于花瓣，花丝无毛，在两性花中则较短；子房扁形，被长硬毛，在雄花中不发育，花柱很短。翅果，常有两个扁形的果实生于一个果梗上，果实的周围围着圆形或卵形的翅，长2～2.8cm，宽1.7～2.3cm，嫩时紫红色，被长硬毛，成熟时淡黄色，无毛；种子圆盘形，直径5～7mm。花期5月，果期8～9月。

栾川县产各山区，生于海拔1000～2000m的山谷杂木林中。河南还产于卢氏、灵宝、嵩县、洛宁、西峡、内乡、南召、鲁山等县市。分布于陕西南部、甘肃东南部、湖北西部、四川、贵州等地。

喜温凉湿润环境和深厚肥沃、排水良好的土壤。种子繁殖。种子失水后寿命短，应采用低温密封贮存。

树干 叶枝 小叶 果枝 翅果 花

2.槭属 *Acer*

落叶，稀常绿。乔木或灌木。冬芽具多数覆瓦状排列的鳞片，或仅具2或4枚对生的鳞片。叶对生，单叶或复叶（小叶3～7，最多达11枚），不裂或分裂。花序由着叶小枝的顶芽生出，下部具叶，或由小枝旁边的侧芽生出，下部无叶；花小，整齐，雄花与两性花同株或异株，稀单性，雌雄异株；萼片与花瓣均5或4，稀缺花瓣；花盘环状或微裂，稀不发育；雄蕊4～12，通常8，生于花盘内侧、外侧，稀生于花盘上；子房2室，花柱2裂、稀不裂，柱头通常反卷。果实系2枚相连的小坚果，凸起或扁平，侧面有长翅，张开成各种大小不同的角度。

共有200余种，分布于亚洲、欧洲及美洲。中国约有150余种。河南有21种、1亚种及9变种。栾川县连引种栽培有20种、6变种、1变型。

近年来，栾川县新引进了多个本属的新品种，除在相关种后介绍外，特在本属的最后对美国改良红枫和红国王挪威槭两个品种作以简要介绍。

1.野生：

2.单叶：

3.果翅张开小于180°，稀几成水平：

4.花序顶生具叶小枝上（桦叶四蕊槭雄花序发自无叶侧芽）：

5.花序伞房状或圆锥状，雄花与两性花同株；花盘在雄蕊外：

6.叶裂片全缘或具粗齿。冬芽具覆瓦状鳞片：

7.叶背面无毛或幼时脉腋有簇毛：

8.叶基部截形。果翅与坚果略等长 ························ （1）元宝槭 *Acer truncatum*

8.叶基部心形。果翅长为坚果的2倍 ………………………（2）地锦槭 *Acer mono*

7.叶背面密生短柔毛 ……………………………………………（3）长柄槭 *Acer longipes*

6.叶或裂片边缘有单或重锯齿：

9.叶3裂或不裂，边缘有重锯齿。冬芽具覆瓦状鳞片

……………………………………………………………………（6）茶条槭 *Acer ginnala*

9.叶5至9裂。冬芽仅具一对镊合状鳞片：

10.叶裂片有重锯齿：

11.伞房花序。小枝无毛。叶7～9裂：

12.翅果长2～2.5cm。叶通常7裂，裂片披针形

……………………………………………………（4）鸡爪槭 *Acer palmatum*

12.翅果长3.5～4cm。叶7～9裂，裂片卵形

……………………………………………………（5）杈叶槭 *Acer robustum*

11.圆锥花序。幼枝有毛。叶5～7裂，边缘有不规则重锯齿

……………………………（7）陕甘长尾槭 *Acer caudatum* var. *multiserratum*

10.叶裂片有单锯齿：

13.圆锥花序 ……………………………………………（8）毛花槭 *Acer erianthum*

13.伞房花序 ………………………………（9）太白槭 *Acer caesium* var. *giraldii*

5.花序总状；具一种花；花盘生于雄蕊内：

14..萼片及花瓣各4个：

15.叶边缘具缺刻状重锯齿或稀有小裂片

……………………………（16）桦叶四蕊槭 *Acer tetramerum* var. *betulifolium*

15.叶有明显的小裂片 ……………（17）裂叶四蕊槭 *Acer tetramerum* var. *lobulatum*

14.萼片及花瓣各5个：

16.叶卵形或卵圆形，通常无裂 ……………………………（11）青榨槭 *Acer davidii*

16.叶卵圆形或三角状卵形，3～5裂：

17.小枝黄绿色。叶卵形或宽卵形，3浅裂 ……………（12）葛萝槭 *Acer grosseri*

17.小枝暗紫色。叶卵状三角形，通常5裂 ……（13）重齿槭 *Acer maximowiczii*

4.花序发自无叶侧芽；雄花与两性花同株或异株：

18.萼片及花瓣各5个。果实有毛：

19.叶较小，长和宽均4～6cm，3裂，裂片边缘浅波状。翅果张开近于直角

……………………………………………………………（14）秦岭槭 *Acer tsinglingense*

19.叶较大，长10～20cm，宽12～23cm，常3裂，边缘疏生粗锯齿。翅果张开成锐角或近于直立 ……………………………………………（15）房县槭 *Acer franchetii*

18.萼片及花瓣各4个：

20.叶边缘具缺刻状锯齿或稀有小裂片

……………………………（16）桦叶四蕊槭 *Acer tetramerum* var. *betulifolium*

20.叶有明显小裂片…………………（17）裂叶四蕊槭 *Acer tetramerum* var. *lobulatum*

3 .果翅张开几成水平：

21.叶裂片边缘微呈浅波状 ………………………………（18）庙台槭 *Acer miaotaiense*

21.叶裂片边缘有锯齿：

22. 圆锥花序 ……………………………………………………（8）毛花槭 *Acer erianthum*

22. 伞房花序 ………………………………………………（10）五裂槭 *Acer oliverianum*

2.复叶：

23.伞房花序。翅果密被细毛。小叶3个，椭圆形，长4～6cm ……………………………………………………（19）血皮槭 *Acer griseum*

23.总状花序。翅果无毛。小枝绿色 ……………………………（20）建始槭 *Acer henryi*

1.引种栽培：

24.复叶 ………………………………………………………………（21）梣叶槭 *Acer negundo*

24.单叶：

25.叶背灰绿色 ……………………………………………………（22）美国红枫 *Acer rubrum*

25.叶背银白色 ……………………………………………………（23）银槭 *Acer saccharinum*

（1）元宝槭（华北五角枫 平基槭） *Acer truncatum*

【识别要点】 树皮深纵裂。小枝具圆形皮孔。叶常5裂，稀7裂，基部截形稀近于心形；裂片三角卵形或披针形，先端锐尖或尾状锐尖，边缘全缘，表面无毛，背面嫩时脉腋被丛毛；主脉5条。果翅张开成锐角或钝角。

落叶乔木，高8～10m。树皮灰褐色或深褐色，深纵裂。小枝无毛，当年生枝绿色，多年生枝灰褐色，具圆形皮孔。冬芽小，卵圆形；鳞片锐尖，外侧微被短柔毛。叶纸质，长5～10cm，宽8～12cm，常5裂，稀7裂，基部截形稀近于心形；裂片三角卵形或披针形，先端锐尖或尾状锐尖，边缘全缘，长3～5cm，宽1.5～2cm，有时中央裂片的上段再3裂；裂片间的凹缺锐尖或钝尖，表面深绿色，无毛，背面淡绿色，嫩时脉腋被丛毛，其余部分无毛，渐老全部无毛；主脉5条，在表面显著，在背面微凸起；侧脉在表面微显著，在背面显著；叶柄长3～5cm，稀达9cm，无毛，稀嫩时顶端被短柔毛。花黄绿色，杂性，雄花与两性花同株，常成无毛的伞房花序，长5cm，直径8cm；总花梗长1～2cm；萼片5，黄绿色，长圆形，先端钝形，长4～5mm；花瓣5，淡黄色或淡白色，长圆倒卵形，长5～7mm；雄蕊8，生于雄花者长2～3mm，生于两性花者较短，着生于花盘的内缘，花药黄色，花丝无毛；花盘微裂；子房嫩时有黏性，无毛，花柱短，仅长1mm，无毛，2裂，柱头反卷，微弯曲；花梗细瘦，长约1cm，无毛。翅果嫩时淡绿色，成熟时淡黄色或淡褐色，常成下垂的伞房果序；小坚果压扁状，长1.3～1.8cm，宽1～1.2cm；翅长圆形，两侧平行，宽8mm，常与小坚果等长，稀稍长，张开成锐角或钝角。花期5月，果期9月。

栾川县产各山区，生于海拔1000m以下的山沟或山坡杂木林中。河南产于太行山和伏牛山区。分布于吉林、辽宁、内蒙古、河北、山西、山东、江苏北部、陕西、甘肃等地。

喜温凉气候及湿润肥沃排水良好的土壤，较喜光，以阴坡、半阴坡及沟底为宜，在干燥沙砾质土壤中也能生长，耐旱不耐涝。根系发达，抗风力较强。种子繁殖，春季播种，每亩播种量15～20kg。

木材坚硬，供建筑、家具等用。树皮纤维可造纸。种仁含油量达50%，供食用及工业用，油渣含丰富蛋白质，可酿造酱油。根皮入药，有祛风除湿之效，治腰背痛。可作中低山阴坡、半阴坡、沟底造林树种及次生林改造保留树种。为优良的园林彩叶树种。

叶枝

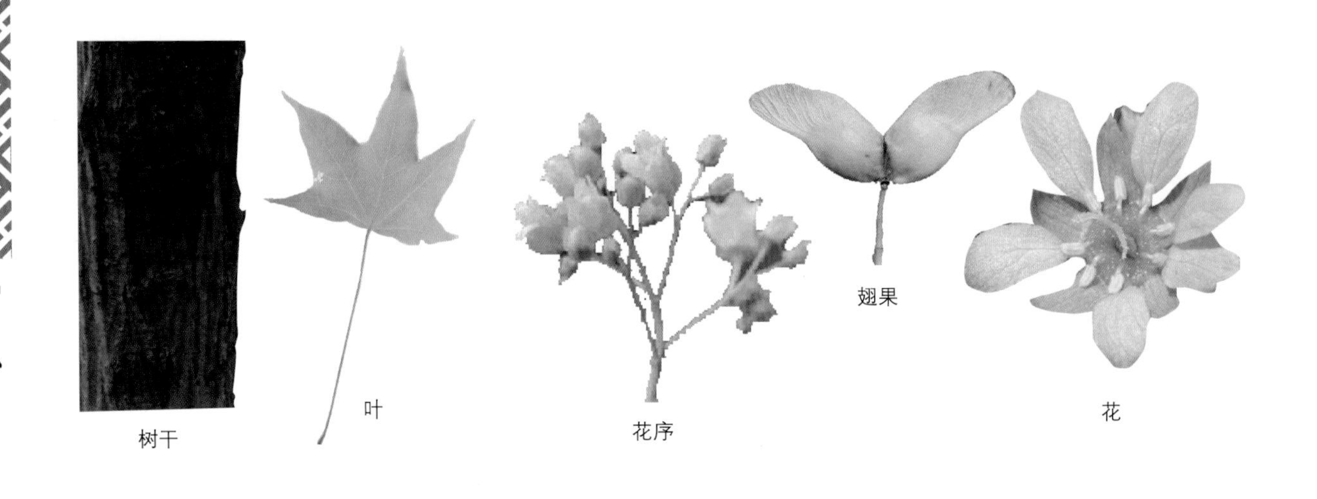

（2）地锦槭（色木槭 五角枫 白五角） *Acer mono*

【识别要点】 小枝具圆形皮孔。叶基部心形或几心形，常5裂，裂片全缘，裂片间的凹缺常锐尖，深达叶片的中段，表面无毛，背面脉上或脉腋被黄色短柔毛；主脉5条。果翅张开成钝角。

落叶乔木，高达15～20m，树皮粗糙，常纵裂，灰色，稀深灰色或灰褐色。小枝细瘦，无毛，当年生枝绿色或紫绿色，多年生枝灰色或淡灰色，具圆形皮孔。冬芽近于球形，鳞片卵形，外侧无毛，边缘具纤毛。叶纸质，基部心形或几心形，叶片的外貌近于椭圆形，长6～8cm，宽9～11cm，常5裂，有时3裂及7裂的叶生于同一树上；裂片卵形，先端锐尖或尾状锐尖，全缘，裂片间的凹缺常锐尖，深达叶片的中段，表面深绿色，无毛，背面淡绿色，除了在叶脉上或脉腋被黄色短柔毛外，其余部分无毛；主脉5条，在表面显著，在背面微凸起，侧脉在两面均不显著；叶柄长4～6cm，细瘦，无毛。花多数，杂性，雄花与两性花同株，多数常成无毛的顶生圆锥状伞房花序，长与宽均约4cm，生于有叶的枝上，花序的总花梗长1～2cm，花的开放与叶的生长同时；萼片5，黄绿色，长圆形，顶端钝，长2～3mm；花瓣5，淡白色，椭圆形或椭圆倒卵形，长约3mm；雄蕊8，无毛，比花瓣短，位于花盘内侧的边缘，花药黄色，椭圆形；子房无毛或近无毛，在雄花中不发育，花柱无毛，很短，柱头2裂，反卷；花梗长1cm，细瘦，无毛。翅果嫩时紫绿色，成熟时淡黄色；小坚果压扁状，长1～1.3cm，宽5～8mm；翅长圆形，宽5～10mm，连同小坚果长2～2.5cm，张开成钝角。花期5月，果期9月。

栾川县产各山区，生于海拔800～1600m的山沟或山谷杂木林中。河南产于太行山、伏牛山、桐柏山与大别山区。分布于东北、华北和长江流域各地。俄罗斯西伯利亚东部、蒙古、朝鲜和日本也有分布。

喜湿润凉爽气候及肥厚土壤，适应性强，耐严寒，酸性、钙质土壤均能生长。种子繁殖，播种前温水浸泡催芽，每亩播种量15～20kg。

木材坚韧，供建筑、家具、农具等用。种子可榨油供工业用及食用；嫩叶可代茶和作野菜。枝叶入药，能祛风除湿、活血逐瘀，用于治疗风湿骨痛、骨折、跌打损伤。可作为中、低山山沟、山凹造林树种及次生林改造保留树种。也是优良的园林彩叶树种。

叶枝

树干　叶　叶背脉腋　翅果　花

三裂地锦槭（三尖色木槭）var. *tricuspis* 叶较小，多三裂或不裂，倒卵形，萼片被睫毛。栾川县产伏牛山，生于海拔1000m以上的山坡、山谷阔叶林中。河南产于伏牛山区。分布于湖北、四川、云南、陕西等地。

（3）长柄槭　*Acer longipes*

【识别要点】叶基部圆形至截形，宽大于长，通常3～5裂，稀不裂；裂片三角形，全缘；表面无毛，背面有灰色短柔毛，在叶脉上更密；叶柄细瘦，长达10cm。果翅长为坚果2倍，张开成直角。

落叶乔木，高4～5m，稀逾10m。树皮灰色或紫灰色，光滑或微现裂纹。小枝圆柱形；当年生的嫩枝紫绿色，无毛，多年生的老枝淡紫色或紫灰色，具圆形或卵形的皮孔。冬芽小，具4枚鳞片，边缘有纤毛。叶纸质，基部圆形至截形，长8～12cm，宽10～16cm，通常3～5裂，稀不裂；裂片三角形，全缘，先端锐尖并具小尖头，长3～5cm，宽2～4cm；表面深绿色，无毛，背面淡绿色，有灰色短柔毛，在叶脉上更密；叶柄细瘦，长达10cm，无毛或于上段有短柔毛。伞房花序，顶生，长8cm，直径7～12cm，无毛，总花梗长1～1.5cm。花淡绿色，杂性，雄花与两性花同株，开花在叶长大以后；萼片5，长圆椭圆形，先端微钝，黄绿色，长4mm；花瓣5，黄绿色，长圆倒卵形，与萼片等长；雄蕊8，无毛，生于雄花中者长于花瓣，在两性花中较短，花药黄色，球形；花盘位于雄蕊外侧，微现裂纹；子房有腺体，无毛，柱头反卷。小坚果压扁状，长1～1.3cm，宽7mm，嫩时紫绿色，成熟时黄色或黄褐色；翅宽1cm，连同小坚果共长3～3.5cm，张开成直角。花期5月，果期8～9月。

栾川县产伏牛山，生于海拔1000～1500m的山沟杂木林中。河南还产于伏牛山区的西峡、南召、内乡、淅川、嵩县及大别山区的信阳、新县、商城等地。分布于陕西南部、湖北西部、四川东北部、安徽南部。

种子繁殖。春季播种，为提高种子发芽率，冬季宜进行低温层积处理。

木材供建筑、家具等用。种子油供工业用。也是次生林改造保留树种。

果枝

树干　叶　叶柄顶端

（4）鸡爪槭 *Acer palmatum*

【识别要点】叶外貌圆形，直径7～10cm，基部心形，5～9掌状分裂，裂片长卵形或披针形，先端锐尖或长锐尖，边缘具紧贴的尖锐锯齿；表面无毛，背面脉腋有白色丛毛。翅果张开成钝角。

落叶小乔木，高达8m。树皮深灰色。小枝细瘦；当年生枝紫色或淡紫绿色；多年生枝淡灰紫色或深紫色。叶纸质，外貌圆形，直径7～10cm，基部心形或近于心形稀截形，5～9掌状分裂，通常7裂，裂片长卵形或披针形，先端锐尖或长锐尖，边缘具紧贴的尖锐锯齿；裂片间的凹缺钝尖或锐尖，深达叶片直径的1/2或1/3；表面深绿色，无毛；背面淡绿色，在脉腋被有白色丛毛；主脉在表面微显著，在背面凸起；叶柄长4～6cm，细瘦，无毛。花紫色，杂性，雄花与两性花同株，伞房花序无毛，总花梗长2～3cm，先叶后花；萼片5，卵状披针形，先端锐尖，长3mm；花瓣5，椭圆形或倒卵形，先端钝圆，长约2mm；雄蕊8，无毛，较花瓣略短而藏于其内；花盘位于雄蕊的外侧，微裂；子房无毛，花柱长，2裂，柱头扁平，花梗长约1cm，细瘦，无毛。翅果嫩时紫红色，成熟时淡棕黄色；小坚果球形，直径7mm，脉纹显著；翅与小坚果共长2～2.5cm，宽1cm，张开成钝角。花期5月，果期9～10月。

栾川县产伏牛山主脉北坡，生于海拔1200m以下的山坡或山谷杂木林中。河南产于大别山及桐柏山区。分布于山东、江苏、浙江、安徽、江西、湖北、湖南、贵州等地。朝鲜和日本也有分布。

喜温暖湿润气候及深厚肥沃土壤，酸性、中性及钙质土均能适应。种子繁殖，秋播或春季播种，每亩用种量4～5kg。

枝叶入药，能解毒、止痛，治腹痛等。可作次生林改造保留树种，也是优良的园林彩叶树种。

树干

果枝

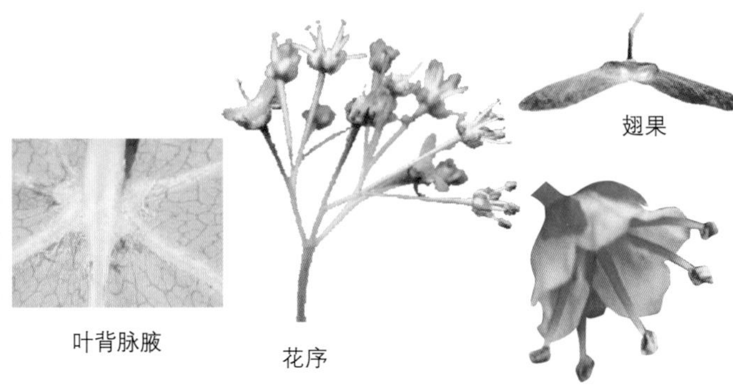

叶背脉腋　花序　花

本种在各国早已引种栽培，变种和变型很多。栾川县引种了**红枫（紫红鸡爪槭 日本红枫）**'Atropurpureum'，叶深紫红色；**羽毛枫（栽培品种）**'Dissectum'，树冠开展，叶片细裂，秋叶深黄至橙红色，枝略下垂；**蝴蝶枫（栽培品种）**'Butterfly'，叶形奇特，似蝴蝶状，每片小叶的形状大小都有差异，等等。

红枫树干

红枫叶枝

红枫叶

蝴蝶枫叶枝

羽毛枫叶

（5）杈叶槭（红色木 鸡爪槭 杈杈叶） *Acer robustum*

【识别要点】叶基部截形或近心形，常7～9裂；裂片卵形，先端尾状锐尖，具稀疏而不规则的锐尖锯齿；裂片深及叶片的中部；叶背面脉腋被丛毛。翅果张开成钝角。

落叶乔木，高5～10m。小枝细瘦，无毛，当年生者紫褐色，多年生者橄榄褐色或绿褐色。叶纸质或膜质，基部截形或近心形，长6～8cm，宽7～12cm，常7～9裂；裂片卵形，长4～5cm，先端尾状锐尖，具稀疏而不规则的锐尖锯齿；裂片间的凹缺锐尖，深及叶片的中部；嫩叶两面微被长柔毛，在背面的叶脉上更密，叶渐长大表面无毛，在背面仅脉腋被丛毛；叶柄长4～5cm，细瘦，无毛或靠近顶端微被长柔毛。花杂性，雄花与两性花同株，伞房花序顶生，长3～4cm，具花4～8枚，总花梗长3～4cm；萼片5，紫色，卵形或长圆形，先端钝圆或钝尖，长4～5mm，宽1.5～2mm，被稀疏的长柔毛或近无毛，边缘有纤毛；花瓣5，淡绿色，长圆形或长圆状倒卵形，长3.5mm，宽2.5～3mm；雄蕊8，无毛，长约4mm，在两性花中较短；花盘无毛，位于雄蕊的外侧；子房无毛或微被长柔毛，在雄花中不发育；花柱长3mm，2裂，柱头头状，宽1mm；花梗长1～1.5cm，细瘦，无毛。小坚果淡黄绿色，椭圆形，长5～7mm，宽4～5mm；翅与小坚果长3.5～4cm，宽1cm，张开成钝角。花期5月，果期8～9月。

栾川县产各山区，生于海拔1200m以上的山谷或山坡杂木林中。河南还产于灵宝、卢氏、洛宁、嵩县、鲁山、西峡、南召、内乡等县市。分布于陕西南部、甘肃南部、湖北西部、四川、云南。

种子繁殖。

木材可作家具、器具等；种子油供工业用。为次生改造保留树种。也是优良的园林彩叶树种。

叶枝

树干

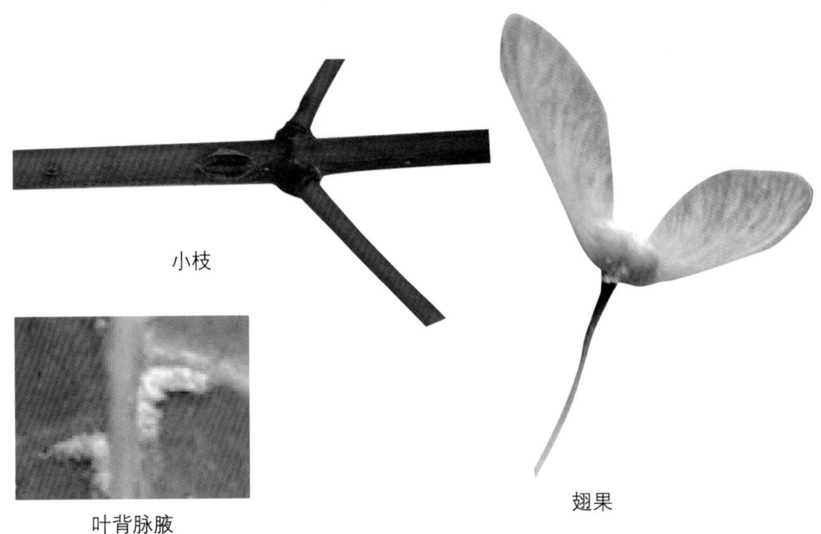
小枝
叶背脉腋
翅果

河南杈叶槭（红色木 鸡爪槭）var. *honanense* 与原种的区别在于小枝有蜡质白粉，叶较窄小，仅宽7～9cm，常9裂，裂片卵形或三角状卵形，边缘有紧贴的锯齿，翅果较小，长3～3.2cm，栾川县零星分布于各山区，生于山沟杂木林中。河南还产于嵩县、卢氏、宜阳及大别山新县。

小杈叶槭（红色木）var. *minus* 与原种的区别在于：叶较小，宽仅5～6cm，长4.5～5cm，通常7裂。翅果较小，长2.8cm，张开成锐角。栾川县产龙峪湾林场，生于山沟杂木林中。河南还产于嵩县龙池曼。

（6）茶条槭（华北茶条槭 稀撒叶 茶条） *Acer ginnala*

【识别要点】叶卵形，基部圆形、截形或略近于心形，常较深的3～5裂，裂片边缘具不整齐的钝尖锯齿；表面无毛，背面近无毛。翅果张开近于直立或成锐角。

落叶小乔木，高5～6m。树皮粗糙、微纵裂，灰色，稀深灰色或灰褐色。小枝细瘦，近于圆柱形，幼时被短柔毛，后无毛，当年生枝绿色或紫绿色，多年生枝淡黄色或黄褐色，皮孔椭圆形或近于圆形、淡白色。冬芽细小，淡褐色，鳞片8枚，近边缘具长柔毛，覆叠。叶纸质，卵形，基部圆形，截形或略近于心形，长6～10cm，宽4～6cm，常较深的3～5裂，或不裂；中央裂片锐尖或狭长锐尖，侧裂片通常钝尖，向前伸展，各裂片的边缘均具不整齐的钝尖锯齿，裂片间的凹缺钝尖；表面深绿色，无毛，背面淡绿色，近无毛，主脉和侧脉在背面均较在表面显著；叶柄长4～5cm，细瘦，绿色或紫绿色，无毛。伞房花序长6cm，无毛，具多数花；花梗细瘦，长3～5cm。花杂性，雄花与两性花同株；萼片5，卵形，黄绿色，外侧近边缘被长柔毛，长1.5～2mm；花瓣5，长圆卵形，白色，较长于萼片；雄蕊8，与花瓣近等长，花丝无毛，花药黄色；花盘无毛，位于雄蕊外侧；子房密被长柔毛（在雄花中不发育）；花柱无毛，长3～4mm，顶端2裂，柱头平展或反卷。果实黄绿色或黄褐色；小坚果嫩时被长柔毛，脉纹显著，长8mm，宽5mm；翅连同小坚果长2.5～3cm，宽8～10mm，中段较宽或两侧近于平行，张开近于直立或成锐角。花期6月，果期8～9月。

栾川县零星产于各山区，生于海拔800m以下的山坡或山谷疏林中，图片摄于庙子镇卢氏管。河南产于太行山区的辉县、济源及伏牛山区的嵩县、卢氏等地。分布于黑龙江、吉林、辽宁、内蒙古、河北、山西、陕西、甘肃。蒙古、俄罗斯西伯利亚东部、朝鲜和日本也有分布。

种子繁殖。用温水浸泡或沙藏催芽，春季播种，每亩播种量25kg。

叶及树皮可提取栲胶和造纸；种子油供制肥皂。木材坚硬细致，为机器制造业、航空工业和乐器等良好用材。叶、芽入药，清热明目，用于治疗肝热目赤、视物昏花。

树干　叶枝　翅果　花

（19）血皮槭（赤肚子榆 红皮槭 红色木 猴不上） *Acer griseum*

【识别要点】 树皮赭褐色，呈鳞片状剥落。复叶，3小叶；小叶纸质，椭圆形至卵状长圆形，表面嫩时有短柔毛，背面略有白粉，有淡黄色疏柔毛，叶脉上更密。翅果张开近于锐角或直角。

落叶乔木，高达10m以上。树皮赭褐色，呈鳞片状剥落。小枝圆柱形，当年生枝淡紫色，密被淡黄色长柔毛，多年生枝深紫色或深褐色，2～3年的枝上尚有柔毛宿存。冬芽小，鳞片被疏柔毛，覆叠。复叶，3小叶；小叶纸质，椭圆形至卵状长圆形，长4～6cm，宽2～3cm，先端钝尖，边缘有2～3个钝形大锯齿，顶生的小叶片基部楔形或阔楔形，有5～8mm的小叶柄，侧生小叶基部斜形，有长2～3mm的小叶柄，表面绿色，嫩时有短柔毛，渐老则近无毛；背面淡绿色，略有白粉，有淡黄色疏柔毛，叶脉上更密，主脉在表面略凹下，在背面凸起，侧脉9～11对，在表面微凹下，在背面显著；叶柄长2～4cm，有疏柔毛，嫩时更密。聚伞花序有长柔毛，常仅有3花；总花梗长6～8mm；花淡黄色，杂性，雄花与两性花异株；萼片5，长圆卵形，长6mm，宽2～3mm；花瓣5，长圆倒卵形，长7～8mm，宽5mm；雄蕊10，长1～1.2cm，花丝无毛，花药黄色；花盘位于雄蕊的外侧；子房有茸毛；花梗长10mm。小坚果黄褐色，凸起，近于卵圆形或球形，长8～10mm，宽6～8mm，密被黄色茸毛；翅宽1.4cm，连同小坚果长3.2～3.8cm，张开近于锐角或直角。花期4月，果期8月。

栾川县产各山区，生于海拔1000m以上的山坡杂木林中。河南还产于灵宝、卢氏、嵩县、西峡、南召、内乡及桐柏山区。分布于陕西南部、甘肃东南部、湖北西部和四川东部。

喜光，稍耐阴，生长速度较慢。种子繁殖，种子具深休眠性，最好在冬季沙藏催芽，春季播种。萌芽更新能力强。

茎皮纤维供制人造棉及造纸原料，也可代麻用。木材坚硬，可制各种贵重器具。树皮及秋叶均极具观赏价值，为优良的园林绿化树种，是栾川县优先发展的槭树科乡土树种之一。

叶枝

树干

顶生小叶

叶柄及叶背局部

花

果枝

（20）建始槭（三叶槭） *Acer henryi*

【识别要点】 复叶，有3小叶；小叶椭圆形或倒卵状长圆形，长6～9cm，宽3～5cm，先端渐尖，基部楔形，全缘或近先端部分有稀疏的3～5个钝锯齿。翅果张开成锐角或近于直立。

落叶乔木，高约10m。树皮浅褐色。小枝圆柱形，当年生嫩枝紫绿色，有短柔毛，多年生老枝浅褐色，无毛。冬芽细小，鳞片2，卵形，褐色，镊合状排列。叶纸质，3小叶组成的复叶；小叶椭圆形或倒卵状长圆形，长6～12cm，宽3～5cm，先端渐尖，基部楔形、阔楔形或近于圆形，全缘或近先端部分有稀疏的3～5个钝锯齿，顶生小叶的小叶柄长约1cm，侧生小叶的小叶柄长3～5mm，有短柔毛；嫩时两面无毛或有短柔毛，在背面沿叶脉被毛更密，渐老时无毛；叶柄长4～8cm，有短柔毛。穗状花序，下垂，长7～9cm，有短柔毛，常由2～3年生无叶的小枝旁边生出，稀由小枝顶端生出，近于无花梗，花序下无叶，稀有叶，花淡绿色，单性，雄花与雌花异株；萼片5，卵形，长1.5mm，宽1mm；花瓣5，短小或不发育；雄花有雄蕊4～6，通常5，长约2mm；花盘微发育；雌花的子房无毛，花柱短，柱头反卷。翅果嫩时淡紫色，成熟后黄褐色，小坚果凸起，长圆形，长1cm，宽5mm，脊纹显著，翅宽5mm，连同小坚果长2～2.5cm，张开成锐角或近于直立。果梗长约2mm。花期4月，果期8月。

栾川县产伏牛山，生于海拔1500m以下的山坡或山谷杂木林中。河南产于伏牛山、大别山和桐柏山。分布于山西南部、陕西、甘肃、江苏、浙江、安徽、湖北、湖南、四川、贵州。

种子繁殖。宜在冬季种子沙藏越冬催芽，春季播种，与干藏越冬相比可明显提高发芽率。

木材供家具、器具等用。也为优良的园林绿化树种。

小叶

小枝

果枝

花

翅果

（21）梣叶槭（复叶槭 羽叶槭 糖槭） *Acer negundo*

【识别要点】奇数羽状复叶，小叶3～7（稀9）枚；小叶纸质，卵形或椭圆状披针形，边缘常有3～5个粗锯齿，稀全缘；侧脉5～7对。翅果张开成锐角或近于直角。

落叶乔木，高达20m。树皮黄褐色或灰褐色。小枝圆柱形，无毛，当年生枝绿色或紫红色，多年生枝黄褐色。冬芽小，鳞片2，镊合状排列。羽状复叶，长10～25cm，有3～7(稀9)枚小叶；小叶纸质，卵形或椭圆状披针形，长8～10cm，宽2～4cm，先端渐尖，基部钝形或阔楔形，边缘常有3～5个粗锯齿，稀全缘，中小叶的小叶柄长3～4cm，侧生小叶的小叶柄长3～5mm，表面深绿色，无毛，背面淡绿色，除脉腋有丛毛外其余部分无毛；主脉和5～7对侧脉均在背面显著；叶柄长5～7cm，嫩时有稀疏的短柔毛，后无毛。雄花的花序聚伞状，雌花的花序总状，均由无叶的小枝旁边生出，常下垂，花梗长1.5～3cm，花小，黄绿色，先叶开放，雌雄异株，无花瓣及花盘，雄蕊4～6，花丝很长，子房无毛。小坚果凸起，近于长圆形或长圆卵形，无毛；翅宽8～10mm，稍向内弯，连同小坚果长3～3.5cm，张开成锐角或近于直角。花期4月，果期8月。

原产北美洲。近百年内引种至我国，在辽宁、内蒙古、河北、山东、河南、陕西、甘肃、新疆、江苏、浙江、江西、湖北等地的各主要城市都有栽培。栾川县有栽培。

种子繁殖。种子具浅休眠性，需播种前一个月处理种子，温水浸泡后沙藏催芽。每亩播种量8kg。

本种早春开花，花蜜很丰富，是很好的蜜源植物。生长迅速，树冠广阔，夏季遮阴条件良好，可作行道树或庭院树。树皮纤维为造纸原料；木材可制家具、器具等。

叶枝　树干　翅果　花枝

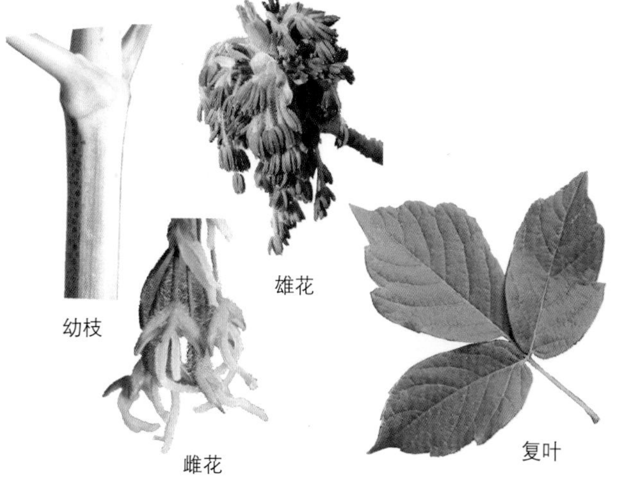

幼枝　雄花　雌花　复叶

金叶复叶槭‘Aureum’叶春季金黄色，渐变黄绿色。喜光，喜冷凉气候，耐干旱、耐寒冷、耐轻度盐碱地，喜疏松肥沃土壤，耐烟尘，根萌蘖性强。生长较快，甚至比速生杨的生长速度还要快。

栾川县近年开始引进栽培，为优良的园林绿化树种。

扦插或嫁接繁殖。扦插于初夏或仲夏进行；嫁接选择复叶槭做砧木，枝接或芽接。

金叶复叶槭

（22）美国红枫（北美红枫 红花槭） *Acer rubrum*

【识别要点】 单叶掌状3～5裂，叶缘有锯齿，背面灰绿色，沿脉密被毛；花红色，先叶开放。

落叶乔木，高可达12～30m，树型直立向上，树冠呈椭圆形或圆形。新枝绿色，秋冬常变为红色，有明显皮孔。单叶对生，掌状3～5裂，叶缘有锯齿，叶长5～10cm。新生叶正面呈微红色，之后变成绿色，直至深绿色；叶背面灰绿色，沿脉密被毛；秋叶由黄绿色变成黄色，最后变成红色，色彩艳丽。花红色，稠密簇生，花丝伸出花瓣；先花后叶。果实为翅果，多呈微红色，成熟时变为棕色，长2.5～5cm。花期3～4月，果期5～6月。

原产北美东南部，栾川县近年开始引种栽培。

适应性强，耐旱、喜水、长势迅速。用种子繁殖。为优良的园林绿化树种。

幼树

叶背

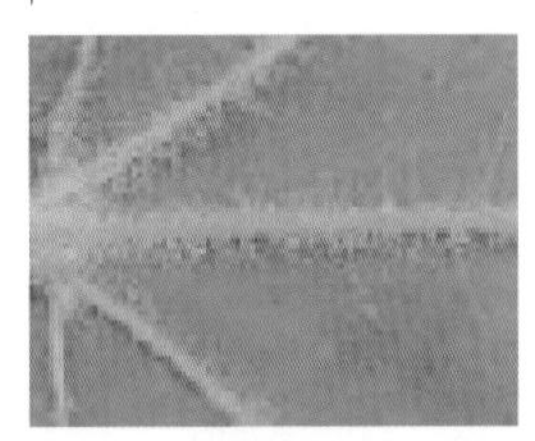

叶背局部

雄花

雌花

本种栽培品种众多，如**白兰地‘Brandywine’**，秋叶为明亮的葡萄酒红色，开始为红色，再转为紫红，最后为具荧光的酒红色，秋色持久；生长较快，适应性强。**卓越‘Somerset’**，雄株，卵形树冠，秋色红艳明亮、具荧光，秋色持久；生长较快，适应性强，耐湿耐寒，抗病虫害能力强。**秋季辉煌‘Autumn Flame’**，雄株，叶较小，生长较慢，早期变色品种，在早秋就开始变色，挂色持久。**夕阳红‘Red Sunset’**，雌株，塔形或圆形树冠，初春开红花，结少量细小的红色翅果，叶较厚，秋叶大红带橘红。

（23）银槭（银白槭） *Acer saccharinum*

【识别要点】单叶，掌状5裂，背面银白色；花绿色至红色，先叶开放。

落叶乔木，高可达25m以上。树皮灰白色，开裂，片状剥落；树冠卵形至圆形，树枝直立；幼枝有明显皮孔。单叶，掌状5裂，中间裂片3小裂，叶长8～16cm，宽6～12cm，正面亮绿色，背面银白色（故名银白槭）；叶柄几与叶等长。花两性，团状簇生，黄绿色至红色，先叶开放；翅果长3.5～6cm，翅平展。花期3月，果期5月。

原产美国东部，我国可在北至辽宁及内蒙古南部，南至云南、广西、广东北部区域内生长。栾川县近年引种栽培。

喜光，喜温凉气候，耐寒耐干燥，忌水涝。生长速度快。种子繁殖。秋天叶色多变，为优良园林绿化树种。

栽培品种有金叶银槭等。

叶背　　幼枝

附1：**秋火焰** *Acer×freemanii*‘Autumn Blaza’。系**斐里曼槭** *Acer×freemanii* 的一个品种。斐里曼槭是美国红枫和银槭的杂交种，速生，冠圆球形，高约15m，叶掌状5裂，秋色绚丽。秋火焰为雄株，圆球形树冠，树形紧密，叶深裂，秋色从亮橘红到红色，落叶晚。栾川县近年开始引种栽培，为优良园林绿化品种。

目前国内多把一些美国红枫的杂交种称之为“美国改良红枫”，但这并不是严格意义上的植物品种命名。真正的“美国改良红枫”是从**美国红枫** *Acer rubrum* 与**银白槭** *Acer saccharinum* 的杂交系中选育出来的栽培变种——**斐里曼槭***Acer × freemanii* 中选育的品种的总称，其特点是秋色娇艳、树冠整洁、生长较快、适应性强、抗寒抗旱耐湿性强、抗病虫害能力强。

附2：**红国王挪威槭** *Acer platanlides*‘Crimson King’系**挪威槭** *Acer platanlides* 的一个栽培品种。圆形树冠，树型直立。叶紫红色，夏季仍能维

红国王挪威槭

持其颜色，三季紫红叶。落叶乔木，芽肥大，长达1cm，酱紫色；叶对生，5浅裂，叶缘具锯齿，叶长10～20cm，叶柄折断时有白色乳汁；伞房花序，花黄绿色，先叶后花；翅果，双翅几乎成平角。花期4月，果期9～10月。

原产北欧。栾川县近年开始引种。阳性，几乎适应各种土壤，耐盐碱，抗污染。为优良园林绿化树种。

（三十七）七叶树科 Hippocastanaceae

落叶乔木，稀灌木。冬芽大型，顶生或腋生，有树脂或否。叶对生，系3～9枚小叶组成的掌状复叶，无托叶，叶柄通常长于小叶，无小叶柄或有长达3cm的小叶柄。聚伞圆锥花序，侧生小花序系蝎尾状聚伞花序或二歧式聚伞花序。花杂性，雄花常与两性花同株；不整齐或近于整齐；萼片4～5，基部联合成钟形或管状或完全离生，整齐或否，排列成镊合状或覆瓦状；花瓣4～5，与萼片互生，大小不等，基部爪状；雄蕊5～9，着生于花盘内部，长短不等；花盘全部发育成环状或仅一部分发育，不裂或微裂；子房上位，卵形或长圆形，3室，每室有2胚珠，花柱1，柱头小而常扁平。蒴果1～3室，平滑或有刺，常于胞背3裂；种子球形，常仅1枚稀2枚发育，种脐大型，淡白色，无胚乳。

3属，30多种，主产于北温带。我国1属，约8种。河南有2种。栾川县有2种。

七叶树属 *Aesculus*

落叶乔木，稀灌木。冬芽外部有几对鳞片。掌状复叶对生，小叶3～9个，有长叶柄，无托叶；小叶长圆形、倒卵形或披针形，边缘有锯齿。具短的小叶柄。聚伞圆锥花序顶生，直立，侧生小花序系蝎尾状聚伞花序。花杂性，雄花与两性花同株，大型，不整齐；花萼钟形或管状，上段4～5裂，大小不等，排列成镊合状；花瓣4～5，倒卵形、倒披针形或匙形，基部爪状，大小不等；花盘全部发育成环状或仅一部分发育，微分裂或不分裂；雄蕊5～8，通常7，着生于花盘的内部；子房上位，无柄，3室，花柱细长，不分枝，柱头扁圆形，胚珠每室2，重叠。蒴果1～3室，平滑稀有刺，胞背开裂；种子仅1～2枚发育良好，近于球形或梨形，种脐常较宽大。

约25种，分布于亚洲东部、北美洲及欧洲东南部。我国约有8种。河南有2种，栾川县2种。

1.小叶仅背面沿脉疏生柔毛。果近球形；种脐占种子一半
……………………………………………………………………（1）七叶树 *Aesculus chinensis*

1.小叶幼时密生灰色细毛。果卵圆形或倒卵圆形；种脐占种子1/3以下
……………………………………………………………………（2）天师栗 *Aesculus wilsonii*

（1）七叶树（梭椤树 梭罗子） *Aesculus chinensis*

【识别要点】小叶长8～16cm，仅背面沿脉疏生柔毛。果近球形；种脐占种子一半。

落叶乔木，高达25m，树皮深褐色或灰褐色，小枝圆柱形，黄褐色或灰褐色，无毛或嫩时有微柔毛，有圆形或椭圆形淡黄色的皮孔。冬芽大型，有树脂。掌状复叶，由5～7小叶组成，叶柄长6～12cm，有灰色微柔毛；小叶纸质，长圆披针形至长圆倒披针形，稀长椭圆形；先端短锐尖，基部楔形或阔楔形，边缘有钝尖形的细锯齿，长8～16cm，宽3～5cm，表面深绿色，无毛，背面除中脉及侧脉的基部嫩时有疏柔毛外，其余部分无毛；中脉在表面显著，在背面凸起，侧脉13～17对，在表面微显著，在背面显著；中央小叶的小叶柄长1～1.8cm，两侧的小叶柄长5～10mm，有灰色微柔毛。花序圆筒形，连同长5～10cm的总花梗在内共长21～2 5cm，花序总轴有微柔毛，小花序常由5～10朵花组成，有微柔毛，长2～2.5cm，花梗长2～4mm。花杂性，雄花与两性花同株，花萼管状钟形，长3～5mm，外面有微柔毛，不等的5裂，裂片钝形，边缘有短纤毛；花瓣4，白色，长圆倒卵形至长圆倒披针形，长8～12mm，宽5～1.5mm，边缘有纤毛，基部爪状；雄蕊6，长1.8～3cm，花丝线状，无毛，花药长圆形，淡黄色，长1～1.5mm；子房在雄花中不发育，在两性花中发育良好，卵圆形，花柱无毛。果实球形或倒卵圆形，顶部短尖或钝圆而中部略凹下，直径

以下合生），无柄或具极短的柄，对生或互生，纸质，卵形、阔卵形至卵状披针形，长5～10cm，宽3～6cm，顶端短尖或短渐尖，基部钝至近截形，边缘有不规则的钝锯齿，齿端具小尖头，有时近基部的齿疏离呈缺刻状，或羽状深裂达中肋而形成二回羽状复叶，表面仅中脉上散生皱曲的短柔毛，背面脉腋具髯毛，有时小叶背面被茸毛。聚伞圆锥花序长25～40cm，密被微柔毛，分枝长而广展，在末次分枝上的聚伞花序具花3～6朵，密集呈头状；苞片狭披针形，被小粗毛；花淡黄色，稍芬芳；花梗长2.5～5mm；萼裂片卵形，边缘具腺状缘毛，呈啮蚀状；花瓣4，开花时向外反折，线状长圆形，长5～9mm，瓣爪长1～2.5mm，被长柔毛，瓣片基部的鳞片初时黄色，开花时橙红色，参差不齐的深裂，被疣状皱曲的毛；雄蕊8，在雄花中的长7～9mm，雌花中的长4～5mm，花丝下半部密被白色、开展的长柔毛；花盘偏斜，有圆钝小裂片；子房三棱形，除棱上具缘毛外无毛，退化子房密被小粗毛。蒴果圆锥形，具3棱，长4～6cm，顶端渐尖，果瓣卵形，外面有网纹，内面平滑且略有光泽；种子近球形，直径6～8mm。花期5～7月，果期8～9月。

栾川古称鸾川，因鸾水（今伊河）源出于此而得名，后因栾木丛生改为栾川，说明栾树分布之普遍。现有古树1棵，位于潭头镇垢峪村孤山小学对面山坡上，树龄300年。各乡镇均有分布，多生于山坡沟边或杂木林中，或植于村旁、庭院。河南产于各山区。分布于我国大部分地区，东北自辽宁起经中部至西南部的云南。世界各地有栽培。

喜光、稍耐半阴，耐寒，不耐水淹，耐干旱和瘠薄，对环境的适应性强，喜欢生长于钙质土壤中。深根性，萌蘖力强，生长速度中等，幼树生长较慢，以后渐快，有较强的抗烟尘能力。种子繁殖。本种种皮坚硬，不易透水，可秋季播种，或低温层积催芽后春季播种；干藏越冬的种子宜在播种前45天左右开始进行温水浸泡催芽。每亩播种量35～65kg。

木材黄白色，易加工，可制家具和农具。刚萌发的嫩枝可食，旧时山区群众在栾树萌芽时采摘嫩芽水煮、浸泡脱毒后食用充饥，现为地方特色季节菜。叶可提取栲胶，也可作黑色染料。花供药用，亦可作黄色染料。种子油可制润滑油及肥皂。花序大，花期长，果实美观，可作庭院观果树木，也是良好的行道树，现广泛用于城镇园林绿化。也是良好的水土保持造林树种。

树干　果枝　小叶　蒴果　种子　果纵剖　花

（2）黄山栾树（全缘叶栾树 黄山栾） *Koelreuteria bipinnata* var. *integrifoliola*

【识别要点】小枝棕红色，密生皮孔。二回羽状复叶，小叶互生，斜卵形，全缘。

乔木，高可达20m；小枝棕红色，密生皮孔。叶平展，二回羽状复叶，长45～70cm；叶轴和叶柄向轴面常有一纵行皱曲的短柔毛；小叶9～17片，互生，稀对生，纸质或近革质，斜卵形，长3.5～7cm，宽2～3.5cm，顶端短尖至短渐尖，基部阔楔形或圆形，略偏斜，通常全缘，稀边缘有内弯的小锯齿，两面无毛或表面中脉上被微柔毛，背面密被短柔毛，有时杂以皱曲的毛；小叶柄长约3mm或近无柄。圆锥花序大型，长35～70cm，分枝广展，与花梗同被短柔毛；萼5裂达中部，裂片阔卵状三角形或长圆形，有短而硬的缘毛及流苏状腺体，边缘呈啮蚀状；花瓣4，长圆状披针形，瓣片长6～9mm，宽1.5～3mm，顶端钝或短尖，瓣爪长1.5～3mm，被长柔毛，鳞片深2裂；雄蕊8，长4～7mm，花丝被白色、开展的长柔毛，下半部毛较多，花药有短疏毛；子房三棱状长圆形，被柔毛。蒴果椭圆形或近球形，具3棱，淡紫红色，老熟时褐色，长4～7cm，宽3.5～5cm，顶端钝或圆；有小凸尖，果瓣椭圆形至近圆形，外面具网状脉纹，内面有光泽；种子近球形，直径5～6mm。花期6～7月，果期9～10月。

栾川县引种栽培，主要用于行道树等园林绿化。河南产于大别山和桐柏山区。分布于云南、贵州、四川、湖北、湖南、广西、广东等地。本变种的原种是**复羽叶栾树** *Koelreuteria bipinnata*。

种子繁殖。可作庭院观果树木及行道树。

树干　小叶　叶背局部　果枝　花　蒴果　种子

3.文冠果属　*Xanthoceras*

灌木或乔木。奇数羽状复叶，小叶有锯齿。总状花序自上一年形成的顶芽和侧芽内抽出；苞片较大，卵形；花杂性，雄花和两性花同株，但不在同一花序上，辐射对称；萼片5，长圆形，覆瓦状排列；花瓣5，阔倒卵形，具短爪，无鳞片；花盘5裂，裂片与花瓣互生，背面顶端具一角状体；雄蕊8，内藏，花药椭圆形，药隔的顶端和药室的基部均有1球状腺体；子房椭圆形，3室，花柱顶生，直立，柱头乳头状；胚珠每室7～8，排成2纵行。蒴果近球形或阔椭圆形，有3棱角，室背开裂为3果瓣，3室，果皮厚而硬，含很多纤维束；种子每室数颗，扁球状，种皮厚革质，无假种皮，种脐大，半月形；胚弯拱，子叶一大一小。

单种属，产我国北部和朝鲜。河南也产，栾川县产之。

文冠果　*Xanthoceras sorbifolia*

【识别要点】小枝褐红色。奇数羽状复叶，小叶9～19个，披针形或近卵形，两侧稍不对称，边缘有锐利锯齿，顶生小叶通常3深裂。蒴果长达6cm；种子长达1.8cm。

落叶灌木或小乔木，高2～5m；小枝粗壮，褐红色，无毛，顶芽和侧芽有覆瓦状排列的芽鳞。叶连柄长15～30cm；小叶9～19个，膜质或纸质，披针形或近卵形，两侧稍不对称，长2.5～6cm，宽1.2～2cm，顶端渐尖，基部楔形，边缘有锐利锯齿，顶生小叶通常3深裂，表面深绿色，无毛或中脉上有疏毛，背面鲜绿色，嫩时被茸毛和成束的星状毛；侧脉纤细，两面略凸起。花序先叶抽出或与叶同时抽出，两性花的花序顶生，雄花序腋生，长12～20cm，直立，总花梗短，基部常有残存芽鳞；花梗长1.2～2cm；苞片长0.5～1cm；萼片长6～7mm，两面被灰色茸毛；花瓣白色，基部紫红色或黄色，有清晰的脉纹，长约2cm，宽7～10mm，爪之两侧有须毛；花盘的角状附属体橙黄色，长4～5mm；雄蕊长约1.5cm，花丝无毛；子房被灰色茸毛。蒴果长达6cm；种子长达1.8cm，黑色而有光泽。花期4～5月，果期8～9月。

栾川县于20世纪70年代曾引种栽培，现合峪、秋扒等乡镇仍有栽培。河南太行山和伏牛山北部有少量野生。分布于我国北部和东北部，西至宁夏、甘肃，东北至辽宁，北至内蒙古，南至河南。

喜光树种，适应性强，耐干旱瘠薄，萌蘖性强。可作浅山丘陵水土保持造林树种。种子繁殖。

花大，有香味，是优良的庭院绿化树种和蜜源植物。种子可食，风味似板栗。种仁含脂肪57.18%、蛋白质29.69%、淀粉9.04%，营养价值很高，是我国北方很有发展前途的木本油料植物。

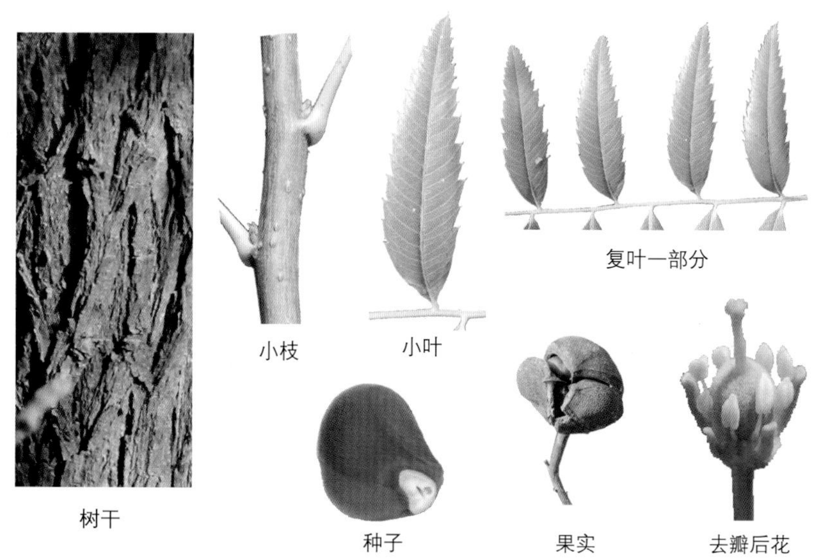
树干　小枝　小叶　复叶一部分　种子　果实　去瓣后花

花枝

（三十九）清风藤科 Sabiaceae

乔木、灌木或攀援木质藤本，落叶或常绿。叶互生，单叶或奇数羽状复叶；无托叶。花两性或杂性异株，辐射对称或两侧对称。通常排成腋生或顶生的聚伞花序或圆锥花序，有时单生；萼片5，稀3或4，分离或基部合生，覆瓦状排列，大小相等或不相等；花瓣5，稀4，覆瓦状排列，大小相等，或内面2片远比外面的3片小；雄蕊与花瓣同数且对生，基部附着于花瓣上或分离，全部发育或外面3枚不发育，花药2室，具狭窄的药隔或具宽厚的杯状药隔；花盘小，杯状或环状；子房上位，无柄，通常2室，稀3室，每室有半倒生的胚珠2或1。核果由1或2个成熟心皮组成，1室，稀2室，不开裂；种子单生，无胚乳，或有极薄的胚乳，胚有折叠的子叶和弯曲的胚根。

3属，约100余种。分布于亚洲和美洲的热带地区，有些种广布于亚洲东部温带地区。我国有2属，45种，5亚种，9变种，分布于西南部经中南部至台湾。河南2属，8种，2亚种，1变种。栾川县有2属，3种，1亚种。

1.攀援灌木。单叶。花辐射对称；雄蕊5个，均发育 ……………………………… 1.清风藤属 *Sabia*

1.乔木或灌木。单叶或羽状复叶。花两侧对称；雄蕊5个，仅内面2个发育

…………………………………………………………………………………… 2.泡花树属 *Meliosma*

1.清风藤属 *Sabia*

落叶或常绿攀援灌木。冬芽小，小枝基部有宿存的芽鳞。单叶互生，全缘，羽状脉，边缘干膜质。花小，两性，稀杂性，单生于叶腋，或组成腋生的聚伞花序，有时再呈圆锥花序式排列；萼片4～5，覆瓦状排列，绿色、白色、黄色或紫色；花瓣5，稀4，比萼片长且与萼片近对生；雄蕊5，稀4，与花瓣对生，花丝稍粗扁呈狭条状或细长而呈线状，或上端膨大成棒状，附着于花瓣基部，花药卵圆形或长圆形，有时由于花丝顶端弯曲而向内俯垂，两药室内侧纵裂，内向或外向；子房2室，基部为肿胀的或齿裂的花盘所围绕，花柱2，合生，柱头小。胚珠每室2，半倒生。果由2个心皮发育成2个分果瓣，通常仅有1个发育，近基部有宿存花柱，中果皮肉质，平滑，白色、红色或蓝色，核（内果皮）脆壳质，有中肋或无中肋，两侧面有蜂窝状凹穴、条状凹穴或平坦，腹部平或凸出；种子1颗，近肾形，两侧压扁，有斑点，胚具折叠的子叶和弯曲的胚根，无胚乳，如胚乳存在则退化成薄膜状。

约30种，分布于亚洲南部及东南部。我国约有16种，5亚种，2变种，大多数分布于西南部和东南部，西北部仅有少数。河南有1种，2亚种。栾川县有1亚种。

鄂西清风藤（青丝条 青条菜） *Sabia campanulata* subsp. *ritchieae*

【识别要点】小枝黄绿色，无毛，有条纹。叶椭圆状卵形或长圆状椭圆形，叶缘干膜质，具缘毛，两面无毛或幼时表面沿中脉有微柔毛，侧脉4～5对，在近边缘处结成网状。

落叶攀援灌木。小枝黄绿色，无毛，有条纹。叶椭圆状卵形或长圆状椭圆形，长4～10cm，宽1.5～5cm，先端渐尖，基部阔楔形，叶缘干膜质，具缘毛，两面无毛或幼时表面沿中脉有微柔毛，侧脉4～5对，在近边缘处结成网状，叶柄长4～10mm，被长柔毛。花单生叶腋，稀2花并生，深紫色；花梗长1～1.5cm，花瓣倒卵形，长5～6mm，早落，花盘肿胀，高长于宽，基部最

茎

叶枝

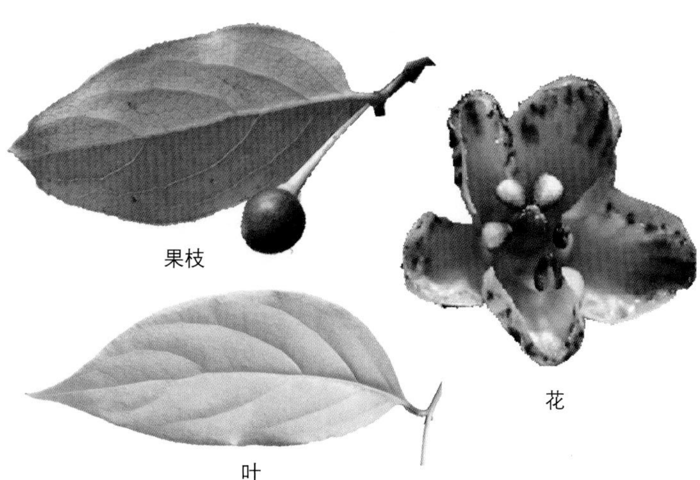

果枝

花

叶

宽，边缘环状。果近圆形，直径8mm，熟时蓝色，无毛，果皮蜂巢状。花期3～4月，果期5～6月。

栾川县产各山区，生于山坡和山谷杂木林中，喜湿润。河南产于伏牛山、大别山和桐柏山。分布于江苏、浙江、广东、福建、江西、湖南、湖北、安徽、陕西、甘肃、四川、贵州。

种子繁殖。

嫩叶可作野菜食用，俗称"青丝条"。也可作园林垂直绿化树种。

2.泡花树属　*Meliosma*

常绿或落叶，乔木或灌木，通常被毛；芽裸露，被褐色茸毛。单叶或具近对生小叶的奇数羽状复叶，叶全缘或多少有锯齿。花小，直径1～3mm，两性，两侧对称，具短梗或无梗，组成顶生或腋生、多花的圆锥花序；萼片4～5，覆瓦状排列，其下部常有紧接的苞片；花瓣5，大小极不相等，外面3片较大，通常近圆形或肾形，凹陷，覆瓦状排列；内面2片远比外面的小，2裂或不分裂，有时3裂，而中裂片极小，多少附着于发育雄蕊的花丝基部，花蕾时全为外面花瓣所包藏；雄蕊5，其中2枚发育雄蕊与内面花瓣对生，花丝短，扁平；药隔扩大成一杯状体，花蕾时由于花丝顶端弯曲而向内俯垂，花开时伸直转向外，药室2，球形或椭圆形，横裂；其他3枚退化雄蕊与外面花瓣对生，附着于花瓣基部，宽阔，形态不规则，药室空虚；花盘杯状或浅杯状，通常有5小齿；子房无柄，通常2室，稀3室，顶部收缩具1不分枝或稀为2裂的花柱，柱头细小，胚珠每室2，半倒生，多少重叠着生于隔壁。核果小，近球形，梨形，中果皮肉质，核 (内果皮) 骨质或壳质，1室。胚具长而弯曲的胚根和折叠的子叶，无胚乳。

约50种，分布于亚洲东南部和美洲中部及南部。我国约有29种，7变种，广布于西南部经中南部至东北部。河南有7种，1变种。栾川县有3种。

1.单叶：

　2.圆锥花序向下弯垂，主轴与侧枝具明显"之"字形曲折，侧枝向下弯垂；叶倒卵状椭圆形或倒卵状长椭圆形，侧脉12～18对 ································ （1）垂枝泡花树 *Meliosma flexuosa*

　2.圆锥花序直立，主轴与侧枝劲直，或稍呈"之"字形曲折，但侧枝不向下弯垂。叶倒卵形，侧脉16～20对 ·· （2）泡花树 *Meliosma cuneifolia*

1.羽状复叶 ·· （3）暖木 *Meliosma veitchiorum*

(1) 垂枝泡花树 *Meliosma flexuosa*

【识别要点】芽、嫩枝、嫩叶中脉、花序轴均被淡褐色长柔毛，腋芽通常两枚并生。单叶倒卵状椭圆形或倒卵状长椭圆形，边缘具粗锯齿，侧脉12～18对。圆锥花序向下弯垂。

小乔木，高可达5m；芽、嫩枝、嫩叶中脉、花序轴均被淡褐色长柔毛，腋芽通常两枚并生。单叶，膜质，倒卵状椭圆形或倒卵状长椭圆形，长6～12（20）cm，宽3～3.5（10）cm，先端渐尖或骤狭渐尖，中部以下渐狭而下延，边缘具疏离、侧脉伸出成凸尖的粗锯齿，叶两面疏被短柔毛，中脉伸出成凸尖；侧脉12～18对，脉腋髯毛不明显；叶柄长0.5～2cm，表面具宽沟，基部稍膨大包裹腋芽。圆锥花序顶生，向下弯垂，连柄长12～18cm，宽7～22（25）cm，主轴及侧枝在果序时呈“之”形曲折；花梗长1～3mm；花白色，直径3～4mm；萼片5，卵形或广卵形，长1～1.5mm，外1片特别小，具缘毛；外面3片花瓣近圆形，宽2.5～3cm，内面2片花瓣长0.5mm，2裂，裂片广叉开，裂片顶端有缘毛，有时3裂则中裂齿微小；发育雄蕊长1.5～2mm；雌蕊长约1mm，子房无毛。果近卵形，长约5mm，核极扁斜，具明显凸起细网纹，中肋锐凸起，从腹孔一边至另一边。花期6月，果期8～9月。

栾川县产伏牛山脉北坡，生于海拔800～2000m的山谷、溪旁杂木林中。河南还产于伏牛山区的西峡、内乡、南召、淅川及大别山区的商城、新县。分布于陕西南部、四川东部、湖北西部、安徽、江苏、浙江、江西、湖南、广东北部。

种子繁殖。

树皮含单宁，可提制栲胶；种子油供工业用。木材作家具、器具。根入药，有利尿解毒之效。萌发力强，生长迅速，可作次生林改造保留树种。

果枝

花

叶面

叶缘

果

（2）泡花树（龙须木） *Meliosma cuneifolia*

【识别要点】单叶，倒卵状楔形或狭倒卵状楔形，先端短渐尖，中部以下渐狭，约3/4以上具侧脉伸出的锐尖齿，叶面初被短粗毛，叶背被白色平伏毛；侧脉16～20对，劲直达齿尖，脉腋具明显髯毛。

落叶灌木或乔木，高可达9m，树皮黑褐色；小枝暗黑色，无毛。叶为单叶，纸质，倒卵状楔形或狭倒卵状楔形，长8～12cm，宽2.5～4cm，先端短渐尖，中部以下渐狭，约3/4以上具侧脉伸出的锐尖齿，叶面初被短粗毛，叶背被白色平伏毛；侧脉16～20对，劲直达齿尖，脉腋具明显髯毛；叶柄长1～2cm。圆锥花序顶生，直立，长和宽15～20cm，被短柔毛，具3（4）次分枝；花梗长1～2mm；萼片5，宽卵形，长约1mm，外面2片较狭小，具缘毛；外面3片花瓣近圆形，宽2.2～2.5mm，有缘毛，内面2片花瓣长1～1.2mm，2裂达中部，裂片狭卵形，锐尖，外边缘具缘毛；雄蕊长1.5～1.8mm；花盘具5细尖齿；雌蕊长约1.2mm，子房高约0.8mm。核果扁球形，直径6～7mm，核三角状卵形，顶基扁，腹部近三角形，具不规则的纵条凸起或近平滑，中肋在腹孔一边显著隆起延至另一边，腹孔稍下陷。花期5～6月，果期8～9月。

栾川县产各山区，生于海拔1000m以上的山坡或山谷杂木林中。河南还产于伏牛山的鲁山、卢氏、嵩县、西峡、南召等县。分布于甘肃东部、陕西南部、湖北西部、四川、贵州、云南中部及北部、西藏南部。

种子繁殖。

木材红褐色，纹理略斜，结构细，质轻，为良材之一。叶可提单宁，树皮可剥取纤维。根皮药用，治无名肿毒、毒蛇咬伤、腹胀水肿。可作次生林改造保留树种。

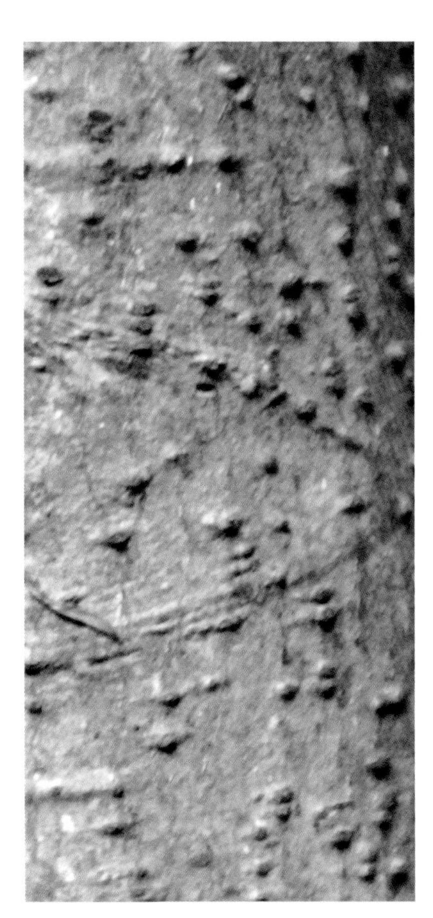
树干

（3）暖木 *Meliosma veitchiorum*

【识别要点】树皮灰色，不规则的薄片状脱落，手感柔软。小枝粗壮，具粗大近圆形的叶痕。奇数羽状复叶连柄长60～90cm，小叶7～11个，卵形或卵状椭圆形，两面脉上常残留有柔毛，全缘或有粗锯齿；侧脉6～12对。

乔木，高可达20m，树皮灰色，不规则的薄片状脱落；幼嫩部分多少被褐色长柔毛；小枝粗壮，具粗大近圆形的叶痕。奇数羽状复叶连柄长60～90cm，叶轴圆柱形，基部膨大；小叶纸质，7～11个，卵形或卵状椭圆形，长7～15（20）cm，宽4～8（10） cm，先端尖或渐尖，基部圆钝，偏斜，两面脉上常残留有柔毛，脉腋无髯毛，全缘或有粗锯齿；侧脉6～12对。圆锥花序顶生，直立，长40～45cm，具4（5）次分枝，主轴及分枝密生粗大皮孔；花白色，花柄长0.5～3mm，被褐色细柔毛；萼片4（5），椭圆形或卵形，长1.5～2.5mm，外面1片较狭，先端钝；外面3片花瓣倒心形，高1.5～2.5mm，宽1.5～3.5mm，内面2片花瓣长约1mm，2裂约达1/3，裂片先端圆，具缘毛；雄蕊长1.5～2mm。核果近球形，直径约1cm；核近半球形，平滑或不明显稀疏纹，中肋显著隆起，腹孔宽，具三角形的填塞物。花期5～6月，果期9～10月。

栾川县产各山区，多生于海拔1200m以上的山谷杂木林中，龙峪湾林场有2株树龄百年以上的古树。河南还产于伏牛山区的嵩县、灵宝、卢氏、鲁山、西峡、南召、内乡及大别山的商城。分布于云南北部、贵州东北部、四川、陕西南部、湖北、湖南、安徽南部、浙江北部。

种子繁殖。

木材作建筑、家具等用。嫩叶可作野菜食用。

树干

叶枝

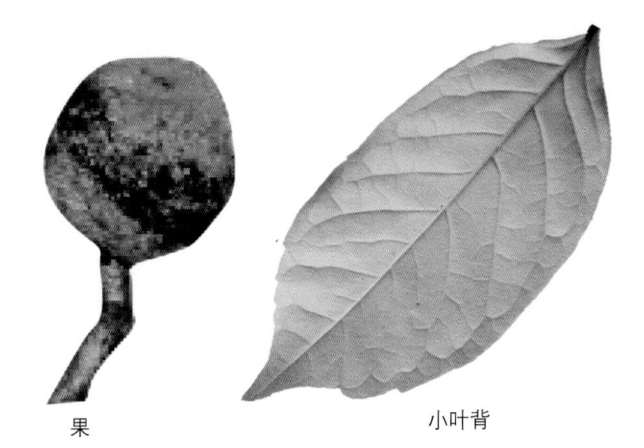
果　小叶背

（四十）鼠李科 Rhamnaceae

灌木、藤本或乔木，稀草本，通常具刺或托叶刺，或无刺。单叶互生或近对生，全缘或具齿，具羽状脉，或三至五基出脉；托叶小，早落或宿存，或有时变为刺。花小，整齐，两性或单性，稀杂性，雌雄异株，常排成聚伞花序、穗状圆锥花序、聚伞总状花序、聚伞圆锥花序，或有时单生或数个簇生，通常4基数，稀5基数；萼钟状或筒状，淡黄绿色，萼片镊合状排列，常坚硬，内面中肋中部有时具喙状突起，与花瓣互生；花瓣通常较萼片小，极凹，匙形或兜状，基部常具爪，或有时无花瓣，着生于花盘边缘下的萼筒上；雄蕊与花瓣对生，为花瓣抱持；花丝着生于花药外面或基部，与花瓣爪部离生，花药2室，纵裂，花盘明显发育，薄或厚，贴生于萼筒上，或填塞于萼筒内面，杯状、壳斗状或盘状，全缘，具圆齿或浅裂；子房上位、半下位至下位，通常3或2室，稀4室，每室有1基生的倒生胚珠，花柱不分裂或上部3裂。核果、浆果状核果、蒴果状核果或蒴果，沿腹缝线开裂或不开裂，或有时果实顶端具纵向的翅或具平展的翅状边缘，基部常为宿存的萼筒所包围，1至4室，具2～4个开裂或不开裂的分核，每分核具1种子，种子背部无沟或具沟，或基部具孔状开口，通常有少而明显分离的胚乳或有时无胚乳，胚大而直，黄色或绿色。

约58属，900种以上，广泛分布于温带至热带地区。我国产14属，133种，32变种，1变型，全国各地均有分布，以西南和华南的种类最为丰富。河南木本有7属，28种，5变种。栾川县有6属，20种，5变种。

1.叶脉羽状，叶互生、对生或近对生：
  2.果实通常圆形或近圆形，具2～3核：
    3.花无梗或具极短梗，簇生而合成穗状花序或圆锥花序 ………………… 1.雀梅藤属 *Sageretia*
    3.花有花梗，通常为腋生簇状或聚伞花序 ……………………………… 2.鼠李属 *Rhamnus*
  2.果实常为长圆形，仅具1核：
    4.乔木或灌木。叶缘有细锯齿。聚合花序顶生或腋生 ……………………4.猫乳属 *Rhamnella*
    4.攀援灌木。叶全缘。花为顶生圆锥花序或穗状花序 ……………………5.勾儿茶属 *Berchemia*
1.叶于基部有3主脉，叶互生：
  5.果序分枝增粗为肉质。托叶不变为棘针 ……………………………… 3. 枳椇属 *Hovenia*
  5.果序分枝不增粗为肉质。托叶常变为棘针 ……………………………… 6.枣属 *Ziziphus*

1.雀梅藤属 *Sageretia*

藤状或直立灌木，稀小乔木；无刺或具枝刺，小枝互生或近对生。叶纸质至革质，互生或近对生，幼叶通常被毛，后脱落或不脱落，边缘具锯齿，稀近全缘，叶脉羽状，平行；具柄；托叶小，脱落。花两性，五基数，通常无梗或近无梗，稀有梗，排成穗状或穗状圆锥花序，稀总状花序；萼片三角形，内面顶端常增厚，中肋凸起而成小喙；花瓣匙形，顶端2裂；雄蕊背着药，与花瓣等长或略长于花瓣；花盘厚，肉质，壳斗状，全缘或5裂；子房上位，仅上部和柱头露于花盘之外，其余为花盘包围，基部与花盘合生，2～3室，每室具1胚珠，花柱短，柱头头状，不分裂或2～3裂。浆果状核果，倒卵状球形或圆球形，有2～3个不开裂的分核，基部为宿存的萼筒包围；种子扁平，稍不对称，两端凹陷。

约39种，主要分布于亚洲南部和东部，少数种在美洲和非洲也有分布。我国有16种及3变种。河南省有5种。栾川县有1种。

少脉雀梅藤（对结刺） *Sageretia paucicostata*

【识别要点】小枝刺状，对生或近对生。叶互生或近对生，椭圆形或倒卵状椭圆形，顶端钝或圆形，稀锐尖或微凹，边缘具钩状细锯齿，无毛，侧脉2～3对，弧状上升。

直立灌木，或稀小乔木，高可达6m；幼枝被黄色茸毛，后脱落，小枝刺状，对生或近对生。叶纸质，互生或近对生，椭圆形或倒卵状椭圆形，稀近圆形或卵状椭圆形，长2.5～4.5cm，宽1.4～2.5cm，顶端钝或圆形，稀锐尖或微凹，基部楔形或近圆形，边缘具钩状细锯齿，表面无光泽，深绿色，背面黄绿色，无毛，侧脉2～3对，稀4条，弧状上升，中脉在表面下陷，侧脉稍凸起，中脉和侧脉在背面凸起；叶柄长4～6mm，稀较长，被短细柔毛。花无梗或近无梗，黄绿色，无毛，单生或2～3个簇生，排成疏散穗状或穗状圆锥花序，常生于侧枝顶端或小枝上部叶腋，花序轴无毛；萼片稍厚，三角形，顶端尖；花瓣匙形，短于萼片，顶端微凹；雄蕊稍长于花瓣；花药圆形，子房扁球形，藏于花盘内，3室，每室具1胚珠，花柱粗短，柱头头状，3浅裂。核果倒卵状球形或圆球形，长5～8mm，直径4～6mm，成熟时黑色或黑紫色，具3分核；种子扁平，两端微凹。花期7月，果期9～10月。

栾川县产各山区，生于山脊或向阳的山坡。河南产于伏牛山和太行山区。分布于河北、山西、陕西、甘肃、四川、云南、西藏东部。

果皮、果仁入药，能祛风除湿。可作绿篱或树桩盆景材料。

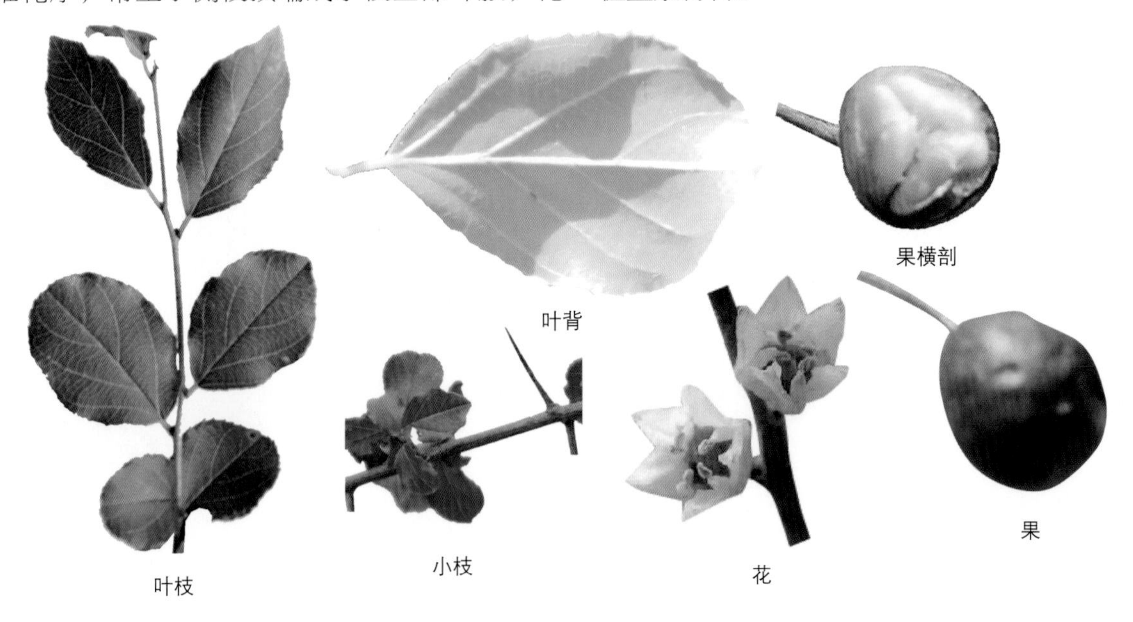

2.鼠李属 *Rhamnus*

灌木或乔木，无刺或小枝顶端常变成针刺；芽裸露或有鳞片。叶互生或近对生，稀对生，具羽状脉，边缘有锯齿，稀全缘；托叶小，早落，稀宿存。花小，两性（栾川县不产），或单性雌雄异株，稀杂性，单生或数个簇生，或排成腋生聚伞花序、聚伞总状或聚伞圆锥花序，黄绿色；花萼钟状或漏斗状钟状，4～5裂，萼片卵状三角形，内面有凸起的中肋；花瓣4～5，短于萼片，兜状，基部具短爪，顶端常2浅裂，稀无花瓣；雄蕊4～5，背着药，为花瓣抱持，与花瓣等长或短于花瓣；花盘薄，杯状；子房上位，球形，着生于花盘上，不为花盘包围，2～4室，每室有1胚珠，花柱2～4裂。浆果状核果倒卵状球形或圆球形，基部为宿存萼筒所包围，具2～4分核，分核骨质或软骨质，开裂或不开裂，各有1种子；种子倒卵形或长圆状倒卵形，背面或背侧具纵沟，或稀无沟。

约200种，分布于温带至热带，主要集中于亚洲东部和北美洲的西南部，少数也分布于欧洲和非洲。我国有57种，14变种，分布于全国各地，其中以西南和华南种类最多。河南有13种，1变种。栾川县有12种，1变种。

1.叶和小枝均对生或近对生，或少有兼互生：

2.叶狭小，长不超过3cm，宽通常在1cm以下，侧脉2～3对，稀4对：

3.叶近革质，两面与叶柄均无毛，叶椭圆形或卵状椭圆形，稀匙形。种子背面具长为种子1/2倒心形的短沟 ………………………………………………（1）黑桦树 *Rhamnus maximovicziana*

3.叶纸质或厚纸质，两面和叶柄被疏生短柔毛。种子背面或背侧具长为种子4/5或近全长的纵沟：

4.叶纸质，卵形或卵状披针形，背面干时变黄色，沿脉或脉腋被白色柔毛。种子背面具长为种子4/5的宽沟 ……………………………………（2）卵叶鼠李 *Rhamnus bungeana*

4.叶厚纸质，菱状倒卵形或菱状椭圆形，背面干时灰白色，脉腋窝孔内被疏短毛 。种子背侧具长为种子4/5的狭沟 ………………………………（3）小叶鼠李 *Rhamnus parvifolia*

2.叶较大，长在3cm以上，宽超过1.5cm，侧脉（3）4～7对：

5.叶卵状心形，基部心形或圆形，边缘有密锐锯齿，两面与叶柄无毛。果梗长1.3～2cm；种子背面具长为种子4/5的纵沟 ……………………………………（4）锐齿鼠李 *Rhamnus arguta*

5.叶非卵状心形，基部楔形或近圆形，边缘具钝锯齿或圆锯齿。果梗长不超过1.2cm：

6.叶柄短，长通常在1cm以下：

7.幼枝、当年生枝及叶两面或沿脉和叶柄均被短柔毛。花和花梗被疏短柔毛。叶倒卵状圆形、卵圆形或近圆形 ………………………………………（5）圆叶鼠李 *Rhamnus globosa*

7.幼枝、当年生枝及叶柄无毛或近无毛。花和花梗无毛。叶非倒卵状圆形或近圆形：

8.叶表面无毛，背面仅脉腋有簇毛，叶倒卵形或倒卵状椭圆形，长3～8cm，宽2～5cm，先端短渐尖或锐尖，侧脉3～5对；叶柄长7～20mm ………………………………………………………………（6）薄叶鼠李 *Rhamnus leptophylla*

8.叶表面或沿脉被疏毛，背面沿脉或脉腋有簇毛，稀无毛：

9.小枝灰色或灰褐色。树皮粗糙，无光泽。种子黑色，背面基部具短沟。叶椭圆形，边缘具细锯齿或不明显的波状齿，两面沿脉及叶柄被疏短柔毛 ……………………………………………………（7）刺鼠李 *Rhamnus dumetorum*

9.小枝红褐色、紫红色或黑褐色。树皮平滑，有光泽。种子红褐色或褐色，背侧具长为种子2/3以上的纵沟：

10.小枝幼时被短柔毛。叶菱状倒卵形或菱状椭圆形，两面无毛或仅背面脉腋窝孔内有疏柔毛，侧脉2～4对 …………………（3）小叶鼠李 *Rhamnus parvifolia*

10.幼枝无毛。叶通常椭圆形或倒卵状椭圆形，表面被疏短柔毛，背面沿脉或脉腋有簇毛，侧脉4～5或稀6对 ………………（8）甘肃鼠李 *Rhamnus tangutica*

6.叶柄较长，长通常在1～1.5cm以上：

11.叶柄长1.5～4cm；叶宽椭圆形或矩圆形，背面干时浅绿色。种子背侧有与种子等长的狭纵沟 ………………………………………………………（9）鼠李 *Rhamnus davurica*

11.叶柄长0.5～1.5cm，叶椭圆形、矩圆形或倒卵状椭圆形，背面干时变黄色。种子背侧基部有短沟 ………………………………………………………（10）冻绿 *Rhamnus utilis*

1.叶和小枝均互生，稀兼近对生：

12.小枝与叶均无毛。叶线形或线状披针形，宽3～10mm… （11）柳叶鼠李 *Rhamnus erythroxylon*

12.小枝和叶两面均被短柔毛。叶倒卵状椭圆形、倒卵形或卵状椭圆形，宽2～6mm ………………………………………………………………（12）皱叶鼠李 *Rhamnus rugulosa*

（1）黑桦树 *Rhamnus maximowicziana*

【识别要点】小枝对生或近对生，枝端及分叉处常具刺，叶近革质，两面与叶柄均无毛，叶椭圆形或卵状椭圆形，近全缘或具不明显的细锯齿，侧脉2～3对。

多分枝灌木，高达2.5m；小枝对生或近对生，枝端及分叉处常具刺，桃红色或紫红色，后变紫褐色，被微毛或无毛，有光泽或稍粗糙。叶近革质，在长枝上对生或近对生，在短枝上端簇生，椭圆形、卵状椭圆形或宽卵形，稀匙形，长1～3.5cm，宽0.6～1.2cm，顶端圆钝，稀微凹，基部楔形或近圆形，近全缘或具不明显的细锯齿，表面绿色，背面浅绿色，两面无毛，侧脉2～3对，表面稍凹，背面凸起，具明显的网脉；叶柄长5～20mm，无毛或近无毛；托叶狭披针形，长达4mm。花单性，雌雄异株，通常数个至10余个簇生于短枝端，4基数，花梗长4～5mm。核果倒卵状球形或近球形，长4mm，直径4～6mm，基部有宿存的萼筒，具2或3分核，红色，成熟时变黑色；果梗长4～6mm，无毛；种子背面具长为种子1/2～3/5倒心形的宽沟。花期5～6月，果期6～9月。

栾川县产各山区，生于海拔1500m以下的山坡灌丛中。河南产于伏牛山北坡及太行山。分布于内蒙古、河北北部、山西、陕西、甘肃东部及南部、宁夏、四川西北部。

可作庭院绿篱。

果枝

（2）卵叶鼠李（小叶鼠李） *Rhamnus bungeana*

【识别要点】小枝对生或近对生，枝端具紫红色针刺；叶对生或近对生，椭圆状倒卵形或椭圆形，顶端钝或突尖，边缘具细钝锯齿，背面沿脉或脉腋常有腺穴及簇毛，侧脉3～5对，托叶钻形，短，宿存。

落叶灌木，高达2m；小枝对生或近对生，稀兼互生，灰褐色，无光泽，被微柔毛，枝端具紫红色针刺；顶芽未见，腋芽极小。叶对生或近对生，稀兼互生，或在短枝上簇生，纸质，椭圆状倒卵形或椭圆形，长1～4cm，宽0.5～2cm，顶端钝或突尖，基部圆形或楔形，边缘具细钝锯齿，表面绿色，无毛，背面干时常变黄色，沿脉或脉腋常有腺穴及簇毛，侧脉3～5对，有不明显的网脉，两面凸起，叶柄长5～16mm，具微柔毛，托叶钻形，短，宿存。花小，黄绿色，单性，雌雄异株，通常2～3个在短枝上簇生或单生于叶腋，4基数；萼片宽三角形，顶端尖，外面有短微毛，花瓣小；花梗长约2～3mm，有微柔毛；雌花有退化的雄蕊，子房球形，2室，每室有1胚珠，花柱2浅裂或半裂。核果倒卵状球形或圆球形，直径5～6mm，具2分核，

果枝

基部有宿存的萼筒，成熟时紫色或黑紫色；果梗长2～4mm，有微毛；种子卵圆形，长约5mm，无光泽，背面有长为种子4/5的纵沟。花期5～6月，果期8～9月。

栾川县产各山区，常生于海拔1800m以下的山坡灌丛中。河南还产于济源市王屋山及伏牛山区的嵩县、卢氏、西峡等地。分布于吉林、河北、山西、山东、湖北西部。

树皮及叶含绿色染料。

叶

叶背放大

核果

雄花

（3）小叶鼠李 *Rhamnus parvifolia*

【识别要点】叶在长枝上对生或近对生，在短枝上簇生，菱状卵形或倒卵形，长1.2～4cm，宽0.8～2cm，边缘具圆齿状细锯齿，表面无毛或被疏短柔毛，背面无毛或脉腋窝孔内有疏微毛，侧脉2～4对。

落叶灌木，高1.5～2m；小枝对生或近对生，紫褐色，初时被短柔毛，后变无毛，平滑，稍有光泽，枝端及分叉处有针刺；芽卵形，长达2mm，鳞片数个，黄褐色。叶纸质，在长枝上对生或近对生，在短枝上簇生，叶形变化较大，菱状卵形或倒卵形、菱状椭圆形，稀倒卵状圆形或近圆形，长1.2～4cm，宽0.8～2（3）cm，顶端钝尖或近圆形，稀突尖，基部楔形或近圆形，边缘具圆齿状细锯齿，表面深绿色，无毛或被疏短柔毛，背面浅绿色，干时灰白色，无毛或脉腋窝孔内有疏微毛，侧脉2～4对，两面凸起，网脉不明显；叶柄长4～15mm，表面沟内有细柔毛；托叶钻状，有微毛。花单性，雌雄异株，黄绿色，4基数，有花瓣，通常数个簇生于短枝上；花梗长4～6mm，无毛；雌花花柱2半裂。核果倒卵状球形，直径3～5mm，成熟时黑色，具2分核，基部有宿存的萼筒；种子矩圆状倒卵圆形，褐色，背侧有长为种子4/5的纵沟。花期5月，果期7～9月。

栾川县产各山区，生于山坡灌丛或疏林中。河南产于太行山区的济源、辉县、林州及伏牛山区。分布于黑龙江、吉林、辽宁、内蒙古、河北、山西、山东、陕西。蒙古、朝鲜、俄罗斯西伯利亚地区也有分布。

树皮及果实供药用及黄色染料。可作树桩盆景材料。

果枝

花

果实

（4）锐齿鼠李（尖齿鼠李） *Rhamnus arguta*

【识别要点】小枝枝端有时具针刺。叶近对生或对生，在短枝上簇生，卵状心形或卵圆形，边缘具密锐锯齿，侧脉4～5对，叶柄带红色或红紫色，表面有小沟。

落叶灌木。树皮灰褐色；小枝常对生或近对生，稀兼互生，暗紫色或紫红色，光滑无毛，枝端有时具针刺；顶芽较大，长卵形，紫黑色，具数个鳞片，鳞片边缘具缘毛。叶薄纸质或纸质，近对生或对生，或兼互生，在短枝上簇生，卵状心形或卵圆形，稀近圆形或椭圆形，长1.5～6(8)cm，宽1.5～4.5(6)cm，顶端钝圆或突尖，基部心形或圆形，边缘具密锐锯齿，侧脉4～5对，两面稍凸起，无毛，叶柄长1～3(4)cm，带红色或红紫色，表面有小沟，多少有疏短柔毛。花单性，雌雄异株，4基数，具花瓣；雄花10～20个簇生于短枝顶端或长枝下部叶腋，花梗长8～12mm；雌花数个簇生于叶腋，花梗长达2cm，子房球形，3～4室，每室有1胚珠，花柱3～4裂。核果球形或倒卵状球形，直径6～7mm，基部有宿存的萼筒，具3～4个分核，成熟时黑色；果梗长1.3～2.3cm，无毛；种子矩圆状卵圆形，淡褐色，背面具长为种子4/5或全长的纵沟。花期4～5月，果期9月。

栾川县各山区有分布，生于海拔2000m以下的山脊及干燥的山坡上。河南产于太行山及伏牛山。分布于黑龙江、吉林、辽宁、内蒙古、河北、山西、甘肃和陕西。

种子榨油，可作润滑油；茎叶及种子熬成汁液可作杀虫剂。

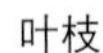
叶枝

（5）圆叶鼠李（山绿柴） *Rhamnus globosa*

【识别要点】在叶形上有时容易与小叶鼠李 *R. parvifolia* 相混淆，但本种的枝和叶均对生或近对生；幼枝、叶两面、叶柄、花、花梗和果梗均被短柔毛，叶通常近圆形，侧脉3～4对，表面下陷；种子背面自基部至中部具短纵沟等，是与后者的明显区别。

落叶灌木。小枝细长，对生或近对生，灰褐色，顶端具针刺，幼枝和当年生枝被短柔毛。叶纸质或薄纸质，对生或近对生，或在短枝上簇生，近圆形、倒卵形或卵圆形，稀圆状椭圆形，长2～6cm，宽1.2～4cm，顶端突尖或短渐尖，稀圆钝，基部宽楔形或近圆形，边缘具圆齿状锯齿，表面绿色，初时被密柔毛，后渐脱落或仅沿脉及边缘被疏柔毛，背面淡绿色，全部或沿脉被柔毛，侧脉3～4对，表面下陷，背面凸起，网脉在背面明显，叶柄长6～10mm，被密柔毛；托叶线状披针形，宿存，有微毛。花单性，雌雄异株，通常数个至20个簇生于短枝端或长枝下部叶腋，稀2～3个生于当年生枝下部叶腋，4基数，有花瓣，花萼和花梗均有疏微毛，花柱2～3浅裂或半裂；花梗长

4～8mm。核果球形或倒卵状球形，长4～6mm，直径4～5mm，基部有宿存的萼筒，具2、稀3分核，成熟时黑色；果梗长5～8mm，有疏柔毛；种子黑褐色，有光泽，背面或背侧有长为种子3/5的纵沟。花期5～6月，果期8月。

栾川县产各山区，生于海拔1500m以下的山坡杂灌丛中。河南产于各山区。分布于辽宁、河北、北京、山西、陕西南部、山东、安徽、江苏、浙江、江西、湖南及甘肃。

种子榨油供润滑油用；茎皮、果实及根可作绿色染料；果实烘干，捣碎和红糖煎水服，可治肿毒。

叶枝

果枝

（6）薄叶鼠李（细叶鼠李） *Rhamnus leptophylla*

【识别要点】本种外形与圆叶鼠李 *R. globosa* 比较相似，但圆叶鼠李幼枝、叶两面、花及花梗被短柔毛；而本种幼枝无毛，叶仅背面脉腋有簇毛，容易区别。两种的种子背面的沟也不同。

灌木、稀小乔木，高达5m；小枝对生或近对生，褐色或黄褐色，稀紫红色，平滑无毛，有光泽，芽小，鳞片数个，无毛。叶纸质，对生或近对生，或在短枝上簇生，倒卵形至倒卵状椭圆形，稀椭圆形或矩圆形，长3～8cm，宽2～5cm，顶端短突尖或锐尖，稀近圆形，基部楔形，边缘具圆齿或钝锯齿，表面深绿色，无毛或沿中脉被疏毛，背面浅绿色，仅脉腋有簇毛，侧脉3～5对，具不明显的网脉，表面下陷，背面凸起；叶柄长0.8～2cm，表面有小沟，无毛或被疏短毛；托叶线形，早落。花单性，雌雄异株，4基数，有花瓣，花梗长4～5mm，无毛；雄花10～20个簇生于短枝端；雌花数个至10余个簇生于短枝端或长枝下部叶腋，退化雄蕊极小，花柱2半裂。核果球形，直径4～6mm，长5～6mm，基部有宿存的萼筒，有2～3个分核，成熟时黑色；果梗长6～7mm；种子宽倒卵圆形，背面具长为种子2/3～3/4的纵沟。花期5

果枝

月，果期7～8月。

栾川县产伏牛山，生于山坡灌丛或疏林中。河南产于伏牛山、大别山、桐柏山区。广布于陕西、山东、安徽、浙江、江西、福建、广东、广西、湖南、湖北、四川、云南、贵州等地。

全株药用，有清热、解毒、活血之功效。在广西用根、果及叶利水行气、消积通便、清热止咳。也可作庭院绿篱。

花

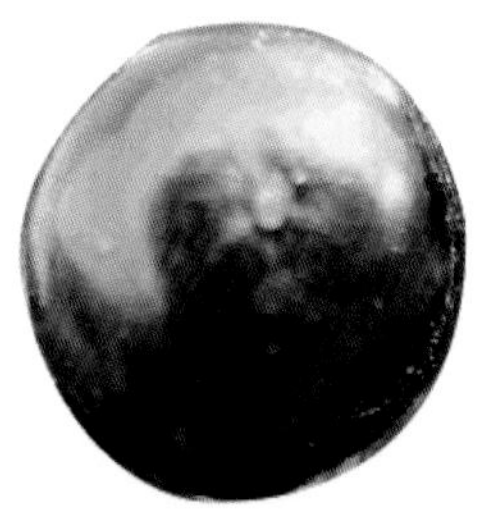

果

叶枝

（7）刺鼠李 *Rhamnus dumetorum*

【识别要点】小枝枝端和分叉处有细针刺。叶对生或近对生，或在短枝上簇生，椭圆形，边缘具不明显的波状齿或细圆齿，表面被疏短柔毛，背面沿脉有疏短毛，或脉腋有簇毛，侧脉4～5对，稀6对，脉腋常有浅窝孔。

灌木，高3～5m；小枝浅灰色或灰褐色，树皮粗糙，无光泽，对生或近对生，枝端和分叉处有细针刺，当年生枝有细柔毛或近无毛。叶纸质，对生或近对生，或在短枝上簇生，椭圆形，稀倒卵状、倒披针状椭圆形或矩圆形，长2.5～9cm，宽1～3.5cm，顶端锐尖或渐尖，稀近圆形，基部楔形，边缘具不明显的波状齿或细圆齿，表面绿色，被疏短柔毛，背面稍淡，沿脉有疏短毛，或脉腋有簇毛，稀无毛，侧脉4～5对，稀6对，表面稍下陷，背面凸起，脉腋常有浅窝孔；叶柄长2～7mm，有短微毛；托叶披针形，短于叶柄或几与叶柄等长。花单性，雌雄异株，4基数，有花瓣；花梗长2～4mm；雄花数个；雌花数个至10余个簇生于短枝顶端，被微毛，花柱2浅裂或半裂。核果球形，直径约5mm，基部有宿存的萼筒，具2或1分核；果梗长3～6mm，有疏短毛；种子黑色或紫黑色，背面基部有短沟，上部有沟缝。花期4～5月，果期8～10月。

栾川县产伏牛山主脉北坡，生于海拔1000m以上的山坡灌丛或林下。河南还产于伏牛山的西峡、卢氏、内乡等县。分布于四川、云南西北部、贵州、西藏、甘肃东南部、陕西南部、湖北西部、江西、浙江和安徽。

可作庭院绿篱。

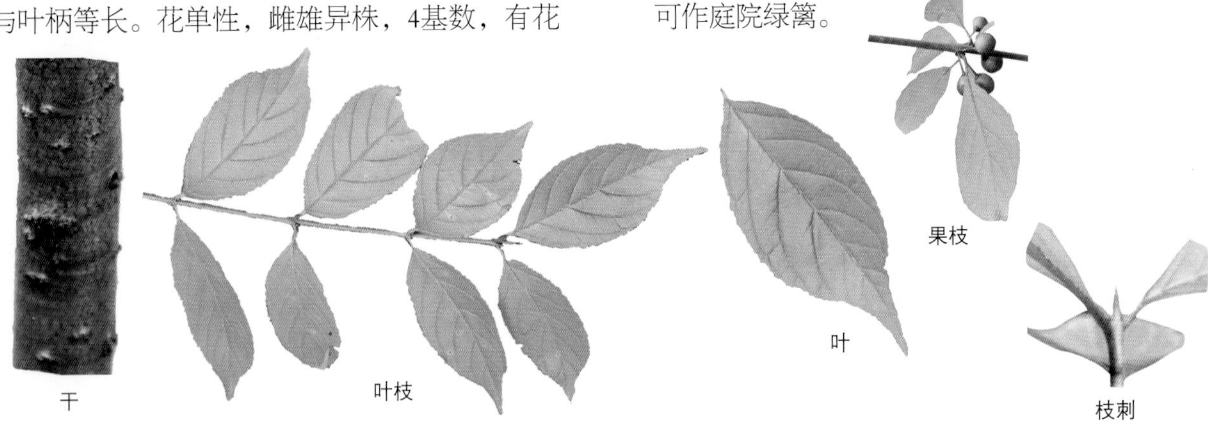

干　叶枝　叶　果枝　枝刺

（8）甘肃鼠李 *Rhamnus tangutica*

【识别要点】小枝枝端和分叉处有针刺。叶纸质或厚纸质，椭圆形、倒卵状椭圆形或倒卵形，表面有疏短毛或近无毛，背面无毛或仅脉腋窝孔内有疏短毛，侧脉4～5对，脉腋常有小窝孔。

灌木，稀乔木，高2～6m；小枝红褐色或黑褐色，平滑有光泽，对生或近对生，枝端和分叉处有针刺；短枝较长，幼枝绿色，无毛或近无毛。叶纸质或厚纸质，对生或近对生，或在短枝上簇生，椭圆形、倒卵状椭圆形或倒卵形，长2.5～6cm，宽1～3.5cm，顶端短渐尖或锐尖，稀近圆形，基部楔形，边缘具钝或细圆齿，表面深绿色，有白色疏短毛或近无毛，背面浅绿色，干时变黄色，无毛或仅脉腋窝孔内有疏短毛，稀沿脉被疏短柔毛，侧脉4～5对，背面凸起，脉腋常有小窝孔；叶柄长5～10mm，有疏短柔毛；托叶线形，常宿存。花单性，雌雄异株，4基数，有花瓣；花梗长4～6mm，无毛或近无毛；雄花数个至10余个；雌花3～9个簇生于短枝端，花柱2浅裂。核果倒卵状球形，长5～6mm，径4～5mm，基部有宿存的萼筒，具2分核，成熟时黑色；果梗长6～8mm，无毛；种子红褐色，背侧具长为种子4/5～3/4的纵沟。花期5～6月，果期6～9月。

栾川县产伏牛山，生于海拔1000m以上的山坡灌丛或林下。河南还产于伏牛山的西峡、卢氏、内乡等地。分布于甘肃东南部、青海东部至东南部、陕西中部、四川西部和西藏东部。

种子繁殖。

果实可作染料。也可作庭院绿篱。

果枝

（9）鼠李（大绿 老鸹眼） *Rhamnus davurica*

【识别要点】枝粗壮。叶在长枝上对生，在短枝上簇生，边缘具圆齿状细锯齿，齿端常有红色腺体，表面无毛或沿脉有疏柔毛，背面沿脉被白色疏柔毛，侧脉4～5（6）对。

小乔木或灌木，高达10m。枝粗壮，幼枝无毛，小枝对生或近对生，褐色或红褐色，稍平滑，枝顶端常有大的芽而不形成刺，或有时仅分叉处具短针刺；顶芽及腋芽较大，卵圆形，长5～8mm，鳞片淡褐色，有明显的白色缘毛。叶纸质，对生或近对生，或在短枝上簇生，长圆状卵形、卵形至长圆形或广倒披针形，长3～12cm，宽2～6cm，顶端突尖或短渐尖至渐尖，稀钝或圆形，基部楔形或近圆形，有时稀偏斜，边缘具圆齿状细锯齿，齿端常有红色腺体，表面无毛或沿脉有疏柔毛，背面沿脉被白色疏柔毛，侧脉4～5 (6)对，两面凸起，网脉明显；叶柄长1.5～4cm，无毛或表面有疏柔毛。花单性，雌雄异株，4基数，有花瓣，雌花1～3个生于叶腋或数个至20余个簇生于短枝端，有退化雄蕊，花柱2～3浅裂或半裂；花梗长7～8mm。核果球形，黑色，直径5～6mm，具2分核，基部有宿存的萼筒；果梗长1～1.2cm；种子卵圆形，黄褐色，背侧有与种子等长的狭纵沟。花期5～6月，果期8～9月。

栾川县产各山区，生于海拔1800m以下的山坡或山沟灌丛中。河南产于太行山和伏牛山区。分布于黑龙江、吉林、辽宁、河北、山西。俄罗斯西伯利亚及远东地区、蒙古和朝鲜也有分布。

种子榨油作润滑油；果肉药用，解热、泻下及治瘰疬等；树皮和叶可提取栲胶；树皮和果实可提制黄色染料；木材坚实，可供制家具及雕刻之用。嫩叶及芽可食用及代茶。

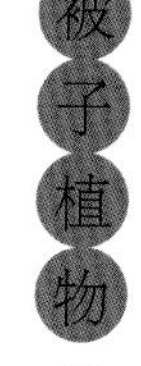

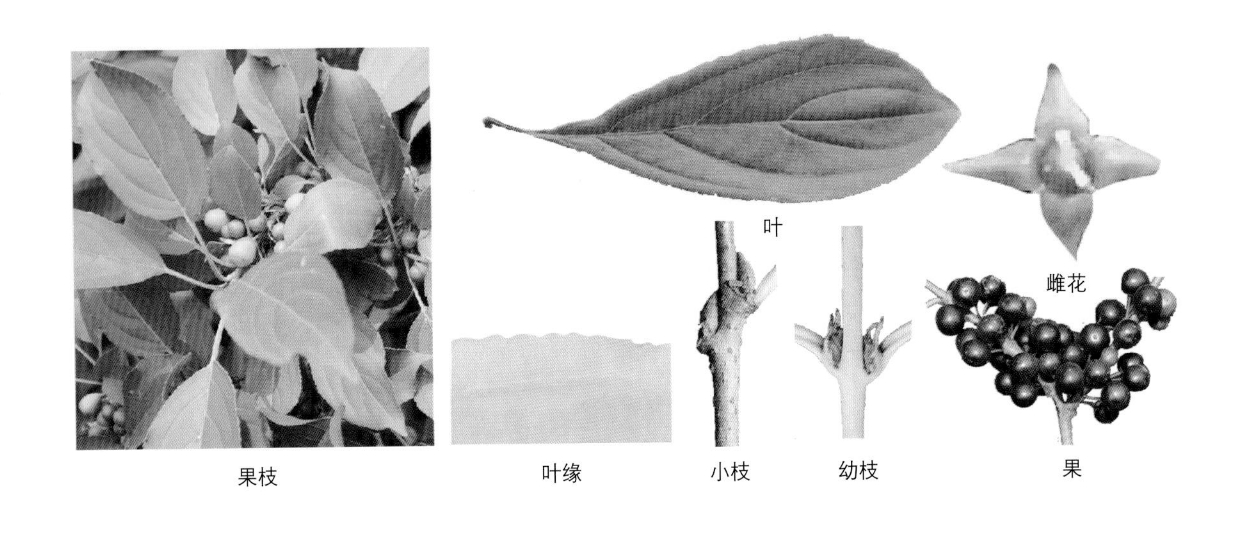

果枝　叶缘　小枝　幼枝　果

(10) 冻绿(鼠李 黑狗丹) *Rhamnus utilis*

【识别要点】小枝无毛，顶端具刺。叶椭圆形、矩圆形或倒卵状椭圆形，边缘具细锯齿或圆齿状锯齿，表面无毛或仅中脉具疏柔毛，背面沿脉或脉腋有毛，侧脉通常5～8对。

灌木或小乔木，高达4m；幼枝无毛，小枝褐色或紫红色，稍平滑，对生或近对生，枝端常具针刺；腋芽小，长2～3mm，有数个鳞片，鳞片边缘有白色缘毛。叶纸质，对生或近对生，或在短枝上簇生，椭圆形、矩圆形或倒卵状椭圆形，长4～15cm，宽2～6.5cm，顶端突尖或锐尖，基部楔形或稀圆形，边缘具细锯齿或圆齿状锯齿，表面无毛或仅中脉具疏柔毛，背面干后常变黄色，沿脉或脉腋有金黄色柔毛，侧脉通常5～8对，两面均凸起，具明显的网脉，叶柄长0.5～1.5cm，表面具小沟，有疏微毛或无毛；托叶披针形，常具疏毛，宿存。花单性，雌雄异株，4基数，具花瓣；花梗长5～7mm，无毛；雄花数个簇生于叶腋，或10～30余个聚生于小枝下部，有退化的雌蕊；雌花2～6个簇生于叶腋或小枝下部；退化雄蕊小，花柱较长，2浅裂或半裂。核果圆球形或近球形，成熟时黑色，具2分核，基部有宿存的萼筒；梗长5～12mm，无毛；种子背侧基部有短沟。花期4月，果期9～10月。

栾川县产各山区，生于海拔1500m以下的山坡灌丛疏林中。河南产于各山区。分布于甘肃、陕西、河北、山西、安徽、江苏、浙江、江西、福建、广东、广西、湖北、湖南，四川、贵州。朝鲜、日本也有分布。

种子油作润滑油；果实、树皮及叶可作染料。

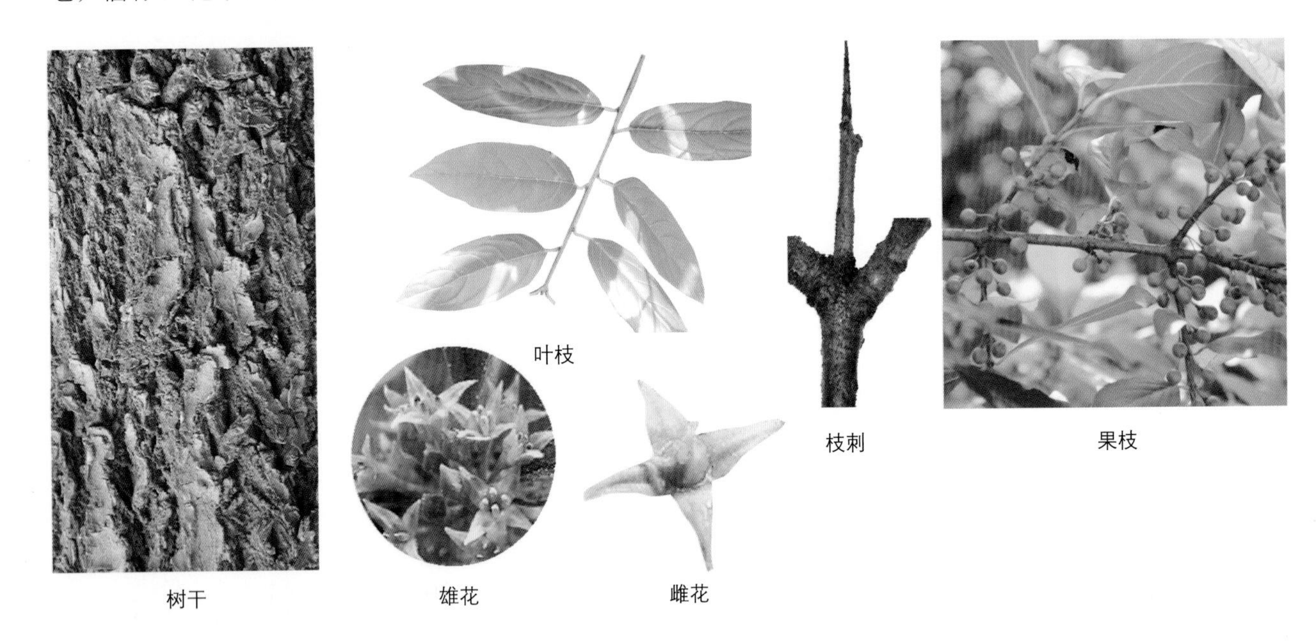
叶枝　枝刺　果枝　树干　雄花　雌花

毛冻绿 var. *hypochrysa*与原种的区别：当年生枝、叶柄和花均被白色短柔毛，叶较小，两面尤其是背面有金黄色柔毛。栾川县见于老君山，生于山坡灌丛或林下。河南还产于卢氏大块地。分布于山西、河北、陕西、甘肃、湖北、四川、贵州及广西。用途同原种。

花枝

（11）柳叶鼠李 *Rhamnus erythroxylon*

【识别要点】小枝互生，顶端具刺。叶互生或在短枝上簇生，条形或条状披针形，边缘有疏细锯齿，两面无毛，侧脉4～6对，不明显。

灌木，稀乔木，高达2m；幼枝红褐色或红紫色，平滑无毛，小枝互生，顶端具针刺。叶纸质，互生或在短枝上簇生，条形或条状披针形，长3～8cm，宽3～10mm，顶端锐尖或钝，基部楔形，边缘有疏细锯齿，两面无毛，侧脉4～6对，不明显，中脉表面平，背面明显凸起；叶柄长3～15mm，无毛或有微毛；托叶钻状，早落。花单性，雌雄异株，黄绿色，4基数，有花瓣；花梗长约5mm，无毛；雄花数个至20余个簇生于短枝端，宽钟状，萼片三角形，与萼筒近等长；雌花萼片狭披针形，长约为萼筒的2倍，有退化雄蕊，子房2～3室，每室有1胚珠，花柱长，2浅裂或近半裂，稀3浅裂。核果球形，直径5～6mm，成熟时黑色，通常有2，稀3个分核，基部有宿存的萼筒；果梗长6～8mm；种子倒卵圆形，长3～4mm，淡褐色，背面有长为种子4/5上宽下窄的纵沟。花期5月，果期8月。

栾川县产各山区，生于海拔1000m以上的山坡灌丛中。河南产于伏牛山和太行山区。分布于内蒙古、河北、山西、陕西北部、甘肃和青海。俄罗斯西伯利亚地区、蒙古也有分布。

叶有浓香味，民间用以代茶。

果枝

（12）皱叶鼠李 *Rhamnus rugulosa*

【识别要点】小枝、叶两面、叶柄及花果梗均被密或疏短柔毛，叶脉在表面明显下陷，干时常皱褶，极易识别。

灌木，高1m以上；当年生枝灰绿色，后变红紫色，被细短柔毛，老枝深红色或紫黑色，平滑无毛，有光泽，互生，枝端有针刺；腋芽小，卵形，鳞片数个，被疏毛。叶厚纸质，通常互生，或2～5个在短枝端簇生，倒卵状椭圆形、倒卵形或卵状椭圆形，稀卵形或宽椭圆形，长3～10cm，宽

2～6cm，顶端锐尖或短渐尖，稀近圆形，基部圆形或楔形，边缘有钝细锯齿或细浅齿，或下部边缘有不明显的细齿，表面暗绿色，被密或疏短柔毛，干时常皱褶，背面灰绿色或灰白色，有白色密短柔毛，侧脉5～7（8）对，表面下陷，背面凸起；叶柄长5～16mm，被白色短柔毛；托叶长线形，有毛，早落。花单性，雌雄异株，黄绿色，被疏短柔毛，4基数，有花瓣；花梗长约5mm，有疏毛；雄花数个至20个，雌花1～10个簇生于当年生枝下部或短枝顶端，雌花有退化雄蕊，子房球形，3稀2室，每室有1胚珠，花柱长而扁，3浅裂或近半裂，稀2半裂。核果倒卵状球形或圆球形，长6～8mm，直径4～7mm，成熟时紫黑色或黑色，具2或3分核，基部有宿存的萼筒；果梗长5～10mm，被疏毛；种子矩圆状倒卵圆形，褐色，有光泽，长达7mm，背面有与种子近等长的纵沟。花期4月，果期7月。

栾川县广布于各山区，生于山坡路旁或灌丛中。河南产于伏牛山、桐柏山和大别山。广泛分布于甘肃南部、陕西南部、山西南部、安徽、江西、湖南、湖北、四川东部及广东。

果实入药，用于治疗肿毒、疮疡。可作庭院绿篱。

短叶枝

叶面

叶背

果枝

3. 枳椇属 *Hovenia*

落叶乔木，稀灌木，高可达25m。幼枝常被短柔毛或茸毛。叶互生，基部有时偏斜，边缘有锯齿，基生3出脉，中脉有侧脉4～8对，具长柄。花小，白色或黄绿色，两性，5基数，密集成顶生或兼腋生聚伞圆锥花序；萼片三角形，透明或半透明，中肋内面凸起；花瓣与萼片互生，生于花盘下，两侧内卷，基部具爪，雄蕊为花瓣抱持，花丝披针状线形，基部与爪部离生，背着药；花盘厚，肉质，盘状，近圆形，有毛，边缘与萼筒离生；子房上位，1/2～2/3藏于花盘内，仅基部与花盘合生，3室，每室具1胚珠，花柱3浅裂至深裂。浆果状核果近球形，顶端有残存的花柱，基部具宿存的萼筒，外果皮革质，常与纸质或膜质的内果皮分离；花序轴在结果时膨大，扭曲，肉质，种子3粒，扁圆球形，褐色或紫黑色，有光泽，背面凸起，腹面平而微凹，或中部具棱，基部内凹，常具灰白色的乳头状突起。

本属有3种，2变种，分布于中国、朝鲜、日本和印度。我国除东北、内蒙古、新疆、宁夏、青海和台湾外，各地均有分布。世界各国也常有栽培。河南有2种。栾川县有2种。

1.叶具不整齐锯齿或粗锯齿。花排成不对称的聚伞圆锥花序，生于主枝和侧枝顶端，或兼有腋生；花柱浅裂。果实成熟时黑色，直径6.5～7.5mm。 …………… （1）北枳椇 *Hovenia dulcis*

1.叶具整齐细钝锯齿。花排成对称的二歧聚伞圆锥花序，顶生或腋生；花柱半裂。核果成熟时黄褐色或棕褐色，直径3.2～4.5mm ………………………………………… （2）枳椇 *Hovenia acerba*

（1）北枳椇（拐枣 甜半夜 鸡爪梨） *Hovenia dulcis*

【识别要点】小枝、叶柄及花梗有锈色细毛，后脱落。叶宽卵形或心状卵形，边缘有不整齐的锯齿或粗锯齿，无毛或仅背面沿脉被疏短柔毛。花序轴结果时稍膨大，肉质多汁，味甘甜。

乔木，高达10余米。树皮灰黑色，纵裂。小枝、叶柄及花梗有锈色细毛，后脱落。小枝褐色或黑紫色，有不明显的皮孔。叶纸质或厚膜质，宽卵形或心状卵形，长10～16cm，宽6～11cm，顶端短渐尖或渐尖，基部心形或近圆形，边缘有不整齐的锯齿或粗锯齿，稀具浅锯齿，无毛或仅背面沿脉被疏短柔毛；叶柄长2～4.5cm，无毛。花黄绿色，直径6～8mm，排成不对称的顶生，稀兼腋生的聚伞圆锥花序；花序轴和花梗均无毛；萼片卵状三角形，具纵条纹或网状脉，无毛，长2.2～2.5mm，宽1.6～2mm；花瓣倒卵状匙形，长2.4～2.6mm，宽1.8～2.1mm，向下渐狭成爪部，长0.7～1mm；花盘边缘被柔毛或表面被疏短柔毛；子房球形，花柱3浅裂，长2～2.2mm，无毛。核果近球形，直径6.5～7.5mm，无毛，成熟时黑色；花序轴结果时稍膨大，肉质多汁，味甘甜；种子深栗色或黑紫色，直径5～5.5mm。花期6～7月，果期10月。

栾川县广布于各山区，生于海拔1500m以下的山坡、山谷杂木林中。河南产于各山区。分布于河北、山东、山西、陕西、甘肃、四川北部、湖北西部、安徽、江苏、江西。日本、朝鲜也有分布。

种子繁殖。

木材紫褐色，硬度适中，纹理美观，加工容易，可制器具、家具、工艺品等。肥大的果序轴含丰富的糖，可生食、酿酒、制醋和熬糖；入药，浸入酒中，可治风湿症；种子能解酒，亦为利尿药。也可作次生林改造保留树种及庭院观赏树木。

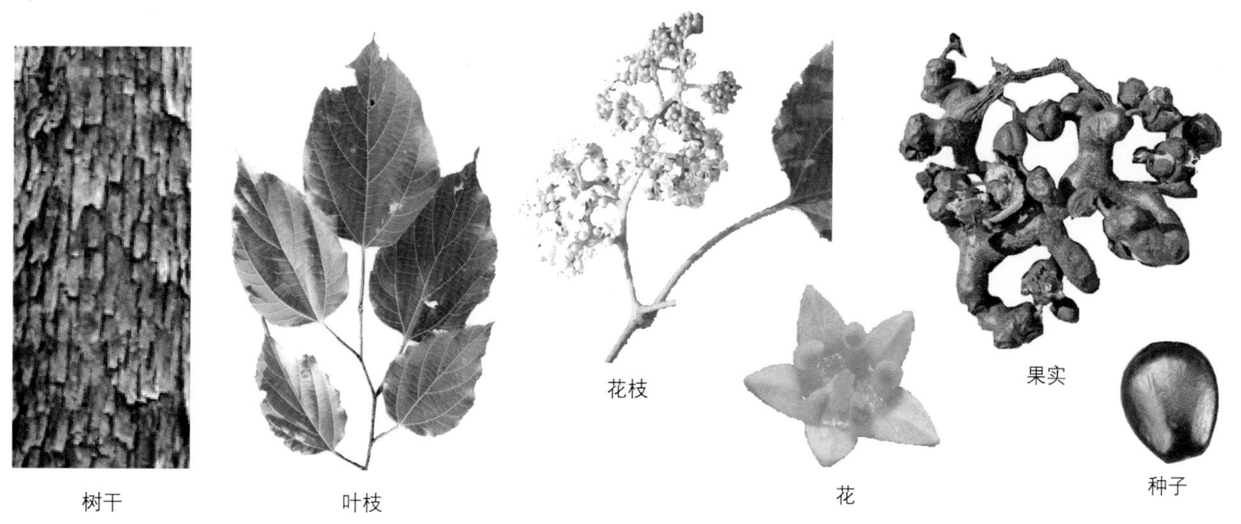

树干　叶枝　花枝　花　果实　种子

（2）枳椇（拐枣 甜半夜） *Hovenia acerba*

【识别要点】小枝褐色或黑紫色，被棕褐色短柔毛或无毛，有明显白色皮孔。叶互生，宽卵形、椭圆状卵形或心形，边缘常具整齐的细钝锯齿，两面或背面沿脉或脉腋被短柔毛。果序轴明显膨大。

高大乔木，高10～25m。小枝褐色或黑紫色，被棕褐色短柔毛或无毛，有明显白色皮孔。叶互生，宽卵形、椭圆状卵形或心形，边缘常具整齐的细钝锯齿，上部或近顶端的叶有不明显的齿，稀近全缘，表面无毛，背面沿脉或脉腋常被短柔毛或无毛；叶柄长2～5cm，无毛；叶柄长2～5cm，无毛。二歧式聚伞圆锥花序，顶生和腋生，被棕色短柔毛；花两性，直径5～6.5mm；萼片具网状脉或纵条纹，无毛，长1.9～2.2mm，宽1.3～2mm；花瓣椭圆状匙形，长2～2.2mm，宽1.6～2mm，具短爪；花盘被柔毛；花柱半裂，稀浅裂或深裂，长1.7～2.1mm，无毛。浆果状核果近球形，直径5～6.5mm，无毛，成熟时黄褐色或棕褐色；果序轴明显膨大；种子暗褐色或黑紫色，直径

3.2～4.5mm。花期5～7月，果期8～10月。

栾川县产伏牛山，生于海拔1700m以下的山坡林缘或疏林中。河南产于伏牛山、大别山和桐柏山。分布于甘肃、陕西、安徽、江苏、浙江、江西、福建、广东、广西、湖南、湖北、四川、云南、贵州。印度、尼泊尔、不丹和缅甸北部也有分布。

种子繁殖。用途同北枳椇。

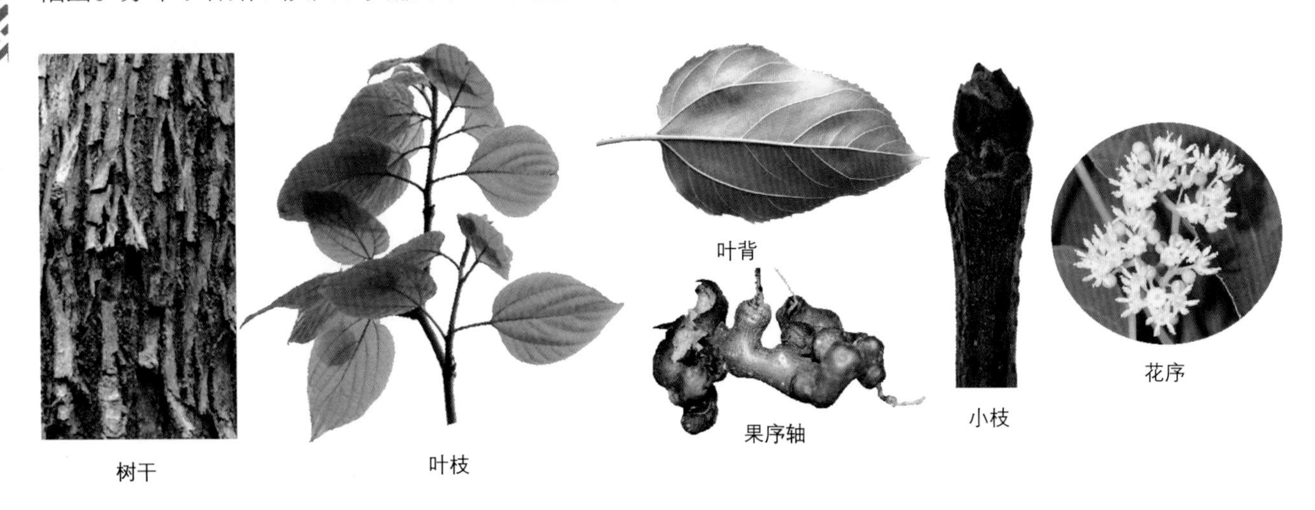
树干 叶枝 叶背 果序轴 小枝 花序

4.猫乳属 *Rhamnella*

落叶灌木或小乔木。叶互生，具短柄，纸质或近膜质，边缘具细锯齿，羽状脉；托叶三角形或披针状条形，常宿存与茎离生。腋生聚伞花序，具短总花梗，或数花簇生于叶腋；花小，黄绿色，两性，5基数，具梗；萼片三角形，无网状脉，中肋内面凸起，中下部有喙状突起；花瓣倒卵状匙形或圆状匙形，两侧内卷；雄蕊背着药，花丝基部与爪部离生，披针状条形；子房上位，仅基部着生于花盘，1室或不完全2室，有2胚珠，花柱顶端2浅裂。花盘薄，杯状，五边形。核果圆柱状椭圆形，橘红色或红色，成熟后变黑色或紫黑色，顶端有残留的花柱，基部为宿存的萼筒所包围，1～2室，具1或2种子。

共7种，分布于东亚，我国均产，以华南、华中及西南地区为主。河南产1种，栾川县产之。

猫乳（长叶绿柴） *Rhamnella franguloides*

【识别要点】幼枝绿色，被短柔毛或密柔毛。叶椭圆形或倒卵状长圆形，顶端尾状渐尖，边缘具细锯齿，表面无毛，背面被柔毛或仅沿脉被柔毛，侧脉5～11（13）对；托叶披针形。

落叶灌木或小乔木，高2～9m；幼枝绿色，被短柔毛或密柔毛。叶椭圆形或倒卵状长圆形，长4～12cm，宽2～5cm，顶端尾状渐尖、渐尖或骤然收缩成短渐尖，基部圆形，稀楔形，稍偏料，边缘具细锯齿，表面绿色，无毛，背面黄绿色，被柔毛或仅沿脉被柔毛，侧脉5～11（13）对；叶柄长2～6mm，被密柔毛；托叶披针形，长3～4mm，基部与茎离生，宿存。花黄绿色，两性，6～18个排成腋生聚伞花序；总花梗长1～4mm，被疏柔毛或无毛；萼片三角状卵形，边缘被疏短毛；花瓣宽倒卵形，顶端微凹；花梗长1.5～4mm，被疏毛或无毛。核果圆柱形，长7～9mm，直径3～4.5mm，成熟时红色或橘红色，干后变黑色或紫黑色；果梗长3～5mm，被疏柔毛或无毛。花期6月，果期9月。

栾川县产各山区，生于海拔1200m以下的山沟灌丛或疏林中。河南产于各山区。分布于陕西南部、山西南部、河北、山东、江苏、安徽、浙江、江西、湖南、湖北西部。日本、朝鲜也有分布。

根入药，治疥疮、劳损乏伤等症。皮含绿色染料。也可作庭院观果树木。

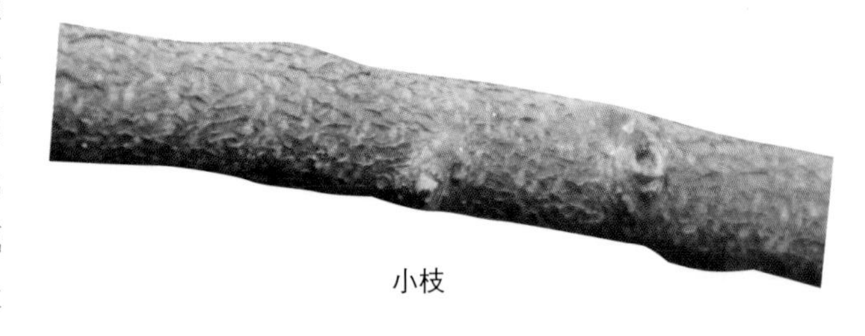
小枝

栾川县各山区均有分布，生于海拔1000m以上的山坡灌丛或林缘。河南产于太行山、伏牛山、桐柏山及大别山区。分布于河北、山西、陕西、江苏、湖北、山东。

分根繁殖或种子繁殖。

果可生食，亦可酿酒。

花枝

叶

叶背放大

果实

幼枝及叶柄

（4）华北葡萄（野葡萄） *Vitis bryoniifolia*

【识别要点】叶分裂式样多变，常3深裂，一回裂片浅裂或深裂。植株所被毛的种类变异不定，通常叶背密被白色蛛丝状茸毛和柔毛，以后脱落变稀疏；基生脉5出，中脉有侧脉4～6对。

木质藤本。小枝圆柱形，有棱纹，嫩枝密被蛛丝状茸毛或柔毛，以后脱落变稀疏。卷须2叉分枝，每隔2节间断与叶对生。叶长卵圆形，长7～15cm，叶片3～5 (7)深裂或浅裂，稀混生有不裂叶者，中裂片顶端急尖至渐尖，基部常缢缩凹成圆形，边缘每侧有9～16缺刻粗齿或成羽状分裂，基部心形或深心形，基缺凹成圆形，背面密被蛛丝状茸毛和柔毛，以后脱落变稀疏；基生脉5出，中脉有侧脉4～6对，表面网脉不明显或微突出，背面有时茸毛脱落后柔毛明显可见；叶柄长0.5～4.5cm，初时密被蛛丝状茸毛或茸毛和柔毛，以后脱落变稀疏；托叶卵状长圆形或长圆披针形，膜质，褐色，长3.5～8mm，宽2.5～4mm，顶端钝，边缘全缘，无毛或近无毛。花杂性异株，圆锥花序与叶对生，基部分枝发达或有时退化成一卷须，稀狭窄而基部分枝不发达；花序梗长0.5～2.5cm，初时被蛛状丝茸毛，以后变稀疏；花梗长1.5～3mm，无毛；花蕾倒卵椭圆形或近球形，高1.5～2.2mm，顶端圆形；萼碟形，高约0.2mm，近全缘，无毛；花瓣呈帽状粘合脱落；花丝丝状，长1.5～1.8mm，花药黄色，椭圆形，长0.4～0.5mm，在雌花内雄蕊短而不发达，败育；花盘发达；雌蕊1，子房椭圆卵形，花柱细短，柱头扩大。果实球形，成熟时紫红色，直径

果实

0.5～0.8cm；种子倒卵形，顶端微凹，基部有短喙，种脐在种子背面中部呈圆形或椭圆形，腹面中棱脊突出，两侧洼穴狭窄，向上达种子3/4处。花期5月，果期8月。

栾川县产各山区，生于山谷或山坡灌丛中及林缘。河南产于太行山和伏牛山区。分布于河北、山西、陕西、山东。

果实可生食或酿酒。也可作园林垂直绿化树种。

花枝　叶形　叶背放大　花

（5）毛葡萄（山葡萄 野葡萄） *Vitis quinquangularis (Vitis heyneana; Vitis heyneana)*

【识别要点】幼枝、叶柄与花序轴密生白色或淡褐色蛛丝状柔毛。叶不分裂或不明显3浅裂，卵圆形、长卵椭圆形或卵状五角形，基生脉3～5出，中脉有侧脉4～6对。

木质藤本。小枝圆柱形，有纵棱纹，被灰色或褐色蛛丝状茸毛。卷须2叉分枝，密被茸毛，每隔2节间断与叶对生。叶卵圆形、长卵椭圆形或卵状五角形，长4～12cm，宽3～8cm，顶端急尖或渐尖，基部心形或微心形，顶端凹成钝角，稀成锐角，边缘每侧有9～19个尖锐锯齿，表面绿色，初时疏被蛛丝状茸毛，以后脱落无毛，背面密被灰色或褐色茸毛，稀脱落变稀疏，基生脉3～5出，中脉有侧脉4～6对，表面脉上无毛或有时疏被短柔毛，背面脉上密被茸毛，有时短柔毛或稀茸毛状柔毛；叶柄长2.5～6cm，密被蛛丝状茸毛；托叶膜质，褐色，卵披针形，长3～5mm，宽2～3mm，顶端渐尖，稀钝，边缘全缘，无毛。花杂性异株；圆锥花序疏散，与叶对生，分枝发达，长4～14cm；花序梗长1～2cm，被灰色或褐色蛛丝状茸毛；花梗长1～3mm，无毛；花蕾倒卵圆形或椭圆形，高1.5～2mm，顶端圆形；萼碟形，边缘近全缘，高约1mm；花瓣呈帽状粘合脱落；花丝丝状，长1～1.2mm，花药黄色，椭圆形或阔椭圆形，长约0.5mm，在雌花内雄蕊显著短，败育；花盘发达；雌蕊1，子房卵圆形，花柱短，柱头微扩大。果实圆球形，成熟时紫黑色，直径1～1.3cm；种子倒卵形，顶端圆形，基部有短喙，种脐在背面中部呈圆形，腹面中棱脊突起，两侧洼穴狭窄呈条形，向上达种子1/4处。花期5～6月，果期8～9月。

栾川县产各山区，生于海拔1500m以下的山坡灌丛中、石缝或沟边。河南产于各山区。分布于广西北部、云南北部、陕西南部、四川、贵州、江西、浙江、台湾、安徽、江苏、甘肃、湖北。

果可生食，亦可酿酒；根皮药用，有调经活血、补虚止带的功效。也可作园林垂直绿化植物。

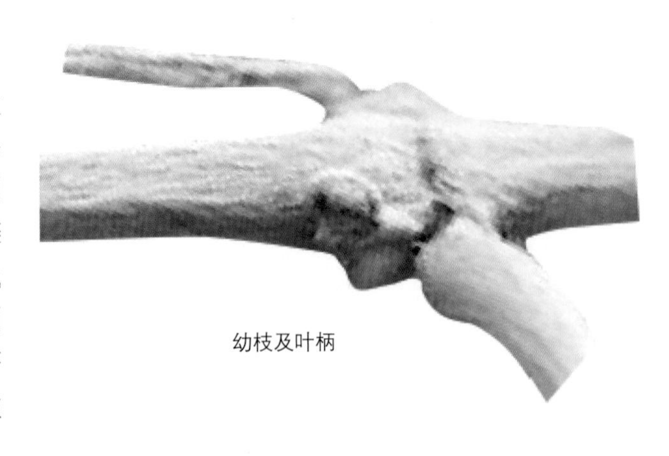
幼枝及叶柄

叶面　叶背放大　叶背　花　卷须　果序

（6）葡萄 *Vitis vinifera*

【识别要点】人工栽培。树皮成片状剥落。卷须有分枝。叶卵圆形，边缘有粗齿，两面无毛或背面有柔毛。浆果球形或椭圆状球形，有白粉，富含汁液。

木质藤本。小枝圆柱形，有纵棱纹，无毛或被稀疏柔毛。卷须2叉分枝，每隔2节间断与叶对生。叶卵圆形，显著3～5浅裂或中裂，长7～18cm，宽6～16cm，中裂片顶端急尖，裂片常靠合，基部常缢缩，裂缺狭窄，间或宽阔，基部深心形，基缺凹成圆形，两侧常靠合，边缘有22～27个锯齿，齿深而粗大，不整齐，齿端急尖，表面绿色，背面浅绿色，无毛或被疏柔毛；基生脉5出，中脉有侧脉4～5对，网脉不明显突出；叶柄长4～9cm，几无毛；托叶早落。圆锥花序密集或疏散，多花，与叶对生，基部分枝发达，长10～20cm，花序梗长2～4cm，几无毛或疏生蛛丝状茸毛；花梗长1.5～2.5mm，无毛；花蕾倒卵圆形，高2～3mm，顶端近圆形；萼浅碟形，边缘呈波状，外面无毛；花瓣呈帽状粘合脱落；花丝丝状，长0.6～1mm，花药黄色，卵圆形，长0.4～0.8mm，在雌花内显著短而败育或完全退化；花盘发达；雌蕊1，在雄花中完全退化，子房卵圆形，花柱短，柱头扩大。果实球形或椭圆形，直径1.5～2cm；种子倒卵椭圆形，顶端近圆形，基部有短喙，种脐在种子背面中部呈椭圆形，种脊微突出，腹面中棱脊突起，两侧洼穴宽沟状，向上达种子1/4处。花期4～5月，果期8～9月。

原产亚洲西部。栾川县广泛栽培。河南各地有栽培。我国西北及北部各地普遍栽培。

对土壤的适应性较强，除了沼泽地和重盐碱地不适宜生长外，其余各类型土壤都能栽培，而以肥沃的沙壤土最为适宜。不同土壤对生长发育和品质有不同的影响。扦插繁殖。

品种繁多，为北方著名果品。果味鲜美，营养丰富，除生食外还可酿酒、制葡萄干，酿酒后的沉淀物可提取酒石酸；根和藤药用，能止呕、安胎。

茎　叶　花　叶背放大　果实　幼枝及卷须

（7）山葡萄 *Vitis amurensis*

【识别要点】叶宽卵形，先端锐尖，基部宽心形，3～5裂或不裂，边缘具粗锯齿，表面无毛，背面脉腋有短毛。

木质藤本。小枝圆柱形，无毛，嫩枝疏被蛛丝状茸毛。卷须2～3分枝，每隔2节间断与叶对生。叶宽卵形，长6～24cm，宽5～21cm，3浅裂，稀5浅裂或中裂，或不分裂，叶片或中裂片顶端急尖或渐尖，裂片基部常缢缩或间有宽阔裂缺凹成圆形，稀呈锐角或钝角，叶基部心形，基缺凹成圆形或钝角，边缘每侧有28～36个粗锯齿，齿端急尖，微不整齐，表面绿色，初时疏被蛛丝状茸毛，以后脱落；基生脉5出，中脉有侧脉5～6对，表面明显或微下陷，背面突出，网脉在背面明显，除最后一级小脉外，或多或少突出，常被短柔毛或脱落几无毛；叶柄长4～14cm，初时被蛛丝状茸毛，以后脱落无毛；托叶膜质，褐色，长4～8mm，宽3～5mm，顶端钝，边缘全缘。圆锥花序疏散，与叶对生，基部分枝发达，长5～13cm，初时常被蛛丝状茸毛，以后脱落几无毛；花梗长2～6mm，无毛；花蕾倒卵圆形，长1.5～3mm，顶端圆形；萼碟形，高0.2～0.3mm，几全缘，无毛；花瓣呈帽状粘合脱落；花丝丝状，长0.9～2mm，花药黄色，卵椭圆形，长0.4～0.6mm，在雌花内雄蕊显著短而败育；花盘发达，高0.3～0.5mm；雌蕊1，子房锥形，花柱明显，基部略粗，柱头微扩大。果实直径1～1.5cm；种子倒卵圆形，顶端微凹，基部有短喙，种脐在种子背面中部呈椭圆形，腹面中棱脊微突起，两侧洼穴狭窄呈条形，向上达种子中部或近顶端。花期5～6月，果期8～9月。

栾川县产熊耳山，生于山坡林缘或灌丛中。河南产于太行山的济源、辉县、林州。分布于山东、河北、山西及东北各地。朝鲜及俄罗斯西伯利亚地区也产。

果可生食或酿酒，酒糟制醋和染料；种子可榨油供工业用；叶及酿酒后的沉淀物可提取酒石酸。

植株

花枝　花　叶背局部　果实

（8）网脉葡萄 *Vitis wilsonae*

【识别要点】叶幼时带红色，心形或卵状圆形，叶脉两面隆起，网脉显著，叶心状宽卵形，常被白粉，背面沿脉有蛛丝状毛。

木质藤本。小枝圆柱形，有纵棱纹，被稀疏褐色蛛丝状茸毛。卷须2叉分枝，每隔2节间断与叶对生。叶幼时带红色，心形或卵状圆形，长7～16cm，宽5～12cm，顶端急尖或渐尖，基部心形，基缺顶端凹成钝角，每侧边缘有16～20牙齿，或基部呈锯齿状，幼时两面有锈色珠丝状毛，后渐脱落，具白粉，背面沿脉有蛛丝状毛；基生脉5出，中脉有侧脉4～5对，网脉在成熟叶片上突出；叶柄长4～8cm，几无毛；托叶早落。圆锥花序疏散，与叶对生，基部分枝发达，长4～16cm，花序梗长1.5～3.5cm，被稀疏蛛丝状茸毛；花梗长2～3mm，无毛；花蕾倒卵椭圆形，高1.5～3mm，顶近截形；萼浅碟形，边缘波状浅裂；花瓣呈帽状粘合脱落；花丝丝状，长1.2～1.6mm，花药黄色，卵椭圆形，长0.8～1.2mm，在雌花内短小，败育；花盘发达；雌蕊1，在雄花中完全退化，子房卵圆形，花柱短，柱头扩大。果实圆球形，直径0.7～1.5cm；种子倒卵椭圆形，顶端近圆形，基部有短喙，种脐在种子背面中部呈长椭圆形，种脊微突出，表面光滑，腹面中棱脊突起，两侧洼穴呈宽沟状，向上达种子1/4处。花期5～6月，果期8月。

栾川县产伏牛山，生于山坡灌丛或疏林中。河南产于伏牛山、大别山及桐柏山。分布于云南、贵州、四川、湖北、湖南、安徽、浙江。

果可生食或酿酒。也可作园林垂直绿化树种。

叶枝　叶　叶面放大　卷须　花枝　幼枝

（9）葛藟（野葡萄 葛藟葡萄） *Vitis flexuosa*

【识别要点】枝细长，幼时具灰白色茸毛。叶卵形或三角状卵形，边缘有不等的波状浅齿，表面无毛，背面沿脉和脉腋有柔毛；叶柄有灰白色蛛丝状毛。

木质藤本。小枝圆柱形，细长，有纵棱纹，嫩枝疏被蛛丝状茸毛，以后脱落无毛。卷须2叉分枝，每隔2节间断与叶对生。叶卵形、三角状卵形，长2.5～12cm，宽2.3～10cm，顶端急尖或渐尖，基部浅心形或近截形，心形者基缺顶端凹成钝角，边缘每侧有微不整齐5～12个波状浅齿，表面绿色，无毛，背面初时疏被蛛丝状茸毛，以后脱落；基生脉5出，中脉有侧脉4～5对，网脉不明显；叶柄长1.5～7cm，被稀疏蛛丝状茸毛或几无毛；托叶早落。圆锥花序疏散，与叶对生，基部分枝发达或细长而短，长4～12cm，花序梗长2～5cm，被蛛丝状茸毛或几无毛；花梗长1.1～2.5mm，无毛；花蕾倒卵圆形，高2～3mm，顶端圆形或近截形；萼浅碟形，边缘呈波状浅裂，无毛；花瓣呈帽状粘合脱落；花丝丝状，长0.7～1.3mm，花药黄色，卵圆形，长0.4～0.6mm，在雌花内短小，败育；花盘发达；雌蕊1，在雄花中退化，子房卵圆形，花柱短，柱头微扩大。果实球形，直径0.8～1cm；种子倒卵椭圆形，顶端近圆形，基部有短喙，种脐在种子背面中部呈狭长圆形，种脊微突出，表面光滑，腹面中棱脊微突起，两侧洼穴宽沟状，向上达种子1/4处。花期5～6月，果期9～10月。

栾川县产伏牛山，生于海拔1200m以下的山坡灌丛中或林缘。河南产于伏牛山、大别山和桐柏山区。分布于广西、广东、台湾、浙江、江苏、湖南、安徽、湖北、四川、陕西南部、山东东部、云南。日本、朝鲜也产。

果可生食或酿酒；根、茎及果实均可入药，有补五脏、强筋骨、生肌之效；根皮治咳嗽、吐血。种子可榨油。

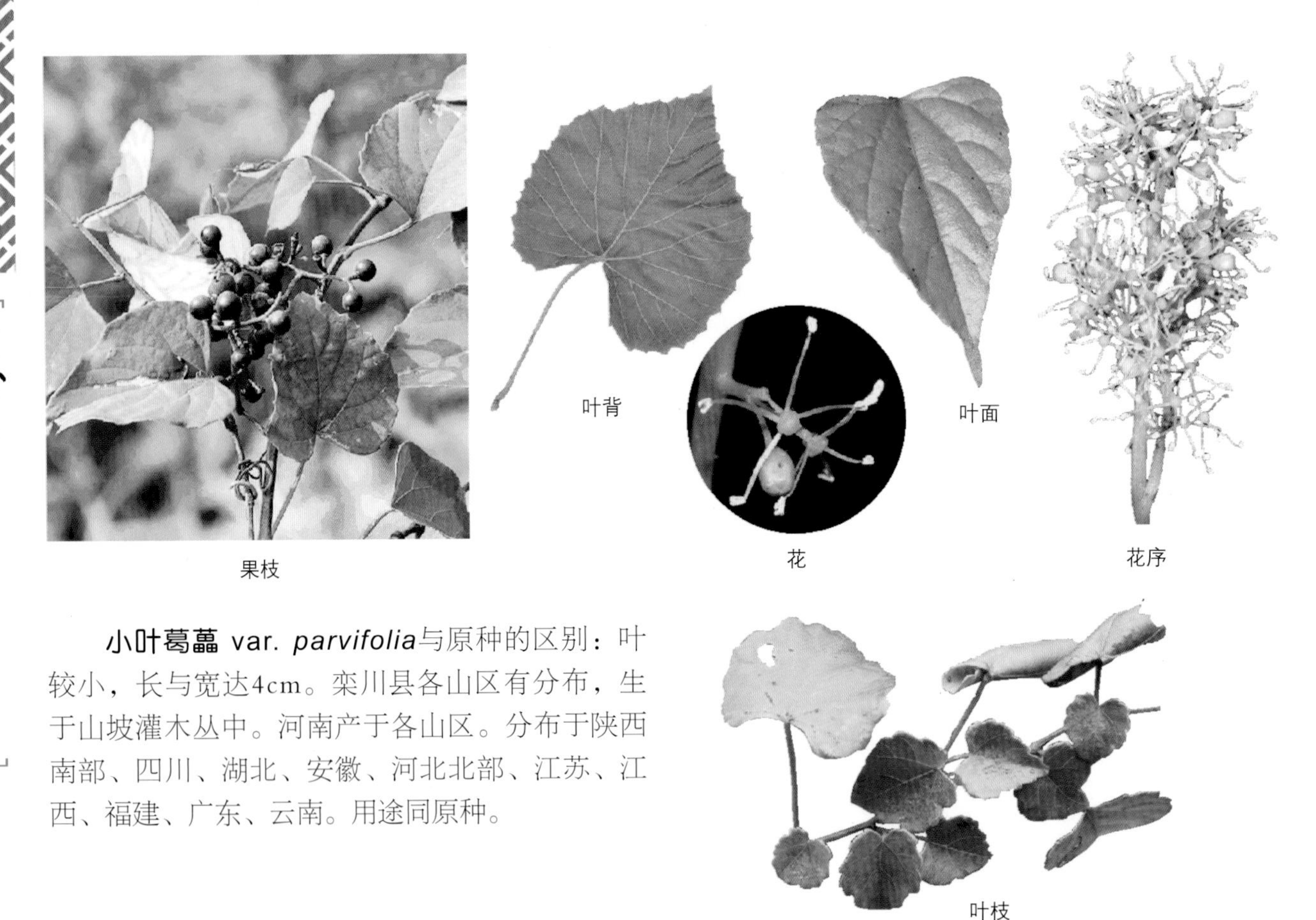

果枝
花
花序

小叶葛藟 var. *parvifolia*与原种的区别：叶较小，长与宽达4cm。栾川县各山区有分布，生于山坡灌木丛中。河南产于各山区。分布于陕西南部、四川、湖北、安徽、河北北部、江苏、江西、福建、广东、云南。用途同原种。

叶枝

（10）华东葡萄（野葡萄） *Vitis pseudoreticulata*

【识别要点】叶不分裂，脉近于平或微凸起，网脉不显著；叶基部心形，背面沿脉有白色短柔毛和蛛丝状毛。

木质藤本。枝无毛。卷须叉状分枝。叶心形、心状五角形或肾形，长4.4～10cm，宽6～10.5cm，先端急尖或钝，常不分裂，有时具不明显3浅裂，边缘有小齿，表面近无毛，背面沿脉有白色短毛和蛛丝状柔毛，有时具白粉，侧脉4～5对；背面稍凸起，脉网不明显；叶柄长3～5cm，幼时有毛。花杂性同株，圆锥花序长6～16cm。浆果球形，熟时蓝黑色。花期5～6月，果期8～9月。

栾川县产伏牛山主脉北坡，生于山坡灌丛或林缘。河南产于伏牛山区南部的西峡、南召、内乡、淅川及大别山区的信阳、商城、新县、罗山等县。分布于广西北部、湖南、江西、浙江、安徽、江苏。

植株

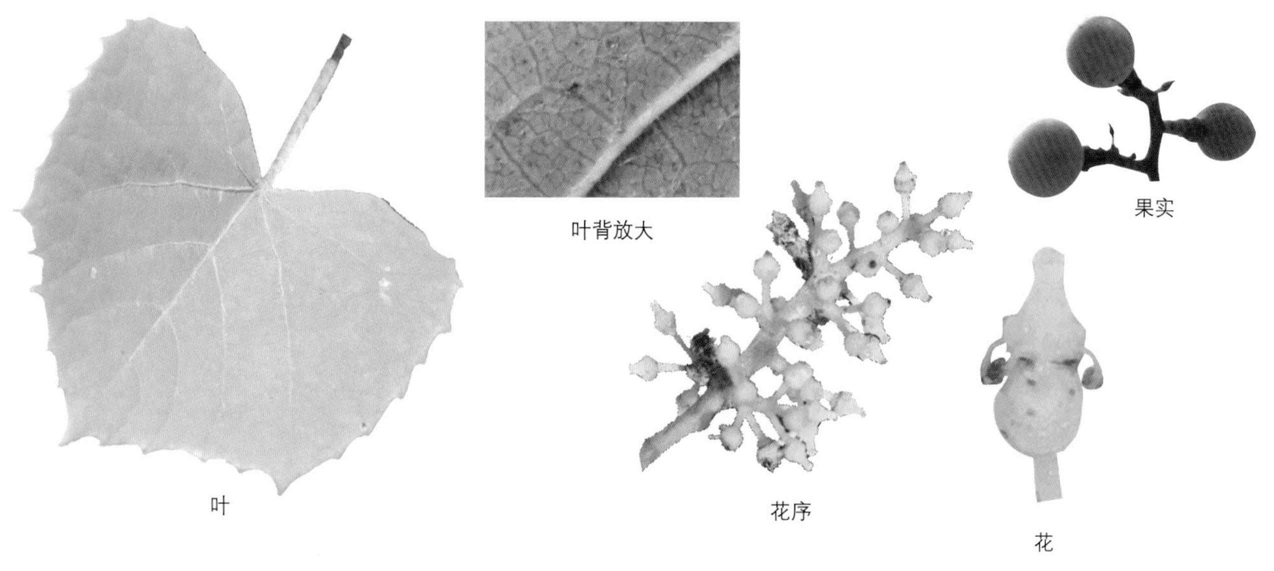

2. 蛇葡萄属 *Ampelopsis*

落叶木质藤本。枝具皮孔，髓白色；卷须分枝，与叶对生。叶互生，单叶、掌状或羽状复叶，具长柄。花两性，小，绿色，呈具长梗的两歧状聚伞花序，与叶对生或顶生；花5基数，稀4基数；萼合生，极小；花瓣分离而开展；雄蕊与花瓣同数而对生，花丝短；花盘杯状，全缘或具齿，与子房贴生；子房上位，2室，每室2胚珠，花柱细长。浆果小，有1～4粒种子。

约25种，分布于亚洲东部和中部，以及北美洲的温带，少数产热带。我国15种。河南有6种及4变种。栾川县有5种，2变种。

1.单叶，不分裂或分裂，但不达基部：

2.叶背面淡绿色，不分裂或不明显3浅裂，边缘有浅圆齿。小枝有柔毛
……………………………………………………………………（1）蛇葡萄 *Ampelopsis sinica*

2.叶背面苍白色：

3.叶不分裂或不明显3浅裂 ………………………………（2）蓝果蛇葡萄 *Ampelopsis bodinieri*

3.叶3～5中裂或近于深裂，背面有毛 ………………（3）葎草叶蛇葡萄 *Ampelopsis humulifolia*

1.叶为掌状全裂，或为掌状或羽状复叶：

4.中央小叶不分裂或浅裂，叶为三出复叶，叶轴和小叶柄有狭翅，植株无毛
……………………………………………………………………（4）白蔹 *Ampelopsis japonica*

4.中央小叶羽状深裂或全裂，叶轴无翅。植株无毛或叶背面有疏毛
…………………………………………………………（5）乌头叶蛇葡萄 *Ampelopsis aconitifolia*

（1）蛇葡萄（野葡萄 葛藟葡萄） *Ampelopsis sinica (Vitis sinica; Ampelopsis brevipedunculata)*

【识别要点】幼枝具柔毛。单叶，叶心状卵形或心形，边缘有浅圆齿，表面疏生柔毛，背面被锈色短柔毛；叶柄长等于或短于叶片。

木质藤本。枝粗壮，幼枝具柔毛。叶心状卵形或心形，长5～12cm，不分裂或不明显三浅裂，边缘有浅圆齿，表面疏生柔毛，背面被锈色短柔毛，沿脉较密；叶柄长等于或短于叶片，具柔毛。聚伞花序与叶对生，被锈色短柔毛；花黄绿色。浆果近球形，直径约1cm，成熟时蓝色。花期7～8月，果期8～9月。

栾川县产伏牛山主脉北坡，生于山坡灌丛或林缘。河南产于伏牛山南部、大别山及桐柏山区。分布于广东、广西、贵州、湖南、江西、浙

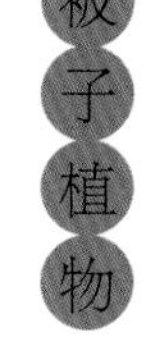

江、江苏、安徽南部、湖北、四川。

根茎入药，有清热解毒、消肿祛湿之效。也可作园林垂直绿化植物。

果实

叶枝

（2）蓝果蛇葡萄（蛇葡萄 老鸦眼） *Ampelopsis bodinieri*

【识别要点】小枝无毛，幼时带紫红色。叶三角形或三角状宽卵形，常无裂或不明显三浅裂，边缘有稀疏粗齿，两面无毛或近无毛，背面带白色；侧脉4～5对。花黄绿色。浆果近球形，暗蓝色。

木质藤本。小枝圆柱形，有纵棱纹，幼时带紫红色，无毛。卷须2叉分枝，相隔2节间断与叶对生。叶三角形或三角状宽卵形，不分裂或上部微3浅裂，长7～12.5cm，宽5～12cm，顶端急尖或渐尖，基部心形或微心形，边缘每侧有9～19个急尖锯齿，表面绿色，背面浅绿色，两面均无毛；基出脉5，中脉有侧脉4～5对，网脉两面均不明显突出；叶柄长2～6cm，无毛。花序为复二歧聚伞花序，疏散，花序梗长2.5～6cm，无毛；花梗长2.5～3mm，无毛；花黄绿色，花蕾椭圆形，高2.5～3mm，萼浅碟形，萼齿不明显，边缘呈波状，外面无毛；花瓣5，长椭圆形，高2～2.5mm；花药黄色，椭圆形；花盘明显，5浅裂；子房圆锥形，花柱明显，基部略粗，柱头不明显扩大。果实近球形，暗蓝色，直径0.6～0.8cm，有种子3～4颗，种子倒卵椭圆形，顶端圆钝，基部有短喙，急尖，表面光滑，背腹微侧扁，种脐在种子背面

花枝

下部向上呈带状渐狭，腹部中棱脊突出，两侧洼穴呈沟状，上部略宽，向上达种子中部以上。花期5～6月，果期8～9月。

栾川县产伏牛山，生于山谷林中或灌丛中。河南还产于嵩县、卢氏、西峡、南召、镇平、淅川等县。分布于西藏南部、云南北部、贵州、湖南、湖北、四川、甘肃、陕西南部。

根皮入药，有消肿解毒、止血、止痛、排脓、生肌、祛风湿之效，治跌打损伤、骨折、风湿腿痛、便血崩漏。果实可酿酒。

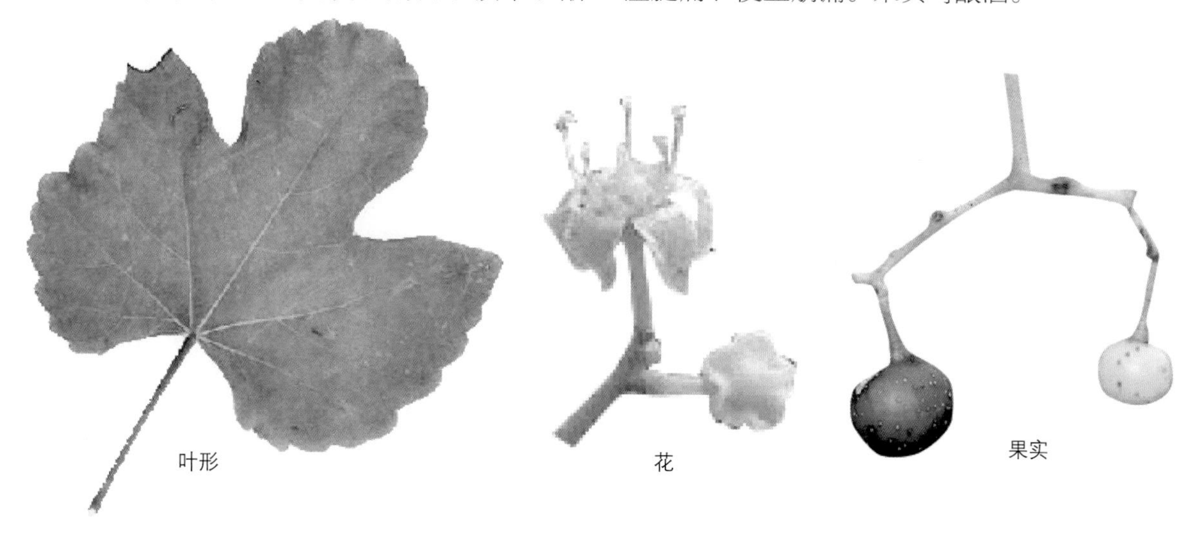

叶形　　花　　果实

（3）葎草叶蛇葡萄（老鸦眼 野葡萄） *Ampelopsis humulifolia*

【识别要点】叶厚纸质，肾状五角形或心状卵形，3或5中裂或近于深裂，边缘具粗锯齿，表面绿色，无毛，背面苍白色，无毛或脉上有微毛；叶柄与叶片约等长。

木质藤本。小枝圆柱形，有纵棱纹，无毛。卷须2叉分枝，相隔2节间断与叶对生。叶为单叶，3～5浅裂或中裂，稀混生不裂者，长6～12cm，宽5～10cm，心状卵形或肾状五角形，顶端渐尖，基部心形，基缺顶端凹成圆形，边缘有粗锯齿，通常齿尖，表面绿色，无毛，背面粉绿色，无毛或沿脉被疏柔毛；叶柄与叶片约等长，无毛或有时被疏柔毛；托叶早落。多歧聚伞花序与叶对生；花序梗长3～6cm，无毛或被稀疏柔毛；花梗长2～3mm，伏生短柔毛；花蕾卵圆形，高1.5～2mm，顶端圆形；萼碟形，边缘呈波状，外面无毛；花瓣5，卵椭圆形，高1.3～1.8mm，外面无毛；花药卵圆形，长宽近相等，花盘明显，波状浅裂；子房下部与花盘合生，花柱明显，柱头不扩大。果实近球形，长0.6～1cm，有种子2～4颗；种子倒卵圆形，顶端近圆形，基部有短喙，种脐在背种子面中部向上渐狭，呈带状长卵形，顶部种脊突出，腹部中棱脊突出，两侧洼穴呈椭圆形，从下部向上斜展达种子上部1/3处。花期5～6月，果期8～9月。

栾川县产各山区，生于山坡灌丛或疏林中。河南产于太行山和伏牛山。分布于陕西东南部、山西、河北、辽宁。

根皮入药，有活血散瘀、消肿解毒之效。可作庭院垂直绿化植物。

果枝

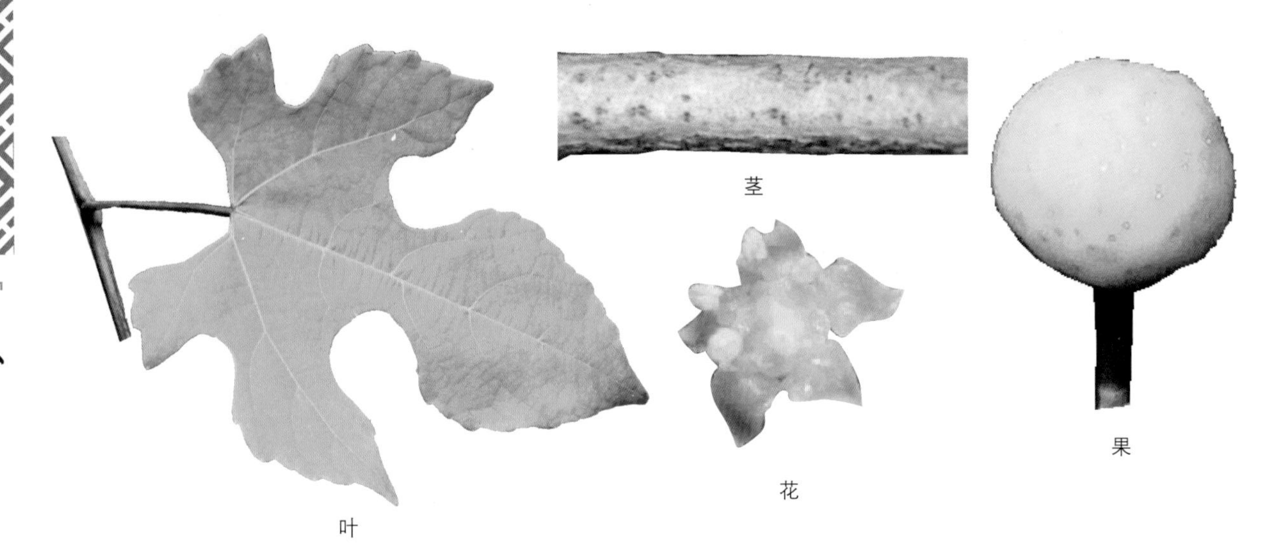
叶　茎　花　果

异叶蛇葡萄 var. *heterophylla (Ampelopsis brevipedunculata* var. *maximowiczii)*与原种的区别：叶背面淡绿色，多深裂。栾川县产各山区，生于山坡灌丛或疏林中。河南产于太行山、伏牛山、大别山及桐柏山区。分布于辽宁、广东、湖南、湖北、江西、福建、台湾、浙江、安徽、江苏等地。用途同原种。

花枝

（4）白蔹（凉水盆 药狗蛋） *Ampelopsis japonica*

【识别要点】全株无毛。根块状。掌状复叶，小叶3～5个，中央小叶不分裂或浅裂，或羽状深裂至全裂，叶轴有翅；侧生小叶常不分裂，两面无毛；叶柄较叶片短。花小，黄绿色。浆果球形，成熟时白色或蓝色。

木质藤本。根块状。小枝圆柱形，有纵棱纹，无毛。卷须不分枝或卷须顶端有短的分叉，相隔3节以上间断与叶对生。叶为掌状复叶，3～5小叶，小叶片羽状深裂或小叶边缘有深锯齿而不分裂，羽状分裂者裂片宽0.5～3.5cm，顶端渐尖或急尖，掌状5小叶者中央小叶深裂至基部并有1～3个关节，关节间有翅，翅宽2～6mm，侧小叶无关节或有1个关节，3小叶者中央小叶有1个或无关节，基部狭窄呈翅状，翅宽2～3mm，表面绿色，无毛，背面浅绿色，无毛或有时在脉上被稀疏短柔毛；叶柄较叶片短，无毛；托叶早落。聚伞花序通常集生于花序梗顶端，直径1～2cm，通常与叶对生；花序梗长1.5～5cm，常呈卷须状

花枝

（4）南京椴 *Tilia miqueliana*

与**粉椴（*Tilia oliveri*）**很相似，唯小枝密生星状毛。叶较宽，卵圆形，基部近整齐，背面密被灰色或灰黄色星状茸毛易于区别。

栾川县老君山林场至龙峪湾林场一线有分布，生于山坡、山谷阴湿处。河南产于大别山、桐柏山及伏牛山南部。分布于江苏、浙江、安徽、江西。

种子繁殖。可作为浅、中山区造林树种。

根皮、树皮及花可入药。茎皮纤维可制人造棉，也为优良的造纸原料、木材供建筑、家具、器具等用。

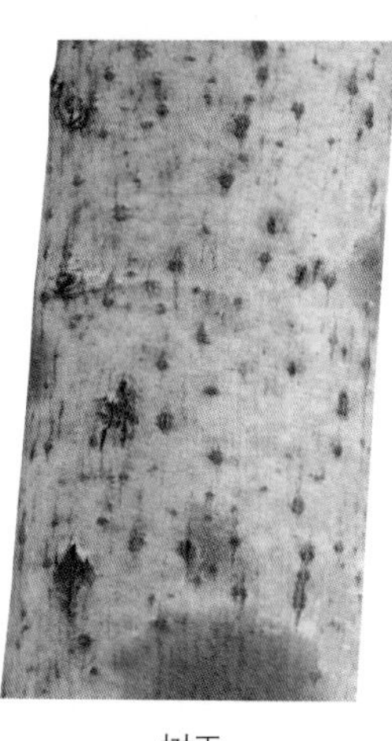

树干

果枝

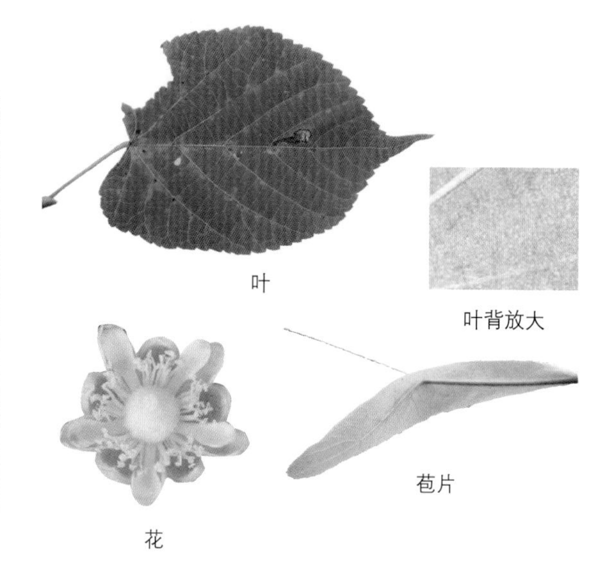

叶

叶背放大

苞片

花

（5）蒙椴 *Tilia mongolica*

【识别要点】树皮淡灰色，不规则薄片状脱落。幼枝无毛。叶阔卵形或圆形，表面无毛，背面仅脉腋有簇毛，边缘有不整齐粗锯齿，常3裂。侧脉4～5对。

乔木，高10m，树皮淡灰色，有不规则薄片状脱落；嫩枝无毛，顶芽卵形，无毛。叶阔卵形或圆形，长4～6cm，宽3.5～5.5cm，先端渐尖，常出现3裂，基部微心形或斜截形，正面无毛，背面仅脉腋内有簇毛，侧脉4～5对，边缘有粗锯齿，齿尖突出；叶柄长2～3.5cm，无毛，纤细。聚伞花序长5～8cm，有花6～12朵，花序柄无毛；花柄长5～8mm，纤细；苞片窄长圆形，长3.5～6cm，宽6～10mm，两面均无毛，上下两端钝，下半部与花序柄合生，基部有柄长约1cm；萼片披针形，长4～5mm，外面近无毛；花瓣长6～7mm；退化雄蕊花瓣状，稍窄小；雄蕊与萼片等长；子房有毛，花柱秃净。果实倒卵形，长6～8mm，被毛，有棱或有不明显的棱。花期7月。

栾川县产各山区，生于向阳山坡杂木林中。河南产于太行山及伏牛山北部。分布于山西、内蒙古、河北及辽宁西部。

种子繁殖。

木材供建筑、家具、器具等用。花可提取芳香油，也可药用。

叶

树干

果枝

花

（6）少脉椴 *Tilia paucicostata*

【识别要点】小枝纤细，无毛。叶薄革质，卵圆形，先端急渐尖，基部斜心形或斜截形，边缘有锯齿，无毛，仅背面脉腋有簇毛。

乔木，高达13m。小枝纤细，无毛。叶薄革质，卵圆形，长6～10cm，宽3.5～6cm，有时稍大，先端急渐尖，基部斜心形或斜截形，表面无毛，背面秃净或有稀疏微毛，脉腋有毛丛，边缘有细锯齿；叶柄长2～5cm，纤细，无毛。聚伞花序长4～8cm，有花6～8朵，花序柄纤细，无毛；花柄长1～1.5cm；萼片狭窄倒披针形，长5～8.5cm，宽1～1.6cm，上下两面近无毛，下半部与花序柄合生，基部有短柄约长7～12mm；萼片长卵形，长4mm，外面无星状柔毛；花瓣长5～6mm；退化雄蕊比花瓣短小；雄蕊长4mm；子房被星状茸毛，花柱长2～3mm，无毛。果实倒卵形，长6～7mm，密生灰白色短茸毛，有疣状突起。花期7月，果期8～9月。

栾川县产伏牛山，生于海拔1000m以上的山坡杂木林中。河南还产于伏牛山的嵩县、卢氏、灵宝、鲁山、西峡、南召、内乡等县市。分布于甘肃、陕西、四川、云南等地。

种子繁殖。

树皮入药，用于治疗跌打损伤。萌发能力强，可作次生林改造保留树种。

叶枝

树干　叶背　果实　花　花序

红皮椴（显脉椴）var. *dictyoneura* 与原种的区别：叶较小，三角状卵形，长3.5～5.5cm。果实较小，长5～6mm。栾川县产各山区，生于海拔1200m以上的山坡杂木林中。河南产于伏牛山和太行山。分布于陕西、甘肃、河北等地。

叶枝　树干　果枝

2.扁担杆属　*Grewia*

乔木或灌木；嫩枝通常被星状毛。叶互生，具基出脉，有锯齿或有浅裂；叶柄短；托叶细小，早落。花两性或单性雌雄异株，通常3朵组成腋生的聚伞花序；苞片早落；花序柄及花柄通常被毛；萼片5片，分离，外面被毛，内面秃净，稀有毛；花瓣5片，比萼片短；腺体常为鳞片状，着生于花瓣基部，常有长毛；雌雄蕊柄短，秃净；雄蕊多数，离生；子房2～4室，每室有胚珠2～8，花柱单生，顶端扩大，柱头盾形，全缘或分裂。核果常有纵沟，收缩成2～4个分核，具假隔膜；胚乳丰富，子叶扁平。

约90种，分布于东半球热带。我国有26种，主产长江流域以南各地。河南有1种，1变种。栾川县有1种，1变种。

扁担杆（圪拧麻 孩儿拳头） *Grewia biloba*

【识别要点】嫩枝被粗毛。叶薄革质，椭圆形或倒卵状椭圆形，两面有稀疏星状粗毛，基出脉3条，两侧脉上行过半，中脉有侧脉3～5对，边缘有细锯齿；叶柄被粗毛。

灌木或小乔木，高1～4m，多分枝；嫩枝被粗毛。叶薄革质，椭圆形或倒卵状椭圆形，长4～9cm，宽2.5～4cm，先端锐尖，基部楔形或钝，两面有稀疏星状粗毛，基出脉3条，两侧脉上行过半，中脉有侧脉3～5对，边缘有细锯齿；叶柄长4～8mm，被粗毛；托叶钻形，长3～4mm。聚伞花序腋生，多花，花序柄长不到1cm；花柄长3～6mm；苞片钻形，长3～5mm；萼片狭长圆形，长4～7mm，外面被毛，内面无毛；花瓣长1～1.5mm；雌雄蕊柄长0.5mm，有毛；雄蕊长2mm；子房有毛，花柱与萼片平齐，柱头扩大，盘状，有浅裂。核果橙红色，有2～4颗分核。花期5～7月，果期7～9月。

栾川县分布于海拔1000m以下区域，生于路旁、灌丛及疏林中。河南产于大别山等地。分布于安徽、江苏、浙江、江西、湖南、广东、四川、台湾等地。

种子繁殖。

枝叶入药，可治小儿疳积等症。茎皮纤维可做人造棉，宜混纺或单纺。也为民间常用的麻绳替代品。

花枝

树干

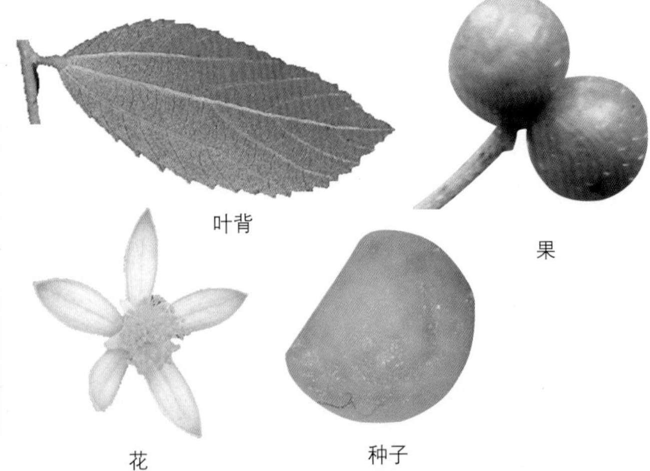

叶背

果

花

种子

小花扁担杆（圪拧麻）var. *parviflora* 与原种的区别：叶背面密被黄褐色茸毛。花较短小。栾川县产各山区，生于低山、丘陵灌丛中。河南产于各山区。分布于广东、广西、湖南、湖北、贵州、云南、四川、江苏、江西、浙江、安徽、山东、河北、陕西、山西等地。用途同原种。

叶背

花

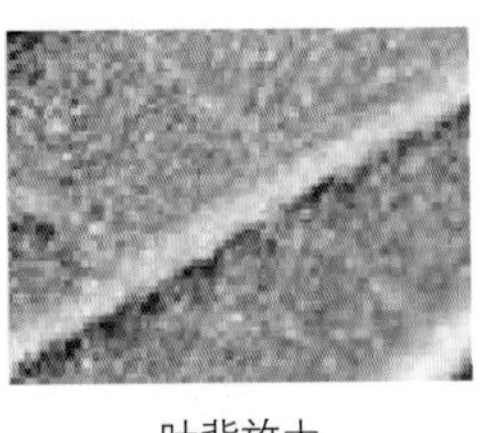

叶背放大

果实

花枝

（四十三）锦葵科 Malvaceae

草本、灌木或乔木，通常具星状毛。单叶互生，常分裂，掌状叶脉，有托叶。花两性，辐射对称，单生、簇生、聚伞花序或圆锥花序；总苞又称副萼，位于萼片基部；萼片5，基部合生，镊合状排列；花瓣5，常与雄蕊管的基部合生；雄蕊多数，花丝合成管状（称雄蕊管），花药1室；子房上位，2至多室，每室1至多个倒生胚珠，中轴胎座。果为蒴果或分果，稀浆果；种子有胚乳或无。

有50属，1000余种，广布于温带和热带。我国有16属，86种和36变种或变型。河南木本有1属，3种。栾川县栽培1属，2种。

木槿属 *Hibiscus*

草本、灌木或小乔木。叶掌状分裂或不裂。花常单生叶腋，大型，有多种颜色；副萼片5至多数，分离或基部合生；花萼钟状，5齿裂，宿存；花瓣基部与雄蕊管贴生；雄蕊柱顶端平截或5齿乳突。

约150余种，分布于热带、亚热带和温带。我国有24种和16变种。河南木本有3种。栾川县栽培2种。

1.常绿，叶阔卵形或狭卵形，不裂 ……………………………………………（1）扶桑 *Hibiscus rosa-sinensis*

1.落叶，叶菱形至三角状倒卵形，3~5裂或不裂 ………………………………（2）木槿 *Hibiscus syriacus*

（1）扶桑（朱槿 佛桑） *Hibiscus rosa-sinensis*

【识别要点】小枝圆柱形，疏被星状柔毛。叶阔卵形或狭卵形，先端渐尖，基部圆形或楔形，边缘具粗齿或缺刻，两面除背面沿脉上有少许疏毛外均无毛；叶柄被长柔毛；托叶被毛。

常绿灌木，高1~3m；小枝圆柱形，疏被星状柔毛。叶阔卵形或狭卵形，长4~9cm，宽2~5cm，先端渐尖，基部圆形或楔形，边缘具粗齿或缺刻，两面除背面沿脉有少许疏毛外均无毛；叶柄长5~20mm，表面被长柔毛；托叶线形，长5~12mm，被毛。花单生于上部叶腋间，常下垂，花梗长3~7cm，疏被星状柔毛或近平滑无毛，近端有节；小苞片6~7，线形，长8~15mm，疏被星状柔毛，基部合生；萼钟形，长约2cm，被星状柔毛，裂片5，卵形至披针形；花冠漏斗形，直径6~10cm，玫瑰红色或淡红、淡黄等色，花瓣倒卵形，先端圆，外面疏被柔毛；雄蕊长4~8cm，平滑无毛。蒴果卵形，长约2.5cm，平滑无毛，有喙。花期全年。

原产中国等东亚地区，中国分布于南方各地。全世界，尤其是热带及亚热带地区多有种植。广东、广西、福建、云南、台湾等地栽培极多。栾川县以盆栽花卉的形式栽培。需在室内越冬。

花枝

叶枝　　叶

（2）木槿（木荆 木锦 荆条） *Hibiscus syriacus*

【识别要点】小枝被黄色星状毛。叶菱形至三角状卵形，先端钝圆，常3裂，基部楔形，叶缘具不整齐缺刻，表面被短毛或近无毛，背面有叉状毛或星状毛；叶柄被星状毛。

落叶灌木，高3～4m，小枝密被黄色星状茸毛。叶菱形至三角状卵形，长3～10cm，宽2～4cm，具深浅不同的3裂或不裂，先端钝，基部楔形，边缘具不整齐齿缺，背面沿叶脉微被毛或近无毛；叶柄长5～25mm，表面被星状柔毛；托叶线形，长约6mm，疏被柔毛。花单生于枝端叶腋间，花梗长4～14mm，被星状短茸毛；小苞片6～8，线形，长6～15mm，宽1～2mm，密被星状疏茸毛；花萼钟形，长14～20mm，密被星状短茸毛，裂片5，三角形；花钟形，淡紫色或白色，直径5～6cm，花瓣倒卵形，长3.5～4.5cm，外面疏被纤毛和星状长柔毛；雄蕊长约3cm。蒴果卵圆形，直径约12mm，密被黄色星状茸毛；种子肾形，背部被黄白色长柔毛。花期7～10月。

栾川县有广泛栽培。河南各地公园、庭院均有栽培。原产我国中部各地。全国各地广为栽培。南北两半球热带、亚热带地区也广泛栽培。

萌蘖力强，耐修剪，对有害气体及烟尘有良好抗性。用种子或扦插繁殖。

为园林观赏树种，广泛用于庭院、公园、城市绿地、道路绿化等，也可作绿篱。茎皮富含纤维，可作造纸原料。树皮、花、果入药治疗皮肤病。花含有丰富的蛋白质、脂肪、维生素C、糖等，富含人体必需的微量元素钙、镁、铁、锌、钾等，并含有少量硒和铬。食用木槿花，可补充机体的钾、镁、钙，有助于防治肌肉疾病、原发性高血压和心血病，调节机体免疫功能，对糖尿病也有一定的积极治疗作用，栾川县民间一般将鲜花上笼蒸后食用。

干

叶

果枝

花

花枝

（四十四）梧桐科 Sterculiaceae

落叶乔木或灌木，也有草本，稀藤本。单叶互生，全缘或掌状分裂，有托叶。花单性或两性，辐射对称，成圆锥花序或聚伞花序；萼片3～5个，镊合状排列，稍合生；花瓣5或无；雄蕊多数，常排成两轮，外轮常退化，内轮发育，花丝合成筒状（称雄蕊柱），花药2室、纵裂；子房上位，通常4～5室，每室有2或多个胚珠，花柱1个，柱头4～5裂。蒴果或蓇葖果，稀浆果，开裂或不开裂；种子具胚乳或无。

约68属，1100种，分布于东、西两半球的热带和亚热带地区，少数分布于温带。我国有（包括栽培种）19属，82种，3变种。河南木本植物有1属，1种。栾川县1属，1种。

梧桐属 *Firmiana*

落叶乔木。单叶互生，掌状3～5裂。花小，白色，单性或杂性同株，成顶生圆锥花序；单性花各具退化雄蕊或雌蕊；萼钟形，5裂深，花瓣状；无花瓣；雄花具花药10～15个，聚生于雄蕊柱顶端成头状；雌花子房上位，5心皮，基部离生，上部结合成单花柱。蓇葖果，具柄，膜质，成熟前开裂成叶状；种子球形，4～5个着生于果皮内缘，有胚乳。

约15种，分布在亚洲和非洲东部。我国产3种。河南仅产1种。栾川县栽培1种。

梧桐（青桐） *Firmiana simplex*

【识别要点】树皮青绿色，平滑。叶心形，掌状3～5裂，长宽达20～30cm，裂片长圆形或卵状三角形，全缘，基部心形，表面近无毛，背面被星状毛；叶柄与叶片近等长。

落叶乔木，高达16m；树皮青绿色，平滑。叶心形，掌状3～5裂，直径15～30cm，裂片三角形，顶端渐尖，基部心形，两面均无毛或略被短柔毛，基生脉7条，叶柄与叶片等长。圆锥花序顶生，长20～50cm，下部分枝长达12cm，花淡黄绿色；萼5深裂几至基部，萼片条形，向外卷曲，长7～9mm，外面被淡黄色短柔毛，内面仅在基部被柔毛；花梗与花几等长；雄花的雌雄蕊柄与萼等长，下半部较粗，无毛，花药15个不规则地聚集在雌雄蕊柄的顶端，退化子房梨形且甚小；雌花的子房圆球形，被毛。蓇葖果膜质，有柄，成熟前开裂成叶状，长6～11cm，宽1.5～2.5cm，外面被短茸毛或几无毛，每蓇葖果有种子2～4个；种子圆球形，表面有皱纹，直径约7mm。花期6～7月，果期9～10月。

栾川县各乡镇有栽培。河南各地均有栽培。原产我国。从广东、海南岛至华北、西北各地广泛栽培。日本也产。

喜光性树种，适宜深厚肥沃、排水良好的土壤。种子繁殖。

为优良的园林绿化树种，广泛用于庭院绿化、行道树、公园绿化等。木质轻软，可制各种乐器和家具。树皮富含纤维，可做造纸及制绳索的原料。种子含油40%，可食用及工业用。花、根、种子入药，有清热解毒、祛湿健脾之效。

树干

叶

头状雄蕊群

雌花

雄花

花枝

果实

（四十五）猕猴桃科 Actinidiaceae

乔木、灌木或藤本，常绿、落叶或半落叶；毛被发达，多样。单叶，互生，无托叶。花序腋生，聚伞式或总状式，或简化至1花单生。花两性或雌雄异株，辐射对称；萼片5片，稀2～3片，覆瓦状排列，稀镊合状排列；花瓣5片或更多，覆瓦状排列，分离或基部合生；雄蕊10、分2轮排列，或多数、不作轮列式排列，花药背部着生，纵缝开裂或顶孔开裂；心皮无数或少至3枚，子房多室或3室，花柱分离或合生为一体，胚珠每室多数或少数，中轴胎座。果为浆果或蒴果；种子每室多数至1颗，具肉质假种皮，胚乳丰富。

4属，370余种，主产热带和亚热带及美洲热带，少数产于亚洲温带及大洋洲。我国4属全产，共计96种以上，主产长江流域。河南有2属，10种，7变种。栾川县2属，9种，3变种。

1. 枝髓心大多片层状，少数实心。花雌雄异株，雄蕊多数，花柱分离。果实为典型浆果，无棱，有种子多数…………………………………………………………………………… 1.猕猴桃属 *Actinidia*

1.枝髓心全是实心。花两性，雄蕊10枚，花柱合生。果鲜嫩时类似浆果，成熟干燥后为蒴果，有5棱，通常有种子5粒 ……………………………………………………………… 2.藤山柳属 *Clematoclethra*

1.猕猴桃属 *Actinidia*

落叶攀援灌木。枝髓心片层状或稀充实；冬芽小，多藏于扩大的叶柄基部，被茸毛。叶纸质、膜质或革质，具长柄。花单性，雌雄异株或杂性，单生或组成腋生聚伞花序；萼片5个，稀2～4个，基部稍合生，花柱5个，稀4或6个，覆瓦状排列，稀卷旋状排列；雄蕊多数，离生；子房多室，每室含多数胚珠，花柱多数，放射状。浆果；种子多数，细小，种皮有网状凹点。

本属约有56种以上，分布于马来西亚至俄罗斯西伯利亚东部的广阔地带。我国是主产区，有54种以上，集中产地是秦岭以南和横断山脉以东的大陆地区。河南产8种，7变种。栾川县有7种，2变种。

1.小枝无毛或近几无毛：

2.果实无斑点（皮孔），顶端有喙或无喙：

3.枝髓心片层状：

4.髓白色或褐色。花乳白或淡绿色，子房瓶状。叶片无白斑：

5.叶背面绿色，无白粉 ………………………………………（1）软枣猕猴桃 *Actinidia arguta*

5.叶背面浅粉绿色或粉绿色，被白粉 …………………（2）河南猕猴桃 *Actinidia henanensis*

4.髓茶褐色。花白色或红色；子房柱状。叶片有白斑：

6.花5基数。果扁圆柱形 ………………………………（3）狗枣猕猴桃 *Actinidia kolomikta*

6.花4基数。果卵球形 ……………………………………（4）四萼猕猴桃 *Actinidia tetramera*

3.枝髓实心 ……………………………………………………………（5)葛枣猕猴桃 *Actinidia polygama*

2.果实有斑点，顶端无喙 …………………………………（6）京梨猕猴桃 *Actinidia callosa* var. *henryi*

1.小枝密被黄褐色或锈色毛

7.果成熟时无毛 ……………………………………………………（7）中华猕猴桃 *Actinidia chinensis*

7.果成熟时密被硬毛 ………………………………………………（8）美味猕猴桃 *Actinidia deliciosa*

（1）软枣猕猴桃 *Actinidia arguta*

【识别要点】髓白色至淡褐色，片层状。叶卵形、长圆形、阔卵形至近圆形，边缘具紧密的锐锯齿，表面无毛，背面脉腋有簇毛，中脉或侧脉有卷曲毛，侧脉6～7对。

大型落叶藤本。小枝基本无毛或幼嫩时星散 地薄被柔软茸毛或茸毛，长7～15cm，隔年枝灰

顶端钝尖；花盘环状，不发达；子房长倒卵形，长2mm，密被淡黄色柔毛，花柱短或无，柱头头状，橘红色。果实肉质，白色，椭圆形，长约4mm，包藏于宿存的花萼筒的下部，具1颗种子。花期3～5月，果期6～7月。

栾川县产各山区，生于海拔2000m以下的山坡、山谷路旁。河南产于各山区。河北、陕西、甘肃、山东、江苏、安徽、浙江、江西、福建、湖北、湖南、四川等地均有分布。

根有活血、消肿、解毒之效；花蕾为祛痰、利尿药。根可毒鱼，全株可作农药，煮汁可杀虫，灭天牛虫效果良好。茎皮纤维为优质纸和人造棉的原料；也可作庭院观花树木。

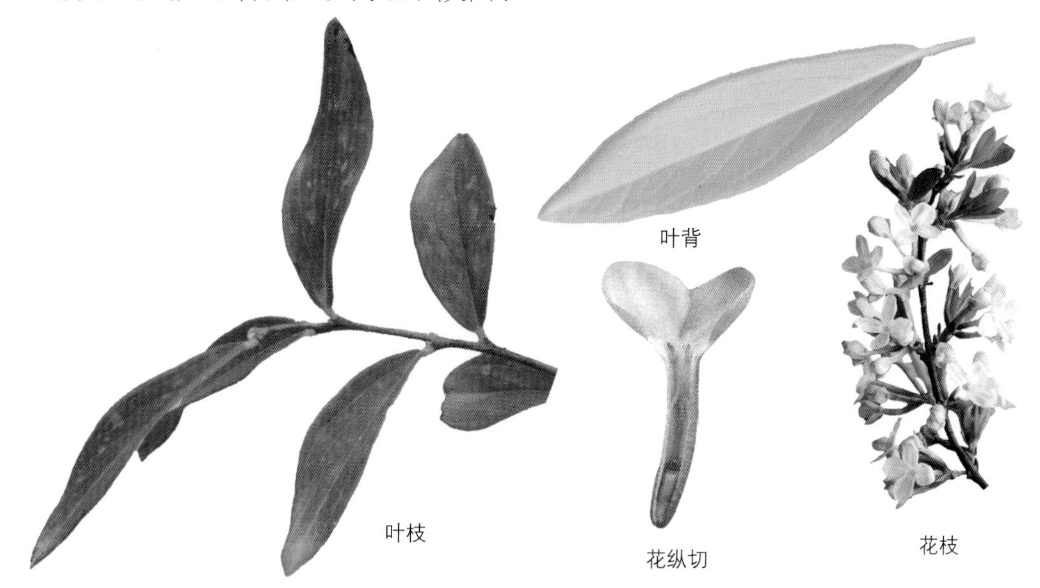

（2）黄瑞香（祖师麻 大救驾） *Daphne giraldii*

【识别要点】叶常集生于小枝梢部，倒披针形，先端尖或圆，有凸尖，全缘，稍反卷，表面绿色，背面灰白色，两面无毛。花黄色，稍芳香。

落叶直立灌木，高45～70cm；枝圆柱形，柔韧，无毛，幼时橙黄色，有时上段紫褐色，老时灰褐色，叶迹明显，近圆形，稍隆起。叶互生，常密生于小枝上部，膜质，倒披针形，长3～6cm，稀更长，宽0.7～1.2cm，先端尖或圆，有凸尖，基部狭楔形，边缘全缘，稍反卷，表面绿色，背面带白霜，干燥后灰绿色，两面无毛，中脉在表面微凹下，背面隆起，侧脉8～10对，在背面较表面显著；叶柄极短或无。花黄色，微芳香，常3～8朵组成顶生的头状花序；花序梗极短或无，花梗短，长不到1mm；无苞片；花萼筒圆筒状，长6～8mm，直径2mm，无毛，裂片4，卵状三角形，覆瓦状排列，相对的2片较大或另一对较小，长3～4mm，顶端开展，急尖或渐尖，无毛；雄蕊8，2轮，均着生于花萼筒中部以上，花丝长约0.5mm，花药长圆形，黄色，长约1.2mm；花盘不发达，浅盘状，边缘全缘；子房椭圆形，无毛，无花柱，柱头头状。果实卵形或近圆形，成熟时红色，长5～6mm，直径3～4mm。花期6月，果期7月。

栾川县产伏牛山，生于海拔2200m以下的灌丛中或山坡。河南产于伏牛山、灵宝小秦岭。我国陕西、甘肃、青海、四川等地均有分布。

茎皮及根皮入药，能止痛、散血、补血，有麻醉性，具小毒。还可作人造棉、高级复写纸；也可作庭院观果树木。

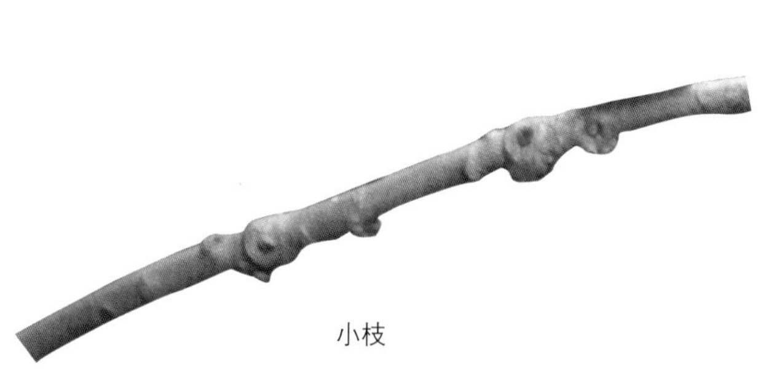

叶枝

花

果枝

（3）凹叶瑞香 *Daphne retusa*

【识别要点】幼枝密被毛。叶革质，长圆形至长圆状披针形，先端钝，有凹缺，基部楔形，边缘向外反卷，表面光滑，背面无毛。

常绿灌木，高0.4～1.5m；分枝密而短，稍肉质，当年生枝灰褐色，密被黄褐色糙伏毛，1年生枝粗伏毛部分脱落，多年生枝无毛，灰黑色，叶迹明显，较大。叶互生，常簇生于小枝顶部，革质或纸质，长圆形至长圆状披针形或倒卵状椭圆形，长1.4～4（7）cm，宽0.6～1.4cm，先端钝圆形，尖头凹下，幼时具一束白色柔毛，基部下延，楔形或钝形，边缘全缘，微反卷，表面深绿色，多皱纹，背面淡绿色，两面均无毛，中脉在表面凹下，背面稍隆起，侧脉在两面不明显；叶柄极短或无。花外面紫红色，内面粉红色，无毛，芳香，数花组成头状花序，顶生；花序梗短，长2mm，密被褐色糙伏毛，花梗极短或无，长约1mm，密被褐色糙伏毛；苞片易早落，长圆形至卵状长圆形或倒卵状长圆形，长5～8mm，宽3～4mm，顶端圆形，两面无毛，顶端具淡黄色细柔毛，边缘具淡白色长纤毛；花萼筒圆筒形，长6～8mm，直径2～3mm，裂片4，宽卵形至近圆形或卵状椭圆形，几与花萼筒等长或更长，顶端圆形至钝形，甚开展，脉纹显著；雄蕊8，2轮，下轮着生于花萼筒的中部，上轮着生于花萼筒的上3/4或喉部背面，微伸出或不伸出，花丝短，长约0.5mm，花药长圆形，黄色，长1.5mm；花盘环状，无毛；子房瓶状或柱状，长2mm，无毛，花柱极短，柱头密被黄褐色短茸毛。果实浆果状，卵形或近圆球形，直径7mm，无毛，幼时绿色，成熟后红色。花期5月，果期7月。

栾川县产各山区，生于海拔1400m以上的山坡、山沟林下。河南还产于灵宝、卢氏、嵩县、西峡、内乡等地。我国陕西、甘肃、青海、四川、云南等地亦有分布。

树皮纤维韧性大，可造纸；种子可榨油；花和叶可防虫。还可作庭院观花、观果树木。

花枝

果枝

（4）甘肃瑞香（唐古特瑞香） *Daphne tangutica*

【识别要点】枝粗壮。叶披针形至倒披针形，先端钝或稀凹缺，基部渐狭或楔形，边缘常反卷，两面无毛。花外面淡紫色或紫红色，内面白色，有芳香。

常绿灌木，高0.5～2.5m，不规则多分枝；枝肉质，较粗壮，幼枝灰黄色，分枝短，较密，几无毛或散生黄褐色粗柔毛，老枝淡灰色或灰黄色，微具光泽，叶迹较小。叶互生，革质或亚革质，披针形至长圆状披针形或倒披针形，长2～8cm，宽0.5～1.7cm，先端钝，尖头通常钝，稀凹下，幼时具一束白色柔毛，基部下延于叶柄，楔形，边缘全缘，反卷，表面深绿色，背面淡绿色，干燥后茶褐色，有时表面具皱纹，两面无毛或幼时背面微被淡白色细柔毛，中脉在表面凹下，背面稍隆起，侧脉不甚显著或背面稍明显；叶柄短或几无叶柄，长约1mm，无毛。花外面紫色或紫红色，内面白色，头状花序生于小枝顶端；苞片早落，卵形或卵状披针形，长5～6mm，宽3～4mm，顶端钝尖，具1束白色柔毛，边缘具白色丝状纤毛，其余两面无毛；花序梗长2～3mm，有黄色细柔毛，花梗极短或几无花梗，具淡黄色柔毛；花萼筒圆筒形，长9～13mm，宽2mm，无毛，具显著的纵棱，裂片4，卵形或卵状椭圆形，长5～8mm，宽4～5mm，开展，先端钝，脉纹显著；雄蕊8，2轮，下轮着生于花萼筒的中部稍表面，上轮着生于花萼筒的喉部稍背面，花丝极短，花药橙黄色，长圆形，长1～1.2mm，略伸出于喉部；花盘环状，小，长不到1mm，边缘为不规则浅裂；子房长圆状倒卵形，长2～3mm，无毛，花柱粗短。果实卵形或近球形，无毛，长6～8mm，直径6～7mm，幼时绿色，成熟时红色，干燥后紫黑色；种子卵形。花期6月，果期7月。

栾川县产伏牛山，生于海拔1400m以上的山坡或灌丛中。河南还产于卢氏、灵宝、嵩县、西峡等地。我国陕西、甘肃、青海、四川、云南等地均有分布。

树皮可造纸；花和叶可防虫，也可作庭院观赏树木。

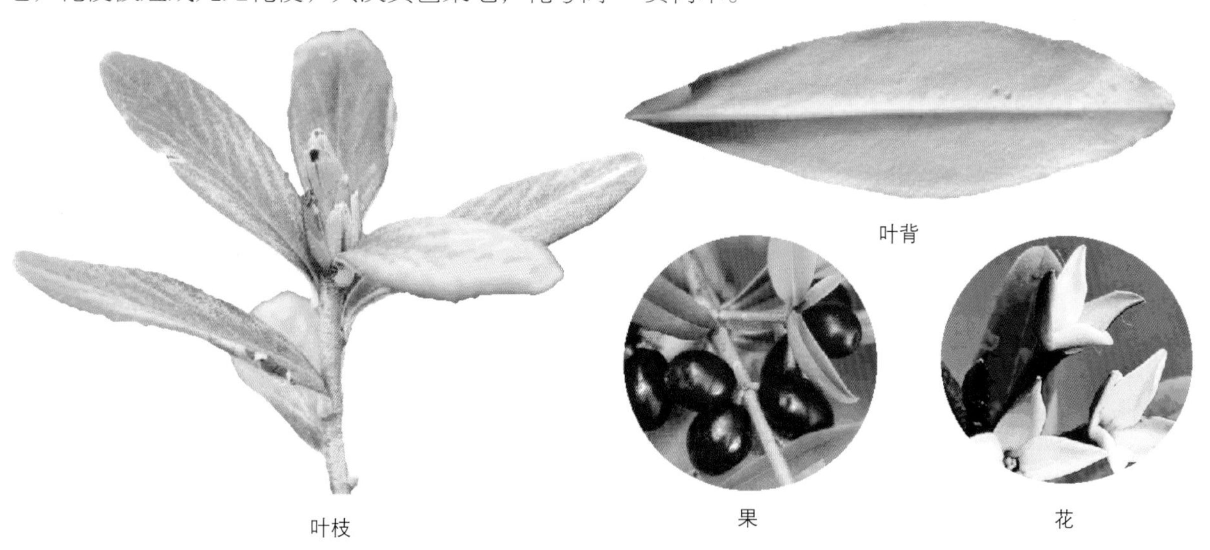

叶背

叶枝

果

花

（5）乌饭瑞香（陕西瑞香） *Daphne myrtilloides*

【识别要点】矮小灌木，幼枝被毛，老枝无毛。叶倒卵形或广椭圆形，全缘反卷，具缘毛。表面无毛，背面幼时疏被柔毛，具短柄。

落叶矮小灌木，高10～25cm；主根粗壮，近于纺锤形，具2～3个分枝，须根纤细，丝毛状；枝一般自基部发出，多而纤细，幼时圆柱形，具白色粗长柔毛，老枝淡褐色，无毛或具粗柔毛；芽卵形或近圆形，直径0.6mm，密被灰白色茸毛。叶互生，常生于枝顶端，因节间缩短而近于轮生，膜质或近纸质，倒卵形或广椭圆形，长1～3cm，宽0.5～1.6cm，先端钝形，基部楔形，边缘全缘，稍反卷，具白色长纤毛，表面绿色，无毛，背面粉绿色，幼时沿中脉散生淡黄色长柔毛，中脉在表面扁平或微凹下，背面显著隆起，侧脉3～5对，在中脉两旁对生或互生，背面较表面明显隆起；叶柄极短，长1～2mm，翅状，无毛。花簇生于枝顶端；无苞片；无花梗；花萼筒细瘦，管状，长6～7mm，直径1mm，外面疏生淡黄色细柔毛，裂片5，长圆形，长4～5mm，顶端钝形或圆形，无毛，干燥后脉纹显著；雄蕊10，2轮，分别着生于花萼筒的中部和喉部，花丝短，花药线状长圆形，长约1mm，不伸出喉部；花盘一侧发达，倒卵状三角形；子房瓶状，长约2mm，仅在顶端具淡黄色短茸毛，花柱短，长约0.5mm，柱头球形。果实未见。花期5～6月，果期7月。

栾川县产伏牛山，多生于海拔1500m左右的山坡或灌丛中。河南还产于伏牛山灵宝、卢氏等地；我国陕西、甘肃、青海等地有分布（《河南树木志》记载，未采集到图片）。

2.荛花属 *Wikstroemia*

落叶或常绿灌木或小乔木。叶互生，稀对生。花两性，无花瓣，排成顶生或腋生短总状花序或穗状花序；无苞片；花被圆筒状，喉部无鳞片，外面被柔毛，裂片4（～5）个；下位鳞片4或2个；雄蕊无柄，为花被片的2倍，2轮排列于花被管的近顶部；子房无柄，被短柔毛，柱头头状，合生或离生，近无柄。果实为核果。

约70种，产亚洲东部及大洋洲。我国产37种。河南产5种。栾川县产1种。

小黄构 *Wikstroemia micrantha*

【识别要点】枝纤细，圆柱状，无毛，幼时绿色，后变为赤褐色。叶长圆形至倒披针状长圆形，无毛，先端钝或有刺状凸尖，边缘反卷，侧脉6～11对。

灌木，高0.5～1m，枝纤细，圆柱状，无毛，幼时绿色，后变为赤褐色。叶纸质至近革质，长圆形或倒卵状至倒披针状长圆形，长1.3～4cm，宽0.4～1.7cm，无毛，先端钝或有刺状凸尖，边缘向背面反卷，侧脉6～11对，在叶缘处相互网结；叶柄极短。顶生或腋生圆锥花序，有时簇生或单生的短总状花序；花被筒状，黄色，疏被短柔毛，裂片4；雄蕊8；花盘鳞片1个，近方形，顶端2裂；子房顶端被黄色短柔毛。核果卵形，紫黑色。花期8月，果期9月。

栾川县产伏牛山，生于海拔1500m以下的山坡、河岸、路旁等处。河南还产于灵宝、卢氏、西峡、内乡等地。我国甘肃、湖北、四川等地有分布。

茎皮纤维供造纸；种子可榨油。根、茎皮入药，止咳化痰，用于治疗哮喘、风火头痛。也可作观花树木。

叶枝

花枝

（5）木半夏 *Elaeagnus multiflora*

【识别要点】通常无刺。幼枝、叶、花、果均被鳞片。叶膜质或纸质，椭圆形或卵状至倒卵状阔椭圆形，全缘，侧脉5～7对，两面均不甚明显。

落叶直立灌木，高2～3m，通常无刺，稀老枝上具刺；幼枝细弱伸长，密被锈色或深褐色鳞片，稀具淡黄褐色鳞片，老枝粗壮，圆柱形，鳞片脱落，黑褐色或黑色，有光泽。叶膜质或纸质，椭圆形或卵形至倒卵状阔椭圆形，长3～7cm，宽1.2～4cm，顶端钝尖或骤渐尖，基部钝形，全缘，表面幼时具白色鳞片或鳞毛，成熟后脱落，干燥后黑褐色或淡绿色，背面灰白色，密被银白色和散生少数褐色鳞片，侧脉5～7对，两面均不甚明显；叶柄锈色，长4～6mm。花白色，被银白色和散生少数褐色鳞片，常单生新枝基部叶腋；花梗纤细，长4～8mm；萼筒圆筒形，长5～6.5mm，在裂片背面扩展，在子房上收缩，裂片宽卵形，长4～5mm，顶端圆形或钝形，内面具极少数白色星状短柔毛，包围子房的萼管卵形，深褐色，长约1mm；雄蕊着生花萼筒喉部稍背面，花丝极短，花药细小，矩圆形，长约1mm，花柱直立，微弯曲，无毛，稍伸出萼筒喉部，长不超雄蕊。果实椭圆形，长12～14mm，密被锈色鳞片，成熟时红色；果梗在花后伸长，长15～49mm。花期5月，果期6～7月。

栾川县产各山区，生于海拔1000m以下的山坡、灌丛、林缘。河南产于各山区。分布于河北、山东、浙江、安徽、江西、福建、陕西、湖北、四川、贵州。日本也有分布。

果实、根、叶可治跌打损伤、痢疾、哮喘；果实在医药上亦可作收敛用；食品工业上可作果酒和饴糖等。也可作庭院花灌木。

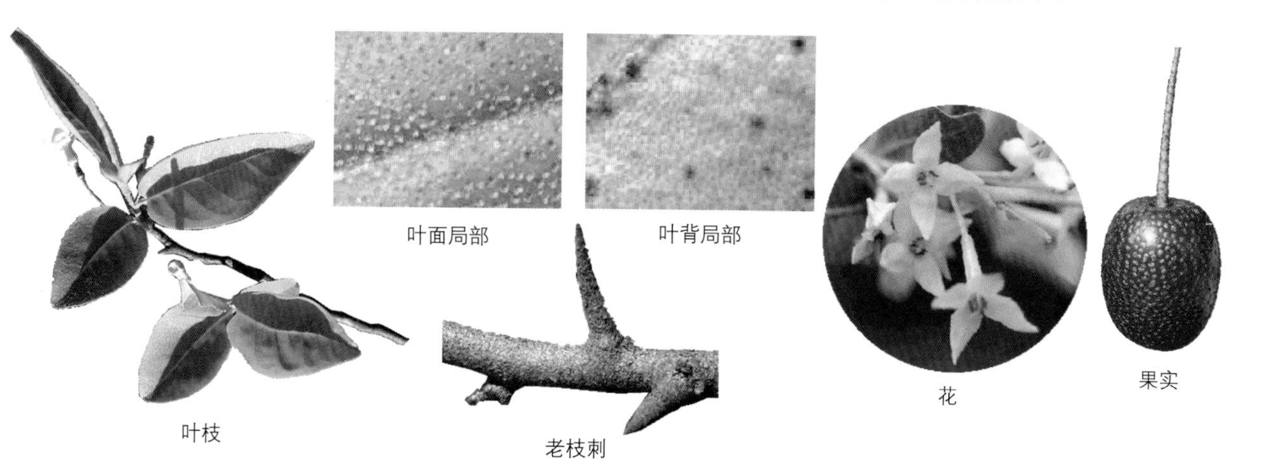

（五十二）千屈菜科 Lythraceae

草本，灌木或乔木。枝通常四棱形，有时具棘状短枝。叶对生，稀轮生或互生，全缘；托叶细小或无托叶。花两性，通常辐射对称，稀左右对称，单生或簇生，或组成顶生或腋生的穗状、总状或圆锥花序；花萼筒状或钟状，平滑或有棱，有时有距，3～6裂，很少至16裂，镊合状排列；花瓣与萼裂片同数或无花瓣，花瓣如存在，则着生萼筒边缘；雄蕊通常为花瓣的倍数，有时较多或较少，花丝长短不一；子房上位，2～6室，每室具胚珠数个，中轴胎座，花柱单生，长短不一，柱头头状，稀2裂。蒴果2～6室，稀1室，横裂、瓣裂或不规则开裂，稀不裂；种子多数，无胚乳。

约有25属，550种，广布于全世界，主要分布于热带和亚热带地区。我国有11属，约47种，南北均有。河南木本有1属，2种。栾川县栽培木本1属，2种。

紫薇属 *Lagerstroemia*

落叶或常绿灌木或乔木。叶对生或簇生小枝上部，全缘；托叶极小。花两性，顶生或腋生，组成圆锥花序；萼筒半球形，5～9裂片；花瓣通常6个或与花萼裂片同数；雄蕊6至多数；长短不一；子房3～6室，花柱长，柱头头状。蒴果木质，萼宿存；种子多数，有翅。

约55种，分布于亚洲东部、东南部、南部热带、亚热带地区，大洋洲也产。我国有16种。河南栽培有2种。栾川县栽培2种。

1.花萼无棱或脉纹，花较大，花萼长7～10mm。蒴果长1～1.2cm。小枝4棱，常有狭翅。叶无柄或极短 ……………………………………………………………… （1）紫薇 *Lagerstroemia indica*

1.花萼具10～12条脉纹，花较小，花萼长不及5mm。蒴果长6～8mm。小枝圆柱形或具不明显4棱。叶柄2～5mm …………………………………………… （2）南紫薇 *Lagerstroemia subcostata*

（1）紫薇（百日红 痒痒树） *Lagerstroemia indica*

【识别要点】树皮脱落、树干平滑。小枝具4棱，略成翅状。叶互生或有时对生，顶端短尖或钝形，有时微凹，侧脉3～7对；无柄或叶柄极短。花较大，淡红色或紫色、白色，花期长达3个月以上。

落叶灌木或小乔木，高可达7m；树皮脱落，树干平滑，灰色或灰褐色；枝干多扭曲，小枝纤细，具4棱，略成翅状。叶互生或有时对生，纸质，椭圆形、阔矩圆形或倒卵形，长2.5～7cm，宽1.5～4cm，顶端短尖或钝形，有时微凹，基部阔楔形或近圆形，无毛或背面沿中脉有微柔毛，侧脉3～7对，小脉不明显；无柄或叶柄很短。花淡红色或紫色、白色，直径3～4cm，常组成7～20cm的顶生圆锥花序；花梗长3～15mm，中轴及花梗均被柔毛；花萼长7～10mm，外面平滑无棱，但鲜时萼筒有微突起短棱，两面无毛，裂片6，三角形，直立，无附属体；花瓣6，皱缩，长12～20mm，具长爪；雄蕊36～42，外面6枚着生于花萼上，比其余的长得多；子房3～6室，无毛。蒴果椭圆状球形或阔椭圆形，长1～1.3cm，幼时绿色至黄色，成熟时或干燥时呈紫黑色，室背开裂；种子有翅，长约8mm。花期6～9月，果期9～12月。

原产亚洲。栾川县有广泛栽培，在栾川乡七里坪村有一株古树，树龄达150年。河南各地有栽培。我国南北均为栽培。因花期长且红色居多，故称“百日红”。在栾川县也有人称其为“芙蓉花”。

喜暖湿气候，亦抗寒；喜光，稍耐阴；喜深厚肥沃的沙质壤土，耐干旱，忌涝，忌种植在地下水位高的低湿地方。萌蘖性强，有较强的抗污染能力，对二氧化硫、氟化氢及氯气的抗性较强。

多用扦插繁殖，也可用种子繁殖。耐修剪。

木材坚硬，耐腐，可作农具、家具、建筑等用材。树皮、叶及花为强泻剂；根和树皮煎剂可治咯血、吐血、便血。花色鲜艳美丽，为优良的观花树木。

本种在我国已有1500余年的栽培历史，品种众多。可分为5个品种群：**堇薇品种群（*L.indica***

Amabilis Group）,花瓣紫色或蓝紫色，瓣爪紫色、红色、粉色；**银薇品种群**（*L.indica* Alba Group），花瓣白色，瓣爪绿色、紫色、粉色；**红薇品种群**（*L.indica* Rubra Group）,花瓣红色、粉色，瓣爪红色、粉色、紫色；**洒金品种群**（*L. indica* Sajin Group）,花瓣复色，有红白结合、紫白结合、紫粉结合等，瓣爪紫色、红色、粉色、绿色等；**矮生品种群**（*L. indica* Aisheng Group），株型小，属矮生灌木，花瓣有白、红、粉、紫等色或复色，瓣爪紫、红、绿、粉等色。

植株　干　叶面　叶背　花　蒴果　小枝

（2）南紫薇　*Lagerstroemia subcostata*

【识别要点】叶膜质，矩圆形、矩圆状披针形，顶端渐尖，基部阔楔形，表面通常无毛或有时散生短柔毛，背面无毛或微被柔毛或沿中脉被短柔毛，侧脉3～10对，顶端连结；叶柄长2～4mm。花小，白色或玫瑰色。

落叶乔木或灌木，高可达14m；树皮薄，灰白色或茶褐色，无毛或稍被短硬毛。叶膜质，矩圆形、矩圆状披针形，稀卵形，长2～9（11）cm，宽1～4.4（5）cm，顶端渐尖，基部阔楔形，表面通常无毛或有时散生小柔毛，背面无毛或微被柔毛或沿中脉被短柔毛，有时脉腋间有丛毛，中脉在表面略下陷，在背面凸起，侧脉3～10对，顶端连结；叶柄短，长2～4mm。花小，白色或玫瑰色，直径约1cm，组成顶生圆锥花序，长5～15cm，具灰褐色微柔毛，花密生；花萼有棱10～12条，长3.5～4.5mm，5裂，裂片三角形，直立，内面无毛；花瓣6，长2～6mm，皱缩，有爪；雄蕊15～30，约5～6枚较长，12～14枚较短，着生于萼片或花瓣上，花丝细长；子房无毛，5～6室。蒴果椭圆形，长6～8mm，3～6瓣裂；种子有翅。花期6～8月，果期7～10月。

栾川县有栽培，见于洛钼集团院内等地。河南各地均有栽培。分布于台湾、广东、广西、湖南、湖北、江西、福建、浙江、江苏、安徽、四川及青海等地。日本也有分布。

花、根入药，败毒消瘀，用于治疗疟疾等症。为庭院观花树木。

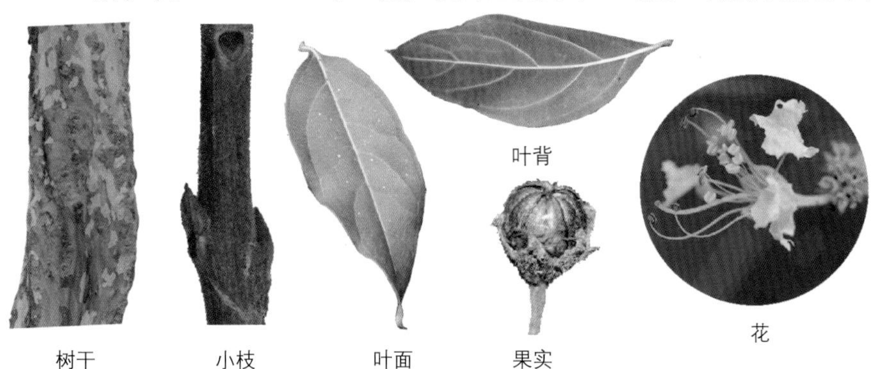
树干　小枝　叶面　叶背　果实　花　果枝

（五十三）石榴科 Punicaceae

落叶灌木或小乔木。冬芽小，芽鳞2个。单叶对生或短枝簇生，全缘，无托叶。花两性，1～5朵生于小枝顶端或腋生；萼筒钟状或筒状，裂片5～7，肥厚，革质，镊合状排列，宿存；花瓣5～7，覆瓦状排列；雄蕊多数；子房下位或半下位，具8～12心皮，初期子房各室排列为2轮，中轴胎座，发育中，外轮5～9室上升到内轮之上，形成背面3心皮具中轴胎座，上层5～7心皮具侧膜胎座，胚珠多数，花柱单一，柱头头状。果实为浆果状，球形，果皮肥厚革质；种子多数，外种皮肉质，无胚乳。

仅有1属、2种，产地中海至亚洲西部。我国引入栽培的有1种。河南有1种，6个栽培变种。栾川县有1种，6栽培变种。

石榴属 *Punica*

形态特征与科相同。

石榴（安石榴） *Punica granatum*

【识别要点】枝顶常有棘刺，幼枝具棱角，无毛。叶倒卵形至长圆状披针形，先端尖或钝，基部楔形，全缘，平滑，具短柄。花红色。

灌木或小乔木，高2～5m。枝顶常有棘刺，幼枝具棱角，无毛。叶倒卵形至长圆状披针形，长2～6cm，宽1～2.5cm，先端尖或钝，基部楔形，全缘，平滑，具短柄。花红色，稀白色，直径2.5～4cm；萼红色，革质，5～7裂，裂片肥厚；花瓣通常6个，倒卵形，长1.5～2cm；雄蕊多数，着生于萼筒上，花丝丝状；子房上部为侧膜胎座，下部3室为中轴胎座。浆果近球形，直径7～10cm，内具薄隔膜；种子多数，外种皮淡红色，有棱角，富含水分，可供食用。内种皮骨质。花期6～7月，果期9月。

原产巴尔干半岛至伊朗及其近邻地区。河南各地有栽培，栾川县栽培广泛，为常见庭院绿化树种及果树。我国各地也广为栽培。

喜光、喜温暖气候，也耐寒冷、耐干旱。以排水良好、较湿润沙壤土或壤土为宜，如略带黏性、富含钙质，则发育更好，结果也多。扦插、播种或嫁接繁殖。

果实为优良果品。根皮、树皮均含鞣质，可提制栲胶，亦可作黑色染料。果皮入药，能涩肠止血，治慢性下痢及肠痔出血等症；根皮可驱绦虫和蛔虫。

园艺栽培变种很多。庭院常见有：

白花石榴‘Albescena’花白色，单瓣。

月季石榴‘Nana’低矮灌木，高约1m。枝密而细，多向上直伸，叶线形，花果均较小。

黄花石榴‘Flavescens’花黄色、单瓣。

重瓣白花石榴 ‘Multiplex’花白色，重瓣。

重瓣红花石榴‘Planiflora’花大红色，重瓣，大型。

玛瑙石榴‘Lagrellei’花重瓣，有红色或黄白色条纹。

叶枝

叶

花

果实

种子

（五十四）八角枫科 Alangiaceae

灌木或乔木，有时具刺。单叶互生，全缘或分裂，基部两侧常不对称，有长柄；无托叶。腋生聚伞花序；花两性，辐射对称；花梗具关节；苞片早落；萼与子房贴生，缘具4～10齿裂；花瓣与萼片同数，条形或舌形，镊合状排列，后反卷；雄蕊与花瓣同数，或为其2～4倍；花盘肉质上位；子房下位，1～2室，每室具1下垂倒生胚珠，花柱圆筒形，柱头全缘或2～3裂。核果椭圆形、卵形或近球形，顶端有宿存的萼齿和花盘；种子1个，有胚乳。

仅1属。

八角枫属 *Alangium*

形态特征同科。

约30余种，分布于亚洲、大洋洲和非洲。我国有9种，除黑龙江、内蒙古、新疆、宁夏和青海外，其余各地均有分布。河南有3种，3亚种，1变种。栾川县2种。

1.叶片近圆形，常3～5裂；叶柄长3.5～5cm。每花序1～6朵花，花瓣长2.5～3.5cm。核果长8～12mm ……………………………………………………………（1）瓜木 *Alangium platanifolium*

1.叶片卵形或圆形，全缘或3～7裂；叶柄长2.5～3.5cm。花序7～30朵花，花瓣长1～1.5cm。核果长5～7mm ……………………………………………………………（2）八角枫 *Alangium chinense*

（1）瓜木（八角枫） *Alangium platanifolium*

【识别要点】树皮平滑，小枝纤细近圆柱形，常稍弯曲，略呈“之”字形。叶纸质，近圆形，常3～5裂，边缘呈波状或钝锯齿状。基出脉3～5条。

落叶灌木或小乔木，高5～7m；树皮平滑，灰色或深灰色；小枝纤细，近圆柱形，常稍弯曲，略呈“之”字形，当年生枝淡黄褐色或灰色，近无毛；冬芽圆锥状卵圆形，鳞片三角状卵形，覆瓦状排列，外面有灰色短柔毛。叶纸质，近圆形，稀阔卵形或倒卵形，顶端钝尖，基部近于心形或圆形，长11～13（18）cm，宽8～11（18）cm，3～5裂，稀7裂，边缘呈波状或钝锯齿状，表面深绿色，背面淡绿色，两面除沿叶脉或脉腋幼时有长柔毛或疏柔毛外，其余部分近无毛；主脉3～5条，由基部生出，常呈掌状，侧脉5～7对，和主脉相交成锐角，均在叶表面显著，背面微凸起，小叶脉仅在背面显著；叶柄长3.5～5（10）cm，圆柱形，稀表面稍扁平或略呈沟状，基部粗壮，向顶端逐渐细弱，有稀疏的短柔毛或无毛。聚伞花序腋生，长3～3.5cm，通常有3～5花，总花梗长1.2～2cm，花梗长1.5～2cm，几无毛，花梗上有线形小苞片1枚，长5mm，早落，外面有短柔毛；花萼近钟形，外面具稀疏短柔毛，裂片5，三角形，长和宽均约1mm，花瓣6～7，线形，白色或淡黄色，外面有短柔毛，近基部较密，长2.5～3.5cm，宽1～2mm，基部黏合，上部开花时反卷；雄蕊6～7，较花瓣短，花丝略扁，长8～14mm，微有短柔毛，花药长1.5～2.1cm，药隔内面无毛，外面无毛或有疏柔毛；花盘肥厚，近球形，无毛，微现裂痕；子房1室，花柱粗壮，长2.6～3.6cm，无毛，柱头扁平。核果长卵圆形或长椭圆形，长8～12mm，直径4～8mm，顶端有宿存的花萼裂片，有短柔毛或无毛，有种子1颗。花期3～7月，果期7～9月。

栾川县产各山区，多生于海拔1400m以下土质比较疏松而肥沃的向阳山坡或疏林中。河南产于大别山、桐柏山、伏牛山及太行山。广布吉林、辽宁、河北、山西、陕西、甘肃、山东、浙江、台湾、江西、湖北、四川、贵州和云南东北部。朝鲜和日本也有分布。

树皮含鞣质，纤维可供人造棉、造纸及绳索等用。叶可作饲料，根皮药用，治风湿和跌打损伤。材质轻软，可制家具、器具。

叶枝

干

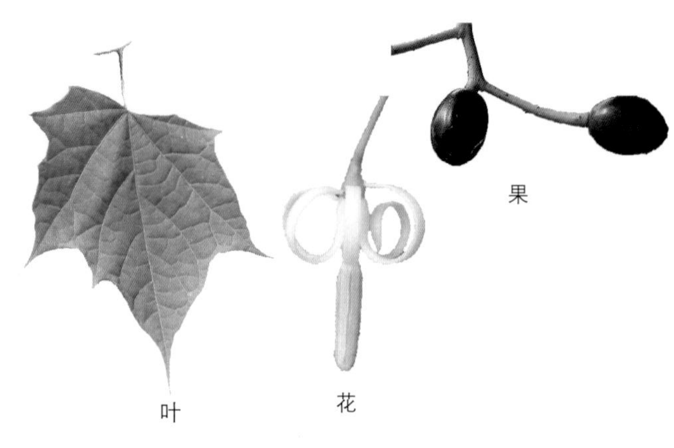
叶 花 果

（2）八角枫（华瓜木） *Alangium chinense*

【识别要点】小枝略呈“之”字形，幼枝紫绿色。叶纸质，近圆形或椭圆形，卵形，不分裂或3～7裂，基出脉3～5，呈掌状，幼时两面疏生柔毛，后仅脉腋及沿脉有短柔毛。

落叶乔木或灌木，高3～5m，稀达15m，胸径20cm；小枝略呈“之”字形，幼枝紫绿色，无毛或有稀疏的疏柔毛，冬芽锥形，生于叶柄的基部内，鳞片细小。叶纸质，近圆形或椭圆形、卵形，顶端短锐尖或钝尖，基部两侧常不对称，一侧微向下扩张，另一侧向上倾斜，阔楔形、截形、稀近于心形，长13～19（26）cm，宽9～15（22）cm，不分裂或3～7（9）裂，裂片短锐尖或钝尖，叶表面深绿色，无毛，背面淡绿色，除脉腋有丛状毛外，其余部分近无毛；基出脉3～5（7），呈掌状，侧脉3～5对；叶柄长2.5～3.5cm，紫绿色或淡黄色，幼时有微柔毛，后无毛。聚伞花序腋生，长3～4cm，被稀疏微柔毛，有7～30（50）花，花梗长5～15mm；小苞片线形或披针形，长3mm，常早落；总花梗长1～1.5cm，常分节；花冠圆筒形，长1～1.5cm，花萼长2～3mm，顶端分裂为5～8枚齿状萼片，长0.5～1mm，宽2.5～3.5mm；花瓣6～8，线形，长1～1.5cm，宽1mm，基部黏合，上部开花后反卷，外面有微柔毛，初为白色，后变黄色；雄蕊和花瓣同数而近等长，花丝略扁，长2～3mm，有短柔毛，花药长6～8mm，药隔无毛，外面有时有褶皱；花盘近球形；子房2室，花柱无毛，疏生短柔毛，柱头头状，常2～4裂。核果卵圆形，长5～7mm，直径5～8mm，幼时绿色，成熟后黑色，顶端有宿存的萼齿和花盘，种子1颗。花期5～7月，果期7～11月。

栾川县产伏牛山，生于海拔1800m以下的山谷杂木林中。河南产于大别山、桐柏山及伏牛山。分布于陕西、甘肃、江苏、浙江、安徽、福建、台湾、江西、湖北、湖南、四川、贵州、云南、广东、广西和西藏南部。东南亚及非洲东部各国也有分布。

种子繁殖。

树皮纤维作人造棉、绳索，含纤维16%左右。木材淡黄棕色，结构细致，材质稍软而轻，可作家具及天花板。根茎叶均入药，能祛风除湿、散瘀止血，主治风湿瘫痪、跌打损伤，有小毒。全株可制土农药，杀蚜虫。也可作庭院绿化树种。

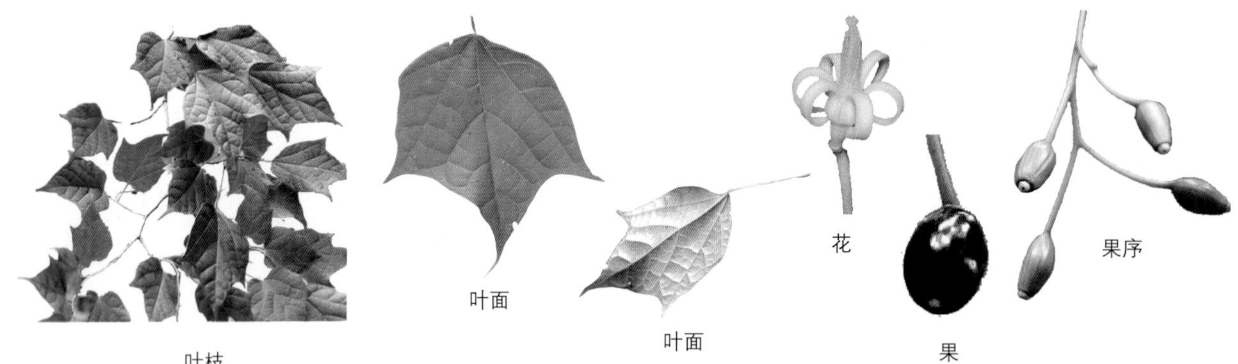
叶枝 叶面 叶面 花 果 果序

（五十五）五加科 Araliaceae

乔木、灌木或木质藤本，稀多年生草本，有刺或无刺。叶互生，稀轮生，单叶、掌状复叶或羽状复叶；托叶通常与叶柄基部合生成鞘状，稀无托叶。花整齐，两性或杂性，稀单性异株，聚生为伞形花序、头状花序、总状花序或穗状花序，通常再组成圆锥状复花序；苞片宿存或早落；小苞片不显著；花梗无关节或有关节；萼筒与子房合生，边缘波状或有萼齿；花瓣5～10，在花芽中镊合状排列或覆瓦状排列，通常离生，稀合生成帽状体；雄蕊与花瓣同数而互生，有时为花瓣的两倍，或无定数，着生于花盘边缘；花丝线形或舌状；花药长圆形或卵形，丁字状着生；子房下位，2～15室，稀1室或多室至无定数；花柱与子房室同数，离生；或下部合生上部离生，或全部合生成柱状，稀无花柱而柱头直接生于子房上；花盘上位，肉质，扁圆锥形或环形；胚珠倒生，单个悬垂于子房室的顶端。果实为浆果或核果，形小，通常有纵棱；外果皮通常肉质，内果皮骨质、膜质，或肉质而与外果皮不易区别。种子通常侧扁，胚乳均一或嚼烂状。

约有80属900多种，分布于两半球热带至温带地区。我国有22属，160多种，除新疆未发现外，分布于全国各地。河南连栽培有6属，20种，8变种，1变型。栾川县连栽培6属，14种，3变种。

1. 单叶：
  2.直立植物：
    3.植物体无刺，托叶不明显 ······ 1.八角金盘属 *Fatsia*
    3.植物体有刺，无托叶 ······ 3.刺楸属 *Kalopanax*
  2.攀援藤本植物 ······ 2.常春藤属 *Hedera*
1.掌状复叶或羽状复叶：
  4.掌状复叶：
    5.枝有刺，稀无刺，托叶无或不明显 ······ 4.五加属 *Acanthopanax*
    5.植物体无刺，托叶和叶柄基部合生成鞘状 ······ 6. 鹅掌柴属 *Schefflera*
  4.羽状复叶 ······ 5.楤木属 *Aralia*

1. 八角金盘属 *Fatsia*

灌木或小乔木。叶为单叶，叶片掌状分裂，托叶不明显。花两性或杂性，聚生为伞形花序，再组成顶生圆锥花序；花梗无关节；萼筒全缘或有5小齿；花瓣5，在花芽中镊合状排列；雄蕊5；子房5或10室；花柱5或10，离生；花盘隆起。果实球形。

有2种，一种分布于日本，另一种系我国台湾特产。河南及栾川县均有室内栽培。

八角金盘 *Fatsia japonica*

【识别要点】叶革质，掌状，7～9深裂，表面有光泽，边缘有锯齿或呈波状，有时边缘金黄色，叶柄长，基部肥厚。由枝梢叶腋抽生球状伞形花序，小花白色。

常绿灌木。枝幼时有棕色长茸毛，后毛渐脱落变无毛。叶片大，圆形，直径15～30cm，掌状7～9深裂，裂片卵状长圆形至长圆状椭圆形，先端长尾状渐尖，基部狭缢，表面绿色，背面淡绿色，两面幼时有棕色茸毛，后无毛，边缘有疏锯齿，齿有上升的小尖头，放射状主脉7条，背面明显；叶柄和叶片等长或略短，基部有纤毛；托叶不明显。圆锥花序大，顶生，长30～40cm，基部分枝长14cm，密生黄色茸毛；伞形花序直径2.5cm，有花约20朵；总花梗长1.5cm；苞片膜

质，卵形，长0.5～1cm，密生棕色茸毛；小苞片线形；花梗无关节，长约1cm，有短柔毛；萼筒短，边缘近全缘，有10棱；花瓣长三角形，膜质，先端尖，长约3.5mm，开花时反卷；花丝线形，较花瓣长，外露；子房5室，有时8～11室；花柱10，有时8～11，离生，长约0.5mm；花盘隆起。果球形，紫黑色，外被白粉。花期11月，果期翌年4月。

原产日本。我国华北、华东、云南等地有栽培。栾川县以盆栽花卉的形式引种栽培。

叶

叶局部

花放大

果

花序

2.常春藤属 *Hedera*

常绿藤本，有气生根。单叶互生，叶片在不育枝上的通常有裂片或裂齿，在花枝上的常不分裂；叶柄细长，无托叶。伞形花序单个顶生，或几个组成顶生短圆锥花序；苞片小；花梗无关节；花两性；萼筒近全缘或有5小齿；花瓣5，在花芽中镊合状排列；雄蕊5；子房5室，花柱合生成短柱状。果实球形。种子卵圆形；胚乳嚼烂状。

约有5种，分布于亚洲、欧洲和非洲北部。我国有2变种。河南连栽培有1种，1变种，栾川县也有。

1.幼枝和花序具鳞片 ………………………………………… （1）常春藤 *Hedera nepalensis* var. *sinensis*

1.幼枝和花序具星状毛 …………………………………………………… （2）洋常春藤 *Hedera helix*

（1）常春藤 *Hedera nepalensis* var. *sinensis*

【识别要点】茎有气生根；1年生枝、花序具鳞片。叶形多样，不育枝上的多为三角状，花枝上多为椭圆状等。伞形花序，花淡黄白色或淡绿白色，芳香。

常绿藤本。茎灰棕色或黑棕色，有气生根；1年生枝疏生锈色鳞片，鳞片通常有10～20条辐射肋。叶片革质，在不育枝上通常为三角状卵形或三角状长圆形，稀三角形或箭形，长5～12cm，宽3～10cm，先端短渐尖，基部截形，稀心形，边缘全缘或3裂，花枝上的叶片通常为椭圆状卵形至椭圆状披针形，略歪斜而带菱形，稀卵形或披针形，极稀为阔卵形、圆卵形或箭形，长5～16cm，宽1.5～10.5cm，先端渐尖或长渐尖，基部楔形或阔楔形，稀圆形，全缘或有1～3浅裂，表面深绿色，有光泽，背面淡绿色或淡黄绿色，无毛或疏生鳞片，侧脉和网脉两面均明显；叶柄细长，长2～9cm，有鳞片，无托叶。伞形花序单个顶生，或2～7个总状排列或伞房状排列成圆锥花序，直径1.5～2.5cm，有花5～40朵；总花梗长1～3.5cm，通常有鳞片；苞片小，三角形，长1～2mm；花梗长0.4～1.2cm；花淡黄白色或淡绿白色，芳香；萼密生棕色鳞片，长2mm，边缘近全缘；花瓣三角状卵形，长3～3.5mm，外面有鳞片；花丝长2～3mm，花药紫色；花盘隆起，黄色；花柱全部合生成柱状。果实球形，红色或黄色，直径7～13mm；宿存花柱长1～1.5mm。花期9～11月，果期次年3～5月。

栾川县零星分布于伏牛山，生于海拔1000m以下的山坡林下，有栽培。河南产于大别山、桐柏山和伏牛山。我国分布地区广泛，北自甘肃东南部、陕西南部、山东，南至广东（海南岛除外）、江西、福建，西自西藏波密，东至江苏、浙江的广大区域内均有生长。越南也有分布。本变种的原种**尼泊尔常春藤** *Hedera nepalensis*分布于尼泊尔。

全株供药用，有祛风除湿、活血通络、消肿止痛之效。茎叶含鞣质，可提制栲胶。为园林绿化树种，常用于垂直绿化。

植株　叶形　气生根　花　果实

（2）洋常春藤　*Hedera helix*

与常春藤的主要区别：幼枝和花序被星状毛。营养枝叶3～5裂。原产欧洲。河南各地有栽培。栾川县也有栽培。栽培变种有：**斑叶常春藤**‘Argenteo-variegata’；**黄边常春藤**‘Aureo-variegata’；**红边常春藤**‘Tricolor’；**掌状常春藤**‘Digitata’等。

营养枝　叶背　花

3.刺楸属 *Kalopanax*

有刺灌木或乔木。叶为单叶，在长枝上疏散互生，在短枝上簇生；叶柄长，无托叶。花两性，聚生为伞形花序，再组成顶生圆锥花序；花梗无关节；萼筒边缘有5小齿；花瓣5，在花芽中镊合状排列；子房2室；花柱2，合生成柱状，柱头离生。果实近球形。种子扁平；胚乳均一。

本属仅1种，分布于亚洲东部。我国南北均产。河南有1种及1变种。栾川县1种。

刺楸（老虎刺） *Kalopanax septemlobus*

【识别要点】民间常把本种与楤木属*Aralia*的楤木*Aralia chinensis*都称作老虎刺，易混淆。二者的主要区别是：①本种为单叶、掌状5～7裂，后者为复叶。②本种小枝散生粗刺且刺基部扁平，后者小枝有茸毛、疏生细刺。③本种为乔木，后者为灌木或小乔木，高不过5m。

落叶乔木，高10～30m。树皮暗灰棕色；小枝淡黄棕色或灰棕色，散生粗刺；刺基部宽阔扁平，通常长5～6mm，基部宽6～7mm，在茁壮枝上的长达1cm以上，宽1.5cm以上。叶纸质，在长枝上互生，在短枝上簇生，圆形或近圆形，直径9～25cm，稀达35cm，掌状5～7浅裂，裂片阔三角状卵形至长圆状卵形，长不及全叶片的1/2，茁壮枝上的叶片分裂较深，裂片长超过全叶片的1/2，先端渐尖，基部心形，表面深绿色，无毛或几无毛，背面淡绿色，幼时疏生短柔毛，边缘有细锯齿，放射状主脉5～7条，两面均明显；叶柄细长，长8～50cm，无毛。圆锥花序大，长15～25cm，直径20～30cm；伞形花序直径1～2.5cm，有花多数；总花梗细长，长2～3.5cm，无毛；花梗细长，无关节，无毛或稍有短柔毛，长5～12mm；花白色或淡绿黄色；萼无毛，长约1mm，边缘有5小齿；花瓣三角状卵形，长约1.5mm；花丝长3～4mm；花盘隆起；花柱合生成柱状，柱头离生。果实球形，直径约5mm，蓝黑色；宿存花柱长2mm。花期7～10月，果期9～12月。

栾川县广泛分布于各山区，生于海拔1500m以下的山坡或山谷杂木林中。河南产于各山区。在我国分布广泛，北至东北，南至广东、广西、云南，西自四川西部，东至海滨的广大区域内均有分布。朝鲜、俄罗斯和日本也有分布。

种子繁殖。种子休眠期长，播种前需用变温法作催芽处理，先温暖层积、后低温层积，每亩用种量2.6～4kg。

木材坚实，纹理美观，有光泽，易施工，供建筑、家具、车辆、乐器、雕刻等用。根皮入药，有清热祛痰、收敛镇痛、祛风利湿、活血之效。嫩叶可食。树皮及叶含鞣酸，可提制栲胶，种子可榨油，供工业用。为浅山及中山土壤深厚立地条件的造林树种，也可作园林行道树及庭院观叶树种。

树干

叶枝　小枝　花序　果序

4.五加属 *Acanthopanax*

灌木，直立或蔓生，稀为乔木；枝有刺，稀无刺。叶为掌状复叶，有小叶3～5，托叶不存在或不明显。花两性，稀单性异株；伞形花序或头状花序通常组成复伞形花序或圆锥花序；花梗无关节或有不明显关节；萼筒边缘有5～4小齿，稀全缘；花瓣5，稀4，在花芽中镊合状排列；雄蕊5，花丝细长；子房5～2室；花柱5～2， 离生、基部至中部合生，或全部合生成柱状，宿存。果实球形或扁球形，有5～2棱；种子的胚乳均一。

约有35种，分布于亚洲。我国有26种，分布几遍及全国。河南有12种，4变种及变型。栾川县有8种，1变种。

1.子房5室，稀4～3室：
  2.花柱基部至中部以下合生；伞形花序单生：
    3.枝无刺。伞形花序较大，直径3～4cm……………… （1）太白山五加 *Acanthopanax stenophyllus*
    3.枝密生直刺。伞形花序较小，直径1.5～2.5cm …………… （2）红毛五加 *Acanthopanax giraldii*
  2.花柱全部合生成柱状；伞形花序常组成复伞形花序或短圆锥花序：
    4.枝刺细长，直而不弯曲：
      5.小叶片革质，背面灰白色 …………………………… （3）蜀五加 *Acanthopanax setchuenensis*
      5.小叶片纸质或膜质，背面非灰白色 …………………… （4）刺五加 *Acanthopanax senticosus*
    4.枝刺粗壮，通常弯曲 ……………………………………………… （5）糙叶五加 *Acanthopanax henryi*
1.子房2室：
  6.花柱离生或基部至中部以下合生：
    7.伞形花序腋生或生于短枝顶端 …………………………… （6）五加 *Acanthopanax gracilistylus*
    7.伞形花序顶生 ………………………………………………………（7）白簕 *Acanthopanax trifoliatus*
  6.花柱合生成柱状，仅柱头裂片离生 ……………………… （8）两歧五加 *Acanthopanax divaricatus*

（1）太白山五加 *Acanthopanax stenophyllus*

【识别要点】小枝及叶无毛、无刺。小叶3～5个，纸质，披针形至长圆状披针形，先端尖或渐尖，基部狭尖，两面无毛，边缘有细锐锯齿或重锯齿，侧脉6～10对。

灌木，高2～3m；小枝无毛或几无毛，无刺。小叶3～5；叶柄长3～7cm，无毛，无刺；小叶纸质，披针形至长圆状披针形，长2～6.5cm，宽0.4～1.5cm，先端尖或渐尖，基部狭尖，两面无毛，边缘有细锐锯齿或重锯齿，侧脉6～10对，两面不甚明显，网脉表面不明显，背面明显；小叶柄短，长2～4mm。伞形花序单个顶生，有花多数；总花梗长约5mm，花后延长至2cm；萼无毛，边缘有5小齿；花瓣5，三角状卵形，长约1.2mm；子房5室，稀3～4室；花柱5，稀3～4，仅基部合生。果实球形，有5棱，直径5～7mm。花期6月，果期8～9月。

花枝

花序

栾川县产伏牛山，生于山坡或山谷杂木林中。河南还产于卢氏、西峡。分布于陕西（太白山）。

（2）红毛五加（纪氏五加） *Acanthopanax giraldii*

【识别要点】小枝灰棕色，密生直刺，刺下向，细长针状。小叶5，稀3，倒卵状长圆形，两面均无毛，边缘有不整齐细重锯齿，侧脉5对；无小叶柄或几无小叶柄。

灌木，高1～3m；枝灰色；小枝灰棕色，无毛或稍有毛，密生直刺，稀无刺，刺下向，细长针状。叶有小叶5，稀3；叶柄长3～7cm，无毛，稀有细刺；小叶薄纸质，倒卵状长圆形，稀卵形，长2.5～6cm，宽1.5～2.5cm，先端尖或短渐尖，基部狭楔形，两面均无毛，边缘有不整齐细重锯齿，侧脉5对，两面不甚明显，网脉不明显；无小叶柄或几无小叶柄。伞形花序单个顶生，直径1.5～2cm，有花多数；总花梗粗短，长5～7mm，稀长至2cm，有时几无总花梗，无毛；花梗长5～7mm，无毛；花白色；萼长约2mm，边缘近全缘，无毛；花瓣5，卵形，长约2mm；花丝长约2mm；子房5室；花柱5，基部合生。果实球形，有5棱，黑色，直径8mm。花期6～7月，果期8～10月。

栾川县产伏牛山，生于海拔1300m左右的灌丛或杂木林中。河南还产于卢氏、西峡。分布于青海、甘肃、宁夏、四川、陕西、湖北。

树皮入药，祛风湿、强筋骨、通关节，用于治疗痿症、足膝无力、风湿痹痛。可作庭院观叶树木。

果枝

幼枝

复叶

果

花序

（3）蜀五加 *Acanthopanax setchuenensis*

【识别要点】枝节上有一至数个刺，刺细长，针状，基部不膨大。小叶3，稀4～5，叶柄长3～12cm；小叶两面均无毛，背面灰白色，侧脉约8对。

灌木，高达4m；枝节上有一至数个刺，刺细长，针状，基部不膨大。叶通常有小叶3，稀4～5，叶柄长3～12cm；小叶革质，长圆状椭圆形至长圆状卵形，先端短渐尖、渐尖至尾尖状，基部宽楔形至近圆形，长5～12cm，宽2～6cm，表面深绿色，背面灰白色，两面均无毛，边缘全缘、疏生齿牙状锯齿或不整齐细锯齿，侧脉约8对，表面不及背面明显，网脉不甚明显；小叶柄长3～10mm，无毛。伞形花序单个顶生，或数个组成短圆锥状花序，直径约3cm，有花多数；总花梗长3～10cm；花梗长0.5～2cm；花白色；萼无毛，边缘有5小齿；花瓣5，三角状卵形，长约2mm，开花时反

花枝

曲；花丝长2～2.5mm；子房5室，花柱全部合生成柱状。果实球形，有5棱，直径6～8mm，黑色，宿存花柱长1～1.2mm。花期5～8月，果期8～10月。

栾川县产伏牛山，生于海拔1000m以上的灌木丛中。河南还产于卢氏、灵宝、西峡。分布于甘肃、陕西、湖北、四川和贵州。

种子或分株繁殖。

根皮入药，祛风除湿、强筋壮骨，用于治疗风湿关节痛、腰腿酸痛、半身不遂、跌打损伤、水肿、小儿麻痹症、咳嗽、哮喘等。可作庭院观叶树木。

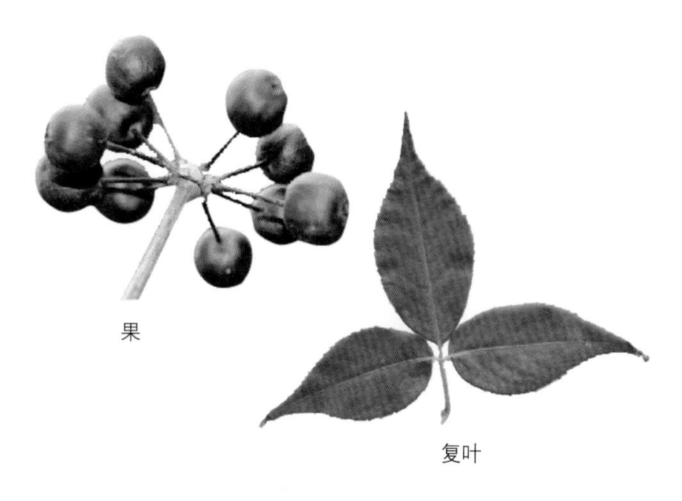

果

复叶

（4）刺五加 *Acanthopanax senticosus*

【识别要点】1、2年生枝通常密生刺，刺直而细长，针状，向下，基部不膨大，脱落后遗留圆形刺痕。小叶5，叶柄常疏生细刺；小叶表面粗糙，脉上有粗毛，背面脉上有短柔毛，边缘有锐利重锯齿，侧脉6～7对。

灌木，高1～6m；分枝多，1、2年生的通常密生刺，稀仅节上生刺或无刺；刺直而细长，针状，向下，基部不膨大，脱落后遗留圆形刺痕，叶有小叶5，稀3；叶柄常疏生细刺，长3～10cm；小叶纸质，椭圆状倒卵形或长圆形，长5～13cm，宽3～7cm，先端渐尖，基部阔楔形，表面粗糙，深绿色，脉上有粗毛，背面淡绿色，脉上有短柔毛，边缘有锐利重锯齿，侧脉6～7对，两面明显，网脉不明显；小叶柄长0.5～2.5cm，有棕色短柔毛，有时有细刺。伞形花序单个顶生，或2～6个组成稀疏的圆锥花序，直径2～4cm，有花多数；总花梗长5～7cm，无毛；花梗长1～2cm，无毛或基部略有毛；花紫黄色；萼无毛，边缘近全缘或有不明显的5小齿；花瓣5，卵形，长至2mm；雄蕊长1.5～2mm；子房5室，花柱全部合生成柱状。果实球形或卵球形，有5棱，黑色，直径7～8mm，宿存花柱长1.5～1.8mm。花期6～7月，果期8～10月。

栾川县产各山区，生于海拔1500m以上的林下及灌丛中。河南产于太行山和伏牛山北坡。分布于黑龙江、吉林、辽宁、河北和山西。朝鲜、日本和俄罗斯也有分布。

种子榨油可制肥皂；根茎皮入药，可代“五加皮”，有舒筋活血、祛风湿之效。

花枝

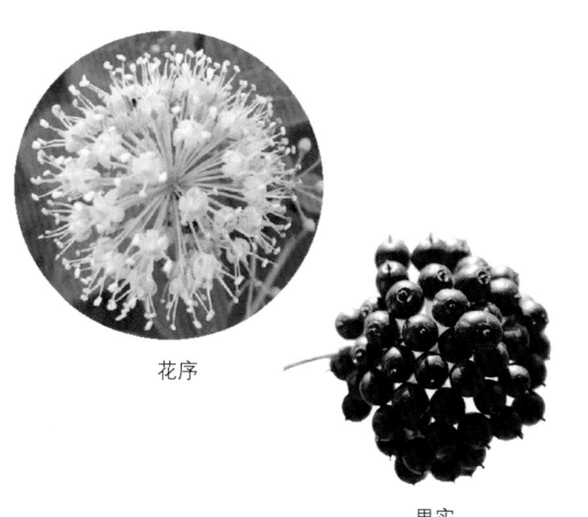

枝

花序

果实

（5）糙叶五加 *Acanthopanax henryi*

【识别要点】枝疏生下曲粗刺；小枝密生短柔毛，后毛渐脱落。小叶5，表面粗糙，背面脉上有短柔毛，边缘仅中部以上有细锯齿，侧脉6～8对，两面隆起而明显。

灌木，高1～3m；枝疏生下曲粗刺；小枝密生短柔毛，后毛渐脱落。叶有小叶5，稀3；叶柄长4～7cm，密生粗短毛；小叶纸质，椭圆形或卵状披针形，稀倒卵形，先端尖或渐尖，基部狭楔形，长8～12cm，宽3～5cm，表面深绿色，粗糙，背面灰绿色，脉上有短柔毛，边缘仅中部以上有细锯齿，侧脉6～8对，两面隆起而明显，网脉不明显；小叶柄长3～6mm，有粗短毛，有时几无小叶柄。伞形花序数个组成短圆锥花序，直径1.5～2.5cm，有花多数；总花梗粗壮，长2～3.5cm，有粗短毛，后毛渐脱落；花梗长0.8～1.5cm，无毛或疏生短柔毛；萼长3mm，无毛或疏生短柔毛，边缘近全缘；花瓣5，长卵形，长约2mm，开花时反曲，无毛或外面稍有毛；花丝细长，长约2.5mm；子房5室，花柱全部合生成柱状。果实椭圆球形，有5浅棱，长约8mm，黑色，宿存花柱长约2mm。花期7～9月，果期9～10月。

栾川县产伏牛山，生于海拔1000m以上的灌丛中和林缘。河南产于伏牛山、桐柏山及大别山。分布于山西、陕西、四川、湖北、安徽和浙江。

根皮入药，祛风湿、壮筋骨、活血祛瘀，用于治疗风湿关节痛、腰痛、小儿行迟、水肿、脚气、跌打损伤等。可作庭院观叶树木。

毛梗糙叶五加 var. *faberi* 与原种的区别在于小叶片背面无毛，伞形花序较小，花梗通常密生短柔毛。栾川县产伏牛山脉海拔1200～1700m间。河南产于伏牛山及大别山的商城。分布于陕西和安徽。用途同原种。

（6）五加（五加皮） *Acanthopanax gracilistylus*

【识别要点】枝蔓生状，节上常疏生反曲扁刺。小叶5，两面无毛或沿脉疏生刚毛，边缘有细钝齿，侧脉4～5对，背面脉腋间有淡棕色簇毛。

灌木，高2～3m；枝灰棕色，软弱而下垂，蔓生状，无毛，节上通常疏生反曲扁刺。叶有小叶5，稀3～4，在长枝上互生，在短枝上簇生；叶柄长3～8cm，无毛，常有细刺；小叶膜质至纸质，倒卵形至倒披针形，长3～8cm，宽1～3.5cm，先端尖至短渐尖，基部楔形，两面无毛或沿脉疏生刚毛，边缘有细钝齿，侧脉4～5对，两面均明显，背面脉腋间有淡棕色簇毛，网脉不明显；几无小叶柄。伞形花序单个、稀2个腋生，或顶生在短枝上，直径约2cm，有花多数；总花梗长1～2cm，结实后延长，无毛；花梗细长，长6～10mm，无毛；花黄绿色；萼边缘近全缘或有5小齿；花瓣5，长圆状卵形，先端尖，长2mm；花丝长2mm；子房2室；花柱2，细长，离生或基部合生。果实扁球形，长约6mm，宽约5mm，黑色；宿存花柱长2mm，反曲。花期4～8月，果期8～10月。

栾川县广泛分布。生于山坡或山谷灌木丛中、林缘。河南产于各山区。在全国分布地区甚广，西自四川西部、云南西北部，东至海滨，北自山西西南部、陕西北部，南至云南南部和东南海滨的广大地区内，均有分布。

根皮供药用，中药称“五加皮”，作祛风化湿药；又作强壮药，能强筋骨。“五加皮酒”即系五加根皮泡酒制成。根皮中的主要成分是4-甲氧基水杨醛。

叶枝　叶背　小枝　花序　花　果

（7）白簕 *Acanthopanax trifoliatus*

【识别要点】枝软弱铺散，常依持他物上升，疏生下向刺；刺基部扁平，先端钩曲。小叶3，边缘有细锯齿或钝齿，侧脉5～6对。

灌木，高1～7m；枝软弱铺散，常依持他物上升，老枝灰白色，新枝黄棕色，疏生下向刺；刺基部扁平，先端钩曲。叶有小叶3，稀4～5；叶柄长2～6cm，有刺或无刺，无毛；小叶片纸质，稀膜质，椭圆状卵形至椭圆状长圆形，稀倒卵形，长4～10cm，宽3～6.5cm，先端尖至渐尖，基部楔形，两侧小叶片基部歪斜，两面无毛，或表面脉上疏生刚毛，边缘有细锯齿或钝齿，侧脉5～6对，明显或不甚明显，网脉不明显；小叶柄长2～8mm，有时几无小叶柄。伞形花序3～10个、稀多至20个组成顶生复伞形花序或圆锥花序，直径1.5～3.5cm，有花多数，稀少数；总花梗长2～7cm，无毛；花梗细长，长1～2cm，无毛；花黄绿色；萼长约1.5mm，无毛，边缘有5个三角形小齿；花瓣5，三角状卵形，长约2mm，开花时反曲；花丝长约3mm；子房2室；花柱2，基部或中部以下合生。果实扁球形，直径约5mm，黑色。花期8～11月，果期9～12月。

栾川县产伏牛山，生于林缘和灌丛中。河南产于伏牛山、大别山和桐柏山。广布于华中、中南、西南各地。印度、越南和菲律宾也有分布。

本种为民间常用草药，根有祛风除湿、舒筋活血、消肿解毒之效，治感冒、咳嗽、风湿、坐骨神经痛等症。也可作园林观叶树木。

叶枝

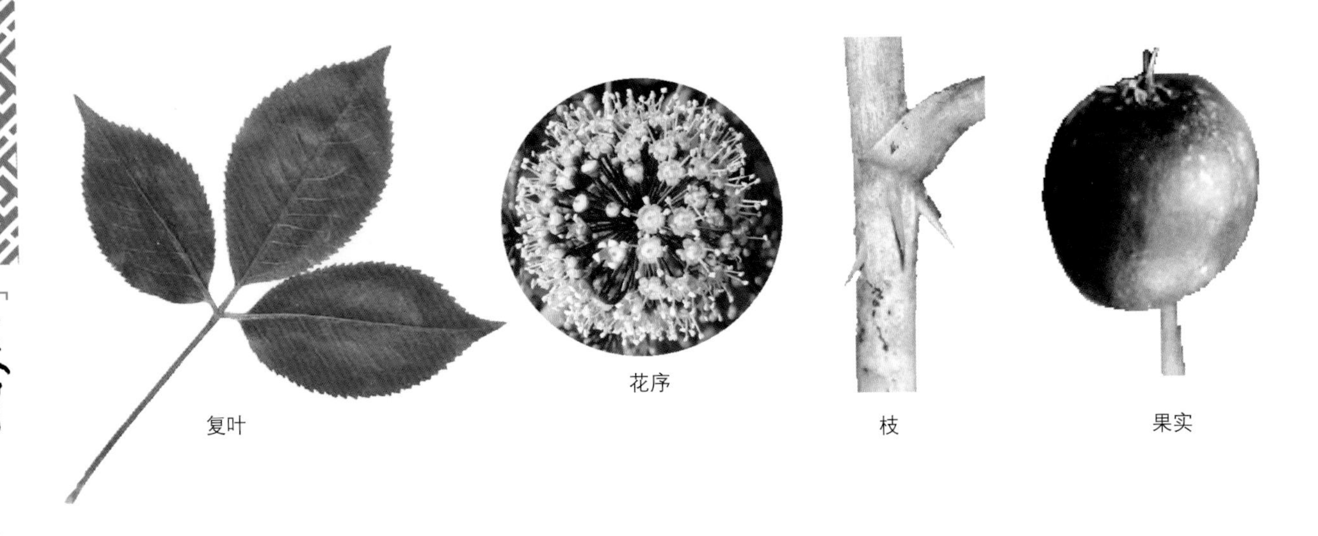
复叶 花序 枝 果实

（8）两歧五加 *Acanthopanax divaricatus*

【识别要点】下向枝刺粗壮，基部膨大，略扁。小叶5，表面疏生短柔毛或无毛，背面密生短柔毛，稀无毛，边缘有锯齿或重锯齿，侧脉6～8对。

灌木，高1～3m；枝灰棕色，无刺或疏生下向刺；刺粗壮，基部膨大，略扁；小枝密生茸毛，后毛渐脱落。叶有5小叶；叶柄长4～7cm，密生茸毛，后毛脱落，无刺；小叶片纸质，倒卵状长圆形至倒卵状披针形，或长圆状披针形，长4～7cm，宽2～4cm，先端尖或渐尖，基部狭尖，表面疏生短柔毛或无毛，背面密生短柔毛，稀无毛，边缘有锯齿或重锯齿，侧脉6～8对，明显，网脉不甚明显；小叶柄长1～5mm，密生易脱落的短柔毛，或无小叶柄。伞形花序单生或几个组成短圆锥花序，直径约2cm，有花多数；总花梗长1.5～2cm，花梗长3～10mm，均密生短柔毛；萼有短柔毛，边缘有5个不明显的小齿；花瓣5，长1.5mm；花丝长2mm；子房2室；花柱2，合生成柱状，柱头2。果实球形，黑色，直径约8mm，宿存花柱长约2mm。花期8月，果期10月。

栾川县产老君山和龙峪湾，生于山谷疏林中。河南还产于大别山的商城、新县。分布于江苏、浙江和湖北。日本也有分布。

叶枝 复叶 枝 叶柄及叶背局部 花 果实

5.楤木属 *Aralia*

小乔木、灌木或多年生草本，通常有刺，稀无刺。叶大，一至数回羽状复叶；托叶和叶柄基部合生，先端离生，稀不明显或无托叶。花杂性，聚生为伞形花序，稀为头状花序，再组成圆锥花序；苞片和小苞片宿存或早落；花梗有关节；萼筒边缘有5小齿；花瓣5，覆瓦状排列；雄蕊5，花丝细长；子房5室，稀4～2室；花柱5，稀4～2，离生或基部合生；花盘小，边缘略隆起。果实球形，有5棱，稀4～2棱。种子白色，侧扁。

约有30多种，大多数分布于亚洲，少数分布于北美洲。我国有30种。河南木本有5种，2变种。栾川县有1种，1变种。

楤木（老虎刺） *Aralia chinensis*

【识别要点】树皮灰色，疏生粗壮直刺及斜环状叶痕；小枝有茸毛，疏生细刺。二回或三回羽状复叶，托叶与叶柄基部合生，叶轴无刺或有细刺；小叶5～11，基部有小叶1对；小叶边缘有锯齿，侧脉7～10对。

灌木或乔木，高2～5m，稀达8m。树皮灰色，疏生粗壮直刺及斜环状叶痕；小枝通常淡灰棕色，有黄棕色茸毛，疏生细刺。叶为二回或三回羽状复叶，长60～110cm；叶柄粗壮，长可达50cm；托叶与叶柄基部合生，纸质，耳廓形，长1.5cm或更长，叶轴无刺或有细刺；羽片有小叶5～11，稀13，基部有小叶1对；小叶片纸质至薄革质，卵形、阔卵形或长卵形，长5～12cm，稀长达19cm，宽3～8cm，先端渐尖或短渐尖，基部圆形，表面粗糙，疏生糙毛，背面有淡黄色或灰色短柔毛，脉上更密，边缘有锯齿，稀为细锯齿或不整齐粗重锯齿，侧脉7～10对，两面均明显，网脉在表面不甚明显，背面明显；小叶无柄或有长3mm的柄，顶生小叶柄长2～3cm。圆锥花序大，长30～60cm；分枝长20～35cm，密生淡黄棕色或灰色短柔毛；伞形花序直径1～1.5cm，有花多数；总花梗长1～4cm，密生短柔毛；苞片锥形，膜质，长3～4mm，外面有毛；花梗长4～6mm，密生短柔毛，稀为疏毛；花白色，芳香；萼无毛，长约1.5mm，边缘有5个三角形小齿；花瓣卵状三角形，长1.5～2mm；花丝长约3mm；子房5室；花柱5，离生或基部合生。果实球形，黑色，直径约3mm，有5棱；宿存花柱长1.5mm，离生或合生至中部。花期7～9月，果期9～11月。

栾川县产各山区，生于林中、灌丛或林缘。河南产于各山区。在我国分布广，北自甘肃南部、陕西南部、山西南部、河北中部起，南至云南西北部和中部、广西北部、广东北部，西起云南西北部，东至海滨的广大区域，均有分布。

木材坚硬，可制手杖及小器具。根皮为常用的中草药，有镇痛消炎、祛风行气、活血散瘀、健脾、利尿之效，亦可外敷治外伤。种子可榨油，供工业用。也可作园林观叶树木。

幼枝

白背叶楤木 var. *nuda* 与原种区别在于小叶片背面灰白色，除侧脉上有短柔毛外余无毛，圆锥花序主轴和分枝疏生短柔毛或几无毛；苞片长圆形，长6～7mm。分布及用途同原种。

6. 鹅掌柴属 *Schefflera*

直立无刺乔木或灌木，有时攀援状；小枝粗壮，被星状茸毛或无毛。叶为单叶（我国无分布）或掌状复叶；托叶和叶柄基部合生成鞘状。花聚生成总状花序、伞形花序或头状花序，稀为穗状花序，再组成圆锥花序；花梗无关节；萼筒全缘或有细齿；花瓣5～11，在花芽中镊合状排列；雄蕊和花瓣同数；子房通常5室，稀4室或多至11室；花柱离生，或基部合生而顶端离生，或全部合生成柱状，或无花柱，柱头明显或不明显。果实球形、近球形或卵球形，通常有5棱，最多至11棱，有时棱不明显。种子通常扁平；胚乳均一，有时稍呈嚼烂状。

约有200种，广布于两半球的热带地区。我国有37种，分布于西南部和东南部的热带和亚热带地区，主要产地在云南。栾川县栽培2种。

1.小叶6～9个，最多11个 …………………………………………（1）鹅掌柴 *Schefflera octophylla*

1.小叶数随树木的年龄而异，幼时3～5片，长大时9～12片，至乔木状时可多达16片 ……………………………………………………………（2）昆士兰伞木 *Schefflera macorostachya*

（1）鹅掌柴（鸭脚木 发财树） *Schefflera octophylla*

常绿乔木或灌木，高2～15m，胸径可达30cm以上；小枝粗壮，干时有皱纹，幼时密生星状短柔毛，不久毛渐脱稀。小叶6～9，最多至11；叶柄长15～30cm，疏生星状短柔毛或无毛；小叶纸质至革质，椭圆形、长圆状椭圆形或倒卵状椭圆形，稀椭圆状披针形，长9～17cm，宽3～5cm，幼时密生星状短柔毛，后毛渐脱落，除背面沿中脉和脉腋间外均无毛，或全部无毛，先端急尖或

叶

短渐尖，稀圆形，基部渐狭，楔形或钝形，边缘全缘，但在幼树时常有锯齿或羽状分裂，侧脉7～10对，背面微隆起，网脉不明显；小叶柄长1.5～5cm，中央的较长，两侧的较短，疏生星状短柔毛至无毛。圆锥花序顶生，长20～30cm，主轴和分枝幼时密生星状短柔毛，后毛渐脱稀；分枝斜生，有总状排列的伞形花序几个至十几个，间或有单生花1～2；伞形花序有花10～15朵；总花梗纤细，长1～2cm，有星状短柔毛；花梗长4～5mm，有星状短柔毛；小苞片小，宿存；花白色；萼长约2.5mm，幼时有星状短柔毛，后变无毛，边缘近全缘或有5～6小齿；花瓣5～6，开花时反曲，无毛；雄蕊5～6，比花瓣略长；子房5～7室，稀9～10室；花柱合生成粗短的柱状；花盘平坦。果实球形，黑色，直径约5mm，有不明显的棱；宿存花柱很粗短，长1mm或稍短；柱头头状。花期11～12月，果期12月。

植株

广布于西藏（察隅）、云南、广西、广东、浙江、福建和台湾，为热带、亚热带地区常绿阔叶林常见的植物。日本、越南和印度也有分布。栾川县以盆栽花卉的形式栽培，需在室内越冬。“发财树”系其商业名。

叶及根皮民间供药用，治疗流感、跌打损伤等症。

（2）昆士兰伞木（澳洲鸭脚木 辐叶鹅掌柴 大叶伞） *Schefflera macorostachya*

常绿乔木，高可达30～40m。茎杆直立，干光滑，少分枝，初生嫩枝绿色，后呈褐色，平滑，逐渐木质化。叶为掌状复叶，小叶数随树木的年龄而异，幼年时3～5片，长大时9～12片，至乔木状时可多达16片。小叶片椭圆形，先端钝，有短突尖，叶缘波状，革质，长20～30cm，宽10cm，叶面浓绿色，有光泽，叶背淡绿色。叶柄红褐色，长5～10cm。花为圆锥状花序，花小型。

原产澳大利亚及太平洋中的一些岛屿。栾川县以盆栽花卉的形式栽培，需在室内越冬。

叶

（五十六）山茱萸科 Cornaceae

落叶乔木或灌本，稀常绿或草本。单叶对生，稀互生或近于轮生，通常叶脉羽状，稀为掌状叶脉，边缘全缘或有锯齿；无托叶或托叶纤毛状。花两性或单性异株，为圆锥、聚伞、伞形或头状等花序，有苞片或总苞片；花3～5数；花萼管状与子房合生，先端有齿状裂片3～5；花瓣3～5，通常白色，稀黄色、绿色及紫红色，镊合状或覆瓦状排列；雄蕊与花瓣同数而与之互生，生于花盘的基部；子房下位，1～4（5）室，每室有1下垂的倒生胚珠，花柱短或稍长，柱头头状或截形，有时有2～3（5）裂片。果为核果或浆果状核果；核骨质，稀木质；种子1～4（5）枚，种皮膜质或薄革质，胚小，胚乳丰富。

14属，约有130种，分布于全球各大洲的热带至温带以及北半球环极地区，而以东亚为最多。我国有8属，约60种，除新疆外，其余各地均有分布。河南木本有4属，15种及3变种。栾川县4属，12种，1变种。

1.叶全缘，花两性，核果：
　2.聚伞花序，无总苞片；核果近球形 ………………………………………………… 1.梾木属 *Cornus*
　2.头状或伞形花序，具总苞片：
　　3.伞形花序，总苞片较小、绿色、鳞片状；核果单生…………………… 2.山茱萸属 *Macrocarpium*
　　3.头状花序，总苞片大、花瓣状、白色；核果密集藏于由花托发育而愈合的球形果序中
　　…………………………………………………………………………… 3.四照花属 *Dendrobenthamia*
1.叶缘具齿；花单性，雌雄异株，花序生于叶面；浆果状核果 …………………… 4.青荚叶属 *Helwingia*

1.梾木属 *Cornus*

落叶或常绿，乔木或灌木。皮孔及叶痕显著。顶生冬芽卵圆形，腋生冬芽长卵圆形。叶对生，稀互生，全缘，有时微反卷，背面常被伏生柔毛，稀丁字着生，或具卷曲柔毛。顶生花序呈伞房状或圆锥状聚伞花序，无花瓣状总苞片。花萼较小，顶端常4齿裂，裂片三角形；花瓣4，白色，镊合状排列；雄蕊4，与花瓣互生，生于花盘外侧；花丝线形，花药2室，丁字着生；花盘垫状；子房下位，2室，花柱圆柱状或棒状，柱头头状或微盘状；花托膨大。核果球形近卵圆形；核骨质，具2种子。

约40余种，分布于北温带至北亚热带。我国30余种，河南有10种及2变种，栾川县有9种。

1.落叶乔木；叶互生，果核顶端具1小孔 …………………………… （1）灯台树 *Cornus controversa*
1.常绿或落叶，乔木或灌木；叶对生，果核顶端不具小孔：
　2.花柱圆柱状而非棍棒形：
　　3.核果乳白色或浅蓝白色，核两侧压扁状 ……………………………… （2）红瑞木 *Cornus alba*
　　3.核果黑色或深蓝色；核两侧不成压扁状：
　　　4.叶背面有贴生短柔毛：
　　　　5.侧脉3～4（5）对，叶椭圆形或卵状椭圆形。核果球形，直径6～7mm
　　　　…………………………………………………………… （3）光皮树 *Cornus wilsoniana*
　　　　5.侧脉5～7对：
　　　　　6.老枝浅黄色。叶卵形至长圆形。花序被灰白色毛 ………（4）沙梾 *Cornus bretschneideri*
　　　　　6.老枝紫红色。叶卵状椭圆形。花序被浅褐色短柔毛 ………（5）红椋子 *Cornus hemsleyi*
　　　4.叶背面多少被卷曲毛：
　　　　7.叶较小，长4～11cm，基部圆形或近心形 ……………………（6）黑椋子 *Cornus poliophylla*
　　　　7.叶较大，长8～17cm，宽8～10cm，基部圆形或宽楔形……（7）卷毛梾木 *Cornus ulotricha*
　2.花柱呈棍棒形：

8.叶长9～15cm，宽4～8cm，侧脉6～8对。雄蕊长于花瓣 ……… （8）梾木 *Cornus macrophylla*

8.叶长5～9cm，宽2.5～4cm，侧脉4～5对。雄蕊与花瓣等长 ………… （9）毛梾 *Cornus walteri*

（1）灯台树 *Cornus controversa*

【识别要点】树皮光滑，小枝暗紫红色，有半月形的叶痕和圆形皮孔。叶常集生于枝梢，全缘或微波状，表面无毛，背面疏生贴伏柔毛；侧脉6～7对；叶柄紫红绿色。

落叶乔木，高6～15m，稀达20m；树皮光滑，暗灰色或带黄灰色；枝开展，圆柱形，无毛或疏生短柔毛，当年生枝暗紫红色，2年生枝淡绿色，有半月形的叶痕和圆形皮孔。冬芽顶生或腋生，卵圆形或圆锥形，长3～8mm，无毛。叶常集生于枝梢，纸质，阔卵形、阔椭圆状卵形或披针状椭圆形，长6～13cm，宽3.5～9cm，先端渐尖或短尾状渐尖，基部圆形或偏斜，全缘或微波状，表面黄绿色，无毛，背面灰白色，疏生贴伏柔毛；中脉在表面微凹陷，背面凸出，微带紫红色，无毛，侧脉6～7对，弓形内弯，在表面明显，背面凸出，无毛；叶柄紫红绿色，长2～6.5cm，无毛，表面有浅沟，背面圆形。伞房状聚伞花序，顶生，宽7～13cm，稀生浅褐色平贴短柔毛；总花梗淡黄绿色，长1.5～3cm；花小，白色，直径8mm，花萼裂片三角形，长约0.5mm，长于花盘，外侧被短柔毛；花瓣长圆披针形，长4～4.5mm，宽1～1.6mm，先端钝尖，外侧疏生平贴短柔毛；雄蕊着生于花盘外侧，与花瓣互生，长4～5mm，稍伸出花外，花丝线形，白色，无毛，长3～4mm，花药椭圆形，淡黄色，长约1.8mm，2室，丁字形着生；花盘垫状，无毛，厚约0.3mm；花柱圆柱形，长2～3mm，无毛，柱头小，头状，淡黄绿色；花托椭圆形，长1.5mm，直径1mm，淡绿色，密被灰白色贴生短柔毛；花梗淡绿色，长3～6mm，疏被贴生短柔毛。核果球形，直径6～7mm，成熟时紫红色至蓝黑色；核骨质，球形，直径5～6mm，略有8条肋纹，顶端有一个方形孔穴；果梗长2.5～4.5mm，无毛。花期5月，果期8～9月。

栾川县产各山区，生于海拔1700m以下的山坡或山谷中。河南产于各山区。分布于辽宁、河北、陕西、甘肃、山东、安徽、台湾、广东、广西以及长江以南各地。朝鲜、日本、印度北部、尼泊尔、不丹也有分布。

种子繁殖。木材供建筑、家具、雕刻等用。果实可以榨油，为木本油料植物；树皮含鞣质，可提制栲胶。为次生林改造保留树种。树冠形状美观，夏季花序明显，可以作为行道树种。

树干　花　花序　小枝　枝梢（示叶集生）

（2）红瑞木 *Cornus alba*

【识别要点】树皮紫红色，平滑；枝血红色，无毛，常被白粉。叶椭圆形，稀卵圆形，边缘全缘或波状反卷，侧脉4～6对。核果乳白色或浅蓝白色，花柱宿存。

灌木，高达3m；树皮紫红色，平滑；枝血红色，无毛，常被白粉。冬芽卵状披针形，长3～6mm，被灰白色或淡褐色短柔毛。叶纸质，椭圆形，稀卵圆形，长5～8.5cm，宽1.8～5.5cm，先端突尖，基部楔形或阔楔形，边缘全缘或波状反卷，表面暗绿色，有极少的白色平贴短柔毛，背面粉绿色，被白色贴生短柔毛，有时脉腋有浅褐色髯毛，中脉在表面微凹陷，背面凸起，侧脉（4～）5（～6）对，弓形内弯，在表面微凹下，背面凸出，细脉在两面微明显。伞房状聚伞花序顶生，较密，宽3cm，被白色短柔毛；总花梗圆柱形，长1.1～2.2cm，被淡白色短柔毛；花小，白色或淡黄白色，长5～6mm，直径6～8.2mm，花萼裂片尖三角形，长0.1～0.2mm，短于花盘，外侧有疏生短柔毛；花瓣卵状椭圆形，长3～3.8mm，宽1.1～1.8mm，先端急尖或短渐尖，表面无毛，背面疏生贴生短柔毛；雄蕊长5～5.5mm，着生于花盘外侧，花丝线形，微扁，长4～4.3mm，无毛，花药淡黄色，卵状椭圆形，长1.1～1.3mm，丁字形着生；花盘垫状，高0.2～0.25mm；花柱圆柱形，长2.1～2.5mm，近无毛，柱头盘状，宽于花柱；花托倒卵形，长1.2mm，直径1mm，被贴生灰白色短柔毛；花梗纤细，长2～6.5mm，被淡白色短柔毛，与子房交接处有关节。核果长圆形，微扁，长约8mm，直径5.5～6mm，成熟时乳白色或蓝白色，花柱宿存；核棱形，侧扁，两端稍尖呈喙状，长5mm，宽3mm，每侧有脉纹3条；果梗细圆柱形，长3～6mm，有疏生短柔毛。花期5月，果期7～8月。

栾川县产各山区，生于山坡或山谷杂木林中。河南产于太行山的济源、林州及伏牛山北坡。郑州、洛阳有栽培。分布于黑龙江、吉林、辽宁、内蒙古、河北、陕西、甘肃、青海、山东、江苏、江西等地。朝鲜、俄罗斯及欧洲其他地区也有分布。

种子或压条繁殖。

种子含油量约为30%，可供工业用；茎枝红色，叶背灰白，可作庭园观赏树种。

果枝

花序

小枝

叶背

果实

（3）光皮树（光皮梾木） *Cornus wilsoniana*

【识别要点】树皮光滑、块状剥落，带绿色；幼枝略具4棱，老枝具黄褐色长圆形皮孔。叶椭圆形或卵状椭圆形，背面被短柔毛，侧脉3～4对，弓形内弯。

落叶乔木，高5～18m。树皮光滑、块状剥落，带绿色；幼枝灰绿色，略具4棱，被灰色平贴短柔毛，小枝圆柱形，深绿色，老时棕褐色，无毛，具黄褐色长圆形皮孔。冬芽长圆锥形，长3～6mm，密被灰白色平贴短柔毛。叶纸质，椭圆形或卵状椭圆形，长6～12cm，宽2～5.5cm，先端渐尖或突

（8）梾木（椋子） *Cornus macrophylla*

【识别要点】树皮灰褐色或灰黑色；小枝幼时疏生柔毛。老枝疏生皮孔及半环形叶痕。叶阔卵形或卵状长圆形，侧脉6～8对，弓形内弯。

落叶乔木或灌木。树皮灰褐色或灰黑色；小枝红褐色或褐色带黄色，幼时疏生柔毛。老枝圆柱形，疏生灰白色椭圆形皮孔及半环形叶痕。冬芽顶生或腋生，狭长圆锥形，长4～10mm，密被黄褐色的短柔毛。叶纸质，阔卵形或卵状长圆形，稀近于椭圆形，长9～15cm，宽4～8cm，先端锐尖或短渐尖，基部圆形，稀宽楔形，有时稍不对称，边缘略有波状小齿，表面深绿色，幼时疏被平贴小柔毛，后即近无毛，背面灰绿色，密被或有时疏被白色平贴短柔毛，沿叶脉有淡褐色平贴小柔毛，中脉在表面明显，背面凸出，侧脉6～8对，弓形内弯，在表面明显，背面稍凸起；叶柄长1.5～3cm，淡黄绿色，老后变为无毛，表面有浅沟，背面圆形，基部稍宽，略呈鞘状。伞房状聚伞花序顶生，宽8～12cm，疏被短柔毛；总花梗红色，长2.4～4cm；花白色，有香味，直径8～10mm；萼裂片宽三角形，稍长于花盘，外侧疏被灰色短柔毛，长0.4～0.5mm；花瓣质地稍厚，舌状长圆形或卵状长圆形，长3～5mm，宽0.9～1.8mm，先端钝尖或短渐尖，花丝略粗，线形，长2.5～5mm，花药倒卵状长圆形，长1.3～2mm，丁字形着生；花盘垫状，无毛，边缘波状，厚0.3～0.4mm；花柱圆柱形，长2～4mm，略被贴生小柔毛，顶端粗壮而略呈棍棒形，柱头扁平，略有浅裂；花托倒卵形或倒圆锥形，直径约1.2mm，密被灰白色的平贴短柔毛；花梗圆柱形，长0.3～4(5)mm，疏被灰褐色短柔毛。核果近于球形，直径4.5～6mm，成熟时黑色，近无毛；核骨质，扁球形，直径3～4mm，两侧各有1条浅沟及6条脉纹。花期6～7月，果期9～10月。

栾川县产各山区，生于海拔700～2000m的山坡杂木林中。河南产于伏牛山、桐柏山、大别山。分布于山西、陕西、甘肃南部、山东南部、台湾、西藏以及长江以南各地。缅甸、巴基斯坦、印度、不丹、尼泊尔、阿富汗也有分布。

种子繁殖。

种子含油30%，供工业用。木材可供建筑、家具等用。也可作庭院绿化树种。

树干

花枝

叶背

花

果

（9）毛梾（椋子 车梁木） *Cornus walteri*

【识别要点】树皮厚，黑褐色，纵裂而又横裂成块状。叶椭圆形、长圆椭圆形或阔卵形，侧脉4（～5）对，弓形内弯。

落叶乔木，高6～15m；树皮厚，黑褐色，纵裂而又横裂成块状；幼枝略有棱角，密被贴生灰白色短柔毛，老后黄绿色，无毛。冬芽腋生，扁圆锥形，长约1.5mm，被灰白色短柔毛。叶纸质，椭圆形、长圆椭圆形或阔卵形，长5～9cm，宽2.5～4cm，先端渐尖，基部楔形，有时稍不对称，表面深绿色，稀被贴生短柔毛，背面淡绿色，密被灰白色贴生短柔毛，中脉在表面明显，背面凸出，侧脉4（～5）对，弓形内弯，在表面稍明显，背面凸起；叶柄长（0.8～）3.5cm，幼时被有短柔毛，后渐无毛，表面平坦，背面圆形。伞房状聚伞花序顶生，花密，宽7～9cm，被灰白色短柔毛；总花梗长1.2～2cm；花白色，有香味，直径9.5mm；萼裂片绿色，齿状三角形，长约0.4mm，与花盘近于等长，外侧被有黄白色短柔毛；花瓣长圆披针形，长4.5～5mm，宽1.2～1.5mm，表面无毛，背面有贴生短柔毛；雄蕊无毛，长4.8～5mm，花丝线形，微扁，长4mm，花药淡黄色，长圆卵形，长1.5～2mm，丁字形着生；花盘明显，垫状或腺体状，无毛；花柱棍棒形，长3.5mm，被有稀疏的贴生短柔毛，柱头小，头状；花托倒卵形，长1.2～1.5mm，直径1～1.1mm，密被灰白色贴生短柔毛；花梗细圆柱形，长0.8～2.7mm，有稀疏短柔毛。核果球形，直径6～7（8）mm，成熟时黑色，近无毛；核骨质，扁圆球形，直径5mm，高4mm，有不明显的肋纹。花期5～6月，果期7～9月。

栾川县产各山区，多生于海拔1800m以下的山坡或山谷杂木林中，也常见于山区的四旁，现有古树5株。河南产于各山区。分布于辽宁、河北、山西南部以及华东、华中、华南、西南各地。

种子繁殖。

木本油料植物，果实含油可达27%～38%，供食用或作高级润滑油，油渣可作饲料和肥料；木材坚硬，纹理细密、美观，可作家具、车辆、农具等用；叶和树皮可提制栲胶，又可作为“四旁”绿化和水土保持树种。

树干　幼枝　叶枝　花序　果

2.山茱萸属　*Macrocarpium*

落叶乔木或灌木；枝常对生。叶纸质，对生，卵形、椭圆形或卵状披针形，全缘；叶柄绿色。花序伞形，常先叶开放，有总花梗；总苞片4，芽鳞状，革质或纸质，两轮排列，外轮2枚较大，内轮2枚稍小，开花后随即脱落；花两性，花萼管陀螺形，上部有4枚齿状裂片；花瓣4，黄色，近于披针形，镊合状排列；雄蕊4，花丝钻形，花药长圆形，2室；花盘垫状，明显；子房下位，2室，每室有1胚珠；花柱短，圆柱形；柱头截形。核果长椭圆形；核骨质。

有4种，分布于欧洲中部及南部、亚洲东部及北美东部。我国有2种，河南也产。栾川县产1种。

山茱萸（山萸肉　枣皮树）　*Macrocarpium officinalis*

【识别要点】树皮灰褐色，剥落。叶卵状披针形或卵状椭圆形，先端渐尖，全缘。表面无毛，背面脉腋密生淡褐色丛毛，侧脉6～7对，弓形内弯。花先叶开放，黄色；核果长椭圆形，红色至紫红色。

落叶乔木或灌木，高4～10m；树皮灰褐色，剥落；小枝细圆柱形，无毛或稀被贴生短柔毛。冬芽顶生及腋生，卵形至披针形，被黄褐色短柔毛。叶纸质，卵状披针形或卵状椭圆形，长

5.5～10cm，宽2.5～4.5cm，先端渐尖，基部宽楔形或近于圆形，全缘，表面绿色，无毛，背面浅绿色，稀被白色贴生短柔毛，脉腋密生淡褐色丛毛，中脉在表面明显，背面凸起，近无毛，侧脉6～7对，弓形内弯；叶柄细圆柱形，长0.6～1.2cm，表面有浅沟，背面圆形，稍被贴生疏柔毛。伞形花序生于枝侧，有总苞片4，卵形，厚纸质至革质，长约8mm，带紫色，两侧略被短柔毛，开花后脱落；总花梗粗壮，长约2mm，微被灰色短柔毛； 花小，两性，先叶开放；萼裂片阔三角形，与花盘等长或稍长，长约0.6mm，无毛；花瓣长3.3mm，向外反卷；雄蕊与花瓣互生，长1.8mm；花盘无毛；花托倒卵形，长约1mm，密被贴生疏柔毛；花梗纤细，长0.5～1cm，密被疏柔毛。核果长椭圆形，长1.2～1.7cm，直径5～7mm，红色至紫红色；核骨质，狭椭圆形，长约12mm，有几条不整齐的肋纹。花期3～4月，果期9～10月。

栾川县各乡镇均有广泛栽培，是山茱萸集中产区，为山区群众重要的经济支柱之一。野生资源分布在海拔1000m左右的山坡、林缘。在庙子镇桃园村可见大量野生植株。其中桃园村对臼沟有1株300年龄的古树，被称为栾川“山茱萸王”。河南还产于卢氏、西峡、内乡、南召、嵩县等县。分布于山西、陕西、甘肃、山东、江苏、浙江、安徽、江西、湖南等地。朝鲜、日本也有分布。在四川有引种栽培。

适宜土质肥沃、土层深厚、排水良好的壤土和沙质土壤。种子繁殖或分蘖繁殖。种皮厚而硬，播种前需催芽，冬季采用低温沙藏法，次年春季播种。定植后要加强田间管理，防止荒芜，及时剪除徒长枝。

果称“枣”，果皮称“枣皮”、“萸肉”，为名贵中药材，性微温，为收敛性强壮药，有补肝、止汗功效。以它为主要成分的药方众多，如著名药方“六味地黄丸”，按照地黄8、山茱萸4、山药4、茯苓3、泽泻3、丹皮3的比例进行配方，主要作用是滋阴补肾，用于治疗肾阴亏损、头晕耳鸣、腰膝酸软、骨蒸潮热、盗汗遗精。近年有研究表明，本种的种子油为营养丰富的高级食用油，有很高的保健价值，栾川县已有有识之士酝酿开发。

树干　花枝　果枝　叶背　叶背脉腋　叶面　花　果实

3.四照花属 *Dendrobenthamia*

落叶小乔木或灌木。冬芽顶生或腋生。叶对生，亚革质或革质，稀纸质，卵形、椭圆形或长圆状披针形，侧脉3～6（7）对；具叶柄。头状花序顶生，有白色花瓣状的总苞片4，卵形或椭圆形；花小，两性；花萼管状，先端有齿状裂片4，钝圆形、三角形或截形；花瓣4，分离，稀基部近于合生；雄蕊4，花丝纤细，花药椭圆形，2室；花盘环状或垫状；子房下位，2室，每室1胚珠，花柱粗壮，柱头截形或头形。果为聚合状核果，球形或扁球形。

有10种，分布于喜马拉雅至东亚各地区。我国全有（包括1种引种栽培的在内），变种12（原变种亦计算在内）。产于内蒙古、山西、陕西、甘肃以及长江以南各地。河南有1种，1变种。栾川县1变种。

四照花（石枣） *Dendrobenthamia japonica* var. *chinensis*

【识别要点】叶卵形或卵状椭圆形，两面被白色柔毛，背面脉腋有时具白色或黄色簇毛，侧脉4～5对。头状花序有4个白色花瓣状的总苞片，花黄色。

落叶小乔木，高5～8m。嫩枝被白色柔毛，2年生枝灰褐色，无毛或近无毛。叶纸质或厚纸质，卵形或卵状椭圆形，长5～12cm，宽3～6.5cm，先端渐尖，基部圆形或宽楔形，常稍有偏斜，表面疏被白色柔毛，背面粉绿色，除被白色柔毛外，脉腋有时具白色或黄色簇毛，侧脉4～5对；叶柄长5～10mm，被柔毛。头状花序球形；花苞4个，白色，卵形或卵状披针形；花黄色。果序球形，成熟时红色；总果柄纤细，长5.5～6.5cm。花期5～6月，果期8～9月。

栾川县产各山区，生于海拔800～2100m间的山坡或山沟杂木林中。河南产于伏牛山和大别山。分布于陕西、甘肃、江苏、安徽、浙江、江西、湖北、湖南、四川、贵州、云南等地。本变种的原种**日本四照花** *Dendrobenthamia japonica* 产朝鲜和日本。

种子繁殖。

果实成熟时红色，味甜可食，又可作为酿酒原料。木材坚韧，可作车轴、家具。也可作园林绿化树种。

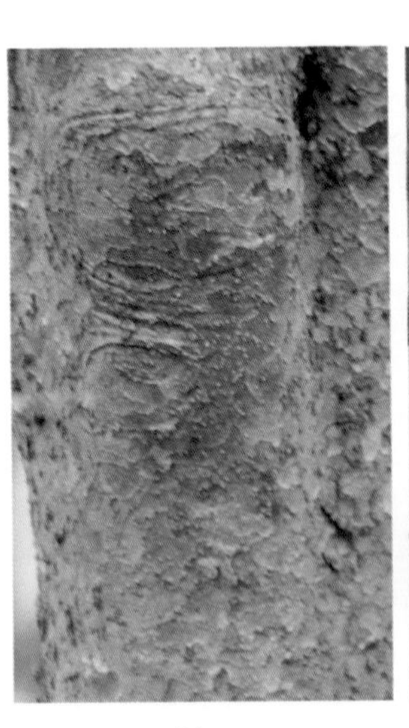
树干

叶枝

果枝

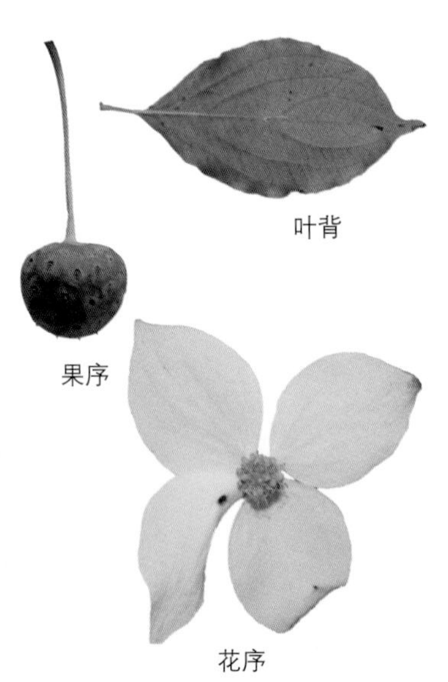
叶背

果序

花序

4.青荚叶属 *Helwingia*

落叶灌木。冬芽小，卵形，鳞片4，外侧2枚较厚。单叶，互生，纸质、亚革质或革质，卵形、椭圆形、披针形、倒披针形或线状披针形，边缘有腺状锯齿；叶柄圆柱形；托叶2，幼时可见，后即脱落，常呈线状分裂或不裂。花小，3～4（5）数，绿色或紫绿色，单性，雌雄异株；花萼小，花瓣三角状卵形，镊合状排列，花盘肉质；雄花4～20枚呈伞形或聚伞花序，生于叶表面中脉上或幼枝上部及苞叶上，雄蕊3～4（5）；雌花1～4枚呈伞形花序，着生于叶表面中脉上，稀着生于叶柄上，花柱短，柱头3～4裂，子房3～4（5）室。浆果状核果卵圆形或长圆形，幼时绿色，后为红色，成熟后黑色，具分核1～4（5）枚。

约5种，分布于亚洲东部的尼泊尔、不丹、印度北部、缅甸北部、越南北部、中国、日本等国。我国有5种，除新疆、青海、宁夏、内蒙古及东北外，其余各地区均有分布。河南有2种。栾川县有2种。

1.叶卵形，纸质，侧脉显著；托叶分裂 ………………………………… （1）青荚叶 *Helwingia japonica*

1.叶线状披针形或披针形，亚革质，侧脉不明显，托叶不分裂 … （2）中华青荚叶 *Helwingia chinensis*

（1）青荚叶（叶上花 叶掌花） *Helwingia japonica*

【识别要点】花、果生于叶面。幼枝绿色，无毛，叶痕显著。叶卵形，边缘具刺状细锯齿；侧脉7～8对，明显；托叶线状分裂。

落叶灌木，高1～2m；幼枝绿色，无毛，叶痕显著。叶纸质，卵形、卵圆形，稀椭圆形，长3.5～9（18）cm，宽2～6（8.5）cm，先端渐尖，极稀尾状渐尖，基部阔楔形或近于圆形，边缘具刺状细锯齿；叶表面亮绿色，背面淡绿色；中脉及侧脉在表面微凹陷，背面微突出；叶柄长1～5（6）cm；托叶线状分裂。花淡绿色，3～5数，花萼小，花瓣长1～2mm，镊合状排列；雄花4～12，呈伞形或聚伞花序，常着生于叶表面中脉的1/2～1/3处，稀着生于幼枝上部；花梗长1～2.5mm；雄蕊3～5，生于花盘内侧；雌花1～3枚，着生于叶表面中脉的1/2～1/3处；花梗长1～5mm；子房卵圆形或球形，柱头3～5裂。浆果幼时绿色，成熟后黑色，分核3～5枚。花期5月，果期7～8月。

栾川县产伏牛山，生于海拔1000m左右的山坡丛林中。河南产于伏牛山和大别山。分布于华中、华东、华南及西南。日本、不丹、缅甸也有分布。

果及叶入药，可治痢、疖毒及便后血；髓作通草代用品；嫩叶可作野菜食用。

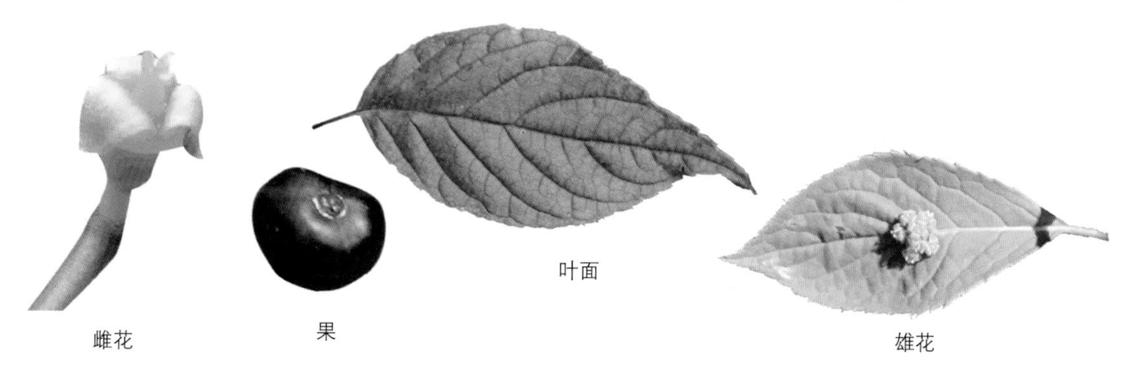
雌花　果　叶面　雄花

（2）中华青荚叶 *Helwingia chinensis*

【识别要点】花、果生于叶面。幼枝纤细，紫绿色。叶线状披针形或披针形，边缘具稀疏腺状锯齿，侧脉6～8对，不明显。托叶纤细不分裂。

落叶灌木，高1～2m；树皮深灰色或淡灰褐色；幼枝纤细，紫绿色。叶革质、近于革质，稀厚纸质，线状披针形或披针形，长4～15cm，宽4～20mm，先端长渐尖，基部楔形或近于圆形，边缘具稀疏腺状锯齿，叶面深绿色，背面淡绿色，侧脉6～8对，在表面不显，背面微显；叶柄长3～4cm；托叶纤细。雄花4～5枚成伞形花序，生于叶面中脉中部或幼枝上段，花3～5数；花萼小，花瓣卵形，长2～3mm，花梗长2～10mm；雌花1～3枚生于叶面中脉中部，花梗极短；子房卵圆形，柱头3～5裂。果实具分核3～5枚，长圆形，直径5～7mm，幼时绿色，成熟后黑色；果梗长1～2mm。花期4～5月，果期7～8月。

栾川县产伏牛山，生于海拔1000m以上的山沟灌丛中。河南还产于嵩县、西峡等。分布于陕西南部、甘肃南部、湖北西部、湖南、四川、云南等地。缅甸北部也有分布。

果实及叶可提取栲胶，种子可榨油供工业用。

叶　果叶

（五十七）杜鹃花科 Ericaceae

常绿或落叶灌木或亚灌木，稀小乔木。单叶互生，少假轮生，稀交互对生，革质，少纸质，全缘或有锯齿，不分裂，被各式毛或鳞片，或无覆被物；不具托叶。花两性，单生或组成总状、圆锥状或伞形总状花序，顶生或腋生，辐射对称或略两侧对称；具苞片；花萼4～5裂，宿存，有时花后肉质；花瓣合生成钟状、坛状、漏斗状或高脚碟状，稀离生，花冠通常5裂，稀4、6、8裂，裂片覆瓦状排列；雄蕊为花冠裂片的2倍，少有同数，稀更多，花丝分离，稀略粘合；花盘盘状，具厚圆齿；子房上位或下位，（2～）5（～12）室，稀更多，每室有胚珠多数，稀1；花柱和柱头单一。蒴果或浆果，少有浆果状蒴果；种子小，无翅或有狭翅，或两端具伸长的尾状附属物；胚圆柱形，胚乳丰富。

约103属，3350种，全世界分布，除沙漠地区外，广布于南、北半球的温带及北半球亚寒带，少数属、种环北极或北极分布，也分布于热带高山，大洋洲种类极少。我国有15属，约757种，分布全国各地，主产地在西南部山区，尤以四川、云南、西藏相邻地区为盛。河南有2属，9种，1亚种。栾川县有1属，5种。

杜鹃花属 *Rhododendron*

常绿或落叶灌木，稀乔木。植株无毛或被各式毛被或被鳞片。叶互生，全缘，稀有不明显的小齿，有叶柄。花芽被多数形态大小有变异的芽鳞。花显著，形小至大，通常排列成伞形总状或短总状花序，稀单花，通常顶生，稀腋生；花萼5（~8）裂或环状无明显裂片，宿存；花冠漏斗状、钟状、管状或高脚碟状，整齐或略两则对称，5（~8）裂，裂片在芽内覆瓦状；雄蕊与花冠等数或为其2倍，着生花冠基部，花药无附属物，顶孔开裂或为略微偏斜的孔裂；花盘多少增厚而显著，5~10（~14）裂；子房通常5室，稀6~20室，花柱细长，柱头头状盘状。蒴果自顶部向下室间开裂，果瓣木质，稀质薄者开裂后果瓣多少扭曲。种子多数，细小。

约960种，广泛分布于欧洲、亚洲、北美洲，主产东亚和东南亚，非洲和南美洲不产。我国约542种（不包括种下等级），除新疆、宁夏外，各地均有，但集中产于西南、华南。河南有7种和1亚种。栾川县有5种。

1.植物具鳞片：
　2.花冠钟状，白色 ………………………………………… （1）照山白 *Rhododendron micranthum*
　2.花冠漏斗状，淡紫色 …………………………………… （2）秀雅杜鹃 *Rhododendron concinnum*
1.植物不具鳞片，有毛或无毛：
　3.常绿灌木或小乔木，无毛或仅在幼枝下部被毛 ………… （3）太白杜鹃 *Rhododendron purdomii*
　3.落叶灌木，全部被坚硬刚毛：
　　4.叶在枝端轮生，叶缘中上部具不明显细锯齿，两面初被伏贴毛，后无毛。花冠淡紫色
　　……………………………………………………………… （4）满山红 *Rhododendron mariesii*
　　4.叶互生，全缘，两面均被白色或淡棕色扁平糙伏毛。花冠蔷薇色，鲜红色或深红色
　　……………………………………………………………… （5）杜鹃花 *Rhododendron simsii*

（1）照山白 *Rhododendron micranthum*

【识别要点】枝条细瘦。幼枝被鳞片及细柔毛。叶革质，倒披针形或狭长圆形，顶端钝，急尖或圆，具小突尖，叶缘微反卷，中上部有不明显的细齿，两面被鳞片。

常绿灌木，高可达2.5m，茎灰棕褐色；枝条细瘦。幼枝被鳞片及细柔毛。叶革质，倒披针形或狭长圆形，长3～6cm，宽0.8～2cm，顶端钝，急尖或圆，具小突尖，基部渐狭呈楔形，叶缘微反卷，中上部有不明显的细齿，表面深绿色，有光泽，被疏鳞片，背面淡绿色，被褐色鳞片，叶柄长5～7mm。短总状花序顶生；总花梗长1～2cm，花梗纤细，长约12mm，被鳞片和短柔毛；花萼

小，5深裂；花冠钟状，长6～8mm，外面被鳞片，内面无毛，5裂，较花管稍长；雄蕊10；花丝无毛；子房长1～3mm，5室，密被鳞片，花柱与雄蕊等长或较短，无鳞片。蒴果长圆形，长（4）5～6（8）mm，被疏鳞片。花期6～7月，果期7～8月。

栾川县产各山区，以伏牛山主脉北坡较多，生于海拔1200m以上的山坡、林下、路旁灌丛。河南产于伏牛山、太行山。广布我国东北、华北、西北地区及山东、湖北、湖南、四川。朝鲜也有。

枝叶晒干入药，主治慢性气管炎、风湿痹痛、腰痛、痛经、产后关节痛。叶含挥发油。本种有剧毒，幼叶更毒，牲畜误食，易中毒死亡。

叶枝

叶面　叶背　果实　花

（2）秀雅杜鹃 *Rhododendron concinnum*

【识别要点】幼枝被鳞片。叶革质，顶端明显有短尖头，基部钝圆或宽楔形，表面有白色鳞片，背面密被黄褐色鳞片。手摸其叶后有臭味。

常绿灌木，高1.5～3.5m。手摸其叶后有臭味。幼枝无毛被鳞片。叶革质，宽披针形、椭圆状披针形或卵状披针形，长3～6cm，宽1～3cm，顶端锐尖、钝尖或短渐尖，明显有短尖头，基部钝圆或宽楔形，表面暗绿色，有白色鳞片，有时沿中脉被微柔毛，背面粉绿或褐色，密被黄褐色鳞片，中脉突起，叶柄长0.5～1cm，密被鳞片。花序顶生或同时枝顶腋生，2～5花，伞形着生；花梗长0.4～1.8cm，密被鳞片；花萼小，5裂，裂片长0.8～1.5（6）mm，圆形、三角形或长圆形，有时花萼不发育呈环状，无缘毛或有缘毛；花冠宽漏斗状，略两侧对称，长1.5～3.2cm，淡紫色，内面有或无褐红色斑点，外面或多或少被鳞片或无鳞片，无毛或基部疏被短柔毛；雄蕊不等长，近与花冠等长，花丝下部被疏柔毛；子房5室，密被鳞片，花柱细长，洁净，稀基部有微毛，略伸出花冠。蒴果长圆形，长1～2cm，被鳞片。花期5～6月，果期7～9月。

栾川县产伏牛山主脉北坡，生于海拔1700m以上的山顶或山坡、山谷路旁的灌丛中。以老君山、龙峪湾较多。河南省还产于卢氏、灵宝、内乡、西峡、鲁山等县市。分布于陕西南部、湖北西部、四川、贵州、云南东北部。

叶枝　幼枝　花　叶背放大　叶面

（3）太白杜鹃 *Rhododendron purdomii*

【识别要点】叶革质，长圆状披针形至长圆形，长5～8cm，宽1.2～2.5cm，中部最宽，先端具突尖头，边缘反卷，表面中脉凹入，侧脉10～12对，背面中脉凸起。花冠淡粉红色或近白色。

常绿灌木或小乔木，高2～6m；幼枝被微柔毛或近无毛；老枝粗壮，灰色至黑灰色，芽鳞多少宿存。叶革质，长圆状披针形至长圆形，长5～8cm，宽1.2～2.5cm，中部最宽，先端短渐尖到渐尖，具突尖头，基部稍圆或宽楔形，边缘反卷，表面暗绿色，具光泽，无毛，微皱，中脉凹入，侧脉10～12对，微凹，背面淡绿色，无毛，中脉凸起，侧脉微凸，网脉明显；叶柄长1～1.5cm，初被微柔毛，后无毛。顶生总状伞形花序，有花10～15朵，总轴长约1cm，疏被淡棕色茸毛；花梗长1～1.5cm，密被灰白色短柔毛；花萼小，杯状，长1～1.5mm，裂片5，宽三角形，疏被短柔毛，花冠钟形，长2.5～3cm，淡粉红色或近白色；筒部上方具紫色斑点，裂片5，圆形，长1cm，宽1.5cm，顶端微缺；雄蕊10，不等长，长1.8～2.5cm，花丝下半部密被白色微柔毛，花药椭圆形，淡黄褐色，长2mm；子房圆锥状，长4～5mm，疏被白色短柔毛，花柱长2.2cm，无毛，柱头头状。蒴果圆柱形，微弯，长1～3cm，直径4～8mm，疏被柔毛或近无毛。花期5～6月，果期7～8月。

栾川县产伏牛山主脉北坡，生于海拔1800m以上的山坡林中，以龙峪湾、老君山较多，常形成片林，不乏千年古树。在龙峪湾林场和老君山林场，共有古树119株，其中古树群114株，千年太白杜鹃为上述两个景区的著名景观。河南还产于嵩县、鲁山、西峡、南召、卢氏等县。分布于陕西西南部和东南部、甘肃南部和河南西部。

花可治久喘，并有健胃、顺气和调经的功效。

叶枝

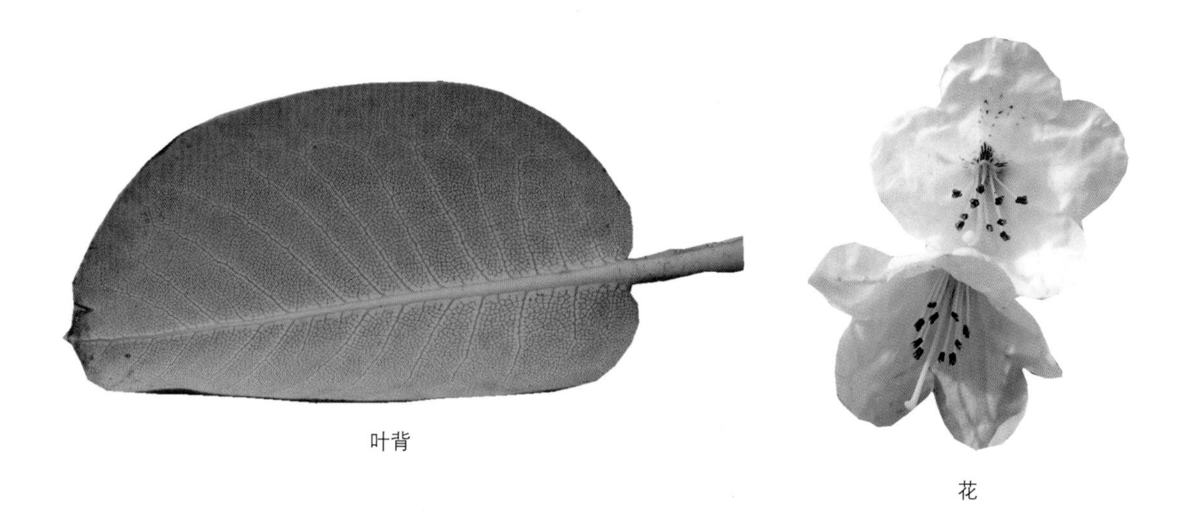

叶背　　花

（4）满山红 *Rhododendron mariesii*

【识别要点】叶边缘微反卷，成叶无毛或近无毛，中上部具不明显的细钝齿。花淡紫色，花丝无毛。

落叶灌木，高0.5～2m；枝轮生，幼时被淡黄棕色柔毛，后脱落，淡灰色或微红色。叶膜质，常2～3集生枝顶，卵形、卵状长圆形、卵状披针形，长3～7cm，宽1.8～3.5cm，先端短渐尖，具短尖头，基部圆形或微楔形，边缘微反卷，中上部具不明显的细钝齿，表面深绿色，背面淡绿色，幼时两面均被淡黄棕色长柔毛，后无毛或近无毛，叶脉在表面凹陷，背面凸出，细脉与中脉或侧脉间的夹角近于90°；叶柄长3～10mm，有稀疏长硬毛。花芽卵球形，鳞片阔卵形，顶端钝尖，外面沿中脊以上被淡黄棕色绢状柔毛，顶生花芽；花先叶开放，着花1～3朵，稀5朵；花梗长5～10mm，密被黄褐色柔毛；花萼环状，5浅裂，有硬毛；花冠漏斗形，淡紫色，长3～3.5cm，花冠管长约1cm，基部径4mm，裂片5，深裂，长圆形，先端钝圆，上方裂片具紫红色斑点，两面无毛；雄蕊8～10，不等长，比花冠短或与花冠等长，花丝扁平，无毛，花药紫红色；子房卵球形，密被淡黄棕色长柔毛，花柱比雄蕊长，无毛。蒴果圆柱形，长约12mm，密被长刚毛。花期4～5月，果期6～7月。

栾川县产伏牛山主脉北坡，生于海拔1000m以上的山坡、山谷林下或灌丛中。河南产于大别山、桐柏山以及伏牛山南部。分布于河北、陕西、江苏、安徽、浙江、江西、福建、台湾、河南、湖北、湖南、广东、广西、四川和贵州。

叶入药，能活血调经、止痛、消肿、止血、平喘止咳、祛风利湿。可作园林绿化树种。

叶枝　　叶　　花　　果实

（5）杜鹃花（照山红 映山红） *Rhododendron simsii*

【识别要点】幼枝密被毛，叶全缘，两面均被毛。花玫瑰色、鲜红色或深红色，花丝中部以下被柔毛。

落叶灌木，高1～3m；老枝灰黄色，无毛；分枝多而纤细，密被亮棕褐色扁平糙伏毛。叶革质，常集生枝端，卵形、椭圆状卵形或倒卵形或倒卵形至倒披针形，长1.5～5cm，宽0.5～3cm，先端锐尖，具短尖头，基部楔形或宽楔形，全缘，表面深绿色，疏被白色糙伏毛，背面淡绿色，密被棕色的扁平糙伏毛，中脉在表面凹陷，背面凸出；叶柄长2～6mm，密被亮棕褐色扁平糙伏毛。花芽卵球形，鳞片外面中部以上被糙伏毛，边缘具睫毛。花2～3（6）朵簇生枝顶；花梗长8mm，密被亮棕褐色糙伏毛；花萼5深裂，裂片三角状长卵形，长5mm，被糙伏毛，边缘具睫毛；花冠阔漏斗形，玫瑰色、鲜红色或深红色，长3.5～4cm，宽1.5～2cm，裂片5，倒卵形，长2.5～3cm，上部裂片具深红色斑点；雄蕊10，长约与花冠相等，花丝线状，中部以下被微柔毛；子房卵球形，10室，密被亮棕褐色糙伏毛，花柱伸出花冠外，无毛。蒴果卵球形，长达1cm，密被糙伏毛；花萼宿存。花期4～5月，果期7～8月。

栾川县产各山区，生于海拔1500m以下的山坡灌丛或林中。河南产于伏牛山、桐柏山和大别山。分布于江苏、安徽、浙江、江西、福建、台湾、湖北、湖南、广东、广西、四川、贵州和云南。为我国中南及西南典型的酸性土指示植物。

种子、扦插及分株繁殖。全株入药，春季采花、夏季采叶干用或鲜用，主治气管炎、荨麻疹；外用治痈肿；秋季采根，主治风湿性关节炎、跌打损伤、闭经；外用可治外伤出血。因花冠鲜红色，为著名的花卉植物，具有较高的观赏价值，目前在国内外各公园中均有栽培。

果枝

叶面

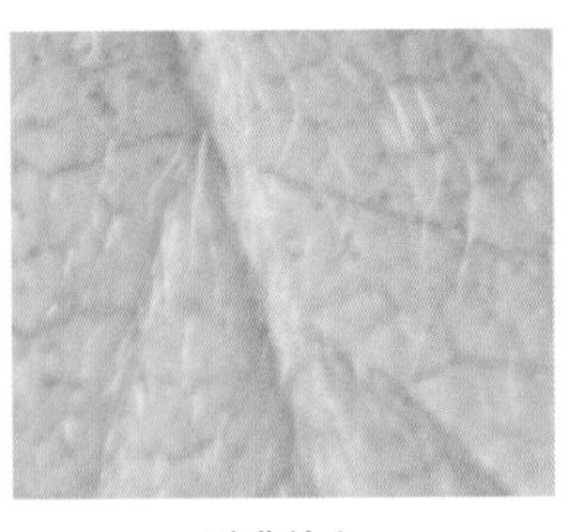

叶背放大

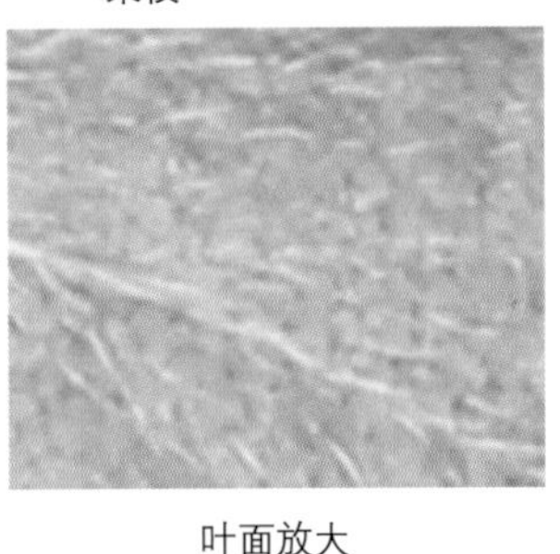

叶面放大

花

（五十八）紫金牛科 Myrsinaceae

灌木或小乔木，稀藤本。单叶互生，稀对生或近轮生，通常具腺点或脉状腺条纹，稀无，全缘或具各式齿，齿间有时具边缘腺点；无托叶。总状花序、伞房花序、伞形花序、聚伞花序及上述各式花序组成的圆锥花序或花簇生，腋生、侧生、顶生或生于侧生特殊花枝顶端，或生于具覆瓦状排列的苞片的小短枝顶端；具苞片，有的具小苞片；花通常两性或杂性，稀单性，有时雌雄异株或杂性异株，辐射对称，覆瓦状或镊合状排列，或螺旋状排列，4或5数，稀6数；花萼基部连合或近分离，或与子房合生，通常具腺点，宿存；花冠通常仅基部连合或成管，稀近分离，裂片各式，通常具腺点或脉状腺条纹；雄蕊与花冠裂片同数，对生，着生于花冠上，分离或仅基部合生；花丝长、短或几无；花药2室，纵裂，稀孔裂，有时在雌花中常退化；雌蕊1，子房上位，稀半下位或下位，1室，中轴胎座或特立中央胎座（有时为基生胎座）；胚珠多数，1或多轮，通常埋藏于多分枝的胎座中，倒生或半弯生，常仅1枚发育，稀多数发育；花柱1，长或短；柱头点尖或分裂，扁平、腊肠形或流苏状。浆果核果状，外果皮肉质、微肉质或坚脆，内果皮坚脆，有种子1枚或多数；种子具丰富的肉质或角质胚乳；胚圆柱形，通常横生。

约35属，1000余种，主要分布于南、北半球热带和亚热带地区，南非及新西兰亦有。我国有6属，129种，18变种，主要产于长江流域以南各地。河南有2属，4种。栾川县1属，1种。

紫金牛属 *Ardisia*

灌木，稀小乔木。单叶互生，稀对生或近轮生，全缘或具波状圆齿、锯齿或啮蚀状细齿，具边缘腺点或无。聚伞花序、伞房花序、伞形花序或由上述花序组成的圆锥花序、金字塔状的大型圆锥花序，稀总状花序，顶生、腋生、侧生或着生于侧生或腋生特殊花枝顶端；两性花，4～5基数；花萼通常仅基部连合，稀分离，萼片镊合状或覆瓦状排列，通常具腺点；花瓣基部微连合，稀连合达全长的1/2，为右旋螺旋状排列，花时外反或开展，稀直立，无毛，稀里面被毛，常具腺点；雄蕊着生于花瓣基部，不超出花瓣；花丝短，基部宽，向上渐狭；花药几与花瓣等长或较小，2室，纵裂，稀孔裂；雌蕊与花瓣等长或略长，子房通常为球形、卵球形；花柱丝状，柱头点尖，胚珠3～12或更多，1轮或数轮。浆果核果状，球形或扁球形，通常为红色，具腺点，有时具纵肋，内果皮坚脆或近骨质，有种子1枚；种子为胎座的膜质残余物所盖，球形或扁球形，基部内凹；胚乳丰富；胚圆柱形，横生或直立。

约300种，分布于热带美洲，太平洋诸岛，印度半岛东部及亚洲东部至南部，少数分布于大洋洲，非洲不产。我国68种，12变种，分布于长江流域以南各地。河南有3种。栾川县栽培1种。

朱砂根（腰缠万贯） *Ardisia crenata*

【识别要点】有匍匐根状茎。叶狭椭圆形、椭圆形或倒披针形，顶端急尖或渐尖，基部楔形，边缘具皱波状或波状齿，具明显的边缘腺点，两面无毛，侧脉12～20多对。果球形，鲜红色。

常绿灌木，不分枝，高1～2m，稀达3m；有匍匐根状茎，粗壮，无毛。叶革质或坚纸质，狭椭圆形、椭圆形或倒披针形，顶端急尖或渐尖，基部楔形，长7～15cm，宽2～4cm，边缘具皱波状或波状齿，具明显的边缘腺点，两面无毛，有时背面具极小的鳞片，侧脉12～20多对，构成不规则的边缘脉；叶柄长约1cm。伞形花序或聚伞花序，着生于侧生特殊花枝顶端；花枝近顶端常具2～3片叶或更多，或无叶，长4～16cm；花梗长7～10mm，几无毛；花萼长4～6mm，花萼仅基部连合，萼片长圆状卵形，顶端圆形或钝，长1.5mm或略短，稀达2.5mm，全缘，两面无毛，具腺点；花瓣白色，稀略带粉红色，盛开时反卷，卵形，顶端急尖，具腺点，外面无毛，里面

有时近基部具乳头状突起；雄蕊较花瓣短，花药三角状披针形，背面常具腺点；雌蕊与花瓣近等长或略长，子房无毛，具腺点；胚珠5，1轮。果球形，直径6~8mm，鲜红色，具腺点。花期5~6月，果期10~12月。

栾川县以盆景花卉的形式栽培，其果序色红、稠密，商业上称作“腰缠万贯”。河南产于大别山和桐柏山。分布于西藏东南部至台湾，湖北至海南岛等地区。印度，缅甸经马来半岛、印度尼西亚至日本均有。

全株入药，有活血、清热降火、消肿解毒、祛痰止咳等功效。

叶枝

果

（五十九）柿树科 Ebenaceae

落叶或常绿乔木或直立灌木。单叶，互生，稀对生或轮生，全缘，无托叶，具羽状叶脉。花多单生，通常雌雄异株，或为杂性。雌花腋生，单生；雄花常生在小聚伞花序上或簇生，或为单生，整齐；花萼3~7裂，在雌花或两性花中宿存，常在果时增大，裂片在花蕾中镊合状或覆瓦状排列，花冠3~7裂，早落，裂片旋转排列，稀覆瓦状排列或镊合状排列；雄蕊离生或着生在花冠管的基部，常为花冠裂片数的2~4倍，稀和花冠裂片同数而与之互生，花丝分离或两枚连生成对，花药基着，2室，内向，纵裂，雌花常具退化雄蕊或无雄蕊；子房上位，2~16室；花柱2~8，分离或基部合生，胚珠每室1~2；在雄花中，雌蕊退化或缺。浆果多肉质；种子有胚乳，胚乳有时为嚼烂状，胚小，子叶大，叶状；种脐小。

有3属，500余种，主要分布于两半球热带地区。我国有1属，约57种，主要分布于长江流域以南地区。河南产1属，3种，1变种，1变型。栾川县有1属，2种，1变种，1变型。

柿属 *Diospyros*

落叶或常绿乔木或灌木。冬芽卵形，具2鳞片，无顶芽。叶互生，稀对生，革质，全缘。花单性，

幼枝　　叶面　　叶背

（2）白檀（灰木 断河清树） *Symplocos paniculata*

【识别要点】嫩枝有灰白色柔毛。叶阔倒卵形、椭圆状倒卵形或卵形，边缘有细尖锯齿，叶背通常有柔毛或仅脉上有柔毛；侧脉4～8对。

落叶灌木或小乔木；嫩枝有灰白色柔毛，老枝无毛。叶膜质或薄纸质，阔倒卵形、椭圆状倒卵形或卵形，长3～11cm，宽2～4cm，先端急尖或渐尖，基部阔楔形或近圆形，边缘有细尖锯齿，叶面无毛或有柔毛，叶背通常有柔毛或仅脉上有柔毛；中脉在叶面凹下，侧脉在叶面平坦或微凸起，4～8对；叶柄长3～5mm。圆锥花序长5～8cm，通常有柔毛；苞片早落，通常条形，有褐色腺点；花萼长2～3mm，萼筒褐色，无毛或有疏柔毛，裂片半圆形或卵形，稍长于萼筒，淡黄色，有纵脉纹，边缘有毛；花冠白色，长4～5mm，5深裂几达基部；雄蕊40～60，子房2室，花盘具5凸起的腺点。核果熟时蓝色，卵状球形，稍偏斜，长5～8mm，顶端宿萼裂片直立。花期4～5月，果期8～9月。

栾川县产各山区，生于海拔1000m以下的山坡、路边、疏林或密林中。河南产于大别山、桐柏山和伏牛山区。分布于东北、华北、华中、华南、西南各地。朝鲜、日本、印度也有。北美有栽培。

种子繁殖。

种子含油27%～45%，供食用，也可作油漆或肥皂；嫩叶可食或作绿肥。根皮与叶作农药用。木材供细木工用。为南阳烙花筷的原料之一。

干　　叶枝　　果　　花　　叶背　　枝　　叶背放大

（3）华山矾 *Symplocos chinensis*

【识别要点】与白檀相似，主要区别为：嫩枝、叶背及花序均被灰黄色皱曲柔毛。上部的花几无梗，下部的花具短梗，核果被紧贴柔毛。

灌木；嫩枝、叶柄、叶背均被灰黄色皱曲柔毛。叶纸质，椭圆形或倒卵形，长4～7（10）cm，宽2～5cm，先端急尖或短尖，有时圆，基部楔形或圆形，边缘有细尖锯齿，叶面有短柔毛；中脉在叶面凹下，侧脉4～7对。上部的花几无梗，下部的花具短梗。圆锥花序顶生或腋生，长4～7cm，花序轴、苞片、萼外面均密被灰黄色皱曲柔毛；苞片早落；花萼长2～3mm。裂片长圆形，长于萼筒；花冠白色，芳香，长约4mm，5深裂几达基部；雄蕊50～60，花丝基部合生成五体雄蕊；花盘具5凸起的腺点，无毛；子房2室。核果卵状圆球形，歪斜，长5～7mm，被紧贴的柔毛，熟时蓝色，顶端宿萼裂片向内伏。花期4～5月，果期8～9月。

栾川县产伏牛山主脉北坡，生于海拔1000m以下的山坡杂木林中。河南产于伏牛山南部。分布于浙江、福建、台湾、安徽、江西、湖南、广东、广西、云南、贵州、四川等地。

种子繁殖。

种子油可制肥皂；根、叶药用，根治疟疾、急性肾炎；叶捣烂，外敷治疮疡、跌打；叶研成末，治烧伤烫伤及外伤出血；取叶鲜汁，冲酒内服治蛇伤。

叶枝

叶背

花枝

（六十二）紫茉莉科 Nyctaginaceae

草本、灌木或乔木，有时为具刺藤状灌木。单叶，对生、互生或假轮生，全缘，具柄，无托叶。花辐射对称，两性，稀单性或杂性；单生、簇生或成聚伞花序、伞形花序；常具苞片或小苞片，有的苞片色彩鲜艳；花被单层，常为花冠状，圆筒形或漏斗状，有时钟形，下部合生成管，顶端5～10裂，在芽内镊合状或褶扇状排列，宿存；雄蕊1至多数，通常3～5，下位，花丝离生或基部连合，芽时内卷，花药2室，纵裂；子房上位，1室，内有1胚珠，花柱单一，柱头球形，不分裂或分裂。瘦果包在宿存花被内，有棱或槽，有时具翅，常具腺；种子有胚乳；胚直生或弯生。

约30属300种，分布于热带和亚热带地区，主产热带美洲。我国有7属，11种，1变种，主要分布于华南和西南。栾川县栽培1属，1种。

叶子花属 *Bougainvillea*

灌木或小乔木，有时攀援。枝有刺。叶互生，具柄，叶片卵形或椭圆状披针形。花两性，通常3朵簇生枝端，外包3枚鲜艳的叶状苞片，红色、紫色或橘色，具网脉；花梗贴生苞片中脉上；花被合生成管状，通常绿色，顶端5～6裂，裂片短，玫瑰色或黄色；雄蕊5～10，内藏，花丝基部合生；子房纺锤形，具柄，1室，具1胚珠，花柱侧生，短线形，柱头尖。瘦果圆柱形或棍棒状，具5棱；种皮薄，胚弯。

约18种。原产南美，有一些种常栽培于热带及亚热带地区。我国有2种。栾川县栽培1种。

叶子花（三角梅） *Bougainvillea spectabilis*

【识别要点】花很细小，黄绿色，不为人注意，常三朵簇生于三枚较大的苞片内，花梗与叶片中脉合生，苞片鲜艳，为主要观赏部位。

藤状灌木。枝、叶密生柔毛；刺腋生、下弯。叶椭圆形或卵形，基部圆形，有柄。花序腋生或顶生；苞片椭圆状卵形，基部圆形至心形，长2.5～6.5cm，宽1.5～4cm，暗红色或淡紫红色；花被管狭筒形，长1.6～2.4cm，绿色，密被柔毛，顶端5～6裂，裂片开展，黄色，长3.5～5mm；雄蕊通常8；子房具柄。果实长1～1.5cm，密生毛。

原产热带美洲。栾川县有栽培。

扦插繁殖。

花苞片大，色彩鲜艳如花，且持续时间长，为良好的观赏树种。花入药，调和气血，治白带、调经。

叶

花

花枝

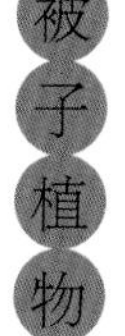

（六十三）木犀科 Oleaceae

乔木，稀藤本。叶对生，稀互生或轮生，单叶、三出复叶或羽状复叶，稀羽状分裂，全缘或具齿；具叶柄，无托叶。花辐射对称，两性，稀单性或杂性，雌雄同株、异株或杂性异株，通常聚伞花序排列成圆锥花序，或为总状、伞状、头状花序，顶生或腋生，或聚伞花序簇生于叶腋，稀花单生；花萼4裂，有时多达12裂，稀无花萼；花冠4裂，有时多达12裂，浅裂、深裂至近离生，或有时在基部成对合生，稀无花冠，花蕾时呈覆瓦状或镊合状排列；雄蕊2，稀4，着生于花冠管上或花冠裂片基部，花药纵裂，花粉通常具3沟；子房上位，由2心皮组成2室，每室具胚珠2，有时1或多枚，胚珠下垂，稀向上，花柱单一或无花柱，柱头2裂或头状。果为翅果、蒴果、核果、浆果或浆果状核果；种子具1枚伸直的胚；具胚乳或无胚乳；子叶扁平；胚根向下或向上。

约27属，400余种，广布于两半球的热带和温带地区，亚洲地区种类尤为丰富。我国有12属，178种，6亚种，25变种，15变型。河南连栽培有9属，39种及10变种。栾川县连栽培8属，27种，3变种。

1.果实为翅果：
  2.单叶。果实周围有翅 ………………………………………………………… 1.雪柳属 *Fontanesia*
  2.羽状复叶。果实顶端有伸长的翅 ……………………………………………2.梣属 *Fraxinus*
1.果实为核果、蒴果或浆果：
  3.蒴果：
    4.枝条中空或有片状髓。花黄色 ………………………………………… 3.连翘属 *Forsythia*
    4.枝条实心，花紫色，很少为白色 ………………………………………… 4.丁香属 *Syringa*
  3.浆果或核果：
    5.单叶，对生。核果：
      6.花冠裂片线形，长10～20mm……………………………………… 6.流苏树属 *Chionanthus*
      6.花冠裂片短，长10mm以下：
        7.花序腋生 ………………………………………………………… 5.木犀属 *Osmanthus*
        7.花序顶生 ………………………………………………………… 7.女贞属 *Ligustrum*
    5.复叶，很少为单叶，叶对生互生。浆果 ……………………………… 8.茉莉属 *Jasminum*

1.雪柳属 *Fontanesia*

落叶灌木，有时呈小乔木状。小枝四棱形。叶对生，单叶，常为披针形，全缘或具齿；无柄或具短柄。花小，多朵组成圆锥花序或总状花序，顶生或腋生；花萼4裂，宿存；花冠白色、黄色或淡红白色，深4裂，基部合生；雄蕊2，着生于花冠基部，花丝细长，花药长圆形；子房2室，每室具下垂胚珠2，花柱短，柱头2裂，宿存。果为翅果，扁平，环生窄翅，每室通常仅有种子1枚；种子线状椭圆形，种皮薄；胚乳丰富，肉质；子叶长卵形，扁平；胚根向上。

2种。我国和地中海地区各产1种。河南1种。栾川县产之。

雪柳（五谷树） *Fontanesia fortunei*

【识别要点】小枝四棱形或具棱角，叶披针形、卵状披针形或狭卵形，长3～12cm，宽1～1.7cm，先端锐尖至渐尖，全缘，两面无毛，侧脉2～8对。果周围有翅。

落叶灌木或小乔木。树皮灰褐色。枝灰白色，圆柱形，小枝淡黄色或淡绿色，四棱形或具棱角，无毛。叶纸质，披针形、卵状披针形或狭卵形，长3～12cm，宽1～1.7（3）cm，先端锐尖至渐尖，基部楔形，全缘，两面无毛，中脉在表面稍凹入或平，背面凸起，侧脉2～8对，斜向上延伸，两面稍凸起，有时在表面凹入；叶柄长1～5mm，表面具沟，光滑无毛。圆锥花序顶生或腋生，顶生花序长2～6cm，腋生花序较短，长1.5～4cm；花两性或杂性同株；苞片锥形或披针形，长0.5～2.5mm；花梗长1～2mm，无毛；花萼微小，杯状，深裂，裂片卵形，膜质，长约0.5mm；花冠深裂至近基部，裂片卵状披针形，长2～3mm，宽0.5～1mm，先端钝，基部合生；雄蕊花丝长1.5～6mm，伸出或不伸出花冠外，花药长圆形，长2～3mm；花柱长1～2mm，柱头2叉。果黄棕色，倒卵形至倒卵状椭圆形，扁平，长7～9mm，先端微凹，花柱宿存，边缘具窄翅；种子长约3mm，具三棱。花期4～6月，果期6～10月。

栾川县产中部、东部和北部各乡镇，生于海拔800m以下的河边、林下。河南各地均产，也有栽培。分布于河北、陕西、山东、江苏、安徽、浙江、湖北东部。

种子繁殖。

嫩叶晒干可代茶；枝条可编筐；茎皮可制人造棉；亦栽培作绿篱。

叶枝

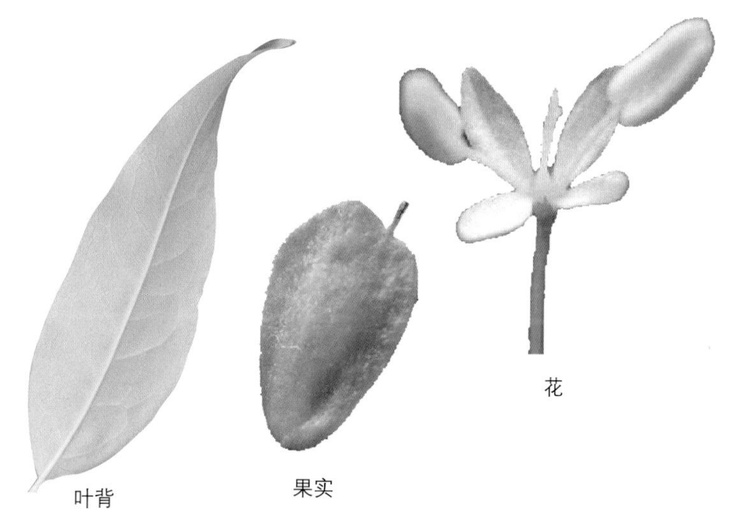

叶背　果实　花

2. 梣属（白蜡树属）　*Fraxinus*

落叶乔木，稀灌木。冬芽外被1～2对鳞片。嫩枝在上下节间交互呈两侧扁平状。叶对生，奇数羽状复叶，稀在枝梢呈3叶轮生状，有小叶3至多个；叶柄基部常增厚或扩大；小叶叶缘具锯齿或近全缘。花小，单性、两性或杂性，雌雄同株或异株；圆锥花序顶生或腋生于枝端，或着生于去年生枝上；苞片线形至披针形；花梗细；花芳香，花萼小，钟状，先端4裂或不裂；花冠4裂至基部，白色至淡黄色，裂片线形、匙形或舌状，早落或退化至无花冠；雄蕊通常2枚，与花冠裂片互生，花丝通常短，或在花期迅速伸长伸出花冠之外，花药2室，纵裂；子房2室，每室具下垂胚珠2，花柱较短，柱头多少2裂。果为含1枚或偶有2枚种子的坚果，扁平或凸起，先端迅速发育伸长成翅，翅长于坚果，故称单翅果；种子卵状长圆形，扁平，种皮薄，脐小；胚乳肉质；子叶扁平；胚根向上。

约60余种，大多数分布在北半球暖温带，少数延伸至热带森林中。我国产27种，1变种，其中1种系栽培，遍及各地。河南有8种及3变种。栾川县有8种，1变种。

1.圆锥花序顶生或侧生于当年生有叶枝条上：

　2.花具花冠：

　　3.小叶卵形或卵圆形，长常在4cm以下 ……………………（1）小叶白蜡树 *Fraxinus bungeana*

　　3.小叶长圆形、卵状长圆形或披针形，长常在4cm以上：

　　　4.小叶7～9个，长圆形，无柄或近无柄 ……………………（2）秦岭白蜡树 *Fraxinus paxiana*

　　　4.小叶3～5个，披针形，叶背沿中脉有细柔毛 ……………（3）宿柱白蜡树 *Fraxinus stylosa*

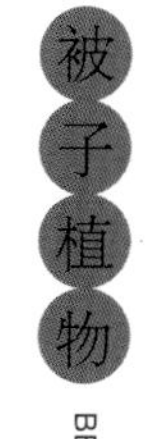

2.花无花冠：

5.小叶常为7个，椭圆状卵形，长3.5～10cm ……………………… （4）白蜡树 *Fraxinus chinensis*

5.小叶常为5个，宽卵形或倒卵形，长6～13cm……… （5）大叶白蜡树 *Fraxinus rhynchophylla*

1.圆锥花序全部侧生腋生于2年生无叶枝条上：

6.花萼宿存：

7.小叶5～9个，叶柄基部不膨大，叶背面有乳头状突起 …（6）美国白蜡树 *Fraxinus americana*

7.小叶7～11个，叶柄基部膨大。小枝、叶轴、花序无毛………（7）象蜡树 *Fraxinus platypoda*

6.花无花萼。翅果扭曲 ……………………………………………………（8）水曲柳 *Fraxinus mandshurica*

（1）小叶白蜡树（小叶梣 苦枥 秦皮） *Fraxinus bungeana*

【识别要点】小叶5～7个，卵形或卵圆形，先端钝至短渐尖，基部阔楔形，叶缘具钝齿，两面均光滑无毛，侧脉4～6对；小叶柄短，被柔毛。

落叶小乔木或灌木，高2～5m；树皮暗灰色，浅裂。顶芽黑色，圆锥形，侧芽阔卵形，内侧密被棕色曲柔毛和腺毛。当年生枝淡黄色，密被短茸毛，渐秃净，去年生枝灰白色，被稀疏毛或无毛，皮孔细小，椭圆形，褐色。羽状复叶长5～15cm；叶柄长2.5～4.5cm，基部增厚；叶轴直，表面具窄沟，被细茸毛；小叶5～7个，硬纸质，卵形或卵圆形，长2～4.5cm，宽1.5～3cm，顶生小叶与侧生小叶几等大，先端钝至短渐尖，基部阔楔形，叶缘具钝齿，两面均光滑无毛，中脉在两面凸起，侧脉4～6对，细脉明显网结；小叶柄短，长0.2～1.5cm，被柔毛。圆锥花序顶生或腋生枝梢，长5～9cm，疏被茸毛；花序梗扁平，长约1.5cm，被细茸毛，渐秃净；花梗细，长约3mm；雄花花萼小，杯状，萼齿尖三角形，花冠白色至淡黄色，裂片线形，长4～6mm，雄蕊与裂片近等长，花药小，椭圆形，花丝细；两性花花萼较大，萼齿锥尖，花冠裂片长达8mm，雄蕊明显短，雌蕊具短花柱，柱头2浅裂。翅果匙状长圆形，长2～3cm，宽3～5mm，上中部最宽，先端急尖、钝、圆或微凹，翅下延至坚果中下部，坚果长约1cm，略扁；花萼宿存。花期5月，果期9月。

栾川县产各山区，生于海拔1500m以下的山坡、山谷疏林中。河南产于伏牛山北部及太行山区。分布于辽宁、河北、山西、山东、安徽等地。

种子繁殖。

树皮用作中药称“秦皮”，有清热解毒、收敛止泻、止痢、健胃等效。木材坚硬、有弹性，可供制小农具、家具。

叶枝

花枝

（2）秦岭白蜡树（秦岭梣） *Fraxinus paxiana*

【识别要点】羽状复叶长25～35cm；叶柄长5～10cm，基部稍膨大；叶轴表面具窄沟，散生皮孔状凸起的疣点，小叶着生处具关节，小叶7～9个，卵状长圆形，叶缘具钝锯齿或圆齿。

落叶乔木，高达20m。树皮灰黄色。冬芽甚大，阔卵形，有芽鳞2对，外被锈色糠秕状毛，干后变黑褐色，光亮，内侧密被锈色茸毛。嫩枝黄色，粗壮，近四棱形，节膨大，老枝变灰色，无毛，散生白色皮孔，明显。羽状复叶长25～35cm；叶柄长5～10cm，基部稍膨大；叶轴表面具窄沟，散生皮孔状凸起的疣点，无毛或被稀疏柔毛，小叶着生处具关节，节上常簇生锈色茸毛；小叶7～9个，硬纸质，卵状长圆形，长8～18cm，宽2～6cm，顶生小叶与侧生小叶近等大，先端渐尖，基部圆或下延至小叶柄，叶缘具钝锯齿或圆齿，两面无毛或背面脉上被稀疏柔毛，干后表面呈棕色，粗糙，中脉在表面凹入，背面明显凸起，呈红色，细脉网结明显；上部小叶无柄，下部具短柄。圆锥花序顶生及侧生枝梢叶腋，大而疏松，长14～20cm；花序梗短，长约2cm，扁平而粗壮，密布淡黄色细小皮孔，无毛或有残存芽鳞内的成簇茸毛；花梗细，长约2mm；花杂性异株；花萼膜质，杯状，长约1.5mm，萼齿截平或呈阔三角形；花冠白色，裂片线状匙形，长约3mm，宽约1mm；雄花具雄蕊2枚，等长或略长于花冠裂片，花药先端钝圆；两性花雄蕊较长，伸出花冠之外，花药尖头，花丝细，子房密被锈色糠秕状毛，具长花柱，柱头舌状，2浅裂。翅果线状匙形，长2.5～3cm，宽约4mm，先端钝或微凹，翅扁而宽，下延至坚果中上部，坚果圆柱形，脉棱细直。花期5～6月，果期9月。

栾川县产伏牛山，生于海拔1500m以上的山谷坡地及疏林中。河南还产于灵宝、内乡、南召、嵩县、西峡等县市。分布于陕西、甘肃、湖北、湖南、四川。

茎皮供药用，有清热燥湿、清肝明目、收敛止血等功效。主治痢疾、目赤肿痛、崩漏等，但脾胃虚寒者忌用。材质坚硬细密，供制家具、器具等用。

叶枝

树干

叶背

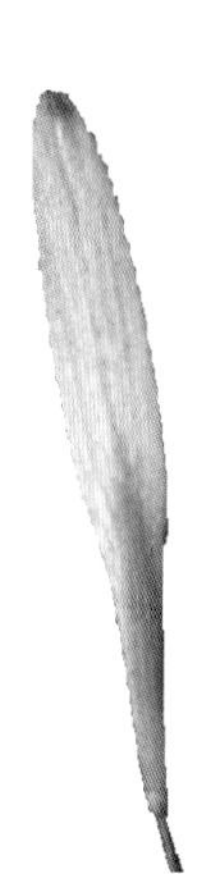
翅果

（3）宿柱白蜡树（宿柱梣） *Fraxinus stylosa*

【识别要点】小枝灰褐色，节膨大，皮孔疏生而凸起。羽状复叶长6～15cm；小叶着生处具关节，小叶3～5个，卵状披针形至阔披针形，叶缘具细锯齿，侧脉8～10对。翅果先端具小尖（宿存花柱）。

落叶小乔木，枝稀疏；树皮灰褐色，纵裂。芽卵形，深褐色，干后光亮，有时呈油漆状光泽。小枝灰褐色，挺直而平滑，节膨大，无毛，皮孔疏生而凸起。羽状复叶长6～15cm；叶柄细，长2～5cm；叶轴细而直，表面具窄沟，小叶着生处具关节，基部增厚，无毛；小叶3～5个，硬纸质，卵状披针形至

阔披针形，长3.5～8cm，宽0.8～2cm，先端长渐尖，基部阔楔形，下延至短柄，有时钝圆，叶缘具细锯齿，两面无毛或有时在背面脉上被白色细柔毛，中脉在表面凹入，背面凸起，侧脉8～10对，细脉甚微细不明显；小叶柄长2～3mm，无毛。圆锥花序顶生或腋生当年生枝梢，长8～10（14）cm，分枝纤细，疏松；花序梗扁平，无毛，皮孔较多，果期尤明显；花梗细，长约3mm；花萼杯状，长约1mm，萼齿4，狭三角形，急尖头，与萼管等长；花冠淡黄色，裂片线状披针形，长约2mm，宽约1mm，先端钝圆；雄蕊2，稍长于花冠裂片，花药长圆形，花丝细长。翅果倒披针状，长1.5～2（3.5）cm，宽2.5～3（5）mm，上中部最宽，先端急尖、钝圆或微凹，具小尖（宿存花柱），翅下延至坚果中部以上，坚果隆起。花期5月，果期9月。

栾川县产各山区，生于海拔1500m以上的杂木林中。河南还产于灵宝、卢氏、西峡、嵩县等县市。分布于甘肃、陕西、四川等地。

种子繁殖。

树皮入药，称“秦皮”，能清热燥湿、清肝明目、平喘止咳，用于治疗热毒泻痢、目赤肿痛、目生翳障。

叶枝

芽　　叶背

（4）白蜡树（梣 白蜡） *Fraxinus chinensis*

【识别要点】复叶长15～25cm；叶柄长4～6cm，小叶通常7个，椭圆形或椭圆状卵形，先端锐尖至渐尖，基部钝圆或楔形，叶缘具整齐锯齿，侧脉8～10对。

落叶乔木，高10～12m；树皮灰褐色，纵裂。芽阔卵形或圆锥形，被棕色柔毛或腺毛。小枝灰褐色，粗糙，无毛或疏被长柔毛，旋即秃净，皮孔小，不明显。羽状复叶长15～25cm；叶柄长4～6cm，基部不增厚；叶轴挺直，表面具浅沟，初时疏被柔毛，旋即秃净；小叶5～9个，通常7个，硬纸质，椭圆形或椭圆状卵形，长3～10cm，宽1.7～5cm，顶生小叶与侧生小叶近等大或稍大，先端锐尖至渐尖，基部钝圆或楔形，叶缘具整齐锯齿，表面无毛，背面无毛或有时沿中脉两侧被白色长柔毛，中脉在表面平坦，侧脉8～10对，背面凸起，细脉在两面凸起，明显网结；小叶柄长3～5mm。圆锥花序顶生或腋生枝梢，长8～10cm；花序梗长2～4cm，无毛或被细柔毛，光滑，无皮孔；花雌雄异株；雄花密集，花萼小，钟状，长约1mm，无花冠，花药与花丝近等长；雌花疏离，花萼大，桶状，长2～3mm，4浅裂，花柱细长，柱头2裂。翅果倒披针形，长2.8～3.5cm，宽4～5mm，顶端尖、钝或微凹。花期4～5月，果期8～9月。

栾川县产各山区，生于海拔1500m以下的山坡、山谷杂木林中。河南产于各山区，平原各地均有栽培，以豫东平原较多，常作条子林。本种在我国栽培历史悠久，分布于南北各地。越南、朝鲜也有分布。

种子繁殖或扦插、压条繁殖。种子休眠期长，催芽方法可采用冬季低温层积或春季快速高温催芽。

主要经济用途为放养白蜡虫生产白蜡，尤以西南各地栽培最盛。性耐瘠薄干旱，在轻度盐碱地也能生长。植株萌发力强，材理通直，生长迅速，柔软坚韧，供编制各种用具；树皮也作药用。也可作行道树。园林栽培品种有‘金叶’白蜡等。

顶叶背　翅果　花序　复叶　树干

尖叶白蜡树 var. *acuminata* 与原种的区别在于，小叶通常3～5个，卵状披针形，先端长渐尖，缘有锐锯齿，背面中脉两侧和基部有时被淡黄色或白色柔毛。栾川县产各山区，生于海拔1000m以上的山坡杂木林中。河南产于伏牛山。分布陕西、甘肃、湖北、四川等地。用途同原种。

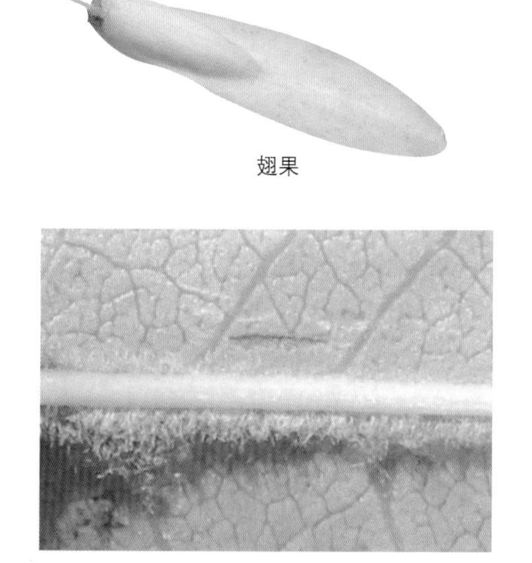

翅果

叶背局部

叶背

叶枝

（5）大叶白蜡树（花曲柳） *Fraxinus rhynchophylla*

【识别要点】 小叶3～7个，通常5个，宽卵形或倒卵形或卵状披针形，叶缘呈不规则粗锯齿，表面有时沿脉疏被柔毛。

落叶乔木，高达15m，树皮灰褐色，光滑，老时浅裂。冬芽阔卵形，顶端尖，黑褐色，具光泽，内侧密被棕色曲柔毛。当年生枝淡黄色，通直，无毛，去年生枝暗褐色，皮孔散生。羽状复叶长15～35cm；叶柄长4～9cm，基部膨大；叶轴上面具浅沟，小叶着生处具关节，节上有时簇生棕色曲柔毛；小叶3～7个，通常5个，革质，宽卵形、倒卵形或卵状披针形，长3～11（15）cm，宽2～6（8）cm，营养枝的小叶较宽大，顶生小叶显著大于侧生小叶，下方1对最小，先端渐尖、骤尖或尾尖，基部钝圆、阔楔形至心形，两侧略歪斜或下延至小叶柄，叶缘呈不规则粗锯齿，齿尖稍向内弯，有时也呈波状，通常下部近全缘，表面中脉略凹入，脉上有时疏被柔毛，背面沿脉腋被白色柔毛，渐秃净；小叶柄长0.2～1.5cm，上面具深槽。圆锥花序顶生或腋生当年生枝梢，长约10cm；花序梗细而扁，长约2cm；苞片长披针形，先端渐尖，长约5mm，无毛，早落；花梗长约5mm；雄花与两性花异株；花萼浅杯状，长约1mm；无花冠；两性花具雄蕊2，长约4mm，花药椭圆形，长约3mm，花丝长约1mm，雌蕊具短花柱，柱头2叉深裂；雄花花萼小，花丝细，长达3mm。翅果线形，长约3.5cm，宽约5mm，先端钝圆、急尖或微凹，翅下延至坚果中部，坚果长约1cm，略隆起；具宿存萼。花期4～5月，果期9～10月。

栾川县产各山区，生于海拔1500m以下的山谷或山坡疏林中。河南产于太行山和伏牛山。分布于东北、华北及陕西、湖北、江苏、山东、四川、广东等地。日本、朝鲜也有。

种子繁殖。

木材坚硬致密，有弹性，可供建筑、车辆、农具等用。树皮及枝皮称秦皮，为健胃收敛药；枝条供编织筐篮。本种对气候、土壤要求不严，各地常引种栽培作行道树和庭园树；也是次生林改造的保留树种。

树干　复叶　侧叶背　翅果

（6）美国白蜡树（洋白蜡 美国白梣） *Fraxinus americana*

【识别要点】 小叶5～9个，叶柄基部不膨大，叶背面有乳头状突起。

乔木，高达20m。小枝暗灰色，光滑，有皮孔。小叶5～9个，通常7个，有短柄，卵形或卵状披针形，长4～15cm，宽3～7.5cm，顶端渐尖，基部楔形或近圆形，近全缘或近顶端有钝锯齿，背面苍白色，无毛或沿中脉和短柄处有柔毛。雌雄异株，圆锥花序生于去年无叶的侧枝上，无毛；花萼宿存。翅果长3～4cm，果实长圆筒形，翅矩圆形，狭翅不下延。花期4～5月，果期8～9月。

原产北美洲。河南各地均有栽培。栾川县有栽培。北京、天津、河北、山西、山东等地也有栽培。

种子繁殖。耐寒、耐旱、较耐盐碱。可作行道树和庭院树种。

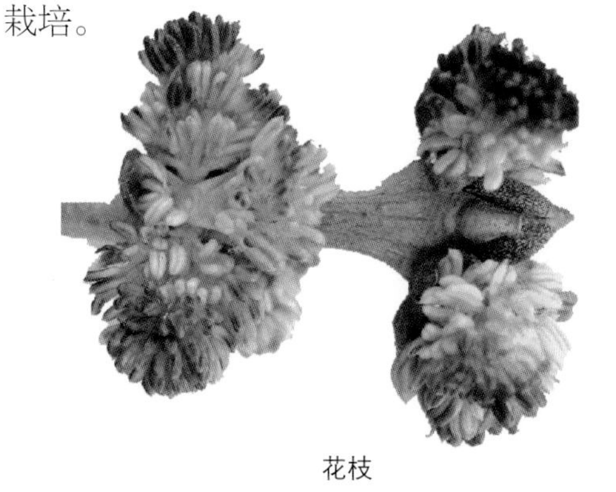
花枝

果枝

（7）象蜡树（宽果梣） *Fraxinus platypoda*

【识别要点】小叶7～11个，顶生小叶与侧生小叶近等大，侧脉12～15对。叶柄基部膨大。小枝、叶轴、花序无毛。

落叶乔木。树皮灰褐色，纵裂。冬芽大，阔卵形，密被褐色糠秕状毛，渐变黑。小枝淡黄色，被细柔毛或光滑无毛，皮孔长椭圆形，稀疏，不明显，在老枝上呈圆点状凸起。羽状复叶长10～25（30）cm，基部囊状膨大，呈耳状半抱茎；叶轴圆柱形，表面具浅沟，密被黄色短柔毛或秃净，小叶着生处具关节；小叶7～11个，薄革质，椭圆状矩形至卵状披针形，长5～10cm，顶生小叶与侧生小叶近等大，最下方1对有时较小，先端短渐尖，基部钝圆或阔楔形，略歪斜，叶缘具不明显细锯齿，表面无毛，背面脉上青白色，有乳突，沿中脉密被淡黄色长柔毛或秃净，中脉在表面凹入，背面凸起，侧脉12～15对；小叶无柄或近无柄。聚伞圆锥花序生于去年生枝上，长12～15cm，有时基部具叶；花序梗扁平，初时被黄色曲柔毛，渐秃净；苞片阔线形，长1.2cm，被毛或秃净；花杂性异株，无花冠；两性花花萼钟状，长约1.5mm，萼齿三角形，雄蕊2，长约5mm，花丝短，雌蕊较短，长1～2mm，柱头2叉裂。翅果长圆状椭圆形，扁平，长4～5cm，宽7～10mm，近中部最宽，两端钝或急尖，翅下延至坚果基部，坚果扁平。花期4～5月，果期8月。

栾川县产伏牛山，生于海拔1500m以上的山谷杂木林中。河南产于伏牛山的卢氏、嵩县、西峡等。分布于陕西、甘肃、湖北、四川、贵州、云南等地。

种子繁殖。

木材供建筑、造船、家具、农具、工艺等用。可作为次生林改造的保留树种。

复叶

叶柄

叶背

树干

（8）水曲柳（挡河槐） *Fraxinus mandshurica*

【识别要点】 小枝四棱形，节膨大，散生圆形明显凸起的小皮孔；羽状复叶长25～35（40）cm，叶轴有狭翅，小叶7～11（13）个，侧脉10～15对。

落叶乔木，高达30m以上。树皮厚，灰褐色，纵裂。冬芽大，圆锥形，黑褐色，芽鳞外侧平滑，无毛，在边缘和内侧被褐色曲柔毛。小枝粗壮，黄褐色至灰褐色，四棱形，节膨大，光滑无毛，散生圆形明显凸起的小皮孔；叶痕节状隆起，半圆形。羽状复叶长25～35（40）cm；叶柄长6～8cm，近基部膨大，干后变黑褐色；叶轴表面具平坦的阔沟，沟棱有时呈窄翅状，小叶着生处具关节，节上簇生黄褐色曲柔毛或秃净；小叶7～11（13）个，纸质，长圆形至卵状长圆形，长5～20cm，宽2～5cm，先端渐尖或尾尖，基部楔形至钝圆，稍歪斜，叶缘具细锯齿，表面无毛或疏被白色硬毛，背面沿脉被黄色曲柔毛，至少在中脉基部簇生密集的曲柔毛，中脉在表面凹入，背面凸起，侧脉10～15对；小叶近无柄。圆锥花序生于去年生枝上，先叶开放，长15～20cm；花序梗与分枝具窄翅状锐棱；雄花与两性花异株，均无花冠也无花萼；雄花序紧密，花梗细而短，长3～5mm，雄蕊2，花药椭圆形，花丝甚短，开花时迅速伸长；两性花序稍松散，花梗细而长，两侧常着生2枚甚小的雄蕊，子房扁而宽，花柱短，柱头2裂。翅果大而扁，长圆形至倒卵状披针形，长3～3.5（4）cm，宽6～9mm，中部最宽，先端钝圆、截形或微凹。花期5月，果期8～9月。

栾川县产伏牛山、熊耳山，生于海拔900m以上的山谷杂木林中，多生长在大坪林场、龙峪湾林场、老君山林场，其中大坪林场是水曲柳的集中分布区，西沟、东沟、穴子沟、张河庙林区均有分布。它们多生长在沟底特别是河边，当地又叫其“挡河槐”。全县有古树63株。河南还产于灵宝、内乡、卢氏、嵩县、西峡等县市。分布于东北、华北、陕西、甘肃、湖北等地。朝鲜、俄罗斯、日本也有分布。

深根性喜光树种，宜冷湿气候，耐寒，喜肥厚湿润土壤。生长快，抗风力强；耐水湿，原生地常见生于河道内，根系常年浸于水中仍生长旺盛；适应性强，较耐盐碱，在湿润、肥沃、土层深厚的土壤上生长旺盛。在干旱瘠薄的土壤上，往往形成“小老树”。

种子繁殖。种子休眠期长，如不进行处理，出苗期可达2年以上。催芽方法主要为低温层积法。

本种材质优良，心材黄褐色，边材淡黄色，纹理美丽，是名贵家具用材，供制胶合板表层、高级家具、工具等。

国家二级重点保护野生植物，为栾川县优先发展的优良乡土用材树种。

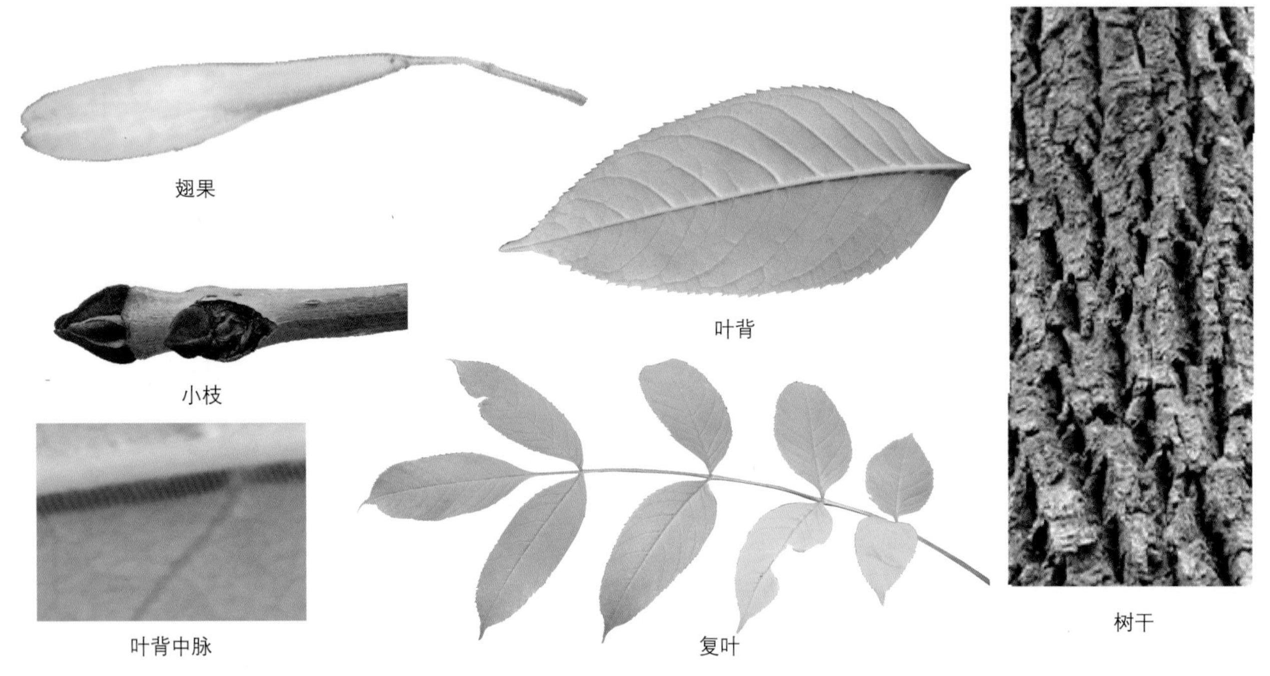
翅果　叶背　小枝　树干　叶背中脉　复叶

3.连翘属 *Forsythia*

直立或蔓性落叶灌木。枝中空或具片状髓。叶对生，单叶，稀3裂至三出复叶，具锯齿或全缘，有毛或无毛；具叶柄。花两性，1至数朵着生于叶腋，先叶开放；花萼深4裂，多少宿存；花冠黄色，钟状，深4裂，裂片披针形、长圆形至宽卵形，较花冠管长，花蕾时呈覆瓦状排列；雄蕊2，着生于花冠管基部，花药2室，纵裂；子房2室，每室具下垂胚珠多枚，花柱细长，柱头2裂；花柱异长，具长花柱的花，雄蕊短于雌蕊，具短花柱的花，雄蕊长于雌蕊。蒴果，2室，室间开裂，每室具种子多枚；种子一侧具翅；子叶扁平；胚根向上。

约11种，除1种产欧洲东南部外，其余均产亚洲东部，尤以我国种类最多，现有7种，1变型，其中1种系栽培。河南连栽培有3种。栾川县连栽培有3种。

1.枝中空，仅节部具瘤 ……………………………………………………… （1）连翘 *Forsythia suspensa*

1.枝内节间具薄片状髓：

2.叶椭圆形或倒卵状椭圆形，全缘或具稀疏小锯齿，两面被疏柔毛，背面较密 ……………………………………………………………………………（2）秦连翘 *Forsythia giraldiana*

2.叶椭圆状长圆形至披针形，叶缘上半部有粗锯齿，两面无毛…（3）金钟花 *Forsythia viridissima*

（1）连翘 *Forsythia suspensa*

【识别要点】小枝略呈四棱形，疏生皮孔，节间中空。叶通常为单叶，或3裂至三出复叶，叶卵形、宽卵形或椭圆状卵形至椭圆形，叶缘除基部外具锐锯齿或粗锯齿，两面无毛。

落叶灌木。枝开展或下垂，棕色、棕褐色或淡黄褐色，小枝土黄色或灰褐色，略呈四棱形，疏生皮孔，节间中空，节部具实心髓。叶通常为单叶，或3裂至三出复叶，叶卵形、宽卵形或椭圆状卵形至椭圆形，长2～10cm，宽1.5～5cm，先端锐尖，基部圆形、宽楔形至楔形，叶缘除基部外具锐锯齿或粗锯齿，表面深绿色，背面淡黄绿色，两面无毛；叶柄长0.8～1.5cm，无毛。花通常单生或2至数朵着生于叶腋，先叶开放；花梗长5～6mm；花萼绿色，裂片长圆形或长圆状椭圆形，长（5）6～7mm，先端钝或锐尖，边缘具睫毛，与花冠管近等长；花冠黄色，裂片倒卵状长圆形或长圆形，长1.2～2cm，宽6～10mm；在雌蕊长5～7mm的花中，雄蕊长3～5mm，在雄蕊长6～7mm的花中，雌蕊长约3mm。果卵球形、卵状椭圆形或长椭圆形，长1.2～2.5cm，宽0.6～1.2cm，先端喙状渐尖，表面疏生皮孔；果梗长0.7～1.5cm。花期3～5月，果期7～8月。

栾川县广泛分布。河南产于各山区。分布于河北、山西、陕西、山东、安徽西部、河南、湖北、四川。我国除华南地区外，其他各地均有栽培，日本也有栽培。

喜光，稍耐阴；耐寒，耐干旱瘠薄，怕涝；不择土壤；抗病虫害能力强。萌生能力强。

采用种子繁殖或扦插、压条、分株繁殖。

果实入药，具清热解毒、消结排脓、利尿之效。药用其叶，对治疗高血压、痢疾、咽喉痛等效果较好。

为栾川县重要的药用经济树种。白土镇获得了国家质量监督检验检疫总局颁发的连翘原产地标记注册证书。在县内的君山制药有限公司的带动下，连翘基地建设得到极大发展。本种也是优良的观花植物，花开时节漫山黄花蔚为壮观。

花

叶枝

（2）秦连翘（秦岭连翘） *Forsythia giraldiana*

【识别要点】 小枝略呈四棱形，具片状髓。叶椭圆形、倒卵状椭圆形，长3.5～12cm，全缘或疏生小锯齿。花冠黄色。

落叶灌木，高1～3m。枝直立，圆柱形，灰褐色或灰色，疏生圆形皮孔，外有薄膜状剥裂，小枝略呈四棱形，棕色或淡褐色，无毛，常呈镰刀状弯曲，具片状髓。叶片革质或近革质，椭圆形、倒卵状椭圆形，长3.5～12cm，宽1.5～6cm，先端尾状渐尖或锐尖，基部楔形或近圆形，全缘或疏生小锯齿，表面暗绿色，无毛或被短柔毛，中脉和侧脉凹入，背面淡绿色，被较密柔毛、长柔毛或仅沿叶脉疏被柔毛以至无毛；叶柄长0.5～1cm，被柔毛或无毛。花通常单生或2～3朵着生于叶腋；花萼带紫色，长4～5mm，裂片卵状三角形，长3～4mm，先端锐尖，边缘具睫毛；花冠黄色，长1.5～2.2cm，花冠管长4～6mm，裂片狭长圆形，长0.7～1.5cm，宽3～6mm；在雄蕊长5～6mm的花中，雌蕊长约3mm，在雌蕊长5～7mm的花中，雄蕊长3～5mm。果卵形或披针状卵形，长0.8～1.8cm，宽0.4～1cm，先端喙状短渐尖至渐尖，或锐尖，皮孔不明显或疏生皮孔，开裂时向外反折；果梗长2～5mm。花期4月，果期7～8月。

栾川县产伏牛山，生于海拔1000m以上的山坡灌丛或山谷疏林中。河南还产于灵宝、卢氏、嵩县、西峡等县市。分布于甘肃东南部、陕西、四川东北部。

种子或扦插、压条繁殖。

果实入药，有清热解毒消肿、散结之效。可作为庭院观赏树种。

叶枝

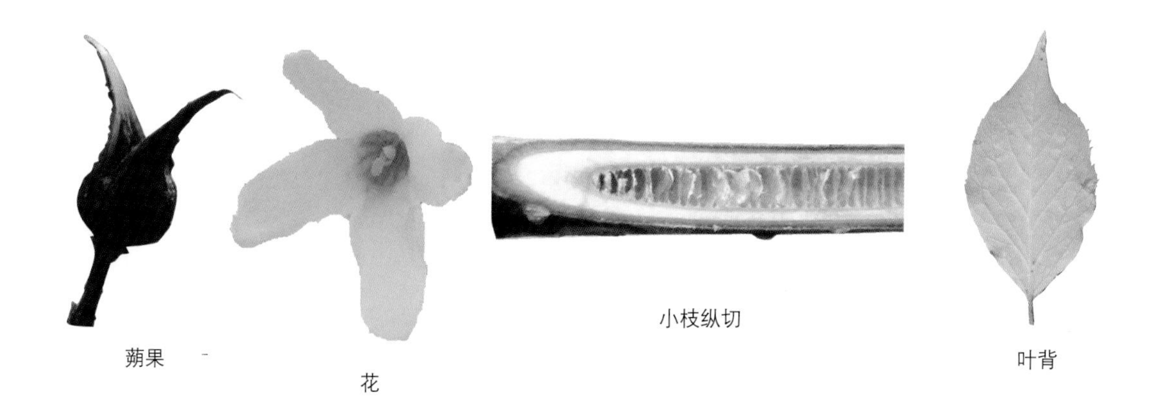

蒴果　花　小枝纵切　叶背

（3）金钟花（迎春条）　*Forsythia viridissima*

与秦连翘相似，主要区别为：叶椭圆状矩形至披针形，上半部有粗锯齿，两面无毛。

栾川县有栽培。河南各地有栽培。分布于江苏、浙江、安徽、江西、福建、湖北、四川、陕西等地。

种子繁殖或扦插、压条繁殖。

果实入药，有清热解毒、祛湿、泻火之效。为早春观花树种。

花　叶面　果枝

叶枝

4.丁香属　*Syringa*

落叶灌木或小乔木。小枝近圆柱形或带四棱形，具皮孔。冬芽被芽鳞，顶芽常缺。叶对生，单叶，稀复叶，全缘，稀分裂；具叶柄。花两性，聚伞花序排列成圆锥花序，顶生或侧生，与叶同时抽生或叶后抽生；具花梗或无花梗；花萼小，钟状，具4齿或为不规则齿裂，或近截形，宿存；花冠漏斗状、高脚碟状或近辐状，裂片4枚，开展或近直立，花蕾时呈镊合状排列；雄蕊2，着生于花冠管喉部至花冠管中部，内藏或伸出；子房2室，每室具下垂胚珠2，花柱丝状，短于雄蕊，柱头2裂。蒴果，微扁，2室，室间开裂；种子扁平，有翅；子叶卵形，扁平；胚根向上。

约30多种，分布于亚洲和欧洲东南部。我国约27种，为本属分布中心。河南含栽培有11种、3变种。栾川县连栽培4种、3变种。

1.花冠筒与萼等长或略长，花药具细长花丝。花白色。

……………………………………………………（1）暴马丁香 *Syringa reticulata* var. *amurensis*

1.花冠筒远较花萼为长，雄蕊仅有花药而近无花丝：

2.叶无毛，或仅基部疏生短柔毛，宽卵形，宽大于长。花药黄色 …（2）华北丁香 *Syringa oblata*

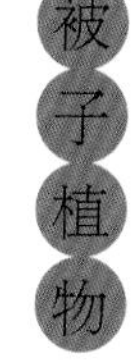

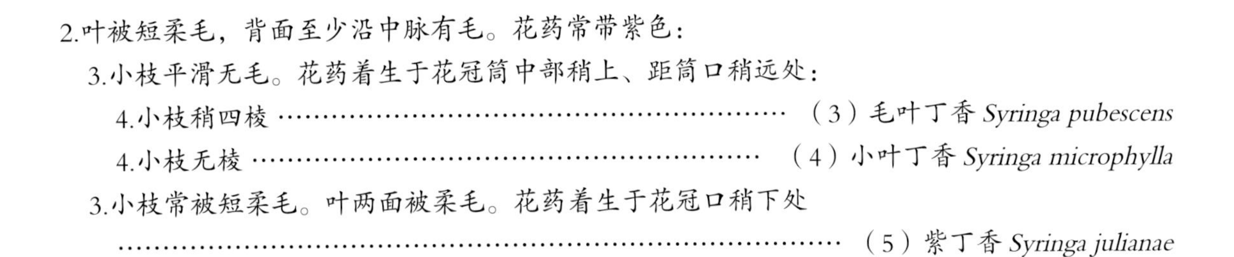
2.叶被短柔毛，背面至少沿中脉有毛。花药常带紫色：

3.小枝平滑无毛。花药着生于花冠筒中部稍上、距筒口稍远处：

4.小枝稍四棱 ……………………………………………………（3）毛叶丁香 *Syringa pubescens*

4.小枝无棱 ……………………………………………………（4）小叶丁香 *Syringa microphylla*

3.小枝常被短柔毛。叶两面被柔毛。花药着生于花冠口稍下处

……………………………………………………………………（5）紫丁香 *Syringa julianae*

（1）暴马丁香（荷花丁香） *Syringa reticulata* var. *amurensis* (*Syringa reticulata* var. *mandshurica*)

【识别要点】叶卵形至卵状披针形，先端突尖，基部常圆形，表面侧脉和细脉明显凹入使叶面呈皱缩，背面中脉和侧脉凸起。花白色，花冠筒与萼等长或略长，花药具细长花丝，花药黄色。

落叶灌木或小乔木，具直立或开展枝条；树皮灰褐色，具细裂纹。枝灰褐色，无毛，当年生枝绿色或略带紫晕，无毛，疏生皮孔，2年生枝棕褐色，光亮，无毛，具较密皮孔。叶薄纸质，卵形、椭圆状卵形、卵状披针形，长2.5～13cm，宽1～6（8）cm，先端突尖，基部常圆形，或为楔形、宽楔形至截形，表面黄绿色，干时呈黄褐色，侧脉和细脉明显凹入使叶面呈皱缩，背面淡黄绿色，秋时呈锈色，无毛，稀沿中脉略被柔毛，中脉和侧脉在背面凸起；叶柄长1～2.5cm，无毛。圆锥花序由1到多对着生于同一枝条上的侧芽抽生，长10～20（27）cm，宽8～20cm；花序轴、花梗和花萼均无毛；花序轴具皮孔；花梗长0～2mm；花萼长1.5～2mm，萼齿钝、凸尖或截平；花冠白色，呈辐状，长4～5mm，花冠管长约1.5mm，裂片卵形，长2～3mm，先端锐尖；花丝与花冠裂片近等长或长于裂片可达1.5mm，花药黄色。果长椭圆形，长1.5～2（2.5）cm，先端常钝，或为锐尖、凸尖，光滑或具细小皮孔。花期5～6月，果期8～10月。

栾川县产各山区，生于山坡、谷地杂木林中。河南产于太行山和伏牛山北部。分布于东北及河北、山西、内蒙古、陕西、甘肃。朝鲜、俄罗斯、日本也产。原种*S. reticulata* 产于日本。

种子繁殖。

木材坚硬细致，耐水湿，耐腐朽，纹理美观，供建筑、家具、雕刻等用。树皮含鞣质可提制栲胶，种子含淀粉。树皮、树干及茎枝入药，具消炎、镇咳、利水作用；花的浸膏质地优良，可广泛调制各种香精，是一种使用价值较高的天然香料。也可作园林绿化树种。

树干　叶枝　叶背　花　果序

（2）华北丁香（华北紫丁香 丁香 紫丁香） *Syringa oblata*

【识别要点】小枝较粗，疏生皮孔。叶宽卵形、近圆形至肾形，宽常大于长，表面深绿色，背面淡绿色。花冠紫色，花药黄色。

灌木或小乔木，高可达5m；树皮灰褐色或灰色。小枝较粗，疏生皮孔。叶片革质或厚纸质，卵圆形至肾形，宽常大于长，长2～14cm，宽2～15cm，先端短突渐尖，基部心形、截形至近圆形，或宽楔形，表面深绿色，背面淡绿色；萌枝上叶片常呈长卵形，先端渐尖，基部截形至宽楔形；叶柄长1～3cm。圆锥花序直立，由侧芽抽生，近球形或长圆形，长4～16（20）cm，宽3～7（10）cm；花梗长0.5～3mm；花萼长约3mm，萼齿渐尖、锐尖或钝；花冠紫色，长1.1～2cm，花冠管圆柱形，长0.8～1.7cm，裂片呈直角开展，卵圆形、椭圆形至倒卵圆形，长3～6mm，宽3～5mm，先端内弯略呈兜状或不内弯；花药黄色，位于距花冠管喉部0～4mm处。果倒卵状椭圆形、卵形至长椭圆形，长1～1.5（2）cm，先端长渐尖，光滑。花期4～5月，果期8～10月。

栾川县产各山区，生于海拔1500m以下的山坡及山谷杂木林中。河南产于伏牛山和太行山区。分布于东北、华北、西北（除新疆）以至西南达四川西北部。

种子繁殖或分株、压条、扦插、嫁接繁殖。

木材坚韧，供制农具及器具；种子药用。花可提取芳香油，嫩叶可代茶；枝叶茂密，芳香袭人，为常见的庭院观赏树种。

花枝

树干　果实　叶面　花　花纵剖

紫萼丁香（毛紫丁香）var. *giraldii* 叶先端狭尖，背面及边缘有短柔毛，但在花枝上的叶无毛。花瓣、花萼均为紫色。栾川县分布、生境同原种。河南产于伏牛山、太行山区。分布于华北、东北及西北各地。

白丁香‘Alba’ 叶较小，背面稍有短柔毛，但花枝上的叶无毛。花白色，单瓣，香气浓，花冠筒长约1cm，浅裂，裂片钝圆。栾川县有栽培。河南各地有栽培。华北各地也有栽培。

（3）毛叶丁香（巧玲花） *Syringa pubescens*

【识别要点】小枝四棱，疏生皮孔。叶卵形、椭圆状卵形、菱状卵形或卵圆形，背面常沿叶脉或叶脉基部密被或疏被柔毛。花淡紫色，有香气。花药紫色，位于花冠管中部略上，距喉部1～3mm处。

灌木，高1～4m。树皮灰褐色。小枝带四棱形，无毛，疏生皮孔。叶卵形、椭圆状卵形、菱状卵形或卵圆形。长1.5～8cm，宽1～5cm，先端短渐尖或钝，基部宽楔形至圆形，叶缘具睫毛，表面深绿色，无毛，稀有疏被短柔毛，背面淡绿色，被短柔毛、柔毛至无毛，常沿叶脉或叶脉基部密被或疏被柔毛，或为须状柔毛；叶柄长0.5～2cm，细弱，无毛或被柔毛。圆锥花序直立，通常由侧芽抽生，稀顶生，长5～16cm，宽3～5cm；花序轴与花梗带紫红色，无毛，稀略被柔毛或短柔毛；花序轴明显四棱形；花梗短；花萼长1.5～2mm，截形或萼齿锐尖、渐尖或钝；花有香气，花冠紫色，盛开时呈淡紫色，后渐近白色，长0.9～1.8cm，花冠管细弱，近圆柱形，长0.7～1.7cm，裂片展开或反折，长圆形或卵形，长2～5mm，先端略呈兜状而具喙；花药紫色，长约2.5mm，位于花冠管中部略上，距喉部1～3mm处。果通常为长椭圆形，长0.7～2cm，宽3～5mm，先端锐尖或具小尖头，或渐尖，皮孔明显。花期4～6月，果期8～9月。

栾川县产各山区，生于海拔900m以上的山坡杂木林中或沟谷溪旁。河南产于太行山、伏牛山。分布于辽宁、河北、山西、陕西、甘肃等地。

种子繁殖。

茎入药。花可作香料。也可作为园林绿化树种。

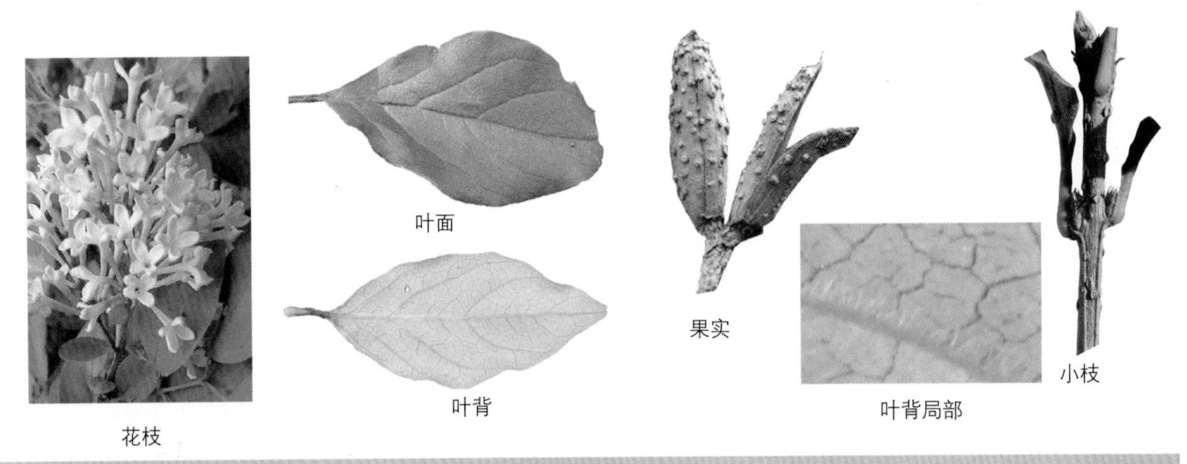

花枝　叶面　叶背　果实　叶背局部　小枝

（4）小叶丁香（四季丁香 小叶巧玲花） *Syringa microphylla*

【识别要点】小枝无棱，被短柔毛。叶卵圆形或椭圆形，全缘，有缘毛，背面有短柔毛。花暗紫红色，花药着生于距花冠管喉部0～3mm处。

灌木。小枝灰褐色，无棱，被短柔毛。叶卵圆形或椭圆形，长1～4cm，宽8～25mm，先端钝或稍渐尖，基部宽楔形，全缘，有缘毛，背面有短柔毛，叶柄长3～10mm。花序长3～7cm，疏松；花暗紫红色，盛开时外面呈淡紫红色，内带白色，花冠筒长约1cm，先端尖，花药紫色或紫黑色，着生于距花冠管喉部0～3mm处。果长1～1.5cm，先端渐尖，常弯曲，有疣状突起。4月下旬与8月中旬两次开花；果期8～10月。

栾川县产各山区，生于海拔1000m以上的山坡、山谷灌丛及疏林中。河南产于伏牛山和太行山。分布于河北、山西、陕西、甘肃、湖北等地。

种子、分蘖、压条和嫁接繁殖。

花可提取芳香油。为庭院观赏树种。

果

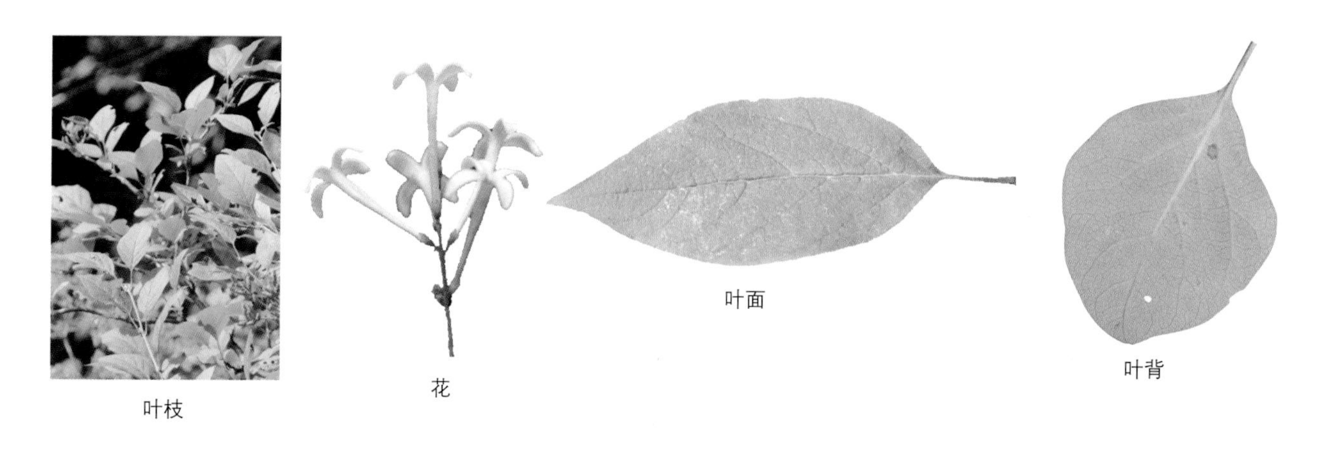
叶枝　花　叶面　叶背

（5）毛序紫丁香（紫丁香）　*Syringa julianae*

【识别要点】叶椭圆状卵形，两面被短柔毛，以背面叶脉尤密，叶柄长4～8mm，有短柔毛。花白色，微带紫色，花药着生于花冠口稍下处。

灌木，高2m。幼时密生短柔毛。叶椭圆状卵形，长3～6cm，先端尖或渐尖，基部宽楔形，两面被短柔毛，以背面叶脉尤密，叶柄长4～8mm，有短柔毛。花序长5～10cm，花梗被短柔毛；花白色，微带紫色，内面色较淡，芳香；萼紫色，花冠筒长6～8mm，裂片卵状长椭圆形，花药紫色，着生于距花冠管喉部0～1mm处。果长1cm，先端渐尖，有疣状突起。花期5～6月，果期9～10月。

栾川县产各山区，生于海拔1000m以上的林下或灌丛中。河南产于太行山和伏牛山。分布于山西、陕西、湖北等地。

种子繁殖。

叶枝　叶背　果实　叶背局部

5.木犀属　*Osmanthus*

常绿灌木或小乔木。芽鳞2个。单叶，叶对生，叶片厚革质或薄革质，全缘或具锯齿，两面通常具腺点；具叶柄。花两性，通常雌蕊或雄蕊不育而成单性花，雌雄异株或雄花、两性花异株，聚伞花序簇生于叶腋，或再组成腋生或顶生的短小圆锥花序；苞片2，基部合生；花萼钟状，4裂；花冠白色或黄白色，少数栽培品种为橘红色，呈钟状、圆柱形或坛状，浅裂、深裂，或深裂至基部，裂片4，花蕾时呈覆瓦状排列；雄蕊2，稀4，着生于花冠管上部，药隔常延伸呈小尖头；子房2室，每室具下垂胚珠2，花柱长于或短于子房，柱头头状或2浅裂，不育雌蕊呈钻状或圆锥状。果为核果，椭圆形或歪斜椭圆形，内果皮坚硬或骨质，常具种子1枚；胚乳肉质；子叶扁平；胚根向上。

约30种，分布于亚洲东南部和美洲。我国产25种及3变种，其中1种系栽培，主产南部和西南地区。河南栽培2种。栾川县栽培1种。

木犀（桂花 桂树） *Osmanthus fragrans*

【识别要点】叶革质，椭圆形、矩圆形或椭圆状披针形，全缘或通常上半部具细锯齿，两面无毛，叶脉显著在表面凹入，背面凸起，侧脉6～8对。花小，极芳香。

常绿灌木或小乔木。树皮灰褐色。小枝黄褐色，无毛。有顶芽，侧芽2～3个迭生。叶片革质，椭圆形、矩圆形或椭圆状披针形，长3～12cm，宽2～5cm，先端渐尖或急尖，基部渐狭呈楔形或宽楔形，全缘或通常上半部具细锯齿，两面无毛，腺点在两面连成小水泡状突起，中脉在表面凹入，背面凸起，侧脉6～8对，多达10对，在表面凹入，背面凸起；叶柄长0.8～1.2cm，最长可达15cm，无毛。聚伞花序簇生于叶腋，或近于帚状，每腋内有花多朵；苞片宽卵形，质厚，长2～4mm，具小尖头，无毛；花梗细弱，长4～10mm，无毛；花极芳香；花萼长约1mm，裂片稍不整齐；花冠黄白色、淡黄色、黄色或橘红色，长3～4mm，花冠管仅长0.5～1mm；雄蕊着生于花冠管中部，花丝极短，长约0.5mm，花药长约1mm，药隔在花药先端稍延伸呈不明显的小尖头；雌蕊长约1.5mm，花柱长约0.5mm。果歪斜，椭圆形，长1～1.5cm，呈紫黑色。花期9～10月上旬，果期翌年10月。

原产我国西南部。现各地广泛栽培。花为名贵香料，并作食品香料。河南省各地及栾川县有栽培。潭头镇大王庙村有一株130年树龄的桂花，品种为金桂。树高7.5m，胸围88cm，冠幅7.5m，已被确定为古树挂牌保护。

多用嫁接、扦插、压条繁殖。嫁接常用小叶女贞、水蜡、流苏树等作砧木。

花含挥发油0.1%，可提取供药用及配制高级香料；花经过加工可用于熏茶及作食品香料。花及根皮药用，能散寒破结、化痰生津、祛风除湿。枝叶繁茂，花香气四溢，是园林中的名贵花木。

作为传统名花，本种久经栽培，品种众多。多分为四个品种群：**丹桂（Aurantiacus）**花橙黄色。**银桂（Latifolius）**花白色。**四季桂（Auranticus）**花期长，在2、4、8、11月各开一次花。**金桂（Thunbergii）**花金黄色。

树干　果　花　叶面　花枝　叶背　果纵剖

6.流苏树属 *Chionanthus*

落叶灌木或乔木。单叶对生，全缘，幼树具细锯齿；具叶柄。圆锥花序，疏松，由去年生枝梢的侧芽抽生；花较大，两性，或单性雌雄异株；花萼深4裂；花冠白色，花冠管短，裂片4，深裂至近基部，裂片狭长，花蕾时呈内向镊合状排列；雄蕊2，稀4，着生于花冠管上，内藏或稍伸出，花丝短，药室近外向开裂；子房2室，每室具下垂胚珠2，花柱短，柱头2裂。核果，内果皮厚，近硬骨质，具种子1枚；种皮薄；胚乳肉质；子叶扁平；胚根短，向上。

2种，1种产北美，1种产我国以及日本和朝鲜。栾川县也产。

流苏树（牛筋子） *Chionanthus retusus*

【识别要点】幼枝被短柔毛。叶全缘或有小锯齿，叶缘稍反卷，具睫毛，表面沿脉被柔毛，背面沿脉密被长柔毛，中脉在表面凹入，背面凸起，侧脉3～5对。花白色。

落叶灌木或乔木，高可达20m。小枝灰褐色或黑灰色，圆柱形，开展，无毛，幼枝淡黄色或褐色，疏被或密被短柔毛。叶片革质或薄革质，长圆形、椭圆形或圆形，有时卵形或倒卵形至倒卵状披针形，长3～12cm，宽2～6.5cm，先端圆钝，有时凹入或锐尖，基部圆或宽楔形至楔形，稀浅心形，全缘或有小锯齿，叶缘稍反卷，幼时表面沿脉被长柔毛，背面密被或疏被长柔毛，叶缘具睫毛，老时表面沿脉被柔毛，背面沿脉密被长柔毛，稀被疏柔毛，其余部分疏被长柔毛或近无毛，中脉在表面凹入，背面凸起，侧脉3～5对，两面微凸起或表面微凹入，细脉在两面常明显微凸起；叶柄长0.5～2cm，密被黄色卷曲柔毛。聚伞状圆锥花序，长3～12cm，顶生于枝端，近无毛；苞片线形，长2～10mm，疏被或密被柔毛，花长1.2～2.5cm，单性而雌雄异株或为两性花；花梗长0.5～2cm，纤细，无毛；花萼长1～3mm，4深裂，裂片尖三角形或披针形，长0.5～2.5mm；花冠白色，4深裂，裂片线状倒披针形，长（1）1.5～2.5cm，宽0.5～3.5mm，花冠管短，长1.5～4mm；雄蕊藏于管内或稍伸出，花丝长在0.5mm之下，花药长卵形，长1.5～2mm，药隔突出；子房卵形，长1.5～2mm，柱头球形，稍2裂。果椭圆形，被白粉，长1～1.5cm，径6～10mm，呈蓝黑色或黑色。花期5～6月，果期9～10月。

栾川县产各山区，生于海拔1600m以下的向阳山谷、山坡林中。河南产于太行山、伏牛山、大别山、桐柏山区。分布于甘肃、陕西、山西、河北以南至云南、四川、广东、福建、台湾。各地有栽培。朝鲜、日本也有分布。

种子、扦插或嫁接繁殖。

木材质硬，可制器具；花、嫩叶晒干可代茶；果入药，有清热、止泻之效；花大而美丽，为优良园林绿化树种，也是嫁接桂花的优良砧木。

叶枝

花枝

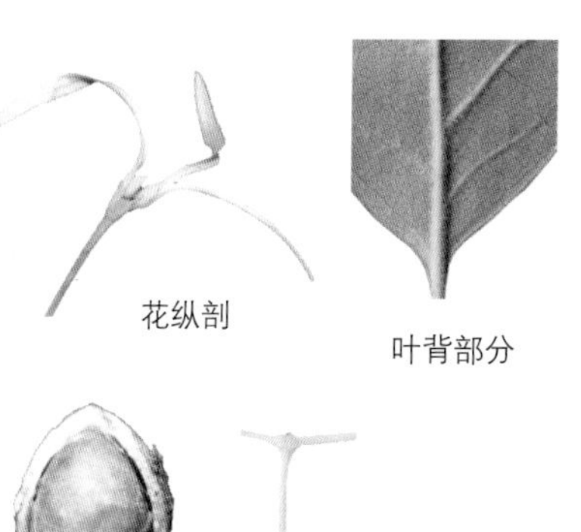

花纵剖

叶背部分

幼枝及叶柄

果

7.女贞属 *Ligustrum*

落叶或常绿灌木或乔木。单叶对生，叶片纸质或革质，全缘；具叶柄。聚伞花序常排列成圆锥花序，多顶生于小枝顶端，稀腋生；花两性；花萼钟状，先端截形或具4齿，或为不规则齿裂；花冠白色，近辐状、漏斗状或高脚碟状，花冠管长于裂片或近等长，裂片4，花蕾时呈镊合状排列；雄蕊2，着生于近花冠管喉部，内藏或伸出，花药椭圆形、长圆形至披针形，药室近外向开裂；子房近球形，2室，每室具下垂胚珠2，花柱丝状，长或短，柱头肥厚，常2浅裂。果为浆果状核果，内果皮膜质或纸质，稀为核果状而室背开裂；种子1～4枚，种皮薄；胚乳肉质；子叶扁平，狭卵形；胚根短，向上。

约45种，主要分布于亚洲温暖地区，向西北延伸至欧洲，另经马来西亚至新几内亚岛、澳大利亚。我国产29种，1亚种，9变种，1变型，其中2种系栽培，尤以西南地区种类最多，约占东亚总数的1/2。河南含栽培有7种1变种。栾川县连栽培5种1变种。

1.花冠筒比花冠裂片短，或略长：
　2.叶常绿。小枝及花序光滑。花冠筒和雄蕊与花冠裂片等长。侧脉6～8对
　……………………………………………………………………（1）女贞 *Ligustrum lucidum*
　2.落叶或半常绿。小枝及花序有短柔毛：
　　3.叶背面沿中脉有短柔毛。圆锥花序长4～10cm，花具梗…………（2）小蜡 *Ligustrum sinense*
　　3.叶两面无毛。圆锥花序长7～20cm，花无梗 ………………（3）小叶女贞 *Ligustrum quihoui*
1.花冠筒比花冠裂片长2～3倍：
　4.花萼、花梗无毛或花梗疏生短柔毛；雄蕊内藏……………（4）蜡子树 *Ligustrum molliculum*
　4.花萼、花梗被柔毛；雄蕊与花冠裂片近等长………………（5）水蜡树 *Ligustrum obtusifolium*

（1）女贞（大叶女贞 冬青） *Ligustrum lucidum*

【识别要点】叶常绿，全缘，无毛，侧脉6～8对。小枝及花序光滑。花冠筒和雄蕊与花冠裂片等长，花白色。

常绿乔木。树皮灰色，光滑。枝黄褐色、灰色或紫红色，圆柱形，无毛，疏生圆形或长圆形皮孔。叶革质，宽卵形、卵状椭圆形至卵状披针形，长6～12cm，宽4～6cm，先端渐尖或锐尖，基部宽楔形或近圆形，有时渐狭，叶缘平坦，表面光亮，两面无毛，中脉在表面凹入，背面凸起，侧脉6～8对，全缘；叶柄长1～3cm，表面具沟，无毛。圆锥花序顶生，长8～20cm，宽8～25cm，花序梗长0～3cm；花序轴及分枝轴无毛，紫色或黄棕色，果时具棱；花序基部苞片常与叶同型，小苞片披针形或线形，长0.5～6cm，宽0.2～1.5cm，凋落；花密集，白色，无梗或近无梗，长不超过1mm；花萼无毛，长1.5～2mm，齿不明显或近截形；花冠长4～5mm，花冠管长1.5～3mm，裂片长2～2.5mm，反折；花丝长1.5～3mm，花药长圆形，长1～1.5mm；花柱长1.5～2mm，柱头棒状。果肾形或近肾形，长7～10mm，径4～6mm，深蓝黑色，成熟时呈红黑色，被白粉；果梗长0～5mm。花期6～7月，果期10～12月。

栾川县有栽培，广泛用于园林绿化。河南各地有栽培，伏牛山南部有零星分布。分布于长江以南至华南、西南各地，向西北分布至陕西、甘肃。朝鲜也有分布，印度、尼泊尔有栽培。

喜光，据对行道树的观察，庇荫处显著比向阳处生长差。耐寒，耐水湿，喜温暖湿润气候。深根性，须根发达，生长快，萌芽力强，耐修剪，但不耐瘠薄。对二氧化硫、氯气、氟化氢及铅蒸气均有较强抗性，也能忍受较高的粉尘、烟尘污染。对土壤要求不严，以沙质壤土或黏质壤土栽培为宜，在红、黄壤土中也能生长。

种子、扦插或压条繁殖。种子繁殖可秋播或春播。

种子油可制肥皂；花可提取芳香油；果含淀粉，可供酿酒或制酱油；枝、叶上放养白蜡虫，

（六十六）夹竹桃科 Apocynaceae

乔木，直立灌木或木质藤木，也有多年生草本；具乳汁或水液；无刺，稀有刺。单叶对生、轮生，稀互生，全缘，稀有细齿；羽状脉；通常无托叶或退化成腺体，稀有假托叶。花两性，辐射对称，单生或多朵组成聚伞花序，顶生或腋生；花萼裂片5，稀4，基部合生成筒状或钟状；花冠合瓣，高脚碟状、漏斗状、坛状、钟状、盆状，稀辐状，裂片5，稀4，覆瓦状排列，其基部边缘向左或向右覆盖，稀镊合状排列，花冠喉部通常有副花冠或鳞片或膜质或毛状附属体；雄蕊5，着生在花冠筒上或花冠喉部，内藏或伸出，花丝分离，花药长圆形或箭头状，2室，分离或互相粘合并贴生在柱头上；花粉颗粒状；花盘环状、杯状或成舌状，稀无花盘；子房上位，稀半下位，1～2室，或为2枚离生或合生心皮所组成；花柱1，基部合生或裂开；柱头通常环状、头状或棍棒状，顶端通常2裂；胚珠1至多数，着生于腹面的侧膜胎座上。果为浆果、核果、蒴果或蓇葖果；种子通常一端被毛，稀两端被毛或仅有膜翅或毛、翅均缺，通常有胚乳及直胚。

约250属，2000余种，分布于全世界热带、亚热带地区，少数在温带地区。我国产46属，176种，33变种，主要分布于长江以南各地及台湾省等沿海岛屿，少数分布于北部及西北部。 河南连栽培2属，2种，2变种。栾川县连栽培2属，2种，1变种。

1.灌木或小乔木。叶常轮生 ………………………………………………… 1.夹竹桃属 *Nerium*
1.木质藤本。叶对生 …………………………………………………………… 2.络石属 *Trachelospermum*

1.夹竹桃属 *Nerium*

直立灌木，枝条灰绿色，含汁液。叶轮生，稀对生，具柄，革质，羽状脉，侧脉密生而平行。伞房状聚伞花序顶生，具总花梗；花萼5裂，裂片披针形，内面基部具腺体；花冠漏斗状，红色、栽培有演变为白色或黄色，花冠筒圆筒形，上部扩大呈钟状，喉部具5枚阔鳞片状副花冠，每片顶端撕裂；花冠裂片5，或更多而呈重瓣，斜倒卵形，花蕾时向右覆盖；雄蕊5，着生在花冠筒中部以上，花丝短，花药箭头状，附着在柱头周围，基部具耳，顶端渐尖，药隔延长成丝状，被长柔毛；无花盘；子房由2枚离生心皮组成，花柱丝状或中部以上加厚，柱头近球状，基部膜质环状，顶端具尖头；每心皮有胚珠多数。蓇葖果2个，离生，长圆形；种子长圆形，种皮被短柔毛，顶端具种毛。

约4种，分布于地中海沿岸及亚洲热带、亚热带地区。我国引入栽培有2种，1栽培变种。河南栽培1种及1变种。栾川县栽培1种。

夹竹桃 *Nerium indicum*

【识别要点】枝条灰绿色，含汁液。叶3～4枚轮生，窄披针形，叶缘反卷，中脉在叶面陷入，在叶背凸起，侧脉两面扁平，纤细，密生而平行，每边达120条，直达叶缘；叶柄扁平，内具腺体。

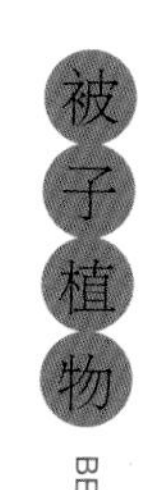

常绿直立大灌木，高达5m，枝条灰绿色，含汁液；嫩枝条具棱，被微毛，老时毛脱落。叶3～4枚轮生，窄披针形，顶端急尖，基部楔形，叶缘反卷，长11～15cm，宽2～2.5cm，叶面深绿，无毛，叶背浅绿色，有多数洼点，幼时被疏微毛，老时毛渐脱落；中脉在叶面陷入，在叶背凸起，侧脉两面扁平，纤细，密生而平行，每边达120条，直达叶缘；叶柄扁平，基部稍宽，长5～8mm，幼时被微毛，老时毛脱落；叶柄内具腺体。聚伞花序顶生，着花数朵；总花梗长约3cm，被微毛；花梗长

7～10mm；苞片披针形，长7mm，宽1.5mm；花芳香；花萼5深裂，红色，披针形，长3～4mm，宽1.5～2mm，外面无毛，内面基部具腺体；花冠深红色或粉红色，栽培演变有白色或黄色。花冠为单瓣呈5裂时，其花冠为漏斗状，长和直径约3cm，花冠筒圆筒形，上部扩大呈钟形，长1.6～2cm，花冠筒内面被长柔毛，花冠喉部具5片宽鳞片状副花冠，每片其顶端撕裂，并伸出花冠喉部之外，花冠裂片倒卵形，顶端圆形，长1.5cm，宽1cm；花冠为重瓣呈15～18枚时，裂片组成3轮，内轮为漏斗状，外面2轮为辐状，分裂至基部或每2～3片基部连合，裂片长2～3.5cm，宽约1～2cm，每花冠裂片基部具长圆形而顶端撕裂的鳞片。雄蕊着生在花冠筒中部以上，花丝短，被长柔毛，花药箭头状，内藏，与柱头连生，基部具耳，顶端渐尖，药隔延长呈丝状，被柔毛；无花盘；心皮被柔毛，花柱丝状，长7～8mm，柱头近球圆形，顶端凸尖；每心皮有胚珠多数。蓇葖果长圆形，两端较窄，长10～23cm，直径6～10mm，绿色，无毛，具细纵条纹；种子长圆形，基部较窄，顶端钝、褐色，种皮被锈色短柔毛，顶端具黄褐色绢质种毛；种毛长约1cm。花期几乎全年，夏秋为最盛；果期一般在冬春季，栽培很少结果。

栾川县有栽培。全国各地有栽培，尤以南方为多，常在公园、风景区、道路旁或河旁、湖旁周围栽培。野生于伊朗、印度、尼泊尔；现广植于世界热带地区。

用插条、压条繁殖，极易成活。

花大、艳丽、花期长，常作观赏；茎皮纤维为优良混纺原料；种子含油量约为58.5%，可榨油供制润滑油。叶、树皮、根、花、种子均含有多种配醣体，毒性极强，人、畜误食能致死。叶、茎皮可提制强心剂，但有毒，用时需慎重。

叶枝

花

叶

2.络石属 *Trachelospermum*

攀援灌木，全株具白色乳汁，无毛或被柔毛。叶对生，具羽状脉。花序聚伞状，有时呈聚伞圆锥状，顶生、腋生或近腋生，花白色或紫色；花萼5裂，裂片双盖覆瓦状排列，花萼内面基部具5～10枚腺体，通常腺体顶端细齿状；花冠高脚碟状，花冠筒圆筒形，5棱，在雄蕊着生处膨大，喉部缢缩，顶端5裂，裂片长圆状镰刀形或斜倒卵状长圆形，向右覆盖；雄蕊5，着生在花冠筒膨大之处，通常隐藏，稀花药顶端露出花喉外，花丝短，花药箭头状，基部具耳，顶部短渐尖，腹部黏生在柱头的基部；花盘环状，5裂；子房由2枚离生心皮所组成，花柱丝状、柱头圆锥状或卵圆形或倒圆锥状；每心皮有胚珠多数。蓇葖果双生，长圆状披针形；种子线状长圆形，顶端具种毛；种毛白色绢质。

约30种，分布于亚洲热带和亚热带地区、稀温带地区。我国产10种，6变种，分布几乎全国各地。河南产2种，1变种。栾川县产1种，1变种。

络石（爬山虎） *Trachelospermum jasminoides*

【识别要点】具乳汁；茎有皮孔。叶革质或近革质，椭圆形至卵状椭圆形或宽倒卵形，顶端锐尖至渐尖或钝，有时微凹或有小凸尖，叶中脉微凹，侧脉扁平，叶背中脉凸起，侧脉6～12对。

常绿木质藤本，长达10m，具乳汁；茎赤褐色，圆柱形，有皮孔；小枝被黄色柔毛，老时渐无毛。叶革质或近革质，椭圆形至卵状椭圆形或宽倒卵形，长2～10cm，宽1～4.5cm，顶端锐尖至渐尖或钝，有时微凹或有小凸尖，基部渐狭至钝，叶面无毛，叶背被疏短柔毛，老渐无毛；叶面中脉微凹，侧脉扁平，叶背中脉凸起，侧脉6～12对，扁平或稍凸起；叶柄短，被短柔毛，老渐无毛；叶柄内和叶腋外腺体钻形，长约1mm。二歧聚伞花序腋生或顶生，花多朵组成圆锥状，与叶等长或较长；花白色，芳香；总花梗长2～5cm，被柔毛，老时渐无毛；苞片及小苞片狭披针形，长1～2mm；花萼5深裂，裂片线状披针形，顶部反卷，长2～5mm，外面被有长柔毛及缘毛，内面无毛，基部具10枚鳞片状腺体；花蕾顶端钝，花冠筒圆筒形，中部膨大，外面无毛，内面在喉部及雄蕊着生处被短柔毛，长5～10mm，花冠裂片长5～10mm，无毛；雄蕊着生在花冠筒中部，腹部黏生在柱头上；花盘与子房等长；子房无毛，花柱圆柱状，柱头卵圆形，顶端全缘；每心皮有胚珠多数，着生于2个并生的侧膜胎座上。蓇葖果双生，叉开，无毛，线状披针形，先端渐尖，长10～20cm，宽3～10mm；种子多颗，褐色，线形，长1.5～2cm，直径约2mm，顶端具白色绢质种毛，种毛长1.5～3cm。花期5～6月，果期8～9月。

栾川县产各山区，生于海拔1000m以下的山野、路旁、林缘或杂木林中，常缠绕于树上或攀援于墙壁上、岩石上。河南产于各山区。本种分布很广，山东、安徽、江苏、浙江、福建、台湾、江西、河北、湖北、湖南、广东、广西、云南、贵州、四川、陕西等地都有分布。日本、朝鲜和越南也有。

根、茎、叶、果实供药用，有祛风活络、利关节、止血、止痛消肿、清热解毒之效能，民间有用来治关节炎、肌肉痹痛、跌打损伤、产后腹痛等。乳汁有毒，对心脏有毒害作用。茎皮纤维拉力强，可制绳索、造纸及人造棉。花芳香，可提取“络石浸膏”。可作园林绿化或作桩景材料。

植株

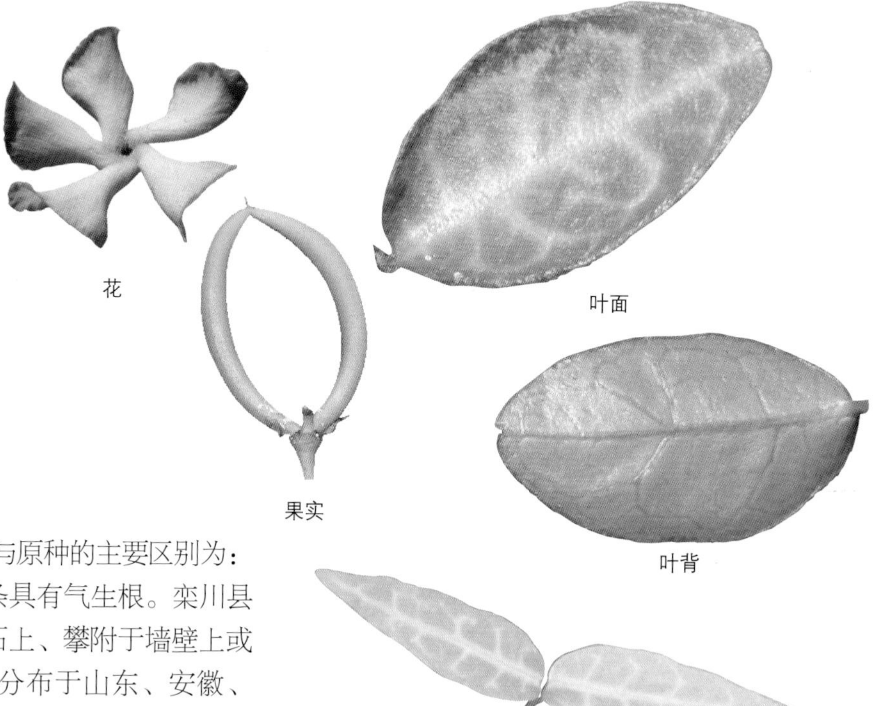

花　果实　叶面　叶背　叶枝

石血 var. *heterophyllum* 与原种的主要区别为：叶披针形，呈异型，茎和枝条具有气生根。栾川县各山区有分布，生于山野岩石上、攀附于墙壁上或树干上。河南产于各山区。分布于山东、安徽、江苏、浙江、河北、湖北、湖南、广东、广西、贵州、四川、陕西、甘肃、宁夏等地。根、茎、叶供药用，作强壮剂和镇痛药，并有解毒之效。

（六十七）萝藦科 Asclepiadaceae

具有乳汁的多年生草本、藤本、直立或攀援灌木；根部木质或肉质成块状。叶对生或轮生，具柄，全缘，羽状脉；叶柄顶端通常具有丛生的腺体，稀无叶；通常无托叶。聚伞花序通常伞形，有时成伞房状或总状，腋生或顶生；花两性，整齐，5数；花萼筒短，裂片5，双盖覆瓦状或镊合状排列，内面基部通常有腺体；花冠合瓣，辐状、坛状，稀高脚碟状，顶端5裂片，裂片旋转，覆瓦状或镊合状排列；副花冠通常存在，为5枚离生或基部合生的裂片或鳞片所组成，有时双轮，生在花冠筒上或雄蕊背部或合蕊冠上，稀退化成2纵列毛或瘤状突起；雄蕊5，与雌蕊黏生成中心柱，称合蕊柱；花药连生成一环而腹部贴生于柱头基部的膨大处；花丝合生成为1个有蜜腺的筒，称合蕊冠，或花丝离生，药隔顶端通常具有阔卵形而内弯的膜片；花粉粒联合包在1层软韧的薄膜内而成块状，称花粉块，通常通过花粉块柄而系结于着粉腺上，每花药有花粉块2个或4个；或花粉器通常为匙形，直立，其上部为载粉器，内藏有四合花粉，载粉器背面有1载粉器柄，基部有1黏盘，黏于柱头上，与花药互生，稀有4个载粉器黏生成短柱状，基部有1共同的载粉器柄和黏盘；无花盘；雌蕊1，子房上位，由2个离生心皮所组成，花柱2，合生，柱头基部具五棱，顶端各式；胚珠多数，数排，着生于腹面的侧膜胎座上。蓇葖果双生，或因1个不发育而成单生；种子多数，其顶端具有丛生的白（黄）色绢质的种毛；胚直立，子叶扁平。

约180属，2200种，分布于世界热带、亚热带，少数温带地区。我国产44属，245种，33变种，分布于西南及东南部为多，少数在西北与东北各地。河南木本有3属，5种，广布各山区及丘陵地区。栾川县有2属，3种。

1.花粉颗粒状，承载于匙形的载粉器上，副花冠裂片异型 ························· 1.杠柳属 *Periploca*
1.花粉联合成花粉块，每花药有2直立或平展的花粉块 ························· 2.南山藤属 *Dregea*

1.杠柳属 *Periploca*

藤状灌木，具乳汁，除花外无毛；叶对生，具柄，羽状脉。聚伞花序疏松，顶生或腋生；花萼5深裂，裂片双盖覆瓦状排列，花萼内面基部有5个腺体；花冠辐状，花冠筒短，裂片5，通常被柔毛，向右覆盖；副花冠异形，环状，着生在花冠的基部，5～10裂，其中5裂延伸丝状，被毛；雄蕊5，生在副花冠的内面，花丝短，离生，背部与副花冠合生，花药卵圆形，渐尖，背面被髯毛，相联围绕柱头，并与柱头粘连；花粉器匙形，四合花粉藏在载粉器内，基部的黏盘黏在柱头上；子房由2枚离生心皮所组成，花柱极短，柱头盘状，顶端凸起，2裂，每心皮有胚珠多个。蓇葖果双生，长圆柱状；种子长圆形，顶端具白色绢质种毛；胚狭长圆形，子叶扁平，薄，胚根短而粗壮。

约12种，分布于亚洲温带地区、欧洲南部和非洲热带地区。我国产4种，分布于东北、华北、西北、西南及广西、湖南、湖北、江西等地。河南产2种。栾川县产2种。

1.叶膜质。花直径1.5cm，花冠裂片中间加厚，反折 ····················· （1）杠柳 *Periploca sepium*
1.叶近革质。花直径1cm以下，花冠裂片中间不加厚，不反折······ （2）青蛇藤 *Periploca calophylla*

（1）杠柳（羊奶叶 羊角叶 羊奶条） *Periploca sepium*

【识别要点】具乳汁，除花外全株无毛。小枝通常对生，有细条纹，具皮孔。叶卵状长圆形；中脉在叶面扁平，在叶背微凸起，侧脉纤细，20～25对。

落叶蔓性灌木，长可达数米，具乳汁。除花外，全株无毛。茎皮灰褐色；小枝通常对生，有细条纹，具皮孔。叶卵状长圆形，长5～9cm，宽1.5～2.5cm，顶端渐尖，基部楔形，叶面深绿色，叶

（1）白棠子树 *Callicarpa dichotoma*

【识别要点】嫩枝有星状毛。叶倒卵形或披针形，边缘上半部具数个粗锯齿，表面稍粗糙，背面无毛，密生细小黄色腺点；侧脉5～6对。花丝长约为花冠的2倍，药室纵裂。

丛生灌木。小枝纤细，幼嫩部分有星状毛。叶倒卵形或披针形，长2～6cm，宽1～3cm，顶端急尖或尾状尖，基部楔形，边缘仅上半部具数个粗锯齿，表面稍粗糙，背面无毛，密生细小黄色腺点；侧脉5～6对；叶柄长不超过5mm。聚伞花序在叶腋的上方着生，细弱，宽1～2.5cm，2～3次分歧，花序梗长约1cm，略有星状毛，至结果时无毛；苞片线形；花萼杯状，无毛，顶端有不明显的4齿或近截头状；花冠紫色，长1.5～2mm，无毛；花丝长约为花冠的2倍，花药卵形，细小，药室纵裂；子房无毛，具黄色腺点。果实球形，紫色，径约2mm。花期5～6月，果期7～10月。

栾川县产各山区，生于海拔800m以下的林下、沟谷及灌丛中。河南产于各山区。分布山东、河北、江苏、安徽、浙江、江西、湖北、湖南、福建、台湾、广东、广西、贵州。日本、越南也有分布。

种子繁殖。

全株供药用，治感冒、跌打损伤、气血瘀滞、妇女闭经、外伤肿痛。叶可提取芳香油。也可作园林绿化灌木。

花枝　果实　叶背　花　叶背放大

（2）紫珠（珍珠枫） *Callicarpa bodinieri*

【识别要点】小枝、叶柄和花序均被粗糠状星状毛。叶卵状长椭圆形至椭圆形，边缘有细锯齿，背面密被星状柔毛，两面密生暗红色或红色细粒状腺点。药室纵裂。

灌木，高约2m；小枝、叶柄和花序均被粗糠状星状毛。叶片卵状长椭圆形至椭圆形，长7～18cm，宽4～7cm，顶端长渐尖至短尖，基部楔形，边缘有细锯齿，表面干后暗棕褐色，有短柔毛，背面灰棕色，密被星状柔毛，两面密生暗红色或红色细粒状腺点；叶柄长0.5～1cm。聚伞花序宽3～4.5cm，4～5次分歧，花序梗长不超过1cm；苞片细小，线形；花柄长约1mm；花萼长约1mm，外被星状毛和暗红色腺点，萼齿钝三角形；花冠紫色，长约3mm，被星状柔毛和暗红色腺点；雄蕊长约6mm，花药椭圆形，细小，长约1mm，药隔有暗红色腺点，药室纵裂；子房有毛。果实球形，熟时紫色，无毛，径约2mm。花期6～7月，果期8～11月。

栾川县产伏牛山主脉北坡，生于海拔1000m以

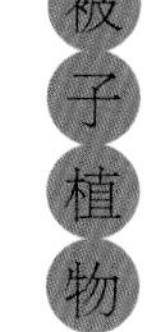

下的林中、林缘及灌丛中。河南产于大别山、桐柏山和伏牛山南部。分布于江苏、安徽、浙江、江西、湖南、湖北、广东、广西、四川、贵州、云南。越南也有分布。

种子繁殖。

根或全株入药，能通经活血；治月经不调、虚劳、白带、产后血气痛、感冒风寒。可作庭院绿化树种。

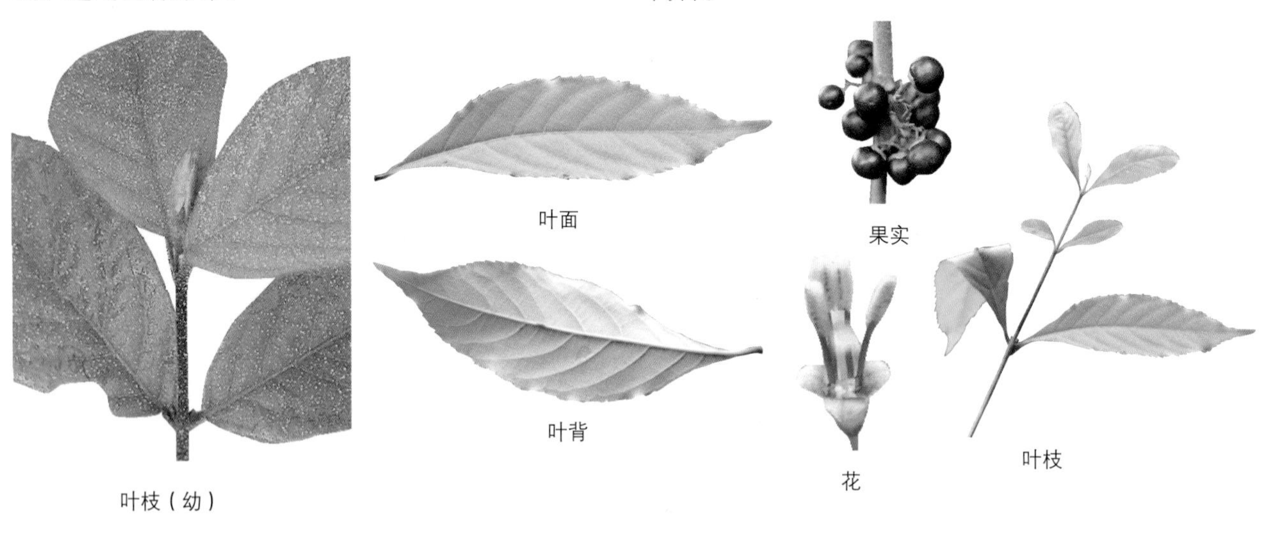

叶枝（幼） 叶面 叶背 果实 花 叶枝

（3）日本紫珠（紫珠） *Callicarpa japonica*

【识别要点】叶倒卵形、卵形或椭圆形，两面通常无毛，边缘上半部有锯齿。花丝与花冠等长或稍长，药室孔裂。

灌木，高约2m；小枝圆柱形，无毛。叶片倒卵形、卵形或椭圆形，长7～12cm，宽4～6cm，顶端急尖或长尾尖，基部楔形，两面通常无毛，边缘上半部有锯齿；叶柄长约6mm。聚伞花序细弱而短小，宽约2cm，2～3次分歧，花序梗长6～10mm；花萼杯状，无毛，萼齿钝三角形；花冠白色或淡紫色，长约3mm，无毛；花丝与花冠等长或稍长，花药长约1.8mm，突出花冠外，药室孔裂。果实球形，径约2.5mm。花期6～7月，果期8～10月。

栾川县产各山区，产于海拔1500m以下的山坡、谷地、溪旁或疏林、灌丛中。河南产于各山区。分布于辽宁、河北、山东、江苏、安徽、浙江、台湾、江西、湖南、湖北西部、四川东部、贵州。日本、朝鲜也有分布。

窄叶紫珠 var. *angustata* 与原种的区别：叶狭窄，倒卵状披针形或披针形，但存在一系列的过渡和中间类型，有时与原种很难区别。栾川县产伏牛山。河南产于大别山、桐柏山和伏牛山。分布于陕西、江苏、安徽、浙江、江西、湖北、湖南、广东、广西、贵州、四川。

种子繁殖。

根、叶、果实入药，有清热、凉血、止血、消炎之效，用于治疗各种出血。可作庭院绿化观果观花灌木。

果枝

叶型

枸杞属 *Lycium*

灌木，通常有棘刺或稀无刺。叶小，互生或簇生，全缘，具短柄。花小，具梗，单生叶腋或簇生；花萼钟状，具不等大的2～5萼齿或裂片，在花蕾中镊合状排列，花后不甚增大，宿存；花冠漏斗状、稀筒状或近钟状，檐部5裂或稀4裂，裂片在花蕾中覆瓦状排列，基部有显著的耳片或耳片不明显，筒常在喉部扩大；雄蕊5，着生于花冠筒的中部或中部之下，伸出或不伸出于花冠，花丝基部稍上处有一圈茸毛到无毛，花药长椭圆形，药室平行，纵缝裂开；子房2室，花柱丝状，柱头2浅裂，胚珠多数或少数。浆果，具肉质的果皮。种子多数或由于不发育仅有少数，扁平，种皮骨质，密布网纹状凹穴；胚弯曲成大于半圆的环，位于周边，子叶半圆棒状。

约80种，主要分布在南美洲，少数种类分布于欧亚大陆温带；我国产7种，3变种。河南有2种。栾川县1种。

枸杞 *Lycium chinense*

【识别要点】枝条细弱，弓状弯曲或俯垂，有纵条纹，小枝顶端锐尖成棘刺状。叶纸质或栽培者质稍厚，叶互生或2～4枚簇生，卵形、卵状菱形、长椭圆形、卵状披针形。浆果红色。

多分枝灌木，高0.5～1m，栽培时可达2m多；枝条细弱，弓状弯曲或俯垂，淡灰色，有纵条纹，棘刺长0.5～2cm，生叶和花的棘刺较长，小枝顶端锐尖成棘刺状。叶纸质或栽培者质稍厚，单叶互生或2～4枚簇生，卵形、卵状菱形、长椭圆形、卵状披针形，顶端急尖，基部楔形，长1.5～5cm，宽0.5～2.5cm，栽培者较大，可长达10cm以上，宽达4cm；叶柄长0.4～1cm。花在长枝上单生或双生于叶腋，在短枝上则同叶簇生；花梗长1～2cm，向顶端渐增粗。花萼长3～4mm，通常3中裂或4～5齿裂，裂片多少有缘毛；花冠漏斗状，长9～12mm，淡紫色，筒部向上骤然扩大，稍短于或近等于檐部裂片，5深裂，裂片卵形，顶端圆钝，平展或稍向外反曲，边缘有缘毛，基部耳显著；雄蕊较花冠稍短，或因花冠裂片外展而伸出花冠，花丝在近基部处密生一圈茸毛并交织成椭圆状的毛丛，与毛丛等高处的花冠筒内壁亦密生一环茸毛；花柱稍伸出雄蕊，上端弓弯，柱头绿色。浆果红色，卵状，栽培者可成长矩圆状或长椭圆状，顶端尖或钝，长7～15mm，栽培者长可达2.2cm，直径5～8mm。种子扁肾形，长2.5～3mm，黄色。花期7～9月，果期9～11月。

栾川县生于低山丘陵的路旁、河岸及宅旁。河南产全省各地。分布于我国东北、河北、山西、陕西、甘肃南部以及西南、华中、华南和华东各地。

种子或分根繁殖。

叶、果、根皮入药，叶治扁桃腺脓肿，果实（中药称枸杞子）为滋补药，有滋肝补肾、益精明目等作用；根皮（中药称地骨皮），有解热止咳之效用；嫩叶称甜菜芽，可作蔬菜食用。种子油可制润滑油或食用油。由于它耐干旱，可生长在沙地，因此可作为水土保持的灌木。

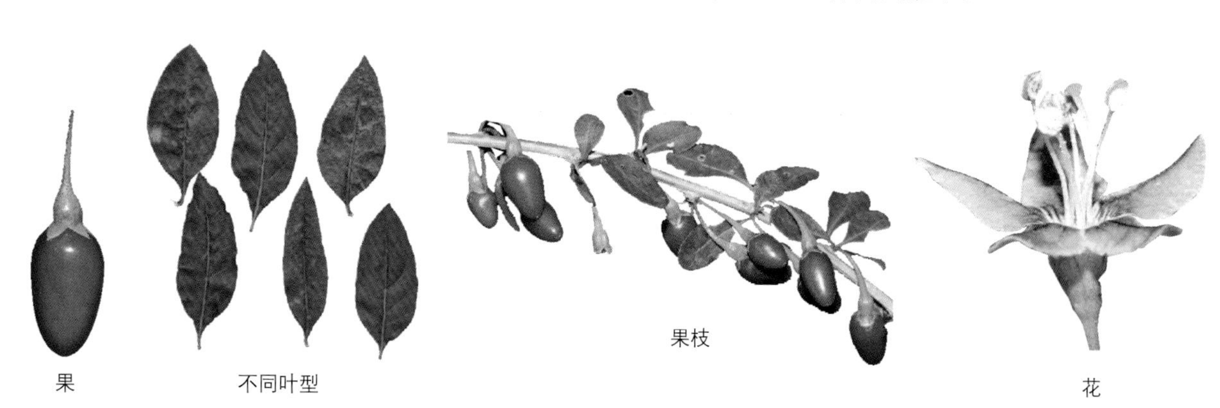

果　不同叶型　果枝　花

（七十一）玄参科 Scrophulariaceae

草本、灌木或乔木。叶互生、下部对生而上部互生，或全对生，或轮生，无托叶。花序总状、穗状或聚伞状，常合成圆锥花序。花常不整齐；萼下位，常宿存，5（4）基数；花冠4～5裂，裂片多少不等或作二唇形；雄蕊常4，而有一枚退化，稀2～5或更多，药1～2室，药室分离或多少汇合；花盘常存在，环状、杯状或小而似腺；子房2室，稀1室；花柱简单，柱头头状或2裂或2片状；胚珠多数，稀每室2，倒生或横生。蒴果，稀浆果状。种子细小，有时具翅或有网状种皮，脐点侧生或在腹面，胚乳肉质或缺少；胚伸直或弯曲。

约200属3000种，广布全球各地，以温带为最多。我国有56属，600余种，分布全国。河南木本有1属，4种及1变种。栾川县1属，3种。

泡桐属 *Paulownia*

落叶乔木，树冠圆锥形、伞形或近圆柱形，幼时树皮平滑而具显著皮孔，老时纵裂；通常假二歧分枝，枝对生，常无顶芽；除老枝外全体均被毛，毛有各种类型，如星状毛、树枝状毛、多节硬毛、黏质腺毛等，有些种类密被星状毛和树枝状毛，肉眼观察似茸毛，故通称茸毛，某些种在幼时或营养枝上密生黏质腺毛或多节硬毛。叶对生，大而有长柄，生长旺盛的新枝上有时3枚轮生，心形至长卵状心形，基部心形，全缘、波状或3～5浅裂，在幼株中常具锯齿，多毛，无托叶。花(1)3～5 (8)朵成小聚伞花序，具总花梗或无，但因经冬叶状总苞和苞片脱落而多数小聚伞花序组成大型花序，花序枝的侧枝长短不一，使花序成圆锥形、金字塔形或圆柱形；萼钟形或基部渐狭而为倒圆锥形，被毛；萼齿5，稍不等，后方一枚较大；花冠大，紫色或白色，花冠管基部狭缩，通常在离基部5～6mm处向前驼曲或弓曲，曲处以上突然膨大或逐渐扩大，花冠漏斗状钟形至管状漏斗形，腹部有两条纵褶，内面常有深紫色斑点，在纵褶隆起处黄色，檐部二唇形，上唇2裂，多少向后翻卷，下唇3裂，伸长；雄蕊4枚，二强，不伸出，花丝近基处扭卷，药叉分；花柱上端微弯，约与雄蕊等长，子房二室。蒴果卵圆形、卵状椭圆形、椭圆形或长圆形，室背开裂，果皮较薄或较厚而木质化；种子小而多，有膜质翅，具少量胚乳。

共7种，均产我国。河南4种，1变种。栾川县3种。

1.萼深裂过半，萼裂片较萼筒为长或等长 ……………………………（1）毛泡桐 *Paulownia tomentosa*
1.萼浅裂1/3～2/5，萼裂片较萼筒短：
　2.果卵形。花冠紫色至粉白色，较宽，漏斗状钟形 ………… （2）兰考泡桐 *Paulownia elongata*
　2.果椭圆形。花冠淡紫色，较细，管状漏斗形 …………………（3）楸叶泡桐 *Paulownia catalpifolia*

(1) 毛泡桐（桐树 泡桐） *Paulownia tomentosa*

【识别要点】小枝有明显皮孔，幼时常具黏质短腺毛。叶卵形至宽卵形，全缘或波状浅裂，表面毛稀疏，背面毛密或较疏。萼浅钟形，外面茸毛不脱落，分裂至中部或裂过中部。

乔木，高达20m，树冠宽大伞形，树皮褐灰色；小枝有明显皮孔，幼时常具黏质短腺毛。叶卵形至宽卵形，长20～40cm，先端急尖，基部心形，全缘或波状浅裂，表面毛稀疏，背面毛密或较疏，老叶背面的灰褐色树枝状毛常具柄和3～12条细长丝状分枝，新枝上的叶较大，其毛常不分枝，有时具黏质腺毛；叶柄常有黏质短腺毛。花序枝的侧枝不发达，长约中央主枝之半或稍短，故花序为金字塔形或狭圆锥形，长一般在50cm以下，稀更长，小聚伞花序的总花梗长1～2cm，几与花梗等长，具花

3～5朵；萼浅钟形，长约1.5cm，外面茸毛不脱落，分裂至中部或裂过中部，萼齿卵状长圆形；花冠紫色，漏斗状钟形，长5～7.5cm，在离管基部约5mm处弓曲，向上突然膨大，外面有腺毛，内面几无毛，檐部直径约5cm；雄蕊长达2.5cm；子房卵圆形，有腺毛，花柱短于雄蕊。蒴果卵圆形，幼时密生黏质腺毛，长3～4.5cm，宿萼不反卷，果皮厚约1mm；种子连翅长2.5～4mm。花期4～5月，果期8～9月。

栾川县各地均产，为本属中栽培最多的一种，海拔可达1800m。河南各山区有分布，各地有栽培。分布于辽宁南部、河北、山东、江苏、安徽、湖北、江西等地。日本、朝鲜、欧洲和北美洲也有引种栽培。

适应性较广泛。强阳性树种，不耐阴。喜温暖气候，耐寒性强，是本属中最耐寒的一种。喜深厚、肥沃、排水良好的微酸性或中性的土壤。根系肉质，耐干旱而怕积水。生长较快，年胸径平均生长量约3cm。萌芽力极强。对二氧化硫、氯气、氟化氢、硝酸雾抗性强。

种子或插根繁殖。播种期3～4月；插根于2月下旬到3月中旬为宜。

干低冠大，不适宜农桐间作。可作山区土层较深厚立地条件造林树种。木材灰黄色或灰白色，材质坚硬，次于楸叶泡桐，优于兰考泡桐，具很强的隔热防潮性能，耐腐蚀，导音性好，纹理美观，易加工，可制胶合板、航模、乐器、家具等。根皮、花、叶均可入药，有散瘀消肿、止痛祛风、化腐生肌等效。

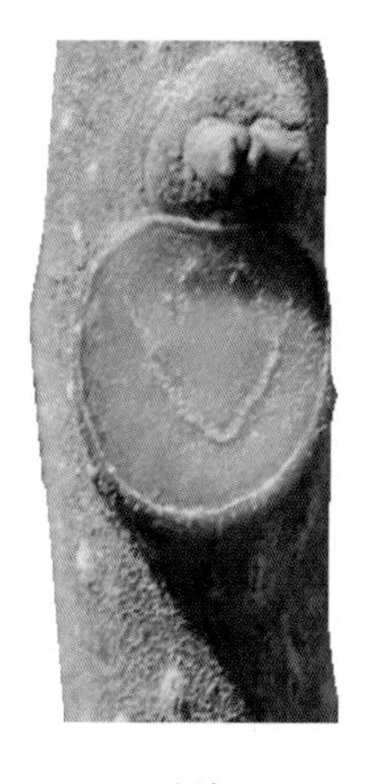
幼枝

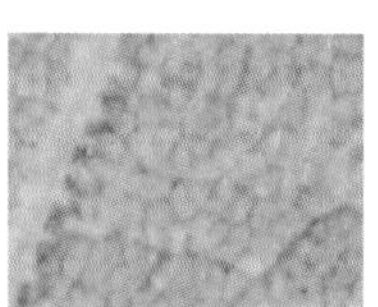
叶背局部

花蕊

花序

蒴果

叶枝

（2）兰考泡桐（泡桐 河南泡桐） *Paulownia elongata*

【识别要点】萼浅裂1/3～2/5，萼裂片较萼筒短。本种和楸叶泡桐相近，区别在于后者叶片似楸树叶，长几为宽的2倍；果实椭圆形。

乔木，高达20m。树冠稀疏，扁圆形。小枝褐色，有凸起的皮孔。叶卵形或广卵形，全缘或三浅裂，长15～30cm，宽10～20cm，先端渐尖，基部心形或近圆形，表面毛不久脱落，背面密被无柄的树枝状毛；叶柄长10～18cm。花序枝的侧枝不发达，故花序金字塔形或狭圆锥形，长约30cm，小聚伞花序的总花梗长8～20mm，几与花梗等长，有花3～5朵，稀有单花；萼倒圆锥形，长16～20mm，基部渐狭，分裂至1/3左右成5枚卵状三角形的齿，管部的毛易脱落；花冠漏斗状钟形，紫色至粉白色，长7～9.5cm，管在基部以上稍弓曲，外面有腺毛和星状毛，内面无毛而有紫色细小斑点，檐部直径4～5cm；雄蕊长达25mm；子房和花柱有腺，花柱长30～35mm。蒴果卵形，稀卵状椭圆形，长3.5～5cm，有星状茸毛，宿萼碟状，顶端具长4～5mm的喙，果皮厚1～2.5mm；种子连翅长4～5mm。花期4～5月，果期10月。

栾川县过去多有栽培，因其材质较差，近年来栽培逐渐减少，已很少见到。为河南特有树种，全省各地均有栽培。河北、山西、陕西、山东、湖

北、安徽、江苏有栽培。

深根性，喜光树种，适宜温暖气候及土层深厚、疏松、肥沃、湿润和排水良好的沙壤土或壤土。生长快，胸径年生长平均4cm，最快可达8cm。种子或插根繁殖。

为优良速生用材树种，材质轻软，耐火性强，纹理直，易加工，可作建筑、家具、农具、文化用品及乐器等用，还可作胶合板、航空模型、车船衬板等。果、花入药，有消炎止痛、化痰止咳、祛风、利水、降压等效。

叶枝

花序

蒴果　花

（3）楸叶泡桐（桐树 长葛泡桐） *Paulownia catalpifolia*

【识别要点】叶似楸树叶，表面无毛，背面密被灰白色星状毛；花萼浅裂达1/3～2/5。

落叶乔木，高达20m。树冠高大圆锥形。叶似楸树叶，卵形或椭圆状长卵形，长10～28cm，宽10～18cm，先端长渐尖，基部心形，全缘或微波状，表面无毛，背面密被灰白色星状毛；叶柄长10～18cm。圆锥花序，金字塔形或狭圆锥形，长约35cm；小聚伞花序有明显的总花梗，花萼浅钟形，浅裂达1/3～2/5；花冠浅紫色，长7～8cm，较细，内面具深紫色斑点。蒴果椭圆形，长4.5～5.5cm。花期4月，果期7～8月。

栾川县各地有栽培。河南各地有零星栽培，以豫西山区、太行山较多。河北、山西、山东等地也有栽培。

喜光树种，耐寒冷、干旱和瘠薄的能力较兰考泡桐稍强，但耐碱性较差，适宜温凉气候。生长速度仅次于兰考泡桐，年平均胸径生长量3～4cm，接干性强。种子或插根繁殖。

为优良速生用材树种，是本属中木材最好的一种。在出口桐中享有盛誉。干端直，树冠浓密而美丽，可作浅山丘陵及四旁造林树种，也可作园林绿化树种。

叶枝

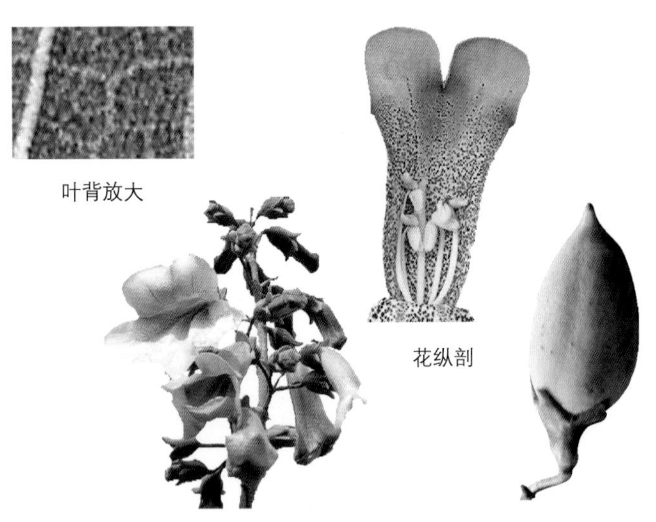

叶背放大　花纵剖

花序　蒴果

（七十二）紫葳科 Bignoniaceae

乔木、灌木或木质藤本，稀为草本；常具有各式卷须及气生根。叶对生、互生或轮生，单叶或羽状复叶，稀掌状复叶；顶生小叶或叶轴有时呈卷须状，卷须顶端有时变为钩状或为吸盘而攀援它物；无托叶或具叶状假托叶；叶柄基部或脉腋处常有腺体。花两性，左右对称，通常大而美丽，组成顶生、腋生的聚伞花序、圆锥花序或总状花序或总状式簇生；苞片及小苞片存在或早落。花萼钟状、筒状，平截，或具2～5齿，或具钻状腺齿。花冠合瓣，钟状或漏斗状，常二唇形，5裂，裂片覆瓦状或镊合状排列。能育雄蕊通常4枚，具1枚退化雄蕊，有时能育雄蕊2枚，具或不具3枚退化雄蕊，稀5枚雄蕊均能育，着生于花冠筒上。花盘存在，环状，肉质。子房上位，2室稀1室，或因隔膜发达而成4室；中轴胎座或侧膜胎座；胚珠多数，叠生；花柱丝状，柱头2唇形。蒴果2瓣裂，种子有翅或稀无翅。

约120属，650种，广布于热带、亚热带，少数种类延伸到温带，但欧洲、新西兰不产。我国有17属，40余种，南北均产，但大部分种类集中于南方各地。河南产木本2属，6种及1变型。栾川县有3属，6种，1变型（其中1属2种为室内栽培）。

1.乔木：

  2.单叶 …………………………………………………………………………………… 1.梓树属 *Catalpa*

  2.羽状复叶 …………………………………………………………………………… 3.菜豆树属 *Radermachera*

1.藤本 ……………………………………………………………………………………… 2.凌霄属 *Campsis*

1.梓树属 *Catalpa*

落叶乔木。单叶对生，稀3叶轮生，揉之有臭气味，叶背面脉腋间通常具紫色腺点。花两性，组成顶生圆锥花序、伞房花序或总状花序。花萼二唇形或不规则开裂，花蕾期花萼封闭成球状体。花冠钟状，二唇形，上唇2裂，下唇3裂。能育雄蕊2，内藏，着生于花冠基部，退化雄蕊存在。花盘明显。子房2室，有胚珠多数。果为长柱形蒴果，2瓣开裂，果瓣薄而脆；隔膜纤细，圆柱形。种子多列，圆形，薄膜状，两端具束毛。约10种，分布于亚洲东部以及美洲。我国约7种，主要分布长江和黄河流域。河南产4种及1变型。栾川县有3种，1变型。

1.花冠黄色，长1.5～2cm。叶常分裂 ………………………………… （1）梓树 *Catalpa ovata*

1.花冠粉红色或淡粉红色白色，长约3.5cm。叶常不分裂或稀分裂：

  2.花序无毛。叶背面无毛 ………………………………………………… （2）楸树 *Catalpa bungei*

  2.花序被短柔毛；叶背面密被分枝短柔毛 ………………………… （3）灰楸 *Catalpa fargesii*

（1）梓树（河楸） *Catalpa ovata*

【识别要点】与楸树主要区别：叶大，阔卵形，长约25cm，长宽近相等，常3浅裂，基部掌状脉5～7条。

乔木，高达15m；树冠伞形，主干通直，树皮灰褐色，纵裂；嫩枝具稀疏柔毛。叶对生或近对生，有时轮生，阔卵形，长宽近相等，长约25cm，顶端渐尖，基部心形，全缘或浅波状，常3浅裂，叶片表面及背面均粗糙，微被柔毛或近无毛，侧脉4～6对，基部掌状脉5～7条；叶柄长6～18cm。顶生圆锥花序；花序梗微被疏毛，长12～28cm。花冠钟状，淡黄色，内面具2黄色条纹及紫色斑点，长约2.5cm，直径约2cm。能育雄蕊2，花丝插生于花冠筒上，花药叉开；退化雄蕊3。子房棒状。花柱丝形，柱头2裂。蒴果线形，下垂，长20～30cm，粗5～7mm。种子长椭圆形，长6～8mm，宽约3mm，

两端具有平展的长毛。

栾川县产各山区，以县域南部较多，生于海拔1000m以下的山谷、溪旁、河岸。河南产于各山区。我国自东北及河北、陕西、甘肃、山东、浙江、湖北、湖南，南到江西、西南至贵州、云南等地均有分布。日本也产。

深根性，喜光树种，幼年速生；适宜温凉气候及湿润深厚土壤。种子或根蘖繁殖，3月中旬至4月条播种子，约3周发芽，发芽率约40%；幼苗有金龟子危害根部。

环孔材，边材淡灰褐色，心材深灰褐色，结构略粗，耐水湿，收缩小，不开裂，耐腐，易加工，可供建筑、家具、乐器等用。树皮可入药，主治热毒、目疾等；果实含钾盐、梓醇及梓甙，有利尿作用。嫩叶可供食用，并可作猪饲料。可作山谷溪旁及河岸造林树种。

果枝

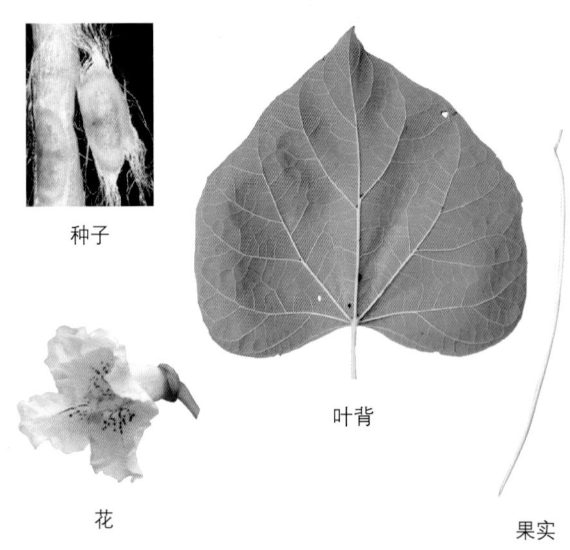
种子 花 叶背 果实

树干

（2）楸树（金丝楸） *Catalpa bungei*

【识别要点】与灰楸主要区别：叶三角形，较小，叶背无毛，叶基部间或有1～2牙齿，花序少花。

乔木，高达15m。叶三角状卵形或卵状长圆形，长6～15cm，宽达8cm，顶端长渐尖，基部截形、阔楔形或心形，有时基部具有1～2牙齿，叶面深绿色，叶背无毛，基部有3出脉；叶柄长2～8cm。顶生伞房状总状花序，有花2～12朵。花萼2唇开裂，顶端有2尖齿。花冠淡红色，内面具有2黄色条纹及暗紫色斑点，长3～3.5cm。蒴果线形，长25～45cm，宽约6mm。种子狭长椭圆形，长约1cm，两端生长毛。花期4月，果期7～8月。

栾川县产各山区，以北部各乡镇最多。河南产于各山区。分布于河北、山东、山西、陕西、甘肃、江苏、浙江、湖南、广西、贵州、云南。

喜光树种，适宜温带气候及深厚、肥沃、湿润、疏松土壤，耐轻盐碱，不耐干瘠。主根不明显，侧根发达。种子或根蘖繁殖。

边材窄，心材宽，易干燥，收缩小，耐水湿、耐腐力强，为优良的建筑、家具、器具及室内装修用材，是民间棺材最优木材，也可用于造船、矿柱、桥梁、雕刻等。叶、树皮及种子均可入药。可作浅山丘陵及四旁、沟谷、河岸造林树种。一直以来，金丝楸木材价值昂贵，供不应求，为栾川县近年来优先发展的优良乡土树种。

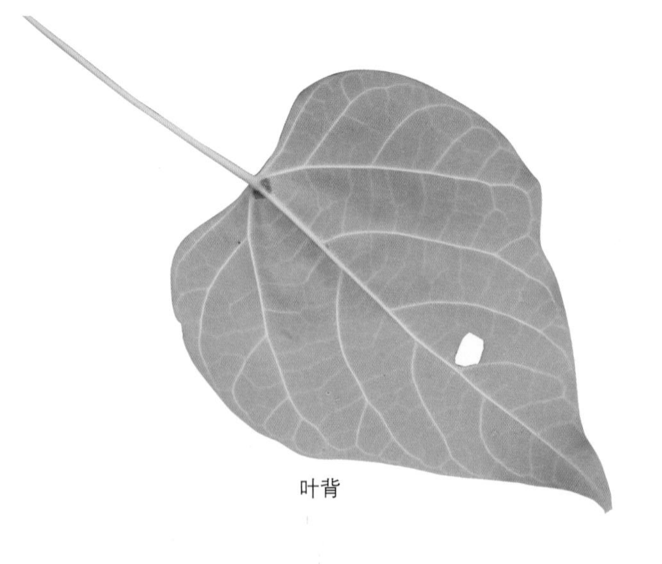
叶背

叶枝　果枝　树干　花　花纵剖　幼枝　叶基

（3）灰楸　*Catalpa fargesii*

【识别要点】幼枝、花序、叶柄均有分枝毛。叶厚纸质，卵形或三角状心形，侧脉4～5对，基部有3出脉。

乔木。幼枝、花序、叶柄均有分枝毛。叶厚纸质，卵形或三角状心形，长13～20cm，宽10～13cm，顶端长渐尖，基部截形或微心形，侧脉4～5对，基部有3出脉，幼树叶3裂，表面微有分枝毛，背面较密，以后变无毛；叶柄长3～10cm。顶生伞房状总状花序，有花7～15朵。花萼2裂近基部，裂片卵圆形。花冠淡红色至淡紫色，内面具紫色斑点，钟状，长约3.2cm。雄蕊2，内藏，退化雄蕊3，花丝着生于花冠基部，花药广歧，长3～4mm。花柱丝形，细长，长约2.5cm，柱头2裂。蒴果细圆柱形，下垂，长25～35cm。种子扁平，长约9mm，两端具丝状种毛。花期5月，果期8～9月。

栾川县主要分布在北部各乡镇海拔1000m以下地区，生长于河谷、山麓、四旁。个别地方在海拔1000m以上栽培也生长良好。河南产于伏牛山区的灵宝、嵩县、卢氏、西峡、内乡等县。分布于陕西、甘肃、河北、山东、河南、湖北、湖南、广东、广西、四川、贵州、云南等地。

用途同楸树，但材质比楸树差。

果枝

花柱及雄蕊

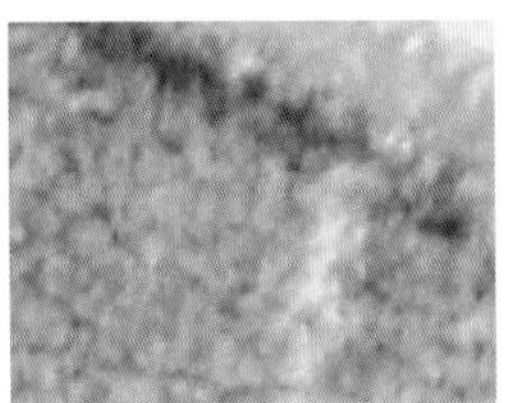
叶背放大

叶背

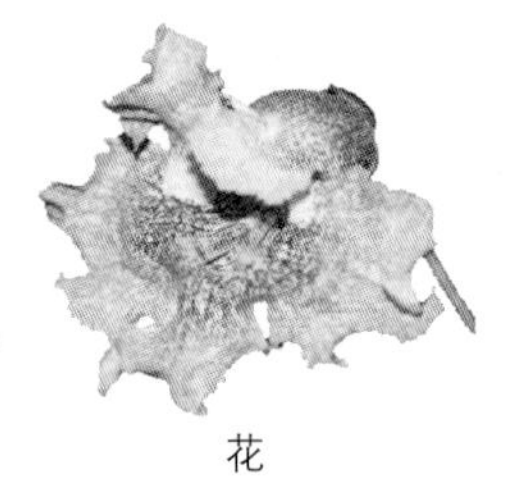
花

树干

光灰楸‘Duclouxii’与原种的区别在于叶背面无毛。栾川县产伏牛山。河南产于伏牛山区。分布于我国西南及中南各地。用途同楸树。

幼树叶

幼枝

2.凌霄属 *Campsis*

攀援木质藤本，以气生根攀援，落叶。叶对生，奇数羽状复叶，小叶有粗锯齿。花大，红色或橙红色，组成顶生花束或短圆锥花序。花萼钟状，近革质，不等的5裂。花冠钟状漏斗形，檐部微呈二唇形，裂片5，大而开展，半圆形。雄蕊4，2强，弯曲，内藏。子房2室，基部围以一大花盘。蒴果，室背开裂，由隔膜上分裂为2果瓣。种子多数，扁平，有半透明的膜质翅。

2种，产于亚洲东部与北美。我国原产和引进各1种。河南连栽培2种。栾川县栽培1种。

美洲凌霄（厚萼凌霄） *Campsis radicans*

【识别要点】藤本，具气生根。小叶7～11（13）枚，椭圆形至卵状椭圆形，顶端尾状渐尖，基部楔形，边缘具齿，表面深绿色，背面淡绿色，被毛，至少沿中肋被短柔毛。

藤本，具气生根，长达10m。小叶7～11（13）枚，椭圆形至卵状椭圆形，长3.5～6.5cm，宽2～4cm，顶端尾状渐尖，基部楔形，边缘具齿，表面深绿色，背面淡绿色，被毛，至少沿中肋被短柔毛。花萼钟状，长约2cm，口部直径约1cm，5浅裂至萼筒的1/3处，裂片齿卵状三角形，外向微卷，无凸起的纵肋。花冠筒细长，漏斗状，橙红色至鲜红色，筒部为花萼长的3倍，约6～9cm，直径约4cm。蒴果长圆柱形，长8～12cm，顶端具喙尖，沿缝线具龙骨状突起，粗约2mm，具柄，硬壳质。

栾川县常栽培于庭院。原产美洲。在广西、江苏、浙江、湖南栽培作庭园观赏植物；在越南、印度、巴基斯坦也有栽培。

花为通经利尿药，可治跌打损伤等症。

花枝

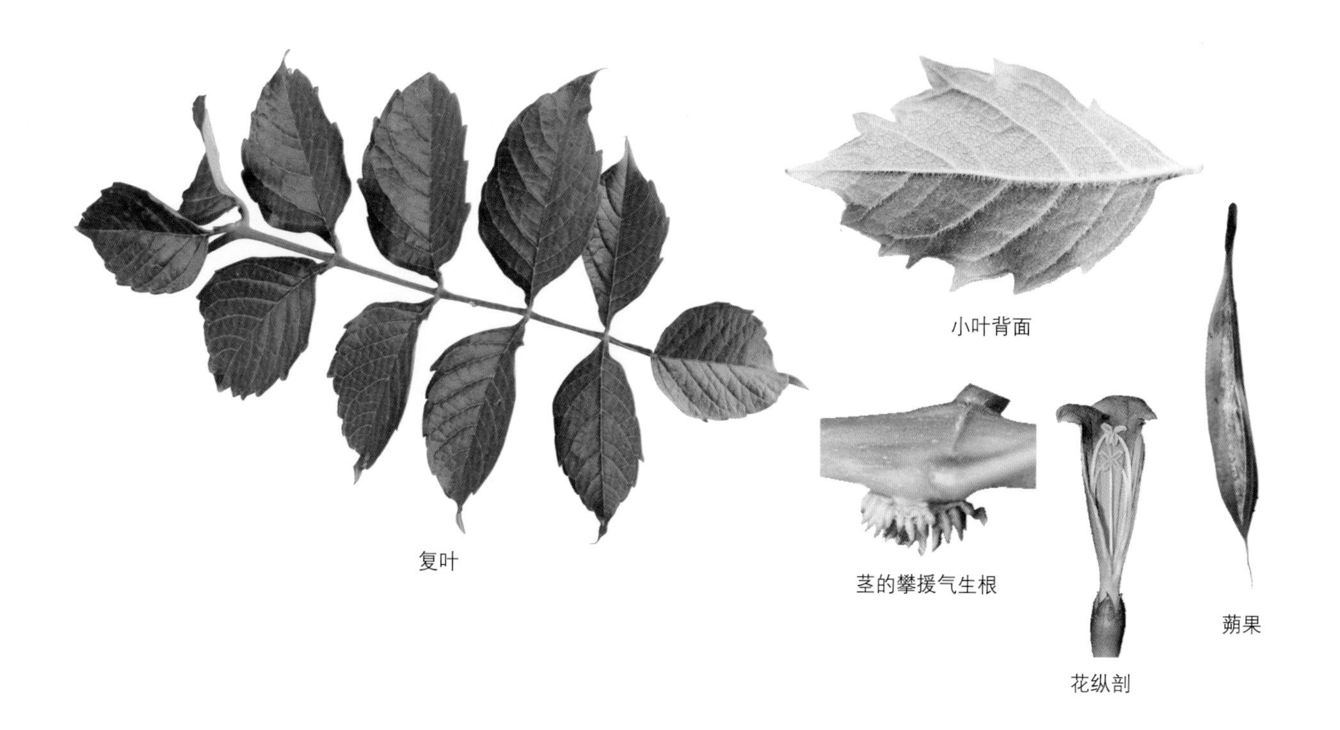
复叶　小叶背面　茎的攀援气生根　花纵剖　蒴果

3.菜豆树属　*Radermachera*

乔木，当年生嫩枝具黏液。叶对生，一至三回羽状复叶；小叶全缘，具柄。聚伞圆锥花序顶生或侧生，但决不生于下部老茎上，具线状或叶状苞片及小苞片。花萼在芽时封闭，钟状，顶端5裂或平截。花冠漏斗状钟形或高脚碟状，花冠筒短或长，檐部微呈二唇形，裂片5，圆形，平展。雄蕊4，2强，花柱内藏，退化雄蕊常存在，稀5枚均能育。花盘环状，稍肉质。子房圆柱形，胚珠多数，花柱细长，柱头舌状，扁平，2裂。蒴果细长，圆柱形，有时旋扭状，有2棱；隔膜扁圆柱形，木栓质，每室有2列种子。种子微凹入隔膜中，扁平，两端具白色透明的膜质翅。

约16种，产亚洲热带地区，印度至我国、菲律宾、马来西亚、印度尼西亚。我国有7种，产广东、广西、云南、台湾。栾川县室内栽培2种。

1. 二回羽状复叶，稀为三回羽状复叶，小叶卵形至卵状披针形，长4～7cm，宽2～3.5cm
…………………………………………………………………（1）菜豆树 *Radermachera sinica*
1. 一至二回羽状复叶，小叶纸质，长圆状卵形或卵形，长4～10cm，宽2.5～4.5cm
……………………………………………………………（2）海南菜豆树 *Radermachera hainanensis*

（1）菜豆树（幸福树）　*Radermachera sinica*

【识别要点】二回羽状复叶，稀为三回羽状复叶，小叶卵形至卵状披针形，长4～7cm，宽2～3.5cm，顶端尾状渐尖，两面无毛。

落叶小乔木，高达10m；叶柄、叶轴、花序均无毛。叶轴长约30cm左右；小叶卵形至卵状披针形，长4～7cm，宽2～3.5cm，顶端尾状渐尖，基部阔楔形，全缘，侧脉5～6对，向上斜伸，两面均无毛，侧生小叶片在近基部的一侧疏生少数盘菌状腺体；侧生小叶柄长在5mm以下，顶生小叶柄长1～2cm。顶生圆锥花序，直立，长25～35cm，宽30cm；苞片线状披针形，长可达10cm，早落，苞片线形，长4～6cm。花萼蕾时封闭，锥形，内包有白色乳汁，萼齿5，卵状披针形，中肋明显，长约12mm。花冠钟状漏斗形，白色至淡黄色，长6～8cm，裂片具皱纹，长约2.5cm。子房光滑，2室，胚珠每室二列，花柱外露，柱头2裂。蒴果细长，下垂，圆柱形，稍弯曲，多沟纹，渐尖，长达85cm，径约1cm，果皮薄革质，小皮孔极不明显；隔膜细圆柱形，微扁。种子椭圆形，连翅长约2cm，宽约5mm。花期5～9月，果期10～12月。

栾川县有引种，作室内盆景栽培，称作幸福树。为优良室内花卉。产台湾、广东、广西、贵州、云南。

根、叶、果入药，可凉血消肿，治高热、跌打损伤、毒蛇咬伤。木材黄褐色，质略粗重，年轮明显，可供建筑用材。枝、叶及根又治牛炭疽病。

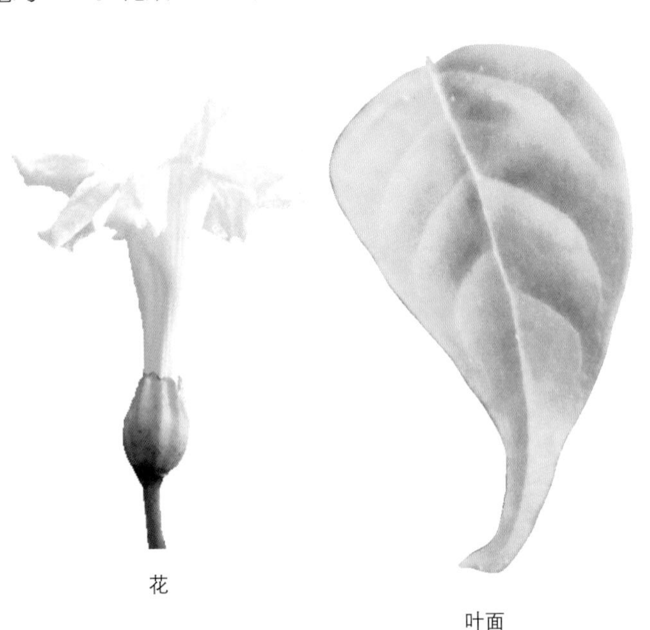

花　叶面

复叶

（2）海南菜豆树（绿宝树）　*Radermachera hainanensis*

【识别要点】一至二回羽状复叶，小叶纸质，长圆状卵形或卵形，长4～10cm，宽2.5～4.5cm，顶端渐尖，两面无毛。

常绿乔木，高达可20m，除花冠筒内面被柔毛外，全株无毛；小枝和老枝灰色，无毛，有皱纹。叶为一至二回羽状复叶，有时仅有小叶5片；小叶纸质，长圆状卵形或卵形，长4～10cm，宽2.5～4.5cm，顶端渐尖，基部阔楔形，两面无毛，有时表面有极多数细小的斑点，侧脉5～6对，纤细，支脉稀疏，呈网状。花序腋生或侧生，少花，为总状花序或少分枝的圆锥花序，比叶短。花萼淡红色，筒状，不整齐，长约1.8cm，3～5浅裂。花冠淡黄色，钟状，长3.5～5cm，直径约15mm，最细部分直径达5mm，内面被柔毛，裂片阔肾状三角形，宽10mm。蒴果长达40cm，粗约5mm；隔膜扁圆形。种子卵圆形，连翅长12mm，薄膜质。花期4月。

栾川县有引种，作室内盆景栽培，称作绿宝树，为优良室内花卉。产广东、海南、云南。

叶枝

小叶

（七十三）茜草科 Rubiaceae

乔木，灌木或者草本。单叶对生或者轮生，通常全缘，有托叶；花两性，稀单性，通常辐射对称，稀两侧对称，单生或组成各种花序。花萼筒与子房合生，先端全缘或分裂，有时其中一片扩大成花瓣状；花冠筒状，漏斗形、高脚碟状或辐状，通常4～6裂，稀多裂，裂片镊合状或覆瓦状排列；雄蕊与花冠裂片同数而互生，着生花冠筒或喉部，花药2室，纵裂，稀孔裂；子房下位，1～10室，但2室为多，花柱丝状，柱头1～10裂，胚珠每室1个至多个。果实为蒴果、浆果或核果；种子多数具胚乳。

500属，6000多种，分布于全世界热带和亚热带，少数产温带地区或北极带。我国产70属，450种以上，南北各地均有分布。河南木本有6属，8种，2变种。栾川县有3属，3种，2变种。

1.子房每室具胚珠2至多数 ………………………………………………… 1.栀子属 *Gardenia*

1.子房每室具胚珠1个：

  2.直立灌木。子房2～5室。果实为核果和蒴果 ……………………………… 2.野丁香属 *Leptodermis*

  2.缠绕藤本。子房2室。果实成熟时分裂为2个坚果 ……………………………3.鸡矢藤属 *Paederia*

1. 栀子属 *Gardenia*

灌木，稀乔木，无刺或很少具刺。叶对生，稀3叶轮生或与总花梗对生的1片不发育；托叶生于叶柄内，三角形，基部常合生。花大，腋生或顶生，单生或簇生，稀组成伞房状聚伞花序；萼管常为卵形或倒圆锥形，萼檐管状或佛焰苞状，顶部常5～8裂，裂片宿存，稀脱落；花冠高脚碟状、漏斗状或钟状，裂片5～12，扩展或外弯，旋转排列；雄蕊与花冠裂片同数，着生于花冠喉部，花丝极短或缺，花药背着，内藏或伸出；花盘通常环状或圆锥形；子房下位，1室，或因胎座沿轴粘连而为假2室，花柱粗厚，有或无槽，柱头棒形或纺锤形，全缘或2裂，胚珠多数，2列，着生于2～6个侧膜胎座上。浆果常大，平滑或具纵棱，革质或肉质；种子多数，常与肉质的胎座胶结而成一球状体，扁平或肿胀，种皮革质或膜质，胚乳常角质；胚小或中等大，子叶阔，叶状。

约250种，分布于东半球的热带和亚热带地区。我国有5种，1变种，产于中部以南各地。河南产1种，1变种。栾川县栽培1种，1栽培变种。

栀子花（黄栀子） *Gardenia jasminoides*

【识别要点】嫩枝常被短毛。叶对生，少为3枚轮生，叶形多样，表面亮绿，背面色较暗；侧脉8～15对，在背面凸起，在表面平。

常绿灌木，高0.3～3m；嫩枝常被短毛，枝圆柱形，灰色。叶对生，革质，稀为纸质，少为3枚轮生，叶形多样，通常为长圆状披针形、倒卵状长圆形、倒卵形或椭圆形，长3～25cm，宽1.5～8cm，顶端渐尖、骤然长渐尖或短尖而钝，基部楔形或短尖，两面常无毛，表面亮绿，背面色较暗；侧脉8～15对，在背面凸起，在表面平；叶柄长0.2～1cm；托叶膜质。花芳香，通常单朵生于枝顶，花梗长3～5mm；萼管倒圆锥形或卵形，长8～25mm，有纵棱，萼檐管形，膨大，顶部通常6裂，裂片披针形或线状披针形，长10～30mm，宽1～4mm，结果时增长，宿存；花冠白色或乳黄色，高脚碟状，喉部有疏柔毛，冠管狭圆筒形，长3～5cm，宽4～6mm，顶部5～8裂，通常6裂，裂片广展，倒卵形或倒卵状长圆形，长1.5～4cm，宽0.6～2.8cm；花丝极短，花药线形，长1.5～2.2cm，伸出；花柱粗厚，长约4.5cm，柱头纺锤形，伸出，长1～1.5cm，宽3～7mm，子房直径约3mm，黄色，

平滑。果卵形、近球形、椭圆形或长圆形，黄色或橙红色，长1.5～7cm，直径1.2～2cm，有翅状纵棱5～9条，顶部的宿存萼片长达4cm，宽达6mm；种子多数，扁，近圆形而稍有棱角，长约3.5mm，宽约3mm。花期7月，果期9月。

栾川县作观赏植物栽培。河南大别山区有栽培。分布于陕西、甘肃、江苏、安徽、浙江、福建、台湾、湖北、湖南、江西、广东、广西、四川、贵州、云南。日本也有分布。

果实可作黄色染料，也可入药，具消炎、解热、止血之效；花含芳香油，可提取芳香浸膏，可作化妆品和香皂、香精的调合剂。

花

果枝

叶枝

花枝

大花栀子'Grandflora' 花大，重瓣，为观花树木。栾川县有栽培。河南各公园有栽培。

大花栀子花

2.野丁香属 *Leptodermis*

灌木，稀乔木，无刺或很少具刺。叶对生或有时簇生于短枝，具短柄；托叶急尖，宿存。花两性，聚集于枝端或腋生于短枝端，具花梗或近无梗，基部具苞片和小苞片；花萼筒倒卵形，5裂，稀4～6裂；花冠筒漏斗状，内面被柔毛，檐部5裂，稀4裂；雄蕊5，稀4～6，着生于花冠喉部以下，花丝很短，花药背着；花盘表面平坦而中央微凹；子房5室，每室具胚珠1，花柱线形，先端5裂，稀3～4裂，胚珠单生。果实为蒴果，长圆形至圆柱形，5裂至基部；种子具网眼，外种皮膜质，胚乳角质，子叶压扁，胚根伸长。

约30种，分布于东亚。我国产20种，为本属分布中心，南北各地均产，以西南地区为多。河南产1种。栾川县产1种。

薄皮木 *Leptodermis oblonga*

【识别要点】枝叶揉后有臭味。叶对生或假轮生，长圆形或长圆状倒披针形，全缘而反卷，表面疏被短刺毛，背面灰绿色，疏生短柔毛，侧脉3～5对。

株高约1m。枝柔弱，褐色，初被微柔毛，后脱落无毛。叶对生或假轮生，长圆形或长圆状倒披针形，长1～2.5cm，宽5～10mm，先端急尖或稍钝，基部楔形，全缘而反卷，表面疏被短刺毛，背面灰绿色，疏生短柔毛，侧脉3～5对；叶柄长2～3mm。花通常2～10朵簇生于枝端或叶腋内，无花梗；小苞片合生，透明；花萼长约2mm，裂片比萼筒短，具缘毛；花冠淡红色或紫红色，长10～12mm；雄蕊稍伸出；子房5室。果实椭圆形，长3～5mm；种子长圆形，长约2mm，具网纹。花期5～6月，果期8～9月。

栾川县产各山区，生于海拔1600m以下的山坡灌丛、草地及水沟旁。河南产于太行山及伏牛山。分布于我国辽宁、河北、山西、甘肃、湖北、宁夏、四川、贵州及云南。越南也产。可做庭院观花树木。

叶、花枝

茎

叶背

叶背放大

果实

花纵剖

花

3.鸡矢藤属 *Paederia*

缠绕藤本。枝叶揉后具臭气味。叶对生，稀3～4片轮生，具叶柄；托叶通常三角形，早落。花顶生或腋生，成聚伞花序或圆锥花序，具小苞片；花萼筒螺旋状或卵球状，檐部4～5裂；花冠筒状或漏斗状，檐部4～5裂，镊合状排列；雄蕊4～5，着生于花冠喉部，花丝极短；子房2室，花柱两个，胚珠每室1。果实为核果，球形或压扁，果皮薄而易脆，成熟时分裂为2个圆形或长圆形的小坚果；种子胚大，胚乳肉质。

约50种，分布于亚洲、美洲热带和亚热带地区。我国产11种，分布于华南、中南、西南及陕西、甘肃等地。河南产1种及1变种。栾川县产1种，1变种。

鸡矢藤（臭老婆蔓） *Paederia scandens*

【识别要点】枝叶揉后具臭气味。叶对生，纸质，形状和大小变异很大，宽卵形至披针形，托叶三角形。

藤本，长3～5m。多分枝。叶对生，纸质，形状和大小变异很大，宽卵形至披针形，长5～15cm，顶端急尖至渐尖，基部宽楔形、圆形至浅心形，两面无毛或少被短柔毛；叶柄长1.5～7cm；托叶三角形，长2～3mm。聚伞花序排成顶生大型圆锥花序或腋生而疏散少花；花无梗或具短梗，小苞片披针形；花冠淡紫色，筒状，长1～1.5cm，外面密被粉末状柔毛，内面被白色柔毛，檐部5裂。果实球形，成熟后黄色，具光泽，直径5～7mm，种子浅黑色。花期5～7月，果期8～9月。

栾川县产各山区，生于海拔1000m以下的山坡荒地、河谷及路旁灌丛中。河南产于大别山、桐柏山及伏牛山。分布于陕西、甘肃、山东、江苏、安徽、浙江、福建、台湾、湖北、湖南、江西、广东、广西、四川、贵州。印度、印度尼西亚、马来西亚、日本、朝鲜也产。

茎皮纤维色白而质软。可供造纸、人造棉的原料。全株供药用，花、叶的汁液可治毒虫螯伤、冻疮等症；茎叶可治小儿疳积、支气管炎、肺结核咳嗽；根可治肝炎、痢疾、风湿骨痛、毒蛇咬伤等症。

不同叶形　果序　花　果实

花枝

毛鸡矢藤 var. *tomentosa* 本变种与原种区别在于茎、叶两面均被毛。产地及分布同原种。

（七十四）忍冬科 Caprifoliaceae

直立或缠绕灌木，稀小乔木或草本。叶对生，稀互生，单叶或羽状复叶；无托叶或极少有托叶。花两性，辐射对称或两侧对称；聚伞花序或由聚伞花序排列成各种花序式，有时数花簇生，稀单生；花萼筒与子房合生，先端3～5裂；花冠辐状、漏斗状、钟状或筒状，檐部4～5裂，有时成二唇形，覆瓦状排列，稀镊合状排列；雄蕊4～5，着生于花冠筒上，与花冠裂片互生，花药1～2室，纵裂；子房下位，2～6室，稀8室或1室，胚珠每室1至多数，花柱1，柱头头状，或先端2～5浅裂。果实为浆果或核果，稀蒴果；种子具胚乳。

13属，约500余种，主要分布于北半球温带地区，多见于亚洲东部和美洲东北部；我国有12属，200余种，南北均有分布。河南木本有6属，52种，4亚种，4变种，1变型，其中栽培3种。栾川县木本有6属，36种，4亚种，2变种。

1.叶为奇数羽状复叶 ……………………………………………………… 1.接骨木属 *Sambucus*
1.叶为单叶：
  2. 浆果或核果：
    3.具1种子的瘦果状核果：
      4.果两个合生（有时1个不发育），外面密生刺刚毛 ……………………3.猬实属 *Kolkwitzia*
      4.果分离，外面无刺刚毛，但冠以宿存、翅状萼片 ……………………… 4. 六道木属 *Abelia*
    3.浆果或浆果状核果：
      5.浆果状核果 ……………………………………………………… 2. 荚蒾属 *Viburnum*
      5.浆果 ……………………………………………………………… 6.忍冬属 *Lonicera*
  2.开裂的蒴果 ……………………………………………………………5.锦带花属 *Weigela*

1.接骨木属 *Sambucus*

落叶乔木或灌木，稀高大草本。茎秆具发达的髓。奇数羽状复叶，对生；托叶叶状或退化成腺体。花序由聚伞花序合成顶生的复伞式或圆锥式；花小，白色或黄白色，整齐；萼筒短，萼齿5枚；花冠辐状，5裂；雄蕊5，花丝短，花药外向；子房3～5室，花柱短或几无，柱头2～3裂。浆果状核果具3～5核；种子具有胚乳。

20余种，分布极广，几遍布于北半球温带和亚热带地区。我国有4～5种；另从国外引种栽培1～2种。河南木本有1种。栾川县产之。

接骨木 *Sambucus williamsii*

【识别要点】羽状复叶，小叶5～7个，稀3个或多达11个。侧生小叶卵圆形、椭圆形至长圆状披针形，两侧不对称，边缘具不整齐锯齿；小叶柄、小叶片背面及叶轴均光滑无毛。叶搓揉后有臭气。

落叶灌木或小乔木，高5～6m；老枝淡红褐色，具明显的长椭圆形皮孔，髓部淡褐色。羽状复叶，小叶5～7个，稀3个或多达11个，侧生小叶卵圆形、狭椭圆形至倒矩圆状披针形，长5～15cm，宽1.2～7cm，顶端尖、渐尖至尾尖，边缘具不整齐锯齿，有时基部或中部以下具1至数枚腺齿，基部楔形或圆形，有时心形，两侧不对称，最下一对小叶有时具长0.5cm的柄，顶生小叶卵形或倒卵形，顶端渐尖或尾尖，基部楔形，具长约2cm的柄，初时小叶表面及中脉被稀疏短柔毛，后光滑无毛，叶搓揉后

有臭气；托叶狭带形，或退化成带蓝色的突起。花与叶同出，圆锥形聚伞花序顶生，长5～11cm，宽4～14cm，具总花梗，花序分枝多成直角开展，有时被稀疏短柔毛，随即光滑无毛；花小而密；萼筒杯状，长约1mm，萼齿三角状披针形，稍短于萼筒；花冠蕾时带粉红色，开后白色或淡黄色，筒短，裂片矩圆形或长卵圆形，长约2mm；雄蕊与花冠裂片等长，开展，花丝基部稍肥大，花药黄色；子房3室，花柱短，柱头3裂。果实红色，稀蓝紫黑色，卵圆形或近圆形，直径3～5mm；分核2～3枚，卵圆形至椭圆形，长2.5～3.5mm，略有皱纹。花期4～5月，果期9～10月。

栾川县产各山区，生于海拔1600m以下的山坡、灌丛、沟边、路旁。河南产于各山区。分布于黑龙江、吉林、辽宁、河北、山西、陕西、甘肃、山东、江苏、安徽、浙江、福建、湖北、湖南、广东、广西、四川、贵州及云南等地。

茎皮、根皮及叶入药，有舒筋活血、生肌长骨、镇痛止血、清热解毒之效。也可作护林防火材料。

花　果序　花枝　复叶　小枝　干

2.荚蒾属　*Viburnum*

落叶或常绿，灌木或乔木。单叶对生，稀轮生，全缘或有锯齿，有时掌状分裂，有柄；托叶通常微小，或不存在。花小，两性，整齐；花序由聚伞合成顶生或侧生的伞式，稀紧缩成簇状，有时具白色大型的不孕边花或全部由大型不孕花组成；萼齿5个，宿存；花冠辐状、钟状、漏斗状或高脚碟状，裂片5；雄蕊5，着生于花冠筒内，与花冠裂片互生；子房1室，花柱粗短，柱头状或浅（2～）3裂；胚珠1。果实为核果，冠以宿存的萼齿和花柱；核扁平，较少圆形，骨质，内含1颗种子。

约有200种，分布于温带和亚热带地区；亚洲和南美洲种类较多。我国约有74种，广泛分布于全国各地，以西南部种类最多。河南有16种，1亚种，2变种，1变型，栽培2种。栾川县连栽培10种，1亚种，1变种。

1.冬芽裸露。植株被簇状毛而无鳞片。果实成熟时由红色转为黑色：

2.花序有总梗。果核有2条背沟和（1～）3条腹沟，或有时背沟退化而不明显；胚乳坚实：

3.叶侧脉近叶缘时虽分枝，但直达齿端而非互相结网 … （1）聚花荚蒾 *Viburnum glomeratum*

3.叶的侧脉近叶缘互相网结而非直达齿端：

4.花冠辐状，筒比裂片短 ……………………………… （2）陕西荚蒾 *Viburnum schensianum*

4.花冠筒状钟形，筒远比裂片长 …………………… （3）蒙古荚蒾 *Viburnum mongolicum*

2.花序无总梗。果核有1条背沟和1条深腹沟。胚乳深咀嚼状

……………………………………………………………… （4）合轴荚蒾 *Viburnum sympodiale*

1.冬芽有1～2对（很少3对或多对）鳞片；如为裸露，则芽、幼枝叶背面、花序、萼、花冠、果实均被鳞片状毛：

5.冬芽有1～2对分离的鳞片。叶柄顶端或叶片基部无腺体：

6. 圆锥花序。果核通常浑圆或稍扁具1上宽下窄的深腹沟：

7. 花冠高脚碟状。裂片短于筒部 ……………………… （5）香荚蒾 *Viburnum farreri*

7. 花冠辐状，裂片长于筒部 …………………………（6）珊瑚树 *Viburnum odoratissimum*

6. 复伞形式聚伞花序。果核通常扁，有浅的背股沟：

8. 花序或果序下垂 ……………………………………… （7）茶荚蒾 *Viburnum setigerum*

8. 花序或果序不下垂：

9. 花冠无毛，柱头高出萼齿：

10. 叶厚纸质或略带革质。花冠直径约4mm。果实长约6mm

……………………………………………………… （8）桦叶荚蒾 *Viburnum betulifolium*

10. 叶纸质。花冠直径6mm，果实长约7mm … （9）阔叶荚蒾 *Viburnum lobophyllum*

9. 花冠外面有茸毛或有时无毛，柱头不高出萼齿：

11.冬芽、当年小枝、叶柄和花序均被疏或密的簇状短毛。花冠外面密被由簇状毛组成的茸毛 ………………………………………… （10）湖北荚蒾 *Viburnum hupehense*

11.冬芽无毛，花冠有时无毛…（11）北方荚蒾 *Viburnum hupehense* subsp. *septentrionale*

5.冬芽为2对合生的鳞片所包围。叶柄顶端或叶片基部有2～4个明显的腺体

………………………………………………… （12）鸡树条荚蒾 *Viburnum opulus* var. *calvescens*

（1）聚花荚蒾 *Viburnum glomeratum*

【识别要点】当年小枝、芽、幼叶背面、叶柄及花序均被黄色或黄白色簇状毛。叶纸质，卵状椭圆形、卵形或宽卵形，边缘有牙齿，侧脉5～11对，与其分枝均直达齿端。

落叶灌木或小乔木，高达3（～5）m。当年小枝、芽、幼叶背面、叶柄及花序均被黄色或黄白色簇状毛。叶纸质，卵状椭圆形、卵形或宽卵形，稀倒卵形或倒卵状矩圆形，长（3.5）8～10（15）cm，顶钝圆、尖或短渐尖，基部圆或多少带斜微心形，边缘有牙齿，侧脉5～11对，与其分枝均直达齿端；叶柄长1～2（3）cm。聚伞花序直径3～6cm，总花梗长1～2.5（7）cm，第一级辐射枝（4）6～7（9）条；萼筒被白色簇状毛，长1.5～3mm，萼齿卵形，与花冠筒等长或为其2倍；花冠白色，辐状，裂片卵圆形，长约等于或略超过筒；雄蕊稍高出花冠裂片。果实红色，后变黑色；核椭圆形，扁，长5～7（9）mm，直径（4～）5mm，有2条浅背沟和3条浅腹沟。花期4～6月，果期7～9月。

栾川县产伏牛山，生于海拔1400m以上的灌丛、山谷林中。河南产于伏牛山。分布于陕西东部、甘肃南部、宁夏南部、湖北西部、四川和云南西北部。缅甸北部也有分布。

根入药，有祛风清热、散瘀活血之效。可作庭院绿化。

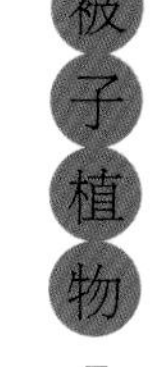

果枝 幼叶枝 果 花序 小枝

（2）陕西荚蒾（土兰条） *Viburnum schensianum*

【识别要点】幼枝、叶背面及花序均被由黄白色簇状毛组成的茸毛；芽常被带锈褐色簇状毛。叶纸质，卵状椭圆形、宽卵形或近圆形，边缘有较密的小尖齿，侧脉5～7对。

落叶灌木，高达3m。幼枝、叶背面及花序均被由黄白色簇状毛组成的茸毛；芽常被带锈褐色簇状毛。叶纸质，卵状椭圆形、宽卵形或近圆形，长3～6（8）cm，顶端钝或圆形，有时微凹或稍尖，基部圆形，边缘有较密的小尖齿，初时表面疏被叉状或簇状短毛，侧脉5～7对，近缘处相互网结或部分直伸齿端；叶柄长7～10（15）mm。聚伞花序直径（4）6～7（8）cm，总花梗长1～1.5（7）cm或更短；萼筒圆筒形，长3.5～4mm，无毛。萼齿卵形，顶端钝；花冠白色，辐状，直径约6mm，无毛，筒部长约1mm，裂片圆卵形，长约2mm。果实红色而后变黑色，椭圆形，长约8mm；核卵圆形，长6～8mm，直径4～5mm，背部脊状凸起而无沟或有2条不明显的沟，腹部有3条沟。花期5～7月，果期8～9月。

栾川县产各山区，生于海拔700m以上山谷林中或山坡灌丛中。河南产于伏牛山南北坡及太行山区。分布于河北、山西、陕西南部、甘肃南至东南部、山东、江苏南部、湖北和四川北部。

果实入药能清热解毒、祛风消瘀；全株入药，有下气、消食、活血之效。

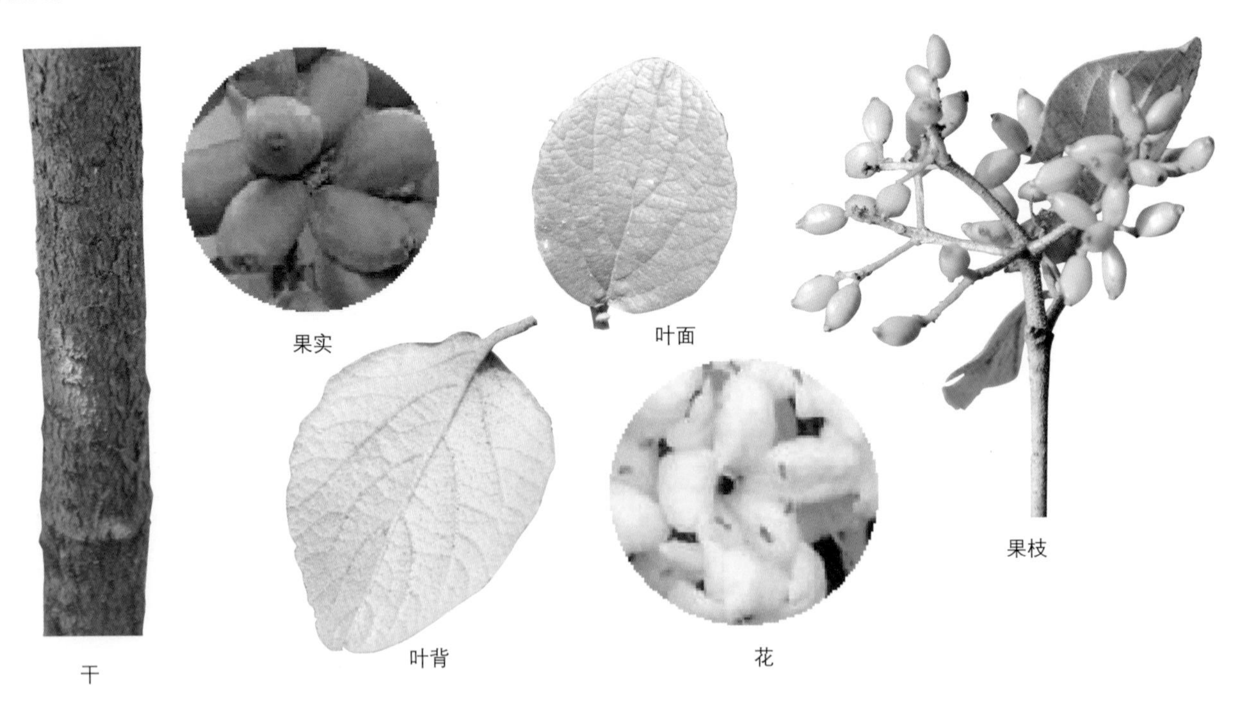
干 果实 叶面 叶背 花 果枝

（3）蒙古荚蒾 *Viburnum mongolicum*

【识别要点】幼枝、叶背面、叶柄和花序均被簇状短毛。叶纸质，宽卵形至椭圆形，边缘有波状浅齿，齿顶具小突尖；表面被簇状或叉状毛，背面灰绿色，侧脉4～5对。

落叶灌木，高达2m。幼枝、叶背面、叶柄和花序均被簇状短毛，2年生小枝黄白色，无毛。叶纸质，宽卵形至椭圆形，稀近圆形，长2.5～5（6）cm，顶端尖或钝，基部圆或楔形，边缘有波状浅齿，齿顶具小突尖，表面被簇状或叉状毛，背面灰绿色，侧脉4～5对，近缘前分枝而互相结网；叶柄长4～10mm。聚伞花序直径1.5～3.5cm，具少数花，总花梗长5～15mm，花大部分生于第一级辐射枝上；萼筒矩圆筒形，长3～5mm，无毛，萼齿波状；花冠淡黄白色，筒状钟形，无毛，较裂片长。果实红色而后变黑色，椭圆形，长约10mm；核扁，长约8mm，直径5～6mm，有2条浅背沟和3条腹沟。花期5月，果期9月。

栾川县各山区有分布，生于海拔800m以上的山坡疏林下或河滩地。河南产于太行山、伏牛山。分布于内蒙古中南部、河北、山西、陕西、宁夏南部及青海东北部、甘肃南部。前苏联西伯利亚和蒙古也有分布。

根、叶入药，祛风活血；果实入药，清热解毒、破瘀通经、健脾。

果枝

花

花枝

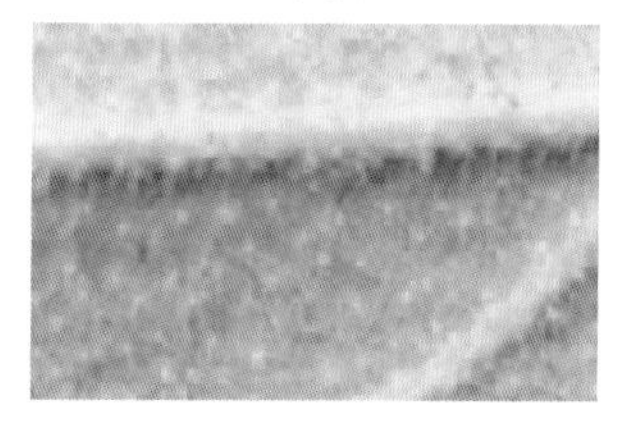

叶背放大

（4）合轴荚蒾 *Viburnum sympodiale*

【识别要点】幼枝、叶背面脉上、叶柄、花序及萼齿均被灰黄褐色鳞片状或糠秕状簇状毛。叶纸质，卵形至椭圆状卵形或圆状卵形，边缘有不规则牙齿状尖锯齿，表面无毛或幼时脉上被簇状毛，侧脉6～8对。

落叶灌木或小乔木，高可达10m。幼枝、叶背面脉上、叶柄、花序及萼齿均被灰黄褐色鳞片状或糠秕状簇状毛，小枝红褐色，有时光亮，后变灰褐色，无毛。叶纸质，卵形至椭圆状卵形或圆状卵形，长6～13 (15) cm，顶端渐尖或急尖，基部圆形，稀浅心形，边缘有不规则牙齿状尖锯齿，表面无毛或幼时脉上被簇状毛，侧脉6～8对，表面稍凹陷，背面凸起，小脉横列，明显；叶柄长1.5～3 (4.5) cm；托叶钻形，长2～9mm，基部常贴生于叶柄，有时无托叶。聚伞花序直径5～9cm，花开后几无毛，周围有大型、白色的不孕花，无总花梗，第一级辐射枝常5条，花生于第三级辐射枝上，芳香；萼筒近圆球形，长约2mm，萼齿卵圆形；花冠白色或带微红，辐状，直径5～6mm，裂片卵形，长2倍于筒；雄蕊花药宽卵圆形，黄色；花柱不高出萼齿；不孕花直径2.5～3cm，裂片倒卵形，常大小不等。果实红

色，后变紫黑色，卵圆形，长8～9mm；核稍扁，长约7mm，直径约5mm，有1条浅背沟和1条深腹沟。花期4～5月，果期8～9月。

栾川县产伏牛山，生于海拔800m以上的林下或灌丛中。河南产于伏牛山、大别山及桐柏山。分布于陕西南部、甘肃南部、安徽南部、浙江、江西、福建北部、台湾、湖北西部、湖南、广西东北部、四川东部至西部，贵州及云南东南部、东北部和西北部。

根入药，有清热解毒、消积之效，外用于治疗疮毒。

花序

叶枝

果实

（5）香荚蒾 *Viburnum farreri*

【识别要点】当年小枝绿色，2年生小枝红褐色。冬芽有2～3对鳞片。叶纸质，椭圆形或菱状倒卵形，边缘除基部外具三角形锯齿，幼时表面散生细短毛。花冠白色，果实紫红色，核扁，有一条深腹沟。

落叶灌木，高达5m；当年小枝绿色，近无毛，2年生小枝红褐色，后变灰褐色或灰白色。冬芽椭圆形，顶尖，有2～3对鳞片。叶纸质，椭圆形或菱状倒卵形，长4～8cm，顶端锐尖，基部楔形至宽楔形，边缘除基部外具三角形锯齿，幼时表面散生细短毛，背面脉上被微毛，后除脉腋集聚簇状柔毛外均无毛，侧脉5～7对，直达齿端，连同中脉表面凹陷，背面凸起，小脉不明显或两面略凹陷；叶柄长 (1) 1.5～3cm，幼时表面边缘被纤毛。圆锥花序生于能生幼叶的短枝之顶，长3～5cm，有多数花，幼时略被细短毛，后变无毛，花先叶开放，芳香；苞片条状披针形，具缘毛；萼筒筒状倒圆锥形，长约2mm，萼齿卵形，长约0.5mm，顶钝；花冠蕾时粉红色，开后变白色，高脚碟状，直径约1cm，筒长7～10mm，上部略扩张，裂片5（～4）枚，长约4mm，宽约3mm，开展；雄蕊生于花冠筒内中部以上，着生点不等高，花丝极短或不存在，花药黄白色，近圆形；柱头3裂，不高出萼齿。果实紫红色，矩圆形，长8～10mm，直径约6mm；核扁，有1条深腹沟。花期4～5月，果期秋季。

栾川县产伏牛山，生于山谷林中。河南产于大别山、伏牛山。分布于甘肃、青海及新疆。山东、河北、甘肃、青海等地多有栽培。花于早春开放，为庭院观花树木。

花枝

果枝

花俯视

叶

叶枝

茎

（6）珊瑚树（法国冬青） *Viburnum odoratissimum*

【识别要点】冬芽有1～2对卵状披针形的鳞片。叶革质，椭圆形至矩圆形或矩圆状倒卵形至倒卵形，边缘上部有不规则浅波状锯齿或近全缘，两面无毛或脉上散生簇状微毛，脉腋常有集聚簇状毛和趾蹼簇状毛和趾蹼状小孔，侧脉5～6对。

常绿灌木或小乔木，高达10（～15）m；枝灰色或灰褐色，有凸起的小瘤状皮孔，无毛或有时稍被褐色簇状毛。冬芽有1～2对卵状披针形的鳞片。叶革质，椭圆形至矩圆形或矩圆状倒卵形至倒卵形，有时近圆形，长7～20cm，顶端短尖至渐尖而钝头，有时钝形至近圆形，基部宽楔形，稀圆形，边缘上部有不规则浅波状锯齿或近全缘，表面深绿色有光泽，两面无毛或脉上散生簇状微毛，背面有时散生暗红色微腺点，脉腋常有集聚簇状毛和趾蹼状小孔，侧脉5～6对，弧形，近缘前互相网结，连同中脉背面凸起而显著；叶柄长1～2（3）cm，无毛或被簇状微毛。圆锥花序顶生或生于侧生短枝上，宽尖塔形，长（3.5）6～13.5cm，宽（3）4.5～6cm，无毛或散生簇状毛，总花梗长可达10cm，扁，有淡黄色小瘤状突起；苞片长不足1cm，宽不及2mm；花芳香，通常生于序轴的第二至第三级分枝上，无梗或有短梗；萼筒筒状钟形，长2～2.5mm，无毛，萼檐碟状，齿宽三角形；花冠白色，后变黄白色，有时微红，辐状，直径约7mm，筒长约2mm，裂片反折，圆卵形，顶端圆，长2～3mm；雄蕊略超出花冠裂片，花药黄色，矩圆形，长近2mm；柱头头状，不高出萼齿。果实先红色后变黑色，卵圆形或卵状椭圆形，长约8mm，直径5～6mm；核卵状椭圆形，浑圆，长约7mm，直径约4mm，有1条深腹沟。花期4～5月（有时不定期开花），果期7～9月。

栾川县有栽培。河南各城市均有栽培。分布于福建、湖南、广东、海南和广西。印度东部、缅甸北部、泰国、越南也有分布。

木材坚硬、细致，供制车辆家具；根叶入药，广东民间以鲜叶捣烂外敷治跌打肿痛和骨折；亦作兽药，治牛、猪感冒发热和跌打损伤。为园林绿化树种，也可作森林防火树种。

果序

叶枝

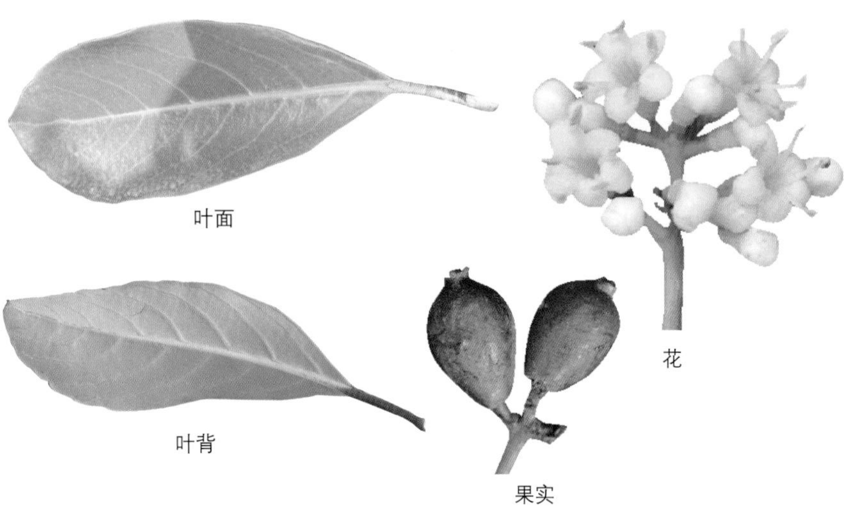
叶面 叶背 果实 花

（7）茶荚蒾 *Viburnum setigerum*

【识别要点】小枝浅灰黄色，多有棱角。冬芽无毛。叶纸质，卵状矩圆形至卵状披针形，边缘除基部外疏生尖锯齿，近基部两侧有少数腺体，侧脉6～8对，伸至齿端；花冠白色，果实红色。

落叶灌木，高达4m；芽及叶干后变黑色、黑褐色或灰黑色；当年小枝浅灰黄色，多有棱角，无毛，2年生小枝灰色、灰褐色或紫褐色。冬芽通常长5mm以下，最长可达1cm许，无毛，外面1对鳞片为芽体长的1/3～1/2。叶纸质，卵状矩圆形至卵状披针形，稀卵形或椭圆状卵形，长7～12（15）cm，顶端渐尖，基部圆形，边缘除基部外疏生尖锯齿，表面初时中脉被长纤毛，后变无毛，背面仅中脉及侧脉被浅黄色贴生长纤毛，近基部两侧有少数腺体，侧脉6～8对，笔直而近并行，伸至齿端，表面略凹陷，背面显著凸起；叶柄长1～1.5（2.5）cm，有少数长伏毛或近无毛。复伞形式聚伞花序无毛或稍被长伏毛，有极小红褐色腺点，直径2.5～4（5）cm，常弯垂，总花梗长1～2.5（3.5）cm，第一级辐射枝通常5条，花生于第三级辐射枝上，有梗或无，芳香；萼筒长约1.5mm，无毛和腺点，萼齿卵形，长约0.5mm，顶钝形；花冠白色，干后变茶褐色或黑褐色，辐状，直径4～6mm，无毛，裂片卵形，长约2.5mm，比筒长；雄蕊与花冠几等长，花药圆形，极小；花柱不高出萼齿。果序弯垂，果实红色，卵圆形，长9～11mm；核甚扁，卵圆形，长8～10mm，直径5～7mm。花期4～5月，果期9～10月。

栾川县零星分布于龙峪湾、老君山。河南产于大别山及伏牛山南部；生于山谷溪涧疏林或山坡灌丛中。分布于江苏南部、安徽南部和西部、浙江、江西、福建北部、台湾、广东北部，广西东部、湖南、贵州、云南、四川东部、湖北西部及陕西南部。

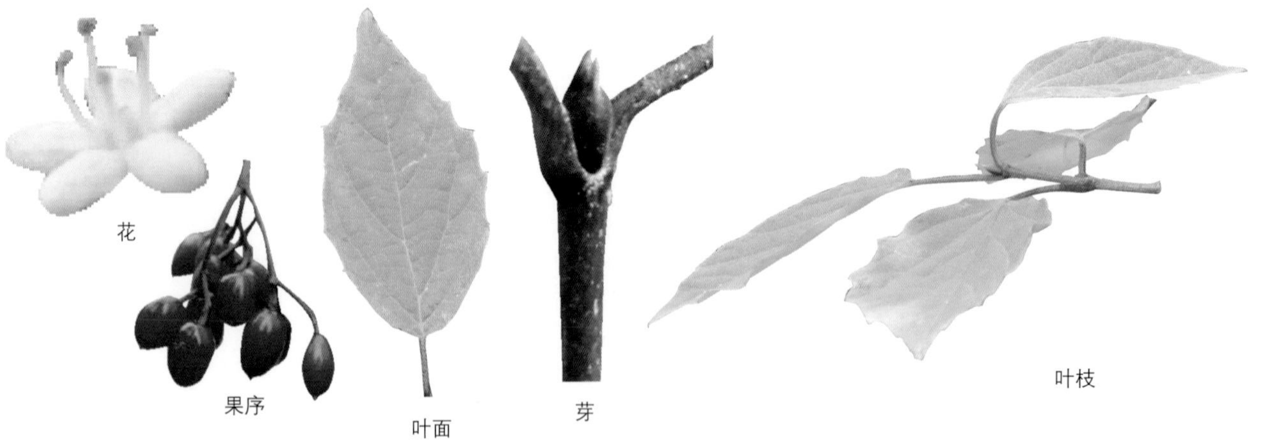
花 果序 叶面 芽 叶枝

（8）桦叶荚蒾 *Viburnum betulifolium*

【识别要点】小枝稍有棱角。叶宽卵形至菱状卵形或宽倒卵形，边缘离基1/3～1/2以上具开展的不规则浅波状牙齿，叶背脉腋集聚簇状毛，侧脉5～7对；叶柄纤细，近基部常有1对钻形小托叶。

落叶灌木或小乔木，高可达7m。小枝紫褐色或黑褐色，稍有棱角，无毛或初时稍有毛。叶厚纸质或略带革质，宽卵形至菱状卵形或宽倒卵形，稀椭圆状矩圆形，长3.5～8.5（12）cm，顶端急短渐尖至渐尖，基部宽楔形至圆形，稀截形，边缘离基1/3～1/2以上具开展的不规则浅波状牙齿，表面无毛或仅中脉有时被少数短毛，背面中脉及侧脉被少数短伏毛，脉腋集聚簇状毛，侧脉5～7对；叶柄纤细，长1～2（3.5）cm，近基部常有1对钻形小托叶。复伞形聚伞花序顶生或生于具1对叶的侧生短枝上，总花梗初时通常不到1cm；花生于第（3～）4（～5）级辐射枝上；萼筒有黄褐色腺点，疏被簇状短毛；花冠白色，辐状，无毛，裂片比筒长；雄蕊常高出花冠。果实红色，近圆形，长约6mm；核扁，长3.5～5mm，有1～3条浅腹沟和2条深背沟。花期6～7月，果期9～10月。

栾川县产伏牛山，生于海拔1200m以上的山谷林中或山坡灌丛中。河南产于伏牛山。分布于陕西南部、甘肃南部、四川、贵州西部、云南北部及西藏东南部。

根入药，用于治疗月经不调、梦遗虚滑、肺热口臭、带下病。茎皮纤维可制绳索及造纸。

本种与**阔叶荚蒾** *Viburnum lobophyllum*、**湖北荚蒾** *Viburnum hupehense* 在许多方面都存在着错综复杂的变化和过渡现象。由于鉴定困难，多将后者作为存疑种处理。

小枝　花　果实　叶背脉腋　叶面　果枝

（9）阔叶荚蒾 *Viburnum lobophyllum*

与桦叶荚蒾的区别在于：冬芽红褐色，无毛或仅顶端有少数纤毛。叶纸质。萼筒无毛，有时具少数腺点；花冠较大，直径约6mm。果实较大，长约7mm。

栾川县产伏牛山，生于山谷或山坡林下及灌丛中。河南产于伏牛山。分布于湖北西部、四川、陕西南部及甘肃南部。

叶背

果序

叶枝

（10）湖北荚蒾 *Viburnum hupehense*

冬芽、当年小枝、叶柄和花序均被疏或密、有时呈绒状的簇状短毛。叶纸质，宽卵形至倒卵形，顶端渐尖或急尾尖，表面被简单、叉状或簇状短毛或短伏毛，背面被疏或密的簇状毛有或无腺点。萼筒被簇状毛和腺点；花冠外面密被由簇状毛组成的茸毛。柱头不高出萼齿。果实长5～8mm。

栾川县产伏牛山，生于山谷或山坡林下及灌丛中。河南产于伏牛山。分布于湖北西部、陕西南部、宁夏南部、甘肃、四川、贵州西部和中部及云南北部和东南部。

叶面　果实　花序　果枝　叶背

（11）北方荚蒾 *Viburnum hupehense* subsp. *septentrionale*

与原种区别在于冬芽无毛，叶较宽，圆卵形或倒卵形，表面被白色简单或叉状伏毛，表面有黄白色腺点，花冠有时无毛。

栾川县产各山区，生于山坡灌丛及林下。河南产于太行山及伏牛山。分布于河北、山西、陕西南部、甘肃南部、湖北西部和四川东北部。

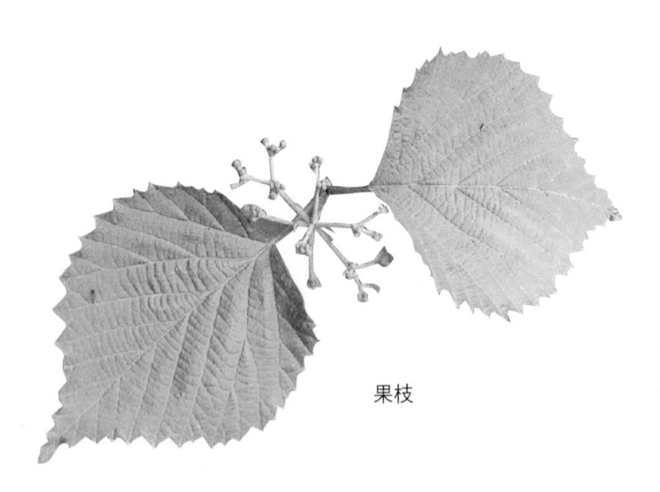

果枝

叶枝

22.幼枝、叶柄和总花梗被多少弯曲的短柔毛；叶背面被绒状短柔毛至近无毛 ……………………………………… （20）须蕊忍冬 *Lonicera chrysancha* subsp. *koehneana*

21.小苞片基部多少合生，长为萼筒的1/2至几相等，顶端多少截状；总花梗长不到1cm，很少超过叶柄 ……………………………………………… （21）金银忍冬 *Lonicera maackii*

2.缠绕灌木，幼枝密被开展的直糙毛 ………………………………………（22）忍冬 *Lonicera japonica*

1.花单生；花序下方1～2对叶连合成近圆形或圆卵形的盘 ……（23）盘叶忍冬 *Lonicera tragophylla*

（1）唐古特忍冬（陇塞忍冬） *Lonicera tangutica*

【识别要点】叶倒披针形、长圆形、倒卵形或椭圆形，长1～5cm，宽0.5～1.5cm，全缘，具缘毛，背面有时脉腋具趾蹼状鳞腺。

灌木，高2～3m。幼枝无毛或具2纵列弯曲的短糙毛，有时夹杂短腺毛；冬芽先端渐尖或尖，外鳞片2～4对，被短糙毛或无毛。叶纸质，倒披针形、长圆形、倒卵形或椭圆形，长1～5cm，宽0.5～1.5cm，先端钝或稍尖，基部渐狭，全缘，具缘毛，两面均被弯曲的糙毛或糙伏毛，表面有时近无毛或无毛，背面有时脉腋具趾蹼状鳞腺，叶柄长2～3mm。总花梗生于幼枝下方叶腋，纤细，长1.5～4cm；苞片狭细，稀叶状，比萼短或稍长，小苞片分离或连合；相邻2萼筒中部以上或全部合生，无毛；花冠白色，黄白色或淡红色，筒状漏斗形，长10～13mm，冠筒1侧稍偏肿或具浅囊，内面被柔毛，裂片近直立；雄蕊着生于冠筒中部，花药内藏；花柱伸出花冠外。果实球形，直径5～6mm，红色。花期5～6月，果期7～8月。

栾川县产伏牛山主脉北坡，生于海拔1600m以上山坡树林下、灌丛中。河南产于伏牛山南坡。分布于陕西、宁夏、甘肃南部、青海东部、湖北西部、四川、云南西北部及西藏东南部。

药用价值：根及根皮用于治疗子痈；枝条去皮用于治疗气喘、疮疖、痈肿； 花蕾能清热解毒、截疟。

（2）毛药忍冬（山味咪） *Lonicera serreana*

【识别要点】叶倒卵形、椭圆形或倒披针形，长1～3cm，宽5～10mm，两面被灰白色弯曲短柔毛，全缘，边缘具缘毛。

灌木，高2～3m。1年生小枝紫褐色，常有2纵列短柔毛，有时全部有毛或完全无毛。叶纸质，倒卵形、椭圆形或倒披针形，长1～3cm，宽5～10mm，先端钝圆或稍尖，基部楔形，两面被灰白色弯曲短柔毛，背面毛较密，全缘，边缘具缘毛；叶柄长1～3mm。总花梗单生于幼枝下方叶腋，稍弯曲下垂，长0.5～3cm；苞片卵状披针形或卵形，与萼等长或稍长，有时较短，具缘毛，小苞片2或缺，卵圆形、倒卵形或半圆形；相邻2萼筒1/2至全部合生，长2～2.5mm，无毛，萼檐杯状，长为萼筒的1/2～3/5；花冠黄白色、淡粉红色或紫色，筒状或筒状漏斗形，长10～13mm，基部1侧稍偏肿或具浅囊，檐部裂片直立；花药与冠檐裂片等长或稍长，被短糙毛；花柱伸出。果实球形，直径5～6mm，红色。花期6～8月，果期8～9月。

栾川县产各山区，生于海拔600m以上的山坡、山谷的灌丛或林中。河南产于太行山和伏牛山区。分布于河北、山西、陕西、甘肃、宁夏、四川北部。

花蕾入药，有清热解毒、截疟之效。

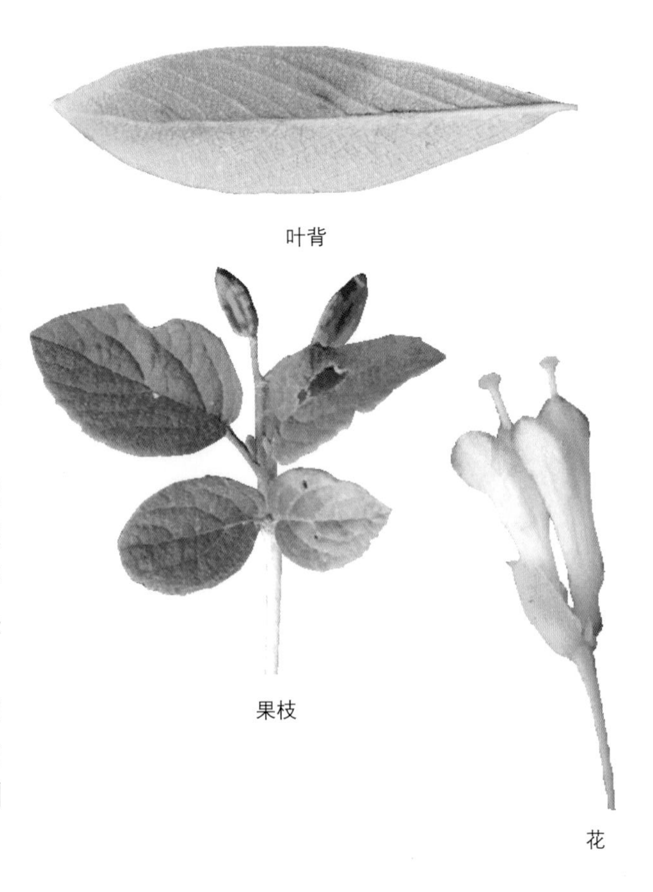

叶背

果枝

花

（3）袋花忍冬 *Lonicera saccata*

【识别要点】叶倒卵形至倒披针形或菱状矩圆形至矩圆形，两面被稍弯的糙伏毛，背面下部有时脉腋具趾蹼状鳞腺。

落叶灌木，高达3m。幼枝带紫色，有2纵列弯曲短糙毛或无毛。冬芽小，顶端渐尖或稍尖，外鳞片2～3对。叶纸质，倒卵形至倒披针形或菱状矩圆形至矩圆形，稀扇状倒卵形或倒卵形，顶端钝圆或稍尖，基部楔形，长（1）1.5～5（8）cm，两面被稍弯的糙伏毛，有时疏生短腺毛，或背面甚至两面均无毛，背面下部有时脉腋具趾蹼状鳞腺；叶柄长1～4mm。总花梗生幼枝基部叶腋，纤细，弓弯或弯垂，长1～2.5（4.2）cm；苞片常呈叶状，与萼筒近等长或常2～3倍超过之；小苞片通常无；相邻两萼筒全部或2/3连合，长2～2.5mm，萼檐杯状，长为萼筒的2/5～1/2，萼齿常明显；花冠黄色、白色或淡黄白色，裂片边缘有时带紫色，筒状漏斗形，长（8.5）10～13（15）mm，筒基部一侧明显具囊或有时仅稍肿大，裂片直立，长1.2～2.5mm；花药与花冠裂片等长或稍伸出；花柱伸出，子房三室。果实红色，圆形，直径5～6（8）mm。花期5月，果期6月下旬至7月。

栾川县产伏牛山，生于海拔1000m以上的灌丛中。河南产于伏牛山、大别山。分布于陕西、甘肃、青海、湖北、四川、云南、西藏。

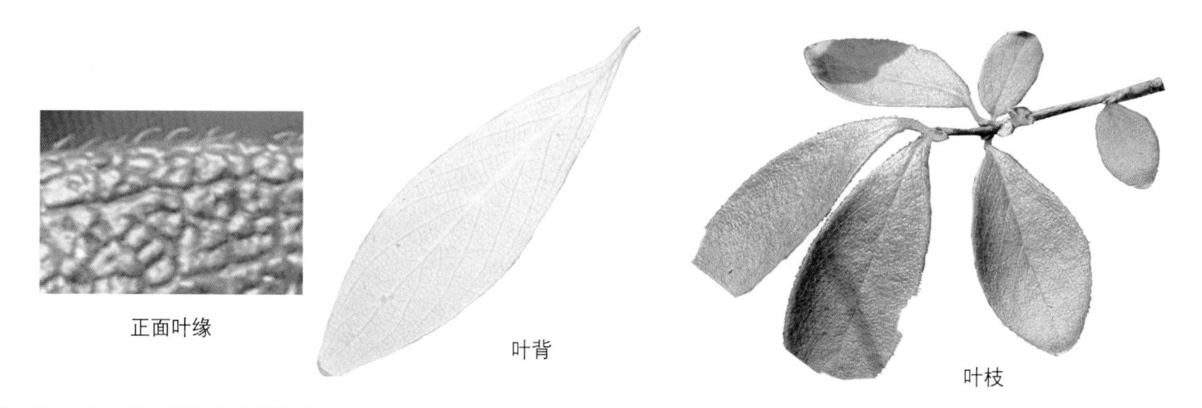

正面叶缘　　叶背　　叶枝

（4）短苞忍冬　*Lonicera schneideriana*

【识别要点】与袋花忍冬*L.saccata*的主要区别在于冬芽钝或稍尖，叶无毛，总花梗较细长而常弓弯，苞片短小非叶状，长为萼筒的1/3～1/2，稀近等长，小苞片常存在。

落叶灌木，高达1m，全株近无毛。小枝纤细，灰黄白色。冬芽钝或稍尖，有外鳞片6～8枚。叶纸质，倒卵形或矩圆状倒卵形，长1～2.5cm，背面带粉绿色，顶端圆或稍钝，基部楔形；叶柄纤细，长达2cm。总花梗生于幼枝基部叶腋，纤细，弯垂，长1.5～3.5cm；苞片钻形，长为萼筒的1/2～1/3，稀等长；通常有小苞片；相邻两萼筒全部或几乎全部连合，萼檐长约为萼筒的1/2，齿不等形，常极短而不明显；花冠淡黄白色，筒状，筒部一侧稍肿大，裂片近圆形，直立，长约2mm；花药稍超出花冠裂片；花柱伸出，有柔毛。果实红色，近圆形，直径约7mm。花期5月中旬至6月，果期8月。

栾川县产海拔1300m以上的山坡或山谷林中或灌丛中。河南产于伏牛山、太行山。分布于山西中部、四川北部、东北部及西南部。可作庭院观花、观果树木（《河南树木志》记载，未采集到图片）。

（5）四川忍冬　*Lonicera szechuanica*

与短苞忍冬主要区别：总花梗较粗壮，常劲直，较短，长2～5（20）mm；小苞片无或极微小；萼檐甚短，顶端截形或浅波状。

栾川县产各山区，生于山坡或山顶的林中和林缘及灌丛中。河南产于太行山、伏牛山。分布于河北、山西、宁夏、甘肃、青海、湖北、四川、云南及西藏。

叶枝

花

（6）小叶忍冬 *Lonicera microphylla*

【识别要点】叶倒卵形、倒卵状椭圆形或矩圆形，有时倒披针形，长5～22mm，两面被密或疏的微柔伏毛或有时近无毛，背面常带灰白色，下半部脉腋常有趾蹼状鳞腺；叶柄很短。

落叶灌木，高达2（～3）m。幼枝无毛或疏被短柔毛。叶纸质，倒卵形、倒卵状椭圆形或矩圆形，有时倒披针形，长5～22mm，顶端钝或稍尖，有时圆形至截形而具小凸尖，基部楔形，具短柔毛状缘毛，两面被密或疏的微柔伏毛或有时近无毛，背面常带灰白色，下半部脉腋常有趾蹼状鳞腺；叶柄很短。总花梗成对生于幼枝下部叶腋，长5～12mm，稍弯曲或下垂；苞片钻形，长略超过萼檐；相邻两萼筒几乎全部合生，无毛，萼檐浅短，环状或浅波状，齿不明显；花冠黄色或白色，外面疏生短糙毛或无毛，唇形，唇瓣长约等于基部一侧具囊的花冠筒，上唇裂片直立，下唇反曲；雄蕊与花柱均稍伸出，花丝有极短糙毛，花柱有密或疏的糙毛。果实红色或橙黄色，圆形，直径5～6mm。花期5～6月，果期7～8月

栾川县产熊耳山，生于海拔1000m以上的干旱多石山坡或灌丛中及河谷树林下或林缘。河南产于太行山。分布于内蒙古、河北、山西、宁夏、甘肃、青海、新疆及西藏。阿富汗、印度西北部、蒙古、中亚及西伯利亚东部地区也有分布。

枝叶、花蕾入药，有清热解毒、强心消肿、固齿之效。

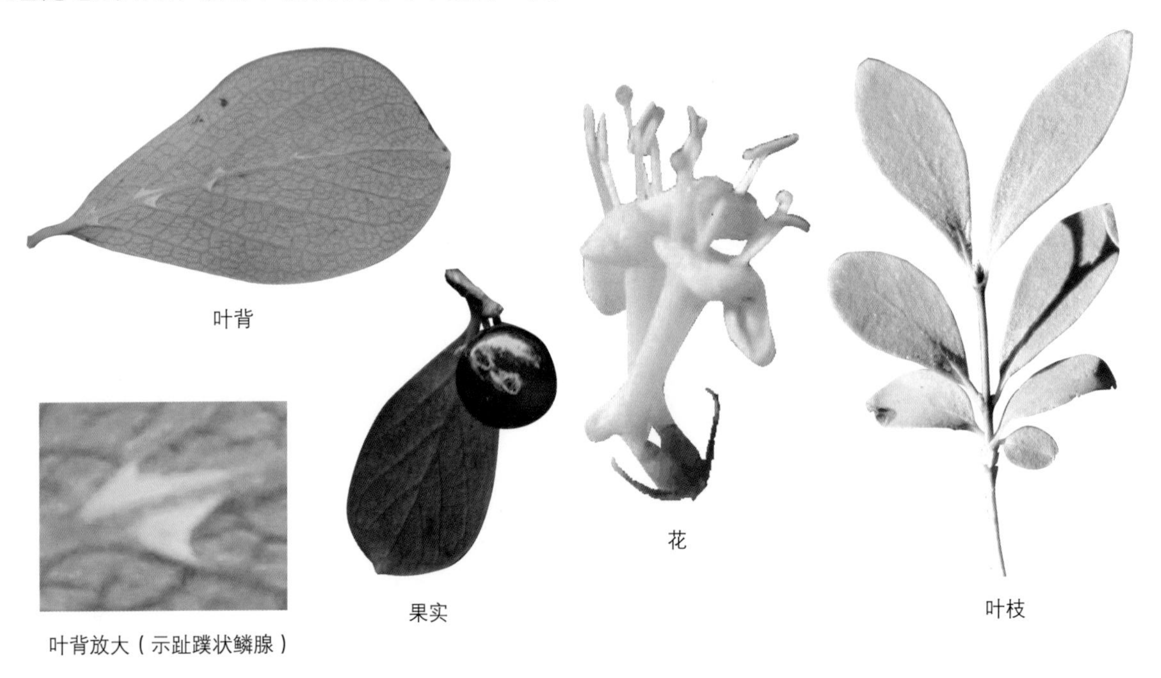
叶背
叶背放大（示趾蹼状鳞腺）
果实
花
叶枝

（7）华西忍冬（绿紫忍冬） *Lonicera webbiana*

【识别要点】叶卵状椭圆形或卵状披针形，边缘通常具不规则的波状起伏或浅裂，具睫毛，两面被疏或密糙毛。

灌木，高2～4m。1年生小枝通常无毛或散生红色腺点。芽鳞在小枝生长后增大并反折。叶纸质，卵状椭圆形或卵状披针形，长4～12cm，宽2～6cm，先端渐尖或长渐尖，基部圆形、微心形或宽楔形，边缘通常具不规则的波状起伏或浅裂，具睫毛，两面被疏或密糙毛，叶脉纤细，背面网脉明显；叶柄长5～13mm。总花梗长2.5～5cm；苞片小，钻形，小苞片甚小，分离；相邻两萼筒分离，无毛或具腺毛，萼齿小；花冠紫红色或绛红色，稀白色或由白色变为黄色，长约1cm，唇形，上唇直立，下唇比上唇长1/3，反曲，外面被疏短柔毛和腺毛或无毛，筒部甚短；雄蕊与花冠等长。果实球形，直径约1cm，初时红色后

变黑色。花期5～6月，果期7～9月。

栾川县产伏牛山，生于山坡林中或灌丛中。河南产于伏牛山。分布于山西、陕西、甘肃、青海、湖北、四川、云南、西藏。欧洲东南部、阿富汗、克什米尔地区至不丹也产。

花蕾入药，有清热解毒之效。

叶枝

果实

叶面

花

（8）粘毛忍冬 *Lonicera fargesii*

【识别要点】幼枝、叶柄和总花梗均被污白色柔毛状糙毛及具腺糙毛。叶倒卵状椭圆形至椭圆状矩圆形，边缘不规则波状起伏，有睫毛，表面疏生糙状毛，有时散生短腺毛，背面脉上密生伏毛及散生短腺毛。

落叶灌木，高达4m。幼枝、叶柄和总花梗都被开展的污白色柔毛状糙毛及具腺糙毛。冬芽外鳞片约4对，无毛。叶纸质，倒卵状椭圆形、倒卵状矩圆形至椭圆状矩圆形，长6～17cm，顶端急渐尖或急尾尖，基部楔形至宽楔形或圆形，边缘不规则波状起伏，有睫毛，表面疏生糙状毛，有时散生短腺毛，背面脉上密生伏毛及散生短腺毛，叶柄长3～10mm。总花梗长3～4（5）cm；苞片叶状，卵状披针形或卵状矩圆形，长8～15mm，有柔毛和睫毛；小苞片小，圆形，2裂，有腺缘毛；相邻两萼筒全部合生或稀上端分离，萼齿短，有腺缘毛；花冠红色或白色，唇形，外被柔毛，筒部有深囊，上唇裂片极短，下唇反曲；花药稍伸出。果实红色，卵圆形，内含2～3颗种子。花期5～6月，果期9～10月。

栾川县产伏牛山，生于海拔1500m以上的山坡或山谷林下或灌丛中。河南还产于灵宝、卢氏、济源。分布于山西、陕西、甘肃及四川。

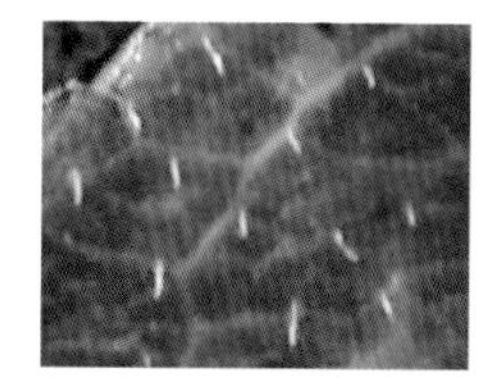
叶面放大

小枝及叶柄

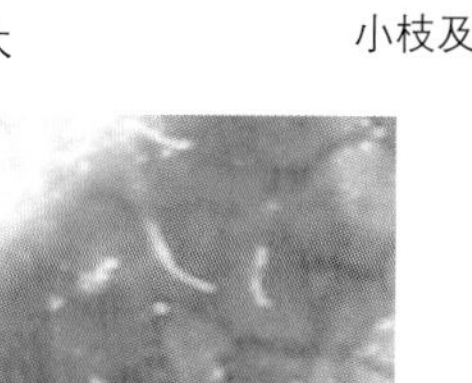
叶背放大

花蕾

果实

果枝

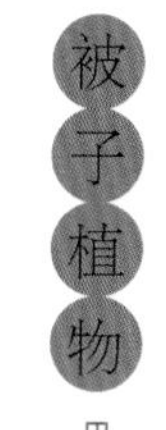

（9）短梗忍冬 *Lonicera graebneri*

【识别要点】叶椭圆状卵形、椭圆形至椭圆状矩圆形，背面疏生长柔毛，网脉明显。花冠筒短，长约为唇瓣之半。

落叶灌木，高达3（4）m；小枝、叶柄和叶表面初时疏生柔毛，后变无毛。冬芽外鳞片4～6对，顶尖，背面有脊，宿存，内鳞片约2对，增大。叶厚纸质，椭圆状卵形、椭圆形至椭圆状矩圆形，长4～7.5（8.5）cm，背面疏生长柔毛，中脉毛较密；叶柄长3～5mm。总花梗长约等于叶柄或略较长，有疏柔毛或几无毛；苞片钻形，长约等于萼筒，外面被短毛，有腺缘毛；杯状小苞长约为萼筒的1/3，2裂，有缘毛；相邻两萼筒合生，萼齿条状披针形，有缘毛，长约与萼筒相等；花冠淡黄色，唇形，长约12mm，筒基部被伏毛，一侧稍隆起，内面密生柔毛，唇瓣长2倍于花冠筒，上唇裂片短，卵形；雄蕊和花柱短于花冠，花丝无毛；花柱有伏毛。果实红色，近圆形或卵圆形，长约8mm；种子3～4颗，淡黄褐色，近圆形，扁，长6mm。花期6月，果期8～9月。

栾川县产伏牛山，生于海拔1400m以上的山坡林中或灌木丛中。河南产于伏牛山区。分布于陕西南部和甘肃东南部。

花枝

（10）红脉忍冬（红筋忍冬 红脉金银花） *Lonicera nervosa*

【识别要点】叶初发时带红色，椭圆形至卵状矩圆形，长2.5～6cm，两端尖，表面中脉、侧脉和细脉均带紫红色。花冠先白色后变黄色。

落叶灌木，高达8m。幼枝和总花梗均被肉眼难见的微直毛和微腺毛。叶纸质，初发时带红色，椭圆形至卵状矩圆形，长2.5～6cm，两端尖，表面中脉、侧脉和细脉均带紫红色，两面均无毛或有时表面被肉眼难见的微糙毛或微腺；叶柄长3～5mm。总花梗长约1cm；苞片钻形；杯状小苞长约为萼筒之半，具腺缘毛或无毛；相邻两萼筒分离，萼齿小，具腺缘毛；花冠先白色后变黄色，长约1cm，内面基部密被短柔毛，筒略短于裂片；基部具囊；雄蕊约与花冠上唇等长；花柱端部具短柔毛。果实黑色，圆形，直径5～6mm。花期6～7月，果期8～9月。

栾川县产各山区，生于山麓林下灌木丛中或山坡草地上。河南产于伏牛山。分布于山西、陕西、宁夏、甘肃、青海、四川及云南。

可作庭院观果树木。

干　叶枝　果实

（11）蕊被忍冬 *Lonicera gynochlamydea*

【识别要点】幼枝、叶柄及中脉常带紫色，后变灰黄色。叶卵状披针形、矩圆状披针形，两面中脉有毛，表面散生暗紫色腺点，背面基部中脉两侧常具白色长柔毛，边缘有短糙毛。

落叶灌木，高达3（4）m。幼枝、叶柄及中脉常带紫色，后变灰黄色；幼枝无毛。叶纸质，卵状披针形、矩圆状披针形，长5～10（13.5）cm，顶端长渐尖，基部圆至楔形，两面中脉有毛，表面散生暗紫色腺点，背面基部中脉两侧常具白色长柔毛，边缘有短糙毛；叶柄长3～6mm。总花梗短于或稍长于叶柄；苞片钻形，长约等于或稍超过萼齿；杯状小苞包围2枚分离的萼筒；萼齿小而钝；花冠白带淡红色或紫红色，长8～12mm，内外两面均有短糙毛，唇形，筒略短于唇瓣，基部具深囊；雄蕊稍伸出；花柱比雄蕊短，全部有糙毛。果实紫红色至白色，直径4～5mm。花期5月，果期8～9月。

栾川县产伏牛山，生于海拔1200～2000m的山坡和沟谷的灌丛中。河南产于大别山和伏牛山。分布于陕西、甘肃、安徽南部、湖北西部、四川北部至东部和东南部及贵州东北部和西部。

可作庭院绿化树种。

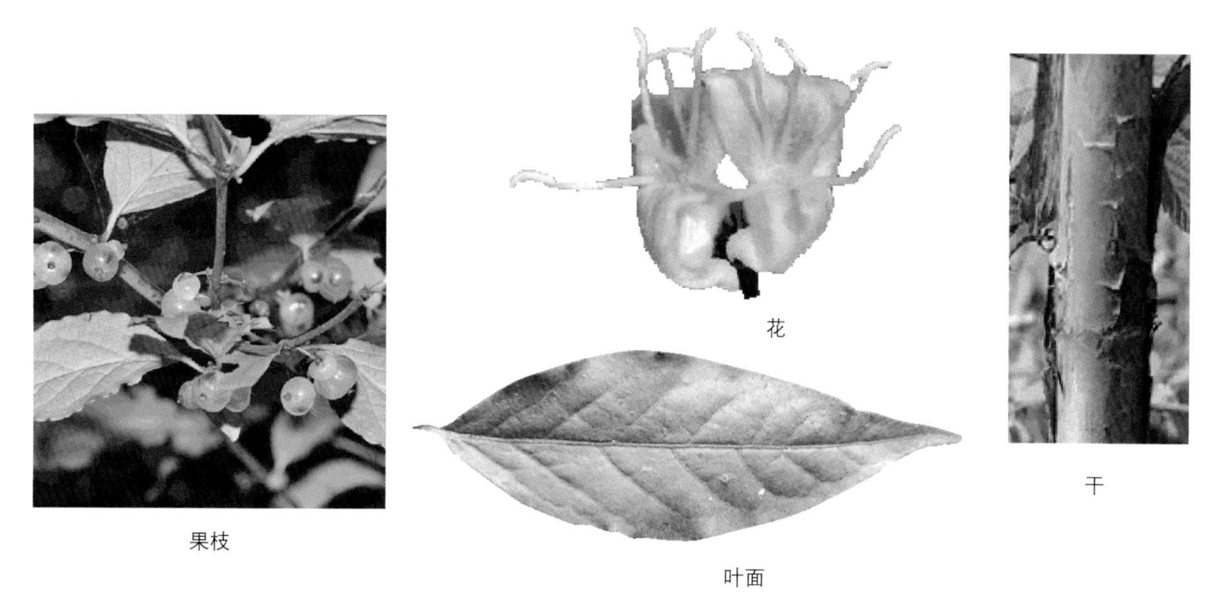

果枝　花　叶面　干

（12）蓝靛果 *Lonicera caerulea* var.*edulis*

【识别要点】1年生小枝紫红色，有硬直糙毛或刚毛，老枝红棕色，后皮剥落。叶纸质，节处通常具大型盘状的托叶，茎似贯穿其中，具短柄；叶面疏被短硬毛，背面疏被短糙毛。

灌木，高1～3m。1年生小枝紫红色，有硬直糙毛或刚毛，老枝红棕色，后皮剥落。冬芽叉开，具1对鳞片。叶纸质，节处通常具大型盘状的托叶，茎似贯穿其中，具短柄；叶片长圆形，卵状长圆或卵状椭圆形，稀卵形，长2～5cm，宽1～3cm，先端尖或稍钝，基部近圆形或楔形，表面疏被短硬毛，背面疏被短糙毛，中脉毛较密，有时几无毛，网脉较明显。总花梗长2～10mm；苞片线形，长为萼筒2～3倍，小苞片合生，完全包围子房；花冠黄白色，筒状漏斗形，长约1cm，外面被柔毛，基部具浅囊，花冠筒比裂片长1～2倍；雄蕊伸出花冠外；花柱伸出花冠外。果实椭圆形或长圆状球形，长约1.5cm，蓝黑色，稍被白粉，无毛。花期5～6月，果期8～9月。

栾川县产各山区，生于海拔1800m以上的山坡林下或灌丛中。河南产于伏牛山及太行山。分布于东北、华北及陕西、甘肃、宁夏、四川、云南等地。朝鲜、日本和俄罗斯远东地区也产。

果实味酸甜可食。

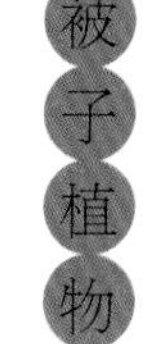

叶枝

老枝

果实

花枝

（13）葱皮忍冬（秦岭忍冬） *Lonicera ferdinandii*

【识别要点】幼枝通常具刺刚毛，老枝具乳头状突起而粗糙；茎皮呈条状剥落。叶卵形、卵状披针形或长圆状披针形，边缘有时呈波状，具睫毛，背面被刚伏毛或红褐色腺点。

灌木，高1～3m。幼枝通常具刺刚毛，老枝具乳头状突起而粗糙；茎皮呈条状剥落。冬芽叉开，有1对鳞片。壮枝的叶柄间具盘状托叶，叶柄极短，被刚伏毛；叶纸质或厚纸质，卵形、卵状披针形或长圆状披针形，长3～10cm，宽2～7cm，先端尖或短渐尖，基部圆形、截形或浅心形，边缘有时呈波状，具睫毛，表面疏被刚伏毛或近无毛，背面被刚伏毛或红褐色腺点，叶脉在背面稍凸起，侧脉较明显。总花梗极短，被刚伏毛和红褐色腺点；苞片大，叶状，长约1.5cm，被刚伏毛，小苞片合生成坛状壳头，包围全部子房，被柔毛；萼齿三角形，具睫毛；花冠白色后变淡黄色，长1～2cm，唇形，上唇4裂片直立，下唇裂片细长反曲，筒部比裂片稍长或近等长，一侧偏肿。果实卵球形，长约1cm，红色，外包以撕裂的壳斗，有毛，成熟时不变肉质，开裂而释出果实。花期4～5月，果期8～10月。

栾川县产各山区，生于海拔800～2000m间的向阳山坡林下或灌丛中。河南产于伏牛山及太行山。分布于辽宁、河北、山西、内蒙古、陕西、甘肃、青海、宁夏及四川。朝鲜北部也有分布。

茎皮纤维可制绳索、麻袋，也可作造纸原料。

花枝　叶背　果枝　果实　幼枝　茎

（14）刚毛忍冬 *Lonicera hispida*

【识别要点】幼枝常带紫红色，连同叶柄和总花梗均具刚毛或兼具微糙毛和腺毛。冬芽长达1.5cm，有1对具纵槽的外鳞片。叶形状、大小和毛被变化很大，边缘有刚睫毛。

落叶灌木，高达2（3）m。幼枝常带紫红色，连同叶柄和总花梗均具刚毛或兼具微糙毛和腺毛。冬芽长达1.5cm，有1对具纵槽的外鳞片。叶厚纸质，形状、大小和毛被变化很大，椭圆形、卵状椭圆形至矩圆形，长（2）3～7（3.5）cm，顶端尖或稍钝，基部有时微心形，近无毛或背面脉上有少数刚伏毛或两面均有疏或密的刚伏毛和短糙毛，边缘有刚睫毛。总花梗长（0.5）1～1.5（2）cm；苞片宽卵形，长1.2～3cm，有时带紫红色；相邻两萼筒分离，常具刚毛和腺毛，稀无毛；花冠白色或淡黄色，漏斗状，近整齐，长（1.5)2.5～3cm，筒基部具囊，裂片直立，短于筒；雄蕊与花冠等长；花柱伸出。果实先黄色后变红色，卵圆形至长圆形，长1～1.5cm。花期5～6月，果期7～9月。

栾川县产各山区，生于海拔1500m以上的山坡林中、林缘及灌丛中。河南产于伏牛山及太行山。分布河北西部、山西、陕西南部、宁夏南部、甘肃中南部、青海东部、新疆北部、四川西部、云南西北部及西藏东南部。蒙古、前苏联中亚地区至印度北部也有分布。

嫩枝、叶、蓓蕾均入药，有清热解毒之效，果实止咳平喘。可作观花、观果树木。

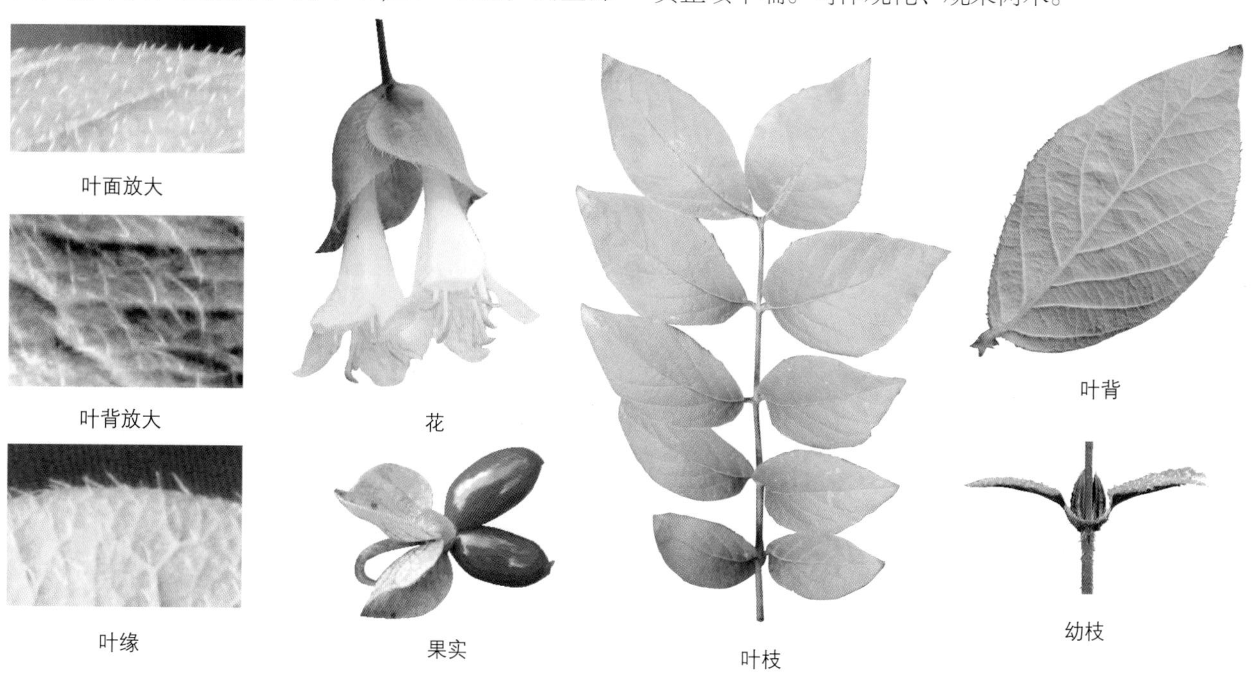

叶面放大　叶背放大　叶缘　花　果实　叶枝　叶背　幼枝

（15）冠果忍冬 *Lonicera stephanocarpa*

【识别要点】幼枝、叶柄和总花梗常具倒生刚毛，小枝残留有小瘤状突起的毛基。叶卵状披针形、矩圆状披针形至矩圆形，两面均密被长和短的刚伏毛，背面还夹杂短糙毛，边缘有刚睫毛。

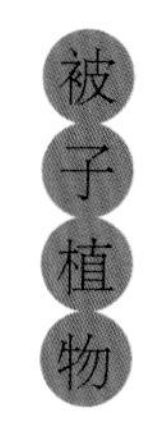

落叶灌木，高达2m。幼枝、叶柄和总花梗常具倒生刚毛，小枝残留有小瘤状突起的毛基。冬芽有1对长达2.2cm、具深纵槽的外鳞片。叶厚纸质，卵状披针形、矩圆状披针形至矩圆形，长（3）5～9cm，顶端急尖或钝，基部圆，两面均密被长和短的刚伏毛，背面还夹杂短糙毛，边缘有刚睫毛；叶柄长3～8mm。总花梗长10～18mm；苞片极大，宽卵形，长3～4cm，顶端具短尖头，下半部连合，外被刚伏毛和短糙毛；相邻两萼筒分离，卵圆形，密被淡黄褐色刚毛，萼檐宽大，果时可增大至5mm；花冠白色，宽漏斗形，长3～4cm，外被小刚毛及腺点，整齐，筒基部有囊，裂片直立，卵形，长约为

筒的1/3～1/4；雄蕊生于花冠筒中，内藏；花柱比雄蕊长。果实黑褐色，椭圆形，长15～18mm，略叉开。花期7～8月，果期9～10月。

栾川县产海拔1700m以上的山坡或沟谷林中或灌丛中。河南还产于灵宝。分布于陕西西南部、宁夏南部、甘肃东南部及四川东部。

可作庭院观花、观果树木。

叶枝

花

果实

（16）北京忍冬（毛母娘） *Lonicera elisae*

【识别要点】 2年生小枝常有深色小瘤状突起。叶卵状椭圆形至卵状披针形或椭圆状矩圆形，两面被短硬伏毛，背面被较密的绢丝状长糙毛和短糙毛。

落叶灌木，高达3m多。幼枝无毛或连同叶柄和总花梗均被短糙毛、刚毛和腺毛，2年生小枝常有深色小瘤状突起。冬芽近卵圆形，有数对外鳞片。叶纸质，卵状椭圆形至卵状披针形或椭圆状矩圆形，长（3）5～9（12.5）cm，顶端尖或渐尖，两面被短硬伏毛，背面被较密的绢丝状长糙毛和短糙毛；叶柄长3～7mm。花与叶同时开放，总花梗出自2年生小枝顶端苞腋，长0.5～2.8cm；苞片宽卵形至卵状披针形或披针形，背面被小刚毛；相邻两萼筒分离，有腺毛和刚毛或几无毛，萼檐有不整齐钝齿，其中1枚较长；花冠白色或带粉红色，长漏斗形，长（1.3）1.5～2cm，筒细长，基部有浅囊，裂片稍不整齐，长约为筒的1/3；雄蕊不高出花冠裂片；花柱稍伸出。果实红色，椭圆形，长10mm，疏被腺毛和刚毛或无毛。花期4～5月，果期5～6月。

栾川县产各山区，生于海拔2000m以下的沟谷或山坡林中或灌丛中。河南产于太行山及伏牛山。分布于河北、山西南部、甘肃东南部、安徽西南部、浙江西北部、湖北西部及四川东部。

果实　花纵剖　叶枝　花枝

（17）苦糖果（驴驮布袋） *Lonicera fragrantissima* subsp. *standishii*

落叶灌木。小枝和叶柄有时具短糙毛。叶卵形、椭圆形或卵状披针形，呈披针形或近卵形者较少，通常两面被刚伏毛及短腺毛或至少背面中脉被刚伏毛，有时中脉下部或基部两侧夹杂短糙毛。花柱下部疏生糙毛。果实鲜红色，长约1cm，部分连合。花期1月下旬至4月上旬；果期5～6月。

系郁香忍冬 *Lonicera fragrantissima*（栾川县无分布）的亚种，它与郁香忍冬主要有以下两点明显的区别：①小枝、叶柄（也许还包括叶背面脉上）常有糙毛，而郁香忍冬无毛；②叶较狭长，卵状矩圆形或卵状披针形，而郁香忍冬的叶圆卵形、卵形至卵状矩圆形。

栾川县产各山区，生于海拔2000m以下的向阳山坡林中、灌丛或溪旁。河南产于大别山、桐柏山、太行山及伏牛山。分布于陕西、甘肃南部、山东北部、安徽南部和西部、浙江、江西、湖北、湖南、四川及贵州。

果实可食。根、嫩枝、叶入药，能祛风除湿、清热止痛，用于治疗风湿关节痛、劳伤、疔疮等症。可作庭院观花、观果树木。

花　果实　叶枝　小枝及叶背

（18）樱桃忍冬（白花杆） *Lonicera fragrantissima* subsp. *phyllocarpa*

落叶灌木。小枝和叶柄有时被短糙毛。叶卵状椭圆形、卵状披针形或椭圆形，顶端渐尖或急狭而具凸尖，两面除常被刚伏毛外，背面还夹杂短柔毛和短腺毛。花柱中部以下或近基部有疏糙毛或无毛。花期3～4月，果期4月中旬至6月。

本亚种与苦糖果十分相似，区别仅在于本亚种叶背面除被刚伏毛外还夹杂短柔毛，而苦糖果只有刚伏毛而无短柔毛。

栾川县产伏牛山脉，生于海拔2000m以下的山坡、山谷或河边。河南产于伏牛山南北坡，分布于河北中部、山西南部、陕西南部、江苏南部、安徽北部及南部。

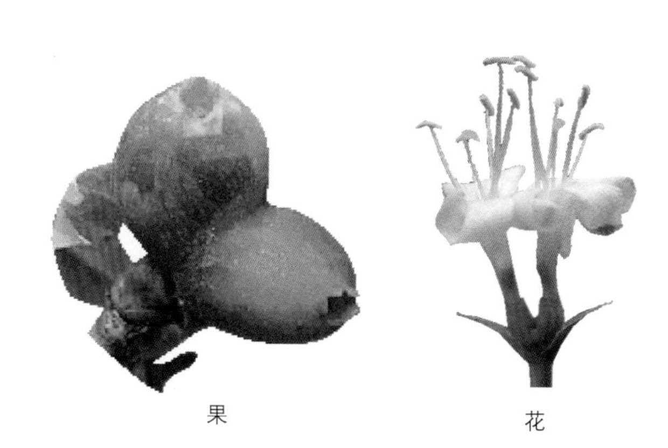

果　花

果枝

（19）金花忍冬 *Lonicera chrysantha*

【识别要点】幼枝、叶柄和总花梗常被开展的直糙毛、微糙毛和腺点。叶菱状卵形、菱状披针形、倒卵形，两面脉上被直或稍弯的糙伏毛，中脉毛较密，有直缘毛。花冠先白色后变黄色。

落叶灌木，高达4m。幼枝、叶柄和总花梗常被开展的直糙毛、微糙毛和腺点。冬芽卵状披针形，鳞片5～6对。叶纸质，菱状卵形、菱状披针形、倒卵形，长4～8（12）cm，顶端渐尖或急尾尖，基部楔形至圆形，两面脉上被直或稍弯的糙伏毛，中脉毛较密，有直缘毛；叶柄长4～7mm。总花梗细，长1.5～3（4）cm；苞片条形或狭条状披针形，常高出萼筒；小苞片分离，为萼筒的1/3～2/3；相邻两萼筒分离，常无毛而具腺点；花冠先白色后变黄色，长（0.8）1～1.5（2）cm，外面疏生短糙毛，唇形，唇瓣长2～3倍于筒，筒基部有1深囊或有时囊不明显；雄蕊和花柱短于花冠。果实红色，圆形，直径约5mm。花期5～6月，果期7～9月。

栾川县产各山区，生于海拔2000m以下的沟谷、林下或林缘灌丛中。河南产于太行山及伏牛山。分布于黑龙江南部、吉林东部、辽宁南部、内蒙古南部、河北、山西、陕西、宁夏和甘肃南部、青海东部、山东、江西、湖北及四川。日本、朝鲜北部和俄罗斯西伯利亚及远东也有分布。

花蕾、嫩枝、叶入药，有清热解毒之效。可作树桩盆景材料。

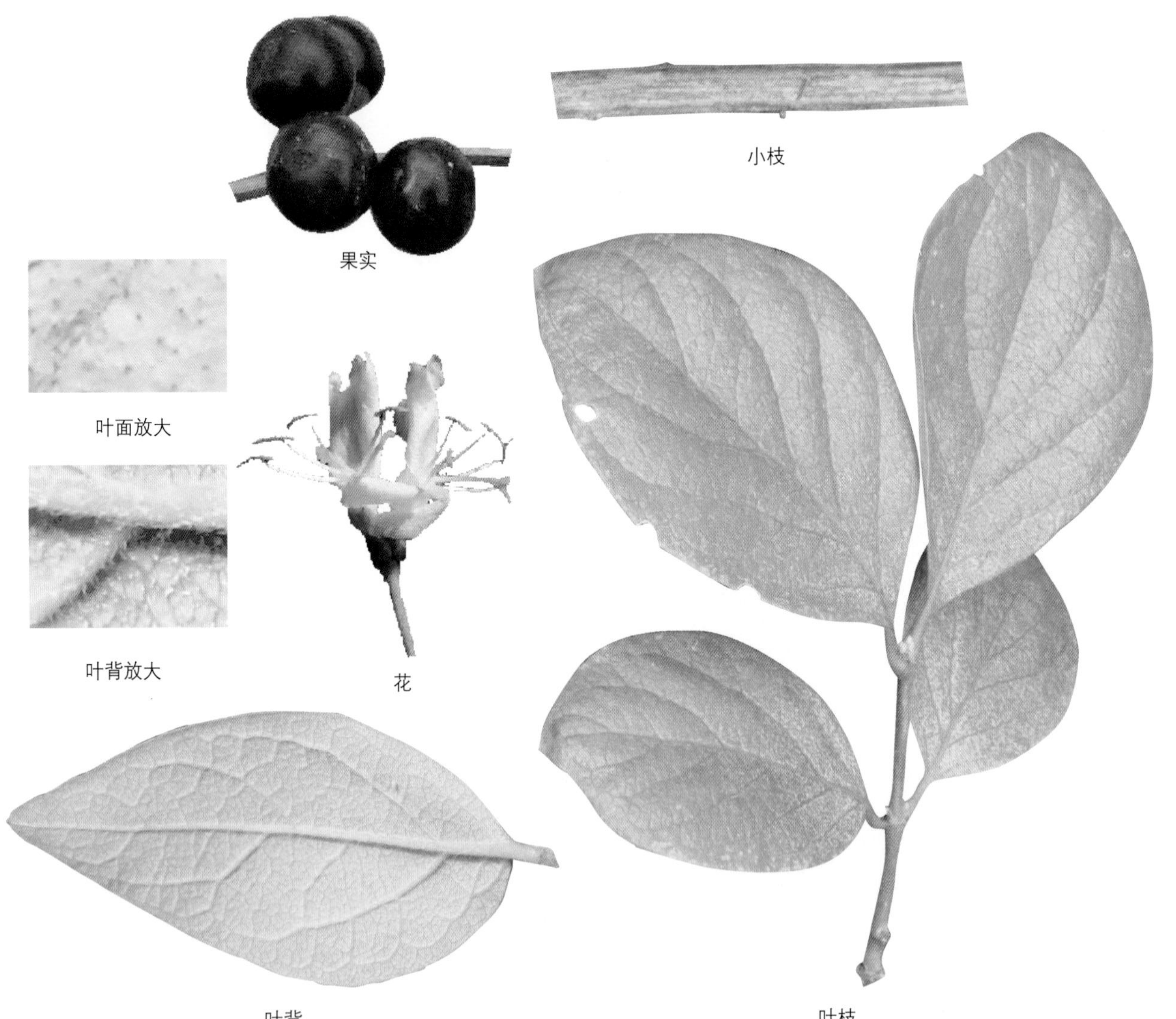
果实　小枝　叶面放大　叶背放大　花　叶背　叶枝

（20）须蕊忍冬 *Lonicera chrysantha* subsp. *koehneana*

果枝

与原种区别在于幼枝、叶柄和花梗均多少被有弯曲的短柔毛；叶背面被绒状短柔毛或近无毛。

栾川县产伏牛山，生境同金花忍冬。河南产于伏牛山。分布山西西南部、陕西、甘肃、山东、江苏、安徽、浙江、湖北、四北、贵州、云南及西藏。

（21）金银忍冬（金银木 狗脊骨） *Lonicera maackii*

【识别要点】小枝中空。叶形状变化较大。花冠先白色后变黄色。

落叶灌木，高达6m，茎干直径达10cm；凡幼枝、叶两面脉上、叶柄、苞片、小苞片及萼檐外面都被短柔毛和微腺毛。冬芽小，卵圆形，有5～6对或更多鳞片。叶纸质，形状变化较大，通常卵状椭圆形至卵状披针形，稀矩圆状披针形或倒卵状矩圆形，更少菱状矩圆形或圆卵形，长5～8cm，顶端渐尖或长渐尖，基部宽楔形至圆形；叶柄长2～5（8）mm。花芳香，生于幼枝叶腋，总花梗长1～2mm，短于叶柄；苞片条形，有时条状倒披针形而呈叶状，长3～6mm；小苞片多少连合成对，长为萼筒的1/2至几相等，顶端截形；相邻两萼筒分离，长约2mm，无毛或疏生微腺毛，萼檐钟状，为萼筒长的2/3至相等，干膜质，萼齿宽三角形或披针形，不相等，顶尖，裂隙约达萼檐之半；花冠先白色后变黄色，长（1～）2cm，外被短伏毛或无毛，唇形，筒长约为唇瓣的1/2，内被柔毛；雄蕊与花柱长约达花冠的2/3，花丝中部以下和花柱均有向上的柔毛。果实暗红色，圆形，直径5～6mm；种子具蜂窝状微小浅凹点。花期5～6月，果期8～10月。

栾川县产各山区，生于海拔1800m以下的林中、林缘、溪流附近的灌丛中。河南产于各山区。分布于东北东部、河北、山西南部、陕西、甘肃、山东、江苏、安徽、浙江北部、湖北、四川、贵州、云南及西藏。朝鲜、日本及俄罗斯远东地区也有分布。

茎皮可制人造棉；花可提取芳香油并可入药；种子油制肥皂。也可作庭院观赏树种。

果实　花　叶（叶腋为幼果）　花枝

(22)忍冬(金银花 二花) *Lonicera japonica*

【识别要点】幼枝暗红褐色,密被糙毛、腺毛和短柔毛。叶有糙缘毛,小枝上部叶通常两面均密被短糙毛;花有大型叶状苞片,冠白色,后变黄色。

半常绿藤本。幼枝暗红褐色,密被黄褐色、开展的硬直糙毛、腺毛和短柔毛。叶纸质,卵形至矩圆状卵形,有时卵状披针形,稀圆卵形或倒卵形,极少有1至数个钝缺刻,长3~5(9.5)cm,顶端尖或渐尖,少有钝、圆或微凹缺,基部圆或近心形,有糙缘毛,小枝上部叶通常两面均密被短糙毛;叶柄长4~8mm,密被短柔毛。总花梗通常单生于小枝上部叶腋,与叶柄等长或稍较短,下方者则长达2~4cm,密被短柔毛及夹杂腺毛;苞片大,叶状,卵形,长达2~3cm;小苞片顶端圆形或截形,长为萼筒的1/2~4/5,有短糙毛和腺毛;萼筒长,无毛,萼齿顶端尖而有长毛,外面和边缘都有密毛;花冠白色,后变黄色,长(2)3~4.5(6)cm,唇形,筒稍长于唇瓣,外被多少倒生的开展或半开展糙毛和长腺毛,上唇裂片顶端钝形,下唇带状而反曲;雄蕊和花柱均高出花冠。果实圆形,直径6~7mm,熟时蓝黑色,有光泽。花期4~6月(秋季亦常开花);果期10~11月。

栾川县各乡镇均产。生于山坡灌丛中或疏林中、乱石堆、山脚路旁及村庄篱笆边。河南各地有产。除黑龙江、内蒙古、宁夏、青海、新疆、海南和西藏外,全国各地有分布。日本、朝鲜也有分布。

适应性很强,对土壤和气候的选择不严格,以土层较厚的沙质壤土为最佳。山坡、梯田、地堰、堤坝、瘠薄的丘陵都可栽培。繁殖可用播种、插条和分根等方法。

忍冬是一种具有悠久历史的常用中药,中药上称"金银花""二花"。以河南省的"南银花"或"密银花"以及山东的"东银华"或"洛银花"产量最高,品质也最佳。金银花性甘寒,功能清热解毒,消炎退肿,对细菌性痢疾和各种化脓性疾病都有效。栾川县秋扒、潭头等乡镇有大面积人工栽培基地,为重要的经济树种,也可用作园林绿化。

叶枝

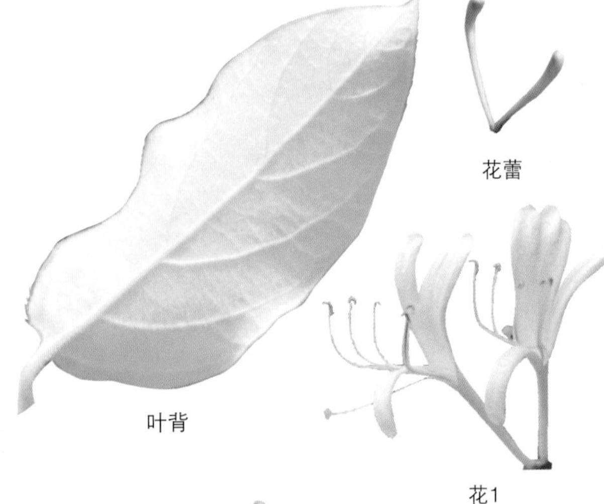

花蕾

叶背

花1

叶面及叶缘放大

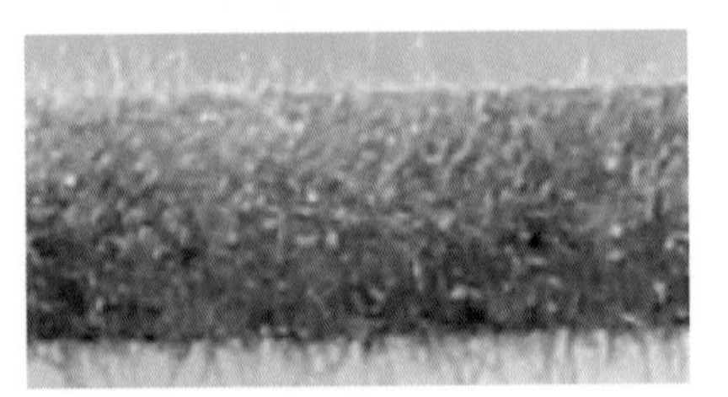

幼枝

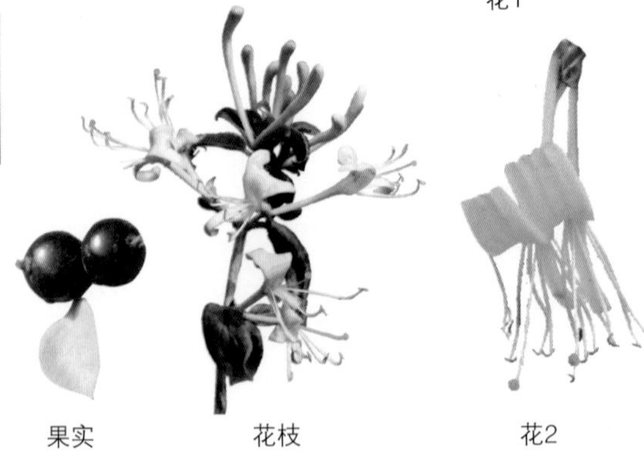

种子 果实 花枝 花2

（23）盘叶忍冬（大叶银花） *Lonicera tragophylla*

【识别要点】幼枝无毛。花序下方1～2对叶连合成近圆形的盘，盘两端通常钝形或具短尖头；叶柄很短或不存在。

落叶藤本。幼枝无毛。叶纸质，矩圆形或卵状矩圆形，稀椭圆形，长（4）5～12cm，顶端钝或稍尖，基部楔形，背面粉绿色，被短糙毛或至少中脉下部两侧密生横出的淡黄色髯毛状短糙毛，很少无毛，中脉基部有时带紫红色，花序下方1～2对叶连合成近圆形的盘，盘两端通常钝形或具短尖头；叶柄很短或不存在。由3朵花组成的聚伞花序密集成头状花序生小枝顶端，共有6～9（18）朵花；萼筒壶形，长约3mm，萼齿小；花冠黄色至橙黄色，上部外面略带红色，长5～9cm，外面无毛，唇形，筒稍弓弯，长2～3倍于唇瓣，内面疏生柔毛；雄蕊长约与唇瓣相等，无毛；花柱伸出，无毛。果实成熟时由黄色转红黄色，最后变深红色，近圆形，直径约1cm。花期6～7月，果期9～10月。

栾川县产各山区，生于海拔1000～2000m的林下、灌丛中或河滩旁、岩石缝中。河南产于各山区。分布于河北西南部、山西南部、陕西、宁夏、甘肃、安徽、浙江、湖北、四川及贵州。

花蕾和带叶嫩枝供药用，有清热解毒功效。也可作园林垂直绿化植物。

（七十五）菊 科 Compositae

草本、半灌木或灌木、稀乔木。具乳汁管或树脂道或无。叶互生，稀对生或轮生，单叶或复叶，全缘，具齿或分裂；无托叶，或有时叶柄基部扩大成托叶状。花两性或单性，稀单性异株，整齐或否，少数或多数聚集成头状花序；头状花序单生或数个至多数排列成总状、聚伞状、伞房状或圆锥状；总苞片1层至多层，叶质或膜质；花序托有窝孔或无，无毛或有毛，有托片或无，萼片通常变态而形成鳞片状、刺毛状或毛状的冠毛；花冠辐射对称，筒状或细管状，或两侧对称，二舌形、舌状或漏斗状；舌状花的舌片伸长。先端具2～5齿，筒状花檐部4～5裂；舌状花雌性或无性（指放射花）；筒状花两性、雌性或无性（指盘花）；雄蕊4～5，着生于花冠筒上，花药合生成筒状，稀离生，花丝分离；子房下位，1室，具1直立而倒生的胚珠；花柱先端2裂，有附器或无。果实为瘦果，具纵肋或棱，有喙或无喙；冠毛糙毛状、鳞片状、刺芒状或冠状；种子无胚乳。

约1000属，25000～30000种，广布于全世界，主要分布于温带地区，热带较少。我国有230属，2300多种，南北各地均产。河南木本有2属，3种。栾川县木本有1属，2种。

帚菊属 *Pertya*

多年生草本或灌木。小枝纤细。叶簇生于枝端或侧芽上，全缘或有锯齿。头状花序单生于叶簇间或腋生或顶生，具花序梗或无；总苞狭钟状；总苞片多数，6～15或更多。花序托小，裸露；花雌雄异株或为同形的两性花；花冠通常5裂，稀4裂；花药基部箭形，有长尾；花柱分枝短，扁平，先端圆。瘦果长圆形或长椭圆形，具5～10棱或无棱；冠毛多列，外面较短，具细糙毛。

约18种，分布于日本至阿富汗。我国有11种，分布于华东、华中、西北及西南等地。河南有木本2种。栾川县有木本2种。

1.叶披针形或椭圆状披针形，全缘；当年生枝上叶互生，老枝上叶簇生 ………………………………………………（1）华帚菊 *Pertya sinensis*

1.叶卵状心形，边缘具细齿。互生 ……………………（2）心叶帚菊 *Pertya cordifolia*

（1）华帚菊 *Pertya sinensis*

【识别要点】老枝上叶簇生，当年枝上互生，具短柄；叶披针形或椭圆状披针形，两面疏被短柔毛，后渐无毛，全缘，边缘具微柔毛，中脉1条，背面稍凸起，侧脉纤细。

小灌木，株高80～200cm。枝条近无毛。老枝上叶簇生，当年枝上互生，具短柄；叶薄纸质，披针形或椭圆状披针形，长1.5～7cm，宽0.6～2cm，先端长渐尖或急尖，基部圆形或变狭成短叶柄，两面疏被短柔毛，后渐无毛，全缘，边缘具微柔毛，中脉1条，背面稍凸起，侧脉纤细。头状花序单生于2年生短侧枝的叶簇间，雌雄异株；花序梗纤细，长1～3cm；总苞片通常6层；雌性头状花序较大，长1.7～2cm；总苞片外层卵形，内层狭倒卵形或长圆形；花冠紫红色、紫色或粉红色，檐部5裂。果实长椭圆形，长约8mm，稍压扁，具纵棱7～10条，被短毛；冠毛黄白色，.与瘦果等长，刚毛状，不分枝，具糙毛。花期7月，果期8月。

栾川县产各山区，生于海拔1800m以上山坡或林下。河南产于太行山和伏牛山。分布于山西、陕西、甘肃、宁夏、湖北、四川等地。

（2）心叶帚菊　*Pertya cordifolia*

【识别要点】叶互生，宽卵状心形，边缘具疏细齿或微波状浅齿，表面疏被短糙毛，背面被疏柔毛，基部3出脉，中脉上部1～2对侧脉弯拱上升。瘦果近纺锤形，具10纵棱。

亚灌木，高1～1.8m。小枝纤弱，圆柱形，常呈紫红色，幼时被短柔毛，后逐渐脱落，节间长3～8cm。叶互生，疏离，叶片纸质，阔卵形，长5～7cm，宽3.5～6cm，顶端渐尖至长渐尖，尖头长1～2cm，基部心形或浅心形，有时近截平，边缘具波状齿或疏离的点状细齿，幼时两面被疏粗毛，老时逐渐脱落，表面绿色，背面呈苍白色；基出脉3条，有时外面1对之外侧有分枝而似5出脉，中脉上部1～2对侧脉弯拱上升，网脉极明显，网眼很小；叶柄短，长2～4mm，被长硬毛，基部外侧显著鼓凸，内侧深凹，凹陷处有密被银白色绢毛的腋芽。头状花序无梗或具1～4mm长的短梗，通常3～8个在上部叶腋内聚集复组成团伞花序，每一头状花序有花4～5朵；团伞花序柄长1～2cm，密被短柔毛；总苞狭钟形，长约12mm，直径5～6mm；总苞片约8层，背部和边缘被毛，有多数纵条纹，顶端钝或内层的微狭，外面数层卵形，长1.8～4mm，宽1～2.2mm，中间数层卵状披针形，长6～8mm，宽2.2～2.5mm，最内层线状长圆形，长8～9mm，宽0.8～1mm；花托平，无毛，直径约1mm。花全部两性，花冠长15～16mm，花冠管狭圆筒形，长约6.5mm，裂片线形，略不等长，外反，长8～9mm，宽约0.6mm；花药长约8mm，顶端具短尖头，基部之尾画笔状，被毛，长约2mm；花柱长约16mm，基部膨大，顶部增粗，被短柔毛，花柱分枝短，长约0.5mm，内侧扁，顶端钝。瘦果近纺锤形，长约6mm，宽约2mm，背部微凸，具10纵棱，密被长约2mm的白色粗毛，上部尤甚。冠毛长10～12mm。花期9月，果期10月。

栾川县产伏牛山，生于海拔1200m以上的山坡、路旁，老君山分布达2100m。河南产于伏牛山和大别山。分布于安徽、湖南、江西、广东、广西、四川等地。

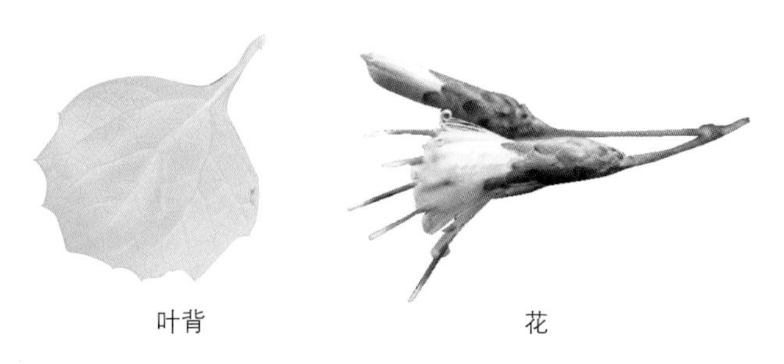

叶背　　花

叶枝

Ⅱ.单子叶植物
Monocotyledoneae

通常多年生草本，稀木本。茎直立，茎内维管束分散排列。叶通常具平行叶脉。花的各部分通常为3基数。胚具1子叶。

69科，约50000种。我国有47科，556属，约5000种。河南木本植物有3科，10属，33种及2变种、1变型、5栽培变种。栾川县连栽培有3科，8属，15种。

（七十六）禾本科 Gramineae

草本，稀木本。有地下茎或无。地上茎称秆，常中空，稀实心。叶互生，二列，有叶鞘和叶片两部分，叶鞘与叶片交界处有叶舌，在叶片基部两侧突出部分称叶耳，平行叶脉。花序由小穗排列成穗状、总状或圆锥状等；小穗含1至数花，基部常有2个不孕苞片称颖（分内外颖）；花两性、单性或中性，小型，外有外稃和内稃，稃内有2～3个浆片、3～6个雄蕊及1个雌蕊，子房上位，1室，1胚珠，柱头羽毛状。果实为颖果。

600多属，约10000种，分布世界。中国有225属，约1200种。河南木本植物有6属、23种，2变种及5变型。栾川县连栽培有3属，5种。

1.地下茎为单轴型或复轴型，具有显著的竹鞭；竹秆散生也有丛生的：

　2.地下茎为单轴形、竹秆散生，每节分枝间一侧扁平或有纵沟，竹箨脱落……………………1.刚竹属 *Phyllostachys*

　2.地下茎为复轴型，竹秆既有散生，亦有丛生的；每节分枝1枚或3～7枚，分枝节间一侧无纵沟，秆箨迟落或宿存……………………2.箬竹属 *Indocalamus*

1.地下茎为合轴型，无竹鞭或因秆柄延伸呈竹鞭状，竹秆散生，高山区野生竹类……………………3.箭竹属 *Sinarundinaria*

1.刚竹属 *Phyllostachys*

地下茎为单轴型，竹秆圆筒形，秆枝节间于分枝一侧常为扁平状，或凹入成纵槽；每节具2分枝。秆箨革质，在新秆抽枝发叶前脱落，每小枝有1至数片叶，叶柄短，叶片互生，二列状排列，边缘有细锯齿，或一边全缘，另一边有细锯齿。花序由多数小穗组成，小穗基部有叶片状或鳞片苞片(佛焰苞)；小花2～6，颖1～3片，或不发育；外稃先端尖锐；内稃具2脊，顶端2裂，浆片3个；雄蕊3，花丝细长；雌蕊柱头3裂，羽毛状。果实为颖果，狭长。

约有50余种，分布于中国、日本、印度、尼泊尔、不丹及俄罗斯西伯利亚等地。我国有40余种，主产黄河流域以南。河南有15种，2变种，5变型。栾川县3种。

1.箨鞘具乌黑或紫褐色斑点：

　2.箨鞘具箨耳及肩毛……………………（1）毛竹 *Phyllostachys pubescens*

东川
树木志
附 录

I 分科检索表

1. 胚珠裸露，不包于子房内（裸子植物门Gymnospermae）：
  2.叶扇形，二叉状叶脉 ……………………………………………………………银杏科 Ginkgoaceae
  2.叶不为扇形：
    3.雌球花发育成球果；种子无假种皮：
      4. 叶与种鳞均为螺旋状互生：
        5. 每种鳞具1种子，种子与种鳞合生或分离。球果大，木质。常绿乔木
        ……………………………………………………………………… 南洋杉科 Araucariaceae
        5. 每种鳞具2至数个种子，种子与种鳞离生：
          6. 种鳞与苞鳞分离，每种鳞具2个种子，种子上端具翅，稀无翅。叶线形或针形
          ……………………………………………………………………………… 松科 Pinaceae
          6. 种鳞与苞鳞合生或种鳞不发育，每种鳞具2~9个种子，种子两侧具窄翅，稀无翅。叶线形、线状披针形或锥形及鳞片形 ……………………………… 杉科 Taxodiaceae
      4. 叶与种鳞均为对生或3~4个轮生。叶鳞片形，刺形或线形：
        7. 落叶性。叶线形、柔软，于基部扭转成2列 ……………………………… 杉科 Taxodiaceae
        7. 常绿性。叶鳞片形或刺形 …………………………………………… 柏科 Cupressaceae
    3.雌球花发育成单粒种子；种子具假种皮，肉质套被或肉质外种皮：
      8. 雌球花仅具1个胚珠。假种皮杯状、瓶状或全包种子 ………………… 红豆杉科 Taxaceae
      8. 雌球花具多数交互对生苞片，每苞片具2个胚珠。种子具肉质外种皮
      ……………………………………………………………………… 粗榧科 Cephalotaxaceae

1. 胚珠包于子房内（被子植物门Angiospermae）：
  9. 子叶2个，极少1或多个。茎具中央髓部。叶常为网状脉。花常为5或4基数
  （I. 双子叶植物纲 Dicotyledoneae）：
    10. 花无真正的花冠，有或无花萼，花萼有时可类似花冠：
      11. 花单性，雌雄同株或异株，其中雄花或雌雄花均为柔荑花序或类似柔荑花序：
        12. 无花萼或在雄花中存在：
          13. 果实为具多种子蒴果；种子有丝状毛 ………………………… 杨柳科 Salicaceae
          13. 果实不为蒴果，为仅具1种子的小坚果：
            14. 叶为奇数羽状复叶 ……………………………………… 胡桃科 Juglandaceae
            14. 叶为单叶 ………………………………………………… 桦木科 Betulaceae
        12. 有花萼或在雄花中不存在：
          15. 子房下位：
            16. 叶为奇数羽状复叶 ……………………………………… 胡桃科 Juglandaceae
            16. 叶为单叶：
              17. 果实为蒴果 ……………………………………… 金缕梅科 Hamamelidaceae
              17. 果实为坚果：
                18. 坚果封藏于1变大总苞中……………………………… 桦木科 Betulaceae
                18. 坚果有1壳斗下托，或封藏于多刺的壳斗中………………… 壳斗科 Fagaceae
          15. 子房上位：
            19. 植物体具白色乳汁：

20. 子房1室。椹果……………………………………………………………… 桑科 Moraceae
20. 子房2～3室。蒴果 ……………………………………………… 大戟科 Euphorbiaceae
19. 植物体无白色乳汁：
21. 果实为3个（稀2～4个）离果所组成的蒴果。雄蕊10至多数，有时少于10个
……………………………………………………………………… 大戟科 Euphorbiaceae
21. 果实为其它情形。雄蕊少数至数个，或与萼片同数且对生：
22. 子房2室。蒴果……………………………………………… 金缕梅科 Hamamelidaceae
22. 子房1室。坚果或核果……………………………………………………… 榆科 Ulmaceae
11. 花两性或单性，但不为柔荑花序：
23. 子房或子房室内有数个至多数胚珠：
24. 子房下位或部分下位：
25. 花单性。头状花序；子房2室……………………………… 金缕梅科 Hamamelidaceae
25. 花两性；雄蕊6个，子房6室 ……………………………… 马兜铃科 Aristolochiaceae
24. 子房上位：
26. 雌蕊或子房2个、或更多：
27. 藤本。掌状或3出复叶，稀单叶。雌雄同株………………… 木通科 Lardizabalaceae
27. 乔木。单叶对生。雌雄异株 ……………………………… 连香树科 Cercidiphyllaceae
26. 雌蕊或子房单独1个：
28. 偶数羽状复叶互生。果实为荚果 ……………………………… 豆科 Leguminosae
28. 单叶。果实不为荚果：
29. 叶对生或轮生 ……………………………………………… 千屈菜科 Lythraceae
29. 单叶互生 …………………………………………………… 大风子科 Flacourtiaceae
23. 子房或子房室内仅有1个至数个胚珠：
30. 雄蕊连为单体，至少在雄花中如此。花单性或杂性；萼片覆瓦状排列。乔木或灌木。叶互性 ……………………………………………………… 大戟科 Euphorbiaceae
30. 雄蕊各自分离：
31. 每花有雌蕊2至多数，近于或完全分离：
32. 花托下陷呈杯状或坛状：
33. 叶对生。花被片在坛状花托外侧排成数层 ……………蜡梅科 Calycanthaceae
33. 叶互生。花被片在坛状花托的边缘排成一轮 …………蔷薇科 Ranunculaceae
32. 花托扁平或隆起，有时可延长：
34. 单叶或复叶对生。花柱宿存，常为羽毛状 ……………毛茛科 Ranunculaceae
34. 单叶互生或短枝上叶簇生：
35. 花有花被 …………………………………………………… 木兰科 Magnoliaceae
35. 花无花被：
36. 叶卵形，具羽状脉，无托叶。花丛生叶腋。翅果
……………………………………………………… 昆栏树科 Trochodendraceae
36. 叶广阔，具掌状叶脉和掌状分裂；托叶围枝呈鞘。花聚集成球形头状花序。小坚果围以长柔毛 ………………………… 悬铃木科 Platanaceae
31. 每花仅有1个复雌蕊或单雌蕊，心皮有时于成熟后各自分离：
37. 子房下位或半下位：
38. 子房3～10室。坚果1～2个，同生在1个木质且裂为4瓣的壳斗中
……………………………………………………………………… 壳斗科 Fagaceae

38. 子房1或2室：

39. 花柱2个：

40. 蒴果2瓣裂…………………………………………… 金缕梅科 Hamamelidaceae

40. 果实呈核果状，或为浆果状瘦果，不裂开

………………………………………………………………………………鼠李科 Rhamnaceae

39. 花柱1个或无花柱：

41. 叶背多少有些具皮盾状或鳞片状附属物 …………胡颓子科 Elaeagnaceae

41. 叶背面无皮盾状或鳞片状附属物：

42. 植株寄生于其它枝干上。果实呈浆果状 …………桑寄生科 Loranthaceae

42.不完全具备上述特征。花为单性。叶对生……………… 檀香科 Santalaceae

37. 子房上位，如有花萼时而和它分离，或在胡颓子科中当果实成熟时，子房为宿存萼包围：

43. 托叶呈鞘状抱茎。瘦果 …………………………………………… 蓼科 Polygonaceae

43. 无托叶或有托叶，但不呈鞘状抱茎：

44. 果实及子房均为2至数室，或在大风子科中为不完全的2至数室：

45. 花两性：

46. 萼片4或5个，呈镊合状排列，雄蕊与之同数

………………………………………………………………………鼠李科 Rhamnaceae

46. 萼片4或5个，稀3个，呈覆瓦状排列：

47. 雄蕊4个。蒴果4室 ………………………………… 木兰科 Magnoliaceae

47. 雄蕊多数。蒴果或浆果状的核果 ………………… 大戟科 Euphorbiaceae

45. 花单性或杂性：

48. 果实多种；种子无胚乳或有少量胚乳：

49. 雄蕊通常8个。果实坚果状或为有翅的蒴果。羽状复叶或单叶

………………………………………………………………… 无患子科 Sapindaceae

49. 雄蕊5或4个，与萼片互生。核果有2～4个小核。单叶

……………………………………………………………………鼠李科 Rhamnaceae

48. 果实多呈蒴果状，无翅；种子常有胚乳：

50. 胚珠具腹脊。果实有各种类型，但多为胞间裂开的蒴果

……………………………………………………………… 大戟科 Euphorbiaceae

50. 胚珠具背脊。果实为胞背开裂的蒴果，或有时呈核果状

……………………………………………………………………… 黄杨科 Buxaceae

44. 果实及子房为1或2室：

51. 花萼具显著的萼筒，且常呈花冠状：

52. 叶无毛或背面有柔毛。萼筒整个脱落 ………………瑞香科 Thymelaeaceae

52. 叶背面具银白色或棕色鳞片。萼筒或下部永久宿存，当果实成熟时，变为肉质而紧密包着子房 …………………………………胡颓子科 Elaeagnaceae

51. 花萼不具上述性，或无花萼：

53. 花药以2或4舌瓣裂开 ………………………………………… 樟科 Lauraceae

53. 花药不以舌瓣裂开：

54. 叶对生：

55. 果实为双翅界 ……………………………………… 槭树科 Aceraceae

55. 果实为单翅果 ……………………………………… 木犀科 Oleaceae

122.花瓣不具细长的瓣爪；花无小苞片。有鳞片状或细长形叶 ………………………………………………… 柽柳科 Tamaricaceae

117.子房2室或更多室：

123.雄蕊和花瓣数既不相等，也不是它的倍数：

124.叶对生：

125.雄蕊2个稀3个；萼片及花瓣常为4数 ……………………………………………………… 木犀科 Oleaceae

125.雄蕊4~10个，常8个：

126.蒴果 ………………………………… 七叶树科 Hippocastanaceae

126.双翅果 …………………………………………… 槭树科 Aceraceae

124.叶互生：

127.叶为单叶，多全缘或在油桐属中具3～7裂。花单性 ………………………………………………… 大戟科 Euphorbiaceae

127.叶为单叶或复叶。花两性或杂性：

128.花萼片镊合状排列；雄蕊连成单体 ………………………………………………梧桐科 Sterculiaceae

128.萼片覆瓦状排列；雄蕊离生：

129.子房4~5室，每室有8~12个胚珠。种子具翅 ……………………………………………… 楝科 Meliaceae

129.子房3室，每室有1至数个胚珠；萼片相互分离或微连合。种子无翅 ……………………………… 无患子科 Sapindaceae

123.雄蕊和花瓣相等或是它的倍数：

130.每子房室内有胚珠3至多数：

131.叶为复叶：

132.叶互生。种子有翅 ……………………………… 楝科 Meliaceae

132.叶对生。种子无翅 …………………… 省沽油科 Staphyleaceae

131.叶为单叶：

133.花瓣常有彼此衔接或其边缘相互依附的柄状瓣爪 ……………………………………………… 海桐花科 Pittosporaceae

133.花瓣无瓣爪，或仅具互相分离的细长柄状瓣爪：

134.花托空凹；萼片覆瓦状排列。子房2～6室，仅具1花柱；胚珠多数，着生于中轴台座上 …………… 千屈菜科Lythraceae

134.花托扁平或微凸起；萼片覆状排列：

135.花为4基数；穗状花序腋生于老枝上。果实呈浆果状 ……………………………………… 旌节花科Stachyuraceae

135.花为5基数；花药顶端孔裂。果实为蒴果 ………………………………………… 杜鹃花科Ericaceae

130.每子房室内有胚珠或种子1或2个：

136.叶对生。果实为双翅果 ……………………… 槭树科Aceraceae

136.叶互生，如有对生则不为翅果：

137.叶为复叶：

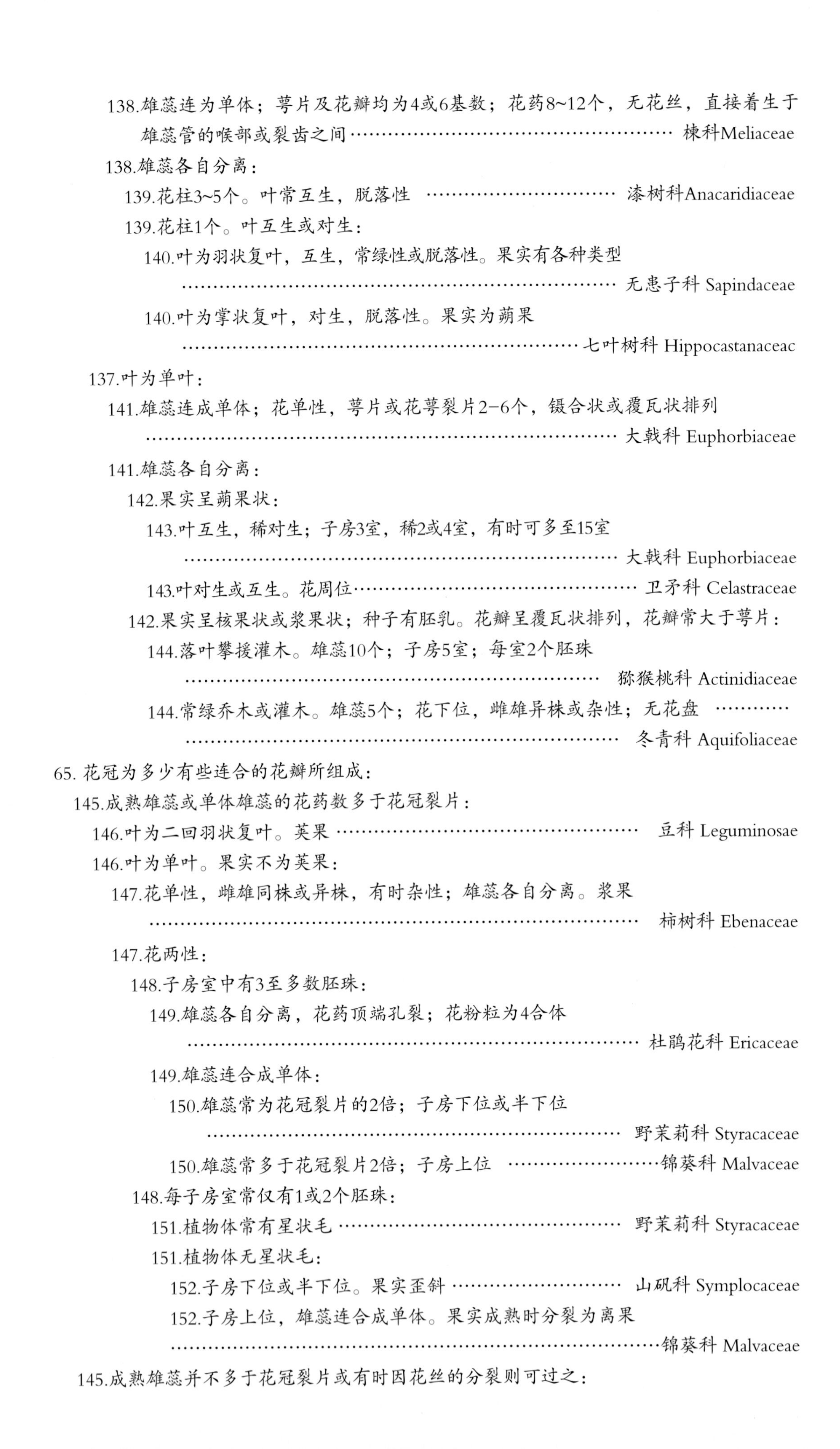

138.雄蕊连为单体；萼片及花瓣均为4或6基数；花药8~12个，无花丝，直接着生于雄蕊管的喉部或裂齿之间……………………………………………… 楝科Meliaceae

138.雄蕊各自分离：

139.花柱3~5个。叶常互生，脱落性 ……………………………… 漆树科Anacaridiaceae

139.花柱1个。叶互生或对生：

140.叶为羽状复叶，互生，常绿性或脱落性。果实有各种类型……………………………………………………………… 无患子科 Sapindaceae

140.叶为掌状复叶，对生，脱落性。果实为蒴果……………………………………………………………七叶树科 Hippocastanaceac

137.叶为单叶：

141.雄蕊连成单体；花单性，萼片或花萼裂片2-6个，镊合状或覆瓦状排列……………………………………………………………… 大戟科 Euphorbiaceae

141.雄蕊各自分离：

142.果实呈蒴果状：

143.叶互生，稀对生；子房3室，稀2或4室，有时可多至15室……………………………………………………………… 大戟科 Euphorbiaceae

143.叶对生或互生。花周位……………………………………………… 卫矛科 Celastraceae

142.果实呈核果状或浆果状；种子有胚乳。花瓣呈覆瓦状排列，花瓣常大于萼片：

144.落叶攀援灌木。雄蕊10个；子房5室；每室2个胚珠……………………………………………………………… 猕猴桃科 Actinidiaceae

144.常绿乔木或灌木。雄蕊5个；花下位，雌雄异株或杂性；无花盘 …………………………………………………………………… 冬青科 Aquifoliaceae

65. 花冠为多少有些连合的花瓣所组成：

145.成熟雄蕊或单体雄蕊的花药数多于花冠裂片：

146.叶为二回羽状复叶。荚果 ……………………………………………… 豆科 Leguminosae

146.叶为单叶。果实不为荚果：

147.花单性，雌雄同株或异株，有时杂性；雄蕊各自分离。浆果……………………………………………………………… 柿树科 Ebenaceae

147.花两性：

148.子房室中有3至多数胚珠：

149.雄蕊各自分离，花药顶端孔裂；花粉粒为4合体……………………………………………………………… 杜鹃花科 Ericaceae

149.雄蕊连合成单体：

150.雄蕊常为花冠裂片的2倍；子房下位或半下位……………………………………………………………… 野茉莉科 Styracaceae

150.雄蕊常多于花冠裂片2倍；子房上位 ……………………锦葵科 Malvaceae

148.每子房室常仅有1或2个胚珠：

151.植物体常有星状毛 ……………………………………………… 野茉莉科 Styracaceae

151.植物体无星状毛：

152.子房下位或半下位。果实歪斜 ……………………… 山矾科 Symplocaceae

152.子房上位，雄蕊连合成单体。果实成熟时分裂为离果……………………………………………………………锦葵科 Malvaceae

145.成熟雄蕊并不多于花冠裂片或有时因花丝的分裂则可过之：

153.雄蕊和花冠裂片同数且对生。果实呈浆果状或核果状………… 紫金牛科 Myrsinaceae
153.雄蕊和花冠裂片同数且互生，或雄蕊较花冠裂片为少：
154.子房下位：
155.雄蕊相互连合，成头状花序；子房1室，仅含1胚珠……………… 菊科 Compositea
155.雄蕊各自分离：
156.雄蕊和花冠互相分离或近于分离；花药顶端孔裂，花粉粒连合成4合体
…………………………………………………………………… 杜鹃花科 Ericaceae
156.雄蕊着生于花冠上：
157.叶对生，无托叶 ………………………………………… 忍冬科 Caprifoliaceae
157.叶对生或轮生，有托叶 ………………………………………… 茜草科 Rubiaceae
154.子房上位：
158.子房深裂为2～4部分，花柱或数花柱均自子房裂片间伸出
……………………………………………………………………… 唇形科 Labiatae
158.子房完整或微有分割，或为2个分离心皮所组成，花柱自子房顶端伸出：
159.花冠不整齐，常多少呈二唇形：
160.成熟雄蕊5个 ………………………………………………… 杜鹃花科 Ericaceae
160.成熟雄蕊2或4个，退化雄蕊有时也存在：
161.果实为核果或浆果 ……………………………………… 马鞭草科 Verbenaceae
161.果实为蒴果：
162.蒴果长角状，长15cm以上；种子无胚乳
………………………………………………………… 紫葳科 Bignoniaceae
162.蒴果不为长角状，长不及10cm；种子有胚乳
……………………………………………………… 玄参科 Scrophulariaceae
159.花冠整齐或近于整齐：
163.雄蕊较花冠裂片为少：
164.子房2～4室，每室有1个或2个胚珠：
165.雄蕊2个 ………………………………………………… 木犀科 Oleaceae
165.雄蕊4个 ……………………………………………… 马鞭草科 Verbenaceae
164.子房1或2室，每室有数个至多数胚珠：
166.雄蕊2个，每子房内有4~10个胚珠悬垂于室的顶端
…………………………………………………………………… 木犀科 Oleaceae
166.雄蕊4或2个，每子房内有多数胚珠着生于中轴或侧膜胎座上：
167. 灌木。叶互生或在短枝上簇生。浆果 ……………… 茄科 Solanaceae
167. 乔木。叶对生。蒴果……………………… 玄参科 Scrophulariaceae
163.雄蕊与花冠裂片同数：
168.子房2个，或为1个而成熟后呈双角状：
169.雄蕊各自分离，花粉粒也彼此分离 ………… 夹竹桃科 Apocynaceae
169.雄蕊相互连合，花粉粒连成花粉块 …………… 萝藦科Asclepiadaceae
168.子房1个，成熟后不呈双角状：
170.叶对生，且多在两叶之间具有托叶所成的连接线或附属物：
171.根、茎、枝、叶柄均有内生韧皮部 …………… 马钱科 Loganiaceae
171.植株无内生韧皮部 …………………………… 醉鱼草科Buddlejaceae
170.叶互生，如为对生或轮生时，其两叶之间无托叶连接线：

172.雄蕊和花冠离生或近于离生，花药孔裂；子房5室
………………………………………………………… 杜鹃花科 Ericaceae

172.雄蕊着生于花冠的筒部：

173.雄蕊常5个，稀更多 ………………………………… 茄科 Solanaceae

173.雄蕊4个，稀在冬青科中有5个或更多：

174.叶互生，多常绿 ……………………………… 冬青科 Aquifoliaceae

174.叶对生或轮生：

175.子房2室，每室内有多数胚珠……… 玄参科 Scrophulariaceae

175.子房2至多室，每室内有1～2个胚珠
……………………………………………… 马鞭草科 Verbenaceae

9. 子叶1个。茎无中央髓部或有中空髓腔。叶多为平行脉。花为3基数
（Ⅱ单子叶植物纲Monocotyledoneae）：

176.植物体呈棕榈状，具简单或分枝少的主干。叶于芽中呈折迭状。花为圆锥或穗状花序，托以佛焰状苞片…………………………………………………………… 棕榈科 Palmae

176.植物体不呈棕榈状。叶于芽中不呈折迭状：

177.花无花被。果实为颖果。茎多中空，节明显 ……………………… 禾本科 Gramineae

177.花被片6个，2轮。果实为蒴果或浆果状。茎充实 …………………… 百合科 Liliaceae

II 栾川县木本植物统计表

科	属数	种数	亚种	变种	分形态及用途种数（含亚种、变种、变型）统计															
					原产	栽培	常绿	落叶	乔木	灌木	藤本	用材	淀粉	油料	鞣料	果品	药用	芳香	纤维	园林
裸子植物	18	27	0	9	14	22	31	5	31	5	0	25	1	15	23	7	24	12	13	36
1银杏	1	1			1			1	1			1	1			1	1			1
2松科	6	13		1	7	7	11	3	14			14		10	10	6	6		12	14
3杉科	3	3				3	2	1	3			3		1			1		1	3
4南洋杉科	1	1				1	1		1											1
5柏科	5	6		7	3	10	13		9	4		4			13		12	12		13
6粗榧科	1	1			1		1			1				1			1			1
7红豆杉科	1	2		1	2	1	3		3			3		3			3			3
被子植物	215	693	5	143	681	160	79	762	322	444	75	298	34	167	148	153	522	75	128	490
Ⅰ双子叶植物	207	678	5	143	673	153	69	757	319	432	75	294	33	167	148	153	518	75	125	479
1杨柳科	2	18		10	24	4		28	22	6		22			28		13		27	26
2胡桃科	4	7		1	7	1		8	8			8		7	8	3	8		5	6
3桦木科	5	19		5	24			24	21	3		21	6	14	22	6	10			
4壳斗科	2	16		3	18	1	5	14	19			19	19		19	2				
5榆科	5	15		6	15	6		21	19	2		19		7			13		18	16
6桑科	4	11		3	9	5	2	12	11	3		8		1	1	7	11		10	9
7檀香科	1	2			2			2		2			2	2		2	1			
8桑寄生科	3	4			4		3	1		4							3			
9马兜铃科	1	1			1			1			1						1			
10蓼科	1	1			1			1		1										
11领春木科	1	1			1			1	1			1								1
12连香树科	1	1			1			1	1			1			1					1
13毛茛科	2	23		3	17	9		26		11	15			2			17			15
14木通科	2	2		1	3			3			3					3	2			
15小檗科	3	12		2	12	2	3	11		14							14			4
16防己科	3	3		1	4			4			4		1				4		4	
17木兰科	5	10		0	7	3	2	8	5	2	3	5		7		3	10	9		8
18蜡梅科	1	1		2		3		3		3							3	3		3
19樟科	3	9			7	2	5	4	7	2		6		5			9	9		5
20虎耳草科	4	28		4	31	1		32		32		1		1		10	21	3		18
21海桐花科	1	1				1	1			1							1			1
22金缕梅科	3	2		1	2	1	1	2	2	1		2		2			1			1
23杜仲科	1	1			1			1	1			1					1			1
24悬铃木科	1	3				3		3	3			3								3
25蔷薇科	23	134		34	125	43	5	163	64	104		46	2	22	28	76	115	9	2	92

（续）

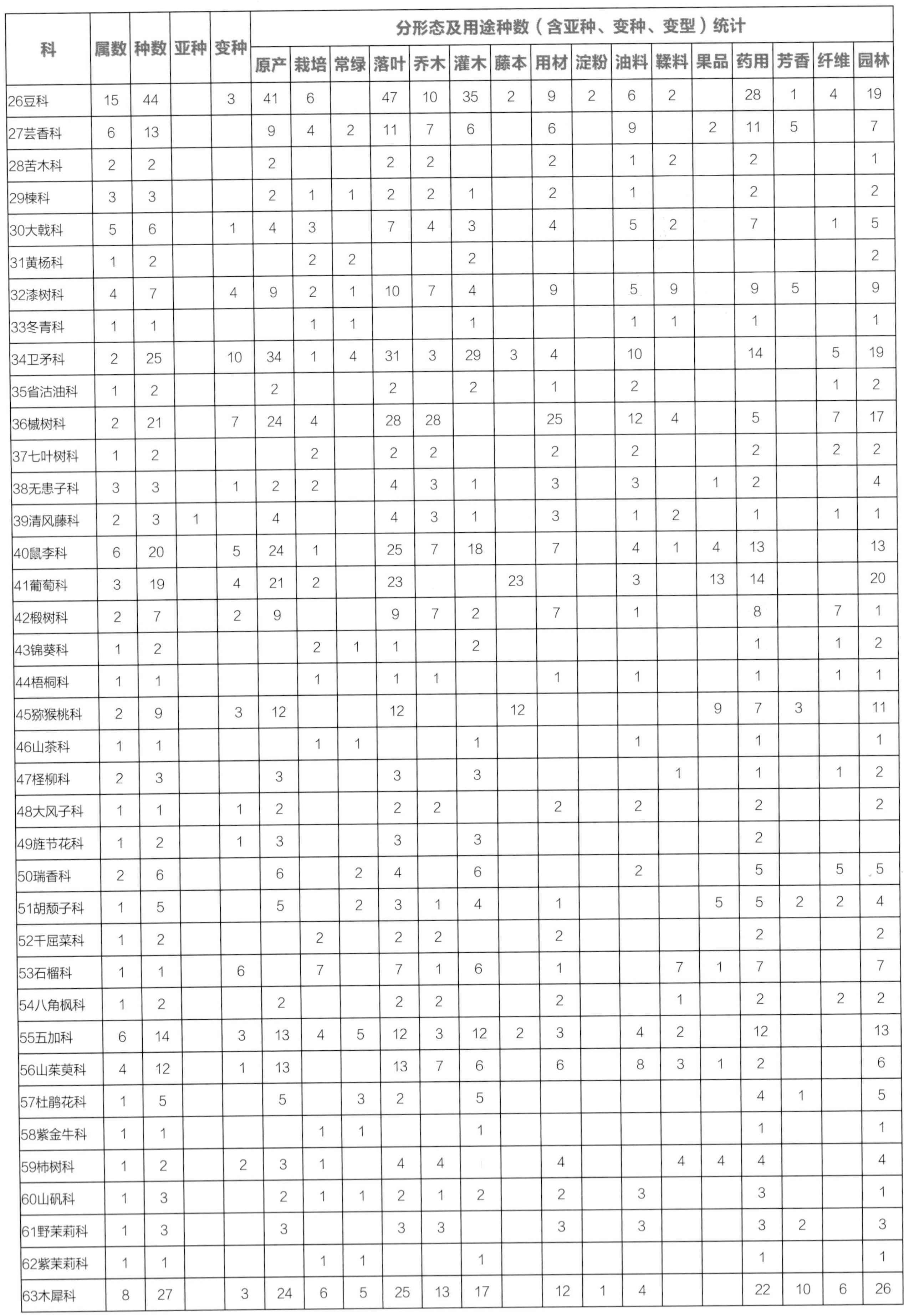

科	属数	种数	亚种	变种	分形态及用途种数（含亚种、变种、变型）统计															
					原产	栽培	常绿	落叶	乔木	灌木	藤本	用材	淀粉	油料	鞣料	果品	药用	芳香	纤维	园林
26豆科	15	44		3	41	6		47	10	35	2	9	2	6	2		28	1	4	19
27芸香科	6	13			9	4	2	11	7	6		6		9		2	11	5		7
28苦木科	2	2			2			2	2			2		1	2		2			1
29榛科	3	3			2	1	1	2	2	1		2		1			2			2
30大戟科	5	6		1	4	3		7	4	3		4		5	2		7		1	5
31黄杨科	1	2				2	2			2										2
32漆树科	4	7		4	9	2	1	10	7	4		9		5	9		9	5		9
33冬青科	1	1				1	1			1				1	1		1			1
34卫矛科	2	25		10	34	1	4	31	3	29	3	4		10			14		5	19
35省沽油科	1	2			2			2		2		1		2					1	2
36槭树科	2	21		7	24	4		28	28			25		12	4		5		7	17
37七叶树科	1	2				2		2	2			2		2			2		2	2
38无患子科	3	3		1	2	2		4	3	1		3		3		1	2			4
39清风藤科	2	3	1		4			4	3	1		3		1	2		1		1	1
40鼠李科	6	20		5	24	1		25	7	18		7		4	1	4	13			13
41葡萄科	3	19		4	21	2		23			23			3		13	14			20
42椴树科	2	7		2	9			9	7	2		7		1			8		7	1
43锦葵科	1	2				2	1	1		2							1		1	2
44梧桐科	1	1				1		1	1			1		1			1		1	1
45猕猴桃科	2	9		3	12			12			12					9	7	3		11
46山茶科	1	1				1	1			1				1			1			1
47柽柳科	2	3			3			3		3					1		1		1	2
48大风子科	1	1		1	2			2	2			2		2			2			2
49旌节花科	1	2		1	3			3		3							2			
50瑞香科	2	6			6		2	4		6				2			5		5	5
51胡颓子科	1	5			5		2	3	1	4		1				5	5	2	2	4
52千屈菜科	1	2				2		2	2			2					2			2
53石榴科	1	1		6		7		7	1	6		1			7	1	7			7
54八角枫科	1	2			2			2	2			2			1		2		2	2
55五加科	6	14		3	13	4	5	12	3	12	2	3		4	2		12			13
56山茱萸科	4	12		1	13			13	7	6		6		8	3	1	2			6
57杜鹃花科	1	5			5		3	2		5							4	1		5
58紫金牛科	1	1				1	1			1							1			1
59柿树科	1	2		2	3	1		4	4			4			4	4	4			4
60山矾科	1	3			2	1	1	2	1	2		2		3			3			1
61野茉莉科	1	3			3			3	3			3		3			3	2		3
62紫茉莉科	1	1				1	1			1							1			1
63木犀科	8	27		3	24	6	5	25	13	17		12	1	4			22	10	6	26

（续）

科	属数	种数	亚种	变种	分形态及用途种数（含亚种、变种、变型）统计															
					原产	栽培	常绿	落叶	乔木	灌木	藤本	用材	淀粉	油料	鞣料	果品	药用	芳香	纤维	园林
64马钱科	1	1				1	1		1											1
65醉鱼草科	1	3		1	4			4		4							4	2	1	2
66夹竹桃科	2	2		1	2	1	3			1	2			1			2	2	3	3
67萝藦科	2	3			3			3		3							2		1	1
68马鞭草科	4	8		3	11			11		11							11	4	3	9
69唇形科	2	2			2			2		2							2	2		2
70茄科	1	1			1			1		1				1			1			
71玄参科	1	3			1	2		3	3			3					1			3
72紫葳科	3	6		1	4	3	2	5	6		1	4					5			7
73茜草科	3	3		2	3	2	2	3		3	2						4	2	2	3
74忍冬科	6	36	4	2	41	1	1	41		40	2	1		1		1	21	1	3	14
75菊科	1	2			2			2		2										
Ⅱ单子叶植物	8	15	0	0	8	7	10	5	3	12	0	4	1	0	0	0	4	0	3	11
76禾本科	3	5			3	2	5		2	3		4					1		3	4
77棕榈科	3	3				3	3		1	2										3
78百合科	2	7			5	2	2	5		7			1				3			4
合计85科	233	720	5	152	695	182	110	767	353	449	75	323	35	182	171	160	546	87	141	526

III 栾川县野生木本植物垂直分布示意图

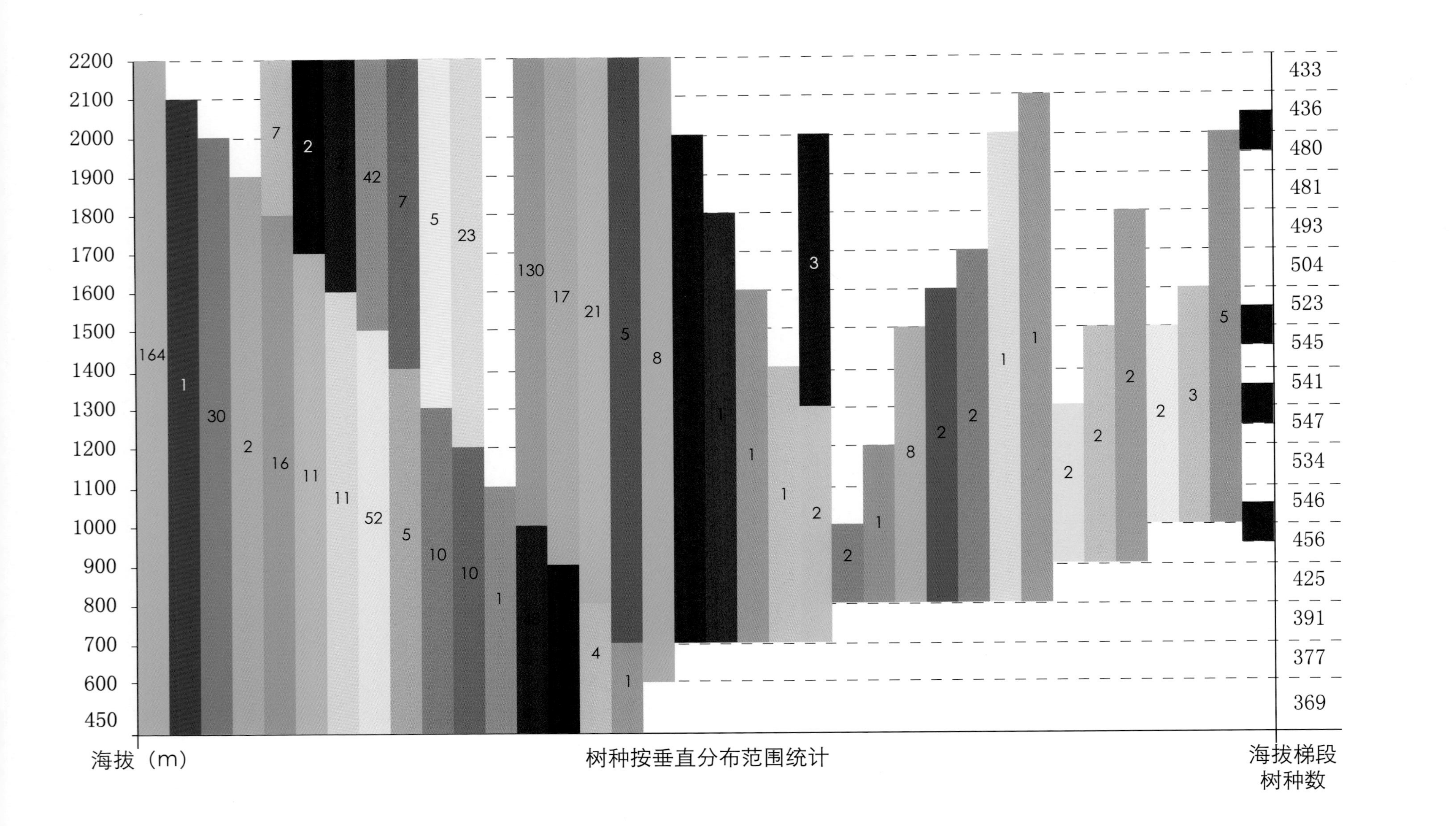

参考文献

[1] 王遂义. 河南树木志[M]. 郑州：河南科学技术出版社，1994.
[2] 丁宝章，王遂义，高增义. 河南植物志（第一册）[M]. 郑州：河南科学技术出版社，1981.
[3] 丁宝章，王遂义. 河南植物志（第二册）[M]. 郑州：河南科学技术出版社，1988.
[4] 丁宝章，王遂义. 河南植物志（第三册）[M]. 郑州：河南科学技术出版社，1997.
[5] 丁宝章，王遂义. 河南植物志（第四册）[M]. 郑州：河南科学技术出版社，1998.
[6] 华北树木志编写组. 华北树木志[M]. 北京：中国林业出版社，1984.
[7] 中国树木志编辑委员会. 中国树木志（第一卷）[M]. 北京：中国林业出版社，1983.
[8] 中国树木志编辑委员会. 中国树木志（第二卷）[M]. 北京：中国林业出版社，1985.
[9] 中国树木志编辑委员会. 中国树木志（第三卷）[M]. 北京：中国林业出版社，1997.
[10] 中国树木志编辑委员会. 中国树木志（第四卷）[M]. 北京：中国林业出版社，2004.
[11] 谢红伟. 河南栾川古树名木[M]. 北京：中国林业出版社，2013.
[12] 郑万钧，傅立国. 中国植物志（第七卷）[M]. 北京：科学出版社，1978.
[13] 唐进，汪发缵. 中国植物志（第十五卷）[M]. 北京：科学出版社，1978.
[14] 王战，方振富. 中国植物志（第二十卷第二分册）[M]. 北京：科学出版社，1984.
[15] 匡可任，李沛琼. 中国植物志（第二十一卷）[M]. 北京：科学出版社，1979.
[16] 陈焕庸，黄成就. 中国植物志（第二十二卷）[M]. 北京：科学出版社，1998.
[17] 张秀实，吴征镒. 中国植物志（第二十三卷第一分册）[M]. 北京：科学出版社，1996.
[18] 陆玲娣，黄淑美. 中国植物志（第三十五卷第一分册）[M]. 北京：科学出版社，1995.
[19] 张宏达. 中国植物志（第三十五卷第二分册）[M]. 北京：科学出版社，1979.
[20] 俞德浚. 中国植物志（第三十六卷）[M]. 北京：科学出版社，1974.
[21] 俞德浚. 中国植物志（第三十七卷）[M]. 北京：科学出版社，1985.
[22] 俞德浚. 中国植物志（第三十八卷）[M]. 北京：科学出版社，1986.
[23] 陈德昭. 中国植物志（第三十九卷）[M]. 北京：科学出版社，1988.
[24] 韦真. 中国植物志（第四十卷）[M]. 北京：科学出版社，1994.
[25] 李树钢. 中国植物志（第四十一卷）[M]. 北京：科学出版社，1995.
[26] 黄成就. 中国植物志（第四十三卷第二分册）[M]. 北京：科学出版社，1997.
[27] 陈书坤. 中国植物志（第四十三卷第三分册）[M]. 北京：科学出版社，1997.
[28] 李秉滔. 中国植物志（第四十四卷第一分册）[M]. 北京：科学出版社，1994.
[29] 邱华兴. 中国植物志（第四十四卷第二分册）[M]. 北京：科学出版社，1996.
[30] 马金双. 中国植物志（第四十四卷第三分册）[M]. 北京：科学出版社，1997.
[31] 诚静容，黄普华. 中国植物志（第四十五卷第三分册）[M]. 北京：科学出版社，1999.
[32] 方文培. 中国植物志（第四十六卷）[M]. 北京：科学出版社，1981.
[33] 刘玉壶，罗献瑞. 中国植物志（第四十七卷第一分册）[M]. 北京：科学出版社，1985.
[34] 陈艺林. 中国植物志（第四十八卷第一分册）[M]. 北京：科学出版社，1982.
[35] 李朝銮. 中国植物志（第四十八卷第二分册）[M]. 北京：科学出版社，1998.
[36] 张宏达，缪汝槐. 中国植物志（第四十九卷第一分册）[M]. 北京：科学出版社，1989.
[37] 古粹芝. 中国植物志（第五十二卷第一分册）[M]. 北京：科学出版社，1999.
[38] 方文培. 中国植物志（第五十二卷第二分册）[M]. 北京：科学出版社，1983.
[39] 方文培. 中国植物志（第五十六卷）[M]. 北京：科学出版社，1990.
[40] 方瑞征. 中国植物志（第五十七卷第一分册）[M]. 北京：科学出版社，1999.

[41] 吴容芬，黄淑美. 中国植物志（第六十卷第二分册）[M]. 北京：科学出版社，1987.
[42] 张美珍，邱莲卿. 中国植物志（第六十一卷）[M]. 北京：科学出版社，1992.
[43] 蒋英，李秉滔. 中国植物志（第六十三卷）[M]. 北京：科学出版社，1982.
[44] 裴鉴，陈守良. 中国植物志（第六十五卷第一分册）[M]. 北京：科学出版社，1977.
[45] 匡可任，路安民. 中国植物志（第六十七卷第一分册）[M]. 北京：科学出版社，1978.
[46] 钟补求. 中国植物志（第六十七卷第二分册）[M]. 北京：科学出版社，1979.
[47] 王文采. 中国植物志（第六十九卷）[M]. 北京：科学出版社，1990.
[48] 罗献瑞. 中国植物志（第七十一卷第一分册）[M]. 北京：科学出版社，1999.
[49] 陈伟球. 中国植物志（第七十一卷第二分册）[M]. 北京：科学出版社，1999.
[50] 徐炳声. 中国植物志（第七十二卷）[M]. 北京：科学出版社，1988.
[51] 中国药材公司. 中国中药资源志要[M]. 北京：科学出版社，1994.
[52] 朱长山，李服，杨好伟，侯守义. 河南主要种子植物分类[M]. 呼和浩特：内蒙古人民出版社，1998.
[53] 朱长山，杨好伟. 河南种子植物检索表[M]. 兰州：兰州大学出版社，1994.
[54] 邱国金. 园林树木[M]. 北京：中国林业出版社，2005.
[55] 傅立国. 中国高等植物[M]. 青岛：青岛出版社，2001.
[56] 董立国，辛丹. 茶条槭播种育苗方法[J]. 特种经济动植物，2011，3：29.
[57] 景立新，等. 木槿花中营养成分研究[J]. 食品研究与开发，2009，30（6）：146-148.
[58] 侯元凯，高巍，李煜延. 红叶腺柳引种驯化研究[J]. 林业资源管理，2012，5：82-86.
[59] 余治家，等. 克罗拉多蓝杉引种试验初报[J]. 陕西农业科学，2008，6：29-30.
[60] 张树宝. 科罗拉多蓝杉育苗繁殖技术[J]. 特种经济动植物，2006，4：34-35.
[61] 方升佐，杨万霞. 青钱柳的开发利用与资源培育[J]. 林业科技开发，2003，17（1）：49-51.
[62] 乔德尊. 千头椿育苗技术研究[J]. 河南林业科技，2008，28（3）：27-28.
[63] 王真真，等. 红叶石楠研究现状及发展前景[J]. 黑龙江农业科学，2011，6：150-152.
[64] 唐梅. 红叶石楠生物学特性及栽培技术[J]. 现代农业科技，2011，18：236-238.
[65] 赵东欣，孙军，赵东武. 玉兰属植物特异特征的新发现[J]. 安徽农业科学，2008，36（16）：6737-6739.
[66] 黄海欣. 望春玉兰形态变异观察研究[J]. 武汉植物学研究，1991，9（4）：395-397.
[67] 钱又宇，薛隽. 世界著名观赏树木银叶槭与元宝槭[J]. 园林，2008，7：62-63.
[68] 徐华金. 几种彩叶植物的引种栽培及适应性研究[D]. 北京：北京林业大学，2007.
[69] 刘毓. 国外优良彩叶槭树资源引种及适应性研究[D]. 济南：山东师范大学，2010.
[70] 孙洪美. 山东紫薇种质资源调查与品种分类的研究[D]. 泰安：山东农业大学，2011.
[71] 任军. 北海道黄杨和胶州卫矛杂交抗寒性研究[D]. 北京：中国林业科学研究院，2013.

中文名索引

D

E

F

G

H

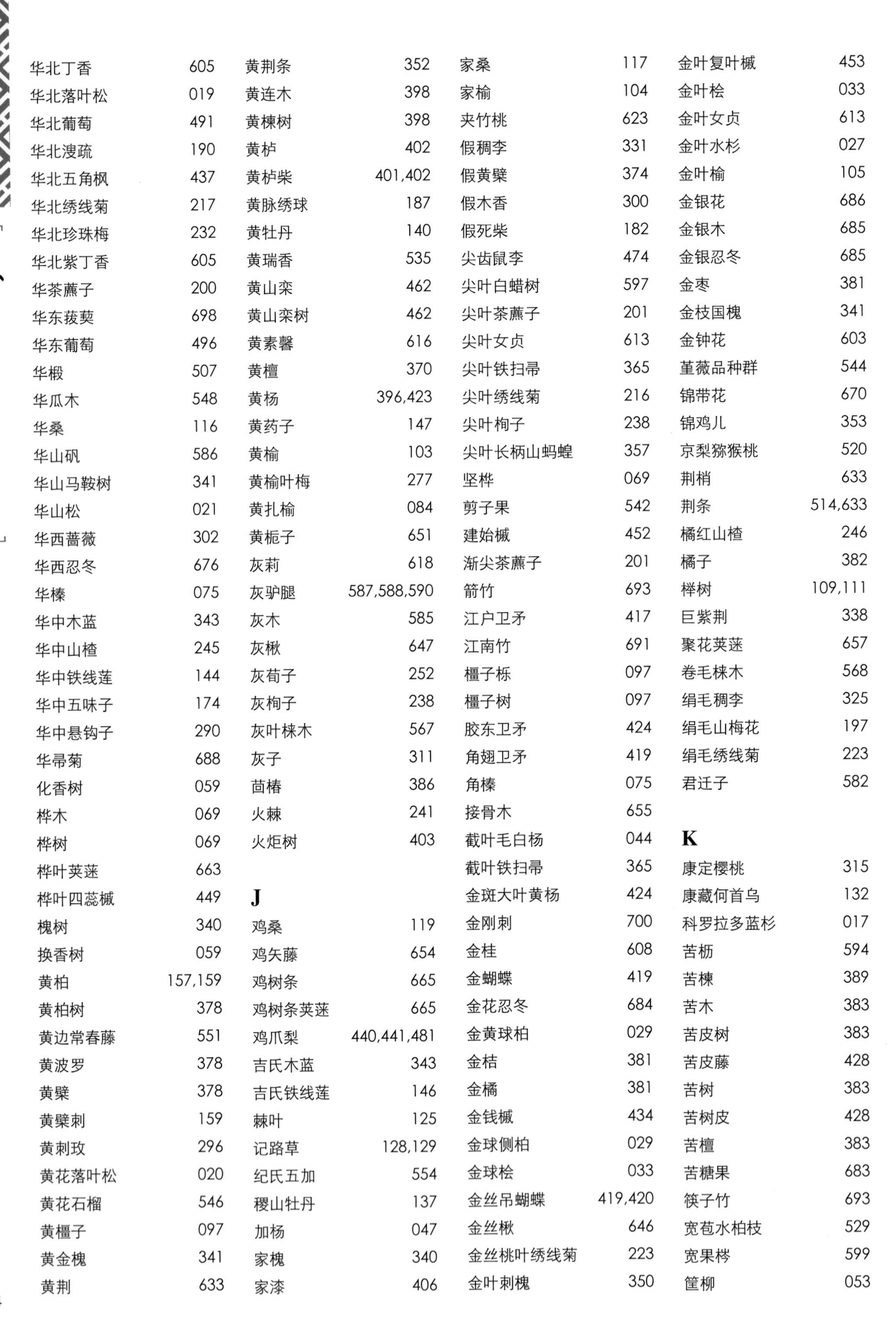

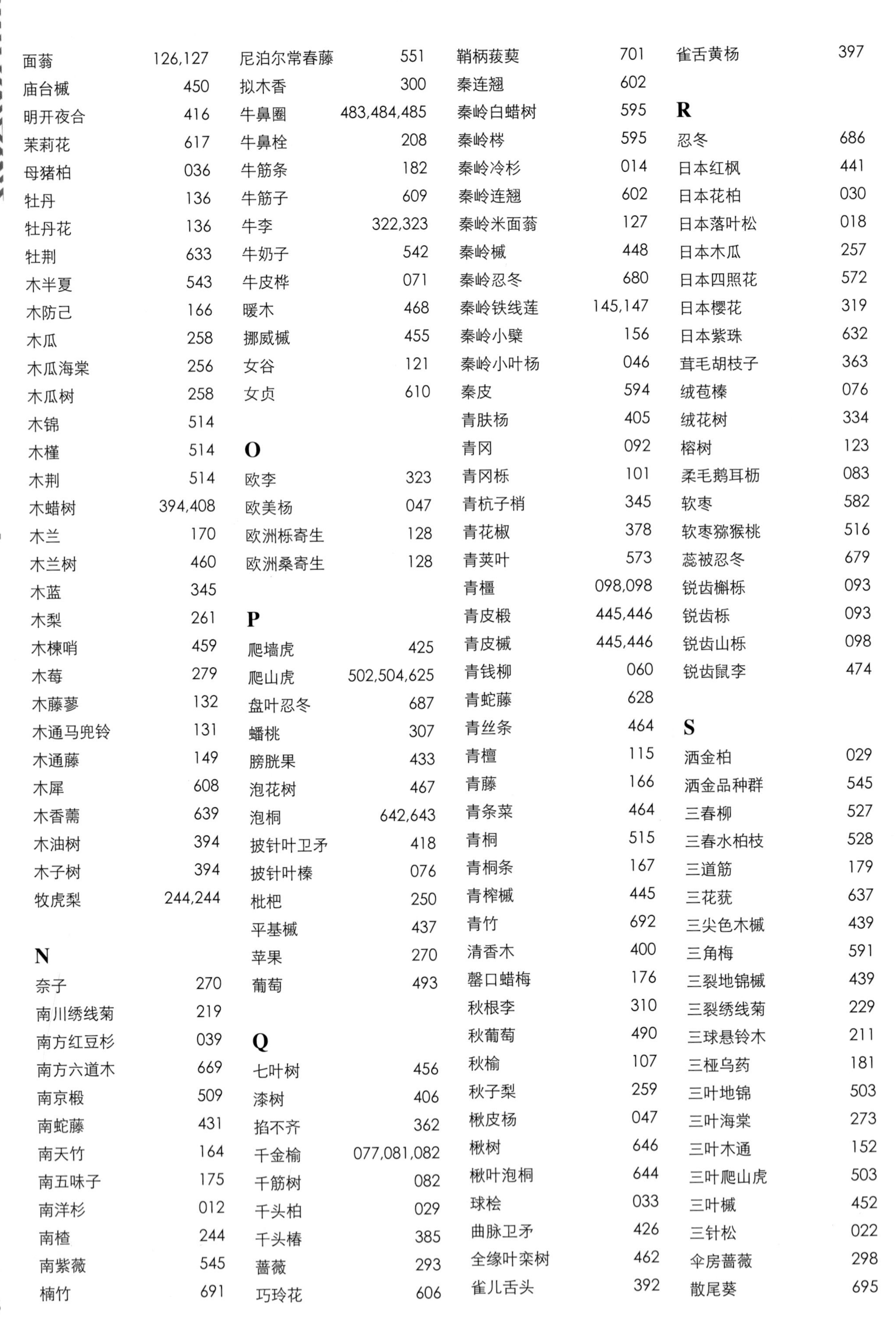

T

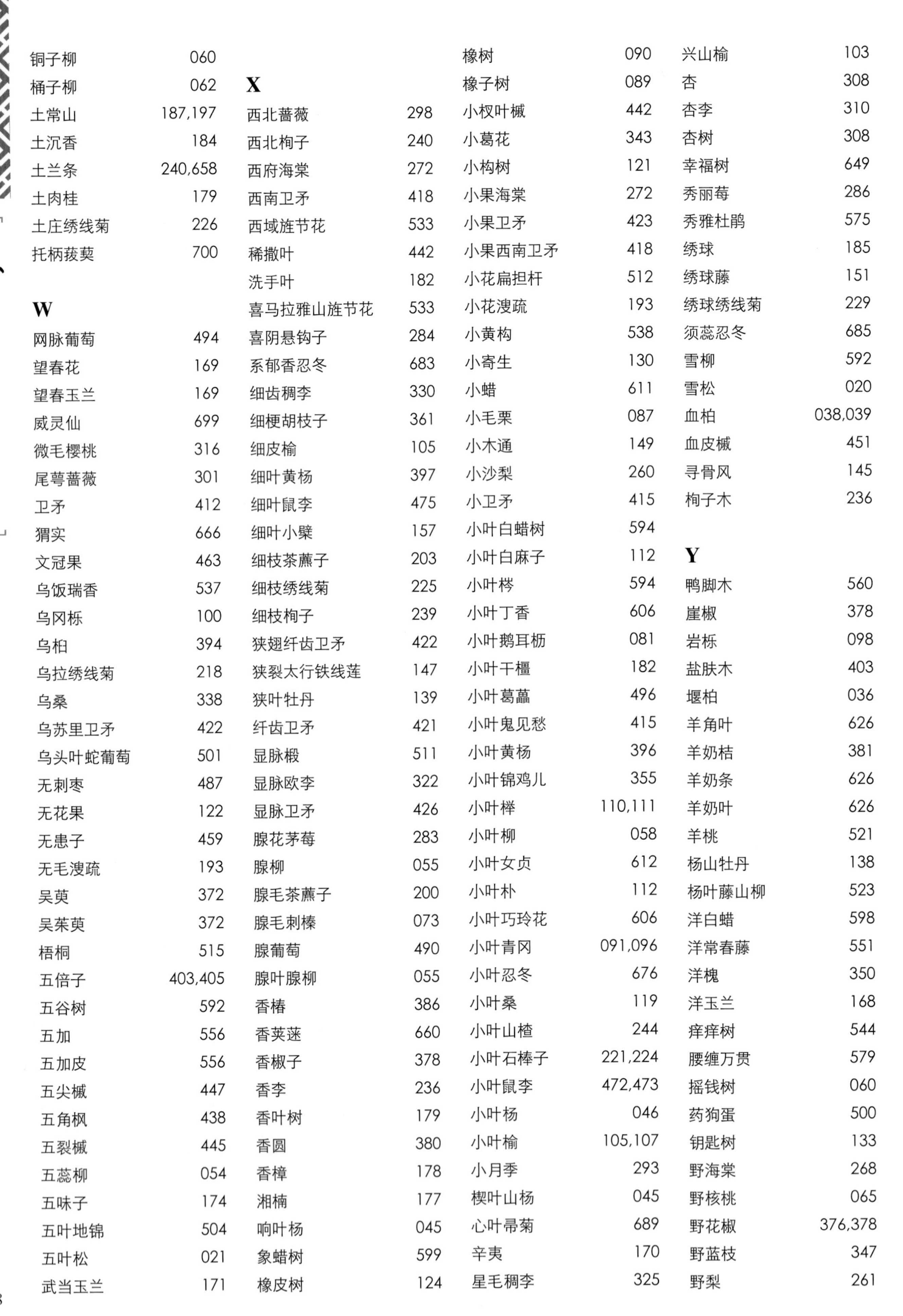

W

X

Y

拉丁名索引

C

D

E

F

G

H

I

J

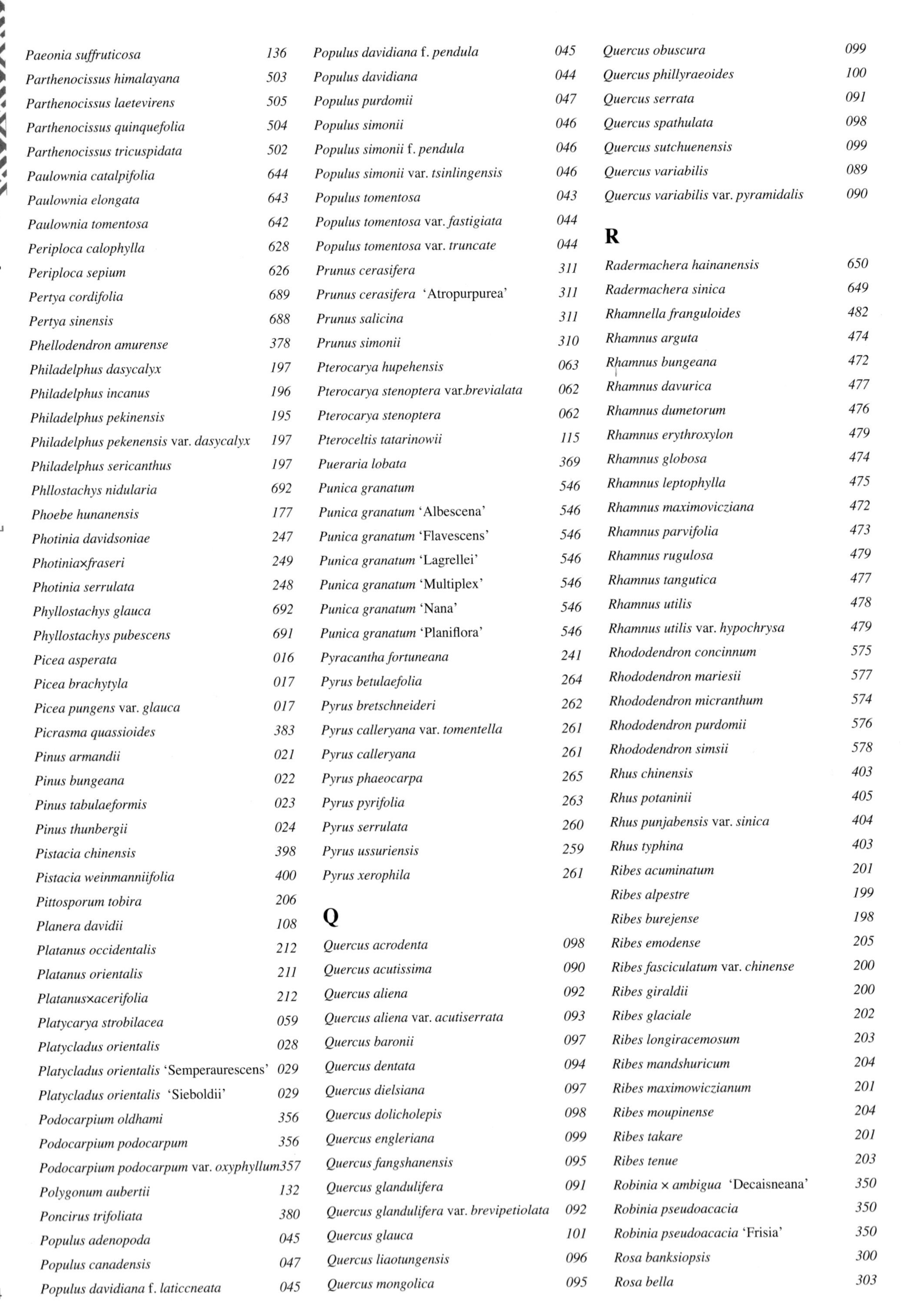

Q

R

S

T

U

V

W

X

Y

Z